Knut Ohls
Analytische Chemie

*Beachten Sie bitte auch
weitere interessante Titel
zu diesem Thema*

Petrozzi, S.

Instrumentelle Analytik

Experimente ausgewählter Analyseverfahren

2010
ISBN: 978-3-527-32484-2

Schwedt, G.

Analytische Chemie

Grundlagen, Methoden und Praxis

2008
ISBN: 978-3-527-31206-1

Schwedt, G., Vogt, C.

Analytische Trennmethoden

2010
ISBN: 978-3-527-32494-1

Schwedt, G.

Taschenatlas der Analytik

2007
ISBN: 978-3-527-31729-5

Emsley, J.

Fritten, Fett und Faltencreme

Noch mehr Chemie im Alltag

2009
ISBN: 978-3-527-32620-4

Voss-de Hahn, P.

Physik auf der Spur

Kriminaltechnik heute

2009
ISBN: 978-3-527-40944-0

Gross, M.

Der Kuss des Schnabeltiers

und 60 weitere irrwitzige Geschichten aus Natur und Wissenschaft

2009
ISBN: 978-3-527-32490-3

Zankl, H.

Irrwitziges aus der Wissenschaft

Von Leuchtkaninchen bis Dunkelbirnen

2008
ISBN: 978-3-527-32114-8

Zankl, H.

Streithähne der Wissenschaft

2010
ISBN: 978-3-527-32579-5

Knut Ohls

Analytische Chemie

Entwicklung und Zukunft

WILEY-VCH Verlag GmbH & Co. KGaA

Autor

Prof. Dr. Knut Ohls
Büngerstr. 7
44267 Dortmund

1. Auflage 2010

Alle Bücher von Wiley-VCH werden sorgfältig erarbeitet. Dennoch übernehmen Autoren, Herausgeber und Verlag in keinem Fall, einschließlich des vorliegenden Werkes, für die Richtigkeit von Angaben, Hinweisen und Ratschlägen sowie für eventuelle Druckfehler irgendeine Haftung.

**Bibliografische Information
der Deutschen Nationalbibliothek**
Die Deutsche Nationalbibliothek verzeichnet diese Publikation in der Deutschen Nationalbibliografie; detaillierte bibliografische Daten sind im Internet über http://dnb.d-nb.de abrufbar.

© 2010 WILEY-VCH Verlag GmbH & Co. KGaA, Weinheim

Alle Rechte, insbesondere die der Übersetzung in andere Sprachen, vorbehalten. Kein Teil dieses Buches darf ohne schriftliche Genehmigung des Verlages in irgendeiner Form – durch Photokopie, Mikroverfilmung oder irgendein anderes Verfahren – reproduziert oder in eine von Maschinen, insbesondere von Datenverarbeitungsmaschinen, verwendbare Sprache übertragen oder übersetzt werden. Die Wiedergabe von Warenbezeichnungen, Handelsnamen oder sonstigen Kennzeichen in diesem Buch berechtigt nicht zu der Annahme, dass diese von jedermann frei benutzt werden dürfen. Vielmehr kann es sich auch dann um eingetragene Warenzeichen oder sonstige gesetzlich geschützte Kennzeichen handeln, wenn sie nicht eigens als solche markiert sind.

Cover-Design Formgeber, Eppelheim
Satz Hagedorn Kommunikation GmbH, Viernheim
Druck und Bindung betz-druck GmbH, Darmstadt

Printed in the Federal Republic of Germany
Gedruckt auf säurefreiem Papier

ISBN: 978-3-527-32847-5

Inhaltsverzeichnis

Vorwort *IX*

1 **Einleitung** *1*
1.1 Über die Ausbildung *1*
1.2 Relevante Gesetze und Verordnungen *4*

2 **Die Frühphase der Chemie** *11*
2.1 Aufgaben der Analytischen Chemie *11*
2.2 Die Probierkunst im frühen Mittelalter *17*

3 **Die Periode der fundamentalen Entwicklungen (1450–1850)** *23*
3.1 Die Zeit der Chemiasten *24*
3.2 Beginn der chemischen Analyse in Lösungen *26*
3.3 Anfänge der quantitativen Analyse anorganischer Stoffe *33*
3.3.1 Gravimetrie *46*
3.3.2 Maßanalyse (Titrimetrie) *54*
3.4 Anfänge der Analyse von Gasen *69*

4 **Die Blütezeit der Analytischen Chemie (1850–1960)** *73*
4.1 Die Geschichte der Spektralanalyse *73*
4.1.1 Emissionsspektroskopie *76*
4.1.2 Absorptionsspektroskopie *94*
4.1.3 Spektroskopische Lösungsanalyse *125*
4.2 Optimierung der quantitativen Analyse von Lösungen *136*
4.2.1 Trennungsverfahren *137*
4.2.2 Verbundverfahren *151*
4.2.3 Bemerkungen zur Reinraumtechnik *153*
4.3 Die Entwicklung elektrochemischer Methoden *157*
4.3.1 Elektrolyse *159*
4.3.2 Potentiometrie *161*
4.3.3 Konduktometrie *165*
4.3.4 Polarographie *166*

Analytische Chemie. Knut Ohls
Copyright © 2010 WILEY-VCH Verlag GmbH & Co. KGaA, Weinheim
ISBN: 978-3-527-32847-5

4.3.5	Coulometrie	170
4.4	Der Beginn der Gasanalyse	171
4.5	Die Anfänge der Massenspektrometrie	181

5 Das Zeitalter der Modifikationen oder der industriellen Untersuchungspraxis (~1960–1980) *187*

5.1	Einzug der Spektrometrie in Industrielaboratorien	190
5.1.1	Spektralphotometrie	191
5.1.2	Atomemissionsspektrometrie	194
5.1.3	Atomabsorptionsspektrometrie (AAS)	251
5.1.4	Röntgen-Fluoreszenzspektrometrie (XRF)	272
5.1.5	Molekülspektrometrie	298
5.1.6	Weitere physikalisch-chemische Methoden	312
5.1.7	Massenspektrometrie (MS)	324
5.2	Optimierung der Probenvorbereitung	333
5.2.1	Probenaufbereitung	335
5.2.2	Probenvorbereitung	337
5.2.3	Vorbereitung kompakter Proben	354
5.3	Änderung der Organisationsform analytischer Laboratorien	360
5.3.1	Beginn der Automatisierung	360
5.3.2	Mechanisierte Abläufe analytischer Verfahren	365
5.3.3	Automation der Produktions- und Produktkontrolle	367

6 Die Neuzeit der Analytik *371*

6.1	Qualitätsbegriff und Berufsausbildung	371
6.1.1	Qualität und Qualifizierung	372
6.1.1.1	Gute-Labor-Praxis	372
6.1.1.2	Qualitätsmanagement	376
6.1.1.3	Qualifizierung	387
6.1.2	Bildungssysteme	391
6.2	Berufliche und menschliche Fähigkeiten	392
6.2.1	Die chemisch-analytische Fachsprache	392
6.2.2	Personalführung und -beurteilung	395
6.2.3	Bemerkungen zur Wirtschaftlichkeit	398
6.3	Das gesamte Analysenverfahren	405
6.3.1	Standardverfahren (Standard Operation Procedures)	406
6.3.1.1	Das Eichen und Kalibrieren	412
6.3.1.2	Das Rekalibrieren	416
6.3.1.3	Validierung und Rückführbarkeit von Verfahren	419
6.3.2	Berechnung und Interpretation der Daten	427
6.3.2.1	Anwendung statistischer Methoden	427
6.3.2.2	Rückverfolgbarkeit von Verfahren	431
6.3.3	Die Rolle von Blind- und Leerwert	432
6.3.4	Nachweis- und Bestimmungsgrenzen	435
6.3.5	Ausreißertests und Ringversuche	439

6.3.6	Beurteilung von Analysenverfahren	445
6.3.7	Bemerkungen zur Probennahme	446
6.4	Die globale Standardisierung	454
6.4.1	Das Erstellen von nationalen Normen (DIN)	456
6.4.2	Die internationale Normung (EN und ISO)	460
6.4.3	Planung und Durchführung von Ringversuchen	461
6.4.4	Herstellung von Referenzmaterialien (RM) und Zertifizierung (CRM)	462

7	**Die Zukunft analytischer Untersuchungen**	**481**
7.1	Die Entwicklung in analytischen Laboratorien	483
7.1.1	Leitprobenfreie Analysenverfahren	485
7.1.2	Spektralphotometrie	487
7.1.3	Atomabsorptionsspektrometrie	488
7.1.4	Atom- und Ionenemissionsspektrometrie	503
7.1.5	Molekülspektroskopie	543
7.1.6	Massenspektrometrie	551
7.1.7	Diverse physikalisch-chemische Methoden	564
7.2	Die Prozeß- und Produktkontrolle über analytische Daten	587
7.2.1	Automation der Prozeßkontrolle	588
7.2.2	Laboratoriumsautomation	592
7.2.3	Grenzen der Automatisierung	593
7.3	Die analytische Forschung	593
7.4	Die Ausbildungsanforderungen im Fach „Analytische Chemie"	606
7.4.1	Die ursprüngliche Ausbildung	607
7.4.2	Studiengang Analytik	608
7.5	Kritischer Ausblick	618

Anhang A – Definition der Begriffe 623

Anhang B – ICP-Bibliographie bis 1979 629

Literatur 637

Sachverzeichnis 663

Weitere Bildquellen 687

Vorwort

Eigentlich sollte dies ein Lehrbuch über die *Analytische Chemie* werden, doch davon gibt es eine ausreichende Anzahl, zumal wenn man die englischsprachigen hinzuzählt. Sie sind entweder sehr speziell und behandeln nur eine einzige Methode, oder sie sind allgemeiner Art, fassen Theorie und Methodik zusammen, sind sehr ähnlich aufgebaut und in großen Teilen voneinander abgeschrieben. Genau das wollte ich nicht wiederholen.

Naturwissenschaften haben mich schon von Kindheit an interessiert, denn sie beschäftigen sich mit dem Leben. In der Schule, die um die Mitte des 20. Jahrhunderts noch in Ordnung war, beschäftigten wir uns mit Naturwissenschaften bis zum Abitur und lernten, was sie bedeuten: *Biologie ist Chemie und Chemie ist Physik*. Sie umfassen somit das Weltall von unvorstellbarer Dimension ebenso wie die Kenntnis über das Zusammenwirken aller Kräfte, über alle Stoffe und ihre Veränderungen sowie auch alle Lebensformen und ihre Entwicklung auf der Erde.

Hier soll nun die Chemie im Mittelpunkt der Betrachtungen stehen, die auf physikalischen Vorgängen beruht und die Grundlage des Lebens darstellt. Die Chemie hat mich also fasziniert, und die Neugier führte dann zwangsläufig zur *Analytischen Chemie*. Fragen, wie z. B. „Was ist das?" oder „Woraus besteht das?" oder „Wie ist es entstanden?", sind analytisch, was offensichtlich ein Ausdruck menschlichen Geistes zu sein scheint. Das Interesse an dem Analytischen ist bei mir erhalten geblieben, und es war auch nicht zu erschüttern, als ich lernen mußte, daß analytisches Agieren nicht nur Freunde macht. Die Suche nach dem Kern der Dinge, den Ursachen und der Realität führt dazu, emotionslos das zu sagen, was man denkt – auch im Alltag. Dies belastet oft Freundschaften in einer Zeit, in der Emotionen durch Halb- oder Unwissen geweckt und leider auch politisch – also in unserem Zusammenleben – ausgenutzt werden. Das funktioniert um so einfacher, je dümmer die Menschen gehalten werden. Schon das 20. Jahrhundert hat die *Mikrobe der Dummheit*[1] gepflegt. Die Menschen neigen dazu, sich und ihr Tun maßlos zu überschätzen. Die Natur lehrt uns doch, wie klein und unbedeutend wir eigentlich sind. Das bezieht sich

---

1) Begriff von Curt Goetz aus seinem Theaterstück „Dr. med. Hiob Prätorius".

auch auf die „Gespenster" Klimaveränderung und die Nutzung nuklearer Brennstoffe.

Bisher hat sich im 21. Jahrhundert nichts geändert; Emotionen und Verunklugung werden von sachlicher Kritik nicht erreicht. Eine *sachliche und konstruktive Kritik* ist jedoch erforderlich, um zu überleben, d. h. Veränderung und Entwicklung zu fördern. So wirkt die Natur, so ist ihre Wissenschaft begründet, und so sollte auch das Leben sein, denn Stagnation wäre das Ende.

Deshalb handelt dieses Buch von einem wesentlichen Teil eines Bereiches der Naturwissenschaften – eben der *Analytischen Chemie* – sowie deren Entwicklung und ihrer ungewissen Zukunft. Es muß das Ziel sein, von der heute weitgehend praktizierten *physikalisch-chemischen Analytik* mit hoher Präzision, die vorwiegend aus wirtschaftlichen Gründen zu einer reinen Meßtechnik verkommen ist, wieder zu einer *präzise und richtig arbeitenden Analytischen Chemie* zu kommen. Gelingt dies nicht, weil die Kostenfrage weiterhin zu falschen Entscheidungen in der Praxis der analytischen Untersuchungen führt, so wird jeder weitere Fortschritt fragwürdig werden. Die Qualität unserer Produkte, der Umwelt und der Gesundheitsvorsorge sowie der lebenserhaltenden Erzeugnisse wird weiter abnehmen; sie hat teilweise bereits ein nicht akzeptables Niveau erreicht. Hinzu kommt der Verlust an allgemeiner Kultur im ausgehenden 20. Jahrhundert. Der angenehm handhabbare, gleichgeschaltete und emotionsgeladene Mensch der heutigen Bildungsart, der ohne Basiswissen zum Selbstbewußtsein und zum streitenden Diskutieren erzogen wird, ist offenbar gewünscht, doch hat diese Spezies in der Naturwissenschaft keinen Platz. Gefragt ist heute der Autodidakt mit großem Respekt vor der Natur, der Wissenschaft und ihrer Geschichte. Ich wünsche Ihnen nicht nur Spaß beim Lesen; es soll Sie auch nachdenklich stimmen!

Danksagung

Zuerst habe ich meiner Frau Marianne zu danken, die oft auf meine Gesellschaft verzichten mußte, wenn ich vor dem PC saß. Ein großer posthumer Dank geht an meinen Lehrer, Professor Dr. *Erik Asmus*, von dem ich viel gelernt habe, und dessen persönlicher Assistent ich vier Jahre lang (1962–1966) war.

Zu danken habe ich ebenfalls Professor Dr.-Ing. *Ewald Blasius*, der meine Dissertation beurteilte, und Priv.-Doz. Dr. habil. *Günter Gottschalk*, der einmalig moderne Vorlesungen an der TU Berlin hielt, meinem Studienfreund, Professor Dr. *Gerhard Schulze*, Berlin, für unzählige Diskussionen und den verantwortlichen Herren der Dortmund-Hörder Hüttenunion, Dr.-Ing. *Därmann*, Dr.-Ing. *Drevermann* und Professor Dr. rer. nat. *Karl Heinz Koch*, die mich 1966 mit der Leitung der Abteilung Spektralanalyse und eine halbes Jahr später mit der Leitung aller drei Chemischen Laboratorien der Hoesch Stahlwerke AG in Dortmund betrauten, in denen damals 130 Personen arbeiteten. Zu danken habe ich auch für die wissenschaftliche Freiheit, die es ermöglichte, zahlreiche Neuerungen einzuführen, wie die simultane XRF (1968), die AAS (1969), die IR-Spektrometrie (1970), die Laser-Emissionsspektrometrie (1971), die Glimmlampenanregung (1972), die ICP-Emissionsspektrometrie (1974) und die GC-Massenspektrometrie (1982) sowie die erste vollständige Automation eines großen Prozeßkontrollaboratoriums (1986).

Mein Dank gilt ebenfalls Professor Dr. *Velmer Fassel*, University of Iowa, Ames, und Professor Dr. *Ramon Barnes*, University of Massachusetts, Amherst, sowie meinem Freund, Dipl.-Ing. *Bernhard Bogdain*, Produktmanager bei Kontron und später Geschäftsführer der Leco Corp., München, für ihre große Hilfe bei der Einführung der ICP-Spektrometrie.

Zu danken habe ich auch den Mitarbeitern des Verlages Wiley-VCH für die große Hilfe beim Druck dieses Buches.

Berlin und Dortmund 2009

„Die Geschichte der Wissenschaft ist die Wissenschaft selbst."
Johann Wolfgang von Goethe (1749–1832)

„Geschichte ist die geistige Form, in der sich eine Kultur über ihre Vergangenheit Rechenschaft gibt."
Johan Huizinga (1872–1945)

1
Einleitung

1.1
Über die Ausbildung

Die Chemie ist, vereinfacht gesagt, die Lehre von der Stoffumwandlung. Somit spielt im Leben eines Chemikers das beobachtete Experiment die absolut beherrschende Rolle. Demgegenüber bleibt die Deutung des Ergebnisses oft ein Faktum zweiten Ranges. Dies erfordert ja auch oft interdisziplinäres Denken und praktische Erfahrungen. Beides kann die Universität nur bedingt vermitteln. Typisch für die Chemie ist, daß Meinungen der Art, wie sie in vielen Geisteswissenschaften als „Theorien" bezeichnet werden, in der Chemie allenfalls als „Arbeitshypothesen" gelten. Erst wenn deren Gültigkeit in verschiedenen Experimenten bewiesen wird, erkennt man sie als Theorien an. Doch das gilt nur solange, bis weitere Experimente dies wieder zu Fall bringen.

Eine Eigenart seiner Ausbildung teilt der Chemiker mit anderen Naturwissenschaftlern, nicht jedoch mit den Vertretern der vier klassischen Fakultäten. In grober Vereinfachung läßt sich folgender Vergleich anstellen: Der Theologe befaßt sich mit dem metaphysischen Bedürfnis des Menschen, der Jurist mit den Regeln für das menschliche Zusammenleben, der Mediziner mit der Aufrechterhaltung der Gesundheit des Menschen und der Philosoph interessiert sich für das menschliche Denken und für seine Ausdrucksweise. Alle Angehörigen dieser vier alten Fakultäten befassen sich mit dem Menschen; sie alle lernen Menschenkenntnis anzuwenden, was dem Naturwissenschaftler oft fehlt.

Dieser dreht zunächst den Menschen den Rücken zu und, sofern er nicht Biologe ist, auch weitgehend dem Lebensprozeß. Bei dem relativ langen Studium bis zur Promotion sind dies vielleicht 6–8 Jahre und gerade die, in denen der Mensch wichtige Lehren für sein späteres Leben sammeln und verarbeiten sollte. Die menschenabgewandte Ausbildung des Chemikers scheint auch die Ursache dafür zu sein, daß weitaus weniger im Vergleich zu Juristen oder Medizinern gesellschaftspolitisch tätig werden. Hier fallen einem sofort die starken Interessenverbände dieser beiden Berufsgruppen ein, die oft weniger kompromißbereit als die Gewerkschaften sind. Dagegen ist die Gesellschaft Deutscher Chemiker ein harmloser Mitgliederverein.

Das hier Gesagte gilt auch für den Analytiker, der mehr und mehr in die ausschließliche Rolle eines Dienstleistenden gedrängt worden ist. Bereits *Wilhelm Ostwald* (1853–1932), dem die Analytische Chemie viel zu verdanken hat, charakterisiert in seiner Basisarbeit *„Die wissenschaftlichen Grundlagen der Analytischen Chemie"* [1] die untergeordnete Rolle dieser Disziplin als die „einer –

allerdings unentbehrlichen – Dienstmagd mit auffallendem Gegensatz zwischen dem Stand der Technik der Analytischen Chemie und ihrer wissenschaftlichen Bearbeitung". Daran hat sich bis heute nichts Grundlegendes geändert, was heißen soll, daß die analytische Forschung immer noch zu wenig praxisorientiert erfolgt. Während sich der Chemiker für das Umfeld seiner eigentlichen Tätigkeit interessieren sollte, ist das für den Analytiker ein Muß. Interpretationen von analytischen Daten erfordern nicht nur die Kenntnis der Analysenverfahren und ihrer Möglichkeiten gemäß dem Stand der Technik, sondern vor allem auch das Wissen über die Herkunft und Vorgeschichte der Proben, den Prozeß oder das Umfeld, aus dem sie entstammen, und die Zielvorstellung des Auftraggebers. Hierauf wird immer wieder hinzuweisen sein.

Nun kann der junge Chemiker, und das gilt in besonderem Maße für einen Analytiker, in der Industrie oder auch in Forschungsinstituten nach relativ kurzer Einarbeitungszeit eine Betriebsabteilung anvertraut bekommen – eine Gruppe von Menschen also. Dieser Übergang zum menschlichen Zusammenleben und -wirken erfolgt plötzlich und trifft die meisten unvorbereitet, so daß oft Schwierigkeiten vorprogrammiert sind. Nur wenigen ist das intuitive Umgehen mit Menschen, die dann Mitarbeiter und Untergebene sind, angeboren. Noch schwieriger wird es anfangs sein, diese Mitarbeiter sachlich gerecht zu beurteilen, was einen wesentlichen Teil der Führungsaufgaben darstellt. Aus diesem Grunde ist es erforderlich, nicht nur analytische Methoden zu beherrschen, sondern auf das menschliche Zusammenleben in einem Laboratorium zu achten, auf die Organisation einschließlich der Mitarbeiterführung, auf die Kriterien der Leistungsbewertung, die Motivation und letztlich das erwartete Funktionieren einer Gruppe von Menschen, eines Teams, wie man es heute zu nennen pflegt. Da all dies von wirtschaftlichen Aspekten geprägt ist, sollte sich der Analytiker auch mit der Wirtschaftlichkeit seines Wirkens befassen. Wirtschaftliche Gründe verhindern es oft auch, daß an Universitäten moderne Großgeräte nicht in der Breite zur Verfügung stehen, wie sie heute in Industrielaboratorien täglich benutzt werden. Die Arbeitsweise solcher Geräte, gekoppelt mit computergesteuerten Roboter- oder Manipulatorsystemen, ihre Einrichtung und ihre Kalibration gehören somit zum erforderlichen Wissensstand eines analytischen Chemikers, doch wird dieser Bereich nicht befriedigend gelehrt. Schwerpunkte dieser Thematik sollen deshalb angesprochen werden und zu einer vertieften Beschäftigung anregen. Diese sind zwar kritisch, doch subjektiv gewählt worden. Anders kann es nicht sein, wenn persönliche Meinungen geäußert werden. Dennoch erscheint es wichtig, darauf hinzuweisen, daß die Kritik einen wesentlichen Bestandteil des analytischen Arbeitens darstellt. Die Kritikfähigkeit muß erworben und gepflegt werden, bis es gelingt, sie mit Hilfe der analytischen Kunst (= Können, Übung und Wissen) konstruktiv anwenden zu können. Nur das bringt den notwendigen Fortschritt, nicht zu verwechseln mit dem „Hinwegschreiten" des heutigen Managements.

Der Analytiker kann sich heute auch nicht mehr vor seiner Verantwortung drücken. Er erstellt Daten, die alle Menschen betreffen können, und es ist nicht damit abgetan, daß seine Arbeitsmethoden zertifiziert und seine Laboratorien akkreditiert sind. Die Erwartungen, die an eine analytisch ausgebildete Person gestellt werden, beziehen sich zwar in erster Linie auf die Fachkenntnisse, doch soll dieser, z. B. als Bewerber einer Position, wie man so sagt, mitten im Leben stehen. Dazu gehören dann Allgemeinkenntnisse über Fragen des Zusammenlebens, der Politik, der Wirtschaft und der Kunst oder auch des Sportes – und dies möglichst weltweit. Was sollte ein Personalchef fachlich fragen; er wird sich für den Menschen interessieren, denn er muß entscheiden, ob die Person in die Gruppe oder den Betrieb hineinpaßt. Also will er wissen, ob man sich mit z. B. der Bedeutung des Warenexportes, mit dem Aufwand für Forschung und Entwicklung, mit der Legislative des Staates, der Rolle der Normung, mit Arbeitsrecht oder Mitbestimmung beschäftigt hat oder weiß, welche Aufgaben die Berufsgenossenschaften haben. Es ist in solchen Gesprächen immer wieder erstaunlich, wie wenig Naturwissenschaftler von der Umwelt wissen. Auch die Frage nach einem Hobby bleibt oft unbeantwortet. Es scheint unter der Würde einiger angehender Wissenschaftler zu sein, sich in verschiedenen Bereichen, sei es Literatur und Theater oder Musik und Sport, auszukennen. Da die Schulen in Deutschland kaum noch Allgemeinbildung vermitteln, zeigen Fragen in dieser Richtung, ob ein Anwärter für eine Position in der Lage ist, sich selbst weiterzubilden. Ein guter Analytiker zeichnet sich dadurch aus, daß er diese autodidaktischen Fähigkeiten besitzt. Daneben braucht er angeborene Eigenarten, wie z. B. Ordnungssinn bis fast hin zur Pedanterie, sowie Eloquenz und Furchtlosigkeit, wenn es um die Verteidigung seiner Analysendaten geht.

In der heutigen Zeit wirkt sich der wirtschaftliche Zustand einer Industriegruppe weitaus schneller bis in die einzelnen Abteilungen aus, als dies früher der Fall war. So muß auch der Analytiker stets darüber informiert sein, denn die modern gewordenen Fusionen von Firmen wirken sich meist direkt auf das sog. Cost-Center aus, wozu ein analytisches Laboratorium meistens gehört. Als Dienstleistender hat er sowohl aus den Aktivitäten der Forschung auf kommende Fragestellungen und Untersuchungsarten zu schließen und sich darauf vorzubereiten als auch bei Sachinvestitionen in den Profit-Centern zu erkennen, welcher Prüfaufwand damit verbunden sein könnte. Das *„Simultaneous Planning"* ist genau so wichtig wie das *„Simultaneous Engineering"*, d. h. ein Einschalten von Beginn an ist oft die einzige Möglichkeit, seine berechtigten Forderungen durchzusetzen. Dazu muß der Analytiker als kompetentes Teammitglied anerkannt sein und hinzugezogen werden. An der instrumentellen Ausstattung eines Industrielaboratoriums läßt sich ablesen, ob der Leiter sich diese Anerkennung erarbeitet hat. Die Qualität der Ausstattung fehlt im allgemeinen auch dort, wo in den Betrieben die analytischen Aktivitäten nicht geordnet in einer Hand liegen, also jeder irgendwo etwas analytisch zu messen versucht. Der Analytiker sollte daher nicht nur seine Fachkenntnisse pflegen, was alleine betrachtet schon eine große Aufgabe ist, die anhand der Entwicklungen zum gegenwärtigen Stand der Technik ständig aktuell sein wird, sondern er muß auch interdisziplinär zu denken und zu handeln lernen. Das Handeln bezieht sich vor allem auf seine Planungen und deren Verwirklichung, denn die Analytische Chemie kostet Geld – und wer spart das nicht gerne. Der Personalaufwand ist in analytischen Laboratorien die vorherrschende Größe, so daß jede Einsparungsmaßnahme zunächst die Personalfrage aktuell werden läßt. Es ist somit weniger schwierig, die Entwicklung automatisierbarer Methoden voranzutreiben, doch auch dann sollte die Personaleinsparung sinnvoll begrenzt bleiben. Irgend jemand muß schließlich die Geräte einschalten oder deren Kalibrierzustand überwachen, und es sollte in akkreditierten Laboratorien ausreichend Personal vorhanden sein, um den Anforderungen der DIN ISO 17025 zu genügen. Jedes Mehr an Risiko, was Manager gerne propagieren, ist im Fall der Analytischen Chemie tödlich für die Qualität der Daten und letztendlich diejenige aller Produkte.

Alles beginnt mit dem Berufseintritt. Man glaubt, leicht frustriert durch das lange Studium, eine umfassende Ausbildung hinter sich gebracht zu haben und muß schon in den Bewerbungsgesprächen oder beim Eignungstest feststellen, daß es neben der Analytischen Chemie noch eine Vielfalt von Dingen gibt, mit denen man sich bisher nicht beschäftigt hat. Bewerbungen sind heute häufiger zu schreiben als früher, weshalb Geschäftemacher versuchen, den unerfahrenen Hochschulabsolventen schematisierte Bewerbungsunterlagen aufzuschwatzen. Der Empfänger solcher Einheitsbewerbungen kann sich zwar anhand der Zeugnisse ein subjektives Bild verschaffen, doch er kann nicht erkennen, was für ein Mensch dahinter steht, ob dieser sich in neue Problemstellungen einzuarbeiten vermag, ob er bereit ist, sich anzupassen, ohne seine Ideen aufzugeben, oder ob er zur Mitarbeiterführung oder zur späteren Vertretung der Firma nach außen hin geeignet erscheint.

1.2
Relevante Gesetze und Verordnungen

Nimmt man die Tätigkeit in einem Industrielaboratorium auf, so beginnt die erste Lernphase mit eigenen Unterschriften, z. B. intern für die Materialwirtschaft, so daß Einkauf und Lager von Ihrer Existenz Kenntnis nehmen, oder extern ist die Reichsversicherungsordnung zu unterschreiben, die Sie verbindlich für die Sicherheit Ihrer Mitarbeiter verantwortlich macht. Es beginnt somit die Beschäftigung mit Gesetzen und Verordnungen, denn davon sind sofort noch einige andere zu beachten und zu befolgen. Die Frage, wer Gesetze oder Verordnungen in Deutschland erläßt, wird oft in Bewerbungsgesprächen gestellt und fast nie richtig beantwortet. Gesetze erläßt natürlich der Bundestag, während der Bundesrat darüber abstimmt. Nach Zustimmung unterzeichnet sie der Bundespräsident. Das Gesetz tritt meistens mit dem Tag der Veröffentlichung im Bundesanzeiger in Kraft. Bei Ablehnung durch den Bundesrat geht die Gesetzesvorlage in einen Vermittlungsausschuß, der eventuelle Änderungen einbringt. Dies geschieht naturgemäß häufiger, wenn die Mehrheitsverhältnisse im Bundesrat nicht denjenigen im Bundestag entsprechen. Verordnungen hingegen werden durch die Regierungspräsidenten erlassen, so daß sie im Prinzip einen regionalen Charakter haben. Der Vorschlag hierzu kann in beiden Fällen theoretisch von jedem Bürger ausgehen, wenn er dafür eine Lobby gewinnt, kann dies auch zum Erfolg führen. Ohne Lobby geht heutzutage in der Politik gar nichts mehr.

Um Gesetze und Verordnungen nicht zu umfangreich gestalten zu müssen oder schneller Änderungen einführen zu können sowie ein besseres Verständnis des oft komplizierten juristisch geprägten Amtsdeutschen zu erreichen, gibt es häufig Ausführungsbestimmungen als Anhang, die in relevanten Fällen auch dem Analytiker sagen, was er warum und womit zu tun hat.

Von den zahlreichen Gesetzen und Verordnungen, die eine Relevanz zur Analytischen Chemie und dem menschlichen Zusammenleben in der Industrie haben, sollen hier nur die wichtigsten angesprochen werden. Dies hat den Sinn, den Analytiker zu animieren, sich mit dem riesigen Gesetzeswerk zu beschäftigen. Es entspricht der deutschen Mentalität, alle, auch die blödsinnigsten, Regeln zu befolgen, weshalb der Staat dann auch praktisch alles geregelt hat. Die Mündigkeit der Bürger existiert nur theoretisch. In einem so überregelten System mit Gesetzen, Verordnungen, Richtlinien und Vorschriften aller Art, wie in der Pyramide (Abb. 1) angedeutet, gibt es kaum Freiheiten, wenig Kritik und kaum Innovationen, was bei der Qualitätssicherung noch deutlicher hervortritt. In den Gesetzen sind naturgemäß größte Kompromisse der beteiligten Lobby-Vertreter enthalten, die deshalb auch nur eine geringe Detailgenauigkeit haben können. Sie sind ebenfalls wenig flexibel, d. h. Änderungen dauern relativ lange, so daß eigentlich die oft nichtgesetzlichen Regelwerke moderner sind. Die Industrie ist somit weitaus schneller als der Gesetzgeber, wenn darunter die Wertschöpfung nicht leidet oder sogar gefördert werden kann.

Aus industrieller Sichtweise gibt es zwei Arten von Gesetzen, Verordnungen, Richtlinien und verbindlichen Vorschriften: Diejenigen, die von außen in den Betrieb eingreifen und die, welche nur in dem Betrieb wirksam sind. Der Übergang ist oft fließend. Was man in jedem Fall kennen muß, sind deren Geltungsbereiche, die im wesentlichen den agierenden Menschen betreffen. Zur ersten Gruppe gehören diejenigen, die prinzipiell der Sicherheit am Arbeitsplatz dienen:

- Die *Gewerbeordnung* regelt die öffentlich-rechtlichen Verpflichtungen des Unternehmers, z. B. nach § 120a GewO zur Einrichtung und Unterhaltung von Arbeitsräumen, Betriebsvorrichtungen und Gerätschaften sowie zur Regelung des Arbeitsablaufes (Schutz vor Gefahren und der Umwelt). Nach § 24 GewO können zum Schutz der Beschäftigten und Dritter *Rechtsverordnungen* erlassen werden.
- das *Bundes-Immissionsschutzgesetz* (BImSchG),
- das *Chemikaliengesetz* mit der Gefahrstoffverordnung (GefStV),
- Das *Bürgerliche Gesetzbuch* regelt in § 618 BGB die zivilrechtliche Verpflichtung des Dienstberechtigten aus dem Arbeitsvertrag in der Weise, daß der Beschäftigte gegen Gefahren für Leben und Gesundheit soweit geschützt ist, als die Natur des Betriebes es gestattet (allgemeine Fürsorgepflicht).
- Die *Reichsversicherungsordnung* verpflichtet die Berufsgenossenschaften zur Unfallverhütung und zur Ersten Hilfe mit allen geeigneten Mitteln, z. B. zu dem Erlaß von *Unfallverhütungsvorschriften* mit Gesetzescharakter. Deren Einhaltung ist vom Laboratoriumsleiter zu überwachen, deshalb ist dies auch gleich zu bestätigen.
- Das *Arbeitssicherheitsgesetz* verpflichtet den Unternehmer zur Bestellung von Betriebsärzten, Sicherheitsingenieuren und anderen Fachkräften für die Arbeitssicherheit.

Ferner sind neben vielen anderen noch zu beachten:

Abb. 1 Vergleichende Betrachtung der Vorschriften und Regelwerke, aus denen sich das Arbeitsschutzrecht zusammensetzt.

- das Jugendschutzgesetz,
- das Schwerbehindertengesetz,
- das Mutterschutzgesetz und
- das *Betriebsverfassungsgesetz* mit den allgemeinen Aufgaben des Betriebsrates bezüglich der Überwachung der zugunsten der Arbeitnehmer geltenden Gesetze, Verordnungen und Unfallverhütungsvorschriften (Art. 74 GG – Umweltschutz) vom 15. 04. 1972.

Sollte man denken, daß Arbeitgeber Wohltäter sind, z. B. wenn Ihnen bei der Vorstellung Ihrer neuen Tätigkeit all diese Vorsorgemaßnahmen und Einrichtungen gezeigt werden, dann wird jetzt doch klar, daß all dies getan werden muß. Interessant für den Analytiker dürfte vor allem die *Gewerbeordnung* sein, die den Arbeitgeber verpflichtet, den Arbeitsablauf zu gewährleisten, d. h. Geräte, Einrichtungen und Laboratorien auf dem Stand der Technik zu halten.

Die externe Berufsgenossenschaft und die internen Sicherheitsfachkräfte werden Sie stets beraten, was Sie z. B. in Bezug auf die Unfallverhütungsvorschriften zu tun haben werden. Als direkte Aufgabe verpflichtet die Unfallverhütungsvorschrift, UVV 1, § 7(2), einen Laboratoriumsleiter zu Durchführungen betrieblicher Unterweisungen, die protokolliert und von den Teilnehmern unterzeichnet werden müssen. Hierbei ist grundsätzlich über gesetzliche Grundlagen, gefährliche Arbeitsstoffe, allgemeine Sicherheitsvorschriften im chemischen Laboratorium und Unfallgefahren zu sprechen. Grundlage hierfür sind auch die „*Richtlinien für Laboratorien*", die vom Hauptverband der gewerblichen Berufsgenossenschaften herausgegeben werden.

Vorausgesetzt wird auch die Kenntnis des *Chemikaliengesetzes*, das die GefStV beinhaltet. Der Zweck dieses Gesetzes ist, den Hersteller oder Einführer von Stoffen zu verpflichten, diese zu prüfen, ggf. anzumelden oder gefährliche Zubereitungen einzustufen, richtig zu verpacken und zu kennzeichnen sowie den Menschen und die Umwelt vor schädlichen Einwirkungen zu schützen. Allerdings sind Lebens-, Futter-, Arznei-, Pflanzenschutz- und kosmetische Mittel sowie Abfälle, Abwasser, Altöl, Sprengstoffe u. a. ausgenommen, also alle Stoffe, für die spezielle, produktbezogene Schutznormen existieren, wie z. B. die Strahlenschutz- oder Röntgenverordnung (Tab. 1) oder das *Gesetz über explosionsgefährliche Stoffe* (Sprengstoffgesetz – SprengG – vom 13. 09. 1976) und die Verordnung über Anlagen zur Lagerung, Abfüllung und Beförderung brennbarer Flüssigkeiten zu Lande (nicht mehr gültige Verordnung über brennbare Flüssigkeiten – VbF vom 27. 02. 1980).

Aus dem ChemG bzw. der GefStV sind einige Definitionen zu ersehen, wie z. B.:

- Maximale Arbeitsplatzkonzentration (MAK) ist die Konzentration eines Stoffes in der Luft am Arbeitsplatz, bei der im allgemeinen die Gesundheit der Arbeitnehmer nicht beeinträchtigt wird;
- Biologischer Arbeitsplatztoleranzwert (BAT) ist die Konzentration eines Stoffes oder seines Umwandlungsproduktes im Körper oder die dadurch ausgelöste Abweichung eines biologischen Indikators von seiner Norm, bei der im allgemeinen die Gesundheit der Arbeitnehmer nicht beeinträchtigt wird;
- Technische Richtkonzentration (TRK) ist die dem Stand der Technik entsprechende Konzentration eines Stoffes in der Luft am Arbeitsplatz sowie
- Auslöseschwelle ist die Konzentration eines Stoffes in der Luft am Arbeitsplatz oder im Körper, bei deren Überschreitung zusätzliche Maßnahmen zum Schutze der Gesundheit erforderlich sind.

Tabelle 1 Auswahl wichtiger Bundesgesetze und Verordnungen.

	TITEL	in Kraft seit*)
1.	Bürgerliches Gesetzbuch – § 823 BGB (Produkthaftungsgesetz)	01. 01. 1900
2.	Chemikaliengesetz (ChemG)	01. 01. 1982
3.	Abwasserabgabengesetz (AbwAG)	13. 09. 1976
4.	Änderung des Wasserhaushaltsgesetzes (WHG)	18. 10. 1976
5.	30. Gesetz zur Änderung des Grundgesetzes (Art. 74 GG – Umweltschutz)	15. 04. 1972
6.	Gesetz über die Beseitigung von Abfällen (Abfallbeseitigungsgesetz – AbfG)	11. 06. 1972
7.	2. Allgemeine Verwaltungsvorschrift zum Abfallgesetz – TA-Abfall	31. 03. 1991
8.	Gesetz über die Umweltverträglichkeit von Wasch- und Reinigungsmitteln (Waschmittelgesetz)	20. 08. 1975
9.	Gesetz über Maßnahmen zur Sicherung der Altölbeseitigung (Altölgesetz)	01. 01. 1969
10.	Gesetz zum Schutz vor schädlichen Umwelteinwirkungen durch Luftverunreinigungen, Geräusche, Erschütterungen und ähnliche Vorgänge (Bundes-Immissionsschutzgesetz – BImSchG)	01. 04. 1974
11.	3. Verordnung zur Durchführung des Bundes-Immissionsschutzgesetzes (Verordnung über Schwefelgehalte von leichtem Heizöl und Dieselkraftstoff – 3. BImSchV)	23. 01. 1975
12.	Gesetz zur Verminderung von Luftverunreinigungen durch Bleiverbindungen in Ottokraftstoff für Kraftfahrzeugmotore (Benzinbleigesetz – BzBlG)	08. 08. 1971
13.	1. Allgemeine Verwaltungsvorschrift zum Bundes-Immissionsschutzgesetz (Technische Anleitung zur Reinhaltung der Luft – TA Luft)	04. 09. 1974
14.	Verordnung über die Beförderung gefährlicher Güter auf der Straße (GefahrgutVStr)	01. 07. 1973
15.	Gesetz über die Umwelthaftung (UmweltHG)	01. 01. 1991
16.	1. Verordnung über den Schutz vor Schäden durch Strahlen radioaktiver Stoffe (1. Strahlenschutzverordnung)	01. 09. 1960
17.	Verordnung über den Schutz vor Schäden durch Röntgenstrahlen (Röntgenverordnung – RöV)	01. 10. 1973

*) Erscheinen im Bundesanzeiger.

Die MAK- und BAT-Werte zahlreicher Stoffe sind einer Liste zu entnehmen, die von der Senatskommission zur Prüfung gesundheitsschädlicher Arbeitsstoffe der Deutschen Forschungsgemeinschaft herausgegeben wird. Die neue Jahresausgabe ist auch unter den *Technischen Regeln für gefährliche Arbeitsstoffe* (TRgA) zu finden, und zwar in diesem Fall als TRgA 900.

Die Einhaltung eines MAK-Wertes besagt noch nicht viel, wenn dieser in einer Werkshalle über eine 8-Stundenschicht gemessen worden ist, während der Arbeitnehmer an der Quelle einer Emission, z. B. beim Vergießen eines polymeren Harzes oder beim Schweißen, vergiftet umfällt. Der BAT-Wert beinhaltet medizinische Kenntnisse, doch die Ärzte konnten sich bis heute

Tabelle 2 Auswahl einiger MAK-, BAT- und TRK-Werte.

Maximale Arbeitsplatzkonzentrationen

Verbindung/Element	**MAK** (mg/m^3)
Bariumsulfat	1,5
1-Butanol	300
Ethanol	960
Kohlendisulfid	16
Morpholin	36
Polyvinylchlorid	1,5
Schwefeldioxid	1,3
Selenwasserstoff	0,05
Siliciumcarbid (faserfrei)	1,5
Tantal	1,5
Trichlormethan	2,5
Zinkoxidrauch	1,5

Biologische Arbeitsplatztoleranzwerte

Verbindung/Element	**BAT** (mg/L)
Aceton	80
Aluminium	0,2
Anilin	1
Blei	0,3
Bleitetraethyl /-tetramethyl	0,025 (berechnet als Pb)
N,N-Dimethylformamid	15
Methanol	30
Nitrobenzol	0,1
Phenol	300
Quecksilber	0,05
Tetrachlorethen	1
Tetrachlormethan	0,07
Tetrahydrofuran	8
Toluol	1
1,1,1-Trichlorethan	0,55
Xylol	1,5

Tabelle 2 Fortsetzung.

Technische Richtkonzentrationswerte

Verbindung/Element	TRK (mg/m^3)
Arsen (alle Verbindg. ohne AsH$_3$)	0,2 (berechnet als As im Gesamtstaub)
Asbest (Chrysotil, Amosit, Krokydolith, Anthophyllit, Tremolit, Aktinolith)	0,05 (Asbest als Feinstaub 1 Mill. Fasern/m^3*)
Benzol	26
Beryllium (u. seine Verbindungen)	0,002 (berechnet als Be)
Calciumchromat	0,1 (berechnet als CrO$_3$ im Gesamtstaub)
Cobalt (u. seine Verbindg.)	0,1 (berechnet als Co im Gesamtstaub)

*) Definition: Faser = Länge > 5 µm; Durchmesser < 3 µm und damit Länge/Dmr. = 3:1 entspricht 1 Faser/cm^3.

nicht über die eigentlich wichtige „Einwirkung" von Gefahrstoffen einigen, so daß die „Auslöseschwelle" kreiert wurde. Sie soll etwa dem halben MAK-Wert entsprechen. Findet man diese Werte für einen Stoff nicht in der Liste, dann wird er einen TRK-Wert haben und erfordert Schutzmaßnahmen. Die sollten auch in obengenannten Zweifelsfällen verordnet werden.

Für den Analytiker sind vor allem die § 16 GefStV (Ermittlungspflicht) und § 18 GefStV (Überwachungspflicht) von Wichtigkeit, weil sich daraus zusätzliche Aufgaben ergeben, die eine entsprechende Ausstattung an Geräten und Personal erfordern. In § 16 GefStV heißt es u. a.: „Der Arbeitgeber. .. hat sich zu vergewissern, ob es sich „um einen Gefahrstoff handelt" sowie in § 18 GefStV ist u. a. festgelegt: „Wer Messungen durchführt, muß über die notwendige Sachkunde und über die notwendigen Einrichtungen verfügen" und „Die Meßergebnisse sind aufzuzeichnen und mindestens dreißig Jahre aufzubewahren". Dies muß ein Laborleiter bei seinem Arbeitgeber durchsetzen, notfalls mit Hilfe der Berufsgenossenschaft oder den Sicherheitsbeauftragten der Firma.

Zuständig ist der Laboratoriumsleiter, wie bereits anfangs erwähnt, für die Sicherheit seiner Mitarbeiter im Laboratorium, weshalb er sich damit beschäftigen muß. Was bedeutet nun Sicherheit:

- lateinisch: *securitas* = Sicherheit, Gefahrlosigkeit, Sorglosigkeit (*sine cura*);
- deutsch: *Sicherheit* = Geschütztsein vor Gefahr oder Schaden (nach Duden);
- englisch: *safety* = *Freedom from danger* (nach Oxford Dictionary).

Wieder einmal ist der englische Ausdruck kurz und prägnant, was noch häufiger auffallen wird, denn in der Gegenwart ist die analytische Ausdrucksweise mit englischen Begriffen durchsetzt. Da in Deutschland fast alles genormt ist, gibt es eine solche auch für die Sicherheitstechnik (DIN 31000). Dort sind die wesentlichen Dinge zusammengefaßt („Technische Erzeugnisse verursachen keine Gefahren bei ordnungsgemäßer Errichtung bzw. Aufstellung und bei bestimmungsgemäßer Verwendung") und definiert:

1. Unmittelbare Sicherheitstechnik = keine Gefahren vorhanden,

2. Mittelbare Sicherheitstechnik = Verwendung sicherheitstechnischer Mittel,
3. Hinweisende Sicherheitstechnik = Angabe von Bedingungen für eine gefahrlose Verwendung.

Empfehlenswert ist es, sich mit einschlägiger Literatur zu befassen und stets darüber informiert zu sein, wo sich medizinische Kliniken befinden, die auf Arbeits- oder Unfallmedizin spezialisiert sind und die Einwirkung chemischer Produkte beurteilen können sowie die gesamten Rezepturen chemischer Produkte vorzuliegen haben. Davon gibt es nur wenige in Deutschland, z. B. in Berlin, Bremen, Dresden, Hamburg, Kiel, Leipzig, Ludwigshafen, Mainz, München, Münster oder Nürnberg.

Es bedarf der Erwähnung, daß bei Gesetzen, Verordnungen oder Richtlinienvorschriften die jeweils letzte Ausgabe mit eventuellen Änderungen gültig ist. Man hat sich auf dem aktuellen Stand zu halten.

Das ist allerdings nicht ganz einfach, denn es gibt weltweit in keinem Lande so viele Gesetze, Verordnungen und Richtlinien (einschließlich der Normen) wie in unserem, was letztendlich den Verfall der Kultur und die Kompliziertheit des Zusammenlebens hierzulande dokumentiert.

2
Die Frühphase der Chemie

2.1
Aufgaben der Analytischen Chemie

Es ist gar nicht einfach zu sagen, was Analytische Chemie wirklich ist. Sowohl Chemiker an Hochschulen als auch in der Industrie stellen diese Frage oft, und es gibt nur eine einfache Antwort, die von dem Amerikaner *Charles N. Reilley* (University of North Carolina) stammt: „Analytical chemistry is what analytical chemists do". Dies befriedigt nicht vollständig, weil die Wissenschaft Analytische Chemie so interdisziplinär und vielseitig ist, so daß gerne recht komplizierte Definitionen benutzt werden, auch um von den häufig krankhaften Komplexen abzulenken, unter denen Analytiker oft wegen der fehlenden Anerkennung leiden. Aus der Geschichte der Chemie ergibt sich jedoch, daß dies jeder Grundlage entbehrt. Wahrscheinlich ist die Neugier auf das, was einen umgibt, womit man sich beschäftigt und was man bearbeitet, so alt wie die Menschheit. Die Steinzeitmenschen haben sicherlich noch nicht gewußt, aus welchem Mineral sie Werkzeuge machten oder daß es das Element Cer war, welches beim Reiben Funken sprühen ließ. Auch wenn sie Asche im Pott herstellten, wußten sie nicht, daß viel Kalium und auch Natrium darin enthalten war. Sie benutzten all dies aus Erfahrung, deren Ursache eben die Neugier ist.

Es kann gar nicht anders sein, als daß vor den Beginn aller chemischen Operationen die analytische Denkweise zu datieren ist. Sicherlich war die Stoffkenntnis aus langjähriger Erfahrung die treibende Kraft zur Herstellung von Gebrauchsmaterialien. Geordnet waren diese Tätigkeiten wahrscheinlich nicht.

Es ist bedauerlich, wie wenig wir darüber z. B. aus den alten ägyptischen Dynastien oder den arabischen Hochkulturen wissen [2]. Das Laboratorium der Hoesch Stahlwerke in Dortmund war eines der am besten ausgerüsteten – auch und besonders für die Oberflächenanalyse von Metallen. In den achtziger Jahren des vorigen Jahrhunderts beschäftigten wir uns mit der wahrscheinlich besten Untersuchungsmethode für sehr dünne Oberflächenschichten (im nm-Bereich), der *Secondary Neutral Mass Spectrometry* (SNMS). Durch einen Zufall (eigentlich von einem Numismatiker unter den Mitarbeitern) erhielten wir elf uralte, arabische Silbermünzen, auf die wir sputtern durften [3]. Diese Münzen stammten aus der Zeit zwischen 1000 bis 750 vor der Zeitrechnung und ließen sich Städten an den alten Handelswegen von Tunesien bis Bagdad, Schiraz und Taschkent zuordnen. Die Ergebnisse waren verblüffend und zeigten, wieviel Chemie schon damals betrieben worden sein muß. Aus den Massenspektren (Abb. 2 u. 3) las-

Analytische Chemie. Knut Ohls
Copyright © 2010 WILEY-VCH Verlag GmbH & Co. KGaA, Weinheim
ISBN: 978-3-527-32847-5

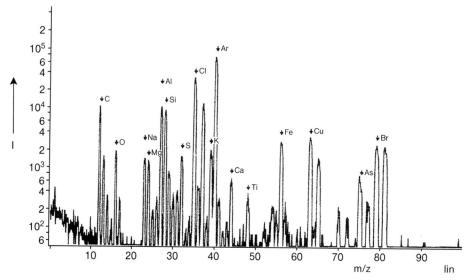

Abb. 2 Spektrum für den Massenbereich 1–100 m/z einer Silbermünze aus Al-Abbasiya, Tunesien, 787–788 v. d. Z. [3].

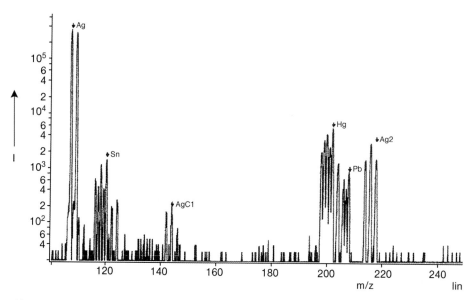

Abb. 3 Spektrum für den Massenbereich 101–250 m/z einer Silbermünze aus Al-Abbasiya, Tunesien, 787–788 v. d. Z. [3].

Tabelle 3 Zeitliche Veränderung des Ag-Anteiles in antiken Silbermünzen [3].

Prägezeiträume (v.d.Z.)	Silberanteil [%] Ag
787–750	99,5
935–918	93,6
935–802	93,4
991–938	89,9
> 1002	84,9
	84,8

sen sich neben Legierungsbestandteilen und umweltrelevanten Elementen erstaunlicherweise auch Halogene und Quecksilber in größerem Anteil erkennen.

An persischen und afghanischen Münzen ergab die Oberflächenanalyse, daß Quecksilber mit den Jahreszahlen der Prägung abnehmend nur an der Oberfläche bis zu Tiefen von 10 µm enthalten ist. Ebenfalls mit abnehmendem Prägungsalter verbesserte sich der Silberanteil erheblich (Tab. 3). Bei den jüngsten Münzen handelt es sich bereits eindeutig um Feinsilber (99,5 % Ag). Die metallurgische Bearbeitung hat sich also in den etwa 250 Jahren stark verbessert, was die Reinigung des Silbers belegt.

Der Quecksilberanteil läßt sich wahrscheinlich der Tatsache zuordnen, daß in dieser Zeit kalomelhaltige[1] Salben zur Insektenabwehr benutzt und die Münzen oft im Brustbeutel getragen wurden (wie dies z. B. von *H. Jüngst* in „Hamburger Beiträge zur Numismatik", 1985, geschildert wird).

1) Kalomel = Quecksilber(I)-chlorid, Hg_2Cl_2

Dieses Beispiel soll auch gleich ein Grundprinzip der Analytischen Chemie klar werden lassen: *Nicht nur die Datengewinnung ist das Ziel, sondern auch deren Interpretation ist Aufgabe des Analytikers.*

Zu diesem Zeitalter der Silbermünzen wird auch der Beginn der **Alchemie** datiert, die etwa vor 2800 Jahren in China begründet worden sein soll. Wahrscheinlich stammt aus dieser Zeit auch die Skepsis der Mitglieder der alten Fakultäten, der Juristen, Mediziner, Philosophen und Theologen, die keinen Ruhm abgeben und keine Kritik zulassen wollten.

Die abendländische Alchemie geht auf einen Grundgedanken von *Aristoteles* (384–322 v. d. Z.) zurück, der nämlich lehrte, daß sich jeder Stoff aus den Elementen Feuer, Wasser, Luft und Erde zusammensetze, wobei das Mischungsverhältnis den einzelnen Stoff charakterisiere. Eine Änderung dieses Verhältnisses hätte damit auch eine Verwandlung des Stoffes zur Folge, so daß dieser Grundgedanke über viele Jahrhunderte zum Ausgangspunkt des alchimistischen Laborierens wurde.

Bei der Alchemie handelte es sich um eine okkulte, also geheime Wissenschaft, worin sich die Eingeweihten in Allegorien, Metaphern, Anagrammen, Synonymen oder gar Decknamen verständigten.

Roger Bacon (1214–1292) beschrieb dies in seinem „*Opus Tertium*" so: „Wer Geheimnisse kundtut, mindert dadurch ihre Erhabenheit. Das Volk kann nichts damit anfangen und verkehrt nur alles ins Böse. Es ist Torheit, dem Esel Lattich zu geben, da er doch mit Disteln zufrieden ist. Ein Böser könnte mit dem Wissen die ganze Welt in Verwirrung stürzen. Daher darf ich nicht diese Dinge so beschreiben, daß jeder Beliebige sie verstehe, denn dies wäre dem Willen Gottes und dem Zeugnis der Weisen zuwider".

Ähnlichkeiten zur heutigen Wesensart der Chemiker (und nicht nur dieser) sind rein zufällig und nicht beabsichtigt. Es scheint so, als würden z. B. Politiker noch heute nach dieser Maxime handeln.

Dennoch geriet ein Teilaspekt der Alchemie sehr bald ins öffentliche Licht: die Goldmacherei, wodurch sich die Geschichte der Alchemie wie ein Kriminalroman liest [4, 5]. Es waren neben naturwissenschaftlichen Forschern ja auch Scharlatane, die auf Märkten ihre Wundmedizin verkauften, quasireligiöse Geheimbündler und steckbrieflich gesuchte Geldfälscher damit befaßt. Das erste, bisher bekannte Dokument über die Alchemie ist ein kaiserliches Dekret der chinesischen Han-Dynastie aus dem Jahre 144 vor der Zeitrechnung, das alle Geldfälscher mit öffentlicher Hinrichtung bedrohte. Im Jahre 303 nach der Zeitrechnung ließ der römische Kaiser *Diokletian* alle alchemistischen Schriften verbrennen, und fast 1000 Jahre später (1317) erließ Papst *Johannes XXII.* eine Bulle gegen die münzfälschenden Alchemisten. Verbote durch *Karl V.* von Frankreich (1380), die Republik Venedig (1488) und die Freie Reichsstadt Nürnberg (1493) sind aus dem Mittelalter bekannt. Doch all dies konnte die Faszination des Grundgedankens, aus minderwerten Metallen (Stoffen) durch Transmutation und Hinzufügen bestimmter Präparate hochwertige Materialien machen zu können, nicht mehr stoppen. Hätte es damals schon eine gute Analytik gegeben, dann wären viele Scharlatane schnell aufgeflogen.

Mit dem beginnenden Humanismus bekam dann der Begriff „Wahrheit" eine Schlüsselfunktion, mit der wir uns heute noch in der Analytik befassen. *Albrecht Dürer* (1471–1528) fand sie in den Wissenschaften, besonders in der Mathematik. Schönheit sei normativ, fand er, und wollte so sein Ziel, die „wahre Kunst", erreichen. Der Frühhumanist und Straßburger Stadtschreiber *Sebastian Brant* (1458–1521) geißelt in seinem damals sehr bekannten Buch „*Das Narrenschiff*" (1494) das Laster und die Torheiten von Personen, Berufen und Ständen. Die Alchemisten kommen hier als Weinpanscher und Geldfälscher an den Pranger. Doch der „Stein des Weisen" konnte nie gefunden werden – oder doch?

Die zahlreichen Zufallsentdeckungen auf technologischem, medizinischem und chemischem Gebiet bilden letztlich das Fundament für die sog. „exakten" Naturwissenschaften. So verdankt die Menschheit alle Fortschritte auf den Gebieten der *Metallurgie*, der *keramischen* Erzeugnisse und der gesamten *Färbetechnik* den Alchemisten. Denn Wissenschaftler zu sein, das hieß von der Antike über das Mittelalter bis vor etwa 200 Jahren: *denken, philosophieren und disputieren!*

Das Laboratorium war Sache der einfachen Handwerker. Nur die Alchemisten, die stark angefeindet wurden, schlossen diese Kluft zwischen der Theorie und der Praxis (Abb. 4), dem Denken und Handeln,

Abb. 4 Kupferstich aus dem „*Tripus aureus*" von 1677 „*Theorie und Praxis der Alchemie*".

und sie verbanden die Spekulation mit dem Experiment.

Alchemistisches Gedankengut wäre also für die heutige Analytische Chemie von sehr großem Nutzen, denn die Kluft ist seit über 100 Jahren wieder da [6]. *Justus von Liebig* anerkannte die Verdienste der Alchemisten, indem er über diese schrieb: „Um zu den chemischen Kenntnissen zu gelangen, über die wir heute verfügen, war es nötig, daß Tausende von Männern, mit allem Wissen der Zeit ausgerüstet, von einer unbezwinglichen, in ihrer Heftigkeit an Raserei grenzenden Leidenschaft erfüllt, ihr Leben und Vermögen und alle ihre Kräfte daran setzten, um die Erde nach allen Richtungen zu durchwühlen, daß sie, ohne müde zu werden und zu erlahmen, alle bekannten Körper und Materien, organische und unorganische, auf die verschiedenste und mannigfachste Weise miteinander in Berührung brachten; es war erforderlich, daß dies 1500 Jahre lang geschah."

Nur war den Alchemisten jegliche Einheitlichkeit von Bezugssystemen oder der Meßreihen fremd, und sie befaßten sich weder mit dem Korrespondenz- noch dem Analogiedenken. Ähnlichkeiten zu heutigen Analytikern sind rein zufällig und ungewollt.

Die **Bedeutung des Experimentes** in den Naturwissenschaften ist allgemein anerkannt und für die Analytische Chemie unerläßlich. Der Weg von der Neugierde bis zum Gesetz ist auch übertragbar auf die Entwicklung einer analytischen Methode.

Ein Analytiker sollte extrem neugierig sein, er muß beobachten können und befähigt sein, Hypothesen aufzustellen. Dann beginnt die eigentliche Arbeit, das Experimentieren mit allen zur Verfügung stehenden Mitteln, sowohl seinem Wissen und seiner Erfahrung als auch den apparativen Möglichkeiten. Ist dann eine Methode (Theorie) entwickelt, so gilt es, diese für einen bestimmten Anwendungsbereich zu *validieren*. Gelingt es dann, dieses Analysenverfahren zu standardisieren, so kann es eine Norm (Gesetz) werden. Die Analytische Chemie befolgt also den anerkannten Weg des naturwissenschaftlichen Handelns; sie ist somit zweifellos eine Wissenschaft. Doch mit ihrer eindeutigen Definition hatten – wie schon anfangs erwähnt – die Chemiker immer große Schwierigkeiten. Bei der Schluß- und Beweislehre des *Aristoteles* bedeutete Analytik gleich Logik. Später galt dafür bei *Kant* schon die doppelte Bedeutung: „Zergliedernde Denktechnik" und auch „Zerlegung eines Stoffes" (als Gegensatz zur Synthese). So hieß denn auch die alte Definition für Analytische Chemie:

Die Analytik ist ein Teil der Chemie, der sich mit der Zerlegung und Strukturaufklärung von Verbindungen befaßt.

Da die Ausbildung in Analytischer Chemie sehr mangelhaft war (und leider immer noch ist), ließ sich dieser große Anspruch – besonders hinsichtlich der Strukturaufklärung – nicht aufrechterhalten. Der junge Chemiker kommt eigentlich nur zu Beginn seines Studiums mit der Analytik in Berührung, wo sie von Chemikern zur Vermittlung der Stoffkenntnis be-

2 Die Frühphase der Chemie

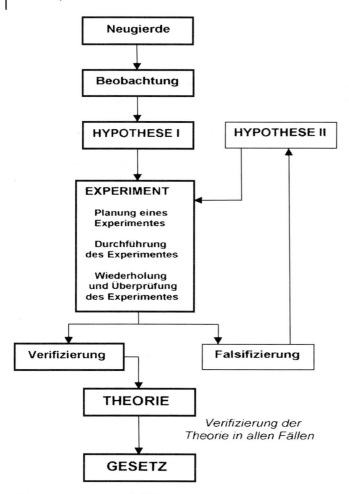

Abb. 5 Das naturwissenschaftliche Handeln von der Neugierde bis zum Gesetz (modifiziert nach [1186]).

nutzt wird. Dies reicht bei weitem nicht aus, um chemisch-analytisches Denken einzuüben, das für den Analytiker als Hilfsmittel zur Lösung komplexer technologischer Probleme [6] später notwendig ist. Vor etwa 200 Jahren, als alles begann, waren Analytik und Synthetik noch eine gedankliche Einheit. *Friedrich Wöhler* (1800–1882) analysierte zuerst organische Stoffe, wie 1824 die Oxalsäure und 1828 den Harnstoff, um sie dann wieder zu synthetisieren – quasi als Beweis der Analyse und umgekehrt. Mit steigender Verbindungsanzahl und zunehmendem Wissen wuchs auch die Arroganz der synthetischen Chemiker, die in den letzten 100 Jahren wieder zu der mittelalterlichen Trennung von „Wissenschaftlern" und Handwerkern (Analytikern) führte, einer bis heute anhaltenden Kluft, die – so glaubten die Analytiker – seit der Blüte der Alchemie überwunden zu sein schien. Das hat bis heute dazu geführt, daß die analytischen Chemiker von jenen Chemikern Aufträge erhalten, die kein Verhältnis zur und kein Wissen über die Analytische Chemie besitzen und ihre Möglichkeiten und Grenzen nicht abschätzen können. So folgte dann auch die von Chemikern in der Überzahl erdachte Definition der Analytischen Chemie von der Fachgruppe „Analytische Chemie" der Gesellschaft Deutscher Chemiker (GDCh): „Chemische Analytik ist die Wissenschaft von der Gewinnung und verwertungsbezogenen Interpretation über stoffliche Systeme mit Hilfe naturwissenschaftlicher Methoden."

Diese Version ist so allgemein und unspezifisch, wie es Gesetzestexte normalerweise sind. Offenbar wollte man keiner Gruppe (Lobby) weh tun. Das Spezifische der Analytik sollte wirklich genannt sein. Das ist schon seit alchemistischen Zeiten bekannt, wo es als „Dreieinigkeit" bezeichnet wurde:

Eine neuere Definition: „Analytische Chemie ist die interdisziplinäre Wissenschaft, die sich mit der Praxis der *qualitativen* Erfassung und der *quantitativen* Bestimmung von Elementen und Verbindungen in Stoffen aller Art befaßt." trifft das Charakteristische schon weitaus besser. Dabei geht es natürlich um die Gewinnung von relevanten Informationen, was sich mehr pragmatisch [7, 8] oder auch philosophisch [9–11] betrachten läßt. Darauf ist noch in den Kapiteln über die analytische Methode und deren automatisierte Anwendung einzugehen.

Weitere Definitionen sind im Rahmen einer internationalen Ausschreibung [13] vorgeschlagen worden; es gibt deren viele, die eigentlich zur selben Aussage führen müßten. Es soll „wissenschaftlich" klingen und nach mittelalterlichem Brauch nur dem Eingeweihten (und nicht immer dem) verständlich sein. Es ist der Zeitgeist, der uns heute speziell im Deutschen viel aufgeblähtes Gequatsche, das über Mängel und Denkfehler hinwegtäuschen soll, beschert, weshalb viele Analytiker das Englische in Wort und Schrift bevorzugen. Hierin läßt sich kurz und prägnant eine verständliche Aussage machen, wie es z. B. ein Ausspruch von *P. Griffits* (University of Idaho) belegt: „If pure chemistry is the opposite of applied chemistry, then pure chemistry is chemistry that has no application" [14]. Treffender läßt sich ein solches *„statement"* nicht ausdrücken. Deshalb ist auch die anfangs erwähnte, witzige Definition von *C. N. Reilley:* „Analytische Chemie ist das, was analytische Chemiker tun!" sehr treffend. Man muß natürlich wissen, was Analytiker tun und vor allem wie sie denken. Dies war die Motivation zu zahlreichen Vorlesungen an der Westfälischen Wilhelms-Universität Münster.

2.2
Die Probierkunst im frühen Mittelalter

Die weitere geschichtliche Entwicklung der Chemie fand dann im frühen bis späten Mittelalter statt und basierte auf den Erkenntnissen der Alchemie. Auf der Suche nach dem „Stein der Weisen" wurden so zufällig entdeckt:

1. Der *Destillationsapparat* ist vermutlich von der legendären Alchemistin *Maria Prophetissa*, auch *Maria, die Jüdin,* genannt, im 3. Jahrhundert gebaut worden;
2. *Eisen-* und *Kupfervitriol* sind im Leidener Papyrus (3. Jh.) erwähnt;
3. das *Aräometer* wurde von *Synesios* von Alexandrien um 400 nach der Zeitrechnung beschrieben;
4. *Salmiak-* und *Zinnober*-Herstellung sind von *Geber* (eigentlich: *Dschabir ibn Haijan*) in der zweiten Hälfte des 8. Jahrhunderts exakt dargestellt worden;

5. *Alkohol* soll um 1100 in Italien hergestellt worden sein;
6. *Mineralische Arzneimittel* benutzte *Paracelsus* (1493–1541) als Quecksilber- (wie es 2500 Jahre davor die Araber taten), Arsen- und Antimonpräparate, der das Leben als chemischen Prozeß erkannte;
7. *Gas* wird als Begriff von *Johan Baptista van Helmont* (1579–1644) eingeführt, der Kohlendioxid von Luft, Wasserstoff und Grubengas unterscheiden konnte;
8. *Zinnchlorid* und *Rubinglas* wurden von *Andreas Libavius* (1550–1616) zufällig bei Goldherstellungsversuchen gefunden;
9. *Phosphor* machte *Johann Kunckel von Löwenstern* (1630–1703) populär, der auch auf der Pfaueninsel in Berlin eine Glasmacherwerkstatt betrieb und
10. *Weißes Porzellan* fand *Johann Friedrich Böttiger* (1682–1719) bei den Versuchen, unter Zwang und Folterandrohung für *August den Starken* Gold herstellen zu müssen, (1707–1708) erstmalig in Europa.

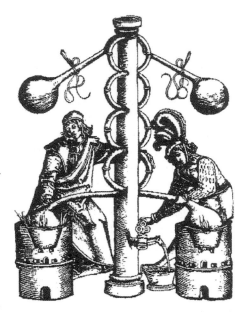

Abb. 6 Vorrichtung zum Destillieren.

Von all dem zehrte nicht nur die Chemie, sondern auch die Analytische Chemie, die spezielle Techniken der Experimentierkunst übernahm, wie z. B. das Schmelzen von Metallen durch Verwendung von Holzkohle und Blasebalg, das Destillieren (Abb. 6) oder das Scheiden durch verschiedene Trennungsgänge mit dem Aus- oder Umfällen und dem Filtrieren sowie viele Apparaturen, die schnell modifiziert und dem jeweiligen Problem angepaßt wurden.

Alle Materialien aus der Natur und daraus hergestellte Stoffe, wie Metalle, Kalk, Soda oder Pottasche, Farben und Gemische zur pharmazeutischen Anwendung, hatten eine chemische Zusammensetzung und waren von einer bestimmten Güte, so daß immer der Wunsch nach einer Verbesserung bestand. Dazu war mehr und mehr die Stoffkenntnis erforderlich, die über die sog. **Probierkunst** erworben wurde. Eine treffliche Bezeichnung, denn die Analytische Chemie – wie wir heute die Probierkunst nennen – hat viel mit Kunst (= Können) zu tun.

Es gab im Mittelalter nicht nur den Höhepunkt der Alchemie [4, 5], sondern daneben auch die beginnende Entwicklung der Chemie, wobei zunächst die Metallurgie eine besondere Rolle spielte. In der Geschichte der Metallurgie zeigt sich ein typisches Merkmal der technologischen Entwicklung: *Viele Erfahrungen sind im Laufe der Zeit vergessen worden und mußten mühsam erneut gemacht werden.* Das gilt sowohl für metallurgische Prozesse der Bronze- oder Eisenzeit, die so bedeutend waren, daß Epochen danach benannt wurden, als auch für die Kenntnisse der Chinesen vor der Zeitrechnung in der Porzellan- oder Schießpulverherstellung. In der Blütezeit der Alchemie mußte viel davon neu erarbeitet werden. Relativ früh am Anfang des 14. Jahrhunderts wurde in Baden erneut das Schießpulver benutzt. Jetzt diente es nicht wie in China als Treibmittel für Feuerwerkskörper, sondern für Geschosse. Da man diese Anwendung dem Mönch *Bertholdus (Berthold Schwarz)* zuschrieb, wurde es lange Zeit auch „Schwarzpulver" genannt, bestehend aus 12–20 % Holzkohle, 70–80 % Salpeter (Kaliumnitrat) und 3–14 % Schwefel. Bis zur erneuten Herstellung des weißen Porzellans durch *Johann Friedrich Böttger* (1682–1719) dauerte es dann noch rund 400 Jahre. Natürlich gab es Ausnahmen, wie z. B. die Herstellung von Stahl. Bereits vor etwa 3000 Jahren wurde in verschiedenen Ländern, wie Ägypten, Armenien, Indien oder Mesopotamien (dem heutigen Irak), ein Verfahren benutzt, welches damals die gesamte Eisentechnologie veränderte. Es gelang nämlich, das Roheisen durch wiederholtes Ausglühen im Holzkohlefeuer und anschließendes Schmieden zu härten. Diese Technik benutzte man über Jahrhunderte, bis sie am Ende des 18. Jahrhunderts durch die Entwicklung des Puddelverfahrens abgelöst wurde.

Die Überlieferung von Erfahrungen war damals sicherlich schwieriger als heute, dennoch ist dasselbe Phänomen erhalten geblieben. Die jüngeren Forscher lesen kaum noch Fachliteratur, so daß häufig von ihnen entwickelte Verfahren für neu gehalten werden, obwohl es tatsächlich nur Modifikationen bekannter Methoden sind. Sicherlich ist es richtig, daß man aus eigenen Fehlern die nachhaltigsten Erfahrungen sammelt, doch muß dies zeitlich und wirtschaftlich vertretbar sein. Auch sollte man die Fehler nicht wiederholen. Andererseits wird häufig geglaubt, daß nur der als Wissenschafter anerkannt ist, der etwas Neues schafft. Dies ist ein Irrglaube. In der Analytischen Chemie, der uralten Probierkunst, ist das Neue sehr selten; sie lebt besonders in der Gegenwart von gekonnter Modifikation (s. Kap. 5).

So ist es denn auch wahrscheinlich, daß im Mittelalter viele Erfahrungen neu gemacht werden mußten. Mit Sicherheit wußte man zu dieser Zeit weit weniger aus dem Altertum, als dies heute der Fall ist, obwohl auch das bruchstückhaft zu sein scheint. In Museen kann man heute erkennen oder erahnen, über welche technologischen Verfahren die alten Kulturvölker in Asien, Ägypten oder Mittel- und Südamerika sowie später die Griechen und Römer bereits verfügten. Viele dieser Verfahren und auch die Heil- und Nahrungsmittel bedurften der Probierkunst, um Erfahrungen zu sammeln. Das heutige Wissen über die Alchemie dieser Epochen läßt sich in der Literatur [4, 5] und auch im Internet z. B. über die Homepage von *Adam McLean* (www.alchemywebsite.com) nachlesen.

In Europa gab es zur Zeit des Mittelalters erhebliche Beschränkungen, die nicht so sehr den technologischen Fortschritt behinderten – man denke an den hohen Stand der Baukunst von Burgen, Festungen, Stadtmauern und besonders großen Kirchen – doch um so mehr die wissenschaftliche Entwicklung bremsten. In der zweiten Hälfte des 17. und besonders im 18. Jahrhundert entwickelten sich dann die Naturwissenschaften Physik und Chemie neben der immer noch praktizierten Alchemie. Bezeichnend dafür ist offensichtlich die Neugier gewesen. So war einer der größten Naturwissenschaftler aller Zeiten, *Isaak Newton* (1642–1727), nicht nur der Begründer der klassischen Physik und Präsident der Royal Society, sondern „privat", d. h. nur wenigen Freunden bekannt, ein leidenschaftlicher Alchimist. Dies zeigt nicht nur die alte Verwandtschaft von Physik und Chemie, sondern spiegelt auch das damalige Ansehen der Probierkunst wider. Erst seit den dreißiger Jahren des 20. Jahrhunderts weiß man aus seinen Labortagebüchern (1678–1696), wie intensiv und mit welchem Zeitaufwand *Newton* die Alchemie betrieben hat [15].

Alchemie war weit mehr als nur die Versuche der Goldmacherei. Oft haben die Nebenprodukte eine wirtschaftlich große Bedeutung erlangt. Mehr geachtet wurde die Metallkunde, die nicht so okkult oder mythisch verklärt erschien, sondern offensichtlich verstanden worden ist. Metalle brauchte man, sowohl Edelmetalle als auch Nichteisenmetalle – überwiegend Kupfer, Zinn und Blei – oder deren Legierungen – Bronze und Messing – sowie eben Eisen und Stahl. Der Bedarf an Metallprodukten wuchs schnell, man denke an Münzen, Schmuck, Kelche, Behälter und Sarkophage oder Waffen, Rüstungen, Trinkbecher, Geschirr und Werkzeuge aller Art – also Gebrauchsgegenstände. Somit konnte sich die Metallurgie weitgehend frei entwickeln, was dann auch geschah.

Dabei spielte nun die Eisenherstellung eine große Rolle, was auch die Probierkunst immer wichtiger werden ließ. Es ist ein historischer Fakt, daß die Metallindustrien – und hier im besonderen die Eisenhüttenwerke – bis zum Ende des 20. Jahrhunderts als Pioniere der analytischen Verfahrensentwicklung, der Übertragung von Methoden der Analytischen Chemie in die Praxis, anzusehen sind (s. Kap. 5).

Doch zurück zur Geschichte, in der Eisen und Stahl bei den Gebrauchsgegenständen und den Waffen zunächst diejenigen aus Stein und Knochen sowie auch die aus der kostbaren Bronze verdrängen konnten, was langsam zum Ende der Bronzezeit (1900–530 v. d. Z.) führte. Um 500 v. d. Z. produzierten die Chinesen bereits Gußeisen, wobei sie die wärmebegünstigten

Abb. 7 Probierofen [17].

Schachtöfen benutzten, die immerhin pro Beschickung 1 t Eisen lieferten [16]. Der nun wachsende Bedarf an Roheisen steht beispielhaft für die ständige Vervollkommnung der benutzten Brennöfen mit Blasebalg. Parallel dazu entwickelten sich sog. Probieröfen in runder und eckiger Form (Abb. 7), die immer noch den Laboröfen von heute ähnlich sehen. Nur die Art der Beheizung hat sich völlig verändert.

In solchen Öfen, die aus Ziegelmauerwerk, Eisen oder Ton hergestellt waren, sind zunächst kleine Mengen eines Erzes geschmolzen worden, um den Metallanteil zu ermitteln. Es wurde also vorher untersucht, ob sich die Verhüttung einer bestimmten Erzsorte lohnt. Das hatte bereits wirtschaftliche Gründe und zeigt die *Verknüpfung der Probierkunst mit den Kosten*. Selbstverständlich hing die Eisen- und Stahlherstellung von den vorhandenen Rohstoffen ab, die damals so wertvoll waren wie heute auch.

Überliefert sind offensichtlich aus dem Altertum auch einfache Waagen. Die Waagschalen wurden nun bereits der Aufgabe angepaßt, z. B. benutzte man verschiedene Typen für Blei oder Zuschläge eine größere, für das Probiergut Erze und Metalle eine empfindlichere kleinere Waage sowie die empfindlichste für Gold- und Silberkörner.

2.2 Die Probierkunst im frühen Mittelalter

Abb. 8 Geräte zur Probenvorbereitung [17].

Nicht nur die Waagen, sondern auch die Geräte zur Probenvorbereitung, wie Tiegel, Preßformen oder Pistille (Abb. 8), sind bereits den üblichen Laborgeräten sehr ähnlich.

Auf besondere Weise hat sich die Probierkunst im 15. und 16. Jahrhundert bei den Bestimmungen der Gold- und Silberanteile in Münzen bewährt. Man nannte damals das Prägen noch Schlagen, und man wußte, daß derjenige, der Münzen schlägt, bei der Legierung oft zu schummeln versuchte, z. B. Goldanteile durch Silber oder Kupfer ersetzte. Umständlich war die sog. Feuerprobe im Probierofen, wobei man aus dem Verdampfen und Kondensieren auf die Anteile schließen konnte. Für die Schnellanalyse oder den „finger print", wie wir heute sagen würden, gab es damals einen Probierstein, der möglichst schwarz sein sollte. Mit der unbekannten Legierung machte man darauf durch Abrieb einen Strich. Für den Farbvergleich wurden vier Probiernadeln benutzt, die aus Legierungen von Gold und Silber, aus Gold und Kupfer, aus Gold, Silber und Kupfer sowie aus Silber und Kupfer bestanden. Mit den ersten drei Nadeln wird auf Gold und mit der vierten auf Silber geprüft. Zur Beurteilung wurden den Nadeln Masseneinheiten zugeordnet (1 Mark = 24 Karat = 96 Gran = 192 Skrupel = 288 Gränchen = 234 Gramm). Für Gold, das vor allem zur Münzprägung diente, war damals wie heute ein schnelles Erkennen des Goldanteiles wichtig. So kam es zur Entwicklung von goldenen Probiernadeln, die über ihre Farbe zu unterscheiden sein sollten. Von Gränchen- bis Gran-Abstufungen waren allerdings die Farbunterschiede für eine Entscheidung zu gering, und die Anzahl der Nadeln wäre zu groß geworden. Deshalb wählte man „Karat", so daß man mit 24 Probiernadeln (Abb. 9) auskam.

Alles Wissenswerte über den Stand der Metallurgie und der Probierkunst mit relevanten Materialien bis etwa zur Mitte des 16. Jahrhunderts hat der Naturforscher, Humanist und Arzt *Georg Agricola* (1490–1555) in seinem Buch „*De Re Metallica – Libri XII*" [17] aufgeschrieben. Das Buch erschien erstmals 1556 posthum in Basel und gilt als Standardwerk der frühen Ingenieurwissenschaften in der europäischen Renais-

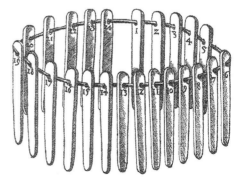

Abb. 9 Probiernadeln aus Gold [17].

sance. In deutscher Sprache erschien es 1928 unter dem Titel: *„Zwölf Bücher vom Berg- und Hüttenwesen"* (VDI Verlag, Berlin).

Basel war damals das Zentrum des Humanismus, den *Erasmus von Rotterdam* (1469–1536) begründet hatte, der eben in dieser Stadt lebte. Damals konnte der Medikus *Georg Agricola* (Abb. 10) auch Humanist und sogar Naturforscher sein, wie viele nach ihm, die sich um die Entwicklung der Probierkunst verdient gemacht haben. Es ist auch heute noch lohnend, sich mit den Anfängen zu beschäftigen und in der alten Literatur oder zusammenfassenden Darstellungen [18, 19] zu lesen. Man bekommt so Respekt vor den Leistungen der Menschen von der Antike bis zum frühen Mittelalter und den Kenntnissen, die sie erwarben.

Heute versuchen die Chemiker die mittelalterliche Probierkunst gerne nur als chemisch-gewerbliche Arbeit zu definieren, die alleine dazu diente, neue Substanzen und Verfahren zu testen und der Produktion zugänglich zu machen. Mit Sicherheit wurde in dieser Zeit aus der mehr zufälligen oder auf Erfahrung beruhenden Beobachtung der Antike, was allerdings zu erstaun-

Abb. 10 *Georgii Agricolae* (photographiert in der Stadtkirche Chemnitz).

lichen Technologien führte, ein geordnetes und dokumentiertes „Gewerbe" mit großen Anteilen an Analytischer Chemie. Dies kann ein Grund dafür sein, daß die „synthetischen" Chemiker den analytisch arbeitenden heute nicht als Forscher anerkennen, sondern ihn als reinen Dienstleistenden abqualifizieren. Damals war die Alchemie ein Fachgebiet, wie wir heute sagen würden, das die Probierkunst als dazugehörende Notwendigkeit achtete und einschloß. Das blieb auch noch bis Mitte des 19. Jahrhunderts der Fall.

3
Die Periode der fundamentalen Entwicklungen (1450–1850)

Sicherlich begann die Analytische Chemie einst mit der qualitativen Analyse. So blieb es auch im Studium der Chemie; es beginnt mit dem qualitativen Praktikum, um die ersten Stoffkenntnisse zu vermitteln. Wer hat nicht nach dem „Jander-Blasius" [20] gekocht, einem Buch, das bis heute ständig neu aufgelegt werden sollte. Daneben gibt es noch den „Biltz, Klemm, Fischer" [21]. Am Anorganisch-Chemischen Institut der Technischen Universität Berlin, dessen Direktor G. Jander vor rund 50 Jahren war, sind damals viele Mitarbeiter an der Erneuerung seiner Bücher und Handbuchreihen beteiligt gewesen. Organisiert wurden all diese Aktivitäten einschließlich des Praktikums von E. Blasius, der später dann in Saarbrücken lehrte. In Berlin übernahm G. Schulze diese Aufgaben. Blasius und sein Freund, G. Gottschalk, der sich bei ihm und E. Asmus habilitierte, nachdem Asmus 1957 aus Münster kommend den Lehrstuhl von K. F. Jahr an der TU Berlin übernommen hatte, hielten dort bemerkenswerte und exakt vorbereitete Vorlesungen über praktische Anwendungen und die Standardisierung analytischer Verfahren sowie den Einsatz der Statistik.

Doch zunächst lernt der Student der Chemie mit Hilfe der **qualitativen Analyse**, daß sich AgCl am Licht schnell verfärbt – was H. Schulze schon 1725 erkannte und für die Photographie nutzte –, daß MnS nicht immer schwarz und ZnS nicht immer weiß sein müssen, oder HgO in verschiedenen Farben auftreten kann.

Neben der Stoffkenntnis sollte eigentlich jeder Chemiker die einfachen Techniken der qualitativen Analyse beherrschen. Das können auch viele, was sie dann oft zu der Ansicht verleitet, sie würden schon Analytische Chemie betreiben und beherrschen.

Bei den Übungen zur **quantitativen Analyse** ist es dann im Studium schon anders. Im Grunde arbeitet man hier ausschließlich nach bewährten Verfahrensvorschriften und lernt nur das genaue Lesen und Einhalten von Vorgaben sowie die erforderliche Sauberkeit. Schon das liegt nicht jedem, und es wird schnell verdrängt oder vergessen. Auch ist es für viele Menschen unglaublich schwer, eine Vorschrift so exakt zu befolgen, wie es in der Analytik sein muß. Genau so schwer ist es, eine Vorschrift so zu gestalten, daß sie verständlich und einfach zu befolgen ist. Hiermit beginnt die eigentliche Analytische Chemie!

Der Beruf des chemischen Analytikers erfordert nicht nur Phantasie, Erinnerungsvermögen, Neugier und eine gewisse Sturheit; auch praktische Begabung ist erforderlich, ohne die Erfahrungen nicht bewußt verarbeitet bzw. gespeichert werden. Die Beschäftigung mit der Geschichte soll nun nicht dazu führen, alle Methoden aufzuzählen oder abzuschreiben, sondern es geht vornehmlich um die Frage: „Was sollte in der Gegenwart von der klassischen quantitativen Analytik noch genutzt werden?"

3.1
Die Zeit der Chemiasten

Die bereits erwähnte Zeit der Renaissance (Wiedergeburt) im 15. und 16. Jahrhundert brachte nicht nur die Auseinandersetzung mit den Dogmen des frühen Mittelalters, sondern auch einen Anstieg der allgemeinen Bildung. Einen großen Anteil daran hatte die Erfindung des Buchdruckes mit beweglichen, gegossenen Lettern um 1445 durch *Johannes Gutenberg* (~1396–1468), der eigentlich *Johann Gensfleich zum Gutenberg* hieß. In der Zeit der Renaissance sind nicht nur bedeutende Kunstwerke entstanden, sondern auch Wissenschaft und Technik bekamen durch den einzigartigen *Leonardo da Vinci* (1452–1519) einen erheblichen Entwicklungsschub. Besonders galt dies für die Experimentierkunst, denn er äußerte sich folgendermaßen [22]:

„Das Experiment irrt nie, sondern nur eure Urteile irren. Der Interpret der Wunderwerke der Natur ist die Erfahrung. Sie täuscht niemals. Es ist nur unsere Auffassung, die sich zuweilen selbst täuscht. Wir müssen die Erfahrung in der Verschiedenheit der Fälle und der Umstände solange zu Rate ziehen, bis wir daraus eine allgemeine Regel ableiten können. Wenngleich die Natur mit der Ursache beginnt und mit dem Experiment endet, so müssen wir doch den entgegengesetzten Weg verfolgen, d. h. wir beginnen mit dem Experiment und müssen mit diesem die Ursache untersuchen." (s. auch Kap. 2, Abb. 5). Besser konnte dies zur damaligen Zeit keiner ausdrücken. Die meisten seiner Ideen und Konstruktionen – von der Bohrmaschine bis hin zur Flugmaschine – wurden in den folgenden Jahrhunderten „neu erfunden". Die Modifikation von Ideen und deren Verifizierungen ist also kein Phänomen der Neuzeit.

Das soll nicht negativ klingen, denn es bringt die Entwicklung voran. Einen negativen Aspekt erhalten Modifikationen nur dann, wenn alte Informationen bekannt sind, aber nicht zitiert werden. Das ist in der Gegenwart gängige Praxis, obwohl der Zugang zu alten Quellen heute viel einfacher ist. Diese Verhaltensweise ist so alt wie *Christoph Columbus* (~1447–1506), der wahrscheinlich schon die alten Seekarten der Phönizier kannte; es aber nie zugegeben hatte. Vielleicht liegt es auch daran, daß Literatur zu lesen aus der Mode gekommen ist. Zweifellos kostet es Zeit, doch die benötigt man auch für die Suche im Internet, wo nur das gefunden werden kann, was irgend jemand eingegeben hat. Das schnelle Auffinden von Literaturhinweisen und das „diagonale" Lesen läßt sich erlernen, doch es erfordert Übung.

Im 16. Jahrhundert begann eigentlich das Zeitalter der Chemie, als der Autodidakt *Bernard Palissy* (~1499–1589), der die Agrikultur- und keramische Chemie entwickelte, Experiment und Erfahrung hervorhob [23]. Dem folgten zahlreiche Forscher, die überwiegend Ärzte und Physiker waren, und dementsprechend stand die Bereitung von Arzneimitteln im Mittelpunkt ihrer Bemühungen, weshalb man von Chemiasten sprach und das Gebiet „Chemiatrie" (medizinische Chemie) nannte.

Der bekannteste Vertreter dieser Ärztegruppe war *Philippus Aureolus Theophratus Bombastus Paracelsus von Hohenheim* (1493–1541), der wegen seines Eifers, seiner Streitsucht oder Unduldsamkeit von den Zeitgenossen entweder als Prophet vergöttert oder als Schwindler verschrien worden war. Dieser Zwiespalt kennzeichnet auch seinen Lebenslauf: Studien an mehre-

Abb. 11 *Paracelsus.*

ren Universitäten und die damals üblichen Wanderjahre, Professor in Basel, Entlassung aufgrund seiner Lehren, danach fahrender, lehrender und lernender Wanderarzt, der umfangreiche Werke verfaßte und dennoch arm in Salzburg starb. Er kritisierte alle bisher bekannten Auffassungen und äußerte seine Kritik öffentlich, was auch 500 Jahre später nicht gerne gesehen wird.

Paracelsus vertrat die Meinung, daß einzig die Chemie alle Probleme der Heilkunde, Physiologie und Pathologie lösen könne, denn ohne Chemie sei keine medizinische Wissenschaft möglich. Dies war eigentlich das Programm der neuen chemischen Richtung, doch wurde es von vielen Kollegen nicht verstanden. Es setzt sich durch die Jahrhunderte fort, daß der medizinische Fortschritt immer von konservativen Kollegen gebremst wird.

Natürlich war auch vieles aus heutiger Sicht falsch, was da *Paracelsus* annahm. Er hielt neben Quecksilber und Schwefel auch das Salz für ein Element und behauptete, daß alle Körper, nicht nur Metalle und Mineralien, sondern alle anorganischen und organischen Stoffe, aus „Sulphure, Mercurio et Sale" bestehen [24]. Salz bezeichnete er als „Prinzip der Löslichkeit".

Erst etwas mehr als 100 Jahre später beschrieb der englische Physiker und Chemiker *Robert Boyle* (1627–1691) eine Definition der Elemente etwa im heutigen Sinn und unterschied diese von den Urelementen des *Aristoteles* (384–322 v. d. Z.), die er metaphysisch nannte. Allerdings hielt er die Elemente für nicht mehr teilbare, kleinste Teilchen. Diese Ansicht übernahm *Boyle* – wie weitere zeitgenössische Forscher auch – von dem französischen Astronom und Mathematiker *Pierre Gassendi* (1592–1655). Jedenfalls erfolgte dadurch eine Neubelebung der atomistischen Auffassung von *Demokrit* (~465–~380 v. d. Z.), die durch die Lehren des *Aristoteles* lange Zeit verdrängt worden war.

Was haben nun *Paracelsus* und *die* Chemiasten mit der Analytischen Chemie zu tun? Im Zeitalter der Chemiatrie begann eine deutliche Abkehr von der Alchemie, die im wesentlichen mit Schmelzen arbeitete, hin zu Lösungen von Salzen. Viele einfache Salze wurden hergestellt, doch ist nicht ganz gewiß, ob Säuren und Basen im heutigen Sinn schon bekannt waren. Man vermutete Reaktionen in der Lösung, aber glaubte jedoch lange, daß die Stoffe oder die Stoffart verloren gehen. Erst als *Jean Baptiste van Helmont* (1577–1644) durch Experimente nachweisen konnte, daß der gelöste Stoff keineswegs verschwand, daß auch bei der Destillation der Stoff unverändert blieb, bekamen die Verbindungen ihre heutige Bedeutung. Er stammte aus Brüssel und hatte in Leuven Medizin studiert. Im Grunde war *van Helmont* eine zwiespältige Persönlichkeit, einerseits der erste große Chemiker der Neuzeit, der die oft noch Irrtümer enthaltenen Lehren des Paracelsus' so modifizierte, daß eine neue Lehre entstand, andererseits glaubte er noch an die Metallverwandlung

Abb. 12 *Jean Baptiste van Helmont.*

oder mystische Anschauungen, z. B. daß Mäuse entstehen würden, wenn man in einem Gefäß auf ein schmutziges Hemd Mehl streute. Wie man seinen Schriften entnehmen kann, von denen der größte Teil erst nach seinem Tod (um 1648) durch seinen Sohn in Druck gegeben wurde, war er ein großer Experimentator.

In diese Zeit fiel auch die Entdeckung der Gase. Die Alchimisten hatten auch schon das Entweichen von Gasen beim Schmelzvorgang beobachtet, hielten dies aber immer für Luft. Es war auch wieder *van Helmont*, der experimentell Gase herstellte, diese aber nicht unterscheiden konnte. Da er es nicht für Luft hielt, schrieb er in seinem Aufsatz *„Ortus medicinae"*: „Diesen unbekannten Spiritus, der weder in Gefäßen aufbewahrt noch in sichtbare Stoffe verwandelt werden kann, nenne ich mit neuem Namen Gas" (Leyden, 1656).

3.2
Beginn der chemischen Analyse in Lösungen

Mit dem Zeitalter der Aufklärung, die im 17. Jahrhundert aus England und Frankreich kam und sich langsam in Mitteleuropa durchsetzte, war dann im 18. Jahrhundert die auf **Experimentieren und Probieren** basierende technologische Entwicklung nicht mehr aufzuhalten.

Nach Paracelsus' Tod erschienen einige Bücher, u. a. *„Offenbarung der verborgenen Handgriffe"* (Apocalypsis Chemica, Erfurth, 1624), eines Benediktinermönches, der ein begabter Chemiker war und sich *Basilius Valentinus* nannte. Er soll in der zweiten Hälfte des 15. Jahrhunderts gelebt haben. Seine Schriften enthielten viele Verfahren, wie diejenigen zur Herstellung von Salzsäure, Antimon oder Bismut. Aus dem oben zitierten Buch stammt der interessante Satz: „Vitriol schlägt nieder das Mercurium vivum und Sal tartari das ☉, E und gemein Salz das ☽, Φ die E, eine Lauge von Buchenaschen den Vitriol, Essig den gemeinen Schwefel, Φ tartarum und Salpeter den Antimonium", worin bedeuten: ☉ = Sonne = Gold, E = Venus = Kupfer, ☽ = Luna = Silber und Φ = Mars = Eisen sowie Sal tartari = Kaliumcarbonat und Vitriol entweder Kupfer- oder Eisensulfat. Diese Zeichen für die Metalle sind uralt und stammen aus der mystischen Alchemie und ihrer Verbindung zur Astrologie. Ebenso geheimnisvoll sind die Informationen über *Basilius Valentinus*. Da er der gleichen Meinung wie *Paracelsus* war, vermutete man, daß dieser die Schriften von *Basilius* gekannt haben muß, was eigentlich wegen der Zeit der Veröffentlichung nicht sein kann. Viele versuchten *Paracelsus* zu schaden, was auch an der brutalen Art gelegen haben mag, mit der dieser seine Meinung vertrat. Es wurde auch vermutet, daß *Basilius Valentinus* ein Pseudonym sei. Weil der Ratskämmerer *Johannes Thölde* einige Schriften des *Basilius'* herausgegeben hat, vermutete man in ihm den Verfasser, was aber nicht belegt ist. Sicher ist jedoch, daß durch *Basilius* auf dem Gebiet der Analyse gegenüber den Darstellungen der Alchemie ein großer Fortschritt bewirkt wurde.

Im Zeitalter der Chemiatrie benutzte man in der Heilkunde häufig Mineralwässer und untersuchte sie auch, um die Heilwirkung zu verstehen. Hierzu trugen die Wasseruntersuchungen des Arztes *Leonhard Thurneysser* (1530–1596) wesentlich bei, der als einer der Nachfolger des *Paracelsus'* durch die Welt wanderte, als Hofarzt des brandenburgischen Kurfürsten reich wurde, doch arm in Basel starb. Er veröffentlichte im Jahre 1572 ein Buch mit dem Titel: „*Pison – oder von kalten, warmen, mineralischen und metallischen Wassern*", in dem Verfahren zur Untersuchung des Wassers der Flüsse und Bäche beschrieben werden, die er bereist hatte. Ein wichtiges Hilfsmittel war hierbei die Waage; es gelang z. B. Gewichtsunterschiede zwischen Fluß- und Regenwasser festzustellen und die Differenz zu deuten. Doch seine Schlußfolgerungen waren noch relativ phantastisch.

Dennoch läßt sich behaupten: Die chemische Analyse begann, noch ungeordnet und mit teilweise phantastischen Interpretationen um das Jahr 1600!

Somit ist diese moderne Wissenschaft bereits rund 400 Jahre alt.

Weitaus exakter beschreibt *Andreas Libavius* (~1540–1616), der in Jena studierte, dort Professor am Gymnasium wurde und später Schuldirektor in Coburg war, die Untersuchungen an Wässern, die er weitgehend eindampfte und durch Hineinhalten eines Strohhalmes oder Fadens Salze zum Auskristallisieren brachte. Er studierte nicht nur die Kristallformen, die noch bis ins 20. Jahrhundert als Hilfsmittel bei der Analyse dienten, sondern er benutzte Gallapfelsaft zum Nachweis von Eisen sowie die Blaufärbung einer Kupferlösung zum Nachweis von Ammoniak.

Besonders Wasseruntersuchungen brachten die Analytische Chemie in den folgenden 150 Jahren voran. Aber mit *Otto Tachenius*, der wahrscheinlich am Anfang des 17. Jahrhunderts in Herford geboren wurde und 1669 noch gelebt haben muß, begann auch schon der bewußte Einsatz von Farbreagentien in der qualitativen Analyse. Im Gegensatz zur damaligen Lehrmeinung konnte er mit Hilfe des Gallapfelextraktes nachweisen, daß Eisen nicht über den Urin ausgeschieden wird – also keine Färbung im Urin auftrat [25].

Dies stellt die *erste Anwendung der chemischen Analyse in der Biochemie* dar. Nach 400 Jahren ist diese „Verknüpfung" immer noch aktuell, nur heißt es heute: „*Analysis for life science*" (s. Kap. 7).

Tachenius untersuchte die Reaktionen verschiedener Metalle mit diesem Extrakt, studierte Fällungsreaktionen und erklärte, warum das Trinken von Rosenwasser – damals als Arzneimittel gegen Würmer benutzt – zum Erbrechen führen konnte. Er schrieb hierzu: „Das Erbrechen wird nicht vom Rosenwasser, sondern von den darin enthaltenen Kupferteilchen verursacht, die aus den in Venedig benutzten kupfernen Kolben in das Parfüm gelangten. Wollt ihr Beweise dafür? Gebet also zum Rosenwasser einen Tropfen von Alkalisalz und ihr werdet sehen, wie sich am Boden der Flüssigkeit sogleich ein grüner Niederschlag sammelt. Die abfiltrierte Lösung wird kein Erbrechen mehr verursachen. .. Schmelzt den grünen Niederschlag mit Borax und ihr werdet Kupfer erhalten". *Tachenius* befaßte sich auch mit der Seifensiederei und vertrat die Meinung, daß die Fette eine verborgene Säure enthalten müssen. Er stellte außerdem fest, daß die Säuren von verschiedener Stärke sind und die stärkeren die schwächeren aus ihren Verbindungen vertreiben [26].

Viele Analysenvorschriften finden sich auch in den Schriften von *Johann Rudolf Glauber* (1604–1670), den man sowohl als ideenreichen Chemiker als auch als Unter-

Abb. 13 *Johann Rudolf Glauber.*

nehmer und Kaufmann kennt. Auch er wanderte durch Europa, und es wird angenommen, daß er seine Kenntnisse der Chemie autodidaktisch erwarb.

Er ließ sich schließlich in Amsterdam nieder, wo er in seinem Hause ein Laboratorium betrieb. Er stellte erstmalig Salpeter- und Salzsäure aus ihren Alkalisalzen mit Schwefelsäure her, erfand also ein Verfahren, das noch bis Anfang des 20. Jahrhunderts großtechnisch benutzt wurde. Analytisch gesehen beschrieb er erstmals die Löslichkeit von Silberchlorid in Ammoniak oder diejenige des Bleichlorides in Wasser. Er kannte die Cobaltblau-Reaktion und bemerkte, daß sich der Cochenilleextrakt mit Salpetersäure rot färbte, benutzte diese Reaktion jedoch nicht als Farbreagens zum Erkennen von Säuren, sondern empfahl sie zur Herstellung von Haar- und Nagelfärbemitteln.

Als Ökonom schrieb der das Buch *„Teuschlands Wohlfahrt"*, in dem er vorschlug, die Wirtschaft durch zunehmenden Export von im Lande preiswert herstellbaren Gütern nach dem 30-jährigen Krieg anzukurbeln.

Zwei seiner Aktivitäten sind noch heute hochaktuell: Durch die Misere der Schul-, Hochschul- und sonstigen Ausbildungssysteme wird es nötig, sich immer mehr autodidaktisch zu bilden, und unser Wohlstand hängt weitgehend vom Güterexport ab. Was haben wir eigentlich dazugelernt?

Etwas später konnte *Eberhard Gockel* (1636–1703), der Stadtarzt von Ulm war und der Leopoldinischen Akademie angehörte, Blei im Wein mit Schwefelsäure nachweisen. Bleihaltige Weine werden nach Zugabe von Schwefelsäure trübe [28]. Bereits die Römer lagerten Wein in Bleigefäßen, um ein Sauerwerden zu verhindern. Danach war es jahrhundertlang üblich, dem Wein Blei zuzusetzen.

Ungefähr zur gleichen Zeit – vor etwa 350 Jahren – kam es durch das Wirken des Chemikers *Robert Boyle* (1627–1691) zu der Veränderung, welche die Periode der fundamentalen Entwicklungen einleitete. *Boyle* entsprang einer reichen englischen Adelsfamilie, wodurch ihm eine hervorragende Ausbildung ermöglicht wurde. Bereits als Zwölfjähriger ging er nach Genf, um sich dort mit Philosophie und Jura zu beschäftigen. Nebenbei studierte er Mathematik und Naturwissenschaften – besonders aber Chemie. Nach der Revolution in England lebte er auf dem Familiengut, später in Oxford und London.

Abb. 14 *Robert Boyle.*

Er gehörte zu den Mitbegründern der Royal Society und war auch ihr Präsident. Da er nie verheiratet war, widmete er seine ganze Zeit der Philosophie und Wissenschaft. Sein erstes Buch war dann auch ein philosophisches Werk über *„Die Ethik"*. Die zahlreichen, naturwissenschaftlichen Abhandlungen erschienen dann ab 1660 in jährlicher Folge; insgesamt wurden es 40 Bände. *Robert Boyle* war ein großer Experimentator – ähnlich wie *Robert Bunsen* etwa 200 Jahre später (s. Kap. 4) –, der die erste Vakuumdestillationsapparatur baute, zahlreiche Reagentien fand und benutzte, vor allem zur Anfärbung von Metallionen. Er beobachtete bei Farbvergleichen, daß die Farbstärke von der zugesetzten Reagensmenge abhängt [29] und beschrieb dieses in seinem 1680 erschienenen Buch *„Experimenta et considerationes de coloribus"* (Abb. 15). Somit kann *Boyle* als Begründer

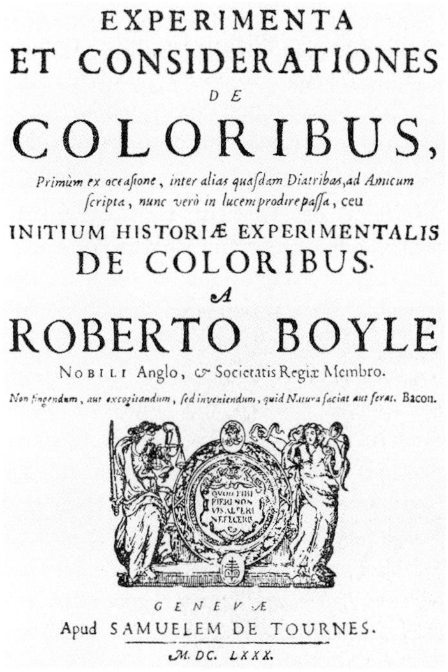
EXPERIMENTA
ET CONSIDERATIONES
DE
COLORIBUS,
Primùm ex occasione, inter alias quasdam Diatribas, ad Amicum scripta, nunc verò in lucem prodire passa, ceu
INITIUM HISTORIÆ EXPERIMENTALIS
DE COLORIBUS.
A
ROBERTO BOYLE
Nobili Anglo, & Societatis Regiæ Membro.
Non fingendum, aut excogitandum, sed inveniendum, quid Natura faciat aut ferat. Bacon.

GENEVÆ
Apud SAMUELEM DE TOURNES.
M. DC. LXXX.

Abb. 15 Titelblatt der *„Experimenta et considerationes de coloribus"* von *Robert Boyle* (Genf, 1680).

der Colorimetrie betrachtet werden, die bis ins 20. Jahrhundert in der analytischen Chemie benutzt wurde.

Auch der Begriff „Reagens" und „Reaktion" stammt von ihm. Er war eigentlich der erste Wissenschaftler, der zielbewußt chemische Reaktionen, wie Niederschlags- oder Farbausbildungen, zum analytischen Nachweis benutzte – also einem Verfahrensablauf folgte und diesen auch beschrieb. Ebenso wie einige seiner Vorgänger befaßte er sich mit Untersuchungen der besonders in der Medizin gebräuchlichen Mineralwässer, die er 1685 in seinem Buch: *„Memoirs of a natural history of mineral waters"* beschrieb.

Hierdurch kam es zur Begegnung mit *Friedrich Hoffmann* (1660–1742), der in Jena Medizin studiert hatte, danach viel gereist war und *Boyle* in England besuchte. 1685 ließ er sich als Arzt in Minden nieder, folgte dann 1693 einem Ruf an die neugegründete Universität Halle, wo er 48 Jahre als Medizinprofessor Studenten aus aller Welt unterrichtete. Von 1709 bis 1712 war er Hofarzt des Preußenkönigs, doch er kehrte nach Halle zurück und forschte überwiegend auf medizinischem Gebiet. Bis heute kennt man seine „Hoffmanns Tropfen". Ferner sind seine Wasseranalysen erwähnenswert, die er 1703 als Buch: *„De methodo examinandi aquas salubres"* veröffentlichte. Er bestimmte Eisen durch Anfärben mit Granatapfelsaft, Gerbsäure oder Eichenextrakt, fällte Kupfer mit Eisen aus, färbte die Alkalien im Eindampfrückstand an, fällte Kalk mit Schwefelsäure und entdeckte dabei Magnesiumverbindungen, die er von denen des Calciums unterschied.

Robert Boyle war allerdings der bedeutendste Chemiker seiner Zeit, der auch theoretisch der Chemie einen neuen Weg wies. Für ihn als Experimentalphilosophen stellte in der Chemie die *Praxis und Theorie eine dialektische Einheit* dar. Die Chemie war für ihn nicht nur „Dienerin der Gewerbe oder der Medizin, sondern eine eigenständige Naturwissenschaft mit spezifischem Gegenstand, spezifischen Methoden und Begriffen von großer Bedeutung". *Boyle* formulierte in seinem Buch „*The sceptical chemist*" bereits 1661 die Praxis als Kriterium der Wahrheit, d. h. er anerkannte eine Theorie erst dann, wenn sie durch das Experiment belegbar war.

Es war dann auch *Robert Boyle*, der den Begriff **„Analyse"** definierte und die Chemie von der Medizin zu trennen empfahl, um sie eigenständig werden zu lassen. Chemie und Analyse wurden eine Einheit, wobei die Analyse das Teilgebiet war, welches die Begründung dafür liefern sollte, daß die alten Fakultäten (Theologie, Philosophie, Medizin und Jura) die Chemie eines Tages als exakte Naturwissenschaft anerkennen. Das ließ allerdings noch mehr als 50 Jahre auf sich warten, auch weil es ein langer Prozeß war, die jahrhundertealte Scholastik aus den Köpfen der Wissenschaftler zu entfernen. *Boyle* besaß die Autorität, das Ansehen der Chemie und der atomistischen Vorstellungen, die er als Korpuskulartheorie auffaßte, zu verbessern.

Die Scholastiker waren der Auffassung, daß alle Stoffe zweierlei Eigenschaften besaßen: 1. elementare Eigenschaften (*qualitates elementales*) und 2. verborgene Eigenschaften (*qualitates occultae*). Die elementaren Eigenschaften beruhten auf der Natur der Substanz, wie Dichte, Farbe, Geschmack, Geruch, Masse usw. Zu den verborgenen Eigenschaften gehörte das Unverständliche, das Okkulte eben, wie z. B. Magnetismus oder die Heilkunst. Das Bestehen einer Kausalität wird hierbei nicht vorausgesetzt.

Ein Philosoph und Naturwissenschaftler konnte dem erfolgreicher widersprechen als ein nur praktizierender Chemiker. So halten denn auch viele Autoren, die sich mit der Geschichte der Chemie beschäftigt haben, *Boyle* für den eigentlichen *Begründer der chemischen Analyse*, wie wir sie bis zum Ende des 20. Jahrhunderts definierten und ausführten. Aber, wie bereits beschrieben und in noch folgenden Beispielen gezeigt werden soll, gab es immer Vorreiter, die dazu beitrugen, Entdeckungen und Erfahrungen zu einem einheitlichen Wissensgebiet reifen zu lassen – nur während ihres Wirkens war die Zeit noch nicht reif, dies zu verstehen.

Auf die Frage nach den größten analytischen Chemikern aller Zeiten werden zwei zuerst genannt werden müssen: *Robert Boyle* im 17. Jahrhundert und *Robert W. Bunsen* im 19. Jahrhundert. Sollte es eine Reihe werden, dann ist in diesem Jahrhundert wieder ein bedeutender Analytiker zu erwarten, der jedoch eigentlich ein Reformator sein müßte.

Vor rund 350 Jahren war die theoretische Deutung der Untersuchungsergebnisse weitaus schwieriger, wie man am Beispiel der von *Boyle* studierten Oxidation sehen kann. Das Verkalken (Oxidieren) von Metallen, fand er heraus, verbraucht Luft und vergrößert das Gewicht. Da Gase damals noch nicht Gegenstand chemischer Untersuchungen waren, fand er auch keinen kausalen Zusammenhang zwischen Luft und Verkalkung. Er versuchte nur die Gewichtszunahme zu deuten, doch seine Denkweise spielte ihm insofern einen Streich, als er annahm, Feuerkorpuskeln würden in das Metall eindringen und die Gewichtszunahme bewirken. Nur sein Schüler *Robert Hooke* (1625–1703) äußerte die Meinung, daß ein Bestandteil der Luft, welches auch im Salpeter gebunden sei, in das Metall eindringen würde, doch keiner glaubte ihm.

Die Untersuchungen von *Boyle* – besonders die Bestimmung der Dichte – erforder-

3.2 Beginn der chemischen Analyse in Lösungen

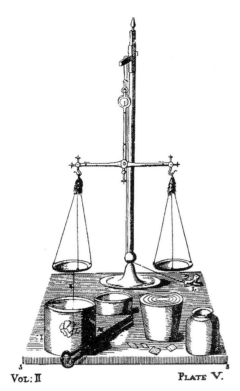

Abb. 16 Hydrostatische Waage von *Robert Boyle*.

ten auch eine verbesserte Wägung, weshalb er um 1690 eine hydrostatische Waage (Abb. 16) konstruierte [30]. Auch ein Aräometer erfand er neu, wahrscheinlich ohne Kenntnis der antiken Erfindung.

Experimentell haben jedenfalls die Chemiker des 16. und 17. Jahrhunderts viel Wissen erarbeitet, doch es fehlte an theoretischer Interpretation. Man war mit der wiederentdeckten Atomistik schon auf dem richtigen Weg, doch zunächst machte sich eine neue Theorie breit.

Die Alchemie blieb noch bis zum Ende des 18. Jahrhunderts ein Thema. Es war nicht nur die Gier nach Gold, wodurch sie immer wieder von sich reden machte. Die parallel entstehende Chemie produzierte anfangs auch viel Unerklärliches, wie z. B. die gerade erwähnte Phlogiston-Theorie des *Georg Ernst Stahl* (1659–1734), die fast das gesamte 18. Jahrhundert verwirrte. Dennoch wurde dadurch die Forschung belebt, auch weil das Phlogiston die Elementtheorie stützte und förderte, die von *Boyle* noch abgelehnt worden war. Jetzt galten die Metalle als einfache Verbindungen von Metalloxiden und Phlogiston bzw. Metalle entstanden, wenn ihre Oxide Phlogiston abgaben. Es wurden in dieser Zeit besonders Verbrennungs-, Oxidations- und Reduktionsvorgänge untersucht, was auch mit der langsam beginnenden technischen Entwicklung zu tun hatte. Durch den steigenden Bedarf an Eisen nahmen die Hüttenindustrie von England und parallel der Eisenerzabbau in Schweden einen großen Aufschwung. Das wiederum förderte den Steinkohlenabbau, und immer mehr Maschinen wurden erfunden und eingesetzt. Mit der chemischen Analyse befaßten sich hauptsächlich die Berg- und Hüttenleute – was eigentlich bis in die Gegenwart aus Gründen der Gewährleistung so blieb. Damals kamen die größten Fortschritte aus dem Erzland Schweden, das etwa bis 1850 das führende Zentrum der Mineral- und Metallanalyse blieb.

Ein einfaches Gerät der Glasbläser und Goldschmiede wurde in dieser Zeit zur Benutzung in der qualitativen Analyse modifiziert, das heute kaum noch bekannt ist. Mit dem *Lötrohr* (Abb. 17) erkannte man im 18. Jahrhundert die qualitative Zusammensetzung der meisten Mineralien und entdeckte einige neue Metalle.

Johann Kunckel (1613–1703), der während seiner 10-jährigen Zeit am Hof des Großen Kurfürsten *Friedrich Wilhelm von Brandenburg* auf der Pfaueninsel in der Havel eine Glasbläserwerkstatt betrieb, empfahl das Lötrohr den Chemikern und besonders *G. E. Stahl*. Er beschrieb das Verhalten von Antimon- und Bleioxid, wenn er sie auf einem Stück Kohle mit einem „tu-

3 Die Periode der fundamentalen Entwicklungen (1450–1850)

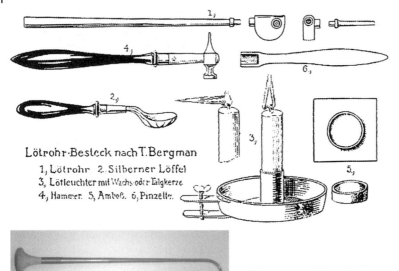

Abb. 17 (a) Zubehör für die Lötrohrprobe um 1779 und (b) einfaches Lötrohr um 1979.

bulo caementario aurifabrorum" oder auf Altdeutsch „Löthrörichen" behandelte. Auch *Johann Cramer* (1710–1777) benutzte es auf Holzkohle oder schon mit einer Boraxschmelze [31], neben vielen anderen wie *Marggraf*, der Phosphorsalze untersuchte [32], *Johann Heinrich Pott* (1692–1777), der 30 000 Versuche mit dem Lötrohr unternommen haben soll und dies in drei Büchern veröffentlichte [33], *Sven Rinman* (1720–1792), der damit Zink nachweisen konnte [34] – bekannt als Rinman-Grün – und auch schon die Cobaltperle herstellte [35], sowie *Bergman*, der zu den größten Analytikern dieses Jahrhunderts gehörte, und der im Jahre 1779 alle Kenntnisse über die Anwendung des Lötrohres in dem Buch „De tubo feruminatorio" zusammenfaßte [36]. Auch sein Schüler *Jöns Gottlieb Gahn* (1745–1818), Leiter der Kupferwerke in Kopperberg, benutzte das Lötrohr, wendete bereits Platindraht an und konstruierte die fast 200 Jahre lang benutzte, übliche Form (Abb. 17b). Er hat nie etwas veröffentlicht, doch *Berzelius* hat in seinem Buch

„*Åfhandling om Blasrörets anwändande i kemien och mineralogien*" [37] *Gahn*'s Arbeiten genau beschrieben. Viele schwedische Analytiker benutzten damals das Lötrohr in der blühenden Berg- und Hüttenindustrie mit immer neuen Metallen (z. B. Tantal und Zinn), so daß der Eindruck entstand, es sei schwedischen Ursprungs. Doch scheint es ein europäisches Gemeinschaftswerk zu sein, denn bereits 1794 erschien ein Buch über das Lötrohr von *Horace Benedict Saussure* (1740–1799), der Professor der Naturwissenschaften in Genf war [38]. An der Bergakademie Freiberg versuchten *Eduard Harkort* (1797–1835) und *Karl Friedrich Plattner* (1800–1858) damit sogar quantitative Bestimmungen von Gold und Silber durchzuführen [39, 40]. In der zweiten Hälfte des 19. Jahrhunderts wurde es durch die Entwicklung der Analyse auf nassem Wege nicht mehr benötigt, blieb aber in der Berufsausbildung noch weitere 100 Jahre in Gebrauch.

Wir befinden uns immer noch in der Zeit der Phlogiston-Theorie, die nach dem langsamen Schwinden des Glaubens an die Grundlagen der Alchemie der erste Versuch war, verschiedene chemische Erscheinungen auf Basis einer einheitlichen, leicht verständlichen Grundlage zu klären. So waren fast alle Chemiker – auch die Analytiker – um die Mitte des 18. Jahrhunderts Phlogistiker. Tatsächlich fand sich auch ein Analytiker, der Mediziner *Jakob Josepf Winterl* (1732–1809), Chemieprofessor an der Universität Buda, der Phlogiston glaubte nachgewiesen zu haben und ein weiterer, der Arzt *Joseph Österreicher* (1756–1831), der sein Schüler war und das auch glaubte.

Es gab zu allen Zeiten Analytiker, die sich entweder profilieren oder es allen Herren gerecht machen wollten – und es gibt sie leider auch heute noch!

Andererseits waren es wiederum Analytiker, deren Ergebnisse diese Theorie widerlegten. Auch *Lavoisier* konnte sich zunächst dem Zeitgeist nicht entziehen, doch gegen Ende des 18. Jahrhunderts drehte er die Plogiston-Theorie quasi um, womit er zum Begriff des Elementes im heutigen Sinne kam. Gerade die Klärung des Elementbegriffes war auch für die chemische Analyse von fundamentaler Bedeutung, denn nun wurde der Weg für das Erkennen chemischer Reaktionen in Lösungen frei.

Es war auch *A. L. Lavoisier*, der um die Mitte des 18. Jahrhunderts – also vor etwa 250 Jahren – eigentlich die quantitative Betrachtungsweise einführte.

3.3
Anfänge der quantitativen Analyse anorganischer Stoffe

Johann Wolfgang von Goethe (1749–1832), der sich zu allen Dingen der Wissenschaft äußerte, schrieb einmal: „Die Geschichte der Wissenschaft ist die Wissenschaft selbst". Sicher war damit gemeint, daß nur die Kenntnis vieler historischer Abläufe tatsächlich zu Innovationen führt. Gerade auf dem praktischen Wissensgebiet der *Analytischen Chemie* sind eben seit mehr als 250 Jahren die wesentlichen Grundlagen erforscht und nunmehr vor etwa 150 Jahren zunehmend industriell genutzt worden. Alles Neue ergab sich eigentlich nur noch durch die Entwicklung verbesserter Apparaturen oder Meßgeräte, so daß man damals schon von modernen Modifikationen alter Ideen reden könnte. Somit lohnt es sich, die Geschichte der quantitativen Analyse – der eigentlichen Analytischen Chemie – zu kennen.

Die Veränderung der Fachbezeichnung von „chemischer Analyse" hin zu „Analytischer Chemie", auf die später der Begriff „Analytik" folgen wird, hat einen bestimmten Sinn: Die *chemische Analyse* befaßte sich überwiegend mit der *qualitativen* Ermittlung chemischer Stoffe in meist natürlichen Materialien; die *Analytische Chemie* bezog die *quantitative* Bestimmung von Elementen und Verbindungen mit ein und arbeitete als eigenständiger Teilbereich der Chemie streng auf chemischer (stöchiometrischer) Grundlage. Die neue *Analytik* ist zu einer physikalisch-chemischen Meßtechnik geworden, die sich kaum noch auf die Chemie, sondern zunehmend auf Referenzmaterialien stützt. Sie ist ein völlig selbständiger Fachbereich, der von unterschiedlichen Wissenschaften und Technologien abhängt; der Chemie alleine aber nicht mehr zuzurechnen ist.

Zu dieser Zeit wirkte einer der größten Chemiker und Analytiker in Berlin, dessen Bedeutung nicht genügend bekannt wurde. Gemeint ist der Berliner *Andreas Sigismund Marggraf* (1709–1782). Als Sohn eines Apothekers studierte er auch Pharmazie und

Abb. 18 *Andreas Sigismund Marggraf.*

vollendete seine Studien an den Universitäten in Halle, Frankfurt, Straßburg und zuletzt an der Bergakademie Freiberg, um hier die Probierkunst zu erlernen. Sein Leben lang beschäftigte er sich mit chemisch-analytischen und -technologischen Fragen. 1738 trat er in das Laboratorium der physikalischen Klasse der Berliner Akademie der Wissenschaften ein, wurde 1767 Direktor derselben und schrieb zahlreiche Veröffentlichungen für die Mitteilungen der Berliner Akademie. Wirtschaftlich gesehen war seine Entdeckung des Rübenzuckers von größter Bedeutung, denn dadurch wurde Europa unabhängig von der Einfuhr des teuren Rohrzuckers aus Übersee. Er konnte mikroskopisch nachweisen, daß Rohr- und Rübenzucker identisch sind.

Marggraf untersuchte systematisch die Löslichkeit von Metallen in Alkalien, was bereits von *G. E. Stahl* und *R. Boyle* in Einzelfällen (Eisen bzw. Zink) begonnen worden war. Er fand heraus, daß sich die Niederschläge von Gold und Silber mit Alkalien nicht in einem Alkaliüberschuß, aber doch in einem solchen von Ammoniak auflösen, während ein entsprechender Quecksilberniederschlag in überschüssigem Ammoniak unlöslich ist [41]. Zink und Bismuthydroxid lösen sich auch in Ammoniak, doch die Oxide des Bleis und Zinns sind in Alkalien unlöslich. Seine Untersuchung der Reaktion von mit „Rindsblut geglühtem Alkalis" (Blutlaugensalz) und einer Eisenchloridlösung führte zum „Berliner Blau" (Kaliumhexacyanoferrat-III). Dessen Herstellungsverfahren wurde allerdings schon 1725 von *Woodward* in England beschrieben [42]. Den Namen bekam der damals wichtige Textilfarbstoff wahrscheinlich durch eine kuriose Geschichte: Ein Färber mit Namen *Diesbach* kaufte einmal Pottasche, die anstelle der roten zu einer blauen Farbe führte. Er reklamierte dies, wobei sich herausstellte, daß die Pottasche vorher mit Rinderblut erhitzt worden war [43]. Die Hersteller hielten dies geheim, als sie merkten, daß sich diese Substanz als blauer Farbstoff verwenden ließ. In einem Inserat in den Mitteilungen der Berliner Akademie von 1709 wird für diesen Farbstoff, der „besser und billiger als Ultramarin" sei, geworben.

Marggraf benutzte die Berliner-Blau-Reaktion als analytisches Reagens. Eigentlich bearbeitete er damals das gesamte Spektrum bekannter Stoffe analytisch, z. B. unterschied er das pflanzliche Alkali (K) von dem mineralischen (Na), welche er so benannte, bis sein Schüler *Klaproth* die Namen Kalium und Natrium vorschlug. Hieran zeigt sich schon, daß solche Entdeckungen bis zum Erreichen des allgemeinen Wissensstandes eine längere Zeit benötigen, denn bereits 1703 hatte *G. E. Stahl* die Verschiedenheit von Na- und K-Salzen bemerkt.

Marggraf untersuchte auch bereits die Reaktionen des damals neuen Platins [44]. Durch sein Wirken für die Analytische Chemie ist *A. S. Marggraf* in der Bedeutung mit *R. Boyle* und *R. Bunsen* gleichzusetzen, obwohl er als reiner Praktiker anzusehen ist, der seine Beobachtungen immer noch auf der Grundlage der Phlogiston-Theorie be-

Abb. 20 *Martin Heinrich Klaproth.*

Abb. 19 Titelblatt der gesammelten Werke *Marggrafs*, Paris, 1762.

schrieb, zog er nie Folgerungen daraus und enthielt sich theoretischer Erklärungen. So war es auch bei der Phosphorsäureherstellung, als er fand, daß „eine Unze Phosphor beim Verbrennen um dreieinhalb Drachmen zunimmt, die entstehende Substanz Wasser anzieht und mit Wasser ein schwefelsäureartiges Öl bildet" [45]. Diese Beobachtung diente später A. L. Lavoisier als Ausgangspunkt zu seiner neuen Verbrennungstheorie.

Nicht zuletzt durch *Marggrafs* zahlreiche Untersuchungen von Niederschlagsreaktionen spielten um die Mitte des 18. Jahrhunderts durchaus schon Gewichtsverhältnisse – heute würde man Massenverhältnisse sagen – eine Rolle. Dies hatte jedoch damals weniger mit Naturforschung zu tun; es war – wie in der Analytischen Chemie sehr häufig vorkommend – von praktischer Bedeutung. Von dem bekannten Analytiker *Martin Heinrich Klaproth* (1743–1817), der eigentlich Apotheker war und seine analytischen Fähigkeiten bei *A. S. Marggraf* in Berlin vervollkommnen konnte, hatten die Metallhersteller viel gelernt [46], so daß sie die Menge eines Metalls in einem Mineral oder einer Legierung dadurch ermittelten, indem sie das Metall rein darzustellen versuchten.

Diese Überführung in einen Regulus war im Berg- und Hüttenwesen eine gebräuchliche Praxis, wobei das Wägen eine große Rolle spielte. So konnte man zum Ende des 18. Jahrhunderts den Metallgehalt einer unbekannten Verbindung aus der Masse der bekannten berechnen.

Klaproth hatte wie viele Forscher der Phlogiston-Ära keine Ausbildung; er mußte das Gymnasium aus wirtschaftlichen Gründen verlassen, lernte in Quedlinburg Apothekergehilfe, arbeitete in Hannover, Berlin und Danzig, bis er in Berlin

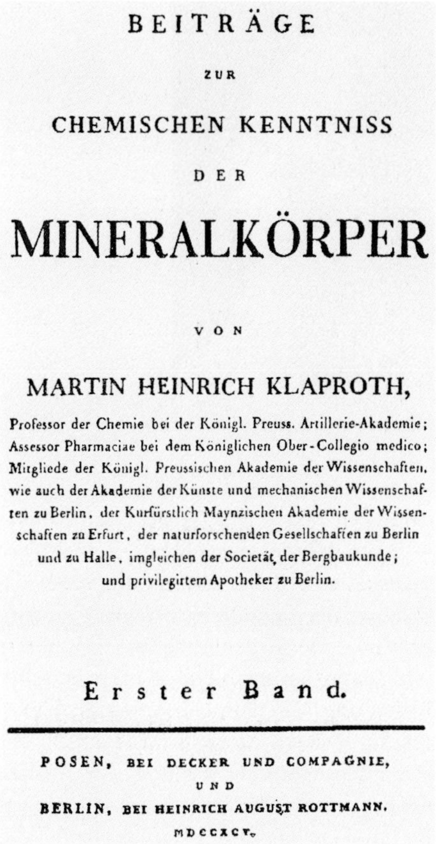

BEITRÄGE

ZUR

CHEMISCHEN KENNTNISS

DER

MINERALKÖRPER

VON

MARTIN HEINRICH KLAPROTH,

Professor der Chemie bei der Königl. Preuss. Artillerie-Akademie; Assessor Pharmaciae bei dem Königlichen Ober-Collegio medico; Mitgliede der Königl. Preussischen Akademie der Wissenschaften, wie auch der Akademie der Künste und mechanischen Wissenschaften zu Berlin, der Kurfürstlich Maynzischen Akademie der Wissenschaften zu Erfurt, der naturforschenden Gesellschaften zu Berlin und zu Halle, imgleichen der Societät der Bergbaukunde; und privilegirtem Apotheker zu Berlin.

Erster Band.

POSEN, BEI DECKER UND COMPAGNIE,
UND
BERLIN, BEI HEINRICH AUGUST ROTTMANN.
MDCCXCV.

Abb. 21 Titelblatt der gesammelten Werke Klaproths, erschienen zwischen 1795 und 1815.

1771 die Apotheke von *Valentin Rose* übernahm, der als Chemiker einen Namen hatte. Durch Heirat kam er zu Wohlstand und 1788 zu einer eigenen Apotheke, wodurch er sich die Zeit für umfangreiche Forschungen nehmen konnte. Diese befaßten sich hauptsächlich mit der Analyse von Mineralien. Im gleichen Jahr war er auch Mitglied der Berliner Akademie geworden. Ab 1800 leitete er das chemische Laboratorium der Akademie, wurde Professor für Chemie an der Artillerieschule und verkaufte seine Apotheke. Als König *Friedrich Wilhelm* 1809 die Berliner Universität gründete, ernannte er *Klaproth* zum ersten Professor für Chemie. Neben den chemischen Vorlesungen hielt er auch eine mit dem Titel: *„Einleitung in die chemische Analyse"*, so daß er neben *Marggraf* als Begründer der „Analytischen Schule" in Berlin gilt, die bis zum Ende des 20. Jahrhunderts einen guten Ruf hatte.

Klaproth beteiligte sich nie an den heftigen Diskussionen der verschiedenen Ansichten der Chemie, auch dann nicht, als nach dem Erscheinen seiner Bücher mit den Ergebnissen der Mineralanalysen [46] *Proust* diese zum Anlaß seiner kontroversen Diskussion mit *Berthollet* benutzte [47]. *Klaproth* entdeckte drei neue Elemente: Cer, Uran und Zirkonium und untersuchte eingehend auch Strontium, Tellur und Titan. Völlig neu war *Klaproth*s Berichtsstil. Während bisher immer Reagens und Ergebnis betont und der Ablauf nur ungenau genannt worden waren, beschrieb er nun die Durchführung exakt Schritt für Schritt. Dies war der *Beginn der Analysenvorschrift* oder der Arbeitsanweisung. *Klaproth* hat sich als außergewöhnlich exakter und fleißiger Forscher um die Analytische Chemie verdient gemacht.

Der Schritt zur *Gewichtsanalyse*, den *Torbern Bergman* (1735–1784) tat [48], war nun relativ klein. Ihre wissenschaftliche Bedeutung erhielt die gravimetrische Analyse aber erst dann, als *A. L. Lavoisier* durch exakten Vergleich der Massenanteile bei Reduktions- und Oxidationsprozessen die quantitative Bestimmung für notwendig erklärte.

Bisher beschrieb jeder Chemiker oder Analytiker seine Versuche so gut er konnte; es gab noch keine übergeordnete Systematik. Dies versuchte nun *T. Bergman*. Er war der Sohn eines Steuereinnehmers aus Westgotland, der Jura studieren sollte, dies auch in Uppsala tat, doch nebenbei naturwissenschaftliche Vorlesungen hörte, z. B.

3.3 Anfänge der quantitativen Analyse anorganischer Stoffe

Abb. 22   Torbern Bergman.

die des Botanikers *Linné*. 1761 wurde er Assistent am mathematischen Lehrstuhl, und er bewarb sich 1767 auf den Lehrstuhl für Chemie, den er erhielt und sich fortan vorwiegend mit chemischer Analytik beschäftigte.

Durch seine zahlreichen Veröffentlichungen, die in seinen fünf Büchern (Abb. 23) zusammengefaßt sind, wurde er so bekannt, daß man lange an seine, oft noch falschen Experimente und Resultate glaubte, obwohl andere Forscher schon verbesserte vorlegten. Er war die Autorität seiner Zeit und veranlaßte viele Forscher und ausländische Studenten nach Uppsala zu kommen. *Friedrich der Große* lud ihn an die Akademie in Berlin ein, doch er kam nicht, vielleicht wegen seines Gesundheitszustandes, denn bald darauf starb er in dem Kurort Medevi, dessen Heilquellen er analysiert hatte.

Von seinen zusammenfassenden Werken ist zuerst das Buch über die Wasseranalyse [49] zu nennen. Darin werden viele Reagentien aufgezählt und zwei Wege der Wasseruntersuchung genannt: Bestimmung der Bestandteile durch Reagentien oder die alte Methode über Eindampfen und fraktionierte Kristallisation. *Bergman* definiert den Begriff „Reagens" folgendermaßen: „Ich

> TORBERNI BERGMAN
> CHEMIÆ PROFESSORIS ET EQUITIS AURATI REG. ORDINIS DE WASA ; ACAD. IMP. N. C., REGIARUMQUE ACADEMIA RUM ET SOCIETATUM, UPSAL., STOCKH. UTRIUSQUE, LONDIN., GOETTING., BEROL., GOTHOB. ET LUND. SODALIS, PARISINÆ CORRESPONDENTIS,
>
> ## OPUSCULA
> PHYSICA ET CHEMICA,
> PLERAQUE ANTEA SEORSIM EDITA,
> JAM AB AUCTORE
> COLLECTA, REVISA ET AUCTA.
>
> VOL. I.
>
> *Cum Tabulis Æneis.*
>
> CUM PRIVILEGIO S. ELECT. SAXONIÆ.
>
> HOLMIÆ, UPSALIÆ & ABOÆ,
> IN OFFICINIS LIBRARIIS MAGNI SWEDERI,
> REGG. ACADD. BIBLIOP.
> MDCCLXXIX.

Abb. 23   Titelblatt der gesammelten Werke *Bergmans*, erschienen zwischen 1779 und 1790.

heiße Reagens diejenigen Stoffe, die zur Lösung gesetzt deren Färbung oder Klarheit sofort oder nach kurzer Zeit verändern und so die Gegenwart fremder Stoffe bekannt geben" [50]. Ein weiteres, zusammenfassendes Buch behandelt die Analyse der Mineralien auf nassem Wege [51]. Ausführlich wird die Analyse zahlreicher Erzproben beschrieben; auf die qualitative Ermittlung folgt die quantitative Bestimmung der Bestandteile, und die Verfahrensvorschrift enthält bereits die Probenauf- und Probenvorbereitung sowie detaillierte Angaben zum Ablauf der Bestimmung. Zur nassen Arbeitsweise sagte er: „Ich will damit nicht die Bedeutung der trockenen

Verfahren mindern. In der Praxis ist immer die sicherste und bequemste Methode zu wählen. Es ist aber zu gestehen, daß die nassen Methoden mehr Zeit in Anspruch nehmen, mehr Sorge und Mühe erfordern, doch wenn sichere Ergebnisse dadurch zu erhalten sind, so muß man diese Mühe leisten." [52]. Das dritte Buch handelt von den Metallniederschlägen [48], worin zusammenfassend die Lösemittel der einzelnen Metalle, die entsprechenden Fällungs-mittel, die Kennzeichen der Niederschläge und eine Angabe darüber, wie viele Teile Niederschlag mit dem Fällungsmittel aus 100 Teilen des reinen Metalls entstehen, aufgeführt sind.

Abb. 24 *Antoine Laurent Lavoisier.*

Diese drei Werke wurden von der nachfolgenden Analytikergeneration als Lehrbücher benutzt. Durch letzteres Buch ist die Gewichtsanalyse etabliert worden.

Die quantitative Analyse begann zwar lange vor ihm zum Ende des Phlogiston-Zeitalters, doch durch das Wirken von *Antoine Laurent Lavoisier* (1743–1794) und die damit beginnende Epoche, in der die bis heute gültigen Grundgesetze der Chemie aufgestellt worden sind und die mit der Bestimmung der Atomgewichte endete, kam es zu bedeutenden Fortschritten der quantitativen Bestimmungsmethoden. Hier zeigt sich eindeutig die *Wechselwirkung zwischen Chemie und Analyse*: Diese Gesetze sind durch die Ergebnisse der chemischen Analyse erkannt worden und wirkten dann befruchtend auf deren Weiterentwicklung.

Lavoisier verdanken wir die klare Formulierung der Grundprinzipien, doch obwohl er experimentell und theoretisch gleich viel geleistet hat, ist seine Person immer umstritten geblieben. Es war nicht nur sein Lebenswandel oder die gesellschaftliche Position als Generalpächter für die Abgaben und Zölle, die ihn unbeliebt machten; es war auch die Tatsache, daß er viele Versuche der Phlogistiker und anderer Forscher wiederholte, wobei er offensichtlich manche Ergebnisse anderer als seine eigenen ausgab. Er war nicht nur ruhmsüchtig und eitel, sondern wirkte besonders auf seine vielen Gegner oft lächerlich. Da gibt es die typische Geschichte einer Gerichtsverhandlung in seinem Hause nach dem Sturm auf die Bastille im Jahre 1789. Er spielte den Richter, Angeklagter war ein Jüngling namens „Sauerstoff", und es erschien ein alter, gebrechlicher Greis namens „Stahl", der die Phlogiston-Theorie zu verteidigen hatte. Diese wurde zum Tode verurteilt und Madame *Lavoisier*, die im weißen Gewand als Priesterin erschien, verbrannte *Stahl*s Buch feierlich. Fünf Jahre später ist dann *A. L. Lavoisier* selbst zum Tode verurteilt worden, nicht als Wissenschaftler, sondern als verhaßter Steuereintreiber rollte sein Kopf in den Korb unter der Guillotine.

Bei der Wiederholung alter Versuche hat *Lavoisier* gerne die Priorität anderer verschwiegen, doch sie waren für die Chemie wichtig. Er zersetzte das Wasser nach *Cavendish*, stellte den Sauerstoff nach *Priestley* und *Pierre Bayen* (1725–1798) her (s. Kap. 3.4) und befaßte sich mit dem Metalloxidationsversuch von *Boyle*. Hieraus entstand die Theorie der Verbrennung (Oxidation). Sicherlich kann er die Ergebnisse des russischen Dichters, Historikers, Dramatikers, Fabrikdirektors und Naturwissenschaftlers *Michail Wassiljewitsch Lomonossow* (1711–1765) nicht gekannt haben, der ebenfalls *Boyles* Versuch in einem luftdicht abgeschlossenen Glasgefäß wiederholte und festgestellt hatte, daß es keine Gewichtserhöhung gab [53]. Aber die ähnlichen Versuche des Turiner Physikprofessors *Giacomo Battista Beccaria* (1716–1781) sollte er gekannt haben, denn dieser publizierte seine Arbeiten in einer Zeitschrift, aus der *Lavoisier* oft zitierte. Dennoch verdanken wir ihm die Klärung des Verbrennungsprozesses, für den die Gegenwart von Sauerstoff notwendig ist. Er fand auch, daß nichtmetallische Elemente hierbei saure und metallische hingegen basische Verbindungen ergeben, d. h. er definierte die beiden Begriffe „Element" und „Verbindung" und deutete den Löseprozeß.

Lavoisier setzte in all seinen Arbeiten voraus, daß die an Umsetzungen beteiligten Stoffmengen konstant sind. Dieses Prinzip, das ein Grundgesetz der Chemie wurde, definierte er 1789 [54] und wurde dadurch in der ganzen Welt anerkannt. Im Gegensatz zu seinem sonstigen Verhalten stellte er dies als bekannte Tatsache hin.

Tatsächlich war das Prinzip der Erhaltung der Materie seit dem Altertum bekannt und unterschwellig immer präsent, denn wie sollten sonst überhaupt quantitative Bestimmungen möglich sein. *Demokrit*, der Begründer der antiken Atomtheorie (~420 v. d. Z.), sagte es so: „Aus nichts wird nichts und was ist, kann nicht zu nichts werden". Schon vor ihm lehrte *Anaxagoras* (~500 v. d. Z.) fast dasselbe: „Nichts entsteht, nichts verschwindet, alles besteht nur aus Umgruppierungen solcher Dinge, die schon früher bestanden haben".

Empedokles (~450 v. d. Z.) schrieb: „Nur Dumme können glauben, daß etwas entstehen kann, was früher nicht war" und *Aristoteles* war später derselben Meinung: „Materie verschwindet nicht und entsteht nicht; sie verändert sich nur".

Lavoisier ist dafür einem anderen Prinzip, das gerade für die chemische Analyse und die Chemie insgesamt so wichtig wurde, sehr nahe gekommen, als er schrieb: „Die wirkenden und entstehenden Stoffe wird man in mathematischen Gleichungen ausdrücken und, wenn ein Glied fehlt, dieses berechnen können" [55]. Dieser Satz deutete schon auf das Gesetz der Stöchiometrie hin, das allerdings erst später von *Richter* aufgestellt wurde.

Jeremias Benjamin Richter (1762–1807) hatte auch das Äquivalenzgesetz formuliert und gemeinsam mit *K. F. Wenzel* [56] die Zusammensetzung von verschiedenen Salzen quantitativ bestimmt. *Richter* stammte wie so viele Berliner aus Schlesien, in Hirschberg (Jelenia Góra) geboren, wuchs er in Breslau (Wrocław) auf. Nach 7-jähriger Zugehörigkeit zum Ingenieurkorps der Armee studierte er in Königsberg (Kaliningrad) Mathematik und Philosophie, wo zu dieser Zeit *Immanuel Kant* (1724–1804) seine berühmten Vorlesungen über die Kri-

Abb. 25 *Jeremias Benjamin Richter.*

tik der reinen oder praktischen Vernunft sowie zur Kritik der Urteilskraft hielt, die *Richter* sehr beeindruckten. *Kant* schrieb 1792 im Vorwort zu seinem Buch „*Metaphysische Anfangsgründe der Naturwissenschaft*" die Behauptung: „In jeder Naturlehre stecke nur so viel eigentliche Wissenschaft, wie darin Mathematik anzutreffen sei". Die Chemie war nach der Auffassung von *Kant* in diesem Sinne keine Wissenschaft, weshalb sich *Richter* aufmachte, dies zu ändern, denn er habilitierte sich mit einer Arbeit über die mathematischen Grundlagen und Gesetze in der Chemie, deren Titel lautete: „*De uso matheseos in Chemia*" (Anwendung der Mathematik in der Chemie). Da er an der Universität ein zu geringes Gehalt erhielt, was sehr modern klingt, ging er zurück nach Schlesien, arbeitete als Feldmesser auf einem Gutshof und als ebenfalls sehr schlecht bezahlter Sekretär beim Oberbergamt in Breslau.

Nebenbei hatte er ein kleines Laboratorium, in dem er analytische Untersuchungen durchführte. Diese ergaben eine Schriftenreihe mit zahlreichen Abhandlungen über die „mathematische Chemie", 1792 zusammengefaßt in dem Buch „*Anfangsgründe der Stöchyometrie oder Meßkunst chymischer Elemente*" (Abb. 26). Hierin sind die ersten chemischen Gleichungen enthalten, die auch die quantitativen Verhältnisse berücksichtigen.

Es folgten ein Jahr später zwei Bände „*Angewandte Stöchyometrie*" und 1794 noch zwei Ergänzungen mit den Titeln: „*Thermimetrie*" und „*Pholgometrie*". 1797 erhielt *Richter* dann eine Anstellung im Farblabor der Königlichen Porzellanmanufaktur (KPM) in Berlin, wo er dann weitere Veröffentlichungen schrieb, doch bereits ohne Anerkennung seiner Leistungen im Alter von 45 Jahren an Schwindsucht verstarb.

Er wäre wahrscheinlich wegen seiner immer noch phlogistonistischen Anschau-

Abb. 26 Titelblatt zu *Richters* Buch von 1792.

ungen in Vergessenheit geraten, obwohl es für die Stöchiometrie nicht von Bedeutung ist, ob die Verbrennung nach *Stahl* oder *Lavoisier* gedeutet wird. Es war *Ernst Gottfried Fischer* (1754–1831), Physikprofessor in Halle und Berlin, der die wesentlichen, richtigen Ansätze aus *Richters* Werken herausfilterte – besonders eine Tabelle mit den Äquivalenzgewichten –, was dann *Claude Louis Berthollet* (1748–1821) veranlaßte, *Richters* Tabelle in sein berühmtes Werk über die chemische Statik [57] aufzunehmen. Als die von *Richter* geklärte Frage der Zusammensetzung und der Proportionen auf dem Wege war anerkannt zu werden, hat eben dieser *Berthollet* alles in Zweifel gezogen. Eigentlich war er studierter Mediziner, Hofarzt des Herzogs von Orléans, später Begleiter von *Napoleon* in Italien und Ägypten, wo er Kunstschätze beurteilte, die requiriert werden sollten. Sein Wort wurde gehört, und er förderte seinen Landsmann *Lavoisier*.

Berthellot ging gedanklich von der Affinität aus und studierte die Kräfte, die bei der Bildung von Verbindungen wirken. Sein Resultat war, daß unter anderen Faktoren die Masse der reagierenden Stoffe die wichtigste Rolle bei chemischen Reaktionen spielt. Diese physikalische Ansicht brachte das „Massenwirkungsgesetz" hervor und machte *Berthollet* zum Vorläufer der Physikalischen Chemie. Er folgerte aus seiner Theorie, daß die Elemente innerhalb bestimmter Grenzen nach beliebigen Proportionen ihre Verbindungen zu bilden vermögen [58]. Diese Behauptung hätte damals die gesamte quantitative Analyse in Frage gestellt.

So war es gut, daß weitere Grundlagen durch *Joseph Louis Proust* (1754–1826) mit der Ermittlung des Gesetzes der konstanten Proportionen und des Gesetzes der multiplen Proportionen durch *John Dalton* (1766–1844) geschaffen wurden. *Proust* verteidigte als Analytiker diese Ansicht gegenüber *Berthollet* jahrelang, der als Physikochemiker die vorgefaßte Meinung nicht zu ändern bereit war.

Abb. 27 *Joseph Louis Proust.*

Bereits vor rund 200 Jahren offenbarte sich hier schon der Unterschied zwischen Analytikern und Physikern: Ein Physiker glaubt an Naturgesetze, beachtet sie und handelt danach. Ein Analytiker glaubt an gar nichts; es sei denn, er hat es in der Hand, sieht es und kann es untersuchen.

Proust war der erste Analytiker, der seine Ergebnisse in 100%-Form angab, z.B. für Zinn(II)-oxid 88,1% Sn und 11,9% O oder für Zinn(IV)-oxid 78,4% Sn und 21,6% O [59]. Er war eigentlich Apotheker, Sohn eines Apothekers aus Angers, der zunächst als Pharmazeut in Paris forschte, dann einem Ruf nach Spanien folgte, zunächst als Chemieprofessor an der Artillerieschule in Segovia, dann mit Unterstützung des Königs an der Universität Madrid, wo er ein großes Laboratorium zur Verfügung hatte.

Dieses wurde dann allerdings zerstört, als Napoleon Madrid eroberte. Verarmt kehrte er in seine Heimat zurück, wurde aber 1816 als Mitglied in die Pariser Akademie gewählt.

Äußerst wichtig für die Entwicklung der gesamten Chemie war das Wirken des Engländers *John Dalton*, der das von *Richter* bereits angenommene Gesetz der multiplen Proportionen exakt definierte. Sein Beispiel waren die verschiedenen Oxide des Stickstoffs und Kohlenstoffs. *Dalton* war der Sohn eines Webers und wie viele Wissenschaftler damals in England Autodidakt. Schon in früher Jugend unterrichtete er in seinem Hauptfach Mathematik, war Schulleiter und wurde 1793 als Professor für Mathematik nach Manchester berufen. Er widmete sich nur der Wissenschaft, neben der

Abb. 28 *John Dalton.*

Chemie auch der Physik (Gesetz des partialen Druckes von Gasen), Meteorologie und Physiologie (Farbenblindheit, unter der er auch litt), und hatte wie vor ihm *Boyle* und nach ihm *Bunsen* keine Familie. Im selben Jahr wie *Proust* wurde er zum Mitglied der Pariser Akademie gewählt, was die Royal Society erst 1822 nachholte.

Das Gesetz der multiplen Proportionen wurde 1807 von *Wollaston* mit Hilfe der verschiedenen Kalisalze der Oxalsäure bestätigt [60]. Doch *Dalton* wollte eine theoretische Erklärung, die ihn letztlich zu seiner Atomtheorie führte. Bereits 1803 veröffentlichte er die ersten Atomgewichte [61]; er wählte das leichteste Element Wasserstoff als Basis. Die Vorstellung des Atoms als unteilbares Teilchen stammt von den Philosophen des Altertums, z. B. der Name „Atom" von *Demokrit*. Diese Theorie machte zunächst viele der analytischen Ergebnisse von Gewichtsverhältnissen und Proportionen leicht verständlich.

Es war auch das Verdienst von *Proust* und *Dalton*, daß die durch die analytischen Untersuchungen von *J. B. Richter* entstandene *Stöchiometrie* auflebte und dazu führte, daß *I. Kant* nun auch die Chemie als exakte Naturwissenschaft anerkannte.

Allerdings gab es ein Problem, das auch in der Gegenwart noch – ein bißchen abgewandelt zwar – erhalten blieb: Die Schwäche der damaligen chemischen Analyse (und damit auch der Stöchiometrie) beruhte darauf, daß die guten Analytiker sich wenig mit der Theorie befaßten, während die Theoretiker (heute könnte man sagen: die Synthetiker) durch mangelhafte Analysen den Wert ihrer Ideen und Vorstellungen verringerten.

Das änderte sich durch die Methoden zur Mineralienanalyse von *Klaproth* und ähnliche Arbeiten von *Louis Nicolas Vauquelin* (1763–1822), einem weiteren großen Analytiker dieser Zeit, sowie vor allem durch *Jöns Jakob Berzelius* (1779–1848), der durch seine Versuche zur genaueren Ermittlung der Atom- und Verbindungsmassen, die Entwicklung der quantitativen Analyse erheblich beschleunigte. In dem „Lehrbuch der Chemie" hat *Berzelius* seine Methoden beschrieben [62].

Auch er hatte als Waise eine schwere Jugend, in der er schon in der Landwirtschaft arbeiten mußte. Nebenbei erteilte er Unterricht, auch während seines Studiums der Medizin und Chemie in Uppsala. 1802 wurde er Adjunkt (Hilfsbeamter) für Medizin und Botanik am Chirurgischen Institut

Abb. 29 *Jöns Jakob Berzelius.*

3.3 Anfänge der quantitativen Analyse anorganischer Stoffe

in Stockholm. Er wohnte bei dem Bergwerksbesitzer *Wilhelm Hisinger*, mit dem er zusammen – und gleichzeitig mit *M. H. Klaproth* – das Element Cer entdeckte und es nach dem gerade von *Giacomo Piazza* entdeckten Planetoiden Ceres benannte. 1807 zum Professor ernannt, erhielt er 1810 den Lehrstuhl für Pharmazie und Chemie an dem neu errichteten Karolingischen Medico-chirurgischen Institut in Stockholm. Dieses Institut verleiht noch heute den Nobelpreis für Medizin. 1817 entdeckte *Berzelius* ein weiteres Element, das er nach dem griechischen Wort für Mond (*selene*) Selenium nannte, und wurde dann 1818 in die Schwedische Akademie der Wissenschaften gewählt. Nachdem er ein Jahr später deren ständiger Präsident geworden war, galt er als die königliche Autorität der Chemie; er war tatsächlich 1818 geadelt und 1835 zum Baron erhoben worden.

Seine Verdienste um die Chemie könnten Bände füllen. Zunächst beschäftigte er sich kritisch mit der *Geschichte der Stöchiometrie*, zog daraus Konsequenzen für die Ziele seiner Arbeiten und äußerte sich auch dazu. So habe z. B. *T. Bergman* (bei dessen Nachfolger *Afzelius* studierte er in Uppsala) beobachtet, daß sich bei der doppelten Umsetzung der chemisch neutralen Salze wiederum neutrale Salze bilden, ohne dies zu erklären. *K. F. Wenzel* habe durch Genauigkeit der Analysen die Ursache hierfür entdeckt. *J. B. Richter* habe dann *Bergmans* und *Wenzels* Experimente in eine mathematische Form gebracht und so die Stöchiometrie begründet. Die Kontroverse zwischen *Berthollet* und *Proust* gefiel ihm wegen des würdigen Stils sehr gut, weil sie ohne persönliche Diffamierung ablief.

Diese historischen Studien dienten *Berzelius* als Ausgangspunkt, um die Verhältnisse, nach denen sich „Körper" verbinden, so exakt wie möglich zu bestimmen und er analysierte deshalb zahlreiche Oxide und Sulfide. Dabei entdeckte er, daß in den Salzen die Quantität Sauerstoff der Säure und der Base in einem ganzzahligen, einfachen Verhältnis zueinander stehen. Dieses sog. Sauerstoffgesetz bestärkte ihn in der Auffassung über den atomaren Aufbau der Materie. Er kritisierte zwar *J. Dalton*, weil dieser die Resultate von *Gay-Lussac* nicht beachtete, die eine Bestätigung der Atomtheorie darstellten, doch er fing an, die Atomgewichte von 45 Elementen zu berechnen, die er 1818 als Tabelle veröffentlichte. Das tat er auch mit den Ergebnissen der prozentualen Zusammensetzung fast aller 2000 damals bekannten Verbindungen. *Daltons* beginnende Zeichensprache (Kreise, Punkt und Striche) ersetzte *Berzelius* durch Buchstaben, welche die relative Anzahl der Volumina der jeden Körper bildenden Bestandteile angeben sollen und das numerische *Resultat einer Analyse einfach und leichtfaßlich ausdrücken* können [63].

Berzelius hat also die Entwicklungen seit *Lavoisier* zu einem Gesamtsystem vereinigt. Seiner Auffassung nach gehörte hierzu auch eine weitere Entwicklungslinie, die elektrochemische (s. Kap. 4.3). Seine Schöpfung war die dualistische elektrochemische Theorie, die wie viele andere wissenschaftliche Theorien erst gestürzt und dann nach gewisser Zeit wiederbelebt und in abgeänderter, weiterentwickelter Form als Ionentheorie von *Svante Arrhenius* bekannt wurde.

Einen Ruf auf den Berliner Lehrstuhl von *Klaproth* lehnte *Berzelius* ab. Dafür heiratete der Baron im Alter von 57 Jahren seine 25-jährige Braut. Zur Hochzeit gratulierte auch *Justus von Liebig* zwar herzlich, doch ironisch. Auch sonst war ihr Verhältnis kritisch. Man hatte inzwischen Fehler im System des *Berzelius*, besonders die Elektrochemie betreffend, entdeckt, die dieser nicht wahrhaben wollte. *Liebig* war zu die-

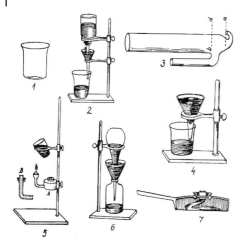

Abb. 30 Laborgeräte von *Berzelius* (1 Becherglas, 2 Vorrichtung zum Auswaschen von Niederschlägen, 3 Kapillarregulator für 2., 4 Gestell mit Filtertrichter, 5 Glühen von Niederschlägen, 6 automatische Filtration, 7 Ölbrenner) [62].

Abb. 31 Analysenwaage von *Berzelius*.

ser Zeit Redakteur seiner „*Annalen*", wo *Berzelius* Arbeiten hinsandte, die *Liebig* für veraltet hielt und dementsprechend verbesserte oder mit Anmerkungen versah. Es gab zwischen beiden einen regen Briefwechsel, der immer feindlicher wurde und bis zur öffentlichen, persönlichen Beleidigung reichte.

Die Analytische Chemie betreffend ist das Urteil günstiger, denn viele der von ihm entwickelten Laborgeräte (Abb. 30) haben bis heute nicht verändert werden müssen.

Berzelius untersuchte die Gruppe der Platinmetalle analytisch, fand hier einen Trennungsgang, und ist auch der erste Analytiker, der einen allgemeinen Analysengang bei Gegenwart von zahlreichen Elementen, wie z. B. Ce, Fe, Mn, Al, Be, Y und Ca befolgte. Von ihm stammt auch der Silicataufschluß mit Flußsäure, wobei er SiO_2 durch Abrauchen indirekt bestimmte.

Auch Waagen behandelte er in seinem Lehrbuch [62] ausführlich bis hin zu Konstruktionsfragen (Abb. 31).

Das kleinste von ihm benutzte Gewicht betrug 5 mg, das als Reiter auf den Waagebalken gesetzt wurde. Er war der erste Chemiker, der die sog. französischen Maße, das Kilogramm-System, benutzte und gab die Umrechnungsfaktoren zum alten, von den Chemikern benutzten Unzen-Drachmen-Gran-System an. Das war notwendig, denn 1 Gran hatte in den europäischen Ländern verschiedene Massen zwischen 52,4349 g (Venedig) und 64,7804 g (England). In Schweden galt: 1 Gran = 61,8620 g, während in Preußen 1 Gran = 62,0944 g war.

Die Zeit schien nun reif für mehrere Handbücher der Analytischen Chemie, die von dem Jenaer Chemieprofessor *Johann Friedrich August Göttling* („*Vollständiges chemisches Probekabinett*", 1790), von *W. A. Lampadius* („*Handbuch der chemischen Analyse der Mineralkörper*", 1801) und dann 1821 von dem Arzt und Kieler Chemieprofessor *C. H. Pfaff* (Abb. 32) und 1829 von

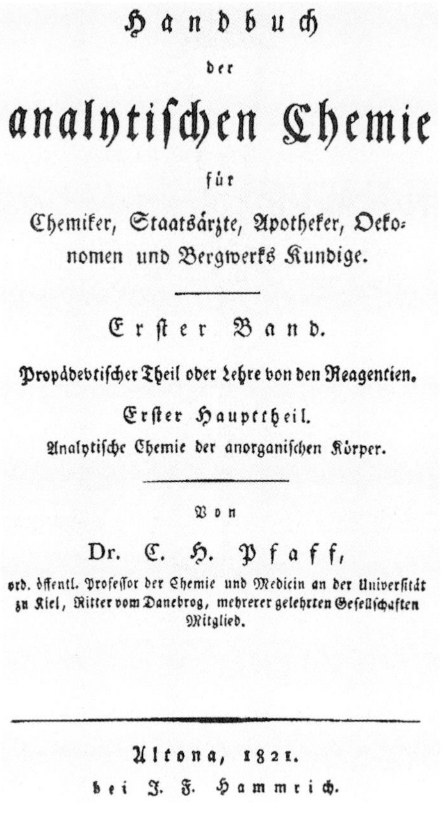

Abb. 32 Titelblatt des Handbuches der Analytischen Chemie von C. H. Pfaff.

Abb. 33 Carl Remigius Fresenius.

H. Rose verfaßt wurden, der zusammen mit F. Wöhler (1800–1882) zu den Schülern von Berzelius gehörte.

Das erste systematische und übersichtliche Buch war dann aber 1847 die „Anleitung zur quantitativen Analyse" [64] von C. R. Fresenius (1818–1897), der Didaktik in Gießen bei Justus von Liebig (1803–1873) gelernt hatte.

Im selben Jahr gab Fresenius die erste „Zeitschrift für Analytische Chemie" heraus und begründete dies damit, „daß alle großen Fortschritte der Chemie in mehr oder weniger direktem Zusammenhang stehen mit neuen oder verbesserten analytischen Methoden.. .. Die Entwicklung der analytischen Chemie geht daher der Entwicklung der gesamten chemischen Wissenschaft voraus, denn wie frisch gebahnte Wege zu neuen Zielen, so führen bessere analytische Mittel zu neuen chemischen Erfolgen". Das gilt heute nach wie vor, doch gewinnt man in den letzten Jahren den Eindruck, daß dies die Chemiker kaum mehr zu interessieren scheint.

Auch diese Tradition gilt schon seit etlichen Jahren nicht mehr; aus der alten Zeitschrift wurde erst ein Journal und letztlich ein ABC („*Journal of Analytical and Biochemistry*") folgend dem „Zeitgeschmack der Analytik" (s. Kap. 7).

Nach der genauen Beschreibung von Bestimmungsformen, der prozentualen Zusammensetzung von Niederschlägen und den Äquivalenzmassen der Verbindungen durch C. R. Fresenius waren die wesentlichen Grundlagen der Gravimetrie bekannt. Alles, was später hinzugefügt wurde, war im wesentlichen methodischer Art bedingt durch bessere Fällungstechniken, bessere Filter und verbesserte Waagen.

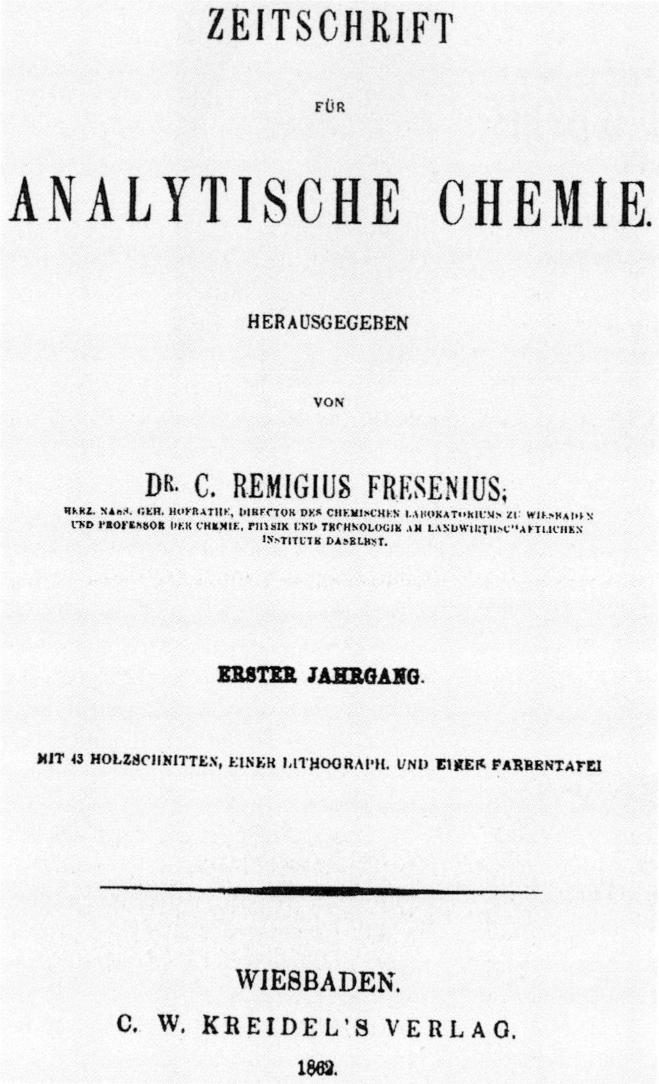

ZEITSCHRIFT
FÜR
ANALYTISCHE CHEMIE.

HERAUSGEGEBEN

VON

DR. C. REMIGIUS FRESENIUS,
HERZ. NASS. GEH. HOFRATHE, DIRECTOR DES CHEMISCHEN LABORATORIUMS ZU WIESBADEN
UND PROFESSOR DER CHEMIE, PHYSIK UND TECHNOLOGIE AM LANDWIRTHSCHAFTLICHEN
INSTITUTE DASELBST.

ERSTER JAHRGANG.

MIT 43 HOLZSCHNITTEN, EINER LITHOGRAPH. UND EINER FARBENTAFEL

WIESBADEN.
C. W. KREIDEL'S VERLAG.
1862.

Abb. 34 Titelblatt der Erstausgabe Fresenius' „Zeitschrift für Analytische Chemie".

3.3.1
Gravimetrie

Seit der Begriff „Gewicht" durch „Masse" ersetzt wurde, nennt man die klassische Gewichtsanalyse nur noch Gravimetrie. Diese Technik erfordert neben chemischen Kenntnissen hauptsächlich handwerkliches Können. Das richtige Filtrieren ist eine Kunst, und das Wägen läßt sich erlernen. Auch hier ist die alte Literatur hilfreich; alle wesentlichen Abläufe sind genau beschrieben worden [65–68]. Die Einrichtungen zum Filtrieren konnten im Laufe der

Zeit erheblich verbessert werden. Ebenso hat sich die Wägetechnik weiterentwickelt. Im Gegensatz dazu erscheint es, als hätte man vor etwa 40 Jahren aufgehört, die gravimetrischen Methoden zu pflegen und zu erneuern. Damals benutzte man zunehmend organische Fällungsmittel [69] und versuchte, die Moleküle größer und die Niederschläge schwerer zu machen, wodurch bei etwa gleichbleibender Auswaage ein geringerer Elementanteil ohne Verlust an Genauigkeit bestimmt werden konnte [70].

Die **Geschichte des Wägens** ist uralt, doch die Art der Waagen hat sich häufig gewandelt. Es lohnt sich, kurz darüber nachzudenken, denn mit dem Wägen kommt jedermann in „Berührung", und sei es beim täglichen Einkauf. Somit ist jeder auch an der Genauigkeit des Wägens interessiert, die als sehr hoch eingeschätzt wird. Außerdem unterliegt das Wägen grundsätzlich einer ständigen Überprüfung durch Eichämter. Waagen müssen also „amtlich geeicht" sein. Jedes Laboratorium soll ein oder mehrere gültige Eichnormale, z. B. 1-g-Gewichte, vorrätig haben und belegen können, daß die Waagen regelmäßig gewartet worden sind (Gerätehandbuch). Das ist deshalb wichtig, damit die Richtigkeit der Wägung gewährleistet bleibt, d. h. hier bereits systematische Fehler ausgeschlossen werden können.

So, wie sich die Waagen entwickelten, veränderte sich auch die „Sprache". Vor rund 65 Jahren beschrieb man die relative Genauigkeit einer Waage als Quotienten aus der Empfindlichkeit und der Maximalbelastung [71]. Als Empfindlichkeit wurde damals in der Praxis das kleinste Übergewicht bezeichnet, auf das die Waage merklich reagiert. Dies wird heute als absolute Genauigkeit bezeichnet, während die Empfindlichkeit entsprechend dem heutigen

Abb. 35 Schnellanalysenwaage nach *P. Bunge*, Hamburg, und Substitutionswaage von *Sauter* (aus altem Firmenprospekt und im Hoesch-Laboratorium).

Gebrauch als Änderung des Ausgangssignals ΔL (bzw. der Ziffernanzeige) durch die sie verursachende Belastungsänderung Δm definiert ist:

$$S = \Delta L / \Delta m.$$

Es existiert eine Parallelität in der Entwicklung der Waagen und derjenigen der klassischen Mikroanalyse [71], die gravimetrische Bestimmungsverfahren bevorzugte. Eine Waage läßt sich im wesentlichen durch vier Punkte charakterisieren:

1. ihre *absolute* Genauigkeit (die kleinste Übermasse, die noch mit Sicherheit registriert werden kann),
2. ihre Belastbarkeit i(die höchstzulässige Belastung eines Balkenarmes),
3. ihre *relative* Genauigkeit (das Verhältnis von absoluter Genauigkeit und Belastung), sowie
4. ihre Empfindlichkeit.

Es ist heute leicht, Waagen mit hoher absoluter Genauigkeit zu bauen (Tab. 4), doch es ist schwierig, die für die Praxis entscheidende, relative Genauigkeit zu erhöhen.

Betrachtet man die Genauigkeit einer Waage als Quotient aus der absoluten Genauigkeit und der Belastung, so ist leicht zu erkennen, daß *eine Wägung um so ungenauer* wird, *je geringer die Masse* der gewogenen Substanz ist. Bei der Einwaage von 1 g und einer absoluten Genauigkeit von 0,1 mg beträgt der Quotient 0,0001. Reduziert sich die Einwaage auf 1 mg, so geht auch der Quotient auf 0,1 zurück. Der Wägefehler kann also bereits auf 10 % der gewogenen Gesamtmasse ansteigen.

Das älteste Wägeprinzip ist, wenn nach Belastung eines „Armes" versucht wird, durch Auflegen oder Verschieben von Massen auf dem anderen, in die Nullstellung zurück zu kommen. Nach dieser Nullmethode arbeiten alle zweiarmigen Hebelwaagen.

Tabelle 4 Wichtige Typen von Analysen- bis Ultramikrowaagen.

Prinzipielles	Eingeführt durch	Belastbarkeit (mg)	abs. Genauigkeit (μg)	Literatur
Gewichtewaagen	*Kuhlmann*, 1906	20000	2	91,92
		500	0,5	93
Neigungswaagen	*Nernst*, 1903	17	0,03	94,95
a) Torsionslager		2000	1	96
b) Schneidenlager	(*Mettler*)	2	0,2	92
Elektromagnetische Waagen	*Ångström*, 1895	5	0,01	97
Auftriebswaagen				
a) Gasdruckänderung	*Steele* u.*Grant*, 1909	200	0,0003	98
b) Cartesian. Taucher	*Zeuthen*, 1947	0,001	0,01	99
Quarzfadentorsionswaagen	*Neher*, 1942	0,1	0,005	100
		2	0,04	101
Quarzfadenfederwaagen	*Salvioni*, 1901	<0,001	ca. 10^{-4}	102
Schwebewaagen	*Ehrenhaft*, 1909		ca. 10^{-9}	103

Bei dem von der Firma Mettler, Zürich, eingeführten *Substitutionsprinzip* (Abb. 36) arbeitet die Waage stets bei konstanter Höchstbelastung, wodurch der Hebelfehler beseitigt ist.

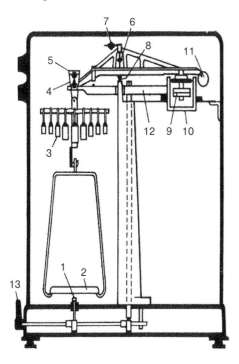

Erläuterungen:
1. Halterung der Waagschale
2. Waagschale
3. Satz der Massen (Gewichtssatz)
4. Schneidenlager aus Saphir
5. Hängebügel
6. Justiermasse
7. Justiermasse für die Nullpunktseinstellung
8. Hauptschneidenlager aus Saphir
9. Gegenmasse (Gegengewicht)
10. Luftdämpfung
11. Optische Skala
12./13. Arretierungsvorrichtungen

Abb. 36 Substitutionsprinzip der Mettler-Mikrowaage (mit Erlaubnis von Mettler).

Aber die Veränderung des Auftriebes von Wägegut und Gegenmassen (Gegengewichten) durch Luftdruck, Temperatur und Luftfeuchtigkeit wird nicht kompensiert. Die letzten beiden Größen lassen sich in einem Laboratorium leicht konstant halten, nicht aber der Luftdruck. Bei einem Volumenunterschied von Gewicht und Wägegut von 1 mL verursacht eine Luftdruckschwankung um 0,8 mbar eine Masseänderung von etwa 1 µg. Besonders bei der Verwendung von größeren Wägegefäßen kann eine plötzliche Luftdruckschwankung zu erheblichen Wägefehlern führen. Dies ist z. B. ein Grund für die Weiterverwendung der zweischaligen Balkenwaagen, da sich hier durch beidseitiges Belasten mit geometrisch gleichartigen Wägegefäßen der Luftdruckfehler minimieren läßt, was besonders bei Mikroprobenmassen bedeutungsvoll ist.

Dennoch gilt die *Wägung in den* normal üblichen *Arbeitsbereichen der Routineanalyse* als der *genaueste aller Arbeitsschritte*. In den Mikroarbeitsbereichen haben sich die elektromagnetischen Hebelwaagen bewährt; es gibt z. Z. solche mit absoluten Genauigkeiten von bis zu 10^{-2} µg bei Belastbarkeiten bis zu 1 mg. Zu den Spezialwaagen findet man verschiedene Erläuterungen in der Literatur [71, 72] und immer in den Prospekten der kompetenten Hersteller.

Vor mehr als 100 Jahren war die **Gravimetrie** neben der Maßanalyse die bedeutendste Analysenmethodik [68, 73]. Heute werden nur die Nässe, die Feuchtigkeit und der Kristallwasseranteil routine- und damit regelmäßig bestimmt, wenn man von physikalischen Größen, wie z. B. der Dichtebestimmung, einmal absieht. Doch auch hierfür gibt es heute Automaten, die für bestimmte Stoffe, wie z. B. Kohle oder Koks, ausgelegt sind. Im Fall des gebundenen Wassers, z. B. in Oxiden wie Erzen, Feuerfestmaterialien, Baustoffen u. a. m., lassen sich die CO_2- und H_2O-Anteile heute simultan erfassen.

Schon vor mehr als 100 Jahren kannte man das Problem „gebundenes Wasser", welches damals „Konstitutions- oder Hydratwasser" [73] hieß. Es ist immer wieder erstaunlich, lesen zu können, wie erfindungsreich man damals war: „Wollte man im käuflichen Jod den Feuchtigkeitsgehalt ermitteln, so wäre dies nur möglich dadurch, dass man das abgewogene feuchte Jod mit einer abgewogenen Menge trockenen Quecksilbers zusammenreibt; nun ist das Jod an Quecksilber gebunden und nun kann man im Exsiccator den Feuchtigkeitsgehalt bestimmen".[2] (Ein heute undenkbares Verfahren!)

„Wollte man im Alaun den Wassergehalt einfach durch gelindes Glühen bestimmen, so würde mit dem Wasser Schwefelsäure weggehen. Dies zu verhindern, glüht man nach Zusatz einer gewogenen Menge trockenen Bleioxyds, das die Schwefelsäure bindet.. .. Glüht man z. B. Malachit, so entweicht Kohlensäure und Wasser. Bestimmt man nun einerseits den Gewichtsverlust, andererseits die Kohlensäure für sich, so ergibt sich aus der Differenz der Wassergehalt".

Prinzipiell benötigt man für die gravimetrische Bestimmung neben der Analysenwaage eine definierte chemische Reaktion zwischen dem zu bestimmenden Element und einer weiteren Verbindung, Fällungsmittel oder -reagens genannt, die zu einem möglichst unlöslichen Niederschlag führt, und eine geeignete Filtriereinrichtung. Theoretisch hat man sich somit nicht nur mit den Reaktionsabläufen, sondern auch mit der *Löslichkeit von Niederschlägen* zu befassen. Zunächst beginnt alles mit der Schaffung geeigneter Voraussetzungen und mit der Bereitstellung von benötigten Geräten.

Das erscheint einfach und ein plausibler Ablauf ist leicht vorstellbar (Tab. 5). Man bringt zwei Verbindungen in Lösung zusammen, die kontrolliert miteinander reagieren, einen Niederschlag ergeben, der möglichst die Komponente, die man bestimmen will, vollständig enthält. Jeder Chemiker hat gelernt, daß er in diesem Fall durch Konzentrationserhöhung der einen Komponente, des sog. Fällungsmittels, die Zunahme der anderen, des Niederschlages erreichen kann, wenn das MWG gilt. Es reicht jedoch nicht aus, in verschiedenen Methodenbüchern mit Durchführungsbeschreibungen [74, 75] zu lesen; es bedarf zusätzlich einer jahrelangen Erfahrung.

An einem Beispiel, das jeder einmal praktiziert oder gelernt hat, sollen einige wissenswerte Punkte erläutert werden, an der Fällung von Bariumsulfat zur S-Bestimmung. Liegt ein sich nicht mehr massemäßig verändernder, also ein trockener Niederschlag vor, so erscheint mit der einfachen rechnerischen Auswertung alles erledigt zu sein, denn Leitproben zum Eichen oder Kalibrieren können hier entfallen:

$$x = Ba \cdot Auswaage / BaSO_4 = mg\ SO_4$$

Allgemein rechnet man direkt den Prozentanteil des gewünschten Elementes aus und benutzt dazu Faktoren F aus dem *Küster-Thiel* [76]:

$$\%\ S = F \cdot (Einwaage / Auswaage) \cdot 100.$$

Voraussetzungen sind, daß möglichst aus homogener Lösung gefällt wird, die gewünschte Verbindung vollständig ausfällt bzw. ein hinreichend niedriges Löslichkeitsprodukt vorliegt, damit die eventuellen Ver-

---

[2] (Die alte Sprache lehrt uns jedoch, daß die Rechtschreibreform aus den Jahren 2000 bis 2006 im Fall „ss" oder „ß" keinen Fortschritt darstellt, denn auch vor 100 Jahren war immer „ss" richtig, und man schrieb dann „Maassanalyse" oder Maasse, um diese von der Masse unterscheiden zu können.)

Tabelle 5 Beispielhafter Ablauf eines gravimetrischen Bestimmungsverfahrens.

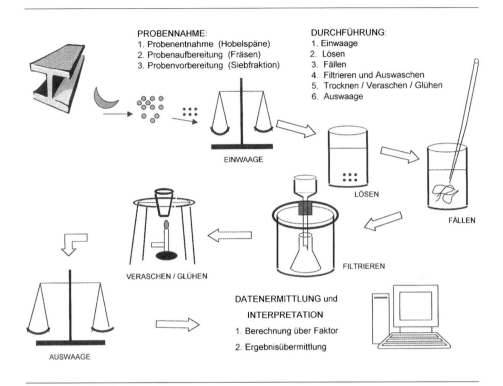

luste vernachlässigbar klein sind, der Niederschlag möglichst nur aus einer definierten Verbindung besteht, und dieser Niederschlag leicht zu filtrieren ist.

Das *Löslichkeitsprodukt* für das obige Beispiel lautet:

$$K_L = [Ba^{2+}][SO_4^{2-}] = 10^{-10} \text{ mol}^2/L^2$$

sowie in reinem Wasser gilt für die *Löslichkeit*:

$$[Ba^{2+}] = [SO_4^{2-}] = \sqrt{K} = 10^{-5} \text{ mol/L} = L.$$

Das sind umgerechnet und für den Analytiker besser verständlich:

$$L = 10^{-5} \text{ mol SO}_4/L = 2{,}3 \cdot 10^{-3} \text{ g/L}$$
$$= 2{,}3 \text{ mg/L} = 0{,}23 \text{ mg/100 mL}.$$

Beim Fällungsmechanismus sind weitere Effekte zu beachten, wie z. B. die Keimbildung, die Induktionsphase (kinetische Kristallkeimbildung) in Abhängigkeit von der Konzentration, die Kristallgrößen, eine Übersättigung, der pH-Wert (Puffer) usw. [77]. Die Löslichkeit kann durch weitere Ionen in der Analysenlösung heraufgesetzt werden. Deshalb sollte bei gravimetrischen Fällungen möglichst wenig an Fremdelektrolyt in der Lösung vorhanden sein, da Ionen grundsätzlich zur *Adsorption* an den Niederschlag neigen.

Nicht nur wegen der Filtrierbarkeit, sondern auch weil feine Niederschläge weitaus mehr Ionen adsorbieren können als gröbere, ist ein Wachsen der Kristalle anzustreben. Während der Wartezeit kann es jedoch auch zu *Nachfällungen* kommen.

Bei der Adsorption an der Oberfläche des Niederschlages wird jeweils der Bestandteil bevorzugt, der auch im Niederschlag enthalten ist. So werden bei dem Beispiel der S-Bestimmung mit $BaCl_2$ z. B. Cl-Ionen adsorbiert, wobei sich die anderssinnig geladenen Ionen aus Gründen der Elektroneutralität immer als Folgeschicht anlagern. Beim Waschen löst sich stets etwas $BaSO_4$, die Adsorption kompensiert diesen Verlust weitgehend (aber unkontrolliert), worauf kein Verlaß ist, denn es könnte auch eine Nachfällung sein. Davon spricht man, wenn ein Niederschlag, der zu lange in Kontakt mit der Mutterlauge (Analysenlösung nach Fällung) steht, durch nachträgliches Ausfallen einer fremden Verbindung auf seiner Oberfläche verunreinigt wird. Zum Beispiel kann sich auf einem Calciumoxalat-Niederschlag bei längerem Stehen in der Analysenlösung Magnesiumoxalat abscheiden. Typisch ist auch bei Sulfidfällungen, daß über die Adsorption hinausgehend eine Festkörperreaktion erfolgt, die zu einer Masseänderung des Niederschlages führen kann. Dies ist z. B. der Fall, wenn CuS aus eisenhaltiger Lösung gefällt wird, und jedes CuS langsam durch $CuFeS_2$ ersetzt wird.

Die Adsorptionserscheinungen folgen den Adsorptionsisothermen nach *Freundlich* oder *Langmuir*. Diese Effekte lassen sich auch zur *beabsichtigten Mitfällung* benutzen, wobei der Hauptniederschlag als „Träger" bezeichnet wird. Setzt man z. B. zum Urin ein Ca-Salz und ein Phosphat hinzu, so fällt Calciumphosphat aus, und die Pb-Spuren werden durch Mitfällung aus der Lösung entfernt, obwohl das Löslichkeitsprodukt von Bleiphosphat nicht überschritten wird. (Die Mitfällung spielt in der radio-chemischen Analyse zur Anreicherung von Nukliden vor der Messung eine bedeutende Rolle.) Sehr schwer ist das mögliche Einschließen von Verunreinigungen durch *Mischkristallbildung* zu kontrollieren. Isomorphe Verbindungen (derselbe Formeltyp mit gleicher Kristallstruktur) können Ionen untereinander austauschen. So ist es möglich, daß im $BaSO_4$ sowohl das Ba^{2+} durch Pb^{2+} als auch das SO_4^{2-} durch CrO_4^{2-} ersetzt werden können.

Erhebliche Fehler sind auch beim Filtrieren und besonders beim *Waschen* möglich. Da die Effektivität des Filtrierens und die Wahl des Filters nicht ideal sein können, sollte grundsätzlich das Filtrat auf Spuren der zu bestimmenden Elemente geprüft werden, wie das in der Praxis stets für die genaue SiO_2-Bestimmung aus Oxiden durch spektralphotometrische Nachbestimmung von Si im Filtrat erfolgen sollte. Das Waschen kann die oberflächlichen Verunreinigungen durch die Ionen minimieren, die eigentlich in der Lösung verbleiben sollten. Früher wurde sogar häufig warm gewaschen, was oft die Löslichkeit stark erhöhte.

Beim Waschen mit Wasser neigen viele Niederschläge zur *Peptisation*, d. h. ein Teil des Niederschlages wird wieder in die kolloidale Form überführt:

$$\text{AgCl (kolloidal)} \underset{\text{Peptisation}}{\overset{\text{Koagulation}}{\rightleftharpoons}} \text{AgCl (fest)}$$

Da kolloidale Teilchen durch fast alle Filtermaterialien hindurchgehen, ist deren Bildung möglichst zu vermeiden. Ein Zusatz von Ionen zum Waschwasser, die adsorbierte Ionen substituieren können und beim Erhitzen des Niederschlages entweichen, kann vorteilhaft sein. So ist es besser, einen AgCl-Niederschlag mit verdünnter Salpetersäure und nicht mit Alkalinitratsalzlösungen zu waschen, weil nur die Säure abdampfbar ist. Ein weiterer Analysenfehler kann auch durch Belichtung, wie z. B. beim AgCl, auftreten. Ein Lichtquant schlägt aus einem Cl-Ion ein Elektron heraus, das zum Ag-Ion wechselt und so Ag-Atome bildet. Das nun elementare Chlor sitzt zwar weiterhin im Ag-Gitter, doch nicht so fest gebunden wie vorher.

Schließlich können noch *Okklusionen* auftreten, worunter man Verunreinigungen versteht, die bei dem Wachsen der Kristalle eingeschlossen werden, und die alle Komponenten der Mutterlauge enthalten. Während man die Adsorption an der Oberfläche von Niederschlägen, z. B. durch Zusatz von Aldehyden (Acrolein oder Crotonaldehyd), die sich quasi als Film auf die Oberfläche legen, verhindern kann, ist gegen eine Okklusion kaum etwas auszurichten.

Die Keimbildung kann durch tropfenweises Zugeben des Fällungsmittels etwas verlangsamt werden. Das Fällen in der Wärme erhöht die Löslichkeit, kann aber eine lokale Übersättigung weitgehend verhindern. In manchen Fällen ist es auch günstig, durch Alterung eines feinkristallinen Niederschlages (Stehenlassen über Nacht!) zu einem mehr grobkristallinen zu kommen. Dies geschieht, weil der Dampfdruck kleiner Kristalle größer ist als derjenige großer.

Beim Erhitzen des Niederschlages, was einmal zur Entfernung von anhaftendem Wasser (Feuchtigkeit) und zum anderen einem gezielten Verdampfen adsorbierter Ionen dient, ist die Wahl der Temperatur entscheidend. Bei 105 °C–120 °C erfolgt die Feuchtigkeitsentfernung, bei etwa 900 °C werden dann bestimmte Niederschläge geglüht, wie z. B. bei der Umwandlung von Ca_2CO_4 in $CaCO_3$ oder CaO sowie von $MgNH_4PO_4$ in $Mg_2P_2O_7$ u. a. m. Hierbei sind weitere Verluste, z. B. das Kristallwasser oder CO_2 zu beachten. Heute gibt es Apparate, die beim Glühen gleichzeitig H_2O und CO_2 meßbar erfassen.

Wesentlich ist in vielen Anwendungsfällen mit organischen Reagentien [78] deren Entfernung aus dem Niederschlag, wobei das jeweilige Metalloxid entsteht [79]. In den Fällen der Mikroanalyse oder Spurenbestimmung, wo jede Massezunahme einer Fällung die (Wäge-) Genauigkeit verbessert, wird man das Reagens so auswählen, daß die gesamte Verbindung ausgewogen werden kann [70, 80]. Dann sind *Bestimmungsgrenzen* in der Größenordnung von 0,1–0,2 % (bezogen auf die Originalsubstanz) zu erreichen, während allgemein von etwa 1 Massen-% in der Probe auszugehen ist.

Dies ist bereits der „Übergang" zur **Thermogravimetrie** [81], bei der prinzipiell während der kontinuierlichen (gesteuerten) Aufheizung simultan der Masseverlust eines Niederschlages oder einer Verbindung ermittelt wird. Hiermit kann man sowohl die Umwandlung eines Niederschlages beim Glühen prüfen als auch das Temperatur- / Zeitverhalten unbekannter Verbindungen testen. Durch Vergleich des Evolugrammes eines reinen Stoffes mit dem des unbekannten lassen sich Verbindungen identifizieren, was in Industrielaboratorien für Spezialfälle benutzt wird [82]. Dies ist ein eigenes, kompliziertes Gebiet. Da von der verdampften Substanz nur der Zeitpunkt der Masseabnahme und der Massenverlust ermittelt werden, ist die Aussage meist nicht scharf genug. Deshalb versucht man heute auch einen Thermographen mit analytischen Detektoren (Gasanalysatoren oder Massenspektrometern) zu kombinieren, um das zu erfassen, was tatsächlich nach welcher Zeit und bei welcher Temperatur zersetzt wird und verdampft ist.

Wegen der angedeuteten verschiedenartigen Schwierigkeiten der Gravimetrie wird auch der erfahrene und geübte Analytiker ein Referenzmaterial „mitziehen", d. h. den Arbeitsgang durchlaufen lassen. Prinzipiell reicht hierbei eine einzige solcher Proben aus, weil keine Eich- oder Kalibriergerade zu kontrollieren ist. Eine übliche Ar-

Tabelle 6 Einige bekannte Analysenverfahren der Gravimetrie.

Element	Stoffart	Fällung mit	Auswaage als	Norm/Literatur
Be	Oxide, Silicate, Legierungen	*Pirtea*-Salz (EDTA, Tartrat)	Hexammincobaltat(lII) des Diberyllium-tricarbonato-Komplexes	80
Hg	Wasser u.a.	1,2-Dimorpholinethan	Hg-Komplex	81
W	Metalle	Cinchonin	Wolframoxid	79
$C_{ges.}$	Stahl, Eisen	$BaCl_2$	$BaCO_3$	ISO 437
$C_{geb.}$	Stahl, Eisen	$BaCl_2$	$BaCO_3$	EN 10038
S	Stahl, Eisen	$BaCl_2$	$BaSO_4$	ISO 4934
$Si_{ges.}$	Stahl, Eisen	HNO_3 u.a.	SiO_2	ISO 439
Ni	Stahl, Eisen	Dimethylglyoxim	Ni-Komplex	ISO 4938
Cl	Wasser u.a.	$AgNO_3$	AgCl	65
Al	diverse	8-Hydroxychinolin	Al-Oxinkomplex	69

beitsweise ist es aber auch, die Analysenprobe „einzukleiden", d. h. zwei Referenzproben zu verwenden, deren Ergebnisse einmal über und einmal unter dem Erwartungswert der zu analysierenden Probe liegen.

Abschließend soll hier an einige wichtige Beispiele (Tab. 6) der gravimetrischen Methodik erinnert werden, deren Einsatz immer noch zu empfehlen ist, wenn eine entsprechende analytische Aufgabe ansteht. Zahlreiche gut ausgearbeitete Vorschriften sind in den verschiedenen Handbüchern zu finden [69, 77, 80, 83–90].

Neben dem schon erwähnten Mitfällen, das zur Anreicherung genutzt werden kann, ist das Umfällen andererseits eine Möglichkeit zur Reinigung von Niederschlägen.

Die *Gravimetrie ist ein leitprobenfreies Analysenprinzip*, das seine Bedeutung für die Bestimmung hoher Analytanteile in Proben und zur Prüfung von Standardlösungen behalten hat. Die Durchführung erfordert nicht nur ein hohes Maß an Übung und Erfahrung der Ausführenden, sondern auch die Präsenz und ständige Beobachtung des Ablaufes. Etwas erleichtert wird die Ausführung heute eigentlich nur durch die Verwendung elektronischer Waagen, die hier gut einsetzbar sind, weil im Normalfall der g- und mg-Bereich eingehalten werden kann.

3.3.2
Maßanalyse (Titrimetrie)

Noch weit häufiger als die Gravimetrie wird heute ein weiteres, *leitprobenfreies* Analysenprinzip eingesetzt: die *Maßanalyse*. Im Gegensatz zur Gravimetrie, wobei lediglich die zu bestimmende Substanz in einen unlöslichen, zur Wägung geeigneten Niederschlag zu überführen war, mußte bei der Maßanalyse nun die Betrachtung quantitativer Verhältnisse vorausgesetzt werden. Sie ist eine ebenso alte, aber schnellere Methode, die prinzipiell darauf beruht, daß die Masse eines in Lösung befindlichen Stoffes dadurch ermittelt wird, indem eine Reagenslösung bestimmter Konzentration, die als Maß- oder Normallösung bezeichnet wird, so lange der zu analysierenden Lösung hinzugegeben wird, bis das Ende der Reaktion festgestellt werden kann. Dies geschah z. B. durch Farb- oder Leitfähigkeitsänderung der Lösung, also zunächst visuell, kann aber auch konduktometrisch oder photometrisch erfolgen. Die Normallösungen enthielten im Liter die Äquivalenzmasse der wirksamen Komponente, deren Konzentration (Titer) gegen eine andere Normallösung mit bekannter Stoffmasse gestellt (verglichen) worden war. Diese Normal- oder Titerlösungen wurden aus Büretten (Abb. 37) in kleinen Portionen hinzugegeben, was man titrieren nannte.

Die Maßanalyse (alte Bezeichnung: Maassanalyse oder Maaßanalyse) entstand aus der Praxis im 18. Jahrhundert. Es war anfangs eine überwiegend französische Angelegenheit, eng verbunden mit dem Apotheker *Claude Joseph Geoffroy* (1683–1752), dem Arzt *Louis Guillaume Le Monnier* (1717–1799) und *Louis Bernard Guyton de Morveau* (1737–1816), die ähnliche Verfahren für die Wasseranalyse einsetzten, sowie dem italienischen Chemiker *Vittorio Amadeo Guoanetti* (1729–1815) und dem englischen Chemiker *W. Lewis* († 1781), der zuerst absolute Mengen mit einer Art Maßanalyse bestimmt haben soll.

Beide Methoden, sowohl die Maßanalyse als auch die Gravimetrie, wurden durch industrielle Anforderungen – die damals aufkommende Produktion von Schwefelsäure, Soda und Chlor – in der Entwicklung beschleunigt.

Henry Descroizilles (1751–1825) war der Erste, der maßanalytisch quantitative Bestimmungen durchführte, indem er Anteile von Bleichflüssigkeiten solange mit einer Indigolösung versetzte, bis diese entfärbt war (Chlorometrie). Auch andere benutzten diese Titrationsmethode, wie z. B. *N. Vauquelin*, der die Elemente Chrom und Beryllium entdeckte. Es war dann schließlich *Joseph Louis Gay-Lussac* (1778–1850), der als

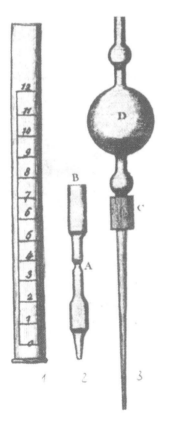

Abb. 37 *Descroizilles'* Titriergeräte um 1789.

Abb. 38 *Joseph Louis Gay-Lussac.*

eigentlicher, wissenschaftlicher Begründer der Maßanalyse anzusehen ist.

Er entwickelte aus den ersten Anfängen die volumetrischen Verfahren, um die zeitaufwendigen Bestimmungen der Gravimetrie ersetzen zu können. Dieser moderne Standpunkt führte zur Verbesserung der Chlorometrie (1824). Er verwendete eine Lösung von arseniger Säure und erkannte den Endpunkt, die beendete Bildung von Arsensäure durch Indigo-Entfärbung. Somit führte er den „Indikator" ein, förderte durch seine Schrift *„Essai des Potasses du Commerce"* (1828) die Alkali- und Acidimetrie und gilt durch seine volumetrische Silberbestimmung, die für die Untersuchungen von Münzmetallen so wichtig war, auch als Begründer der titrimetrischen Fällungsanalysen. Das französische Wort „titre" hatte damals die Bedeutung „Qualität"; der Titer einer Münze drückte den Anteil Gold oder Silber aus. Nachdem *Gay-Lussac* diesen Ausdruck benutzt hatte, fanden die Übersetzer ins Englische und Deutsche kein passendes Wort und übernahmen es, denn diese Silberbestimmung verbreitete sich weltweit.

Die Maßanalyse wurde dennoch zunächst vernachlässigt, weil sie von *Berzelius* abgelehnt worden war. Sie ist nicht in *Pfaffs* Handbuch (s. Abb. 32) enthalten und selbst *Fresenius* bevorzugte um 1846 noch eindeutig die Gravimetrie. Beide, *Gay-Lussac* und *Fresenius*, stammten aus ähnlichen Verhältnissen, ihre Väter waren Juristen. Beide sahen eine wesentliche Aufgabe in der Ausbildung und beide gaben eine Zeitschrift heraus, *Gay-Lussac* zusammen mit *D. F. Arago* die *„Annales de Chimie et de Physique"* (1808–1840). *Gay-Lussac* war nicht nur als junger Wissenschaftler schon sehr bekannt, sondern er beschäftigte sich auch universell, sowohl mit Politik als auch mit Ballonfahrten bis in 7000 m Höhe oder Reisen mit seinem Freund *Alexander von Humboldt*.

Schon aus wirtschaftlichen Gründen ließ sich die weitere Entwicklung der Maßanalyse um die Mitte des 19. Jahrhunderts nicht aufhalten. Es kamen neue Normallösungen hinzu, wie z. B. Silbernitrat, Quecksilber(I)-nitrat und Bariumnitrat. *Robert Bunsen* verwendete bereits Iod [104] und begründete damit die Iodometrie, während *F. Margueritte* 1846 Kaliumpermanganat zur Eisenbestimmung nutzte und so die industriell wichtige Manganometrie initiierte [105]. Damit waren die Grundlagen der Maßanalyse für die Oxidations- und Reduktionsmethoden, für die Neutralisationsverfahren und die volumetrischen Fällungsanalysen geschaffen worden. Die Vorbehalte vieler Wissenschaftler gegen sie wurden durch zwei Bücher völlig beseitigt: *H. Schwarz* veröffentlichte 1853 das eine mit dem langen Titel *„Praktische Anleitung zu Maaßanalysen (Titrir-Methode), besonders in ihrer Anwendung auf die Bestimmung des technischen Werthes der chemischen Handelsprodukte wie Pottasche, Soda, Ammoniak, Chlorkalk, Jod, Brom, Braunstein, Säuren, Arsen, Chrom, Eisen, Kupfer, Zink, Zinn, Blei, Silber, Indigo..."* [106]. Hierin heißt es in der Einleitung: „Mittels dieser Maßmethoden ist es gelungen, die quantitative Analyse in das praktische Leben einzuführen".

Abb. 39 *Friedrich Mohr.*

Zwei Jahre später erschien das *„Lehrbuch der chemisch-analytischen Titrirmethode“* von *Friedrich Mohr* (1806–1879), das über mehr als 50 Jahre das Standardbuch blieb (Abb. 40).

Er lehnte die inzwischen zahlreichen Reagenslösungen, die in ihrem willkürlichen Gehalt den einzelnen Aufgaben angepaßt waren, ab und beharrte auf den bis heute gebräuchlichen Normallösungen. Das führte zur Übersichtlichkeit und damit Vereinfachung, wodurch die Maßanalyse zu Beginn des 20. Jahrhunderts zu der am häufigsten benutzten Analysenmethode werden konnte. Der Hauptgrund lag in der Verbesserung der Titrierapparate, die in zahlreichen Holzschnitten im Buch von *F. Mohr* dargestellt sind (Abb. 41).

Jeder Chemiestudent sollte eigentlich die *Chloridbestimmung nach Mohr* kennen, was

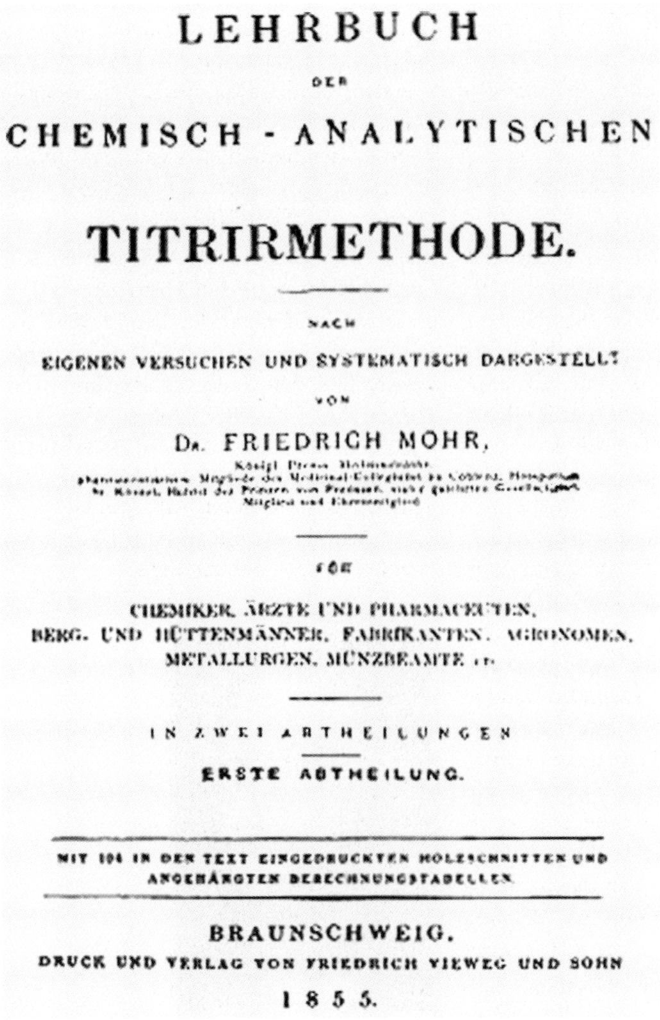
LEHRBUCH
DER
CHEMISCH-ANALYTISCHEN
TITRIRMETHODE.
NACH
EIGENEN VERSUCHEN UND SYSTEMATISCH DARGESTELLT
VON
DR. FRIEDRICH MOHR,
FÜR
CHEMIKER, ÄRZTE UND PHARMACEUTEN,
BERG- UND HÜTTENMÄNNER, FABRIKANTEN, AGRONOMEN,
METALLURGEN, MÜNZBEAMTE etc.
IN ZWEI ABTHEILUNGEN
ERSTE ABTHEILUNG.
MIT 104 IN DEN TEXT EINGEDRUCKTEN HOLZSCHNITTEN UND ANGEHÄNGTEN BERECHNUNGSTABELLEN.
BRAUNSCHWEIG.
DRUCK UND VERLAG VON FRIEDRICH VIEWEG UND SOHN
1855.

Abb. 40 Titelblatt von *Mohr*'s *„Lehrbuch der chemisch-analytischen Titrirmethode“*.

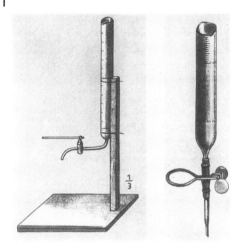

Abb. 41 Hahn- und Quetschhahnbürette nach F. Mohr um 1855.

nicht unbedingt heißt, daß der chemische Mechanismus verstanden wurde. Das nicht wissenschaftlich exakte Beschreiben einer analytischen Methode dürfte wahrscheinlich der Grund dafür sein, daß eine allgemeine Anwendung fast immer Jahrzehnte später erfolgt. Allerdings waren oft die apparativen Voraussetzungen nicht gegeben, um weitergehende Untersuchungen durchzuführen, so daß es bei der empirischen Anwendung blieb. Bei der *Mohr*'schen Cl-Bestimmung wird als Indikator Kaliumchromat verwendet. Bei der Zugabe von Silbernitratlösung fällt zunächst AgCl aus, bis sich dann am Äquivalenzpunkt, wo keine Cl$^-$-Ionen mehr vorhanden sind, das rotbraune Silberchromat bildet. Die Tatsache, daß sich jedoch bereits beim ersten Tropfen AgNO$_3$-Lösung die rotbraune Farbe zeigt (um gleich wieder bis zum Endpunkt zu verschwinden), ist erst um 1960 untersucht worden [107]. Als Grund dafür wurde eine vorgelagerte, sehr kurzzeitige, statistische Verteilung der Ag$^+$-Ionen auf Cl$^-$- und CrO$_4^{2-}$-Ionen gefunden. Erst danach setzt sich die „Stärke" der jeweiligen Verbindungen (Komplexe) entsprechend dem Massenwirkungsgesetz (MWG) durch. Dieser kinetisch schnell ablaufende Vorgang läßt sich nur „zeitaufgelöst" messen.

Die Grundlage der Maßanalyse ist das Auffinden einer geeigneten Reaktion, die theoretisch die Konzentration der zu bestimmenden Ionenart gegen Null gehen läßt. Im Fall der Redoxreaktionen wurde dies durch Überführen in eine andere Wertigkeitsstufe erreicht, während bei der Neutralisation wenig dissoziiertes Wasser oder bei den Fällungstitrationen ein weitgehend unlöslicher Niederschlag entstehen. Auch bei der Komplexometrie wird die Konzentration des Analyten herabgesetzt – und zwar durch Bildung eines wenig dissoziierten Komplexes. Die maßanalytische Anwendung einer solchen Reaktion blieb nahezu 100 Jahre auf die argentometrische Cyanidbestimmung mit Lösungen von Silbersalzen beschränkt, die bereits 1851 von *Justus von Liebig* (1803–1873) beschrieben wurde, und der somit als Begründer der Komplexometrie gelten könnte,

Zu erwähnen ist *J. Volhard* (1834–1910), der durch den Einsatz von Kaliumthiocyanat-Lösung als Reagens und des Ammoniumeisen(III)-sulfates als Indikator den An-

Abb. 42 *Justus von Liebig.*

wendungsbereich von Fällungstitrationen erheblich erweiterte. Durch die Erkenntnisse der physikalischen Chemie wurde die Maßanalyse um 1900 stark beeinflußt. Die Leitfähigkeitstitration ist mit den Namen *F. Kohlrausch, D. Berthelot, F. W. Küster* und *A. Thiel* sowie später mit *I. M. Kolthoff* [108] oder *G. Jander* und *O. Pfundt* [109] und vielen anderen verknüpft.

Friedrich Mohr schreibt 1855 in der Einleitung zu seinem Lehrbuch (s. Abb. 40): „Titrieren ist eigentlich ein Wägen ohne Waage, und dennoch sind alle Resultate im Sinne des Ausspruchs der Waage verständlich. In letzter Instanz bezieht sich alles auf eine Wägung. Man macht jedoch nur *eine* Wägung, wo man sonst viele zu machen hatte. Die Genauigkeit der einen Normalwägung ist in jedem mit der so bereiteten Flüssigkeit gemachten Versuche wiederholt. Mit einem Liter Probeflüssigkeit kann man viele Titrationen durchführen".

Das Standardbuch des 20. Jahrhunderts ist: *„Maßanalyse – Theorie und Praxis der klassischen und der elektrochemischen Titrierverfahren"* von *G. Jander* und *K. F. Jahr* (Abb. 43), das seit 1935 in regelmäßigen und ergänzten Auflagen erscheint. Zur Zeit ist die 16. Auflage, fortgeführt von *G. Schulze* und *J. Simon* [110], aktuell. Dies hat wohl kaum ein anderes Lehrbuch je erreicht, so daß seine Lektüre sehr zu empfehlen ist. Darin ist die Maßanalyse folgendermaßen definiert: „Titrieren heißt, die unbekannte Menge eines gelösten Stoffes dadurch zu ermitteln, daß man ihn quantitativ von einem chemisch wohl definierten Anfangszustand in einen ebenso gut bestimmten Endzustand überführt, und zwar durch Zugabe einer geeigneten Reagenslösung, deren chemischer Wirkungswert bekannt ist".

Aus beiden Aussagen läßt sich das Wesentliche ablesen: Die Reaktionen müssen

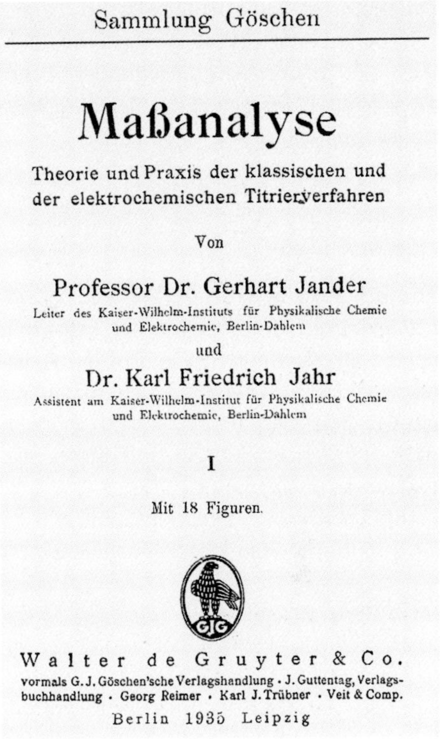
Sammlung Göschen

Maßanalyse

Theorie und Praxis der klassischen und der elektrochemischen Titrierverfahren

Von

Professor Dr. Gerhart Jander

Leiter des Kaiser-Wilhelm-Instituts für Physikalische Chemie und Elektrochemie, Berlin-Dahlem

und

Dr. Karl Friedrich Jahr

Assistent am Kaiser-Wilhelm-Institut für Physikalische Chemie und Elektrochemie, Berlin-Dahlem

I

Mit 18 Figuren.

Walter de Gruyter & Co.

vormals G. J. Göschen'sche Verlagshandlung · J. Guttentag, Verlagsbuchhandlung · Georg Reimer · Karl J. Trübner · Veit & Comp.

Berlin 1935 Leipzig

Abb. 43 Titelblatt der Erstausgabe der *„Maßanalyse"* von *Jander / Jahr.*

definiert sein, die Normallösungen sollen herstellbar sein, einen möglichst exakten und stabil bleibenden Anteilswert aufweisen (mindestens ein Tag ist anzustreben), der Endpunkt muß sich erkennen lassen oder erkennbar gemacht werden können, und allgemein entspricht die Maßanalyse moderner Zeitauffassung (So kurz und prägnant wie möglich!). Da es immer eine Veränderung von Normallösungen geben wird, deren Größe sehr unterschiedlich sein kann, muß stets der *Titer* einer solchen Meßlösung geprüft werden. Es sind nur die sog. *Urtitersubstanzen* zulässig. Die Reaktionen sollen praktisch momentan und eindeutig ablaufen, d. h. das MWG muß so weit „verschoben" sein, daß wirklich stöchiometrisch äquivalente Massen reagieren. Bei der Maßanalyse wird also deutlich, daß die chemischen Gleichungen etwas Quantitatives aussagen. Ein Beispiel (Neutralisation) soll dies verdeutlichen:

HCl + NaOH = NaCl + H$_2$O
36,465 + 39,999 = 58,44 + 18,02
76,46 = 76,46

Friedrich Mohr hatte schon 1837 die Grundgedanken des Gesetzes von der Erhaltung der Energie formuliert, das fünf Jahre später von *R. J. Mayer* exakt formuliert wurde. Wie wir heute wissen, hängen nach *A. Einstein* Energie und Masse wie folgt zusammen: $E = m c^2$.

Der Energieform (Neutralisation ≡ 13,7 kcal) muß also eine Masse entsprechen:

$m = E / c^2$
$= 13,7 \cdot 4,185 \cdot 10^{10} / 9 \cdot 10^{20}$
$= 6 \cdot 10^{-10}$ g

Der Satz von der Erhaltung der Masse gilt also nur annähernd!

Aus der kernchemischen Reaktion folgt:

2 H$^+$ + 2 n → He^{++} + Q
Protonen Neutronen α-Teilchen (Strahlen)
2 (1,67248 · 10^{-24} + 1,675 · 10^{-24}) g →
6,644 · 10^{-24} g
6,695 · 10^{-24} g ≠ 6,644 · 10^{-24} g

Der Masseverlust beträgt etwa 1 %, der in Energie umgewandelt wird:

$\Delta m = 0{,}051 \cdot 10^{-24}$ g

(Auf 1 Mol umgerechnet, ergibt die Energie $Q \cdot N_L = 6{,}6 \cdot 10^8$ kcal).

In Bezug auf die Maßanalyse kann dieser Masseverlust ebenso vernachlässigt werden wie der Unterschied zwischen Molarität (Volumenverhältnis) und Molalität (Masseverhältnis). Genau zu beachten ist jedoch die Temperatur der Umgebung, d. h. es muß diejenige eingestellt werden, bei der alle Meßgeräte geeicht worden sind.

Damit waren nach der grundlegenden Arbeit von *J. L. Gay-Lussac* im Jahre 1833 über die maßanalytische Silberbestimmung [111], die zunächst über 20 Jahre bis hin zu *F. Mohr* modifiziert und bereits von *Clemens Winkler* [112] gelehrt wurde, fast 100 Jahre vergangen, bis die „Maßanalyse" von *Jander* und *Jahr* erschien und etwa weitere 70 Jahre bis zur Gegenwart. Diese ist durch die Entwicklung weitgehend automatisierter Titrationsgeräte geprägt, die immer noch nach demselben Prinzip arbeiten, die jedoch praktisch nur geringen manuellen Aufwand erfordern.

Ebenso wie bei der Gravimetrie ist die Basis der Maßanalyse (Lösungsvolumetrie) eine definierte chemische Reaktion. Solche bieten die Möglichkeit, Stoffmengen direkt ohne eine Verwendung von Leitproben zu bestimmen. Sie verlaufen als stoffumwandelnde Prozesse nach der allgemeinen Reaktionsgleichung

$v_A A + v_B B \rightarrow v_C C + v_D D$

(v ist die Stöchiometriezahl der Reaktion) bis zum Gleichgewichtszustand, dessen thermodynamische Lage sich durch das MWG ausdrücken läßt:

$$\frac{a_C^{v_C} a_D^{v_D}}{a_A^{v_A} a_B^{v_B}} = K_a$$

worin K_a = Gleichgewichtskonstante und a = Aktivität.

Durch den negativen dekadischen Logarithmus der thermodynamischen Gleichgewichtskonstanten: $pK_a = -\lg K_a$, den sog. Gleichgewichtsexponenten, wird die Vollständigkeit der Reaktion ausgedrückt. (Diese Kurzform soll nur der Erinnerung dienen.)

Bei einer volumetrischen Titration läuft nun, durch das als *Titrator* verwendete Reagens mit der definierten Konzentration c_M initiiert, in der vorgelegten Analysenlösung, dem *Titranden*, eine entsprechende

Reaktion ab, die ihr thermodynamisches Gleichgewicht am Äquivalenzpunkt erreichen soll. Hierfür läßt sich eine allgemeine Gleichung aufstellen:

$$m_A = \phi \cdot f \cdot v_m$$
mit
$$\phi = M_A \cdot c_{Äq} = 1/E$$

worin

v_m: Volumen der bis zum Endpunkt verbrauchten Maßlösung in mL;
m_A: Masse des gesuchten Analytbestandteiles A;
ϕ: stöchiometrischer Faktor in g/mL;
M_A: molare Masse des gesuchten Analytbestandteiles A;
$c_{Äq}$: Äquivalenzkonzentration der Maßlösung;
E: Empfindlichkeit des titrimetrischen Verfahrens;
$f = c_{Ist}/c_{Soll}$: Korrekturfaktor, *Titer* (ständig zu ermitteln).

Somit liegen einem Titrationsverfahren bis auf den Faktor f nur die stöchiometrischen Eichfaktoren zugrunde. In der Verfahrensweise wird bei der visuellen Endpunktsbestimmung die Reagenszugabe abgebrochen, während bei messenden Indikationstechniken die Feststellung des Äquivalenzpunktes bzw. des Maßlösungsverbrauches aus *Titrationskurven* erfolgt.

Am Anfang einer maßanalytischen Bestimmung sollte immer die Herstellung des Urtiters stehen, wenn die Entscheidung über die anzuwendende Methode gefallen ist. Damit beginnt die Suche nach einer geeigneten **Urtitersubstanz**, die in vielen Fällen gereinigt oder nur definiert getrocknet werden muß. Auch in Bezug auf eventuell gebundenes Wasser muß die Verbindung stabil sein. In der Praxis werden auch häufig Reinstmetalle in reinen Säuren gelöst. Hierbei ist zu beachten, daß die Reinheitsangaben nur diejenigen Elemente berücksichtigen, auf die auch geprüft worden ist. Es fehlt im Regelfall die Kenntnis über enthaltene Resteinschlüsse, wie z. B. die von Sauerstoff, Stickstoff oder Wasserstoff in verschiedenen Metallen oder diejenigen von Halogenen in Edelmetallen, die sich spektralanalytisch mit üblichen Methoden nicht erfassen lassen. Eine typische Urtitersubstanz ist Oxalsäure, $H_2C_2O_4 \cdot 2\,H_2O$. Es ist jedoch fahrlässig, wenn heute aus zeitlichen Gründen Ampullen mit gelösten Substanzen geöffnet und nur aufgefüllt werden. So wird z. B. eine 1 m-Lösung von $K_2Cr_2O_7$, die mit reinstem Wasser verdünnt wird, niemals den Faktor 1,00 haben.

Die Titration gegen einen Indikator erfordert die Wahl eines geeigneten solchen. Dazu muß der Verlauf der Funktion pH = $f(v)$ bekannt sein, denn nicht immer fällt der Äquivalenzpunkt mit dem Neutralpunkt (pH = 7) zusammen. Für diese Wahl sollte auch der Umschlagsgrad α des Indikators bekannt sein (Abb. 44):

$$\alpha = 1/\left(1 + 10^{(pK_{min} - pH)}\right)$$

Im Fall von pK = pH wird $\alpha = 1 / (1 + 10^0)$ = 0,5. Diesen Punkt, bei dem 50 % des Indikators bereits umgeschlagen sind, nennt man die *Halbwertsstufe* eines Indikators ($pH_{1/2}$). Für wässerige Lösungen gelten:

Indikatoren	Halbwertsstufen
Methylorange	3,40
Methylrot	4,88
p-Nitrophenol	7,00
Phenolphthalein	9,50
Desgl. in Alkohol	12,60

Der gesamte pH-Bereich läßt sich mit Indikatoren abdecken. Allerdings sind die Indikatoren auch Säuren oder Basen, die dissoziieren und dabei einen kleinen Anteil des Titrators verbrauchen können. Ist der Indikator in Alkohol gelöst, so kommt noch ein sog. Alkoholfehler hinzu. Doch damit sind die Fehlerquellen bei weitem noch nicht erschöpft.

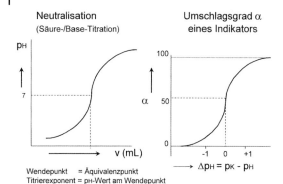

Abb. 44 Titrationskurven in der Acidimetrie.

Typisch ist bei der *Verdrängungstitration* z. B. der Kohlensäurefehler, wie aus folgendem Beispiel ersichtlich ist:

$$Na_2CO_3 + 2\ HCl \rightleftharpoons NaCl + H_2CO_3 \begin{smallmatrix} \nearrow CO_2 \\ \searrow H_2O \end{smallmatrix}$$

Der Reaktionsablauf ist durch das MWG geregelt:

$[H^+] \cdot [CO_3^{2-}] / [HCO_3^-] = 10^{-10,4}$
$[H^+] \cdot [HCO_3^-] / [H_2CO_3 + CO_2 + H_2O] = 10^{-6,5}$.

Der Umsatz zu CO_3^{2-} ist so gering, daß er vernachlässigt werden kann. Die beiden „scheinbaren" Dissoziationskonstanten zeigen nicht die eigentliche Stärke der Kohlensäure an, denn die „wahre" Konstante beträgt:

$[H^+] \cdot [HCO_3^-] / [H_2CO_3] = 10^{-3,3}$.

Durch Kombination der beiden oberen Gleichungen ergibt sich letztendlich:

$[H^+]^2 \cdot [CO_3^{2-}] / [H_2CO_3 + CO_2 + H_2O] = 10^{-16,9}$.

Am Endpunkt der Titration stellt sich der pH-Wert der Kohlensäure ein (Titrierexponent),

$[H^+] = \sqrt{cK_c} = \sqrt{1/20 \cdot 10^{-6,5}} = 10^{-3,9}$,

wenn alle Bestandteile im Wasser geblieben sind. Sie bleiben aber nicht, wie es uns der Verteilungssatz von *Nernst* lehrt.

Hier nun wäre auf eine weitere Fehlervariante aufmerksam zu machen. Die alte, klassische Spritzflasche, in die Generationen von Analytikern hineingeblasen haben, enthielt praktisch immer Kohlensäure anstelle von destilliertem Wasser. Die Luft enthält immer noch 0,03 % CO_2 und der Partialdruck beträgt: $p_{CO_2} = 10^{-4}$ bar. Bei 1 bar Luftdruck nimmt ein Liter Wasser ein Liter CO_2 auf; ohne Druck nur 10^{-4}:

$0{,}0003 / 22{,}4 = 10^{-5}$ mol CO_2 / L H_2O
$[H^+] = \sqrt{10^{-5} \cdot 10^{-6,5}} = 10^{-5,8}$.

Bereits jedes Wasser, das an der Luft steht, wird also sauer (pH = 5,8). Um so mehr gilt dies für Wasser in einer Spritzflasche, in die überwiegend CO_2 hineingeblasen wird. So erfolgte die Verdünnung der Analysenproben und vor allem das Waschen von Niederschlägen zumeist und oft unbewußt mit Kohlensäure. Um nun derartige Fehler zu minimieren, hat man visuell oder photometrisch versucht, den Endpunkt einer Titration gegen eine „austitrierte" Lösung zu ermitteln. Ein sog. „absoluter" Titer läßt sich jedoch nur ohne Indikator ermitteln, z. B. mit einer Indikatorelektrode. Dies kann entweder mit Glaselektroden oder

der Chinhydronelektrode potentiometrisch sowie auch konduktometrisch oder amperometrisch erfolgen (s. Kap. 4.3). Doch die Handhabung von Elektroden in ist dem System „Analysenprobe" nicht so einfach, wie es oft theoretisch angenommen wird.

Dennoch ist der **Titrierfehler**, also die fehlerhafte Endpunktbestimmung, wesentlich kleiner als der Analysenfehler. Voraussetzung ist allerdings, daß es gelingt, den sog. *Tropfenfehler* mit Hilfe kleinster Tröpfchen in der Nähe des Endpunktes so gering wie möglich zu halten.

Wie hier aufgeführt, bietet die Maßanalyse eine Reihe von Fehlermöglichkeiten, so daß ebenfalls eine große Erfahrung in der Durchführung vorausgesetzt werden muß, um zu richtigen Ergebnissen zu gelangen.

Dieses gilt in höherem Maße für die Gruppe der *Redoxtitrationen*, weil hierfür die Kenntnis der *realen* Redoxpotentiale erforderlich ist, die wiederum vom pH-Wert abhängig sind. Dennoch gehören die Redoxtitrationen zu den wichtigsten Anwendungen in Industrie und Umwelt, wie z. B. die Fe-Bestimmung in Eisenerzen, die Cl-Bestimmung in Chlorkalk (in jeder Stadt für Katastrophenfälle gelagert) und diejenige diverser Metalle und Nichtmetalle (Tab. 7).

Ein klassisches Beispiel ist die permanganometrische Eisenbestimmung, die nach dem MWG in zwei Teilschritten abläuft:

$$5\ Fe^{2+} + MnO_4^- + 8\ H^+ \rightarrow 5\ Fe^{3+} + Mn^{2-} + 4\ H_2O$$

1.) $Fe^{2+} \leftrightarrow Fe^{3+} + e^-$
2.) $Mn^{2+} + 4\ H_2O \leftrightarrow MnO_4^- + 8\ H^+ + 5\ e^-$

woraus folgen:

$K_1 = [Fe^{3+}] \cdot [e^-] / [Fe^{2+}]$ und
$K_2 = [MnO_4^-] \cdot [H^+]8 \cdot [e^-]5 / [Mn^{2+}]$

sowie

$[e^-] = K_1 \cdot [Fe^{2+}] / [Fe^{3+}]$

und

$$[e-] = \sqrt[5]{\frac{K_2 \cdot [Mn^{2+}]}{[MnO_4^-][H^+]^8}}.$$

Die sog. Reduktoren stehen in den Zählern und die Oxydatien in den Nennern.

Die Fe^{2+}- und Fe^{3+}-Ionen prallen auf die Pt-Blechelektrode (Abb. 45), diese lädt sich auf, und es entsteht ein Potential. Redoxpotentiale sind nur dann verständlich, wenn die *Nernst*'sche Gleichung benutzt wird:

$E = E_0 + RT/nF \cdot \log (Ox)(Red)$

bzw. für das Beispiel

$E_1 = 0{,}77 + 0{,}058/1 \cdot \log [Fe^{3+}] / [Fe^{2+}]$

und

$E_2 = 1{,}52 + 0{,}058/5 \cdot \log [MnO_4^-] \cdot [H^+]8 / [Mn^{2+}]$

Tabelle 7 Redoxsysteme.

Bezeichnung		E_0 (Volt)	Anwendung
Cobaltometrie	Co^{3+}/Co^{2+}	1,84	Fe, Ce u.a.
Permanganometrie	MnO^{4-}/Mn^{2+}	1,52	Fe, Ca, Mn, NO_2^-
Bromatometrie	BrO_3^-/Br^-	1,44	As, Sb, Sn, Cu, Tl
Chromatometrie	$Cr_2O_7^{2-}/Cr^{2+}$	1,36	Fe u.a.
Cerometrie	Ce^{4+}/Ce^{3+}	1,28	Fe u.a.
Iodometrie	$I_2/2\ I^-$	0,53	Cl_2, As, $S_2O_3^{2-}$, u.a.

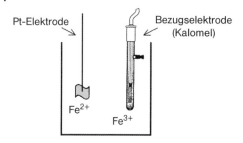

Abb. 45 Schema zur Redoxpotentialmessung.

Redoxpotentiale sind größenordnungsmäßig durch die *Normalpotentiale* bestimmt. Die *realen* Redoxpotentiale sind jedoch in den meisten Fällen vom pH-Wert abhängig, wie unser Beispiel zeigt:

$E_2 = 1{,}52 + 0{,}058/5 \cdot \log [MnO_4^-] \cdot [Mn^{2+}] + 0{,}0585 \cdot \log [H^+]^8$
$= 1{,}52 + 0{,}058/5 \cdot \log [MnO_4^-] \cdot [Mn^{2+}] - 0{,}095 \text{ pH}$

Eine reine Eisen(II)-lösung hätte ein Potential von theoretisch $-\infty$ Volt; entsprechend eine reine Eisen(III)-lösung $+\infty$ Volt. Es gibt jedoch keine reinen Lösungen!
Bei z. B. 0,1 % einer Verunreinigung des Fe^{2+} durch Fe^{3+}, also z. B. $1 \cdot 10^6$, bleibt immer noch ein Potential:

$E_2 = 1{,}52 + 0{,}058/5 \cdot \log 10^6 = 1{,}59$ Volt.

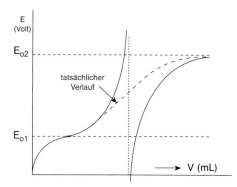

Abb. 46 Potentialverlauf bei einer Redoxtitration.

Wenn $E_1 = E_2$ wird, dann hört der Vorgang auf:

$E_{01} + 0{,}058 \cdot \log [Fe^{3+}] / [Fe^{2+}] =$
$E_{02} + 0{,}058/5 \cdot \log [MnO_4^-] \cdot [H^+]^8 / [Mn^{2+}]$.

Mit $E_{02} - E_{01} = \Delta E_0$ ergibt sich das Potential am Endpunkt (**Äquivalenzpotential**).

Die Konzentration am Äquivalenzpunkt wird dann:

$|[Fe^{2+}] / [Mn^{2+}]|_{\text{ÄQUIV}} =$
$5/1 \, |[Fe^{3+}] / [MnO_4^-]|_{\text{ÄQUIV}}$

wenn

$|[Fe^{3+}] / [Fe^{2+}]|_{\text{ÄQUIV}} =$
$|[Mn^{2+}] / [MnO_4^-]|_{\text{ÄQUIV}}$

zu jedem Zeitpunkt der Titration gilt, damit gleich dem Potential am Endpunkt. Daraus ergibt sich:

$\log [Fe^{3+}] / [Fe^{2+}] = \Delta E_0 / 0{,}058 +$
$1/5 \log [MnO_4^-] \cdot [H^+]^8 / [Mn^{2+}]$

$\log [Fe^{3+}] / [Fe^{2+}] = \Delta E_0 / 0{,}058 +$
$1/5 \cdot \log [Fe^{2+}] / [Fe^{3+}] + 1/5 \cdot \log [H^+]^8$

$= \Delta E_0 / 0{,}058 - 1/5 \cdot \log [Fe^{3+}] / [Fe^{2+}] + 1/5 \cdot \log [H^+]^8$

$6/5 \cdot \log [Fe^{3+}] / [Fe^{2+}] = \Delta E_0 / 0{,}058 + 8/5 \cdot \log [H^+]$

$\log [Fe^{3+}] / [Fe^{2+}] = 5/6 \cdot \Delta E_0 / 0{,}058 + 4/3 \cdot \log [H]$

$= 5/6 \cdot \Delta E_0 / 0{,}058 - 4/3 \cdot \text{pH}$.

Für das System Eisen gilt:

$E_{1\text{ÄQUIV}} = E_0 + 0{,}058 \cdot \log [Fe^{3+}] / [Fe^{2+}]$

und durch Einsetzen in obige Gleichung:

$\boxed{E_{1\text{ÄQUIV}} = E_0 + 5/6 \, \Delta E - 4/3 \cdot 0{,}058 \, \text{pH}}$

Wenn beide Komponenten nicht mit gleichen Molzahlen eingehen, so ergibt sich z. B. für

(1) pH = 0
$$E_{ÄQUIV} = 0{,}77 + 5/6\,(1{,}52 - 0{,}77)$$
$$= 1{,}40 \text{ Volt}$$
oder für
(2) pH = 1
$$E_{ÄQUIV} = 1{,}40 - 4/3 \cdot 0{,}058 \cdot 1$$
$$= 1{,}32 \text{ Volt usw.}$$

Daraus läßt sich für den Fall (1) folgern:

$$\log [Fe^{3+}] / [Fe^{2+}] = (E_{ÄQUIV} - E_0) /$$
$$0{,}058 = (1{,}40 - 0{,}77) / 0{,}058 = 10{,}86,$$

daß die Äquivalentkonzentration $|[Fe^{2+}] / [Fe^{3+}]|_{ÄQUIV} = 10{-}10{,}9$ beträgt.

Was tut nun ein überzähliger Tropfen der Titerlösung KMnO4?

Angenommen 10 mL einer 0,1 m Eisen(II)-lösung wurden mit 10 mL einer 0,1 m Kaliumpermanganatlösung versetzt, das vorgelegte Volumen betrug $V = 100$ mL, und der eine Tropfen machte $v = 0{,}01$ mL des Titrators aus:

$$[Mn^{2+}] = 1/50 \cdot 10/100 = 1/5 \cdot 10^{-2}$$
und
$$[MnO_4^-] = 1/50 \cdot 10^{-4} = 1/5 \cdot 10^{-5}.$$

Bei der ersten Rotfärbung beträgt das Potential nicht 1,40 Volt, sondern:

$$E_2 = 1{,}52 + 0{,}058/2 \cdot \log [MnO_4^-] /$$
$$[Mn^{2+}] = 1{,}48 \text{ Volt};$$

es liegt eine geringe Übertitration vor.

Wenn die Substanzen farblos sind, müssen Redoxindikatoren verwendet werden, die in einer Oxi- oder Red-Form vorliegen können. Sie sind nach ihrem Äquivalenzpotential ($E_{O1/2}$) auszusuchen, z. B. für die cerometrische Eisenbestimmung:

$$Fe^{2+} + Ce^{4+} \rightarrow Fe^{3+} + Ce^{3+}$$

mit

$E_{01} = 1{,}28$ V (Ce) und $E_{02} = 0{,}77$ V (Fe)

ergibt sich:

$$E_{ÄQUIV} = E_{01} + \tfrac{1}{2} \cdot \Delta E = 1{,}11 \text{ Volt}.$$

Hierfür wäre z. B. Ferroin geeignet, das mit seinem Wert von $E_{O1/2} = 1{,}14$ Volt dem Äquivalenzpotential der oben genannten Titration schon sehr nahe kommt. Als weitere sind Diphenylbezidin mit $E_{O1/2} = 0{,}78$ Volt oder Diphenylamin mit $E_{O1/2} = 0{,}76$ Volt bekannt, deren Normalpotentiale fast dem des Eisens entsprechen. Dieser kinetisch schnell ablaufende Vorgang läßt sich nur „zeitaufgelöst" messen.

Ein Redoxindikator kann auch außerhalb des Systems benutzt werden, indem man nahe dem Endpunkt tüpfelt. Als Tüpfelindikator eignet sich z. B. Kaliumhexacyanoferrat(III).

Der Eisenbestimmung kam seit langer Zeit eine überragende Bedeutung zu. Das bisherige Beispiel, die permanganometrische Fe-Titration (Abb. 48), ist viele Jahre benutzt worden, sowohl für die Ca-Bestimmung als auch speziell für diejenige des Fe-Anteiles in Eisenerzen. So ist sie auch ständig verbessert worden, entscheidend in Bezug auf den Einfluß von HCl, in der Erze üblicherweise gelöst wurden. Das Chlorid ($E_0 = 1{,}36$ V für $Cl^2/2Cl^-$) alleine läßt sich durch MnO_4^--Ionen nicht

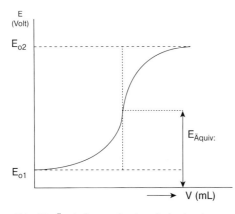

Abb. 47 Äquivalenzpunkt einer Redoxtitration.

oxidieren; es liegt eine sog. gehemmte Reaktion vor. Wenn aber zur gleichen Zeit Fe^{2+}-Ionen vorhanden sind, dann wirken diese als Vermittler für eine sog. induzierte Reaktion. Das entstehende Mangan(II) führt zur Absenkung des Normalpotentials, während Eisen(III) das eigene erhöht, wodurch es zur Annäherung kommt. Die Reinhardt-Zimmermann-Lösung, ein Gemisch aus Schwefel- und Phosphorsäure sowie Mangansulfat und Wasser, kann die Komplikationen beseitigen. Das Normalpotential von Permanganat wird soweit gesenkt, daß Chlorid nicht mehr stört. Gleichzeitig senkt die Phosphorsäure das Eisenpotential ab, damit die Oxidation des Eisen(II) stattfinden kann. Da sich in der Analysenprobe bereits anfangs Eisen(III) gebildet haben kann, ist zunächst eine Reduktion erforderlich, die mit Zinn(II) erfolgt:

$2\ Fe^{3+} + Sn^{2+}\ 2\ Fe^{2+} + Sn^{4+}$

sowie

$Sn^{2+} + 2\ HgCl_2\ Sn^{4+} + Hg_2Cl_2 + 2\ Cl^-$.

Abb. 48 Fe-Titration mit Kaliumpermanganat.

Das überschüssige Zinn(II) wird mit Quecksilber(II)-chlorid beseitigt.

Diese ausführliche Beschreibung einer Redoxtitration soll zum einen zeigen, daß ein großer Erfindungsreichtum in der richtigen Ausführung steckt. Dies wird noch deutlicher, wenn man die Nitrid-Titration betrachtet, wobei wegen der Reaktion:

$2\ HNO_2 = H_2O + NO + NO_2$

umgekehrt gearbeitet werden muß, also die Titerlösung vorgelegt und mit der Analysenlösung titriert wird. Zum anderen zeigt sich, daß Titrationen nicht so einfach zu beherrschen sind, wie das die Lehre oft vermittelt.

Aus Gründen der kostenaufwendigen Entsorgung von Hg-Verbindungen hat sich heute in der Routineanalyse die Fe-Titration mit Kaliumdichromat durchgesetzt.

(Viele interessante und wichtige Analysenverfahren sind aus gleichartigen Gründen verschwunden.)

In Zusammenhang mit der **Iodometrie** ist die Wasserbestimmung nach *Karl Fischer* zu erwähnen, die heute weitgehend automatisiert durchgeführt werden kann. So erfährt man kaum noch, was dabei passiert. Die Basis ist folgende Reaktion (Abb. 49):

$I_2 + SO_2 + H_2O \rightarrow SO_3 + 2\ HI$,

die nur in Gegenwart von Wasser ablaufen kann.

Die sog. Karl-Fischer-Lösung besteht aus zwei Komponenten: einer Lösung von Iod in Methanol und einem Gemisch aus Methanol und Pyridin, in dem Schwefeldioxid gelöst ist (Pyridin setzt den SO_2-Dampfdruck herab!). Beide werden vor der Titra-

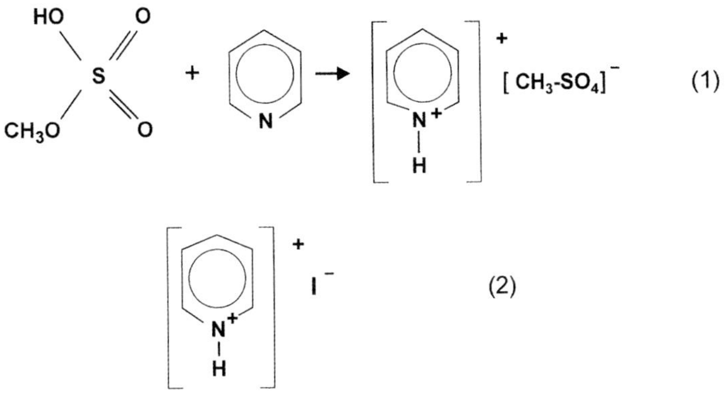

3.3 Anfänge der quantitativen Analyse anorganischer Stoffe

[Strukturformel-Reaktionsgleichung (1): Methylester der Schwefelsäure + Pyridin → Pyridinium-Methylsulfat]

[Strukturformel-Reaktionsgleichung (2): Pyridinium-Iodid]

Abb. 49 Reaktionsablauf der KF-Titration.

tion direkt gemischt. Das Reaktionsgleichgewicht wird dadurch verschoben, so daß SO_3 als Methylester der Schwefelsäure (1) gebunden wird (Abb. 49) und wiederum ein Salz mit Pyridin bildet. Dies trifft auch auf das Iod zu (2), so daß beide Reaktionsprodukte, SO_3 und HI aus dem Gleichgewicht entfernt werden. Der Wasserdampf der Luft beeinflußt die Reaktion bzw. die braune Lösung verblaßt. Der Endpunkt wird in der Praxis mit einer elektrischen Methode (*dead stop*) ermittelt. Die Karl-Fischer-Titration wurde für eine spezielle Aufgabe zufällig 1935 entdeckt, nach der Veröffentlichung [113] wenig beachtet oder kritisiert, doch heute ist sie zur Wasserbestimmung in vielen Industriezweigen nicht mehr wegzudenken.

Häufig denkt man bei der anorganischen Analytik nicht daran, daß fast alle funktionellen Gruppen organischer Verbindungen nach vorgelagerten, geeigneten Reaktionen maßanalytisch ermittelt werden können. Einige sind in Tabelle 8 zusammengestellt.

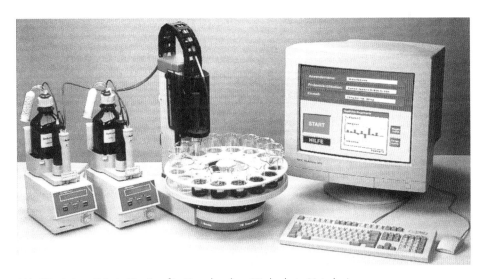

Abb. 50 Automatisierte Titration für KF und andere (Werksphoto Metrohm).

Tabelle 8 Maßanalytisch erfaßbare funktionelle Gruppen organischer Verbindungen.

Funktionelle Gruppe	Vorgelagerte Reaktion	Massanalytische Methode
–C–CH$_3$	Oxidytion mit Chromschwefelsäure	Neutralisation von gebildeter Essigsäure
>C=C<	Halogenaddition Ozonisierung Metalladdition (Hg^{2+})	Redoxverfahren Iodometrie Neutralisation
–C=CH	Umsetzung mit Schwermetallsalzen	Argentometrie, Neutralisation
>C=O	Addition von HSO$_3^-$ Addition von Hydrazinen	Neutralisation Iodometrie (I$_2$)
→ C–O–C ←	Spaltung mit HI	Neutralisation
-COOH, -COOR	Verseifung	Neutralisation
–OH	Verseifung, Verseterung Oxidation	Neutralisation Redoxverfahren
C–N=N–	Oxidation	Redoxverfahren (Ti^{3+}, Cr^{2+})
–C=N, –NH$_2$	Hydrierung, Hydrolyse	Neutralisation
=NH	Acylierung	Redoxverfahren
–NO, –NO$_2$	Reduktion (H)	Neutralisation, Titanometrie
–SH	Reduktion (H)	Argentometrie, Redoxvelfahren, Neutralisation
-Halogen	Verseifung, Oxidation	Argentometrie, Neutralisation

Es gibt noch zahlreiche Varianten von Redoxtitrationen, die oft aufgrund von speziellen Anforderungen entwickelt wurden. Ein altes analytisches Problem, die Bestimmung von Ca neben Mg, war nur für Calcium maßanalytisch gelöst (permanganometrisch). Magnesium wurde vornehmlich als Differenz aus der Summenbestimmung berechnet, so daß immer wieder versucht wurde, Mg direkt zu ermitteln. Maßanalytisch gibt es z.B. eine bromatometrisch-iodometrische Methode, die sehr umständlich verfährt. Nach Abtrennen des Mg durch Fällung als Magnesium-8-Oxychinolin-Komplex wird dieser mit HCl zersetzt. Das freie Oxin wird mit Brom (BrO$_3^-$ + 5 Br$^-$ + 6 H+ → 6 Br^2 + 3 H$_2$O) versetzt; es bildet sich C$_8$H$_4$OBr$_2$, und das überschüssige Brom wird mit Iodid oxidert (Br^2 + 2 I$^-$ → 2 Br$^-$ + I^2) sowie das Iod mit Thiosulfat zurücktitriert.

Mit Erleichterung wurde deshalb die Weiterentwicklung der Chelatometrie begrüßt, die im Laufe der Jahre als **Komplexometrie** bekannt wurde.

Das Auffinden von organischen Verbindungen, die sog. innere Komplexe (Chelate) bilden, wurde von G. W. Kühl erstmalig im Jahre 1942 beschrieben [114] – aber später nicht zitiert (?) – und ist eng mit G. Schwarzenbach [115], H. Flaschka und R. Pribil [116–120] und F. Umland [121] verbunden. Für den Bereich der Metallanalyse, speziell die Analyse von Nichteisenmetallen, stößt man häufig auf frühe Arbeiten von J. Kinnunen [122–126].

Unter der Methode *Komplexometrie* versteht man maßanalytische Bestimmungsverfahren, bei denen die zu bestimmenden Ionen-Arten mit Hilfe von Komplexbildnern in stabile, in wäßriger Lösung nur sehr wenig dissoziierte Chelate übergeführt werden können. Solche bewährten Komplexbildner sind z. B. Ethylendiamintetraessigsäure (EDTA) oder Nitrilotriessigsäure (NTA) sowie zahlreiche andere Aminopolycarbonsäuren, die alle die Konfiguration | C – N – N – C | besitzen, die zur Chelatbildung (scherenartiger Komplex) geeignet ist. In der Praxis ergab sich zunächst die Möglichkeit, die Elemente Calcium und Magnesium getrennt und einzeln durch eine Titration zu bestimmen, was üblicherweise oft mit Hilfe der Summenbestimmung erfolgte. Magnesium wurde dann indirekt berechnet. Besonders die Analyse von oxidischen Materialien wie von Böden, Erzen, Mineralien, keramischen Stoffen oder Schlacken ist so erheblich verbessert worden, und die Untersuchung von Standardproben für Eich- und Kalibrierarbeiten, z. B. für die spektralanalytischen Methoden, ließ sich für zahlreiche Elemente auf leitprobenfreie Bestimmungsverfahren zurückführen.

Die Maßanalyse ist eine der wichtigsten Methoden, um synthetische Stock- und Stammlösungen zu charakterisieren. Es gibt nicht nur neben den klassischen Komplexbildnern zahlreiche, speziell auf bestimmte Elemente abgestimmte, sondern auch die gerätetechnische Entwicklung schuf automatisierte Titrationsgeräte mit elektrischer oder optischer Endpunktsanzeige, die extrem einfach und mit nur geringem Zeitaufwand zu bedienen sind. So ist es unglaublich, daß diese Methodik gerade bei der Charakterisierung von Standardproben in Ringversuchen nur noch selten eingesetzt wird.

Die Maßanalyse ist neben der Gravimetrie eine der wenigen leitprobenfreien (früher „absolut" genannten) Methoden, die uns zur Verfügung stehen. Die Qualitätssicherung wird in Bezug auf die Richtigkeit analytischer Ergebnisse unglaubwürdig, wenn sie diese sichere Methode (neben solchen mit vergleichbarer Güte) nicht zwingend vorschreibt. Die weitere (laborinterne) Rückführung auf das Mol, wie es die Qualitätssicherung fordert, ist dann leicht durchführbar.

3.4 Anfänge der Analyse von Gasen

Die Erfassung und Ermittlung von Gasen begann erst in der Phlogiston-Ära, obwohl schon im Altertum der Verdacht bestand, daß es neben der Luft noch andere Gase geben könnte. *Plinius* unterschied z. B. schon damals zwischen brennbarer und zum Atmen ungeeigneter Luft [127]. Auch die Alchemisten hatten bei ihren Versuchen oft Gasentwicklungen beobachtet. Sie nannten diese Erscheinung „Spiritus". Da sie aber auch Säuren gleichermaßen bezeichneten, ist die Interpretation alter Texte schwierig. *Paracelsus* schrieb einst, daß sich beim Lösen von Eisen in Schwefelsäure „Luft erhebt und bricht herfür gleich wie ein Wind" [128], und *van Helmont* nannte alle gasförmigen Stoffe, die nicht Luft waren, „Gas sylvestris", ohne sie jedoch zu spezifizieren [129]. Zahlreiche Forscher registrierten immer wieder die Gasentwicklung aus festen Stoffen, z. B. *Daniel Bernoulli* (1700–1782) bei der Säureeinwirkung auf Kreide [130]. Doch auch *Boyle*, der mit *Edmé Mariotte* (1620–1684) die Abhängigkeit des Luftvolumens vom Druck untersuchte, glaubte, daß die verschiedenen Gase nicht wesentlich von Luft verschieden sind. *Joseph Black* (1728–1799), der in Bordeaux geborene Sohn eines schottischen Weinhändlers, hatte nach seinem Medizinstudium in Glasgow derartige Aufmerksamkeit mit seiner Dissertation erzielt, in der er sich mit der Kaustifikation von Alkalien (damals war die Behandlung von Nieren- und Blasensteinen mit Laugen üblich) auseinandersetzte, daß er bereits ein Jahr danach zum Chemieprofessor in Glasgow ernannt wurde und 1766 einem Ruf nach Edinburgh folgte. Er stellte fest, daß die Luft, die den Carbonaten entweicht, nicht identisch mit der atmosphärischen Luft ist, aber eines ihrer Bestandteile sein muß. Er nannte diese: *„fixed air"*, doch *Lavoisier* und andere lehnten *Black*s Ergebnisse noch ab. Man war bis Anfang des 18. Jahrhunderts der Meinung, alle Gase seien mit der atmosphärischen Luft identisch.

In den siebziger Jahren des 18. Jahrhunderts wirkten dann die drei bedeutenden Forscher der Gasanalyse, *Cavendish*, *Priestley* und *Scheele*, nebeneinander. Viele ihrer Entdeckungen waren ähnlich und gleichzeitig, so z. B. diejenige des Sauerstoffs durch *Scheele* und *Priestley*. Die weiteren Entdeckungen von Stickstoff und Wasserstoff sowie der Zusammensetzung von Wasser und Luft eröffneten eine neue Epoche der Chemie. Diese drei Forscher, die alle keine gelernten Chemiker waren, entdeckten fast alle Grundlagen für die neue Theorie von *Lavoisier*. Sie selbst waren als Anhänger der Phlogiston-Theorie zu befangen, um die nötigen Folgerungen aus ihren Arbeiten zu ziehen. Alle drei blieben zeitlebens Gegner von *Lavoisier*.

Henry Cavendish (1731–1810) entstammte einem alten, englischen Adelsgeschlecht und war ein typischer, reicher Privatgelehrter, ein Sonderling, der sich sein Leben lang mit wissenschaftlichen Fragen beschäftigte, ohne je eine akademische Prüfung abgelegt zu haben. Er veröffentlichte

Abb. 51   *Henry Cavendish.*

die Ergebnisse seiner hervorragenden Beobachtungen erst spät, z. B. in seinem wichtigsten Buch *„Experiments on Air"* [131] und gilt als Entdecker des Wasserstoffs, den er als „verbrennliche Luft" bezeichnete. Analytisch gesehen sind seine Dichtebestimmungen zu erwähnen; er setzte die Dichte der Luft mit 1 an und fand für CO_2 den Wert 1,57 und 0,09 für Wasserstoff [132]. Eine Beobachtung teilte er nur brieflich *Priestley* mit: „Leitet man Luft wiederholt über glühende Holzkohle und danach durch Kalilauge, so verbleibt eine Luftart, die leichter als gewöhnliche Luft ist und in der eine Flamme verlöscht". *Cavendish* nannte diese Luftart „phlogistierte Luft". So kam ihm Daniel Rutherford (1749–1819), ein Schüler *Black*s und später Botanikprofessor in Edinburgh, zuvor, der den Stickstoff auf „brutale" Weise entdeckte und dies in seiner Dissertation beschrieb [133]. Er beließ Mäuse in einem geschlossenen Raum, bis sie erstickten, leitete die verbliebene „Luft" durch Kalilauge, absorbierte das CO_2 und erhielt das Gas Stickstoff.

Dafür entdeckte *Cavendish* das Stickoxid (NO_2), konnte damit Salpetersäure durch Einleiten in Wasser herstellen und nutzte diese Reaktion zur Bestimmung der Luftzusammensetzung. Aus 400 Bestimmungen ermittelte er den Wert für „dephlogistierte Luft" (Sauerstoff) mit 20,84 % schon sehr genau.

Cavendish war es auch, der den jahrhundertealten Glauben an das Urelement Wasser zerstörte, indem er nachwies, daß es aus Wasserstoff und Sauerstoff besteht. Er hatte nämlich schon Stickstoffdioxid in einem elektrischen Funken erzeugt, den er „Gasexplosionspipette" nannte. Bei der Wiederholung mit Luft und „verbrennlicher" Luft (H_2) bemerkte er Feuchtigkeit; mit Sauerstoff und Wasserstoff entstand im Funken Wasser. Sein Befund lautete damals allerdings: „Dephlogistierte Luft (O_2) bleibt zurück, wenn Wasser Phlogiston (H_2) verliert. Bringt man beide zusammen, dann entsteht Wasser". So viel wie er, *Boyle* vor ihm oder *Bunsen* danach, kann man nur leisten, wenn man keine Familie hat. Der Junggeselle *Cavendish* hinterließ ein Millionenvermögen (in Pfund Sterling).

Joseph Priestley (1733–1804) war dagegen der Sohn eines armen Tuchmachers aus der englischen Provinz Yorkshire. Er studierte Theologie an der Akademie in Daventry, hörte nebenbei naturwissenschaftliche Vorlesungen und erlernte neun Sprachen. Da er ein „revolutionärer" Geist war, mußte er oft seine Tätigkeiten vom Prediger zum Lehrer und zurück wechseln. Erst sein Buch „*Geschichte der Elektrizität*" brachte ihm wissenschaftlichen Ruhm ein. Seltsamerweise erhielt er von der Universität Edinburgh den juristischen Doktortitel und wurde Mitglied der Royal Society. Als er in Leeds Prediger wurde, erforschte er – vielleicht wegen einer benachbarten Bierfabrik – die alkoholische Gärung und die Gase. Nebenbei verfaßte er nach wie vor gesellschaftspolitische und religiöse Schriften, z. B. „*Geschichte der Korruption des Christentums*", was diesmal keinen Ruhm, sondern seine Entlassung verursachte. 1773 engagierte ihn dann Lord *Shelburne*, den er auf Reisen begleitete. Er lernte in Paris *Lavoisier* kennen, erzählte ihm von seiner Entdeckung der „dephlogistierten Luft" (Sauerstoff), was dieser sofort der Akademie vorlegte, ohne zu fragen oder *Priestley* zu erwähnen. Die Proteste *Priestleys* waren heftig. In dieser Zeit mit dem Lord schrieb er sein Hauptwerk: „*Experiments and Observations of Different Kinds of Air*" [134]. Er machte sich immer mehr unbeliebt und verarmte langsam. Als er sich dann noch zu den Idealen der Französischen Revolution bekannte und auch zum Ehrenbürger der Französischen Republik ernannt wurde, ist er in England so angefeindet worden, daß er mit seiner Familie 1794 in die USA emigrierte. Einem Ruf der Universität Philadelphia folgte er nicht; er ließ sich vielmehr als Farmer nieder und verfaßte wieder Schriften mit unterschiedlicher Thematik. Zeitlebens bekämpfte er die neuen chemischen Lehren von *Lavoisier* und verteidigte die längst veraltete Phlogiston-Lehre.

Obwohl die Chemie nur einen Teil seines Lebens bestimmte, war *Priestley* doch ein großer Experimentator, der sechs Gase entdeckte und ihre Eigenschaften beschrieb.

Sauerstoff gewann er durch Erhitzen von Quecksilberoxid, Salpeter oder Mennige, wobei er ein Brennglas benutzte. Die weiteren Gase, Chlorwasserstoff (Salzsäuregas), Ammoniakgas, Schwefeldioxid, Stickstoffmonoxid oder Siliciumtetrafluorid konnte er in Wasser auffangen, weil er in einer pneumatischen Wanne Quecksilber als Sperrflüssigkeit benutzte.

Der Dritte in diesem Bunde war der Apotheker *Carl Wilhelm Scheele* (1747–1786), der auf allen Gebieten der Chemie Bedeutendes leistete. *Scheele* stammt aus der Hansestadt Stralsund, die damals, d. h. von 1648 bis 1815, schwedisches Hoheitsgebiet war. Im Alter von 15 Jahren ging er als Apothekerlehrling nach Göteborg, las sämtliche

Abb. 52 (a) *Carl Wilhelm Scheele* und (b) *Joseph Priestley.*

Literatur über Chemie und experimentierte ständig nebenbei. Später arbeitete er als Apotheker in Malmö, Stockholm und Uppsala. Durch einen Zufall wurde dort *T. Bergman* auf ihn aufmerksam, als dieser eine Lieferung Salpeter beanstandete, weil sich bei deren Erhitzen in Essigsäure braune Dämpfe entwickelten. *Bergman* und sein Assistent *Gahn* wußten dafür keine Erklärung, doch *Scheele* überzeugte sie, daß es sich um salpetrige Säure handelte.

Aus dieser Begegnung entwickelte sich nicht nur eine herzliche Freundschaft, sondern auch eine wissenschaftliche Zusammenarbeit. So wurde *Scheele* bereits mit 33 Jahren Mitglied der Schwedischen Akademie. Berufungen durch den König von Preußen und den russischen Zaren lehnte er ab, übernahm eine Apotheke in Köping und heiratete erst zwei Jahre vor seinem frühen Tod die Witwe seines Vorgängers.

Scheele benutzte erstmals die Oxalsäure als Reagens zum Nachweis von Calcium, entdeckte Molybdän (zusammen mit *Hjelm*), Wolfram, Mangan und Barium [135] sowie unabhängig von *Priestley* auch Sauerstoff, Stickstoff und Wasserstoff. Er untersuchte ebenfalls die Zusammensetzung von Luft und fand bei der Reaktion zwischen Mangandioxid und Salzsäure das Gas Chlor.

Wahrscheinlich wurde durch diese Arbeiten die Gasanalyse allgemein angeregt, so z. B. auch *Bergman*, der das CO_2 aus Carbonaten nach Säurezusatz in gewogenen Flaschen auffing und gewichtsanalytisch ermittelte. Doch bis zum Wirken von *Robert Bunsen* wurde in der Gasanalyse kein eigentlicher Fortschritt mehr erreicht.

Zu erwähnen wäre noch eine Beobachtung von *Cavendish*. Er fand heraus, daß das Litergewicht des aus Luft erzeugten Stickstoffs stets höher war als das des aus Ammoniak entwickelten. Da er diesen „Rest" nicht erklären konnte, nahm er fälschlicherweise an, daß auch der Stickstoff kein einheitlicher Stoff sein könne. Dies entging später auch *Gay-Lussac* und *Bunsen*, die sich eingehend mit der Luftanalyse beschäftigten. Erst 1894 erinnerte sich *John William Strutt* (der spätere Lord *Rayleigh*, 1842–1919) an die Bemerkung *Cavendish*s, wiederholte dessen Versuche und bestätigte das Ergebnis. Er fand dann zusammen mit *William Ramsay* (1852–1916) durch Anwendung der *Spektralanalyse* das Edelgas Argon, was als „Triumph der dritten Dezimale" gefeiert wurde, und dem die anderen Edelgase He, Ne, Kr und Xe alsbald nachfolgten. Doch damit sind wir bereits mitten in der Blütezeit der Analytischen Chemie.

4
Die Blütezeit der Analytischen Chemie (1850–1960)

Mit Beginn des 19. Jahrhunderts erfuhr die chemische Analytik entscheidende Wandlungen. Die klassischen Methoden wurden von den Chemikern weiterentwickelt und perfektioniert, und immer noch waren Ärzte und Naturforscher mit Experimenten involviert. Die Lösungsanalyse bekam durch die Farbbetrachtung (Colorimetrie) und die Veränderung der Flammenfarbe (Spektralanalyse) neue Aspekte für Untersuchungsmöglichkeiten. Nachdem die Grundlagen hierfür mit Lösungen geklärt werden konnten, übernahmen überwiegend Physiker das Ruder. Sie bearbeiteten mit Bogen- und Funkenanregungen kompakte, stromleitende Proben und entwickelten mit der Spektroskopie eine der heute wichtigsten Analysenmethoden, da sie weitaus mehr von der Elektrotechnik und der Optik verstanden als die Chemiker. Obwohl ein Chemiker die Batterie erfand, brachten doch weitgehend die Physiker die elektrochemischen Methoden in die Laboratorien, welche die Chemiker zwar benutzten, doch bis heute nie ganz verstanden haben.

In diesen Zeitraum fiel auch die „Trennung" von chemischen Synthetikern und chemischen Analytikern; es entwickelte sich zu Beginn des 20. Jahrhunderts der Fachbereich „Analytische Chemie", auch dadurch gekennzeichnet, daß der Physikochemiker und Philosoph *Wilhelm Ostwald* (1853–1932) die Gründung des ersten Lehrstuhles für Analytische Chemie der Neuzeit angeregte, der dann 1928 in Leipzig installiert und mit seinem Schüler *Böttcher* besetzt wurde. Um die Mitte des 20. Jahrhunderts übernahmen vorwiegend die Analytiker die Anwendung der Spektralanalyse in den Industrielaboratorien und kehrten wieder – jetzt aus Gründen der Wirtschaftlichkeit – zur Lösungsanalyse zurück, die heute überwiegend spektralanalytisch erfolgt. Dies war eine sehr interessante Periode, in der praktisch alle Grundlagen und analytischen Methoden entwickelt worden sind.

4.1
Die Geschichte der Spektralanalyse

Es gäbe einen guten Grund, mit *Joseph Fraunhofer* (1787–1826) zu beginnen, weil dieser im Jahr 1824 – also vor etwa 180 Jahren – zum ersten Mal ein *Funkenspektrum* veröffentlichte [136]. Heute, wo kaum noch jemand ein Linienspektrum kennt, scheint eine Retrospektive angebracht zu sein. Und es ist eine Gelegenheit für ein ehrenvolles Gedenken an *Velmer A. Fassel* (1919–1998), der die heute häufig eingesetzte *ICP-Spektrometrie* vor etwa 40 Jahren umfassend beschrieb [137] und überwiegend auf spektralanalytischem Gebiet forschte. Zahlreiche der heute bekannten Analytiker haben gerade von ihm viel gelernt.

Analytische Chemie. Knut Ohls
Copyright © 2010 WILEY-VCH Verlag GmbH & Co. KGaA, Weinheim
ISBN: 978-3-527-32847-5

Jeder Name, der hier erwähnt ist, hätte es verdient, ausführlicher behandelt zu werden, was allerdings den Rahmen dieser Übersicht sprengen würde und fast zu einer Lebensaufgabe werden könnte. Beschränkt auf die subjektive Sichtweise eines analytischen Chemikers wird der gesamte Bereich der optischen oder elektrotechnischen Entwicklung, also im wesentlichen die große Leistung der Physiker, nur in Umrissen erwähnt werden. Das alles begann mit *Isaac Newton* (1643–1727), der 1666 erstmals das weiße Licht an einem Prisma in die farbigen Komponenten zerlegte und ein Spektrum mit einem 1 mm breiten Spalt erzeugte, sowie auf elektrochemischem Gebiet mit *Michael Faraday* (1791–1867).

Wie in der Wissenschaftsgeschichte üblich gab es vor jeder großen Entdeckung eine Vorzeit und ein Danach. Oft wird als Entdecker dann derjenige geehrt, der das Neue verstanden und als erster umfassend beschrieben hat. Für die Spektralanalyse waren es *Bunsen* und *Kirchhoff*. Dementsprechend läßt sich ihre Entwicklungsgeschichte der Spektralanalyse in drei Perioden aufteilen, und zwar in die Zeit vor *Bunsen* und *Kirchhoff*, die Zeit dieser beiden und diejenige danach.

Was *Fraunhofer* für den Beginn spektraler Beobachtungen von Planeten und Fixsternen bedeutet, er wird auch als Begründer der Astrophysik angesehen, sollte man in der Schule gelernt haben. Selten wird jedoch in der Schule darauf hingewiesen, daß er nie eine Schule besuchte. Im Alter von 14 Jahren war er schon drei Jahre Vollwaise und wurde in München dadurch bekannt, daß er beim Hauseinsturz mit 42 anderen Personen verschüttet und in großer Aktion mit Beteiligung des bayrischen Kurfürsten *Max Joseph* gerettet wurde. Nur drei Menschen überlebten damals. Danach wurde es ihm ermöglicht, den Beruf eines Linsenschleifers zu erlernen. Er bekam 1804 seinen Gesellenbrief als „Spiegelmacher und Zieratenglasschleifer" und holte die Schulbildung nach, eignete sich auch das Wissen seiner Zeit in Chemie, Physik und Mathematik an und begann ab 1816 astronomische Fernrohre und Glasgitter zu bauen, woran er die Lichtbeugung studierte. Hierzu entwickelte er einige Glassorten und benutzte optische Messungen zur genauen Bestimmung der Brechungsexponenten. Dabei verwendete er erstmals nach *Newton* den optischen Spalt und als Resultat sind die „dunklen Linien" der Spektren, die er an Öl- und Weingeistflammen sowie später am Sonnenlicht beobachtete, nach ihm benannt worden. Er beschrieb 1817 den Einsatz eines Flintglas-Prismas und 1823 denjenigen eines Glasgitters.

Fraunhofer war also der Wegbereiter der zukünftigen Spektralanalyse [138]. Seine Skizze eines Prismenspektralapparates ist im Deutschen Museum in München zu sehen, obwohl er wahrscheinlich damals nicht ahnen konnte, was er da in Gang zu setzen begann. Er hat die beobachteten Linien 1824 katalogisiert (Tab. 9), doch noch nicht zugeordnet. Heute wissen wir, daß die Fraunhofer'schen Linien durch die Absorption von Lichtstrahlen entstehen, z. B.

Abb. 53 *Joseph Fraunhofer.*

Abb. 54 Die Fraunhofer'schen Linien.

im Fall des Sonnenlichtes (oder desjenigen anderer Gestirne) werden auf dem Weg zur Erde aus dem kontinuierlichen Spektrum charakteristische Wellenlängen von den Elementen absorbiert, die in den Atmosphären von Sonne und Erde gasförmig vorliegen. *Die dunklen Linien sind somit eindeutig chemischen Elementen zuzuordnen.*

Es ist noch zu vermerken, daß *Joseph Fraunhofer* 1824 zum Professor an die Universität München berufen wurde, an der fast 100 Jahre später die Entwicklung der quantitativen Spektralanalyse eingeleitet wurde.

Vor ihm hatten bereits 1752 *Melville* über das wahrscheinlich allererste Spektrum einer Natriumflamme [139] berichtet und 1758 *Marggraf* diese benutzt [165]. Im Jahre 1800 entdeckte der Astronomen *Friedrich Wilhelm Herschel* (1738–1822) die UV-Anteile des Sonnenspektrums [140]. *Herschel* stammte aus Hannover, war eigentlich Militärmusiker und kam mit dem Kurfürsten von Hannover nach England, als dieser englischer König wurde. Nach seiner Entlassung aus dem Militärdienst beschäftigte er sich mit der Astronomie, entdeckte den Planeten Uranus und wurde dadurch berühmt.

1802 beobachtete der Arzt und Naturforscher *William Hyde Wollaston* (1766–1828) die Absorptionslinien des Sonnenlichtes [141], doch er konnte die „Zwischenräume" im kontinuierlichen Sonnenspektrum nicht deuten. Zusammen mit *F. W. Herschel* beobachtete *Wollaston* auch den infraroten Spektralbereich [142]. Er lebte seit 1800 als Privatmann in London und betrieb dort chemische und physikalische Untersuchungen. Dabei entwickelte er eine Technik zum Schmieden von Platin, was ihm ein sorgenfreies Leben ermöglichte. Auf diese Weise wurden die ersten Platintiegel hergestellt. Als Chemiker benutzte er, wie viele andere auch, das Lötrohr erfolgreich und fand so 1803 die Elemente Palladium und Rhodium [143].

Im selben Jahr gelang es dem Arzt *Johann Wilhelm Ritter* (1776–1810) mit dem UV-Anteil des Sonnenspektrums Silberchlorid zu schwärzen [144]. Es ist anzunehmen, daß er die Beobachtungen von *Johann Heinrich Schulze* kannte, der 1727 die Lichtempfindlichkeit aller Silbersalze beobachtete [145] und somit als ein Wegbereiter der *Photographie* anzusehen ist. *Ritter* lebte in Jena und später in Gotha, wo er besonders auf elektrotechnischem Gebiet erfolgreich war. Bereits 1800 hatte er Wasser elektrolytisch zerlegt und 1802 einen Akkumulator konstruiert [146].

An eine analytische Anwendung der Spektren dachte damals noch kein Mensch. Zu der reinen, wissenschaftlichen Beobachtung gesellten sich jedoch am Anfang des

Tabelle 9 Fraunhofer'sche Linien.

Bezeichnung	Wellenlänge [nm]	Zuordnung*)
A	759,3	O_2
B	686,7	O_2
C	656,3	H
D_1	589,6	Na
D_2	589,0	Na
E	527,0	Ca, Fe
F	486,1	H
G	430,8	Fe, Ti
H	396,8	Ca
K	393,3	Ca

*) Erfolgte erst zur Zeit von *Bunsen* und *Kirchhoff*.

19. Jahrhunderts die ersten industriellen Erfordernisse. Man könnte auch sagen, es entstand ein zeitlicher Zwang, die Beobachtungen und daraus gefolgerte Hypothesen schneller zu verstehen, d. h. Gesetzmäßigkeiten zu erkennen, und möglichst einen praktischen Nutzen daraus zu ziehen. Es ist bis heute typisch, daß neue Beobachtungen – wenn sie denn nicht von einem selbst gemacht wurden – zunächst weder geglaubt noch anerkannt werden. Es ist auch typisch, daß die ersten Beobachter fast nie genau wußten, was sie da entdeckt hatten oder dies nicht richtig deuten konnten. So hatte 1802 der englische Chemiker *Humphrey Davy* (1778–1829) das Prinzip der Elektrolyse beschrieben und mit Hilfe der Schmelzflußelektrolyse in den Jahren von 1807 bis 1809 die fünf Elemente Aluminium, Magnesium, Kalium, Barium und Strontium gewonnen. Die Begriffe und Gesetzmäßigkeiten hierzu lieferte dann erst 1833 *Michael Faraday*, was dann auch dazu beitrug, daß sich 1841 *Werner von Siemens* (1816–1892) ein elektrolytisches Vergoldungsverfahren patentieren lassen konnte. Im selben Jahr baute *Robert W. Bunsen* ein galvanisches Element mit einer Kohle-Anode, wie sie heute noch bei der Aluminium-Elektrolyse benutzt wird.

4.1.1
Emissionsspektroskopie

Endlich wurden 1826 erstmals von *William Henry Fox Talbot* (1800–1877), einem reichen englischen Privatmann und Forscher, die analytischen Möglichkeiten erkannt, die in einem Spektrum enthalten sind. „Die Gegenwart eines Elementes lasse sich aus dem Spektrum ableiten", schrieb er [147] und wies die beiden Elemente Lithium und Strontium qualitativ nach.

Das war der eigentliche Beginn der qualitativen Spektralanalyse.

Derselbe *Fox Talbot* photographierte 1839 erstmals auf Papier (Talbotipie).

David Brewster (1781–1868) hat 1834 die Absorptionslinien von Gasen gemessen und dabei künstliche Lichtquellen benutzt [148]. Er äußerte die Vermutung, daß die Fraunhofer'schen Linien durch Absorptionsvorgänge in der Sonnenatmosphäre hervorgerufen würden. Zusammen mit *John Frederick William Herschel* (1792–1871), dem Sohn von *Friedrich Wilhelm Herschel*, entdeckte er die Erscheinung der *Fluoreszenz* [149].

Fraunhofer bemerkte 1817, daß eine elektrische Entladung zwischen zwei Metallelektroden ein diskontinuierliches Spektrum erzeugt [150], und der Physiker *Charles Wheatstone* (1802–1875) beobachtete 1835, daß der Funken Spektren produziert, die für das jeweilige Metall charakteristisch sind. Er nahm die Spektren von den leicht verdampfbaren Elementen Cadmium, Zinn, Blei, Quecksilber und Zink auf [151]. Alle diese Beobachtungen erfolgten visuell; erst ab 1872 wurde mit Photoplatten gearbeitet, als diese mit ausreichender Empfindlichkeit hergestellt werden konnten.

Das Prinzip der elektrischen Induktion wurde erstmals 1831 von *Michael Faraday* in England beobachtet [152], und unabhängig im selben Jahr von *Joseph Henry* (1779–1878) in den USA beschrieben. Erst 1850 wurde eine praktikable Induktionsspule von *Rühmkorff* entwickelt [153]. Er kombinierte eine solche Spule bereits mit einem Kondensator und benutzte sie als spektrale Anregung.

In der Periode von 1860 bis ungefähr 1885 wurden zahlreiche elektrische Anregungen zur Spektrenerzeugung entwickelt, wie Funkenquellen und Gleichstrombögen.

Antoine Masson untersuchte 1850 verschiedene Metallelektroden im Funken und fand für jedes Metall unterschiedliche

Linien neben jeweils gleichen [154]. Er hielt diese konstant auftretenden Linien für solche des Funkens und kam nicht darauf, daß es diejenigen der Luft waren.

Der Physikprofessor und Leiter des astronomischen Institutes in Uppsala, *Anders Jonas Ångström* (1814–1874), stellte 1852 fest, daß Metalle und ihre Verbindungen identische Linien ergeben [155], und erklärte 1855 die Wechselwirkung von Emission und Absorption bei Gasen. Er beschäftigte sich auch mit den komplizierten Vorgängen zwischen den Elektroden, was über 100 Jahre später – eigentlich noch bis heute – aktuell geblieben ist.

Der amerikanische Arzt *David Alter* (1807–1881) schrieb 1854: „Das Licht eines Elementes unterscheidet sich durch Zahl, Stärke und Lage seiner Linien vom Licht eines jeden anderen Elementes...", bestimmte die Linienspektren für verschiedene Metalle und stellte die erste Linientabelle auf [156].

Bereits 1855 benutzte der Militärarzt, Professor der Physiologie und spätere Physikprofessor an der Universität Berlin, *Hermann Helmholtz* (1821–1894), Quarzprismen zur Untersuchung des UV-Spektralbereiches [157].

Der Franzose *E. Robiquet* experimentierte erstmals mit dem Licht eines elektrischen Bogens [158].

Schließlich beobachtete 1857 der Physikprofessor an der schottischen St. Andrews University *Joseph Wilson Swan* (1818–1894) mit der farblosen Flamme des Gasbrenners, der von *Bunsen* und *Roscoe* im selben Jahr vollendet und beschrieben worden war, den Natrium-Einfluß bei allen bisherigen Beobachtungen. Geringste Massenanteile Kochsalz (< 0,000 000 06 g NaCl) färben bereits die Flamme [159].

Der Physiker *Julius Plücker* (1801–1868), der 1845 die Ablenkung von Kathodenstrahlen im Magnetfeld beschrieb, hat 1858 die Spektren von „brennenden" Gasen in den Geissler'schen Röhren aufgenommen [160]. Ein noch 150 Jahre später aktuelles Thema, wenn man an das ICP im geschlossenen System denkt (s. Kap. 5).

Auch *V. S. M. van der Willigen* stellte 1859 fest, daß gleichartige Metallsalze gleiche Spektren ergeben, was er mit Nitraten und Chloriden probierte [161].

Die Zeit war also reif, diese Vorgänge nun endlich zu erklären. Außerdem nahmen dies nun vorwiegend die Chemiker in die Hand, denn sie wollten in dieser Zeit neue Elemente finden und benötigten dafür gesicherte Methoden zum Nachweis. Es begann eine neue Ära der *Lösungsanalyse*.

Der Chemiker *Robert Wilhelm Bunsen* (1811–1899) war ein Bastler, der alles selber baute, weil er sehr knauserig gewesen sein soll, dieses aber auch gut konnte, weil er praktisch veranlagt war [162]. Zusammen mit seinem Schüler *Henry Roscoe*, inzwischen Professor in Manchester, entwickelte er den letztlich nur nach ihm benannten Gasbrenner. Aus der häufigen Korrespondenz zwischen beiden Forschern ist nicht ganz genau ersichtlich, wer daran den größeren Anteil hatte.

Abb. 55 *Robert Wilhelm Bunsen.*

Robert W. Bunsen war der Sohn eines Philologen und Bibliothekars der Universität Göttingen und wuchs quasi zwischen Büchern auf. Er studierte auch dort Chemie und Mineralogie, promovierte bei dem Arzt, Chemiker und Mineralogen *Friedrich Stromeyer* (1776–1835) und erhielt ein Reisestipendium nach Berlin. 1836 ersetzte er *Friedrich Wöhler* am Polytechnikum Kassel, der als Nachfolger von *Stromeyer* nach Göttingen wechselte. Hier beschäftigte sich *Bunsen* mit dem Hochofenprozeß in England, reiste mehrmals zu *Roscoe*, wo sie die Flammen aus Bessemer-Birnen spektroskopisch untersuchten, und habilitierte sich. 1839 folgte er einem Ruf nach Marburg, wo er sich mit Quecksilberverbindungen (Untersuchung von Kakodyl) fast vergiftete. 1851 ging er dann nach Breslau, wo er den theoretischen Physiker *Gustav Robert Kirchhoff* (1824–1887) kennenlernte. Hier begann zwischen den beiden sehr verschiedenen Persönlichkeiten eine lebenslange Freundschaft. Als *Bunsen* bereits ein Jahr später nach Heidelberg berufen wurde, ruhte er nicht, bis ihm *Kirchhoff* zwei Jahre später folgte. Hier entwickelten beide die Grundlagen zur Spektralanalyse.

Bunsen blieb bis 1888 an der Universität Heidelberg und lebte bis zu seinem Tod in der Bunsenstraße. Zu seinen Schülern, die alle Chemiker wurden und bis auf einen als Universitätsprofessoren lehrten (s. Städtenamen), gehörten unter anderen: *Johann Friedrich Wilhelm Adolf Ritter von Baeyer* (1835–1917; Indigo, NP 1905; Straßburg, München als *Liebig*-Nachfolger), *Friedrich Konrad Beilstein* (1838–1906; Organische Synthesen; Göttingen, St. Petersburg), *Hans Hugo Christian Bunte* (1848–1925; Gasanalysen; Karlsruhe), *Georg Ludwig Carius* (1829–1875; Heidelberg), *Theodor Curtius* (1857–1928; Kiel), *Carl Graebe* (1841–1927; Königsberg, Zürich, Genf), *Adolf Wilhelm Hermann Kolbe* (1818–1884; Marburg, Leipzig), *Victor Meyer* (1848–1897; Zürich, Göttingen, Heidelberg als *Bunsen*-Nachfolger), *Dimitrij Iwanowitsch Mendeleev* (1834–1907; Periodensystem; St. Petersburg), *Ludwig Mond* (1839–1909; Industrieller, gründete 1873 eine Sodafabrik in England, sein Sohn war der Gründer von ICI), *William Ramsay* (1852–1916; Edelgase, NP 1904; Bristol, London), *Henry Enfield Roscoe* (1833–1915; Optische Methoden; Manchester), *Carl Ludwig Schorlemmer* (1834–1892; definierte die Organischen Chemie als Chemie der Kohlenstoffverbindungen und deren Derivate; Manchester), *F. P. Treadwell* (Chemische Analyse; Zürich), *John Tyndall* (1820–1893; Tyndall-Effekt; Royal Institution London als *Faraday*-Nachfolger) und *Jacob Volhard* (1834–1910; Maßanalyse; München, Erlangen, Halle). Obwohl Bunsen 25 Jahre lang wortwörtlich dieselbe Vorlesung gehalten haben soll, galt er als nahezu idealer Hochschullehrer.

Sein Freund *Gustav R. Kirchhoff* wurde als Sohn eines Landrichters in Königsberg (Kaliningrad) geboren und studierte dort an der „Albertina" Mathematik bei *Friedrich Julius Richelot* und Physik bei *Franz Ernst Neumann*, dem Begründer der „Mathematischen", heute Theoretischen, Physik. Als Student formulierte er bereits 1845 die

Abb. 56 *Gustav Robert Kirchhoff.*

nach ihm benannten Regeln für die Stromverzweigung [163]. Zwei Jahre später gewann er als Doktorand einen Preiswettbewerb und die Mitgliedschaft in der Physikalischen Gesellschaft Berlin. 1848 war er bereits Dozent an der Universität Berlin und ging dann zwei Jahre später als Professor für Experimentalphysik nach Breslau.

1858 formulierte er dort das sog. „Kirchhoff'sche Strahlungsgesetz": „Bei gegebener Temperatur T und gegebener Wellenlänge λ steht das Emissionsvermögen ε in einem ganz bestimmten Verhältnis zu ihrem Absorptionsvermögen α". Für Chemiker vereinfacht ausgedrückt heißt dies: „Jeder Körper absorbiert unter Anregung diejenige Strahlungsart, die er dann auch emittiert". Auf dieser Grundlage basieren die Absorptionsspektroskopie, die Strahlung sog. Schwarzer Körper oder die Infrarotthermographie.

Kirchhoff war durch einen Unfall seit 1869 an den Rollstuhl gebunden, hielt aber trotzdem seine Vorlesungen über Theoretische Physik weiter, die Experimentalvorlesungen mußte er allerdings aufgeben.

1879 folgte *Kirchhoff* der Berufung nach Berlin, *Bunsen* hatte diese abgelehnt, dennoch haben sich Freundschaft und Zusammenarbeit fortgesetzt. In Heidelberg hatte *Kirchhoff* seinen Kollegen *Helmholtz* beeinflußt und war Lehrer berühmter Physiker wie *Ludwig Boltzmann* (1844–1906), *Heinrich Rudolph Hertz* (1857–1894) und *Max Planck* (1858–1947). Es gab kein Gebiet der Physik, zu dem er sich nicht geäußert hat; der größte Teil seiner Bücher erschien erst nach seinem Tod, herausgegeben durch *Boltzmann*, *Planck* und andere. *Kirchhoff* vertrat die Meinung, „es sei das vernünftige Ziel der Physik, die Gesamtheit aller prinzipiell beobachteten Erscheinungen – aber auch nur die – richtig und vollständig zu beschreiben". Ähnlich formulierte *Werner Heisenberg* (1901–1976) etwa 50 Jahre später (1927) das Ziel der Quantenmechanik.

Gustav Kirchhoff war im Gegensatz zu *Robert Bunsen* zweimal verheiratet, in erster Ehe 1857 mit der Tochter seines alten Mathematikprofessors, *Clara Richelot*, die bereits 1869 starb, und in zweiter Ehe 1872 mit *Luise Brömmel*, die ihn bis zu seinem Tod pflegte. *Bunsen* soll einmal verlobt gewesen sein, doch er hatte wohl keine Zeit zum Heiraten oder einen Gräuel davor. Er wurde zum Einsiedler mit hintergründigem Humor, wovon überlieferte Anekdoten Auskunft geben [164]. Als er wieder einmal einen Preis erhielt und ein Freund ihm gratulierte, soll er gesagt haben: „Gut, der einzige Wert dieser Dinge ist, daß sie meine Mutter gefreut hätten; doch die ist tot". Auf die Frage eines Journalisten, was wohl das Beste gewesen sei, was ihm in seinem Leben widerfahren wäre, antwortete er mit einem Wort: „*Kirchhoff*". Er vermied es stets, viele Worte zu machen.

Robert W. Bunsen dienten die grundlegenden Untersuchungen der Spektren von Alkalien, Erdalkalien und vielen anderen Elementen an seinem Gasbrenner sowie der Bau von Spektralapparaten – anfangs primitiv (Abb. 57) – zunächst vordergründig dem Nachweis neuer Elemente. Die Flammenfärbung, vor allem durch Natrium- und Kaliumsalze, war ja schon über 100

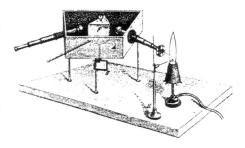

Abb. 57 Erster Spektralapparat von *Bunsen*.

Jahre bekannt, und zwar nicht nur seit 1752 durch *Melville*, sondern auch durch den Berliner Chemiker *A. S. Marggraf*, der diese Erscheinungen 1758 wissenschaftlich untersucht und beschrieben hatte [165].

Die Erklärungen der physikalischen Grundlagen und der analytischen Möglichkeiten erfolgten dann gemeinsam mit *G. R. Kirchhoff*, so daß beide als die eigentlichen *Begründer der analytischen Spektroskopie* zu benennen sind. Es war dann auch bezeichnend, daß der Praktiker *R. Bunsen* den Theoretiker *G. Kirchhoff* bat, 1859 vor der Deutschen Akademie der Wissenschaften in Berlin die wichtigsten Ergebnisse vorzutragen. Danach erschien 1860 in Poggendorff's *„Annalen der Physik und Chemie"*, Bd. CX (110), Heft No. 6, Seite 161–189, die wesentliche Veröffentlichung unter dem Titel *„Chemische Analyse durch Spectralbeobachtungen von G. Kirchhoff und R. Bunsen"*, die man gelesen haben sollte. Hierin wurde eindeutig nachgewiesen, daß die Fraunhofer'schen D-Linien mit den Natrium-Linien 589,0 nm und 589,6 nm übereinstimmen (Abb. 58). Als Anmerkung teilt eine Fußnote mit, daß im Märzheft des *„Philosophical Magazine"* 1860 *Georg Gabriel Stokes* (1819–1903) daran erinnert hat, daß schon 1849 eine ähnliche Beobachtung am Kohlebogen durch *Léon Foucault* (1819–1868) gemacht worden war. Diese elf Jahre alte Beobachtung würde nun hier erklärt, schreiben die Autoren. Wer würde heute tatsächlich so etwas noch tun? Leider gibt es keine öffentliche Diskussion von Publikationen mehr, wodurch letztere nicht besser geworden sind.

Generell erregten die Arbeiten beider vor allem in England großes Aufsehen, was auch dadurch begünstigt wurde, daß die grundlegenden Ergebnisse der Spektralanalyse 1860 sowohl in englischer [166] als auch 1861 in französischer Sprache [167] gedruckt worden waren. Es kam sogar zu einer Art Plagiatsvorwurf, woran besonders der Physiker *Lord Kelvin of Largs* (1824–1907), *Brewster* sowie der Physiker und Chemiker William *Crookes* (1832–1919), damals Assistent von *August Wilhelm Hofmann* (1818–1892) am Royal College in London, beteiligt waren, welche die Priorität für *Fox Talbot*, *Swan* und allen voran *Wheatstone* reklamierten. Doch *Bunsen* und *Kirchhoff* konnten gerade die Ergebnisse von *Wheatstone* nicht kennen, weil die Veröffentlichung seiner Vorlesung von 1835 durch *Crookes* erstmals 1861 erfolgt war [168]. Auch *Ångström* reklamierte die Priorität für sich selbst [169]. Doch darum kümmerte sich *Gustav Kirchhoff*, der in einem Artikel [170] die Resultate der Engländer diskutierte und auf die gemachten Fehler hinwies.

Bunsen war so pedantisch, wie es im guten Sinn Analytiker sein sollten, was auch an seiner Beschreibung zur Reinigung der Kaliumsalze zu erkennen ist: „Die zu den Versuchen benutzte Kaliumverbindung wurde durch Glühen von chlor-saurem Kali, welches zuvor sechs- bis achtmal umkrystallisirt war, dargestellt." Auf diese Weise gelang es ihm denn auch 1862, die Elemente *Cäsium* (lat.: *coesium* = himmelsblau) und *Rubidium* (lat.: *rubidus* = tiefrot) zu finden und nach ihren Spektralfarben zu benennen [171]. Al-

Abb. 58 Die Absorptionslinien von *Fraunhofer*; (a) das Na-Linienpaar von *Bunsen / Kirchhoff* und (b) die Spektren von Rubidium und Cäsium.

lerdings war mit dem sehr einfachen Spektroskop, das *Bunsen* zunächst benutzte, nicht viel anzufangen, so daß *Kirchhoff* ein weit besseres konstruierte. Bis heute ist es wichtig, daß eine gute Idee auch einen Gerätehersteller findet, der zur Investition für ein neues Instrument bereit ist. Schon im Jahre 1866 gab es bei der englischen Firma Griffin ein Kirchhoff-Bunsen-Spektroskop für fünf Pfund, fünf Schilling zu kaufen.

Kurz danach entdeckten *William Crookes* 1861 das *Thallium* (griech.: *thallos* = grüner Zweig), der Freiberger Mineralogieprofessor *Ferdinand Reich* (1799–1882) und sein Assistent *H. T. Richter* (1825–1898) im Jahre 1863 das *Indium* (lat.: *indicum*, von indigoblau) sowie *Paul Emile Lecoq de Boisbaudran* (1838–1912) dann 1875 das *Gallium* (lat.: *gallia* = Frankreich) in gleicher Weise aus der Flamme [172–174].

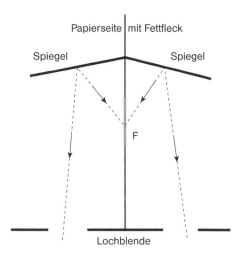

Abb. 59 Das Fettfleckphotometer von *Robert Bunsen*. Am *Fettfleckphotometer* haben die beiden Lochblenden Augenabstand, und man erblickt durch sie hindurch auf dem Wege über die Spiegel den Fettfleck F von beiden Seiten unter dem gleichen Winkel. Es herrscht auf beiden Seiten die gleiche Beleuchtungsstärke, wenn der Fettfleck auf beiden Seiten den gleichen Kontrast gegenüber seiner Umgebung zeigt.

Als Praktiker konstruierte *Bunsen* viele Geräte, wie z. B. 1858 den schon erwähnten Gasbrenner, ein Fettfleckphotometer (Abb. 59) zur Messung der Lichtstärke und 1868 die Wasserstrahlpumpe [175], und es kamen weitere Spektroskope hinzu. (s. Abb. 67).

Bekannte Analysenverfahren von ihm sind die Bestimmung des Broms in löslichen Bromiden, die Bestimmung von Iod und Brom in Mineralwässern, die Bestimmung von Schwermetalloxiden, die mit Salzsäure Chlor entwickeln, sowie die Titration von Iod mit schwefliger Säure, womit die *Iodometrie* ihren Anfang nahm.

Er förderte durch seinen Aufenthalt in England die Entwicklung in der Eisen- und Stahlindustrie, indem er vorschlug, die neuen spektralen Beobachtungsmethoden bei der Herstellung einzusetzen und Flammenanalysen durchzuführen. Bereits 1862 hatte *W. Bragge* in Sheffield versucht, mit einem Spektroskop in die Flamme einer sog. Bessemer-Birne „zu sehen" [176], was dann *Henry Roscoe* veranlaßte, derartige Flammen spektralanalytisch zu untersuchen und die Ergebnisse 1863 mitzuteilen [177]. Damit fand die Spektralanalyse sehr früh Eingang in die Laboratorien der Stahlindustrie, was in den folgenden 125 Jahren zu erstaunlichen Ergebnissen führte. Bis heute sind die Laboratorien der Hüttenindustrie führend in der Anwendung spektralanalytischer Methoden geblieben, und sie waren oft die Wegbereiter für neue Techniken und apparative Modifikationen.

Wegen des großen Interesses beschäftigten sich viele Wissenschaftler mit der neuen Spektroskopie, vor allem mit der Lage der Linien, die noch völlig unsicher war, und zunächst mit der photographischen Detektion.

Gleichzeitig hatte 1860 der Physiker *Léon Foucault* (1819–1868) Linienüberlagerungen (Koinzidenzen) durch Vergleich von Sonnen- und Funkenspektrum festgestellt [178]. Er gilt heute als *Begründer der Absorptionsanalyse*, was den Pionieren *Wollaston* und *Brewster* ebenso zustehen würde.

Ein typisches Merkmal für den Beginn einer „neuen" Zeit ist der Übergang von gelösten zu festen Proben, wobei es sich zunächst um elektrisch leitende Stoffe handelte. Im weiteren Verlauf nahmen weitgehend Physiker und Physikochemiker die Entwicklung in die Hand, wobei nun die Verwendung von Analysenlösungen für fast einhundert Jahre mehr und mehr in den Hintergrund treten wird.

Der Astronom *Joseph Norman Lockyer* (1836–1920) beschrieb dann 1873 die quantitative Analyse eines Metalls, führte bereits 1874 Bestimmungen auf Basis der *Linienanzahl, -länge und -stärke* durch, benutzte bereits *Eichkurven mit Standardproben* und untersuchte grundsätzlich sowohl die Länge der Funkenstrecke als auch die Homogenität von Metallen. Er war ein Pionier der photographischen Auswertung [179]. In seinem Buch *„Studies in Spectrum Analysis"* von 1878 findet sich die Abbildung eines Lichtabsorptionsgerätes, das nach dem flammenlosen Prinzip arbeitet (Abb. 60).

Auf die parallel verlaufene Entwicklung der Photographie, die für die Spektralanalyse so wichtig wurde, soll hier nicht ausführlicher eingegangen werden. Im Jahre 1816 hatte *Joseph Nićephore Niepce* (1765–1833) die erste photographische Abbildung auf mit Silbersalzen präpariertem Papier hergestellt [180] und dann 1829 zusammen mit dem französischen Maler *Jacques Daguerre* (1787–1851) die ersten Positive entwickelt. Der Neffe des Ersteren, der Chemigraph *Claude Maria François St. Victor Niepce* (1805–1870) hat 1847 erstmals auf eine sensibilisierten Glasplatte photographiert und das Negativ auf AgCl-Papier kopiert [181].

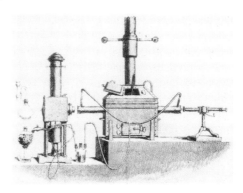

Abb. 60 Absorptionsspektralapparat nach *I. N. Lockyer*. (Ein modifizierter Kipp'scher Apparat erzeugt Wasserstoff, der über die in einem mit Holzkohle erhitzten Rohr befindlichen Metallspäne geleitet wird, um diese mit Hilfe der Hydrierung zu verdampfen. Das Licht einer Bogenlampe wird durch das Rohr geleitet und die Absorption mit einem Kirchhoff-Bunsen-Spektroskop gemessen.)

So konnten dann *Helmholtz* 1855 durch Verwendung eines Quarzprismas [157] und 1860 *Müller* mit einem achromatischen Prisma die Fraunhofer'schen Linien vollständig aufnehmen [182]. Der französische Physiker *Henri Antoine Becquerel* (1852–1908) und der amerikanische Naturforscher *Hentry Draper* (1837–1882) photographierten unabhängig voneinander diese Linien im UV-Bereich [183, 184].

Robert Bunsen konnte also bereits Photoplatten benutzen, was letztlich auch zu dem *Bunsen-Roscoe'schen Gesetz* führte:

$i \cdot t = \text{const.}$

Für die photographische Platte gilt, daß die photochemische Wirkung bei gleichem Produkt von Lichtintensität und Expositionszeit gleich ist. (Bei gleicher Schwärzung gilt nicht $i_1 / i_2 = t_2 / t_1$, sondern bei der Zeit tritt als Exponent der Schwarzschild'sche Faktor auf, der bei den meisten Plattensorten zwischen 1,0 und 0,8 liegt.)

Die Entwicklung von Apparaten zur Spektroskopie wurde natürlich durch die

Fortschritte in der Optik beeinflußt. So hatte *Crookes* 1856 zwei Prismen kombiniert und einen Prismenspektrographen gebaut [185]. Im selben Jahr begann die Verbesserung der Wellenlängenmessungen durch *Esselbach* [186] und dann sieben Jahre später (1863) durch *Mascart* [187] sowie 1869 durch *Ångström* [188], der damals ein Gitter mit 400 Strichen/mm benutzte und dessen Messungen zum Standard wurden, was zu der Benennung der Einheit „Ångström" (0,01 µm) führte, die erst in neuerer Zeit durch „Nanometer" (0,001 µm) ersetzt wurde.

1870 berichtete *J. Janssen* [189] über die quantitative Bestimmung von Natrium. Er hatte den Bunsenbrenner als Anregungsquelle benutzt und führte die Probe mit einem Platindraht in die Flamme ein. Die Na-Konzentration wurde durch visuellen Vergleich ermittelt, indem die Flammenintensität mit denjenigen von Proben mit bekanntem Na-Anteil verglichen wurde. Er arbeitete also mit Standardproben. 1873 konstruierten dann *P. Campion, H. Pellet* und *M. Grenier* [190] ein Instrument mit zwei Flammen – eine für die unbekannte Probe und die andere für eine Standardprobe –, wodurch eine simultane Beobachtung möglich wurde. Sie erreichten bei der Natrium-Bestimmung in Pflanzenasche bereits eine Präzision von 2–5 % Natrium. An einem ähnlichen Gerät arbeitete auch *Lecoq de Boisbaudran* als er 1875 das Element Gallium entdeckte [174], dem einige Jahre später die Seltenen Erden Samarium (1879) und Dysprosium (1886) folgten.

Von großer Bedeutung doch wenig beachtet waren zunächst die Untersuchungen von *Georges J. Gouy* (1854–1926), der 1877 demonstrierte, daß die Strahlungsintensität einer Flamme nicht nur eine Funktion der Menge der eingebrachten Substanz ist, sondern auch von der Flammenform abhängt

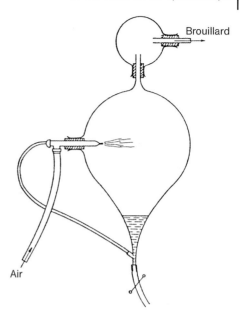

Abb. 61 Der pneumatische Gouy-Zerstäuber [191].

[191]. Um diese Faktoren besser kontrollieren zu können, entwickelte *G. J. Gouy* einen pneumatischen Zerstäuber (Abb. 61), der ein wiederholbar konstantes Volumen einer Probenlösung in die Flamme einbrachte.

In den folgenden 50 Jahren tat sich wenig auf dem Gebiet der *Flammenemissionsanalyse*, bis dann *Lundegårdh* die weitere Pionierarbeit leistete. Im Jahre 1879 kompensierte der französische Physiker *Alfred Cornu* (1841–1902) den Polarisationseffekt durch Verwendung eines chromatischen Prismas [182]. Drei Jahre später (1882) gelang dem Chemieprofessor am Royal College für Wissenschaften in Dublin, *Walter N. Hartley*, die quantitative Bestimmung von Beryllium [193]. Er beobachtete 1884, daß die nichtmetallischen Bestandteile von Metallsalzen weder die Länge noch die Intensität der zu den Metallen gehörenden Spektrallinien beeinflussen

[194, 195]. Als Chemiker, der es verstand, mit Lösungen zu arbeiten, fand er auch heraus, daß das *Funkenspektrum eines Metalls in Lösung mit demjenigen von kompakten Metallelektroden identisch ist*. Hartley erreichte bereits damals für Magnesium eine Nachweisgrenze von 0,1 ng/g für einen Einzelfunken und eine solche von 0,01 pg/g für eine stärkere Funkenfolge. Seine Versuche zur Lösungsanalyse festigten die Grundlagen von *J. N. Lockyer* in Bezug auf Homogenität und Einsatz von Standards, was ein bißchen in Vergessenheit geraten war. Die Ergebnisse der Arbeiten von *W. N. Hartley* wurden etwa 30 Jahre später von dem Amerikaner *J. H. Pollok* und dem Franzosen *de Gramont* bestätigt und fortgeführt sowie dann nach weiteren 20 Jahren von dem Amerikaner *W. F. Meggers* und dem in München lehrenden *Walter Gerlach* perfektioniert.

In der Zwischenzeit begannen auch die Untersuchungen im Infrarotbereich des Spektrums und bekamen 1881 Auftrieb, als *Langley* sein Bolometer einführte und damit das Sonnenspektrum untersuchte [196].

Henry E. Roscoe sagte 1885 u. a. „... the new method is far most delicate than anything which we have hitherto employed, so delicate indeed as almost to pass belief ..."

Der amerikanische Physiker *Henry Augustus Rowland* (1848–1901) entwickelte 1883 ein Konkavgitter mit 1720 Strichen/mm, das er für den Wellenlängenbereich von 215,3 bis 771,5 nm testete und zunächst im Wadsworth-Gerät (1886) einsetzte [197] und ebenfalls das Sonnenspektrum studierte bzw. alle Linien registrierte. Heute verwenden wir immer noch ein sehr ähnliches Gitter in modernen Spektrometern und zwar in der Form, die *Rowland* 1902 in der Paschen-Runge-Aufstellung benutzte.

Diese dauerhaft bewährte Aufstellung, die im 20. Jahrhundert in den meisten Spektrometern benutzt wurde, war von dem deutschen Mathematiker und Physiker *Carl David Tolmé Runge* (1856–1927), der in Hannover und Göttingen lehrte, und dem Tübinger Physikprofessor *Friedrich Louis Carl Heinrich Paschen* (1865–1947) konstruiert worden. *Carl D. T. Runge* ist unter Spektroskopikern auch deshalb bekannt, weil er zusammen mit dem Physikprofessor *Johann Heinrich Gustav Kayser* (1853–1940), der auch in Hannover und später in Bonn lehrte, ein achtbändiges „Handbuch der Spektroskopie" verfaßte, welches zwischen 1900 und 1924 im S. Hirzel Verlag, Leipzig, erschienen war.

Friedrich L. C. H. Paschen hat nicht nur den Zusammenhang zwischen der Zündspannung einer Gasentladung, dem Gasdruck und dem Elektrodenabstand beschrieben, sondern auch bereits mit einer Hohlkathode experimentiert. Als Präsident der Physikalisch-Technischen Reichsanstalt in Berlin und Professor ebenda entdeckte er 1908 die infrarote Spektralserie im Wasserstoffspektrum, nachdem *J. H. Pollok* zwei Jahre vorher die L-Serie des Wasserstoffatomspektrums gefunden hatte.

1884 experimentierte der deutsche Physikprofessor an der Westfälischen Wilhelms-Universität Münster, *Johann Wilhelm Hittorf* (1824–1914), mit elektrodenlosen Gasentladungen [198] in der sog. Hittorf'schen Röhre. Diese Untersuchungen waren zusammen mit den gemeinsamen Versuchen mit *J. Plücker* [199] und den Erklärungen von *Paschen* wichtige Voraussetzungen für die fast 80 Jahre später entwickelten Plasma-Anregungen.

Der amerikanische Physiker *Albert Abraham Michelson* entwickelte 1887 sein nach ihm benanntes Interferometer [200], das nicht nur genauere Messungen der Lichtgeschwindigkeit oder der Durchmesser von

Abb. 62 *Johann Wilhelm Hittorf.*

Sternen ermöglichte, sondern auch in Spektren exakte Messungen der Wellenlänge zuließ. Ohne dieses Interferometer (s. auch Kap. 7) wäre heute die Fourier-Transformations-Spektrometrie nicht denkbar.

1890 beschrieben *Hurter* und *Driffield* die Schwärzungskurve [201], die für die quantitative spektrographische Bestimmung so wichtig wurde. Mit der von *Schuhmann* 1893 hergestellten, fast gelatinefreien Photoplatte [202] war ein weiterer Fortschritt gegeben. Ihm gelang es auch mit Hilfe einer Fluoritoptik den UV-Bereich bis hinab zu 120 nm zu erschließen, in dem heute die Bestimmungen von Wasserstoff, Sauerstoff, Stickstoff oder Chlor stattfinden.

Der Engländer *Joseph John Thomson* (1856–1940), Physikprofessor und Leiter des Cavendish Laboratory in Cambridge, begünstigte die Entwicklung der Spektroskopie erheblich durch seine Untersuchungen der elektrischen Gasentladungen. 1897 kam es zur Entdeckung freier Elektronen und zur Erklärung der atomistischen Struktur der Elektrizität. Als er 1899 herausfand, daß bei lichtelektrischen oder glühelektrischen Effekten freie Elektronen emittiert werden, war dies die theoretische Voraussetzung für die Massenspektroskopie. Er erhielt 1906 den Nobelpreis und entdeckte 1913 zusammen mit *Aston*, der das erste Massenspektrometer baute, aus dem Massenspektrum, daß auch nichtradioaktive Elemente, z. B. Neon, Isotope haben können.

Das 20. Jahrhundert begann 1901 mit Verbesserungen der Funkenanregungsgeräte durch den amerikanischen Physiker *C. C. Schenck* [203].

1906 ersetzt der amerikanische Physiker *Theodore Lyman* (1874–1954) die Fluoritoptik durch ein Konkavgitter – kombiniert also die Erfahrungen von *Rowland* und *Schuhmann* – und erreicht 50 nm als Grenze [204].

1907 wird auf Anregung von *Michelson*, der in diesem Jahre den Nobelpreis für Physik erhielt, die rote Cd-Linie internationaler Standard für Wellenlängentabellen [205].

So ganz waren die Lösungsuntersuchungen denn doch nicht vergessen. Nach *W. N. Hartley* [193] beschrieb 1909 *J. H. Pollok* Untersuchungen an Lösungen und schlug dazu Linienmarkierungen vor [206].

Noch 1910 vertrat *J. H. G. Kayser*, der einen bis heute geschätzten Spektrallinien-Atlas veröffentlichte (Abb. 63), die damalige Meinung vieler: „Quantitative Bestimmungen sind unmöglich!". Er hat sich damals geirrt, denn etwa 10 Jahre später begann wirklich die quantitative Spektralanalyse. Er hat seinen Irrtum miterleben können. Die zweite Auflage der Linientabelle erschien 1939 im Verlag von Julius Springer, Berlin, unter Mitwirkung von *Rudolf Ritschl* [207].

In der Zwischenzeit wurden wichtige Voraussetzungen für eine generelle quantitative Spektroskopie erarbeitet. Einmal war es das erste Mikrophotometer zur Linienausmessung, das *P. P. Kock* 1912 baute [208], wodurch wieder Bewegung in die

TABELLE
DER
HAUPTLINIEN DER LINIENSPEKTRA ALLER ELEMENTE
NACH WELLENLÄNGE GEORDNET

VON

H. KAYSER
GEHEIMER REGIERUNGSRAT · PROFESSOR
DER PHYSIK AN DER UNIVERSITÄT BONN

BERLIN
VERLAG VON JULIUS SPRINGER
1926

Abb. 63   Titelblatt der Linientabelle von *J. H. G. Kayser*, erschienen 1926.

Sache kam. Zum anderen sind die folgenden Jahre 1914–1922 durch die Arbeiten von *A. de Gramont* geprägt, der den Begriff der „Letzten Linien" für die Spektrallinien mit höchstmöglicher Intensität einführte [209], für diejenigen also, die beim Verdünnen als letzte übrigbleiben.

Mit diesen Linien entwickelte *W. F. Meggers* Analysenverfahren und stellte Funkenspektren von Legierungen her [210]. So war die spektrographische Bestimmung von Spuren Bor und Silicium in Buntmetallen 1923 durch *Bassett* und *Davis* eine direkte Folge davon [211]. Die „Letzten Linien" wurden so wichtig, daß es auch von ihnen einen Atlas gab, den *Fritz Löwe* zusammenstellte (Abb. 64).

ATLAS DER LETZTEN LINIEN DER WICHTIGSTEN ELEMENTE

VON

Dr. FRITZ LÖWE
ABTEILUNGSVORSTEHER IM ZEISS-WERK
M. A. N.

DRESDEN UND LEIPZIG
VERLAG VON THEODOR STEINKOPFF
1928

Abb. 64 Titelblatt des Atlanten von *F. Löwe*, erschienen 1928.

Abb. 65 *Walter Gerlach.*

Jetzt war die Zeit offensichtlich für die *quantitative Spektralanalyse* reif. Als dann ab 1925 der Münchener Physikprofessor *Walter Gerlach* (1889–1979), ein Schüler von *Paschen*, mit „Homologen Linienpaaren" und dem „Internen Standard" arbeitete und dies zusammen mit *Schweitzer* 1927 veröffentlichte [212], sprach man vom Beginn der modernen Spektralanalyse.

Mit diesen Begriffen sollten auch alle modernen Spektralanalytiker vertraut sein. Die Paare gleichartiger Linien überwanden das Problem der nicht gleichmäßigen, lichtempfindlichen Schichten auf Photoplatten und der Standard half, alle elektrischen Schwankungen rechnerisch zu eliminieren.

Nun reihten sich viele Entwicklungen aneinander, so daß es fast jedes Jahr wichtige Neuerungen zu verzeichnen gab. 1927 beschrieb *J. J. Thomson* die elektrischen und magnetischen Felder um die Hittorf'schen Entladungen [213].

Wahrscheinlich begann die *moderne Stahlanalyse* 1928 als *G. Scheibe* und *A. Neuhäusser* schon damals eine Schnellbestimmung von Legierungsanteilen in Eisen durchführten [214]. Aus vielerlei Gründen ist dies bedeutsam, denn die Entwicklung der Emissionsspektrometrie in all ihren Facetten fand in den folgenden 50 Jahren vorwiegend in den Laboratorien der Hüttenindustrie in Zusammenarbeit mit unterschiedlichen Geräteherstellerfirmen statt, worauf noch einzugehen sein wird.

Mit der Auswertung von Spektren befaßten sich 1929 *Lundegardh* [215] und ein Jahr später auch *B. A. Lomakin* [216]. Der Erstgenannte ersetzte 1930 die photographische Detektion durch Photozellen [217] und fünf Jahre später benutzten *Iams* und *Salzberg* Sekundärelektronenvervielfacher [218], die bis in die Gegenwart aktuell geblieben sind.

Bereits 1931 gab es Betrachtungen der Glimmschicht und partiellen Verdampfung durch *Mannkopff* und *Peters* [219]. Auch die *Hohlkathode* zur Pulververdampfung wurde von *Twyman* und *Hitchen* beschrieben [220]

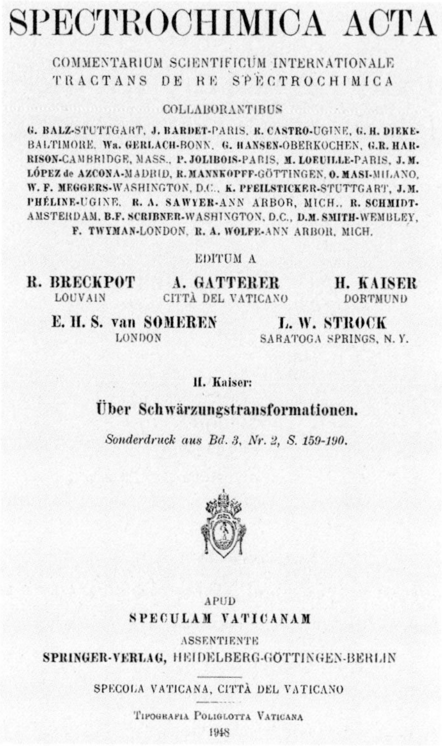

SPECTROCHIMICA ACTA

COMMENTARIUM SCIENTIFICUM INTERNATIONALE
TRACTANS DE RE SPECTROCHIMICA

COLLABORANTIBUS

G. BALZ-STUTTGART, J. BARDET-PARIS, R. CASTRO-UGINE, G. H. DIEKE-BALTIMORE, Wa. GERLACH-BONN, G. HANSEN-OBERKOCHEN, G.R. HARRISON-CAMBRIDGE, MASS., P. JOLIBOIS-PARIS, M. LOEUILLE-PARIS, J. M. LÓPEZ de AZCONA-MADRID, R. MANNKOPFF-GÖTTINGEN, O. MASI-MILANO, W. F. MEGGERS-WASHINGTON, D.C., K. PFEILSTICKER-STUTTGART, J.M. PHÉLINE-UGINE, R. A. SAWYER-ANN ARBOR, MICH., R. SCHMIDT-AMSTERDAM, B.F. SCRIBNER-WASHINGTON, D.C., D.M. SMITH-WEMBLEY, F. TWYMAN-LONDON, R. A. WOLFE-ANN ARBOR, MICH.

EDITUM A

R. BRECKPOT, LOUVAIN — A. GATTERER, CITTÀ DEL VATICANO — H. KAISER, DORTMUND
E. H. S. van SOMEREN, LONDON — L. W. STROCK, SARATOGA SPRINGS, N. Y.

H. Kaiser:

Über Schwärzungstransformationen.

Sonderdruck aus Bd. 3, Nr. 2, S. 159-190.

APUD
SPECULAM VATICANAM
ASSENTIENTE
SPRINGER-VERLAG, HEIDELBERG-GÖTTINGEN-BERLIN

SPECOLA VATICANA, CITTÀ DEL VATICANO

TIPOGRAFIA POLIGLOTTA VATICANA
1948

Abb. 66 Deckblatt zu *Kaiser*'s Sonderdruck über die Schwärzungskurve (1948) „*Spectrochimica Acta*" **3**: 159.

sowie 1933 durch *M. Slavin* verbessert und später (1938) zur quantitativen Analyse benutzt [221, 222].

1932 hat *O. Feussner* die *Funkenanregung* für die Routineanalyse brauchbar gemacht [223]. Dem folgten in den nächsten 10 Jahren entsprechende Verbesserungen an der *Bogenanregung* durch *Duffenback, Pfeilsticker* u. a. sowie der Funkenanregung durch *Raisky, H. Kaiser* u. v. a.

1938 erfolgte dann endgültig der *Routineeinsatz der Spektrographie in Hüttenlaboratorien* durch *Vincent* und *Sawyer* [224].

Die erste Anwendung der lichtelektrischen Detektion in der praktischen Spektralanalyse erfolgte 1939 durch *Thanheyser* und *Heyes* [225], die im Düsseldorfer MPI für Eisenforschung arbeiteten.

Im selben Jahre 1939 beschrieb *Woodson* die Hg-Kaltdampf-Lichtabsorption und baute eigentlich schon ein Atomabsorptionsspektrometer [226].

1940 verbesserten *Rajchman* und *Snyder* die Multiplier als Detektoren [227].

1941 hat *Heinrich Kaiser*, damals noch Mitarbeiter von Zeiss Jena, nicht nur seine Arbeiten zur Schwärzungstransformation veröffentlicht [228]; es erschien von ihm auch der Artikel „*Spektrochemische Schnellanalyse von Stählen in amerikanischen Großbetrieben*" [229]. Dem gingen Vorträge voraus, die im Juni 1940 auf der Jahresversammlung des Deutschen Verbandes für Materialprüfungen und im September 1940 auf der Vollsitzung des VDEh-Chemikerausschusses in Düsseldorf gehalten wurden und welche die Erkenntnisse und Erfahrungen einer vier Monate langen Studienreise durch die USA im Sommer 1939 wiedergaben. Anlaß hierzu waren die Arbeiten von *Vincent* und *Sawyer* gewesen. Das war direkt vor Kriegsbeginn.

Mit dem *Rechenbrett* von *H. Kaiser* bekamen die analytischen Spektroskopiker eine große Hilfe zum schnelleren Auswerten in die Hand; es wurde noch viele Jahre bis zur Schließung der spektrographischen Laboratorien benutzt.

Mit *Heinrich Kaiser*'s Spektrographen Q24 (Zeiss Jena), einem Gerät, das mehr als 40 Jahre lang unverändert gebaut wurde, fing auch meine spektralanalytische Arbeit etwa 25 Jahre später an (Abb. 67), denn es stand im Laboratorium der Werkes Union der Dortmund-Hörder Hüttenunion. Dieses Gerät war ein Geschenk von *H. Kaiser*, er hatte es *Georg Becker* mitgegeben, der ins ISAS geschickt worden war, sich dort spezialisierte und anschließend die spektrographische Abteilung aufbaute. Spektrallinien können, wenn man

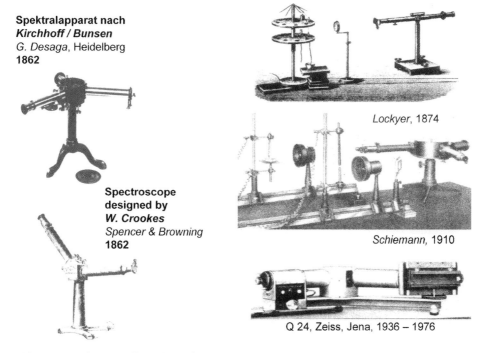

Abb. 67 150 Jahre Entwicklung der Spektrographen (mit Erlaubnis der Firma Zeiss).

sie auf Photoplatten noch selbst entwickelt hat, faszinieren. Das galt auch für die Gespräche mit *Heinrich Kaiser* und seinen Mitarbeitern im Dortmunder Institut für Spektrochemie und angewandte Spektroskopie (ISAS) in den sechziger Jahren des letzten Jahrhunderts (s. auch Kap. 7).

In unserem spektrographischen Laboratorium gab es inzwischen zwei weitere Q24 und einen JaCo-Ebert-3,4m-Spektrographen von Jarrell-Ash, der nur in wenigen Laboratorien zu finden war.

Die Emissionsspektrographie ist die Methode mit der höchstmöglichen Information über eine Probe. Die Entwicklung der Spektrographie ist seit 100 Jahren eng mit Untersuchungen an Stahlproben verbunden (Abb. 67) – *Lockyer* und *Schiemann* sind nur Beispiele für Pioniere auf diesem Gebiet. Die spektrographische Arbeitsweise war nun bei den Chemikern nicht mehr aufzuhalten, was wiederum die Physiker in Bezug auf die Entwicklung neuer Anregungsgeräte beflügelt hatte. Auch die Auswahl an Geräteherstellern war für die Kunden zufriedenstellend. In der Industrie wurden überwiegend die Geräte der Firmen Steinheil und Carl Zeiss (Abb. 68) eingesetzt.

Prinzipiell benutzte man je nach Aufgabe oder Anwendungsbereich entweder die klassische *Bogenanregung* mit Analyt- und Gegenelektrode oder totaler Verdampfung der gesamten Analysenrobe aus Cup-Elektroden, den *Abreißbogen* nach K. Pfeilsticker [230] oder den Feussner-Funken [223]. Die Erfahrung besagte damals, daß die Bogenanregung am empfindlichsten war, während die Funkenanregung zu Ergebnissen mit besserer Wiederholbarkeit führte.

Elektrodenstativ

Plangitterspektrograph von *Zeiss*

Abb. 68 Elektrodenstativ und Plangitterspektrograph von Zeiss, Jena (mit Erlaubnis der Firma Zeiss).

In der zweiten Hälfte der vierziger Jahre beschäftigte man sich dann überwiegend mit der Methodenoptimierung. Als Beispiele sind die *„Carrier Distillation"*-Methode (Abb. 69) von *B. F. Scribner* und *H. R. Mullin* [231] und die Hohlkathodenanregung von *J. R. McNally Jr., G. R. Harrison* und *E. Rowe* [232], die bereits 1916 von *Paschen* konstruiert und beschrieben worden war, zu erwähnen, aber auch die sog. „semiquantitativen" Schnellmethoden von *C. E. Harvey* [233], einem Mitarbeiter der ARL (Applied Research Laboratories) in Glendale, Kalifornien.

In den vierziger Jahren waren also die wesentlichen Grundlagen zur *Anwendung der Emissionsspektrometrie* – dem simultanen Messen zahlreicher Elemente mit elektrischer Detektion – in der Routine erarbeitet worden. Nur hatte man in Europa wegen des Krieges nicht viel davon erfahren. In Deutschland war dies die Zeit des Neubeginns – die beste Epoche der letzten

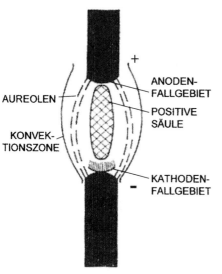
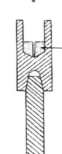

Carrier Distillation Method nach *Scribner* und *Mullin*, 1946

Abb. 69 Spektrographische Methoden.

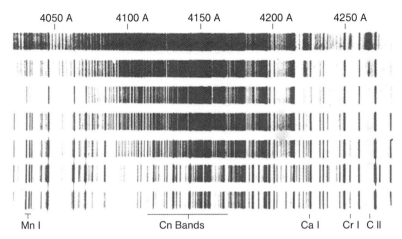

Abb. 70 Aufnahme des Spektrogramms von Stahl (obere Elektrode, Gegenelektrode = C) bei verschiedenen Bedingungen (Widerstand von oben nach unten zunehmend → bogenähnlicher).

100 Jahre –, und man erinnerte sich sehr wohl an die Vorträge und Reiseberichte von *H. Kaiser.*

Nachdem *M. F. Hasler* und *H. W. Dietert* [234] im Jahre 1943 eine sehr variable Anregungseinheit konstruiert hatten, die wiederum zur Verbesserung der Stahlanalyse gedacht war, baute *Hasler* mit seinen ARL-Kollegen ab 1948 die ersten Quantometer [261]. Im Jahre 1950 kamen dann diese ersten automatischen Spektrometer (Quantometer) der Firma ARL auch in Europa auf den Markt, z. B. das Luftquantometer 9600 (Abb. 71), welches noch in Glendale gebaut wurde, oder ein ebenso großes „Monster" von MBLE in Brüssel. Auch die ersten Geräte von Baird Atomic waren so groß; sie hatten uhrenähnliche Anzeigen, auf denen der Zeiger dort stehen blieb, wo es dem Anteilswert entsprach. In ihrem Inneren erstrahlten viele Röhren, was man durch ein Fenster beobachten konnte. Mit Hilfe einer Hg-Lampe und passendem Empfänger erfolgte sogar eine optische Justierung, doch die konnte die Wärmeausdehnung des Rowland-Kreissegmentes nicht

Abb. 71 Spektrallabor der Firma Hoesch um 1960 mit (a) Luftspektrometer ARL 9600 und (b) Vakuumspektrometer ARL 15000.

ganz kompensieren, z. B. konnte die Phosphor-Linie bei zunehmender Erwärmung „verschwinden". Aufgrund der simultanen Arbeitsweise dieser Geräte ließen sich bis auf Kohlenstoff, Schwefel und Phosphor alle wichtigen Legierungs- und Begleitelemente so schnell bestimmen, daß der gesamte Schmelzprozeß zeitlich nicht mehr aufgehalten wurde.

Als dann gegen Ende der fünfziger Jahre die ersten Vakuumspektrometer, z. B. das ARL 15000 (Abb. 71, 72) oder 17500, auf den Markt kamen, war die Durchführung der kompletten Eisen- und Stahlanalyse während der Produktionsprozesse in relativ kurzer Zeit möglich geworden.

Die *Emissionsspektrometrie wurde zum echten Wirtschaftsfaktor*, denn einmal nahmen die Prozeßdauer und damit die Energiekosten ab und zum anderen konnten die Aggregate größer bzw. wirtschaftlicher werden, weil kaum noch Fehler auftraten. Der Anteil an Fehlchargen ging erheblich zurück; doch es lag auch eine zunehmend starke Verantwortung auf der Ergebnisvergleichbarkeit der Spektrometrie, denn nun hatten die Stoffmengen der Aggregate bereits einen erheblichen Wert erreicht. So kam z. B. der Konverterinhalt von rund 200 t Rohstahl, der mit 9,28 % Ni legiert wurde, auf einen Materialwert von 150 000 bis 200 000 €. Hinzu kam, daß die Stahlindustrie für ihre Produkte haften mußte, so wie es das Produkthaftungsgesetz seit mehr als 100 Jahren in Deutschland vorschreibt. Wegen dieser vorrangigen Gewährleistungspflicht bedurfte es in der Stahlindustrie keiner oktroierten Qualitätssicherung; die gab es schon zwangsweise aus wirtschaftlichem Grunde.

Außerdem vereinbarte man mit den Kunden spezielle Audits, d.h. die Kunden kamen mit unbekannten Proben, die in ihrem Beisein analysiert werden mußten. Nur ein Fachmann kann ermessen, welche Eich- und Kalibrierarbeit hier vorauszugehen hatte. Die Entwicklung der Spektrometrie hat diejenige der Prozesse stark beflügelt – und umgekehrt. Das nächste Kapitel wird dies zeigen. Doch zunächst gilt, daß die meisten modernen Herstellungsprozesse für Qualitätsprodukte ohne die Spektrometrie nicht denkbar wären.

Zu erwähnen sind die zahlreichen Forscher, die in der ersten Hälfte des zwanzigsten Jahrhunderts sowohl die apparative Entwicklung, wie z. B. *Hansen* [236], *Hasler* et al. [255, 261] oder *Saunderson* [258], als auch die analytisch-methodische Entwicklung voranbrachten, wie z. B. *Occhialini* [237], *Thomson* [239], *Duffenbach* [240, 251], *Scheibe* [241], *Strock* [242], der die Glimmschicht entdeckte, *Pastore* [244], *Eisenlohr* [245], *Gerlach* und *Rollwagen* [246], *Breckpot* [250], *Twyman* [252], *Junkes* und *Salpeter* [265], *Meggers* [253, 260] und *Coheur* [259]. Zu der apparativen Entwicklung kamen die zahlreichen Vorschläge für Bogen- und Funkenentladungsaggregate, wie z. B. durch *Raisky* [248], *Kaiser* und *Wallraff* [249], *Fowler* [256], *Levy* [257], *Laqua* [262], *Bardocz* [263] oder *Corliss* [264]. Die historische Entwicklung der Bogenanregung beschrieb *J. P. Walters* [266] ausführlich. Hilfreich bei all diesen Untersuchungen waren auch die Messungen und Zusammenstellungen der Wellenlängen in Atlanten, wie z. B. die von *Meggers* [235], *Twyman* [236] oder *Harrison* [247]. Diese zeitaufwendigen Arbeiten konnten später nur noch im Specola Vaticana durch die Patres *Gatterer*, *Junkes* [268] und *Salpeter* durchgeführt werden, wie z. B. das Elementspektrum der Glimmlampe vom Letztgenannten. Das Eisenspektrum von *Gössler* [269], mit dem jeder Spektrographiker arbeitete, war für den Praktiker genauso wertvoll wie die Bücher von *Moritz* [270], *Mandelstam* [271], *Brode* [272], *Harrison* et al. [273], *Seith* und *Ruthardt* [274],

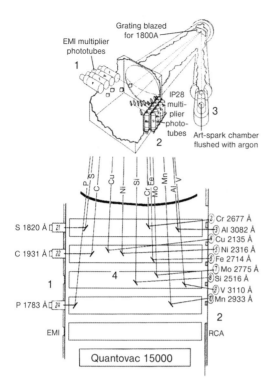

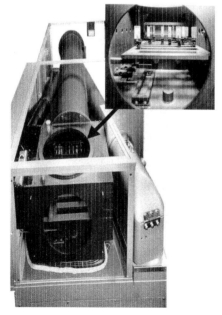

Abb. 72 Das ARL-Vakuumspektrometer 15000 (1: Multiplier für UV-Bereich; 2: Multiplier für VIS-Bereich; 3: Abfunkkammer; 4: Spiegel) (mit Erlaubnis von Thermo).

Twyman [275], *Leutwein* [276], *Loewe* [277] oder *Scheller* [278]. Bereits 1936 befaßte sich *H. Kaiser* mit der Genauigkeit quantitativer spektralanalytischer Methoden [243], einem Thema also, auf das er immer wieder zurückkam (s. Abb. 66).

Die geschichtliche Entwicklung zwischen 1930 und 1940 ist bei *L. W. Strock* [267] nachzulesen. Die darauffolgenden, anwendungsbezogenen Arbeiten haben wir durch die politischen Ereignisse in Europa weitgehend verschlafen. Der Wiederaufbau der Grundstoffindustrie erforderte jedoch den Einsatz moderner Methoden, wobei die Spektralanalyse die herausragende Rolle spielen sollte. Im Wechselspiel der Kommunikation zwischen den Industrielaboratorien und den Geräteherstellern schritt die Entwicklung schnell voran – eine Zusammenarbeit, die heute aus Gründen, die im letzten Kapitel angesprochen werden, kaum noch funktioniert. In Bezug auf die Emissionsspektrographie – ihr Verstehen und ihre Anwendung – leisteten *H. Kaiser, K. Laqua* und *W.-D. Hagenah* mit vielen Wissenschaftlern am Dortmunder ISAS die Pionierarbeit. In der zweiten Hälfte des zwanzigsten Jahrhunderts wurde dann die Emissionsspektrometrie zur beherrschenden Untersuchungsmethode in der Metallindustrie (s. Kap. 5).

4.1.2
Absorptionsspektroskopie

Parallel zur bisher betrachteten Emissionsspektroskopie entwickelte sich auch die *Absorptionsspektroskopie*. Für die Analytische Chemie war zunächst die Colorimetrie – eigentlich der Farbvergleich zweier Lösungen – interessant, aus der die Spektralphotometrie im sichtbaren Wellenlängenbereich (etwa 400 bis 800 nm; genannt VIS-Bereich) hervorging. Mit der Geräteentwicklung wurden dann auch der ultraviolette Spektralbereich (etwa < 350 nm; UV-Bereich) und das infrarote Gebiet (etwa > 1 µm; IR-Bereich) zugänglich, die zunächst überwiegend in der chemischen Industrie als Hilfsmittel bei der Identifizierung organischer Verbindungen benutzt wurden und heute neben der Molekulargewichtsbestimmung und der Massenspektrometrie immer noch werden – oder werden sollten. Diese Einschränkung beruht darauf, daß gerade die Molekülspektroskopie auf zwei verschiedene Weisen angewandt wird. Zum einen benutzt der Synthetiker sie als reine Vergleichsmethode, wie z. B. früher durch das Übereinanderlegen von IR-Spektren auf Lichttischen oder heute durch Registrieren in Kompensation, was zwar analytisch zu sein scheint und oft auch so betrachtet wird, doch der eigentlichen Analytischen Chemie nicht zuzurechnen ist. Erst wenn diese „Vergleichsanalytik" durch quantitative, eich- oder kalibrierfähige Verfahren ergänzt wird, was nur in wenigen Fällen ausreichend gut möglich ist oder gemacht wird, läßt sich die Molekülspektroskopie im UV- und IR-Bereich in die Analytische Chemie einordnen (s. Kap. 5.1.4).

Bei allen Verfahren, die mit Standardproben (CRM oder RM) kalibriert werden sollen oder sind, handelt es sich in diesem Sinne um „Vergleichsanalysen". Eine Qualitätssicherung, die dies zuläßt, garantiert keine Richtigkeit der Resultate (s. Kap. 6).

Die Erscheinung der Lichtabsorption ist so alt wie die Beobachtung von Spektren. Nachdem *I. Newton* 1666 die Lichtzerlegung an Glasprismen beschrieben hatte und den Begriff „Spektrum" prägte, befaßten sich immer mehr Naturforscher mit dieser Erscheinung, wie z. B. *Melville* und *Marggraf* im 18. Jahrhundert. Als dann *Herschel sen.* im Jahre 1800 den UV-Anteil im Spektrum erkannte, wurden die Untersuchungen häufiger. Schon 1804 beobachtete

Wollaston (Abb. 73) etwa 20 Jahre vor *Fraunhofer* die Absorptionslinien des Sonnenspektrums, ohne für sie eine Erklärung zu finden. *Brewster, Ångström* und *Plücker* beschäftigten sich um die Mitte des 19. Jahrhunderts mit Absorptionserscheinungen, doch letztendlich wird am häufigsten *Foucault*, der 1860 Sonnen- und Funkenspektren verglich [279], als der Begründer der Absorptionsanalyse genannt.

Die Vielfältigkeit der damaligen Naturforscher läßt sich beispielhaft am englischen Arzt, Physiker und Chemiker W. H. *Wollaston* (Abb. 73) zeigen. Nachdem er ab 1792 acht Jahre an verschiedenen Krankenhäusern arbeitete, ließ er sich in London als Privatgelehrter nieder. Bereits als Arzt begann er mit Forschungsarbeiten, wies 1797 in Gichtknoten harnsaure Salze nach und beschäftigte sich mit dem Sehvorgang und der Frequenzempfindlichkeit des Gehörs. 1801 erfolgten Untersuchungen zur galvanischen und Reibungselektrizität, und 1802 erfand *Wollaston* das *Refraktometer* zur Bestimmung der Brechungsindices mit Hilfe der Totalreflexion. 1803/04 isolierte er die Elemente *Rhodium* und *Palladium* aus Platinerz, und – wie schon erwähnt – beobachtete er die dunklen Linien im Sonnenspektrum. Von 1804 bis 1816 war er Sekretär der Royal Society, was ihn nicht von weiteren Studien abhielt. So wies er 1808 auf das Tetraedermodell bei der räumlichen Anordnung von Atomen hin, baute 1807 eine optische Vorrichtung zum Abzeichnen von Gegenständen (*Camera lucida*), konstruierte 1809 ein Reflexionsgoniometer für die mineralogische Forschung (was ihm die Namensgebung Wollastonit für das Calciummineral Tafelspat einbrachte) und entdeckte 1810 die Aminosäure *Cystin* in Blasensteinen. Dies war der erste Nachweis einer im Organismus vorkommenden Aminosäure. 1813 entwickelte er ein Gerät zur Demonstration der Verdunstungskälte (Kryophor), 1814 führte er den Begriff „Äquivalenzgewicht" ein und entwickelte 1820 ein nach ihm benanntes Prisma.

Warum ist gerade auf die Vielfältigkeit der Arbeitsgebiete an einem Beispiel – es hätten auch die Lebensleistungen von *Robert Bunsen* sein können – so ausführlich hinzuweisen? Die praktisch arbeitenden Analytiker müssen einen Hang zu dieser Vielseitigkeit haben, sie müssen interessiert und bereit sein, sich ständig mit neuen Problemen zu beschäftigen. Dies erfordert die Begabung zum Autodidakten, denn es kann nicht gelehrt werden. Hier versagen fast alle Hochschulen nicht nur deshalb, weil die Analytische Chemie zum Nebenfach degradiert wurde, und die Unterrichtenden nie ein Routinelaboratorium geleitet haben, sondern auch weil immer noch introvertiert gearbeitet und Teamarbeit nicht gefördert wird. Bei der heutigen Wissensfülle und der beschränkten Ausbildung ist dies eine notwendige Konsequenz.

Der Beginn der **Absorptionsspektralphotometrie** als Analysenmethode ist, wie so vieles, auch auf *R. Bunsen* zurückführen. Doch zunächst wurde die *Colorimetrie* benutzt, d. h. die Konzentrationsbestimmung

Abb. 73 *William Hyde Wollaston* (1766–1828).

durch direkten Farbvergleich von einer Farblösung mit bekannter Konzentration des zu bestimmenden Elementes und der unbekannten Probenlösung. Wahrscheinlich war *Lampadius* [280], der bereits 1838 den Cobalt-, Nickel- und Eisenanteil in Saflor – wie der falsche Safran genannt wird – mit Hilfe des Farbvergleiches gegen Lösungen mit bekannten Konzentrationen dieser Elemente ermittelte, der Pionier der Colorimetrie. Es folgten Farbvergleiche von bromhaltigem Wasser durch den „Probierer" am Hüttenwerk Eisleben, *Carl Heine* [281], und den englischen Betriebschemiker W. *John Herapath*, der die Färbung des Eisens mit Rhodanid zu dessen Bestimmung benutzte [282]. Zwischenzeitlich hatte der französische Industriechemiker *Augustin Jacquelain* [283] ein Titrationsverfahren zur Cu-Bestimmung beschrieben, wobei bis zur Farbgleichheit mit einer ammoniakalischen Kupferlösung titriert wurde. Dies war im Jahre 1846!

Den Farbvergleich in geeigneten Glasampullen oder Reagenzgläsern benutzte man als Bestimmungsverfahren, wie es damals und leider auch noch bis in die Neuzeit üblich war, ohne die Methode – den theoretischen Hintergrund – zu kennen. Es war eben verständlich, daß eine höhere Konzentration auch zu einer tieferen Färbung führt.

1853 baute der Chemnitzer Professor *Alexander Müller* [284] den ersten Apparat zur Betrachtung farbiger Lösungen, ein teleskopähnliches Röhrensystem (Complementär-Colorimeter), das sich offenbar nicht so bewährt hatte. Als dann *F. Dehm* [285] zehn Jahre später ein neuartiges Colorimeter baute, das die beiden Lösungen gleichzeitig zu beobachten gestattete, war der zukünftige Entwicklungsweg vorgezeichnet. Es enthielt zwei Zylinder, im Inneren je eine bewegliche Röhre zur Begrenzung der Flüssigkeitsschichten, und man konnte von oben durch eine Linse hindurchsehen. In dem einen Zylinder befand sich Wasser, z. B. auf einer blauen Glasplatte, und im anderen die zu bestimmende ammoniakalische Cu-Lösung. Die Höhe der wäßrigen Lösung wurde dann solange verändert, bis Farbgleichheit bestand. Dasselbe wiederholte man mit Vergleichslösungen.

1870 erschien dann ein sog. Jahrhundertgerät auf dem Markt, welches von dem Inhaber einer optischen Firma in Paris, *Jules Duboscq* (1817–1886), konstruiert worden war [286] und dementsprechend auch seinen Namen erhielt (Abb. 74). Neu daran war, daß die Färbung der Vergleichslösung direkt mit derjenigen der unbekannten Lö-

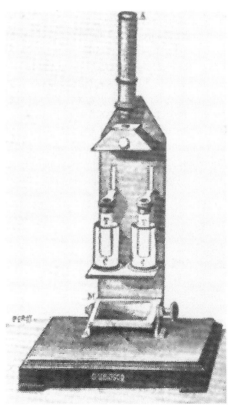

Abb. 74 Duboscq-Colorimeter; (a) Original aus [286].

sung verglichen werden konnte. Das Licht, welches durch die zwei in Flüssigkeitsküvetten befindlichen und beweglichen Zylinder geleitet wurde, gelangte anschließend durch Glasprismen und bildete ein Sehfeld ab, wobei jeweils im halben Sehfeld das Licht des einen Strahlenganges beobachtet werden konnte. Die Schichtdicke d beider Flüssigkeiten war so veränderbar, d. h. wenn sich in der einen Küvette die Vergleichslösung ($Eo = \varepsilon \cdot co \cdot do$) und in der anderen diejenige mit unbekannter Konzentration ($E = \varepsilon \cdot c \cdot d$) befinden, dann kann über folgende Beziehung:

$$c \cdot d = c_o \cdot d_o$$
und damit
$$c = c_o \cdot d_o / d$$

die gesuchte Konzentration c ermittelt werden, denn bei Abgleichung der Schichtdicke ($d = d_o$) wird auch $c = c_o$. Hierin steckt bereits das Beer'sche Gesetz.

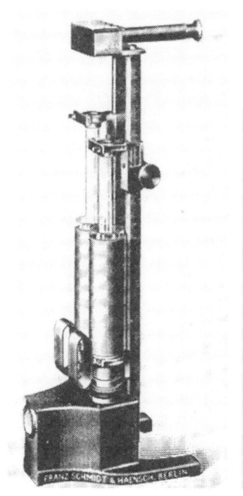
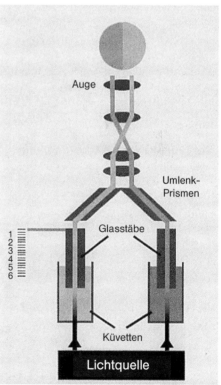

Abb. 74 Duboscq-Colorimeter; (b) spätere Version um 1950 und (c) schematischer Ablauf.

Es gab eine große Anzahl von colorimetrischen Bestimmungsmethoden mit farbigen Lösungen und diversen Farbreagentien, wie z. B. Feron, Phenantrolin, Dipyridyl oder Rhodanid für die Fe-Bestimmung, Diphenylcarbazid für die Cr-Bestimmung usw. Das klassische Beispiel für den Einsatz des Duboscq-Colorimeters ist die Parallelbestimmung von Chrom und Mangan in Stahl. Alle colorimetrischen Methoden zeichneten sich durch die Einfachheit der Durchführung aus.

Doch die Beobachtung der Farbgleichheit brachte einige individuelle Probleme mit sich, weil doch das Sehverhalten und die Sehstärke von Menschen sehr unterschiedlich sein können. So kann sich ein kleiner Fehler dadurch ergeben, daß unser Auge zum Rand der Pupille unempfindlicher wird (Stiles-Crawford-Effekt). Schwerwiegender ist dann schon die Gelbunempfindlichkeit unserer Augen (Weber-Fechner'sches Gesetz). Wie jeder weiß, können wir zahlreiche Rottöne unterscheiden, was bei Gelb nur ganz beschränkt ist. Das visuelle Messen konnte vom analytischen Standpunkt her eigentlich nur ein Übergang sein.

So kam es denn auch, daß sich die *Absorptionsphotometrie* zunehmend durchsetzte, die zuerst von dem Adjunkt (Hilfsbeamter) an der Universität Uppsala, *Jöns Fridrik Bahr* (1815–1875) und *Robert Bunsen* [287] benutzt wurde. Zur Bestimmung Seltener Erden verwendeten sie aber noch Lösungen unterschiedlicher Konzentration. Erstmals arbeiteten dann der italienische Physikprofessor *Gilberto Govi* [288] und der Tübinger Physiologieprofessor *Carl Vierordt* ausschließlich mit der Änderung der Lichtintensität. Beide bauten sehr ähnliche Geräte zur photometrischen Messung, doch da *Govi* nur physikalische Messungen durchführte, verhallten seine Prioritätsansprüche [289] gegenüber *Vierordt*,

der mit seinem Gerät ausschließlich quantitative Analysen durchführte [290].

Im Vergleich zur Colorimetrie erfolgt bei der Photometrie die Bestimmung nun nicht durch Konzentrations- oder Schichtdickenänderung der Farblösungen, sondern durch Schwächung (Absorption) der Intensität eines monochromatischen Lichtes. Theoretisch beruht die Absorptionsspektralphotometrie auf einer allgemeingültigen Regel, die als *Lambert-Beer'sches Gesetz* bekannt wurde. Interessant ist – und paßt zu der Vorstellung: Alles war schon früher gedacht, doch nicht reif genug –, daß zwischen den beiden Gesetzen fast 100 Jahre liegen und immer zwei Wissenschaftler beteiligt waren. 1729 beschrieb der französische Mathematiker und Astronom *Pierre Bougouer* (1698–1758) in seinem Buch [291] einen Versuch, bei dem er die Intensität des Lichtes von 32 Kerzen halbieren konnte, wenn er es durch zwei Glasplatten hindurchscheinen ließ. Bei vier Glasplatten wurde sie wiederum halbiert, so daß er annahm, die Schichtdicken vermindern die Intensität in geometrischer Progression. Der im Elsaß geborene *Johann Heinrich Lambert* (1728–1777), der als Sekretär und Hauslehrer bei adligen Familien sein Wissen autodidaktisch erworben hatte, stellte in seinem 1760 erschienenen Buch „*Photometria*" ebenfalls den Zusammenhang zwischen Lichtintensität und Schichtdicke dar. Er benutzte den gleichen Versuch in exakterer Weise, zitierte auch *Bougouer* und faßte das Ganze in einer mathematischen Formel zusammen. Wörtlich ist bei ihm folgender Satz zu lesen: „Die Menge des eingefangenen Lichtes ist umso größer, je höher die Zahl der Partikeln im gegebenen Volumen ist". Der Bonner Mathematikprofessor *August Beer* (1825–1863) kannte wahrscheinlich diese Aussage, als er 1852 die Lichtabsorption farbiger Lösungen untersuchte [292] und das Verhältnis zwischen der Schichtdicke der Lösung und ihrer Konzentration feststellte. Er führte den Absorptionskoeffizienten ein und verstand darunter die Schwächung, welche die Amplitude eines Lichtstrahles erleidet, wenn dieser sich durch die Längeneinheit eines absorbierenden Stoffes fortpflanzt. Zur praktisch gleichen Zeit kam auch der Franzose *F. Bernard* [293] zu einer identischen Schlußfolgerung. Der Ausdruck „Extinktionskoeffizient" stammt von *R. Bunsen* und *H. E. Roscoe* [294], die bei ihren photochemischen Versuchen darunter den reziproken Wert derjenigen Schichtdicke verstanden, bei deren Durchschreiten die Lichtintensität auf ein Zehntel des ursprünglichen Wertes sank. Dies war eine theoretische Betrachtung, denn – und nun schließt sich der Kreis wieder – erst *Carl Vierordt* [290] verwendete diesen „Bunsen'schen Koeffizienten" zur Berechnung bei der Konzentrationsbestimmung. Diese Gesetzmäßigkeiten sind von solcher Allgemeingültigkeit, daß sie in der heutigen Sprache erklärt werden sollen (Abb. 75).

Das eigentliche Gesetz von *August Beer* folgt hieraus, wenn man

1. die *Durchlässigkeit* (*transmittance*) als Verhältnis von gemessenem zu eindringendem Lichtstrom definiert, d. h.

$$f/f_0 = D \cdot 100\ [\%];$$

2. und die *Extinktion* (*density, absorbance*) als den Logarithmus der reziproken Durchlässigkeit festlegt, d. h.

$$\log f_0/f = E = \varepsilon \cdot c \cdot d = m \cdot d.$$

Mit m als molarem dekadischem *Extinktionsmodul*, der eine praktische Größe ist, denn bei konstanter Schichtdicke, z. B. 1 cm, ergibt sich aus

$$m = \varepsilon \cdot c = E\ /\ d$$

und damit die analytische Funktion

$$\boxed{E = \varepsilon \cdot c}$$

als allgemeine Grundlage für die Bestimmungsmethoden.

Es ist aber auch auf mögliche „Abweichungen" hinzuweisen, die summiert zu erheblichen Fehlern führen können. Besonders wenn die photometrischen Verfahren zur Merkmalkennzeichnung von Referenz-

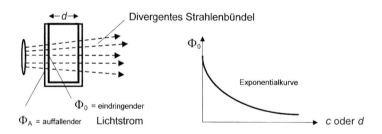

Abb. 75 Grundgesetz der Absorptionsspektralphotometrie.

proben benutzt werden. Weil keine parallelen Strahlen vorliegen, darf zum einen eigentlich nicht von „Intensität" gesprochen werden – obwohl dies üblich geworden ist. Zum anderen finden jeweils an den Grenzflächen Luft / Glas und Glas / Flüssigkeit Reflexionen statt, die zu einem Verlust von bis zu 12 % führen können. Ferner ist die Konstanz des molaren Extinktionskoeffizienten zu prüfen (s. auch Kap. 5).

Die oben genannten Fehler wirken sich verständlicherweise bei einem Einstrahlgerät stärker aus, so daß die Entwicklung mehr auf Zweistrahlgeräte ausgerichtet war, obwohl diese nicht so Lichtstark wie die Erstgenannten sind.

Vierordt konnte bei seinem Gerät durch ein Fernrohr im oberen Teil des Sehfeldes das reine Spektrum und im unteren das durch ein Medium veränderte beobachten. Bei gleicher Spaltbreite war das Licht des letzteren Spektrums dunkler. Durch Veränderung der Spaltbreite wurden beide abgeglichen. Dadurch änderte sich nicht nur die Stärke des Lichtstromes (Intensität), sondern auch seine Qualität, was den Berliner Professor *Paul Glan* (1846–1898) dazu bewog, ein Photometer zu konstruieren, bei dem diese Regelung durch Polarisation des Lichtes erfolgte [295]. Wie so oft, wenn eine Problemlösung im Raume stand, baute auch der Tübinger Professor für Organische Chemie, *Karl Gustav Hüfner* (1840–1908), ein gleichartiges Gerät [296].

Im ersten zusammenfassenden Buch über die Colorimetrie vertrat der Münchner Chemiker *Gerhard Krüss* (1859–1895) zusammen mit seinem Bruder, der eine optische Firma besaß, die Meinung, daß die vorhandenen Geräte für die Routine zu kompliziert seien [297]. Bis zum Beginn des 20. Jahrhunderts verfügte die Analytische Chemie dann über beide Typen der Photometer, diejenigen mit Spaltregelung und die mit Polarisation, von denen alle weiteren Typen abstammen. Die zukünftige Entwicklung der Absorptionsspektralphotometrie läßt sich bei dem Tübinger Professor *Gustav Kortüm* (1904–1990) nachlesen, der sein 1948 erstmalig erschienenes Buch „*Kolorimetrie und Spektralphotometrie – Anleitung für die Laboratoriumspraxis*" im selben Verlag in 4. Auflage (1962) mit erweitertem Titel auf den Stand der Technik 1960 brachte [298].

In der ersten Hälfte des 20. Jahrhunderts schritt die Entwicklung der Spektralphotometrie schnell voran. Zunächst wurde die *visuelle* Photometrie weitergeführt; es kamen verschiedene Geräte auf den Markt, doch blieb diese Periode ein Übergang und ist heute vergessen. Leider gilt das auch für die Lehre, denn viele optische und spektralanalytische Grundlagen ließen sich an den weitgehend offenen Geräten erkennen und ableiten. Heute, im Zeitalter des Messens mit geschlossenem System (neudeutsch: *Black Box*), weiß keiner mehr so genau, was da abläuft.

Die Monochromatisierung des Lichtes der Quelle (Glühbirne, Hg- oder Cd-Lampe) erfolgte bei visuellen Photometern mit Hilfe von Filtern verschiedenen Typs. Ein *Spektralfilter* aus Farbglas oder Folien hat eine Halbwertsbreite (Breite einer Spektrallinie bzw. ihres Peaks bei 50 % Intensität) von etwa 20 nm, d. h. es wird nur ein sehr schmaler Wellenlängenbereich herausgeschnitten. Ein *Interferenzfilter* läßt infolge der Phasenverschiebung (1 λ) zwischen silberbeschichteten Glasplatten nur eine einzige Wellenlänge durch, und ein Farbglas absorbiert die Interferenzfarbe zweiter Ordnung. Zu einem Photometer gehörte immer ein kompletter Filtersatz. Auch ein *Sperrfilter*, das nicht in Verbindung mit weißem Licht, sondern mit Lampen, die ein Emissionsspektrum aussenden, benutzt wird, gestattet einzelne Spektrallinien herauszufiltern, z. B. Hg-436-Filter. Ein Interferenzfilter ist allerdings 40-mal durchlässiger als ein Sperrfilter.

Zu beachten ist ein möglicher Filterfehler (bei Monochromatoren als Spaltfehler bekannt). Die Größe dieses Fehlers läßt sich umständlich nach einer Integralfunktion berechnen. Bei Extrapolation nach Null verbleibt ein Endwert, der negativ, positiv oder auch wechselnd sein kann. Im Maximum einer Absorptionskurve ist er am kleinsten, im Minimum am geringsten und an den Flanken zeigt er wechselndes Vorzeichen. Bei gelben Lösungen durfte man überhaupt nur mit Hg-Dampflicht und Sperrfilter arbeiten. Das Auge reagiert auf den Filterfehler in der Art, daß man beide Flächen auch mit gleichem Filter nicht auf gleiche Intensität bringen kann. Auch im Absorptionsmaximum beträgt der Filterfehler noch etwa 2 %. Er läßt sich mindern, wenn die Extinktionen beim Eichen und Messen ziemlich gleich groß sind, was durch Änderung der Schichtdicke oder Konzentration erreicht werden kann. Durch den Filterfehler verliert die Funktion $E = f(c)$ ihre Linearität mit zunehmender Extinktion.

Wenn eine zweite Küvette in einen zweiten Strahlengang gebracht werden konnte, nannte man es auch Kompensationsphotometer. Ein typisches Beispiel für die visuelle Photometrie ist auch das Stufenphotometer nach *Pulfrich* (Abb. 76), gebaut von der Firma Zeiss in Jena. Mit einer Blendenvorrichtung konnte das Licht stufenweise dem Empfinden des Auges angepaßt werden.

Das Kompensationsphotometer Leifo von der Fa. Leitz aus Wetzlar enthielt mehrere Lichtschwächungseinrichtungen, neben einer Iris-Blende auch noch ein Grauglas und zur Schwächung durch Polarisation zwei drehbare Nicol'sche Prismen (Abb. 77). Durch Drehen der Nichol'schen Prismen konnte das Licht polarisiert bzw. verdunkelt werden, so daß die Extinktion aus dem Drehwinkel bestimmbar wurde:

$$E = \log \sin^2 \alpha_0 - 2 \log \sin \alpha$$

mit α_0 für Wasser in beiden Küvetten und α für die farbige Lösung in der zweiten Küvette. Die Küvetten konnten bis 200 mm lang sein. Mit Hilfe der Iris-Blende läßt

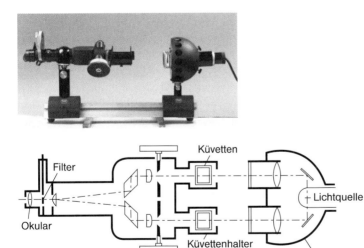

Abb. 76 (a) Pulfrich-Photometer von Zeiss und (b) schematischer Aufbau (mit Erlaubnis der Firma Zeiss).

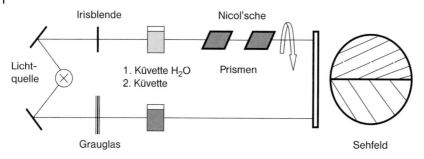

Abb. 77 Schematischer Aufbau des Leitz-Photometers (Leifo).

sich zusätzlich $\alpha = 45°$ einstellen. Das Grauglas stellt eine zusätzliche Lichtreserve dar, z. B. wenn das Sehfeld zu dunkel wird.

Bei Bestimmungen über den colorimetrischen Farbvergleich betrug der Meßfehler um 10 %, während er beim visuellen, photometrischen Messen nur noch etwa 1 % ausmachte und durch Wiederholmessungen noch verkleinert werden konnte.

Es war vor allen Dingen das Ziel, mit Hilfe der Photometrie bei strenger Einhaltung des Beer'schen Gesetzes, $m = \varepsilon \cdot c$, *übertragbare Verfahrensvorschriften* zu entwickeln. Da der Extinktionskoeffizient ε für ein bestimmtes Farbreagens (theoretisch) konstant ist, sollte man aus dem gemessenen Extinktionsmodul m direkt die Konzentration berechnen können.

Weil jedoch die visuelle Photometrie nicht ausreichend genau arbeitete, war die Entwicklungstendenz zur *photoelektrischen* Detektion nicht aufzuhalten. Hinzu kam, daß die Augen bei vielen Messungen schnell ermüdeten. Die visuelle Methode war also aus heutiger Sicht für den Routinebetrieb ungeeignet. *Willard* berichtete [299], daß die lichtelektrische Auswertung erstmals 1911 von *Berg* benutzt worden sei, der Selenzellen gebrauchte. Die Gerätehersteller boten auch bald Apparate mit Photozellen oder Photoelementen, wie die Sperrschichtphotozelle genannt wurde, an, wodurch die Entwicklung gefördert wurde.

Was hatte sich nun im wesentlichen geändert? Da das Auge auf den Quotienten $\Delta\Phi/\Phi$ anspricht, die Photozelle jedoch direkt auf $\Delta\Phi$, so läßt sich die Empfindlichkeit durch größere Belichtung erhöhen. Sofern die Kennlinie der Photozelle, d. h. die Funktion $i = f(\Phi)$, linear ist, was auch bei einer guten Photozelle nur selten der Fall war, führt der hellere Lichtstrom zu größeren Δi-Werten und damit zu einer besseren Genauigkeit. In der Praxis wurde jedoch der gemessene Strom und nicht die Helligkeit verstärkt. Allgemein waren die Kennlinien der damaligen Photozellen gekrümmt, so daß die analytischen Methoden mit Eichkurven aufgestellt werden und die Verfahren mit durch Kalibrieren erhaltenen Auswertefunktionen arbeiten mußten.

Es kamen wieder *Einstrahlgeräte* auf, weil die optische Justierung eines einzigen Strahlenganges billig ist und nur eine Photozelle benötigt wird. Der analytische Nachteil ist, daß die zweite Ablesung zu einer anderen Zeit und damit eventuell bei unterschiedlicher Kalibrierposition, z. B. durch Änderung der Lampenspannung, stattfindet. Der Vorteil besteht in dem hohen Lichtleitwert, da nur geringe Verluste durch Reflexionen auftreten konnten. Solche Photometer waren beispielsweise das M4Q von Zeiss, das SP 500 von Unicam und letztendlich das Filterphotometer Eppendorf von Netheler & Hinz.

Ab 1941 baute Beckman in den USA Photometer mit Gittermonochromatoren, die jedoch damals in der Herstellung enorm teuer waren. Als diese Geräte etwa um 1950 nach Europa kamen, wurden nur wenige zuerst in der Forschung benutzt. Der große Erfolg war dem ab 1950 gebauten Photometer Eppendorf beschieden, weil das Preis-/ Leistungsverhältnis stimmte. Dieses Gerät wurde in fast allen kompetenten Laboratorien in den folgenden 20 Jahren benutzt.

Zweistrahlgeräte sind von Spannungsschwankungen unabhängig, doch hier entsteht ein Fehler durch die Photozellen – wenn zwei benutzt werden –, weil es nicht zwei identische gibt. Deshalb wurde meist nur eine Photozelle benutzt und der Lichtstrahl alternierend durch die beiden Küvetten gelenkt (Wechsellichtgeräte). Ein derartiges Gerät war das WEFO, welches von *G. Hansen* [300] aus dem alten Stufenphotometer entwickelt wurde, indem er die Photozelle, eine Lochscheibe als Unterbrecher und ein Registriergerät hinzufügte. Auch das Kompensationsphotometer von Leitz (s. Abb. 77) wurde zum Leifo E umgerüstet mit einer Photozelle anstelle des Okulars. Der Winkel des Nicol'schen Prismas betrug 60°. Aus der Winkeländerung erhielt man die Extinktion.

Preiswerte Geräte messen mit Photoelementen. Die Eichkurven sind nicht übertragbar, da sie zeitabhängig (Lampenspannung) sind. Der Meßfehler lag denn auch bei etwa 10 %. Ein Vertreter dieser Gruppe war das weitverbreitete Becherglas-Kolorimeter von *Lange* (Abb. 78) mit zwei Photoelementen, die gegeneinandergeschaltet sind, so daß sich bei gleichen Lösungen die Ströme aufgehoben haben.

Dieses Lange-Kolorimeter hieß noch so, weil es eigentlich nur den Farbvergleich gestattete – allerdings mit photoelektrischer Anzeige über ein Galvanometer. Obwohl

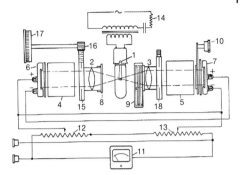

Abb. 78 Universalkolorimeter von *Bruno Lange* (mit Erlaubnis der Firma Hach).

es nicht sehr genau arbeitete, doch durch das Preis-/ Leistungsverhältnis half es mit, besonders bei einfachen Routinebestimmungen die Photometrie als Analysenmethode in vielen Laboratorien zu etablieren.

Um die Mitte des 20. Jahrhunderts wurden zunehmend Photometer gebaut, wobei das Photometer Eppendorf (Abb. 79) die führende Rolle übernahm. In diesem wurde der pulsierende Lichtstrom – im Gegensatz zu den Wechsellichtgeräten – durch Metalldampflampen (Hg- oder Cd-Lampe) erzeugt, die bei den symmetrischen Netzschwankungen aufleuchten. Mit Hilfe von Sperrfiltern und Nutzung der schwächeren Linien des Quecksilbers ließ sich praktisch der ganze sichtbare

Spektralbereich erfassen. Bei diesem Filterphotometer, das sehr genaue Messungen zuließ, war jedoch die Störung durch Hg-Lampenlicht zu beachten, also man hatte den Deckel zu schließen.

An sich sprechen Wechsellichtgeräte nicht auf Fremdlicht (Sonnen- oder Lampenlicht) an, so daß man, wie z. B. beim Leifo E, an die offene Arbeitsweise gewöhnt war. Auch das bei Zeiss von *G. Hansen* [300] entwickelte ELKO II (Abb. 80) ist ein solches Gleichlichtgerät, also unempfindlich gegen jedes Licht. Das ELKO II konnte mit einer Glühlampe oder einer Hg-Dampflampe betrieben werden. Nach dem Filter wird das Licht zwar in zwei Strahlen geteilt, die auf zwei Photozellen fallen, doch trotzdem handelt es sich prinzipiell um ein Einstrahlgerät. Die Küvette mit der farbigen Probenlösung kommt in den

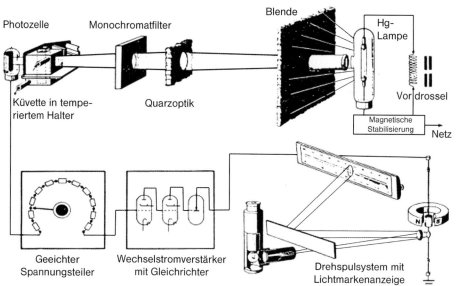

Abb. 79 Schematischer Aufbau des Photometers Eppendorf der Netheler & Hinz GmbH, Hamburg (mit Erlaubnis der Firma Eppendorf).

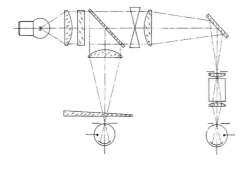

Abb. 80 Photometer ELKO II von Zeiss, Oberkochen (mit Erlaubnis der Firma Zeiss).

einen Strahlengang, während sich im anderen ein Graukeil befindet, der solange verschoben wird, bis beide Photozellen die gleiche Lichtintensität erhalten – Tariermethode. Eine Blende dient zur Ermittlung der Extinktion der Farblösung. Wenn die Beleuchtungsstärke auf beiden Photozellen nicht ganz gleich ist, so liefern Widerstände die fehlenden Elektronen oder nehmen sie auf, wodurch eine Wheatstone'sche Brücke aus dem Gleichgewicht gebracht wird. Für die Reproduzierbarkeit der Messung ergab sich so ein extrem guter Wert von 0,1–0,2 %.

Dieses ELKO II wurde immer da benutzt, wo es um genaue, also wiederholbare und richtige, Analysendaten ging. So begann eigentlich die photometrische Analyse in den Laboratorien der Stahlindustrie hiermit, denn die Gewährleistungspflicht verlangte die höchstmögliche Vergleichbarkeit der Resultate. In den medizinisch-analytischen Laboratorien hatte sich wie auch in vielen Forschungslaboratorien das Photometer Eppendorf durchgesetzt. In den sechziger Jahren brachte Zeiss wegen des großen Erfolges dieses Gerätes das ELKO III auf den Markt, das dem Eppendorf überaus ähnlich war. Neben dem bewährten ELKO II waren dies die Routinegeräte der folgenden 20 Jahre (s. Kap. 5).

Es gibt da in der Geräteentwicklung des 20. Jahrhunderts einen fast typischen Zehnjahresrhythmus, der sich später bei den Emissionsspektrometern wiederholt. Wahrscheinlich schränkt ein großer Erfolg mit einem Gerät die Entwicklung zeitweise ein. Kommt dann ein Konkurrent mit einem besseren Gerät auf den Markt, bekommt sofort die Entwicklung bei dem ersten Hersteller neuen Auftrieb. Da es um die Mitte des 20. Jahrhunderts noch mehrere kompetente Hersteller gab, und auch die Kommunikation zwischen Geräteherstellern und Laboratorien noch funktionierte, war dies besonders unter praktischen Gesichtspunkten eine fruchtbare Zeit. Beide Seiten profitierten davon, und die Entwicklung der Analytischen Chemie schritt enorm voran. Aus zwei Gründen ist das heute nicht mehr möglich: Einmal gibt es durch zahlreiche Fusionen nur noch wenige Hersteller und zum anderen ist die Kompetenz in den Laboratorien weitgehend nicht mehr vorhanden.

Besonders die einsetzende elektronische Entwicklung, z. B. der Ersatz von Photozellen und -elementen durch Sekundärelektronenvervielfacher (Multiplier), führte zu immer brauchbareren Geräten. Methodisch hat sich bis in die Gegenwart kaum etwas geändert. Viele Einzelheiten über die Geräte der ersten Hälfte des 20. Jahrhunderts lassen sich bei *Fritz Löwe* [277] oder auch in *Wolfgang Leithe*'s Buch: *„Analytische Chemie in der industriellen Praxis"* nachlesen.

Für einige der genannten Geräte gab es Zusätze der verschiedensten Art, wie z. B. Remissions-, Trübungs- oder Fluoreszenzmeßeinrichtungen. Bis in die Gegenwart wird immer wieder versucht, fluoreszenzphotometrische Methoden zu entwickeln und diese in Verfahren umzusetzen. Nur in ganz speziellen Fällen ist es zu Anwendungen gekommen (s. Kap. 7).

Für das vornehmlich in der analytischen Forschung eingesetzte Spektralphotometer PMQ II von Zeiss (Abb. 81) gab es auch noch einen Flammenzusatz und ein Chromatogramm-Zusatzgerät zur Absorptionsmessung an Papierchromatogrammen. Mit diesem Gerät war es möglich, sowohl Messungen im UV-Bereich als auch nach Ergänzung durch spezielle Photowiderstände im IR-Gebiet durchzuführen. Die hohe Auflösung des PMQ II läßt sich an beiden Grenzen des erfaßbaren Spektralbereiches zeigen.

Als Maß für die Güte der Auflösung im Spektrum wurde die spektrale Bandbreite (Halbwertsbreite der Durchlaßkurve des Monochromators) angegeben, bei der das Anzeigeinstrument Vollausschlag erreichte.

Dies ist nur sinnvoll, wenn die mittlere Schwankung der Anzeige und die Einstellzeit des Meßinstrumentes bekannt sind. Hier lagen die mittleren Schwankungen bei einer Einstellzeit von 1 s bei $< 0{,}1$–$0{,}2\,\%$, während bei 5 s ein Wert von $0{,}3\,\%$ nicht überschritten wurde. Die hohe, erreichbare Auflösung zeigt das Beispiel für den nahen UV-Bereich, die gemessene Extinktion von Benzoldampf in Abhängigkeit von der Wellenlänge λ bzw. Wellenzahl ν (Abb. 82a). Die Bandbreite für den Vollausschlag betrug dabei $\sim 0{,}1$ nm. Im Wellenlängenbereich zwischen 1 µm und 2,5 µm – also im IR – konnte die spektrale Auflösung des Monochromators praktisch voll genutzt werden, wobei die mittleren Schwankungen der Anzeige bei einer Einstellzeit von 1 s noch unterhalb von $0{,}2\,\%$ lag. Bei einer Wellenlänge von 1 µm entsprach die Spaltbreite $\sim 1{,}6$ nm, die dann für 2,5 µm auf ~ 3 nm anstieg. Tetrachlormethan, CCl_4, eignete sich gut, um an die durch Beugung bedingte Grenze der Auflösung zu gehen (Abb. 82b).

In den fünfziger Jahren des letzten Jahrhunderts kamen ebenfalls *registrierende Spektralphotometer* auf den Markt, wie z. B. das SP 700 Recording Spectrophotometer von Unicam, Cambridge, oder das RPQ 20 von Zeiss (Abb. 83), das automatisch den Durchlaßgrad im Wellenlängenbereich von 200 nm bis 2,5 µm aufzeichnen konnte.

Das geschah wie bei den IR-Spektrometern (s. Abb. 93) auf einer Trommel, die für den Operator nicht sehr praktisch war. Man mußte warten, bis der Schreibvorgang beendet war, konnte beim wiederholten Überschreiben die Unterschiede nicht gleich erkennen und keine Anmerkung während dieses Vorganges machen. Für eine quantitative Bestimmung war die Durchlässigkeit in die Extinktion umzurechnen. Die Trommel war augenscheinlich nur für den anschließenden qualitati-

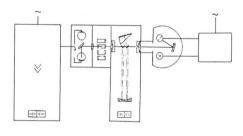

Abb. 81 Spektralphotometer PMQ II von Zeiss, Oberkochen (mit Erlaubnis der Firma Zeiss).

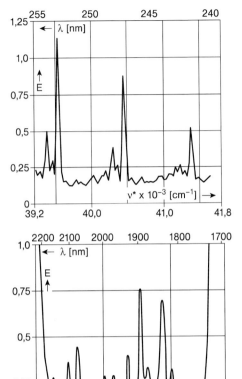

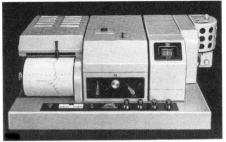

Abb. 83 Registrierendes Spektralphotometer RPQ 20 von Zeiss, Oberkochen (mit Erlaubnis der Firma Zeiss).

Abb. 84 Registrierendes Spektralphotometer DK-2 von Beckman, München (mit Erlaubnis der Firma Beckman).

Abb. 82 Extinktionskurven für (a) Benzol und (b) Tetrachlorkohlenstoff aufgenommen mit dem PMQ II von Zeiss, Oberkochen.

ven Spektrenvergleich auf dem Lichttisch geplant. Alle Wünsche der Analytiker berücksichtige dann das Spektralphotometer DK-2 von Beckman (Abb. 84), sowohl in Bezug auf den Wellenlängenbereich (185 nm–3,5 µm), die Stabilität, das Auflösungsvermögen und die Registriergeschwindigkeit als auch bei der rein praktischen Hantierung.

Auf DIN-A3-Bögen konnten Absorption oder Durchlässigkeit *linear* registriert werden, es ließen sich Energiekurven und Emissionsspektren aufnehmen sowie die Daten für kinetische Messungen erfassen. Das Gerät war mit einem Quarzprisma ausgestattet, und das aus dem Monochromator austretende Lichtbündel wurde 15mal pro Sekunde durch den Proben- und den Vergleichskanal gelenkt. Die Verstärkung von beiden, dem Vergleichs- und Probensignal, erfolgte durch denselben Empfänger, so daß die bei Zweikanalverstärkung auftretenden Abgleichschwierigkeiten entfallen. Dennoch werden alle Vorteile des Doppelstrahlsystems, z. B. die Vermeidung des Einflusses von Spannungsschwankungen und kein Neuabgleichen (neudeutsch: Kalibrieren) zwischen den Messungen, genutzt. Die Spaltbreite wurde durch das Referenzsignal gesteuert, und der Anteil von Streulicht war minimal. Auf dem Pultschreiber ließen sich sofort Anmerkungen machen, und das Überschreiben bei wiederholter oder verschiedener Messung war direkt kontrollierbar, z. B. beim Erkennen eines isobestischen Punktes. Auch die Differenzregistrierung von zwei nahezu identischen Probenlösungen ist möglich, wodurch auch geringfügige Unterschiede zwischen den beiden Substanzen erkannt wurden. Diese Technik ist ein Vorläufer der heute üblichen Kompensationsmethode, die häufig im IR-Bereich angewendet wird.

Der Autor hat ab 1960 die Messungen für seine Dissertation sowohl am PMQ II (s. Abb. 81) als auch am DK-2 durchgeführt. Bevor die Untersuchungen zur Wirkungsweise von Farbreagentien oder die Aufnahme von Eichkurven zur Funktionsermittlung einer Methode beginnen durften, mußte das Gerät kalibriert werden. Dazu wurden nicht nur die 0%- und 100%-Linie registriert und mit verschiedenen Farbgläsern, z. B. Holmium- oder Neodymglas, die entsprechenden Werte der Anzeige kontrolliert, sondern es kam in bestimmten Zeitabständen zum Einsatz der Thiel'schen Graulösung. Deren Herstellung aus verschiedenen Indikatoren beschrieb *L. C. Thomson* [301]. Sie hatte im gesamten sichtbaren Spektralbereich eine identische Extinktion um etwa 0,5 ($\sim$ 50% Absorption), was zu einer Parallellinie über den gesamten Registrierbereich führte. Ein derartiger Aufwand wird in der Gegenwart nicht mehr betrieben, so daß die Genauigkeit photometrischer Messungen heute nicht mehr gewährleistet ist. Wer kennt heute schon den Lichtleitwert seines Photometers oder prüft die Gültigkeit des Beer'schen Gesetzes? Zwar wird aufgrund der besseren elektronischen Verstärkung eine gute Präzision erreicht, doch die Richtigkeit ist nicht mehr gegeben. Das ist um so fataler, wenn die modernen Verfahren dazu benutzt werden, die Merkmalwerte von Referenzproben zu bestimmen. Zur Optimierung photometrischer Methoden gehört auch die Kenntnis der Reaktionsabläufe und diejenige der Zusammensetzung von gebildeten Farbkomplexen, der an mikrokristallinen Niederschlägen stattfindenden Farbstoffadsorption oder die des Ablaufes von Redoxreaktionen (s. Kap. 5).

Die **Infrarot-Spektrometrie** hat ihre eigene Geschichte – auch aufgrund der sehr speziellen Anwendung. Im Gegensatz zu der Atomemissionsspektroskopie regt das ultrarote Licht, wie es ursprünglich hieß, Moleküle an, d. h. die registrierten Daten entstammen Valenz- und Deformationsschwingungen dieser so angeregten Bruchstücke einer Verbindung, weshalb auch von *Molekülspektroskopie* gesprochen wird. Spektroskopisch gesehen begann es 1800 mit der Entdeckung des IR-Anteiles im Sonnenlicht durch *Friedrich Willhelm Herschel* [142], den die englische Literatur als *Frederick William* ebenso vereinnahmt hat, wie man dort *Georg Friedrich Händel* aus Halle/Saale als *George Frederick Handel* in Westminster Abbey beerdigt hat. Doch ist anzunehmen, daß die Wärmestrahlung des Lichtes bereits im Altertum bekannt war. Auch in der Literatur des 17. und 18. Jahrhunderts finden sich mehrere Hinweise, so 1686 vom französischen Physiker *Edme Mariotte* [302] oder fast 100 Jahre später (1781) von dem aus Stralsund stammenden, schwedischen Chemiker *Carl Wilhelm Scheele* [303]. Doch erst im beginnenden 19. Jahrhundert begann das Interesse an und das Wissen um die Spektroskopie. Der Kanadier *R. Norman Jones* hat die Geschichte der *„Analytical Applications of Vibrational Spectroscopy"* sehr ausführlich beschrieben [304], so daß hier nur die wesentlichen Fortschritte und die dort nichtgenannten Ereignisse referiert werden sollen. Die meisten der bisher beschriebenen

Spektralphotometer erschließen auch den optisch möglichen UV-Bereich – aber nur das nahe IR-Gebiet, weil einmal eine andere Lichtquelle erforderlich ist und zum anderen die bisher benutzten Quarzprismen die Durchlässigkeit begrenzen. Durch die Einstrahlung von Energie können folgende Vorgänge verursacht werden, die zur Absorption führen:

1. „Anheben" eines Elektrons auf eine höhere, energiereichere Bahn, wozu viel Energie erforderlich ist. Die Absorptionsbande liegt im UV- oder sichtbaren Bereich.
2. Die Moleküle werden zu Schwingungen angeregt. Je komplizierter das Molekül gebaut ist, um so mannigfaltiger sind die Schwingungsmöglichkeiten. Die erforderliche Energie ist geringer als bei 1. Die Absorptionsbanden liegen im IR-Bereich bis hinauf zu 30 µm.
3. Die Moleküle werden zu Rotationen angeregt, wobei die erforderliche Energie geringer ist als bei 2. Die Absorptionsbanden liegen jenseits von 50 µm. Dieses Gebiet wird z. Z. analytisch kaum genutzt.

Der analytisch genutzte Frequenzbereich im IR (1 µm bis ~32 µm) ist etwa fünfmal so groß wie diejenigen für das UV (200 nm bis 400 nm) und das sichtbare Gebiet (400 nm bis 800 nm). Die Frequenz einer Schwingung wird durch zwei Größen bestimmt, die Masse und die Federkraft. Bei zwei gekoppelten Massen bleibt praktisch die schwerere in Ruhe, während die kleinere schwingt und im wesentlichen die Frequenz bestimmt. Daher ist die beobachtete Frequenz charakteristisch für die kleinere Masse und die Festigkeit der Kopplung an die große Masse. *Die IR-Schwingungsfrequenzen (Absorptionsbanden) sind also charakteristisch für bestimmte Gruppen im Molekül und die Bindungsverhältnisse.*

Der IR-Spektralbereich läßt sich nach verschiedenen Kriterien unterteilen, wobei die jeweiligen Grenzwerte in Klammern genannt sind:

1. nach dem Empfänger, z. B. photometrisch (1,4 µm), über Photozellen (~6 µm) oder thermisch (ganzer Bereich);
2. nach dem optischen Zerlegungsmittel, z. B. Prismen (<50 µm) aus verschiedene Materialien, wie LiF (6 µm), CaF_2 (9 µm), NaCl (15 µm), KBr (25 µm), CsBr (40 µm) und CsJ (50 µm), oder Gitter (ganzer Bereich, > 50 µm), und
3. nach molekülspektroskopischen Gesichtspunkten,
   a) Bereich der Oberschwingung (Valenzschwingung) bis etwa 2 µm;
   b) Bereich der Grundschwingung (Deformationsschwingung) von 2,5 µm bis etwa 30 µm;
   c) Bereich der Rotationsschwingungen (> 50 µm).

Bis man dies wußte, sind allerdings rund 150 Jahre vergangen. Als *F. W. Herschel* 1800 bei seinen Untersuchungen über die Energieverteilung des Sonnenlichtes die IR-Strahlung entdeckte und bereits einen thermischen Empfänger, die geschwärzte Kugel eines Quecksilberthermometers, benutzte, halfen auch Experimente zur Reflexion und Brechung nicht, diese Strahlung als Licht zu erkennen. Emotionell konnte man Wärme nicht dem Licht zuordnen, so daß zunächst nach den Experimenten von Vater und Sohn *Herschel* 30 Jahre nichts geschah. Der deutsche Physiker *Johann Wilhelm Ritter* (1776–1810), der als einer der Entdecker der UV-Strahlung gilt und 1798 den Zusammenhang zwischen der Spannungsreihe von *A. Volta* und dem chemischen Verhalten der Metalle herstellte, hatte 1803 zwar den Einfluß von IR-Strahlung auf die Phosphoreszenz beobachtet, und *Leslie* konnte nachweisen, daß die IR-Strahlen von Glas absorbiert wurden, doch ansonsten gab es nur kontroverse Erklärungen. Die Wesensgleichheit von Licht und Wärme wurde erst 1832 klarer, als der französische Mathematik- und Physikprofessor *André-Marie Ampére* (1775–1836), der den Magnetismus und die Elektrodynamik erklärte, auch hierfür eine theoretische Erklärung fand [305]. Bereits zehn Jahre früher, also 1822, hatte der deutsche Physiker *Thomas Seebeck* (1770–1831) den thermoelektrischen Effekt entdeckt [306], was die IR-Spektroskopie von *Herschel* wiederbelebte. *Seebeck* baute die ersten Thermoelemente als Kombinationen von verschiedenen Metallen mit Antimon oder Bismut. Praktisch gleichzeitig konstruierte der französische Mathematiker und Physiker *Baron Jean-Baptiste Joseph de Fourier* (1768–1830) zusammen mit dem dänischen Chemiker und Physiker *Hans Christian Ørstedt* (1777–1851) die erste Thermosäule [307].

Jean-Baptiste J. Fourier (Abb. 85a) lehrte nicht nur als Mathematikprofessor an der Kriegsschule in Auxerre (ab 1789) und an der École Polytechnique in Paris (1796–1798), begleitete Napoleon nach Ägypten (bis 1801) und war von 1802 bis 1815 als Präfekt des Départements Jsère sowie seit 1822 als ständiger Sekretär der Académie des Sciences tätig, sondern auch einer der bedeutendsten Mathematiker seiner Zeit und Mitbegründer der Theoretischen Physik. Er stellte die Theorie der Wärmeausbreitung und -leitung auf, führte den Begriff „Dimension" ein, beschäftigte sich mit der Wahrscheinlichkeitsrechnung und entwickelte die sog. Fourier-Reihen. *Hans C. Ørstedt* (Abb. 85b) war ab 1806 Professor in Kopenhagen, entdeckte 1819 das Piperin im Pfeffer und ein Jahr später während einer Vorlesung die Ablenkung einer Kompaßnadel durch elektrischen Strom, also

Abb. 85 (a) *Jean-Baptiste Joseph de Fourier* und (b) *Hans Christian Ørstedt*.

den Zusammenhang zwischen Elektrizität und Magnetismus.

1822 fand er bei der Untersuchung der Kompressibilität des Wassers den Zusammenhang zwischen Kompression und Wärme. Mit *Friedrich Wöhler* stellte er um 1825 kleine Mengen reinen Aluminiums her, das er Argillium nannte.

Ein Schüler von *A.-M. Ampére*, der italienische Artillerieoffizier und Physikprofessor *Leopoldo Nobili* (1784–1835), war es dann, der sowohl ein empfindliches Galvanometer konstruierte, das die Dämpfung durch das Magnetfeld der Erde minimierte, als auch bereits 1829 mit Hilfe seiner Elementkombination eine Thermosäule (Thermomultiplier) baute, mit der sich die Strahlungswärme messen ließ [308]. *Macedonio Melloni* (1798–1854), der als Physikprofessor in Parma mit *Nobili* zusammenarbeitete, aus politischen Gründen aber nach Frankreich fliehen mußte und nach seiner Rückkehr als Professor in Neapel und Leiter des meteorologischen Observatoriums auf dem Vesuv wirkte, hat dann 1834 mit der aus 27 Elementen bestehenden Thermosäule von *Nobili* die IR-Transmission zahlreicher Substanzen studiert [309]. Als Anregung benutzte er vier verschiedene Quellen und ergänzte seinen Versuchsaufbau schrittweise durch ein Steinsalzprisma und eine Linse aus dem gleichen Material. So entstand der Melloni-Apparat, der für fast 40 Jahre das Basisgerät für die Messung der Strahlungswärme bleiben sollte. Noch 1879 benutzte *W. W. Jaques* ein fast identisches Gerät zum Studium verschiedener Strahlungsquellen [310].

In der Zwischenzeit bis 1880 passierte in Bezug auf die Spektroskopie nur wenig, so z. B. die erste Benutzung eines Absorptionsfilters zur groben spektralen Zerlegung der IR-Strahlung (1839). *Friedrich Herschel jun.* entdeckte 1840 die auslöschende Wirkung von IR-Strahlen auf das latente Bild belichteter photographischer Platten. Der französische Physiker *Edmond Becquerel* (1820–1891), Vater des Entdeckers der Radioaktivität und Begründers der Atomphysik, *Henri Antoine Becquerel* (1852–1908), entwickelte 1842 die Phosphographie durch die Wiederentdeckung der auslöschenden Wirkung von IR-Strahlen auf die Phosphoreszenz. 1847 erreichten die Franzosen *Armand Hippolite Fizeau* (1818–1896) und *Léon Foucault* (1819–1868) mit Interferenzmethoden messend eine Wellenlänge von 1,445 µm. 1859 stellte dann *G. R. Kirchhoff* das Wärmestrahlungsgesetz auf und führte den Begriff des Schwarzen Körpers ein. 1879 erreichte *Mouton* mit der Fizeau-/Foucault-Methode eine Wellenlänge von 2,14 µm, und 1880 bestimmten *P. Desains* und *Pierre Curie* (1859–1906) die *Dispersion* eines Steinsalzprismas bis 7 µm.

Was verstand man damals (und auch heute) unter der Dispersion? Allgemein galt, daß ein Spektroskop über ein gutes *Auflösungsvermögen* verfügte, wenn es in der Lage war, die beiden Natriumlinien bei den Wellenlängen (λ) 589,0 nm und 589,6 nm zu trennen und damit sichtbar werden zu lassen. Quantitativ ist das Auflösungsvermögen also:

$$A = \lambda / \Delta\lambda = {\sim}600 \text{ nm} / 0{,}6 \text{ nm} = {\sim}1000.$$

Das Auflösungsvermögen hängt mit der Optik, hier dem Prisma, zusammen. Damit ergibt sich mit der Basislänge b des Prismas und dessen Brechungsindex n:

$$A = -b\, \delta n / \delta\lambda \text{ mit } n = f(\lambda)$$

Der Quotient $\delta n / \delta\lambda$ drückt die Dispersion des Prismas aus. Im normalen Bereich wird z. B. blaues Licht stärker gebrochen als rotes. Da, wo ein Stoff absorbiert, zeigt er anormale Dispersion. Geht man vom sichtbaren Bereich zum infraroten, so sinkt das Verhältnis der Dispersion auf 1/15. Um das gleiche Auflösungsvermögen wie im Sichtbaren zu erreichen, müßte man ein sehr großes Prisma benutzen, was kaum möglich ist. Bei einer üblichen Basislänge von 15 cm wären es dann 2,25 m.

Das Auflösungsvermögen der IR-Spektroskopie wird also im Vergleich zu derjenigen im sichtbaren Bereich immer erheblich schlechter sein.

Nach der baldigen Erkenntnis über die begrenzte Durchlässigkeit von Quarzlinsen und deren Ersatz durch solche aus Steinsalz dauerte die Entwicklung von geeigne-

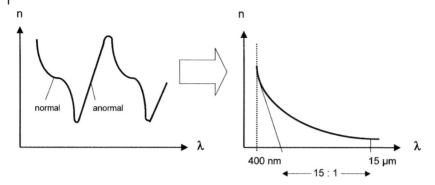

Abb. 86 Der funktionelle Zusammenhang zwischen Brechungsindex und Wellenlänge.

ten, konkaven Spiegeln relativ lange. *Herschel* hatte bereits einen solchen aus Stahl benutzt, und *Justus von Liebig* konnte bereits 1835 Glas mit Silber beschichten, wobei er eine ammoniakalische $AgNO_3$-Lösung reduzierte. Solche metallbedampften Spiegel wurden von dem deutschen Physiker *Ernst Pringsheim* (1859–1917) erst 1883 anstelle der Steinsalzlinsen in Spektrometern eingesetzt [311]. Bedeutend für die Entwicklung der IR-Spektroskopie war dann die Entdeckung eines besseren Detektors. Bereits 1851 hatte *A. F. Svanberg* bemerkt, daß bei der Wheatstone'schen Brücke ein Arm (aus geschwärztem Cu-Draht bestehende Spirale) aus dem Gleichgewicht geriet, wenn diese durch Berühren mit der Hand erwärmt wurde [312]. Er schlug damals vor, diese Vorrichtung anstelle der Nobili-/Melloni-Thermosäule einzusetzen, doch die Messungen waren noch relativ unempfindlich. Weil die Beschaffung und Bearbeitung von Antimon und Bismut damals schwierig waren, benutzte man die Thermosäule praktisch nur noch bis etwa 1880. Dies war auch durch *S. P. Langley* ermöglicht worden, der 1881 die Cu-Spirale der Wheatstone'schen Brücke durch einen Platindraht ersetzte und so das *Bolometer* erfand [196]. Wieder waren 30 Jahre nach den Vorarbeiten vergangen – offensichtlich ist dies eine der magischen Zahl in der analytischen Entwicklung. Mit dem Bolometer war nun es möglich, Temperaturdifferenzen von 10^{-5} °C nach 1 s Belichtungszeit mit einem Fehler von nur 1 % zu messen. Wahrscheinlich war dies der Beginn der IR-Spektroskopie.

Samuel Pierpont Langley (1834–1906) wurde in Boston geboren und entstammte einer puritanischen Kaufmannsfamilie aus Neuengland (Abb. 87).

Er soll ein frommer und unzugänglicher Mann gewesen sein, der ein vollständiger Autodidakt war. Geschichte und Literatur interessierten ihn sehr, 1865 wurde er Assistent an der Harvard-Universität und zwei Jahre später Direktor der Allegheny Sternwarte, die der Universität Pittsburgh ange-

Abb. 87 *Samuel Pierpont Langley.*

schlossen war. Als er 1887 zum Sekretär der Smithsonian Institution berufen wurde, zog er mit seinem Laboratorium 1889 nach Washington. Dort arbeitete er auch als Flugzeugingenieur und baute ein Motorflugzeug, mit dem er 1896 immerhin den Potomac überquerte. Bereits in Pittsburgh hatte er sein Bolometer mit einem IR-Spektroskop kombiniert, das sowohl mit einem Steinsalzprisma als auch mit einem Konkavgitter ausgerüstet war. Während die Thermosäulen von *Nobili* einen Querschnitt von 2,5 mm hatten, sank dieser für den Pt-Draht des Bolometers auf weniger als 1 mm. Damit ließ sich ein Spektroskop mit engerem Spalt konstruieren, wodurch sich die Auflösung verbesserte. Seine Experimente mit Strichgittern auf Metalloberflächen hatten Einfluß auf die Entwicklung der Strichgitter für den sichtbaren Bereich, die um 1870 durch *L. M. Rutherford* in England hergestellt wurden. Damit begann das wichtige Kapitel der spektralen *Lichtzerlegung an Gittern* (Abb. 88); deren frühe geschichtliche Entwicklung *G. R. Harrison* 1949 zusammenfaßte [313].

Für Gitter gilt die Gleichung der Lichtbrechung $n \cdot \lambda = d \cdot (\sin \alpha \pm \sin \beta)$, worin die Ordnung des Spektrums n, der Abstand von Furche zu Furche d (Gitter-konstante) und der Einfallwinkel der Strahlung α und der Austrittswinkel β enthalten sind.

Gitterspektren können insofern mehrdeutig sein, als die Größen 1λ, 2λ, 3λ usw. im Spektrum an der gleichen Stelle liegen, z. B. fällt die erste Ordnung des Bereiches 400–800 nm mit der zweiten Ordnung des Bereiches 200–400 nm zusammen. Es müssen Filter oder Vorzerleger eingesetzt werden, um diese Mehrdeutigkeit auszuschließen.

Die *Dispersion* eines Gitters ergibt sich unabhängig vom Einfallwinkel α:

$$D = n / (d \cdot \cos \beta).$$

Diejenige eines Spektrographen hängt davon ab, ob es sich um einen mit Konkavgitter (Rowland-Aufstellung) oder ein Plangittergerät mit achromatischem Kameraobjektiv oder Spiegel handelt, also entweder

$$D_s = d \cdot \cos \beta / R \cdot n$$

oder

$$D_s = d \cdot \cos \beta / f \cdot n$$

mit dem Radius R des Rowland-Kreises bzw. der Brennweite f des Spiegels. Für kleine Winkel β wird $D_s \approx d / n$, also konstant. Dadurch vereinfacht sich die Wellenlängenmessung, und die Abweichung von der Linearität bleibt unterhalb des ‰-Bereiches. Das *Auflösungsvermögen* eines Gitters hängt nur von der Anzahl N der Gitterstriche (Furchen) und der Ordnung n des Spektrums ab:

$$A = N \cdot n.$$

Es beträgt z. B. für 1200 belichtete Striche für die erster Ordnung 1200, für die zweite Ordnung 2400 usw.

Langley hatte überwiegend die IR-Emission von atmosphärischen und astronomischen Quellen studiert, z. B. nahm er auch ein Mond-Spektrum auf. Auf einigen seiner in Pittsburgh aufgenommenen IR-

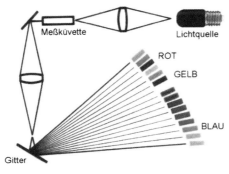

Abb. 88 Lichtzerlegung am Gitter.

Spektren sind Banden zu erkennen, die man heute dem SO_2 zuordnet [314], ein Beispiel der damaligen Umweltbelastung. Später in Washington baute er ein Spektroskop mit einem Steinsalzprisma, das eine Basislänge von 19 cm hatte. Um den Brechungsindex dieses Prismas zu bestimmen, benutzte er die gelbe Natrium-D-Linie, die er mit einem starken elektrischen Bogen anregte und dabei auch einen durch IR-Strahlung bedingten, kontinuierlichen Untergrund erzeugte. Dieser wurde mit Hilfe eines Gitterspektrographen dispergiert, wobei die D-Linie in erster bis neunter Ordnung beobachtet werden konnte [315].

Langley richtete auch ein photographisches Erfassungssystem ein, mit dem er die Bewegung des Lichtstrahls vom Spiegel des Galvanometers aufzeichnen konnte. Die sog. Langley-Bolographs sind die ersten automatisch registrierten IR-Spektren [316].

Während sich *Langley* nun mehr und mehr dem Flugzeugbau zuwandte, erfolgten weitere, bedeutende Fortschritte der IR-Spektroskopie in Deutschland, wo sich besonders zwei Arbeitskreise damit befaßten, diejenigen von *Heinrich Rubens* (1865–1922) an der Technischen Hochschule Berlin-Charlottenburg und ab 1906 an der Humboldt-Universität Berlin sowie von *Friedrich Paschen* (s. Abb. 62) an der Universität Tübingen. Beide waren Schüler von *August Kundt* in Straßburg. Während *Rubens* diesem nach Berlin folgte und dort 1889 habilitierte, verbrachte *Paschen* die Jahre zwischen 1888 und 1891 zunächst bei *J. W. Hittorf* in Münster und anschließend bei *H. Kayser* in Hannover, bis er 1901 dem Ruf an die Universität Tübingen folgte.

Beide hatten in den Jahren von 1894 bis 1908 unabhängig voneinander die Dispersion verschiedener Materialien untersucht. *Paschen* benutzte dabei einen Prismenspektrographen in Kombination mit einem Gitter [317], wie es *Langley* tat, während *Rubens* ein Tandem von Prisma und Interferometer verwendete [318]. Natürliche Mineralien, wie Flußspat (CaF_2) und Sylvin (KCl), wurden eingehend untersucht, um das hygroskopische Steinsalz abzulösen. Kaliumbromid und synthetisch hergestellte Materialien sind erst ab 1930 zugänglich geworden. Beide Arbeitskreise setzten zunächst das Bolometer als Detektor ein, bis *Rubens* zusammen mit *C. V. Boys* ein hochempfindliches Mikroradiometer konstruierte [319].

Auch *W. Crookes* hatte ein Radiometer entwickelt [320], das von *E. Pringsheim* verbessert [321] und letztendlich von *E. F. Nichols* im Laboratorium von *Rubens* 1894 in Berlin in eine optimale Form gebracht wurde [322]. *Nichols* kam von der Cornell-Universität und arbeitete zwei Jahre bis 1896 bei *Rubens* und brachte die neue Technik mit in die USA. Es war der mechanische Aufbau, eine Konstruktion, die bei Messungen mit Radiometer-/Galvanometer- oder Bolometer-/Galvanometer-Systemen die bisher auftretenden magnetischen oder thermoelektrischen Störungen minimierte.

Ein wichtiger Hinweis auf die spätere, analytische IR-Spektroskopie war die Entdeckung von *Julius*, der 1892 feststellte, daß die IR-Absorptionsspektren nicht nur von der Zusammensetzung organischer Verbindungen, sondern auch von der Struktur abhängen, indem er die Bande bei 3000 cm^{-1} der Methylgruppe zuordnen konnte.

Auf diesem Gebiet war bisher nur wenig geschehen, weil es den Physikern im wesentlichen um die Beschreibung der Art der IR-Strahlung und ihre Meßbarkeit ging. So haben gerade die experimentellen Arbeiten von *F. Paschen* und *H. Rubens*, der zusammen mit *Nichols* die Reststrahlen zur Erzeugung von IR-Strahlung nutzte und den IR-Bereich meßtechnisch erheblich ins langwellige Gebiet ausdehnen konnte, dazu geführt, daß die theoretischen Postulate dieser Zeit von *L. Boltzmann* (Gesamtstrahlungsgesetz, 1884), *M. Planck* (Quantisierung der Energie, Wirkungsquantum und Gesetz der Temperaturstrahlung, 1900) oder *W. Wien* (Verschiebungsgesetz, 1893, und Strahlungsgesetz, 1896) beispielsweise entweder experimentell bestätigt oder nicht bestätigt wurden. Während *W. H. Nernst* noch 1919 die Gültigkeit des von *Max Planck* formulierten Strahlungsgesetzes bezweifelte, konnten sowohl *Rubens* (1921) als auch *Coblentz* die Planck'sche Formel experimentell bestätigen. Auch der Vortrag von *Rubens*: „Das ultrarote Spektrum und seine Bedeutung für die Bestätigung der elektromagnetischen Lichttheorie", den er 1917 vor der Berliner Akademie der Wissenschaften hielt, erklärt die Wichtigkeit der IR-Spektroskopie für die Physik.

Ende der achtziger Jahre des 19. Jahrhunderts hatte die Firma Adam Hilger in London ein IR-Spektroskop konstruiert, das 20 Jahre später immer noch so aussah (Abb. 89) wie das alte Bunsen-Kirchhoff-Spektroskop. Immerhin enthielt es schon die vom deutschen Mathematiker und Physiker *Walther Hermann Nernst* (1864–1941; NP für Chemie 1920) konzipierte Anregung, den sog. Nernst-Stift, der aus Zirkoniumoxid und Yttriumoxid besteht, mit einem Platindraht vorgeheizt zum Glühen gebracht wird und eine hohe Ausnutzung der Lichtausstrahlung garantiert, weil seine Form etwa derjenigen des Eintrittsspaltes entspricht. Diese Art der Anregung hat sich gegen den Globar-Stift aus Siliciumcarbid durchgesetzt und wird auch heute noch benutzt (s. auch Kap. 4.3).

Zur ersten analytischen Anwendung der IR-Spektroskopie kam es dann, als der eng-

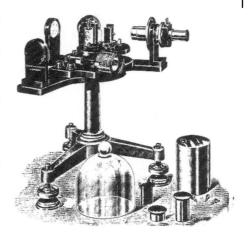

Abb. 89 Infrarot-Spektroskop von Adam Hilger, Modell D83 um 1913, mit Nernst-Stift, Steinsalz- oder Fluoritprisma und Paschen-Spiegelgalvanometer.

lische Chemiker *William Abney de Wiveleslie* (1843–1920), der 1869 als Armeeingenieur aus Indien zurückkam und als Assistenzchemiker an der Chatham School of Military Engineering die chemischen Grundlagen der Photographie aufklärte, das Hydrochinon als Entwicklersubstanz fand (1880) und in den beiden Jahren davor eine Emulsion für die IR-Photographie entdeckte. In Zusammenarbeit mit *E. R. Festing* hat er dann mit dem Hilger-Gerät (Abb. 89) die Absorptionskurven von 46 organischen Lösungen in 50 cm langen Küvetten aufgenommen [323]. Sie fanden heraus, daß für Tetrachlorkohlenstoff, CCl_4, und Schwefelkohlenstoff, CS_2, keine Banden erschienen, und sie postulierten, daß die Gegenwart von Wasserstoff erforderlich sei, um eine Spektralbande zu erhalten.

In dieser Zeit hatten auch *Ångström* IR-Spektren von Lösemitteln in gasförmiger und flüssiger Phase [324] und *Julius* solche von 20 organischen Lösungen aufgenommen [325]. Das Jahrhundert ging zu Ende mit der Aufzeichnung der IR-Banden von

Alkoholen durch *M. Ransohoff* [326] und von Benzolderivaten durch *L. Luccianti* [327].

Das waren im Grunde die Vorarbeiten für den amerikanische Physiker *William Weber Coblentz* (1873–1962), der von 1905 bis 1945 die radiometrische Abteilung des National Bureau of Standards (NBS, heute National Institute of Standards, NIST) leitete und über viele Jahre (1908–1921) nicht nur die verschiedensten Detektoren systematisch untersuchte [328], sondern auch 1905 damit begann, den wohl ersten Spektren-Atlas für zahlreiche chemische Verbindungen zu veröffentlichen [329]. *Coblentz* entstammte einer Farmerfamilie aus Ohio, deren Vorfahren aus Deutschland und der Schweiz kamen. 1896 besuchte er die Case School of Applied Science in Cleveland, Ohio, um dann ab 1900 an der Cornell-Universität Physik zu studieren. Sein Lehrer war *E. L. Nichols*, der ebenfalls dort bei *E. F. Nichols* studiert hatte – beide sind jedoch nicht verwandt gewesen. Letzterer war inzwischen als Physikprofessor am Dartmouth College tätig. *Coblentz* baute nicht nur eine verbesserte Version des Radiometers von *E. F. Nichols* nach, sondern er konstruierte auch größere IR-Spektrographen mit Nernst-Stift-Anregung und oben genanntem Detektor. Eine Einzelmessung dauerte etwa 1,5 Minuten. Das gesamte Spektrum war dann in vier Stunden aufgenommen. Über die Vielfalt seiner Arbeiten zu berichten, hieße den gesetzten Rahmen zu sprengen. Dies ist bei *R. N. Jones* [331] oder *E. K. Plyler* [330] nachzulesen.

Mit der höheren Auflösung der Spektrographen kam nun auch die Feinstruktur der IR-Spektren, besonders derjenigen aus Gasphasen, zum Vorschein, wodurch die Spektren erheblich komplizierter wurden. In der Zeit zwischen 1905 und 1925 gab es zahlreiche theoretische Ansätze beim Studium der Spektren von Molekülen, wie z. B. H_2O, CO_2, HCl oder NH_3 [332], vornehmlich durch den dänischen Chemiker *Niels Janniksen Bjerrum* (1879–1958), aber auch *Niels Henry David Bohr* (1885–1962), *Albert Einstein* (1879–1955) oder *Charles Thomas Rees Wilson* (1869–1959) waren u. a. daran beteiligt und förderten zum einen die sehr empfindlichen Messungen von H_2O und HCl durch *Eva von Bahr* [333] und zum anderen die Erklärung des Ursprunges der IR-Bandenspektren durch *C. Fujisaki* [334].

Analytisch interessant waren die Ergebnisse von *W. Weniger* [335], der an der Universität Wisconsin forschte und 1910 die IR-Spektren von Alkoholen, Estern, Aldehyden und Ketonen studierte. Dabei konnte er feststellen, daß die IR-Banden bei 5,9 µm (1695 cm^{-1}) die Carbonylgruppe und bei 3,0 µm (3333 cm^{-1}) die Hydroxylgruppe repräsentieren.

Es war die Zeit gekommen, daß sich nun Chemiker und die praktischen Analytiker, die gerade den ersten analytischen Lehrstuhl in Leipzig bekommen hatten, mit den Möglichkeiten der IR-Spektroskopie befassen sollten, was dann auch in den folgenden Jahrzehnten zunehmend geschah.

Doch zunächst erfolgte überraschend 1928 der experimentelle Nachweis des sog. Raman-Effektes und damit deutete sich eine neue Art der Schwingungsspektroskopie an. Theoretisch hatte der österichische Kernphysiker *Adolf Gustav Stephan Smekal* (1895–1959) bereits 1923 vorausgesagt, daß die Streuung von monochromatischer Strahlung mit einer Frequenzverschiebung verbunden ist [336]. *Smekal* lehrte danach in Wien (1927), ab 1928 in Halle (Saale), ab 1946 in Darmstadt und ab 1949 in seiner Heimatstadt Graz. Experimentell ist der Smekal-Effekt dann fünf Jahre später von den Indern *Chandrasekhara Venkata Raman* (1888–1970; NP für

Physik, 1930) und *K. S. Krishnan* am 16. Februar 1928 [337] und davon unabhängig von den Russen *G. Landsberg* und *L. Mandelstam* am 13. Juli 1928 [338] beobachtet worden.

Während *Raman* und *Krishnan* mit gefiltertem Sonnenlicht als Strahlungsquelle an 60 Lösungen und Gasen das gestreute Licht visuell mit Farbfiltern beobachteten, photographierten *Landsberg* und *Mandelstam* die simultan mit den Linien 253,8 nm, 312,6 nm und 365,0 nm der Quecksilber-Bogenanregung aufgenommene 483 cm^{-1}-Raman-Linie. Wie schon gesagt, es kam häufiger vor, daß zwei Forschergruppen auf verschiedenen Wegen unabhängig voneinander zu identischen Ergebnissen kamen, wenn die Zeit dafür reif war.

Es war dann wieder ein Landsmann von *Smekal*, der Grazer Professor *K. W. F. Kohlrausch*, der bereits 1928 mit einer einfachen Apparatur Raman-Spektren aufgenommen hatte und solche von aller Art organischer Stoffe veröffentlichte [339].

In Deutschland hatte sich um *R. Mecke* ein Forscherkreis etabliert, in dem zunächst mit der hochauflösenden IR-Spektroskopie Spektren aus der Gasphase studiert wurden. Dies geschah an den Universitäten Bonn (1923–1930), in Heidelberg bis 1937 und später in Freiburg bis 1963, an dem von *Mecke* gegründeten Institut für Elektrowerkstoffe der Fraunhofer-Gesellschaft. Diese Gruppe veröffentlichte mehr als 200 Arbeiten [340], katalogisiert an der Universität Freiburg, und erstellte einen Atlas mit 1800 IR-Spektren [341]. Auch mit anderen Arbeitsgruppen und Universitäten gab es eine Zusammenarbeit, z. B. mit der TU Berlin, wo auch der Autor bei *Friedrich Nerdel*, *Günter Kresze* und *Bernhard Schrader* in organischer Chemie unterrichtet worden war.

Ebenfalls in den dreißiger Jahren des letzten Jahrhunderts arbeiteten in England zwei Forscherteams. In Cambridge wurde unter *G. B. B. M. Sutherland* mehr theoretisch-physikalisch geforscht und viele IR-Spektroskopiker der kommenden Generation erhielten dort ihre Ausbildung. *Sutherland* schrieb 1935 die erste allgemeine Monographie mit dem Titel: „*Infrared and Raman Spectra*" [342]. Die andere Gruppe unter *H. W. Thompson* in Oxford befaßte sich zunächst wie die von *R. Mecke* mit den Spektren kleiner Moleküle, wie C_2H_2, N_2O_4 und NO_2, aus der Dampfphase [343] und der allgemeinen Interpretation von KWS-Spektren [344]. *H. W. Thompson* hatte auch in Oxford studiert und arbeitete zunächst auf dem Gebiet der chemischen Kinetik zusammen mit *C. L. Hinshelwood*, dann hospitierte er für zwei Jahre bei *Fritz Haber* in Berlin (1928–1930) und forschte nach seiner Rückkehr bis 1975 am St. John's College in Oxford. Seine zahlreichen Veröffentlichungen erschienen kurz vor dem Weltkrieg II und mündeten darin, daß er der weltweite Koordinator für alle Fortschritte auf dem Gebiet der IR-Spektroskopie wurde. So neu ist also der globale Gedanke – den die Gegenwart erfunden haben will – nicht, besonders in der Wissenschaft.

In den USA gab es zeitgleich ebenfalls zwei bedeutende Forscherteams. Das eine an der Universität Michigan unter *H. M. Randall* war mehr physikalisch orientiert, doch er baute sowohl ein Prismen- [345] als auch ein Gitterspektrographen [346], die sich bei der Erforschung des Penicillins bewährten [347]. Das andere amerikanische Team arbeitete zu dieser Zeit am MIT in Boston unter *R. C. Lord* und mit *G. R. Harrison* und *C. Squire* und befaßte sich ab 1942 überwiegend mit militärischen Anwendungen, wie z. B. Nachtsichtgeräten oder der IR-Photographie. *Lord* verfaßte zusammen mit *G. R. Harrison* und *J. R. Loufbourow* im Jahre 1948 das Buch "*Practical*

Spectroscopy" (Prentice-Hall, Inc.), welches lange als Standardwerk galt. Zu erwähnen ist auch noch die Monographie-Serie *„The Raman Effect and its Chemical Applications"* von *J. H. Hibben*, die ab 1939 bei der American Chemical Society erschienen war und eine Bibliographie von 1757 Zitaten enthält.

Auch in Japan befaßte sich damals eine Gruppe mit der Spektroskopie im Rahmen der Physikalischen Chemie, und zwar die von *M. Katayama* an der Universität Tokio. Von seinen Schülern *S. Mizushima*, der 1930/31 auch bei *Debye* in Leipzig hospitierte, sind 193 Veröffentlichungen (1929–1959) bekannt, während es *Y. Morino* auf 242 (1932–1971) und *T. Shimnouchi* auf 293 Artikel (1942–1976) brachten. Analytische Anwendungen wurden kaum beachtet, doch wurde viel zur Theorie von IR- und Raman-Spektren beigetragen.

Es war bisher üblich gewesen, daß sich jede Forschergruppe die geeigneten Instrumente selbst konstruierte und baute, weil die Gerätehersteller erst dann einzusteigen pflegen, wenn die Methode erfolgversprechend wird – also entsprechend größere Stückzahlen planbar sind. Das wiederholt sich in der gesamten Geschichte der Analytischen Chemie. Es kam nur selten dazu, daß eine Idee zu einer neuen instrumentellen Methode auch gleich einen Gerätehersteller fand. Im Normalfall vergehen zwischen der ersten grundlegenden Veröffentlichung und dem ersten kommerziellen Instrument mindestens 10 Jahre; es können auch bis zu 30 Jahre werden, wie die Geschichte zeigt.

So war es auch bei der IR-Spektroskopie, für die in den vierziger Jahren des vorigen Jahrhunderts – also wegen des Krieges fast unbemerkt in Deutschland – die ersten brauchbaren kommerziellen Spektrographen und alsbald auch Spektrometer gebaut wurden. Dabei benutzte man als Strahlungsquelle meist den Nernst-Stift und griff auf bewährte optische Systeme zurück, z. B. mit verschiedenen Prismen und dem alten Wadsworth-Strahlengang, der jedoch sehr bald durch die Littrow-Anordnung abgelöst wurde. Letztere gab es sowohl in Einstrahl- als auch in Doppelstrahlspektrometern (Abb. 90). Sehr viel hat sich, wenn man von der Elektronik und Datenverarbeitung absieht, bis heute nicht verändert. Allerdings ist inzwischen (oder sollte es sein) das Michelson-Interferometer (Abb. 91) ein fester Bestandteil moderner Geräte, worauf noch zurückzukommen sein wird.

Das Interferometer, welches das Phänomen der Interferenz ausnutzt, war bereits seit 1881 bekannt. Der amerikanische Physiker *Albert Abraham Michelson* (1852–1931;

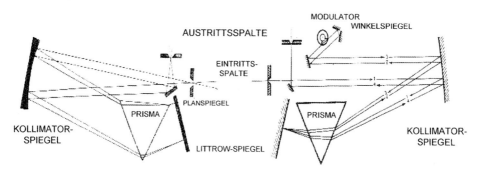

Abb. 90 Littrow-Anordung für Einstrahl- (links) und Doppelstrahlspektrometer.

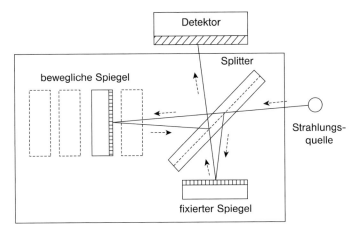

Abb. 91 (a) Interferometer und (b) *Albert Abraham Michelson*.

NP für Physik 1907) brachte das Interferometer durch seine Anwendung zur Messung der Lichtgeschwindigkeit, die er 1887 zusammen mit *E. W. Morley* durchführte, erneut ins Bewußtsein. Es folgten zwischen 1889 und 1893 interferometrische Messungen zur genauen Bestimmung des Meters (lange Zeit Standard der physikalischen Metrologie).

Als dann *Michelson* zwischen 1894 und 1900 auf diese Weise die erste Analyse der Feinstruktur von Spektrallinien durchführte, sind die mit der Spektroskopie beschäftigten Physiker und Chemiker aufmerksam geworden. Ab dieser Zeit setzte man das Interferometer vereinzelt zur exakten Wellenlängenmessung ein.

Albert A. Michelson entstammt einer jüdischen Familie aus Strelno bei Posen (damals Preußen), die schon 1854 nach Amerika emigrierte. Ab 1882 war er Professor für Physik in Cleveland, Ohio, ab 1889 in Worcester, Massachusetts, und von 1893 bis 1929 in Chicago, Illinois, bis er dann zum Mount-Wilson-Observatorium, Kalifornien, wechselte. Entsprechend veränderten sich auch seine Arbeitsgebiete. Von den Präzisionsversuchen zur Metrologie und Wellenoptik kam er zum Bau eines Stufengitters und zur Konstruktion des Echelon-Spektrographen (1898), um dann ein interferometrisches Verfahren zur Messung des absoluten Durchmessers von Sternen zu entwickeln (1923). Zwei Jahre später erfolgte die genaue Bestimmung der Lichtgeschwindigkeit auf der 70 km langen Strecke zwischen dem Mount Wilson und Mount Antonie in Kalifornien. Sein Versuch, die Bewegung der Erde gegenüber einem hypothetischen Lichtether zu messen, führte zu dem Ergebnis, daß sich das Licht nach allen Richtungen gleich schnell ausbreitet (Michelson-Versuch, 1887) und der Ether nicht existiert. Dieses Resultat gab den Anstoß zur Aufstellung der Relativitätstheorie von *Albert Einstein*.

Das Michelson-Interferometer [205] funktioniert folgendermaßen (Abb. 91a): Der von der Lichtquelle kommende Strahl wird an einem halbdurchlässigen Spiegel (Splitter) teils reflektiert und teils durchgelassen. Beide treffen dann auf undurchlässige Spiegel, von denen derjenige, auf den das durchgelassene Licht fällt, beweglich ist. Beide Strahlen werden von dort über den Splitter zusammengeführt und zum Detektor geleitet, wobei Interferenz (Überlagerung) vorliegt. Wird die Weglänge eines der beiden Strahlen nun mit Hilfe des beweglichen Spiegels oder der Brechungsindex des dazwischen liegenden Weges verändert, so verschieben sich die Phasen der Teilstrahlen gegeneinander. Ihre Intensität kann sich addieren, wenn sie in Phase sind, oder auslöschen, wenn sie gegenphasig sind. Über die Intensitätsmessung des resultierenden Strahlenbündels kann der Gangunterschied zwischen den beiden Strahlen ermittelt werden. Es sind verschiedene Anwendungen möglich, wie z. B. eine relative Wegmessung, die Bestimmung der Brechungsindizes von Gasen (s. Kap. 4.4) und eben die Messung der Wellenlänge sowie die Verwendung als Spektrometer.

Zur Messung der Wellenlänge der beiden kohärenten Strahlenbündel (deren optischer Wegunterschied kleiner als die Kohärenzlänge der Lichtquelle ist) bleiben zunächst die Abstände zwischen dem Splitter und den beiden Spiegeln gleich. Die am Detektor eintreffenden Strahlen haben dann keinen Phasenunterschied. Wird ein Spiegel um den Abstand d verschoben, so entsteht zwischen den Strahlen ein Wegunterschied $\Delta\omega = 2\lambda$ und die Intensität ändert sich. Aus der Anzahl z der Interferenzmaxima bei einer Verschiebung um die Strecke $\Delta\partial$ läßt sich die Wellenlänge λ berechnen, da immer gilt:

$\Delta\partial = \lambda / 2 \cdot z$
und damit
$\lambda = 2 \cdot \Delta\partial / z$.

Für die Konstruktion von IR-Spektrometern war letztendlich die Frage nach besseren Empfängern (Detektoren) zu lösen. Die ursprünglich benutzten Thermoelemente und das Bolometer wurden zunächst Ende der vierziger Jahre durch den thermopneumatisch arbeitenden Golay-Detektor ergänzt, den der aus der Schweiz stammende Physiker und Mathematiker *Marcel J. E. Golay* (1902–1989) konstruiert hatte. Nach dem Studium an der ETH Zürich war *Golay* 1924 in die USA gegangen, arbeitete dort für die Bell Laboratories, die US Army und lehrte ab 1931 an der Universität Chicago. Es war dann folgerichtig, daß er aufgrund seiner Arbeiten für die praktische Spektroskopie (Glättung der Spektren u. a.) und Entwicklung der Gaschromatographie (s. Kap. 5.2) 1963 von der Geräteherstellerfirma Perkin-Elmer engagiert wurde.

Später kamen photoelektrische Infrarotstrahlungsempfänger hinzu, die bis heute in immer wieder verbesserter Form benutzt werden. Auf die Wahl eines für die jeweilige Gerätekonstruktion geeigneten Detektors hat der praktische Analytiker keinen Einfluß. Er muß in dieser Hinsicht dem Hersteller vertrauen.

Neben den großen Schrankgeräten der amerikanischen Firmen Baird Associates,

Cambridge, Massachusetts, und Beckman Instruments Inc., Fullerton, Kalifornien, (Modell IR-3) baute auch die Perkin-Elmer Corp. Norwalk, Connecticut, ein IR-Universalspektralphotometer (Modell 13-U) in Schreibtischform. Bei dem erstgenannten Gerät handelte es sich um ein Doppelstrahlspektrophotometer, während die beiden anderen Einstrahlgeräte mit Doppelmonochromatoren unterschiedlicher Bauart waren. Alle benutzten den Nernst-Stift als Strahlungsquelle, und alle besaßen eine Optik in Littrow-Aufstellung. Während des Studiums an der TU Berlin lernte der Autor als weiteres Großgerät den halbautomatischen IR-Spektrographen der Firma E. Leitz, Wetzlar, (Abb. 92) kennen, der noch Türdurchbrüche erforderte, weil er durch die Normaltüren eines Laboratoriums nicht hindurchpaßte. Auch hier ist die Quelle ein Nernst-Stift. Von dort (N) geht die Strahlung auf zwei Wegen zum Eintrittsspalt S1 des Monochromators, einmal als Vergleichsstrahlengang mit Aperturblende B zum Abgleich und einmal als Meßstrahlengang durch die Probenküvette P. Der mit 12,5 Hz rotierende Sektorspiegel SS schaltet die Strahlengänge abwechselnd ein. Der Monochromator enthält die bewährte Littrow-Aufstellung mit Kollimator-

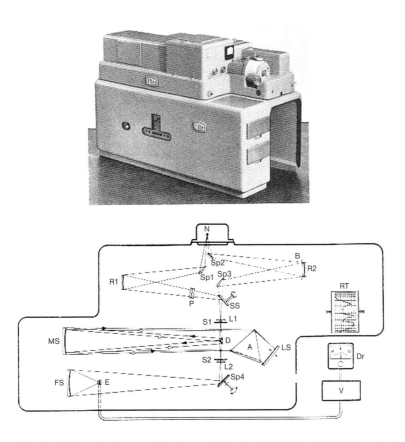

Abb. 92 Universalspektrograph der Firma E. Leitz GmbH, Wetzlar (mit Erlaubnis der Firma Leica Microsystems).

spiegel von 1 m Brennweite und einem 600-Prisma aus NaCl mit 15 cm Basis und 10 cm Höhe. Die Steuerung der Austrittsspalte erfolgt bereits automatisch je nach Wellenlänge durch Abgleich gegen den Vergleichsstrahl auf gleiche Austrittsenergie. Empfänger ist ein klassisches Thermoelement.

Bereits sehr schnell fand nach dem Einstrahl-IR-Gerät aus dem Jahre 1944 das Doppelstrahlspektrophotometer 21 der Firma Perkin-Elmer (Abb. 93) Eingang in die organisch-analytischen Laboratorien. Praktisch war die Form als Tischgerät, unpraktisch jedoch die Schreibtrommel. Es folgten 1953 das Modell 112U, ein Universalgerät für den Bereich 0,225 µm bis 38 µm, und 1955 das Modell 137 als kompaktes Zweistrahlgerät.

In England hatte die Firma Unicam Instruments, Cambridge, ebenfalls ein Doppelstrahlgerät gebaut, das die Form einer Kommode auf Rädern hatte, während die Firma Sir Howard Grubb, Parsons & Comp. in Newcastle-upon-Tyne sowohl ein Einstrahl- als auch ein Doppelstrahlspektrometer anbot, die beide als Tischgeräte wie typische Forschungsinstrumente aussahen.

Das Doppelstrahlspektrometer der Firma Hilger & Watts, London, hatte dann ohne Registrierteil schon eine praktisch handhabbare Form. Als Empfänger der Strah-

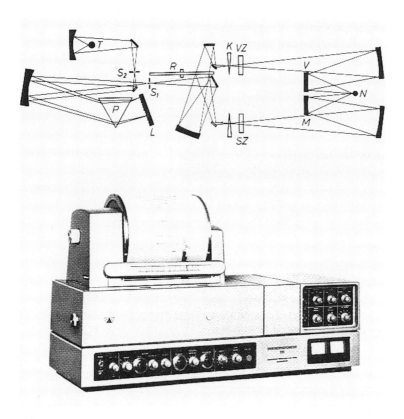

Abb. 93 Doppelstrahlspektrophotometer 21 der Firma Perkin-Elmer Corp., Norwalk, von 1948 (mit Erlaubnis der Firma Perkin-Elmer).

lung diente das senkrechte Ablenkplattenpaar einer Kathodenstrahlröhre. An den waagerechten Platten lag eine, mit der Drehung des Littrow-Spiegels synchronisierte Spannung, so daß die Strahlungsenergie über eine Wellenlängenskala auf dem Nachleuchtschirm der Röhre sichtbar wurde. Anstelle der Kathodenstrahlröhre – in der heutigen Zeit wäre das ein Bildschirm – ließ sich auch ein sog. Schnellschreiber zur Registrierung der Spektren anschließen.

Offensichtlich gab es damals noch eine kooperative Zusammenarbeit zwischen den Geräteherstellerfirmen und ihren Kunden, denn – und das gilt auch noch heute – ein Schreiber ist ein wichtiges Hilfsmittel, analoge oder moderne digitale Datenanzeigen zu kontrollieren. Diese wichtige Kooperation hat zweifellos die Entwicklung der Geräte positiv beeinflußt bzw. sie praktisch anwendbar werden lassen. Heute ist eine solche Zusammenarbeit kaum mehr möglich, weil die Kunden häufig nicht mehr wissen, was in ihrer *„Black Box"* eigentlich abläuft (s. Kap. 7).

Die Entwicklung der IR-Spektroskopie zu einer analytischen Methode erfolgte überwiegend während des II. Weltkrieges in den USA und in Großbritannien. Durch die Anwendung für militärische Zwecke wurde die IR-Spektroskopie auch für industrielle Untersuchungen interessant. Übrigens kamen und kommen auch heute noch aus der militärischen Forschung, wozu auch die Entwicklung aller außerirdischen Aktivitäten gehört, sehr viele Empfehlungen und brauchbare Techniken.

Für den Praktiker, der es gewohnt war, seine Spektren als Funktion der Intensität gegen die Wellenlänge zu registrieren, kam es durch den Vorschlag von *K. W. F. Kohlrausch* [348], anstelle der Wellenlängen bei der IR-Spektroskopie oder deren Verschiebungen bei der von ihm und *J. Goubeau* [349] geförderten Raman-Spektroskopie die Frequenz als Wellenzahl ν zu benutzen, und die Gerätehersteller dem folgten, zum Umdenken. Mit der *Wellenzahl* ν wird die Anzahl der Schwingungen bezeichnet, die Licht bei einer Wellenlänge λ und einer Wegstrecke von 1 cm macht. Es ist daher üblich, die Wellenlänge, die damals in Ångström-Einheiten, heute in Nanometern, angegeben wird, in Zentimetern (cm) zu messen. Also mit 1 Å = 0,1 nm = $1 \cdot 10^{-8}$ cm oder 1 nm = $1 \cdot 10^{-7}$ cm ergeben sich dann für die Wellenlänge 400 nm und die Wegstrecke 1 cm:

$$\frac{1 \text{cm}}{400 \cdot 10^{-7} \text{cm}} = \frac{100.000}{4}$$
$$= 25.000 \text{ Schwingungen}.$$

Das bedeutet auch, daß die Anzahl der Schwingungen (Frequenz) bei kleineren Wellenlängen – also im kurzwelligen Bereich – stark zunimmt und entsprechend im langwelligen abnimmt.

Die dreißiger Jahre des vorigen Jahrhunderts waren noch durch den Eigenbau der IR-Spektrographen geprägt, erst in den vierziger Jahren waren dann Geräte, wie beschrieben (Abb. 92–93), auf dem Markt erhältlich. So hatten z. B. auch *R. B. Barnes* und *V. Z. Williams* bereits 1936 im Stanford Laboratory der American Cyanamid Company ein solches Instrument gebaut [350], doch sie veröffentlichten dies zusammen mit 2701 Zitaten und 363 Spektren erst 1944 [351].

Erwin Lehrer und *Karl Friedrich Luft* bauten schon 1938 ein Gerät ohne spektrale Zerlegung für die chemische Betriebsanalyse, den sog. Ultrarotabsorptionsschreiber (URAS), nachdem *Lehrer* bereits zwei Jahre vorher die Wechselstrahlmethode in die IR-Technik eingeführt hatte (s. auch Kap. 4.4).

Die Einführung der IR-Methoden schritt dann in den Industrielaboratorien schnell voran, besonders in den Forschungseinrichtungen der Erdölfirmen (Shell) und der chemischen Industrie. 1946 veröffentlichte das American Petroleum Institute einen systematischen Atlas mit 1200 IR-Spektren. Die I.G. Farben-Gruppe in Deutschland benutzte auch schon die IR-Spektroskopie vor Kriegsbeginn [352].

Der Franzose *J. Lecomte* bezifferte den Anstieg der benutzten IR-Geräte in den USA von 15 im Jahre 1938 auf 500 im Jahre 1947 [353], wovon etwa 400 in analytischen Laboratorien Anwendung fanden.

Das Freiberger Laboratorium von *R. Mecke* war im Krieg zerstört worden, doch er arbeitete in Wallhausen am Bodensee weiter [354]. Interessanterweise entstand auch das Bodenseewerk von Perkin-Elmer in dieser Region, die wenig Umweltbelastung aufweisen konnte. Bald kam es nach Kriegsende wieder zu einer Zusammenarbeit zwischen *J. Lecomte, H. W. Thompson* und *R. Mecke*, und die beiden Letztgenannten organisierten bereits 1947 den 1. Europäischen Kongreß für Molekularspektroskopie in Konstanz.

Die Penicillin-Forschung hatte während des Krieges (1939–1945) zu einem atlantischen Projekt zwischen den englischen Laboratorien von *Thompson* und *Randall* sowie vier Industrielaboratorien in den USA (Merck, Pfizer, Sage und Shell) geführt [355]. In biochemischen und medizinischen Laboratorien wurde bereits Ende der dreißiger Jahre sowohl die IR- als auch die Raman-Spektroskopie zur Untersuchung von Aminosäuren und einfachen Peptiden herangezogen, was z. B. *J. T. Edsall* von der Harvard Medical School bis in die fünfziger Jahre beschäftigte [356]. Ähnliche Untersuchungen sind sowohl von *S. E. Darmon* und *G. B. B. M. Sutherland* [357] als auch von *E. J. Ambrose* und *A. Elliot* [358] bekannt geworden. Doch diese kamen damals noch zu früh, weil z. B. die Raman-Spektroskopie zu große Probenmengen erforderte und darüber hinaus infolge der Untergrundfluoreszenz nicht gut geeignet war. Auch die IR-Messungen sind durch die starke Absorption von Wasser begrenzt bzw. verhindert worden. Erst die Anwendung der Laser-Raman-Anregung oder der Fourier-Transformation machte die IR-Spektroskopie in diesem Fall brauchbar. Doch das geschah erst später in den siebziger Jahren [359].

Vor etwa 50 Jahren erschienen zwei wichtige Bücher – bezeichnenderweise von einem Praktiker geschrieben – und zwar beide von *Werner Brügel*, zunächst 1951 das sich mit den Grundlagen befassende *„Physik und Technik der Ultrarotstrahlung"* [360] und 1954 die *„Einführung in die Ultrarotspektroskopie"* [361]. Weitere Handbücher, wie z. B. das von *L. J. Bellamy* mit dem Titel *„The Infrared Spectra of Complex Molecules"* [362] oder der Beitrag von *R. N. Jones* und *C. Sandory* [363], der als Kapitel in dem von *A. Weissberger* herausgegebenen Buch *„Chemical Applications of Spectroscopy"* enthalten ist. Der Zusammenarbeit der Autoren *Bellamy, Jones* und *Sandory* wird auch die Verwendung der Wellenzahl v (cm^{-1}) bei der Registrierung der Absorptionskurven zugeschrieben. Zu erwähnen sind auch die von *N. B. Colthrup* herausgegebenen und ständig erneuerten *„Colthrup Charts"*.

Wenn nun Analytiker die IR-Spektroskopie benutzen wollten, stellten sie sich sofort die Frage, ob neben der qualitativen Ermittlung auch eine quantitative Bestimmung von chemischen Verbindungen möglich ist. Ein typisches Beispiel ist die Bestimmung einiger Pyridinderivate, an der *E. Asmus* interessiert war, weil in seinem Arbeitskreis versucht wurde, spezifische Farbreagentien für die Photometrie zu finden, die dann im Laboratorium des Siemens-Kabelwerkes in Berlin-Gartenfeld von

4.1.3
Spektroskopische Lösungsanalyse

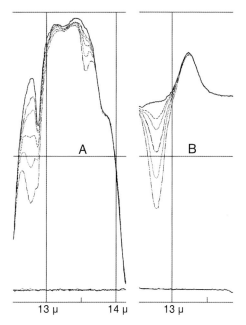

Abb. 94 Absorptionskurven zur Bestimmung von 2-Cyanpyridin in 3-Cyanpyridin ohne (A) und mit Kompensation (B).

Da alle spektroskopischen Methoden zu analytischen Relativverfahren führen, kam immer noch der Lösungsanalyse eine große Bedeutung zu. Einmal waren es die zunehmenden Eich- und Kalibrierarbeiten, die zu dem starken Anwachsen der zu analysierenden Probenlösungen Anlaß gaben, und zum anderen schrieben die Bestimmungsnormen immer noch lösungsanalytische Verfahren vor. Diese ließen sich nur relativ langsam, in jahrelanger Sitzungs- und Gruppenarbeit ergänzen oder erneuern, weil vorausgehend die Anforderungsnormen hätten geändert werden müssen. Auch die Produkthaftung erforderte eine gleichbleibend hohe Genauigkeit der Resultate, was eben nicht durch „statistische Aufbereitung" erreicht werden kann. So blieben die Analytiker immer darauf bedacht, die *Lösungsanalyse* (häufig und bewußt abfällig als Naßchemie bezeichnet) zu erhalten. Da sie geübte, zuverlässige Mitarbeiter erforderlich macht und zeitaufwendig (sprich: teuer) ist, lassen die häufig wenig durchdachten wirtschaftlichen Zwänge erwarten, daß die ursprüngliche chemische Analyse nicht in vollem (notwendigem) Umfang erhalten werden wird. Diese von äußeren Zwängen bestimmte Entwicklung hat zweifellos seit etwa 50 Jahren den Fortschritt bei den apparativen Methoden geprägt, wodurch zwar die wachsende Anzahl der Untersuchungen bewältigt und allgemein die Präzision der Meßwerte erheblich verbessert werden konnte, doch gab es keinerlei Fortschritt für die Richtigkeit der Ergebnisse. Auch bei der stark propagierten und von allen Nichtfachleuten begrüßten, modern anmutenden Qualitätskontrolle mogelt man sich um dieses Problem herum.

Zunächst waren die Analytiker darauf bedacht, die fehlende menschliche Arbeits-

I. Arendt [364] und dem Autor aufgenommen worden sind (Abb. 94).

Die Methode der IR-Spektroskopie wurde nun analytisch so vielfältig benutzt, daß eine Koordinierung der Interessen nötig war. So ist in den USA 1955 die „Coblentz Society" gegründet worden. Ebensolche Gremien, die sich mit der Spektroskopie befaßten, entstanden nun in mehreren Ländern, wie z. B. in Großbritannien die „Infrared and Raman Discussion Group" und die „Spectroscopic Society of Canada" sowie in Frankreich die „Groupement pour l'Advancement des Methodes Spectrographiques" (GAMS), in Japan das „Raman and Infrared Committee" (RIAC) und der „Deutsche Arbeitskreis für Angewandte Spektroskopie" (DASp), den bereits 1949 einige deutsche Spektroskopiker gründeten und der damit zu den ältesten Vereinigungen auf diesem Gebiet zählt.

kraft im 20. Jahrhundert – in der ersten Hälfte fanden zwei Weltkriege statt und danach in der zweiten Hälfte wurde allgemein Arbeitskraft zu teuer – durch neue, schnellere Methoden der Lösungsanalyse zu kompensieren. Als spektroskopische Lösungsmethode hatte die **Flammenemissionsspektralphotometrie** überlebt, zumindest für die Bestimmung der drei Elemente Natrium, Kalium und Lithium. Das parallel zur Spektrometrie verbliebene Betreiben dieser Technik mit relativ einfachen Geräten hatte zwei Gründe. Einmal lagen die Spektrallinien ungünstig zu den Blaze-Winkeln der üblichen Spektrometer, so daß spezielle Kanäle und Detektoren notwendig wurden, und zum anderen spielte die Verschmutzung eine große Rolle, besonders im Fall von Natrium. Die Flamme führt bei Alkalielementen zu einer sehr empfindlichen Anregung, so daß diese Methode bis heute als sog. **Flammenphotometrie** erhalten blieb. Die analytischen Chemiker blieben hiermit also der Basis – der ersten Anwendung durch *R. W. Bunsen* – treu. Als Standardwerke gelten immer noch die Bücher von *Roland Herrmann* [365], erschienen 1956, und die spätere, erweiterte Ausgabe (1960) zusammen mit *C. T. J. Alkemade* [366], in denen sämtliche Grundlagen umfassend und zahlreiche Anwendungen beschrieben worden sind.

Roland Herrmann (Abb. 95) lehrte in Gießen und gehörte dort in der Mitte und zweiten Hälfte des 20. Jahrhunderts zur Abteilung für Medizinische Physik an der Universitäts-Hautklinik. Dort führte er die Flammenphotometrie zur Bestimmung der Alkalien und Erdalkalien in die medizinische Analytik ein, was damals in Bezug auf den schnelleren Ablauf und das Vorliegen der Daten nach kurzer Zeit ein großer Fortschritt war. Wahrscheinlich hat er aus Bescheidenheit nie einen Ruf auf einen

Abb. 95 *Roland Herrmann* auf der Rheinfahrt beim XVI. CSI, Heidelberg, 1971.

analytischen Lehrstuhl angestrebt; es gab ja auch kaum solche.

Das Einbringen der Lösung war zunächst die herausfordernde Aufgabe, so daß man sich auf den Zerstäuber von *Gouy* [191] besann oder auch die Erfahrungen mit einfachen Flüssigkeitszerstäubern nutzte, z. B. solchen an Parfümflakons. Am wirkungsvollsten arbeitete jahrzehntelang der Beckman-Zerstäuber (Abb. 96), der einfach zu justieren war.

Bei der empfindlichen Lichtemission der leicht anregbaren Alkali- oder Erdalkalielemente kam es nicht so sehr auf die Tröpfchengröße und ihre Verteilung im Aerosol an, wie das später bei den heißeren Plasmaflammen der Fall ist. Die begrenzte Flammentemperatur führte zu zahlreichen Versuchen, entweder den Brenner zu verändern oder mit unterschiedlichen Gasgemischen zu arbeiten. Neben Propan wurden Acetylen-/Sauerstoff-Gemische eingesetzt (Abb. 97).

Speziell *R. Herrmann* bestimmte mit der Flammenphotometrie auch schwer anregbare Elemente, dotierte auch Wasserstoff zur Flamme und hatte dazu viele Ideen,

4.1 Die Geschichte der Spektralanalyse

Abb. 97 Flammenformen (von links nach rechts): Laminare Diffusionsflamme von C_2H_2/Preßluft über dem Meker-Brenner und Leuchtkegel an den Brenneröffnungen sowie turbulente H_2-/O_2-Flamme ohne und mit Aerosol der Analysenlösung [365].

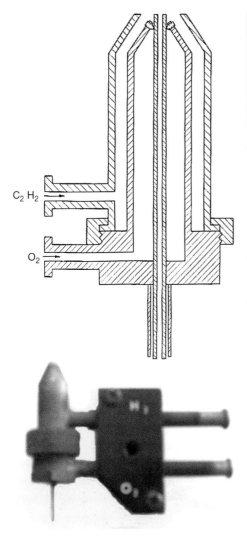

Abb. 96 Der Beckman-Zerstäuber, schematisch und original.

die sich jedoch in analytischen Laboratorien nicht durchgesetzt haben. Wie es häufig geschah, versuchte da ein Hochschullehrer, der zu seiner Berufung gut ausgestattet worden war, dann aber kaum noch finanzielle Forschungsmittel erhielt, mit einer Methode alle denkbaren analytischen Aufgaben zu lösen. Da das heute auch noch für die analytisch orientierten Lehrstühle gilt, wenn der Inhaber nicht in der Lage ist, extern Geld zu besorgen, wird viel Arbeit für die Verfahrensentwicklung mit Methoden aufgebracht, die in der industriellen Praxis keine Chance haben.

Für die Flammenphotometrie gab es von den kompetenten Herstellern Geräte zur Auswahl. Diese benötigten nur eine einfache Optik und waren dementsprechend für damalige Zeiten klein und handlich (Abb. 98).

Ähnlich wie am Anfang der Atomemissions- und Atomabsorptionsspektroskopie war die Vielfalt der Geräteherstellerfirmen förderlich für die apparative Entwicklung von Analysenmethoden und –verfahren. Besonders kleine Firmen haben durch ihre Flexibilität dazu beigetragen, denn sie ersparten den Eigenbau von Meßgeräten in industriellen Forschungs- und Prüflaboratorien, was die unterschiedlichsten Aufgaben oft erfordert hatten. Heute ist die Situation völlig anders, worauf noch einzugehen sein wird (s. Kap. 7.1). Wichtige Methoden sind durch den Wegfall der darauf zugeschnittenen Geräte infolge der zahlreichen Firmenfusionen, wie zum Beispiel die von Applied Research Laboratories (ARL), Baird Atomic, Bausch & Lomb, In-

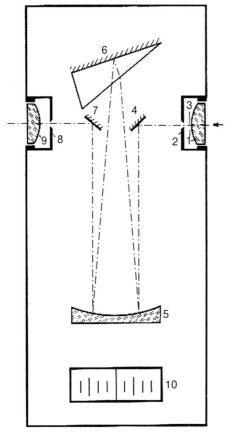

Abb. 98 Das Flammenphotometer von Beckman Instruments, Fullerton, Kalif. (mit Erlaubnis der Firma Beckman).

strumentation Laboratory (IL), Jarrell-Ash u. a. zu der Riesenfirma Thermo, eingestellt worden und – was bedrückend wirkt – die praktischen Analytiker müssen sich nach den Angeboten richten. Wenn wir so in der Ausbildung weitermachen, dann werden eines nahen Tages die Gerätehersteller mit im Ausland hervorragend ausgebildeten Analytikern nicht nur die Instrumente (Methoden) bestimmen, sondern auch gleich die Verfahren mit entwickeln. Das heißt, global denken, alles vereinheitlichen, überall die nivellierte Qualität und nur nichts Außergewöhnliches, damit sich keiner gestört fühlt.

Zur Erinnerung sollen noch die am häufigsten eingesetzten Flammenphotometer der alten Generation gezeigt werden (Abb. 99), wobei der Flammenzusatz für das Zeiss PMQ II fast ausschließlich in Forschungslaboratorien benutzt wurde.

Als Empfänger hatten sich hier bereits die Photomultiplier bzw. Sekundärelektronenvervielfacher (SEV) durchgesetzt, die mit unterschiedlichen Empfindlichkeiten auch heute noch benutzt werden. Das Prinzip ist einfach zu verstehen: Ein SEV arbeitet im ersten Teil, also zwischen Kathode und dem ersten Dynodenblech, wie eine Vakuumphotozelle. Die auf dem ersten Dynodenblech aufprallenden Elektronen erzeugen dort die sog. Sekundärelektronen, deren Anzahl von der anliegenden Spannung zwischen Kathode und Dynodenblech abhängt. Durch das elektrische Feld werden die Elektronen beschleunigt und dieser Vorgang wiederholt sich an den folgenden Dynodenblechen. Bei 9–11-stufigen SEVs wird eine etwa 10^7-fache Verstärkung erreicht. Das ist eine auch für die moderne Emissionsspektrometrie brauchbare Größenordnung.

Durch die Einführung der simultan messenden Spektrometer in vielen Industrielaboratorien trat die arbeitsintensive *Spektrographie*, die Spektrenaufnahme über

Abb. 99 Flammenphotometer: (a) *Schuhknecht* [367], (b) *Bruno Lange* [368], (c) Perkin-Elmer, Glenbrook, Conn. und (d) der Flammenzusatz von Carl Zeiss, Oberkochen (mit Erlaubnis von Perkin-Elmer, Hach und Zeiss).

Photoplatten, also zunehmend – wie schon damals üblich aus wirtschaftlichen Gründen – in den Hintergrund, obwohl keine andere Methode bekannt ist, die ein solches Maß an Information bietet. Zunächst ließ sich jedoch die spektrographische Abteilung in den Laboratorien der Dortmund-Hörder Hüttenunion noch erhalten; sie konnte zur Entwicklung in den siebziger Jahren wichtige Beiträge liefern [367–369].

Die weitere Forschung und Anwendung auf dem Gebiet der klassischen Emissionsspektrographie fand noch relativ lange statt, z. B. in der BRD (*E. Preuss, H. Nickel, K. Laqua* u. a.), aber vor allem in der ehemaligen DDR (*Ruth Rautschke, R. Ritschl, G. Holdt, G. Müller-Uri, G. Ehrlich, E. Kranz, K. Doerffel, Lieselotte Moenke* u. a.), in der damaligen UdSSR (*S. L. Mandelstam, A. K. Russanow, A. N. Saidel, C. I. Silberstein* u. a.) und in Ungarn (*T. Török, K. Zimmer, E. Gegus* u. a.) (Abb. 100) sowie in Polen (*J. Fijalkowski, H. Matusiewicz* u. a.), in der damaligen Tschechoslowakei (*I. Rubeška, M. Matherny, E. Plśco* (Abb. 100), *L. Paksy* u. a.) und im ehemaligen Jugoslawien (*V. Vucanović, B. Pavlović* u. a.).

4 Die Blütezeit der Analytischen Chemie (1850–1960)

Abb. 100 (a) *Karoli Zimmer* und *Ernö Gegus* (1973) sowie (b) *Eduard Plško* (1991).

nutzt, wenn nur geringste Volumina zur Verfügung standen, der Analyt beim schnellen Veraschen erhalten blieb und sich daran anschließend vollständig verdampfen ließ. Die *Radelektrodentechnik* war lange Zeit aktuell und weltweit verbreitet, z. B. in der Gebrauchtölanalyse (s. Kap. 5.1).

Die Festprobenanalyse (s. Kap. 5) blieb jedoch stets im Vorteil, besonders bei Anwendung der klassischen **Bogenanregung**. Hier hat sich die von *B. F. Scribner* und *H. R. Mullin* [231] 1946 beschriebene *Carrier Distillation Method* (s. Abb. 69) bewährt. Die Ähnlichkeit mit der von *E. Preuss* beschriebenen Methode [371] zur Verdampfung keramischer Materialien kann rein zufällig sein. Auch die ein Jahr später (1947) von *J. R. McNally, G. R. Harrison* und *E. Rowe* [232] beschriebene Hohlkathodenanregung, mit der sich extrem niedrige Elementanteile in kleinsten Probenmengen bestimmen ließen, ist davon nicht so verschieden. Die Hohlkathode war an sich schon 40 Jahre bekannt, doch nicht in dieser Anwendung. Das Probenmaterial mußte hierbei vor Inbetriebnahme eingebracht und vollständig verdampft werden. Es kam sogar zum Bau von Spektrometern mit Hohlkathodenanregung durch die Firma ARL, mit denen eine gewisse Zeit spezielle Stahl- und Sonderlegierungen, z. B. wie man sie für die Rotoren in Flugturbinen verwendet, analysiert wurden. Sie verschwand jedoch vom Markt, weil das Interesse an dieser Technik – es gab wohl nur drei Geräte weltweit – zu gering und die Zeit für die extreme Spurenbestimmung noch nicht reif war.

Hier wurden die verschiedensten Techniken entwickelt, z. B. Pulverschüttungen direkt in die Bogenanregung durch *Silberstein* et al., aber auch die Versuche zur Lösungsanalyse weitergeführt, die den Spektroskopiker immer interessierten. Das Aufbringen von Lösungen auf die Graphitelektroden oder das Eingeben in und Verdampfen aus *Cup-Elektroden* waren durchaus Möglichkeiten, spezielle Analysenaufgaben zu lösen. Häufig wurden solche Techniken be-

Für die Bogenanregung wurden zahlreiche Elektrodenformen entwickelt [372], die je nach Aufgabenstellung eingesetzt werden konnten, z. B. auch für eingedampfte Analysenlösungen.

Ein Nachteil der Techniken zur direkten Lösungsanalyse war der Kontakt mit den Graphitelektroden, der oft zur Diffusion und damit Verunreinigung der Elektroden führte. Aus dieser Tatsache sind auch die ersten Versuche zu erklären, einen elektrischen Bogen durch einen bestimmten Gasstrom so zu verformen, daß eine Flamme entsteht, und es möglich wird, die Analysenlösung als Aerosol über den Gasstrom in diese Flammenanregung einzuführen. Es gab zu dieser Zeit zwei Entwicklungsrichtungen, wie schon erwähnt die Emissions- und auch die Absorptionsspektroskopie.

Im ersten Fall brachte die zweite Hälfte der fünfziger Jahre vor allem angeregt durch die Arbeiten von *G. I. Babat*, der bereits 1947 eine Grundlage für die spätere ICP-Spektrometrie legte, indem er ringförmige Anregungen unter Atmosphärendruck beschrieb [373], und durch *B. J. Stallwood* [374], der 1954 für seinen *Air-Jet* luftgekühlte Elektroden benutzte (Abb. 101a),

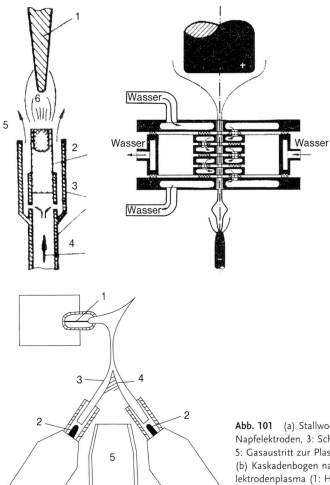

Abb. 101 (a) Stallwood-Jet (1: Gegenelektrode, 2: Napfelektroden, 3: Schutzrohr, 4: Schutzgasstrom, 5: Gasaustritt zur Plasmaumhüllung, 6: Plasma), (b) Kaskadenbogen nach *Maecker* und (c) Dreielektrodenplasma (1: Hilfselektrode, 2: Ag-Elektroden, 3: Plasmafackel, 4: Anregungsraum, 5: Aerosolkapillare).

erhebliche Fortschritte. Dieser Jet war ursprünglich für die Analyse von Pulvern konzipiert worden, doch er wurde vielseitiger eingesetzt. Das Arbeiten mit Schutzgas hatte nicht nur den Vorteil der Kühlung; es verhinderte auch den Luftzutritt weitgehend, so daß z. B. die störenden CN-Banden unterdrückt wurden.

Im Jahre1956 konstruierte dann *H. Maekker* [375] den ersten wandstabilisierten, wassergekühlten Kaskadenbogen (Abb. 101b) für die Lösungsanalyse, der eine neue Epoche einleitete. Bis in die neunziger Jahre baute man derartige, verformte Bogenanregungen, in die sich auch dickere Lösungen, wie z. B. Orangen- oder Tomatensaft direkt einsprühen ließen. Das von den Amerikanern *Valente* und *Schrenck* [376] 1958 beschriebene Gleichstromplasma (DCP) fand nach Zusatz einer weiteren Elektrode als Dreielektrodenplasma (Abb. 101c) Eingang in die praktische Anwendung.

Beispielsweise ermöglichte es eine sehr empfindliche Bestimmung von Bor in Stählen und generell in Analysenlösungen, was die Absorptionsspektrometrie nicht konnte. Es hatte jedoch den Nachteil, daß neben der notwendigen Erneuerung der abbrennenden Elektroden auch nur ein relativ kleiner Anregungsbereich existierte.

In der Verformung des spektralen Plasmas durch hineingesprühtes Aerosol der Probenlösung kamen die Fortschritte aus Rußland. Über das direkte Einsprühen in einen Bogen (Abb. 102) berichteten 1959 *G. I. Kibissow* et al. [377]. Diese einfache Methode wurde auch in unserem Laboratorium etwa 10 Jahre später immer noch benutzt. Sie hatte sich mit spektrographischer Detektion bei der Qualitätskontrolle von Stahl bewährt, so daß sie auf dem XIV. CSI 1967 in Debrecen vorgestellt werden konnte [378].

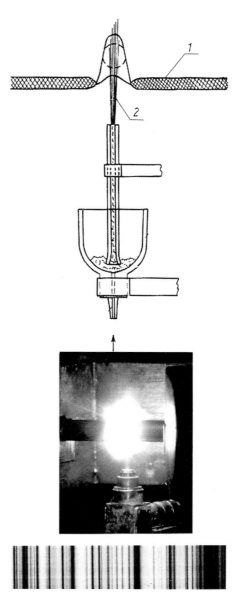

Abb. 102 Direktes Einblasen der Analysenlösung in einen Bogenanregung, (a) das Prinzip (1: Graphitelektrode, 2: Trägergasstrom) [377] und (b) die praktische Ausführung [378].

Hierbei wurde die Analysenlösung einfach mit einem Beckman-Zerstäuber in einen zwischen den Graphitelektroden brennenden Bogen eingeblasen (Abb. 102). Täglich ist so der Mangananteil in vielen Proben damit bestimmt worden, weil z. B. das Verhältnis von Mangan zu Kohlenstoff eine Aussage über die Verarbeitung als Rohrstahl ergab. Nebenbei ließ sich auch der Aluminiumanteil kontrollieren. Mußte die Stahlcharge nun einer anderen Qualität zugeordnet werden, so war keine zusätzliche Analyse erforderlich, da sich von der vorliegenden Photoplatte auch die Anteile der anderen Begleitelemente ablesen ließen. In der Praxis spielen oft Verfahren eine Rolle, die relativ schnell ablaufen, nicht extrem genau sind, doch die gewünschten Informationen bereitstellen. Dies war so ein Fall, da es nur um die Zuordnung bereits exakt bestimmter Stahlchargen ging.

Fortschritte in der Verformung des Bogens erreichten 1959 V. V. *Koroljew* und E. E. *Wainstein* [379], die ringförmige Graphitelektroden einsetzten und eine etwa 50 mm lange Anregungsflamme erhielten (Abb. 103). Im gleichen Jahr war in Amerika von M. *Margoshes* und B. F. *Scribner* [380] der *Plasma-Jet* (Abb. 103) konstruiert und erfolgreich angewendet worden, der quasi den dort häufig benutzten Stall-

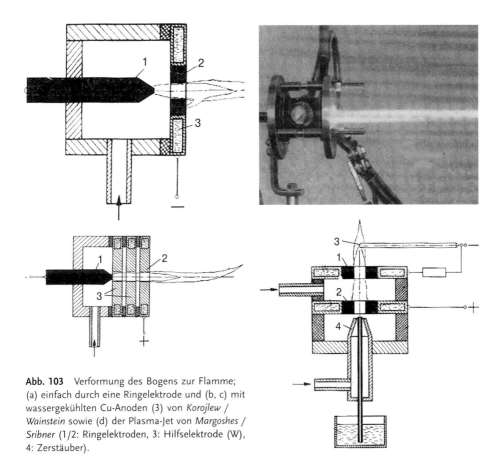

Abb. 103 Verformung des Bogens zur Flamme; (a) einfach durch eine Ringelektrode und (b, c) mit wassergekühlten Cu-Anoden (3) von *Korojlew / Wainstein* sowie (d) der Plasma-Jet von *Margoshes / Sribner* (1/2: Ringelektroden, 3: Hilfselektrode (W), 4: Zerstäuber).

wood-Jet ersetzen konnte. Der Vorteil des neuen Jet-Systems lag in der Stabilisierung der Flamme durch eine Hilfselektrode.

Es hatte sich in kurzer Zeit auf diesem Gebiet viel getan, doch immer noch war eine Berührung des Aerosols der Analysenlösung mit den Elektroden gegeben oder nicht auszuschließen (s. Kap. 5.1).

Wenn eine Probe kompakt, z. B. pulverförmig, vorlag, war das Lösen für eine schnelle Durchführung nicht immer von Vorteil, da es gleichzeitig bedeutet, daß der Analyt verdünnt wird. Deshalb fand die 1959 als Zusatzgerät für die Emissionsspektrometer von den Schweden *A. Danielsson, F. Lundgren* und *G. Sundkvist* [381] entwickelte *Tape Machine* (Abb. 104), die eine automatische Zuführung von Proben oxidischer Art erlaubte, ihre praktische Anwendung.

Dies war nun eine weit homogenere Einbringung des Probenmaterials als die einfache Schüttung durch einen Trichter. Diese Technik ist dann allerdings später durch die RF-Spektrometrie (s. Kap. 5) abgelöst worden, obwohl das Sammeln von Proben auf Klebeband geblieben ist und für bestimmte Fälle sinnvoll sein kann.

Die zweite Entwicklungsschiene brachte die **Atomabsorptionsspektrometrie** (AAS) hervor, die 1955 von dem in Australien lebenden Engländer *Alan Walsh* (s. Abb. 107) in umfassender Gesamtheit beschrieben [382] und deren zukünftige Bedeutung gleichzeitig von *C. T. J. Alkemade* und *J. M. W. Milatz* [383] vorhergesagt wurde. Voraussetzung war ein monochromatisch emittiertes Licht eines bestimmten Elementes, z. B. aus einer Hohlkathodenanregung, das durch eine Flamme zu einem geeigneten Detektor geleitet wird. Bringt man nun in der Flamme dasselbe Element zur Anregung, so absorbieren dessen Atome ihr eigenes Licht. Dies geschieht in Abhängigkeit von der Anzahl der Atome. Infolge der geringen Flammentemperatur ist der Anteil an Ionen mit Ausnahme sehr leicht anregbarer Elemente gering. Der Detektor darf das Eigenlicht der Flamme nicht erkennen (Abb. 105). Dann gibt es z. B. für das Licht einer Hohlkathodenlampe (HKL) eine 100%ige Transmission und für eine geringe Atomanzahl desselben Elementes nur 99,5 %. Diese kleine Differenz galt es nun exakt zu verstärken bzw. zu messen, was verständlicherweise mit der Entwicklung der Elektronik in der zweiten Hälfte des vorigen Jahrhunderts erheblich verbessert werden konnte (s. Kap. 5). Es gab relativ schnell einen potenten Hersteller, der solche AAS-Geräte baute und in den Markt einführte.

Infolge der geringen Anzahl von möglichen Resonanzlinien im Spektrum ist nur eine relativ einfache Optik erforderlich, so daß der einfache Czerny-Turner-Monochromator ausreicht. Die Linienbreite (Abb. 106) ist günstig.

In der praktischen Analytik spielt die AAS erst gegen Ende der sechziger Jahre eine

Abb. 104 Der Tape-Machine-Zusatz für das ARL-Spektrometer 31000 im Hoesch-Laboratorium (mit Erlaubnis von Thermo).

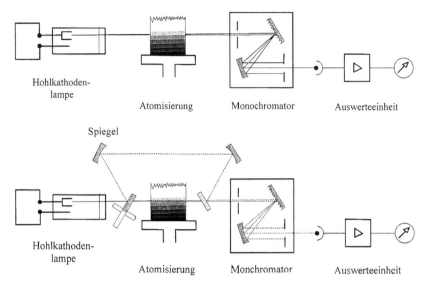

Abb. 105 Prinzipieller Geräteaufbau für die AAS; (a) Einstrahlgerät und (b) Zweistrahlgerät.

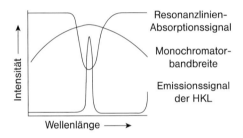

Abb. 106 Die Bedeutung der Linienbreite in der AAS.

Abb. 107 Sir *Allan Walsh*, einer der Pioniere der Atomabsorptionsspektrometrie.

Rolle. Typisch ist, daß im Mittel etwa 15 Jahre – manches Mal sind es auch nur 10, es können aber auch 30 sein – vergehen, bis ein neues Analysenprinzip zu einer Methode und diese zu einem praktizierten Analysenverfahren wird. Hier kam noch hinzu, daß nur eine Firma die Lizenz besaß, und die anderen Hersteller warten mußten. Nach Ablauf der Lizenz verbreitete sich die AAS explosionsartig (s. Kap. 5).

Andererseits läßt sich ohne die Hilfe eines Geräteherstellers jede noch so gute Idee nicht in der Praxis realisieren – hier war es die Firma Hilger & Watts, London. Immerhin konnten so bald einige Forscher dieses bereits „reife" Verfahren aufgreifen, wie u. a. in Südafrika *Pat Butler* und *A. Strasheim*, in Europa *C. T. J. Alkemade, J. B. Dawson, R. M. Dagnall, J. H. Headridge, I. Havezov, B. V. L'Vov, F. J. Langmyhr, H. Maßmann, J. M. Ottaway, G. F. Kirkbright,* und *B. Welz* sowie in den USA *D. C. Manning, S. R. Koirtyohann, W. Slavin,*

Herb Kahn oder *Stan Smith* und auch in Japan *K. Fuwa, N. Hasegawa* oder *Y. Yamamoto*, welche durch ihre Arbeiten die praktische Anwendung der AAS beflügelten.

Auch die erste Version der *Graphitofen-AAS* wurde von B. V. L'Vov bereits 1959 entwickelt [384] und stammt aus dieser fruchtbaren Zeit.

In regelmäßiger Folge findet neben zahlreichen lokalen Konferenzen das bis heute weltweit bedeutendste *Colloquium Spectro-Scopicum Internationale* statt. Seine inzwischen lange Geschichte begann im Jahre 1950 (Präsidenten):

I. CSI 1950 Straßburg, Frankreich (*M. P. Bellamy*)
II. CSI 1951 Venedig, Italien (*O. Masi*)
III. CSI 1952 Hoddesdon, Großbritannien (*D. M. Smith*)
IV. CSI 1953 Münster, Deutschland (*W. Seith*)
V. CSI 1954 Gmunden, Österreich (*F. X. Mayer*)
VI. CSI 1956 Amsterdam, Niederlande (*W. van Tongeren*)
VII. CSI 1958 Lüttich, Belgien (*L. d'Or*)
VIII. CSI 1959 Luzern, Schweiz (*E. Lüscher*)
IX. CSI 1961 Lyon, Frankreich (*L. Robert*)
X. CSI 1962 Maryland, USA (*B. F. Scribner*)
XI. CSI 1963 Belgrad, Jugoslawien (*P. S.Tutundžić*)
XII. CSI 1965 Exeter, Großbritannien (*A. C. Menzies*)
XIII. CSI 1967 Ottawa, Canada (*A. H. Gilleson*)
XIV. CSI 1967 Debrecen, Ungarn (*T. Török*)
XV. CSI 1969 Madrid (*J. M. López de Azcona*)

(Fortsetzung s. Kap. 5).

4.2
Optimierung der quantitativen Analyse von Lösungen

Die klassische Probenform in der quantitativen chemischen Analyse ist die Lösung. Das hat zweifellos mit der Homogenität zu tun, weil sich allgemein Analyten in Flüssigkeiten am besten verteilen lassen. Wenn die Konzentration nicht zu niedrig (Adsorption aus Gefäßwänden) oder zu hoch (Debye-Hückel-Kräfte) ist, bleiben Lösungen über eine gewisse Zeit homogen erhalten; sie sind also als Stock- oder Stammlösungen verwendbar. Es läßt sich behaupten, daß die eigentliche *Analytische Chemie nach stöchiometrischen Grundsätzen* in Lösungen abläuft. Somit hat diese Art der Lösungsanalyse die größte Bedeutung für das angestrebte Ziel: die Richtigkeit der Resultate.

Damit wird verständlich, warum Analytiker stets bemüht waren, ihre Proben (außer den gasförmigen) in Lösung zu bringen. Der Zeitaufwand dafür ist natürlich relativ hoch, und die Entwicklung schneller ablaufender, industrieller Produktionsprozesse erforderte eine kürzere Analysendauer, bzw. die Entwicklung analytischer Schnellmethoden ermöglichte erst die wirtschaftlichen Innovationen der letzten 50 Jahre.

Nach der Verkürzung der reinen Meßzeiten, vor allem durch den Einsatz spektrometrischer Methoden, ist grundsätzlich eine weitere Reduzierung der Analysendauer bei dem zeitaufwendigsten Schritt, der Probenvorbereitung, möglich, indem der zeitliche Ablauf der benötigten Trennungsverfahren optimiert wird.

4.2.1
Trennungsverfahren

Grundsätzlich erfordert die Durchführung eines Verfahrens stets eine oder mehrere Trennungsoperationen. Die Vielfalt der Trennungstechniken ist groß, so daß hier nur einige typische erwähnt werden sollen. Es beginnt im Regelfall bereits bei der Probenaufbereitung, z. B. dem Trennen von metallischen und oxidischen Anteilen, dem Entfernen von offensichtlich nicht zur Probe gehörenden Stoffen, wie etwa Holzstücke oder Steine in einem Legierungslos usw. In einer wäßrigen Probe kann es ein Abtrennen von störenden Begleitelementen sein, und immer muß der Analyt aus seiner Verbindungsform separiert bzw. seine Dissoziation erzwungen werden. In einer flüssigen organischen Probe kann eine Destillation zum Trennen benutzt werden. Wenn Phasen auftreten, lassen diese sich im Regelfall durch Dekantieren oder Extrahieren trennen. Nur Gasproben werden normalerweise direkt analysiert. Die Wahl einer geeigneten Trennungsmethode hängt vom Aggregatzustand der Proben ab. *Eine Trennungsoperation richtet sich als Teilschritt eines Analysenverfahrens streng nach dem dazugehörenden Meßverfahren.* Bis zur Mitte des vorigen Jahrhunderts waren zwar die Grundlagen von Extraktionsmethoden und chromatographischen Techniken bekannt; die praktische Anwendung steckte allerdings noch in den „Kinderschuhen". Noch bis in die siebziger Jahre benutzte man weitgehend die klassischen Methoden der Niederschlagsbildung, der Umfällung oder der einfacheren Extraktion.

Bei festen Proben unterscheidet man im allgemeinen Metalle und Oxide. Die Metalle können entweder als kompakte Proben, z. B. für die Spektrometrie, oder in Spanform für die Lösungsanalyse vorbereitet werden. Im ersten Fall entfällt die Trennungsoperation, während bei Spänen bereits eine Trennung nach Korngrößen mit Hilfe der Siebanalyse ratsam ist, weil beim Zerspanen unterschiedliche Spangrößen oder sogar pulverförmige Anteile (aus Einschlüssen) entstehen können. Eine korrekte Einwaage erfordert dann eine entsprechende Zusammensetzung nach der Siebkurve, was selten berücksichtigt wird (s. Referenzprobenherstellung). Harte Metalle, wie z. B. Legierungen, müssen durch Brechen in ein möglichst schmales Kornband gebracht werden, so daß eine zur Einwaage geeignete Laboratoriumsprobe entsteht.

Die oxidischen Proben müssen entsprechend durch Brechen und Mahlen vorbehandelt werden. In der Routineanalytik werden sie heute direkt oder nach Schmelzaufschließen als Tabletten, z. B. für die XRF, verpreßt. Zu Kontrollzwecken sollte das gleiche Probenmaterial auch gelöst werden.

Bei flüssigen oder bei in Lösung gebrachten Proben spielen nun die verschiedenen Trennungsmethoden eine oft entscheidende Rolle, weil viele Meßmethoden nicht ausreichend spezifisch sind. Bei anorganischen Lösungen erforderten die so wichtigen Fällungsmethoden Können, Erfahrung und Zeit. Sie sind nur schwer zu automatisieren und haben dementsprechend an Bedeutung verloren. Auch die elektro-chemischen Abtrennungen sind in diesem Zusammenhang zu erwähnen (s. Kap. 4.3). Bei organischen Lösungen spielt immer noch die Destillation eine große Rolle, die sich in ihren unterschiedlichen Varianten gut automatisieren läßt.

Leichter und schneller lassen sich die *Flüssig-flüssig-Extraktion*, die *Flüssigchromatographie* und der *Ionenaustausch* betreiben. Als wichtige Regel (s. Verteilungsgesetze) ist geblieben, daß der Analyt möglichst nicht abgetrennt werden, sondern in der Basislösung verbleiben soll.

Im Fall von gasförmigen oder vergasten Proben wurden über eine lange Periode verschiedene Absorptionsverfahren benutzt, wenn eine Abtrennung sinnvoll oder nötig war. Heute hat sich neben den Verbrennungs-Trägergasmethoden weitgehend die *Gaschromatographie* durchgesetzt.

Die frühen Analytiker haben wahrscheinlich in Bezug auf das Trennen von Elementen von der alten Scheidekunde profitiert, deren Techniken heute noch benutzt werden, um abbauwürdige Materialien, wie Erze oder Mineralien, zu identifizieren. Unter „Scheiden" verstand man im Mittelalter eigentlich die Trennung von Edelmetallen, speziell von Gold und Silber. Die Entfernung von Verunreinigungen aus Metallen nannte man schon damals „Raffinieren", während die Trennung von Blei und Edelmetallen durch Überführen des Bleies (und darin enthaltener Verunreinigungen) in die Oxidform als „Treiben" bekannt ist. Aus der Kunst, ein geeignetes Scheidewasser zu finden, z. B. Gemische mit Vitriol oder Salpetersäure mit Kochsalz, und den wachsenden chemischen Kenntnissen entwickelte sich mit der Zeit ein sog. Trennungsgang der Elemente. Chemische Stoffkenntnis wird noch heute (hoffentlich) mit Hilfe dieser Kombination aus Löse- und Fällungsvorgängen gelehrt. Diese qualitativ-analytischen Vorgänge wurden durch die Analytiker optimiert, um annähernd quantitative Abtrennungen zu erreichen.

Grundsätzlich ist eine 100%-ige Abtrennung einer Substanz von einer anderen nicht zu erreichen. Deshalb arbeitet man sowohl mit dem sog. *Trennfaktor β*, der z. B. für die allgemeine Forderung einer analytischen, nahezu quantitativen Trennungsoperation von mindestens 99,9 % lauten würde:

$$\beta = \frac{99{,}9 : 0{,}1}{0{,}1 : 99{,}9} \approx 1000$$

als auch mit berechneten Anreicherungs- und Abreicherungsfaktoren, weil der Trennfaktor nur eine begrenzte Gültigkeit hat.

Alles Wissenswerte über Trennungsoperationen hat *Rudolf Bock* [385] zusammengefaßt, so daß hier nur einige Anwendungen punktuell betrachtet zu werden brauchen. Einen Überblick soll die tabellarische Auflistung der verschiedenen Möglichkeiten geben (Tab. 10) und gleichzeitig die Einteilung der unterschiedlichen Trennungsoperationen definieren.

Das **Trennen durch Niederschlagsbildung** ist nicht einfach, da es fast immer zu Mitfällungen, d. h. Adsorption von Begleitelementen an der Oberfläche von Niederschlägen, kommt. Das erforderliche Umfällen, d. h. wieder auflösen und erneut ausfällen, ist eine Kunst, die heute praktisch nicht mehr beherrscht wird. Kenntnisse des Massenwirkungsgesetzes und der Löslichkeitsprodukte sowie deren Anwendung sind erforderlich, um mit der Niederschlagsbildung zu arbeiten. Es ist jedoch in verschiedenen Fällen sehr wichtig, dies zu tun, z. B. wenn es beim Einkauf von Legierungen um viel Geld geht. Ein typisches Beispiel ist das teure Ferrotitan. Der Verkäufer nutzte das Ergebnis eines eigentlich bekannten Laboratoriums und wollte einen Ti-Anteil von 77 % bezahlt haben. Grundlage des Resultates war ein gravimetrisches Verfahren mit einem organischen Fällungsreagens. Die Kontrollanalyse des Käufers, dessen Laboratorium noch das Umfällen beherrschte, fand nun nur 74,5 % Titan und stellte fest, daß bei einfacher Fällung Eisen mitgefällt wird. Das ist eine erhebliche Differenz, die bei einem größeren Los enorme Mehrkosten verursachen würde. Es gab dann eine sog. Schiedsanalyse, und man konnte nur hoffen, daß das Schiedslaboratorium auch das Reinigen durch Umfällen beherrschte.

Tabelle 10 Einteilung der Trennungsoperationen nach R. Bock [385]

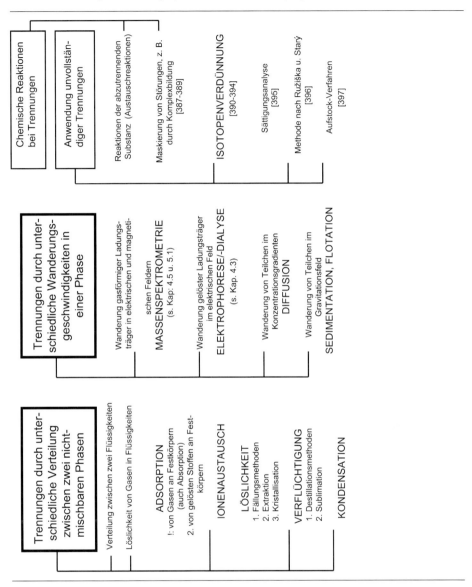

Heute ist ein solcher Ablauf selten geworden, denn der Verkäufer läßt sich zertifizieren, und der Käufer hat aus falsch verstandener Einsparung die Eingangskontrolle inzwischen abgeschafft, was dem Verkäufer bekannt ist.

In den entsprechenden Lehr- und Handbüchern sind diese meist gravimetrischen Verfahren noch enthalten [64–69, 71–74, 77, 83–84, 87–90], aber häufig nicht so beschrieben, daß unerfahrene Analytiker sie leicht durchzuführen vermögen.

Von **Flüssig-flüssig-Extraktion** spricht man dann, wenn ein gelöster Stoff mit einem zweiten Lösemittel extrahiert wird. Im Grunde gilt das auch für viele chromatographische Methoden, die ebenfalls auf der Verteilung gelöster Stoffe zwischen zwei Phasen beruhen. Grundsätzlich gibt es zwei Varianten. In beiden Fällen benutzt man eine mit Wasser nicht mischbare, organische Lösung, z. B. Chloroform oder verschiedene Ether und Ketone, als Lösemittel für in Wasser vorliegende Verbindungen. Entweder löst sich eine Verbindung in dem Lösemittel besser als in Wasser und kann so ausgeschüttelt werden, oder man versucht über die Bildung eines metallorganischen Komplexes eine solche Extraktion zu erreichen. Auch hierzu ist ein umfangreiches Wissen mit viel Erfahrung erforderlich.

Allgemein wird die Phase, aus der ein gelöster Stoff extrahiert werden soll, als Abgeber oder Raffinat bezeichnet, während das Lösemittel, welches den entsprechenden Stoff aufnimmt, auch Aufnehmer oder Extraktionsmittel genannt wird. Die guten deutschen Begriffe werden leider kaum noch benutzt. Für die Entwicklung oder Anwendung eines Extraktionsverfahrens ist nun die Kenntnis des Verteilungsgleichgewichtes erforderlich, das die Verteilung zwischen beiden Phasen und damit den Trennfaktor bestimmt. Für hinreichend verdünnte Lösungen und gegenseitige Unlöslichkeit von Abgeber (Raffinat) und Aufnehmer gilt das *Nernst'sche Verteilungsgesetz*:

$$K = \frac{c_L}{c_R}$$

mit c_L als Konzentration des Extraktes im Aufnehmer, c_R derjenigen des Extraktes im Raffinat und dem Verteilungskoeffizienten K. Die hieraus abgeleitete Verteilungsfunktion ist linear. Für höhere Konzentrationen wird der Verteilungskoeffizient $K = f(C)$, also konzentrationsabhängig.

Noch komplizierter sind die Phasengleichgewichte in flüssigen Dreistoffsystemen, wie sie in der Technik häufiger vorkommen. Hier gilt es dann das Gibbs'sche Phasendreieck anzuwenden, was man in der Analytik durch methodische Varianten verhindern sollte [386].

Da der Verteilungskoeffizient K erfahrungsgemäß bei einfacher Extraktion den Wert „9", also 90 % extrahierter Stoff, selten übersteigt, ist es sinnvoll, die Extraktion nach dem Trennen der Phasen zwei- bis dreimal zu wiederholen, weil ein Wert von „9,9" erst als quantitativ angesehen wird. Hierzu ist die Anwendung einer Soxhlet-Apparatur anstelle des Scheidetrichters zu empfehlen, auch weil dies ohne aufwendige Handarbeit abläuft.

Eine große Zahl organischer Verbindungen bildet mit Metallkationen stabile Komplexe [387–389], die ihre organische Struktur behalten und sich somit in einem organischen Lösemittel weitaus besser als in Wasser lösen. Damit liegt das Verteilungsgleichgewicht (nach MWG) auf einer Seite, so daß bereits ein bis zwei Extraktionsschritte ausreichen. Hiervon wird in der Praxis oft Gebrauch gemacht. Eine ausführliche Übersicht hierzu veröffentlichte *H. Specker* [398], der sich mit diesem Gebiet eingehend beschäftigt hatte.

Eine große Rolle in der Trennung von Analyten spielen die verschiedenen Methoden der **Chromatographie.** Die Namensgebung erfolgte bereits 1906 durch *I. M. Tswett* [399], der die griechischen Wörter für Farbe und Schreiben zusammenfügte. Er hatte ursprünglich mit Hilfe eines Glasrohres, das mit $CaCO_3$ gefüllt war (heute würde man sagen: einer mit $CaCO_3$ gepackten Säule) Chlorophyll von anderen Pflanzenfarbstoffen getrennt. Was aus diesen Anfängen geworden ist, läßt sich in zahlreichen Handbüchern nachlesen, von denen hier zwei stellvertretend genannt werden sollen, die alle wichtigen Arbeiten bis zur Mitte des 20. Jahrhunderts zitieren: *„Papierchromatographie"* von *Friedrich Cramer* [400] und aus der Reihe *„Die chemische Analyse"*, herausgegeben von *Gerhart Jander*, den 46. Band *„Chromatographische Methoden in der analytischen und präparativen anorganischen Chemie unter Berücksichtigung der Ionenaustauscher"* von *Ewald Blasius* [401].

Der Begriff „Chromatographie" wird für jede Trennungsmethode benutzt, bei der die Komponenten zwischen einer stationären und einer sich bewegenden (mobilen) Phase verteilt werden. Im allgemeinen besteht die stationäre Phase aus einer porösen Festsubstanz, die entweder direkt oder auch mit einer flüssigen Phase überzogen (getränkt) eingesetzt wird. Eine Trennung von Komponenten erfolgt aufgrund ihrer verschiedenen Affinität zur stationären und mobilen Phase, wodurch sie sich dann mit unterschiedlicher Geschwindigkeit bewegen.

Am ältesten ist wohl die **Papierchromatographie**, die bereits im 19. Jahrhundert als Kapillaranalyse betrieben wurde. Schon 1822 beschrieb der deutsche Farbenchemiker *Friedlieb Ferdinand Runge* (1795–1867) die ersten Kapillaranalysen auf Papier [402]. Eigentlich wurde die Kapillaranalyse damals in der Farbenindustrie durchgeführt, indem ein Papierstreifen oder ein Wollfaden in die Lösung gehalten wurde und die Farbstoffe sich beim Hochsaugen in unterschiedlichen Zonen anreicherten [403]. Als dann Ende der zwanziger Jahre im vorigen Jahrhundert diese Technik quasi wiederentdeckt wurde, benutzte man zunächst die **Säulenchromatographie** mit unterschiedlichen Adsorbentien, wie z. B. in den meisten Fällen Al_2O_3 und Silicagel. Diese Methode war bald aus keinem organischen Laboratorium wegzudenken [404] und ist noch heute aktuell, z. B. als DIN 51791 (vom März 1964): „Bestimmung des Gehaltes an Kohlenwasserstoff-Gruppen nach dem Fluoreszenz-Indikator-Adsorptions-Verfahren" genannt FIA-Verfahren[3]. Hiermit werden gesättigte KWS, Olefine und Aromaten chromatographisch in einer mit Silicagel gefüllten Kapillar-Kolonne in Gegenwart eines Fluoreszenz-Farbstoffgemisches bestimmt.

Nach erfolgreichen Trennungen von Aminosäuren und Zuckern entwickelte sich dann in den vierziger Jahren im Rahmen der Eiweißforschung die Verteilungschromatographie von *Gordon*, *Martin* und *Synge* [405], die als Vorstufe der neuen Papierchromatographie angesehen werden kann. Im Jahre 1944 ersetzten dann *Consden*, *Gordon* und *Martin* [406] die bisher verwendete Silicagelsäule durch Papierstreifen. Durch den Erfolg bei der Aminosäure-Trennung und das geeignete Papier Whatman Nr. 1 hat sich die Papierchromatographie schnell verbreitet und die Kapillaranalyse verdrängt. Grundsätzlich handelt es sich hierbei um eine *qualitative* Methode, wenn auch in neuerer Zeit versucht wurde, die Flecken auszuschneiden und zu eluieren oder die Farbtiefe zu messen.

Um die Mitte des letzten Jahrhunderts war dann die Papierchromatographie in ein- und zweidimensionaler Version (Abb. 108) ein übliches Verfahren zur Trennung komplizierter organischer Substanzgemische. Einmal ließen sich auf diese Weise die Daten aus der Molekularge-

---

[3] Als Anmerkung ist hier festzustellen, daß der Name „FIA" heute auch für die Fließ-Injektions-Analyse (s. Kap. 5) steht, was im Zusammenhang betrachtet zu keinerlei Verwechslungen führt. Deshalb ist es auch unsinnig, den Begriff „AES" nicht für die Atomemissionsspektralanalyse zu verwenden, nur weil später die Auger-Elektronenanalyse dazugekommen ist.

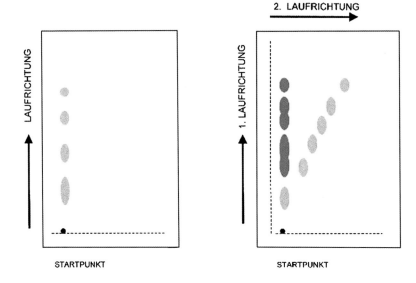

Abb. 108 (a) Schematische Darstellung der Papierchromatographie-Methode und (b) zweidimensionales Chromatogramm von 10 Aminosäuren (1. Laufphase: 80%-iges Phenol; 2. Laufphase: 75% Butanol, 15% Ameisensäure, 10% Wasser) – entwickelt mit Ninhydrin [400].

wichtsbestimmung, der IR-, der UV- und der Massenspektrometrie – den damals wichtigsten Methoden zur Identifizierung einer Substanz (und meist vorhandener Begleiter) – ergänzen, und zum anderen ermöglichte es auch den Laboratorien, die sich keine Komplettausrüstung leisten konnten, wichtige Erkenntnisse zu gewinnen.

So gab es Mitte der fünfziger Jahre keine andere Technik, die es ermöglichte, die geringsten Stoffmengen (im µg-Bereich), die bei tagelanger Verseifung von ausgehärteten Polyesterharzen in Lösung zu bringen waren, qualitativ zu ermitteln. Eindimensional gelang es die Dicarbonsäuren mit dem Laufmittel Phenol zu trennen, während die Alkohole zweidimensional mit zwei Lösemittelgemischen aufzutrennen waren.

Für sehr geringe Stoffmengen kann die Papierchromatographie auch präparativ eingesetzt werden, wenn, wie gesagt, die Flecken ausgeschnitten und die Substanz herausgelöst werden kann. Üblicherweise werden jedoch die klassischen Säulen für präparative Zwecke eingesetzt [401].

Die Säulenchromatographie hat ebenfalls eigene Begriffe. So wird die mobile Phase als Eluens, Elutions-, Fließ- oder Laufmittel und auch als Träger (*carrier*) bezeichnet. Der Transportvorgang durch die Säule heißt Elution. Heute wird auch das Füllmaterial nicht mehr herausgedrückt und ausgeschnitten, sondern die Elution erfolgt kontinuierlich. Mit Hilfe eines geeigneten Detektors werden die Fraktionen unterschieden (Abb. 109), gesammelt und anschließend analysiert. Die Flächen unter den Peaks können ein Maß für die relative Menge des Bestandteiles sein.

Parameter ist die Verweilzeit, die eine Substanz auf der Säule adsorbiert ist bzw. nach der sie eluiert wird, genannt die *Retentionszeit*. Zur Erfassung der Fraktionen

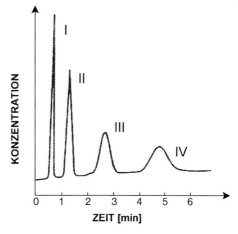

Abb. 109 Elutionsdiagramm aus einer chromatographischen Säule (Trennung eines Vierkomponentengemisches).

bzw. der Zeit, zu der das Elutionsmittel mit einer Stoffkonzentration beladen ist, wurden damals Wärmeleitfähigkeits-Meßzellen oder überwiegend der Flammenionisationsdetektor (FID) benutzt. Die Trennleistung ist bei richtiger Wahl des Füllmaterials überzeugend gut und relativ schnell, auch bei organischen Verbindungen mit ähnlicher Struktur und anorganischen Substanzen mit nahezu identischen Eigenschaften.

Es ist daher erklärlich, daß allgemein die chromatographischen Methoden zu den am häufigsten eingesetzten Teilschritten analytischer Verfahren gehören. Alle chromatographischen Techniken sind deshalb ein Verfahrensteilschritt, weil zu einem Analysenverfahren die Probennahme davor und das Meßverfahren mit Auswertung danach gehören. Es gibt inzwischen so viele Varianten, daß es sinnvoll erscheint, diese zu ordnen. Eine Möglichkeit ist die Einteilung nach den Phasen, wobei stets die mobile Phase vor der stationären genannt werden soll:

1. flüssig-flüssig:	**Flüssigchromatographie** (LC), vgl. mit Extraktion	LLC
2. flüssig-fest:	Säulenchromatographie und Schichtchromatographie	LSC
3. gasförmig-flüssig:	} **Gaschromatographie** (GC)	GLC
4. gasförmig-fest:		GSC

Die *Liquid-Liquid-Chromatography* (LLC) wird für analytische Zwecke vergleichbar mit der Gegenstromextraktion benutzt [407]. Bei der mehrstufigen Version gelten die gleichen Gesetzmäßigkeiten, wie sie aus der Technischen Chemie bekannt sind, z. B. die Abhängigkeit der Trennleistung von der Anzahl der theoretischen Böden.

Die Säulenchromatographie (*Liquid-Solid-Chromatography*) wird etwa seit 1950 regelmäßig zur Lösung zahlreicher analytischer Probleme herangezogen und ist heute bei zahlreichen automatisierten Analysenzyklen als Bestandteil enthalten. Sie hat sich in den letzten 50 Jahren stetig und wesentlich entwickelt. Die Geräte (Abb. 110) und Säulenpackungen sowie die Detektion wurden perfektioniert und automatisiert. Die gewünschte Schnelligkeit der Probenvorbereitung, die erfahrungsgemäß als langsamster Schritt die Dauer eines Analysenverfahrens bestimmt, wurde in den siebziger Jahren durch die heute vorwiegend benutzte *High-Performance-Liquid-Chromatography* (HPLC) erreicht [411].

Die *Schichtchromatographie* ist gedanklich der Flüssigchromatographie zuzuordnen, zu der z. B. auch die bereits erwähnte Papierchromatographie gehört. Da diese stark von der Papierqualität abhängig ist – man weiß immer noch nicht genau, wie die Wirkungsweise ist –, hat sich Ende der sechziger Jahre die **Dünnschichtchromatographie** (DC) entwickelt, bei der die stationäre Phase (Silicagel, Al_2O_3, Cellulosepulver oder Polyamid) in sehr dünner Schicht auf eine Glasplatte oder Kunststoffscheibe aufgetragen wird. Die *Thin-Layer-Chromatography* (TLC), wie die heute meist benutzte englische Bezeichnung lautet, eignet sich dann auch besser zur qualitativen Analyse, weil die Rf-Werte genauer eingehalten werden.

Unter gegebenen Bedingungen wird das chromatographische Verhalten von gelösten Substanzmengen durch den Rf-Wert angegeben (vergleichbar mit der Retentionszeit bei der LC), der als Entfernung zwischen dem Start- und Endpunkt, dividiert durch den Abstand der Lösemittelfront von der Startlinie, definiert ist.

Die Beweglichkeit der Substanzanteile hängt in jedem Fall von ihrer Löslichkeit im Laufmittel (Elutionsmittel) ab. Eine Vielzahl der TLC-Methoden wurde auch zur mengenmäßigen Bestimmung herangezogen [412], wobei entweder direkt auf der Platte mit einem Densitometer spektralphotometrisch oder, wenn die Substanz fluoresziert, mit einem Fluorimeter gemessen oder die Flecken herauspräpariert und mit mikro-analytischen Methoden untersucht wurden. Im ersten Fall handelt es sich um moderne Analytik, während die Anwendung beider Verfahren in Referenz der Analytischen Chemie zuzurechnen ist.

Die Methoden der Elektrophorese (s. Kap. 4.3) und auch die Ringofentechnik von *Herbert Weisz* [413] sind verwandte Techniken der qualitativen Analyse. Die beiden am häufigsten in der Gegenwart eingesetzten Methoden, die diesem Themenkreis angehören, sind die Gaschromatographie und der Ionenaustausch.

Die **Gaschromatographie** (GC) hat in der Analytischen Chemie eine große Bedeutung erlangt, besonders bei der Analyse organischer Proben. Hier ist die mobile Phase ein Gas, z. B. Stickstoff oder Helium, während die stationäre eine Flüssigkeit

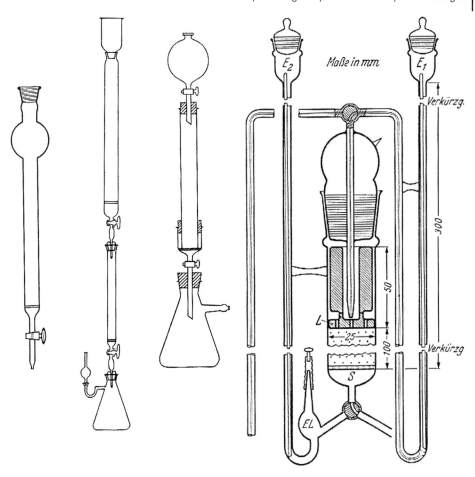

Abb. 110 Verschiedene Säulenformen: (a) von links: einfache Säule, Doppelsäule nach *Blasius* u. *Olbrich* [408], Filtersäulenanordnung nach *Woelm* [409] und (b) automatische Trennsäule nach *Gottschalk* [410].

oder ein Feststoff sein kann. Die meist flüssige Probe wird nach Einspritzen in die Säule schlagartig verdampft und das gesamte System so temperiert, daß die Probe während der Verweilzeit darin gasförmig bleibt. Die Flüssigchromatographie ist eine exzellente Trenntechnik von Gemischen nichtflüchtiger Substanzen, dagegen ist die Gaschromatographie durch die Entwicklung der *Kapillarsäulen* die leistungsfähigste Technik zur Trennung flüchtiger organischer Stoffe geworden.

Oft wird die GC als Analysenmethode bezeichnet, was natürlich nicht stimmt, doch den Organikern die an eine vergleichende Analytik gewöhnt sind, so vorkommen mag. Liegt die zu suchende Substanz in reiner Form vor, kann die Retentionszeit (oder der Rf-Wert) in einem Vorversuch ermittelt werden. Das ist jedoch nicht immer einfach, weshalb Vorsicht bei der Zuordnung geboten ist, wenn die klassischen Meßsysteme, wie z. B. ein sog. Elektrometer oder der Flammenionisationsdetektor (FID), be-

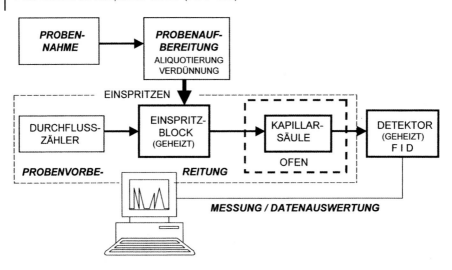

Abb. 111 Schematischer Aufbau eines Analysenverfahrens mit GC-Probenvorbereitung.

nutzt werden. Erst ein Tandemsystem, z. B. die Kombination GC-MS, bringt ausreichend Sicherheit, wenn das Massenspektrum eine eindeutige Auskunft gibt (s. Kap. 5). Der prinzipielle Aufbau eines Gaschromatographen ist einfach (Abb. 111), hier eingebunden in ein Analysenverfahren dargestellt.

Die Auswahl und die Pflege der Kapillarsäulen muß sehr sorgfältig erfolgen. Dafür wird dann der gaschromatographische Verfahrensschritt wenig zeitaufwendig und verkürzt somit die Analysendauer erheblich. Es ist, wie gesagt, jedoch notwendig, alle in Frage kommenden Substanzen unter identischen Bedingungen[4] vorzuprüfen, so daß praktisch immer Mehrfachdurchführungen erforderlich sind.

Um zu optimierten Verfahren zu kommen, ist es empfehlenswert, sich mit den Gesetzen der Adsorption zu beschäftigen. Wenn Gase an festen Flächen absorbiert werden, dann wirken sowohl die van der Waal'schen Kräfte zwischen den Molekülen des Gases und derjenigen des Feststoffes als auch die nicht abgesättigten Restvalenzen des festen Körpers. Das Adsorptionsvermögen hängt von der Größe der Oberfläche ab; es wird besonders groß, wenn der Feststoff porös, feinkörnig oder pulverförmig ist.

Adsorptionsmethoden wurden schon zu Beginn der Analytischen Chemie gegen Ende des 18. Jahrhunderts verwendet. Die Trennung von Gasgemischen durch Adsorption an und Desorption von Festkörpern für analytische Zwecke wurde jedoch erst viel später von *E. Berl* [414, 415], *P. Schuftan*, der bereits den Begriff „Adsorptions-Chromatographie" benutzte [416], und von *K. Peters* [417] beschrieben.

Die analytische Methode kam dann eigentlich erst durch *G. Hesse* [418] und vor allem durch *Erika Cremer* (1900–1996) zur Anerkennung, welche die Grundlagen der modernen Gas-Adsorptions-Chromatographie an der Universität Innsbruck erforschte. In München als Tochter eines

---

[4] „Identische Bedingungen" ist eingeschränkt zu verstehen, da sich der Adsorptionszustand auf der Säule stetig verändert.

Hochschulprofessors geboren, studierte *E. Cremer* an der HU Berlin Chemie und Physik bei *Walter Nernst*, promovierte 1927 bei *Max Bodenstein* und habilitierte sich 1938 ebendort. Sie war Mitarbeiterin von *Georg von Hevesy, Peter Debye* und *Otto Hahn*, bei dem sie 1939 am Kaiser-Wilhelm-Institut die Atomkernspaltung miterlebte. 1940 erhielt sie den damals für Frauen ungewöhnlichen Ruf an die Universität Innsbruck, wo sie von 1945 bis 1970 das Institut für Physikalische Chemie leitete. Im Alter von 91 Jahren wurde *Erika Cremer* zur „Woman of the Year" gewählt (Abb. 112).

Es war ein erfülltes Leben für die Gleichstellung der Frauen in der Wissenschaft und der Kuriosität, daß ihr erstes Manuskript mit dem Titel *„Über die Wanderungsgeschwindigkeit der Zonen bei der chromatographischen Analyse"* infolge des Kriegsendes nicht im Original erschien. Es war im November 1944 bei der Zeitschrift *„Die Naturwissenschaften"* eingereicht und kam im Februar 1945 nach Prüfung und Korrektur zurück, denn von dieser Zeitschrift war das Nov. / Dez.-Heft die letzte Ausgabe im Krieg. Erst im Juli 1946 erschien das nächste Heft; doch die Arbeit wurde in dieser Zeitschrift nie gedruckt. Auf Initiative des amerikanischen GC-Experten *Leslie Stephen Ettre* erschien dann fast 12 Jahre später ein Nachdruck dieses Manuskriptes [419].

Stark beteiligt an der Entwicklung der Gaschromatographie war auch ihr Schüler *Fritz Prior* (1921–1996), der von der TH Wien nach Innsbruck wechselte und dort promovierte und später dort lehrte.

Ende der fünfziger Jahre hielt *Erika Cremer* im Anorganisch-Chemischen Institut der TU Berlin einen Vortrag, bei dem der Autor sie erlebte und folgende Geschichte, die sie erzählte, nie vergessen hat. Um die Leistungsfähigkeit ihrer Methode zu belegen, berichtete *E. Cremer* von einem Vorfall aus der Praxis: Vor einiger Zeit wandte sich die Schweizer Zollbehörde an sie mit einer speziellen Frage. In einem einzigen Jahr war nämlich die Ernte des guten und teuren Schweizer Bienenhonigs so gewaltig angestiegen, daß man sich dies nicht erklären konnte. Man hatte von Aroma-Untersuchungen in Innsbruck gehört und bat um Hilfe. Daraufhin wurden dort die Aromen aller erhältlichen Honigsorten gaschromatographisch geprüft, und es stellte sich heraus, daß der gute Schweizer Honig stark mit argentinischem vermischt war. Die Zöllner konnten nun nach dieser eindeutigen Aussage mit ihren italienischen Kollegen schnell herausfinden, daß im italienischen Tessin kurz hinter der Grenze

Abb. 112 *Erika Cremer* (a) bei einem Vortrag und (b) vor einem ihrer Gaschromatographen.

große Wannen mit dem argentinischen Honig aufgestellt worden waren. Die schlauen Bienen hatten dann den Transport über die Grenze bewerkstelligt. Wie man heute sagen würde: Ein glänzendes Feedback für ein GC-Verfahren.

Auch zur theoretischen Erklärung der Trennung in einer GC-Säule können die „theoretischen Böden" (Trennstufen) herangezogen werden, da angenommen wird, daß die Trennung an solchen Trennstufen erfolgt und sich dabei jedes Mal nahezu ein Verteilungsgleichgewicht einstellt. In der Gas-flüssig-Chromatographie besteht die mobile Phase aus dem Trägergas (mit der Probe), und die stationäre Phase ist eine an einem festen Träger oder den Wänden einer Kapillarsäule adsorbierte Flüssigkeit. Für die Trennung eines Substanzgemisches sind verschiedene Faktoren von Bedeutung: der temperaturabhängige Kapazitätsfaktor (Stoffmengenverteilungskoeffizient), die schon erwähnte Retentionszeit und die Totzeit, d. h. die Zeit, welche die mobile Phase vom Einspritzblock bis zum Detektor benötigt. Prinzipiell läßt sich der Kapazitätsfaktor nach Messung von Totzeit und Retentionszeit berechnen. Hinzu kommt der entscheidende Einfluß der gepackten oder der Kapillarsäule, die heute in großer Auswahl für alle möglichen Anwendungen erhältlich sind. In der Pionierzeit mußten sie im Laboratorium hergestellt werden.

Bereits schon wiederholt erwähnt, spielen die *Detektoren* eine ebenfalls entscheidende Rolle. Es gibt sehr verschiedene Meßgeräte, die sich eignen würden. Die drei am häufigsten benutzten sind:

1. der *Wärmeleitfähigkeitsdetektor*, bei dem die Abkühlung eines heißen Drahtes der molaren Masse des umgebenden Gases proportional ist, der aber relativ unempfindlich reagiert;
2. Der *Flammenionisationsdetektor* gilt als Standarddetektor, ist stabil und extrem empfindlich, noch 10^{-9} g (1 ng) werden erkannt. Die Verbrennung organischer Substanzen liefert Ionen, die an der Elektrode Strom erzeugen;
3. Der *Elektroneneinfangdetektor* enthält einen ß-Strahler (z. B. ^{63}Ni), der aus dem Trägergas Elektronen bildet, die zur Anode wandern und einen konstanten Strom erzeugen, organische Verbindungen im Trägergas reagieren mit den Elektronen (Einfang), wodurch der konstante Strom herabgesetzt wird und so ein Signal liefert.

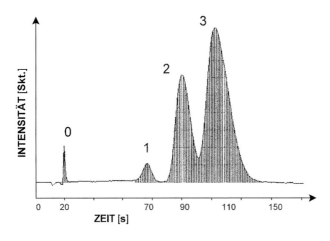

Abb. 113 Einfaches Gaschromatogramm (0: Injektionspeak; 1: Propan; 2: iso-Butan; 3: n-Butan).

Gaschromatogramme können sehr einfach und aussagekräftig sein, wenn es sich um einfache Gemische handelt, wie z. B. dasjenige von handelsüblichem Butan. Es zeigt sich (Abb. 113), daß ein Gemisch aus n-Butan und iso-Butan vorliegt, welches noch mit etwas Propan verunreinigt ist.

In der Praxis kommen jedoch häufig weitaus kompliziertere Gaschromatogramme vor, wie z. B. die beiden eines Wasser-Extraktes (Abb. 114). Hier ist deutlich zu sehen, daß die Kapillarsäule weitaus mehr Information liefert als die gepackte [420]. Aber ist es auch die Aussagefähigkeit, sowohl in Bezug auf die Lage als auch die Form der Peaks?

Die einwandfreie Identifizierung der Peaks ist oft problematisch, besonders wenn die Probenzusammensetzung unbekannt ist. Die *qualitative Analyse* leidet häufig darunter, daß verschiedene organische Verbindungen gleiche Retentionszeiten zeigen. Bei einer Diskussion mit *Rudolf Kaiser* in seinem Dürkheimer Institut konnte der Autor erfahren, daß bis zu 27 Komponenten unter einem einzigen Peak gefunden werden konnten. Deshalb ist es sinnvoll, die bisher üblichen Detektoren zu ersetzen, was natürlich eine Kostenfrage ist. Eine weitaus höhere Sicherheit ergeben Kopplungen des Gaschromatographen mit einem Infrarot- oder Ultraviolett-Spektrometer. Die teuerste Möglichkeit, ein Massenspektrometer zu adaptieren, ist wie so häufig die beste. Wenn die organischen Verbindungen Ionen enthalten, die in Emissonsspektren erkannt werden können, ist die Kopplung mit einem Mikrowellenplasma (speziell für die Halogene) oder einem induktiv gekoppelten (P, S, diverse Metallionen) die allerbeste Verfahrensweise.

Die *quantitative Analyse* ist noch komplexer. Prinzipiell ist die Fläche unter einem Peak zu der entsprechenden Stoffkonzentration proportional, was vollständig kon-

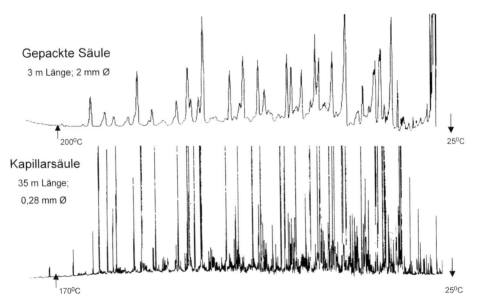

Abb. 114 Vergleich der Gaschromatogramme bei gepackter und Kapillarsäule für organische Verunreinigungen in einer Wasserprobe [420].

stante Bedingungen (Adsorptionskapazität, Säulentemperatur, Strömungsgeschwindigkeit usw.) voraussetzt. Im Regelfall ist bei der Auswertung noch ein für den Detektor typischer Korrekturfaktor zu verwenden. Bei schmalen Peaks kann auch deren Höhe zur Auswertung benutzt werden. Diese Verfahren erfordern eine exakte Kontrolle aller Variablen. Es wird empfohlen, mit einem sog. *internen Standard* zu arbeiten, um mögliche Schwankungen (systematische Fehler) zu minimieren.

Verwandt mit den Adsorptions- und Desorptionsmethoden ist der **Ionenaustausch**. Die Anwendungen in der Analytischen Chemie sind vielfältig [401], da grundsätzlich störende Kationen oder Anionen durch nicht störende ausgetauscht werden können; es handelt sich analytisch gesehen um eine Trennungsmethode.

Die wahrscheinlich erste Beschreibung des Ionenaustausches findet sich im 2. Buch *Moses*, Kapitel 15, in der Bibel, wo berichtet wird, daß aus bitterem Wasser trinkbares wurde, indem man alte Baumstämme hineinlegte. Heute weiß man, daß verrottete Cellulose ein Austauscher für Mg^{2+}-Ionen ist. Wissenschaftlich wurde 1850 durch die Beobachtung von *H. S. Thompson* [421] und *J. T. Way* [422] bekannt, daß Ackerboden die Fähigkeit besitzt, NH_4^+-Ionen gegen Ca^{2+}- und Mg^{2+}-Ionen auszutauschen. Zwanzig Jahre später zeigte dann *J. Lemberg* [423], daß sich verschiedene Mineralien, wie Zeolithe (griech.: Siebboden) oder Aluminiumsilicate, zum Ionenaustausch eignen. Die ersten synthetischen Ionenaustauscher beschrieb *R. Gans* im Jahre 1905 [424]. Die ersten Kunstharze wurden dann 1933 von *Adams* und *Holmes* [425] eingesetzt.

Neben Zeolithen, Tonmineralien oder Kunstharzen können auch wasserunlösliche, aber hydratisierte Salze, Säuren oder Basen zum Austausch benutzt werden. Je nach dem verwendeten Austauschermaterial zeigen die Ionen ein bestimmtes Verhalten, z. B. werden bei dem häufigsten Einsatz zur Wasserenthärtung Ca^{2+}- und Mg^{2+}-Ionen durch Na^+- und K^+-Ionen ersetzt, die keine unlöslichen Carbonate bilden.

Diese Technik, die in der Analytik auf größeren Säulen oder mit kleinen Kartuschen in automatisierten Analysenkreisläufen ausgeführt werden kann, wird auch als *Ionenaustauschchromatographie* bezeichnet. Heute verwendet man dazu überwiegend Kunstharze, die sich durch Polymerisation von Phenol, Formaldehyd und Natriumsulfit bzw. von Polyamiden herstellen lassen. Häufig nimmt man auch Copolymerisate aus Styrol-Divinylbenzol, aus denen entweder durch Sulfonieren Kationenaustauscher oder durch Chlormethylierung und anschließende Umsetzung mit Aminen Anionenaustauscher werden (Abb. 115). Auch Styrol-Acrylsäure-Copolymere werden z. B. zur Herstellung von Ionenaustauschharzen benutzt. Es soll eine hydrophile Gelstruktur mit großer Oberfläche entstehen, die bei Flüssigkeitsaufnahme die Eigenschaft hat, aufzuquellen.

Der Austauschprozeß findet nur solange statt, wie Kationen oder Anionen am Adsorbens zur Verfügung stehen. Da es sich um einen reversiblen Vorgang handelt, läßt sich der Austauscher durch Regenerieren in den Ursprungszustand zurückversetzen.

Mit Hilfe der Ionenaustauschchromatographie konnte 1948 erstmalig die Seltene Erde Promethium nachgewiesen werden und auch Transurane sind damit isoliert worden. Die Anwendungen reichen heute von der Entfernung giftiger Schwermetallionen aus Abwässern über zahlreiche Einsätze in der Nahrungsmittel- und Pharmaindustrie bis hin zur Wirkstoffabgabe im menschlichen Körper aus dem Medikament oder zur Isolierung der DNA für den genetischen Fingerabdruck.

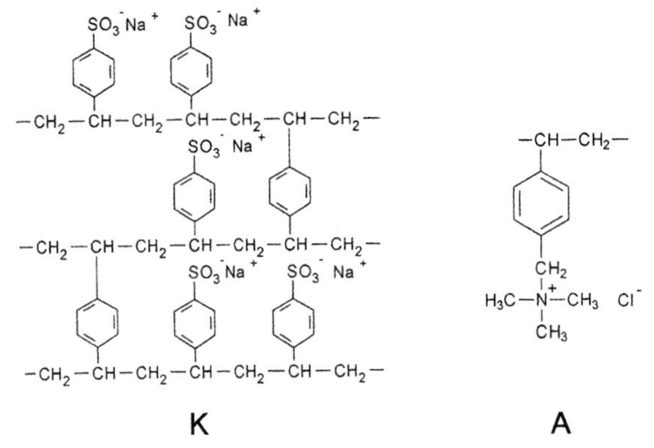

Abb. 115 Schematischer Aufbau von Kationen- (K) und Anionenaustauschern (A).

Nach über 100-jähriger Geschichte entwickelte sich in der zweiten Hälfte des vorigen Jahrhunderts die sog. **Ionenchromatographie** als Teil eines Analysenverfahrens, z. B. im Bereich der Wasseranalyse [426]. Auch hierbei handelt es sich um eine Trennungsmethode von ionischen Spezies durch Verteilung zwischen einer stationären und mobilen Phase. Zusätzlich können Ionenausschluß und Ionenpaarbildung hierbei ausgenutzt werden. Bei der Einsäulentechnik erfolgt die meßtechnische Erfassung der getrennten Ionen durch einen Leitfähigkeitsdetektor, der unspezifisch ist. Man verwendet häufig eine zweite Säule (Suppressorsäule), um die Untergrundleitfähigkeit des als Elutionsmittel benutzten Elektrolyten zu kompensieren. Für jede Probenart muß ein Standardverfahren entwickelt werden. Dann können Reihenuntersuchungen sehr einfach werden, wobei als Voraussetzung die Probenherkunft bekannt sein muß. Auch bei der Ionenchromatographie empfiehlt es sich, weitere Detektoren, wie z. B. UV- oder fluoreszenzspektrometrische oder amperometrisch messende, hinzuzuziehen. Diese einfache Technik wird in der gegenwärtigen Analytik oft und meist kritiklos eingesetzt.

4.2.2
Verbundverfahren

Bei der allgemeinen Sprachverwirrung in der Analytischen Chemie muß zunächst gesagt werden, was hier unter Verbundverfahren verstanden werden soll. Dieser Begriff wird oft mißverständlich benutzt, was zwei publizierte Beispiele hier erläutern sollen: 1. *„Verbundverfahren (Spektralphotometrie, ICP-OES, RFA) zur Bestimmung von Uran-Spuren in natürlichen Wässern"* [427] und 2. *„Verbundverfahren aus Kalorimetrie und Ionen-Chromatographie für Brennwert- und Mineralstoffanalysen in Lebensmitteln"* [428]. Beide Titel beinhalten eine falsche Verwendung des Begriffes, denn es handelt sich im ersten Fall um Referenzverfahren und im zweiten Fall um die Kombination von zwei Verfahren zur Bestimmung zusammenhängender Merkmale. Ferner ist kritisch anzumerken, daß Atomemissionsspektrometrie immer „optisch" betrieben wird (OES fehlt die Redundanz), die Röntgen-Fluoreszenz nicht analysiert wird, während Brennwert und Mineralstoffe bestimmt und nicht analysiert werden. Eine derart nuancenreiche Sprache wie die deutsche ist eben nicht so einfach zu handhaben.

Die *Verbundverfahren* stehen im Gegensatz zu den *Direktverfahren*, und sie sind von den *Multielement-Verfahren* und den *Tandem-Methoden*, den modernen Kombinationen innerhalb eines Verfahrens wie Graphitofen-ICP-AES, ICP-MS oder HPLC-ICP-MS usw., zu unterscheiden. Definitionsgemäß sind die *Referenzverfahren* zur Absicherung von analytischen Resultaten keine Verbundverfahren; sie werden auch deshalb „Referenz" genannt, weil sich der Begriff „Referenzmaterialien" (RM) eingebürgert hat (und global verstanden wird). Die Struktur dieser Verfahren macht die Abläufe deutlich (Tab. 11).

Alle Verbundmethoden bzw. -verfahren haben den Vorteil, daß sie leicht zu eichen bzw. zu kalibrieren sind. Ihr Nachteil liegt in den verschiedenen Teilschritten, die alle zu systematischen Fehlern führen können, beginnend vom Wägefehler über erhöhte Blindwerte, Kontaminationen oder Verluste bis hin zum Meßfehler. Dagegen fallen bei den Direktmethoden bzw. –verfahren, z. B. bei denjenigen der Spektralanalyse, diese bis auf den Meßfehler weg (s. Kap. 5). Ihr Nachteil liegt in der schlechteren Kalibrierbarkeit, da es sich stets um Relativverfahren handelt, d. h. sie müssen mit RM kalibriert werden, deren Merkmalswerte mit einer weiteren Methode bestimmt worden sind (s. Fehlerfortpflanzung). Multi-Elementverfahren können sowohl als Verbund- oder als Direktverfahren ausgeführt

Tabelle 11 Strukturen von Analysenverfahren: (a) Verbundverfahren, (b) Direktverfahren, (c) Multi-Elementverfahren, (d) Referenzverfahren.

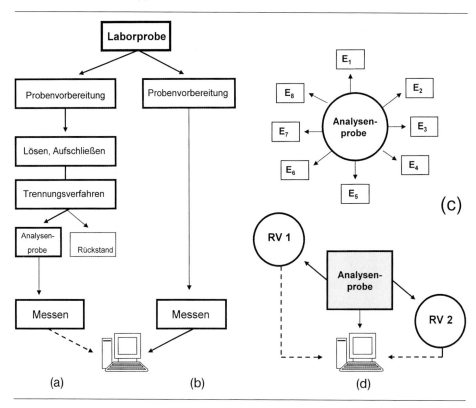

werden, während Referenzverfahren immer als Verbundverfahren durchgeführt werden sollten.

Leider tut man dies heute nur noch sporadisch, weil eine sehr sorgfältige und aufwendige *Optimierung der Verbundverfahren* zur Einengung der systematischen Fehler durch Kontaminationen und/oder Verluste sowie das Absenken der Blindwerte erforderliche Voraussetzungen sind. Dies stellt in der Gegenwart ein zentrales Thema der Bestimmung von Spuren dar [429]. Aus diesem Grunde versucht man, die *Verbundverfahren in geschlossenen Räumen* durchzuführen, wie das beim Hantieren mit radioaktiven Substanzen zum Schutz des Operateurs selbstverständlich ist und geschieht. Diese Forderung, jetzt zum Schutz der Analysenprobe, läßt sich in den seltensten Fällen für analytische Prozeduren komplett erfüllen. Man hat zwar in der zweiten Hälfte des vorigen Jahrhunderts die damals üblichen Holzschränke mit Keramikplatten in den Laboratorien durch Kunststoffschränke ersetzt und gebräuchliche Klimaanlagen eingebaut, um zu relativ konstanten Temperaturen zu kommen; nur dabei nicht bedacht wurde, daß gerade diese Klimaanlagen die Partikel und Bakterien umpumpen und anreichern können. Deshalb ist es sinnvoll, Spurenbestimmungen in sog. Reinräumen durchzuführen oder zumindest Reinarbeitsplätze (*Clean Benches*) zu installieren, was zunehmend geschehen ist (Abb. 116).

4.2.3
Bemerkungen zur Reinraumtechnik

Es bietet sich an, hier auf die gegenwärtige Entwicklung der *Reinraumtechnik* hinzuweisen, da in Reinräumen immer noch Menschen agieren, und so die Forderung „abgeschlossen zu arbeiten" nur selten erfüllt werden kann [431]. Der Mensch befördert Millionen von Partikeln in einen Reinraum, z. B. in einen Raum der Klasse 10 000 werden 24 Millionen Partikel / Person / 8-Stundenschicht und in einen der Klasse 100 immerhin noch 2,9 Millionen

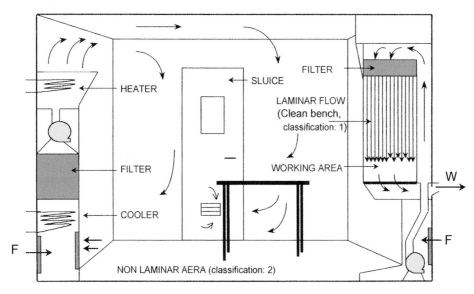

Abb. 116 Beispiel eines Reinraumlaboratoriums vor 30 Jahren [430].

eingebracht. Er verteilt dort mit jeder Bewegung 10 000 bis 100 000 Partikel (~1 µm Ø), wie das Fraunhofer-Institut für Produktionstechnik und Automation (IPA) in Stuttgart festgestellt hat. Auch Clean Benches in Reinräumen sind vor dem Menschen nicht sicher, so daß angestrebt wird, die Operationen wenn möglich in völlig gekapselten Räumen ablaufen zu lassen. Da hierdurch hohe Investitions- und Instandhaltungskosten erforderlich werden, ist stets abzuwägen, ob man überhaupt Spurenbestimmungen durchführt. Hier sollte eine allgemeine Regel der praktischen Analytik gelten: „Kein Ergebnis ist besser als ein falsches! "

Es gibt einmal die Möglichkeit, anfallende Aufgaben der Spurenbestimmung an externe Laboratorien zu vergeben, was gegenwärtig aus vorgeschobenen wirtschaftlichen Gründen oft erfolgt; doch ist dann auch die Verantwortlichkeit abgegeben. Zum anderen gibt es Wege, z. B. mit wirtschaftlich vertretbaren, kleinen Reinraumeinheiten, die nötigen Voraussetzungen zu schaffen. Um zu wissen, wie die Umgebungsluft beschaffen ist, sollte sich jeder Analytiker mit der Reinraumtechnik beschäftigen.

Zunächst ist festzustellen, daß es unterschiedliche Reinraumklassen (Abb. 117) gibt, die ein Analytiker kennen muß, um bei Planung und Ausführung mitreden zu können. Das gilt ebenso für die 1999 erschienene DIN EN ISO 14644, T. 1, die zwar die neuen Möglichkeiten, zu extrem reinen Räumen zu kommen, durch zusätzliche Klassen berücksichtigt, doch – wie bei der Normung allgemein – auch zusätzliche Verwirrung schafft. Weltweit benutzt werden heute noch die in dem US Federal Standard 209E festgelegten Klassen, was wohl noch eine Generation anhalten wird.

Es gibt eine Formel, nach der jeder die Partikelkonzentration abschätzend berechnen kann (Tab. 12). Für Reinraumlaboratorien kommen im wirtschaftlich noch sinnvollen Regelfall die Klassen 100 bis 10 000 (ISO-Klassen VI–VIII) in Frage. In normalen, geschützt liegenden und klimatisierten Laborräumen lassen sich mehr als zwei Millionen Partikel (> 0,3 µm Ø) meßtechnisch nachweisen. Die Lage eines Laboratoriums ist ebenso wichtig wie die Luftströ-

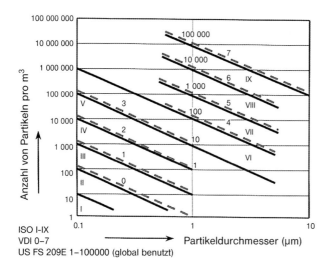

Abb. 117 Vergleich der gebräuchlichen Reinraumklassen.

Tabelle 12 Gegenüberstellung der verschiedenen Normen und Vorschriften zur Reinraumklasseneinteilung.

Standardisierung:

DIN EN ISO 14644; T.1 (1999) →
DIN EN ISO 14698; T:1-3 (1999) E

Reinraumklassen

US Federal Standard 2 09 E	ISO	VDI	Partikel pro m³ [1 µm Ø]
	I*		
	II	0	1
	III	1	10
1	IV	2	100
10	V	3	1000
100	VI	4	10000
1000	VII	5	100000
10000	VIII	6	1000000
100000	IX	7	10000000

$C_n = 10^N \, [0{,}1 \, \mu m]^{2{,}08}$
$ D$

C_n = Partikel/m³ (gerundet)
N = Klassennummer (< 9)
D = entspr. Partikelgröße [µm]
0,1 = konstanter Faktor [µm]

*für Partikeldurchmesser < 1 µm

mungsverhältnisse und die Umgebung; Sonneneinstrahlung sollte vermieden werden und die Ansaugung der Frischluft kann entscheidend sein. Neben der Atemluft, der Haut und der Kleidung – auch die Schutzkleidung verliert Faserpartikel – des Personals gibt es noch drei wesentliche Partikelquellen: 1. den Partikeltransport durch Luft und Instrumente; 2. das Einbringen von Partikeln, die Oberflächen anhaften und 3. die Bildung von Partikeln durch mechanische Vorgänge an Apparaten und ablaufenden Prozessen.

Die Güte eines Reinraumes wird ganz wesentlich vom Strömungsverhalten der hinzugeführten Reinluft und ihrer Aufbereitung bestimmt. Reinluft wird durch Filterung erzeugt. Die Filtertechnologie verwendet Filter unterschiedlicher Partikelzurückhaltung (Abscheidungsgrad), die in EU-Klassen eingeteilt sind. Für den Luftzutritt verwendet man die Filter EU 10 (85 %), EU 11 (95 %) und EU 12 (99,5 %). Für alle weiteren Klassen gibt jeweils die zweite Ziffer die Anzahl der Neunen an. Der für den Reinluftstrom in Reinräumen am häufigsten benutzte HP-Filter EU 14 scheidet 99,995 % aller Partikel ab, die eine Größe von ≥ 1 µm besitzen. Durch Mehrfachfilterung läßt sich heute technisch ein Reinraum der Klasse 100 (ISO-Klasse VI) mit optimalem finanziellem Aufwand (s. Kap. 6.2.3) erstellen.

Die Art der benötigten Strömung der Reinluft läßt sich folgendermaßen beschreiben. Der Typ der Strömung (*Grade of Turbulence*, GoT) ist nach VDI 2083, Blatt 5, als Standardabweichung der Verteilung der Strömungsgeschwindigkeit dividiert durch das Mittel der Gesamtgeschwindigkeit definiert, also

$$\text{GoT} = \frac{\text{SD}_{\text{Geschw. - verteilg.}}}{\text{Mittel}_{\text{Geschw.}}}$$

Die Voraussetzung für einen *laminaren* Luftstrom ist ein GoT-Wert von > 5, während man von einem *turbulenten* Mischluftstrom spricht, wenn dieser Wert > 20 wird. Der Einfachheit halber wird immer ein laminarer Luftstrom als Voraussetzung für die Reinheit in geschlossenen Räumen genannt, doch wird dieser nicht die unter Vorsprüngen, Tischen oder Apparaten befindliche Luft schnell austauschen. Andererseits führt eine Turbulenz zu einer Partikelaufwirbelung, was unbedingt verhindert werden sollte. Angestrebt wird deshalb ein *Austauschluftstrom mit sehr geringer Turbulenz*, dessen GoT-Werte zwischen 5 und 20 liegen.

Diese Forderung kann in Clean Benches oder noch kleineren Einheiten, wie z. B. den Flow-Box-Typen erfüllt werden (Abb. 118). Stellt man nun eine solche Flow-Box in ein Reinraumlaboratorium der Klassen 1000 oder 100, so sind darin praktisch keine Partikel mehr nachweisbar, denn der Isolationsfaktor einer derartigen Box liegt bei $\sim 10^5$. Der Isolationsfaktor ist das Verhältnis der Partikelanzahl in der umgebenden Luft und derjenigen Anzahl innerhalb der Box.

Es ist wichtig, darauf hinzuweisen, daß bei Spurenbestimmungen nicht nur die Durchführung des Verfahrens (Probenaufbereitung, Vorbereitung der Analysenlösung und Messung) in derartigen Reinräumen ablaufen sollte, sondern auch die gesamte Kalibrierung so zu geschehen hat. Man stellt also nicht nur den Diluter oder Sampler und das Meßgerät in den Reinraum, sondern man lagert und öffnet auch die Flaschen mit den Standardlösungen innerhalb eines solchen, um Kontaminationen zu vermeiden. Da dies noch immer nicht die übliche, überall praktizierte Technik ist, kann mit an Sicherheit grenzender Wahrscheinlichkeit angenommen werden, daß praktisch alle Spurenbestimmungen mit systematischen Fehlern behaftet sind, d. h. zu deutsch: sie sind ein-

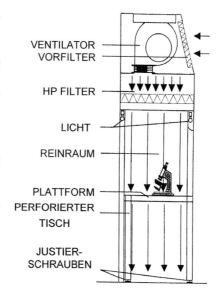

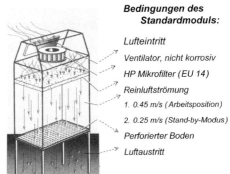

Abb. 118 (a) Typische Clean Bench und (b) prinzipieller Aufbau der Flow-Box von der Spetec Gesellschaft für Labor- und Reinraumtechnik mbH, Erding.

fach nicht richtig. Deshalb kann den Analytikern nur geraten werden, sich mit der Problematik „Reinraumtechnik" zu beschäftigen. Das Fraunhofer-IPA in Stuttgart bietet Ausbildungskurse an, und der entstehenden Normung läßt sich das Wesentliche entnehmen. Neben den Informationen über die Reinheitsklassen sollten für den Analytiker noch die Ausstattung des Personals, die geeigneten Apparaturen, die eingebrachten Oberflächen sowie die verwandten Stoffe und die Sicherheitstechnik von großem Interesse sein. Die Qualitätssicherung bezieht sich hier auf die Einhaltung der Bedingungen für den Reinraum und nicht das Analysenverfahren, darf jedoch nicht außer Acht gelassen werden.

Abschließend ist zu bemerken, daß die Optimierung der Verfahrensdurchführungen nicht nur nach wirtschaftlichen Gesichtspunkten erfolgen sollte, denn über allem steht das Ziel der Analytischen Chemie: die Richtigkeit der erstellten Daten.

4.3
Die Entwicklung elektrochemischer Methoden

Weitere leitprobenfreie Methoden lassen sich durch den Einsatz elektrolytischer oder allgemein elektrochemischer Prinzipien erhalten, die jedoch nur dann als Analysenverfahren brauchbar sind, wenn die Stromversorgung exakt konstant gehalten werden kann, was leider in der Praxis nicht immer der Fall ist.

Fast alle elektrochemischen Methoden haben eine lange Geschichte in der analytischen Anwendung. Oft tun sich Analytiker schwer mit dem Verständnis elektrischer Vorgänge, so daß sie gerne komplette Geräte übernehmen, wie z. B. Elektrolyseeinrichtungen für das Lösen oder Abscheiden von Metallen auf Elektroden (Elektrogravimetrie, Coulometrie), die Elektrolyse mit einer polarisierten Elektrode, z. B. Hg-Tropfen (Polarographie) und die Leitfähigkeits-(Konduktometrie) oder die Potentialmessung (Potentiometrie) mit der heute üblichen pH-Wertbestimmung an Glaselektroden. Grundsätzlich unterscheidet man bei der Leitung des elektrischen Stromes durch Materie die beiden charakteristischen Grenzfälle, einmal die metallische oder Elektronenleitung und zum anderen die elektrolytische oder Ionenleitung. Beide Arten spielen in der Analytischen Chemie eine wesentliche Rolle. Das gilt auch für die grundlegenden Gesetze von *Michael Faraday* (1791–1867) und von *Walter Nernst* (1864–1941) oder für die Erkenntnisse von *Charles Augustine de Coulomb* (1736–1806), *Jean Charles Peltier* (1785–1845), *Hermann von Helmholtz* (1821–1894), *Heinrich Rudolf Hertz* (1857–1894) sowie *Nicola Tesla* (1857–1943), um nur einige zu nennen, deren Namen oder die nach ihnen benannten Einheiten uns oft begegnen werden.

Schon im Altertum kannten die Griechen die Erscheinung der Elektrisierbarkeit von z. B. Bernstein, doch erst im Mittelalter formulierte der englische Arzt und Naturforscher *William Gilbert* (1544–1603) in seiner Veröffentlichung „De Magnete" (erschien 1600 in London) elektrische Erscheinungen. Die erste Elektrisiermaschine baute dann der Magdeburger Bürgermeister *Otto von Guericke* (1602–1686). Etwa 100 Jahre später deutete der italienische Anatomieprofessor *Luigi Aloiso Galvani* (1737–1798) in seiner Schrift „De viribus electricitatis in motu musculari" (1791) die „tierische" Elektrizität noch falsch, was dann fünf Jahre später durch seinen Landsmann, den Physiker *Alessandro Volta* (1745–1827), berichtigt wurde. Er nannte die elektrochemische Spannungserzeugung „Galvanismus" und stellte 1800 sein erstes galvanisches Element vor. Im gleichen Jahr erkannte der deutsche Physiker *Johann Wilhelm Ritter* (1776–1810) die Zerlegung von Wasser in H_2 und O_2 durch elektrischen Strom und entwickelte zwei Jahre später den ersten Akkumulator. Auch im Jahr 1802 entdeckte der englische Chemieprofessor *Humphry Davy* (1778–1829) das Prinzip der Elektrolyse und gewann zwischen 1807 und 1809 die Elemente Al, Mg, K, Ba und Sr durch Schmelzflußelektrolyse. Als nun der dänische Physiker *Hans Christian Ørsted* (1777–1851) im Jahre 1820 den Zusammenhang zwischen Elektrizität und Magnetismus erkannte, stellte im gleichen Jahr der französische Physiker *André-Marie Ampère* (1775–1836) das Grundgesetz des Elektromagnetismus auf. Der englische Physiker *William Sturgeon* (1783–1850) konstruierte 1825 den Elektromagneten, und 1826/27 formulierte der deutsche Physiker *Georg Simon Ohm* (1789–1854) den gesetzmäßigen Zusammenhang zwischen Stromstärke (I), Spannung (U) und Widerstand (R) in einem elektrischen Stromkreis ($U = R \cdot I$). Im Jahr 1831 entdeckte dann der englische Physiker *Michael Faraday* (Abb. 119) die Erscheinung der elektrischen Induktion. Zwei Jahre später veröffentlichte er das Gesetz über die Stoffabscheidung bei elektrolytischen Vorgängen und prägte die Begriffe „Anode, Kathode, Anion, Kation, Elektrolyt und Elektrolyse". Die internationale Einheit der elektrischen Kapazität eines Kondensators, das *Coulomb* pro Volt, ist als Farad (F) nach ihm benannt worden.

1840 stellte der englische Physiker *James Prescott Joule* (1818–1889) das Gesetz der elektrischen Stromwärme auf, welches besagt, daß die elektrisch erzeugte Wärmemenge proportional dem Widerstand und proportional dem Quadrat der Stromstärke ist. 1841 entwickelte der deutsche Chemiker *Robert Wilhelm Bunsen* (1811–1899) ein vielgebrauchtes, galvanisches Element, bei dem der positive Pol (Anode) aus Kohle bestand. Im Jahr 1845 stellte der deutsche Physiker *Gustav Robert Kirchhoff* (1824–1887) die nach ihm benannten Regeln für Stromverzweigungen auf. In den folgenden 160 Jahren setzte dann eine unglaubliche Entwicklung ein, so daß man heute Elektrizität oft als Selbstverständlichkeit benutzt, ohne darüber nachzudenken. Erst in der Gegenwart führt der enorme, weltweite Energieverbrauch zu Diskussionen über die verbleibenden Ressourcen.

Sehr früh wurde in der Analytischen Chemie die Elektrolyse (Abb. 120) benutzt, um die Metallgehalte von galvanischen Bädern zu bestimmen [432], denn schon seit 1841 betrieb der deutsche Elektrotechniker

Abb. 119 *Michael Faraday* (1791–1867).

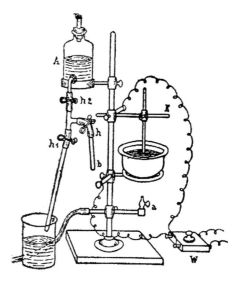

Abb. 120 Handgezeichnete Anlage zur Elektrogravimetrie von *Franz Reinboth* um 1925 (Großvater des Autors).

Abb. 121 Im Galvaniklaboratorium der Siemens Glühlampen AG (rechts: *Franz Reinboth*, Großvater des Autors).

Werner Siemens (1816–1892) als erster ein elektrolytisches Vergoldungsverfahren, dem weitere folgen sollten, die bis heute vom Prinzip her aktuell geblieben sind.

Damals unterschied sich die Arbeit in den Laboratorien erheblich von heute; es wurde auf gediegene Kleidung mit steifem Kragen wertgelegt, wie die Chemiker des Galvaniklaboratoriums der Siemens Glühlampenwerke in Berlin (später Osram) im Jahre 1911 erkennen lassen (Abb. 121).

Auch für die Maßanalyse mit potentiometrischer Endpunkterkennung gab es schon vor 80 Jahren geeignete Geräte. Die Firma Janke & Kunkel hat schon damals die benötigten Geräte geliefert und existiert heute noch.

Die ursprüngliche Bedeutung der elektrochemischen Methoden hat in der Praxis aus sehr unterschiedlichen Gründen stark abgenommen, obwohl sie in einigen modernen Apparaturen noch „versteckt" enthalten sind.

4.3.1
Elektrolyse

Die chemische Elektrolyse hat immer noch eine große industrielle Bedeutung, z. B. in der Aluminium-, Gold- oder Chlor- und Wasserstoffherstellung sowie zur Veredlung von Metalloberflächen. In Bezug auf die Analytische Chemie ist besonders zur Bestimmung höherer Anteile die **Elektrogravimetrie** von Interesse geblieben, obwohl sie bereits im 19. Jahrhundert von *Wolcott Gibbs* (1822–1908) eingeführt worden war. Darunter versteht man die Fällung durch Elektronen. Wenn z. B. zwischen zwei Platin-Elektroden ein elektrisches Feld entsteht, müssen sich die Elektronen bewegen. Das erfolgt überwiegend in Elektrolytlösungen in der sog. Zelle. Ein allgemeines Problem stellen immer wieder die Elektroden dar. Die saubere Oberfläche von inerten, unangreifbaren Elektroden, z. B. Pt, spielt die wesentliche Rolle ebenso wie das Gleichgewicht zwischen gleichartigen Elektronen in der Lösung und der aktiven Elektrode, z. B. aus Kupfer. Kombinationen beider Elektrodenarten sind z. B. die Kalomel- oder die Glaselektrode (s. Kap. 4.3.2). Wenn Gleichstrom durch eine elektrolytische Zelle fließt, so läuft eine Redoxreaktion ab, und zwar erfolgt an der Anode die Oxidation (Elektronenübergang von der reduzierten Form einer Substanz an die Elektrode) und an der Kathode die Reduktion (Elektronenübergang von der Elektrode an die oxidierte Form einer Substanz). Der Stromkreis wird durch die Ionenleitung in der Elektrolytlösung geschlossen.

Nach dem ersten Faraday'schen Gesetz ist nun die bei der Elektrolyse abgeschiedene Masse M der durch die Zelle gelangten Ladungsmenge Q proportional:

$$M = \frac{A/n}{N_L} \cdot \frac{Q}{e} = \tilde{A} \cdot Q$$

worin bedeuten: A/n: Grammäquivalent; $\tilde{A} = A/n \cdot (N_L \cdot e)^{-1}$: elektrochemisches Äquivalent.

Der Proportionalitätsfaktor, das elektrochemische Äquivalent $\tilde{A}$ [g / Ampere · s], ist diejenige Menge, die von einer Amperesekunde abgeschieden worden ist. Beispielsweise gilt für Ag:

$$\tilde{A}_{Ag} = \frac{1{,}0788 \cdot 10^5}{6{,}023 \cdot 10^{23} \cdot 1{,}601 \cdot 10^{-19}}$$
$$= 1{,}118 \, mg/As.$$

Umgekehrt wäre zu fragen, welche Ladungsmenge Q nun gerade 1 Grammäquivalent abscheidet. Mit $1 = (1 / N_L \cdot e) \cdot Q$ ergibt sich:

$$Q = N_L \cdot e = 6{,}023 \cdot 10^{23} \cdot 1{,}601 \cdot 10^{-19}$$
$$= 96493{,}5 \, A \cdot s \text{ oder Coulomb.}$$

Diese für die Analytik so wichtige Größe, z. B. für die Coulometrie, gilt aber nur dann exakt, wenn die Stromstärke I absolut konstant gehalten werden kann (was praktisch nur schwer verifizierbar ist). Wenn die Stromstärke auch bei der Elektrolyse konstant wäre, dann würde das zweite Faraday'sche Gesetz einfach lauten:

$I = Q / \tau$ (τ = Zeit)
und damit
$M = \tilde{A} \cdot I \cdot \tau.$

Dies ist jedoch falsch, denn die Stromstärke nimmt während der Elektrolyse ständig exponentiellartig ab. Der Strom aus der Steckdose führt auch nach Gleichrichtung zu einem leicht pulsierenden Gleichstrom. Richtig ist deshalb: $I = \delta Q / \delta \tau$ woraus folgen $Q = \int I \cdot \delta \tau$ und letztlich

$$\boxed{M = \tilde{A} \cdot \int_0^\tau I \delta \tau.}$$

Entscheidend für die Durchführung einer Elektrolyse ist die Kenntnis der benötigten Klemmenspannung: $U = I \cdot R$ (Ohm'sches Gesetz; R steht hier für die Widerstände in der Zelle und die äußeren Widerstände).

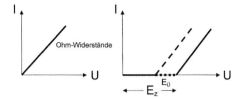

Abb. 122 Ohm'sches Gesetz, Zersetzungs- und Überspannung.

Die lineare Abhängigkeit der Stromstärke von der Spannung, $U = f(I)$, gilt jedoch nur für sog. Ω-Widerstände. Hier greift nun ein anderes Gesetz (Abb. 122); es kommt die Zersetzungsspannung E_z hinzu: $U = E_z + I \cdot R$.

Diese beträgt z. B. für die Normallösungen von Salz-, Schwefel-, Perchlor- oder Phosphorsäure etwa 1,68 Volt. Prinzipiell setzt sich die Zersetzungsspannung additiv aus den den Ionen in der Zelle zugeordneten Zersetzungsspannungen zusammen.

Dabei ist es völlig gleich, wo das Nullpotential liegt, weil man immer mit Differenzen arbeitet. Zu beachten ist ferner die *Überspannung* $E_Ü$, die von der Stromdichte abhängig ist und auf der zusätzlichen Arbeit der Dehydration beruht, welche die Ionen von der Hydrathülle befreit. Die Überspannung besteht aus zwei Anteilen, dem anodischen und dem kathodischen Teil:

$$U = I \cdot R + E_A - E_K + E_{ÜA} - E_{ÜK}$$

Für die Cu-Bestimmung als Beispiel gilt mit $I = 0{,}1$ A und $R = 2 \, \Omega$, daß eine Badspannung von: $U = 0{,}1 \cdot 2 + 1{,}23 - 0{,}35 + 0{,}44 - 0{,}01 \, V = 1{,}5 \, V$ mindestens erreicht werden muß, um die Cu-Elektrolyse durchführen zu können. So konnte Kupfer aus Erzen und anderen Materialien elektrogravimetrisch bestimmt werden. Hierbei erfolgt die Abscheidung von metallischem Cu aus salpetersaurer Lösung an einer Pt-Netzelektrode [83, 433]. Die wichtigste Anwendung der Elektrogravimetrie ist bis heute die Blei-Bestimmung aus Erzen und anderen Materialien, wobei Pb aus salpetersaurer Lösung anodisch in einer Pt-Schale als PbO_2 abgeschieden wird. Auch die gemeinsame Abscheidung von Cobalt und Nickel nach Vortrennungen ist möglich. Gerade die *Bestimmung höchster Konzentrationen* ist ebenso schwierig wie diejenige geringster – und das macht die Elektrogravimetrie möglich.

Allgemein gilt, daß immer der energetisch günstigste Prozeß mit der kleinsten Spannung abläuft. Durch höhere Temperatur kann die Diffusion in der Lösung erhöht werden. Eine zu starke Verdünnung im Elektrolyten um die Elektrode führt ebenfalls zur H_2-Abscheidung, wodurch der Niederschlag des Metalls schwammig werden kann. Beim Einsatz von HNO_3 ist der Zusatz von Natriumnitrid oder Harnstoff zu empfehlen, um die Bildung von HNO_2 zu verhindern. Eigentlich müßten aus wässeriger Lösung nur Metalle abgeschieden werden, die edler als H^+ sind. Das trifft nicht zu, weil die Spannung mit steigendem pH-Wert negativer wird (pH = 0 → E = 0; pH = 7 → E = −0,41 V; pH = 11 → E = −0,64 V). Somit ist das Wasserstoffpotential negativer als das des Metallions.

4.3.2
Potentiometrie

Der wechselseitige Austausch der Ionen an Elektroden erfolgt aufgrund der Lösungstension (Austritt) und durch den osmotischen Druck (Eintritt), als sog. *Konzentrationskette* bezeichnet. In dieser ist die Lösungstension identisch, der osmotische Druck ist aber verschieden. Triebkraft ist die Konzentrationskette. Wenn der Konzentrationsausgleich erfolgt ist, fließt kein Strom mehr.

Verschiedene Metalle haben eine unterschiedliche Lösungstension; klein bei Edelmetallen, sehr groß bei Natrium. Die Lösungstension eines Metalls läßt sich z. B. mechanisch durch Stauchen des Gitters (Aktivierungsenergie) verändern, wodurch sich lokal Anode und Kathode bilden können, d. h. an einer Stelle löst sich das Metall auf, an anderer Stelle wird es abgeschieden. Dies ist der Beginn der Korrosion. Wasserstoff verhält sich wie ein Metall; er wird z. B. von Pt-Blech atomar aufgenommen.

Der osmotische Druck ist abhängig vom Säuregrad der Elektrolytlösung. Die Elektrode in saurer Lösung bildet den positiven Pol (Anode). So ist das auch beim Daniell-Element, bei dem sich eine Cu-Elektrode in saurer $CuSO_4$-Lösung in der einen Halbzelle und eine Zn-Elektrode in $ZnSO_4$-Lösung in der anderen befinden. Verringert man die Cu-Konzentration durch Zusatz von NH_4OH, so verringert sich auch der osmotische Druck. Durch Komplexieren des Cu mit KCN wird der osmotische Druck so gering, daß die Cu-Elektrode negativ wird.

Steht ein Metall im Gleichgewicht mit seinen Ionen, so ergeben sich für 25 °C gegenüber der Normalwasserstoffelektrode folgende *Normalpotentiale*:

$$Zn^{2+} + 2\,e^- \leftrightarrow Zn \quad E_0 = -0{,}763\ V,$$
$$Cu^{2+} + 2\,e^- \leftrightarrow Cu \quad E_0 = +0{,}337\ V,$$
$$Ag^+ + e^- \leftrightarrow Ag \quad E_0 = +0{,}799\ V.$$

Da die Aktivität eines festen Stoffes definitionsgemäß den Wert 1 hat, folgt aus dem Massenwirkungsgesetz und der freien Enthalpie (bei konstantem Druck und konstanter Temperatur gewinnbare Arbeit, die auftritt, wenn das System von dem experimentellen in den Gleichgewichtszustand übergeht) die für die Analytische Chemie so wichtige Nernst'sche Gleichung:

$$\boxed{E = E_0 + \frac{RT}{nF} \cdot \ln a}$$

Abb. 123 Walter Nernst (1864–1941).

worin bedeuten: E_0 = Normalpotential; R = universelle Gaskonstante; T = absolute Temperatur; n = Wertigkeit; a = Aktivität.

Die Normalpotentiale gelten für den Fall, daß auch die Konzentration (besser: Aktivität) der Metallionen den Wert 1 besitzt und gegen die Normalwasserstoffelektrode gemessen wird. Die E_0-Werte sind die eigentliche *elektromotorische Kraft* (EMK) in der Zelle.

Das Normalpotential ist ein quantitativer Ausdruck für die Lösungstension! Die Reihenfolge der Normalpotentiale der Elemente wird als Spannungsreihe bezeichnet. Steht ein Metall im Gleichgewicht mit der gesättigten Lösung eines schwerlöslichen Salzes dieses Metalls, so ergeben sich bei 25 °C diese Potentiale:

$AgCl + e^- \leftrightarrow Ag + Cl^-_{(a=1)}$
$\varepsilon_0 = +0{,}2222$ V,
$Hg_2Cl_2 + 2\,e^- \leftrightarrow 2\,Hg + 2\,Cl^-_{(a=1)}$
$\varepsilon_0 = +0{,}2676$ V

in den Halbzellen, die man Elektroden zweiter Art nennt. In 1 m KCl handelt es sich um die Normal-Silberelektrode (ε = +0,237 V) und die Normal-Kalomelelektrode (ε = +0,280 V) sowie in gesättigter KCl-Lösung die gesättigte Kalomelelektrode

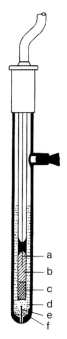

Abb. 124 Gesättigte Kalomelelektrode. (a) amalgamierter Pt-Draht, (b) Hg-Kalomelpaste, (c) poröser Stopfen, (d) gesättigte KCl-Lösung, (e) eingeschmolzener Asbestfaden, (f) KCl-Kristalle.

(ε = +0,246 V; Abb. 124), die häufig als Bezugselektrode verwendet wird.

Für die Wasserstoffionenkonzentration ergibt sich aus der Nernst'schen Gleichung bei 18 °C:

$E = E_0 + (0{,}058/n) \cdot \lg a_{H}^+ = -0{,}058 \cdot p_H$.

Das ist die Grundlage für die pH-Wertmessung über eine EMK. Für verdünnte Lösungen gilt annähernd $a_H = c_H$, also:

$E = 0{,}058 \cdot \lg c_H^+$.

Die heute üblichste Methode zur pH-Wertmessung ist die Verwendung einer Glaselektrode mit einer geeigneten Bezugselektrode. Solche Glaselektroden gibt es in unterschiedlichen Formen (Abb. 125). Ihre Funktionsweise ist in der Fachliteratur ausführlich beschrieben [z. B. 434].

Wichtig für die Analytische Chemie sind weiterhin potentiometrische Endpunktsbestimmungen bei Fällungs-, Neutralisations- oder Redoxtitrationen. Hierbei wird prinzi-

4.3 Die Entwicklung elektrochemischer Methoden

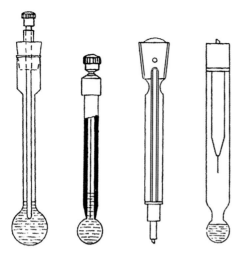

Abb. 125 Verschiedene Typen von Glaselektroden (von links nach rechts: Ausführungsform von Schott, Jena, Polymetron, Zürich, H. Freye, Braunschweig, und Beckman, München).

piell die Veränderung der Konzentration des Analyten während einer Titration mit Hilfe einer geeigneten Kette (Elektrode/Bezugselektrode) gemessen, z. B. zur Bestimmung von Ag (Abb. 126):

$$E = E_0 + 0{,}058 \cdot \lg [Ag^+]$$
$$= E_0 - 0{,}058 \cdot p_{Ag}$$

Eine weiteres Beispiel ist die simultane Titration von Chlor und Iod nebeneinander, weil die unterschiedlichen Stabilitätskonstanten, $[Ag^+][Cl^-] = 10^{-10}$ und $[Ag^+][I^-] =$

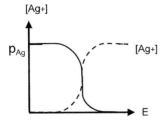

Abb. 126 Potentialverlauf bei der Silberbestimmung.

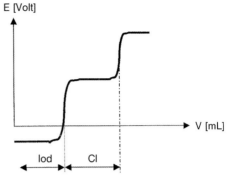

Abb. 127 Fällungstitration von Chlor und Iod.

10^{-16}, von $\Delta p_K = 6$ dies erlauben. Benutzt werden eine Silber- gegen eine Kalomelelektrode und $AgNO_3$ als Titer. $Ba(NO_3)_2$ wird zugesetzt, um das vollständige Ausflocken von AgCl und AgI zu bewirken. Der Verlauf der EMK ist zunächst negativ (Abb. 127).

Die EMK dient hier als Indikator. Dabei gibt es grundsätzlich vier Möglichkeiten der Äquivalenzpunktsbestimmung:

1. Ermittlung aus der graphischen Darstellung,
2. Kenntnis des Potentialwertes am Äquivalenzpunkt,
3. Laufen des Zeigers am Meßinstrument (Titration auf Sprung) und
4. die Differentialmethode.

Hiernach zeichnen moderne Geräte direkt die Kurve der ersten Ableitung $\partial E/\partial v$ auf, so daß aus der S-förmigen eine Peakkurve wird. Bei der Automatisierung wird dann auch die zweite Ableitung benutzt, die im Äquivalenzpunkt die x-Achse schneidet.

In der zweiten Hälfte des vorigen Jahrhunderts wurden zusätzlich *Flüssigkeitsmembran-Elektroden*, die einer Glaselektrode ähnlich sind, doch anstelle der Glasmembran eine poröse, mit einem Ionenaustauscher gefüllte Kunststoffschicht enthalten; *Feststoffmembran-Elektroden*, die sehr stabil

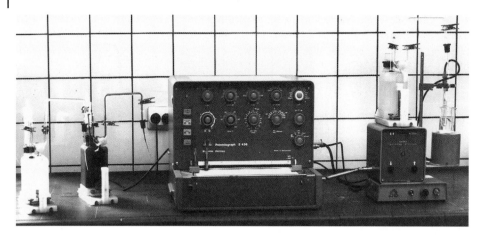

Abb. 128 Potentiometrische Meßeinrichtung von Metrohm im Hoesch-Laboratorium.

arbeiten und zur Messung von F-Ionen Verwendung fanden, sowie auch *Enzymelektroden* entwickelt, woraus eine Reihe von Verfahren entstand, bei denen die *Messung mit ionensensitiven Elektroden* erfolgte [435]. Mit Erfolg ist in der routinemäßigen Praxis die Bestimmung von Fluor damit erfolgt. Allerdings scheiterte die direkte Messung oft an Störungen durch Begleitelemente, so daß die destillative Abtrennung des Fluors, der langsamste Verfahrensschritt, doch erhalten bleiben mußte. Als Referenzverfahren war es dann im Vergleich zu der photometrischen Bestimmung gut geeignet.

Bei Enzymen ist für die Analytik interessant, daß sie spezifisch nur ganz bestimmte Reaktionen katalysieren. Es gab so eine Elektrode, mit der die Konzentration eines Substrates bzw. eines Enzyms gemessen werden konnte (Abb. 129).

Sie wurde z. B. zur schnellen Harnstoff-Bestimmung [437] oder auch zur Messung der Glucose im Blutserum oder Plasma benutzt.

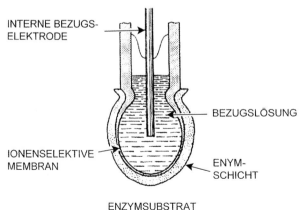

Abb. 129 Enzymelektrode nach E. A. Durst [436] von 1971.

4.3.3
Konduktometrie

Auch die Messung der Leitfähigkeit von Lösungen läßt sich analytisch nutzen. So wie der Drahtwiderstand ($R = \varsigma \cdot l/q$) von der Länge l und dem Querschnitt q abhängt, so sind das im Fall von Lösungen die Konzentration der Ionen und ihre Beweglichkeit:

$$R = \varsigma \cdot c$$

ist die Widerstandskapazität und mit der spezifischen Leitfähigkeit, $1/\varsigma = \kappa$, ergibt sich der Zusammenhang mit der Konzentration c.

$$R = 1/\kappa \cdot c$$

Sie hat somit die Dimension:

$$[\kappa] = [c] \cdot [R]^{-1} = \Omega^{-1}\,cm^{-1}.$$

Bei analytischen Bestimmungen wird die *Äquivalenzleitfähigkeit* Λ herangezogen:

$$\Lambda = \frac{\kappa}{C_{\text{Äq}/1000}} = [\Omega^{-1}cm^{-1}/cm^{-3}]$$
$$= [\Omega^{-1}cm^2]$$

Konzentriertere Lösungen leiten den Strom schlechter als verdünntere (Abb. 130).

Bei noch höheren Konzentrationen gilt das Gesetz von *Kohlrausch* [438] nicht mehr. Λ_0 setzt sich aus zwei Anteilen, den Kationen und den Anionen, zusammen bzw. deren Ionenbeweglichkeiten [439].

Sinnvoll sind auch heute noch drei unterschiedliche, konduktometrische Titrationsarten, die auf den folgenden Reaktionstypen beruhen.

1. Neutralisationsreaktionen, z. B.:
   $HCl + NaOH = H_2O + NaCl$;
2. Fällungsreaktionen, z. B.:
   $NaBr + CH_3COOAg = AgBr + CH_3COONa$;

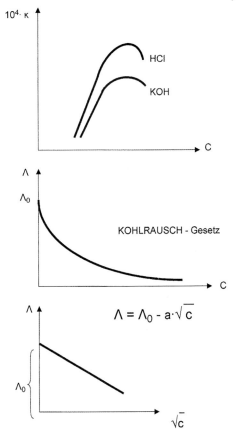

Abb. 130 Verhalten von Elektrolyten – Gesetz von *Kohlrausch*.

3. Verdrängungsreaktionen, z. B.:
   $NH_4Cl + NaOH = NH_3 + H_2O + NaCl$.

Diese Methoden lassen sich ideal zur Kontrolle von Standard- oder Stocklösungen einsetzen, wobei heute das eigentliche Verfahren (bei 1. und 3.) weitgehend automatisiert ablaufen kann.

In der aktuellen Analytik spielt die Leitfähigkeitsmessung immer noch da eine Rolle, wo ihre Anwendung sinnvoll ist, z. B. als Wärmeleitfähigkeitsdetektor in der einfachen Gaschromatographie, bei der Bestimmung von H_2 in Metallen mit N_2 als Trägergas und der maßanalytischen

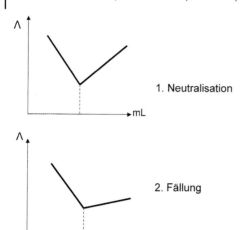

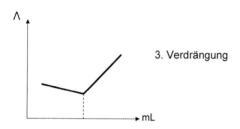

Abb. 131 Konduktometrische Titrationskurven.

Abb. 132 Zusammenstellung einer Kolbenbürette mit Titrator von Radiometer, Kopenhagen, im Hoesch-Laboratorium.

N-Bestimmung in Stählen (Abb. 132). Auch heute noch empfiehlt sich, die alte Literatur, z. B. [440], zu studieren.

Eine gewisse Rolle spielt noch heute die *Elektrophorese* als Trennungsmethode. Es fing damit an, daß an mit Lösemittel getränkten Papierstreifen Spannung angelegt und damit die Trennung schneller gemacht oder verbessert werden konnte, indem eine beschleunigte Wanderung der Anionen zur Anode und Kationen zur Kathode „erzwungen" wurde. Es entstanden vielfältige Abwandlungen unter dem Oberbegriff „Ionophorese", z. B. auch für die Säulenchromatographie, so daß komplizierte Trennungen möglich wurden. Entsprechend gab es auch unterschiedliche Apparatekonstruktionen, von denen hier nur eine der Firma Dr. Virus KG [441] erwähnt werden soll.

4.3.4
Polarographie

Bei der Polarographie handelt es sich wie bei der Elektrogravimetrie um eine Abscheidemethode, nur ist hierbei die Elektrode sehr klein und die abgeschiedene Masse entsprechend gering. Deshalb wird anstelle der Wägung eine Strom-/Spannungskurve aufgenommen (Abb. 133). Eine Referenzelektrode, z. B. die Kalomelelektrode, wird über eine Salzbrücke mit der Probenlösung verbunden.

Es wird nicht gerührt, damit die redoxaktive, üblicherweise reduzierbare Substanz in der Lösung die Arbeitselektrode ausschließlich durch Diffusion erreichen kann. Grundsätzlich ist das Potential jeder Elektrode, abgesehen von der Überspannung (spielt hier keine Rolle), proportional zur Konzentration des zu messenden Metallions. Erhöht man die Spannung U, so steigt der Strom gemäß dem Ohm'schen Gesetz ($U = R \cdot I$) an. Bei der Abscheidung bildet sich eine Ionenverarmung an der Elektrode, ein Konzentrationsgefälle entsteht, das einen Strom hervorruft. Die Abscheidungsspannung wird durch Diffusion geregelt:

$$\frac{dn}{dt} = -Dq \cdot \frac{dc}{dx} \quad \text{(Fick'sches Gesetz)}$$

4.3 Die Entwicklung elektrochemischer Methoden

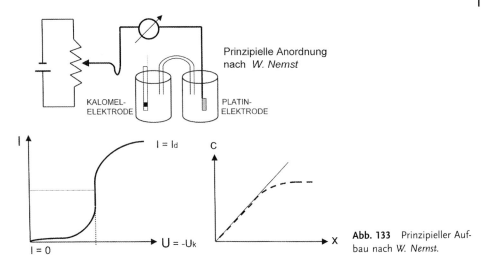

Abb. 133 Prinzipieller Aufbau nach W. Nernst.

Mit $-dc/dx = (c^* - 0)/\delta$ und $dn/dt = +Dq \cdot c^*/\delta$ (δ = Dicke der verarmten Schicht), eingesetzt in die Gleichung $I = dQ/dt = dn/dt \cdot z \cdot F$ ergeben sich:

$$I_d = \frac{Dq \cdot z \cdot F}{\delta}(c^* - 0)$$

und wenn die Konzentration Null nicht erreicht wird, z. B. bei rotierender Pt-Elektrode:

$$I_d = \frac{Dq \cdot z \cdot F}{\delta} c^*.$$

Dieser Diffusionsstrom I_d wird nicht überschritten. Bei Steigerung der Spannung scheiden sich alle in der Lösung befindlichen Ionen ab, wenn ihre Abscheidungsspannung erreicht ist. Die Platin- oder die rotierende Pt-Elektrode lieferten jedoch noch keine reproduzierbaren Werte.

So wurde die analytische Methode der *Polarographie* dann vom tschechischen Physikochemiker *Jaroslav Heyrowský* (1890–1967) begründet, der anstelle der Platinelektrode eine *Quecksilbertropfelektrode* einführte und dafür (erstaunlicherweise) 1959 den Nobelpreis für Chemie erhielt.

Jaroslav Heyrowský (Abb. 134) beschäftigte sich seit 1920 mit der Polarographie und gründete 1922 in Prag ein Zentrales Polarographie-Institut, das er bis 1954 leitete, und das heute Heyrowský-Institut heißt. Bereits 1924 baute er den ersten Polarographen mit automatischer Registrierung [442, 443].

Der Vorteil der Hg-Tropfelektrode ist, daß sich der Tropfen immer wieder erneuert und so nicht durch abgeschiedenes Metall verseucht wird. Aus der Spannungsaufteilung auf Anode und Kathode ergibt sich, da Überspannung nicht auftritt und da U_A = const. ist, weil die in Lösung gehenden Hg^+-Ionen von den vorhandenen Cl^--Ionen sofort ausgefällt werden, demnach:

$$U = U_A - U_K + U_{ÜA} + U_{ÜK} = R \cdot I.$$

Für schwer abscheidbare Ionen wird ein Leitsalz zugesetzt, wodurch das Produkt $R \cdot I$ gegen Null geht. Dann wird: $U = -U_K +$ const.

Das Leitsalz verhindert auch, daß der Wanderungsstrom die Größe des Diffusionsstromes erreicht, d. h. das elektrische Feld ist quasi ausgeschaltet.

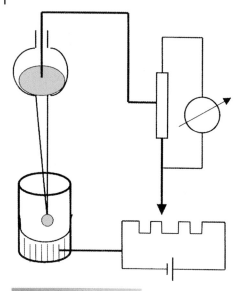

Abb. 134 Anordnung der Quecksilbertropfelektrode nach J. Heyrowský.

Die gesamte angelegte Spannung charakterisiert ausschließlich den Vorgang an der Kathode, d.h. die *Spannung ist hier ein quantitatives Maß* ($U = -U_K$).

Bei der Polarographie handelt es sich im Grunde um die Beobachtung von Reduktionsvorgängen. Mit Hilfe der Nernst'schen Gleichung:

$$U_K = U_0 + 0{,}058/n \cdot \lg([Ox]/[Red])$$

und bei $I = 0 \rightarrow [Ox]_{Kathode} = [Ox]^*_{inLosung}$; $[Red] = 0$ sowie bei $I = I_d \rightarrow [Ox] = 0$ und $[Red] = [Ox]^*$ ergibt sich für das Halbstufenpotential $I = \frac{1}{2}I_d$ dann $[Ox] = \frac{1}{2}[Ox]^*$ und $[Red] = \frac{1}{2}[Ox]^*$, womit von der obigen Gleichung bleibt: $U_{K1/2} = U_0$.

Das Halbstufenpotential ist also mit dem Normalpotential identisch und damit charakteristisch für eine Substanz.

Der Diffusionsstrom I_d strebt bei der Tropfelektrode keinem statischen Wert zu, sondern er hängt nur von der Lebensdauer des Tropfens ab. Dessen Oberfläche wächst mit der Kubikwurzel aus dem Quadrat der Zeit, während die Dicke der verarmten Schicht δ mit der Quadratwurzel aus der Zeit zunimmt. Hieraus kann die Wachstumsgeschwindigkeit der verarmten Schicht berechnet werden. Für die Funktion $I = f(t)$ ergibt sich:

$$I \approx t^{2/3} \cdot t^{1/2} = t^{1/6}.$$

Empfindliche Galvanometer lassen jeden Tropfen erkennen; durch ihre Dämpfung entsteht eine brauchbar gute Kurve.

Für die rotierende Pt-Elektrode galt für den Diffusionsstrom I_d die Gleichung:

$$I_d = \frac{Dq \cdot z \cdot F}{\delta} c^*$$

Für die Quecksilbertropfelektrode gilt dann jedoch mit der Lebensdauer des Tropfens $\delta = a \cdot \tau^{1/2} \cdot D^{1/2}$ und der Oberflächenänderung $q = b \cdot M^{2/3}$; worin die Masse des Hg-Tropfens $M = m \cdot \tau$ sich aus der Fließgeschwindigkeit m und der Zeit τ ergibt. Durch Einsetzen dieser Glieder in die oben wiedergegebene Gleichung entsteht die *Grundgleichung der Polarographie*, benannt nach dem slowakischen Physikprofessor *Dionýz Ilkovič* (1907–1980), einem weiteren Pionier dieser Methode:

$$\boxed{I_d = \frac{F \cdot b}{a} \cdot z \cdot D^{1/2} \cdot m^{2/3} \cdot \tau^{1/6} \cdot c^*}$$

mit $(F \cdot b)/a = A \approx 0{,}6$ sowie der Kapillarenkonstanten; bestehend aus den beiden Gliedern m und τ.

Die Konstante A ist nicht genau zu messen, weshalb Eichkurven mit ähnlich zusammengesetzten Substanzen anzufertigen sind, wobei die Arbeitsbedingungen gleichbleiben müssen. D ist temperaturabhängig (etwa +1,5 % pro Grad).

Am Quecksilbertropfen überlagern sich mehrere physikalische Vorgänge; die Lösungstension der Metalle, die elektrische Auflösung der Oberfläche und die Oberflächenspannung (proportional zum Tropfenvolumen) spielen eine Rolle. Volumen und Oberflächenspannung sowie die Tropfzeit werden durch die angelegte Spannung kontinuierlich verändert. Schließlich verhält sich der Hg-Tropfen wie ein Kondensator, denn es bildet sich eine Helmholtz'sche Doppelschicht. Bei höherer Kapazität C muß ein Strom fließen, um die Spannung aufrechtzuerhalten ($U = Q/C$). Dieser Kondensatorstrom verzerrt die Polarogramme; er wird in modernen Apparaten kompensiert. Auch sekundäre Vorgänge lassen sich minimieren, wie z. B. die Bewegung der Tropfenoberfläche durch Beruhigen mit Gelatine.

Beim Arbeiten in wäßriger Lösung treten für Sauerstoff zwei Stufen (H_2O und OH^-) auf, weshalb dieser mit Sulfit entfernt oder unter Stickstoff gearbeitet wird. Trotzdem war die *Polarographie* vor einem halben Jahrhundert *eine der empfindlichsten*, analytischen *Methoden* überhaupt. Geblieben sind die Einschränkungen bei der Reproduzierbarkeit.

Wegen der schnellen Resultatausgabe ist in der praktischen Analytik der **Kathodenstrahlpolarograph** (Abb. 135a) über viele Jahre eingesetzt worden, bis er dann durch spektrophotometrische Methoden, vor allem durch die AAS, ersetzt wurde.

Zur damaligen Zeit in den sechziger Jahren war dies z. B. die empfindlichste Me-

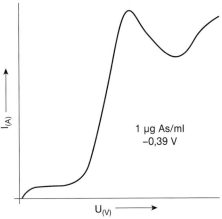

Abb. 135 (a) Kathodenstrahlpolarograph und (b) Polarogramm für Arsen-Spuren.

thode zur As-Bestimmung, was auch für Cadmium galt.

Eine analytisch brauchbare Variante der Polarographie ist die **Amperometrie**. Es wird dieselbe apparative Anordnung verwendet, doch die Spannung gleich so hoch gewählt, daß der Diffusionsstrom fließt. (Man befindet sich auf dem waagerechten Ast der Potentialkurve nach der Halbstufe.) Hierfür reicht die rotierende Platinelektrode in der Titrationslösung vollkommen aus. Die Änderung des Stroms ist am Titrationsendpunkt sehr deutlich.

Um die funktionellen Zusammenhänge noch einmal klar zu machen, sind sie hier aufgeführt:

Polarographie $I = f(U_K)$ mit c = const.,
Amperometrie $I = f(c)$ mit U_K = const.,
Potentiometrie $U_K = f(c)$ mit $I = 0$.

In Abänderung der amperometrischen Meßanordnung können auch zwei kleine Pt-Elektroden in das Titrationsgefäß eingetaucht und nur eine sehr geringe Spannung angelegt werden. Am Endpunkt der Titration erreicht der Strom entweder ein Minimum oder er steigt plötzlich stark an. Diese Methode wird als „Dead-stop-Verfahren" bezeichnet und heute meist bei der Karl-Fischer-Titration eingesetzt. Hierbei ist generell der Endpunkt noch schärfer und ohne Diagramm erkennbar als bei der Amperometrie.

Die weitere Variante, die **Voltammetrie** (ein Kunstwort aus Volt-ampero-metrie), ist nach IUPAC definiert als Aufnahme von Strom-Spannungs-Kurven mit stationären oder festen Arbeitselektroden im Gegensatz zur Polarographie, bei der die entsprechende Aufnahme der Strom-Spannungs-Kurven mit flüssigen Elektroden erfolgt, deren Oberfläche sich periodisch oder kontinuierlich erneuert.

Polarographische und voltammetrische Verfahren werden heute noch als Referenzmethoden für die Spuren- und Ultraspurenbestimmung von Metallen, z. B. in der klinischen Diagnostik oder industriellen Prozeßkontrolle, benötigt und hoffentlich auch eingesetzt.

4.3.5
Coulometrie

Vom Prinzip her ist die **Coulometrie** eine Maßanalyse, bei der direkt mit Elektronen titriert wird. Sie wird also ohne Leitproben (RM) betrieben, und man hat nur darauf zu achten, daß die coulometrische Meßanordnung (Abb. 136) frei von jeglichen Spannungsschwankungen im Netz und gegenüber der Widerstandsänderungen der Probenlösung ist, d. h. der Umrechnungsfak-

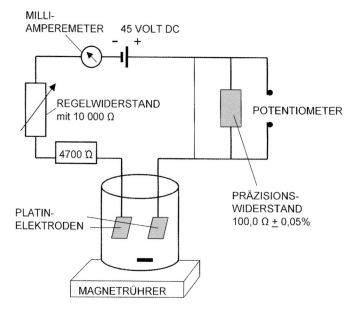

Abb. 136 Beispiel einer coulometrische Meßanordnung.

tor, die Coulomb'sche Zahl, muß auch gültig sein.

Die Auswertung bei der maßanalytischen Titration, Titer · Volumen = Äquivalente, verändert sich für die coulometirsche Titration in: Stromstärke · Zeit = Äquivalente.

Ein Beispiel, die Titration von Ce mit Eisen, soll die wesentliche Charakteristik, die *elektrolytische Erzeugung des Reagens*, zeigen. Die Elektrolyse beginnt mit einem Überschuß an Fe^{3+}-Ionen. Erzeugt werden Fe^{2+}-Ionen, die gleichzeitig wieder verbraucht werden: $Ce^{4+} + Fe^{2+} \rightarrow Ce^{3+} + Fe^{3+}$. Als Indikator ist 1,10-Phenanthrolin zugesetzt worden, das dann mit Fe^{2+}-Ionen einen roten Komplex bildet, wenn alle Ce^{4+}-Ionen verbraucht sind. Die Menge an Fe^{2+}-Ionen ist unbekannt; sie werden quasi als Zwischenträger benutzt. Die Zeit, z. B. 1 min bei einem Strom von 1 µA, bis zum Indikatorumschlag wird gemessen.

Der „Verbrauch" $I \cdot t$ soll nur zu einem einzigen Prozeß gehören. Es entwickeln sich im alkalischen Bereich H_2 an der Kathode und im sauren Medium O_2 an der Anode. Trennt man beide durch ein Diaphragma, so kann man diesen entgegengesetzten Vorgang nutzen. Die Mikro-Coulometrie, z. B. mit $I = 0,1$ µA und $t = 10$ s, erreicht unter der Voraussetzung, daß ein Indikator verwendet wird, der keinen eigenen $I \cdot t$-Verbrauch hat, Bestimmungsgrenzen von 0,001 µg/L (etwa 10^{+8} Äquivalente).

Diese Methode eignet sich unter den genannten Einschränkungen dennoch hervorragend als Referenzverfahren für zahlreiche Metallionenbestimmungen, z. B. zur Faktorermittlung von Standardlösungen aus käuflichen Ampullen bzw. zur Kontrolle angegebener (sog. garantierter) Daten. Weitere Beispiele können in den verschiedenen Handbüchern [77, 83, 84, 89, 108–110] nachgelesen werden. Zum Abschluß der Betrachtung über in der Analytik brauchbare, elektrometrische Methoden soll noch auf die Hochfrequenztitration [444] hingewiesen werden, in der eine bestechende Idee steckt. Benutzt wurde eine Kapazitätszelle, d. h. ein Becherglas mit außen angebrachten Elektroden, und hochfrequenter Wechselstrom. Die Idee war, daß die oft aggressive Analysenlösung nicht mit den Elektroden in Berührung kam und somit die äußerst wichtige und komplizierte Pflege der Elektrodenoberflächen entfallen konnte. Doch infolge der notwendigen Berechnung von Schwingkreisen, von Phasenverschiebungen während einer Titration, von auftretenden Blindwiderständen und Frequenzänderungen hat sich die Methode in der Praxis nicht durchsetzen können.

Geblieben ist jedoch die Idee, die dann bei den emissionsspektrometrischen Methoden der Lösungsanalyse in der zweiten Hälfte des vorigen Jahrhunderts verwirklicht wurde, nachdem auch hierbei jahrzehntelang die Analysenlösungen mit den Graphitelektroden Berührung hatten.

Da Analytiker oft Schwierigkeiten mit dem Verständnis elektrochemischer Vorgänge haben, ist das Studium der beiden Standardwerke von *Giulio Milazzo* [445] und von *Gustav Kortüm* [446] sehr zu empfehlen. Mit einfachen Zusammenstellungen lassen sich die Merkmale leicht erkennen. Aus der praktisch-analytischen Erfahrung läßt sich ableiten, daß eine stabile oder stabilisierte Stromversorgung stets über den Erfolg der Anwendung entscheidet.

4.4
Der Beginn der Gasanalyse

Robert Bunsen hatte bereits 1838 die Verbrennungsprozesse in Hochöfen studiert und aufgrund der Gasanalysen festgestellt, daß mehr als 50 % des Heizstoffes verloren gingen. Dies stieß besonders in England auf großes Interesse, so daß er eingeladen wurde. Dort heizte man längst mit Steinkohle, doch aus seinen Messungen ging hervor, daß man tatsächlich circa 80 % des Heizwertes verlor. Seitdem wurden die Verbrennungsgase ständig analysiert, die Ofenformen verändert und die Verfahrensweise optimiert. Es war das Geburtsjahr des deutschen Chemikers *Clemens Winkler* (1838–1904), der oft als Mitbegründer der technischen Gasanalyse genannt wird, weil er später die Methoden von *Bunsen* verbesserte, vereinfachte und der Praxis zugänglich machte (s. im weiteren Verlauf).

Bunsen publizierte seine Ergebnisse 1857 unter dem Titel *„Gasometrische Methoden"*, die meist auf der Absorptionsfähigkeit von Gasen in Flüssigkeiten beruhten. Er ist somit auch der Begründer der modernen Gasanalyse [170]. Das Ausströmungsgesetz von *R. Bunsen* besagt: *Bei gleicher Druckdifferenz $p_1 - p_2$ ist die Ausströmungsgeschwindigkeit η verschiedener Gase den Wurzeln aus ihren Dichten ξ umgekehrt proportional:*

$$p_1 = p_2 + \tfrac{1}{2} \cdot \xi \cdot \eta^2$$
$$\eta = \sqrt{2(p_1 - p_2) \cdot \xi}.$$

Hierauf beruht eine Methode zur Bestimmung der Dichte von Gasen.

Es ist anzunehmen, daß *Bunsen* die Studien an Gasen kannte, die etwa 25 Jahre vor seinen eigenen Untersuchungen vom italienischen Grafen *von Quaregna u. Ceretto* (Abb. 137a) durchgeführt worden waren, der allgemein als Physiker und Chemiker unter dem Namen *Lorenzo Romano Amadeo Carlo Avogadro* (1776–1856) bekannt ist. *Avogadro* stammte aus einer Juristenfamilie und hatte zunächst Jura studiert und 1796 im kanonischen Recht promoviert, bevor er 1800 ein Studium der Mathematik und Physik begann, was offensichtlich seinen Neigungen entgegenkam.

Abb. 137 (a) *Lorenzo R. A. C. Avogadro* und (b) *Clemens Winkler* (Denkmal in Freiberg).

Seit 1809 lehrte er als Professor für Naturphilosophie am Liceo Vercelli, bis er dann 1820 als Physikprofessor an die Universität Turin berufen wurde. Dort forschte und lehrte er bis 1850. Seine Molekularhypothese stammte aus seiner Zeit als Lehrer am Liceo. Neben seinen Arbeiten über die elektrochemische Spannungsreihe, die Affinität der Elemente und über Gase und Dämpfe in Bezug auf die spezifische Wärme, wodurch er versuchte, die Eigenschaften chemischer Verbindungen durch ihre physikalischen Eigenschaften zu beschreiben, studierte er ab 1811 die Mengenverhältnisse bei Gasreaktionen („*Essai d'une Manière de Déterminer les Masses Relatives des Molécules des Corps*", 1811). Er erkannte, daß die reagierenden Gase zweiatomig sind, prägte den Begriff „Molekül" und postulierte, daß gleiche Volumina von Gasen unter gleichen Bedingungen die gleiche Anzahl von Teilchen enthalten. Seitdem kennen wir die Avogadro'sche Zahl: $6{,}0221415 \cdot 10^{23}$. Da diese Ansicht im Gegensatz zu der von *Jöns Jacob Berzelius* stand, wurden die Arbeiten von *Avogadro* kaum beachtet. Hier zeigt sich, daß die Halsstarrigkeit eines großen Gelehrten durchaus die Entwicklung aufhalten kann, was nicht nur auf die Naturwissenschaften beschränkt ist. Trotz der weiteren Arbeiten, er gab für zahlreiche chemische Verbindungen die exakten Strukturformeln an, erstellte eine Tabelle der Molekülmassen von 15 Elementen und benutzte die modernen chemischen Symbole sowie die Begriffe „Atom, Molekül und Äquivalent", fand *Avogadro* erst nach seinem Tode Anerkennung auf dem 1860 in Karlsruhe abgehaltenen Chemikerkongreß. Seitdem wird auch *Avogadro* als einer der Begründer der Gasanalyse genannt. Es ist anzunehmen, daß *Bunsen* diese lange Ablehnung nicht teilte. Er „bastelte" einfache Geräte zur Untersuchung und Messung von Gasen.

Und dann kam mit *Clemens Winkler* (Abb. 138), der Dritte im Bunde der Mitbegründer. Er wurde in Freiberg als Sohn eines Metallurgen und Neffe des Mineralogen *August Breithaupt* geboren. Sein Pate war *Ferdinand Reich*. Nach dem Studium an der Chemnitzer Gewerbeschule (1853–1856) und an der Bergakademie Freiberg (1857–1859) arbeitete er zunächst in verschiedenen Blaufarbenfabriken, promovierte dann 1864 an der Universität Leipzig über Siliciumverbindungen, um danach Hüttenmeister im Blaufarbenwerk Niederpfannenstiel zu werden. 1872 beschrieb er eine nach ihm benannte Bürette zur Gasanalyse (Abb. 140) und entwickelte Verfahren zur Bestimmung von Wasserstoff und Methan. 1873 wurde er als Professor für anorganische Chemie an die Bergakademie Freiberg berufen, deren Rektor er von 1896 bis 1899 war. Hier entwickelte er 1875 die Grundlagen zur Schwefelsäureherstellung mit Platin als Katalysator für SO_2 und entdeckte bei der Analyse des Minerals Argyrodit 1886 das Element Germanium. In dieser Zeit erschienen auch die Bücher „*Anleitung zur chemischen Untersuchung der Industriegase*" (in zwei Bänden, Verl. Arthur Felix, Leipzig, 1876–79) und „*Praktische Übungen in der Massanalyse*" (Verl. Arthur Felix, Leipzig, 1888; 4. Aufl. 1910) sowie das wichtige „*Lehrbuch der technischen Gasanalyse*" (Verl. Arthur Felix, Leipzig, 1885), das wohl als erste Zusammenfassung diesen Analysenbereich darstellte und bereits 1901 in dritter Auflage erschien (Abb. 138).

Als weiterer Mitbegründer der technischen Gasanalyse wird der deutsche Chemiker *Walther Mathias Hempel* (1851–1916) genannt, dessen Lebenslauf demjenigen von *Winkler* ähnelt. *Hempel* (Abb. 139) wuchs in Dresden auf, studierte dort drei Jahre am Königlich-Sächsischen Polytechnikum, nahm freiwillig an dem Krieg 1870/71 teil und setzte sein Studium der organischen Chemie an der Berliner Friedrich-Wilhelm-Universität bei *August Wilhelm von Hoffmann* und *Adolf von Baeyer* fort. 1872 ging er zu *Robert Bunsen* nach Heidelberg, um dort zu promovieren. Dieser hat ihn sehr beinflußt, denn seine 1878 fertiggestellte Habilitationsschrift wurde unter dem Titel „*Neue Methoden zur Analyse der Gase*" (1880) gedruckt und stellte eine Fortführung des Werkes „*Gasometrische Methoden*" von *Bunsen* dar. *Hempel* gilt auch als einer der geistigen Väter der quantitativen Spektralanalyse in der Metallurgie. Bereits 1880 wurde er auf den Lehrstuhl für Technische Chemie an das Dresdner Polytechnikum (heute TU Dresden) berufen und leitete dort auch das Laboratorium für Anorganische und

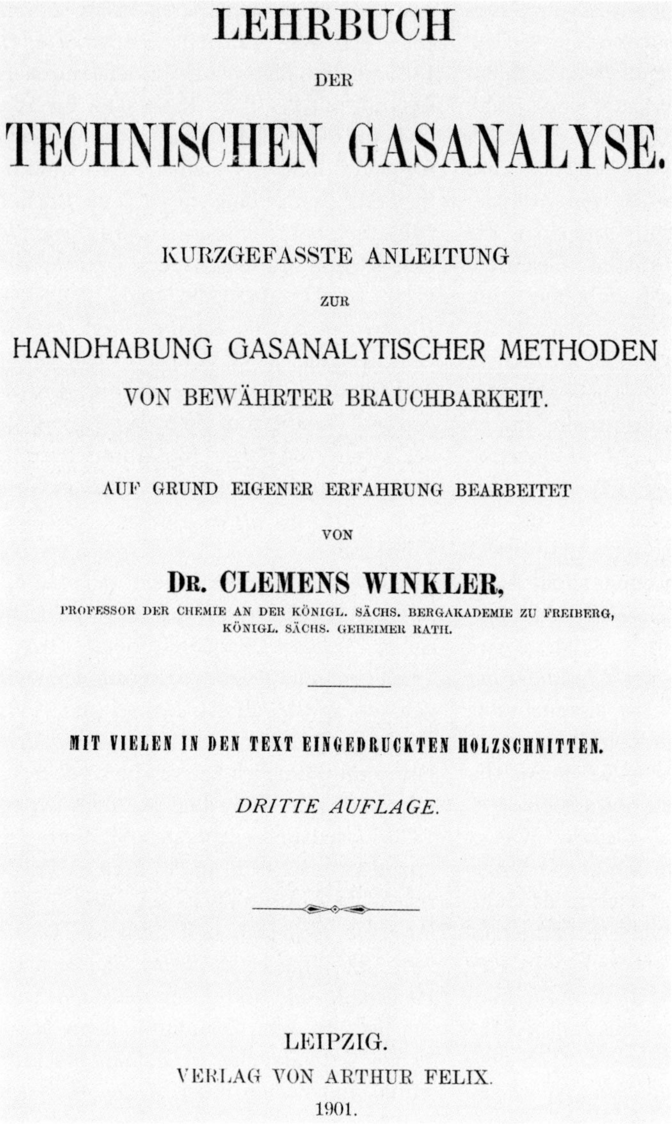

> LEHRBUCH
> DER
> # TECHNISCHEN GASANALYSE.
>
> KURZGEFASSTE ANLEITUNG
> ZUR
> HANDHABUNG GASANALYTISCHER METHODEN
> VON BEWÄHRTER BRAUCHBARKEIT.
>
> AUF GRUND EIGENER ERFAHRUNG BEARBEITET
> VON
> **Dr. CLEMENS WINKLER,**
> PROFESSOR DER CHEMIE AN DER KÖNIGL. SÄCHS. BERGAKADEMIE ZU FREIBERG,
> KÖNIGL. SÄCHS. GEHEIMER RATH.
>
> MIT VIELEN IN DEN TEXT EINGEDRUCKTEN HOLZSCHNITTEN.
>
> *DRITTE AUFLAGE.*
>
> LEIPZIG.
> VERLAG VON ARTHUR FELIX.
> 1901.

Abb. 138 Titelblatt des Lehrbuches von *C. Winkler*, 3. Aufl. 1901.

Analytische Chemie. Zweimal von 1891–1893 und 1902–1903 hatte er das Amt des Rektors inne und hielt noch bis 1914 Vorlesungen. Hauptsächlich arbeitete er an der Vereinfachung maßanalytischer Methoden, die in der Gasanalyse eine besondere Rolle spielten. Nach ihm benannt sind eine Pipette, eine Bürette (Abb. 140) und ein Ofen. Auch die Anwendung eines Diaphragmas in der Chloralkali-Elektrolyse stammt von ihm.

Abb. 139 (a) *Walther M. Hempel* und (b) *Hans H. C. Bunte* (mit Erlaubnis der Universität Karlsruhe).

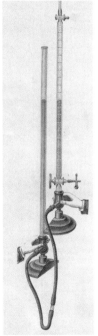

Auch der deutsche Chemiker *Hans Hugo Christian Bunte* (1848–1925) hat sich um die Gasanalyse verdient gemacht, denn er schuf mit der Bunte-Bürette, die gleichzeitig auch als Absorptionsrohr diente, eine wichtige Apparatur zur Gasanalyse. *Bunte* war ab 1884 Generalsekretär des Deutschen Vereins der Gas- und Wasserfachleute, von 1887–1919 Professor für Chemische Technologie an der Universität Karlsruhe sowie Gründer und Leiter des Gasinstitutes ebenda, wo Grundlagen der Feuerungstechnik und Gaserzeugung erarbeitet wurden. Er bestimmte die Heizwerte von Brennstoffen und erforschte Schwefelverbindungen (Bunte-Salze).

Abb. 140 Gasbüretten von *Hempel*, (a) einfach und mit Wassermantel sowie (b) von *Hempel* abgeänderte Winkler-Bürette [140].

4 Die Blütezeit der Analytischen Chemie (1850–1960)

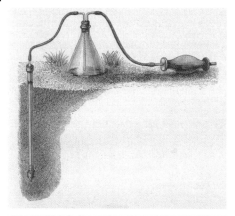

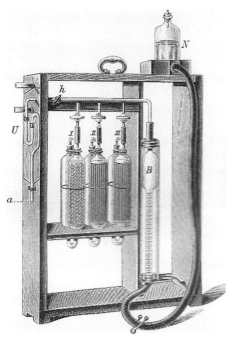

Abb. 142 Gasuntersuchungsapparat nach *Orsat*.

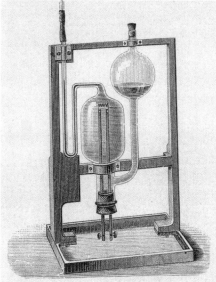

Abb. 141 (a) Gasprobennahme im Boden um 1900 und (b) Apparat zur Methanbestimmung nach C. *Winkler* [140].

Die Apparaturen von *Winkler*, *Hempel*, *Orsat* und *Bunte* und die von ihnen beschriebenen Verfahren wurden in den Industrielaboratorien bis um die Mitte des letzten Jahrhunderts benutzt.

Auch mit der bis heute problematischen Probenentnahme von Gas oder Abgasen beschäftigte man sich damals bereits intensiv. Wenn man betrachtet, wie vor mehr als 100 Jahren die Gasprobennahme aus dem Boden mit einer Sonde erfolgte (Abb. 141), so glaubt man sich in die Gegenwart versetzt, denn gerade auf dem Gebiet der Probennahme hat sich sehr wenig geändert.

Zahlreiche Aufbauten in ähnlicher Konstruktion wurden zur Gasanalyse mehr als 50 Jahre benutzt. Ausgehend von der Apparatur nach *W. Hempel* (Abb. 140) entwickelte *M. H. Orsat* [447] ein Standardgerät der Gasanalyse (Abb. 142). Dabei konnte die Anzahl der Absorptionsflaschen je nach Bedarf vergrößert werden, wie dies z. B. bei Anwendungen in der Stahlindustrie notwendig war.

Varianten des Orsat-Apparates sind etwa ein Jahrhundert benutzt worden [448] bis hinein in die zweite Hälfte des letzten Jahrhunderts [449, 450]. Die Genauigkeit der verschiedenen Methoden zur Gasbestimmung entsprach jedoch nicht den heutigen Anforderungen.

Bereits früher setzte eine Entwicklung ein, die eine schnelle und selektive Messung bestimmter Gase möglich machte. Gemeint sind die Prüfröhrchen, die nur eine Handpumpe erfordern und somit zu den frühen Feld- oder Vorortmethoden gehören. In Abhängigkeit von der Anzahl der Hübe einer solchen Pumpe wird entweder die Länge der Verfärbung an einer Skala abgelesen oder die entstandene Farbe mit einer Referenzfarbe verglichen. Als dritte Variante kann auch der Gehalt aus der Hubanzahl bestimmt werden, bei der die Verfärbung eine bestimmte Markierung erreicht hat. Es gibt inzwischen etwa 160 unterschiedliche Prüfröhrchen für verschiedene Verbindungen in abgestuften Empfindlichkeiten. Nach allen drei Verfahren, der Skalen-, Farbvergleichs- oder Markierungsmethode, lassen sich nur ungefähre Werte ermitteln, was in vielen Fällen ausreicht, z. B. für Ja-/Nein-Entscheidungen. Aufgrund der verschiedenen Empfindlichkeiten lassen sich in einigen Fällen Grenzwerte erkennen. Unbekannte Stoffe lassen sich jedoch nicht messen. Analytisch gesehen handelt es sich um eine einfache Vorprobenmethode, und der Durchführende hat zu entscheiden, ob eine aufwendigere Probennahme und quantitative Messung erforderlich (oder überhaupt möglich) ist.

Derartige Prüfröhrchen gibt es vorwiegend bei zwei Firmen, den Dräger-Werken in Lübeck, die 1889 von *Heinrich Dräger* gegründet, gemeinsam mit seinem Sohn *Bernhard* weiterentwickelt wurden und seit etwa 1930 Gasprüfröhrchen produzieren, sowie der Auer-Gesellschaft in Berlin, deren Gründung auf den österreichischen Chemiker *Carl Freiherr Auer von Welsbach* (1858–1929) zurückgeht, der nicht nur 1885 die Seltenen Erden, Pr, Yt und Lu entdeckte und 1892 den Gasglühstrumpf entwickelte, ein Gemisch aus 99 % Thorium- und 1 % Ceroxid, das beim Erwärmen zur Zündung der alten Gaslaternen führte, sondern auch 1902 in den Osram-Glühbirnen den Kohle- durch einen Metallfaden ersetzte (einer Entwicklung, an der auch der Großvater des Autors arbeitete) und dann 1906 eine Cer-Eisen-Legierung herstellte, die als Feuerstein in Feuerzeugen benutzt wurde. Heute gehört diese Firma einem amerikanischen Konzern.

In diesem Zusammenhang ist natürlich der Ultrarotabsorptionsschreiber (URAS) zu erwähnen, der bereits 1938 von *Erwin Lehrer* und *Karl Friedrich Luft* [451] bei der BASF in Ludwigshafen gebaut wurde (Abb. 143). Es war nach heutigen Maßstäben ein kompliziertes Gerät, das nach dem Prinzip der sog. positiven Filterung ohne spektrale Zerlegung arbeitete. Als IR-Strahler dienten zwei elektrisch auf ca. 700 °C geheizte Nickel-Chrom-Wendeln, deren Strahlung durch eine mit 6,25 Hz rotierende Unterbrecherscheibe moduliert wurde. Strahlungsempfänger waren zwei durch NaCl-Fenster abgeschlossene Kammern, in denen sich das zu analysierende Gas befand, und dahinter ein sog. Membrankondensator als Empfänger, der Druckverhältnisse erkennen und seine Kapazität entsprechend verändern kann. Die Leistungsfähigkeit, hier für einige Gase als kleinste Konzentration, die noch mit einem Fehler von 2 Rel.-% erfaßt werden kann, in Klammern als Vol.-% angegeben, ist für die damalige Zeit erstaunlich gewesen: CO ($<$ 0,05), CO_2 (0,05), CH_4 (0,1), C_2H_2 (0,1) oder Lösemitteldämpfe ($\sim$0,1). Eine Weiterentwicklung des URAS baute die Fa. Perkin-Elmer mit dem Tri-Non-Analyzer. Die Entwicklung der Gasanalysatoren schritt schnell voran, und es kamen immer neue Typen hinzu. Ein allgemeines Merk-

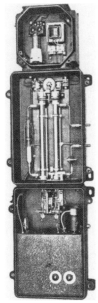

Abb. 143 (a) URAS der Fa. BASF und (b) tragbarer Siemens-Rauchgasprüfer.

vollkommene Verbrennung meßtechnisch erfassen.

Auch in der Stahlindustrie wurden die Rauchgasprüfer überall in Abgaskanälen eingesetzt und später durch solche mit IR-Meßzellen ersetzt, bis dann in der zweiten Hälfte des 20. Jahrhunderts Massenspektrometer zum Einsatz kamen.

Die Neuzeit der Gasanalyse begann eigentlich erst mit der apparativen und elektronischen Entwicklung um die Mitte des 20. Jahrhunderts und war eine der Voraussetzungen für die beginnende Automatisierung von Prozeßkontrollen, wie z. B. in der Grundstoffindustrie (s. Kap. 5.3). Dabei handelte es sich im wesentlichen um die Gase Wasserstoff, Sauerstoff und Stickstoff sowie CO, CO_2 und SO_2, SO_3, die auch durch thermische Entgasung gewonnen werden konnten.

Aus den Anfängen vor mehr als 80 Jahren haben sich, hier beispielhaft genannt, bei der Fa. Siemens die Gerätefamilien zur Prozeßgasanalyse entwickelt, wie OXYMAT zur O_2-Bestimmung unter Ausnutzung der paramagnetischen Eigenschaften des O_2-Moleküles im Vergleich zu einem Referenzgas; ULTAMAT zur sehr empfindlichen Bestimmung von CO, CO_2, NO, SO_2, NH_3, H_2O, CH_4 u. a. KWS nach dem NDIR-Verfahren im Wellenlängenbereich zwischen 2 µm und 9 µm; FIDAMAT für die KWS-Messung mit dem Flammenionisationsdetektor (FID) und CALOMAT für die Bestimmung von H_2 und Edelgasen mit Hilfe des Wärmeleitfähigkeitsdetektors.

Eine besondere Rolle kommt in der industriellen Praxis der Bestimmung der Gase in Metallen [453] zu. Während H_2 im allgemeinen in Metallen beweglich ist und damit die Eigenschaften beeinflußt, tun dies O_2 und N_2 durch ihre stabilen und veränderlichen Bindungsformen (Reinheit). Kohlenstoff spielt bei der Herstellung unlegierter Stähle eine entscheidende Rolle,

mal einer solchen, apparativen Entwicklung wurde auch hier deutlich: Die Geräte wurden immer kleiner, wie sich z. B. an dem tragbaren Rauchgasprüfer von der Fa. Siemens & Halske (Abb. 143b) zeigen läßt. Die Rauchgasprüfer waren seit Anfang der zwanziger Jahre im industriellen Einsatz, die CO, CO_2 oder H_2 mit Wärmeleitfähigkeitszellen messen konnten [452]. Kombiniert mit einem Abgastemperatur-Messer ließen sich die Verluste durch un-

denn er muß zunächst aus dem Roheisen entfernt und dann genau eingestellt werden. Der aus den Roh- und Einsatzstoffen stammende Schwefel soll dabei weitgehend entfernt werden, so daß eine immer schneller und dennoch genau bleibende Bestimmung von beiden Elementen die Entwicklung der Prozeßtechnologie ermöglichen würde. Gleichzeitig war es nötig, die bisher über die Absorption von NH_3 maßanalytisch durchgeführte Stickstoffbestimmung um eine Zehnerpotenz empfindlicher zu machen, d. h. die vierte Dezimale der Prozentangabe zu erreichen (μg/g = g/Tonne).

Um die Mitte des 20. Jahrhunderts wurden zwei **Verbrennungsmethoden** aktuell: die Vakuumheißextraktion und das Trägergasverfahren. In beiden Fällen werden die Metallproben in entsprechenden Tiegeln – entweder aus Graphit für O ($\rightarrow CO_2$) und N oder aus Keramik für H, C und S – in einem Widerstands- oder Induktionsofen entgast, wofür sich nicht nur die Eigenschaften der Öfen, sondern auch die Reinheit der Tiegel stetig verbesserten.

Ein Beispiel für die Vakuumheißextraktion ist das Gerät „Exhalograph" von der Fa. Balzers, Liechtenstein, (Abb. 144) für die Bestimmung von Stickstoff und Sauerstoff in Metallen.

Die, z. B. aus einer Stahlprobe, bei hoher Temperatur entwickelten Gase werden unter Vakuum zur Meßzelle (Wärmeleitfähigkeit) transportiert, wobei im Fall der N-Bestimmung der Sauerstoff durch metallisches Magnesium im Schmelzraum gebunden wird (s. Kap. 7.1).

Das **Trägergasverfahren** beruht darauf, daß ein geeignetes Inertgas die aus einer flüssigen Metallschmelze aufsteigenden Gase zu den Meßzellen transportiert, wobei einmal die aufwendigen Vakuumvorrichtungen entfallen können und zum anderen leicht ein reduzierendes oder oxidie-

Abb. 144 Der Balzers-Exhalograph im Laboratorium Phoenix der DHHU.

rendes Agens mit ausreichender Verweilzeit durchströmt werden kann. Bei der Bestimmung von H, N, und O benutzt man Graphittiegel und Helium als Trägergas. Wasserstoff und Stickstoff werden durch Änderung der Wärmeleitfähigkeit indiziert. Im Fall der O-Bestimmung entstehen CO_2 und CO, das vor der Messung in einer IR-Zelle oxidiert wird. Für die Bestimmungen von C und S verwendet man Keramiktiegel im Sauerstoff-Trägergas, wobei neben CO_2 (geringste Mengen CO werden wieder oxidiert) noch SO_2 und SO_3 entstehen, wobei SO_3 reduziert wird. Die Messung erfolgte ebenfalls über eine IR-Küvette. Zunächst gab es nur Einzelelementbestimmungsgeräte, so daß man fünf davon aufzustellen hatte, wie z. B. den Kohlenstoffanalysator (Abb. 145). Später kamen Kombinationsgeräte auf den Markt, so daß es nur noch drei Geräte waren, ein H-Analysator, ein C/S- und ein N/O-Analysator. In der Routineanalytik während der Stahlproduktion

Abb. 145 Kohlenstoffanalysator der Leco Corp., St. Joseph, Michigan (links: Ofenteil; rechts: Gasreaktions- und Meßteil) im Laboratorium des Stahlwerkes Phoenix.

waren diese Geräte zur Absicherung des Ablaufes mindestens doppelt vorhanden. In Deutschland gab es zwei kompetente Firmen, Ströhlein in Düsseldorf und Heraeus in Hanau, sowie in Frankreich Adamel-Lomargie und in den USA die Leco Corp., die ihre erste Niederlassung um die Mitte des letzten Jahrhunderts in Düsseldorf – und immer einen kleinen Vorsprung in der Entwicklung – hatte.

So sind die beiden alten deutschen Firmen im Laufe der Jahre aus dem Geschäft ausgestiegen, und es kam nur eine neue, die Fa. Eltra, hinzu. Die seit Anfang des 19. Jahrhunderts (1819) bestehende französische Firma gehört heute zu Jobin-Yvon bzw. der japanischen Horiba (s. Kap. 7).

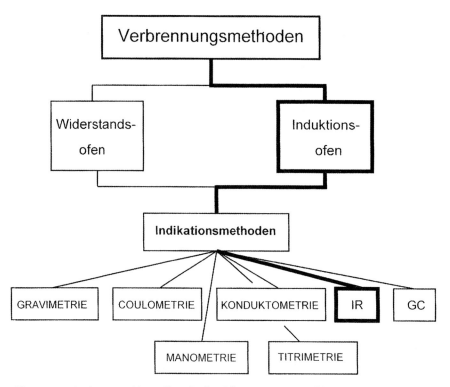

Abb. 146 Methoden zur Kohlenstoff- und Schwefelbestimmung in Stählen.

Wenn die Analyse der Gase bedeutsam ist, z. B. die Werkstoffeigenschaften eines Produktes charakterisiert, dann müssen die Analysendaten – im Gegensatz zur registrierenden Prozeßkontrolle, die durchaus mit Relativwerten auskommt – exakt und vergleichbar sein. Analytisch gesehen heißt dies, daß es Referenzmethoden geben sollte. Das ist z. B. für die Sauerstoffbestimmung in Metallen bisher nicht realisierbar; dagegen läßt sich Stickstoff entweder über die Kjeldahl-Destillation maßanalytisch oder mit dem Reagens Indophenolblau spektralphotometrisch bestimmen.

Für die Prozeß- und Produktkontrolle in der Stahlindustrie, die seit Ende der fünfziger Jahre mit der Spektralanalyse erfolgt, als die Vakuumemissonsspektrometer in die Laboratorien kamen, gibt es zahlreiche Kontrollmethoden (Abb. 146), wobei es sinnvoll ist, ein Referenzverfahren bei der Produktkontrolle ständig einzusetzen (durch verstärkte Linien markiert).

Für den das Produkt Stahl stark beeinflussenden Kohlenstoffanteil kann z. B. die leitprobenfreie Coulometrie mit vorausgesetzter stabiler Stromversorgung eingesetzt werden (Abb. 147), weil viele Referenzmaterialien (RM oder CRM) durch das oft eingesetzte gasanalytische Verfahren infolge der Fehlerfortpflanzung nicht mehr richtig sind.

4.5 Die Anfänge der Massenspektrometrie

Der Beginn massenspektrometrischer Betrachtungen liegt rund 100 Jahre zurück und ist zwei bedeutenden britischen For-

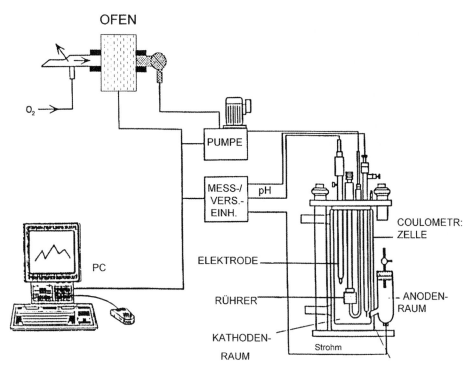

Abb. 147 Schema der coulometrischen Kohlenstoffbestimmung.

schern zu verdanken, die in Cambridge arbeiteten: dem Physiker *Joseph John Thomson* (1856–1940), Direktor des Cavendish-Laboratoriums (1884–1918), und seinem Mitarbeiter und Nachfolger, dem Physiker und Chemiker *Francis William Aston* (1877–1945), der 1919 die Leitung des Cavendish-Laboratoriums übernahm (Abb. 148).

Joseph. J. Thomson gilt als Mitbegründer der Atomphysik, denn aus seinen Arbeiten über elektrische Entladungen in Gasen, wobei er bestätigen konnte, daß Ionen und Elektronen die Elektrizitätsträger sind, ergab sich 1897 die Entdeckung des freien Elektrons und damit die Bestätigung der Theorie der atomistischen Struktur der Elektrizität. Er entwickelte 1898 zusammen mit dem Nordiren *William Thomson*, dem späteren Lord *Kelvin of Largs* (1824–1907) eine Vorstufe zu dem Atommodell, das dann von dem Neuseeländer *Ernest Rutherford*, dem späteren Lord *Rutherford of Nelson* (1871–1937) und dem Dänen *Nils Hendrik David Bohr* (1885–1962) vollendet wurde. Zusammen mit dem britischen Physiker *John Sealy Edward Townsend* (1868–1957) bestimmte er die spezifische Ladung des Elektrons.

John S. E. Townsend lehrte und forschte von 1900–1941 in Oxford und bestimmte nach bedeutenden Arbeiten zur elektrischen Leitfähigkeit von Gasen (Townsend-Entladung) als erster die elektrische Elementarladung, entdeckte 1901 die Ionisierbarkeit von Molekülen durch Ionenstoß und unabhängig von dem Berliner Professor (nach 1945) *Carl Wilhelm Ramsauer* (1879–1955) die Abhängigkeit der freien Weglänge von Elektronen in Gasen von der Energie (Ramsauer-Townsend-Effekt). Bei *C. W. Ramsauer* hörte der Autor 1953 seine erste Physikvorlesung und lernte schon dort, daß häufig mehrere Forscher zeitgleich dieselben Ideen verfolgen, wenn die Zeit dafür reif ist.

1899 entdeckte *J. J. Thomson* unabhängig vom deutschen Physiker *Philipp Eduard Anton Lenard* (1862–1947), daß beim lichtelektrischen und glühelektrischen Effekt freie Elektronen emittiert werden und erhielt dann 1906 für seine Studien über den Durchgang der Elektrizität durch Gase den Nobelpreis für Physik. Die klassische Streuung elektromagnetischer Strahlung an einem Elektron wurde nach ihm benannt (Thomson-Streuung).

Diese Arbeiten haben die Basis emissionsspektroskopischer Anregungsmethoden mitbegründet, die fast 70 Jahre später zu der Entwicklung des induktiv gekoppelten Plasmas (ICP) führten. Sie zeigen auch,

Abb. 148 (a) *Joseph John Thomson* und (b) *Francis William Aston*.

welche großen, wissenschaftlichen Aktivitäten um die Wende zum 20. Jahrhundert stattfanden. So ist es auch nicht verwunderlich, daß 1905 die Relativitätstheorie entstand, welche den in Ulm geborenen, Schweizer Physiker *Albert Einstein* (1879–1955) weltberühmt werden ließ. Auch die Einstein-Gleichung über die Äquivalenz von Masse und Energie, $E = m \cdot c^2$, hat seit 1907 Einfluß auf die Chemie und ihre Analytik.

Die Untersuchungen von *J. J. Thomson* über Ionenstrahlen (1910) bildeten so auch die Grundlagen für den Bau des ersten Massenspektrographen durch *F. S. E. Aston* im Jahre 1912. Dieser war bereits durch die Entdeckung einer schmalen, total dunklen Zone bei der Glimmentladung (Aston'scher Dunkelraum) bekannt geworden, bevor er mit dem Bau eines Massenspektrographen begann und mit diesem 1913 zusammen mit *J. J. Thomson* durch die elektrische und magnetische Ablenkung von Ionenstrahlen erstmals ein Isotop eines stabilen Elementes (Neon, ^{22}Ne) nachweisen konnte. Bis 1919 entdeckte *Aston* auf diesem Wege weitere (über 200) Isotope, wofür er dann 1922 den Nobelpreis für Chemie erhielt. Eine Liste der Isotope aller Elemente findet man in verschiedenen Handbüchern, z. B. [454].

Wie so oft, ist das eigentliche Prinzip relativ simpel, doch man muß die Idee haben, so etwas Einfaches in Angriff zu nehmen. Der ursprüngliche Massenspektrograph bestand aus einer Ionenquelle, einem Magneten zur Ablenkung der Ionen und einem Detektor (Abb. 149).

Daran hat sich im Prinzip bis heute nicht viel geändert, aus dem Schreiber ist eine moderne Datenausgabe geworden, d. h. aus der „Graphik" wurde die „Metrik", und die Komponenten sind dem heutigen Stand der Technik angepaßt.

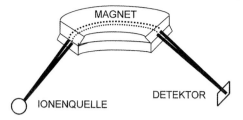

Abb. 149 Schema der Massenspektrometrie.

Für die **Massenspektrometrie** (MS) ist eine Probensubstanz in schnell bewegliche (gasförmige) Ionen umzuwandeln, damit diese im Magnetfeld aufgrund ihres Masse-/Ladungsverhältnisses (m/z) getrennt werden können. Als Detektor dient im Regelfall ein Elektronenvervielfacher. Die MS ist prinzipiell sehr variabel einsetzbar, weil sich sowohl organische als auch anorganische Verbindungen, also Stoffe jeder Art, damit nach entsprechender Vorbereitung untersuchen lassen. Wichtig ist, daran zu denken, daß hier nicht – wie es wegen vergleichbarer Darstellungen oft den Anschein haben mag – Spektrallinien registriert, sondern Massen der Elemente, ihrer Isotope und von Verbindungsbruchstücken gemessen werden! Auch die Atom- und Molekülmassen unterscheiden sich von der gewohnten Angabe in der Analytik, weil nur die MS in der Lage ist, Isotopenmassen zu erfassen. Deshalb werden hier nur *atomare Masseneinheiten* angegeben. Diese Einheit beruht auf einer relativen Skala mit ^{12}C als Referenzisotop, dem genau die Masse 12 amu (*atomic mass unit*) zugeordnet wurde. 1 amu (auch als 1 Dalton bezeichnet) entspricht somit 1/12 der Masse eines neutralen ^{12}C-Atoms. Daraus ergibt sich:

$$1\,\text{amu} = 1\,\text{Dalton}$$
$$= 1/12 \cdot \frac{12\,\text{g}\,^{12}\text{C}/\text{mol}\,^{12}\text{C}}{6{,}0221 \cdot 10^{23}\,\text{Atome}\,^{12}\text{C}/\text{mol}\,^{12}\text{C}}$$
$$= 1{,}66054 \cdot 10^{-24}\,\text{g}/\text{Atom}\,^{12}\text{C}.$$

Es ist erstaunlich, wie einfach das Gerät war, mit dem *F. W. Aston* in den zwanziger Jahren im Cavendish-Laboratorium fast alle Isotope identifizieren konnte (Abb. 150).

Die dreißiger Jahre waren dadurch geprägt, daß man versuchte, die Ionenoptiken und die apparativen Möglichkeiten zu verbessern. So entwickelte der Amerikaner *Ernest Orlando Lawrence* (1901–1958) in Berkeley, Kalifornien, in den Jahren 1929–1931 den ersten Teilchenbeschleuniger, das sog. Zyklotron, mit dem er zahlreiche Isotope entdeckte, u. a. die radioaktiven ^{14}C und ^{233}U, und entwickelte als Direktor des Radiation Laboratory (heute Lawrence Berkeley Laboratory), der er von 1936–1958 war, im Jahre 1941 unter Verwendung des Zyklotrons die erste, nach dem Prinzip des Massenspektrometers arbeitende Isotopentrennanlage, das sog. Calutron (*California University Cyclo*tron). Dieses Monstrum zur präparativen Massenspektrometrie enthielt alleine 15 000 Tonnen Silber in Form von Magneten und diente zur Anreicherung von ^{235}U, also der Kernspaltung. *Ernest O. Lawrence* erhielt 1939 den Nobelpreis für Physik und das Element 103 wurde nach ihm benannt.

Bereits 1932 hatte der amerikanische Chemiker *Harold Clayton Urey* (1893–1981) den schweren Wasserstoff, das Deuterium, entdeckt. Er war Professor in New York (1929–1945) und in Chicago (1945–1958) und durch seine Arbeiten über Atom- und Molekülspektroskopie sowie zur Gewinnung von Deuterium und ^{235}U an der Entwicklung der amerikanischen Atombombe beteiligt. *Harold C. Urey* erhielt 1934 den Nobelpreis für Chemie.

Im selben Jahr konstruierte der deutsche Physiker *Josef Mattauch* (1895–1976) zusammen mit *Richard Herzog* [455] in Wien

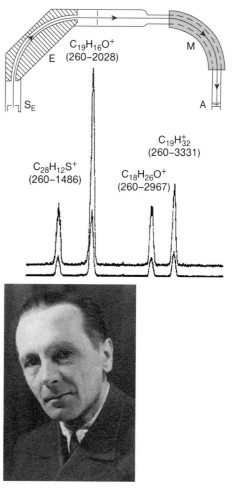

Abb. 150 Der Massenspektrograph, mit dem *F. W. Aston* arbeitete.

Abb. 151 (a) Prinzip des HR-Massenspektrometers und (b) *Josef Mattauch*.

das doppelfokussierende, hochauflösende Massenspektrometer.

Hiermit ließen sich nun Moleküle mit identischer Masse, z. B. CO und N_2, leicht trennen [456] und die oben angedeutete Berechnung sehr genauer Massen wird hierfür erforderlich. Von 1937 an lehrte und forschte *J. Mattauch* (Abb. 151b) zunächst in Wien, ab 1939 in Berlin, Tübingen und Bern sowie zuletzt in Mainz (1947–1965), wo er auch als Direktor des Max-Planck-Institutes für Chemie tätig war. Eigentlich ist die Kernphysik sein Hauptarbeitsgebiet gewesen (Bindungsenergien der Atomkerne, Isotopenhäufigkeiten und Methoden der radioaktiven Altersbestimmung), was die enge Verquickung von Physik und Chemie zeigt.

Da „High-Resolution" (HR) -Massenspektrometer aufwendig und teuer sind, war es für die methodische Entwicklung wichtig, daß der deutsche Physikprofessor *Wolfgang Paul* (1913–1993), der von 1944–1952 in Göttingen lehrte und als Pionier der Teilchenphysik gilt, im Jahre 1953 in Bonn, wo er dann bis 1961 tätig war, ein elektrisches Massenfilter, den Quadrupol-Analysator, entwickelte [457]. Damit konnten die Geräte kleiner und preisgünstiger werden, die Auflösung wurde zwar schlechter, aber die Empfindlichkeit verbesserte sich. Im Jahre 1958 beschrieb er erstmals das Prinzip des Ionenspeichers. Als dann *George Stafford* 1984 bei der Fa. Finnigan die Ionenfalle (Ion & Trap) baute bzw. kommerzialisierte, erhielt *W. Paul* 1989 dafür den Nobelpreis für Physik.

Die analytischen Anwendungen der MS blieben zunächst den Hochschulen und einigen Instituten vorbehalten, wahrscheinlich auch deshalb, weil die Interpretation der Massenspektren nicht so einfach war. Als Ionisierungsquelle löste die thermische Ionisierung (Funkenanregung) zu Beginn der sechziger Jahre die ursprüngliche Elektronenionisierung von 1920 ab. So war es denn auch die *Funken-Massenspektrometrie*, die zuerst in den Laboratorien der organisch-chemischen Industrie eingesetzt wurde [458]. Die Geräte hatten – wie stets beim Beginn der apparativen Spektralanalyse – riesige Dimensionen (Abb. 152).

Ein Beispiel soll zeigen, daß unter analytischen Gesichtspunkten auch die MS eines Referenzverfahrens bedarf. Als *Gerhard Schulze* in Berlin anfing, die auf der Pfaueninsel in der Havel gefundenen Gegenstände und Glasbruchstücke im Umkreis des Glaslaboratoriums von *Johann Kunckel* (auch *Johannes Kunkel*) zu untersuchen, waren darunter auch Keramiktiegel mit grauem Pulver und Metallkugeln. Diese ließen sich leicht als Silber identifizieren.

Kleine Portionen der Glas- und Keramikproben bekamen auch die inzwischen bekannten Spektrallaboratorien der Dortmunder Stahlwerke zur Untersuchung. In einigen Keramikbruchstückchen fanden sich emissionsspektrographisch praktisch alle Elemente wieder, die ein Berliner Institut mit der Funken-MS gefunden hatte – und zusätzlich Silber. Dieses konnte deshalb nicht mit dem MS-Verfahren gefunden werden, weil Ag-Elektroden zur Anregung benutzt worden waren.

Es wurde den Anwendern bald klar, daß bei analytischen Problemen und den vielen

Abb. 152 Sektorfeld-Massenspektrometer (1950).

Informationen über mögliche Massen von Ionen und Bruchstücken der Verbindungen, eine Vortrennung unerläßlich sein wird. Die zunehmende Anwendung der MS erfolgte dann auch in Kombination mit Trennungsmethoden, z. B. GC-MS, und durch Ersatz der Funkenanregung erst in der zweiten Hälfte des 20. Jahrhunderts (s. Kap. 5).

5
Das Zeitalter der Modifikationen oder der industriellen Untersuchungspraxis (~1960–1980)

In dieser Zeit passierten ganz wesentliche Entwicklungen in der Analytischen Chemie, die als Basis der gegenwärtigen Arbeitsweise angesehen werden können. Wieder spielten die Laboratorien der Hüttenindustrie eine gewisse Vorreiterrolle, weil die beginnenden Maßnahmen der Wirtschaftlichkeit, die Beschleunigung der Produktionsprozesse aufgrund der Verteuerung der Arbeitszeit, der Energie und der Rohstoffe sowie durch die Einführung der Wertanalyse eine adäquate Prüftechnik erforderlich machten. Es war die Zeit, in der die registrierenden Analysengeräte Eingang in die Laboratorien fanden, in der die Einführung der Computer geschah, die Abläufe von der Probennahme bis zur Messung zunächst mechanisiert und letztendlich eine völlige Automation des gesamten Ablaufes der schnellen Analysenverfahren erreicht wurden. Hierzu war es erforderlich, die sog. klassischen Methoden und ihre Verfahrensabläufe genau zu kennen. Vieles, was bisher Empirie war, mußte theoretisch erkannt oder mathematisch erfaßt werden, um es für Programmierer und Elektroniker erklärbar zu machen. Daneben gab es die Möglichkeit, Methoden zu modifizieren, weil nach immer kleineren Konzentrationen in den Probenmaterialien gefragt wurde. Die Laboratorien profitierten nicht nur von der weltweiten Konkurrenz, sondern auch vom *Produkthaftungsgesetz* und den vertraglichen Verpflichtungen, die daraus resultieren, z. B. die Gewährleistung. Daneben bestand die Verpflichtung, eine bestmögliche Vergleichbarkeit der Analysendaten zu garantieren, weil Werkstoffe aller Art viel leichter von Kunden oder Institutionen zu kontrollieren sind als z. B. Chemikalien, Kunststoffe, Schmieröle und Kraftstoffe oder Medikamente.

Die Anforderungen an die analytischen Laboratorien und ihr Personal waren somit sehr hoch – aber eben auch extrem interessant. An der Ausstattung eines Laboratoriums war und ist immer noch zu erkennen, ob der verantwortliche Leiter ein ausgebildeter Analytiker ist, Phantasie und Durchsetzungsvermögen besitzt und daneben auch noch wirtschaftlich denken kann. Das macht Analytiker nicht beliebt – doch wer mag schon Dienstleistende, die auch noch Fehler nachweisen (müssen). In den sechziger Jahren gab es dann auch die Ansicht: „Analytiker ist man doch nicht, den hält man sich!" (gesagt von einem Stahlwerkschef). Diese Einstellung ließ sich durch die ungeheuren Fortschritte der Analytik in dieser Zeit ändern, indem man bewußt machen mußte und eben auch konnte, daß die wirtschaftlicheren, modernen Produktionsabläufe nur mit einer leistungsfähigen Analytik ermöglicht worden waren.

Analytische Chemie. Knut Ohls
Copyright © 2010 WILEY-VCH Verlag GmbH & Co. KGaA, Weinheim
ISBN: 978-3-527-32847-5

Was für Anforderungen an die Analytiker waren nötig, um diese Entwicklungsarbeiten erfolgreich zu gestalten? Schon damals war die Ausbildung in moderner Analytischer Chemie auf wenige Hochschulen beschränkt, wie die Universität des Saarlandes, Saarbrücken, (*Ewald Blasius*), die Westfälische Wilhelms-Universität, Münster, (*Fritz Umland*) und die Technische Universität Berlin (*Erik Asmus*, Abb. 153). Das Moderne war die Abkehr von einer empirischen Analytik, die Phänomene benutzt, wie Niederschläge oder Farbänderungen, ohne die zugrunde liegenden Reaktionen und die Zusammensetzung der entstehenden Verbindungen zu kennen. Die meisten Analytiker haben sich doch den Ablauf „ihrer" Verfahren von den Laboranten erklären lassen müssen; diesen und auch die chemischen Hintergründe mußte der Analytiker dem Programmierer erklären, wenn der Ablauf eines solchen Verfahrens computergesteuert automatisiert erfolgen sollte. Man kann also behaupten, daß in vielen Laboratorien erst begriffen wurde, was wirklich abläuft, als damals die Datenverarbeitung installiert wurde. Diese Erkenntnis ist leider in der Gegenwart rückläufig, denn was innerhalb dieser betrachteten 20 Jahre entwickelt worden ist, kauft man heute, und vergißt es, sich aus Mangel an Grundlagenwissen mit der Analytischen Chemie zu befassen. Gerade in dieser Entwicklungsphase war also das gelernte Hintergrundwissen hilfreich, besonders dann, wenn man in der Lage war, Analogien herzustellen. Da man nur über Sachverhalte berichten sollte, die man selbst mitgestaltet und verstanden hat, bauen auch die wenigen Beispiele in diesem Buch, von denen die meisten aus dem Bereich der Analytik eines Hüttenwerkes sind, genau auf diese Fähigkeit.

Entsprechend analytisch waren denn auch die Arbeitsgebiete an der TU Berlin, wie z. B. die Synthese von selektiven Farbreagentien und Entwicklung von spektralphotometrischen Bestimmungsverfahren, die Ermittlung der Zusammensetzung von den gebildeten Komplexen und Fragen der Reaktionskinetik. Im Vordergrund standen die Spurenbestimmungen, z. B. die „Methode nach Asmus" zur Bestimmung von Chlorspuren in Trinkwasser [460]. Weitere Veröffentlichungen über gravimetrische [461, 462], potentiometrische [463] und spektralphotometrische Verfahren [464–470], die mathematische Begründung der Job-Methode [471], die Ermittlungen von Niederschlags- [472] und Komplexzusammensetzungen [473], zur Kinetik der Komplexbildung [474] oder zur Berechnung des Filterfehlers [475] zeugen von den unterschiedlichen Arbeitsgebieten. Das ist genau jene Vielfältigkeit, eine gute Mischung aus Theorie und Praxis, die Analytik mit sich bringt, und die Neugier, die ein Analytiker haben muß. Ein Beispiel soll dies verdeutlichen.

Einiges von dem, was an Hochschulen normalerweise nicht gelehrt wird – aber in den Vorlesungen des Autors (bis 2001) am Analytisch-Chemischen Institut der

Abb. 153 *Erik Asmus* (1908–1972).

WWU Münster (Leitung. *F. Umland* und ab 1987 *Karl Cammann*) behandelt wurde – soll in den folgenden Kapiteln angesprochen werden. Es handelt sich überwiegend um Erfahrungen aus der Praxis eines großen Laboratoriums der Stahlindustrie und der Mitwirkung in zahlreichen Gremien, wie beispielsweise der redaktionellen Bearbeitung des *„Handbuch für das Eisenhüttenlaboratorium"* (Verlag Stahleisen, Düsseldorf), aus den Normenausschüssen des FES und FAM (ISO, EN und DIN), dem Expertenkreis für die Herstellung europäischer Referenzproben oder dem Deutschen Arbeitskreis für Angewandte Spektroskopie (DASp). Aber es geht auch um das menschliche Zusammenleben und -arbeiten in einem Betrieb, denn ohne aktive und selbstständig denkende, gut ausgebildete und geübte Mitarbeiter funktioniert die Analytische Chemie einfach nicht. Funktionieren heißt in diesem Fall, daß nicht nur präzise Relativwerte erstellt werden, sondern die abgegebenen Daten die höchstmögliche Wahrscheinlichkeit besitzen, *richtig* zu sein.

Im Vordergrund stehen natürlich auch die großen Umwälzungen von der manuellen Analytischen Chemie zu einer, durch Apparate bestimmten bis hin zu der modernen Analytik, die kaum noch „chemisch", sondern mehr „physikalisch" bzw. „elektronisch" zu nennen ist. Hat *Karl Cammann* recht, wenn er behauptet, daß alle heutigen Resultate der Analytik falsch sind? Im Sinne eines Ausspruches des österreichischen Briten *Karl Popper* (1902–1994), dem Begründer des Kritischen Rationalismus, der da lautet: „Man kann ein Ergebnis nicht verifizieren, sondern höchstens falsifizieren", ist grundsätzlich alles in Frage zu stellen. Und das soll immer getan werden, auch weil wir in einer Zeit leben, in welcher der allgemeine Bildungsstand so abgenommen hat, daß jedes neue Ergebnis, z. B. auf dem Gebiet der unsicheren Umweltanalytik, oft beeinflußt von außen, oder dem Bereich der Spekulationen über die Gründe für die Klimaänderung, nicht mehr den Verstand erreicht, sondern nur Emotionen auslöst.

In der zweiten Hälfte des 20. Jahrhunderts ist – analytisch gesehen – viel geschehen, und es war wirklich spannend und interessant, dabei mitzuwirken. Was waren nun Anfang der sechziger Jahre die wesentlichen Aufgaben eines Eisenhüttenlaboratoriums? Die vielfach noch vorherrschende Organisation mit einer Trennung von Aufgaben der Produktionsüberwachung und der Produktkontrolle sowie einer separaten Kontrollabteilung mußte zunächst aufgegeben werden, weil die modernen Apparate immer schneller arbeiteten und nicht gleich in vielfacher Ausfertigung angeschafft werden konnten, so daß es sinnvoll war, wenn die meisten Geräte von den beiden erstgenannten Abteilungen gemeinsam genutzt wurden. Die Kontrollabteilungen führten oft ein Eigenleben, was befürchten ließ, daß diese die reale Praxis bald nicht mehr kannten. Andererseits ist es eine besondere Motivation, wenn Routineanalytikern auch die Kontrolle ihrer Daten übertragen wird, zumal sie die größtmögliche Übung und Erfahrung in der Durchführung von Verfahrensvorschriften haben und dadurch bewußt gemacht wird, daß Routine einer großen Zuverlässigkeit bedarf. In einem Bild sollen die vielfältigen Aufgaben des Laboratoriums verdeutlicht werden (Abb. 154).

Es galt in den sechziger Jahren, die wesentlichen Aufgaben in einem Zentrallaboratorium zusammenzufassen und bei gleichem Auftragsvolumen den Personalstand zu reduzieren. Bei einer Produktion von vier Millionen Jahrestonnen Stahl kamen täglich rund 1000 Proben in das Laboratorium. Um dies bewältigen zu kön-

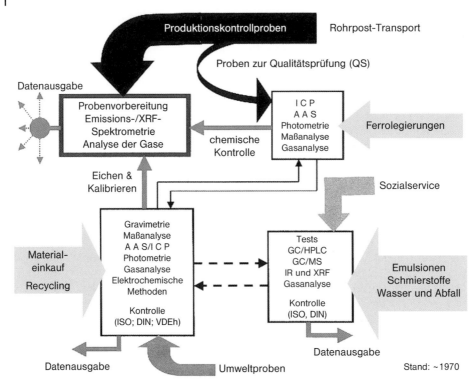

Abb. 154 Schematischer verfahrensorientierter Aufbau eines zentralen Eisenhüttenlaboratoriums um 1970.

nen, mußte es zu einer Einschränkung der chemisch-analytischen Methoden kommen, d. h. es waren alle bisher bekannten Neuerungen elektronischer Art einzusetzen, ohne an Genauigkeit zu verlieren. Das begann durch Wägen mit elektronischen Waagen und führte über die vermehrte Benutzung elektrochemischer Endpunktsbestimmungen bis hin zu spektralanalytischen Methoden, die nun zunehmend in den Vordergrund traten.

Die Beschleunigung der analytischen Produktionsüberwachung, bei der nun die Anzahl der zu bestimmenden Elemente keine zeitliche Rolle mehr spielte, startete zum Ende der fünfziger Jahre, als die ersten Quantometer aus den USA eingeführt worden waren, und mußte sich nun in den chemischen Laboratorien fortsetzen, weil die Eich- und Kalibriervorgänge zu vermehrten Aufgaben führten. So galt es zunächst, dort den Einsatz der Spektralphotometrie zu optimieren.

5.1
Einzug der Spektrometrie in Industrielaboratorien

In einigen Zweigen der Grundstoffindustrie waren zwar schon vor und während des II. Weltkrieges (1939–1945) spektrographische Methoden bekannt und als Verfahren im Einsatz, doch blieb die applikative Entwicklung stehen bzw. Anregungen aus Universitäts- und Forschungsinstituten blieben weitgehend unberücksichtigt. Das ist oft der Fall, wenn die Industrie produktionsmäßig vollkommen ausgelastet ist und erfahrene Arbeitskräfte fehlen. Doch mit dem Neubeginn und der rasanten wirtschaftlichen Entwicklung in den fünfziger Jahren kamen dann auch alle Neuerungen in die Industrielaboratorien, sofern sie der Produktivität (heute: Wertschöpfung) dienten.

5.1.1
Spektralphotometrie

Zu Beginn der sechziger Jahre war die Spektralphotometrie durchaus bekannt, doch in vielen Laboratorien hielt man an den klassischen Methoden, der Gravimetrie und der Maßanalyse fest, weil dies auch die Schiedsmethoden waren [83, 84]. Da nun mit der Produktion die Anzahl der Analysenproben stark anstiegen war, konnte dies nicht mehr in angemessener Zeit bewältigt werden.

Die *Spektralphotometrie* ist zwar keine leitprobenfreie Methode, doch sie läßt sich mit Hilfe von Standardlösungen leicht eichen, und ihr *Blindwert* (alle Chemikalien ohne Probe) ist gegen Wasser leicht zu messen. Daraus wird ein photometrisches Verfahren, wenn der *Leerwert* (alle Chemikalien + Matrix der Probe ohne das zu bestimmende Element) ermittelt und die aktuelle Analysenfunktion (Kalibrierkurve) aufgestellt ist.

Das optische Prinzip ist einfach (Abb. 155), doch das Beer'sche Gestz ist nur dann erfüllt, wenn einige Bedingungen festgelegt worden sind. So ist vor allem auf die Reihenfolge des Meßvorganges zu achten. Da die Schichtdicke d eine wichtige Rolle spielt und Reflektionen an den Küvettenwänden stattfinden, muß sowohl beim Kalibrieren als auch beim Messen immer

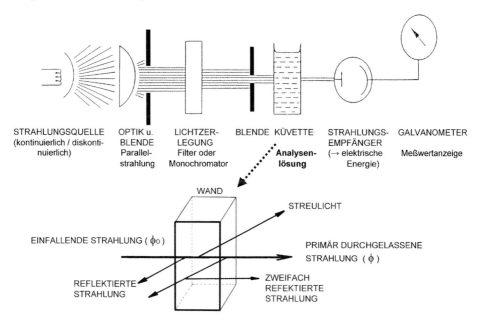

Abb. 155 Schematische Darstellung der Photometrie.

mit derselben Küvette (bei Zweikanalgeräten im selben Strahlengang) gemessen und diese Meßwertanzeige gegen eine mit Wasser gefüllte Küvette verglichen werden. Nur dann gilt die bekannte Gesetzmäßigkeit und der Extinktionskoeffizient ε bleibt wirklich konstant. Photometrische Verfahren werden auf dies Weise übertragbar, denn man braucht theoretisch nur den ε-Wert eines Farbreagens zu kennen.

Bei der Analysenfunktion $m = f(c)$, entsprechend dem Beer'schen Gesetz: $m = \varepsilon \cdot c$, entspricht der Extinktionskoeffizient ε der Steigung der Geraden und darf nur von der Wellenlänge abhängig sein, $\varepsilon = f(\lambda)$. Die Funktion ist nur so zu betrachten, weil dann logischerweise die Zunahme der Neigung der Geraden bzw. des Extinktionskoeffizienten ε eine höhere Empfindlichkeit des Verfahrens anzeigt. Letzterer hat die Dimension $\varepsilon \, [L \cdot cm^{-1} \cdot mol^{-1}]$. In der amerikanischen Literatur findet sich oft auch die Angabe der Empfindlichkeit nach *E. B. Sandell* $\mu \, [cm^2 \cdot mol^{-1}]$, wobei $1 \, L = 1000 \, cm^3$ gesetzt und entsprechend gekürzt wurde [476]. Der Unterschied beträgt also 1000, wenn von dem zu vernachlässigenden, temperaturabhängigen Unterschied zwischen mL und cm^3 abgesehen wird.

Zahlreiche Elemente lassen sich photometrisch bestimmen, und es gibt neben den bereits genannten einige gute Bücher, z. B. von *A. B. Calder* [477] sowie *B. Lange* und *Z. J. Vejdělek* [478]. Viele dieser Verfahren machen auch heute noch Sinn, z. B. bei der Bestimmung der Merkmalswerte von Standardproben. so daß hier eine kleine Auswahl photometrischer Bestimmungsverfahren aufgelistet werden soll (Tab. 13).

Allerdings sollte man sie nicht so einsetzen, wie sich das in der Routineanalytik früh eingebürgert hat, indem immer nur gegen eine Kompensationslösung, die meistens der Leerwertlösung entsprach, gemessen wird. Auf diese Weise ergeben sich Daten, die oft für die Routine ausreichen, doch man erkennt die systematischen Fehler nicht, weil man den Blindwert nicht kennt, der nicht unbedingt mit demjenigen beim Eichen der Methode übereinstimmen muß. Auch zwischen dem Kalibrieren gegen die Kompensationslösung und dem Messen muß dieser Blindwert nicht konstant bleiben, so daß hier „Richtigkeit" verschenkt wird.

Offensichtlich durch diese Arbeitsweise angeregt, haben auch die zahlreichen Gerätehersteller versucht, preiswertere Photometer zu bauen und dabei oft die Konstanz des Lichtleitwertes vernachlässigt, so daß auch der Koeffizient ε nicht mehr als konstant gelten kann. Das war zu Pionierzeiten wesentlich besser, zumal die Kunden auch noch in der Lage waren, die charakteristischen Eigenschaften eines Photometers selbst zu prüfen.

Die Photometrie war dann auch eine der ersten Methoden, die teilautomatisiert werden konnte. Bevor überhaupt die sog. „Flow Injection Analyse" (FIA) entwickelt wurde [479], ist prinzipiell Ähnliches schon bei der Photometrie praktiziert worden. Der Autor hat in seiner Dissertation bereits die Verteilungskinetik von Metallionen auf Komplexbildner mit einem ähnlichen Fließinjektionsverfahren untersucht [474, 480–484]. Dabei ergab sich für die Reaktion als geschwindigkeitsbestimmender Schritt eine solche zweiter Ordnung, was mit den Ergebnissen von *T. S. Lee, I. M. Kolthoff* und *D. L. Leuning* [485] übereinstimmte.

Die Übertragung in die Praxis war nicht schwer. Es begann mit der Phosphorbestimmung (als P_2O_5, damit ein höherer Wert erschien) in Thomasmehl, weil täglich eine Vielzahl von Proben anfiel und die Ergebnisse als Qualitätsmerkmal für den Verkauf dienten. Die Bestimmung erfolgte durch Anfärben der Analysenlösung bei

Tabelle 13   Auswahl photometrischer Bestimmungsverfahren.

Verfahrenscharakteristika Elemente	Bestimmungsgrenzen bei E = 0,01 pro µg/g und d = 5 cm [µg/g]	Methode
Al	0,1	Fe-Extraktion, Eriochromcyanin
As	2,5	Molybdänblaukomplex
B	2	Extraktion, Methylenblaukomplex
Ca	1	Fällung, 2-Chlor-5-cyan-3,6-dihydroxybenzochinon
Co	1,4	Nitroso-R-Salz
Cr	1,6	Diphenylcarbazid
Cu	0,8	B C O
Mg	1	Hydroxid-Fällung, Farbreagens-Adsorption
Mn	6	Fe-Extraktion, Periodat / $KMnO_4$
Mo	2,5	Rhodanidkomplex
N	1,5	Nessler-Reagens oder Indophenol
Nb	5	Brompyrogallolrot
Ni	2	ZnO-/NaOH-Fällung, Dimethylglyoxim
P	2	Extraktion, Molybdatovanadatophosphat
Pb	1	indirekt über Cu-Diethyldithiocarbaminat
Sb	3	Destillation, als Jodid
Si	0,2	Molybdänblaukomplex
Sn	0,2	Extraktion, Phenylfluoron
Ti	4	Chromotropsäure
V	0,3	Dimethylnaphthidin
W	3	MnO_2-Fällung, Rhodanidkomplex
Zn	0,9	Extraktion, Dithizon-Komplex
Zr	5	Extraktion, PAN-Komplex

Bildung des Molybdatovanadatophosphates nach der von der LUFA genehmigten Vorschrift, nur das die Reagentien automatisch über ein Strömungssystem mit der Analysenlösung zusammengeführt wurden und nach der Reaktion direkt nacheinander über eine Durchflußküvette zur Messung im modifizierten Eppendorf-Photometer ankamen (Abb. 156). Die Auswertung erfolgte mit einem damals modernen Kienzle-Rechner automatisch.

Mit einer neuen Gerätegeneration, den Spektralphotometern mit integriertem Datenverarbeitungssystem und Bildschirm (Abb. 157a), wurde dann auch die Photometrie dem allgemeinen Entwicklungstrend angeschlossen. Die Möglichkeit der fast momentanen Spektrenregistrierung

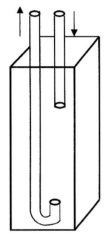

Abb. 156 Photometrischer Arbeitsplatz mit (a) Kienzle-Rechner und (b) Durchflußküvette.

gab nun den Analytikern die Chance, zumindest zwei Elemente gleichzeitig aus einer Analysenlösung zu bestimmen oder in seltenen Fällen auch die Bindungsform-Anteile eines Elementes zu messen, wie hier für Cu und Ni [486] oder für Cr(VI)/Cr(III) gezeigt wird (Abb. 157b, c). Letztere Bestimmungsart [487] nennt man heute Speziesanalyse bzw. Speziation. Ein neuer Name soll immer implizieren, daß es neu ist. Doch in der Eisenhüttenanalytik wurde dies schon früher gefordert, wie z. B. die Ermittlung von Fe_{met}, Fe(II) und Fe(III) nebeneinander in oxidischen Stoffen oder diejenige von Al_{met} neben Al_2O_3 und AlN in unlegierten Stählen.

Die weitere Verwendung photometrischer Verfahren ist vor allem für Kontrollzwecke zu empfehlen. Außerdem eignen sich diese auch für sog. Feldmethoden, also die schnellen Messungen vor Ort.

Es ist anzumerken, daß die modernen Photometer auch den nahen UV-Bereich zu erfassen gestatten, was in bestimmten Fällen hilfreich ist, und überwiegend zur Identifizierung organischer Stoffe eingesetzt wird. Aber die Analytiker haben auch immer versucht, die UV-Photometrie für anorganische Fragestellungen einzusetzen, wie z. B. für die Charakterisierung von Mineralien [488].

Aufschwung bekam die Photometrie Mitte der siebziger Jahre, als *J. Ružika* und *E. H. Hansen* [479] die Strömungsmodelle zur „Flow Injection Analyse" (FIA) modifizierten. Die Umsetzung zu Verfahren und die Einführung in die Industrielaboratorien erfolgte jedoch erst in den achtziger Jahren.

5.1.2
Atomemissionsspektrometrie

Bei den emissionsspektrometrischen Methoden sind die Fortschritte in dieser zeitlichen Periode bedeutend gewesen, und man kann sagen, daß ein gewisser Abschluß – ein Ende wird es hoffentlich nicht geben – in den betrachteten 20 Jahren erreicht

5.1 Einzug der Spektrometrie in Industrielaboratorien

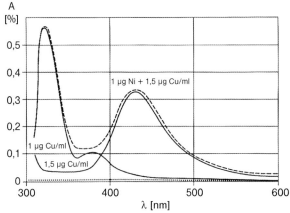

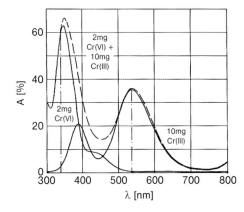

Abb. 157 (a) Spektralphotometer LAMBDA von Perkin-Elmer im Hoesch-Laboratorium und (b) Bestimmung von Kupfer und Nickel sowie (c) Chrom(VI) und Chrom(III) nebeneinander durch Messung ihrer Eigenfärbung [486, 487].

worden ist. Es scheint wegen der Fülle neuer Informationen angebracht zu sein, dieses Kapitel zu unterteilen:

1. die Entwicklung der Mikrospurenanalyse mit der Emissionsspektrographie,
2. die eigentliche Emissionsspektrometrie mit kompakten Proben zur Produktions- und Produktüberwachung,
3. die Entwicklung beweglicher Spektrometer für die Vor-Ort-Analyse und
4. die Emissionsspektrometrie mit Analysenlösungen.

Die **Emissionsspektrographie** ist heute nur noch Erinnerung, denn sie wurde zum Ende der hier betrachteten Periode fast überall abgeschafft. Dafür gab es zahlreiche Gründe, wie z. B. die Beherrschung der Verfahren mit photographischer Entwicklung und Auswertung am Densitometer erforderte lange Übung und viel Erfahrung, ein großer Teil der Aufgaben konnte durch neue Methoden übernommen werden und damit die Frage der Kosten.

Doch man sollte nicht vergessen, daß diese Analysentechnik ein Dokument, die Photoplatte, und damit die größte Information aller bisher bekannten Methoden lieferte. Hinzu kam, daß sowohl für feste als auch für flüssige Proben verschiedene Verfahrensvarianten zur Verfügung standen und sich hiermit bereits vor mehr als 30 Jahren ein sehr schwieriges Problem der Analytischen Chemie erfolgreich lösen ließ. Bisher war es nur wenigen „Künstlern" vorbehalten, wie z. B. *L. P. Alimarin* oder *G. Tölg*, die Elementspuren in Mikroprobenmengen bestimmen zu können [167, 489, 490]. Einige dieser für die spektrographische Mikrospurenbestimmung entwickelten Techniken spielen noch heute in modifizierter Form eine Rolle.

Aus der Isolierung von Stahlproben, wobei der Stahl ohne die enthaltenen Verunreinigungen in Lösung gebracht wird, oder als Rückstände unterschiedlicher Art, z. B. auf Filtern zur Luftreinheitskontrolle, fallen nur mg-Mengen an Probenmaterial an. Es gilt nun, die Haupt- und Begleitelemente daraus zu bestimmen. Dabei ist es wichtig, die geringe Probenmasse entweder direkt zu analysieren oder nur so wenig wie möglich zu verdünnen. Da die Bindungsformen und die Mikroverteilung nicht immer bekannt sind, ist ein Schmelzaufschließen hilfreich. Die Entwicklung der spektrographischen Techniken geht deshalb auch hin zu immer kleineren Einwaagen (Abb. 158). Die *Preßlingstechnik* gestattete bei mg-Einwaagen noch ein Mischen der Probe mit Cu-Pulver und beidseitiges Abfunken, während im µg-Bereich die Probe auf einen dünnen Metallstift, der bereits eine aufgepreßte Graphitschicht aufweist, gepreßt wurde. Hierbei ist dann gegen eine Graphitelektrode abgefunkt worden. Bezogen auf 10 g Stahl, die bei der Isolierung eingesetzt wurden, ergeben sich mit einer Einwaage von 100 µg *Bestimmungsgrenzen* in der Größenordnung von absolut 10^{-7} g für die Elemente Mo, Nb, Sn, Sr und Zn, von 10^{-8} g für Al, B, Ca, Co, Cr, Fe, Mn, Ni, Pb, Si, Ti, V und Zr sowie von 10^{-9} g für Cu und Mg. Heute wäre man froh, dies mit der ICP-MS zu erreichen.

Als dann die Anforderungen wuchsen, z. B. auch organische Anteile oder auch die Bindungsarten zu bestimmen waren, mußte Material zurückgehalten werden, und für die Übersichtsanalyse standen nur einige Mikrogramm zur Verfügung. So kam es 1971 zum **Einsatz des Laser-Mikroanalysators** (LMA 1) von VEB Carl Zeiss, Jena, die damals auch Jenoptik hießen [491, 492]. Dieses Gerät (Abb. 159) war damals in der Industrie noch unbekannt; es wurde allerdings bereits zur kriminal-technischen Analyse benutzt. Ein Neodymglas- oder ein Rubin-Resonator, in denen das

5.1 Einzug der Spektrometrie in Industrielaboratorien

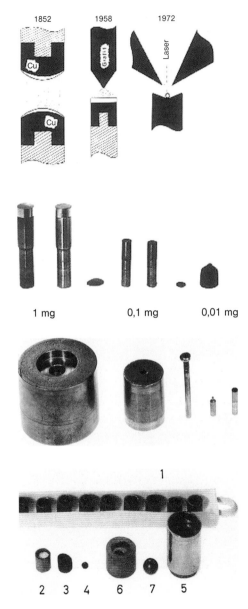

Abb. 158 Entwicklung der spektrographischen Mikrospurenanalyse: (a, b) Geräte zur Herstellung von Preßlingselektroden; (c) Bereitung der Perlenprobe für LA (1 Porzellanschiffchen mit Tiegeln, 2 Graphittiegel mit Proben-/Aufschlußgemisch, 3 Tiegel nach dem Aufschließen, 4 Glasperlen-Analysenprobe, 5–7 Teile der Kugelmühle).

Licht über Spiegel verstärkt wurde, saßen oberhalb eines Mikroskops. Die Probe befand sich auf dem Tisch des Mikroskops, mit dem die genaue Position eingestellt werden konnte (Abb. 160b). Der Laser (*Light Amplification by Stimulated Emission of Radiation*) konnte nun direkt oder geregelt nach Passieren einer Lösungsküvette (sog. Q-Switch, nur bei Rubin-Laser möglich) durch dieselbe Optik auf die Probe geschossen werden. Es war nur ein einziger Schuß möglich, danach mußte über eine gewisse Zeit neu generiert werden. Da die Leistungsdichte nicht ausreichte, den gesamten Probendampf zu ionisieren, zündete dieser eine synchronisierte Entladung zwischen Hilfselektroden (Queranregung), so daß die Dampfpartikel erneut angeregt wurden (Abb. 160c). Das reichte aus, um mit dem Spektrographen Q 24 und sehr empfindlichen Photoplatten (sog. Astroplatten) ein komplettes Spektrum aufzunehmen.

Die Anwendung der Queranregung ist ein bemerkenswerter Schritt in eine Richtung, die viel später als Tandemanregung bezeichnet wurde. Gemeint ist damit, daß bei spektralen Anregungen die Verdampfung (Atomisierung) des Probenmaterials und die eigentliche Anregung (Ionisierung) nacheinander getrennt erfolgen, wobei die Effekte der Atomisierung ihren Einfluß auf die Ionisierung verlieren.

Im Fall der Glasperlenprobe bewährte es sich, die Queranregung mit Graphitelektroden einmal vorzuzünden und damit die Perle mit Kohlenstoff zu bedampfen. Danach gab es kaum Reflexionen des Laserstrahles; er durchschoß die Perle [493]. Auf diese Weise ließen sich mit erheblich kleinerer Einwaage vergleichbare Bestimmungsgrenzen erreichen. Auch aus den Spektren der drei Verfahren ist zu erkennen, daß die Auswertung der schon grob-

5 Das Zeitalter der Modifikationen oder der industriellen Untersuchungspraxis (~1960–1980)

Abb. 159 Der Laser-Mikroanalysator LMA 1 von Carl Zeiss, Jena, 1971, im Laboratorium der Hoesch Stahlwerke Dortmund.

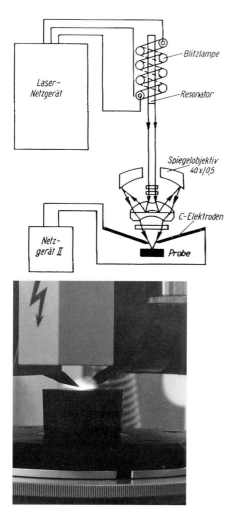

Abb. 160 (a) Funktionsschema des LMA 1 [491], (b) Mikroskop und (c) Querfunken.

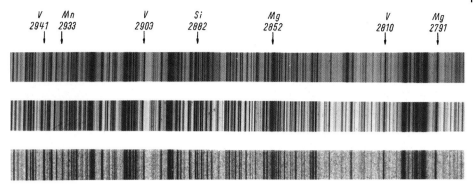

Abb. 161 Entwickelte Photoplatte (oben: Cu-Preßling, Mitte: Graphitpreßling und unten: Glasperlenverdampfung mit Laser).

körnigen Astroplatten noch gut möglich ist (Abb. 161).

Die direkte Laser-Verdampfung von Metallen war damals ebenfalls auf einen einzigen Schuß begrenzt [494]. Das warf insofern Probleme auf, weil z. B. der Neodym-Laser tiefer (ca. 500 µm) in den Stahl eindrang als der geregelte Rubin-Laser, der nur unter der Oberfläche (ca. 50 µm) Material verdampfte (Abb. 162a). Der Kraterdurchmesser konnte zwar zwischen 5 µm und 200 µm eingestellt werden, doch es gab keine Möglichkeit dies für die Analyse genau zu kalibrieren. Das ist auch heute noch ein selten gelöstes Problem – auch wenn erfolgreiche Verfahren immer wieder reflektiert werden. Qualitative Aussagen sind natürlich machbar. Das zwei- oder gar mehrmalige Schießen in ein und denselben Krater führt zur Verarmung der leichter verdampfbaren Elemente (s. Kap. 7). Zu beachten ist auch das an den Rändern verspritzte, kondensierte Probenmaterial.

Dennoch war eine qualitative Ermittlung von Verunreinigungen in der Oberfläche erfaßbar. Außerdem eignete sich die Laser-Verdampfung (neudeutsch: Ablation) für Untersuchungen an Schweißnähten, welche durch Ätzen sichtbar gemacht werden können. Die Fragestellung, wie weit die Elemente der Schweißlegierung, z. B. Chrom, in das Grundmaterial diffundieren, ließ sich gut beantworten.

Auch die **spektrographischen Lösungsmethoden** sind verfeinert worden. Mikrolösungsvolumina, z. B. Analysenlösungen von < 1 mL, konnten aus kleinen Napfelektroden verdampft werden, indem beim Anfunken die Lösung durch eine Kapillare in der Graphitelektrode automatisch angesaugt wurde (Abb. 163).

Wenn etwas mehr Probenmaterial zur Verfügung stand, z. B. Analysenlösungen von < 5 mL bereitet werden konnten, dann wurde etwa seit den sechziger Jahren weltweit die **Radelektroden-Methode** benutzt (Abb. 164). Dabei ist die Analysenlösung aus einem Trog (Schiffchen) mit Hilfe eines sich drehenden Graphitrades in die Funkenstrecke transportiert worden. Beispielsweise hat damals die Fa. Baird Atomic in den USA fast alle Bahnhöfe, Flughäfen und die Flugzeugträger mit Radelektroden-Spektrometern ausgerüstet, womit die Reinheitskontrolle von Kraftstoffen, Diesel- und Schmierölen durchgeführt wurde.

Als Graphitelektrodenmaterial wurde gerne die Qualität RW-0 der Fa. Ringsdorff, Bonn, verwendet, doch die eignete sich nicht so gut für Radelektroden. Wichtig

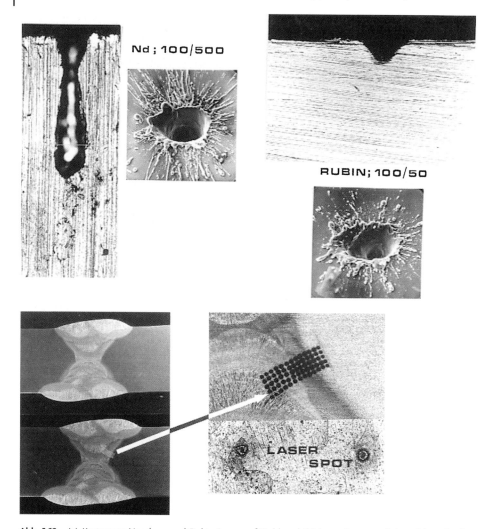

Abb. 162 (a) Krater von Neodym- und Rubin-Laser auf Stahl und (b) Laser-Raster auf einer Schweißnaht, mikroskopisch vergrößert.

waren die Untersuchungen von *Hubertus Nickel* [495] zur Optimierung des Verfahrens. Es wurde eine Struktur mit rauer Oberfläche benötigt (Abb. 164b), damit ausreichend Lösung transportiert werden konnte. Das erfüllte sich dann mit der Qualität V-Sp-5, ebenfalls von Ringsdorff. Daher war es schwer zu verstehen, warum diese Technik gerade bei Gebrauchtölen erfolgreich sein sollte. Anders als bei Flugzeugkraftstoffen traten hierin größere Partikel auf, die durch Abrieb entstanden waren. Richtete man eine Bogenlampe auf das sich drehende Rädchen, so ließ sich erkennen, daß Partikel seitlich auf der „Bugwelle" an der Anregungsstrecke vorbeiglitten. Eine

5.1 Einzug der Spektrometrie in Industrielaboratorien

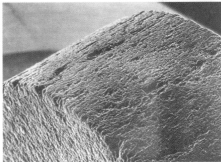

Abb. 164 (a) Radelektroden-Aufsatz am Spektrographen Q 24 und (b) REM-Aufnahme eines Graphiträdchens der Qualität V-Sp-5.

Abb. 163 Napfelektrode in Aktion und als Schema.

genauere Untersuchung ergab, daß es sich um Partikel handelte, deren Durchmesser > 1 µm war. Für homogene Lösungen war diese Technik lange Zeit als schnelles Bestimmungsverfahren im Einsatz [496], obwohl es nicht so reproduzierbar arbeitete wie unser einfaches Zerstäuberverfahren [367].

Das läßt sich z. B. aus den Abfunkkurven, den Funktionen $\Delta S = f(t)$, ablesen (Abb. 165). In beiden Fällen diente Bi als interner Standard, was bei der spektrographischen Lösungsanalyse übliche Praxis sein sollte. Da dies offensichtlich in Vergessenheit zu geraten drohte, erinnerten *W. B. Barnett, V. A. Fassel* und *R. N. Kniseley* [497] mit fundamentalen Untersuchungen wieder an die alte *Methode des inneren Standards* von *W. Gerlach*.

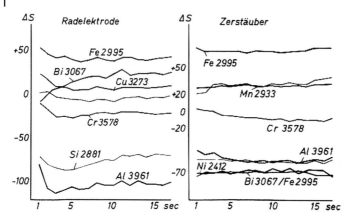

Abb. 165 Abfunkkurven für Lösungen aus oxidischen Proben mit der Radelektrode und dem Zerstäuberverfahren [367].

Die Analysenfunktionen wurden auch hier üblicherweise in logarithmischer Form dargestellt und sind deshalb im Regelfall linear.

Beide Methoden, diejenigen mit der Napf- und Radelektrode, hatten jedoch den großen Nachteil, daß die Analysenlösung unter Einwirkung des elektrischen Stromes mit dem Graphit in Berührung kommt.

Wenn auch die Diffusion in den Graphit und umgekehrt in Richtung der Anregung

Abb. 166 *Lieselotte Moenke* (Zeiss, Jena) hat sich um die Spektralanalyse verdient gemacht.

gering ist, so konnte dies doch selektiv ein bestimmtes Element stärker betreffen und zu einem systematischen Fehler führen. Diese Problematik wurde dann Mitte der siebziger Jahre bei uns und einige Jahre später in den meisten Industrielaboratorien durch den Einsatz der ICP-Anregung überwunden. Das war dann auch der Zeitpunkt, zu dem die Anwendung der Spektrographie ihr Ende fand. Nur in den osteuropäischen Ländern hat sich die Emissionsspektrographie bis in die neunziger Jahre erhalten, und es wurden interessante Varianten entwickelt, wie z. B. von *Ernö Gegus* [498], *Klaus Doerffel* [499] u. v. a.

Bevor die Spektrographie-Abteilung andere Aufgaben (ICP-Applikation) übernahm, wurde noch ein für die Zukunft wichtiges Thema bearbeitet. Als im Jahre 1968 *Werner Grimm* [500] die erste, für analytische Zwecke brauchbare **Glimmentladungslampe** (Abb. 167) bei der Firma Vacuumschmelze in Hanau baute, und die Fa. RSV diese vertrieb, begannen auch sofort die Untersuchungen damit.

Der gleichmäßige Materialabbau (Abb. 168b) versprach eine Minimierung der Interelementeffekte. Die Glimmentladungs-

5.1 Einzug der Spektrometrie in Industrielaboratorien

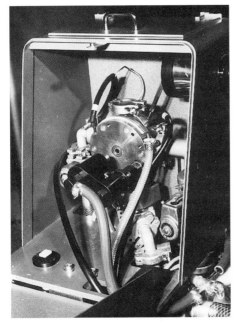

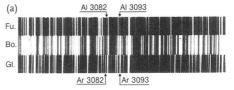

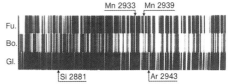

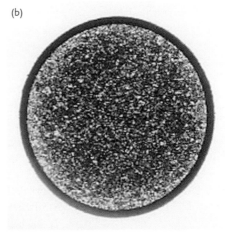

Abb. 168 (a) Spektrenvergleich (oben: Funken-; Mitte: Bogen- unten: GD-Spektrenausschnitt) und (b) Brennfleck der GD-Anregung.

Abb. 167 Die originale Glimmlampenanregung von RSV, Hechendorf, im Hoesch-Laboratorium, Werk Union.

lampe (GD: *Glow Discharge*) wurde sowohl mit dem Spektrographen Q 24 als auch mit einem Vakuumspektrometer gekoppelt, wobei sich Unterschiede zu anderen Anregungsarten zeigten [501]. So fehlte z. B. die häufig benutzte Mn-Linie 293,3 nm im GD-Spektrum (Abb. 168a), was eine direkte Adaption an vorhandene Simultanspektrometer zunächst behinderte.

Es war dann auch sehr hilfreich, daß Pater *Ernst W. Salpeter* in Castel Gandolfo einen kompletten Linienatlas für diese Anregung veröffentlichte [502]. Es erscheinen überwiegend Atomlinien, so daß die Spektren linienärmer wurden – neben dem gleichmäßigen Abbau durch Sputtern ein weiterer Vorteil (s. unter Spektrometrie).

Auch die Vorarbeiten zur **Entwicklung der Emissionsspektrometrie mit induktiv gekoppelter Plasmaflamme** (ICP) begannen spektrographisch. Anfang der sechziger Jahre arbeiteten die Physiker Professor *Jan van Calker* und *Wilhelm Tappe* an Hochspannungsgeneratoren und hatten Probleme mit elektrischen Funkenüberschlägen, z. B. bei Feuchtigkeit. Sie kamen auf die Idee, solche Funken zu stabilisieren und eventuell als spektrale Anregung zu verwenden. Heraus kam dabei eine kapazitiv gekoppelte Plasmaflamme [503, 504], in die sich Lösungen einbringen ließen. Das geschah mit selbstgebauten Zerstäubern und spektrographischer Detektion. Um diese Zeit machte der wirtschaftliche Aufschwung der fünfziger Jahre eine kurze Pause und schon kamen die ersten Rationalisierungsmaßnahmen zum Zuge. Das betraf in den Industrielaboratorien vor allem die personalintensive chemische Analyse (böswillig Naßchemie genannt). Die Zeit schien also wieder für die Verbesserung der Lösungsspektralanalyse reif zu sein, denn völlig unabhängig voneinander beschäftigten sich mehrere Forschergruppen damit, in München waren es *W. Kessler* und *U. Jecht* [505] und in den USA und in England gingen die beginnenden Arbeiten direkt in Richtung einer Kopplung mit Emissionsspektrometern, worüber im nächsten Abschnitt berichtet werden wird.

In Deutschland gab es schon eine längere Tradition in der Beschäftigung mit neuen Anregungsformen seit im Jahre 1954 *R. Weiss* [506] und auch *R. Peters* [507] den Gleichspannungs-Plasmastrahl beschrieben hatten, was dann sowohl *V. V. Koroljew* und *E. E. Wainstein* [379] als auch *M. Margoshes* und *B. F. Scribner* [380] beeinflußt haben mag (s. später bei der Spektrometrie). Eine Variante des von *L. E. Owen* verbesserten Plasma-Jet [508] ist auch schon 1962 in den Forschungslaboratorien der Siemens-Schuckert-Werke in Erlangen durch *W. Gebauhr* und *K. H. Neeb* [509] benutzt worden. So wird verständlich, daß *W. Tappe* und *J. van Calker* an der Westfälischen Wilhelms-Universität in Münster hier anschließen wollten. Sie untersuchten verschiedene Generatoren auf ihre Brauchbarkeit. Von den auch in der Industrie zugelassenen Generatorfrequenzen, die relativ große Schwankungen erlauben, eignet sich diejenige mit 27,12 ± 0,163 MHz am besten, die Frequenz bei 40,68 ± 0,020 MHz sowie die bei 2400 ± 49,9 MHz sind ebenfalls brauchbar. Letztere ist diejenige, mit der das Magnetron (2,4 GHz) das Mikrowellenplasma (MIP) erzeugt. Mit der kapazitiv gekoppelten Plasmaflamme (DCP, in den USA damals auch SEP = *Single Electrode Plasma* genannt) wurden dann bereits die Emissionsspektren bei Verwendung verschiedener Brenngase, wie Stickstoff oder Argon und Luft, aufgenommen sowie die üblichen Versuche zur Charakterisierung eines spektralanalytischen Verfahrens vorgenommen, wie die Bedingungen für die Generierung der Plasmafackeln, die Aerosol-Erzeugung und die unterschiedliche Anregung verschiedener Elemente sowie deren spektrale Beeinflussung untereinander. Für 26 Elemente wurden bei spektrographischer Detektion über Photoplatten die *Nachweisgrenzen* ermittelt, die im Konzentrationsbereich µg/L bei Argon als Brenngas liegen (mit Ausnahme von Al, K, Pt, und Ti, die nur 1 mg/L erreichten). Für Stickstoff und Luft als Brenngase verschlechtern sie sich nur unerheblich auf 10 mg/L bis 4 µg/L. Dies ist für die Spektrographie ein hervorragendes Ergebnis gewesen, auch weil für die photoelektrische Detektion noch eine Verbesserung zu erwarten war. Es wurde auch festgestellt, daß ein CO_2-Zusatz die Intensität der Ionenlinien zugunsten der Atomlinien herabsetzt, während derjenige von Frigen, CCl_2F_2, den gegenteiligen Effekt bewirkt. Das Verhältnis der Sr II-/Sr I-Linien diente als Indikator dafür.

Wilhelm Tappe hat seine Ergebnisse 1962 auf der PitCon (Pittsburgh Conference on Analytical Chemistry) vorgetragen und wurde anschließend von *V. A. Fassel* an die Iowa State University nach Ames zu einem weiteren Vortrag eingeladen.

Jan van Calker und *W. Tappe* versuchten auch die physikalischen Vorgänge im DC-Plasma zu erklären [510], was *W. Kessler* und *U. Jecht* [505] für das MIP taten, welches schon in den USA analytisch eingesetzt worden war. In den konservativen deutschen Industrielaboratorien fanden diese Arbeiten zunächst keine Nachahmung, wie so oft wartete man ab. Ganz anders verlief dies in den USA und in England, worüber im nächsten Abschnitt berichtet werden soll.

Die größten Fortschritte sind seit 1960 in der Anwendung der direktregistrierenden *Emissionsspektrometrie* zu verzeichnen. Als zu diesem Zeitpunkt die ersten Vakuumspektrometer nach Deutschland kamen, ging es rasant aufwärts. Daran hatten die Stahlwerkslaboratorien einen großen Anteil, denn nun ließen sich auch die Wellenlängen im UV-Bereich benutzen, also diejenigen der produktionsrelevanten Elemente C, S und P, deren Spektrallinien im sichtbaren Bereich durch die dort zahlreichen Fe-Linien gestört sind.

Die Datenauswertung am Vakuumspektrometer ARL 15 000 war eine Konsole mit Schreiber, auf dem die Ergebnisse registriert wurden. Die Auslesung erforderte pro Gerät einen erfahrenen Mitarbeiter (Abb. 169).

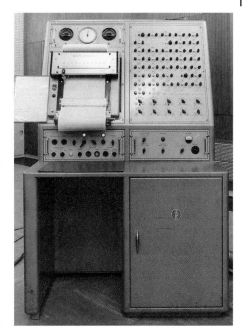

Abb. 169 Konsole des ARL-Spektrometers 15 000 im Laboratorium des Werkes Phoenix der Hoesch Hüttenwerke.

Der Erfolg der Fa. ARL war mit diesem Gerät weltweit so groß, daß ein Umstand eintrat, der sich auch bei anderen Herstellern von Analysengeräten wiederholte. Man produzierte Geräte und vergaß die Weiterentwicklung.

So hatte dann Mitte der sechziger Jahre plötzlich die englische Fa. Hilger & Watts, London, mit dem Polyvac E600 (Abb. 170) das interessanteste Spektrometer auf dem Markt. Dieses Gerät hatte anstelle des optischen Gitters zwei klassische Prismen mit der höheren Dispersion im nahen UV-Bereich (Abb. 170b).

Hier wurde zur Anregung auch ein sog. kondensierter Bogen benutzt, der so wenig oszillierte, daß er gerade die Gegenelektrode säuberte. Zu dieser Zeit gab es interessante Untersuchungen über elektri-

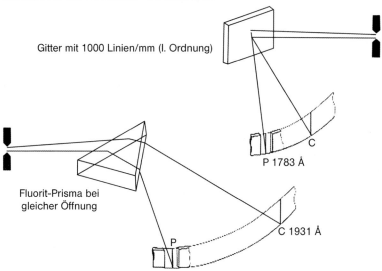

Abb. 170 (a) Polyvac E600 im Laboratorium Union der Hoesch Hüttenwerke, 1966, und (b) der Dispersionsvergleich von Gitter und Prisma.

sche Anregungen zur Spektralanalyse, z. B. von *J. P. Walters* und *H. V. Malmstadt* [511] sowie das zusammenfassende Handbuch von *P. W. J. M. Boumans* [512]. Ab Mitte der fünfziger Jahre beschäftigte man sich ausführlicher mit den Anregungsbedingungen, z. B. am ISAS, dem Dortmunder Institut für Spektrochemie und Angewandte Spektroskopie, *H. Kaiser* mit Abfunkvorgängen [513], *K. Laqua* und *W.-D. Hagenah* mit der Nachweisempfindlichkeit von Funkenentladungen [514], *H. Späth* und *H. Krempl* bestimmten die Temperatur mit zeitlich aufgelösten Spektren [515], und auf dem VI. CSI in Amsterdam 1956 referierten *H. Kaiser* über Funkenentladungen, *van Calker* über Niederspannungsentladungen und *K. Laqua* über Wechselstrombögen. Das war also ein akutes Arbeitsgebiet geworden. Im Laboratorium der Hoesch Stahlwerke AG ging es 1966 im wesentlichen um die Zielvorstellung: Wie kann der Verfahrensablauf noch weiterhin beschleunigt werden bei gleichzeitiger Verbesserung der Reproduzierbarkeit?

Bisher galt in der Analytischen Chemie die Erkenntnis, daß ein nicht optimal genaues Ergebnis relativ schnell machbar ist und auch in vielen Fällen gebraucht wird, ein extrem genaues mit bestmöglicher Reproduzierbarkeit und kontrollierter Richtigkeit aber seine Zeit braucht. Insofern mußte hier eine neue Epoche beginnen, denn bezogen auf die Emissionsspektrometrie bedeutete dies zum einen, die Lichtemission für die verschiedenen Elemente

5.1 Einzug der Spektrometrie in Industrielaboratorien

beim Abfunkvorgang auf unterschiedlichen Metalloberflächen wiederholbarer zu machen, und zum anderen sollten systematische Fehler durch nicht erkannte oder schlecht korrigierte Interelementeffekte minimiert werden.

Es waren also mehrere Probleme gleichzeitig zu lösen. Erschwerend kam hinzu, daß die physikalischen Vorgänge des Verdampfens, Atomisierens und die anschließende Ionisierung mit der Restenergie des Funkens zwar bekannt und mit Standardproben untersucht worden waren, doch mit Proben aus der Praxis der Produktion sah es erheblich anders aus. Man wußte zu dieser Zeit, daß die *Bogenanregung* die weitaus empfindlichste Form darstellt, zumal wenn die gesamte Analysenprobe verdampft wird, wie es sein sollte, doch die Wiederholbarkeit der Daten war nicht optimal. Deshalb wurden funkenähnliche Bogenanregungen oder *Funkenanregungen* direkt benutzt, z. B. ein Niederspannungsfunken mit der üblichen, in Deutschland aus der Steckdose kommenden Frequenz von 50 Hz.

Der Einfluß von anderen Elementen auf das zu bestimmende kann bereits im Verdampfungs- und Anregungsprozeß eine Rolle spielen, doch überwiegend handelt es sich um Überlappungen von Spektrallinien. In der Praxis versuchte man diese Be-

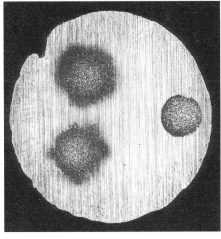

Abb. 171 Begrenzung des Abfunkfleckes.

einflussung durch Kalibrieren – also zahlreiche Auswertekurven – zu minimieren. Im Hoesch Laboratorium ist versucht worden, durch zwei Maßnahmen zu einer Verbesserung zu kommen. Einmal wurde die Reproduzierbarkeit dadurch verbessert, daß mit Hilfe einer Bornitrid-Blende (7 mm Ø) der Abfunkfleck eng begrenzt (Abb. 171) wird. Damit konnten sich keine Funken diffus über eine größere Randfläche verteilen; die Wiederholbarkeit wurde noch besser, d.h. für die meisten Elemente von im Mittel ~2 Rel.-% auf ~1 Rel.-% [516].

Zum anderen brachte uns eine alte Idee von A. von Zeerleder [517] auf das Verkürzen der Analysenzeit. Dieser hatte infolge des Krieges wenig Mitarbeiter zur Verfügung und verkürzte die spektrographische Metallanalyse dadurch, daß er beim Vorfunken eine höhere Energie als beim Messen (Intergrieren) benutzte und so die Oberfläche, wie man allgemein sagte, in kürzerer Zeit konditionierte. Dies übertrugen wir auf die Spektrometrie mit dem Polyvac E 600, mit dem ursprünglich über 20 s vorgefunkt wurde, und das ~20 s zum Integrieren brauchte (Abb. 172).

Mit der Kapazität wurde die Leistung der Anregung verändert. Wie sich in den S-Abfunkkurven für zwei verschiedene Stähle (1: 0,1 % C; 2: 1,3 % C bei gleichem S-An-

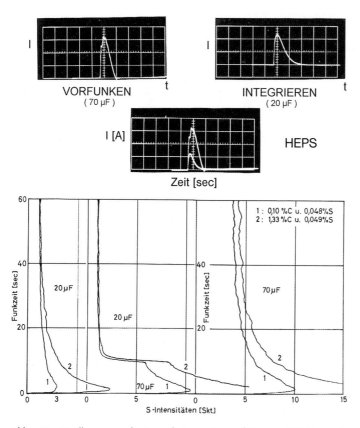

Abb. 172 Oszillogramme der Hoesch-Energy-Prespark-Source (HEPS) und die resultierenden Abfunkkurven für die S-Bestimmung in Stahl.

teil von 0,05 %) zeigt, bleibt der Interelementeffekt C → S sowohl bei einer Kapazität von 20 µF als auch bei 70 µF erhalten. Aber wenn nur etwa die halbe Zeit (~10 s) mit 70 µF vorgefunkt und dann sofort auf 20 µF umgeschaltet wurde, hatte man nicht nur Zeit gespart, sondern der Interelementeffekt war quasi beseitigt [518]. Das traf auch auf den Effekt Mn → S zu, der darauf beruhte, daß die MnS-Phase in Stahloberflächen durch Funken zuerst verdampft wird, da die Funken bevorzugt auf die Korngrenze gehen [519]. Daher kommen die zu Beginn des Abfunkens überhöhten S-Werte (Abb. 172). Als diese Ergebnisse bekannt wurden, bekamen wir sofort Besuch von *Paul Höller*, der für die damalige Konkurrenz, die August-Thyssen-Hütte in Oberhausen arbeitete. (Heute gehören alle zusammen, denn aus den Stahlkonzernen Hoesch, Krupp und Thyssen entstanden die ThyssenKrupp Stahlwerke.) Damals war es üblich, daß sich die Kollegen besuchten, doch selten kamen sie zum Nachmessen. Doch das tat *P. Höller* mit seinem Doktoranden *G. Herberg* [520], und sie bestätigten unsere Ergebnisse. Die Minimierung der nicht spektralen Interelementeffekte ließ sich im Grunde auf die Vorgänge im Brennfleck zurückführen. Das sog. Konditionieren war eigentlich ein Aufschmelzen des Metalls, so daß stets aus dem homogenisierten flüssigen Metall verdampft wurde. Wiederholte sich dieser Vorgang während eines einzigen Abfunkprozesses, d. h. wurde die Schmelze restlos verbraucht und neue nachgebildet, so kam inhomogenes Material, z. B. MnS-Partikel, während des Verdampfens in die Schmelze. Wenn man nun die Anregung so steuerte, daß sofort für den gesamten Verdampfungsprozeß ausreichend Schmelze entstand, so erfolgte das Integrieren nur aus der homogenen Schmelze. Nach dem gesamten Abfunken muß noch ein Rest an

Abb. 173 REM-Aufnahme der Oberfläche eines Abfunkfleckes und seitlicher Anschliff durch diesen Fleck (unten).

ungeschmolzenem Material zurückbleiben, wie an der Aufsicht (Abb. 173, oben) und dem seitlichen Anschliff des Abfunkfleckes zu erkennen ist.

Gerade der seitliche Anschliff unterstützt das eben Gesagte, weil die komplexe Struktur unter der Schmelze sichtbar ist.

Es gab zu dieser Zeit eine kompetente Zusammenarbeit zwischen Geräteherstellern und Industrielaboratorien, die gegenseitige Besuche sinnvoll machte oder auch zum Wechsel erfahrener Mitarbeiter führte. Wir hatten die Anregung HEPS inzwischen an den ARL-Spektrometern adaptiert, wo mit dem üblichen Niederspannungsfunken eine Abfunkzeit von insgesamt ~15 s (7 s Vorfunken mit 15 µF und ~8 s Messen mit 50 µF) erreicht worden waren. So wurde dann auch die Anregung HEPS (jetzt als *High-Energy-Prespark-Source*) von der ARL übernommen, woran *Karl Slickers* [521] beteiligt war, der aus dem Laboratorium von *P. Höller* zur ARL nach Ecublens bei Lausanne wechselte.

Doch dann folgte einige Jahre später (1973) die Entwicklung der Anregung HRRS (*High-Repetition-Rate-Source*), die variabel zwischen 100 Hz und 400 Hz eingesetzt werden konnte. Diese Anregung war ebenso günstig in Bezug auf die Effektminimierung und darüber hinaus noch etwas schneller. Sie geht auf Untersuchungen von P. *Höller* et al. [522] zurück und setzte sich einige Jahre später allgemein durch. Wie die GD-Anregung so kam auch diese wichtige Neuerung aus einem Industrielaboratorium. Deshalb ist die heutige fast totale Einschränkung der industriellen, analytischen Forschung und Applikation so unverständlich.

Doch zunächst entwickelte die Fa. ARL in der Schweiz ein neues Jahrzehntgerät, das erstmals 1971 kompakt in einem einzigen Schrank erhältlich war, und dennoch eine Optik mit 1 m Brennweite enthielt. Es war das ARL 31 000, das wohl zu den damals meistverkauften Geräten gehörte. Ein Blick in das Laboratorium des Stahlwerkes Phoenix zeigt (Abb. 174) links das ARL 31 000, eines der beiden alten ARL 15 000 und den ersten Rechner, der parallel zur manuellen Auswertung die Meßwerte der Spektrometer übernahm, die Auswertekurven berechnete und über den Fernschreiber an die Kunden sendete.

Dieses ARL 31 000 hat sich so gut bewährt, daß in den folgenden Jahren vier solcher Geräte im oben gezeigten Laboratorium in Betrieb waren [523–527] und diese in die erstmalige, komplette Automatisierung eines so großen Laboratoriums einbezogen wurden (s. Kap. 5.3).

Danach setzte die Entwicklung immer kleinerer Spektrometer ein. Für Laboratorien brachte die ARL das vereinfachte, preiswertere Spektrometer 34 000 auf den Markt, das im Prinzip nur zwei Kanäle enthielt, einen festen als Referenz und einen beweglichen, der die einzelnen Austrittsspalte ansteuerte (Abb. 175).

Mit diesem Spektrometer versuchte die ARL neue Kunden mit der Werbung zu gewinnen, die sinngemäß behauptete, jedermann könne damit arbeiten, es sei eine sog. „Black Box", die nur anzuschalten sei. Wenn auch inzwischen Geräterechner die Daten aufbereiteten, so war das ein fataler Irrtum und hat den Laboratorien insofern geschadet, als das Bestreben der Produktionsbetriebe gestärkt wurde, die „so leichte" Analyse selbst zu übernehmen.

Die Entwicklung der Emissionsspektrometrie bis in die achtziger Jahre war zu einem Wirtschaftsfaktor geworden. Ohne sie hätte z. B. die gesamte metallerzeugende und -verarbeitende Industrie nicht

Abb. 174 Teilansicht des Stahlwerkslaboratoriums Phoenix, 1971 (mit Erlaubnis von ThyssenKrupp Steel AG).

Abb. 175 ARL 34 000 im Laboratorium der Westfalenhütte der Hoesch Stahlwerke AG, 1976 (mit Erlaubnis von ThyssenKrupp Steel AG).

den hohen Entwicklungsstand erreicht und wäre heute nicht mehr wirtschaftlich durchführbar. Ein weiteres Beispiel belegt diese Aussage: der **Einsatz der GD-Spektrometrie zur Oberflächenananlyse**.

Bereits in den siebziger Jahren hat *H. W. Radmacher* bei der ISCOR Steel Corp. in Südafrika im Stahlwerk Vanderbijlpark Emissionsspektrometer mit GD-Anregung zur routinemäßigen Produktionskontrolle eingesetzt. Aus verschiedenen Gründen hat sich diese Anwendung nicht durchsetzen können. Neben der Pflege der Lampe, sie mußte eigentlich ständig gereinigt werden, waren es vor allem zeitliche Gründe und die Tatsache, daß die Funkenspektrometrie für die Charakterisierung der Stahlqualitäten ausreichte. Für die bisher kaum mögliche Oberflächenanalyse spielten zeitliche Gründe zunächst keine Rolle.

Nachdem man verstanden hatte, was beim Sputtern mit Ar^+-Ionen an Metalloberflächen passiert (Abb. 176) und die geeigneten Bedingungen für das Erzeugen eines Abbauareals mit flachem Boden (*flat bottom crater*) gefunden hatte, wurde die GD-Spektrometrie erfolgreich zur routinemäßigen Oberflächenanalyse eingesetzt. Im Prinzip geschieht folgender Ablauf: Die Lampe wird evakuiert, gezielt mit Argon geflutet, die Ar-Atom werden im Hochspannungsfeld ionisiert, und die gebildeten Ar^+-Ionen bombardieren die Oberfläche der Probe (Kathode). Es handelt sich eigentlich um einen Sputtervorgang, wobei die Energie der auftreffenden Teilchen die Abbauraten bestimmt. Die aus der Oberfläche geschossenen Atome werden ebenfalls in dem Hochspannungsfeld ionisiert und emittieren entsprechendes Licht, um danach an der Anode (Wand der Lampe) abgelagert zu werden, weshalb stets zu unterbrechen und zu reinigen ist. Nachanregungen dieser Ablagerungen können sonst nicht ganz ausgeschlossen werden; sie sind zu vermeiden.

So lernten z. B. die Eisenhüttenleute, daß Stahl an der Oberfläche kein Eisen enthält (Abb. 177).

Bei den Anfängen der Oberflächenanalyse, die sich auf *R. Berneron* [528] zurückführen läßt, war es erforderlich, die Verstärkung der Meßwerte den spektralen Empfindlichkeiten der einzelnen Elemente anzupassen. Es ist auch kompliziert gewesen, aus der Dauer des Sputtervorganges auf die Tiefe zu schließen, um zu einem Tiefenprofil zu kommen. Referenzproben mit definierten Schichten bzw. Auflagen gab es noch nicht. Die GD-Lampe wurde über sieben Jahre ausschließlich von der Fa. RSV gebaut, so daß die weltweite Anwendung zunächst nur schleppend anlief. Es fehlte die Konkurrenz; erst danach baute Spectruma (quasi als Nachfolger von RSV) die erste Kombination der GD-Lampe mit einem Simultanspektrometer. Durch ein verbessertes Vakuum im Spektrometerbereich konnten die UV-Spektrallinien bis hinab zu ~120 nm benutzt und damit Elemente wie Wasserstoff, Stickstoff und Sauerstoff bestimmt werden.

Das hatten bereits 1961 *J. Romand* und *R. Berneron* [529] auf emissionsspektrometrischem Wege versucht, indem sie ein Spek-

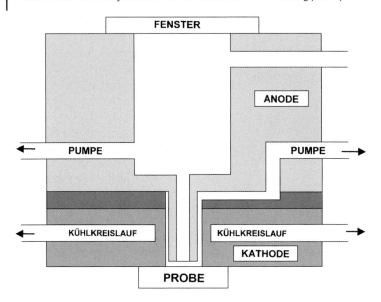

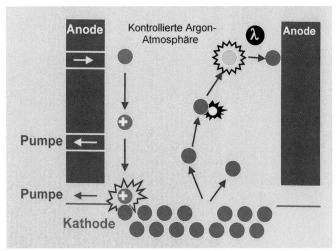

Abb. 176 (a) Schema der GD-Lampe und (b) Mechanismus der Anregung.

trometer bauten, das die Proben in einem Vakuumkessel abzufunken erlaubte. Spektrallinien bis ins kurzwellige UV, also neben C, S, P und Si eben auch diejenigen von H, N und O konnten meßbar erfaßt werden. Allerdings arbeiteten sie wegen der sehr geringen Intensität der drei letztgenannten Elemente mit offenen Photomultipliern, was sich kaum in die industrielle Praxis übertragen ließ [530]. Die Bestimmung der Gase in Metallen war auch die Intension von W. *Grimm*, als er die Glimmentladungslampe baute [531] und in der industriellen Praxis erprobte.

5.1 Einzug der Spektrometrie in Industrielaboratorien

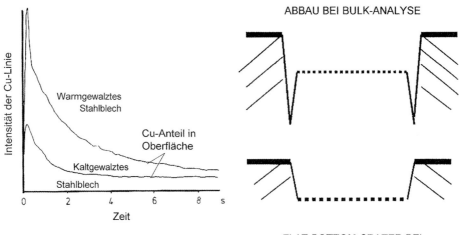

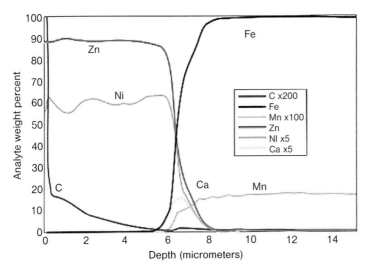

Abb. 177 GD-Spektren: (a) Unterscheidung von Warm- und Kaltband durch Cu-Anteil in der Oberfläche; (b) Schema der Kraterformen; (c) Zn/Ni-Beschichtung auf Stahlblech.

Die GD-Spektrometrie wurde schnell zu einem Forschungsprojekt [532], was sich noch steigerte, als weitere Herstellerfirmen, wie z. B. Jobin-Yvon oder ARL die GD-Lampe bauen durften. Die Fa. Leco, welche zeitweise die Fa. Spectruma übernommen hatte, kam dann später mit der von *Gary Hieftje* beeinflußten GD-Lampe samt Spektrometer hinzu, worüber in der nächsten Entwicklungsperiode berichtet werden wird.

Es gab in der metallverarbeitenden Industrie noch ein analytisches Problem, welches die Betriebe gerne in eigener Regie durchgeführt hätten. Gemeint ist die sog. **Verwechslungsprüfung** halbfertiger oder fertiger Produkte. Da es umständlich wäre, diese zu transportieren, ist hier die Vor-Ort-Analyse erforderlich. Dafür gab es seit den fünfziger Jahren Handspektroskope, wie z. B. das Steeloskop. Die Benutzung erforderte jedoch mit der Spektralanalyse erfahrene Operateure. Als dann im Jahre 1972 *Willi Berstermann*, damals Mitarbeiter der Georgsmarienhütte in Osnabrück und später Gründer der Fa. Belec (1986), ein Spektrometer konstruierte, das einem Geigenkasten ähnlich war, und *Paul Friedhoff*, der spätere Gründer der Fa. Spektro, Kleve, anfing, mobile Spektrometer zu bauen, setzte eine ganz spezielle *Phase* der Emissionsspektrometrie ein: diejenige *der mobilen Kleinspektrometer*, die ihren Höhepunkt eigentlich erst in den achtziger Jahren erreichte, doch hier bereits erwähnt werden soll. Mit einer Bogenanregung in Pistolenform wurde verdampft, angeregt und das emittierte Licht über einen Quarzfaser-Lichtwellenleiter zum Spektrometer transportiert. Wegen der optischen Eigenschaften dieser Lichtleiter (Abb. 178) waren die UV-Linien zunächst nicht befriedigend nutzbar. Andererseits ließ sich die Leistungsfähigkeit dieser Kleinspektrometer dann mit den Laborspektrometern vergleichen, wenn man die klassische Auswertung über die Intensitätsverhältnisse wählte, also z. B. bei der Stahlanalyse jeweils die Intensitätsquotienten Mn/Fe, Cr/Fe, Ni/Fe, Cu/Fe usw. sowie zusätzlich diejenigen der zu bestimmenden Elemente untereinander, wie z. B. Mn/Cr, Cr/Ni, Mn/Ni usw. zur Auswertung benutzte. Die Gerätehersteller haben dies aber nicht weiter verfolgt, weil sie den Absatz der Laborspektrometer (ca. dreimal so teuer) nicht gefährden wollten.

Immerhin läßt sich feststellen, daß die Emissionsspektrometrie um 1980 einen vorläufigen Endpunkt in der Entwicklung erreicht hatte. Zumindest konnte man

Abb. 178 Typische mobile Kleinspektrometer (Spectro-Test und ARL-Quantotest).

sich nicht vorstellen, daß es noch schneller und empfindlicher werden kann. Es gab bis dahin auch einige, kompetente Hersteller, die vergleichbar leistungsstarke Spektrometer bauten, wie ARL (später: Bausch & Lomb), Labtest, Baird Atomic, Jarrell-Ash, alle aus den USA, Hilger & Watts (später Rank Precision) aus England, Jobin-Yvon aus Frankreich (heute: Horiba, Japan), Jenoptik, Spectro, OBLF, Spectruma, alle aus Deutschland, MBLE aus Belgien (später Philips, NL). und Shimadzu aus Japan, was von den Anwendern in der Industrie sehr begrüßt wurde. Die Auswahl ist heute stark eingeschränkt, da alle genannten amerikanischen Firmen zu Thermo fusionierten, und große Firmen immer das Problem haben, daß kleinere, kundenspezifische Änderungen an Seriengeräten kaum mehr möglich oder nicht bezahlbar sind.

Zu diesem Zeitpunkt beschäftigte man sich in den Industrielaboratorien kaum noch mit den Grundlagen der Spektralanalyse. Es wurden fast keine Veränderungen mehr vorgenommen, Variationsmöglichkeiten der elektrischen Anregungen gab es praktisch nicht mehr, an den Spektrallinien und den Spaltbreiten war auch nichts zu ändern, so daß viel Wissen und Erfahrung verloren wurde. An den meisten Universitäten und Hochschulen standen auch keine spektrometrischen Großgeräte zur Verfügung, so daß es keine gezielte praktische Ausbildung gab. Dazugehörende Begriffe, wie „geometrischer Leitwert eines Spektralapparates", „optischer Leitwert" und „effektiver optischer Leitwert" oder Strahlungsfluß durch einen Spektralapparat, Bestrahlungsstärke des Untergrundes und einer Spektrallinie, werden heute in den Industrielaboratorien nicht mehr verstanden. Infolge fehlender Aus- und Weiterbildung oder fehlenden Interesses muß man die Entwicklungsfragen zwangsweise den Geräteherstellern überlassen und hoffen, daß die noch wissen, was sie tun.

Größere Laboratorien hatten um diese Zeit noch eine Elektronik-Abteilung, die fast alle Wartungsarbeiten erledigte. Das war deshalb sinnvoll, weil die laboreignen Elektroniker mit den Geräten und dem System, in das sie integriert waren, weitaus mehr vertraut waren, als externe Techniker. Heute ist man mehr geneigt, Wartungsverträge mit den Herstellern abzuschließen, um auch hier zu sparen und das Team Analytiker/Elektroniker nicht eigenständig bestehen zu lassen. Die firmeninterne Entwicklung führte langsam dazu, daß die Laboratorien ausschließlich von dem Angebot der wenigen Gerätehersteller abhängig wurden.

Dennoch haben manche Analytiker versucht, immer wieder neue Ideen aufzunehmen und anzuwenden. So war es z. B., als die Laser immer leistungsfähiger wurden, und eine Direktverdampfung aus Metallschmelzen noch kürzere Analysenzeiten erwarten ließ. Inzwischen sind die Herstellungsprozesse so kurz geworden, daß ein Warten auf die Analysenresultate hinderlich ist. Ein gezielter Versuch soll zeigen, warum die Anregung mit einem Laser und der Lichttransport über Lichtwellenleiter nicht die optimale Methode werden kann (Abb. 179).

Das Laser-Spektrum ist wirklich nicht aussagefähig, und die C-Spektrallinien sind nicht benutzbar, während diese bei der Funkenanregung deutlich erscheinen. Die geringe Intensität der Linie C 193,1 nm beruht auf den Verlusten im Lichtwellenleiter (Abb. 180).

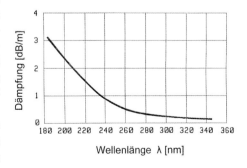

Abb. 179 Typische spektrale Dämpfung eines Lichtwellenleiters.

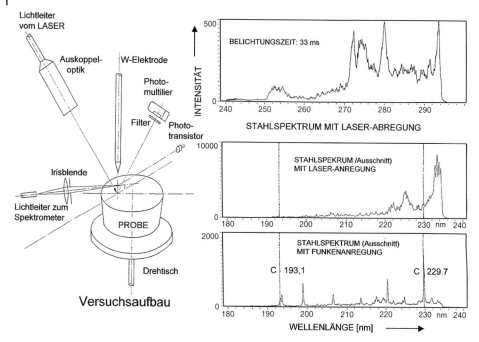

Abb. 180 Vergleich Laser- / Funkenanregung am Beispiel der C-Bestimmung.

Die Laser-Anregung wird uns noch im nächsten Kapitel beschäftigen sowie auch die Anwendung eines durchstimmbaren Lasers als spektrale Lichtquelle. Bis zum Jahre 1980 wurde der Laser in der Analytik selten – und dann meist nur zur qualitativen Lokalanalyse, z. B. Einschlüssen in Oberflächen, benutzt.

Der hohe Entwicklungsstand der Emissionsspektrometrie mit festen (kompakten) Proben bedeutet natürlich nicht, daß alle Probleme in der Praxis behoben waren. Gerade in der Produktionsüberwachung war die Probenahme ein wesentlicher Teil der Gesamtanalyse. Sowohl Ort und Zeitpunkt der Entnahme als auch die Qualität der Proben spielen eine entscheidende Rolle. Wie noch im nächsten Kapitel beschrieben werden wird, entwickelte sich z. B. die Probenentnahme von flüssigen Metallen vom Gießen in Formen zum plötzlichen Erstarren in sehr kleinen Formen, die sich in sog. Tauchsonden befinden. Dieses „Einfrieren" der Struktur war gewollt, weil es am besten die augenblickliche Zusammensetzung einer Schmelze repräsentiert. Dabei sind auch die nichtmetallischen Einschlüsse unregelmäßig verteilt. Befindet sich z. B. ein MnS- oder Calciumsilicat-Einschluß direkt unter der angeschliffenen Stahloberfläche und bleibt unerkannt, so entstehen beim Anfunken Löcher oder Krater, weil die Nichtmetalle bevorzugt verdampft [519] werden. Dies führt zu falschen Ergebnissen, die erkannt und korrigiert werden müssen. Es sind keine Krater, wie sie durch Laser-Beschuß entstehen, obwohl die Ähnlichkeit groß ist. Durch viele derartiger „Einschüsse" auf eine begrenzte Fläche entsteht eine Metallschmelze, aus der dann die Verdampfung in das Anregungsplasma erfolgt.

Auf zwei kleine Bücher ist hier noch hinzuweisen, die alles Wesentliche aus dieser Zeit zusammenfassen: das von *W. Schrön* und *I. Rost* [533] aus der Sicht der Universität geschriebene sowie das aus der alltäglichen Praxis von *Dieter Kipsch* [534] stammende, auf dessen Inhalt im letzten Kapitel (7) noch verwiesen werden wird.

Um diese Zeit suchte man, wie bereits erwähnt, nach weiteren Rationalisierungen des täglichen Ablaufes in Industrielaboratorien. Der langsamste Schritt der produktionsüberwachenden Analytik war inzwischen die Probenentnahme aus den Aggregaten und die Probenvorbereitung im Laboratorium (s. Kap. 5.2). Bei dem letzteren Schritt setzten die Überlegungen zur Automation an, wobei gleichzeitig in der Planung daran gedacht wurde, den Probentransport und die Probenzufuhr zu den Geräten nach der Vorbereitung einzubinden.

Abb. 181 Erste ICP-Spektrometeranlage im Laboratorium Union der Hoesch Stahl AG in Dortmund (von links: Labtest Analogrechner mit Fernschreiber, Spektrometer V 25, ICP-Anregung mit dem Gehäuse von Kontron und Henry-Generator, frequenzstabilisiert) (mit Erlaubnis von ThyssenKrupp Steel AG).

Die anfallenden Kontrolluntersuchungen, z. B. in einem großen Stahlwerkslaboratorium in erheblicher Anzahl für etwa 1000 Schnellanalysenproben pro Tag, und die ebenfalls chemisch-analytischen Bestimmungen aller Roh- und Einsatzstoffe, der Marktanalyse oder der Proben aus der Forschung erforderten einen großen Personaleinsatz. Es ging also darum, die Lösungsanalyse schneller werden zu lassen, ohne ihre stöchiometrische Basis zu verlassen, d. h. die Analytische Chemie beizubehalten und nicht nur Analytik zu betreiben, wie das leider heute geschieht. Zwei Methoden boten sich in dieser Zeit hierzu an: die *Atomabsorptionsspektrometrie* (s. nächstes Kap.), die zunächst vom Prinzip her zu zwar relativ schnellen, aber nur sequentiellen Verfahren führte, und eben die *emissionsspektrometrische Lösungsanalyse*, die wegen ihres simultanen Charakters weitaus schnellere Verfahren ergeben müßte. Die Forschungsaktivitäten waren dementsprechend Ende der fünfziger und Anfang der sechziger Jahre auf diesem Gebiet erheblich.

Unsere Versuche orientierten sich 10 Jahre nach der ersten Veröffentlichung an den von *V. A. Fassel* vorgegebenen Bedingungen mit frequenzstabilisiertem Generator bei 27,12 MHz und einer Leistung von max. 2 kW. Die Abmessungen von Coil und Torch wurden ebenfalls übernommen. Für die optische Anpassung war besonders interessant, daß bei normalem Eintrittsspalt das Spektrometer nicht waagerecht, sondern senkrecht dazu angeordnet gewesen ist. Damit standen also Eintritts- und Austrittsspalt senkrecht aufeinander, wodurch die Abbildung aus der Anregung nahezu punktförmig wurde (Abb. 182). Zusätzlich war das Spektrometer V 25 eigentlich ein simultan-simultan arbeitendes Gerät, d. h. das Messen und die Abfrage erfolgten gleichzeitig, während bei üblichen Simultanspektrometern mit der erfaßten Spannung Kondensatoren aufgeladen und dann sequentiell abgefragt wurden.

Hier hatte nun jeder Kanal (Element) seinen eignen Kondensator mit geringer Ka-

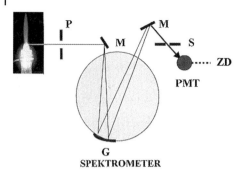

Abb. 182 Prinzipieller Aufbau des Spektrometers V 25 (P: Primärspalt; M: Spiegel; G: Gitter; S: Sekundärspalt; PMT: Photomultiplier; ZD: zu den Zähldioden im PC).

pazität, der beim „Überlaufen" einen Impuls abgab, welcher auf dem Bildschirm als Zählimpuls sichtbar war. Das war zu Beginn der Versuche sehr nützlich, denn man erkannte einmal sofort hohe Blind- oder Meßwerte an der Zählfrequenz und zum anderen ließ sich so jeder Kanal zeitlich steuern.

Heute ist die ICP-Emissionsspektrometrie (ICP-AES) in der praktischen Analytik zu einer der wichtigsten Methoden geworden. Im Chemischen Laboratorium der ThyssenKrupp Steel AG, also Nachfolgekonzern von Hoesch, in dem es einmal begann, wurden z. B. mit den Verfahren der ICP-AES jeden Monat im Jahr 2007 etwa 12 000 Proben der unterschiedlichsten Art analysiert.

Wegen der besonderen Bedeutung dieser Methode und ihrer geschichtlichen Entwicklung ist die gesamte Literatur darüber im Anhang als Auflistung aller Veröffentlichungen bis 1979 wiedergegeben, die J. M. Mermet [536] zusammenstellte. Nach 1979 entwickelte sich sowohl die Methode als auch die Anzahl der Publikationen explosionsartig.

Warum erreichte die **Emissionsspektrometrie mit induktiv gekoppelter Plasma-**

Abb. 183 (a) *Velmer A. Fassel* und (b) *Stan Greenfield* (mit Erlaubnis der S.A.S.).

flamme (ICP) diese besondere Wichtigkeit nach der üblichen Zeitspanne von etwa 10 bis 15 Jahren?

Es begann von der praktischen Analytik her gesehen 1964 mit einer Veröffentlichung von *Stan Greenfield* (Abb. 183) und Mitarbeitern, die bei der englischen Firma Albright & Wilson ein Molekülgas-ICP mit einem Spektrometer koppelten und analytisch einsetzten. Sie waren offensichtlich durch *T. B. Reed* beeinflußt worden, der mit einem induktiven Plasma hoher Leistung Kristalle züchtete. Doch wie 10 Jahre zuvor im Fall der AAS (s. folgendes Kap.) war es auch hier so, daß ein anerkannter Forscher alle bisherigen Untersuchungen deutete und die Methode der ICP-Spektrometrie umfassend beschrieb. *Velmer A. Fassel* (1919–1998) tat dies ab 1965 zusammen mit seinen Doktoranden und Post-Docs und gilt in der Fachwelt seitdem als Begründer dieser Analysentechnik.

Velmer A. Fassel (Abb. 184a) wurde 1919 in Frohna, Missouri, geboren, besuchte die dort einzige Perryville High School und absolvierte 1941 seine BA Graduierung an der Southeast Missouri State University. Ein Jahr später wechselte er als graduierter Student an die Iowa State University in Ames, wo er sein ganzes Berufsleben verbrachte und keiner der später zahlreichen Berufungen folgte. Zunächst arbeitete er dort jedoch im analytischen Spektrallaboratorium an der Herstellung von reinem Uran im Rahmen des Manhattan-Projektes, wo er auch in Physikalischer Chemie promovierte. Bereits 1947 wurde er zum Assistenzprofessor ernannt und ab 1950 leitete er das bekannte Ames Laboratory und gleichzeitig das Forschungslaboratorium der US Atomenergiebehörde, welches später (wie auch die Kernforschungszentren in Jülich und Karlsruhe) umbenannt wurde, hier in Forschungsinstitut für Energie und Mineralressourcen. *Fassel* war wohl der bekannteste Spektralanalytiker in den USA, der auch sämtliche einschlägigen Preise erhielt und seinen Schülern einen guten Start in Forschung und Industrie verschaffte [537]. Einige dieser ehemaligen *Fassel*-Mitarbeiter haben die Analytische Chemie erheblich beeinflußt, wie z. B. *Robert Scott* (Zerstäuberkammer), *Sam Houk* (ICP-MS), *Akbar Montaser* (ICP-Fluoreszenz, Zerstäuber) oder *D. E. Nixon, G. F. Larson, D. J. Kalnicky, R. K. Winge, Abercrombie* und *Ramon M. Barnes* (ICP-AES, Computersimulation, Grundlagen und Verfahren, „ICP Information Newsletter" seit 1976).

Er forschte rund 40 Jahre in Ames und hat sowohl die spektroskopische Analytik als auch die dazugehörende Geräteentwicklung wesentlich beeinflußt. Nachdem er seine Hobbys, Square Dancing und Golf, nicht mehr ausüben konnte, starb er 1998 in Rancho Bernardo, einem Vorort von San Diego.

Der Stand der emissionsspektrometrischen Lösungsanalyse, speziell der ICP-Technik war 1974 folgender (Forts. von Kap. 4.1):

Das Dreielektronen-DCP [376] hatte sich z. B. zur Borbestimmung im industriellen Einsatz bewährt. Das war deshalb eine Ergänzung der Möglichkeiten, weil sich die AAS hierfür nicht eignete. Allerdings ergab sich ein relativ hoher Wartungsaufwand, weil die Silberelektroden abbrannten und häufig erneuert werden mußten. Die optische Anregungszone war sehr klein, doch die Analysenlösung kam praktisch nicht mehr mit den Ag-Elektroden in Berührung.

Bereits 1962 arbeitete *Erich Kranz* [540] – weitgehend unbeachtet in Ilmenau, Thüringen – mit einem Plasmabrenner, bei dem jeder Kontakt der Analysenlösung mit den Elektroden ausgeschlossen war (Abb. 184). Dieser sog. Kranz-Brenner ist leider nie auf den Markt gekommen.

Erich Kranz untersuchte auch die Einflüsse des Zerstäubergasdruckes auf die Effizienz der Aerosolerzeugung und der Zerstäuberkammer auf die Konstanz des erzeugten Aerosolvolumens [541]. Diese Parameter sind neben der Lösungsherstellung, mit der sie eng verknüpft sind, praktisch die einzigen, die sich von dem durchführenden Analytiker noch beeinflussen lassen, wenn er dann ein Instrument erworben hat. Doch gedanklich sind wir noch nicht so weit; es gab zusammengestellte Forschungsapparaturen.

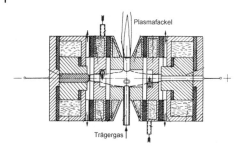

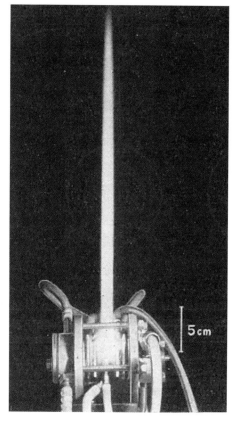

Abb. 184 Schema des Kranz-Brenners und das Original (mit Erlaubnis vom Akademie-Verlag, Berlin).

Fassel, einem frequenzstabilisierten Generator, z. B. dem von Henry Radio aus Los Angeles, sowie einer geeigneten Spule (*Coil*) zur Ladungsübertragung dann ein Argonplasma zünden ließ, wenn die beiden Schwingkreise in Resonanz waren. Dieses war einerseits aufgrund des Skin-Effektes so wenig stabil, daß es sich von einem Gasstrom – mit und ohne Aerosol – durchbohren ließ, andererseits blieb es aber stabil brennen, wodurch erstmalig eine ständig brennende, spektrale Anregung zur Verfügung stand. In Kombination mit einem Simultanspektrometer ergab sich ein relativ großer dynamischer Bereich, in dem ein linearer Zusammenhang zwischen gemessenen Intensitäten und den Elementkonzentrationen im Aerosol besteht. Das war Anlaß genug, diese inzwischen 10 Jahre alte Methode auf ihre Praxistauglichkeit zu prüfen.

Aufgrund der Vorarbeiten von *Fassel* und auch von *Greenfield* konnten nicht nur die elektrischen Konditionen und die Dimensionen der Apparaturen übernommen werden, sondern es stellte sich auch die Frage nach einem anderen Generator, der in der Lage war, eine höhere Leistung (> 2 kW) zu erzeugen. Da ein frequenzstabilisierter Generator bei Schwankungen der Leitfähigkeit im Plasma seine Leistung verändert, war gerade für analytische Zwecke der Einsatz eines leistungsstabilisierten Generators zu erwägen, der allerdings seine Frequenz nur im erlaubten Rahmen verändern durfte. Zu dieser Zeit waren die Kenntnisse der Analytiker im Bereich „Hochfrequenz" doch noch sehr gering. Die Fa. Horst Linn Elektronik, Hersbruck, baute dann 1974 einen solchen Generator mit stabiler Ausgangsleistung von ≥ 4 kW. Somit wurde das Versuchsgerät (s. Abb. 181) durch den Prototyp des Linn-Generators ergänzt, was den Vergleich der beiden ICP-Anregungen, des Fassel-Plasmas bei 0,5–1,5 kW und des

Aus der Literatur [536] war bekannt, daß sich mit einem pneumatischen Zerstäuber, z. B. von *Meinhard*, einer wohldefinierten Zerstäuberkammer, z. B. der Scott-Kammer, und einem Brennerrohr (*Torch*) nach

Greenfield-Plasmas bei etwa 3 kW, möglich machte (Abb. 185).

An dem Beispiel der ICP-Anregung läßt sich nun gut zeigen, wie eine Applikation, die zu einem Analysenverfahren führen soll, ablaufen könnte, wenn die Methode so neu ist, daß viele Parameter noch nicht bekannt oder für den Anwender nicht ausreichend verständlich beschrieben worden sind. Bei den bisher genannten Analysenmethoden war viel mehr bekannt oder empirisch benutzt worden. Hier kamen nun die Hochfrequenztechnik auf der apparativen Seite und die Aerosolerzeugung mit bisher nicht benötigter Konstanz hinzu. In diesen beiden Bereichen, der *Leistung*

Abb. 185 (oben) ICP-Spektrometer mit zwei Generatoren und (unten) die Front des Kontron-Prototyps im Laboratorium Union der Hoesch Stahlwerke, Dortmund (mit Erlaubnis von ThyssenKrupp Steel AG).

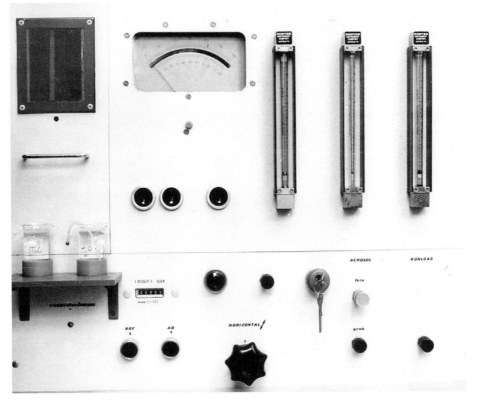

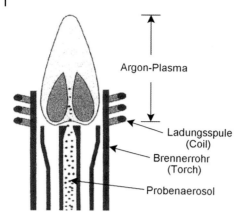

Abb. 186 Schematische Darstellung des Argon-Plasmas nach V. A. Fassel.

und Vorgänge in der Plasmafackel (Abb. 186) und der *Effizienz der Aerosolgewinnung*, begannen in den Laboratorien der Hoesch Stahlwerke in Dortmund praktische Untersuchungen, die parallel auch das Personal mit der neuen Technik vertraut machen sollten. Wichtig ist die Akzeptanz einer neuen Methodik durch die Mitarbeiter, wenn diese erfolgreich in ein bestehendes System integriert werden soll.

Zunächst ergab sich die Frage nach den physikalischen Vorgängen im Plasma und damit nach der Übertragung der Leistung, die zum Verdampfen, Atomisieren und Anregen führen soll. Hierzu gibt es nur Modellvorstellungen, da jedes direkte Messen im Plasma unmöglich ist. Sobald eine Stoffart (fest, flüssig oder gasförmig) in das Plasma eingebracht wird, ändert sich dessen Leistung erheblich.

Theoretisch stellt man sich die Abläufe in dem oft als vierten Aggregatzustand bezeichneten Plasma vereinfacht so vor:

1. *Die Frequenz des elektrischen Feldes ist größer als die Stoßfrequenz der Elektronen.*
Dann oszillieren die Elektronen gegenphasig im elektrischen Feld und nehmen im zeitlichen Mittel keine Energie auf.
2. *Die Frequenz des elektrischen Feldes ist kleiner als die Stoßfrequenz der Elektronen.*
Es finden häufige Zusammenstöße zwischen Elektronen und Gasatomen statt. Im stationären Zustand wird im zeitlichen Mittel die Leistung P vom Feld auf die Elektronen im Einheitsvolumen übertragen und von diesen an die Gasatome abgegeben.

Diese (theoretische) Leistung läßt sich nach folgender Gleichung berechnen:

$$P = \frac{n_e \cdot e^2 \cdot E_0}{2m} \cdot \frac{v}{v^2 \cdot \omega^2}$$

worin bedeuten: n_e = Elektronendichte; E_0 = Amplitude der elektrischen Feldstärke; v = Stoßfrequenz der Elektronen; ω = Kreisfrequenz des elektromagnetischen Feldes.

Eine weitere Annahme ist die Aufteilung der im Plasma benötigten Energien in

1. Dissoziationsenergie der Monoxide: $V_D = 3{,}9 - 8{,}4$ eV;
2. Ionisierungspotential: $V_I = 5{,}1 - 9{,}1$ eV;
3. Anregungsenergie: $V_E = 2{,}1 - 5{,}8$ eV.

Bei realistischen Werten von $V_D = 8$ eV, $V_I = 7$ eV und $V_E = 2$ eV (Abb. 187) ergibt

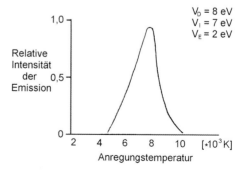

Abb. 187 Abhängigkeit der Emission von der Anregungstemperatur.

sich für die maximale Emissionsintensität ein Bereich der sog. Anregungstemperatur zwischen 6000 bis 8000 K. Diese Temperaturen erreicht ein induktiv gekoppeltes Argon-Plasma.

Da das ICP in der ursprünglichen Form nicht von der Atmosphäre abgeschirmt ist, kann mit dem Eindringen von Luft – also Stickstoff und Sauerstoff – gerechnet werden. So ist das Argon-Plasma eigentlich auch ein bißchen Molekülgasplasma. Eine Verlängerung des Brennerrohres zur Abschirmung der Luft ist versucht worden, was jedoch durch die eintretende Trübung des Quarzes zu einer diffusen Lichtabnahme führte. Wie noch gezeigt werden wird, ist es sinnvoll, das emittierte Licht direkt aus dem Plasma zu entnehmen. Durch die Einführung von wäßrigem Aerosol wird es dann noch mehr zu einem Molekülgasplasma, so daß die Vorgänge durch die Gegenwart von Wasserstoff und Sauerstoff noch komplizierter werden.

Andererseits wird verständlich, daß bereits zu Beginn der Untersuchungen mit Molekülgasen experimentiert wurde, wie dies z. B. *J. van Calker* und *W. Tappe* mit N_2 und Luft taten oder *S. Greenfield* sein Argon-Plasma mit Stickstoff kühlte. Von *W. Tappe* stammt auch ein Energieschema (Abb. 188), aus dem sich ablesen läßt, daß mit Stickstoff eine höhere Anregungsenergie erreicht werden kann. Das könnte ebenfalls mit Sauerstoff und Wasserstoff auftreten, da in allen drei Fällen mit dem Auftreten der freiwerdenden Rekombinationsenergie der zunächst atomar vorliegenden Gase zu rechnen ist.

Wenn man nicht genau messen kann, was wirklich abläuft, erfindet man Begriffe wie den metastabilen Zustand. Selbst das direkte Messen der Temperatur ist hier nicht möglich, so daß versucht wurde, über Linienintensitätsverhältnisse auf diese rechnerisch zu schließen.

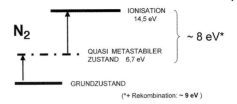

Abb. 188 Energieschemata für Stickstoff und Argon.

Beim Auftreten von Aerosol mit einem Analyten wird mehr Leistung in die Spule gezogen, z. B. bei einem leicht ionisierbaren Element wie Na werden 77,5 % der Generatorleistung erreicht, während bei Fe nur etwa 63 % auftreten. Diese Unterschiede müssen bei der Ausarbeitung von Verfahren berücksichtigt werden.

Der praktische Ablauf gestaltet sich nun folgendermaßen: Nach Aufdrehen der Generatorleistung wird das Plasma gezündet, was üblicherweise mit einem Funken geschieht, der von einer Tesla-Spule erzeugt wird. Grundsätzlich ist dies auch mit thermisch erzeugten Ionen möglich, indem man z. B. einen Graphitstab in den Gasstrom innerhalb der Spule hält, wodurch ein Großteil der Leistung in der Spule konzentriert wird. So haben wir beginnen müssen, da es 1974 noch keine geeigneten Tesla-Coils in Deutschland gab. Allerdings wird das Brennersystem durch Kohlenstoff verunreinigt, was sich an einem „grünen Faden" in der Fackel zeigt, der durch C_2-Moleküle entsteht. Nach dem Zünden brennt das Plasma quasi auf dem Brennerrohr, versorgt durch das Ar-Brenngas im mittleren Rohr (Abb. 189a) und gekühlt

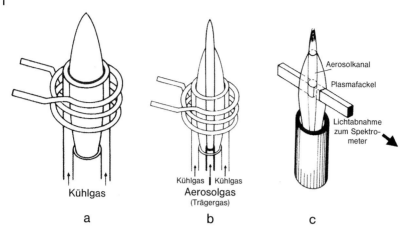

Abb. 189 Formen der Plasmafackel nach G. R. Kornblum [541].

durch dasselbe Gas im äußeren Rohr. Die Dimensionen des Fassel-Brenners sind bis heute optimal. Es gibt auch eine vereinfachte Form, bei welcher der innere Brenngasstrom entfällt und das Plasma durch die Turbulenz des Kühlgases durch dieses versorgt wird. Mit dem Aerosol- oder Trägergas – auch Argon – wird nun über den Transport durch eine Kapillare das Plasma durchbohrt. Diese Kapillare muß so beschaffen bzw. geometrisch angeordnet sein, daß der Aerosolstrom – nahezu 100 % aus Wasser bestehend – in die mittlere Öffnung des Plasmas gelangt (Abb. 189b); es soll sich eine ringförmige Fackel entwickeln. Ein frequenzstabilisierter Generator erfordert ein schnelles Tuning (Abstimmen der Schwingkreise bei Leistungsänderung), während ein leistungsstabilisierter nur mit einer geringen Frequenzänderung reagiert. Die Lichtabnahme erfolgt nach der Seite hin, was sicherlich nicht optimal ist, weil die Emission aus verschiedenen Anregungszonen gleichzeitig das Spektrometer erreicht.

Dieses „sieht" also emittiertes Licht aus dem äußeren Kühlgasstrom, aus der heißen Anregungszone, dem durch das Aerosol gekühlten, mittleren Gasstrom und auf der anderen Seite wieder aus der heißen Anregungszone und wieder dem äußeren Kühlgas (Abb. 189c). Wenn das Aerosolgas nicht genau zentriert ist, und Teile des Analyten in die äußere, kalte Zone gelangen, dann wird dort die Anregung nicht über Atome hinausgehen. Das emittierte Licht der in den heißen Zonen entstehenden Ionen derselben Atome wird dann in der äußeren Zone mit diesen in Wechselwirkung treten; es tritt Atomabsorption auf, die nicht korrigiert werden kann.

Bei dem benutzten Spektrometer (Labtest V 25) war es sinnvoll, das Licht auf den Eintrittsspalt zu fokussieren. Die permanent brennende Anregung und die Lichtstärke führten zurück zu alten Erfahrungen. Die Spektrometer-Hersteller hatten selbst die innere, schwarze Auskleidung im eigentlichen Spektrometerraum eingespart, so daß Streulichteffekte auftreten mußten, die von V. A. *Fassel* beschrieben wurden.

Nur mit geringfügigen Änderungen ließ sich das von S. *Greenfield* entwickelte ICP betreiben. Die Torch hatte einen nur um 1 mm größeren Radius, Brenn- und Aerosolgas blieben Argon, nur als Kühlgas

Tabelle 14 Originalbedingungen für Fassel-Ar-/Ar-ICP und Greenfield-N$_2$-/Ar-ICP.

Konditionen	Ar-/Ar-Plasma	N$_2$-/Ar-Plasma
Frequenz [MHz]	27	27
Netto-RF-Spulenleistung [kW]	1	5,5
Kühlgasdurchflußrate [L/min]	10 Ar	50 N$_2$
Brenngasdurchflußrate [L/min]	~0,1 Ar	19 Ar
Aerosolgasdurchflußrate [L/min]	1,4 Ar	2,5 Ar

wurde Stickstoff benutzt, was eine mehr als doppelt so hohe Generatorleistung erforderte (Tab. 14). Hierzu eignete sich nun der Linn-Generator, der bis zu einer Ausgangsleistung von 4,5 kW stabil arbeitete. Alle drei klassischen Brennerformen sind beibehalten und eingesetzt worden.

Durch photographische Aufnahmen mit Hilfe eines Grünfilters konnte die Ringform der Anregung erkennbar gemacht werden (Abb. 190b).

Der wesentliche Unterschied zwischen beiden ist vom analytischen Standpunkt aus betrachtet die Form der Fackel. Während sich das Ar-/Ar-Plasma bei einer Erhöhung der Leistung über ca. 2 kW stark verbreitert und letztendlich das Brennerrohr aufschmilzt, wächst das N$_2$-/Ar-Plasma dabei ab 2 kW in die Höhe. Somit werden die Wegstrecke und damit die Verweilzeit des Aerosols im Plasma verlängert. Eine schematische Darstellung soll dies verdeutlichen (Abb. 191).

Für das ICP werden folgende physikalischen Charakteristika angenommen: Elektronendichte = 10^{15}–10^{17} cm^{-3}; Anregungstemperatur = 7000–9000 K; Gastemperatur = 4500–6000 K.

Die Betriebsbedingungen sind die originalen von V. A. *Fassel* et al. und S. *Greenfield* et al., die sich bis heute bewährt haben, obwohl ständig versucht wurde, durch kleine Änderungen Vorteile zu erreichen (oder sich zu profilieren).

Der Gasverbrauch und die Leistungsanforderung für das Greenfield-ICP erschreckten zunächst jeden Forscher, weil Institute nie einen so hohen Gasbedarf erreichten wie industrielle Großbetriebe und somit auch nie in den Genuß großer Rabatte kamen. Die hohe Leistung bzw. der Einsatz von Generatoren mit etwa 10 kW Ausgangsleistung erforderten oft ein neues oder zusätzliches Stromnetz. Typischerweise ist das Fassel-ICP eine Institutsentwicklung, während *Greenfield* dies im Industrielaboratorium tat. Für den Betrieb seines Plasmas mit dem frequenzstabili-

Abb. 190 (a) Brennendes N$_2$-/Ar-Plasma ohne Aerosol von der Seite her gesehen und (b) mit einem Probenaerosol schräg von oben betrachtet.

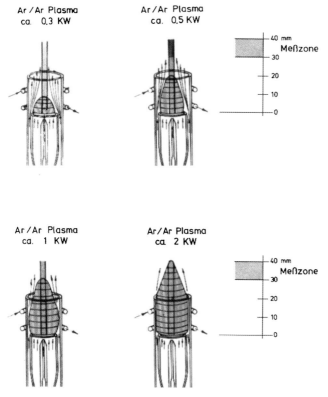

Abb. 191 Entwicklung der Form der Plasmafackel mit steigender Leistung. (a) Ar-Ar-Plasma von 0,3–2 kW.

sierten Linn-Generator bei einer Ausgangsleistung von 3 kW ließen sich die Gasdurchflüsse erheblich reduzieren, z. B. auf 16 L N_2/min für das Kühlgas und 9 L Ar/min für das Brenngas.

Das Greenfield-Plasma eignete sich für Versuche auch deshalb so gut, weil in Kombination mit dem frequenzstabilisierten Generator sowohl wäßrige als auch organische Lösungen direkt hineingesprüht werden konnten. *Greenfield* pflegte zu sagen: „You can put in anything you want, it does still work". Das war bei dem „kleinen" Ar-/Ar-Plasma nicht ohne weiteres möglich. Sein Radius beträgt nur annähernd 0,8 cm bei den Originalbedingungen (Tab. 14).

Ab 1975 kamen dann neben dem inzwischen von Kontron entwickelten Plasmaspec (Abb. 192) zunächst das mit Hilfe von *Velmer A. Fassel* konstruierte ARL-Spektrometer mit ICP-Anregung (Abb. 192) auf den Markt, gefolgt von dem Philips-Gerät, das weitgehend von *Paul W. J. M. Boumans* stammte, und das von *Al Bernhard*, Labtest, gebaute Gerät auf Basis des Spektrometers V 25.

Das abgebildete Geräte war ein sequentiell messende Spektrometer, was sich deshalb als nützlich erwies, weil die günstigsten Spektrallinien für die Analyse nicht einfach übertragbar waren; sie mußten zunächst ermittelt werden.

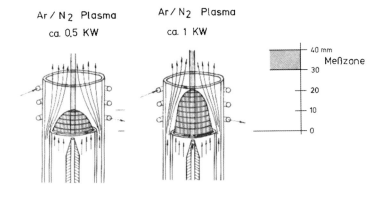

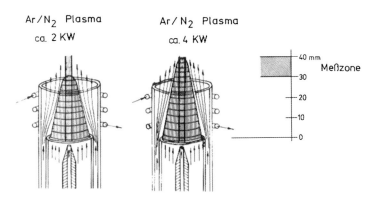

Abb. 191 Entwicklung der Form der Plasmafackel mit steigender Leistung. (b) N_2-/Ar-Plasma von 0,5–4 kW.

Abb. 192 ARL-ICP-Spektrometer (mit Erlaubnis der Firma Thermo-ARL).

Bei der intensiven Anregung im Plasma erscheinen sehr viele Spektrallinien, so daß mit Koinzidenzen, also Linienüberlagerungen oder vollständigem Zusammenfall, gerechnet werden muß. Ein typisches Beispiel hierfür ist der Zusammenfall von der Fe-(249,772 nm) und der B-Linie bei 249,773 nm (Abb. 193), die auch bei optimalem Auflösungsvermögen nicht getrennt werden. In den meisten Fällen findet sich jedoch ein Ausweg; hier die Wahl der B-Linie bei 208,959 nm, wenn Bor in Stählen bestimmt werden soll.

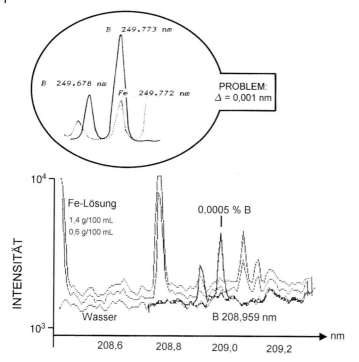

Abb. 193 Analysenliniensuche für die Bestimmung von Bor in Stahl.

Im Fall der Al-Bestimmung in Stählen, die Molybdän enthalten, ließ sich keine brauchbare Linie finden, da alle bekannten Al-Linien mit solchen des Mo zusammenfallen. Ein Ausweg bei einer solchen Lage ist eine geschickte Vorbereitung der Analysenlösung, die sich zu einem parallelen Einsatz in der Atomabsorptionsspektrometrie eignen sollte (s. nächstes Kap.).

Die Aufgabe des Analytikers kann es nun nicht sein, in der Praxis ständig die Geräteparameter zu ändern; er wird sich mit den apparativen Gegebenheiten zu begnügen haben. Womit er sich jedoch beschäftigen sollte, ist die *Art der Zerstäubung* und die dazu passende *Lösungsherstellung*. Das bedeutet z. B. eine mögliche Reduzierung des Salzanteiles, eine entsprechende Verdünnung, da das ICP verdünnte Analytlösungen benötigt, sowie die Konstanthaltung von Viskosität und Oberflächenspannung zwischen Kalibrier- und Analysenlösung.

In der Routineanalyse hat sich die pneumatische Zerstäubung durchgesetzt, wobei sowohl der von R. H. *Scott* modifizierte Meinhard- als auch der Cross-Flow- (auch Knie-) Zerstäuber eingesetzt werden (Abb. 194). Beide benötigen eine Zerstäuberkammer, in der das Aerosol von größeren Tröpfchen befreit wird. Ab einem bestimmten Durchmesser ($\geq$ 10 µm Ø) wird der überwiegende Anteil der Tröpfchen nicht mehr vollständig verdampft; sie werden durch das Plasma ausgeblasen. Deshalb spielt auch die Verweilzeit des Analytaerosols im Plasma eine so große Bedeutung, wobei das Greenfield-ICP im Vorteil ist. Das Tröpfchen enthält den eigentlichen Analyten. Die Desolvatation und Verdampfung werden durch die Wärmemenge (ΔH) bestimmt, die den Tropfen erreicht. Die Wärmeleitfähigkeit des Lösungsdampfes (λ_v) ist größer als diejenige der Flammengase (λ_f). Es wird jedenfalls eine gewisse Zeit bis zur Atomisierung und Anregung benötigt. Das bei der pneumatischen Zerstäubung entstehende Aerosol hat ein relativ breites Tröpfchen- (Partikel-) Spektrum. Der physikalische Vorgang der Zerstäubung ist einfach (Abb. 194) und erfordert deshalb weitere Maßnahmen. Viele Veränderungen zeugen davon, daß man oft versuchte, nicht die Lösungen, sondern die Art des Zerstäubens anzupassen, wie z. B. den Babington-Zerstäuber, bei dem eine konzentriertere Lösung auf eine Rinne geleitet und zerstäubt wurde.

Die während seiner Tätigkeit in Ames bei V. A. *Fassel* durch R. H. *Scott* entwickelte *Zerstäuberkammer* ist optimal, wenn sie in der Originalform (Abb. 195) eingesetzt wird. Leider ist sie oft abgeändert worden, wobei eine wesentliche Charakteristik, die Rotation des Aerosols an der Zerstäubernase vorbei, um dort die Tropfenbildung zu verhindern, verloren wurde. Dieses Abtropfen konnte eine Art von Schwingung erzeugen, die sich im Plasma bemerkbar machte. Die Gerätehersteller haben oft nach geometrischen Gesichtspunkten kleinere Zerstäuberkammern gebaut, die nicht wirksamer waren. Erst später kam eine Kammer hinzu, die nach dem Venturi-Prinzip arbeitet und eine gute Abscheidung größerer Tröpfchen gewährleistet. In der Praxis bestand die Möglichkeit, bei einem gekauften Gerät der Firma X, das eventuell bessere Zerstäubersystem der Firma Y zu adaptieren, was häufig auch geschah.

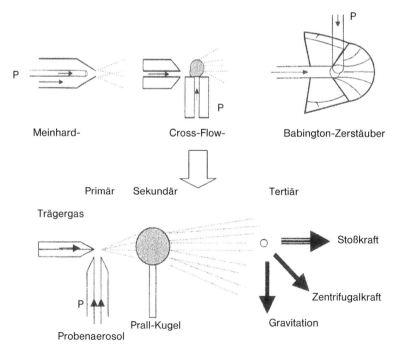

Abb. 194 Physikalische Arten der Zerstäubung von Lösungen.

5 Das Zeitalter der Modifikationen oder der industriellen Untersuchungspraxis (~1960–1980)

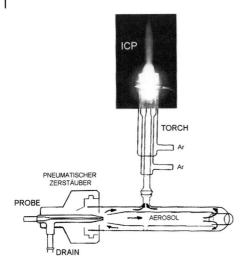

Abb. 195 Scott-Zerstäuberkammer in der Originalform mit einem pneumatischen Zerstäuber.

Die ICP-AES übernahm in den Laboratorien ab Mitte der siebziger Jahre weitgehend die lösungsanalytischen Aufgaben und drängte die Spektralphotometrie und auch die Atomabsorptionsspektrometrie in die Rolle der Kontrollmethoden bzw. der speziellen Spurenbestimmung zurück. Das lag einmal an dem sequentiellen Charakter dieser beiden Analysenprinzipien und zum anderen an dem Zwang zur Rationalisierung. Da auch wirtschaftliche Betrachtungen eine Rolle spielten, gab es eine Faustregel, die besagte, daß die Aufgabe zur Analyse von ein bis drei Elementen aus einer Probe noch mit der AAS wirtschaftlich vertretbar sei, doch ab vier Elementen wird dann die Simultanmethode günstiger. Dabei spielt auch der Gasverbrauch eine Rolle, wobei oft der relativ hohe Verbrauch an Argon dem ICP angelastet wird und der zwar geringere des sehr teuren Lachgases bei der AAS vergessen wird.

Wie schon gesagt, spielte der Argonverbrauch in Industrielaboratorien nicht eine so große Rolle wie in denen von Instituten und Universitäten. Daraus resultierten zahlreiche Entwicklungen kleinerer Brenner-/Zerstäubersysteme, die auch die Hersteller teilweise übernahmen, doch sie führten nicht zu einer Verbesserung gegenüber den Originalen. Es war wahrscheinlich diese Entwicklung, die nach 1980 zu einer weitgehenden Einstellung der Entwicklungsbestrebungen Anlaß gab, obwohl noch viele Fragen offen und nicht befriedigend beantwortet waren. (Alle stürzten sich auf die ICP-MS oder die ausschließliche Benutzung des ICP als Ionenquelle!)

Leider ist auch das Greenfield-Plasma von den Geräteherstellern nicht übernommen und gebaut worden, wobei wahrscheinlich neben dem Gasverbrauch auch der aufwendigere Generator eine Rolle gespielt haben mag. Damit sind einige analytische Vorteile entfallen, wie z. B. die geringere Streuung des Untergrundes (Blindwertes), was zu einer Verbesserung der Nachweisgrenzen führte. Der optimale Arbeitsbereich ist beim Fassel-ICP ($\sim$ 1,5 kW) sehr viel enger als beim Greenfield-ICP (2–3,5 kW). Sicherlich war das Spektrum durch die Gegenwart von Stickstoff komplizierter, doch auch hier fanden sich brauchbare Analysenlinien. Man erkennt deutlich den erheblichen Wassereinfluß auf die Höhe des spektralen Untergrundes. Über diesen Effekt des im Aerosol enthaltenen Wassers ist viel geschrieben worden; es war die Annahme der Kühlung, aber auch die der Erhöhung der Anregungstemperatur durch Wasserstoff- und Sauerstoffatome.

Die Vorteile waren eindeutig in der direkten Benutzung von organischen Lösemitteln zu sehen. Bei extraktiven Anreicherungen des Analyten war z. B. eine Rückextraktion in das wäßrige Medium nicht mehr nötig, wodurch ein mit eventuellen

Abb. 196 Formen der ICP-Fackel (a) vom N$_2$-/Ar-, (b) vom Luft-/Ar- und (c) vom O$_2$-/Ar-Plasma bei 3 kW.

Verlusten behafteter Vorgang bei der Spurenbestimmung entfallen konnte.

Der Trend des N$_2$-/Ar-Plasmas zu verbesserten Nachweisgrenzen (und damit auch Bestimmungsgrenzen) läßt sich durch die Anwendung von Luft oder sogar reinem Sauerstoff als Kühlgase verstärken. Der Stickstoff konnte sukzessive durch Luft oder Sauerstoff ersetzt werden, wobei sich die Form der Fackel leicht veränderte (Abb. 196). Der eigentliche Vorteil war hierbei nicht die etwa bessere Empfindlichkeit, sondern die Tatsache, daß sich der spektrale Untergrund glättete und fast alle N-Banden wegfielen.

Das soll abschließend ein Beispiel in einer komplizierten Linienumgebung zeigen: dem Bereich um 352 nm oder um 425 nm, wo sich jeweils hervorragend geeignete La- oder Cr-Analysenlinien befinden (Abb. 197). In beiden Fällen werden diese Spektrallinien mit einer günstigeren Bestimmungsgrenze besser brauchbar.

Gegenwärtig sieht es so aus, als ob das durch Molekülgase gekühlte Argon-Plasma mit hoher Leistung nicht mehr weiter erforscht werden kann, weil das Interesse der Hersteller fehlt und man von Instituten in dieser Richtung nichts erwarten kann. Da in den Industrielaboratorien heutzutage auch kein ausreichendes Forschungspotential mehr vorgehalten wird, ist nicht damit zu rechnen, daß die großen Möglichkeiten mit dieser Art des Plasmas erkundet werden.

In der praktischen Analysenabwicklung besteht immer das Problem der Auslastung eines teuren Instrumentes, das aus verschiedenen Gründen „unter Strom" gehalten werden muß, z. B. um Ein- und Ausschalteffekte oder längere Anlaufzeiten zu vermeiden sowie wegen der ständigen Bereitschaft für schnell auszuführende Untersuchungen. Bei der ICP-Anregung war eine Anlaufzeit für den Generator von etwa 30 Minuten nötig, dann war die Verfügbarkeit zu mehr als 99 % gegeben. Die Auslastung eines sequentiell arbeitenden oder simultan messenden Gerätes war jedoch fast nie gegeben. In einem Industrielaborato-

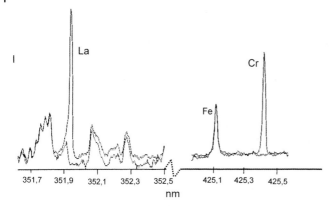

Abb. 197 Spektrenregistrierung für das O_2-/Ar-Plasma bei 3 kW.

rium mit einem Probeneingang von überwiegend auf- und vorzubereitenden Materialien kann es vorkommen, daß am Tag sechs Stunden für die Vorbereitung von einer zweistündigen Meßperiode benötigt werden. So war jede Überlegung, ein solches Gerät auch für weitere Aufgaben heranzuziehen, rationell.

Mit dem stickstoffgekühlten Ar-Plasma ergaben sich in dieser Hinsicht verschiedene Möglichkeiten, die mit dem Ar-/Ar-ICP nur unbefriedigend oder gar nicht verifizierbar waren. Am einfachsten gestaltete sich die Kombination mit einem Gaschromatographen über einen beheizbaren Metallschlauch (GC-ICP), wobei das ICP als Detektor diente (Abb. 198).

Bei dem Vergleich mit dem Flammenionisationsdetektor (FID) verändert das Lösemittel Ethanol, welches die Silan-haltige Probe enthält, die Plasmabedingungen nur wenig, was zu einer geringfügigen Veränderung des Untergrundes führt. Dafür charakterisiert der Peak des GC-ICP das enthaltene Silicium. Das Verhältnis der Retentionszeiten (25:1) bleibt konstant. In der Literatur finden sich zahlreiche Beispiele dieser Anwendung, mit der sich *Peter*

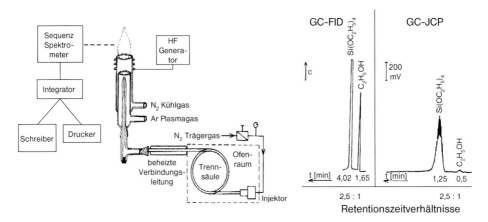

Abb. 198 Prinzip der GC-ICP und Vergleich der Gaschromatogramme.

Uden an der University of Massachusetts in Amherst ausführlich beschäftigte.

Ein weiteres Beispiel ist die Anwendung in der *Hydridtechnik*, um die hydridbildenden Elemente, vorwiegend As, Bi, Sb und Sn, simultan bestimmen zu können. Hierbei hatte sich inzwischen die kontinuierliche Methode der Hydridbildung durchgesetzt (Abb. 199 oben), weil das diskontinuierliche Zugeben der Reagentien infolge der lokalen Überkonzentrierung zu schwer beherrschbaren Effekten führte. Auch in diesem Fall wird das Ar-/Ar-ICP durch im Trägergas (Ar) enthaltenen Wasserstoff instabil.

Während die Empfindlichkeiten für Bismut, Antimon und Arsen nahezu identisch sind, ist diejenige für Zinn erheblich schlechter. Die simultane Bestimmung dieser vier Elemente, z. B. aus einer Stahllösung, war sehr hilfreich.

Eine schnelle Analyse der Zusammensetzung von Metallproben ist möglich, wenn die Verdampfung durch eine Funken- oder Bogenanregung erfolgt und der Metalldampf zur Nachanregung in das ICP geleitet wird (Abb. 200).

Dazu war es nötig, eine Abfunkkammer zu konstruieren, die eine strömungsfähige Form hat. Die schnelle Zuordnung von unterschiedlichen Metallen und ihren Zusammensetzungen ist auf diese einfache Weise möglich, wie die Kalibrierfunktionen zeigen. Auf zwei wichtige Erkenntnisse ist hier hinzuweisen:

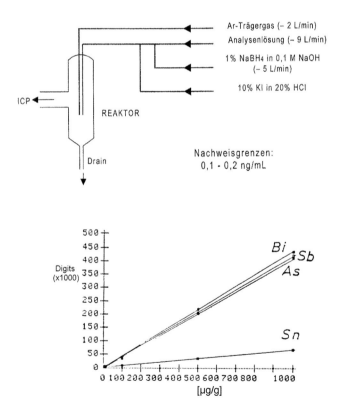

Abb. 199 Prinzipschema der Hydridbildung (oben) und Kalibrierkurven.

234 | 5 Das Zeitalter der Modifikationen oder der industriellen Untersuchungspraxis (~1960–1980)

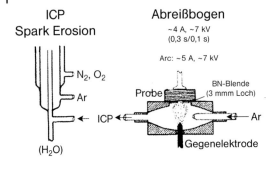

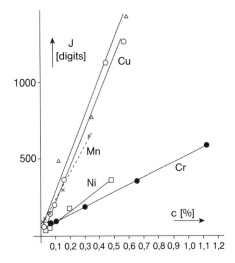

Abb. 200 Trennung von Verdampfung und Anregung (Spark-ICP).

1. Bei der Variation der Trägergas-Durchflußrate ergab sich – hier gemessen an der Spektrallinie Ni 231,5 nm –, daß die optimale Intensität bei 1,5 L/min erreicht ist: danach wird der Analyt hindurchgeblasen.
2. Ähnlich wie schon bei der Laser-Mikrospektroskopie beschrieben, erfolgt hier wieder die Trennung von Verdampfung und Anregung. Finden beide Vorgänge zusammen statt, wie bei der Funken- oder Bogenanregung zur Emissionsspektrometrie, so treten zahlreiche Effekte auf (von unterschiedlichen Bindungen in Metallgittern oder Einschlüssen bis hin zur Häufigkeit von Stoßeffekten der Atome und dadurch veränderte Ionisierungsbedingungen), die nun weitgehend entfallen. Einfach ausgedrückt läßt sich sagen: Die Atome und Ionen, die das ICP erreichen, wissen nicht mehr, wo sie herkommen.

Als letztes Beispiel für die Anwendung des durch Stickstoff- oder Sauerstoff-Zusatz gekühlten Ar-Plasmas soll noch die 1979 in den Hoesch-Laboratorien entwickelte Technik des Einführens eines kleinen Graphittiegels in die Spule unterhalb der ICP-Fackel beschrieben werden (Abb. 201).

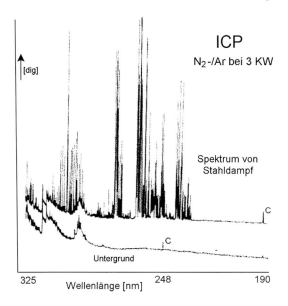

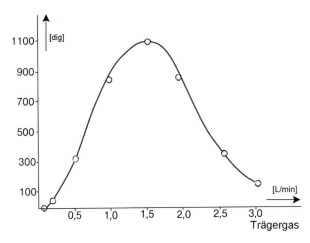

Abb. 200 Spektrum einer Stahlprobe (b oben), Kalibriergerade und Einfluß der Trägergas-Durchflußrate (maximal: 1,5 L/min).

Der Tiegel befindet sich auf einem Glaskohlenstoff-Stab, der eine schlechte Temperaturleitung hat. Der Tiegel verbraucht etwa 1 kW der übertragenden Gesamtleistung (3 kW) und heizt sich schlagartig auf, so daß die Verdampfung heftig einsetzt. Um ein Verspritzen der eingewogenen Probe zu vermeiden, befindet sich auf dem Tiegel ein Graphitdeckel mit einem kleinen Loch (~0,5 mm Ø), durch welches der Probendampf in das Plasma geblasen wird. Diese Technik erinnert an die Bogenanregung mit Napfelektroden, die vollständig abbrennen sollen. Dies ist auch hierbei möglich

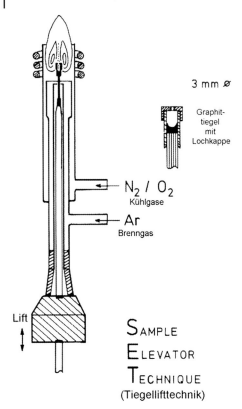

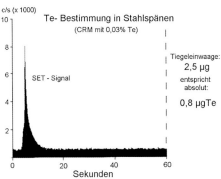

Abb. 201 (a) Prinzip der SET-Methode und (b) Beispiel der Tellur-Bestimmung.

tärmetallen hilft ein alter Trick: die Halogenisierung, also kleine Zusätze von NH_4Cl oder NaF – hier hat sich auch ein Überdecken der Probe mit Teflonpulver bewährt.

Auch diese Idee war irgendwie reif, denn praktisch zur gleichen Zeit hat *Eric Salin* an der McGill University in Montreal einen Graphitstab in das Brennerrohr eingeführt und dann das Ar-/Ar-Plasma gezündet. Probenmaterial an dem Stab ließ sich ebenfalls analysieren.

Es muß wirklich mit Bedauern festgestellt werden, daß niemand die weitere Entwicklung und Eignung der Molekülplasmen bearbeitet.

Es verbleibt dem Analytiker jedoch mit dem klassischen Fassel-ICP, an dem in Zukunft hoffentlich nicht ständig herumgeändert wird, eine simultanmessende Schnellmethode mit hoher analytischer Potenz.

Allerdings stellt das Simultanmessen einen Kompromiß dar, weil eine einzige Beobachtungshöhe gewählt werden muß (Abb. 202), während bei der sequentiellen Variante der Brenner in der Höhe zwischen den einzelnen Messungen verstellt bzw. in die optimale Höhe gebracht werden konnte. Die Kompromißhöhe liegt bei ~8 mm über der Spule.

Wichtig ist die Benutzung eines Spektrometers mit ausreichend guter Auflösung, denn es gibt nicht nur Elemente wie Al, Zn oder Cd (Abb. 203a) mit wenigen Spektrallinien, sondern auch Fe, Mo, Nb, Zr oder W (Abb. 203b) mit sehr vielen.

Das wurde den Geräteherstellern auch bewußt, nachdem die ursprünglichen Startversuche, die Kopplung der ICP-Anregung mit Spektrometern aus dem laufenden Programm, nicht erfolgreich waren. Ein Beispiel hierfür war das Perkin-Elmer 5000, die Adaption des ICP an ein ursprüngliches Atomabsorptionsspektrometer. Die wesentlichen Veränderungen der Spektrometer

und geht besonders gut und schnell mit einem kleinen O_2-Zusatz. Allerdings kann man hierbei die Temperatur nicht steuern. Es erfolgt immer eine Art Destillation, die möglichst vollständig sein soll. Bei Refrak-

5.1 Einzug der Spektrometrie in Industrielaboratorien

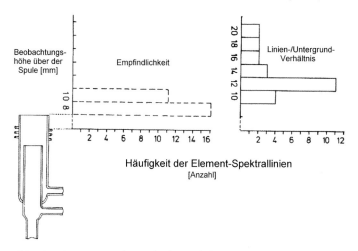

Abb. 202 Optimierung der Beobachtungshöhe (Lichtabnahme zum Spektrometer).

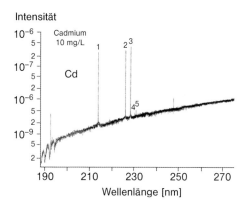

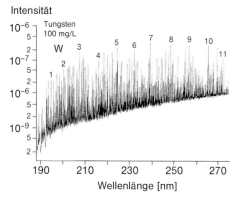

Abb. 203 ICP-Spektren von (a) reiner Cadmium- und (b) reiner Wolfram-Lösung.

und vor allem der Detektion dieser oft komplizierten Spektren fanden erst in den neunziger Jahren statt.

Eine interessante Entwicklung war der Einsatz von Faserlichtleitern zur Übertragung des vom Plasma emittierten Lichtes zum Polychromator des Spektrometers. Hier nutzte die Fa. Spectro, Kleve, ihre Erfahrungen mit den Mobilspektrometern und konstruierte ein Spektrometer, das mit zwei oder drei Polychromatoren bestückt werden konnte. Zum Beispiel konnte ein Polychromator mit UV-Linien das Licht direkt empfangen, weil die Quarzleiter erst oberhalb von 220 nm ausreichend Licht transportierten, und die anderen wurden durch Lichtleiter versorgt. Ein großer Vorteil war zunächst, daß sich für jeden Polychromator – also die unterteilten Wellenlängenbereiche – ein optimaler *Blaze-Winkel* wählen bzw. einstellen ließ. Bei den üblichen Spektrometern gab es nur die Möglichkeit eines einzigen Blaze-Winkels, was einen Kompromiß darstellt. (Hier wurde das schon angedacht, was viele Jahre später durch den Einsatz mehrerer CCDs verifiziert werden konnte.)

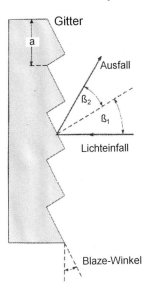

Abb. 204 Blaze-Winkel.

Abb. 205 Das erste ICP-Spektrometer der Firma Spectro, Kleve, im Hoesch-Laboratorium (Anregung mit einer Schlauchpumpe; links: Bildschirm, Tastatur und Schreiber sowie die Polychromator-Konsole unter dem Tisch) (mit Erlaubnis von ThyssenKrupp Steel AG).

Der sog. Blaze-Winkel (Abb. 204) ist eine wichtige, optische Größe. Alle optischen Gitter weisen einen periodischen Gitterabstand (a) auf. Die Gitterelemente bilden in der Oberflächenform (*blaze*) Dreieckstrukturen, die um den Blaze-Winkel geneigt sind. Dieser Winkel wird also von den Gitternormalen und Stufennormalen eingeschlossen. Durch die Beeinflussung der Form der Gitterelemente bewirkt man, daß die Intensität der gebeugten Strahlung (β_1, β_2 = Beugungswinkel) in der gewünschten Ordnung einen Maximalwert annimmt, bzw. das Gitter im gewünschten Wellenlängenbereich eine hohe Effizienz hat.

Das bedeutet im praktischen Fall, daß ein Spektrometer mit dem Wellenlängenbereich von 190–550 nm nur um den durch den Blaze-Winkel gegebenen Optimalbereich, z. B. bei 250 nm, die maximale Lichtintensität liefern kann.

Deshalb war das ICP-Spektrometer von Spectro (Abb. 205) für die Durchführung von Analysen in komplizierter Matrix interessant.

Hinzu kam die neuartige Lichtübertragung durch Lichtleiter (Abb. 206), wodurch die Lichtemission geglättet wird. Resultat ist eine leicht verbesserte Reproduzierbarkeit der Meßwerte.

Dieses System ermöglichte bei der Simultanmessung auf der Analysenlinie auch die zeitgleiche Messung des Untergrundes neben der entsprechenden Analysenlinie mit Hilfe des zweiten Polychromators. Dazu mußten allerdings beide Polychromatoren vor jeder Messung kalibriert bzw. aufeinander abgestimmt werden.

Auch dieser interessante Ansatz ist bei den häufigen Herstellerfirmenverkäufen oder Fusionen verlorengegangen.

Das trifft auch auf eine Entwicklung zu, die der Autor zusammen mit *Bruno Hütsch* (Ringsdorff, Bad Godesberg) begann und die von *Hubertus Nickel* (KFA, Jülich) vollendet wurde: die elektrothermische Verdampfung von Proben ins ICP auf extrem kurzem Weg, genannt *EVA-ICP* (*Electrothermal Vapourization Analysis*).

5.1 Einzug der Spektrometrie in Industrielaboratorien

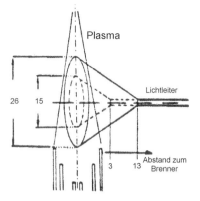

Abb. 207 ICP-Meßplatz im Hoesch-Laboratorium mit Plasmaspec, Linn-Generator, Rechner ASS 80 und Polychromator-Konsole (unter dem Tisch, links) sowie Power-Unit 555 (rechts) (mit Erlaubnis von ThyssenKrupp Steel AG).

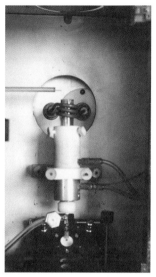

Abb. 206 Adaption des Lichtleiters (alle Angaben in mm).

Wie schon gesagt, war es in innovativen Industrielaboratorien üblich, Bauteile unterschiedlicher Instrumente von verschiedenen Geräteherstellern zu kombinieren. Ein solches Beispiel ist die Zusammenführung des sequentiellen Kontron Plasmaspec mit dem Polychromatorsystem von Spectro zur Simultanmessung über die Lichtleiter und der Graphitofen-Power-Unit 555 von IL (Instrumentation Laboratory).

Dieses Meßsystem (Abb. 207) gestattet viele Untersuchungen, wie z. B. die beschriebenen GC-ICP, Hydridtechnik oder Spark-Erosion, und so auch die elektrothermische Verdampfung in das Ar-/Ar-ICP, weil dieses jedermann zugänglich ist. Hierzu wurde der Ofenblock so verändert, daß zwischen zwei Graphitstäbe geeigneter Form ein kleiner Graphittiegel (ca. 3 mm Ø) eingebracht werden kann, wobei der eine beweglich und über eine Feder angepreßt ist. Um diesen Tiegel wird Argon als Schutzgas geblasen (Abb. 208a). Darüber befindet sich ein Meinhard-Zerstäuber, der eine trichterartige, wassergekühlte Öffnung hat, in die der Tiegel beim Aufheizen hineingebracht wird. Das geschieht mit Hilfe eines auf- und abwärtsfahrenden Tisches, auf dem der Ofen steht. Die Zerstäuberspitze steckt direkt in der Kapillare der Torch. Ein Ar-Trägergasstrom von 0,5 L/min sorgt dafür, daß eine Saugwirkung aufrechterhalten wird. Temperaturgesteuert erfolgt eine sehr schnelle Aufheizung des kleinen Tie-

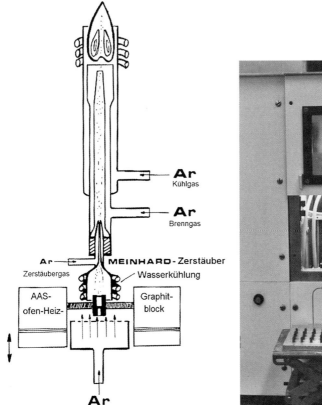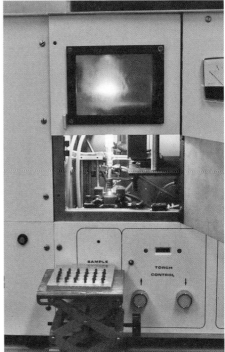

Abb. 208 (a) Prinzipieller Aufbau der EVA-ICP und (b) apparative Verifizierung.

gels und der entstehende Probendampf wird direkt ins Plasma gesaugt, wobei der Weg bis dahin kleiner als 10 cm ist.

Für den routinemäßigen Einsatz lassen sich die Tiegel in einem Al-Block vorheizen (Abb. 208b), wobei es z. B. möglich ist, durch mehrmaliges Pipettieren und Eindampfen erhebliche Anreicherungen des Analyten zu erreichen oder die das ICP beeinflussenden organischen Lösemittel abzudampfen bzw. Altölproben abzurauchen.

Außerdem besteht für zahlreiche Elemente aus unterschiedlichen Matrices die Möglichkeit, daß mit wäßrigen Standardlösungen (nach Eindampfen) kalibriert werden kann (Abb. 209). Am Beispiel der Pb-Bestimmung läßt sich zeigen, daß die Meßwerte für eine in Salpetersäure gelöste Stahlprobe (CRM), eine Mineralölstandardprobe und eine in Lösung gebrachte Bodenprobe auf der mit wäßrigen Proben erstellten 45°-Geraden liegen.

Durch die Möglichkeit, kontrolliert aufheizen zu können, läßt sich aus dieser Methode ein Verfahren zur Bestimmung der unterschiedlichen Bindungsformen eines Elementes – heute Speziation genannt – entwickeln. Ein solches Beispiel ist die Bestimmung von metallischem Magnesium neben MgO in Stahlproben. Hier versagt

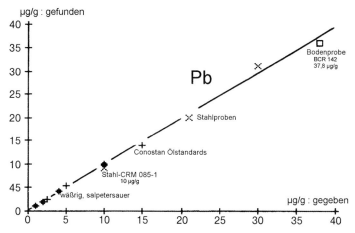

Abb. 209 45°-Gerade für EVA-ICP bei der Bleibestimmung (□ – Bodenprobe, BCR 142 mit 37,8 µg/g; ■ – wäßrige, salpetersaure Pb-Lösung; + – Conostan-Ölstandards mit Xylol verdünnt; X – CRM 085–1 mit 10 µg/g sowie salpetersaure Stahllösungen).

jede Trennung mit Hilfe unterschiedlicher Lösemittel (Säuren). Wählt man nun ein entsprechendes Aufheizprogramm für den Tiegelofen, so kann bei 1800 °C nur das metallische Magnesium registriert werden (Abb. 210), während bei 2800 °C das MgO vollständig zersetzt ist und meßbar folgt. Diese beiden Werte können dann noch mit den emissionsspektrometrisch ermittelten Gesamt-Mg-Anteilen verglichen werden. Ein solches Schnellbestimmungsverfahren wurde gebraucht, weil man zur Entschwefelung sog. Magnesium-Koks-Bomben (mit Mg getränkter Koks) in den flüssigen Stahl einbrachte. Auf diese Weise konnte Magnesium in den Stahl gelangen, und seine anschließende Entfernung sollte geprüft werden.

Hubertus Nickel und *Z. Zadgorska*, Forschungszentrum Jülich, modifizierten EVA zu einem routinemäßig eingesetzten Verfahren zur Destillation der Begleitelemente aus Uranoxid, ohne dieses (und damit die zahlreichen, störenden Spektrallinien des Urans) in das ICP-Anregungssystem zu bringen.

Eine weitere Form der damals sog. Bindungsanalyse betraf die Aluminium-Komponenten in Stahl. Wenn flüssiger Stahl nach dem Abgießen kocht, dann beruhigt man ihn mit Al-Massen, will aber das überwiegend gebildete Oxid nicht im Stahl behalten. Aus der metallurgischen Analytik wußte man, daß im wesentlichen drei Komponenten auftreten: metallisches Aluminium (Al_{met}), Aluminiumnitrid (AlN) und Aluminiumoxid (Al_2O_3). Schon vor 80 Jahren benutzte man ein Gemisch aus zwei Teilen HCl und einem Teil HNO_3

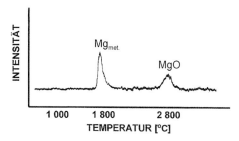

Abb. 210 Registrierkurve für die EVA-ICP Speziation von Magnesium und MgO in Stahl, gemessen auf der Spektrallinie Mg 279,55 nm.

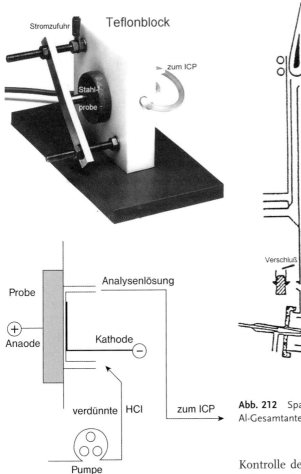
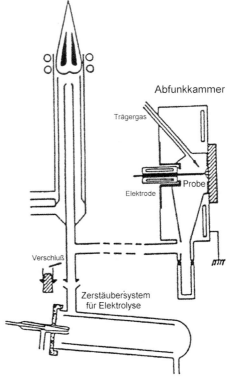

Abb. 211 (a) Elektrolysezelle und (b) ihr prinzipieller Aufbau.

Abb. 212 Spark-Erosion-ICP zur Bestimmung des Al-Gesamtanteiles in Stahl.

zum Auflösen von $Al_{sls} = Al_{met} + AlN$, während das Oxid übrigbleibt. Diese Summe nannte man „säurelösliches Al", und so heißt auch der Test, bei dem das in saurer Lösung vorliegende Al lange Zeit spektralphotometrisch, dann später mit der AAS und letztendlich auch mit der Emissionsspektrometrie (PIMS: *Peak Integration Method* nach *Slickers*) bestimmt wurde. Da es immer schneller gehen mußte, und eine Kontrolle der Spektralanalyse immer sinnvoll war, bot sich auch hierfür die ICP-Spektrometrie an. Man wußte aus der metallurgischen Analytik, daß beim *elektrolytischen Lösen von Stahl* nur die metallischen Komponenten gelöst werden. So war es nur nötig, eine Vorrichtung zu konstruieren, auf der dies mit den Originalproben aus der Produktion geschehen konnte. Wir bauten eine solche Elektrolysezelle (Abb. 211a), die ein Zellenvolumen von 3 mL hatte. Die fließende Strommenge Q ist hierbei identisch mit der Probeneinwaage.

Es zeigte sich, daß bei einer Stromstärke von $I = 0{,}2$ A der kleinste Meßfehler (1 %-

Rel.) auftritt. Damit ergibt sich für eine Elektrolysezeit von einer Minute:

$Q = I \cdot t = 0{,}2 \cdot 60 = 12$ [A s]
und
$m = k \cdot I \cdot t$ [g]
sowie mit
$k = M/z \cdot F$ [g/A s]

$m = (55\,850 \cdot 12)/(2 \cdot 96\,487)$
$= 3{,}47$ mg Fe.

Das bedeutet für die Analysenlösung, die ins ICP gesaugt wird, eine Probenkonzentration von ungefähr 1,2 mg/mL, was für das ICP völlig ausreichend ist.

Legt man dieselbe Probe vorher auf eine Abfunkkammer (Abb. 212), so erhält man in etwa zwei Minuten die Meßwerte für den $Al_{ges.}$-Anteil. Die Prüfung wurde vorwiegend zur Produktkontrolle (an sog. Fertigproben) zur Nachkontrolle der Produktionsproben durchgeführt.

Die zunehmenden Probleme der Spurenbestimmung konnten ebenfalls mit der ICP-Emissionsspektrometrie zufriedenstellend gelöst werden. Es war wichtig, eine simultanmessende Methode dafür neben der Nichtflammen-AAS (s. nächstes Kapitel) zu haben, die dann als Referenz benutzt werden konnte. Es handelt sich also um die chemisch-analytische Spurenbestimmung – und nicht die gegenwärtige Analytik. Die hier gemeinte Methode wurde als Hoesch-Injektions-Technik (HIT) für die AAS im Jahre 1972 entwickelt, eigentlich zunächst um das Verkrusten des Brennerschlitzes zu vermeiden. Da auch bereits zu dieser Zeit schon S. *Greenfield* eine ähnliche Injektionstechnik benutzte, war die Übertragung auf die ICP kein Problem (Abb. 213).

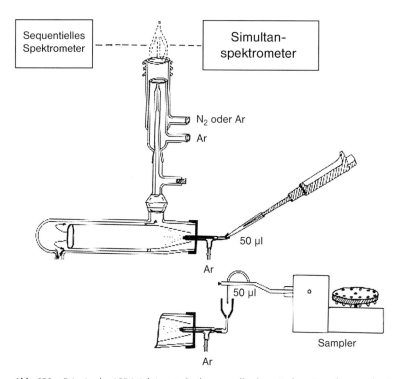

Abb. 213 Prinzip der ICP-Injektionstechnik, manuell oder mit dem Sampler von der Fa. Perkin-Elmer.

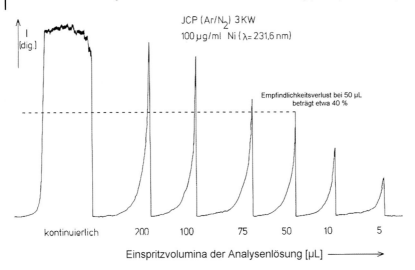

Abb. 214 Abnahme der Intensität mit dem eingespritzten Volumen, gemessen an der Spektrallinie.

Es wurde für die Routineanalyse ein universelles Verfahren entwickelt, bei dem jeweils 50 μL der Analysenlösung eingespritzt werden. Dabei verliert man etwa 40 % an Empfindlichkeit, doch das reicht aus, wenn bedacht wird, daß durch die erhebliche Anreicherung die Verdünnung durch das Lösen der Probe mehr als ausgeglichen wird.

Daraus resultierte ein universelles Verfahren zur Spurenbestimmung, das routinemäßig eingesetzt wurde. Es basiert auf einer Einwaage von 500 mg Probenmaterial, das sich in 10 mL HCl + 0,5 mL H_2O_2 lösen läßt. Man dampft auf etwa 3 mL ein und füllt mit HCl (1,11) auf 15 mL auf. Mit 20 mL MIBK erfolgt die Extraktion von Eisen (oder einer anderen Matrix), danach wird mit Wasser auf 50 mL aufgefüllt, davon 10 mL so stark eingeengt, daß 1 mL Analysenlösung entsteht. Von dieser können nun oftmals die 50 μL – aber auch 200 μL oder 100 μL, je nach Aufgabenstellung – eingespritzt werden.

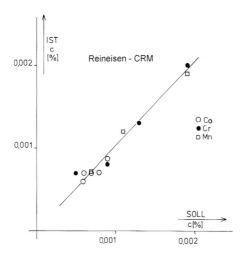

Abb. 215 45°-Gerade nach der Bestimmung von Co, Cr und Mn in Reineisen-CRM im Niveau von < 20 μg/g.

Um 1980 wurde also – hier am Beispiel eines Eisenhüttenlaboratoriums – die ICP-Spektrometrie routinemäßig eingesetzt, wobei mindestens zwei Geräte gleichzeitig benutzt wurden. In der Organisation bahnte sich eine Veränderung an, die einen erheblichen Rationalisierungseffekt erwarten ließ. Zahlreiche Proben, in denen mehr als zwei Elemente zu bestimmen waren – und das sind die meisten Materialien gewesen – wurden nun mit der ICP-Spektrometrie analysiert, während die AAS nur noch Einzelbestimmungen absolvierte und zusammen mit der Spektralphotometrie zu einem wichtigen Referenzverfahren wurde.

Damit war es nötig, sog. SOPs (*Standard Operation Procedures*) zu beschreiben, wie auf neudeutsch die standardisierten Hausverfahren nun bezeichnet werden sollen. Es gab zwei dieser Verfahren, eins für metallische Proben mit einer Einwaage von 1 g und ein zweites für oxidische mit 0,1-g-Einwaage. Das war nötig, um den Salzanteil, der nach Hinzufügen der gelösten Schmelze nach Aufschließen relativ groß war, zu reduzieren und somit mögliche Schwierigkeiten beim Zerstäuben zu umgehen.

Zu diesen SOPs gehörte auch die Festlegung auf ein bestimmtes Linienprogramm. Inzwischen kannte man bereits zahlreiche Spektrallinien (Tab. 15), die sich in Verbindung mit dem ICP benutzen ließen.

Um diese Zeit herum begannen auch schon die Versuche, schwer aufschließbare Materialien als Suspension (*Slurry*) in das ICP einzusprühen. Dazu geeignet ist der

Tabelle 15 Auswahl prominenter Analysenlinien für die ICP-Spektrometrie.

Analysenlinien Element	Art	λ (nm)	Linien-/ Untergrund-Verhältnisse	Konzentrationen [mg/L]	Nachweisgrenzen [mg/L]	Mögliche Interferenzen
Ag	I	328,068	38,0	10,0	0,007	Fe, Mn, V
	II	241,318	1,5	10,0	0,200	
Al	I	309,271	13,0	10,0	0,023	Mg, V
	I	394,401	6,3	10,0	0,047	
As	I	193,759	56,0	100,0	0,053	Al, Fe, V
	I	189,042	22,0	100,0	0,136	
B	I	249,773	63,0	10,0	0,0048	Fe
Ba	II	455,403	230,0	10,0	0,0013	Cr, Ni, Ti
	II	413,066	9,1	10,0	0,032	
Ca	II	393,366	89,0	0,5	0,0002	V
Cd	II	214,438	120,0	10,0	0,0025	Al, Fe
Ce	II	413,765	6,2	10,0	0,048	Ca, Fe, Ti
	II	446,021	4,8	10,0	0,062	
Co	II	238,892	50,0	10,0	0,0060	Fe, V
	II	236,379	27,0	10,0	0,011	
Cr	II	205,552	49,0	10,0	0,0061	Al, Cu, Fe, Ni
	II	284,325	35,0	10,0	0,0086	
Cu	I	324,754	56,0	10,0	0,0054	Ca, Cr, Fe, Ti
	II	213,598	25,0	10,0	0,012	
Fe	II	238,204	65,0	10,0	0,0046	Cr, V
	II	234,349	29,0	10,0	0,010	
La	II	412,323	29,0	10,0	0,010	

Tabelle 15 Fortsetzung.

Analysenlinien Element	Art	λ (nm)	Linien-/ Untergrund-Verhältnisse	Konzentrationen [mg/L]	Nachweisgrenzen [mg/L]	Mögliche Interferenzen
Mg	II	279,553	195,0	1,0	0,0002	Fe, Mn
	I	202,582	1,3	1,0	0,023	
Mn	II	257,610	220,0	10,0	0,0014	Al, Cr, Fe, V
	II	293,930	29,0	10,0	0,010	
Mo	II	202,030	38,0	10,0	0,0079	Al, Fe
	II	201,511	16,0	10,0	0,018	
Ni	II	221,647	29,0	10,0	0,010	Cu, Fe, V
	II	230,300	13,0	10,0	0,023	
Pb	II	220,353	70,0	100,0	0,042	Al, Cr, Fe
	I	280,199	19,0	100,0	0,157	
Sb	I	206,833	91,0	100,0	0,032	Al, Cr, Fe, Ni, Ti, V
	I	217,919	19,0	100,0	0,157	
Si	I	251,611	250,0	100,0	0,012	Cr, Fe, Mn, V
	I	252,851	95,0	100,0	0,031	
Sn	II	189,989	120,0	100,0	0,025	
Ti	II	334,941	79,0	10,0	0,0038	Ca, Cr, Cu, V
	II	334,904	40,0	10,0	0,0075	
V	II	309,311	60,0	10,0	0,0050	Al, Cr, Fe, Mg
	II	311,071	30,0	10,0	0,010	
W	II	207,911	100,0	100,0	0,030	Al, Cu, Ni, Ti
	II	209,860	55,0	100,0	0,054	
Zn	I	213,856	170,0	10,0	0,0018	Al, Cu, Fe, Ni, Ti, V
	I	330,259	1,3	10,0	0,230	

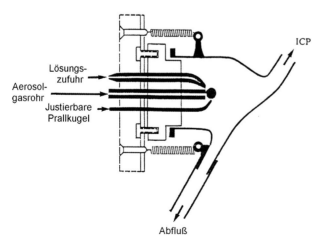

Abb. 216 Der GMK-Zerstäuber.

von den Australiern *K. C. Giess, P. J. McKinnon* und *T. V. Knight* [542] entwickelte GMK-Zerstäuber (Abb. 216), bei dem die Suspension von oben in eine Zerstäubungsrinne gepumpt wird (ähnlich dem Babington-Prinzip).

Die Methode ist allerdings abhängig von der Partikelgröße der Teilchen in der Suspension und deren „Homogenität". Es gelang nur schwer, eine Gleichverteilung der Partikel zu erreichen. In den neunziger Jahren wurde die Slurry-Technik zu einem wichtigen Verfahren der Spurenbestimmung nach Adsorption an Aktivkohle.

Abschließend zu diesem Kapitel soll noch kurz auf die anderen Plasma-Anregungen, das kapazitiv gekoppelte Mikrowellenplasma (CMP), das durch Mikrowellen induzierte Plasma (MIP) und das Gleichstromplasma (DCP) eingegangen werden.

Das **DCP** hat nach den beschriebenen ersten Anwendungen in der Praxis keine weitere Verwendung gefunden, so wie auch die Bogenanregung verschwunden ist. Diese sollte jedoch im neuen Jahrtausend eine Renaissance erfahren. Auch an Universitätsinstituten wurde es später hin und wieder benutzt.

Das **CMP** [543, 544] wird durch ein Magnetron generiert, das mit der Zentralelektrode eines koaxialen Wellenleiters verbunden ist. Die Torch ist ein Arm des Hohlelektrodenkreuzes, und die Flamme brennt auf der Spitze der Zentralelektrode, die z. B. aus Silber ist. Es wurde einige Jahre in den analytischen Laboratorien der Glasindustrie überwiegend zur Bestimmung der Alkalien, Erdalkalien und des Siliciums eingesetzt [545]. Hierfür gab es auch einen Zusatz zum ARL-Spektrometer 31000. Wahrscheinlich ließ sich das Problem der elektrischen Überschläge dieses Einelektrodenplasmas (in den USA wurde es SEP = *Single Electrode Plasma* genannt) ebenso wenig lösen wie das Anlösen der Elektrode durch die Analysenlösung.

In der praktischen Analyse spielte neben dem ICP eigentlich nur noch das **MIP** eine Rolle. Infolge der Geometrie und des kleinen, erlaubten Gasmengendurchsatzes hat sich das MIP besonders bei der Elementanalyse in gasförmigen Proben bewährt. So eignet es sich gut als Detektor für die gaschromatographische Trennung. Bei der Analyse sehr kleiner Lösungsvolumina läßt sich die gute Nachweisempfindlichkeit ausnutzen, allerdings muß die Analysenlösung bei niedriger Plasmaleistung (50–100 W) getrocknet werden. Erst ein MIP mit hoher Leistung (800 W) akzeptiert das Einsprühen eines Aerosols [546]. Aus finanziellen Gründen bleibt es interessant, sowohl für die Forschung als auch die praktische Anwendung. Die Eigenschaften der vier analytischen Plasmen sind in Tabelle 16 zusammengefaßt.

Es gibt immer noch das Colloquium Spectroscopicum Internationale, das überwiegend im Zweijahresrhythmus weltweit stattfindet, und dessen ausführliche Tagungsbände (*Proceedings*) eine wahre Fundgrube von Ideen sind:

XVI.	CSI 1971 Heidelberg (Deutschland)	(*H. Kaiser*)
XVII.	CSI 1973 Florenz (Italien)	(*O. Masi*)
XVIII.	CSI 1975 Grenoble (Frankreich)	(*J. P. Robin*)
XIX.	CSI 1977 Prag (Tschechoslowakei)	(*I. Rubeška*)
XX.	CSI 1978 Washington (USA)	(*V.A. Fassel*)
XXI.	CSI 1979 Cambridge (Großbritannien)	(*G.F. Kirkbright*)
XXII.	CSI 1981 Tokio (Japan)	(*Y. Hirokawa*)
XXIII.	CSI 1983 Amsterdam (Niederlande)	(*L. de Galan*)

XXIV.	CSI 1985 Garmisch-Partenkirchen (Deutschland)			(K. Laqua)	
XXV.	CSI 1987 Vancouver (Canada)			(S. Berman)	
XXVI.	CSI 1989 Sofia (Bulgarien)			(A. Petrakiev)	
XXVII.	CSI 1991 Bergen (Norwegen)			(F.J. Langmyhr)	
XXVIII.	CSI 1993 York (Großbritannien)			(E.B.M. Steers)	
XXIX.	CSI 1995 Leipzig (Deutschland)			(H. Nickel)	
XXX.	CSI 1997 Melbourne (Australien)			(N. Barnett)	

Tabelle 16 Eigenschaften analytischer Plasma-Anregungen.

Plasma	Konditionen	Probenart	Nachweisgrenzen	Beeinflussung	Kosten
	5–50 MHz 1–3 kW Ar, N$_2$, He	Lösungen Suspensionen Hydride	< 100 ng/mL	gering durch Matrix, Alkalien	relativ hoch
	2 x 7 A (DC) 70–80 V Ar	Lösungen Suspensionen Hydride	< 100 ng/mL	durch Matrix und Alkalien	annehmbar
	2,45 GHz 0,4–1 kW Ar, N$_2$	Lösungen (salzarm) Hydride	< 1 µg/mL	stark durch Matrix und Alkalien	niedrig
	2,45 GHz 40–200 W Ar, He	trockene Aerosole µ-Lsg.- Volumina Hydride Gase (GC)	absolut: µg–pg	stark durch Matrix und Alkalien	niedrig

XXXI.	CSI 1999 Ankara (Türkei)	(O.Y. Ataman)
XXXII.	CSI 2001 Pretoria (Südafrika)	(C.J. Rademeyer)
XXXIII.	CSI 2003 Granada (Spanien)	(A. Sans-Medel)
XXXIV.	CSI 2005 Antwerpen (Belgien)	(F. Adams)
XXXV.	CSI 2007 Xiamen (China)	(B. Huang)
XXXVI.	CSI 2009 Budapest	(G. Záray)

Aus der ARL-Quantometertagung entwickelte sich in den fünfziger Jahren die sog. Deutschsprachige Spektrometertagung, die abwechselnd im Zweijahresturnus in der Schweiz, Österreich und Deutschland sowie seltener in den Niederlanden stattfindet und weitgehend die praktische Anwendung spektroskopischer Methoden berücksichtigt. Die 24. Spektrometertagung wurde 2005 in Dortmund organisiert.

Aus der von Perkin-Elmer (*B. Welz*) entwickelten CAS Konstanz und der ost-deutschen Variante „Analytiktreffen – Atomspektroskopie" von *Klaus Dittrich* ergab sich nach 1990 das Colloquium Analytische Atomspektroskopie (CANAS). Die letzten beiden fanden 2005 in Freiberg (Sachsen) und 2007 in Konstanz statt.

Neben vielen anderen Tagungen, die sich mit der Spektralanalyse befassen, sind noch die jährlichen Meetings der Federation of Analytical Chemistry and Spectroscopy Societies (FACSS) in den USA zu erwähnen. In den Jahren 1976 und 1978 trafen sich auf Einladung von *Leo de Galan*, Universität Delft, alle schon mit der ICP-Spektrometrie praktisch beschäftigten Wissenschaftler im niederländischen Seebad Noordwijk. Neben den Forschern an Universitäten aus den USA, England und den Niederlanden und Vertretern der Geräteherstellerfirmen Philips, Baird Atomic, Jarrell-Ash, Labtest, ARL und Kontron waren nur zwei Praktiker dabei (Abb. 217). Aus diesen Treffen resultierte zunächst die im Zweijahresturnus in den USA stattfindende Winter Conference on Plasma Spectrochemistry, die erstmalig 1980 in San Juan (Puerto Rico) abgehalten wurde und seitdem von *Ramon M. Barnes* geleitet wird. Die letzte fand im Januar 2010 in Fort Myers (Florida) statt; es war die sechzehnte.

Im Jahre 1983 kam dann die European Winter Conference on Plasma Spectrochemistry hinzu, die erstmalig in Lyon (Frankreich) von *J. M. Mermet* veranstaltet wurde und seitdem auch alle zwei Jahre in verschiedenen europäischen Ländern wiederholt wird. Die letzte dieser Konferenzen fand 2007 auf Sizilien in Taormina (Italien) statt, die nächste ist für 2009 in Graz (Österreich) geplant.

Die Plasmaspektroskopie bekam bereits 1975 (Abb. 218) ein eigenes Informationsblatt, das über alle wichtigen Ereignisse im Zusammenhang mit diesen Methoden berichtet – und das ist bis heute so: Band 33 und 34 erschienen in den Jahren 2008/2009. Die methodische Entwicklung schritt schnell voran, weil in vielen Laboratorien ein Bedarf für die schnelle Analyse von mehr als vier Elementen aus einer Probenlösung bestand.

Hierbei wurde die ICP auch bezogen auf den Gasverbrauch wirtschaftlich. So kam es mit Beginn der achtziger Jahre zu wichtigen Veröffentlichungen [547–551] aus der Praxis, die für die weitere Ausbreitung sorgten. Damit konnte auch die Marktforschung einen merkantilen Erfolg prognostizieren, so daß neben der ARL (USA/CH) und Labtest (USA/AUS) weitere Spektrometer-Hersteller, wie z. B. Philips (NL), Jobin-Yvon (F), Perkin-Elmer (USA/D) oder Spectro (D) ICP-Instrumente entwickelt hatten und mit Erfolg vertrieben.

Abb. 217 Treffen der ICP-Anwender in Noordwijk, Niederlande, 1976 (von links: *Watson* (Südafrika), *de Boer* (Niederlande), *Kirkbright* (England), *Mermet* (Frankreich), *Bernhard, Demers, Abercrombie, Alemand* (alle USA), *Witmer, de Galan, Boumans* (alle Niederlande), *Robin* (Frankreich), *Alder* (England), *Kemp* (Belgien), *Sermin* (Schweiz), *Scott* (Südafrika), *Kornblum* (Niederlande), *Lehmkämper* (Deutschland), *Barnes* (USA) und der Autor).

ICP Information
NEWSLETTER

INDUCTIVELY COUPLED PLASMA DISCHARGES FOR SPECTROCHEMICAL ANALYSIS

Department of Chemistry
Amherst, Massachusetts 01002

University of Massachusetts
Telephone: 413-545-2294

Volume 1 Number 1   Ramon M. Barnes, Editor   June 1975

Abb. 218 Erstausgabe des „*IPC Information Newsletter*".

5.1 Einzug der Spektrometrie in Industrielaboratorien | 251

Abb. 219 Moderner ICP-Arbeitsplatz im Hoesch-Laboratorium mit dem OPTIMA 2000 von Perkin-Elmer.

5.1.3
Atomabsorptionsspektrometrie (AAS)

Schon vor den zuletzt beschriebenen Methoden der Plasmaspektroskopie wurde die AAS in den praxisorientierten Laboratorien eingesetzt. Immerhin brauchte es etwa 15 Jahre nach den ersten Veröffentlichungen [382, 383] bis sich der erfolgreiche Einsatz zur Routineanalyse vollzog. Es gab zunächst nur einen Gerätehersteller, Hilger & Watts in London, was diese Entwicklung nicht unbedingt förderte. So begannen auch wir 1968 mit einem Gerät dieses Herstellers (Abb. 220), um routinemäßig die Elemente Ca und Mg in oxidischen Materialien schneller bestimmen zu können [552]. Neben der komplexometrischen Titration (Ca + Mg) und der Flammenemissionsphotometrie (Ca) fehlte es an schnellen Methoden.

Die Anfangsschwierigkeiten waren enorm, nicht in Bezug auf die Flamme, denn es gab zunächst nur die mit Propan betriebene, doch die elektrische Verstärkung der sehr kleinen Signale war noch nicht gut genau und extrem temperaturabhängig. Die Methode braucht eine ausgezeichnete, konstante Verstärkung, weil sich das maximale Signal für 100 % Durchlässigkeit von demjenigen, durch geringe Konzentrationen reduzierten (z. B. 99,9 % Transmission) nur wenig unterscheidet.

Zunächst waren die Geräte auf die speziellen Eigenschaften der AAS ausgerichtet, wie z. B. das erste kommerzielle Instrument (Abb. 220).

Prinzipiell werden folgende Bauteile benötigt: die sog. Power-Unit mit dem eigentlichen Meßgerät (Galvanometer) und dem Verstärker (1), eine HKL-Halterung (2) mit elektrischer Versorgungseinrichtung, ein geeigneter Brenner mit Brenngaszuführung (3, 6), eine Zerstäubungsanlage für Analysen-, Blind- und Leerwertlösungen (4), eine Vorrichtung zum Modulieren und nach dem Brenner zum Demodulieren der Lichtstrahlen, ein optisches System (5) bestehend aus Monochromator und Detektoren.

Die HKL-Halterung hat sich insofern verändert, als heute auch Mehrlampenhalterungen mit HKL-Vorheizung eingesetzt werden können. Die Brennerkonfiguration ist fast gleich geblieben, die Gasversorgung berücksichtigt heute auch den sicheren Einsatz von Acetylen/Luft- oder Acetylen/

Abb. 220 Spektrometer für AAS von Hilger & Watts, London, etwa 1965, in den Hoesch-Laboratorien Ph/U, 1968 (von rechts: 1. Versorgungseinheit und Meßanzeige mit Verstärker; 2. Lampenhalterung; 3. Brenner; 4. Zerstäuberanlage; 5. optischer Teil; 6. Brenngaszuführung).

Abb. 221 Das Beckman-AAS-Spektrometer 440 im Laboratorium Union der Hoesch Stahlwerke AG.

stelle gibt. Bei dem angezeigten Meßwert handelt es sich im Regelfall nicht um einen Einzelwert, sondern er ist aus mehreren Kurzzeitmeßwerten zusammengesetzt. Das ist auch der Grund für die relativ gute Wiederholbarkeit, denn man registriert bereits Mittelwerte.

Mit den Geräten der sog. zweiten Generation gab es besonders bei der Verwendung von empfohlenen Lachgas/Sauerstoff-Gemischen erhebliche Schwierigkeiten bzw. tägliche Explosionen des Brennerteiles (Abb. 221).

Lachgas-Gemischen und die optischen Systeme sind im Prinzip identisch. Wesentlich verändert wurden durch die Entwicklung die Detektoren und die Datenverarbeitung bzw. die Steuerung des gesamten Ablaufes durch Computer. Dabei sind die eigentlichen Rohdaten häufig nicht direkt oder nur in abgewandelter Form zugänglich. Ein Registrieren aller Rohdaten über einen externen Schreiber ist immer zu empfehlen, wenn es dafür eine Schnitt-

Wie so oft in der Analytischen Chemie bekommt der Analytiker ein interessantes Instrument in die Hand und fängt an zu messen. Es kann nur angeraten werden, sich gleichzeitig mit den theoretischen Hintergründen zu beschäftigen. Auch hier gelten die Gesetzmäßigkeiten der Spektralphotometrie.

Der große Vorteil ist die Linienarmut im Absorptionsspektrum; es gibt nur eine beschränkte Anzahl von Resonanzlinien (Abb. 222).

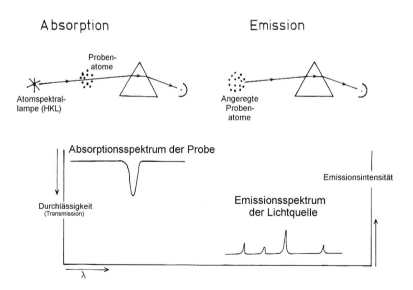

Abb. 222 Prinzipieller Unterschied zwischen der Absorptions- und der Emissionsspektroskopie.

Da die zur AAS üblichen Flammen nur Temperaturen von weniger oder etwa 3000 K erreichen, wird die Absorption durch freie Atome in der Flamme nur durch Neutralatome im Grundzustand bewirkt. Unter der Annahme, daß die Energieniveaus dieser Atome keine Feinstruktur, hervorgerufen durch Isotope oder Kernspin, besitzen, kann die Absorption der Strahlung bei der Frequenz v der oder Wellenlänge λ nach folgender Gleichung verlaufen:

$$E_f - E_o = hv = hc / \lambda, \quad (1)$$

worin bedeuten:

E_f = Energie des Grundzustandes;
E_o = Energie eines Anregungszustandes des Neutralatoms;
h = Planck'sches Wirkungsquantum;
c = Lichtgeschwindigkeit.

Die stärksten Absorptionslinien („Letzte Linien") der etwa 65 Elemente, die sich mit der AAS bestimmen lassen, haben Frequenzen, die einer Wellenlängenregion zwischen 200–900 nm entsprechen.

Nimmt man einen parallelen Lichtstrahl der Intensität I_{ov} bei der Frequenz v an, der durch eine Flamme mit gleichmäßiger Absorption (Länge dieser: ∂) geht, so läßt sich der Absorptionskoeffizient k_v des durchgelassenen Lichtstrahls (Intensität: I_v) nach der Gleichung:

$$I_v = I_{ov} \cdot e^{-k_v \cdot \partial} \quad (2)$$

definieren.

Die Abhängigkeit des Absorptionskoeffizienten k_v von der Frequenz v, die für die Form der Absorptionslinie verantwortlich ist, beruht wesentlich auf der Flammentemperatur und dem die absorbierenden Atome umgebenden Gasdruck.

Die Beziehung zwischen Absorption und Konzentration der absorbierenden Atome, ist die physikalische Grundlage der AAS zur Anwendung in der chemischen Analyse [553]:

$$\int k_v \, dv = \pi e^2 / mc \cdot Nf, \quad (3)$$

worin bedeuten: e = Elektronenladung; m = Masse des Elektrons; c = Lichtgeschwindigkeit; N = Anzahl der absorbierenden Atome; f = Oszillatorstärke der Linie pro Volumeneinheit (cm^3) bzw. mittlere Elektronenanzahl, angeregt durch Strahlung der Frequenz v (mögliche Werte für f zwischen 0,1–2). Der Analytiker erkennt aus Gleichung (2) das Lambert'sche Gesetz von 1760 [554], in dem fußend auf die Untersuchungen von *Bougouer* [291] steht, daß einmal die von einem homogenen Medium durchgelassene Strahlungsmenge von der Dicke ∂ dieser Schicht abhängig ist und zum anderen das Verhältnis von durchgegangener Strahlung I_v zu der ursprünglichen Strahlung I_{ov} von der Bestrahlungsstärke unabhängig bleibt. Unter bestimmten Bedingungen ist der Absorptionskoeffizient k_v proportional zur Konzentration c:

$$k_v = \kappa' \cdot c \quad (4)$$

woraus das Beer'sche Gesetz [292] für die Extinktion E abgeleitet

$$E = \log I_{ov} / I_v = k_v \cdot c \cdot \partial \quad (5)$$

werden kann.

Die geringe Anzahl der Linien im Spektrum des Targetmaterials einer Hohlkathodenlampe (HKL) beruht auf der niedrigen Leistung, mit der die HKL üblicherweise betrieben wird, wobei einmal die Verdampfung des Materials minimiert ist, zum anderen jedoch nur die „Letzten Linien", die stärksten im Spektrum, erscheinen. Wenn dadurch auch an das optische Auflösungsvermögen keine großen Anforderungen gestellt werden, so müssen die Detektoren und die Signalverstärkung, wie anfangs gesagt, hohen Ansprüchen genügen, denn die

Absorption des von der HKL emittierten Lichtes ist um so geringer, je weniger Atome des Analyten der gleichen Art sich im Reservoir (Flammenregion) befinden.

Durch die Modulation des Lichtes vor dem Brenner (Atomreservoir) und die Demodulation danach wird verhindert, daß der Detektor die Eigenstrahlung des Brenners mitregistriert.

Die Strahlungsquellen haben sich von Beginn an nur geringfügig verändert; HKL werden immer noch am häufigsten eingesetzt. Aus dem Target, das meistens aus einem Element besteht – es können auch binäre (z. B. Ca/Mg) oder bis zu Sechselement-Legierungen sein –, werden Atome mit Hilfe einer Art Glimmentladung aus dem Target gesputtert und zur Lichtemission angeregt. Es ist leicht zu verstehen, daß die Einelement-HKL fast monochromatisches Licht erzeugen, d. h. die bei einer Wellenlänge emittierte Strahlung erzeugt eine Spektrallinie mit sehr geringer Halbwertsbreite (Breite bei halber Linienhöhe, hier etwa 0,002 nm), die praktisch keinerlei Koinzidenzen (Überlappungen mit anderen Linien) aufweist. Bei den Mehrelementlampen ist logischerweise die Empfindlichkeit geringer und die Beeinflussung durch Licht anderer Wellenlängen schon wahrscheinlicher. In den mit geringer Stromstärke (im mA-Bereich) betriebenen HKL ist die Atomanzahl relativ klein, so daß auch die Selbstabsorption, Selbstumkehr der Linien oder eine starke Linienverbreiterung praktisch auszuschließen sind.

Für leicht verdampfbar Elemente, wie z. B. Hg, Tl, Zn und Alkalien, werden die HKL auch als *Metalldampflampen* bezeichnet. Hierin ist die Atomanzahl jedoch so stark erhöht, daß die oben beschriebenen, dadurch bedingten Effekte auftreten können.

Für bestimmte Elemente, wie z. B. Pb, As, Se oder P, haben sich *elektrodenlosen Entladungslampen* (EDL) bewährt. Eine EDL zeichnet sich durch eine um Größenordnungen höhere Strahlungsintensität aus, wobei Resonanzlinien mit der geringsten Halbwertsbreite erhalten werden. Die anfänglichen Schwierigkeiten bei der Herstellung solcher und die geringe Haltbarkeitsdauer von EDL sind heute kein Problem mehr, was u. a. auch mit der Hochfrequenzänderung von 2,4 GHz auf 27 MHz zu tun hat. In einem Quarzballon (Lampe) sind die Metalle, meist jedoch ihre Halogenide, enthalten. Die Anregung zur Strahlenemission erfolgt über die HF-Ankopplung. Eine deutliche Verbesserung des Signal-Rausch-Verhältnisses führte besonders bei den Elementen As, Rb und Cs zu erheblichen Verbesserungen der Bestimmungsgrenzen. EDL ergänzen somit die HKL für bestimmte Elemente und sind heute fester Bestandteil möglicher Strahlungsquellen.

Das gilt noch nicht für die *Kontinuumstrahler* mit Ausnahme der Deuteriumlampe. Wasserstoff-, Hochdruck-Xenon- oder Halogenlampen liefern zwar ein kontinuierliches Spektrum, so daß immer wieder Versuche unternommen wurden, simultane Mehrelementbestimmungen zu versuchen, doch blieb es häufig bei der gleichzeitigen Verwendung mehrerer HKL. Prinzipiell eignen sich auch Flammen, in denen eine hohe Metallkonzentration vorliegt, als Strahlungsquellen. Auch die Versuche mit der Glimmentladungslampe [555] oder der „Atomsource" [556] einer speziell für die AAS entwickelten Sputtereinrichtung für kompakte Proben mit angeschlossener Küvette als Atomreservoir, waren vielversprechend. Allerdings würden die stärker und zahlreicher emittierten Elementlinien ein anderes optisches System erfordern, z. B. einen Polychromator mit gutem Auflösungsvermögen. Über drei interessante Möglichkeiten, die vergessen zu sein scheinen, soll noch im folgenden Text berichtet werden.

Obwohl die Möglichkeit der simultanen Messung das Anwenden interner Standards erlauben würde – und zusätzlich auch die Absorption von Ionenlinien (wie beim Element Ba schon immer) erfaßt werden könnte – hatte im 20. Jahrhundert kein Gerätehersteller daran Interesse bekundet. Zu viele Dinge hätten geändert werden müssen. Das gilt in besonderem Maße für die Entwicklungsarbeiten an der Westfälischen Wilhelms-Universität Münster [557] in den neunziger Jahren. Zu Beginn des neuen Jahrhunderts nahm dann das ISAS Berlin die Arbeiten mit einem Kontinuumstrahler wieder auf und entwickelte 2005 ein brauchbares Spektrometer (s. Kap. 7).

In der praktischen Analytik löste die AAS sehr schnell die noch laufenden Routineverfahren auf maßanalytischem oder spektralphotometrischem Gebiet ab, weil die Durchführung (Abb. 223) viel einfacher wurde. Die bisherigen Routineverfahren

Tabelle 17 Vergleich photometrischer und AAS-Bestimmungsverfahren.

Bestimmungsgrenzen Elemente	Photometrie bei $E = 0{,}01$ pro µg/g und $d = 5$ cm [µg/g]	AAS $A = 1\%$ pro µg/g mL
Al	0,1	3,0
As	2,5	2,0
B	2	35
Ca	1	0,2
Co	1,4	1
Cr	1,6	0,5
Cu	0,8	0,1
Mg	1	0,006
Mn	6	0,2
Mo	2,5	2,5
N	1,5	--
Nb	5	32
Ni	2	1
P	2	--
Pb	1	40 (0,8*)
Sb	3	3
Si	0,2	2
Sn	0,2	10
Ti	4	27
V	0,3	5
W	3	30
Zn	0,9	0,05
Zr	5	2

*) mit EDL.

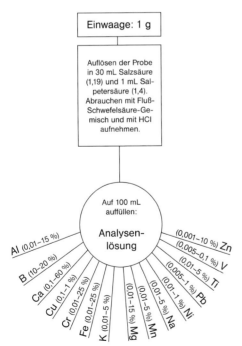

Abb. 223 Universelles Analysenverfahren für zahlreiche Materialien.

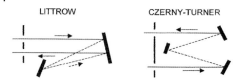

Abb. 224 Häufig verwendete Monochromator-Typen.

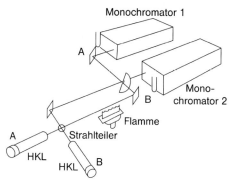

Abb. 225 (a) Atomabsorptionsspektrometer IL 751 im Laboratorium der Hoesch Stahlwerke und (b) das Doppelkanal-Zweistrahl-Prinzip (mit Erlaubnis von ThyssenKrupp Steel AG).

sind von nun an als Standardmethoden (sog. SOPs) zur Kontrolle in Referenz benutzt worden (oder sollten es zumindest), wenn es sich um Analytische Chemie und nicht um heute übliche Analytik (s. Kap. 7) handelt.

Die optischen Systeme für Geräte mit HKL konnten sehr einfach sein, was die Hersteller aus Kostengründen auch befolgten. Als Spektrometer werden üblicherweise Monochromatoren in Littrow- oder Czerny-Turner-Aufstellung (Abb. 224) benutzt, die eine geringe Brennweite (0,3–0,4 m) und Eintrittsspalte von nicht weniger als 0,1 mm aufweisen. Im optischen Teil werden das Einstrahl- oder Zweistrahlprinzip angeboten, wobei das periodisch modulierte Licht, bei Einstrahlinstrumenten meist über den Strom der Strahlungsquelle und bei den Zweistrahlgeräten auch über einen rotierenden Spiegel geregelt wird. Bei diesem erfolgt die Zusammenführung der Strahlengänge durch einen halbdurchlässigen Spiegel.

Auf diese Weise lassen sich Veränderungen während des Meßvorganges, z. B. Fluktuationen der Leistung oder das Auftreten einer Drift, kompensieren. Dafür ist das Einstrahlgerät weitaus lichtstärker. Der praktische Einsatz von Einstrahl- oder Zweistrahlspektrometern richtet sich nach der analytischen Aufgabenstellung.

Hier ist an die erste der vergessenen Möglichkeiten zu erinnern, das Doppelstrahl-Zweikanal-Spektrometer IL 751 von Instrumentation Laboratory (Abb. 225).

Neu war damals die Zerstäuberkammer (s. später), die in der Abbildung vor dem Brennerkopf mit Flamme zu erkennen ist. Ein derartiges Gerät gab es in der Grundstoffindustrie noch nicht. Die Aufteilung der von den beiden HKL (A und B) emittierten Lichtstrahlen erfolgte über den halbdurchlässigen Spiegel (Strahlteiler), so daß jeweils 50 % durch die Flamme und 50 % in den Vergleichstrahl gingen. Das hier gelöste Problem war die elektronische Abstimmung der Photomeßzellen hinter den beiden Czerny-Turner-Monochromatoren, da es keine identischen gibt. Somit hatte man folgende Möglichkeiten:

1. die simultane Bestimmung von zwei Elementen aus einer Analysenlösung,

2. die simultane Bestimmung eines Elementes über einen großen Konzentrationsbereich durch Verwendung einer empfindlichen und einer weniger empfindlichen Spektrallinie sowie
3. die Messung gegen ein Referenzelement, was nur simultan Sinn macht.

Den Spektralanalytiker interessierte besonders der dritte Fall, zumal wenn die Proben eine Hauptkomponente aufweisen. Bei der Elementbestimmung in Stahlproben kann eine relativ unempfindliche Fe-Linie als Referenz benutzt werden, also die HKL A enthält als Target das zu bestimmende Element und die HKL B ist eine Eisenlampe. Die Eich- und Kalibriergeraden stellen sich jeweils als Funktion $I_x/I_{Fe} = f(c)$ dar und überstreichen deutlich mehr als die eine, übliche Zehnerpotenz der Konzentration.

Für die praktische Analyse ergab sich daraus insofern eine Beschleunigung, als die Einwaage der Proben entfallen konnte, wodurch gleichzeitig auch der wenn auch geringe, mögliche Wägefehler entfiel. Die Reproduzierbarkeit wurde auch durch die Kompensierung aller Schwankungen während der Messung verbessert. Hierbei nutzte man also die entsprechenden Erfahrungen aus der klassischen Emissionsspektrographie, die in den siebziger Jahren in Vergessenheit geraten waren. Ein Beispiel soll das Erreichbare zeigen.

Die Auswertung erfolgte über die Quotienten I_{Ni} zu I_{Fe}. Infolge der konstanten Fe-Absorptionsintensität, wofür eine entsprechende Fe-Spektrallinie zu suchen ist, hat jede Ni-Konzentration in der Probe ein definiertes Verhältnis, d. h. die Einwaage kann entfallen (Abb. 226). Das ließ sich auf zahlreiche andere Elemente übertragen, z. B. konnte die Al-Spezifizierung in säurelösliches Al_{sls} und den Gesamtanteil Al_{tot} beschleunigt werden.

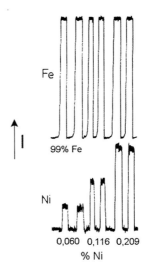

Abb. 226 Registrierte Peaks für die Ni-Bestimmung in Stahl mit Fe als Referenz.

Die Verwendung von internen Standards in der AAS zur Verbesserung der Genauigkeit und Einschränkung der Probenvorbereitung war bereits an verschiedenen Beispielen erprobt worden, so auch von *S. B. Smith jr.* und Mitarbeitern [558]. Hinzu kam nun die Anwendung der oben beschriebenen Technik für die Al-Bestimmung in Stahl und die Erweiterung auf diejenige von Mg in Gußeisen [559]. Neun Jahre früher hatte *C. K. Deak* [560] ebenfalls Mg in Gußeisen mit einem Einstrahlgerät bestimmt, indem er die Mg- und Fe-Signale nacheinander registrierte und dann rechnerisch über die Quotienten auswertete. Allerdings fiel dabei ein doppelter Meßfehler an, was bei der Simultanmessung mit dem Doppelstrahl-Zweikanal-Spektrometer nicht der Fall war. Diese Technik hätte es verdient, eine dauerhaft angewandte Analysenmethode zu bleiben, weil sie sich auf die verschiedensten Materialien übertragen ließ, wie z. B. auf die Ca-Bestimmung in Zement mit Sr als Referenzstandard [561]. So wurde dann auch das IL 751 bald

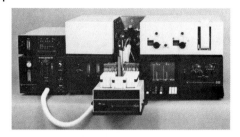

Abb. 227 AAS-Spektrometer IL 951 mit FASTAC-System und Graphitofen-Einheit IL 555 (mit Erlaubnis von ThyssenKrupp Steel AG).

durch das IL 951 ersetzt, das mit dem FA-STAC- (*Flame/Furnace Auto Sampling Technique with Automatic Calibration*) System ausgestattet und auch mit dem Graphitofen IL 555 kombinierbar war (Abb. 227), worüber noch zu berichten sein wird.

Variabel sind bei gegebener Instrumentenreihe die Techniken der Probenzuführung und Atomisierung, die häufig in einem Bauteil, dem *Zerstäuber-/Brenner-System* (Abb. 228), zusammengefaßt sind. Hiernach richtet sich dann auch die Gerätesteuerung bzw. Datenverarbeitung. Der Analytiker kann außer der Vorbereitung der Analysenlösung, z. B. Kontrolle des Salzanteiles oder der Viskosität im Ver-

gleich zur Referenzlösung, nur wenig Einfluß nehmen. Er hat allerdings in der Praxis die Möglichkeit, ein auf sein Analysenprogramm besser abgestimmtes Zerstäuber-/Brenner-System eines anderen Geräteherstellers zu adoptieren.

Zunächst begann es mit der *Luft-/Propangas-Flamme*, die eine relativ niedrige Temperatur hat und sich bei der Bestimmung leicht anregbarer Elemente, wie z. B. Cd, Cu, Pb, Ag oder Zn, bewährte.

Die *Luft-/Acetylen-Flamme* ist zwar heißer, doch immer noch nicht so heiß, daß die ungewollte Ionisierung gering bliebe und nur bei Gegenwart von Alkalien oder Erdalkalien störend auftritt. Die Gaszusammensetzung kann geringfügig variiert werden, z. B. mehr reduzierend für Alkalien oder mehr oxidierend für Edelmetalle, wie Pt, Ir oder Au.

Die *Luft-/Wasserstoff-Flamme* fand seltener Anwendung, so z. B. bei der Bestimmung von Elementen, deren Analysenlinien im UV-Bereich liegen, wie As, Se oder Sn.

Für mehr als 30 Elemente ist die Temperatur dieser Flammen noch zu gering, so daß heute die 1968 eingeführte *Lachgas-/Acetylen-Flamme* [562] häufiger eingesetzt wird, obwohl durch das Auftreten von CN-Banden die Untergrundstrahlung erhöht wird.

Auch Elemente, wie Al, V, Ti, Zr oder Ta, die stabile Oxide bilden, sind so mit der AAS bestimmbar.

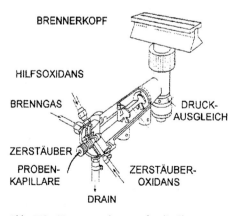

Abb. 228 Linearstrombrenner für die Flammen-AAS von PE (mit Erlaubnis der Firma Perkin-Elmer).

Tabelle 18 Maximale Flammentemperaturen.

Gasgemische	Temperatur [K]
Luft/Propan	1930
Luft/Wasserstoff	2050
Luft/Acetylen	2300
Lachgas/Acetylen	2800

Der für den praktischen Analytiker bedeutsame Unterschied zwischen den einzelnen, auf dem Markt erhältlichen, AAS-Spektrometern ist die Art des Zerstäubens bzw. des verwendeten Zerstäubers und der Geometrie der folgenden Kammer.

Die AAS ist ursprünglich als Analysenmethode für Lösungen konzipiert worden, bei der das Einbringen der Analysenlösung üblicherweise durch *pneumatische Zerstäubung* erfolgt. Im Laufe der Zeit gab es viele unterschiedliche Entwicklungstendenzen für Zerstäuberkammern, wobei das Aerosol gegen eine Kugel oder gegen Prallwände geblasen wurde, um ein in der Tröpfchengröße gleichmäßiges Aerosol zu erhalten. In den siebziger Jahren war die Kammer der IL-Spektrometer die effektivste. Die Kapillare war wie ein Krückstock geformt, und aus ihr wurde das Aerosol gegen eine Kugel geblasen und fein zerstäubt. Als Test ist damals eine Eisenbasislösung mit geringen Anteilen an Vanadium benutzt worden. Empfindlichkeit und Wiederholbarkeit reichten bei fast allen auf dem Markt erhältlichen Systemen nicht aus, weshalb wir die IL-Geräte benutzten. Ein weiterer Grund war auch, daß in dem Parallellaboratorium (Hoesch Westfalenhütte) die Geräte der Fa. Perkin-Elmer benutzt wurden, so daß wir einen firmeninternen, von der Reklame unabhängigen Geräteleistungsvergleich betreiben konnten. Die Zerstäuber-/Brenner-Systeme sind heute weitgehend ausgereift und gerätespezifisch optimiert.

Auch im Fall der Oxidanalyse übernahm die AAS die Aufgaben anderer Methoden. Was blieb war der Aufschließproß, der das Lösen ergänzte. Erfahrene Analytiker konnten, wie im nebenstehenden Verfahren (Abb. 229), durch Zusatz von Citronensäure auch größere Si-Anteile in Lösung halten.

Das Problem, welches Zerstäubung und Verdampfung der Analysenlösung komplizierte, war der relativ hohe Salzanteil.

Salzhaltige Analysenlösungen haben den Nachteil, die schmalen Brennerschlitze durch Kristallbildung zuwachsen zu lassen. Eine Möglichkeit, dies zu verhindern, ist die *Injektionstechnik* (Abb. 230), wobei sich jedoch transiente Signale ergeben, die meßbar gemacht werden müssen [563]. Der Verlust an Empfindlichkeit ist bei einer Injektion von 100 mL sehr gering (< 10 %). Es überwiegen die Vorteile, denn zum einen sieht man bei jeder Injektion sofort die Schwankung in der Peakhöhe und zum anderen löst die Wasserzerstäubung zwischen den Injektionen alle Ansätze der Kristallisierung im Brennerschlitz, der maximal 1 mm breit ist. Dem System wird also in der Reihenfolge Wasser/Referenzlösung/Wasser/Analysenlösung/Wasser/Analysenlösung/Wasser/Referenzlösung angeboten.

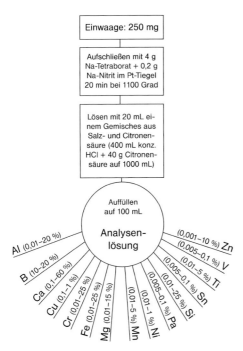

Abb. 229 AAS-Universalverfahren für oxidische Materialien.

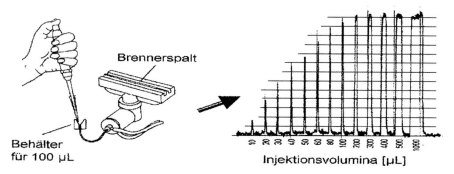

Abb. 230 Injektionsmethode [562] und Abhängigkeit der Signalhöhe von dem injizierten Volumen.

Diese Technik hat den Vorteil, extrem kleine Volumina genau dosieren zu können (Abb. 230), was später auch bei der Hydrid- oder Plattformtechnik zur Anwendung kommen sollte.

Sie wurde später von *I. Rubeška* [564] verfeinert bzw. automatisiert und ist heute als *Fließinjektionsanalyse* (FIA) bekannt (nicht zu verwechseln mit dem Fluoreszenz-Indikator-Adsorptions-Verfahren, DIN 51791, März 1964, Bestimmung des Gehaltes an Kohlenwasserstoff-Gruppen, FIA-Verfahren).

Inzwischen spielt die elektrothermische Verdampfung der Analysenlösung bzw. -probe eine wichtige Rolle bei der Spurenbestimmung in der praktischen Analyse. Die Verwendung eines *Graphitrohrofens* wurde zuerst von *Boris L'vov* [384, 565] vorgeschlagen. Nach Optimierung der Ofenparameter durch *Hans Maßmann* [566] begann eigentlich der praktische Einsatz [567], auch weil diese Version von potenten Geräteherstellern (Varian, Perkin-Elmer, Jarrell-Ash, IL) übernommen wurde (Abb. 232).

Die Temperatursteuerung ermöglichte die Bestimmung leichtflüchtiger Elemente bei niedriger Temperatur (1000 K) sowie die der Refraktärmetalle mit entsprechend höherer (bis zu 3000 K).

Es wurden für einzelne Verfahren Temperaturprogramme entwickelt, wodurch die einzelnen Schritte, wie Eindampfen, Trocknen, Verdampfen und Atomisieren, gleichbleibend für Analysen- und Referenzproben ablaufen können. Der ofenspezifische Temperaturgradient bei Endbeheizung des Rohrkörpers kann die Ergebnisse erheblich beeinflussen, weshalb ständig neue Ofentypen entwickelt wurden. Über die teilweise Kondensation der Probe, über Rekombinierung der Analytatome mit Sauerstoff oder die Carbidbildung kann in der Literatur nachgelesen werden. Heute ist das Problem der unterschiedlichen Temperaturverteilung weitgehend durch längsseitig beheizte Graphitrohre beseitigt.

Auch wegen der angesprochenen Schwierigkeiten sind weitere *thermochemische Techniken* der Probenbehandlung entwickelt worden, wie z. B. der Ersatz der Graphitküvette in der vertikalen Anordnung (Abb. 233), die bereits von *H. Maßmann* beschrieben wurde [566], durch Spiralen oder Behälter [568] aus Wolfram („Filament"-Methoden) sowie letztlich die von *L'vov* [569] vorgeschlagene Plattformtechnik.

Diese Technik, wobei die Probe auf einer in das Graphitrohr eingeschobenen *Plattform* durch Wärmestrahlung atomisiert

5.1 Einzug der Spektrometrie in Industrielaboratorien

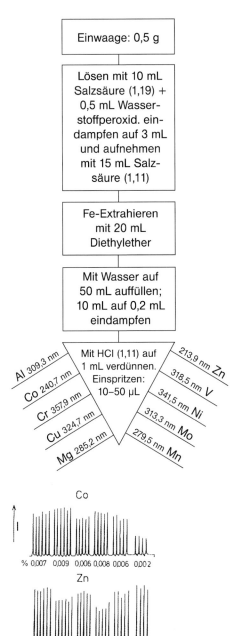

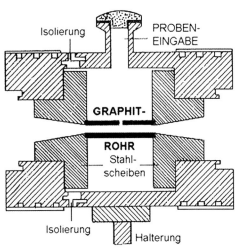

Abb. 231 (a) Universelles Spurenbestimmungsverfahren für Stähle und (b) danach registrierte Peaks zur Co- und Zn-Bestimmung.

Abb. 232 Die Urtypen der Graphitrohröfen von (a) B. L'Vov (a) und (b) H. Maßmann.

wird (Abb. 234), hat sich für viele Anwendungen, besonders im Bereich der Spurenbestimmungen, bewährt. Sie war auch eine wichtige Voraussetzung für die Festprobenanalytik mit der AAS, die im folgenden Teil beschrieben werden wird. Es ist noch darauf hinzuweisen, daß hier der Graphitqualität eine besondere Rolle zukommt. Seit

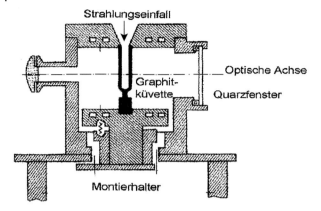

Abb. 233 Argonkammer mit vertikal angeordneter Graphitküvette.

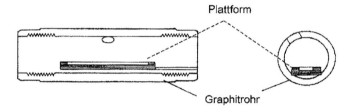

Abb. 234 Die PE-Version der Plattform (mit Erlaubnis von Perkin-Elmer).

Beginn des Einsatzes von extrem gereinigtem Graphit hat es immer wieder Versuche gegeben, den besonderen Anforderungen durch spezielle Oberflächenbehandlungen gerecht zu werden und eine unter Kostengesichtspunkten wichtige Verlängerung der Standzeiten zu erreichen.

Die höhere Empfindlichkeit der Ofenmethoden im Vergleich zu denjenigen mit der Flamme beruht darauf, daß im nutzbaren Absorptionsvolumen eine weitaus höhere Atomdampfkonzentration erreicht werden kann und keine Verdünnung durch Brenngase und Lösemittel auftritt. Die höhere Empfindlichkeit führt jedoch nicht automatisch zu einem besseren Nachweisvermögen; hier spielt die Größe des Störpegels, verursacht durch Untergrundschwankungen, Molekülabsorptionen usw., eine wesentliche Rolle. Beim Eindampfen der Analysenlösung sind Rekristallisationen an kühleren Stellen des Ofens möglichst zu vermeiden. Sowohl bei den häufig eingesetzten HGA-Ofentypen der Fa. Perkin-Elmer als auch bei dem ursprünglichen Graphitrohrofen von Varian Techtron (Abb. 235) soll eine Schutzgasströmung, im ersten Fall von den Rohrenden zur Mitte und im zweiten von unten, diesen Vorgang an den Rohrenden minimieren.

Weitaus günstiger war es im Fall des IL-Ofen, der sich in einer mit Inertgas (Ar) gespülten und dann gefüllten, geschlossenen Kammer befand. Hinzu kam, daß die Analysenlösung über das FASTAC-System dosiert eingesprüht wurde und somit nicht als Tropfen im Rohr konzentriert an einer Stelle, sondern verteilt eingebracht werden

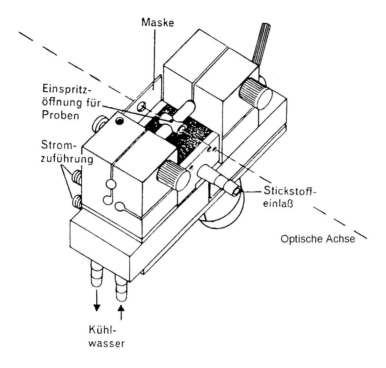

Abb. 235 Graphitofen von Varian Techtron (mit Erlaubnis von Varian).

konnte. Die Verdampfung großer Tropfen ist zeitlich ungünstig (Abb. 236), denn die Aktivierungsenergie dafür ist relativ hoch – hier an Ag-Lösungströpfchen geschätzt. Es wird angenommen, daß ein Teil der Ag-Atome (~10%) infolge Kollision an der Graphitrohrwand adsorbiert werden. Die sekundäre Desorption hat eine geringere Energiebarriere. Die relative Anfangskonzentration der Mikrotröpfchen (~90%) wurde aus der Monte-Carlo-Simulation geschätzt (Abb. 236).

Weil die Analysenlösungen stets vor der Atomisierung eingedampft werden mußten und dabei ein enormer Anteil der Energie (Temperatur) verbraucht wurde sowie Wechselwirkungen mit dem Graphit (Adsorption, Bindungsbildung u. a.) nicht auszuschließen sind, war der gedankliche Weg zur direkten Feststoffanalyse (ohne Verdünnung durch den Löseprozeß) verständlich.

Die *Feststoffanalyse* mit der AAS hat sich zusammen mit der Plattformtechnik entwickelt und ist eng verbunden mit Forschern wie z. B. *F. J. Langmyhr* [570], *J. B. Headridge* [571, 572] und *W. Frech* [573]. Sie bietet in bestimmten Fällen die Möglichkeit, ein Lösen der Proben und die damit verbundene Verdünnung zu umgehen. Beim direkten Einsatz von µg-Mengen kommt der Wägung eine größere Bedeutung zu (Abb. 237).

Die Feststoffanalyse mit der AAS hat besonders bei biochemischen Materialien (Lebensmitteln, Pflanzen, Erdölrückständen oder Bodenproben u. a.) eine größere Bedeutung erlangt [574].

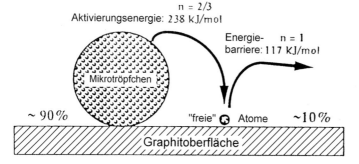

Abb. 236 Atomisierungsmodell im Graphitrohrofen.

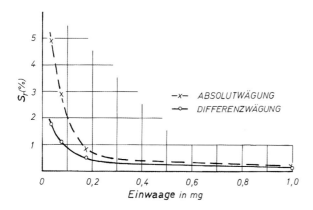

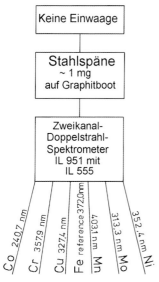

Abb. 237 (a) Wägefehler bei kleinen Massen und (b) einwaagefreies Verfahren zur Spurenbestimmung in Stahlproben.

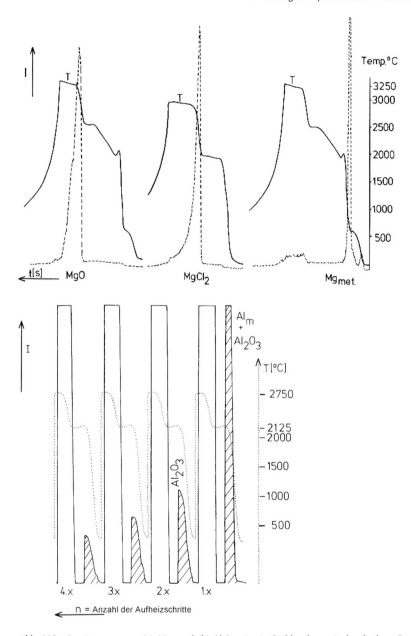

Abb. 238 Bestimmung von (a) Mg- und (b) Al-Spezies in Stahlproben mit der direkten Feststoffanalyse.

Auch hier kann beim Einsatz des Spektrometers IL 951 ein Verfahren ausgearbeitet werden, das ohne Einwaage der Proben auskommt.

Durch Wählen bestimmter Temperaturstufen können Elemente in verschiedenen Bindungszuständen (Spezies) bestimmt werden (Abb. 238a), wie z. B. metallisches Mg (1800 °C) neben Magnesiumoxid (2800 °C) in Stahl [573] oder in Ergänzung zur Speziesbestimmung von Al in Stahl – bei der bisher Al_{sls} und Al_{tot} ermittelt und der Al_2O_3-Anteil berechnet wurde – wird die direkte Bestimmung von Al_2O_3 in Stahlspänen. (Abb. 238b) möglich. Beim Vorheizen verdampfen metallisches Al und AlN restlos, so daß während der nächsten drei Aufheizschritte bei ca. 2050 °C nur Aluminiumoxid verdampft und atomisiert wird.

Auch bei der Durchführung von Feststoffanalysen hat sich die Ofentechnik von IL bewährt. Infolge der Abschirmung durch die Inertgas-Kammer konnte hier erstmalig die Ofentemperatur direkt gemessen werden, indem eine WC-Spirale den Ofen tangierte. Bisher wurden Temperaturen aus dem Widerstandsverlust des Graphites geschätzt, wobei die Strukturunterschiede einen erheblichen Fehler verursachen können. Doch es ließen sich nicht nur die Temperaturprogramme genauer einhalten; es gab auch noch den Vorteil der genauen Dosierungsmöglichkeit der eingespritzten Volumina über eine Zeitmessung. Dies war eine weitere Voraussetzung für die Entwicklung von einwaagefreien Verfahren (Abb. 237, rechts). An deren Stelle gab man die Anzahl der Sekunden ein, die der Injektionsvorgang dauern sollte.

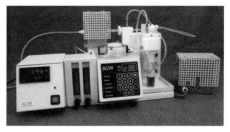

Abb. 239 Original-Graphitboote (links) und Modifikationen.

Abb. 240 (a) Bestimmungsverfahren für hydridbildende Elemente und (b) Kontroll-/Regelgerät für die Hydridentwicklungstechniken mit heizbarer Küvette – auch für Kaltdampftechnik mit Hg-Anreicherung von AGW, Leutkirch (mit Erlaubnis von ThyssenKrupp Steel AG).

Wichtig ist die von uns angebrachte, konische Bohrung, wodurch eine Schmelzperle an definierter Position beim ersten Heizvorgang entsteht. Dadurch wird die Verdampfung aus der Perle reproduzierbar [575].

Auch dies ist ein in der Gegenwart vergessenes Vorgehen. Man kann nur bedauern, daß die Fa. Instrumentation Laboratory zunächst mit Jarrell-Ash fusionierte, die dann auch im großen Thermo verschwand. Damit endete zunächst auch die Idee der simultanen Referenzmessung in der AAS.

Zu den speziellen AAS-Methoden gehört auch die *Hydridtechnik*, die es ermöglicht, hydridbildende Elemente von der Probenmatrix quantitativ abzutrennen und mit einem Trägergasstrom durch ein von der Flamme erhitztes Quarzrohr zu leiten. Prinzipiell sind die Elemente Ge, Sn, Pb, As, Sb, Bi, Se und Te bestimmbar, doch überwiegend werden Ge und Pb nicht routinemäßig ermittelt (Abb. 240).

Das Nachweisvermögen ist aufgrund der Konzentrierung für fast alle besser als bei der Flammentechnik (Tab. 19). Dieses läßt sich durch weitere Anreicherung im Graphitrohrofen noch verbessern.

Es kann sein, daß das Reduktionsmittel nicht ausreicht, wenn noch weitere hydridbildende Elemente vorhanden sind, z. B. höhere Ni-Anteile [576].

Die kontinuierliche Hydridentwicklung, z. B. mit Hilfe der Fließinjektionsmethode, ist dem direkten Entwicklungsverfahren vorzuziehen, weil sich durch die lokale Überkonzentration des Reduktionsmittels (NaBH$_4$) bedingte Störungen vermeiden lassen (Abb. 199), und die real benötigte Menge des Reduktionsmittels besser dosiert werden kann.

Der große Vorteil dieser Analysenmethode beruht auf der vollständigen Trennung des Analyten von der Matrix (was z. B. bei Extraktionen nie der Fall ist).

Ein Vergleich der Nachweisgrenzen der beschriebenen AAS-Verfahren bei normalem Einsatz von Analysenlösungen zeigt die hervorragende Eignung der beiden zuletzt beschriebenen, der Graphitofen- oder Nichtflammen-AAS und der Hydridtechnik (Tab. 19). Das gilt auch für die folgende Methode.

Die *Kaltdampftechnik* ist ein Sonderverfahren für die Hg-Bestimmung, wobei der apparative Aufbau dem bei der Hydridmethode entspricht (Abb. 241). Da Hg bei der Entwicklung aus der Analysenlösung bereits atomar vorliegt, ist ein Erhitzen der Quarzabsorptionszelle nur auf etwa 100 °C erforderlich, um nur die Wasserkondensation an den Wänden (Streulicht) zu vermeiden.

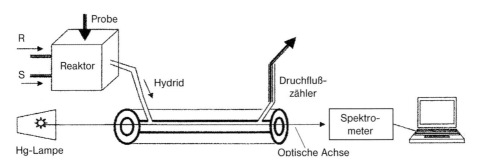

Abb. 241 Prinzip der Kaltdampftechnik.

Tabelle 19 Nachweisgrenzen ausgewählter Elemente bei Anwendung verschiedener AAS-Techniken.

Elemente	Flammen-AAS XNG [µg/L] (V =50 µL)	Graphitofen-AAS XNG [µg/L] (V =50 µL)	Hydrid-/Kaltdampftechnik XNG [µg/L]
Ag	1	0,01	--
Al	30	0,02	--
As	20	0,6	0,02
Au	6	0,2	--
Ba	10	0,08	--
Be	2	0,06	--
Bi	20	0,2	0,02
Ca	1	0,1	--
Cd	0,5	0,006	--
Co	6	0,04	--
Cr	2	0,02	--
Cu	1	0,04	--
Fe	5	0,04	--
Hg	200	--	0,001
K	1	0,004	--
Li	0,5	0,4	--
Mg	0,1	0,008	--
Mn	1	0,02	--
Mo	30	0,04	--
Na	0,2	0,02	--
Ni	4	0,04	--
Pb	10	--	--
Pt	40	0,4	--
Sb	30	0,2	0,1
Se	100	2	0,02
Si	50	0,2	--
Sn	20	0,2	0,5
Te	20	0,2	0,02
Ti	50	1	--
Tl	10	0,2	--
V	40	0,4	--
Zn	1	0,002	--

Dies ist die heute empfindlichste Methode zur Bestimmung von Quecksilber, was auch der Grund dafür ist, daß Apparate speziell für diese Technik gebaut und heute immer noch als Einzelelementbestimmungsgeräte erworben werden können.

Vergleichbar ist bei allen AAS-Techniken die Art der Meßwerterfassung und Datenauswertung. Bei der AAS handelt es sich um eine Relativmethode. Deshalb sollte diese mit Primärstandardlösungen geeicht werden, d. h. es ist der funktionelle Zusammenhang, $c = f(x)$, zwischen den Konzentrationen eines Analyten und den Meßwerten zu ermitteln. Nur aus der so erhaltenen Eichgeraden lassen sich die Gültigkeit der Gleichungen sowie die Art und Größe der Beeinflussung der Resultate eines Analysenverfahrens bzw. dessen Kalibrierfunktion, $x = F(c)$, erkennen. Die Beeinflussungen der Meßwerte beruhen auf verschiedenen Effekten; sie führen zu systematischen Fehlern und werden allgemein als Interferenzen bezeichnet.

Man unterscheidet prinzipiell spektrale und nichtspektrale Interferenzen. Die *spektralen Interferenzen* in der AAS beruhen auf unvollständiger, optischer Auflösung des Signals der vom Analyten absorbierten Strahlung, was durch Atome oder Moleküle der Probenmatrix (optische Koinzidenzen) oder durch unspezifische Streuung des Meßlichtes an Partikeln (Tröpfchen) im Strahlengang (spektraler Untergrund) hervorgerufen wird. Bei der Flammen-AAS kann der spektrale Untergrund durch eine gleichbleibend kleine Tröpfchengröße, die aus der Zerstäuberkammer in die Flamme gelangt, minimiert werden. Bei der Graphitofen-AAS waren diese Störungen durch Partikel- oder Verbindungsbildungen besonders groß. Sie konnten jedoch durch die Plattformtechnik erheblich eingeschränkt werden. Dennoch kann es sinnvoll sein, eine Untergrundkorrektur durchzuführen, wozu es mehrere Möglichkeiten gibt.

Die *Untergrundkorrektur mit einem Kontinuumstrahler*, meist mit der Deuteriumlampe, ist die einfachste Art. Sie beruht darauf, daß zwar die elementspezifische Strahlung vom Analyten absorbiert wird, aber die Schwächung der Gesamtintensität der kontinuierlichen Strahlung durch die sehr schmalbandige Atomabsorption des Analyten verbunden mit der spektralen Bandbreite des Monochromators vernachlässigbar klein wird. Das funktioniert allerdings nicht, wenn breitbandige Molekülabsorption oder Partikelstreulicht auftreten.

Die *nichtspektralen Interferenzen* entstehen im wesentlichen durch unterschiedliches Verhalten des Analyten in Proben- und Referenzlösungen in Bezug auf die Bildung freier Atome und deren Verhalten in der Anregungszone. Man unterscheidet Transport-, Verdampfungs- und Gasphasen-Interferenzen. Ferner können kinetische Störungen bei Verfahren, die transiente Signale liefern, auftreten, was sich jedoch durch eine Peakflächenintegration ausgleichen läßt. Zu den Transportinterferenzen gehören die Einflüsse wie Viskosität, Oberflächenspannung, Dampfdruck oder Dichte, wodurch die Zerstäubereffektivität verändert werden kann. Die Verdampfungsinterferenzen beinhalten alle die Effekte, die in der Flamme oder dem Ofen vorkommen können, wie z. B. Verbindungen der Analytkationen mit Anionen aus der Probenlösung beim Trocknen, die Oxid- oder Hydridbildung nach Wasserzersetzung oder im Graphitofen die Reduktion zu Metallen sowie die Carbidbildung (U, Nb, Ti, V usw.). Einige Effekte durch Verbindungsbildungen lassen sich mit Zusätzen (Abfangsubstanzen) oder wenn möglich durch das Standardadditionsverfahren beseitigen. Erfahrungsgemäß sind diese Interferenzen besonders bei der Graphitofen-

AAS zu beachten. Und schließlich können Interferenzen durch Änderung der Gasphasen auftreten.

Bei den Sonderfällen, z. B. der Hydridtechnik, spricht man von physikalischen Interferenzen, wenn z. B. die Effektivität der Entwicklung der gasförmigen Hydride vom Probenvolumen abhängig ist, oder von chemischen Interferenzen, wenn die Empfindlichkeit von der Wertigkeit des Analyten abhängig ist, wie das bei einigern Metallhydriden der Fall ist. Ähnliches gilt auch für die Kaltdampftechnik zur Quecksilberbestimmung.

Hier liegen die Aufgaben für das nächste Jahrzehnt, und es ist bezeichnend, daß gegen Ende dieser Epoche – vor 10 Jahren – *H. Schinkel* [577] ein kritisches Buch mit konstruktiven Vorschlägen zur Beseitigung vieler Störungen selbst verlegen mußte. Offensichtlich sind solche Bücher nicht gefragt, was analytisch völlig unverständlich ist.

Dafür gibt es bereits zahlreiche Handbücher [578–584] und eine jährliche Flut von Publikationen, deren zukünftige Entwicklung *G. Hieftje* recht gut einschätzte. In einem Spezialheft der Zeitschrift *„Applied Optics"* ist der Stand der Technik Ende der siebziger Jahre von *C. T. J. Alkemade, A. Walsh, R. M. Dagnall, T. S. West, R. Mavrodineanu, B. Willis, G. F. Kirkbright, J. Ramírez-Muñoz V. H. Mossotti, J. A. Dean, R. Woodriff, I. Rubeška, J. B. Dawson* u. a. beschrieben worden. Jahrelang gab es auch einen *„Atomic Absorption Newsletter"*, verbunden mit dem Namen von *D. L. Manning*.

Wesentlich für die analytische Anwendung wird es immer sein, die Reste der Interferenzen für die Messung an Referenz- und Analysenlösungen so konstant zu halten, daß die systematischen Fehler vernachlässigbar klein werden. Deshalb müssen die Referenzprobenlösungen, mit denen die Auswertefunktion kalibriert wird, der Analysenlösung optimal angepaßt werden. Dabei ist es wichtig, die gleichen Verbindungsarten zu wählen, die Oberflächenspannung und Viskosität der zu vergleichenden Lösungen konstant zu halten u. a. m. Ferner sollten die Arbeitsbereiche der Verfahren den Auswertebereichen entsprechen, in denen die Funktionen für die zur Bestimmung benutzten Resonanzlinien linear sind.

Die Meßwertbildung erfolgt bei der AAS überwiegend mit Photomultipliern (Sekundärelektronenvervielfachern) durch Umwandlung der optischen Strahlung in ein elektrisches Signal. Alle damit verbundenen Vorteile und Probleme des Rauschens sowie die Eigenheiten von Fremdstrahlung durch Flammen- oder Graphitofenatomisierung sind im Kapitel „Meßwertbildung und -ausgabe" des Handbuches von *B. Welz* [582] ausführlich geschildert, so daß hier darauf zu verweisen ist.

Für die speziellen Ausführungen sind die gerätespezifischen Handbücher der Hersteller zu empfehlen, aus denen weitere Einzelheiten – besonders bezüglich der Datenverarbeitungsprogramme – zu entnehmen sind.

Die Flammen-AAS ist aufgrund des ungünstigen Wirkungsgrades der meist pneumatischen Zerstäuber und der kurzen Verweilzeit der Atome im Strahlengang die unempfindlichste Methode. Der Hauptarbeitsbereich liegt im mg/L-Konzentrationsbereich. Dafür arbeitet diese Technik sehr robust.

Bei der Graphitofen-AAS sind demgegenüber die Nachweisgrenzen (s. Tab. 19) um zwei bis vier Zehnerpotenzen besser. Der Arbeitsbereich ergänzt den der Flammen-AAS zu kleineren Konzentrationen (µg/L bis ng/L) hin. Durch die thermische Probenbehandlung ist der Zeitbedarf größer als bei der Flammen-AAS. Die möglichen Interferenzen lassen sich heute durch geeignete Korrekturprogramme weitgehend beseitigen, doch bis dahin war es noch ein weiter Weg, worüber noch im letzten Kapitel zu referieren ist.

Wie es bis hierher kam, hat *Alan Walsh* [585] einmal so beantwortet:

"It appears to be true that having an idea is not necessarily the result of some great mental leap. It is often the result of merely being able, for one sublime moment, to avoid being stupid."

Eine der wichtigsten Möglichkeiten, als Referenzverfahren zu dienen, blieb der AAS vorbehalten. Sinnvoll ist es, die beiden Methoden, die klassische Flammen-AAS und die Zeeman-Graphitofen-AAS nebeneinander zu betreiben, wie das in den Hoesch-Laboratorien üblich war.

Die vereinfachte Arbeitsweise der heutigen Analytik mit käuflichen Standardlösungen, die heute aus wirtschaftlichen Gründen üblich geworden ist, ermöglicht eine leichte Kalibrierung der AAS, wenn die Matrix damit synthetisch annähernd genau nachgebildet werden kann. Die Verantwortung der Richtigkeit ist dann allerdings an den Hersteller solcher Standards übertragen.

Es muß immer wieder darauf hingewiesen werden, daß auch die Anwendung von Referenzverfahren mit der heute üblichen Kalibrierung aus der Analytik (= analytische Meßtechnik, von Physikern Metrologie genannt) nicht zurück zur Analytischen Chemie führt. Die Übertragung der Verantwortung für die Richtigkeit auf die Hersteller von Standardlösungen oder Feststoff-Referenz-Proben (Metallstücke, Metallspäne, Salze, Pulver usw.) widerspricht den Regeln einer sinnvollen Qualitätssicherung und dem übergeordneten Produkthaftungsgesetz § 823 BGB, erlassen am 18. August 1896 und in Kraft seit dem 1. Januar 1900.

Es sollte wieder zunehmend in analytischen Laboratorien die Möglichkeit geschaffen werden, die notwendigen synthetischen Referenzproben nicht nur zusammenzumischen, sondern diese danach auch mit leitprobenfreien Verfahren analysieren zu können.

Wichtig ist vor allem die Kontrolle der direkten *Festprobenanalyse*, die ebenfalls mit den AAS-Methoden möglich ist, aber aus verschiedenen Gründen bisher nur selten eingesetzt wird. Es wäre daher wünschenswert, mit den neuen instrumentellen Möglichkeiten, z. B. der simultanen AAS, die direkte Festprobenanalyse zu vervollständigen. Auf diese Weise lassen sich auch

Abb. 242 (a) Flammen-AAS 4100 und (b) Zeeman-AAS 4100 ZL von Perkin-Elmer.

sehr geringe Probenmassen analysieren, und es entfallen die Kontaminationen oder/und Verluste bei der Probenvorbereitung.

Die verschiedenen Methoden der AAS sind auch im 21. Jahrhundert noch ein wichtiger Bestandteil der in Untersuchungslaboratorien praktizierten Verfahrensauswahl, obwohl sie nicht mehr für die großen Probendurchsätze der modernen Analytik eingesetzt werden. Für bestimmte Aufgaben ist die AAS jedoch aufgrund der Investitionskosten (trotz der Betriebskosten, denn auch Lachgas ist teuer) und vor allem der Verfügbarkeit (praktisch 100 %) eine Technik, auf die man nicht verzichten kann.

5.1.4
Röntgen-Fluoreszenzspektrometrie (XRF)

Anfang der sechziger Jahre begann eigentlich erst der routinemäßige Einsatz der XRF in Industrielaboratorien, also in dem hier betrachteten Zeitraum. Der oft gebräuchliche Name „Röntgenfluoreszenzanalyse, RFA" ist schlampig und schlechtes Deutsch, ebenso wie Spurenanalyse oder Mikrowellenaufschluß, und sollte gerade von Analytikern nicht benutzt werden.

Die Spektrometrie mit Röntgenstrahlen geht natürlich zurück auf die Entdeckung der X-Strahlen durch *Wilhelm Conrad Röntgen* (1845–1923). In der ersten Hälfte des 20. Jahrhunderts wurden die verschiedenen Methoden mit X-Strahlen überwiegend in der Forschung und der Medizin benutzt; der praktische Durchbruch für die Prozeß- und Produktionskontrolle fand dann erst parallel zur Rechnerentwicklung statt. Noch in den sechziger Jahren betrug der Aufwand für die Berechnung der Analysendaten aus einer einzigen Messung mehrere Stunden, z. B. für die Bestimmung von 10 Elementkonzentrationen waren 9 × 9 komplizierte Gleichungen zu lösen. Wer konnte damals ahnen, daß dies in der Gegenwart in Bruchteilen einer Sekunde erfolgt.

Wilhelm Conrad Röntgen (Abb. 243) wurde 1845 in Lennep bei Remscheid geboren, und sein Werdegang ist für die damalige Zeit ungewöhnlich, denn es gab damals bereits einen zweiten Bildungsweg – wenn auch mit Umständen. Seine Kindheit und Jugend verbrachte er von 1848 an in Apeldoorn (Niederlande). Ab 1862 besuchte er die Technische Schule in Utrecht und konnte ab 1865 ohne Abitur an der ETH Zürich Maschinenbau studieren. Bereits 1869 promovierte *W. C. Röntgen* zum Dr. phil. beim Physiker *August Kundt* (1815–1894), blieb dessen Assistent in Würzburg sowie an der Kaiser-Wilhelm-Universität Straßburg und habilitierte sich dort in den Jahren 1872–1875. Zwischendurch hatte er 1872 *Bertha Ludwig* geheiratet. Danach wirkte er bis 1888 als Professor für Physik und Mathematik in Hohenheim, a. o. Professor in Straßburg (1876) und o. Professor in Gießen (1879).

Im Jahre 1888 erhielt er dann den Ruf als ordentlicher Professor für Physik an der Universität Würzburg, deren Rektor er

Abb. 243 *Wilhelm Conrad Röntgen* 1895 (mit Genehmigung des Deutschen Röntgen-Museums).

1894 wurde. Dort entdeckte er 1895 die X-Strahlen, die heute in der ganzen Welt nicht nur im medizinischen Bereich, sondern eben auch in der Analytik, in der Strukturaufklärung und Astronomie benutzt werden. Bereits um die Jahrtausendwende waren die X-Strahlen weltweit bekannt. Von 1900 lehrte *W. C. Röntgen* dann genau 20 Jahre lang an der Universität München. 1923 starb er dort, wurde jedoch in Gießen begraben. 1901 erhielt *W. C. Röntgen* den ersten Nobelpreis für Physik, von dem man auch noch nicht wußte, daß er noch heute oder heute wieder großes Ansehen genießt.

Das Entdeckungsjahr der X-Strahlen, 1895, war technisch und kulturell hochinteressant: *Ernest Rutherford* (1871–1937) erzeugte Funksignale mit einer Reichweite von 1–2 km, *Alexander St. Popow* (1859–1905) stellte in Sankt Petersburg eine drahtlose Telegraphieanlage mit einer Reichweite von 190 m vor, und *Guglielmo Marconi* (1874–1937) unternahm in Bologna Funkversuche, die später zu dem Patent für die erste geerdete Sendeantenne führten. *Auguste* und *Louis Lumiére* stellten den ersten Kinofilm her („*Als die Bilder laufen lernten*"), und in Deutschland wird der Nord-/Ostsee-Kanal eingeweiht sowie eine Versicherungsreform (Alters- und Invalidenversicherung) durchgeführt. Der „Verein Deutscher Elektrotechniker" veröffentlichte die erste starkstromtechnische Vorschrift – Vorläufer der DIN VDE 0100 –, womit die deutsche Normung eingeleitet wurde.

Es ist erstaunlich, daß dies erst etwas mehr als 100 Jahre her ist. Der Fortschritt im 20. Jahrhundert ist unfaßbar groß gewesen, unverändert (oder nicht mitentwickelt) ist der Mensch geblieben, d. h. in der heutigen, globalen Betrachtung sind viele Ähnlichkeiten zu vermerken. Auch 1895 gab es Streit, die Kubaner machten einen Aufstand gegen die Spanier, die USA eigneten sich Guam und Puerto Rico an, Frankreich annektiert Madagaskar, Großbritannien ebenso Uganda und versuchte *Ohm Krüger* in Südafrika zu stürzen. Und Deutschland verärgerte die Europäer durch die Eisenbahnkonzession für die Anatolische und die Bagdad-Bahn, während sich in China eine soziale Krise entwickelte, weil europäische Billigwaren den Markt überschwemmten und Handwerk und Gewerbe zerstörten. Aus einigen dieser Streitigkeit in einem einzigen Jahr entstanden zu Beginn des 20. Jahrhunderts Kriege, an denen auch wieder die Chemie beteiligt war – besonders durch den neuen Sprengstoff Dynamit, dessen Handhabung der Chemiker *A. Nobel* (Abb. 244) so vereinfacht hatte, und wodurch er reich wurde. Es spricht für ihn, daß er seine (ungewollte) Beteiligung zumindest einsah und mit seinem Vermögen den nach ihm benannten Preis stiftete. Um die lange *Geschichte des Nobelpreises* zu verstehen, muß man sich mit dem Leben des *Alfred B. Nobel* (1833–1896) beschäftigen, der wohl im Alter ein so einsamer Mensch gewesen war, daß er sein Vermögen lieber in einer Stiftung sah, als es der Familie zukommen zu lassen.

Abb. 244 *Alfred Bernhard Nobel.*

Er wurde in Stockholm als dritter Sohn (nach Robert und Ludwig) des Sprengstoffherstellers *Immanuel Nobel* geboren. Später kam noch ein vierter Sohn, Emil, hinzu. Bereits 1837 waren sie pleite, der Vater zog nach Sankt Petersburg, wohin 1842 die Familie nachfolgte. Durch die Aufrüstung für den Krimkrieg 1853/56 wurde sie wohlhabend und investierten viel Geld in die Ausbildung der Kinder. *Alfred Nobel* war hoch-intelligent, interessierte sich für *Literatur* und wollte Schriftsteller werden. Um ihn davon abzubringen, schickten ihn die Eltern auf Reisen in viele Länder rund um die Welt. Neben Schwedisch und Russisch sprach er inzwischen Englisch, Französisch, Italienisch und Deutsch. Aber auch die Naturwissenschaften, *Chemie* und *Physik* sowie die Passion seines Vaters, interessierten ihn. Am Ende des Krimkrieges stand die Familie erneut vor dem Bankrott. Doch die älteren Brüder gründeten eine neue Firma, stiegen mit *Alfreds* Beteiligung ins Ölgeschäft in Baku ein, bauten die erste Pipeline und den ersten Öltanker, weshalb sie die „Rockefellers Rußlands" genannt wurden.

Alfred Nobel hatte auf einer seiner Reisen den italienischen Chemiker *Ascanio Sobrero* getroffen, der das hochexplosive Nitroglyzerin hergestellt hatte. Hiermit begann er nun zu experimentieren, um es brauchbar zu machen. 1863 ließ er eine Methode zur kontrollierten Explosion patentieren und zerstritt sich mit seinem Vater. Das reine Nitroglyzerin ließ sich kaum transportieren. So explodierten ihm eines Tages 140 kg, wobei acht Menschen, darunter sein Bruder *Emil*, ums Leben kamen. Da jedoch die Menschen Sprengstoffe anwenden wollten, gründete er ab 1865 Tochterfirmen in Krümmel bei Hamburg, in den USA und in Australien. Der eigentliche Durchbruch kam 1866 mit der Erfindung des Dynamit (griech. *dynamis* = Kraft), wobei Nitroglyzerin an Kieselgur adsorbiert ist und sich so gefahrlos transportieren läßt. Damit wurde er wirklich reich, beließ es jedoch nicht dabei, denn 1875 kamen noch die wirksamere Sprenggelatine und 1887 das Balistit, ein rauchloses Schießpulver, hinzu. Er besaß insgesamt 355 Patente und war so erfolgreich, weil er seine Erfindungen selbst vermarkten konnte. Er war ein moderner Arbeitgeber; es gab einen guten Lohn für gute Arbeit, schon eine Altersrente und medizinische Versorgung der Mitarbeiter. Er war also in dieser Beziehung ein Vorbild und blieb ein Kosmopolit, der nun schon seit 1873 in Paris lebte und immer noch durch die Welt reiste.

Dafür klappte es weniger gut mit dem Privatleben. Seine große Liebe war seine Sekretärin, die Gräfin *Bertha von Kinsky*, die jedoch *Arthur von Suttner* heiratete. Die Freifrau *Bertha von Suttner* (1843–1914) wurde nicht nur zur wichtigsten Figur der damaligen *Friedens*bewegung, sondern sie blieb auch mit *Alfred Nobel* befreundet und brachte ihn zu der Einsicht, daß sein Vermögen auf dem Leid vieler Menschen aufgebaut worden war. So plagten ihn pazifistische Gedanken bis zu seinem Tode am 10. Dezember 1896 in San Remo.

Weniger erbaut waren seine Verwandtschaft und die schwedische Öffentlichkeit über das einmalige Testament von 1895, das ein Jahr nach seinem Ableben veröffentlicht wurde. Darin hatte er bestimmt, daß sein Vermögen von 32 Mill. Kronen in Staatsanleihen anzulegen und ein Fonds zu gründen sowie die Rendite daraus in fünf gleichen Teilen als Preissumme jährlich zu vergeben sei. Die Familie sollte nur 1 Mill. Kronen erhalten, wehrte sich dagegen heftig, so daß es erst 1898 nach Abfindung der Familie mit den russischen Anteilen zu einer Vereinbarung kam, aufgrund der die Nobel-Stiftung ihre Arbeit am 1. Juli 1900 aufnehmen konnte. So konnte nach Vorschrift die erste Preisverleihung an seinem Todestag 1901 erfolgen, was bis heute so geblieben ist. Jeder Preisträger erhielt damals 1,5 Mill. Kronen

Die von *A. Nobel* formulierten Vorschriften für die Preisvergabe ließen kein Detail aus. Er legte die Preise in den Disziplinen *Physik* und *Chemie* fest, zu vergeben durch die Schwedische Akademie der Wissenschaften, in *Physiologie* und *Medizin*, zu vergeben durch das Karolinska Institut, in *Literatur*, zu vergeben durch die Schwedische Akademie, sowie für *Frieden*, zu vergeben durch das Norwegische Parlament. Der Preis soll nur an Einzelpersonen – außer für Frieden – ohne Ansehen der Nationalität für Verdienste an der Menschheit verliehen werden, wobei es möglich ist, ihn unter maximal drei Personen aufzuteilen. Auch haben nur Einzelpersonen das Vorschlagsrecht; die Unterstützung von Staaten und Organisationen ist nicht erlaubt.

In den Naturwissenschaften werden etwa 3000 Personen befragt, die ihre Vorschläge bis zum 1. Februar eines Jahres vorlegen müssen. Um *Nobels* Geburtstag (den 23. Oktober) erfolgt die Bekanntgabe der Preisträger, die diesen am 10. Dezember dann in Stockholm und Oslo (Frieden) erhalten. Der Vollständigkeit halber sei noch erwähnt, daß es seit 1969 noch einen Preis für Wirtschaftswissenschaften gibt, doch der hat seine eigene Geschichte, die mit *Alfred Nobel* nichts zu tun hat.

Bei der ersten Preisverleihung am 10. Dezember 1901 wurden folgende Personen geehrt: *Jacobus Henricus van't Hoff* (1852–1911) für Chemie, *Emil Adolph von Behring* (1854–1917) für Medizin, *René Francois Armand Prudhomme* (1839–1907) für Literatur sowie der Gründer des Roten Kreuzes *Jean Henri Dunant* (1828–1910) und der französische Politiker *Frédéric Passy* (1822–1912) für Frieden – sowie eben Wilhelm Conrad *Röntgen* für Physik. Das verdeutlicht nicht nur die hohe Forschungskultur in Europa, sondern ist auch bezogen auf den Letztgenannten ein besonderes Beispiel für die oft so komplizierte, interdisziplinäre Zusammenarbeit. Der Maschinenbau-Ingenieur und spätere Physikprofessor *Röntgen* erhielt den Preis für eine Entdeckung, die überwiegend der Medizin und Chemie dient. Besonders die Durchleuchtung des Menschen war ein großer Fortschritt für die Diagnostik; geröntgt wird heute weltweit, vornehmlich in unserem Lande. Damit wurde auch *Nobels* Forderung nach dem Nutzen für die Menschheit erfüllt, doch – wie so oft – muß man sich Neid verdienen. Den gab es sofort in der Person des *Philipp Lenard* (1862–1947), der sich selbst für den Entdecker der X-Strahlen hielt. Er mag sie bei seinen Versuchen gesehen haben, doch er konnte sie nicht deuten.

Wilhelm C. Röntgen experimentierte 1895 mit dem Lenard-Rohr, das zur Erzeugung der Kathodenstrahlen diente, an einem primitiv aussehenden Arbeitstisch (Abb. 245). Eine solche Entdeckung hat natürlich eine Vorgeschichte, die richtig zu deuten war. Im Geburtsjahr von *W. C. Röntgen* berichteten, wie bereits bei der Geschichte der Spektralanalyse erwähnt, *John F. Hentschel*

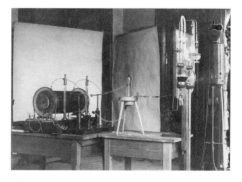

Abb. 245 Laboratorium von *Röntgen* im Physikalischen Institut der Universität Würzburg (mit Genehmigung des Deutschen Röntgen-Museums).

(1792–1871) und *David Brewster* (1781–1868) über die Erscheinung der Fluoreszenz. Auch die Verdienste von *Julius Plücker* (1801–1868), der 1858 in Bonn das Verhalten von Kathodenstrahlen im Magnetfeld beobachtete, und die von *J. W. Hittorf* (1824–1914) in Münster wurden schon gewürdigt. *Heinrich Hertz* (1857–1894) fand heraus, daß sie feste und flüssige Stoffe in relativ dünner Schicht durchdringen können. Erst 1871 erkannte dann *Cromwell F. Varley* (1829–1881) die negative Ladung dieser Strahlen, die dann im Jahre 1876 von *Eugen Goldstein* (1850–1930) in Berlin ihren Namen bekamen. Auch der Spektralanalytiker *William Crookes* (1832–1919) in London und eben *E. A. P. Lenard* in Heidelberg experimentierten mit dieser Strahlungsquelle, dem sog. Lenard-Rohr. Obwohl *Lenard* ein Jahr später ebenfalls den Nobelpreis erhielt, war er immer noch nicht zufrieden. Erst als *Röntgen* verstorben war, wandten sich seine Neidattacken *Albert Einstein* (1879–1955) zu.

In Zusammenhang mit der Entdeckung des nur im deutschen Sprachraum als „Röntgen-Strahlung" bezeichneten Phänomens ist auch diejenige der Radioaktivität zu sehen. 1896 wurde von dem französischen Physiker *Henri Antoine Becquerel* (1832–1908) die Eigenstrahlung des Urans gemessen.

X- (oder Röntgen-) Strahlen entstehen, wenn Kathodenstrahlen – also schnell bewegte Elektronen – auf ein Hindernis (*Target*) stoßen. Da jede bewegte elektrische Ladung einen elektrischen Strom darstellt, wird sich bei Bremsung ihrer Bewegung eine plötzliche Änderung der Stromstärke (durch Wegfall des erzeugten magnetischen Feldes) einstellen. Die Folge davon ist das Auftreten einer nichtperiodischen, elektromagnetischen Welle: der X- oder auch Bremsstrahlung [586].

Röntgen selbst traute sich nicht, mit den X-Strahlen in Berührung zu kommen, das überließ er seiner Frau *Bertha*, von deren Hand auch das allererste Röntgen-Bild stammt. In den folgenden 17 Jahren kam

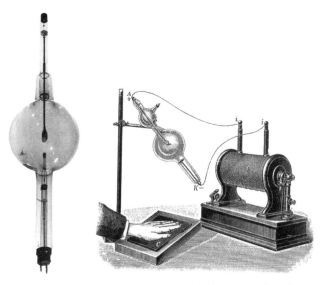

Abb. 246 (a) Spätere Röntgen-Röhre mit Glühkathode nach *William Coolidge* und (b) einfache Apparatur zur Erzeugung der X-Strahlen.

es zu keinerlei weiteren Erkenntnissen, denn *Röntgen* hatte seine Strahlen ausführlich erforscht. Sie können bekanntlich alle Stoffe durchdringen, und zwar um so leichter, je geringer ihre Dichte ist. Das Durchdringungsvermögen nimmt mit fallender Wellenlänge infolge der höheren Energie zu. Verschiedene Stoffe zeigen somit eine unterschiedliche Absorption der Strahlung, die eine starke chemische Wirkung hat. So werden z. B. Gase ionisiert und zeigen eine äußerst geringe Brechung. Ihre biologische Wirkung ist erheblich stärker als die des UV-Lichtes, nur γ-Strahlen und die kosmischen sind gefährlicher. Deshalb ist auch nicht zu verstehen, daß viele Mediziner vor dem UV-Licht warnen und gleichzeitig die Patienten oft zum Durchleuchten schicken.

Offensichtlich übersehen hatte *Röntgen*, daß neben der X- oder Bremsstrahlung noch eine weitere, periodische Strahlung in geringer Intensität auftrat, deren Wellenlänge für den Stoff charakteristisch ist, auf den die Elektronen auftreffen. Also das Targetmaterial ist so zu identifizieren. Diese für die spätere analytische Anwendung wichtige Tatsache fand 1905 *Charles Glover Barkla* (1877–1944) heraus, der auch die X-Strahlen polarisieren konnte (Barkla-Filter) und ihre spektroskopische Bedeutung vorhersagte.

Es war vermutet worden, daß Röntgen-Licht kurzwelliger als UV-Licht sei. Dies konnte dann 1912 *Max von Laue* (1879–1960) in Berlin beweisen, indem er die X-Strahlen bei der Beugung an Kristallgittern zur Interferenz veranlaßte und sie so in das elektromagnetische Spektrum (Wellenlängen zwischen 15 und 0,0001 nm) einordnete. Er verwendete Kristalle als Beugungsgitter und konnte so auch andersherum beweisen, daß Kristalle aus Raumgittern oder regelmäßig räumlich angeordneten, atomaren Bausteinen bestehen (Abb. 247b).

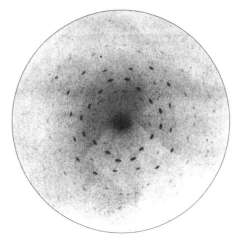

Abb. 247 (a) Laue-Apparatur (von links: Röhre, Bleiwand mit Spalt, Kristall und Empfänger) sowie (b) Aufnahme der Struktur von Zinkblende.

Damit ließ sich die Wellennatur der X-Strahlen erklären und die Voraussetzungen für die Spektroskopie waren gegeben.

Max von Laue begann seine Hochschullaufbahn 1912 als Professor in Zürich, ging zwei Jahre später nach Frankfurt am Main und 1919 nach Berlin, wo er 1923 Nachfolger seines Lehrers *Max Planck* als Direktor des Institutes für Theoretische Physik und stellvertretender Direktor des Kaiser-Wilhelm-Institutes für Physik in Dahlem wurde.

Abb. 248 *Max Felix Theodor von Laue*, 1929 (Quelle: BArch, Bild 183-UO205-502 / CC-BY-SA).

Bereits 1911 hatte er die erste zusammenfassende Darstellung der Relativitätstheorie veröffentlicht und bekam 1914 den Physik-Nobelpreis für die Entdeckung der Röntgen-Beugung an Kristallen. Hieran waren auch die Physiker *Walther Friedrich* (1883–1968) und *Paul Knipping* (1883–1935) beteiligt, die auf Anregung von *M. von Laue* dessen Ergebnisse bestätigten.

1943 wurde *M. von Laue* seiner Ämter enthoben, denn er hatte sich für damals verfolgte Wissenschaftler, besonders *Albert Einstein* und *Fritz Haber*, eingesetzt. Nach dem Krieg folgte ein Aufenthalt in Farmhall bei Cambridge, bis er dann 1947 als Professor nach Göttingen ging und 1951 als Direktor des MPI für Physikalische Chemie und Elektrochemie (heute: Fritz-Haber-Institut) nach Berlin zurückkehrte, welches er bis 1959 leitete.

Allerdings setzt das Laue-Verfahren zur Wellenlängenmessung die Kenntnis des Raumgitters des verwendeten Kristalls voraus. So begann eigentlich die Spektroskopie mit X-Strahlen mit den Arbeiten der britischen Physiker *William Henry Bragg* (1862–1942) und *William Laurence Bragg* (1890–1971) – eine Vater-und-Sohn-Geschichte.

Sie zogen aus den Interferenzerscheinungen nach Reflexion an Kristallgittern den richtigen Schluß und formulierten 1913 den Zusammenhang zwischen der Wellenlänge λ und der Kantenlänge d einer Elementarzelle bezogen auf den Einfallswinkel Θ als Gleichung:

$$2d \cdot \sin\Theta = n \cdot \lambda.$$

Diese Bragg'sche Gleichung ist die Grundlage der Röntgen-Diffraktometrie und letztendlich auch der Spektrometrie mit X-Strahlen (XRF), wofür beide gemeinsam 1915 den Nobelpreis für Physik erhielten, so daß *Bragg jun.* bis heute der jüngste aller Preisträger geblieben ist. Die Karriere von *Bragg sen.* begann 1886 als Professor für Mathematik in Adelaide, Australien, 1909 ging er zurück nach Leeds, war ab 1915 Physikprofessor am University College in London und von 1923 an Direktor des Royal Institute of Great Britain ebenda. Von 1935–1940 agierte er schließlich als Präsident der Royal Society. Sein Sohn begann 1914 als Dozent am Trinity College in Cambridge, war von 1919–1937 Physikprofessor in Manchester, 1938 Direktor des dortigen National Physical Laboratory, dann von 1939–1953 Professor für Experimentalphysik in Cambridge und anschließend Professor für Naturphilosophie am Royal Institute in London.

Beide erfanden 1913 bei der Konstruktion des Röntgen-Diffraktometers die Drehkristallmethode zur *Kristallstrukturanalyse* und gelten heute als Begründer dieser und der *XRF-Spektroskopie*. Sie klärten die Struktur zahlreicher anorganischer Substanzen auf, u. a. die von Steinsalz und Diamant. 1914 bestätigte *Bragg jun.* experimentell die Debye'sche Theorie der Gitterschwingungen über die Untersuchung der Maxima und Minima der Intensität von monochromatischen X-Strahlen bei Kristallen.

Abb. 249 *Henry G. J. Mosley.*

Der englische Physiker *Henry Gwyn Jeffreys Moseley* (1887–1915), der zeitweise Mitarbeiter von *Ernest Rutherford* in Manchester und von *Bragg* sen., in Leeds war, lieferte praktisch zur selben Zeit einen sehr bedeutenden Beitrag zur XRF-Spektroskopie.

Er untersuchte mit der Methode der Röntgen-Beugung an Kristallen die Wellenlängen der charakteristischen Röntgen-Strahlung zahlreicher Elemente und veröffentlichte 1913 das „Moseley'sche Gesetz", das bereits von *C. G. Barkla* vorhergesagt worden war. Es besagt, daß zwischen der Wellenlänge eines Elementes und seiner Ordnungszahl ein Zusammenhang besteht, und zwar nimmt die Frequenz (Quantenenergie) der Spektrallinie einer charakteristischen Röntgen-Strahlung proportional mit dem Quadrat der Ordnungszahl (Kernladungszahl) des Antikathodenmaterials zu. Dies gilt – wie man heute weiß – exakt nur für die K-Serie; die anderen weisen Abweichungen auf. Mit steigender Ordnungszahl Z verschieben sich die Röntgen-Linien weitgehend regelmäßig nach kleineren Wellenlängen λ, also größeren Wellenzahlen ν hin (Abb. 250):

$$Z = \sqrt{\nu} = \sqrt{\frac{1}{\lambda}}$$

Dennoch gab dieses Gesetz die Möglichkeit, das Vorhandensein noch nicht bekannter Elemente des Periodensystems vorherzusagen und das Bohr'sche Atommodell zu bestätigen. *Niels Bohr* (1885–1962) fand dann selbst mit Hilfe dieses Gesetzes das Element Hafnium (nach Hafnia = Kopenhagen benannt) und sagte die Existenz weiterer voraus. *Henry Moseley* ist ein verhinderter Nobelpreisträger, denn er fiel bereits 1915 im I. Weltkrieg auf der Halbinsel Gelibolu (Türkei).

Als sich dann herausstellte, daß auch hier das Lambert-Beer'sche Gesetz erfüllt ist, wenn man den Extinktionskoeffizienten durch den Massenabsorptionskoeffizienten ersetzt, waren alle Voraussetzungen für die analytische Anwendung gegeben. Hier lautet dann das Beer'sche Gesetz:

$$\log I\vartheta_0/\vartheta I = \mu \cdot x = \mu_m \cdot d \cdot x,$$

worin bedeuten: μ = linearer Absorptionskoeffizient pro 1 cm Schichtdicke d.

Der *Massenabsorptionskoeffizient*

$$\mu_m = \mu/d = C \cdot N_L/A \cdot z^4 \cdot \sqrt{\lambda^5}$$

hängt also von der Wellenlänge und den atomaren Eigenschaften (C = Konstante für eine bestimmte Ordnungszahl Z; N_L/A = Anzahl der Atome/Gramm Masse; z = Brechungskoeffizient/Elektron) der absorbierenden Substanz ab.

Zu einer Idee gehört, wie nicht oft genug betont werden kann, auch immer die praktische Anwendung und damit ein Hersteller für brauchbare Instrumente. *Wilhelm C. Röntgen* selbst fand einen kompetenten Röhrenhersteller in dem Thüringer *Carl Heinz Müller*, aus dessen Hamburger Glasbläserwerkstatt die im gesamten 20. Jahrhundert bekannte Firma Röntgen-Müller hervorging. Die allererste, von *Röntgen* be-

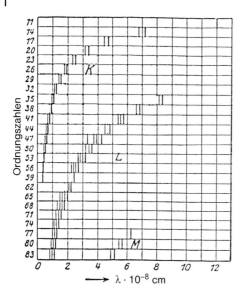

nutzte Röhre liegt heute in einem Londoner Museum.

In den zwanziger Jahren des vorigen Jahrhunderts begann die Fa. Siemens Geräte für die Registrierung von Beugungsaufnahmen und Röntgen-Fluoreszenzspektren zu bauen (Abb. 251). Auch hier dauerte es bis zur ersten analytischen Anwendung rund 10 Jahre, und es vergingen weitere 10 Jahre bis sich die Methode etablierte. (So wiederholte es sich rund 50 Jahre später mit der ICP-Spektroskopie.)

Die offene, sehr einfache Bauweise, die an die Zeit von *Bunsen* erinnert, führte zu einer Überlegung, die Generationen von Röntgen-Ärzten verwundern wird: Alle For-

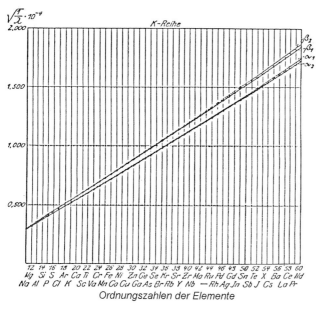

Abb. 250 Darstellung des Moseley'schen Gesetzes.

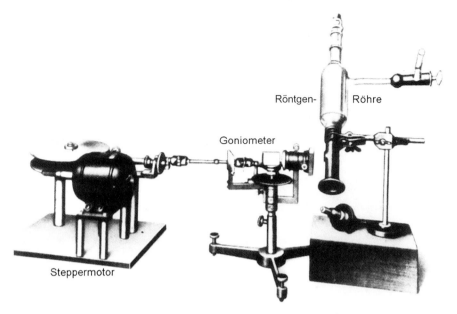

Abb. 251 Siemens-Röntgen-Gerät von 1924 (mit Erlaubnis der Firma Bruker).

scher, die sich anfangs mit diesen energiereichen X-Strahlen beschäftigten, sind – bis auf *Moseley*, der keines natürlichen Todes starb – relativ alt geworden (Tab. 20).

Bereits drei Jahre später hatte das Goniometer, der Topf mit dem drehbaren Kristall (Abb. 252), eine heute noch bekannte Form. Der Topf ließ sich evakuieren.

In den dreißiger Jahren gab es eine längere Periode, in der im wesentlichen die Röntgen-Diffraktometrie eine Rolle spielte. Es war die Zeit der Kristallographie und Strukturaufklärung, verbunden mit Namen wie dem niederländischen Physikochemiker *Peter Debye* (1884–1966) und dem Schweizer Physiker *Paul Hermann Scherrer* (1890–1969), die beide für Arbeiten auf diesem Gebiet 1936 den Nobelpreis erhielten. Aus den sog. Debye-Scherrer-Diagrammen (Abb. 253) ließen sich die Gitterabstände ermitteln.

Der *Beginn der analytischen XRF-Spektroskopie* ist um die Mitte des 20. Jahrhunderts zu datieren, nachdem die Grundlagen der Entstehung von X-Strahlen bekannt

Abb. 252 Siemens-Röntgen-Vakuumspektrograph von 1927 (mit Erlaubnis der Firma Bruker).

Abb. 253 Debye-Scherrer-Diagramm an festem N_2O_4.

Tabelle 20 Forscher, die sich um die Entwicklung der XRF-Spektroskopie verdient machten.

Name	Arbeiten in Zusammenhang mit X-Strahlen	Alter	Nobelpreis erhalten im Jahr
Röntgen (1845–1923)	X-Strahlen	78	1901
Thomson (1856–1940)	Zusammenhang zwischen Intensität und Elektronenanzahl/Atom und Ordnungszahl	84	1906
Barkla (1877–1944)	Stoffspezifische Strahlung und Polarisation	77	1917
von Laue (1879–1960)	Beugung, Wellennatur, Kristallraumgitter	81	1914
Bragg, sen. (1862–1942)	Beugung, Streuung	80	1915
Bragg, jun. (1890–1971)	Gesetzmäßigkeiten	81	1915
Siegbahn (1886–1974)	Brechung, Dispersion, M-Serie	88	1924
Moseley (1887–1915)	Zusammenhang zwischen Frequenz/Wellenlänge und Ordnungszahl	38 (gefallen)	--
Compton (1892–1962)	Lichtstreuung an freien Elektronen	70	1927

(s. Abb. 255) und die entsprechenden Geräte auf dem Markt waren.

Dann schritt die Entwicklung der XRF-Spektrometer zügig voran; bereits Mitte der fünfziger Jahre erreichte man mit Hilfe eines Vakuumgerätes eine befriedigende Bestimmung des leichten Elementes Magnesium. Hieran hatten die Firmen Röntgen-Müller in Hamburg und Philips in Almelo, Niederlande, einen großen Anteil – und dann wieder Siemens in Karlsruhe. Diese gesunde Konkurrenz war für die Entwicklung analytischer Verfahren von großem Nutzen. Typisch ist auch hier wieder der „phasenförmige Erfolg" in der Geräteentwicklung. Gemeint ist damit, daß ein Hersteller ein für den Stand der Technik optimales Gerät baut und damit großen (auch finanziellen) Erfolg hat – und sich dann auf den „Lorbeeren ausruht". Ein solches optimales Gerät war Anfang der fünfziger Jahre das Philips PW 1540 (Abb. 254), welches das Vorgängergerät PW 1520 ablöste. Während das PW 1520 nur einen einzigen Kristallhalter

Abb. 254 Das PW 1540 von Philips, Almelo, im Laboratorium der Hoesch Stahlwerke AG in Dortmund.

und nur eine Eingabemöglichkeit für zwei Proben hatte, war das PW 1540 bereits mit einem Kristallschlitten für zwei Kristalle ausgerüstet, zu deren Wechsel das Vakuum nicht unterbrochen werden mußte.

Vier Proben konnten eingegeben werden. Die Messung erfolgte mit Gasdurchfluß-Proportionalzählern innerhalb des evakuierten Raumes und einem Szintillationszähler für die schweren Elemente außerhalb der Vakuumkammer.

Dieses Gerät wurde weltweit über 2000-mal verkauft und stand bis Ende des 20. Jahrhunderts in vielen Forschungs- und Prüflaboratorien, obwohl die Herstellung Ende der sechziger Jahre eingestellt wurde.

Aus der Vorstellung der Entstehung von X-Strahlen, die ein bestimmtes Element bzw. dessen Atom emittiert, wird sofort klar, daß ein solches Atom mindestens zwei Schalen haben muß (Abb. 255). Analytisch bedeutet dies zunächst – abgesehen von der immer schwächer werdenden Fluoreszenzstrahlung mit abnehmender Ordnungszahl –, daß Natrium das Schlußlicht sein wird. Die Bestimmung von Mg war vor rund 50 Jahren schon ein großer Erfolg.

An der Geräteentwicklung hatten die Analytiker der Laboratorien der Grundstoffindustrie – besonders der Stahl- und Zementwerke – einen großen Anteil, weil sich sehr schnell herausstellte, daß die Ergebnisse ausgezeichnet reproduzierbar

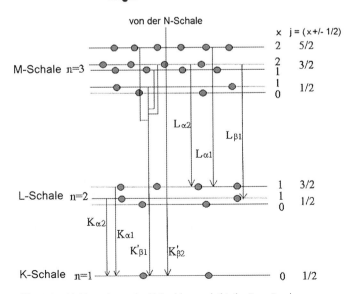

Abb. 255 (a) Entstehung der X-Strahlen und (b) ihr Energieschema.

waren, und weil damals miteinander geredet wurde. Das praktische Problem lag in der Eichung der Basisfunktionen und in der Kalibrierung hinsichtlich der unterschiedlichen Probenmatrices.

Eine sehr einfache Matrix für die XRF stellt z. B. Heizöl dar, in dem wegen der S-Bilanzierung nach dem Verbrennen sowie beim Einkauf (Grenzwerte) der Schwefelanteil genau zu bestimmen ist. Das Kalibrieren erfolgte mit Heizölproben, deren S-Anteil nach den Methoden von *Grote-Krekeler*, *Schöniger* oder *Wickbold* exakt bestimmt worden war. An sog. Laufdiagrammen (Abb. 256, oben) kontrollierte man, ob sich Änderungen in der Peakform

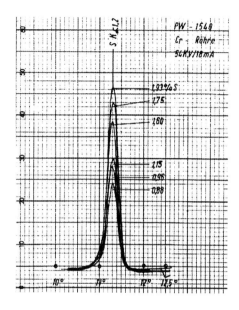

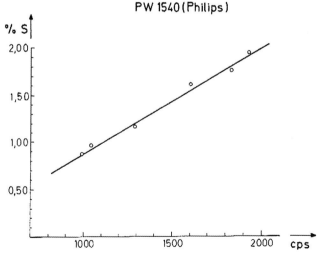

Abb. 256 Laufdiagramm und Analysenfunktion für die S-Bestimmung in Heizöl.

zeigen oder nicht, d.h. das Meßsignal ist stets sichtbar gemacht worden – unmittelbar, ohne irgendwelche Korrekturen (was heute meist unerkannt bleibt).

Aus der Analysenfunktion (Abb. 256, unten) ist zu erkennen, daß die Schwefelverteilung im Heizöl bei höheren S-Anteilen nicht mehr ideal homogen ist; es liegen kettenartige Schwefelverbindungen vor. Deshalb ergab sich hierfür ein Verfahren, bei dem die Proben nach Durchmischen eingefroren wurden. Die vorzügliche Präzision der Ergebnisse (Tab. 21) läßt Grenzwerte genau erfassen.

Die Untersuchung von Lösungen erfordert Küvetten, die mit einer Mylar-Folie verschlossen werden können. Man bringt die Küvetten auch nicht in die Vakuumkammer, sondern spült diese mit Helium.

Überwiegend benutzte man zu Beginn die XRF für die Bestimmung an festen, metallischen oder oxidischen Materialien. Schnell lernte man, wie wichtig die Berücksichtigung der Probenmatrix beim Kalibrieren ist, denn in Bezug auf die „Querempfindlichkeit" (jedes Element beeinflußt jedes) ist die XRF-Technik ungünstig. Darüber hinaus können noch sekundäre oder tertiäre Anregungen durch die primäre Fluoreszenzstrahlung auftreten, zumal bei höheren Konzentrationen schwerer Elemente, wie z.B. einer Basislegierung, Bimetallen usw. Für Legierungen braucht man zum Kalibrieren exakt analysierte Proben der entsprechenden Matrix – möglichst aus einem gleichartigen Produktionsprozeß. Bei Oxiden ist es nötig, die Matrix und die Begleitelemente in synthetischen Proben nachzubauen. Da man in der zweiten Hälfte des vorigen Jahrhunderts noch in der Lage war, sowohl Metalle als auch die Oxidgemische exakt chemisch-analytisch zu analysieren, wurden die sehr präzise messenden XRF-Verfahren auch zu richtigen, die fast ohne systematischen Fehler arbeiteten.

Damit wurde der Einsatz dieser Methode in der Produktions- und Produktkontrolle immer wichtiger. Das begann nun Anfang der sechziger Jahre mit dem noch sequentiell messenden Siemens SRS 1. Doch schon wenige Zeit später kamen die ersten simultan registrierenden Geräte auf den Markt, wie z.B. das Siemens MRS, das vom Äußeren dem SRS 1 ähnlich sah. Es bestand aus einer Konsole mit sieben Kanälen (sechs Probenkanäle und ein Referenzkanal) und einem Doppelschrank mit Versorgung und Meßwerterfassung. Diese Gruppierung ließ sich verdoppeln (Abb. 257), so daß 12 Elemente simultan bestimmt werden konnten.

Allerdings mußten die Proben zwischendurch von einer in die andere Konsole gelegt werden. Der Einsatz in den Stahlwerkslaboratorien führte nun zu einer wesentlich schnelleren Schlackenanalyse während der Produktion, was auch die Produktionspro-

Tabelle 21 Schwefelbestimmung in Brennstoffen mit dem PW 1540.

Probe	Anzahl der Messwerte n	Mittelwerte [% S]	Standard- abweichung s [% S]	s_r
Heizöl (gefroren)	20	1,75	0,036	0,027
Heizöl (He-Atm.)	20	1,62	0,010	0,006
Steinkohlenteer (He-Atm.)	10	0,49	0,009	0,013
Koks (Vakuum)	10	0,83	0,014	0,017

Abb. 257 Das Siemens MRS im Laboratorium der Hoesch Stahlwerke AG.

zesse immer schneller werden ließ. Entsprechende Versuche fanden auch bei den damaligen Deutschen Edelstahlwerken statt, wo ein Pionier der Anwendung der XRF-Methoden in der Stahlindustrie, *Herbert de Laffolie*, die automatischen Simultanspektrometer Philips PW 1250 und PW 1270 benutzte. Letzteres konnte bereits 14 Elemente simultan bestimmen, doch auch diese Anzahl reichte für die Erfassung aller relevanten Begleitelemente in Oxiden noch nicht aus.

Die Erzeugung der X-Strahlen erfolgt in speziell hergestellten Röntgen-Röhren, worin als Target (Anode) zunächst oft Gold oder Chrom benutzt wurde, später dann auch Wolfram. Die Röhren sind innen evakuiert und mit einem strahlendurchlässigen, wenig absorbierenden, sehr dünnen Berylliumfenster verschlossen. Die Kathode ist als ringsförmiger Draht um das Target angeordnet (Abb. 258) und die letzten Sauerstoffatome werden durch den fließenden Strom gegettert. Wäre dies nicht der Fall, würde die Kathode durchbrennen. Deshalb werden diese Röhren ständig unter einem schwachen Strom gehalten oder aufbewahrt. Ein ständiges Problem in der Praxis ist die sich verändernde Durchbiegung des Be-Fensters, wenn z. B. das Vakuum im Spektrometerraum variiert wird bzw. zwischen Vakuum (Festprobenanalyse) und Heliumspülung (Flüssigprobenanalyse) gewechselt wird. In größeren Laboratorien ist es deshalb sinnvoll, ein Gerät für jede Technik vorzuhalten.

Zahlreiche Röhrentypen wurden von den konkurrierenden Herstellerfirmen entwickelt und beworben, z. B. gab es bei Philips eine Seitfensterröhre (Abb. 258, unten) aus geometrischen Gründen, während wie die ARL auch Siemens die Endfensterröhre (Abb. 258, oben) bevorzugte. Letztendlich hat sich diese durchgesetzt, weil der reale Abstand zwischen Be-Fenster und Probe am geringsten gestaltet werden konnte.

Der Ablauf ist in allen Röhren vergleichbar: An der Wolframdraht-Kathode entsteht eine Elektronenwolke hoher Dichte. Ein Teil davon wird durch das fokussierende Rohr aufgrund einer hohen Potentialdifferenz zwischen der Kathode und der Anode (am Rohr liegt Hochspannung) auf diese „geschossenen", der Rest wird von dem Napf adsorbiert. Diejenigen Elektronen, welche auf die Anode treffen, erzeugen X-Strahlen, die durch das Be-Fenster austreten.

5.1 Einzug der Spektrometrie in Industrielaboratorien

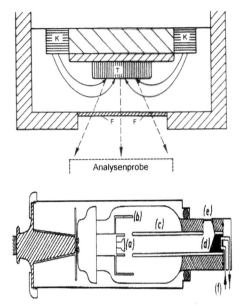

Abb. 258 Schema einer Endfensterröhre (K: Ringkathode; T: Target; F: Berylliumfenster) und einer Seitfensterröhre (a: Wolfram-Draht; b: Kathodennapf; c: fokussierendes Rohr; d: Anode (W-Target); e: Berylliumfenster; f: Wasserkühlung) (mit Erlaubnis der Firmen ARL und Philips).

Das Charakteristikum einer Röntgen-Röhre – hier mit Wolfram-Target – läßt sich als Intensitätsverteilung darstellen (Abb. 259).

Neben der wellenlängendispersiven kann auch die energiedispersive Variante benutzt werden, wobei jedoch zunächst eine andere Quelle (radioaktiver β-Strahler) oder auch die übliche Röntgen-Röhre und immer ein anderer Empfänger (Si(Li)-Detektor) benutzt werden. Der prinzipielle Aufbau der Geräte ist unterschiedlich (Abb. 260); die energiedispersive Variante (EDXRF) ist gegenüber der WDXRF preisgünstiger. Beide Methoden haben Vor- und Nachteile, auf die noch eingegangen werden wird.

Die Dispersion der X-Strahlung erfolgt an speziellen Kristallen bzw. Substraten (Tab. 22). Hier bietet sich nun dem Analytiker die Möglichkeit, durch die Wahl eines geeigneten Kristalls oder Multilayers sowohl Auflösungsvermögen (Abb. 261) als auch Empfindlichkeit (Abb. 262) zu verbessern.

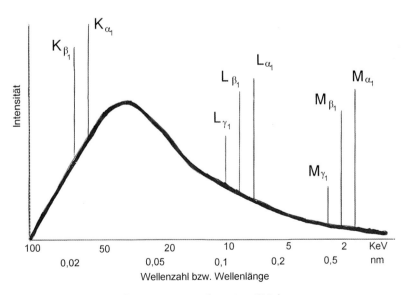

Abb. 259 Charakteristische Intensitätsverteilung einer W-Röhre.

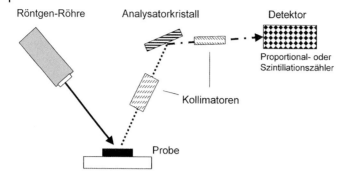

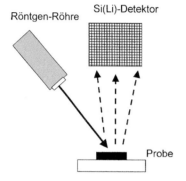

Abb. 260 Prinzipieller Geräteaufbau für (a) die wellenlängendispersive und die (b) energiedispersive XRF.

Der Vergleich von Pentaerithrit (PET), das schon eine gute Intensität und Dispersion zeigt, mit Germanium macht deutlich, daß sich immer noch etwas Besseres finden läßt, wie hier am Beispiel der Phosphorbestimmung in verschiedenen Materialien gemessen wurde. Jeweils in der Mitte sieht man die Impulshöhen für Phosphor, wobei mit Germanium etwa die doppelte Empfindlichkeit erreicht werden kann. Deshalb haben die Geräte auch schon in der frühen Entwicklungsphase über Einrichtungen verfügt, die einen Kristallwechsel möglich machten.

Die beiden zuletzt aufgeführten TLAP und die speziellen Multilayer sind in den sechziger Jahren noch Zukunft und Hoffnung.

Tabelle 22 Kristalle für die XRF-Spektrometrie.

Bezeichnung	Gitter	Eigenschaften
Lithiumfluorid LiF (2-0-0)	2d = 0,285 nm	Hohe Intensität und Dispersion (0.15 - 0.05 nm)
Pentaerithril, PET	2d = 0,875 nm	Gute Intensität und Dispersion
Ammoniumdihydrogen-Phosphat, ADP	2d = 1,064 nm	Speziell für Magnesium, hoher Untergrund für Phosphor
Siliciumdioxid, SiO$_2$	2d = 0,275 nm	Gute Dispersion. aber nur 15% Intensität von LiF
Natriumchlorid, NaCl	2d = 0,564 nm	Speziell für leichte Elemente
Silicium, Si	2d = 0,627 nm	Für hochenergetische X-Strahlen zur Vermeidung von Sekundärstrahlung
Germanium, Ge	2d = 0,651 nm	Speziell für P, S, und Cl; wie Silicium, aber niedriger Untergrund
Thalliumphthalat, TLAP	2d = 2,58 nm	Speziell für Na und F
Multilayers	2d = 0,2 nm	Speziell hergestellt für B, C, O

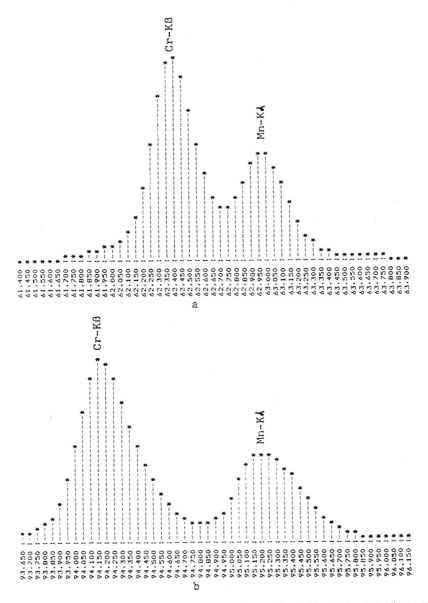

Abb. 261 Ausschnitt aus dem Spektrum eines nichtrostenden Stahls mit dem Kristall LiF-200 (oben) und dem Kristall LiF-220.

Als Empfänger eignen sich grundsätzlich gasgefüllte Detektoren [587], wie z. B. das 1928 entwickelte Geiger-Müller-Zählrohr [588], Proportionalzähler [589] und Szintillationszähler [590]. Die Proportionalzähler haben eine geringere Totzeit als die sog. Geiger-Zähler, wodurch sich die Folgefrequenz der Elementbestimmungen erhöhen ließ. Die Gasdurchfluß-Proportionalzähler konnten mit einem dünneren Fenster aus-

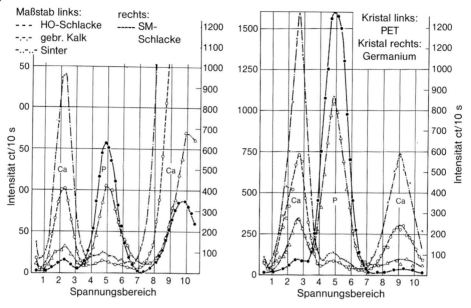

Abb. 262 Registrierung der Impulshöhenverteilung für Phosphor.

gestattet werden, so daß eine höhere Empfindlichkeit (durch geringere Absorption) erreicht wurde. Allerdings mußte beim Wechseln der Methan-Gasflaschen jedes Mal neu kalibriert werden. Bei den Simultangeräten setzte man daher die geschlossenen Proportionalzähler oder Szintillationszähler und später auch Photomultiplier ein [592]. Hierüber kann man alle wichtigen Informationen den Monographien, Handbüchern und heute auch dem Internet entnehmen. Der praktische Analytiker ist im Grunde darauf angewiesen, was der Hersteller ihm anbietet.

Der Stand der Technik in den sechziger Jahren ergab für die *Nachweisgrenzen* Werte, die für Ordnungszahlen ab 20 und eine mittlere Matrix im Mittel um 10 µg/g lagen (Abb. 263). Sie verändern sich stark mit der Ordnungszahl und den anderen Konditionen.

Dafür ist die XRF-Spektrometrie die Analysenmethode mit der höchsten *Präzision*.

Die *zufälligen Fehler* ergeben sich aus der Zählstatistik (Meßzeit) C, der *Generator-* und *Röhrenstabilität* G (~0,1 %) und dem *Gerätefehler* A (< 0,05 %).

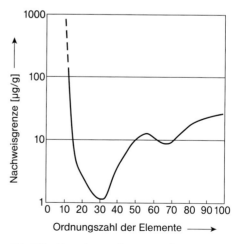

Abb. 263 Veränderung der XRF-Nachweisgrenzen mit der Ordnungszahl für eine mittlere Matrix [588].

Als *systematische Fehler* können auftreten: der *Probenfehler S*, der sowohl die Elementeffekte, wie Absorption (100 %) und Verstärkung (10 %), als auch die physikalischen Effekte, wie Partikeleffekte (100 %) oder die chemische Bindung (5 %), beinhaltet und zweimal der *Gerätefehler A* ($< 0{,}05\,\%$). Damit ergibt sich als gesamter Meßfehler:

$$S_M = \sqrt{S_C^2 + S_G^2 + S_A^2 + S_S^2 + S_A^2}.$$

Der Stand der Entwicklung um die Mitte der sechziger Jahre ist in den ersten Monographien von *A. H. Compton* [591], *R. Jenkins* und *J. L. de Vries* [592], *L. S. Birks* [593] und bei vielen anderen in den „*Advances in X-Ray Analysis*" nachzulesen, welche die Plenum Press, New York, in den sechziger Jahren herausgab. Für die praktische XRF gab es im Jahre 1964 verschiedene Symposien und Tagungen in den USA, Großbritannien und so auch eine in Darmstadt mit dem Titel „*Anwendung der Röntgen-Spektralanalyse – Einzelmessungen und automatische Reihenanalysen*", veranstaltet von der Fa. Röntgen-Müller, Hamburg, die damals zum Philips-Konzern gehörte. So kam dann auch *J. L. de Vries* als einziger Firmenvertreter zu Wort, der über das PW 1220 berichtete und auch schon eine automatische Zuführung der Proben beschrieb. *Hubertus Nickel* von der damaligen KFA Jülich befaßte sich grundlegend mit der Analyse oxidischer Systeme, d. h. von der Probenaufbereitung bis hin zur Korrekturrechnung der Meßwerte (auf die noch hinzuweisen ist). Die Herstellung von Schmelztabletten (Boraxgläser) wurde mit der üblichen Arbeitsweise, Mahlen der aufgeschlossenen Probensubstanz und Pressen zu Tabletten, verglichen (s. Kap. 5.2).

Ansonsten war diese Tagung durch Vorträge aus der Industrie geprägt. *H. Pfundt* (Vereinigte Aluminium-Werke, Bonn) beschrieb die Analyse von Al_2O_3 [594] und *H. Spitzer* (Duisburger Kupferhütte) hatte die Nebenbestandteile in Schwefelkiesabbränden bestimmt. Weitere Berichte gab es aus der Kali- und Zementindustrie, doch die meisten Erfahrungen mit der XRF lagen bereits in der Stahlindustrie vor, was Vorträge von *J. Bruch* (Gußstahlwerk Witten) [595], *H. J. Kopineck* (Westfalenhütte AG, Dortmund) [596], *H. Zeuner* (Bergische Stahlindustrie, Remscheid) und vor allem diejenigen von *J. Baecklund* (Bro, Schweden) und *H. de Laffolie* (Deutsche Edelstahlwerke, Krefeld) zeigten [603]. *Baecklund* beschrieb bereits den industriellen Einsatz der XRF zur Materialsortierung, was ein großes Anwendungsgebiet der XRF werden sollte. Die schematische Darstellung zeigt ein Vierkanalgerät, das mit einem Kennzifferndrucker verbunden ist.

In Schweden hatte man auch schon das erste tragbare XRF-Gerät eingesetzt. Die Entwicklung solcher Kleingeräte, überwiegend für die energiedispersive Variante, gibt es bis in die heutige Zeit. Sie sind inzwischen typische Handgeräte geworden. Wer damals ein wellenlängendispersives Philips-Gerät betrieb, der hatte oft auch ein energiedispersives Kleingerät (EDAX) daneben zu stehen, was sehr schnell einen qualitativen Überblick und damit die bestgeeignete Parameterauswahl ermöglichte.

Ebenso avantgardistisch waren die Untersuchungen von *P. A. Lange* (Bergakademie Clausthal), der bereits versuchte, aus den Peakverschiebungen auf die Bindungszustände zu schließen (Abb. 264). Dieses Thema sollte die Analytiker noch bis ins neue Jahrtausend beschäftigen.

Sehr interessant für die weitere Anwendungsentwicklung war der Vortrag von *Herbert de Laffolie*, der sich mit Korrekturrechnungen und der Berechnung von Eichkurven beschäftigte. Das Ziel war immer wie-

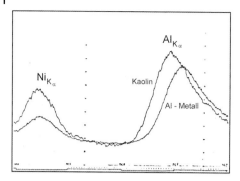

Abb. 264 Verschiebung der Al(Kα)-Linie für Kaolin und Aluminiummetall mit der Ni(Kα)-Linie als Referenz.

Abb. 265 Das Autrometer von Norelco aus dem Bericht von W. Parrish [598] (mit Erlaubnis von Philips).

der bei allen physikalisch-chemischen Techniken die *absolute Methode* – also eine ohne Referenzproben jeder Art. Doch dieser Wunsch war noch nicht zu erfüllen. Für die Korrekturrechnungen gab es verschiedene Ansätze, denn man wußte, das prinzipiell jedes Element das andere beeinflussen konnte. Somit waren die Gleichungen recht kompliziert, und man beschritt grundsätzlich zwei Wege: Zum einen startete man die Korrekturrechnungen an den real gemessenen Signalwerten (Intensitäten) und zum anderen wandelte man diese erst über die Analysenfunktionen in Konzentrationswerte um und korrigierte dann rechnerisch. In beiden Fällen mußten natürlich die Meßwerte für alle erfaßbaren Elemente vorliegen. Solche Modellgleichungen entwickelten z. B. im National Bureau of Standard (heute NIST) *S. D. Rasberry* und *K. F. Heinrich* [597] oder *H. J. Lucas-Tooth* et al. [598].

Bereits im Jahre 1956 hatte in den USA die Firma Norelco, eine Philips-Tochter, das „Autrometer" (Abb. 265) gebaut, ein Simultanspektrometer, mit dem 24 Elemente gleichzeitig bestimmbar waren.

Offensichtlich war dieser Zeitpunkt zu früh; es kam nicht nach Europa, wo man eigentlich auf solch ein Gerät mit dieser Elementanzahl wartete. Es dauerte noch etwa 10 Jahre bis die Zeit dafür reif war.

In den sechziger Jahren hatte die Fa. ARL in den USA das Modell 70 000-VXQ (Vakuum-X-Ray-Quantometer) entwickelt (Abb. 266), welches nahezu unbeachtet mit gekrümmten, fokussierenden Einkristallen in neun festen Monochromatoren ausgestattet war. Drei dieser konnten durch verstellbare Monochromatoren (Scanner) ersetzt werden. Die Elementanzahl war zu gering, doch das hier

Abb. 266 ARL 70 000-VXQ (mit Erlaubnis von Thermo-ARL).

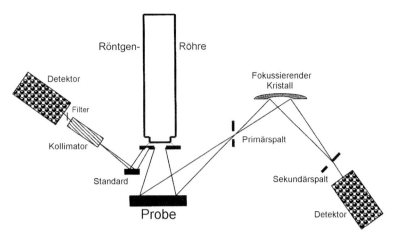

Abb. 267 Das Schema des optischen Aufbaues.

entwickelte und umgesetzte Prinzip war neu. Durch diese „optische Auslegung" wurde das Gerät relativ lichtstärker und durch die Verwendung eines externen Standards (Abb. 267) analytisch sehr interessant.

Die Detektion erfolgte mit geschlossenen Proportionalzählern (Multitron) bedienungsfreundlich. Zur universellen Anwendung wurde ein wechselseitiges Arbeiten in Luft, Helium oder im Vakuum für flüssige bzw. kompakte Proben empfohlen, was sich in der Routine nicht bewährte (eingeschränkte Haltbarkeit der Röhre). Gut gedacht war auch die Möglichkeit, am offenen Tisch größere Proben, wie Formteile, Bleche, Gußstücke u. a., zu untersuchen.

Und dann kam das Jahr 1967. Die ARL, Ecublens bei Lausanne, hatte ein neues XRF-Simultanspektrometer 72 000 gebaut und eben erstmalig ausgestellt, in dem sich das Prinzip des ARL 70 000 wiedererkennen ließ. Das Gerät Nr. 1 der ersten Serie war als Versuchgerät bei der Aluswiss auf die praktische Tauglichkeit getestet worden, das Gerät Nr. 2 war als Ausstellungsgerät unterwegs und dann in Budapest verblieben bzw. in den Ungarischen Stahlwerken in Györ.

Das Gerät Nr. 3 bekam das Laboratorium des Werkes Phoenix der Hoesch Stahlwerke AG in Dortmund (Abb. 268). Dieses Gerät war wie dasjenige von Norelco in der ursprünglichen Version für die simultane Bestimmung von 24 Elementen ausgelegt (später waren es bis zu 28). Das Neue daran bestand aus weiteren Komponenten, die den Kunden entgegenkamen. Durch die Verwendung von gekrümmten Einkri-

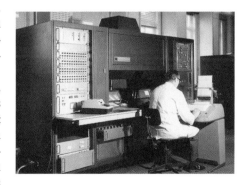

Abb. 268 Simultan-XRF-Spektrometer ARL 72 000 im Laboratorium des Werkes Phoenix der Hoesch Stahl AG (Gerätenummer: 3) (mit Erlaubnis von ThyssenKrupp Steel AG).

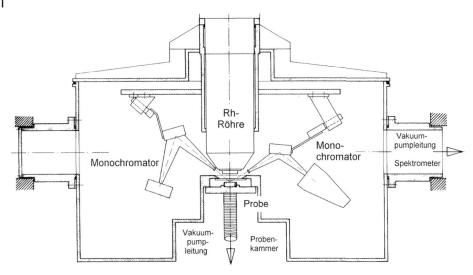

Abb. 269 Spektrometertopf im ARL 72 000.

stallen auf dem Rowland-Kreis war es möglich, kleine in sich geschlossene Spektrometer mit Eintritts- und Austrittsspalt sowie wartungsfreie Empfänger (Abb. 270) zu bauen, und diese an der Außenseite eines Topfes (Abb. 269) rund um die Analysenprobe in zwei Ebenen (für die leichten Elemente näher an der Probe) anzubringen. In den Topf ragt von oben die Rh-Röntgen-Röhre hinein, und von unten wird die Probe eingebracht. Der Abstand zwischen beiden ist so der geringst mögliche.

Die Elektronik wurde den Emissionsspektrometern angepaßt, d. h. man verließ die bisher übliche Impulszählung, verstärkte die Spannung und lud über relativ schnelle Relais Kondensatoren auf. Das führte zu der üblichen Arbeitsweise in Laboratorien und zur einfachen Kombination mit bereits vorhandenen Rechnern, die von allen Geräten Spannungswerte erhielten. Es kam dem Wartungspersonal entgegen, daß alle langlebigen Elektronikbausteine auf einer Platine und entsprechend öfter auszutauschende auf einer anderen installiert waren. Es war ein Gerät für die Routineanalyse, wurde ein großer wirtschaftlicher Erfolg und hat sich so bewährt, daß heute noch einige davon betriebsbereit

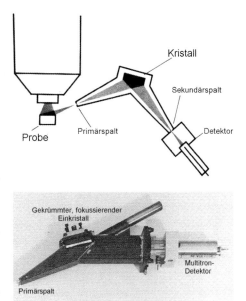

Abb. 270 Der Monochromator im ARL 72 000.

sind. Nach zwei Jahren kam das zweite ARL 72 000 S in das Schnellaboratorium des Stahlwerkes Phönix; es hatte die Nummer 176 und, was für die methodische Entwicklung von Verfahren wichtig war, einen Scanner, mit dem sich das gesamte, erfaßbare Spektrum aufzeichnen ließ.

Das erste Gerät war in die routinemäßige Produktionskontrolle eingebunden; es bewältigte überwiegend die Analyse von Roheisen und Schlacken [599]. Da dies sich bewährte, wurde ein zweites Gerät zur Absicherung angeschafft. Der Scanner diente dazu, neue Anwendungen zu erarbeiten. Ein solches beispielhaftes Verfahren ist die schnelle Bestimmung der Hauptkomponenten von Cermischmetall als Eingangskontrolle. Die Analysenprobe wurde nach Entzündung des Metalls und Verpressen der zurückbleibenden Oxide in Al-Schalen direkt bestrahlt. Das Auffinden der Analysenlinien erfolgte aus der Registrierung der XRF-Spektren der zu bestimmenden Komponenten in reiner Form (Abb. 271).

Dabei ist typisch, daß jeweils die L_α-Linie eines Elementes mit der K_α-Linie des im Periodensystem übernächsten Elementes kollidiert. Also $La_{L\alpha}$ stört $Pr_{K\alpha}$ oder $Ce_{L\alpha}$ stört $Nd_{K\alpha}$ usw. (Abb. 271). Gewählt wurden für die Bestimmung von La und Ce jeweils die K_α-Linien und für die von Pr und Nd jeweils die L_α-Linien. Die Eingangskontrolle führte zur Lieferung brauchbarer Qualitäten (Tab. 23).

Die weiteren Seltenen Erden, wie z. B. Samarium, spielen aufgrund der geringen Zusatzmenge zu Stahlschmelzen keine Rolle mehr.

Ein weiteres Beispiel ganz anderer Art ist die Kontrolle von Oberflächenbelägen als Test bzw. Vorprüfung. Dazu wurde die Probe, z. B. Blech, mit einer Folie beklebt, aus der die zu bestrahlende Fläche ausgeschnitten war. Durch Auftropfen von Salzlösungen und Eintrocknen kann dieses Testverfahren kalibriert werden (Abb. 272).

Ein ebenso einfaches Testverfahren besteht darin, Metalle auf Korundscheiben abzureiben [600]. Dabei spielen Form oder

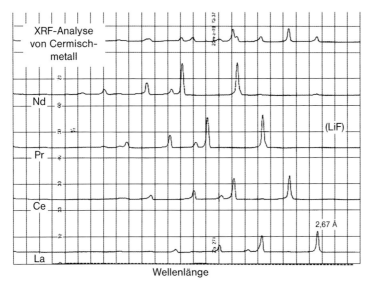

Abb. 271 Registrierung des Spektrums der Probe (oben) und der Vergleichsspektren der reinen Oxide mit dem Scanner.

Tabelle 23 Ermittelte Zusammensetzung von Cermischmetall-Sorten.

Sorte Mischmetall	Ce	La	Nd (%)	Pr	Summe
o Stäbe	51,3	23,8	10,8	4,0	89,9
	51,1	23,8	10,8	4,0	89,7
o Stäbe	53,6	26,7	11,3	4,5	96,1
	53,5	26,7	11,3	4,5	96,0
Kugeln	51,5	22,1	16,1	5,2	94,9
	51,8	22,2	16,2	5,2	95,4
Brocken	53,7	25,0	12,7	4,7	96,1
	53,9	25,1	12,7	4,6	96,3

Lage des Untersuchungsobjektes keine Rolle, und die Materialentnahme ist kaum sichtbar (Abb. 273). Damit wurde aus einem einzigen Stahlspan, auf ein Streichholz gepickt und aufgerieben, dessen Qualität (Sorte) bestimmt, oder es wurden Kunstwerke aus Museen untersucht, um die Art der Bronze und so das ungefähre Alter zu ermitteln. Auch die Verwechslungsprüfung von Stabstahl wurde so einige Zeit durchgeführt [601, 602]. Auch die schnelle Zuordnung von Legierungen und die Schrottsortierung waren so durchzuführen. Man konnte mit diesen Al_2O_3-Scheiben überall hingehen und eine Probe entnehmen.

Durch die Härte des Korunds ließ sich jedes Metall ab- bzw. einreiben. In Streitfällen tat dies auch der Autor, z. B. wenn Ferrolegierungen oder Schrott im Lager verwechselt wurden (Abb. 274). Nach Auskochen in entsprechenden Säuren ließen sich die Scheiben wieder verwenden.

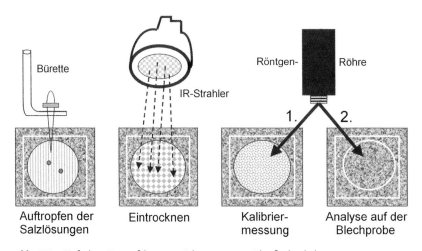

Abb. 272 Einfaches Testverfahren zur Erkennung von Oberflächenbelegen.

Abb. 274 Mit der Korundscheibe bei der Probennahme von Schrott.

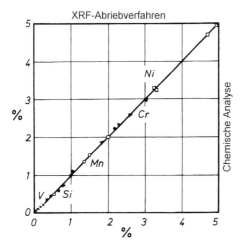

Abb. 273 (a) Korundscheiben (links: gereinigt; rechts mit Probenmaterial) und (b) ein Vergleich (45°-Gerade) mit den chemischen Analysenwerten.

Die Idee zu dieser Anwendung resultierte aus den Arbeiten von dem Österreicher *H. Ballczo*, der in den fünfziger Jahren Material von Kunstgegenständen u. a. durch Reiben mit Korundstäbchen entnahm, dieses in Lösung brachte und damit chemische Mikroanalysen durchführte. Dieses Beispiel zeigt wieder einmal, daß es praktisch nichts gibt, was noch nicht irgendwo probiert worden ist.

Durch den Scanner konnte also mit der wellenlängendispersiven XRF nun in gleicher Weise ein Spektrum aufgenommen werden, wie das mit der energiedispersiven möglich ist, und wie man es von den registrierenden Methoden der Absorptions- und der Emissionsspektrometrie kennt. Von Vorteil ist, daß bei der XRF die Proben nicht, wie bei Messung der Oberflächenbelegung, oder nur durch spezielle Schleifverfahren, je nach Aufgabenstellung, vorbereitet werden müssen.

So war es mit dem Scanner auch möglich, auf nicht installierten Kanälen zu messen, z. B. ließ sich in wenigen Minuten feststellen, wie viel Chlor eine Probe von sog. entchlortem PVC noch tatsächlich enthält (Abb. 275). Man fixierte den Scanner auf die $K_{\alpha 1}$-Linie des Chlors und benutzte als Vergleichsprobe NaCl. Nach zweimaligem Registrieren konnte der Cl-Anteil ziemlich genau abgeschätzt werden.

Analytisch wichtig ist zwar die Tatsache, daß die XRF *zerstörungsfrei* arbeitet, doch sollte dabei der Doppelsinn beachtet werden, weil dies zwei Bedeutungen beinhaltet.

Einmal bleibt die Probe unverändert, zumindest ist kein Probenabtrag erkennbar, wenn man von „inneren" Änderungen durch die energiereiche Strahlung (siehe Heisenbergs Unschärferelation) absieht. Vorbedingung ist jedoch, daß die Proben in die Kassetten passen, was praktisch nur dann der Fall ist, wenn sie entsprechend vorbereitet – also zerstört – werden.

Zum anderen ist die *XRF* eine der wenigen Methoden, bei der die *Analysenprobe*

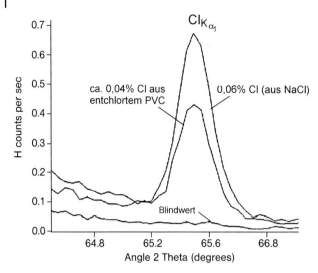

Abb. 275 Registrierte XRF-Peaks zur Chlorbestimmung in entchlortem PVC.

unverändert erhalten bleibt und für Kontrolluntersuchungen zur Verfügung steht.

Die oben genannten, möglichen Veränderungen sind vernachlässigbar, wenn man bedenkt, daß im Regelfall nur Parallelproben nachuntersucht werden können, und dabei die Homogenität die entscheidende Rolle spielt (s. auch CRM).

Mit den ständig schneller werdenden Computern war der Erfolgsweg der XRF-Spektrometrie in den Industrielaboratorien nicht mehr aufzuhalten. Die Firmen Philips und Siemens bauten im Prinzip ähnliche Geräte nach. Global gesehen hatte man als Kunde damals mit den Firmen Rigaku, Shimadzu (beide Japan), Jenoptik (wie sich Carl-Zeiss Jena nennen mußte) mit dem VRA 2 (Vollautomatischer RF-Analysator) oder auf dem energiedispersiven Sektor auch mit Kevex, USA, eine gute Auswahlmöglichkeit. In den folgenden Jahren näherte sich die Leistungsfähigkeit der Geräte der kompetenten Hersteller weitgehend an, so daß die Wahl an der Firmenphilosophie oder an Gegengeschäften lag. Hinzu kam, daß neben der Elektronik allgemein auch die Generatoren weiterentwickelt werden konnten, wodurch sich die Leistung erheblich steigern ließ, und aus der Mechanisierung der Probenzufuhr (s. Kap. 5.3) wurde langsam eine vollständige Automation.

Das erste Gerät in Deutschland mit der Nr. 3 (s. Abb. 268) steht heute in dem Industriemuseum Hattingen, Nordrhein/Westfalen. Es sollte in der ursprünglichen Version auch nachträglich mit einer Elektronenkanone, gedacht für die Bestimmung von B, C, N und O, ausrüstbar sein, doch dazu kam es nie.

5.1.5
Molekülspektrometrie

Die Infrarot-Spektrometrie war inzwischen eine etablierte Methode geworden, die in der vergleichenden Analytik organischer Substanzen eine wichtige Rolle spielte. Auf viele Laboratorien der Grundstoffindustrie kamen neue Aufgaben aus dem Bereich der Umweltanalytik zu, die zunehmend auch die Erfassung von organischen Komponenten erforderten. So begann nun auch die Anwendung der IR-Spektrometrie außerhalb der chemischen Industrie und der Forschungsinstitute. Allerdings wäre man wohl nicht bereit gewesen, mit den damaligen Großgeräten (Abb. 276), die den gesamten Spektralbereich vom nahen bis fernen Infrarot abdeckten, zu beginnen.

Zur Erinnerung soll hier (Tab. 24) noch einmal auf die Wellenlängen- und Frequenzbereiche hingewiesen werden.

Der Einstieg wurde durch die methodischen Entwicklungen der IR- und Raman-Spektroskopie zu Beginn der sechziger Jahre begünstigt, weil dabei auch kleinere, leicht handhabbare und preiswertere Geräte entstanden. Die wesentlichen Fortschritte seit dieser Zeit sind das digitale Registrieren auf Magnetbändern und später auf Disketten, die Datenreduzierung auf Klein- und Großrechnern, die Spektrenerfassung nach der Interferometer-Technik, die Benutzung durchstimmbarer Laser als Strahlungsquelle zur Aufnahme von Gasphasen-Spektren in hoher Auflösung und letztendlich der Beginn der Laser-Raman-Spektroskopie.

Auch im Fall der IR-Spektrometrie war der Computer schnell ein wichtiges Hilfsmittel; man begann die Vibrationsschwingungen einzelner Moleküle zu berechnen, was mit den Japanern *T. Miyazawa, S. Shimanouchi* und *T. Mizushima* von der Universität Tokio [604] in Zusammenarbeit mit *E. R. Blout* von der Harvard University [605] um 1960 mit Berechnungen an Polypeptiden begann und schließlich 1966 zu dem von *J. H. Schachtschneider* (Shell) veröffentlichten Fortran-Programm [606] führte, das in wesentlichen Punkten noch heute benutzt wird. Die Berechnungen von *R. G. Snyder* und *J. H. Schachtschneider* [607] an Kohlenwasserstoffen bestätigten

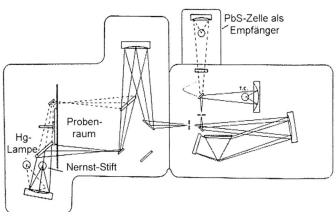

Abb. 276 Universal-Spektrophotometer Model 13-U von Perkin-Elmer (mit Erlaubnis der Firma Perkin-Elmer).

Tabelle 24 Wellenlängen- und Frequenzbereiche elektromagnetischer Strahlung.

Bezeichnung	Wellenlängenbereich	Frequenzen [Hz]
X-Strahlen	0,001–1 nm	$3 \cdot 10^{20} – 3 \cdot 10^{17}$
UV-Bereich	1–400 nm	$3 \cdot 10^{17} – 8 \cdot 10^{14}$
Sichtbarer Bereich	400–800 nm	$8 \cdot 10^{14} – 4 \cdot 10^{14}$
IR-Bereich	0,8–300 μm	$4 \cdot 10^{14} – 1 \cdot 10^{12}$
Mikrowellen	0,3–1 000 mm	$1 \cdot 10^{12} – 3 \cdot 10^{8}$
Radiowellen	1–1 000 m	$3 \cdot 10^{8} – 3 \cdot 10^{5}$

im wesentlichen die bisher gefundenen Frequenzen. Diese theoretischen Arbeiten und die Einführung von Algorithmen zur Verbesserung des Signal-/Untergrund-Verhältnisses durch *A. Savitzki* und *M. J. E. Golay* [608] führten zu einem vermehrten Einsatz der IR-Spektrometrie.

Im Jahre 1963 wurde dann von Block Engineering Inc. (später Digilab Inc.) das erste kommerzielle FT(Fourier-Tranformation)-IR-Spektrometer konstruiert [609], wobei das Dispersionsgitter durch ein Michelson-Interferometer [610] ersetzt wurde. Hierbei wanderte nun einer der Parallelspiegel entlang der optischen Achse, so daß nun der gesamte IR-Spektralbereich simultan registriert werden konnte. Dieses Verfahren wurde durch die Arbeiten von *P. B. Fellgett* [611] oder *P. Jacquinot* [612] beeinflußt.

Allerdings war das Prinzip schon seit 1911 bekannt, als *H. Rubens* und *R. W. Wood* [613] die Auflösung für einen kleinen Spektralbereich verbessern konnten. Vorher hatte bereits *H. A. Gebbie* [614] am National Physical Laboratory in England ein FT-IR-Spektrometer gebaut, das von Sir Howard-Grubb-Parsons Co. vermarktet wurde, jedoch auf den fernen IR-Spektralbereich begrenzt war. Um das ursprüngliche Interferogramm auch für den mittleren IR-Spektralbereich brauchbar zu erhalten, war es nötig, ein System zu entwickeln, das erstens die Bewegung des Spiegels exakt kontrollierte, zweitens einen Detektor mit linearen Ausgang und großer Kapazität zu haben und drittens mußte die Computer-Software in der Lage sein die gesamte Fourier-Transformation schnell durchzuführen und in das übliche Spektrum umzuwandeln. Durch neue Algorithmen gelang es *J. W. Cooley* und *J. W. Tukey* [615] die **Fourier-Transformation** zu verkürzen und damit Zeit und Geld zu sparen.

Die mathematische Transformation von Signalen aus dem Zeitbereich in den Frequenzbereich wurde bereits 1823 durch die Gleichungen von *I. B. J Fourier* [307] eingeleitet und die Voraussetzungen für die Anwendung in der IR-Spektrometrie schuf *A. A. Michelson* [205] vor mehr als 100 Jahren. Die Basisgleichung der Fourier-Interferometrie lautet:

$$I(s) = I(v) \cdot \cos(2\pi \, v \, s),$$

worin bedeuten:

$I(s)$: Intensität des austretenden Lichtstrahls als Funktion der Spiegelverschiebung s;

$I(v)$: Intensität des Spektrums der Lichtquelle als Funktion der Frequenz.

Bei Anwendung auf ein Michelson-Interferometer (Abb. 277a) ergeben sich bei jeder

Veränderung der Distanz eines Spiegels daraus Integralgleichungen und zwar:

(1) $\quad I(s) = \int_{-\infty}^{+\infty} I(v)[1 + \cos(2\pi vs)]dv$

(2) $\quad I(v) = \int_{-\infty}^{+\infty} I(s)\cos(2\pi vs)ds$

(1) für die Fourier-Summe aller Spektrallinien sowie (2) für die Transformation.

In der Praxis ergibt eine polychromatische Quelle – also jedes Absorptionsspektrum – eine Vielzahl von sich überlappenden Cosinus-Wellen. Die Fourier-Transformation trennt nun diese Interferenzen, bestimmt die Intensität jeder einzelnen Welle und berechnet so die Form des üblichen Spektrums (Abb. 278). Für monochromatisches Licht ergeben sich einfache cos-Kurven (Abb. 277b, Linie A), woraus für ein Kontinuum nur eine Linie (B) resultiert, wenn der Abstand zwischen beiden Strahlen exakt gleich ist. Wenn eine Substanz Kontinuumstrahlung absorbiert, dann erscheinen im Interferogramm mehrere sich überlappende cos-Wellen unterschiedlicher Periode und Intensität (C). Im Michelson-Interferometer (Abb. 277a) wird die eintreffende Strahlung über einen Strahlungsteiler (*beam splitter*) zu gleichen Teilen auf die beiden Spiegel, den feststehenden und den beweglichen, gelenkt. Über diese Spiegel vereinigen sich die beiden Anteile wieder zum austretenden Strahl und verstärken diesen durch Interferenz, wenn beide Spiegel vom Strahlungsteiler exakt gleichweit entfernt sind: $A_1 = A_2$. Wird der Abstand A_1 derart vergrößert oder verkleinert, daß dies bezogen auf A_2 genau $+n \cdot \lambda/2$ entspricht, so treffen und verstärken sich die Teilstrahlen wieder. Im einfachsten Fall einer monochromatischen Strahlung der Frequenz f [cm^{-1}] entsteht am Austritt eine cos-Welle der Frequenz $2f \cdot \omega$, wobei ω die Geschwindigkeit der Spiegelbewegung in cm/s darstellt.

Die cos-Wellen einer monochromatischen Lichtquelle (Abb. 278, oben) steuern die zeitliche Folge der Registrierung, während die lineare „Tangente" der Abstandsänderung des Spiegels folgt. Dies alles geschah um die Mitte der sechziger Jahre.

Es war also Zeit, die IR-Spektrometrie in das praktische System eines analytischen Laboratoriums einzubinden, zumal die Aufgaben dafür zunahmen. Alle relevanten organischen Materialien waren zu kontrollieren, von der Anlieferung über den Verbleib auf den Produkten bis hin zur Abgabe über Luft und Abwasser. Das begann dann Ende der sechziger Jahre mit einem einfachen, leicht zu bedienenden Gerät, dem

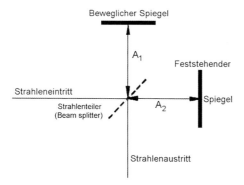

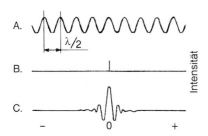

Abb. 277 (a) Einfache Darstellung des Interferometers und (b) die Zerlegung einer zeitbezogenen Schwingung in ihre frequenzmäßigen Spektralanteile.

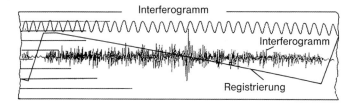
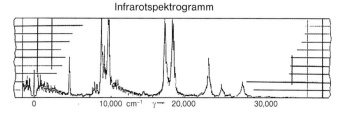

Abb. 278   Transformation eines Interferogramms in ein übliches Spektrum.

IR 20 der Firma Beckman, München (Abb. 279).

Aus den ersten Erfahrungen ergab sich dann doch, daß eine bestimmte Lernphase erforderlich war, was sich auf die Deutung der Spektren bezog. Der übliche Spektrenvergleich auf dem von unten erleuchteten Glastisch stellte natürlich kein Problem dar. Die IR-Spektrometrie war als Detektor in den modernen Gasanalysatoren (Abb. 280) bereits in den Laboratorien vorhanden, doch eben nicht augenscheinlich.

Etwa zu Beginn der siebziger Jahre begann man damit, die eingekauften organischen Materialien, wie z. B. Schmieröle und -fette, Seifen oder andere Reinigungs- und vor allem Lösemittel, genauer zu prüfen und sich nicht mit den einfachen Tests zu begnügen.

Auch die Schmierstofftechnik, die sich nun wissenschaftlicher **Tribologie** nannte, erforderte zunehmend die Anwendung von

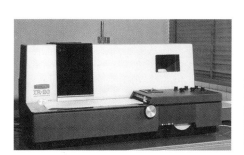

Abb. 279   Infrarotspektrometer IR 20 von Beckman im Hoesch-Laboratorium (mit Erlaubnis von ThyssenKrupp Steel AG).

Abb. 280   Infrarotmeßzelle aus einem C-/S-Analysator der Fa. Leco, St. Joseph, Michigan.

mehr Analytik in den drei wichtigen Bereichen, die grundsätzlich für alle Produkte gelten (zumindest die Punkte 1. u. 2.):

1. der Marktanalyse,
2. der Eingangskontrolle aller relevanten Produkte,
3. der Instandhaltungsprüfungen.

Die *Marktanalyse* erfordert sehr genaue Prüfungen von Konkurrenzprodukten ohne Zeitdruck; sie ist ein wichtiges Informationspotential für technische und kaufmännische Planungen. Wenn man weiß, welche Ersatzprodukte von wem angeboten werden und deren Qualität kennt, dann kann man die jährlich zu erwartenden Preiserhöhungen besser regulieren. Im günstigen Einkauf liegt ein bedeutender Anteil des Wertzuwachses begründet.

Die *Eingangskontrolle*, die relativ schnell erfolgen muß, führt erfahrungsgemäß zu qualitativ besseren bzw. gleichbleibenden Produkten und kann erhebliche, wirtschaftliche Schäden vermeiden helfen, die z. B. durch Verwechslungen oder fehlerhafte Produkte entstehen können. Da nützt auch die Übertragung der Verantwortlichkeiten auf die Lieferanten im Rahmen der QS-Systeme nichts. Aus falsch verstandenen wirtschaftlichen Gesichtspunkten wird immer wieder versucht, den Prüfaufwand hierfür einzuschränken, was zu erheblichen Folgekosten führen kann. So führte z. B. die Anlieferung von Schmier- oder Walzölen in Tankwagen dann zu hohen Kosten, wenn anstelle eines legierten ein unlegiertes Öl in die Tanks gepumpt worden war oder die Qualität von Walzölen oder Palmfett durch Restanteile der Reinigungsmittel, meistens Chlorkohlenwasserstoffe, beeinträchtigt war. Die Konsequenz daraus ist, daß bereits vor jeder Entleerung bestimmte Analysendaten vorliegen sollten, wozu auch ein IR-Spektrum zu gehören hat.

Die *Instandhaltungsprüfungen* müssen noch schneller erfolgen [616], weil davon der gesamte Herstellungsprozeß betroffen sein kann, und damit eventuelle Verluste nicht mehr kalkulierbar sind.

Das Ziel der Tribologen ist es, zu einer *vorbeugenden* Instandhaltung zu kommen, was in vieler Hinsicht noch nicht erreicht ist. Es ist offensichtlich ebenso schwer zu verwirklichen wie die Vorhaltung und Durchführung aller benötigten Prüfverfahren in den chemischen Laboratorien. So wird immer noch viel Geld verschwendet, indem nach erfahrungsgemäßen Plänen bestimmte Maschinen- und Aggregatteile sowie alle Schmiermittel u. a. ausgetauscht werden, ohne den Abnutzungsgrad genau zu kennen. Aus der Darstellung in der Instandhaltungs-Norm DIN 31051 ergibt sich, wie nahe man an den Ausfallpunkt von Maschinen und Aggregaten herangehen kann, wenn man die Anlagen genau kennt. Dann aber wird die schnellstmögliche Analysendurchführung benötigt (s. Kap. 7).

Uns interessierte aus all diesen Gründen von Beginn an der Einsatz der IR-Spektrometrie in der Analytischen Chemie, d. h. neben der qualitativen auch die quantitative Aussage zu erfassen. Neben der „normalen" Registrierung wurden dazu zwei Techniken eingesetzt: eben die FT-IR-Version und die Methode der abgeschwächten Totalreflexion (ATR = *Attenuated Total Reflection*), auf die hier näher eingegangen werden soll.

Mit der **FT-IR-Spektrometrie** und allen damals zur Verfügung stehenden Methoden (Abb. 281) wurde 1976 in einem Ringversuch des VDEh ein frisches Turbinenöl vom Typ TD-L 36 untersucht.

Als Aufgabe wurde gestellt, die Verteilung des Kohlenstoffes auf die unterschiedlichen Bindungsformen (Aromaten, Naphthene und Paraffine) festzustellen. Zur

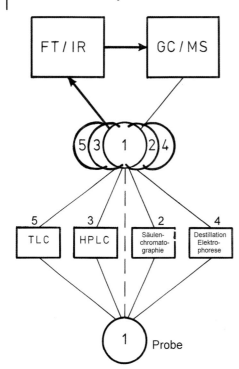

Abb. 281 Trenn- und Identifizierungsmethoden für Schmieröle (1: Probe; 2: Säulenchromatographie; 3: Hochdruckflüssigkeitschromatographie; 4: Destillation oder Elektrophorese; 5: Dünnschichtchromatographie).

Auswahl standen die Näherungsgleichungen von H. Eckhardt et al. [617], P. H. Berthold [618] und G. Brandes [619] für Messungen mit einer Schichtdicke von $d = 100\ \mu m$:

$C_A = 10{,}32\ \{max.\ 1610\} + 23$	nach Eckhard	(3,2)
$C_A = 9{,}8\ \{max.\ 1610\} + 1{,}2$	nach Brandes	(4,0)
$C_N = 240{,}0 \cdot lg\ lg\ (100 \cdot \{max.\ 970\}) - 25{,}5$	nach Berthold	(38,5)
$C_P = 6{,}9\ \{max.\ 720\} + 28{,}38$	nach Eckhardt	(61,6)
$C_P = 6{,}6\ \{max.\ 720\} + 29{,}9$	nach Brandes	(61,7)

Die Ergebnisse stammten aus einem Vorversuch zur Ringversuchsplanung; und es wurde entschieden, die Gleichungen von G. Brandes nicht zu benutzen. An dem Ringversuch nahmen die Laboratorien von fünf deutschen und einem niederländischen Stahlwerk teil, sowie von einem großen Röhrenwerk und einem großen Walzwerk. Die acht Teilnehmer gehören heute zu nur noch drei Stahlwerken, so daß auch die Teilnehmerzahl von untereinander unabhängigen Laboratorien an Ringversuchen kleiner geworden ist.

Das Ergebnis des oben genannten Ringversuches war für die Aussagefähigkeit der IR-Spektrometrie zufriedenstellend (Tab. 25), denn es wurde hierbei die Vergleichbarkeit (dieselbe Probe, doch unterschiedliche Örtlichkeiten, Zeiten, Geräte und Operateure) ermittelt.

Weiterhin sollte versucht werden, durch den Einsatz chromatographischer Verfahren Informationen über das reine Mineralöl und den Oxidationsinhibitor zu erhalten. Nach säulenchromatographischer Trennung konnte ein IR-Spektrum des reinen Öles aufgenommen werden (Abb. 282a). Der geringe Anteil der Inhibitoren mußte durch weitere Anreicherung der polaren Anteile und Eluieren mit Lösemitteln zunehmender Polarität in Fraktionen gewonnen werden. So ließen sich u. a. als Oxidationsinhibitor (0,36%) 2,6-Di-tert.-butyl-4-methylphenol (Abb. 282b) und als Korrosi-

Tabelle 25 Ergebnisse des Ringversuches.

Laboratorium	$C_{Aromaten}$ [%]	$C_{Paraffine}$ [%]	$C_{Naphthene}$ [%]
1	3,4	56,1	36,7
2	3	60	37
3	2	60	36
4	3	60	37
5	3,2	64,8	35,0
6	2,4	57,1	40,5
7	3,2	61,6	38,5
8	4	60	36
M	3,0	60,0	37,3
S_M	0,6	2,7	1,7
Sr	0,20	0,04	0,05

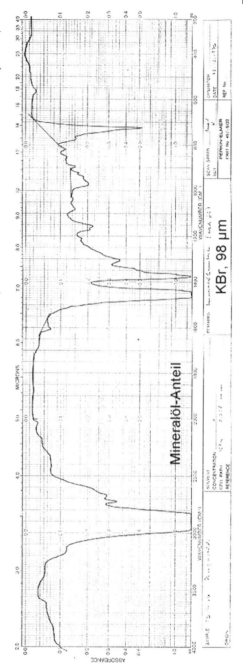

onsinhibitor (0,06%) DL-Hydroxybernsteinsäurediester (Abb. 282c) finden. Von Letzterem konnten nach Verseifung der alkoholischen Anteile gaschromatographisch langkettige, ungesättigte Alkohole im C-Zahlbereich C10–C22 (überwiegend C18–C22) identifiziert werden.

Die Ausführung derartiger Analysen führte zu einer kompetenten Diskussionsgrundlage mit den Herstellern, die nicht so gerne über ihre Rezepturen redeten. Im günstigsten Fall konnte man erreichen, daß der Hersteller die eingesetzten Produkte als Proben lieferte, was bei der Aufklärung sehr hilfreich war.

Ähnlich verlief es bei den in der Metallindustrie so wichtigen Einfett- oder Walzölen. Hier kam nun neben der FT-IR-Spektrometrie die zweite wichtige Methode zum Zuge: die **ATR-Technik**. Seit etwa 1960 gibt es die apparative Möglichkeit Reflexionsspektren nach der Methode von *J. Fahrenfort* [620] mit gebräuchlichen IR-Spektrometern aufzunehmen. Nach der ersten Erwähnung durch *A. M. Taylor* und *A. Glover* [621]

Abb. 282 IR-Spektren der Anteile von (a) Mineralöl.

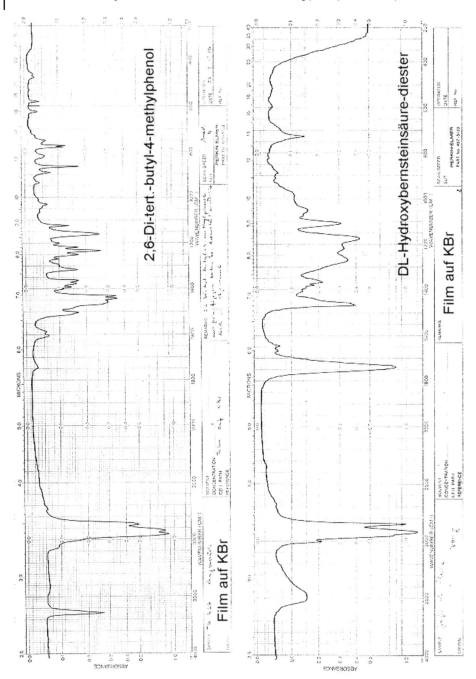

Abb. 282 IR-Spektren der Anteile von (b) Oxidations- und (c) Korrosionsinhibitor.

sind – man könnte meinen üblicherweise – etwa 30 Jahre vergangen, bis dann innerhalb von 10 Jahren zahlreiche Arbeiten über die Theorie [622–629], die möglichen apparativen Varianten [629, 630–633] und die vielfältigen Anwendungen dieser Methode auf wäßrige Filme und Lösungen [634, 635], Lacke [629, 636, 637], Folien und Papier [638], Kunststoffe verschiedener Art [628, 629, 639–643], Eluate nach papierchromatographischer oder -elektrophoretischer Trennung [629] sowie zur Erfassung von Rückständen auf Membranfiltern [644, 645] oder zur Klärung biochemischer Fragestellungen [646] erschienen sind. Weil die ursprüngliche Bezeichnung *Attenuated Total Reflection* (ATR) von J. Fahrenfort [620] nicht exakt beschreibt, sind verschiedene Namen, wie *Multiple Internal Reflection* (MIR) [629, 632], *Frustrated Multiple Internal Reflectance* (FMIR) [647] sowie *Internal Reflection Spectroscopy* (IRS) [625], als übergeordnete Begriffe genannt worden; die alle auch nicht dem eigentlichen Vorgang gerecht werden. Das Nebeneinanderstellen aller Begriffe in leicht variierter Definition in der ASTM-Empfehlung E 131–68 ist unbefriedigend, und die Aussage, daß es sich bei der ATR-Technik nur um eine einfache und bei der FMIR-Technik stets um eine Mehrfachreflexion handelt [630, 638], ist falsch. Ebenso sind viele Darstellungen der praktischen Möglichkeiten nur auf den Spezialfall zugeschnitten und in der Verallgemeinerung ungenau. Durch die kritiklose Übernahme dieser Einzeldarstellungen in zusammenfassende Buchkapitel [627, 630, 648, 649] werden sie nicht richtiger.
Die ATR-Technik (Abb. 283) liefert unter Ausnutzung der abgeschwächten Totalreflexion Spektren, die charakteristisch für die Substanz sind, welche eine solche Abschwächung bewirkt. Dazu muß die Substanz in Kontakt mit einem durchlässigen

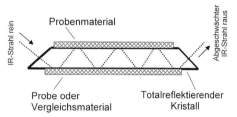

Abb. 283 (a) Thalliumbromid-/Iodid-Kristall im Halter mit aufgebrachter Substanz und (b) Strahlengang im Kristall (vereinfacht).

Medium mit größerem Brechungsindex gebracht und die Reflexion an der Grenzfläche gemessen werden.
Für die Praxis ergibt sich der große Vorteil, daß Lösungen oder Suspensionen auf einem solchen Kristall eingetrocknet werden können, womit fast jede Probenvorbereitung entfällt. Auch wäßrige Lösungen oder Substanzen, die z. B. mit KBr reagieren würden, lassen sich so untersuchen [650].
Die ATR-Spektren entstehen dadurch, daß bei der sog. Totalreflexion ein geringer Teil der Strahlung aus dem Kristall austritt und so mit einer darauf befindlichen Substanz in Wechselwirkung treten kann. Man mußte sich also mit den verschiede-

nen Möglichkeiten der Präparation einer Schicht beschäftigen, die optischen Kontakt zum gewählten, totalreflektierenden Kristall hat [651]. Ein Vergleich der im Durchlicht aufgenommen Spektren (DL) zeigt gegenüber den ATR-Spektren, daß die Bandenlagen identisch bleiben, doch ihre Intensität verschieden (meist geringer) ist (Abb. 284).

Bei ausreichender Schichtdicke ($\geq$ 0,005 mm) hängt die Größe der Absorption dann hauptsächlich vom Einfallswinkel der Strahlung ab, z. B. sind für den Thalliumbromid/Thalliumiodid-Kristall 45° günstig. Das Re-

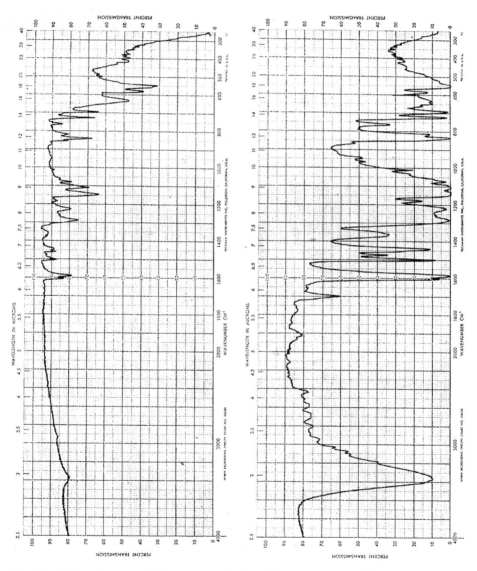

Abb. 284 ATR-Spektren von 4,4'-Dihydroxy-phenylsulfon als Suspension und als Film (unten) aufgebracht.

flexionsvermögen wird durch die Mehrfachreflexion – 9-mal oder 25-mal sind üblich – erhöht. Daraus läßt sich für die Anwendung folgern:
Die ATR-Spektren sind abhängig von

1. dem Einfallswinkel der Strahlung,
2. dem Verhältnis der Brechungsindizes von Kristall und Probe,
3. der Anzahl der Reflexionen im Kristall und
4. dem optischen Kontakt beider Medien.

Die Bedeutung des optischen Kontaktes ist sehr wichtig, was z. B. an zwei Aufnahmen eines Glanzmittels für die Oberflächenbehandlung von Stahl gezeigt werden kann, das einmal als Suspension mit Tetrachlorkohlenstoff beidseitig (Abb. 284, oben) und zum anderen nur einseitig als Film aus Aceton aufgebracht wurde. Daraus ergibt sich, daß die Filmbildung zu bevorzugen und bei quantitativen Auswertungen ein Muß ist.

Das Aufbringen der Probensubstanzen auf beide Kristallseiten hat den Vorteil der Verstärkung der IR-Signale (bzw. Zunahme der Absorption). Für viele Materialien hat sich Schwefelkohlenstoff als Lösemittel bewährt, das beim Eintrocknen zur Filmbildung neigt (Abb. 283).

Es bietet sich aber auch die Aufnahme von Kompensationsspektren an, indem die Probe und eine Vergleichssubstanz aufgebracht werden. Sind beide identisch, kompensieren sich die Spektren, und Abweichungen sind direkt zu erkennen.

Die ATR-Technik stellt eine brauchbare Methode zur Bestimmung der Alterung von Schmierölen über die Messung der CO-Bande dar (Abb. 285), wobei mit

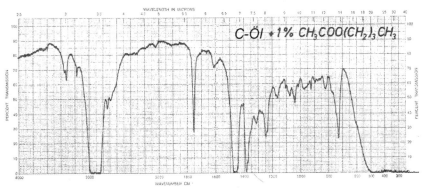

Carbonyl-Bande bei 1750 cm^{-1}

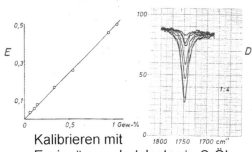

Kalibrieren mit Essigsäure-n-butylester in C-Öl

Abb. 285 Ermittlungsverfahren zur Alterung eines Öles über die CO-Bande im IR-Spektrum.

einem Ester kalibriert werden kann. Ebenso lassen sich typische Additive in legierten Schmierölen ermitteln [651].

Ein weiterer Anwendungsbereich ist die Identifizierung der Bindungsformen in anorganischen Materialien, wobei sehr geringe Probenmengen ausreichen können. Viele Spektren dieser Stoffarten sind in einem Atlas [652] zusammengestellt. So läßt sich auf einfache Weise ein altbekannter Vorgang meßtechnisch beweisen: die Reaktion von CaO mit CO_2 läuft erst dann ab, wenn Wasser hinzukommt – also über $Ca(OH)_2$.

Mit der KBr-Tablettentechnik kann z. B. aus dem Rückstand bei Stahlisolierungsverfahren (Auflösen des metallischen Eisens) der Anteil von Bornitrid (Abb. 286) und Boroxid bestimmt werden. Mit unterschiedlichen BN-Mengen in jeweils 300 mg KBr kann ein solches Verfahren kalibriert werden.

Ein wichtiges Hilfsmittel für die Weiterverarbeitung von Metallen zu Blechen oder Folien sind die sog. Walzöle, die als Öl-in-Wasser-Emulsionen (~1–5%ig) benutzt werden. Derartige Walzöle für Stahl bestehen z. B. aus etwa 30 % Mineralöl, 50 % Fettsäure und –ester, 5–10 % Emulgatoren, 1–2 % polare Additive, 3–6 % Schwefel-Additiv, < 1 % Antioxidantien und < 1 % Korrosionsinhibitoren. Den Anwender interessiert nun sowohl die gleichbleibende (bewährte) Zusammensetzung der Lieferchargen als auch das Erkennen der Wirkungsweise. Besonders der Emulgatoranteil war in Art und Menge wichtig für die Stabilität einer solchen Emulsion, die andererseits nicht so stabil sein durfte, daß sie z. B. im Fall der Entsorgung nicht mehr spaltbar war. Gesucht wird somit der Emulgatortyp und dann sein Anteil von etwa 10 % in den ca. 3 % Walzöl, die in 87 % vollentsalztem Wasser enthalten sind. Zur Bestimmung des Emulgatortyps mußte das Walzöl säulenchromatographisch zerlegt werden (s. Trennmethoden). Die IR-Spektren der einzelnen Fraktionen (Abb. 287) lassen sich dann auswerten, was bei dem Spektrum mit der Originalsubstanz wegen des Mischungsverhältnisses nicht befriedigend möglich ist.

Da eine Überwachung solcher Emulsionen ständig erforderlich ist, wurde hier einer der ersten Roboter eingesetzt. Dabei zeigt die Leitfähigkeit mögliche Fremdionen an, der pH-Wert läßt Rückschlüsse auf einen Reinigungsmitteleinbruch oder Bakterienbefall zu, das Öl bewirkt Schmierung und Kühlung und gibt einen Hinweis

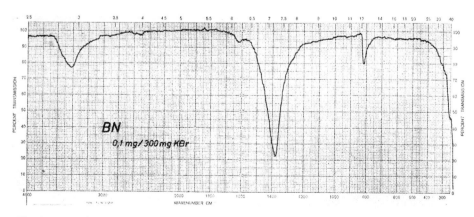

Abb. 286 IR-Spektrum von Bornitrid.

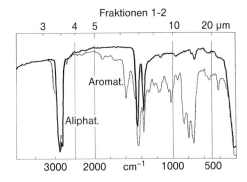

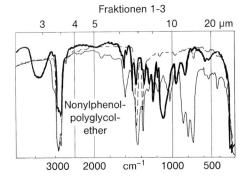

Abb. 287 IR-Spektren der Fraktionen mit den aromatischen (dünne Linie) und den aliphatischen Verbindungen (a) sowie dasjenige des Emulgators Nonylphenolpolyglykolether (b, dicke Linie).

auf Fremdöl (z. B. Hydrauliköl), was durch die Verseifungszahl ergänzt wird, während die Si-Bestimmung etwas mit einem speziellen Antiklebermittel zu tun hat, was auch die Stabilität beeinflussen kann.

Unabhängig von dem automatisierten Analysensystem wird noch der Fe-Anteil bestimmt, der auf den Abrieb und das Schmutztragevermögen der Emulsion schließen läßt. Hinzu kam etwas später – als man die Wirkungsweise besser kannte – noch die Ermittlung der Tröpfchengröße, was dann auch mit dem Prinzip der Laser-Diffraktion durchgeführt wird.

Inzwischen hatte sich die IR-Spektrometrie auch in der Abwasseranalytik bewähren müssen, weil der zulässige Anteil organischer Verbindungen begrenzt wurde (z. B. in den siebziger Jahren auf 20 mg/Liter) und dementsprechend ständig kontrolliert werden mußte.

Somit war es möglich, den Einsatz mehrerer IR-Spektrometer zu begründen. Außerdem hatte der vielfältigere Einsatz auch die Geräteentwicklung beeinflußt bzw. beschleunigt. Neben der Fa. Perkin-Elmer, die bei ihrem Doppelstrahlgerät immer noch bei der Registriertrommel verblieben waren, bauten jetzt auch die Firmen Unicam, Beckman, Baird Atomic, Hilger & Watts oder E. Leitz brauchbare Infrarot-Spektrometer, wobei in der Praxis die Geräte bevorzugt wurden, die mit einem Linearschreiber ausgerüstet waren. Neben dem schnelleren Erkennen der Aufzeichnung konnten auch Anmerkungen einfacher geschrieben werden.

In jedem Fall ist zu empfehlen, daß sich mindestens zwei Analytiker damit intensiv beschäftigen und Experten werden müssen. Es war damals hilfreich, unzählige Spektren im Kopf zuhaben. Heute übernimmt das der Computer, wodurch man denken mag, der Experte sei nun überflüssig. So passiert dann heute nur das, was der Computer kann. Um die achtziger Jahre hatten wir noch Experten, von denen einer sich so begeistern konnte, daß er sein Hobby mit der IR-Spektrometrie verband. Er sammelte im Urlaub Pilze und untersuchte deren Sporen nach Feierabend. So kam es zur Aufzeichnung von IR-Spektren für 132 Pilzarten, von denen einige falsch klassifiziert waren [653].

Die **Raman-Spektrometrie** wurde bis etwa 1960 nur in wenigen Laboratorien benutzt, was wohl auch an dem komplizierten apparativen Aufwand lag. Seit 1958 vertrieb die Applied Physics Corp. das CARY Raman-Spektrometer Modell 81 mit der sog. Toronto-Hg-Bogenanregung, die einer speziellen Vorsorgungseinheit bedurfte und schwer zu zünden war. Den Stand der Technik für diese Methode vor Einführung der Laser-Anregung faßten 1965 *R. N. Lones* et al. [654] in einem Artikel zusammen.

Um diese Zeit zwang die Einführung der Gas-Laser-Anregung die Hersteller nun auch Instrumente mit dieser zu bauen. Es begann mit dem stabilen He-/Ne-Laser, der nur rotes Licht einer Frequenz emittiert. Dieser wurde bald durch die stärkeren Krypton- oder Argon-Laser abgelöst, welche im Frequenzbereich des sichtbaren Lichtes arbeiten und durch Frequenzverdopplung bis in den UV-Bereich reichen. Die Anwendungen der Raman-Spektrometrie blieben zunächst auf wenige Bereiche der Forschung beschränkt, wie etwa biochemische Fragestellungen Proteine, Nukleinsäuren oder Enzyme betreffend. In der industriellen Praxis gab es nur wenige Applikationen, die von *J. G. Grasselli* et al. [655] zusammengefaßt wurden.

Der nur langsame Beginn des Einsatzes der Raman-Spektrometrie kann auch mit dem fast gleichzeitigen Aufkommen der FT-IR- und der Nuklear-Magnetresonanz-Technik (NMR, s. nächster Abschnitt) zusammenhängen, weil sich damit zahlreiche Probleme der ursprünglichen IR-Methode lösen ließen. In den siebziger Jahren sind viele Messungen an organischen und anorganischen Kristallen erfolgt, die Informationen über symmetrische Schwingungen und die Kristallstruktur lieferten. So erfuhr die Röntgen-Diffraktometrie eine Ergänzung durch die IR- und Raman-Spektrometrie.

In der zweiten Hälfte der siebziger Jahre entwickelte sich in Forschungslaboratorien die Resonanz-Raman-Spektroskopie (RRS), die allerdings durch eine starke Untergrund-Fluoreszenzstrahlung beeinflußt ist [656]. Dieses Problem ist bis heute aktuell geblieben, bzw. es gibt immer wieder Lösungsvorschläge [657]. Damals, vor 30 Jahren, versuchte man diese Störungen durch den Untergrund mit der Entwicklung der *Coherent Anti-Stokes Raman Spectroscopy* (CARS) zu minimieren.

Es war auch die Zeit, in der man Listen brauchte, um all die Abkürzungen zu verstehen, denn ihre Anzahl wuchs unaufhörlich. Dabei ist es sinnvoll, dann auch weltweit dieselben Buchstaben zu benutzen.

Über den Stand der Technik der Spektrometrie zu dieser Zeit informieren zahlreiche Literaturbeiträge, z. B. zusammenfassend in einem Handbuch [658], zur wichtigen Strukturgruppenanalytik in zwei Taschenbüchern [659], in der Zusammenstellung spektroskopischer Tricks, die in den Jahren 1959–1969 in der Zeitschrift *„Applied Spectroscopy"* erschienen waren [660] oder durch die standardisierten ASTM-Verfahren [661] u. v. a.

5.1.6
Weitere physikalisch-chemische Methoden

Hier sollen noch einige Methoden ergänzend erwähnt oder beschrieben werden, die in diesem Zeitabschnitt begannen, für die Praxis wichtig zu werden.

Die Geschichte der **Laser**-Anwendung beginnt im Jahre 1958, als *Arthur L. Schawlow* (1921–1999), damals Forscher in den Bell Labs, und *Charles H. Townes* (geb. 1915), der dieselben Laboratorien beriet und sein Schwager war, in den *„Physical Reviews"*, dem Journal der American Physical Society, den Artikel *„Infrared and Optical Masers"* veröffentlichten.

Beide arbeiteten seit den vierziger Jahren mit der *Mikrowellenspektroskopie*, mit der sie zahlreiche Moleküle charakterisierten. Hierauf und auf die theoretischen Überlegungen von *Albert Einstein* über die erzwungene (stimulierte) Emission ließ sich die Entwicklung des Maser (*Microwave Amplification of Stimulated Emission of Radia-*

tion) 1954 zurückführen. Diese Technik kommt dem Laser schon sehr nahe, nur wird kein sichtbares Licht benutzt, was eben *A. L. Schawlow* und *C. H. Townes* in ihrem Artikel vorhersagten. *Theodore Maiman*, Hughes Aircraft Comp., gelang es mit einem Rubinglasstab den ersten optischen Laser herzustellen – und schon gab es einen Patentstreit mit *Gordon Gould*, der als Doktorand von *C. H. Townes* an der Columbia University auch einen optischen Laser entwickelt hatte und ihm auch den Namen gegeben haben soll. Dieser Streit ging bis 1977, doch Laser waren inzwischen weltweit schon auf den unterschiedlichsten Gebieten im Einsatz.

Charles H. Townes begann schon seit 1939 für die Bell Labs, New York, zu forschen, nachdem er am California Institute of Technology (CIT) in Physik promoviert hatte. Dort befaßte er sich mit verschiedenen Gebieten, u. a. auch der Erzeugung von Mikrowellen (Magnetron), die damals im Krieg eine Rolle spielten. 1948 nahm er eine Professur an der Columbia University an. Dort traf er 1949 *Arthur L. Schawlow*, der bis zum Jahre 1951 sein Forschungsassistent wurde. Dann heiratete er die Schwester seines Chefs und begann in den Bell Labs zu forschen. Zu dieser Zeit hatten *Townes* – und wieder unabhängig zeitgleich – *A. Prokhorov* und *N. Basdov* vom Lebedev-Institut in Moskau sowie *J. Weber* an der University of Maryland die Idee zum Maser. 1953 wurde an der Columbia University ein Maser gebaut. *Townes* und *Schawlow* waren 1955 an der Veröffentlichung eines Handbuches über „*Microwave Spectroscopy*" beteiligt, und ein Jahr später wurde *Townes* Consultant der Bell Labs, wo beide mit den Entwicklungsarbeiten zum Laser begannen. Nach dem ersten Erfolg mit dem Laser und der Patenterteilung (1960) trennten sich ihre Wege. *Charles H. Townes* wurde Forschungsdirektor beim Verteidigungsministerium in Washington, erhielt 1964 zusammen mit den Russen *Prokhorov* und *Basov* den Nobelpreis für Physik und ging 1967 nach einem einjährigen Intermezzo am MIT als Physikprofessor an die University of California in Berkeley, wo er 1987 emeritiert wurde. *Arthur L. Schawlow* ging 1961 an die Stanford University und leitete dort ab 1966 das Department of Physics. Den Nobelpreis für Physik erhielt er 1981 für seinen Beitrag zur Laser-Entwicklung.

Den ersten Gas-Laser (He-Ne) hat 1960 *Ali Javan* konstruiert, gefolgt von dem Halbleiter-Laser, den *Robert Hall* 1962 entwickelt hat und dem CO_2-Laser von *Kumar Patel* (1964). *Robert Hall*, der im General Electric Research and Development Center in Schenectady, NY, arbeitete, entwarf dort den Laser, der heute in allen üblichen CD- und DVD-Playern oder Laser-Druckern enthalten ist. Er war auch maßgeblich an der Weiterentwicklung des Magnetrons beteiligt und beschäftigte sich mit der Entwicklung der Photovoltaik und Solartechnik.

Schon wenige Jahre später erfolgte auch die erste Anwendung der Laser-Anregung in der Spektralanalyse durch *F. Brech* und *L. Cross* [662] zunächst noch mit dem Maser und dann mit dem Laser durch *Kurt Laqua, Lieselotte Moenke* u. v. a.

Bereits 1955 schlugen *J. N. Shoolery* [663] von der Fa. Varian, Palo Alto, Kalifornien, und *H. S. Gutowski* [664] eine neue Analysentechnik vor, die **Magnetische Kernresonanzspektroskopie** (NMR = *Nuclear Magnetic Resonance Spectroscopy*), die sich in Forschungslaboratorien trotz des apparativen Aufwandes schnell nützlich machte. So gab es Ende der fünfziger Jahre eine Flut von Veröffentlichungen zu dieser Technik [665–670], was sich in den sechziger Jahren noch steigern sollte. Die Einführung der NMR-Spektroskopie führte einmal zur

Ergänzung der Aussagen, die aus der IR-Technik folgten oder eben nicht, und zum anderen mußten Spezialisten in den Laboratorien eingesetzt werden, in weit höherem Maße als für die IR-Spektrometrie, ähnlich wie sie später auch für die Kombinationen mit der Massenspektrometrie (GC-MS oder ICP-MS) benötigt wurden.

Neben der NMR-Spektroskopie gibt es noch diejenige der Elektronenspinresonanz (ESR); beide beruhen auf der Wechselwirkung magnetischer Momente mit äußeren Magnetfeldern. Im ersteren Fall ist das magnetische Moment von Atomkernen und im zweiten jenes der ungepaarten Elektronen paramagnetischer Stoffe wirksam. Die Einführung in diese Technik [671], theoretische Grundlagen [672, 673] und eine Übersicht [674] sind gut beschrieben. Den Chemiker interessierten nun vor allem zwei Effekte [675]:

a) die atomare Abschirmung durch die Elektronenhülle, die den betrachteten Kern umgeben, und
b) die Beeinflussung durch Nachbarkerne.

Die resultierende Frequenzänderung aufgrund chemischer Bindungsverhältnisse

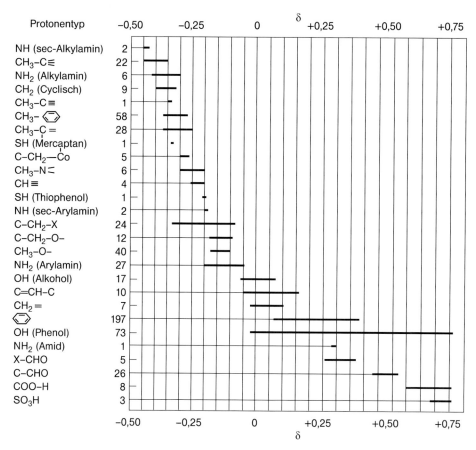

Abb. 288 Chemische Verschiebungen für einige wichtige Verbindungen [674, 676]. (Die Ziffern links nach den Formeln geben die Anzahl an, die von ihnen untersucht worden ist.)

5.1 Einzug der Spektrometrie in Industrielaboratorien

Abb. 289 Apparatur der Firma Varian Ass., Palo Alto, Kalifornien, für hochauflösende NMR-Messungen (mit Erlaubnis von Varian).

bzw. verschiedener Elektronenkonfigurationen ist für die Struktur des NMR-Spektrums verantwortlich und wird als „*Chemische Verschiebung*" (δ) bezeichnet. Diese ist, da es sich um eine Induktionswirkung der Elektronenhülle handelt, der äußeren Feldstärke proportional. Die chemische Verschiebung (Abb. 288), die ein bestimmter Kern in Abhängigkeit von seinem Bindungszustand – aber unabhängig von der Stärke H_0 des jeweils angewandten, äußeren Magnetfeldes – erfährt, ist definiert als:

$$\delta = \frac{H_0 - {}_R H_0}{{}_R H_0}.$$

Es gab zunächst zwei apparative Varianten, die Einspulenmethode nach *E. M. Purcell* et al. [677] und die Zweispulenmethode nach *F. Bloch* et al. [678]. Die Probe wurde direkt zwischen den Spulen eingesetzt. Auch über den Geräteaufbau ist z. B. von *L. Wegmann* [679] ausführlich berichtet worden.

Aufgrund der benötigten Magnetgröße war ein NMR-Spektrometer (Abb. 289) relativ groß und dementsprechend teuer.

Es war somit nicht einfach, die Anschaffung eines solchen Gerätes in praktisch arbeitenden Laboratorien zu begründen, z. B. wenn es nur zur Identifizierung von polyzyklischen Aromaten in Schmierstoffen eingesetzt werden sollte. In Forschungslaboratorien gab es dazu weit mehr Gründe.

Für die analytische Anwendung ist die Eigenschaft der NMR-Spektren wichtig, nach der sich die Flächen unter den Resonanzsignalen wie die entsprechenden Anzahlen der vorhandenen Wasserstoffatome verhalten. Somit ist die NMR-Spektroskopie zur Analytik und Strukturbestimmung geeignet [680].

Für die Elektronenspinresonanz-Spektroskopie gelten ähnliche Überlegungen. Das magnetische Moment des Elektrons ist allerdings entsprechend dem Massenunterschied zwischen Proton und Elektron 1836-mal größer, wodurch auch die Resonanzfrequenzen etwa drei Größenordnungen höher ausfallen.

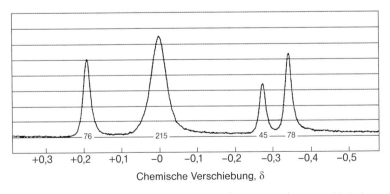

Abb. 290 NMR-Spektrum einer Cyclohexan-Toluol-Wasser-Emulsion (von Varian).

Über den Stand der Technik der NMR-Spektroskopie vor dem hier betrachteten Zeitraum berichtete *H. L. Richter* [681]. Auch hier zeigt sich wieder, wie lang der Weg zur praktischen Applikation für eine Methode ist, bis sie dann ein Verfahren wird.

Bei den meisten spektroskopischen Methoden ist immer wieder versucht worden, die emittierte Strahlung nicht nur in Richtung der optischen Achse, sondern im rechten Winkel dazu meßtechnisch zu empfangen – also **Fluoreszenzspektroskopie** zu betreiben.

Die Erscheinung der spontanen Lichtemission beim Übergang eines angeregten Systems in einen Zustand niedrigerer Energie wurde schon zu Beginn des 19. Jahrhunderts von *J. B. J. Fourier* (1772–1837) bei seinen Spektralstudien beobachtet. Der Name „Fluoreszenz" für diesen Vorgang leitet sich von dem Mineral Fluorit ab, dem unter UV-Bestrahlung fluoreszierenden Flußspat. Auch der Name des Halogens „Fluor" hängt hiermit zusammen.

Sowohl die Fluoreszenz als auch die Phosphoreszenz sind Formen der Lumineszenz (dem kalten Licht). Im Gegensatz zur Phosphoreszenz sind die Fluoreszenzübergänge spinerlaubt, d. h. sie erfolgen zwischen Zuständen gleichen Spins. Die Fluoreszenz ist auch dadurch gekennzeichnet, daß sie nach der Bestrahlung sehr schnell erlischt, während die Phosphoreszenz noch unterschiedlich lange nachleuchten kann.

Im Prinzip wird die Streu- oder Fluoreszenzstrahlung in alle Richtungen ausgestrahlt, doch immer nur in einer bestimmten gemessen (Abb. 291).

Die Erscheinung der Fluoreszenz beruht auf der Art der Elektronenhülle. Die erregende Strahlung sollte im UV-Bereich liegen und zwar bei einer Wellenlänge, die einer Absorptionsbande der bestrahlten Stoffkomponente entspricht. Ähnlich wie

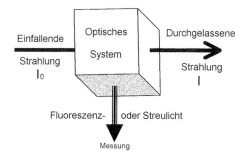

Abb. 291 Schematische Darstellung der Fluoreszenzstrahlung.

bei der XFR wird auch hier ein Elektron vom Grundzustand in einen höheren, angeregten gehoben. Es kehrt dann zu seinem Grundzustand aber nicht direkt zurück, sondern es kann auf Zwischenzuständen verharren. Jeder Übergang auf einen höheren als den Grundzustand macht sich in der Emission eines Strahlungsquants mit einer geringeren Energie und daher größeren Wellenlänge im Vergleich zum absorbierten Quant bemerkbar. Da nun dieser Vorgang gleichzeitig mit vielen Elektronen geschieht, die zu verschiedenen Niveaus angeregt werden, treten viele der möglichen Übergänge gleichzeitig auf, so daß die Fluoreszenzstrahlung eine große Anzahl von Linien verschiedener Wellenlängen beinhaltet. Bei flüssigen oder festen fluoreszierenden Substanzen besteht die Fluoreszenzstrahlung nicht aus einzelnen Linien, sondern sie zeigt ein Kontinuum.

Der Begriff „Fluoreszenzspektroskopie" ist ein Sammelbegriff für alle Methoden, welche die Fluoreszenzeigenschaften von Fluorophoren ausnutzen. Diese Methoden waren meistens empfindlicher als andere spektralphotometrische Techniken der damaligen Zeit. In der Praxis der Analytischen Chemie gibt es nur einige Beispiele der Anwendung zur Elementbestimmung, z. B. die Bestimmung von Aluminium in Zinklegierungen [682]. Häufiger findet man Methoden zur Analytik von Vitaminen in Lebensmitteln [683].

Weiteres läßt sich in den entsprechenden Fachbüchern nachlesen [277, 298, 627, 684–688]. Die Palette der Anwendungen reicht bis hin zur ICP-Emissionsspektrometrie, wo *Akbar Montaser* in Ames bei *Velmer A. Fassel* damit begann und letztlich *Stan Greenfield* zusammen mit der Fa. Baird Atomic ein Fluoreszenz-ICP-Spektrometer konstruierte [536]. Seit 1980 sind die empfindlichen Fluoreszenzmethoden der Elementbestimmung schrittweise von der noch empfindlicheren Kombination ICP-MS abgelöst worden. Im Bereich der Analytik organischer Substanzen ist die Fluoreszenzspektroskopie immer noch ein wichtiges Hilfsmittel (s. Kap. 7).

Auch die Ausweitung des Anwendungsbereiches der IR-Spektrometrie ins nahe Infrarotgebiet, die **NIR-Spektrometrie**, begann für die praktische Analytik interessant zu werden. Entdeckt wurde dieser Spektralbereich bereits 1800 von dem Militärmusiker, Astronom und Naturforscher *William Herschel* (1738–1822). Zum 200. Jahrestag wurde dieser Tatsache gedacht und das damalige Experiment mit heutigem Verständnis nachgestellt bzw. korrigiert [689].

Eine persönliche Geschichte des Beginns mit der NIR-Spektrometrie beschreibt *Eugene S. Taylor* [690], der Anfang der fünfziger Jahre bei *Du Pont de Nemours* in Newark, USA, arbeitete. Ausgehend von den in Deutschland entwickelten IR-Analysatoren für Gase (CO und CO_2), die den mittleren IR-Bereich nutzten, und nach der Einführung der PbS-Zelle als Detektor wurde dort 1954 ein NIR-Prozeßanalysator entwickelt, der einen Ebert-Monochromator für die Lichtzerlegung enthielt. Etwa 1958 ergab sich dann eine Alternative zum optischen Gitter durch Verwendung eines Interferenzfilters. Bereits 1961 wurde dann die NIR-Spektrometrie routinemäßig in der Prozeßkontrolle eingesetzt (Model 800 NIR-Analyzer). Der PbSe-Detektor in Kombination mit dem klassischen Thermoelement erweiterte den erfaßbaren Bereich bis 4,5 µm zu Beginn der siebziger Jahre, woran auch ein weiterer Pionier dieser Technik, *Karl Norris* vom US Department of Agriculture and Neotec's facilities, beteiligt war. Schnell gab es auch drei Hersteller von NIR-Systemen: Bran & Luebbe, die ihre Aktivitäten an Technicon verkauften, LT Industries und Guided Wave. In den achtziger Jahren gab es dann vielfältige Möglichkeiten, aufwendige Laborgeräte und Filterinstrumente für die Prozeßkontrolle zur Herstellung organischer Produkte, wie man sie trotz der parallel entwickelten chromatographischen Techniken bis in die Gegenwart betreibt.

Als Beispiel der Gerätegeneration der frühen sechziger Jahre ist hier (Abb. 292) das Gitterspektrometer IR 8 von Beckman, München, abgebildet.

Auch Hilger & Watts, London, Unicam, Cambridge oder Applied Physics Corp., Monrovia, California, bauten Geräte mit dem praktischen Schreibertisch, während Perkin-Elmer, Überlingen, die Trommel beibehielt. Die Großgeräte von Jenoptik, Jena, oder Leitz, Wetzlar, wurden überwiegend an Universitäten und Institute ein-

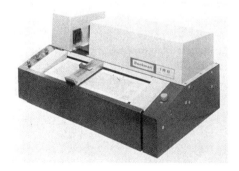

Abb. 292 Gitterspektrometer IR 8 von Beckman, München (mit Erlaubnis von Beckman).

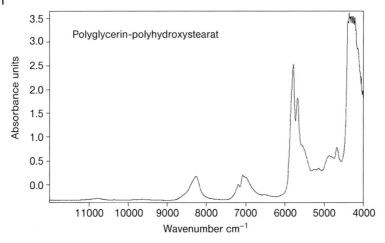

Abb. 293 Beispiel eines NIR-Spektrums.

gesetzt., soweit sie den NIR-Bereich miterfassen konnten.

Die einfach auszuführende NIR-Spektrometrie zur Überwachung von Syntheseabläufen und zur Prozeßkontrolle spielt heute als schneller Soll-/Ist-Vergleich für die betrieblichen Qualitätskontrollmechanismen eine große Rolle (s. Kap. 6).

Immer wichtiger wurde in dieser Zeit auch die Ergänzung der Apparaturen eines chemisch-analytischen Laboratoriums durch *Identifizierungsmethoden,* weil die Aufgaben immer umfangreicher wurden. Das betraf sowohl die Anforderungen an neue Werkstoffe oder Produkte aller Art als auch die zunehmenden Aufgaben, die durch Gesetze und Verordnungen (z. B. die Gefahrstoffverordnung u. a.) bedingt waren.

So fing z. B. die **Röntgen-Diffraktometrie** an, eine größere Rolle zu spielen, die bisher überwiegend in mineralogischen Laboratorien benutzt wurde oder in den Feuerfest-Abteilungen zahlreicher Industriezweige (Metall, Zement, Glas u. a.) die höheren Anforderungen an die Ausmauerung von Öfen und Aggregaten überwachte.

Als Beispiel der vielen apparativen Möglichkeiten soll hier die Röntgen-Pulverkamera der Fa. General Electric Comp., Milwaukee, Wisconsin, aus den frühen sechziger Jahren erwähnt werden. Neben verschiedenen mineralischen Stoffen ließ sich mit dieser Technik z. B. Asbest eindeutig nachweisen. Asbest wurde in den siebziger Jahren überall dort, wo es möglich war, ersetzt. Um dies tun zu können, mußte es auch gefunden werden (s. auch Abb. 301).

Die Röntgenstrahlenbeugung läßt sich als Methode zur Identifizierung kristalliner Substanzen benutzen. Im Gegensatz zur Röntgenstrahlabsorption oder -emission zeigt sich hierbei, wenn die Elemente in kristalliner Form vorliegen, ein Bezug zu ihrer Bindungsform (Abb. 295). So hat z. B. das Oxid des Eisens ein eigenes, spezielles Diagramm, wie viele andere auch. Da die Intensität des gebeugten Strahlenbündels (Abb. 294) auch von der vorhandenen Menge des kristallinen Materials abhängig ist, lassen sich die einzelnen Bestandteile einer festen Mischung quantitativ bestimmen.

5.1 Einzug der Spektrometrie in Industrielaboratorien | 319

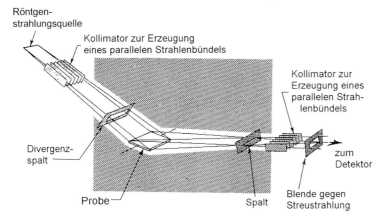

Abb. 294 Optisches System des Goniometers (Philips Electronics Inc. Mount Vernon, NY, USA).

Mit dem hier schematisch dargestellten Philips-Gerät (Abb. 294) sind die sog. Röntgenogramme von Quarz und Muskovit aufgenommen worden (Abb. 295), die sich deutlich voneinander unterscheiden.

Beide Materialien sind natürlich auch sehr unterschiedlich, Quarz ist Siliciumdioxid, SiO_2, und Muskovit ist eine Glimmerart, ein Kaliumaluminiumsilicat-hydroxyfluorid, $KAl_2(AlSi_3O_{10})(F,OH)_2$. Es wurde

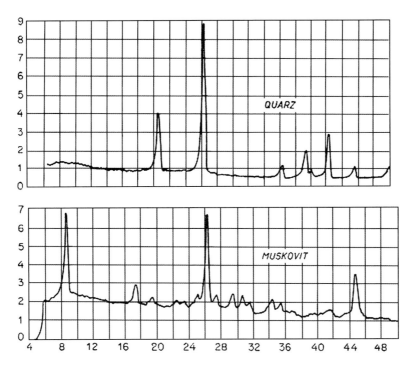

Abb. 295 Röntgenogramme (a) von Quarz und (b) von Muskovit, wobei der Galvanometerausschlag gegen den Beugungswinkel 2 ϑ aufgetragen worden ist.

früher in Moskau als Fensterglas verwendet, woraus sich der Name ableitet.

Diese Methode ist ein wichtiges Hilfsmittel zur Bindungs- und Strukturanalyse, die immer häufiger gefordert wurde oder notwendigerweise durchzuführen war.

Zu diesem Themenkomplex gehört auch die Anwendung der verschiedenen Arten der **Elektronenmikroskopie**. Neben der Beobachtung kleinster Strukturen bietet sich durch die Kombination mit der wellenlängendispersiven (WDXRF) oder energiedispersiven (EDXRF) Röntgen-Spektrometrie auch die qualitative Ermittlung bzw. in einigen Fällen die quantitative Bestimmung von Elementen an. Diese Entwicklung erhielt in dem hier betrachteten Zeitraum die wesentlichen Impulse zur praktischen Anwendung, weshalb kurz auf ihre Geschichte eingegangen werden soll.

Prinzipiell kann man mit einem *Elektronenmikroskop* (EM) die Oberfläche und das Innere einer Probe mit Elektronen abbilden. Schnelle Elektronen haben sehr viel kleinere Wellenlängen als das sichtbare Licht, so daß gegenüber dem Lichtmikroskop eine wesentlich höhere Auflösung (heute $\sim$0,1 nm) erreicht wird. Bei optischen Mikroskopen wird die Auflösung ($\sim$200 nm) von der Wellenlänge begrenzt. Für ein EM würde sich theoretisch bezogen auf die Elektronenwellenlänge für z. B. 100 keV Elektronenenergie eine Auflösung von $\sim$0,004 nm ergeben, wenn diese nicht durch Aberrationen an elektronenoptischen Bauteilen im Mittel um etwa zwei Größenordnungen verschlechtert werden würde. Hier läßt sich schon erkennen, daß die Interpretation der mit dem EM erhaltenen Daten nicht einfach ist.

Alles begann mit dem „Vater der Elektronenoptik" *Hans Walter Hugo Busch* (1884–1973), der 1926 die erste auf, magnetischen Kräften beruhende Linse entwickelte. Er hatte seit 1905 Physik in Berlin und Göttingen studiert, sich dort 1920 habilitiert und war seit 1921 a. o. Professor an der Universität Jena, wo die grundlegenden Arbeiten zur Elektronenoptik geschahen. 1927 übernahm er die technische Leitung des Fernmelde-Kabelwerkes Oberspree der AEG und lehrte dann von 1930 bis zu seiner Emeritierung 1952 an der TH Darmstadt. Dort gründete er das Institut für Fernmeldetechnik.

Das erste Elektronenmikroskop (TEM) baute dann 1931 [691, 692] *Ernst August Friedrich Ruska* (1906–1988) zusammen mit *Max Knoll* (1897–1969) und *Bodo von Borries* (1905–1956). *Ernst Ruska* hatte ab 1925 Elektrotechnik in München und an der TH Berlin-Charlottenburg studiert, ebenso wie *M. Knoll*, der als Leiter der Arbeitsgruppe Elektronenforschung mit *Ruska* 1931 den Kathodenstrahl-Oszillogra-

Abb. 296 Das Transmissionselektronenmikroskop von Siemens.

phen entwickelte. Während *Knoll* bei der Fa. Telefunken an der Entwicklung der Fernsehröhre arbeitete und an der TH Berlin Vorlesungen hielt, leitete *Ruska* ab 1937 die Entwicklung der EM bei Siemens & Halske und habilitierte sich 1944 an der TH Berlin. Bei Siemens baute *Ruska* 1938 das erste kommerzielle Elektronenmikroskop. Nach Kriegsende ging *Knoll* an die Princeton University (1948–1956) und gründetet dann nach seiner Rückkehr an der TU München das Institut für Elektronik. *Ernst Ruska* blieb in Berlin, war dort ab 1949 Direktor der Abteilung Elektronenmikroskopie (die heute seinen Namen trägt) am Fritz-Haber-Institut der MPG in Dahlem und lehrte als Professor an der Freien Universität Berlin sowie ab 1959 auch an der TU Berlin. 1989 erhielt *Ernst Ruska* zusammen mit *Gerd Binnig* und dem Schweizer *Heinrich Rohrer*, die beide im IBM-Werk Rüschlikon das Rastertunnelmikroskop entwickelt hatten, den Nobelpreis für Physik.

Manfred von Ardenne (1907–1997), der auf so vielen Gebieten forschte und immer irgendwie umstritten war (oder beneidet wurde), baute bereits 1937 das erste *Rasterelektronenmikroskop* (STEM). Im Berliner Forschungslaboratorium der AEG arbeitete zu dieser Zeit *Hans Boersch* (1909–1986) an der elektronenoptischen Bildentstehung erstmals unter wellenoptischen Gesichtspunkten. Er entwickelte das *Elektronen-Schattenmikroskop*, mit dem ihm 1939 der Nachweis der Beugung von Elektronen an makroskopischen Kanten und damit der experimentelle Beweis der Wellennatur von Elektronen gelang. Der Berliner *H. Boersch* hatte an der TH Berlin und der Universität Wien Physik studiert, bevor er 1935 zur AEG kam.

Er kehrte dann 1941 nach Wien zurück, habilitierte dort über die Beugungserscheinungen und arbeitete nach dem Krieg ab 1946 zunächst für das Institut des Recherches Scientifiques in Tettnang (also in der französischen Besatzungszone) an der Entwicklung der Ionenmikroskopie, um dann 1948 an die PTB in Braunschweig und die dortige TH als Professor zu gehen. 1954 übernahm er das I. Physikalische Institut der TU Berlin als Nachfolger von *Ramsauer* (und der Autor mußte zu ihm zur Prüfung in Physik). In Berlin begann *Boersch* nach der Laser-Entwicklung zu Beginn der sechziger Jahre umgehend mit dem Aufbau einer Forschungsgruppe, aus der ein hoch-konstanter Laser, ein Ionen-Laser hoher Leistung und die Erzeugung kurzer Laser-Impulse als Ergebnisse zu nennen sind [694].

In den sechziger Jahren entwickelte man in Frankreich und Japan TEMs mit immer höherer Beschleunigungsspannung (bis zu 3 MV), um vor allem dickere Proben durchstrahlen zu können.

Prinzipiell gibt es also zwei unterschiedliche Arten der Elektronenmikroskopie: In Transmission wird gearbeitet, wenn die schnellen Strahlelektronen nach Durchgang der Probe gemessen werden. Die andere Art nutzt die Rückstreuung der Elektronen, was man mit Reflexionsmikroskopie bezeichnen könnte.

Die **Rastermikroskope** (STEM oder REM; englisch: SEM :*Scanning Electron Microscope*) erzeugen mit einem elektronenoptischen System, bestehend aus elektromagnetischen und elektrostatischen Linsen, und einem feinen Elektronenstrahl, der zeilenweise über die Probe gerastert wird, ein Bild, welches aus der synchronen Registrierung eines charakteristischen Signals entsteht. Im Fall der Ruhebildmikroskopie fällt auf die Probe ein feststehender, breiterer Elektronenstrahl. Das Bild entsteht hierbei durch einen Teil der von der Probe ausgehenden Elektronen im elektronenoptischen System.

Abb. 297 Siemens Hochleistungs-Rastermikroskop mit Autoscan in der Forschungsabteilung der DHHU Dortmund (von der ETEC Corp., USA, gefertigt).

Abb. 298 Electron Microprobe X-Ray Analyzer (EMX Mark II) von Applied Research Laboratories, Glendale, Calif., USA [695] (mit Erlaubnis von Thermo-ARL).

Das hier abgebildete Siemens-Gerät ist schon im Baukastenprinzip konstruiert worden, was Ergänzungen leichter möglich machte. Der Stuhl davor, der auf vielen Darstellungen zu sehen ist, zeigt an, daß der Operateur oft Stunden davor verbringen muß, z. B. bei der später beschriebenen Suche nach Asbest.

Die am häufigsten benutzten EM sind die REM (Abb. 297/298) gefolgt von den TEM, die auch mit der Möglichkeit des Rasterns gebaut wurden. Sowohl das TEM als auch das REM können mit Röntgen-Analysatoren ausgestattet werden. Im Fall des REM wird dann häufig dafür der Begriff „*Elektronenmikrosonde*" benutzt.

Es ist sehr hilfreich, bei der Darstellung von Strukturelementen auch gleichzeitig ihre Art bzw. Zusammensetzung ermitteln zu können. Hierzu reichte die EDXRF in den meisten Fällen aus, so daß man die Kombination REM/EDXRF am häufigsten antrifft. Gebaut wurden inzwischen Mikrosonden nicht nur von SIEMENS, sondern nun auch von zahlreichen Firmen, wie z. B. der ARL in den USA, Cambridge Instruments in England, von Jeol in Japan oder von Jenoptik, Jena, die mit dem Emissions-Elektronenmikroskop EF2-Z6 ein Gerät bauten, das eine Kombination aus Durchstrahlungsmikroskop, Beugungsanlage und Emissions-EM war. Letzteres heißt, daß die Objekte bis zur Elektronenemission aufgeheizt werden konnten (max. bis ~2500 °C). Auf diese Weise ließen sich massive Objekte direkt abbilden.

Der EMX Analyzer von ARL (Abb. 299/300) war mit einem WDXRF-System ausgestattet. Auch hier ist in Folge der höheren Leistungsfähigkeit der Einsatz variabler. So kann z. B. Natrium mit ausreichender Empfindlichkeit (Abb. 300) auch bestimmt werden. Die komplexe Erfassung der Alkalien und Erdalkalien war für viele Problemerkennungen wichtig, wenn es sich um Einschlüsse in Metallen oder allgemein oxidische Proben handelte.

Ein Nachteil der Elektronenmikroskopie sind die relativ hohen Anschaffungs- und Unterhaltungskosten dieser Geräte. Nur Forschungsinstitute und große Firmen, wie z. B. ein Hüttenwerk mit angeschlossener Forschungsabteilung, konnten sich dies leisten. In dieser Zeit mußten nichtleitende Proben insbesondere für die REM-Untersuchung mit einer dünnen, leitenden Schicht

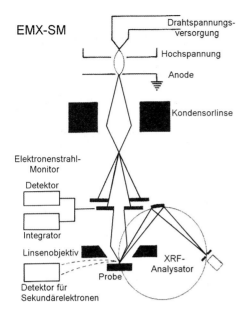

Abb. 299 Prinzipskizze des EMX von ARL.

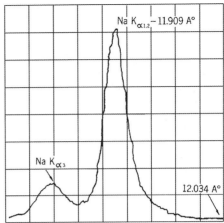

Abb. 300 Registrierung der Na-K_α-Linie mit dem EMX.

überzogen werden, um elektrostatische Aufladungen zu vermeiden. Dies geschah durch Plasmabeschichten in einem Sputtergerät oder durch Bedampfen mit Kohlenstoff. Diese aufwendige Vorbereitung konnte zu Artefakten führen, d. h. es konnten Strukturen entstehen, die nichts mit dem eigentlichen Objekt zu tun hatten. Auch Veränderungen der Proben durch den Elektronenstrahl oder das im Inneren herrschende Vakuum waren ins Kalkül zu ziehen. Dies war auch ein Grund, über die 1927 entwickelte Unschärferelation von *Werner Karl Heisenberg* nachzudenken.

Eine praktische Anwendung, die den Stuhl mit einbezieht, ist z. B. die Suche nach Asbestarten in Füll- und Dichtungsmaterialien oder, wie hier (Abb. 301), in Filterrückständen einer Büroklimatisierungsanlage.

Üblicherweise einigt man sich auf eine bestimmte Zeit, z. B. ein oder zwei Stunden, die der Operator suchen bzw. in der er mindestens eine Faser finden soll. Das Probenmaterial wurde mit Gold bedampft. Wie das Beispiel zeigt, ist nicht jede Faser eine aus Asbest. Sinnvoll als Referenz zu dieser „Schnellmethode" ist eine Mg-Bestimmung, wenn ausreichend Substanz zur Verfügung steht. Der äußerste Peak links (Abb. 301) zeigt den Mg-Anteil an.

Zur Analyse mit Hilfe der Sekundärionenemission baute die ARL damals bereits eine Kombination aus Ionenmikrosonde und Massenspektrometer (Abb. 302) und nannte sie *IMMA (Ion Microprobe Mass Analyzer)*. Hiermit waren sowohl punktförmige Analysen durchführbar als auch Tiefenprofile meßbar.

Positive und negative Ionen ließen sich erfassen und alle möglichen Isotope messen. Die Proben mußten auch nicht mehr beschichtet (leitend) sein. Damit begann eine neue Generation dieser Art von Instrumenten der informellen Analytik.

Auf weitere physikalisch-chemische Methoden, die noch häufig zur Analytik eingesetzt werden, wie z. B. die Polarimetrie [696], die in der organischen Analytik eine Rolle spielt oder die radiochemischen Me-

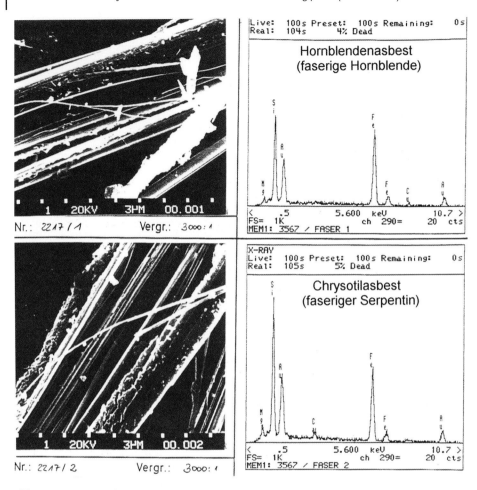

Abb. 301 (a) REM-Aufnahme und EDXRF-Spektrum beider Asbestarten.

thoden [697–700], die sich in der Praxis von Industrielaboratorien nicht ausführen lassen, soll hier nur verwiesen werden. Die thermochemischen Methoden werden im folgenden Kapitel noch erwähnt werden.

5.1.7
Massenspektrometrie (MS)

Die Fortschritte in der Anwendung massenspektrometrischer Methoden begannen in dem hier betrachteten Zeitraum auch die Laboratorien der Grundstoffindustrien zu interessieren. Zwar verblieb die Funken-MS weitgehend noch in den Forschungsinstituten und der Chemieindustrie, doch es begann langsam zunehmend das „Zeitalter der Kombinationen". Infolge der beträchtlichen Anschaffungskosten hatte man in Industrielaboratorien genau zu begründen, welche Untersuchungen man damit zu machen beabsichtige, die nicht auf andere Weise lösbar sind. Das war zunächst nicht einfach zu begründen. Ein Report der Strategie Directions Int. (SDI) über die internationalen Märkte ana-

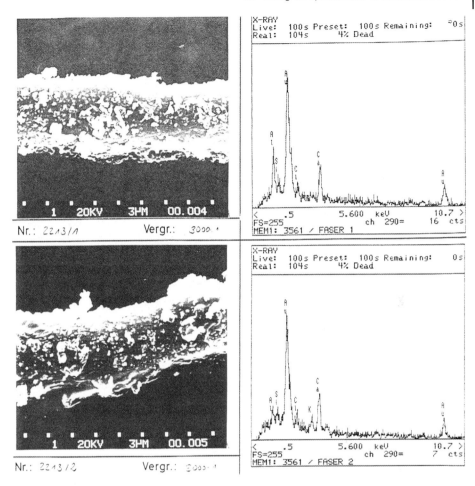

Abb. 301 (b) Fasern im Filterrückstand (Calciumaluminiumsilicate).

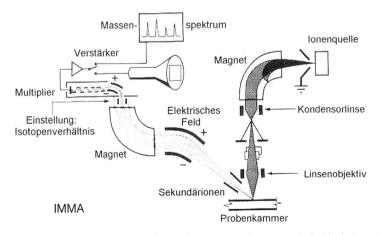

Abb. 302 Schema des Ionenmikrosondenmassenspektrometers (mit Erlaubnis von Thermo-ARL).

lytischer Instrumente und die wichtigsten gerätehrstellenden Unternehmen ordnete die MS noch an die letzte Stelle (Tab. 26).

Aus dem 8,5 Mrd. $ Geschäft für das Jahr 1992 soll nach Vorhersagen eines jährlichen Wachstums von 8 % weltweit ein Umsatz von ~13 Mrd. $ werden. Die großen Hersteller kommen aus Übersee: Perkin-Elmer steht für Spektroskopie, Laborautomation, Prozeß- und Bioanalytik; Beckman für Bioanalytik, Diagnostik; Hewlett Packard für Spektroskopie und Laborautomation; Thermo für Spektroskopie, Laborautomation, Meß- und Regeltechnik; sowie Shimadzu und Varian für Spektroskopie. Zusätzlich bieten alle genannten Firmen auch chromatographische Einrichtungen an. Erst dann kommen in der Rangfolge die Spezialfirmen für Chromatographie: ATI, Boston, und DIONEX, Sunnyvale (beide USA), die etwa 120–100 Mill. $ Umsatz in dem betrachteten Jahr 1993 (Tab. 26, rechts) machten.

Aus diesen Zahlen läßt sich ablesen, daß die Massenspektrometrie in den sechziger und siebziger Jahren eine noch geringere Rolle spielte. Ihre Hochzeit kam erst zu Beginn des neuen Jahrtausends.

Aufgrund der zunehmenden Anforderungen bezüglich der Produktqualitäten und der Umweltforschung war es zum Ende der siebziger Jahre unausbleiblich, sich mit der MS zu beschäftigen. Auch in der Metallindustrie stiegen z. B. die Anforderungen an die Reinheit der Oberflächen, die durch organische Stoffe geschützt oder mit ihnen beschichtet wurden. Nach der Einführung der IR-Spektrometrie und verschiedener chromatographischer Methoden, war gerade in Bezug auf letztere eine

Tabelle 26 Markt analytischer Instrumente und Branchenführer.

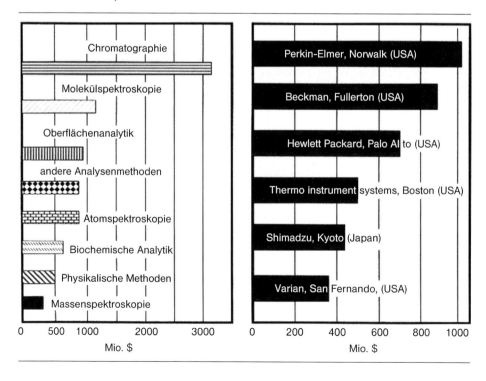

bessere, analytisch sichere Detektion gefragt. Die Chromatographie war – und ist es wohl heute noch – die am häufigsten eingesetzte Methode (Tab. 26, links), doch erst die Kombination mit einem Massenspektrometer macht sie zu einem Analysenverfahren, was ebenso für die Thermoanalyse gilt (Abb. 303). Auch hatten kleine MS-Geräte für die Gasanalyse (O_2, CO_2 und CO oder N_2), z. B. von Krupp Atlas, Bremen, die alten Siemens-Rauchgasprüfer weitgehend abgelöst, doch die Massenspektrometer für Laboratorien waren immer noch Großgeräte, und eine Anschaffung mußte bei dem nötigen, finanziellen Aufwand begründbar sein.

Es hing natürlich auch davon ab, was zu dieser Zeit auf dem Markt erhältlich war. Man sollte mit einem Quadrupol-Gerät beginnen und sich mit dem prinzipiellen Ablauf vertraut machen. Grundsätzlich trennt ein Massenspektrometer Ionen aufgrund ihrer unterschiedlichen Masse. Die Probe muß also auf irgendeine Weise verdampft und ionisiert, in das Gerätesystem gebracht und beschleunigt werden. Dies kann u. a. mit einer Funkenanregung geschehen, im elektrischen Feld erfolgt dann die Beschleunigung und im Magneten die Ablenkung bzw. Auftrennung nach Massen (Abb. 304).

Abb. 303 Kopplung Thermoanalyse-Massenspektrometrie (Quelle: BGR Hannover).

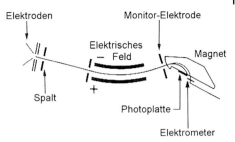

Abb. 304 Schema eines klassischen Massenspektrographen.

Da man ursprünglich eine Photoplatte benutzte und dabei Aufnahmen mit einer gewissen Ähnlichkeit zu denen bei der Emissionsspektralanalyse erhielt, wählte man den Namen „Massenspektrometer" und „Massenspektrum". Es muß klar sein, daß zur optischen Spektroskopie keine Verwandtschaft besteht; die registrierten Linien bzw. Linienprofile sind keine Spektrallinien, sondern sie repräsentieren eine bestimmte Masse.

In einem MS-Gerät mit elektromagnetischer Fokussierung wird der Ionenstrahl innerhalb der evakuierten Kammer durch ein starkes Magnetfeld geleitet, das die Ionen zur Bewegung auf kreisförmigen Bahnen zwingt. Während der Beschleunigung durch das elektrische Feld erlangen die Ionen die kinetische Energie

$$E = e \cdot V,$$

worin e die Ladung des Ions und V die angewandte Spannung bedeuten. Mit

$$E = e \cdot V = \tfrac{1}{2} m \cdot v^2,$$

also der Masse m und der Geschwindigkeit des Ions v sowie das Umformen

$$v = \sqrt{\frac{2Ve}{m}}$$

zeigt, daß sich die Ionen mit einer Geschwindigkeit bewegen, die durch ihr Ladungs-/Masse-Verhältnis e/m bestimmt wird.

Kommen die Ionen nun in das Magnetfeld, dann werden sie wie beschrieben „aufgefächert". Die Konstruktion des Gerätes ist so beschaffen, daß nur Ionen die Kollektorelektrode erreichen, deren Bahnradien einen bestimmten Wert bzw. ein bestimmtes Verhältnis e/m haben. Das vom Kollektor (Detektor) aufgenommene Signal wird nach elektronischer Verstärkung registriert; es entsteht das sog. Massenspektrum. Das Auflösungsvermögen eines Massenspektrometers $A = M / \Delta M$ kann durch verschiedene Maßnahmen verbessert werden. Wie im Fall der optischen Spektroskopie kann die Spaltbreite verringert werden, wobei man allerdings an Empfindlichkeit verliert. Immerhin gelang es damit, Gase fast gleicher Massen, wie Kohlendioxid (CO_2 = 44,011) und Propan (C_3H_8 = 44,097) so zu trennen. Liegen die Massen noch näher beieinander, wie z. B. bei Stickstoff (N_2 = 28,016) und Ethylen (C_2H_4 = 28,054), dann funktionierte das nicht mehr. (Heute benutzt man hierfür hochauflösende, doppelt-fokussierende Massenspektrometer.)

Ein weiterer Instrumententyp ist der damals als *Laufzeit-Spektrometer* bezeichnete gewesen, der 50 Jahre später wieder eine größere Bedeutung als *Time-of-Flight-*(TOF-)Spektrometer erlangen sollte. Prinzipiell wurde hier die Beschleunigungsspannung intermittierend angelegt, wodurch der Ionenstrom in entsprechend intermittierende Impulse „zerhackt" wird. Auf diese Weise lassen sich die Ionen ohne Magnetfeld aufgrund ihrer unterschiedlichen Geschwindigkeiten „sortieren". Ein Gerät dieser Art war das Bendix-Laufzeitmassenspektrometer (Abb. 305), bei dem die Wiedergabe des Massenspektrums auf einem Oszillographen erfolgte [701].

Es gab noch weitere Instrumententypen, wie das Hochfrequenz-Spektrometer, bei dem die Auftrennung von Ionen verschiedener Massen in einem hochfrequenten Wechselfeld erfolgte [702], oder das Resonanz-Hochfrequenz-Spektrometer von General Electric, Schenectady, NY, welches das Prinzip des Cyclotrons in Kombination mit Magnet- und Hochfrequenzfeld benutzte [703], die jedoch in der praktischen Analytik keine Rolle mehr spielen. Über die ausführliche Geschichte der Massenspektrometrie kann man sich auch

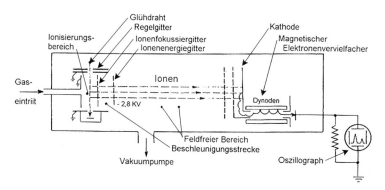

Abb. 305 Schematische Darstellung des Laufzeitmassenspektrometers der Fa. Bendix Aviation Corp., Cincinnati, USA.

5.1 Einzug der Spektrometrie in Industrielaboratorien

im Internet unter jürgen.gross@urz.uni-heidelberg.de informieren.

Wichtig für die Praxis war, daß die Fa. Finnigan, Bremen, Ende der siebziger Jahre ein Quadrupol-MS-Gerät (Abb. 306) in Kombination mit einem Gaschromatographen vertrieb, welches die Einführung in die praktische Analytik – auch aufgrund des Anschaffungspreises – erleichterte. Dieses Gerät war ein intelligenter Zusammenbau eines Gaschromatographen von Perkin-Elmer und eines Quadrupols von Siemens.

Die Pumpen waren von Pfeiffer Vacuum, Asslar, und der Plattenspeicher des Rechners war ebenfalls ein PE-Produkt. Gerade eine Spektrenbibliothek ist ein wichtiges Hilfsmittel für Anfänger, die allerdings immer noch ausreichende chemische Kenntnisse haben müßten. Es stellte sich schnell heraus – um dies anfänglich zu betonen –, daß auch dieses Gerät schon einen Mitarbeiter ausschließlich an sich band.

Kleinste Erschütterungen ließen die Verbindung GC/MS, ein dünnes, konisch zulaufendes Graphitröhrchen abbrechen. Die Vortrennung der Gase war jedoch ungeheuer wichtig. Auch die Ausstattung des Gaschromatographen mit einem Zusatz, der die sog. Head-Space-Technik möglich machte, war äußerst hilfreich (Abb. 307). Hiermit konnten die in kleinen Flaschen gewonnen Proben direkt vom GC-System angesaugt werden, so daß jede Berührung mit der Umgebungsluft ausgeschlossen ist.

Auf diese Weise konnte z. B. die Atemluft der Mitarbeiter untersucht werden, wozu diese mit Hilfe eines Schlauchsystems durch diese Flaschen ausatmen mußten. In der Industrie gab es zu dieser Zeit zahlreiche Arbeitsplätze, an denen Aggregate mit organischen Lösemitteln gereinigt wurden. Neben Trichlorethylen ist dazu meistens Methylenchlorid (Dichlormethan) verwendet worden.

Ein Nachteil ist die Gewöhnung an diese KWS, ein anderer die Tatsache, daß sie schwerer als Luft sind und sich somit lange am Boden aufhalten. Die arbeitsmedizinische Untersuchung sollte nun zeigen, wieviel dieser KWS der Körper behält bzw. aufnimmt. Die Atemluft wurde vor Arbeitsbeginn, bei der Arbeit und in den Pausen gesammelt. Das Ergebnis war sehr interessant, denn die in Bewegung befindlichen, arbeitenden Personen (bei der Walzenreinigung) nahmen praktisch kein Dichlormethan auf, während die in Ruheposition befindlichen Personen eine gewissen Anteil an Dichlormethan (Abb. 308a) nicht mehr ausatmeten.

Abb. 306 Finnigan-Massenspektrometer 1020 mit Quadrupol im Laboratorium Phoenix der Hoesch AG (mit Erlaubnis von ThyssenKrupp Steel AG).

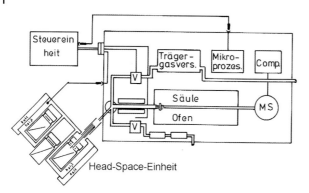

Abb. 307 Schematische Darstellung des Gaschromatographen von Perkin-Elmer.

Die Konsequenz daraus war, daß die Ruhepausen nicht mehr im Bereich der Reinigungsstelle, also außerhalb des Lösemitteleinflusses, stattfinden durften.

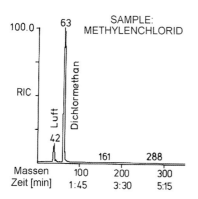

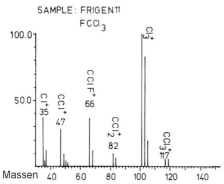

Abb. 308 Massenspektren von (a) Dichlormethan aus Atemluft und (b) Frigen 11.

Es wurde immer wieder versucht, Frigen 11 (Abb. 308b) industriell als Lösemittel einzusetzen, auch weil die Rückgewinnung durch Destillation (Siedepunkt: 23 °C) kostengünstig ist. Doch zwei Tatsachen machten dies wenig sinnvoll: die hohen Verluste durch Verdampfung in den Sommermonaten und das Herauslösen aller Schmierfette sowie Angreifen der Dichtungen an Pumpen und anderen Anlagenteilen zur Rückgewinnung. Wenn bei entsprechenden Planungen die Chemiker nicht gefragt werden – und sie werden oft nicht gefragt –, dann kann der Bau solcher Anlagen zu einem wirtschaftlichen Fiasko werden.

Das Arbeiten mit der Spektrenbibliothek war bei einfachen organischen Verbindungen oder Substanzgemischen noch relativ problemlos. In dem hier gezeigten Beispiel (Abb. 309) bietet das System drei Möglichkeiten an. Der Spektrenvergleich mit dem des 1-Butanol (Abb. 309, unten, mittleres Spektrum) ergibt nach der Differenzbildung (Abb. 309, ganz unten) die größte Übereinstimmung.

Weit komplizierter ist die Anwendung der GC-MS auf Fraktionen, die aus Schmierstoffen oder Walzölen (Abb. 310) bestehen. Ohne säulenchromatographische Vortrennung und Methylierung funktioniert es meist überhaupt nicht.

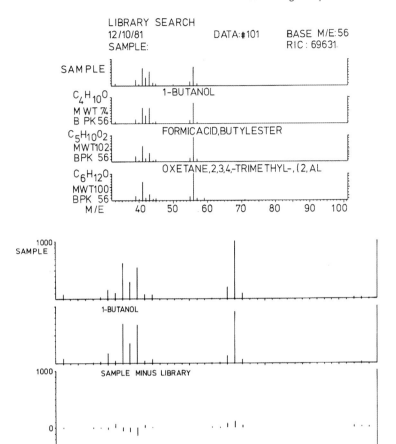

Abb. 309 Anwenden der Spektrenbibliothek – Suche nach 1-Butanol.

Auch die Massen von Komponenten, die nur in geringer Konzentration vorhanden waren, ließen sich durch Verstärkung des Signals noch erkennen, wie z. B. das Amin in der Emulsion (Abb. 310b).

Durch die Kombination der Gaschromatographie, die nur ein Teilschritt darstellt, mit dem Detektor-MS ergibt sich nun ein richtiges Analysenverfahren. Dies muß hier noch einmal betont werden, da viele Chemiker, Biologen oder Mediziner die GC mit unspezifischen Detektoren, wie dem Flammen-Ionisations-Detektor (FID) oder einem UV-Spektrometer, bereits für ein solches halten. Hierbei braucht man immer die identische Substanz als Referenz. Hat man diese nicht, was nicht selten der Fall ist, dann sind die analytischen Aussagen stets anzuzweifeln.

Zu Beginn der achtziger Jahre hatte sich die GC-MS in vielen Laboratorien etabliert. Hinzu kam, daß auch die MS-Geräte klei-

334 | 5 Das Zeitalter der Modifikationen oder der industriellen Untersuchungspraxis (~1960–1980)

Tabelle 27   Einteilung der Probennahme.

Probennahme	Ausführung	Ergebnis
Probenentnahme	Manuell[1] >> Inkremente Automatisch[1] >> Inkremente	Sammelproben (die aufzubereiten sind)
Probenaufbereitung	Brechen, Teilen, Mahlen und Sieben	Laboratoriumsproben (die vorzubereiten sind)
Probenvorbereitung[2]	Wägen, Lösen, Extrahieren, Verdünnen und Aliquotieren bzw. Schleifen oder Fräsen, Pressen und Umschmelzen	Analysenproben (die direkt zur Messung benutzt werden)

[1] S. Kap. 6   [2] Bereits abhängig vom Meßverfahen

Abb. 312   (a) Aufgabestation im Betrieb, (b) Schaltanlage und (c) Empfangsstationen im Laboratorium.

für das Gesamtergebnis verstanden hat, ist es völlig unverständlich, daß Probennehmer kein Lehrberuf ist und jedermann dies, ohne mathematisch-statistische Grundlagen zu beherrschen, ausführen darf. Deshalb wird die Probenentnahme in einem gesonderten Kapitel, das komplette Analysenverfahren betreffend, behandelt (s. Kap. 6.3.7).

5.2.1 Probenaufbereitung

Grundsätzlich befaßt sich die Aufbereitung der Proben mit den Sammelproben, die im Regelfall Feststoffe sind. Das Ziel ist die Gewinnung der Laboratoriumsprobe, die je nach Aufgabenstellung in der benötigten Menge das Laboratorium erreichen soll.

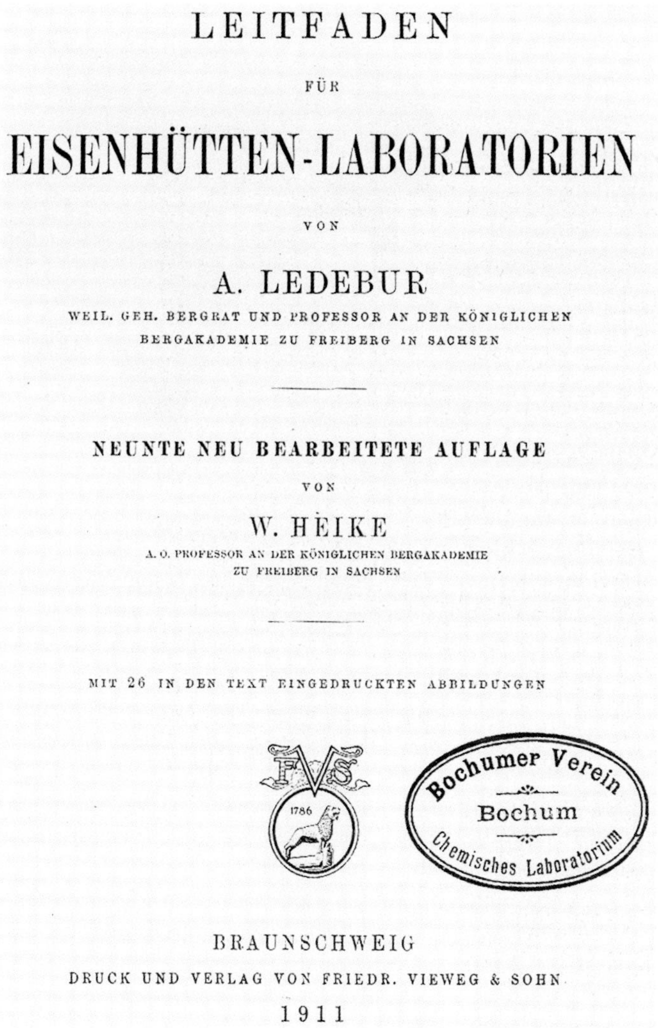

LEITFADEN

FÜR

EISENHÜTTEN-LABORATORIEN

VON

A. LEDEBUR

WEIL. GEH. BERGRAT UND PROFESSOR AN DER KÖNIGLICHEN BERGAKADEMIE ZU FREIBERG IN SACHSEN

NEUNTE NEU BEARBEITETE AUFLAGE

VON

W. HEIKE

A. O. PROFESSOR AN DER KÖNIGLICHEN BERGAKADEMIE ZU FREIBERG IN SACHSEN

MIT 26 IN DEN TEXT EINGEDRUCKTEN ABBILDUNGEN

FVS 1786

Bochumer Verein Bochum Chemisches Laboratorium

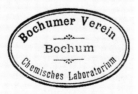

BRAUNSCHWEIG

DRUCK UND VERLAG VON FRIEDR. VIEWEG & SOHN

1911

Abb. 313 Deckblatt der 9. Auflage des Buches von *A. Ledebur*, 1911, herausgegeben von seinem Schüler *W. Heike* aus Freiberg/Sachsen [707].

Gasförmige Proben haben immer eine Sonderstellung; sie werden oft in einer Vorrichtung gesammelt, die sich direkt an ein Meßgerät anschließend läßt. Aber es gibt auch Fälle, die eine Vorbereitung nötig machen.

Ähnlich ist es bei *flüssigen Proben*, die oft direkt analysiert werden müssen, wie z. B. die Bestimmung des Sauerstoffanteiles im Wasser oder der Qualität von Schmier- und Walzölen, von denen das IR-Spektrum und der Flammenpunkt bei der Eingangskontrolle vorliegen sollten, bevor der Tankwagen das beförderte Produkt ablassen darf. Allerdings gibt es auch zahlreiche flüssige Proben, die vorbereitet werden müssen, z. B. durch Aufschließen, Eindampfen, Verdünnen oder Extrahieren. Eine Aufbereitung ist in beiden Fällen im Regelfall nicht erforderlich.

Feste Proben werden dagegen, wenn sie nicht bereits in geeigneter Form (kleine Metallstücke oder oxidische Pulver) vorliegen, aufbereitet.

Das Problem der Probenaufbereitung ist im allgemeinen die Verjüngung des entnommenen Materials, d. h. die Sammelprobe, die durchaus 1 t (1000 kg) schwer sein und unter Umständen einen Lieferumfang von mehr als 100 000 t repräsentieren kann, soll auf die Laboratoriumsprobe (100 g bis 1 kg) reduziert werden, ohne an Repräsentativität zu verlieren.

Das wurde lange Zeit mit sehr einfachen Mitteln durchgeführt, einer Schaufel zum Beispiel (s. Abb. 314, links), obwohl es in den USA schon zu Beginn des 20. Jahrhunderts mechanische Probennehmer gab. Man traute diesen jedoch in Europa nicht und setzte auf die Handarbeit geübter Mitarbeiter. Noch in der zweiten Hälfte dieses Jahrhunderts wurden z. B. Erze frei nach *Adolf Ledebur* (Abb. 313) auf einem Haufen geschippt, wobei ein Kegel entstand, der abgeflacht wurde. Hieraus entnahm man dann einen Sektor, der einem Viertel entsprach.

Als Hilfsmittel konnte auch ein Holzkreuz (Abb. 314, r. oben) benutzt werden. Wenn es dann die Körnung zuließ, schüttet man das Material über einen Riffelteiler, wobei jeweils die Hälfte des Probenmaterials auf jede Seite fällt. Solche Probenteiler nach *Jones* (Abb. 314, unten) werden noch heute benutzt [707].

Alles Wissenswerte zum Thema Probennahme und Probenaufbereitung ist z. B. in dem Band „*Probenahme*" (Abb. 315) des „*Handbuch für das Eisenhüttenlaboratorium*" [84] bzw. in „*Analyse der Metalle*" [83] zu finden, so daß dieses nicht abgeschrieben zu werden braucht.

Kreuz zur Probenverjüngung

Abb. 314 Einfache Geräte zur Probenverjüngung.

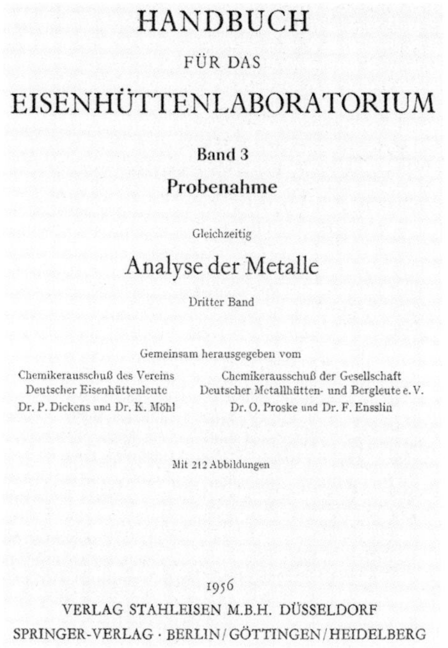

HANDBUCH
FÜR DAS
EISENHÜTTENLABORATORIUM

Band 3
Probenahme

Gleichzeitig

Analyse der Metalle

Dritter Band

Gemeinsam herausgegeben vom

Chemikerausschuß des Vereins Chemikerausschuß der Gesellschaft
Deutscher Eisenhüttenleute Deutscher Metallhütten- und Bergleute e. V.
Dr. P. Dickens und Dr. K. Möhl Dr. O. Proske und Dr. F. Ensslin

Mit 212 Abbildungen

1956
VERLAG STAHLEISEN M.B.H. DÜSSELDORF
SPRINGER-VERLAG · BERLIN / GÖTTINGEN / HEIDELBERG

Abb. 315 Deckblatt von dem „Handbuch für das Eisenhüttenlaboratorium"; Band 3, „Probenahme", 1956/1975.

5.2.2
Probenvorbereitung

In Zusammenhang mit den geschilderten Meßverfahren ist die vorgeschaltete Probenvorbereitung zu sehen, welche natürlich so alt wie die Analysenverfahren sein muß, da beide miteinander verknüpft sind. Wie immer gibt es Ausnahmen von der Regel: So können z. B. bei der Probenentnahme von *Gasen* mit der Gasmaus oder bei *Flüssigkeiten* (Kraftstoffe, Öle, Wasser u. a.) mit dem Stechheber die Sammelproben auch gleichzeitig die Laboratoriums- oder Analysenproben sein, weil hierbei jede Vorbereitung entfallen kann oder sogar muß. Ferner sind bei der Prozeßüberwachung von Schmelzen (z. B. Metall- oder Glasherstellung, Schlacken usw.) die Sammelproben oft auch die Laboratoriumsproben, die z. B. mit der Rohrpost ins Laboratorium gelangen (Abb. 312) und nur noch vorbereitet werden müssen. Diese sind hier als kompakte Proben bezeichnet (s. Kap. 5.2.3).

Im Zuge der Entwicklung hat sich die Probenvorbereitung dahingehend verändert, daß auch hier kaum noch manuell gearbeitet werden muß. Allerdings sollten alle mechanisierten oder automatisierten Schritte der Vorbereitung von geübten und erfahrenen Analytikern beobachtet werden. Hat ein Laboratorium nur routinemäßige Aufgaben, d. h. es erhält nur Proben mit bekannten Matrices, dann läßt sich die Vorbereitung weit mehr automatisieren als in Fällen, in denen Proben unbekannter Herkunft und Art geprüft werden sollen.

Feste Proben müssen fast immer vorbereitet werden – und zwar zielorientiert für das Meßverfahren, das benutzt werden soll. Verallgemeinert lassen sich diese Proben in metallische und oxidische Materialien einteilen. Jede Meßmethode hat entsprechend dem vorgegebenen Standard- oder Hausverfahren eine spezielle Vorbereitungslinie.

Der erste Schritt einer *Probenvorbereitung* ist in den meisten Fällen die „Einwaage der Analysenprobe", eine immer noch manuelle Tätigkeit, wenn sich auch die Waagen entsprechend der elektronischen Entwicklung verändert haben.

Die anschließend benutzten Vorgänge sind das „Lösen" oder das „Aufschließen". Beide Begriffe sind nicht eindeutig, denn das Lösen bezieht sich nicht nur auf Feststoffe, auch Gase können in geeigneten Flüssigkeiten gelöst werden. Beim Behandeln der Analysenprobe mit Schwefelsäure spricht man sowohl vom Lösen als auch vom Aufschließen. Als Aufschließen wird allgemein die Zersetzung der Analysenprobe unter Temperatureinfluß oder unter zusätzlichem Druck bezeichnet. In beiden Fällen finden im Regelfall chemische Reaktionen statt. Eindeutig sind die Begriffe „Schmelzaufschließen" und „Druckaufschließen". In letzterem Fall gibt es neben dem offenen Verfahren auch den Ablauf in einem geschlossenen System.

In der Literatur finden sich nur wenige, zusammenfassende Darstellungen, z. B. für anorganische Materialien von *J. Doležal* et al. [708] oder für organische Stoffe von *T. T. Gorsuch* [709], weil die Vorbereitung stets beim Verfahren steht.

Zu empfehlen ist das Buch *„Aufschlußmethoden der anorganischen und organischen Chemie"* von *Rudolf Bock* [710], das eine systematische Zusammenstellung aller wichtigen Methoden enthält. Die Einteilung nach den Mitteln, die zum Lösen oder Aufschließen benutzt werden, ist sehr übersichtlich (Aufschließen mit Gasen gehört auch zu den Punkten 5. u. 6.):

1. Lösen und Aufschließen mit Flüssigkeiten (einschließlich chemischer Reaktionen);
2. Schmelzaufschließen;
3. Druckaufschließen (offen und geschlossen);
4. Aufschließen durch Energiezufuhr (Wärme und elektrische Energie);
5. Oxidierendes Aufschließen (O_2-Veraschen, Halogenieren, elektrolytische Oxidation);
6. Reduzierendes Aufschließen (mit Wasserstoff, Natriumborhydrid u. a.).

Das *Aufschließen mit Gasen*, wie z. B. oxidierend mit Cl_2 und O_2 oder reduzierend mit H_2 u. a. wurde schon von *W. Hempel* im Sauerstoffkolben [711] und *M. Berthelot* in Bomben unter Druck [712, 713] beschrieben und ist seit über 100 Jahren bekannt.

Es wird noch heute in fast unveränderter Form angewandt, wobei sich auch die Bombe nur geringfügig oder gar nicht ver-

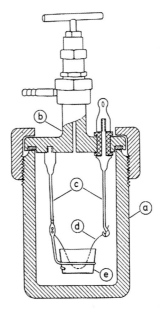

Abb. 316 Kalorimetrische Bombe zum Aufschließen organischer Verbindungen mit Sauerstoff [713] (a: Bombenkörper; b: Deckel mit Ventil und Stromzuführung; c: Elektroden; d: Zünddraht; e: Probenbehälter).

ändert hat (Abb. 316). Gedanklich gehört das Aufschließen mit Gasen zu den beiden letzten Punkten der Einteilung.

Dies gilt für viele Geräte und Apparaturen, die zur Probenvorbereitung dienen. Durch deren Ersatz in der zweiten Hälfte des 20. Jahrhunderts ist auch eine gewisse Romantik aus den Laboratorien verschwunden, die inspirierend wirkte. Von nun an gab es nur noch Sachlichkeit.

Auch die *Vorgänge des Lösens* wurden vereinfacht, und die modernen Schüttelvorrichtungen sind weitaus handlicher geworden als die historischen (Abb. 317). Diese Hinweise sollen nur zeigen, daß die methodischen Prinzipien schon lange bekannt sind.

Wesentlich verändert erscheinen heute das *Schmelz-* und Druck*aufschließen*. Nur in den Fällen, wo es nicht anders möglich

5.2 Optimierung der Probenvorbereitung

Abb. 317 Klassische Schüttelvorrichtung zum Lösen mit Proben um 1900 [707].

Abb. 318 (a) Leco-Aufschließautomat FX 200 mit brennenden Flammen, (b) beim Gießen und (c) Pt-Tiegel, Pt-Gießformen sowie die Schmelztabletten (mit Erlaubnis der Fa. Leco).

ist, wird noch das manuelle Aufschließen im Tiegel praktiziert. Es solches Beispiel wäre das Lösen von Si-haltigen Materialien (bis zu 30 %) in Gegenwart von Citronensäure, wobei jedes zu starke Erhitzen zum Ausfällen von SiO_2 führen würde.

Von den Firmen Claisse, Sainte-Foy, Quebec, und Leco, St. Joseph, Michigan, gab es kleine Aufschließautomaten mit drei oder sechs Plätzen. Während die Geräte von Claisse die Tiegel nur hin und her schwenkten, konnte das Leco FX 200 durch eine zusätzliche Drehbewegung den Vorgang fast perfekt nachahmen, den ein Operator üblicherweise ausführen sollte (Abb. 318). Auch ein tropfenfreies Ausgießen der Schmelze war möglich [714], wenn es benötigt wurde (Abb. 318b). Durch den gleichmäßigen Ablauf, den ein Operator so exakt nicht wiederholen könnte, gab es bei dem Produkt – einer Glastablette (Abb. 318c) – nur geringste Ausfälle.

Da die Schmelztabletten vorwiegend für die XRF-Spektrometrie hergestellt wurden, also für die am besten reproduzierende Methode, erschien es sinnvoll, diese auf ihre Homogenität zu prüfen. Dazu wurde mit zwei Verfahren (Mikrosonde und Laser-Ablationsspektrographie) und für den Fall, daß die Tabletten als Rekalibrationsproben dienen sollten, auch die Entwicklung über die Zeit verfolgt. Für schwer aufschließbare Substanzen, z. B. Chrommagnesit, war die Homogenität nicht ausreichend (Tab. 28), so daß ein Mahlen der Tablette und anschließendes Pressen das Ergebnis erheblich verbessern konnte. Dieses Ergebnis ließ sich mit Referenzverfahren bestätigen (Abb. 319).

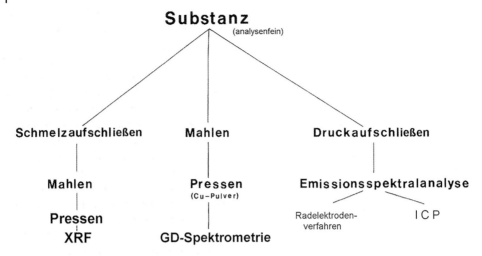

Abb. 319 XRF-Verfahren für Oxide und spektrometrische Referenzverfahren.

Die üblichen Boratglastabletten verändern sich auch bei geeigneter Lagerung im Laufe der Zeit, was sich häufig durch eine Trübung zeigt. Es ist anzunehmen, daß die Bestrahlung zunehmend Diffusionsvorgänge bestimmter Elemente auslöst.

Eine erhebliche Verbesserung der Reproduzierbarkeit stellt sich dann ein, wenn das Schmelzaufschließen nicht optimal abläuft (Tab. 28). Die XRF-Bestimmungen an zwei Feuerfestmaterialien, Schamotte- und Chrommagnesit-Steinen, wurden an 40 Schmelztabletten durchgeführt und die relativen Standardabweichungen s_1 ermittelt.

Dann sind die Tabletten gemahlen und das Pulver ist in Al-Formen gepreßt worden. Nun ergaben sich bei den Schamotte-Proben deutliche Verbesserungen der Standardabweichungen s_2 für die Hauptkomponenten Si und Al. Beim noch

Tabelle 28 XRF-spektrometrische Ergebnisse für Schamotte und Chrommagnesit.

Proben Elemente	Meßdaten [in %] Fe	Si	Ca	Mg	Mn	Al	Ti	Cr
SCHAMOTTE								
X_{40}	1,1	21,9	0,2	0,2	n.b.	74,1	2,8	n.b.
s_1	4,7	4,0	4,8	5,7		6,0	0,9	
s_2	5,2	0,6	4,5	5,2		0,4	0,3	
CHROMMAGNESIT								
X_{40}	11,9	2,7	1,0	55,1	0,3	7,2	0,1	21,2
s_1	0,7	2,0	1,6	5,1	2,4	4,2	1,7	12,3
s_2	1,2	1,3	1,0	0,6	0,4	1,9	0,9	2,7

s_1: Schmelztablette/s_2: Pulverpreßling

schwerer aufschließbaren Chrommagnesit sind beim Pulverpreßling ebenfalls die Standardabweichungen der Hauptkomponenten Mg und Cr erheblich und alle anderen Elementdaten – außer Fe – leicht verbessert worden. Hier zeigt sich, wie flexibel man die Probenvorbereitung gestalten kann [715]. Ebenso flexibel sind auch die benutzten Aufschließgemische, die früher sorgfältig ausprobiert, gemischt und in Verhältnissen zur Probenmenge zwischen 3:1 bis 9:1 eingesetzt wurden. Dabei gab es viele Tricks [716] und jeder glaubte, das optimale Mischungsverhältnis für seine Probenart gefunden zu haben. Heute gibt es fertige Aufschließgemische bei verschiedenen Firmen zu kaufen.

Um hier das vorläufige Ende der Entwicklung vorwegzunehmen, soll das fast bedienungslose, automatisierte Aufschmelzen mit dem PERL X (Abb. 320), entwickelt von Laborlux (dem Laboratorium der Arbed Stahlwerke) erwähnt werden. In Kombination mit einem Roboter lassen sich viele Proben ohne weitere Eingriffe „abarbeiten", doch kann eben das Tempo für eilige Untersuchungen nicht gesteigert werden.

So haben in den chemischen Laboratorien die Geräte, die gleichzeitig mehrere Aufschließprozesse durchführen können, wie z. B. das Leco FX 500 überlebt.

Das *Druckaufschließen* war in organisch-chemischen Laboratorien tägliche Routine. Hierzu wurden verschiedene Stahlbomben unterschiedlicher Größe eingesetzt, die beabsichtigte Reaktion war üblicherweise eine oxidierende. Unter anderem wurden auch Kohle und Koks so aufgeschlossen, wobei Na_2O_2 in Form kleiner Perlen als Oxidationsmittel benutzt wurde.

Als dann von *B. Bernas* eine kleine, handliche Bombe (Abb. 321) beschrieben wurde [717], versuchte man es auch mit dem Aufschließen von Kohle ohne vorher zu rechnen.

Abb. 320 PERL X mit Roboter im Hoesch Stahllaboratorium (mit Erlaubnis von ThyssenKrupp Steel AG).

Sonst hätte man nämlich bemerkt, daß ein Druck von weit über 80 bar auftreten würde. Das Resultat war, obwohl nur vorsichtig auf ~220 °C erhitzt wurde, eine Explosion der Bombe, deren Stahldeckel abriß und den Metalltrockenschrank von Innen her zertrümmerte. Die Entgasungslöcher im Deckel und Boden der Bombe waren durch das fließfähig gewordene Teflon verstopft worden. Fortan benutzte man in den Laboratorien der Hoesch Stahl AG nur noch Aufschließbomben mit Ventil (Abb. 322) und beobachtete dies aus sicherer Entfernung.

Eine noch kleinere Bombe (10 mL Inhalt) zum Aufschließen von Mikroprobenmengen wurde einige Jahre später von *G. Tölg* et al. [718] beschrieben – und hieß fortan Tölg-Bombe.

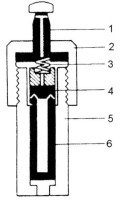

Abb. 321 Aufschließbombe nach B. Bernas.

Abb. 322 Aufschließbombe mit offenem Heizgerät von Berghof Labortechnik im Laboratorium Phoenix (1: Aushebe- und Verschlußteil; 2: Schraubdeckel; 3: Druckfeder; 4: PTFE-Deckel; 5: V2A-Druckbehälter; 6: PTFE-Reaktionsgefäß).

In den achtziger Jahren kamen die *Mikrowellen-Aufschließgeräte* hinzu, die hier jetzt schon – quasi vorab – erwähnt werden sollen, weil sie thematisch zur Probenvorbereitung gehören. Es setzte für die Analytiker damit ein längerer Lernprozeß ein.

Im Jahre 1986 entwickelte die Firma CEM (*Chemistry Electronics Mechanics*), Matthews, North Carolina, das erste Gerät dieser Art mit 12 Probenbehältern, einer Leistung von 600 W, mit der maximal 200 °C und 7 bar erreicht wurden (heute sind es: 40 Probenbehälter, 1600 W, bis ~300 °C und 100 bar). Zunächst waren bei den frühen Geräten weder eine Temperatur- noch eine Druckmessung vorhanden, so daß die Beschickung der Kunststoffgefäße eine große Rolle spielte. Es konnten nur kleine Portionen an Probensubstanz und Aufschließmittel (z. B. Säuregemische) eingesetzt werden, und der Druckaufbau machte dennoch das Herausnehmen der leicht verformbaren Plastikbomben aus deren Behältern schwierig. Während des Prozesses entstandene Gase entwichen beim Öffnen. Man mußte daher wissen, was da verloren ging. Daraus entwickelte sich eine Diskussion über das Problem „*offenes oder geschlossenes Aufschließen*". Die klassischen Löseprozesse mit Königswasser oder Schwefel-/Phosphorsäure- oder Salz-/Flußsäure-Gemischen und das anschließende Abrauchen fanden offen statt. Damals wußten die Analytiker dies zu handhaben und die Verluste zu erkennen, was heute nicht unbedingt vorausgesetzt werden kann.

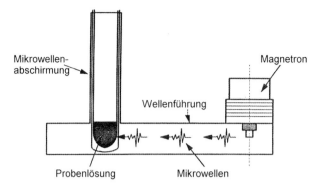

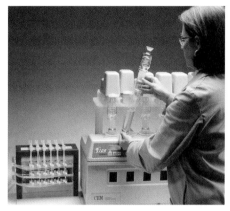

Abb. 323 (a) Prinzip der fokussierten Mikrowelle von Prolabo und (b) das „Star" 3-Gerätesystem von CEM (mit Erlaubnis der Firma CEM).

Ein offenes System gab es von der Firma Prolabo, Paris, zu kaufen, in dem eine fokussierte Mikrowellenstrahlung auf das Probengefäß gerichtet war (Abb. 323a).

Die Leistung betrug etwa 300 W, ausreichend für zahlreiche leicht aufschließbare Proben und einfach in der Handhabung. Deshalb gibt es dieses Prinzip heute noch in den Laboratorien dort, wo offenes Aufschließen ausreicht. Deshalb bieten einige Firmen bis zur Gegenwart offene, drucklose Geräte an, z. B. die amerikanische Firma CEM, hier (Abb. 323b).

Prinzipiell ist zunächst anzumerken, daß ein Erhitzen von Materialien durch Mikrowellen, wobei die Energie nicht von außen wirkt, sondern im Inneren durch die verstärkte Molekularbewegung erzeugt wird (Abb. 324), schonender verläuft, d. h. es treten keine Überhitzungen auf und die Wärmeleitfähigkeit des Materials spielt keine Rolle. Dadurch kommt es zu einer gleichmäßigeren Erwärmung und damit zu einem besser wiederholbaren Reaktionsablauf.

Bei einer Leistung von 648 W wurde der Temperaturverlauf für ein geschlossenes und ein offenes Gefäß verglichen (Abb. 325), wobei natürlich im ersten Fall die höhere Temperatur erreicht wird.

Daher war das Aufschließen im geschlossenen System interessant, auch wenn man

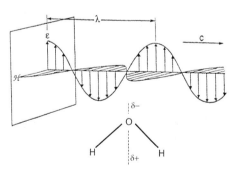

Abb. 324 Mikrowelle (ε: elektrisches Feld; H: magnetisches Feld; λ: Wellenlänge 12,2 cm bei 2,4 GHz; c: Lichtgeschwindigkeit) und das Wassermolekül, dessen Dipolmoment sich mit dem Feld ausrichtet.

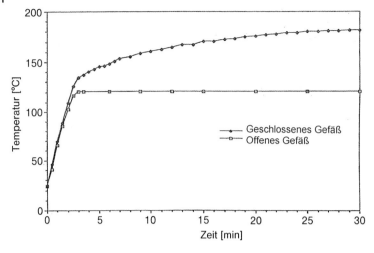

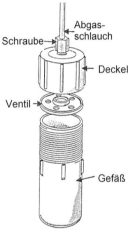

Abb. 325 (a) Temperaturkurven für offenes und geschlossenes System und (b) typisches Druckgefäß.

wissen mußte, welche Komponenten bei Öffnen gasförmig entweichen. Gewarnt durch die Explosion der Bernas-Bombe, also aus Sicherheitsgründen, baute die Firma Linn Elektronik, Hersbruck, ein Mikrowellendruckgefäß (Abb. 327a), in dem der Aufschließprozeß mit den üblichen Kunststoffbehältern, die man direkt hineinstellen konnte, auszuprobieren war. Der Aluminiumgußkessel hielt jeder Explosion stand, und die eventuell entweichenden Gase konnten aufgefangen werden. Die so entwickelten Aufschließverfahren ließen sich auf die ersten handelsübliche Geräte übertragen.

Der Druckaufbau kann nämlich erheblich, wie z. B. das Aufheizen von 12 Gefäßen mit jeweils 20 mL 70%iger Salpetersäure bei einer Leistung von 847 W zeigt (Abb. 326), stark ansteigen und zur Explosion des Gefäßes führten.

Weitere Firmen kamen schnell mit geschlossenen Geräten auf den Markt; heute sind neben CEM noch Anton Paar, Graz, Berghof Labortechnik, Eningen, so wie Büchi, Flawil, Schweiz, Milestone, Bergamo, Italien bzw. MLS, Leutkirch, und Perkin-Elmer, Rodgau, besonders aktiv. Alle heutigen Geräte sind – wie bereits angedeutet – mit denen der ersten Generation nicht mehr zu vergleichen.

Geblieben ist die Entwicklung von Milestone, die es erlaubt, offene Gefäße in einem Vakuumkessel zu deponieren und mit Überdruck zu verschließen (Abb. 328). Weil dies dem Praktiker sehr entgegenkommt, soll dieses System zum Aufschließen mit Hilfe von Mikrowellen (wie es richtig heißt, denn Mikrowellen werden

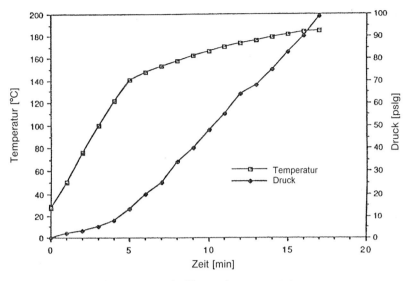

Abb. 326 Druck- und Temperaturverlauf beim Erhitzen von 70%iger HNO_3.

Abb. 327 (a) Linn-Versuchsgerät MIC Lifumat 1,2/2450 und (b) Büchi-Mikrowellengerät im Laboratorium der Hoesch Stahlwerke AG.

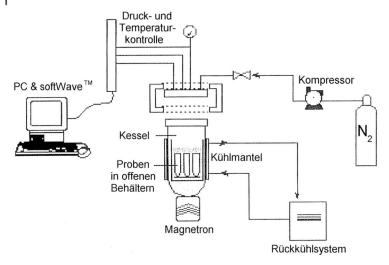

Abb. 328 Schema des „ultraCLAVE" Mikrowellen-Autoklavs von Milestone.

nicht aufgeschlossen, was der umgangssprachliche Ausdruck „Mikrowellenaufschluß" bedeutet) näher beschrieben werden.

Beim „ultraCLAVE" wird ein Gestell (neudeutsch: Rack) mit mehreren offnen Gefäßen (Abb. 329a), die Mikrowellen durchlassen müssen, in einen Druckkessel, der mehr als 250 bar aushält, gestellt, der Kesseldeckel verschlossen und ein hoher N_2-Druck, z. B. 200 bar, aufgegeben. Dieser verhindert das Entweichen des Probendampfes beim Aufschließen.

Der Druckaufbau führt, wie das Erhitzen von Wasser (Abb. 329b) anschaulich zeigt, zu hohen Temperaturen, z. B. bei 200 bar zu ~350 °C. Das Einsetzen der Proben läßt sich mit Hilfe eines Roboters wie auch der gesamte Ablauf leicht automatisieren.

Die modernen Geräte vereinen heute all die in der Praxis gemachten Erfahrungen, wie z. B. das „speedwave MWS-3+"-Mikrowellenaufschließsystem von Berghof (Abb. 330) mit berührungsloser Druck- und Temperaturmessung.

Als Sensor für den Druck wird ein Glasring benutzt, der Druckänderungen anzeigt. Die Temperatur wird mit der emittierten IR-Strahlung gemessen, was bis etwa 500 °C möglich ist.

Das mikrowellenunterstützte Aufschließen ist ein wichtiges Hilfsmittel im analytischen Laboratorium geworden [719–722]. Man sollte jedoch den Reaktionsablauf kennen bzw. wie erwähnt ausprobieren, was passieren kann.

Unter das Aufschließen mit Energiezufuhr fallen sowohl das Erwärmen mit verschiedenen Säuregemischen, die Abrauchtechniken mit Schwefelsäure oder Königswasser als auch die elektrischen Anregungen bzw. Verdampfungen der Proben mit dem elektrischen Bogen, dem Funken oder dem Laser.

Aber auch alle *Destillationsmethoden*, die nicht nur als Trennungs-, sondern auch als Anreicherungsverfahren betrachtet werden können, gehören zur Probenvorbereitung. In den heutigen Laboratorien sind allerdings die klassischen Destillationsapparate verschwunden; dies wird gegenwärtig

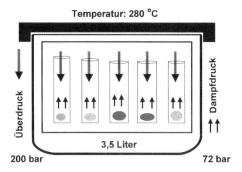
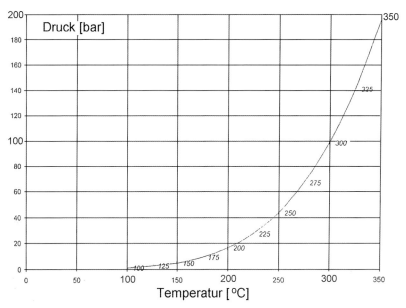

Abb. 329 (a) Autoklav-Schema und (b) Temperaturanstieg von H_2O-Dampf unter Druck.

Abb. 330 Das kompakte System „speedwave MWS" von Berghof, Eningen (mit Erlaubnis von Berghof).

Abb. 334 Metallkundliches Laboratorium (Chlorierung) im Werk Union der Hoesch Stahlwerke AG, Dortmund.

die sich leicht automatisieren läßt. Wie bei der Chlorierung gab es in metallkundlichen Laboratorien auch ganze Batterien von Elektrolysegefäßen, in denen Stahl- und Eisenstäbe in einem Medium aus Citronensäure langsam und schonend gelöst wurden.

Die *Automation* war das Thema zum Ende der siebziger Jahre schlechthin. Bei allen Probenvorbereitungstechniken versuchte man zu derartigen Techniken zu kommen.

In den Phasen der Euphorie testete man mit der Kombination von Pumpen und Ventilen zahlreiche Möglichkeiten, so auch das automatische Aufschließen mit Hilfe von Mikrowellen (Abb. 335). Die Idee hierzu stammte ursprünglich von *Eric Salin*, McGill University, Montreal. Auch in den Hoesch Laboratorien wurde eine solche Variante gebaut und getestet. Hierbei wurde die Aufschlämmung des Probenmaterials in die Spule gepumpt, die sich in einem Mikrowellenofen befand. Nach dem „stopped-flow-Prinzip" blieb die Aufschlämmung (neudeutsch: Slurry) für die zum Aufschließen benötigte Zeit in der Spule, bis dann die fertige Analysenlösung abgepumpt werden konnte. Der Vorteil war zweifellos der automatische Ablauf; der Nachteil bestand allerdings in dem schnellen Verstopfen der Ventile, besonders des rechten, durch die Gegenwart von SiO_2-Partikeln. Für leicht aufschließbare Substanzen arbeitet das System ausreichend gut.

Dieses Beispiel soll abschließend zeigen, daß bei allen Automatisierungsvorhaben möglichst vorher nachgedacht werden muß, denn es spielt eine große Rolle, für welche analytische Aufgabe sie geplant werden, ob es sich wirtschaftlich lohnt, bzw. ob sich die Aufgaben ändern können. Oft bleibt es nämlich sinnvoll, den praktizierenden Analytiker zu erhalten. Analytische Chemie – und hier besonders die Probenvorbereitung – funktioniert nicht ohne den Menschen (Abb. 336).

Normalerweise liegen nach der Einwaage und dem Lösen der Proben oder ihrer

5.2 Optimierung der Probenvorbereitung

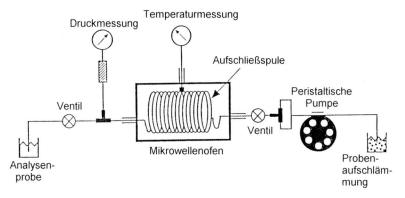

Abb. 335 Automatisches Aufschließen im Mikrowellenofen [724].

Abb. 336 Diplomchemiker *Ernst Sebastiani* und Gruppenleiter *Günter Riemer* bei der Bereitung von Analysenlösungen.

Schmelzen nun *Lösungen* vor, die entweder aliquotiert, verdünnt oder angereichert werden müssen sowie auch direkt eingesetzt werden können, wenn sie bereits die Analysenlösung sind.

In der zweiten Hälfte des 20. Jahrhunderts begann auch hier – wie bei fast allen Entwicklungen – der entscheidende Wandel für das Aliquotieren und Verdünnen. Mit den Pipetten von Eppendorf, Hamburg (damals noch Netheler & Hinz), die das gewünschte Volumen ansaugten und wieder ausfließen ließen, fing es an. Sehr nützlich wurde dann die Kolbenbürette von Ströhlein, Düsseldorf, die in vielen Laboratorien benutzt wurde. Mit Hilfe eines Kolbens, der einen Uhrzeiger mitbewegen konnte, wurde die Lösung aus einer Vorratsflasche angesaugt, das Dreiwegeventil umgeschaltet und das gewünschte Volumen über den Uhrzeiger kontrolliert ausgespritzt. Millilitervolumina ließen sich so exakter abmessen, als dies mit Pipetten möglich war.

Doch das ist heute alles Geschichte. Zahlreiche Firmen bieten automatische Pipetten bzw. Pipetierhelfer an, und die Verdünnung – wenn überhaupt nötig – wird in Verdünnungsautomaten (Diluter) oder Fraktionssammlern vorgenommen (Abb. 337).

Alles weitere erledigt dann ein „Sampler", der die Analysenlösungen dem Meßgerät zuführt und bereits Teil des Meßverfahrens ist.

Grundsätzlich ist zu bedenken, daß sowohl durch das Lösen als auch das Aliquotieren die Originalproben verdünnt werden, was im Fall der Spurenbestimmung dann ein sehr empfindliches Verfahren erfordert. Deshalb versucht man immer wieder mit Hilfe von *Trennungsverfahren* anzureichern oder zumindest die bei der Probenvorbereitung erfolgte Abreicherung auszugleichen.

Hierbei spielen z. B. *Extraktionsmethoden* eine wichtige Rolle. Auch diese sind, wenn nicht eine noch bestehende Norm dagegen spricht, weitgehend automatisiert

Abb. 337 Probenvorbereitungssystem SPS-3 mit Diluter von Varian (mit Erlaubnis von Varian).

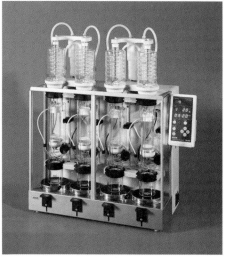

worden (Abb. 338a). Die Extraktion des Mineralöl- und Seifenanteiles aus Schmierfetten erfolgt immer noch klassisch nach der Norm (DIN 51814), indem das Fett in eine Membrane (Condom) gegeben und dieses in einem geeigneten Gefäß so aufgehängt wird, daß ähnlich wie im Soxhlet[5] das Öl mit Petrolether herausgelöst werden kann (Abb. 338b).

Bis auf Ausnahmen, wie die eben geschilderte, sollte immer versucht werden, die Matrix bzw. die Begleitelemente durch Extraktion abzutrennen. Man erinnere sich an die Gesetze von *Henry* und *Nernst*, wonach keine Verteilung auf zwei Phasen oder Extraktionstrennung quantitativ abläuft.

Noch wichtiger sind die *chromatographischen Methoden* geworden, die heute in den unterschiedlichsten Formen eingesetzt werden. Hier spielt vor allem die Säulenchromatographie eine wichtige Rolle, die in großen Säulen bis hin zu extrem kleinen

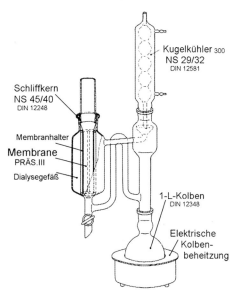

Abb. 338 (a) Extraktionsautomat von Büchi und (b) einfache Extraktion nach dem Dialyse-Verfahren, DIN 51 814 (mit Erlaubnis von Büchi).

Patronen in Fließinjektionsverfahren ausgeführt wird. Auch die papierchromatographischen oder elektrophoretischen Verfahren dienen zur Trennung bzw. Anreicherung des Analyten.

---

[5] Benannt nach Franz von Soxhlet (1848–1926), der damit Milch sterilisierte.

5.2 Optimierung der Probenvorbereitung | 353

Abb. 339 Gaschromatograph von Perkin-Elmer der sechziger Jahre im organischen Laboratorium der Hoesch Stahlwerke AG, Dortmund.

Die am häufigsten genutzte Methode ist die *Gaschromatographie* (Abb. 339), bei der oft versucht wird, die Ermittlung gleich mit einzubeziehen bzw. die Retentionszeiten über Detektoren zu erkennen. Das ist Analytik!

Wie an dem Beispiel der Ermittlung von Nitrosaminen in Kühlschmiermitteln gezeigt werden soll, müssen dazu die entsprechenden Verbindungen vorliegen (Abb. 340).

Das Kalibrieren erfolgt mit Nitrosodiethylamin (NDEA), welches genau wie die Probensubstanz ethyliert worden war und das Verfahren durchlaufen hat. Verbindet man die Peakhöhen der beiden Kalibrierproben,

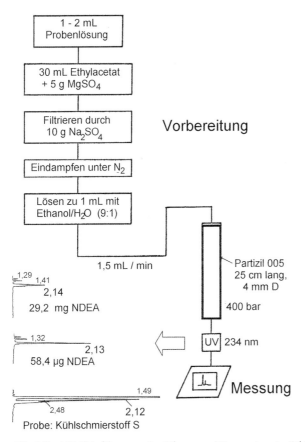

Abb. 340 HPLC-Verfahren zur Ermittlung von Nitrosaminen in Kühlschmiermitteln (Bohröl).

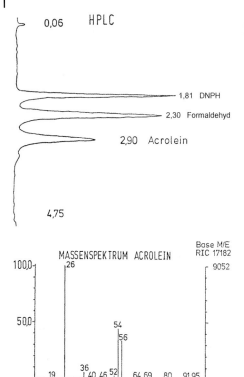

Abb. 341 Identifizierung des HPLC-Peaks nach 2,9 Minuten durch sein Massenspektrum.

Abb. 342 Ionenaustauschsäule.

die nach der gleichen Retentionszeit erscheinen, durch eine Gerade, so kann man auf die Peakhöhe der Probensubstanz extrapolieren. Die Messung im UV ist weder spezifisch noch selektiv.

Wird nun der Gaschromatograph mit einem Massenspektrometer kombiniert, so erhält man (ohne Vergleichssubstanz) ein Bestimmungsverfahren, wie hier kurz am Ergebnis der Acrolein-Bestimmung gezeigt werden soll (Abb. 341). Nun ist es Analytische Chemie!

Letztlich werden auch die Ionenaustausch-Chromatographie (Abb. 342) und besonders in der Wasseranalytik die Ionenchromatographie zur Probenvorbereitung eingesetzt.

Die Probenvorbereitung ist ein weites Feld, das besonders von der Kunst (= Können) des Analytikers bestellt wird, zumal diese Operationen immer noch den zeitbestimmenden Faktor darstellen. Ebenfalls ist höchste Sorgfalt erforderlich, denn hierbei gemachte Fehler sind nicht mehr korrigierbar. Deshalb passen hier zwei Aussprüche ziemlich gut.

Albert Einstein sagte einmal: „It should be as simple as possible, but not simpler" und in einem Vortrag meinte einmal ein erfahrener Analytiker: „The best sample preparation is none".

5.2.3
Vorbereitung kompakter Proben

Als kompakte Proben werden hier jene betrachtet, die in geeigneter Form geprobt und nicht mehr durch den Brecher zerkleinert und reduziert werden. Es handelt sich somit überwiegend um metallische Proben,

5.2 Optimierung der Probenvorbereitung

die aus Schmelzaggregaten entnommen werden. Es können auch gesägte, passende Blöckchen oder Gußstücke sowie Hobel- oder Bohrspäne aus der Produktion sein. Ebenfalls gehören hierzu die Schlackenproben, die als glasartige Stücke gewonnen werden. Sie alle kommen als Laboratoriumsproben meistens über Rohrpostleitungen (s. Abb. 312) zu den Untersuchungsstellen.

Durch die Entwicklung der Probenentnahme in den sechziger und siebziger Jahren hat sich die Form der Proben weitgehend derjenigen angenähert, die für eine spektralanalytische Analyse benötigt wird. Damit entfiel hierbei das Sägen der Metallproben, deren Oberfläche nur noch durch Fräsen, Schleifen oder Polieren für die Messung vorbereitet werden mußte. Diese Vorgänge waren dann entsprechend leicht zu automatisieren, weil es hier vornehmlich um die Dauer ging. Der Zeitbedarf für die Messung lag bereits im Sekundenbereich, während die Vorbereitung noch Minuten benötigte.

Für eine derartige Vorbereitung benötigt man heute einschließlich der Transportwege maximal zwei Minuten. Diese Probenform war letztlich eine wesentliche Voraussetzung für die Automatisierung der Probenvorbereitung.

Die oxidischen Schlackenproben mußten noch auf Analysenkörnung (< 100 μm) gemahlen und gesiebt werden, wobei man die metallischen Einschlüsse entfernte. Sie waren durch den Mahlvorgang breitgeklopft worden. Für die Produktionskontrolle war nicht die Zusammensetzung der gesamten Laboratoriumsprobe von Interesse, sondern nur diejenige des oxidischen Teiles. Im Fall der Automation entfernt man die metallischen Einschlüsse auf magnetische Weise. Anschließend reicht es oft, das gemahlene Probengut mit Cellulose zu mischen und in eine Aluminium-Box zu pressen (Abb. 344). Benötigt wurden hierzu 10 g Analysenprobe, die man mit einem Druck von 50 t fünf Sekunden lang preßte.

Die Pulverprobe kann aber auch einem Aufschließautomaten zugeführt werden, wenn dies die geforderte Analysendauer zuläßt.

In den achtziger Jahren erfolgte dann, um die Vorbereitungsdauer zu verkürzen, die weitgehende Automation dieser Prozesse. Der Probenempfang in der Rohrpoststation war so eingerichtet (Abb. 345), daß die aus 12 Leitungen ankommenden Probenkartuschen automatisch entleert und die Proben nach ihrer Art sortiert auf Me-

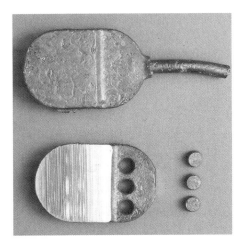

Abb. 343 Typische Stahlprobe aus dem Konverter entnommen mit Lasche zum Stanzen (oben: Laboratoriumsprobe; unten: Analysenproben für die Emissions- oder XRF-Spektrometrie sowie die Analyse der Gase, 3 × ~1 g).

Abb. 344 Alu-Box ohne und mit der Pulverprobe sowie die gepreßte Analysenprobe für die XRF-Spektrometrie.

tallaufbänder gegeben und entweder zu einem Schleif- oder zum Schlackenvorbereitungsautomaten (Abb. 345b) transportiert wurden. Ersterer erzeugt die Proben für die Emissionsspektrometrie, indem ein Manipulator die Probe mit konstantem Druck auf ein Schleifband (z. B. der Körnung 60) preßt, während der Schlackenautomat ein kompliziertes High-Tech-System darstellt, in dem alle Vorgänge bis zur Zugabe von abgezählten Cellulosepillen und Pressen in einen Metallring ablaufen. Die Analysenproben werden über Laufbänder zu den Analysengeräten transportiert. Auch Proben für das Kalibrieren bereitet der Automat vor, welche an der Rückseite entnommen werden können.

Während die Stahlproben nach der Analyse entweder verworfen oder im Fall der Fertigproben (Endprobe der Schmelze) für 10 Jahre gelagert werden, was das Produkthaftungsgesetz vorsieht, müssen die Ringe mit dem Probenmaterial zurücktransportiert und gesäubert werden, was der Automat auch erledigt. Diese automatische Probenvorbereitung ist bis heute aktuell geblieben, wie der Anblick des Hochofenlaboratoriums der Hoesch Stahlwerke aus dem Jahre 2001 zeigt (Abb. 346).

Wie immer gibt es Ausnahmen. Wenn z. B. die Metallproben zu hart für die Vorbereitung sind, können sie kurz ausgeglüht werden. Dazu hat die Fa. Linn, Eschenfelden, eine Induktionsspule zum Erhitzen (Abb. 347) entwickelt.

Treffen Metallspäne als Laboratoriumsprobe ein, so lassen sich diese z. B. direkt in Stahlringe pressen (Abb. 348), wenn sie nicht zu hart sind. Diese lassen sich dann nach Anschleifen emissionsspektrometrisch analysieren.

Abb. 345 Probenankunftsstation, Blick in den Schlackenautomaten von Herzog, Osnabrück. (a) Probenankunft mit Becher, Magnetabscheider und Bechertransportschiene; (b) zwei Scheibenschwingmühlen, im Hintergrund: Teil der Tablettenpresse (mit Erlaubnis von ThyssenKrupp Steel AG).

Abb. 346 XRF-Hochofenlaboratorium mit Roboter, Rohrpoststation (oben) sowie Schleif- (links) und Schlackenautomat (Mitte) (mit Erlaubnis von ThyssenKrupp Steel AG).

5.2 Optimierung der Probenvorbereitung

Abb. 348 Spanproben im Stahlring (gepreßt, angeschliffen und abgefunkt).

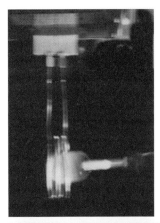

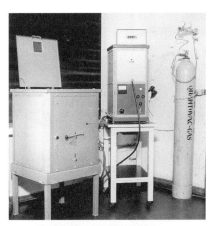

Abb. 347 Ausglühen einer Stahlprobe.

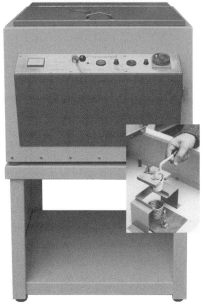

Sind die Späne zu groß oder zu hart, dann bleibt nur noch das Umschmelzen im Schleudergußverfahren. Der allererste Versuchsofen zum Umschmelzen ist im Hoesch-Laboratorium getestet worden [600], aus dem Anfang der siebziger Jahre der „Rotocast" der Fa. MBLE, Brüssel, entwickelt wurde (Abb. 349a).

Später baute dann die Fa. Linn High Therm, Hirschbach-Eschenfelden, die Lifomaten-Reihe mit dem gleichen Prinzip des zentrifugalen Schleudergusses (Abb.

Abb. 349 (oben) Umschmelzautomaten Rotocast-Prototyp und (unten) moderner Lifomat im Hoesch-Laboratorium.

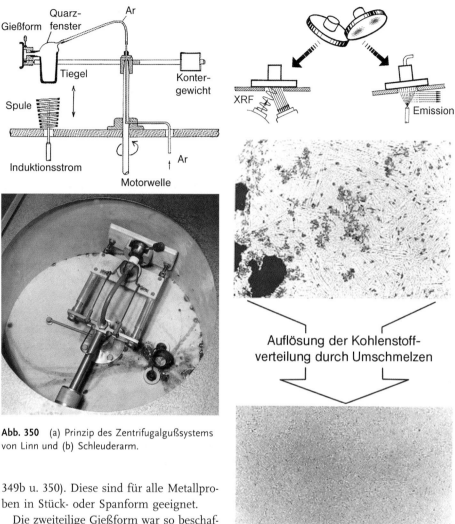

Abb. 350 (a) Prinzip des Zentrifugalgußsystems von Linn und (b) Schleuderarm.

Abb. 351 Stahlrohlinge nach dem Umschmelzen und Schliffbilder der Roheisenprobe vor (a) und nach dem Umschmelzen (b).

349b u. 350). Diese sind für alle Metallproben in Stück- oder Spanform geeignet.

Die zweiteilige Gießform war so beschaffen, daß die resultierenden Proben (Abb. 351a) nach kurzem Anschleifen direkt spektralanalytisch untersucht werden konnten. Es war jedoch nicht nur die Herstellung geeigneter Proben, die das Umschmelzen so wichtig werden ließ, sondern auch die Strukturauflösung spielte eine Rolle, wie z. B. bei Roh- oder Gußeisen, wo die ursprüngliche Probe aufgrund der Kohlenstoffverteilung nicht für die emissionsspektrometrische Analyse geeignet ist. Die C-Cluster werden in der Schmelze zerstört und die Partikel durch den Schleuderguß gleichmäßig verteilt (Abb. 351b).

Auch das Umschmelzen war damals eine Maßnahme zur Reduzierung der lösungsanalytischen, manuell aufwendigen Tätigkeiten und trug dazu bei, die Organisation der Aufgaben umzustellen. In den siebziger und achtziger Jahren konnten so freigesetzte Arbeitskapazitäten für Entwicklungsaufgaben herangezogen werden. Im Ergebnis kam es dann auch zu entscheidenden Fortschritten – auch durch eine sinnvolle Zusammenarbeit mit den Herstellern von Analysengeräten und Aggregaten zur Automatisierung –, welche die Voraussetzung für den Stand der Analysentechnik im neuen Jahrtausend schafften.

Daneben entwickelten sich Halb- und Vollautomaten für das Schmelzaufschließen, z. B. von den Firmen Herzog, Osnabrück, Philips, Almelo, u. a., die ebenfalls eine Voraussetzung für die künftige Automatisierung der Produktionslaboratorien waren. Die Entwicklung der vergangenen 50 Jahre war enorm, wenn man bedenkt, daß es mit so filigranen Mehrfachbrennergeräten, wie z. B. dem Claisse Fluxer der Fa. Fernand Claisse, Quebec, Canada, begann. Die Firma Kontron, München, vertrieb die Geräte Roto-Cast und Roto-Melt mit induktiver Erhitzung und guter Durchmischung des Schmelzgutes [733], die aus den modifizierten Lifumat-Me und Lifumelt-Semi-Ox von Linn, Eschenfelden, entwickelt wurden. Diese Geräte leisteten an der Spule 4 kW bei einer Frequenz von 1 MHz. Die Gleichstromspannung an der Anode betrug 6,5 kV. Die Fa. Schoeps, Duisburg, erweiterte dieses induktive Erhitzen in Zusammenarbeit mit der Thyssen Stahl AG [734] durch ein Gerät mit zwei Spulen zu einem halbautomatischen System. Maximal konnten bis zu 12 Platintiegel eingesetzt werden. Nach Fertigstellung des Aufschließens wird in Pt-Schalen abgegossen.

Bereits in der ersten Hälfte der siebziger Jahre baute die Fa. Herrmann-Moritz, Chassant, Frankreich, mit der „Perleuse pour fluorescence X" einen Halbautomaten für die Vorbereitung von einer (FX-01) oder von 12 Proben (FX-12). Um einmal Preise zu nennen, die historisch interessant sind, hier diejenigen beider Geräte im Jahre 1975: 56 017,- bzw. 86 337,- Ffrs. (entsprechend etwa 9000,- bzw. 14 400,- €). Es folgte der halbautomatische Aufschließautomat, Modell HAG 12, von Herzog, Osnabrück, mit dem auch 12 Proben mit guter Wiederholbarkeit der Bedingungen aufgeschlossen werden konnten. Durch die konkurrierenden Hersteller regulierten sich die Anschaffungspreise, so daß der Einsatz dieser Automaten auch wirtschaftliche Gesichtspunkte hatte. Hauptsache war jedoch die Gleichmäßigkeit des Ablaufes, der praktisch zu 100 % befriedigende Schmelztabletten ergab, was manuell nicht zu erreichen war. So hatte der Ersatz der menschlichen Arbeitskraft zunächst durchaus analysentechnische Gründe.

Bis etwa zu Beginn der achtziger Jahre erfolgte der Personalabbau in den Laboratorien im Einklang mit den Einsparungen an Arbeitsaufwand, der durch die entwickelten Automatisierungsmaßnahmen entstanden war. Doch dann folgten Frühpensionierungswellen, die zur Aufgabe vieler Tätigkeiten führten, welche die Analytische Chemie charakterisieren. Nicht nur die Kontrollarbeiten (Herstellen und Analysieren von Referenzmaterialien, Einsatz von Referenzverfahren usw.) innerhalb der Laboratorien, sondern auch eine fruchtbare Zusammenarbeit nach außen mit den Geräteherstellern blieben weitgehend auf der Strecke. Auch die hatten ihre Schwierigkeiten mit dem Verlust interessanter Entwicklungen durch Fusionen der Gesellschaften, und kein Anwender war mehr in der Lage, dies zu beeinflussen. Als Ergebnis dieses kaufmännischen Denkens kam es zur vergleichenden Analytik gegen gekaufte Standards – eben zur Analytik, aber nicht mehr zur Analytischen Chemie!

Der Beitrag der Entwicklung schneller Probenvorbereitungstechniken war für den Fortschritt der Automatisierung innerhalb und außerhalb der Laboratorien sehr wichtig, denn daraus folgte eine Renaissance der Vorprobenlaboratorien in der Nähe der Produktionsstätten – nicht mehr manuell chemisch-analytisch wie bis in die fünfziger Jahre, sondern nun spektralanalytisch (fast) ohne Personal. Parallel entwickelte sich so auch eine rechnerunterstützte Maschinenbautechnik und Feinmechanik höchster Präzision. Nicht zu vergessen ist auch die ständig verbesserte Produktion von geeigneten Schleifbändern, z. B. mit einer Körnung, die sich über eine gewisse Zeit erneuern kann, und Schleifsteinen für die Vorbereitung harter Metallproben. Entsprechendes gilt auch für Sägen und Fräsen sowie die ständig fortschreitende Hardware- und Software-Entwicklung dieser Jahre.

5.3
Änderung der Organisationsform analytischer Laboratorien

Es konnte nicht ausbleiben, daß die zunehmende Automatisierung und der beginnende Einsatz von zunächst einfachen Rechnern die Struktur der Laboratorien verändern mußte. Die Geschichte der Rechenmaschinen ist uralt; es begann 1642 mit der Rechenmaschine von *Blaise Pascal* (1623–1662), mit der verbesserten Form 1672–1674 von *Gottfried Wilhelm Leibniz* (1646–1716) und dem amerikanischen Kybernetiker *Norbert Wiener* (1894–1964) bis hin zu *Konrad Zuse* (1910–1995), der 1941 den ersten elektronischen, programmierbaren Rechner baute.

5.3.1
Beginn der Automatisierung

Im Laboratorium der Schnellanalyse, die das 1963 gebaute Oxygenstahlwerk Phoenix der Dortmund-Hörder Hüttenunion mit Daten zu versorgen hatte, wurde der wohl weltweit erste Rechner gebaut (Abb. 352), der die über die Rohrpost ankommenden Proben den Spektrometern zuordnen, den Analysenvorgang starten, die Berechnung der Meßwerte vornehmen und die Daten nach Freigabe durch den Operator an die Kunden (Leitstand im Stahlwerk und Qualitätsstelle) senden konnte.

In den chemisch-analytischen Industrielaboratorien begann der Rechnereinsatz oft mit dem Olivetti-Rechner (Abb. 353), für den es Magnetkarten gab, auf die sich die Parameter eines analytischen Verfahrens programmieren ließen. Der Analytiker hatte dann nur die Karte in den Rechner zu schieben und die Meßwerte einzugeben. Das Ergebnis wurde mit statistischen Daten ausgedruckt. Dafür war zuerst jedes Analysenverfahren zu programmieren, d.h. man mußte sich über den Ablauf der Durchführung genau im Klaren sein. Dasjenige, was normalerweise aus Erfahrung getan oder nach genormten Verfahren durchgeführt wurde, sollte nun in eine dem Programmierer verständliche Form gebracht werden. Hierzu waren die sog. Fließdiagramme (Tab. 29) hilfreich. Doch dies war nicht so leicht, wie es klingen mag.

Die oft intuitive Arbeit der Analytiker ließ sich so manches Mal schwer in Worte fassen, und Normverfahren sind überhaupt von ihrer Struktur her, dem redaktionellen Zusammenstellen durch nicht immer praxisorientierte Personen, nicht geeignet, in Fließdiagrammen erfaßt zu werden. Zwei Verfahren sind in der folgenden Tabelle 29 beispielhaft gezeigt. Derartige Fließdia-

5.3 Änderung der Organisationsform analytischer Laboratorien

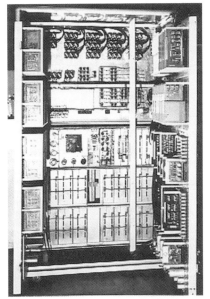
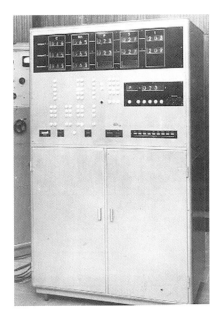

Abb. 352 Laborrechner für die Spektrometrie, das Bedienungsfeld, Innen- und Außenansicht sowie Eichfeld des Rechners.

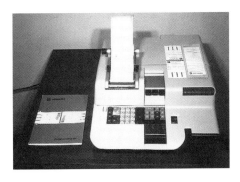

Abb. 353 Tischrechner von Olivetti, Mailand.

Tabelle 29 Fließdiagramme für die Speziesbestimmung von Fe-Verbindungen (links) und die Bestimmung von Cr und V in Stählen.

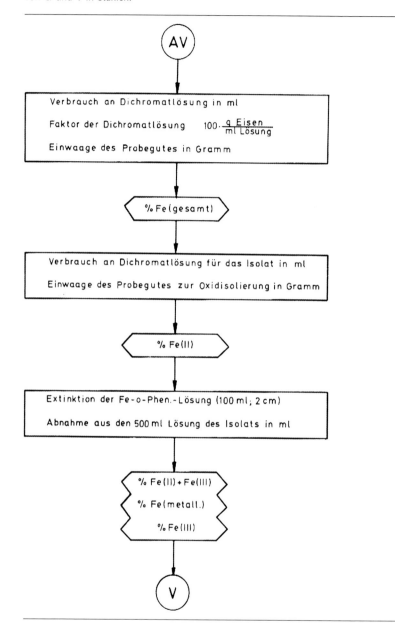

Tabelle 29 Fortsetzung.

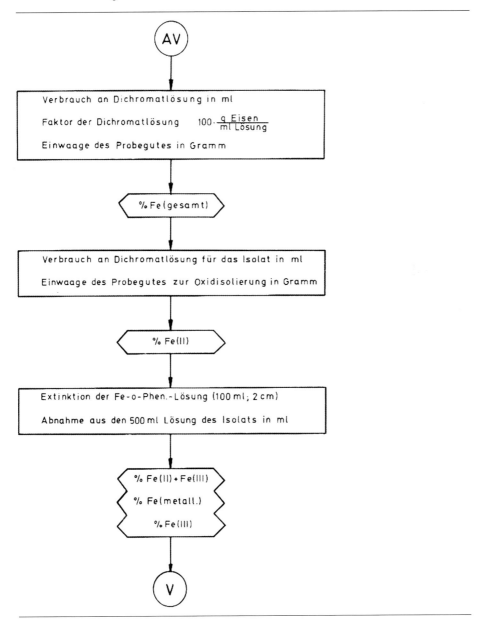

gramme wurden auch für die Schnellmethoden der Spektralanalyse erstellt, weil es infolge der rasanten Entwicklung sehr schnell zur Ablösung des Eigenbau-Rechners kam.

Die Rechner wurden größer, wodurch die Trennung zwischen den einzelnen Laboratorien bald keinen Sinn mehr machte. Das Ziel war der *Zentralrechner* für alle. Doch das dauerte noch einige Zeit, denn es ging zunächst immer um die Schnellanalyse. An einen Rechner der Fa. Dietz, Mülheim, für dessen Programmierung die Fa. PSI, Berlin, gewonnen werden konnte, ist dann bereits das gesamte Schnellaboratorium einschließlich der Gasanalysatoren angeschlossen worden (Abb. 354).

Für heute unvorstellbar war damals Kernspeicher extrem teuer. Der Mincal 523-Rechner (Abb. 355) hatte somit drei Kernspeichereinheiten mit jeweils nur 4 k (tatsächlich Kilo, nicht Mega oder Giga). Davon wurden ein Kernspeicher für die interne Rechnerverwaltung und ein weiterer für die Anschlüsse der Geräte, Datenverfolgung und Meßwertübernahme und -ausgabe benötigt.

Der dritte Kernspeicher war leer und stand ständig zur Verfügung. Daneben enthielt ein Trommelspeicher mit 128 k (damals optimal) sämtliche Eich- und Kalibrierdaten der zahlreichen Programme (Stahlqualitäten). Beim Start holte sich dann der Rechner alle benötigten Daten für den speziellen Fall von der Trommel und löschte diese Daten nach Fertigstellung der Analyse wieder. Es ist kaum zu glau-

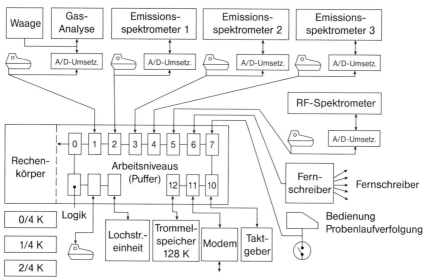

Abb. 354 (a) Dietz-Rechner Mincal 523 und (b) Datenverarbeitungssystem im Laboratorium Phoenix der Hoesch AG.

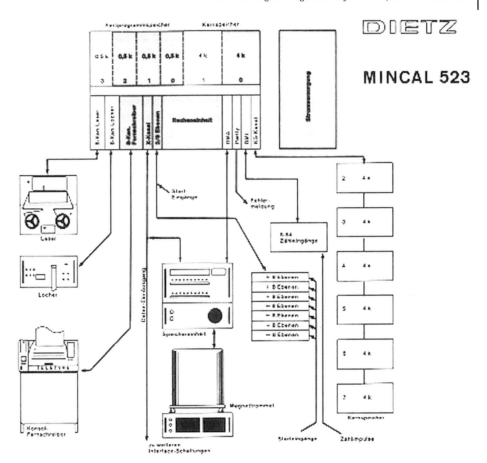

Abb. 355 Blockdiagramm des Rechners Mincal 523.

ben, daß dies um 1970 als hochmodern galt [735]. In allen Fällen war es zunächst so, daß immer noch der Mensch die Plausibilität zu prüfen und das Senden der Daten per Knopfdruck freizugeben hatte.

Die Entwicklung schritt schnell voran, so daß sehr bald mit der Planung von echten Zentralrechnern begonnen werden konnte – sowohl in den Produktionsbetrieben als auch in den Laboratorien. Es ist zu empfehlen, solche Planungen sehr sorgfältig zu machen, da jede spätere Änderung erfahrungsgemäß zu hohen Zusatzkosten führt [736, 737].

5.3.2
Mechanisierte Abläufe analytischer Verfahren

Allgemein hatte sich um diese Zeit ein Laboratoriums-Informationssystem entwickelt, das sich in der produzierenden Metallindustrie schnell einführte (Abb. 356).

Es enthielt den sog. „Unibus", an den sich sowohl die Geräte (z. B. Spektrometer und Gasanalysatoren) als auch die Auswertestationen (Speicher- und Rechnereinheiten) bis hin zu den Datenausgabesystemen (Terminals, Drucker, Sender) andocken ließen.

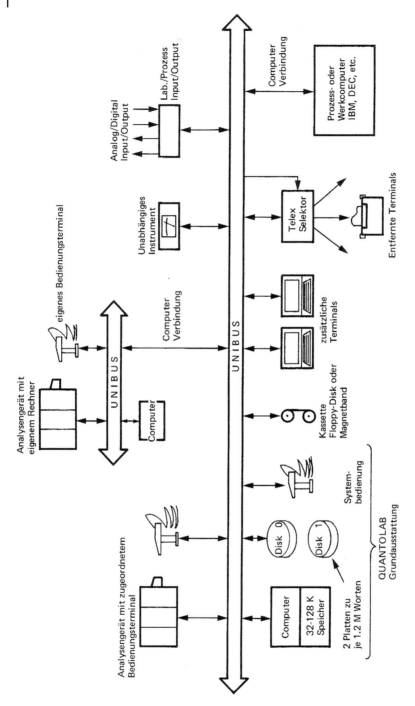

Abb. 356 Schema der Automatisierung eines Spektrallabors von ARL, Ecublens.

Die alles geschah, bevor es das heute noch gebräuchliche LIMS-(Labor-Informations-Management-System) gab.

So war man auch bemüht, Kriterien für die Plausibilität im Programm zu verankern. Ohne Probleme ließen sich die Grenzwerte für die verschiedenen Qualitäten speichern, wodurch der Rechner dies mit den Angaben und den analytischen Daten vergleichen konnte. Schwieriger war die Beurteilung, ob alle Vorgaben für eine korrekte Analyse eingehalten wurden. Der Rechner selbst konnte so programmiert werden, daß er nach einer bestimmten Analysenanzahl eine neue Rekalibrierung anforderte. Hatte sich die Lage der Auswertekurven verändert, so mußte die Steigung oder der Faktor mit Referenzproben neu eingestellt werden. Dies waren Vorbereitungen für einen weitgehend mechanisierten Ablauf. Nachdem die eigentliche spektrometrische Analyse nur noch etwa eine Minute benötigte, blieb die Probenvorbereitung der geschwindigkeitsbestimmende Schritt. Da sich in einem großen Laboratorium leicht Warteschlangen der Proben (s. auch Kap. 6) aufbauen können, war es bedeutsam, schlechte Proben vorzeitig zu erkennen, und nicht erst die gesamte Analyse durchzuführen. Deshalb wurde z. B. bereits während des Vorfunkens auf dem Fe-Referenzkanal integriert. Wenn dabei ein festgelegter Schwellenwert nicht erreicht wurde, brach der Analysenvorgang ab. Dabei erkannte z. B. das System Einschlüsse und Fehlstellen (Gasblasen) in Metallen, die bei der Probenvorbereitung auf der Oberfläche noch nicht sichtbar waren. Ein weiteres Kriterium konnte der Al-Meßwert sein. Es war erforderlich, alle Vorarbeiten vom Probeneingang bis zur Fertigstellung der Analysenprobe möglichst zu verkürzen. Es begannen die Planungen zum Einsatz der ersten Manipulatoren (Vorgänger der Roboter), die in der Lage waren, die Proben zu fassen und auf eine andere Position umzusetzen.

5.3.3
Automation der Produktions- und Produktkontrolle

Nun hieß es allgemein: „Automatisiere oder stirb" und die schnelle Rechnerentwicklung unterstützte diese Bestrebungen. Beim Einsatz der ICP-Spektrometrie war zunächst das Spektrometer Labtest V25 mit einem Analog-/ Digitalrechner ausgestattet, in dem alle Auswertekurven rechnerisch in 45°-Geraden umgewandelt wurden. Als dann die Fa. Labtest zeitweise zur Systron-Donner-Gruppe gehörte, verfügte sie über den ersten Spektrometer-Computer (Mikroprozessor) mit Intelchip (Abb. 357) und der entsprechenden Software für die Spektralanalyse.

Es war allgemein zu erwarten, daß im weiteren Verlauf das Bedienungspersonal eingeschränkt werden mußte, also zumindest die Kalibrierung der Geräte automatisch erfolgen sollte. Erst in den achtziger Jahren kamen dann Spektrometer in Kombination mit Robotern auf den Markt, die dies konnten. Zunehmend wurden jetzt,

Abb. 357 Labtest CRT 1 000, ein Beispiel der neuen Rechnergeneration.

da die Rechner immer kleiner und preiswerter geworden waren, Analysengeräte mit Computern ausgestattet, die sowohl Steuerfunktionen als auch die Datenaufbereitung übernehmen. Das Zeitalter der Computer begann dann so richtig in den achtziger Jahren.

Doch wie alle Neuerungen barg auch die Computertechnik einige Fehlermöglichkeiten in sich. Zum einen ist natürlich immer ein Programm so gut wie der Programmierer bzw. derjenige, der ihn informiert – also der Analytiker. Zum anderen wird nur noch das Digitale gesehen, der ursprüngliche gemessene Wert wird nicht erkannt, es gibt keinen Schreiber mehr, der ihn aufzeichnet. Das kann in speziellen Fällen zu erheblichen Mißdeutungen kommen. Außerdem wurden die Meßwerte dadurch verbessert, daß man sehr kurz integrierte, z. B. bei der AAS, und dies für eine einzige Wertangabe zehnmal oder noch öfter wiederholte. Im Grunde bekam man also einen Mittelwert ausgegeben (mit dem dann statistische Betrachtungen als Einzelwert angestellt werden). Die Hersteller von Geräten geben sich Mühe, die Instrumente einfach bedienbar zu machen und folgen damit den Anforderungen der Kunden, die zunehmend angelernte oder (nach amerikanischem Prinzip) gar nicht ausgebildete Mitarbeiter mit der entsprechend der „Good Laboratory Practice" (GLP) gedruckten „Standard Operation Procedure" (SOP) in der Schublade einsetzen wollen. Die Gerätehersteller haben erkannt, wie wenig ihre Kunden heutzutage wissen, was sie aus verständlichen Gründen nicht zugeben können.

Zum Ende der siebziger Jahre existierten bereits die Schnellaboratorien zur Produktions- und Produktkontrolle, die sich innerhalb der chemisch-analytischen Abteilungen entwickelt hatten. Es war jedoch den Analytikern noch nicht bewußt, daß eine wesentliche Veränderung erkennbar wurde: alle *Analyseninstrumente sind* eigentlich *Peripheriegeräte des Rechners* geworden. Vielleicht war es noch zu früh, diese Entwicklung zu erkennen, doch wesentlich für das weitere Vorgehen war auch das Verhalten der analytisch arbeitenden Chemiker.

Gegenüber 1970 hat sich die Organisation der Proben und zugeordneter Verfahren bis 1980 nicht grundsätzlich geändert, doch es begannen die Bestrebungen, durch eine *Dezentralisierung* zu noch schnelleren Abläufen und zu Synergieeffekten bezüglich des Personals zu kommen (Abb. 358). Das begann mit einer in verschiedenen Industriezweigen schon praktizierten Verlagerung der Prüftechniken an die Orte, wo die Proben anfallen – also in die Produktionsbetriebe.

Im Grundsatz ist das keine neue Idee, denn wer kennt nicht die kleine Titrationseinrichtung unter einer Treppe oder auf der Produktionsbühne in der chemischen Industrie. Als die Analysenzeiten noch viel länger waren, z. B. chemische Verfahren in der Stahlindustrie benutzt wurden, gab es sog. Vorprobenlaboratorien auf der Ofenbühne, in denen „wahre Künstler" die C- und S-Anteile gasanalytisch, Mn colorimetrisch und P nach Niederschlagsbildung visuell in 15–20 Minuten ermittelten. Zum photometrischen Messen oder einer Wägung blieb keine Zeit, obwohl damals der Thomasstahl-Herstellungsprozeß noch Stunden in Anspruch nahm. Heute wie am Ende der siebziger Jahre ging es um Minuten, damals waren es ~20 Tonnen in der Bessemer-Birne, gegen ~200 Tonnen im Konverter von heute. Es hängt also auch ein ganz anderer Wert daran, d. h. Fehler können die Wertschöpfung und damit die Wirtschaftlichkeit des gesamten Unternehmens beeinflussen.

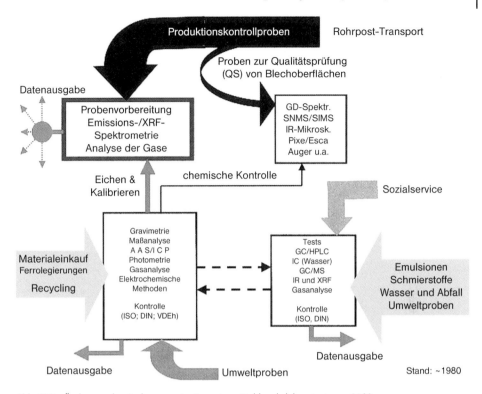

Abb. 358 Änderung der Probenorganisation eines Stahlwerkslaboratoriums, 1980.

Die betrachtete Entwicklungsperiode war eine hochinteressante Zeit, in der gerade die Analytiker viel über die beteiligten Randgebiete lernen konnten bzw. mußten. Es wurde klar, daß Analytik in der Praxis ein Zusammenwirken von Physik (Optik, Elektronik), Mechanik (Apparatetechnik), Chemie und Datenverarbeitung erfordert, also die Zusammenarbeit von Fachleuten dieser Sparten, wobei der Analytiker diese verstehen sollte und ihnen erklären können müßte, was er tun will, und was er braucht.

Da diese Entwicklungsperiode sich nicht wiederholt, muß die Aus- und Weiterbildung dem Rechnung tragen (s. Kap. 7).

6
Die Neuzeit der Analytik

6.1
Qualitätsbegriff und Berufsausbildung

Wenn ab jetzt nicht mehr der Begriff „Analytische Chemie", sondern *Analytik* verwendet wird, dann hat das einen doppelten Grund. Zum ersten ist damit gemeint, daß schon heute und in Zukunft überwiegend die Richtigkeit analytischer Daten nicht mehr auf der Stöchiometrie – der Chemie also – und den leitprobenfreien Referenzmethoden beruht, sondern auf Standardproben der unterschiedlichsten Art zurückgeführt wird. Doch auch dann bleibt *Analytik die Kunst oder Lehre von der chemischen oder chemisch-physikalischen Analyse. Die alte Definition als Teilgebiet der Reinen und Angewandten Chemie sollte nicht aufrechterhalten bleiben; die Analytik ist ein eigenständiges Fachgebiet bzw. muß es werden.*

Zweitens wird der Begriff „Analytik" gerne dann benutzt, wenn von einer interdisziplinären Wissenschaft oder sogar Querschnittsdisziplin – was immer das bedeuten soll – gesprochen oder geschrieben wird. Es ist zweifellos richtig, daß die Interpretation analytischer Daten die Kommunikation mit allen Auftraggebern erfordert. Der Analytiker muß sich mit den Fachbereichen seiner Kunden mindestens soweit beschäftigen, daß er ihre Sprache versteht und sprechen kann. Da dies die meisten Analytiker heute nicht mehr beherrschen bzw. wegen der besonderen Spezialisierung nicht beherrschen können, ist die sog. Teamarbeit das Mittel der Wahl. Nur muß in einem Team der Analytiker auch anerkannt und gleichwertiges Mitglied sein. Dafür sollte er sein Fachgebiet wirklich beherrschen und überzeugend vertreten können. Infolge der nicht ausreichenden Qualifikation von Laborleitern, die oft nicht wissen, wie ihre Geräte funktionieren, die bei Herstellern eine sog. „Black Box" kaufen wollen oder sich ein Instrument „andrehen" lassen, welches sie gar nicht gebrauchen können, ist es allerdings nicht so einfach, anerkannt und nicht als simpler Dienstleistender, dem man sagt, was er zu tun hat, behandelt zu werden. Hier besteht in Zukunft ein großer Handlungsbedarf (s. Kap. 7).

In der zweiten Hälfte des 20. Jahrhunderts, als alle wesentlichen Analysenmethoden bekannt waren, setzen zwei neue Entwicklungsphasen ein: Erstens wurden die apparativen Verfahren den praktischen Erfordernissen immer mehr angepaßt, und zweitens hat die elektronische Revolution die Analysengeräte in Bezug auf Präzision und Schnelligkeit verbessert, wozu natürlich auch die Kombination mit Computern gehört. Im Extremfall stellen in der modernen Analytik die Analysengeräte heute oft die Peripherie zu den Rechnersystemen dar. Dies erfordert einen weit mehr universell gebildeten Analytiker.

Alle reden heute in den unterschiedlichsten Branchen von Qualität, und sie meinen oder glauben eigentlich, daß dies etwas Besonderes sei, weil sie es nach einigen neuen Normen sichern müssen. Dabei scheinen die über 100 Jahre alte Produkthaftung nach § 823 BGB und die alte Wertmarke „Made in Germany" in Vergessenheit geraten zu sein. Warum soll ein Vorgang einfach ablaufen, wenn es auch komplizierter geht. Wirtschaftlich gesehen macht das wenig Sinn, denn die anfallenden Kosten gehen der Wertschöpfung verloren oder werden bei der Qualität eingespart. Man hat offensichtlich vergessen, daß ein Vertrag zwischen zwei Geschäftspartnern die Anwendung von Normen ausschließen kann, wenn er denn vollständig beschreibt, was bei eventuellen Streitfällen zu geschehen hat. Die Produkthaftung läßt sich dagegen keinesfalls ausschließen.

6.1.1
Qualität und Qualifizierung

Qualität ist ein positiv besetzter Begriff. Allerdings wird die Qualität nicht dadurch verbessert, daß man Selbstverständlichkeiten in *Qualitätssicherungssystemen* (QS-Systeme) festlegt und die Ausführenden zwingt, diesen bedingungslos zu folgen. In der Forschung ist so etwas sinnlos, weil jede Intuition und Initiative gebremst werden würde, also genau das, was die Forschung erfordert. In Produktionsbetrieben und den dazugehörenden Laboratorien oder Prüfabteilungen gab es schon immer Aufschreibungen und Kontrollen, oft sogar doppelt durch eine sog. Qualitätsstelle und eine mehr kaufmännisch orientierte Abteilung. Wie sollte man sonst Qualitätsprodukte herstellen können. Die Welle der Qualitätsnormen in der zweiten Hälfte des 20. Jahrhunderts berechtigt zu dem Verdacht, daß man mit zusätzlichen Kosten etwas retten möchte, was man einzubüßen glaubt. Je weniger ausgebildet und qualifiziert die Mitarbeiter sind, um so mehr muß vorgeschrieben werden. So hat denn auch die Qualitätssicherung ihren Ursprung in den USA, wo es keine adäquate Berufsausbildung in der Art gibt, wie wir sie kennen.

6.1.1.1 Gute-Labor-Praxis

In unserem Lande gab es seit der industriellen Entwicklung in der zweiten Hälfte des 19. Jahrhunderts gewisse Besonderheiten, die uns auszeichneten und andere anspornten, doch in der Gleichmacherei des ausgehenden 20. Jahrhunderts verloren gingen. Hierzu gehörten sowohl der Begriff „Made in Germany" als auch die Voraussetzung einer zielgerichteten Ausbildung in allen Bereichen. Diese war in Bezug auf die Analytische Chemie hervorragend, so daß die Grundlagen des analytischen Arbeitens nicht in jeder Vorschrift definiert und wiederholt werden mußten. Darüber hinaus gibt es in Deutschland einen *geregelten Bereich*, der sich mit bestimmten analytischen Untersuchungen auf sog. lebenswichtigen Gebieten, wie der Lebensmittel- und Bedarfsgegenstandsanalyse, der medizinischen und pharmazeutischen Analytik oder derjenigen öffentlicher Untersuchungsämter, befaßt. Daneben existiert der *ungeregelte Bereich*, der für alle Industriesparten zutrifft. *Dieser wird jedoch nur als Gegensatz so bezeichnet, denn er ist eigentlich üblicherweise durch Verträge schärfer geregelt als der geregelte Bereich.* Im allgemeinen gilt nämlich hier seit mehr als 100 Jahren das übergeordnete *Produkthaftungsgesetz* § 823 BGB.

Hier soll bereits erwähnt werden, daß durch Verträge zwischen zwei Partnern, z. B. einem Rohstofflieferanten und einem Produzenten, festgelegt werden kann, wie im Streitfall zu verfahren ist. Dort kann bereits ein Schiedslaboratorium angegeben werden, dessen Resultate beidseitig zu akzeptieren sind. Dann ist jegliche Norm – auch die des DIN – aus dem Geschäft. Nur in Fällen, wo die vertraglichen Regelungen nicht eindeutig sind, wird bei einem Streitfall von den Gerichten stets die Norm bzw. das dort beschriebene Verfahren zur Bewertung herangezogen (s. Kap. 6.4). An den Regelungen des Produkthaftungsgesetzes kommt man grundsätzlich nicht vorbei.

Weltweit waren die Voraussetzungen nicht so günstig, weder in Bezug auf die Ausbildung noch in der Gesetzgebung. Somit spielte im Welthandel auch die internationale Normung eine größere Rolle als in Deutschland. In den USA entstand der sog. ISO / IEC-Guide 25, in dem Richtlinien über die Kompetenz von Prüflaboratorien festgelegt wurden. Der Normenausschuß „Gebrauchstauglichkeit im DIN" hat daraufhin die Fassung dieses ISO-Leitfadens vom Dezember 1982 ins Deutsche übersetzt und als Entwurf DIN 66060 „Allgemeine Anforderungen an die technische Kompetenz von Prüflaboratorien" vorbereitet. Diese Norm wurde nie verabschiedet; sie ist wahrscheinlich durch die Industrie aufgrund der zu erwartenden Kosten (und dem geringen Ansehen der Analytischen Chemie und der Prüftechnik allgemein) blockiert worden.

Ein Kriterium der zweiten Hälfte des 20. Jahrhunderts war zweifellos die rasante Entwicklung der Elektronik, wodurch viele Produkte und vor allem die Produktionsprozesse beeinflußt wurden. Hinzu kam der Wandel der Gesellschaft und der Gesellschaften; es wurde nicht mehr bestimmt oder entschieden, es wurde nur noch Management betrieben. Als die Kaufleute das Zepter in die Hand nahmen und Juristen die großen Firmen zu leiten begannen, da kam der Begriff der „Wertschöpfung" auf.

Der jährliche Gewinn wurde wichtiger als die Qualität, und „Made in Germany" sollte sich weltweit nicht mehr abheben. Wenn etwas anfängt, verloren zu gehen, beginnt man mit der Sicherung des Restes: die *Qualitätssicherung* (QS) war geboren, die heute auch dem Management unterliegt. Auch hier ist es erforderlich, zunächst mit Definitionen zu beginnen:

- *Qualität:*
  - ist sowohl ein universeller Begriff: „Alles hat seine Qualitäten" als auch ein gradueller und relativer: „Es gibt stets mehr oder weniger Qualität, relativ zu bestimmten Zwecken".
  - Sie kennzeichnet Beschaffenheit, Zustand, Brauchbarkeit, Verwendbarkeit, aber auch Güte, Güteklasse, Wert, Wertbeständigkeit, Niveau oder Format.
- *Qualifikation:*
  - ist Anlage, Veranlagung, Begabung, Eignung, Fähigkeit, Befähigung, Befähigungsnachweis.
  - Qualitativ ist dem Wert oder der Beschaffenheit nach: gut, wertvoll und geeignet.
  - Sich qualifizieren heißt, sich als geeignet zu erweisen, eine bestimmte Leistung vorzuweisen, fähig zu sein, besonders geeignet oder tauglich zu sein.
- *Sicherung:*
  - ist abgeleitet aus dem Lateinischen *securitas* und bedeutet Sicherheit, Gefahrlosigkeit, aber auch Sorglosigkeit (*sine cura*).
  - Nach dem Duden ist Sicherheit das Geschütztsein vor Gefahr oder Schaden.
  - Umfassender ist der englische Ausdruck *safety* im Oxford Dictionary benannt als „*Freedom from Danger*".

- Fragen zur Sicherheitstechnik sind in DIN 31000 geregelt.
- *Management:*
  - ist abgeleitet aus dem Amerikanischen und bedeutet Verwaltung, Organisation, Unternehmensleitung, aber auch Testspiele zur Führerauslese.
  - Dementsprechend ist ein Manager ein Wirtschaftsführertyp, der als Geschäftsführer, Impressario (Betreuer von Künstlern, Artisten und Berufssportlern) oder Veranstalter auftritt. Dies kann zum Managerkomplex (Großmannssucht) führen.
  - Managen heißt eigentlich organisieren, beruflich einarbeiten oder bewerkstelligen. Dies wiederum kann die Managerkrankheit auslösen, eine Reaktion von Herz und Kreislauf auf körperliche und seelische Überbeanspruchung.

Der vielfältigen Interpretation sind keine Grenzen gesetzt. Das Ergebnis der letzten 50 Jahre dieser Entwicklung ist allerdings ein eindeutiger Verlust an Firmenkultur [738], der mit einem allgemeinen (gewollten) Kulturverfall einhergeht (s. Kap. 7). Zur Vertiefung dieser Problematik sind zwei Bücher zu empfehlen: *„Nieten in Nadelstreifen"* von *G. Ogger* [739] und *„Von der Kunst der Arschkriecherei"* von *Alphons Silbermann* [740].

Für die Analytische Chemie läßt sich hier zunächst ersehen, daß die Qualität und die Qualifizierung miteinander über Wechselwirkungen zusammenhängen. Im allgemeinen ist zwischen der *Qualität der Produkte* und der *Qualität der Prüfmethode* zu unterscheiden. Im Fall der Analytischen Chemie ist aber gleichzeitig klar zu machen, daß ein direkter Zusammenhang zwischen der Güte der Prüftechnik und der Produktbeschaffenheit besteht. Dabei hängt die Qualität der Analysenmethode direkt von der Probenhomogenität ab.

Wichtiger scheint heute allerdings das Management der Qualitätssicherung zu sein. Der Ursprung dieser Aktivitäten entwickelte sich etwa zu der Zeit, als der ISO-Guide 25 ins Deutsche übersetzt wurde. Wieder aus den USA kam von *J. K. Taylor* [741] eine Veröffentlichung über die Planung analytischer Methoden (Abb. 359).

Dies war nicht neu, denn bereits *G. Gottschalk* [742] hatte sich damit beschäftigt, doch es war der Anlaß, in den USA die „*Good Laboratory Practice*" (GLP) zu kreieren und auch verbindlich vorzuschreiben. Dies machte dort auch Sinn, denn die minutiöse Beschreibung des Ablaufes der Durchführung eines Analysenverfahrens war für angelernte Hilfskräfte in den Laboratorien das einzige Mittel, eine vergleichbare Arbeitsweise einzuführen.

Bereits zwei Jahre nach der oben genannten Veröffentlichung erschien als gesetzliche Grundlage die „*Gute Laboratoriums-Praxis*" am 2. März 1983 im Bundesanzeiger. Die Gliederung:

I. 1. Geltungsbereich
    2. Begriffsbestimmung
II. 1. Organisation und Personal der Prüfeinrichtung
    2. Qualitätssicherungsprogramm
    3. Prüfeinrichtungen
    4. Geräte, Materialien und Reagentien
    5. Prüfsysteme
    6. Prüf- und Referenzsubstanzen
    7. Arbeitsanweisungen
    8. Ausführung der Prüfung
    9. Bericht über die Prüfergebnisse
    10. Archivierung und Aufbewahrung von Aufzeichnungen und Materialien

ist die Grundlage aller späteren, aus dem ISO-Guide 25 abgeleiteten Regelungen. Die GLP wurde sofort für den geregelten

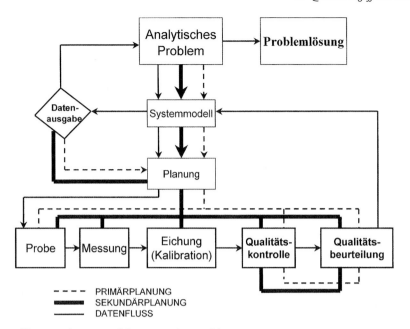

Abb. 359 Planungsmodell eines Analysenverfahrens.

Bereich verbindlich, während der nicht geregelte Bereich mit seinen qualifizierten Mitarbeitern dies für eine „amerikanische Notverordnung" hielt. Die Betroffenen fühlten sich unverstanden, wollte man ihnen doch jetzt quasi jeden Handgriff vorschreiben. Sie hatten zunächst den Eindruck, daß sowohl die Lehre und Übung als auch die jahrelange Erfahrung nicht mehr anerkannt wurden. Aus diesem Grund kam es bei der Einführung zu gewissen Verunsicherungen, so daß sich die Industrie zunächst zurückhielt; es waren eigentlich auch nur wenige Bereiche davon betroffen bzw. konnte der Gesetzgeber nur die zur GLP „zwingen", die dem geregelten Bereich zuzuordnen waren.

In den USA hatte die Einführung der GLP noch einen weiteren Grund, der nicht auf die Unerfahrenheit der Operateure zurückgeführt werden konnte. Es waren nämlich Unregelmäßigkeiten in Berichten großer Pharma-Unternehmen aufgefallen oder anders ausgedrückt, Studien über Gesundheitsrisiken sind aus kommerziellen Gründen gefälscht worden. Wahrscheinlich trauten die deutschen Behörden dies auch hiesigen Prüflaboratorien zu, denn der Zwang zur GLP wurde mit Hilfe allzu williger Kollegen erhöht. So wurde die GLP durch die Novelle des ChemG § 19a bis 19d und § 27 mit Wirkung vom 1. August 1990 für alle zur gesetzlichen Vorschrift. Der Gesetzgeber ordnete an: „Gute Laborpraxis befaßt sich mit dem organisatorischen Ablauf und den Bedingungen, unter denen Laborprüfungen geplant, durchgeführt und überwacht werden, sowie mit der Aufzeichnung und Berichterstattung der Prüfung." Dies war bisher in jedem gut geführten Prüflaboratorium intern geschehen, wobei es je nach Größe des Laboratoriums einen Verantwortlichen oder eine gesonderte Abteilung gab. Obwohl nichts Neues zu erkennen war, gab es viele Seminare und Kurse – offensichtlich für die Nichtanalytiker und Labormanager –, in denen versucht wurde, die eigentliche Geldmacherei durch z. B. neue Definitionen alter Begriffe für die Laien nicht erkennbar werden zu lassen.

Die GLP hat also nichts mit der eigentlichen Laborpraxis zu tun; sie dokumentiert und archiviert lediglich und fragt nicht nach Inhalten.

Eine der neuen Bezeichnungen für einen alten Begriff ist die SOP (*Standard Operation Procedure*) für Standardmethode nach Gottschalk [743] oder auch allgemein bekannt als Schiedsverfahren. Doch wer erinnert sich im Zeitalter der Globalisierung noch an gute deutsche Namen. Dies wäre jedoch nie ein Grund der Ablehnung, denn die Entwicklung der Analytik hat gezeigt, daß die Weltsprache Englisch ein unerläßliches Ausdrucksmittel geworden ist.

Die GLP-Richtlinien sind deshalb abzulehnen, weil sie dem Ziel der analytischen Arbeit widersprechen; sie verlangen keinen Nachweis der Richtigkeit und sagen nichts über die Qualität analytischer Verfahren und Daten aus.

Der Qualitätsbegriff wird ausdrücklich nicht benutzt. Es wird auch nicht hinterfragt, ob eine SOP ausreichend Qualität besitzt, d. h. validiert ist oder validiert werden kann. Eine SOP muß lediglich buchstabengetreu nachgearbeitet werden, auch wenn Fehler enthalten sind. Kriterium ist die GLP-Konformität. Dieses genaue Befolgen von richtigen oder falschen Verfahren ist bei Ringversuchen in der medizinischen Analytik ein Kriterium, das noch der Erläuterung bedarf.

Da die GLP mit dem § 1 des ChemG nicht vereinbar ist, bringt sie den Anwender in Gewissenskonflikte, wenn er denn ein Analytiker ist. Im GLP-Bereich besteht die Qualitätssicherung aus Verpflichtungen, die keinerlei Einfluß auf die Richtigkeit von analytischen Daten haben. Qualitätssicherung muß Vorgaben, Maßnahmen und Kontrollen beinhalten.

6.1.1.2 Qualitätsmanagement

Die Qualität der analytischen Arbeit und damit diejenige der Ergebnisse hängt in erster Linie von der Qualifikation der Mitarbeiter und derjenigen des Laborleiters ab. Was ist darunter zu verstehen? Es war immer so, daß die *Qualifikation* darin bestand, wenn

1. ein analytisches Problem erkannt wurde (*Problembewußtsein*),
2. die Auswahl einer geeigneten Probennahmestrategie und eine fachgerechte Umsetzung (*Methodenanwendung*) erfolgte sowie
3. eine verläßliche Datengrundlage (*Rohdaten*) existierte.

Das geschulte Problembewußtsein eines erfahrenen Operateurs geht zunächst folgenden Fragen nach:

- Ist das Anliegen des Auftraggebers bekannt?
- Liegt ein Probennahmeplan vor?
- Ist der Probennahmeplan der Fragestellung angemessen?
- Sind die dafür geeigneten Geräte vorhanden?
- Was ist zu tun, wenn unerwartete Bedingungen auftreten?
- Welche Alternativmethoden können eingesetzt werden – und wann ist vorher eine Abstimmung mit dem Auftraggeber nötig?
- Woher stammen die Proben, die entnommen wurden?
- Für welche Reichweite kann Repräsentativität angenommen werden?
- Ist anhand der Dokumentation für andere die Probennahme mit ihren Randbedingungen nachvollziehbar?
- Entspricht die erreichbare Meßsicherheit der Fragestellung des Auftraggebers?
- Sind die Eichgrundlagen der zu benutzenden Methode bekannt?

- Liegen die zur Kalibrierung benötigten Standards (RM oder ZRM) vor?
- Ist für die geforderte Richtigkeit die Hinzuziehung einer Referenzmethode erforderlich?

Analytisches Problembewußtsein macht die GLP-Richtlinien überflüssig. Das gilt auch für die nun folgenden Normen der Zertifizierung und Akkreditierung, die durch Entschließung des Rates der Europäischen Gemeinschaft zu einem globalen „*Konzept für Zertifizierung und Prüfwesen*" vom 21. Dezember 1989 gleich als ISO- (International Standard Organisation) oder EN (Europa-Norm)-Papier ohne Diskussion in Deutschland übernommen wurden. Es sind im wesentlichen fünf Punkte beschlossen worden:

1. Einführung von Konformitätsbewertungsverfahren anhand von Modulen,
2. Anwendung der Normenreihe EN 29000 für QS-Systeme,
3. Anwendung der Normenreihe EN 45000 für Prüf-, Akkreditierungs- und Zertifizierungsstellen,
4. Schaffung nationaler Akkreditierungssysteme und
5. Gründung gemeinsamer Dachausschüsse (EOTC mit EUROCHEM u. a.).

Für die Zertifizierung wurde die Reihe EN 29000 kurzfristig (1991–1993) von der weltweit geltenden Reihe DIN ISO 9000:1994 abgelöst, während für die Akkreditierung zunächst die Normenreihe DIN EN 45000 neben dem ISO-Guide 25 zu benutzen war. Die Globalisierung der Normung gelang erst im April 2000 mit der Veröffentlichung der DIN EN ISO IEC 17025. Der Beginn mit dem Entwurf DIN 66060 in Deutschland war so endgültig vergessen, und obwohl die USA und die BRD die neue Norm ablehnten, gilt sie generell ab dem 1. Januar 2003 und ersetzt DIN EN 45000ff.

Jetzt begann überall der Aufbau von Qualitätsmanagement-Systemen, wenn sie noch nicht vorhanden waren, oder die bisherigen Systeme der Qualitätskontrolle und Stoffwirtschaft wurden entsprechend den neuen Normen ergänzt. Erreicht werden sollte eine weltweite *Konformität*. Natürlich gab es in fast allen Firmen genaue Aufschreibungen aller Vorgänge, Wartungs- und Instandsetzungsregelungen sowie diverse Kontrollsysteme. Doch eine internationale Vergleichbarkeit war oft nicht gegeben.

Nun hatte man Stoff zum Managen, konnte neue Gremien schaffen und vielen „Einsteigern" zu einer lukrativen Beschäftigung verhelfen. In vielen Seminaren wurde nun das vermittelt, was man gerade erfahren hatte. Dies kostete zunächst sehr viel, und eine Amortisation ist eigentlich bis heute strittig. Um den Umfang deutlicher zu machen, sollen die geschaffenen Akkreditierungsstellen und die flankierenden Ausschüsse mit dem Stand von 1995 benannt werden (Tab. 30).

Der Deutsche Akkreditierungsrat (DAR) hat die Aufgaben:

- Koordinierung der deutschen Aktivitäten auf dem Gebiet der Akkreditierung und Anerkennung von Prüf- und Kalibrierlaboratorien, Zertifizierungs- und Überwachungsstellen;
- Wahrnehmung der deutschen Interessen in nationalen und internationalen Einrichtungen, die sich mit Fragen der Akkreditierung bzw. Anerkennung beschäftigen;
- Führen eines zentralen deutschen Akkreditierungs- bzw. Anerkennungsregisters.

Unter der Trägergemeinschaft für Akkreditierung (TGA) wirken die einzelnen, bestimmten Industrieverbänden zugeordneten (und von diesen finanziell abhängigen)

Tabelle 30 Akkreditierungsstellen.

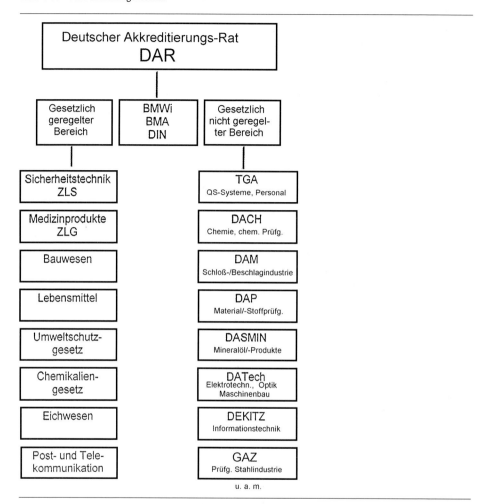

Stellen, wie in Tabelle 30 dargelegt. Bei dieser Konstellation ist die zu erwartende Neutralität nicht auf den ersten Blick erkennbar; sie ist auch für Akkreditierungen nicht gefordert.

Die Zielsetzung und die Aufgaben sind wie folgt definiert:

„Eine *Akkreditierungsstelle* ist eine Stelle, die ein Akkreditierungssystem für Prüflaboratorien anwendet und verwaltet sowie Akkreditierungen gewährt". *Akkreditierung* ist die formelle Anerkennung der Kompetenz eines Prüflaboratoriums, bestimmte Prüfungen oder Prüfungsarten auszuführen.

„*Zertifizierung der Konformität* ist eine Maßnahme durch einen unparteiischen Dritten, die aufzeigt, daß angemessenes Vertrauen besteht, daß eine ordnungsgemäß bezeichnete Dienstleistung in Übereinstimmung mit einer bestimmten Norm oder einem bestimmten anderen normativen Dokument ist."

Dies sind offizielle Texte, was man daran erkennen kann, daß eine sehr allgemeine Formulierung gewählt worden ist. Damit bleibt ein geringer Spielraum, welcher dennoch nicht ausreicht, um innovative Methoden schnell einbeziehen zu können.

Die Zertifizierung nach der Reihe DIN ISO 9000 hat inzwischen unser altes Gütesiegel „Made in Germany" weitgehend abgelöst. Zahlreiche Firmen bemühten sich bald um diese Zertifizierung, die zunächst für die Produktionsabläufe angestrebt wurde, doch sie schloß im Prinzip die Prüflaboratorien hinsichtlich der Konformität ein. Die Qualität soll im Vordergrund stehen (Abb. 360), die zwar von der weltweiten, wirtschaftlichen Situation vorgegeben wird und daher die Anforderungen stellt, jedoch letztlich nur von der Unternehmensstrategie und der Qualifikation der Mitarbeiter abhängig ist.

Die Produkthaftung zwingt aus wirtschaftlichen Gründen jede Branche zu Maßnahmen, welche die Produktivität gewährleisten.

Ein wesentliches Kriterium für die Zertifizierung ist die Erstellung eines Qualitäts-Sicherheitshandbuches (QSH), welches das komplette Qualitätsmanagement zu beschreiben hat und sowohl die Verfahrenanweisungen (VA) als auch die Arbeitsanweisungen (AA) und ergänzende Unterlagen enthalten muß. Es empfiehlt sich, dies genau nach den Vorschriften auszuführen, denn jedes Audit der Akkreditierungsstelle, das im Fall der Produktion von Prüfern mit Branchenkenntnis, in den Prüflaboratorien leider oft von Laien veranstaltet wird, führt überwiegend zur formalen Kontrolle aller Aufzeichnungen. Die generelle Einführung von Regelkarten für Aggregate im Betrieb oder für Analysengeräte im Laboratorium (Geräte- und Wartungshandbuch) hat zwei wichtige Aspekte: Bei der Produkthaftung wird die *Rückverfolgung* erleichtert und für den Betriebs- oder Laborleiter eröffnet sich hieraus die Möglichkeit, entweder Wartungsvorgänge zu beschleunigen oder finanzielle Mittel für die Instandsetzung bzw. Erneuerung der Anlage zu erhalten.

Die Regelung von Produktionsabläufen hat sich somit verändert, indem man heute mehr Wert auf die präventive Fehlervermeidung legt, während früher die Fehler

Abb. 360 Kriterien zur Qualität von Produkten.

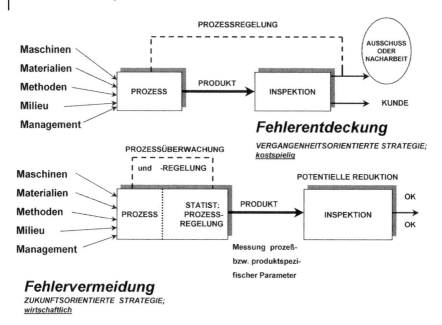

Abb. 361 Regelschema industrieller Prozesse.

im nachhinein gesucht wurden (Abb. 361). An die Stelle einer Detektion sollte die Prävention rücken, doch dieser Prozeß ist noch nicht abgeschlossen. So gibt es kaum Maßnahmen zur vorbeugenden Instandhaltung, wie noch erläutert werden wird.

Jede Produktqualität hat einen Sollwert x, der innerhalb zulässiger Toleranzen einzuhalten ist. Dieser wird – vereinfacht gesagt – von der Entwicklung vorgegeben, nachdem der Vertrieb signalisiert, daß ein solches Produkt verkaufbar sein wird. Der Einkauf beschafft die nötigen Rohstoffe und Hilfsmittel für die Produktion; die Arbeitsvorbereitung plant die Durchführung und sorgt für den einwandfreien Zustand der Aggregate. Die Bewertung wurde bisher sehr unterschiedlich oder gar nicht gehandhabt; sie sollte alle Maßnahmen zur Konstanthaltung der Produktionsparameter vereinigen, worin auch die Qualität der Roh- und Hilfsstoffe einzuschließen ist. Es sind

immer Menschen, die diese Verknüpfungen aufrechterhalten müssen, was möglichst in Teamarbeit geschehen sollte. Doch Menschen haben Fehler und machen ebensolche, so daß die Qualitätssicherung auch die wesentlichen Prüfaufgaben wahrnehmen muß. Wenn es gelingt, wie z. B. für das Produkt „Stähle", zwischen den Produkteigenschaften (hier u. a. Härte, Verformbarkeit, Streckgrenze, Beständigkeit) und der chemischen Zusammensetzung eine ausreichend gute Korrelation zu finden, dann kommt der Analytischen Chemie eine herausragende Rolle zu. Ihr ist es in dem hier betrachteten Beispiel gelungen, so schnell und genau zu werden, daß der Produktionsprozeß durch die nötigen Untersuchungen nicht mehr zeitlich aufgehalten wird.

Die Leistungsfähigkeit der Analytischen Chemie ist eine wesentliche Voraussetzung für die Herstellung von Qualitätsprodukten. Es ist deshalb unverständlich, daß bei Einsparungen in Firmen immer die Qualitätssicherung – und hier speziell die Prüflaboratorien – einen überproportionalen Anteil leisten muß. Natürlich sind alle sorgfältigen Prüfungen arbeits- und damit zeitintensiv; sie verursachen Kosten. Andererseits sind sie im Regelfall nicht patentfähig und zeigen die Fehler anderer auf, was Prüflaboratorien keine Zuneigung einbringt. Um auf das oben genannte Beispiel zurückzukommen: Ein Stahlwerker sagte einmal: „Analytiker ist man doch nicht, die hält man sich." Es ist deshalb von großer Wichtigkeit, das Ansehen der Analytischen Chemie dahin zu bringen, wo es der Bedeutung entsprechend hingehört.

Mit Hilfe der analytischen Methodenentwicklung ist es immer wieder gelungen, die Toleranzwerte einzuhalten (Abb. 362) oder sogar einzuengen. Hier spielt die analytische Methode und das daraus resultierende Verfahren eine durchaus wirtschaftliche Rolle.

Qualität läßt sich nicht managen. Sie muß in meßtechnisch überwachten Prozeßstufen hergestellt und durch geeignete Prüfmethoden gesichert werden. Dabei helfen keine Diskussionen; es zählen ausschließlich Fakten.

Diese Fakten zu schaffen, ist eine der analytischen Aufgaben, was nur gelingt, wenn der Analytiker den Prozeß der Herstellung genau kennt. Um diese Fakten weltweit vergleichbar werden zu lassen, wurde vor langer Zeit (~ vor 100 Jahren beginnend) einmal ein System von *Anforderungs- und Bestimmungsnormen* geschaffen (s. Kap. 6.4) und zum anderen soll die Qualität der analytischen Daten durch die Kompetenz der Laboratorien garantiert werden. Was die GLP nicht leistet, soll nun die Akkreditierung bewirken.

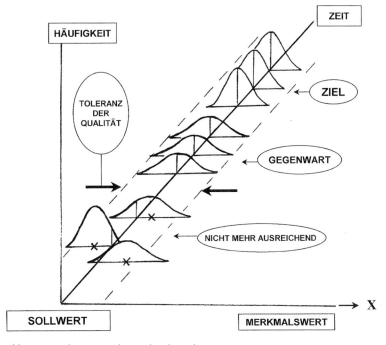

Abb. 362 Verbesserung der Merkmalswertbestimmung.

Ein akkreditiertes, d. h. ein kompetentes Laboratorium, hat eine Reihe besonderer Auflagen zu erfüllen, die sich sowohl auf die Geräteausstattung als auch die eingesetzten Verfahren und vor allem das Personal beziehen. Die Gerätehersteller sind dazu verpflichtet, kontrolliert nach DIN ISO 9000ff. zu produzieren.

Ein Analysengerät wird erst leistungsfähig, wenn das Laboratorium bzw. seine erfahrenen Mitarbeiter eine SOP entwickelt haben, die Methode geeicht und das Verfahren kalibriert sowie in der Durchführung exakt beschrieben ist (s. Kap. 6.3). Hierfür gibt nun die Disposition zur *Akkreditierung* einen Leitfaden (Tab. 31), der einzuhalten ist, wenn das Laboratorium eine Akkreditierung anstrebt und erhalten will.

Viele dieser hier genannten Begriffe sind wieder zu definieren. Die eigentliche Beschreibung des Punktes I. erfolgt im Kapitel 6.2., der Punkte III. / IV. hauptsächlich im Kapitel 6.3.

Aus diesem Leitfaden läßt sich eine *Mindestanforderung für* erfahrene und geübte, d. h. hier *kompetente Mitarbeiter* ableiten. Ebenso ist für sie eine Weiterbildung einzufordern, die dem Arbeitgeber Kosten verursacht.

Das Gleiche gilt für Gerätebeschaffungen. Es besteht ein enger Zusammenhang zwischen der Anzahl der Operateure und der Modernität der instrumentellen Ausrüstung: *Automatisierbare Systeme erfordern* im Regelfall weniger, aber – im Gegensatz zur Annahme vieler Laien – *höher qualifiziertes Personal*. Die manuelle Tätigkeit wird hier nämlich weitgehend durch eine geistige ersetzt, denn infolge des größeren Durchsatzes an Proben ist häufiger über die Plausibilität der Ergebnisse zu entscheiden. Außerdem hat sich das klassische Berufsbild eines Laboranten verändert.

Relevant für die Analytische Chemie sind die *Prüfvorschriften*, wobei die Laboratorien

Tabelle 31 Die sechs Themengebiete einer Akkreditierung.

Hauptgruppen	Untergruppen
I. PERSONAL	Ausbildung Erfahrung und Übung Weiterbildung Autorisierung/ Kompetenz Leiter einer Arbeitsgruppe (mit festgelegter Kompetenz)
II. PRÜFGERÄTE	Beschaffung/ Anforderungen Erfassung (Katalog) Bedienung (allgemein) Kalibrierung Überwachung Dokumentation (Gerätebuch)
III. PRÜFVORSCHRIFTEN Prüfanweisung (Methode/ Spezifikation) Arbeitsanweisung (Verfahren)	(Offizielle Analysenmethode/Labormethode) Anwendungsbereich Eichung/Kalibrierung Validierung/Rückführbarkeit Vollständige Dokumentation Prüfung/Freigabe
IV. VALIDIERUNG	Selektivität/Spezifität Linearität Empfindlichkeit Nachweisgrenze (NG) Bestimmungsgrenzen (BGs) Robustheit (Stabilität) Präzision Richtigkeit (Unsicherheit)
V. QUALITÄTSKONTROLLE	KENNGRÖSSEN: Streuungsmasse Wiederfindungsraten NG und BGs WERKZEUGE: Kontrollkarten Methoden der AQS (intern/extern) Ringversuche (RV)
VI. PRÜFBERICHT	nach genauer Vorgabe

in der Industrie nicht offizielle oder genormte Verfahren, sondern Labormethoden, die sog. Hausverfahren, verwenden. Dies hat im wesentlichen zwei Gründe: das Normverfahren deckt den *Anwendungsbereich* nicht ab (oder es gibt kein geeignetes), und es liegen mit den Hausverfahren weit größere praktische Erfahrungen vor. Der Anwendungsbereich spielt also eine wichtige Rolle. Ausschließlich für diesen gelten dann auch die Eichung und Kalibrierung sowie die *Validierung* eines Verfahrens.

Bei der Akkreditierung werden die Prüfgebiete in zwei Gruppen unterteilt:

- Prüfarten: sind Teilgebiete mit ähnlicher technologisch-methodischer Ausgestaltung, mit vergleichbaren Kalibrier- und Validierungsprinzipien und Ausbildungsgrundlagen. Sie können technologie- oder anwendungsbezogen sein.
- Prüfverfahren: sind standardisierte Varianten einer Prüfart, die prüfgrößen-, matrix- oder produktbezogen sein können.

Doch dies scheint reine Bürokratie zu sein. Die Qualitätskontrolle in der Analytischen Chemie wurde in einem gut geführten Laboratorium schon immer betrieben. Ein Ergebnis soll eigentlich auch mit der berechneten Streuung angegeben werden, damit der Kunde dies nicht fehlinterpretiert. *Wiederfindungsraten* spielen bei vielen „modernen" Methoden ein Rolle, besonders in Fällen des Einsatzes von Trenntechniken, wie Extraktionen oder der Chromatographie, aber auch bei der klassischen Gravimetrie.

Die Begriffe der statistischen Qualitätskontrolle sind bereits Anfang der achtziger Jahre in der Normenreihe DIN 55350 „*Begriffe der Qualitätssicherung und Statistik*" zusammengestellt worden. Auf die für die Analytik relevanten Begriffe wird im Rahmen der Methodenentwicklung eingegangen (s. Kap. 6.3). Normalerweise erfolgt die Qualitätssicherung rechnergestützt.

Jedes Management – auch das der Qualitätssicherung – unterliegt in einem Unternehmen der Wirtschaftlichkeit. Jeder Manager will zunächst sparen. Geschieht dies aus Unkenntnis überproportional an den Kontrollkosten, dann werden die Fehlerkosten erheblich ansteigen (Abb. 363). Es ist anzustreben, im Minimum der Gesamtqua-

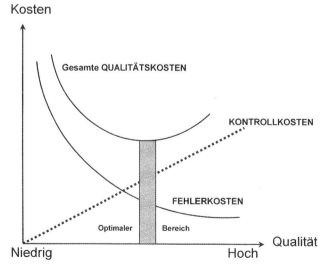

Abb. 363 Qualitätskosten in Abhängigkeit von der erzeugten Qualität.

litätskostenkurve (Säule) zu operieren, denn niedrigere Qualität erhöht die Kosten extrem durch die Fehlerbehebung nach Reklamationen, während andererseits mehr Kontrolle eine höhere Qualität garantiert. Der schwierig zu findende Mittelweg ist am wirtschaftlichsten. Eine extreme Einschränkung der Prüfungen und damit der Kontrollkosten macht also wenig Sinn. Da hilft auch nicht die häufig propagierte Risikobereitschaft des „modernen" Managements.

Sinnvolle Qualitätssicherungssysteme, die den heutigen Anforderungen entsprechen, sind in den analytischen Laboratorien bereits vor etwa 20 Jahren entwickelt worden [743], und es gab Arbeitskreise zu dieser Thematik. Ein solches System begann stets mit der Fehlerdefinition und -erfassung in der einfachsten Form.

Die Fehler, die bei der Durchführung eines Analysenverfahrens auftreten können, sind so vielfältig, daß bei den verschiedenen Methoden immer wieder darauf eingegangen werden muß. Zunächst soll hier nur eine allgemeine Betrachtung folgen.

Da Analytische Chemie in erster Linie eine Dienstleistung ist, interessiert im Regelfall nie, wie eine Laboratoriumsprobe zusammengesetzt ist. Der Kunde will wissen, welche Elemente und in welcher Konzentration diese in einem Lieferlos, einer Halde, einem Bodenareal bis in die Tiefe, einer Stoffart im Materiallager, einer Lösung im Reaktor, einer Glasschmelze oder flüssigem Metall in einem Konverter u. a. m. enthalten sind. *Eine Laboratoriumsprobe muß entsprechend der Fragestellung repräsentativ sein.* Fehler beginnen bereits bei der Probenentnahme. Ein weiterer Punkt ist die Lagerung, die oft zu unerkannten Fehlern führt. Bei der Probenaufbereitung können bei der Teilung durch Entmischung Fehler auftreten, die auch bei der Probenvorbereitung in zweifacher Form – als Kontaminationen oder Verluste – möglich sind.

Eine Analysenprobe muß den Analyten in unveränderter Form enthalten, was oft sehr schwierig zu kontrollieren ist und dementsprechend kaum erfolgt. Erst dann hat man es mit Meßfehlern zu tun. Schließlich können noch Auswertefehler hinzukommen, wie durch unerkannte Verschiebungen der Kalibrierkurven, falsche Berechnungen oder den „menschlichen Einflußfaktor", der nicht zufällig ist. Auch die unterschiedlichen Ausdrucksformen in der Sprache zwischen Analytikern und den Kunden können zu erheblichen Mißverständnissen führen.

Statistische Berechnungen – auf welcher Grundlage auch immer – *können keine Fehler beseitigen; sie verbessern nur scheinbar die Präzision.* Um dies zu verstehen, sollte man sich zunächst mit den Fehlerarten beschäftigen (Abb. 364). Die beiden, die allgemein unterschieden werden, sind:

- *Zufällige Fehler*, die ein Ergebnis unsicher machen. Sie sind kaum beeinflußbar und können nur durch den Einsatz von erfahrenem und geübtem Personal minimiert werden;
- *Systematische Fehler*, die das Ergebnis falsch werden lassen. Sie müssen korrigiert werden – soweit man sie erkennt.

Zu den *zufälligen Fehlern* gehören menschliche Schwächen, wie Unkonzentriertheit, Überlastung und auch Verbindlichkeit, wenn man dem Wunsch des Auftraggebers entgegenkommt. Hierzu gehört ebenfalls das Bestreben, erfolgreich und gut zu arbeiten, d. h. die Statistik zu unterlaufen, indem mehr Einzeldaten erstellt werden als gefordert. Damit ist dann jede Betrachtung von Freiheitsgraden unsinnig geworden.

Komplizierter ist das Vorhandensein von *systematischen Fehlern*. Durch Vergleich der

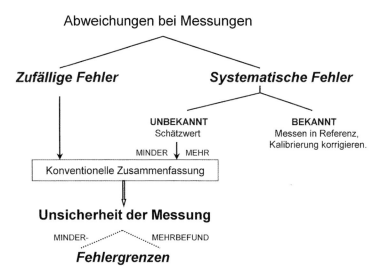

Abb. 364 Fehlerarten in der Analytik.

Kalibrier- und Rekalibrierdaten des Verfahrens mit den Eichwerten der Methode oder durch den Einsatz eines geeigneten Referenzverfahrens läßt sich ein Teil der systematischen Fehler korrigieren. Es verbleibt jedoch ein gewisser Anteil, der nicht erkannt oder gemessen werden kann. Dieser ist oft selbst verschuldet, indem Referenzmaterialien als Kalibrierproben eingesetzt werden, die solche systematischen Abweichungen aufgrund der Ermittlungsart ihrer Merkmalswerte in Ringversuchen enthalten.

Der Unsicherheitsbereich (Abb. 365), in dem sich der wahrscheinlichste Wert befindet, soll so klein als möglich gestaltet werden. Hierin besteht die Kunst bzw. das Können eines Analytikers.

Es handelt sich jedoch *bei der Richtigkeit* immer *um einen* solchen *Bereich der Wahrscheinlichkeit* (früher: der statistischen Sicherheit) und niemals um einen einzigen Wert, z. B. den oft zitierten „wahren Wert". Das hat auch Klaus Doerffel eindeutig festgestellt [744]. Er schrieb sinngemäß:

„Der Ausdruck „Wahrheit" charakterisiert das analytische Resultat und soll nur in diesem Kontext benutzt werden. Das Kriterium der „Wahrheit" kann als binäre Information gedeutet werden (= ja / nein).

Daher läßt sich „Wahrheit" im Gegensatz zu Präzision nicht verbessern oder *quantifizieren*, und der Begriff „Wahrheit analytischer Resultate" muß immer in diesem *qualitativen* Sinn benutzt werden. Die Kontrolle analytischer Ergebnisse und deren Archivierung wurde schon immer ernsthaft in chemischen Laboratorien praktiziert, schon bevor das Chemikaliengesetz dies verbindlich vorschrieb. Zur Kontrolle ist der Analytiker verpflichtet, und die Archivierung ist durch das Produkthaftungsgesetz (bei produktbezogenen Daten) und die Berufsgenossenschaften (bei personenbezogenen Daten) geregelt. Somit sind die Vorschriften der Qualitätssicherung und des QS-Managements nicht neu. Eigentlich ist nur die gemeinsame Einführung von *Kontrollkarten* für Geräte und Verfahren zu erwähnen. Diese enthalten prinzipiell eine

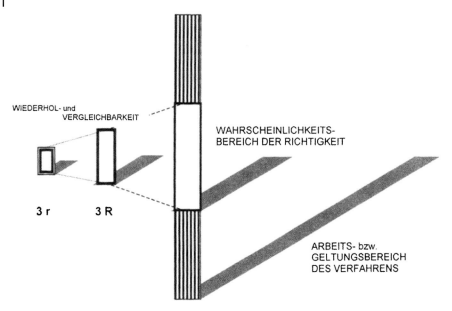

Abb. 365 Wahrscheinlichkeitsbereich der Richtigkeit.

über die Zeitachse gedehnte Häufigkeitsverteilung. Ihre Verwendung ist immer da sinnvoll, wo Meß- und Zählgrößen mit einer Zufallskomponente behaftet sind, was nahezu für alle Messungen und Prüfungen im technischen Bereich gilt. Da ein einzelner Analysenwert oder eine Parameterkontrolle eines Gerätes nur eine Momentaufnahme darstellt und somit eine begrenzte Aussagekraft besitzt, ist der Zusammenhang mit anderen, zeitlich verschiedenen Einzelwerten für das zu prüfende Merkmal zur Beurteilung heranzuziehen. Das Labormanagement ist aus vielerlei Gründen unerläßlich, wenn die Definitionen des Managements auch tatsächlich beachtet werden (Abb. 366).

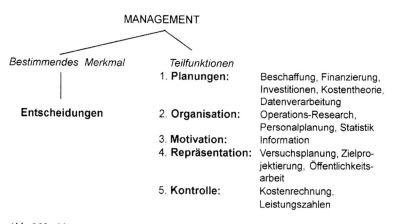

Abb. 366 Management.

Es wird sofort ersichtlich, daß diese allgemeine Zusammenstellung auch viel mit der Leitung eines Laboratoriums zu tun hat. Alle fünf Teilfunktionen bzw. die meisten Merkmale dieser, wie Beschaffungs- und Personalplanung, Statistik, Information, Versuchsplanung, Zielprojektierung, Öffentlichkeitsarbeit und Leistungszahlen gehören zur Aufgabe. Der wesentliche Unterschied eines Laborleiters zu einem Firmenmanager ist die Häufigkeit und Schnelligkeit, mit der ein Laborleiter Entscheidungen zu treffen hat, die zwar nicht ganz so weitreichend sind, aber doch von erheblicher wirtschaftlicher Bedeutung sein können. Für wesentlich ist die Information zu halten, die heute zur eigentlichen Motivation (s. Kap. 6.2) gehört. Im Zusammenhang mit auftretenden Fehlern und menschlichen Unzulänglichkeiten spielt die Stimmung unter den Mitarbeitern, auch als Arbeitsklima bezeichnet, eine bedeutende Rolle. Was das obere Management nicht gerne tut, das muß der Laborleiter tun: die Information „nach unten" weiterzugeben. Innerhalb der Analytik sollte das Mehrwissen kein Machtwissen sein; es ist Teamarbeit angesagt. (Bezeichnenderweise gibt es kein deutsches Wort, was diesen Begriffsinhalt genau zu beschreiben vermag.) Heute ist die Information die Quelle des Handelns in Laboratorien. Dadurch lassen sich zwar die Fehler bei der Durchführung der Analysenverfahren nicht vollständig beseitigen, doch andere Fehlerarten, wie z.B. diejenigen durch eine falsche Interpretation der analytischen Werte oder diejenigen durch interdisziplinäre Mißverständnisse benutzter Begriffe, werden ausgeschlossen, wenn man kompetent miteinander spricht.

Die beste Vermeidung von Fehlern ist immer noch die standardisierte Form eines analytischen Verfahrens (s. Kap. 6.3). Hierzu ist die bestmögliche Kenntnis

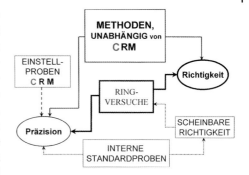

Abb. 367 GLP-Management der Genauigkeit (Präzision + Richtigkeit) analytischer Resultate nach F. Amore [745].

der Eigenschaften der Analysenmethode (Grundlagen, Eichfunktionen, Querempfindlichkeiten u. a.) sowie der daraus resultierenden Analysenverfahren (Geräteparameter, Anwendungsbereich, Durchführungsvorschrift, Matrixeinfluß, aktuelle Kalibrierfunktion bzw. Auswertekurve u. a.) erforderlich. Ein Hilfsmittel zur Prüfung der Gültigkeit der Auswertekurve sind die sog. Standard- oder Referenzproben unterschiedlichster Art, die heute aufgrund der personellen Engpässe nicht mehr in ausreichender Menge und Güte von den Laboratorien selbst hergestellt, sondern gekauft werden (s. Kap. 6.4).

6.1.1.3 Qualifizierung

In der Technik unterscheidet man zwei verschiedene Formen der Qualität, diejenige der Produkte und diejenige der Arbeitsweise. Beide hängen unmittelbar zusammen, so daß erhofft wird, durch die exakte Kontrolle (Qualitätssicherung) des Arbeitsablaufes zu qualitativ hochwertigen Produkten zu kommen. Im Fall der Analytik spricht man allgemein von der *Qualität der Analysenmethode*, die wiederum direkt von der Beschreibung des Verfahrens und indirekt von der Probenhomogenität und

-repräsentanz (Qualität der Proben) sowie von der Erfahrenheit, Übung und Leistung der Ausführenden (Qualität des Personals) abhängt. Daraus resultieren Analysendaten bestimmter Qualität.

Qualität und *Qualifizierung* hängen miteinander ebenso über Wechselwirkungen zusammen. Unter *Qualifikation* (Weiterbildung) ist zu verstehen: Anlage, Veranlagung, Begabung, Eignung, Fähigkeit, Befähigung oder Befähigungsnachweis. Sich zu qualifizieren heißt also, sich als geeignet zu erweisen, eine bestimmte (Mindest-) Leistung vorzuweisen, fähig, besonders geeignet oder tauglich zu sein.

Zu dem Bereich Qualität analytischer Arbeit und damit analytischer Daten gehört untrennbar auch diese Qualifizierung, hier zunächst als Qualität der Ausbildung für den analytischen Chemiker an Hochschulen betrachtet. Seit etwa 100 Jahren gibt es vereinzelt an den Universitäten Lehrstühle für Analytische Chemie oder besser gesagt, es begann mit Lehrgebieten. Die Lehrenden (Extraordinarien) hatten sich stets dem Ordinarius und Institutsdirektor unterzuordnen, der meist organischer Chemiker war, und verfügten kaum – am Anfang gar nicht – über finanzielle Mittel.

Als das Chemische Institut der Friedrich-Schiller-Universität Jena 1989 ein Doppeljubiläum feierte – 350 Jahre Chemisches Labor und 200 Jahre Lehrstuhl für Chemie – wurde erneut deutlich, daß es etwa 150 Jahre eine einheitliche Forschung und Ausbildung im Laboratorium gab, bevor ein Lehrstuhl gegründet wurde. Oft mußte damals ein einziger Hochschullehrer die „Reine und Technologische Chemie" für alle Studenten, auch die Mediziner und Pharmazeuten, unterrichten, was eine große Leistungsfähigkeit erforderte. Für die Analytische Chemie blieb damals nur wenig Zeit. So erging es 1890 auch *L. Knorr* (1859–1921) als Ordinarius und Direktor des Chemischen Institutes in Jena. Vielleicht war er ein fauler Mensch, dem die Aufgaben zu viel wurden, oder ein weiser Mensch, der die Bedeutung der Analytischen Chemie richtig einschätzte, jedenfalls beantragte er schon am 9. Juli 1891 die Einrichtung eines Extraordinariates für Analytische Chemie, welches das erste in Deutschland werden sollte. Es gab nun seit 20 Jahren ein Deutsches Reich mit in Bildungsangelegenheiten immer noch föderativem Charakter, was bis heute so blieb. Bereits nach drei Wochen hatte dieser Antrag die Fakultät passiert, nachdem allerdings die Eigenständigkeit der Pharmazie gesichert worden war, und eine Liste von drei Kandidaten beim Rektorat vorlag. Es lief dieselbe Prozedur wie heute ab, nur damals viel schneller. Wahrscheinlich war der Verwaltungsaufwand geringer. Bei den drei Kandidaten handelte es sich um Privatdozenten der Fachrichtung Organische Chemie – auch damals mangelte es an richtigen Analytikern –, den im Vergleich zum Direktor *Knorr* um ein Jahr älteren *W. Roser* aus Marburg, der Indonaphthen-Derivate und Narcotin erforscht hatte (später Professor in Marburg und Mitarbeiter der Farbwerke Hoechst), den gleichaltrigen *L. Wolff* aus Straßburg, einen Spezialisten für Lactone der Laevulinsäure, Acetalamin und Diacetalamin, und den drei Jahre jüngeren *J. Tafel* aus Würzburg, der sich mit Aminen, Amidovaleriansäure, Strychnin und Zuckern beschäftigt hatte (10 Jahre später Professor in Würzburg). Bereits am 13. November 1891 wurde der an zweiter Stelle genannte *L. Wolff* berufen, was heute zwei Jahre und mehr in Anspruch nehmen würde. Doch auch damals war es bürokratisch kompliziert, denn die schnelle Zustimmung durch das Großherzogliche Sächsische Staatsministerium wurde durch den letzten

Hinweis im Antrag von *L. Knorr* erreicht, wo es in Bezug auf die Kosten heißt: „… Wäre hier ein Privatdozent von der nötigen Reife, so würde es sich nur um eine Beförderung desselben zum Extraordinarius handeln. Da es aber nach meiner kaum zweijährigen Anwesenheit hier naturgemäß ausgeschlossen ist, daß ich bereits derartige ältere Schüler habe, so muß eben ein geeigneter Mann berufen werden. Das kann aber mit geringen Mitteln geschehen, da die Haupteinnahmen desselben das Assistentengehalt sein wird, und ich außerdem bereit bin, das allenfalls Fehlende aus meinen eigenen Einnahmen zuzuschießen. …" So kam es dann auch.

Wolff hat zwar analytische Vorlesungen gehalten und Praktika durchgeführt, doch seine Forschungen blieben der Organischen Chemie vorbehalten. Dann folgte 1910 der von dem Physikochemiker *Wilhelm Ostwald* in Leipzig eingerichtete, erste Lehrstuhl für Analytische Chemie, den er mit seinem Schüler *Wilhelm Böttger* besetzte, der diesen dann bis 1928 innehatte.

Etwa 50 Jahre später gab es in der Bundesrepublik formal einige Lehrstühle für Analytische Chemie, die jedoch nur in Ausnahmefällen mit Analytikern, wie *E. Asmus* (Marburg, Münster, TU Berlin), *H. Bode* (Hannover), *F. Seel* (Saarbrücken), *H. Spekker* (Münster, ISAS Dortmund, Bochum – als Direktor des Anorganisch-Chemischen Institutes) und *F. Umland* (Hannover, Münster), besetzt waren, allerdings immer noch abhängig von Institutsdirektoren, die jetzt überwiegend Anorganiker sind.

Und bis heute hat sich nichts Wesentliches geändert, selbst die Universitätsstädte sind geblieben und nur wenige, wie Leipzig, Jena und Dresden kamen 1990 hinzu. Die eben genannten Analytiker sind nicht mehr aktiv. Es ist somit eine berechtigte Frage, wo man in Deutschland heute das Fach „Analytische Chemie" studieren kann. Leipzig, Münster, Hamburg, Hannover und mit Einschränkungen Berlin oder Dresden ließen sich nennen. Die Ausbildung wird noch häufiger kritisch erwähnt werden, denn in dieser Beziehung muß sich dringend etwas ändern. Es kann doch nicht sein, daß ein analytischer Chemiker, der die Hochschule verläßt, nicht die nach § 13 GefStV erforderliche Sachkenntnis in Bezug auf die juristischen Punkte (Kenntnis der Gesetzgebung, Gesetze, Ausführungsvorschriften und Gerichtswesen) besitzt, und diese erst durch eine Prüfung zu beweisen hat, während diese Sachkenntnis bei einem Lebensmittelchemiker, Pharmazeuten und auch PTA oder sogar bei „Geprüften Schädlingsbekämpfern" vorausgesetzt wird. Deshalb wäre es sinnvoll, nach dem allgemeinen Studium der Chemie einen speziellen Studiengang „Analytische Chemie" mit einem Staatsexamen als Abschluß einzuführen, wodurch die Absolventen in unserem „überregelten" Staat in die Lage versetzt werden würden, einmal der Sachkenntnis zu genügen und zum anderen relevante Analysendaten auch rechtskräftig verantworten zu können (s. auch Kap. 7).

Außerdem sollte in den Normen zur Akkreditierung vorgeschrieben sein, daß ein Laborleiter die erforderliche Sachkenntnis durch ein Studium der Analytischen Chemie erworben haben muß. Diese praktische Wissenschaft spielt interdisziplinär (Abb. 368) und auch innerhalb der Chemie eine zentrale Rolle. Sie übt direkt einen Einfluß auf die Wissenschaft, die Technologie und die Gesellschaft aus. Sowohl jeder Fortschritt in der Wissenschaft als auch die Probleme in Industrie und Umwelt erfordern parallel eine analytische Forschung. Dies darf keinesfalls Dilettanten überlassen werden.

Der deutsche Universitäts-Professor ist mit sich und seiner Arbeit in hohem

390 | 6 Die Neuzeit der Analytik

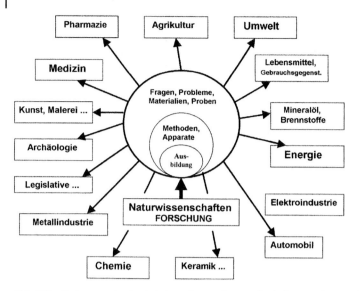

Abb. 368 Bedeutung der Analytischen Chemie für Gesellschaft, Umwelt, Forschung und Industrie.

Maße zufrieden. Das ergab 1995 eine Untersuchung der Kasseler Berufsforscher *J. Enders* und *U. Teichler* [746] über das Berufsbild der Lehrenden und Forschenden an west-deutschen Universitäten. Im internationalen Vergleich sieht sich der deutsche Professor als exzellenter Forscher und begnadeter Lehrer. 83 % halten sich für ihre Aufgaben als Lehrende für gut ausgebildet und qualifiziert. Im internationalen Vergleich mit Kollegen aus 13 verschiedenen Nationen ist Deutschland neben Japan das einzige der untersuchten Länder (u. a. Australien, Großbritannien, Hongkong, Niederlande, Schweden und die USA), in dem keine regelmäßige Überprüfung der Lehrleistungen stattfindet. Obwohl die Professoren in allen Ländern der Meinung sind, daß das gesellschaftliche Ansehen der Wissenschaft schwindet, haben sie überhaupt kein Krisenbewußtsein. Dem gegenüber stehen eindeutig Aussagen zum Fach Analytische Chemie. Nach der Abkehr vom empirischen „Kochen" und dem Schattendasein der Analytik an vielen Universitäten bemängelt die Industrie die fehlende Praxisnähe. Da die Professoren, die in Deutschland das Fach Analytische Chemie lehren in der Regel noch nie ein industrielles Laboratorium geleitet haben, redet man sich gerne damit heraus, daß wegen der vielen analytischen Spezialgebiete nur die wissenschaftlichen Grundlagen vermittelt werden sollten, um die Absolventen zu befähigen, sich selbst in die Spezialgebiete einzuarbeiten.

Die oben erwähnte Studie ergab auch, daß sich die deutschen Professoren von etwa 70 % der Studenten in ihrer täglichen Arbeit gestört fühlen, weil diese für nicht tauglich gehalten werden. Wenn dies auch im ersten Teil sehr überheblich klingt, so stimmt eben leider der zweite. Die Schulausbildung ist katastrophal und erfordert an den Universitäten das autodidaktische Lernen und „Ausbügeln" der Wissensdefizite. Das überfordert viele, wodurch die Anzahl der Studienabbrecher stark angestiegen ist. Die seit Jahrzehnten geforderte Breitenbildung ist untauglich für die Förderung von Eliten. Doch wie viele Diskussionen gezeigt haben; es fehlt hierzulande die Einsicht. So ist es nicht verwunderlich, daß Deutschland nach dem „*Index der menschlichen Entwicklung*" der Vereinten Nationen für 1998 bereits auf Rang 19 abfiel, weit hinter Kanada, die USA, Japan, die Niederlande, Norwegen, Finnland, Frankreich, Schweden, Spanien, Australien, Belgien, Österreich, die Schweiz, Großbritannien und Dänemark. Es scheint niemanden zu stören, weder die Politiker, die sowieso mit sich zufrieden sind, noch ernsthaft diejenigen Industriellen, deren Export von Waren und Wissen immer noch stimmt.

Die Einführung von Eliteuniversitäten ist überfällig, diejenige der Modelle für die Gesellen- und Meisterausbildung – pardon Bachelor und Master klingt globaler – an Universitäten ist vollkommen unsinnig. Dieser Ausbildungszweig soll nach dem Bologna-Abkommen zu einem Zeitpunkt in Europa eingeführt werden, zu dem in den Ursprungsländern England und den USA überlegt wird, die Bachelor- und Masterabschlüsse abzuschaffen. Man erinnert sich an die Einführung der Mengenlehre an deutschen Schulen, als diese bereits in Schweden und Finnland wieder abgeschafft worden war. Sie hat nicht lange überlebt; doch in der Bildungspolitik scheint die Wiederholung von Fehlern keine Rolle zu spielen. In England gibt es zur Zeit mehr als 200 verschiedene Bachelor-Studiengänge für das Fach Chemie, was eine ungeheure Spezialisierung darstellt. Jedoch nur die Vermittlung einer umfassenden Ausbildung in einem Fachgebiet ermöglicht die von der Wirtschaft geforderte Flexibilität, den oft notwendigen Wechsel zu anderen Firmen und damit zu anderen Aufgabenfeldern. Das zeichnete einst die Ausbildung in Deutschland aus, nicht nur diejenige an Universitäten, sondern eben auch die gesamte Berufsausbildung von Fachkräften, wie Gesellen und Meistern oder im Fall der Analytischen Chemie zu Chemielaboranten und Chemotechnikern. Deshalb galt Deutschland für lange Zeit als eines der wenigen Länder mit hervorragend ausgebildeten Fachkräften. Hierfür war nicht zuletzt das *duale Bildungssystem* verantwortlich, zumindest solange es noch funktionierte.

6.1.2
Bildungssysteme

Wenn ein Chemiker die Universität verläßt, weiß er normalerweise nicht, welche Ausbildungsformen es bei uns gibt. Auch Personalangelegenheiten, wie Personalführung oder -beurteilung, sind ihm fremd, wenn er sich nicht autodidaktisch darüber informiert. Ein Analytiker muß dies wissen und damit umgehen können, denn ein analytisches Laboratorium funktioniert nur mit erfahrenen und geübten Mitarbeitern.

Die normale Ausbildung ist die Schule, die mit der Grundschule beginnt. Nach allgemein vier Jahren erfolgt die Aufteilung in Haupt-, Realschulen und Gymnasien. Alle weiteren Schulversuche in den letzten 50 Jahren sind Stückwerk oder inhumane Modelle einer hilflosen Schulpolitik. Eigentlich sollte der Hauptschulabschluß dazu befähigen, alle handwerklichen Berufe zu erlernen, während die Gymnasien zum Abitur führen, das einzig und allein die Universitätsreife bescheinigt. Der Realschulabschluß sollte zu etwas komplizierteren Berufsausbildungen befähigen. Das einzig Sinnvolle der Veränderungen war die Möglichkeit, zwischen diesen Schulformen zu wechseln, weil einmal die frühe Beurteilung der Schüler falsch gewesen sein konnte, oder zum anderen bei den Schülern die Fähigkeit oder Freude des Lernens erst später erkennbar wird. Die gesellschaftspolitischen Entwicklungen haben diesem an sich einfachen System sehr geschadet – und dies geschah immer zum Nachteil der Schüler. Heute sind wir soweit, daß für den Gesellen- und Meisterwerdegang schon der Realschulabschluß benötigt wird, und der Lehrling im Bank- oder Versicherungsgewerbe möglichst das Abitur haben sollte. Dadurch zwingen viele Eltern ihre handwerklich begabten Kinder in die höhere Schulform. Ob sie in der Lage sind, den Anforderungen gerecht zu werden, wird dabei kaum beachtet, vielmehr wird der Zwang durch Nachhilfeunterricht – wenn sich die Eltern dies leisten können – stark erhöht. Das Ergebnis sind oft frustrierte Jugendliche, die dann auf dem weiteren Bildungsweg versagen. Andererseits gibt es kaum spezielle Ausbildungsmöglichkeiten für Hochbegabte, ein Potential, das nicht richtig genutzt wird.

Das duale Bildungssystem beruht auf der geteilten Ausbildung in der Praxis und der Berufsschule. Große Industrieunternehmen haben in der Vergangenheit versucht, die Schulbildungsdefizite auszugleichen, indem sie die offenen Lehrstellen zu je einem Drittel mit Hauptschul- und Realschulabsolventen sowie mit Abiturienten besetzten. Das erforderte einen zusätzlichen Werksunterricht, damit alle dem Unterricht in den Berufsschulen folgen und die Abschlußprüfungen bestehen konnten. Bei dem heutigen Verlust an Firmenkultur (s. Kap. 7) kann man nicht mehr sicher sein, daß dieser Weg noch praktiziert wird.

Die Ausbildungsordnungen für Chemielaboranten sehen immer noch vor, daß die Lehre so allgemein wie möglich gestaltet wird, damit die Flexibilität erhalten bleibt. Allerdings gibt es auch hier schon Unterteilungen, z. B. für die chemische Industrie oder für die Metallindustrie. Wichtig für den Auszubildenden ist, daß die Lehre zu einem staatlich anerkannten Abschluß führt, wie das normalerweise über die Industrie- und Handelskammer (IHK) erfolgt. Das teilweise firmeninterne Anlernen beschränkt den Mitarbeiter in der Wechselmöglichkeit seines Arbeitsplatzes erheblich. Keine Ausbildung zu haben, ist in der heutigen Gesellschaftsform fast identisch mit Arbeitslosigkeit.

Der gelernte Chemielaborant – hier als Beispiel – hat weitere Möglichkeiten der Qualifizierung. Er kann entweder auf Abendschulen neben der Berufstätigkeit den Chemotechnikerabschluß machen oder sich für das Fachabitur vorbereiten, welches nach erneuter, kurzer Schulzeit erworben werden kann. Damit ist es möglich, an Fachhochschulen oder Universitäten dieses Fachgebiet zu studieren.

Es ist gut, daß es auch einen zweiten Bildungsweg gibt. Doch in einem analytischen Laboratorium werden überwiegend gut ausgebildete Laboranten gebraucht, die in der Lage sind, aus der Übung Erfahrungen zu sammeln. Dementsprechend ist der Arbeitsablauf in einem Laboratorium dann auch zu gestalten.

6.2
Berufliche und menschliche Fähigkeiten

Neben der Unterweisung in den beruflichen Fertigkeiten erfolgt nahezu automatisch auch das Erlernen der chemischen *Fachsprache*. Fachsprachen entwickelten sich ursprünglich, damit diese nur von „Eingeweihten" untereinander verstanden werden konnten.

6.2.1
Die chemisch-analytische Fachsprache

Zu Zeiten der Alchemie, die ihren geheimnisvollen Charakter pflegte, ist die chemische Sprache entstanden. Doch sie hat das Geheimnisvolle im Gegensatz zur Medizin und Jura, wo auch heute noch darauf geachtet wird, daß die Klienten nicht alles verstehen, weitgehend verloren. Die naturwissenschaftlichen Fachsprachen werden bereits mehr oder weniger an Schulen gelehrt. Mit zahlreichen physikalischen Begriffen geht man im täglichen Leben um; mit chemischen gibt es da schon mehr Probleme, z. B. bei Journalisten – aber eben leider auch bei analytisch arbeitenden Chemikern selbst. Aufgrund der Unsicherheit, die Analytikern anerzogen wird, haben diese selbst Schwierigkeiten mit ihrer Sprache, was sich dadurch äußert, daß sie stets auch unpassende Begriffe aus anderen Fachbereichen oder von ihren Kunden übernehmen, ihre eigenen verleugnen, abändern oder nicht mehr exakt verwenden. Deshalb muß heute am Beginn jeder Veröffentlichung eigentlich mitgeteilt werden, was mit welchem Ausdruck gemeint ist.

Ein typisches Beispiel sind die Nachweisgrenzen. Wenn nicht erklärt wird, welche gemeint ist, dann läßt sich mit gegeben Daten nichts anfangen. *Analytische Chemie kann weder sachlich noch sprachlich der Physik untergeordnet werden*, auch wenn dies von denen, die *Analytik als Metrologie* sehen wollen, angestrebt wird. Es ist doch interessant, daß die physikalischen Basiseinheiten nicht von Dauer waren und abgeändert wurden. Alle Einheiten von physikalischen Größen lassen sich auf wenige Grundeinheiten, die sog. Basiseinheiten, zurückführen. Die *„Conférence Générale des Poids et Mesures"* (CGPM, Generalkonferenz für Maße und Gewichte) hat 1960 die allgemeine Verwendung des *„Internationalen Einheitensystems"* (*Système Internationale d'Unites*; kurz: SI) empfohlen. Die BRD hat die SI-Einheiten durch das *„Gesetz über Einheiten im Meßwesen"* am 2. Juli 1969 übernommen (Ausführungsverordnung dazu vom 26. Juni 1970). Dieses ist dann durch das *„Gesetz über Einheiten im Meßwesen"* vom 21. Februar 1985 (Ausführungsverordnung dazu vom 13. Dezember 1985, genannt *„Einheitenverordnung"* – EinhV) ersetzt worden. Das Einheitensystem kennt sieben Basisgrößen, mit denen alle physikalischen Vorgänge erfaßt werden können. Sie sind eindeutig und ortungebunden festgelegt und für den amtlichen (DIN 1301 T.1/12.85) und geschäftlichen Verkehr (EinhV) vorgeschrieben. Sie alle haben eine lange Vorgeschichte.

Alle anderen Größen sind nach dem Internationalen Einheitensystem sog. „abgeleitete Einheiten", wie z. B. Geschwindigkeit, Kraft, Arbeit, Energie, Wärmemenge, Leistung oder die elektrischen Größen, die in der Analytik eine Rolle spielen, wie die Spannung oder das Potential (Volt), der Widerstand (Ohm), die Kapazität (Farad) und die Induktivität (Henry) sowie die Ladungsmenge (Coulomb), der Leitwert (Siemens), der magnetische Fluß (Weber) und die magnetische Flußdichte (Tesla).

Der Begriff „Mol" betrifft die Chemie. In der Analytischen Chemie ist das Mol ebenfalls eine wichtige Einheit, ohne die eine klassische, auf der Stöchiometrie beruhende chemische Analyse undenkbar wäre.

Doch in der Praxis wird es häufig nicht gewünscht, ein Ergebnis in der geforderten SI-Einheit anzugeben. Dies würde nicht nur chemische Vorkenntnisse bei allen Kunden der Analytik implizieren, sondern auch das allgemeine Verständnis von der Zusammensetzung von Materialien und Stoffen aller Art sowie von Mischungen oder Rezepturen unmöglich machen. Man ist an Prozentangaben gewöhnt, die sich auf Volumina oder Massen beziehen sowie absolut oder relativ sein können, was dementsprechend anzugeben ist, wenn es nicht klar aus dem Zusammenhang hervorgeht.

Klar und verständlich muß die Fachsprache der Analytischen Chemie sein. Es ist eben ungenau, wenn z. B. Röntgen-Fluoreszenzanalyse (RFA) gesagt wird, weil man diese doch nicht analysiert. Auch beim Mikrowellenaufschließen wird nicht die Mikrowelle in Lösung gebracht oder auch Spuren eines Elementes oder einer Verbindung in einer Matrix werden nicht analysiert – das gilt nur für die Proben –, sondern sie werden ermittelt oder bestimmt. Deshalb ist es notwendig, einige allgemeine, immer wiederkehrende Begriffe oder Bezeichnungen zu erläutern und anzugeben, in welchem Sinn sie hier benutzt werden. Dabei soll nicht auf irgendwelche Rechtschreibregeln, die Germanistenkomitees mit Hilfe der Verlage (Duden u. a.) festlegen, Rücksicht genommen werden. Aus gutem Grund schreiben die Chemiker Oxidation mit „i" und nicht mit „y", wie es die Umgangssprache tut.

Die analytische Fachsprache muß auch international verständlich und angepaßt sein, d. h. viele englische Begriffe sind dabei hilfreich, denn das Englische ist die Sprache der modernen Analytik geworden. Trotzdem muß man die deutschen Begriffe nicht vernachlässigen, weil in Laboratorien bei allen Mitarbeitern die englische Sprache nicht vorausgesetzt werden kann.

Um auf die Beispiele (RFA, MW) zurückzukommen, sollte es eindeutiger „XRF" heißen (auch *Röntgen* selbst nannte seine Entdeckung X-Strahlen) und ferner Aufschließen mit Hilfe von Mikrowellen.

Leider ist keine Konsequenz zu erkennen. Bei den sehr erfolgreichen Analysenprinzipien, wie z. B. der Atomabsorptionsspektrometrie (AAS, *Atomic Absorption Spectrometry*) oder der spektralen Anregung mit induktiv gekoppelter Plasmaflamme (ICP, *Inductively Coupled Plasma*) ist man sich weltweit einig, nur die Franzosen sagen im ersten Fall SAA, doch dann auch ICP. Leider haben sich für identische Sachverhalte verschiedene Begriffe eingebürgert, die oft nicht exakt definiert sind. AES wird in der Analytik weltweit für die Atomemissionsspektralanalyse verwendet, doch hierbei kommt wieder das mangelnde Selbstbewußtsein zum Zuge, wenn den Physikern folgend OES gesagt wird (weil AES angeblich mit der später hinzugekommenen Auger-Elektronen-Spektroskopie kollidieren soll). OES klingt etwa so wie ein „weißer Schimmel". Andererseits störte es keinen, daß die Fließinjektionsanalyse mit FIA bezeichnet wurde, obwohl die Fluoreszenz-Indikator-Adsorptionsanalyse (FIA-Verfahren genannt, s. DIN 51 791) bereits seit längerer Zeit existiert. Man sollte auch nicht ständig den Begriff „global" benutzen und dann z. B. Photographie mit „F" schreiben; sie ist in kaum einem internationalen Nachschlagewerk unter diesem Buchstaben „F" zu finden.

Um die hier verwendeten Begriffe zu erläutern, ist eine lexikonartige Auflistung dieser in Kurzform im Anhang (*Begriffe*) zu finden. Diese Auflistung ist natürlich nicht vollständig; sie soll nur dem besseren Verständnis dienen.

Neben einer speziellen Ausdrucksweise, die in Fällen der Dateninterpretation möglichst allgemeinverständlich sein sollte, und den erlernten, geübten handwerklichen Fähigkeiten erfordert sowohl der Laborantenberuf in der Analytischen Chemie als auch der des akademischen Mitarbeiters stets große Neugier und Intelligenz, die eine wesentliche Voraussetzung für das Interesse zur Weiterbildung sind. Bei einer sich so schnell entwickelnden Wissenschaft ist die ständige Weiterbildung unerläßlich. Das oft vertraglich vorgesehene Angebot hierfür hat sich in der Gegenwart stark verändert. Aus oft vorgeschobenen Kostengründen wurden die Teilnahmen an auswärtigen Tagungen und Seminaren erheblich eingeschränkt und dafür firmeninterne Veranstaltungen angeboten. Damit kann der einzelne Mitarbeiter nicht mehr auswählen, sondern er muß mit dem Angebotenen zufrieden sein. In der Zwischenzeit hat sich eine neue Berufsgruppe aus Menschen gebildet, die sich gerne selbst darstellen, hier und dort Seminare abhalten und alle möglichen Theorien und Hypothesen verbreiten, die oft weit entfernt von jedem praktischen Nutzen sind. Fachspezifisch sollte im Idealfall jeder Mitarbeiter Autodidakt sein, doch der Idealfall ist selten.

Deshalb muß in einem analytischen Laboratorium ständig über fachliche Sachverhalte gesprochen werden, was in Einzel- oder Gruppengesprächen erfolgen kann. Auch wenn die Personaldecke immer dünner wird, eine interne Weiterbildung darf nicht eingestellt werden. Die hierzu notwendige Zeit muß aufgebracht werden, denn auch heute gilt immer noch ein uraltes Motto: "Lieber keine Analyse als eine falsche!".

6.2.2
Personalführung und -beurteilung

Damit ist bereits das wichtige und interessante Gebiet der *Personalführung* angesprochen, mit dem sich jeder Laborleiter heute mehr denn je beschäftigen muß. Die alten Zeiten, in denen der Laborleiter mit wehendem Kittel durch die Räume eilte, so wie es Chefärzte zu tun pflegten und leider auch noch (hoffentlich vereinzelt) tun, hier und da eine Bemerkung fallen ließ, aber sonst kaum ansprechbar war und abends viele Analysenresultate abzeichnete, bei deren Erstellung er gar nicht zugegen sein konnte, sind seit Mitte des 20. Jahrhunderts in analytischen Laboratorien endgültig vorbei. Heute ist eine andere Art der Motivation gefragt – nicht mehr die kraft Amtes.

Normalerweise hat ein Hochschulabsolvent nach dem mehr oder weniger introvertierten Ende seines Studiums vom Umgang mit Menschen im Berufsleben noch nichts gehört. Vorausgesetzt wird das fachliche Wissen, gesagt wird, daß man Innovationen erhofft, doch andererseits soll der Delinquent in das System passen – also möglichst wenig rapide verändern. Dafür „erschlägt" man ihn mit Neuem; er muß nach der alten Reichsversicherungsordnung formal die Verantwortung für die Mitarbeiter seiner Gruppe übernehmen, die er noch gar nicht kennt. Ferner soll er das QS-System akzeptieren, und er soll wirtschaftlich denken lernen – ohne andere, zuständige Abteilungen, wie z. B. den technischen Einkauf, zu verärgern.

Es läßt sich fast verallgemeinern: Wenn in einem Betrieb oder Institut mit zahlreichen analytischen Aufgaben das Laboratorium noch mit veralteten Methoden oder Geräten arbeitet, dann hat der Laborleiter seine Aufgabe nicht richtig verstanden, seinen Aufgabenbereich nach oben hin nicht gut vertreten – und zu wenig Phantasie.

Analytiker kann man so wenig werden wie z. B. Poet; es gehören angeborene Fähigkeiten dazu. Neben einer gewissen Pedanterie gehört vor allen Dingen eine unstillbare Neugier dazu. Analytiker erkennt man auch daran, daß sie beim Eingießen von Wein oder Schnaps das Glas in Augenhöhe halten oder den Kaffeelöffel zum Abtropfen im Winkel von 45° an den Tassenrand halten.

Diese notwendigen Eigenschaften stehen nun oft im Widerspruch zu dem, was man Firmenpolitik oder Taktik des Erreichbaren nennen könnte. Aufgrund seiner gewissenhaften Arbeit macht sich ein Analytiker bei aufwärts strebenden Firmenkollegen selten Freunde.

Die Leitung einer Gruppe von Mitarbeitern erfordert neben dem Fachwissen auch betriebswirtschaftliche und rechtliche Kenntnisse. Ferner ist es wichtig, sich mit den Ausbildungsgängen und dem daraus folgenden Wissen der Mitarbeiter zu beschäftigen.

Wie kann man nun heute seine Mitarbeiter motivieren?

Die Geschichte der Motivation ist alt und hat sich im 20. Jahrhundert erheblich zusammen mit der Gesellschaft verändert. Die Pyramide des amerikanischen Psychologen *Abraham Harold Maslow* (1908–1970) wird gerne herangezogen (Abb. 369), um diese gesellschaftlichen Veränderungen zu verdeutlichen.

Relevant sind die drei oberen Ebenen, während zumindest in Europa die Grund- und Sicherheitsbedürfnisse weitgehend befriedigt sind. Es geht also verstärkt um das Zusammenleben im Betrieb und hier speziell in einer Gruppe (vergleichbar mit Staat und Familie), um Anerkennung der Leistungen und um eine gewisse Selbständigkeit des Handelns, was bestimmte Voraussetzungen erfordert.

Motivation kann heute also nicht mehr aus der beruflichen Position (autoritär) abgeleitet werden, sondern sie sollte im Idealfall mit einem kooperativen Führungsstil geschaffen werden, wenn man sich z. B. als Team versteht. Da jedoch nicht bei allen „Gruppenmitgliedern" die gleichen Bildungsgrundlagen vorausgesetzt werden können, was in der Neuzeit noch verstärkt auftreten und durch unterschiedliche Muttersprachen kompliziert wird, hat sich eine situative Führung bewährt. Gemeint ist damit, daß man Entscheidungen an die Situation anpaßt und kein erstarrtes System schafft. Anzustreben ist in einem Laboratorium, daß möglichst viele Mitarbeiter alles können. Dann ist ein ständig abwechselndes Arbeitsfeld eine wichtige Säule der Motivation und Voraussetzung für eine zufriedenstellende Gehaltsfindung. (Es wäre schade, wenn heutzutage das Gehalt die einzige Motivation darstellt, was oft so erscheint.) Heute ist es erforderlich, den Mitarbeitern zu erklären, warum und wozu sie was zu tun haben (womit wissen sie selbst) und nicht wie früher lediglich anzuordnen, was sie tun müssen. Dennoch bleibt letztendlich einer verantwortlich.

Autorität hat man heute nicht per Dekret, sondern man muß sie sich durch Wissen, Erfahrung und Führungsstil erwerben. Ein bewährter Führungsstil ist das Delegieren von Aufgaben. Dies setzt aber ein großes Maß an Vertrauen voraus.

Nur Fachwissen bringt ein analytischer Chemiker (hoffentlich) von der Hochschule mit. Im Gegensatz zum Forscher, der es oft nur mit ein oder zwei Mitarbeitern zu tun hat, bekommt der Analytiker im Regelfall gleich eine Gruppe zugeordnet – u. U. sogar Gruppen im Schichtbetrieb. Früher gab es im Regelfall nur *formelle Gruppen*, d. h. ihre Mitglieder waren eingesetzt bzw. die Zusammensetzung war durch den Vorgesetzten bestimmt worden. Dabei kam es oft vor, daß neben dem Gruppenleiter noch ein Mitarbeiter existierte, der die Interessen der anderen besser verstand, ein Sportler war oder die gleichen gesellschaftlichen oder politischen Ansichten teilte, also ein informeller Leiter war. Das Geschick des Vorgesetzten sollte es nun sein, *informelle Gruppen* zusammenzustellen, in

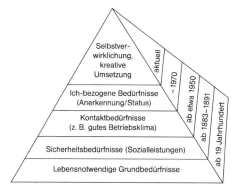

Abb. 369 Pyramide von *A. H. Maslow.*

denen die Interessenlage der einzelnen Mitglieder sehr ähnlich ist.

Das Wissen um die Firmenpolitik, welches einen Teil der Erfahrung ausmachen könnte, ist nur kompliziert zu erwerben, was mit dem menschlichen Verhalten und dem „Rollenkonflikt" zusammenhängt. Normalerweise ist die Informationspolitik in einer Firma geregelt, doch normalerweise funktioniert sie nicht auf diese Weise. Es klappt sehr wohl mit der Information von unten nach oben, doch in der Gegenrichtung kommt es immer wieder zu Unterbrechungen. Oft sind es höhere Vorgesetzte, die ihr Wissen als Machtwissen mißbrauchen, taktieren und Angst um ihre Position haben. Der Laborleiter steht im Regelfall dazwischen; darüber die Direktion und unter ihm seine Mannschaft. Das ist der Rollenkonflikt, mit dem er zu leben hat. Er muß seinen Mitarteitern jede Veränderung erklären, die jene oft eher aus der Presse erfahren als er selbst. Die Erfahrung lehrt jedoch, daß in mitbestimmten Betrieben die Informationen über den Betriebsrat schneller ankommen, wenn man diesen respektiert und mit ihm redet. Das ist zwar nicht der geplante Weg, doch es kann sehr hilfreich für die eigene Personalführung sein. Die Erhaltung von Arbeitsplätzen ist in jedem Fall ein Ziel, das man mit dem Betriebsrat gemeinsam hat.

Schwieriger ist die Gehaltsfindung, denn sie setzt heute zwingend eine Personalbeurteilung voraus. Es gibt viele Ansätze dafür, und es gilt ein passendes System zu finden. Generell gibt es für die Arbeitsbewertung in einer Punktetabelle drei Bereiche: Können, Beanspruchung und Verantwortung. Spezielle Zusatzpunkte sind auch noch möglich. Angestellte und Führungskräfte wird man unterschiedlich bewerten müssen. Hierzu gibt es verschiedene Vorschläge. So nennt W. *Bloch*, Zürich, als theoretische Grundlagen der Arbeits- und Leistungsbewertung im Wesentlichen nur drei Punkte: Leistung, Verhalten und Einsatzbereitschaft.

Für die Leistungsbewertung beschreibt W. *Sämann* (*Industrial Engineering*, Heft 1/1973) fünf Kriterien mit vorgeschlagener Gewichtung (in Klammern als %):

1. Arbeitsmenge (40),
2. Arbeitsgüte (20),
3. Arbeitsorganisation (10),
4. Initiative (15) und
5. Führungsverhalten (15).

Grundlage dieser Bewertungen ist eine exakte Stellenbeschreibung, was nicht immer einfach ist. Hinzu kommt die im Personalwesen gebräuchliche Fachsprache, mit der sich ein Analytiker schwer anfreunden kann. Um nichts Negatives, juristisch Angreifbares, zu sagen, gibt es bestimmte Wortschöpfungen, die genau dies ausdrücken (Tab. 32).

Die häufig benutzte Kombination „tüchtig" und „selbstbewußt" bedeutet, von sich selbst eine hohe Meinung zu haben und sachlicher Kritik nicht zugänglich zu sein.

(Dieses Buch wendet sich deshalb nicht an tüchtige und selbstbewußte Leser in diesem Kontext.) Tolle Mitarbeiter im Kollegenkreis sind im Regelfall schwere Brocken für die Vorgesetzten.

Alle Arten der Bewertung haben ein Haupt- und ein Nebenziel, einmal die Gehaltsfindung und zum anderen das Erkennen von bestimmten Begabungen (Personalplanung). Ein Beispiel eines solchen Bewertungsmodells ist in folgender Tabelle 33 dargestellt:

Sowohl die Stellenbeschreibung als auch die Bewertung sind dem Stelleninhaber zur Kenntnis vorzulegen, was u. U. zu erheblichen Diskussionen Anlaß geben kann. Es gibt zahlreiche Möglichkeiten, sich über Personalführung oder Gehaltsfindungs-

Tabelle 32 Geheimcodes in Zeugnissen.

Text im Zeugnis von der Personalabteilung	Bedeutung des Textes für Personalleiter
Sowohl Vorgesetzte als auch Kollegen schätzen seine (ihre) sachliche Art der Zusammenarbeit. Er (sie) war sehr tüchtig und in der Lage, die eigene Meinung zu vertreten.	Es wird der Eindruck erweckt, als sei der Mitarbeiter (die Mitarbeiterin) unbequem und aufsässig: → Querulant -in)
Er (sie) hat sich bemüht, die gestellten Aufgaben zu erledigen.	Er (sie) hat völlig versagt.
Er (sie) verfügt über Fachwissen und hat ein gesundes Selbstvertrauen.	Er (sie) klopft große Sprüche, um mangelndes Fachwissen zu überspielen.
Er (sie) war sehr tüchtig und wußte sich gut zu verkaufen.	Er (sie) ist ein unangenehmer Zeitgenosse und Wichtigtuer, dem es an Koorperationsbereitschaft fehlt.
Er (sie) ist ein anspruchsvoller und kritischer Mitarbeiter (-in).	Er (sie) war eigensüchtig, pocht anderen gegenüber auf seine Rechte und nörgelt gerne.

maßnahmen zu informieren. Doch alle Theorie hilft da nicht, aus Erfahrung läßt sich sagen, daß nur der gesunde Menschenverstand hilft. Besitzt man noch ein gewisses Einfühlungsvermögen und kann intuitiv Menschen beurteilen, dann wird man kaum Probleme mit den Mitarbeitern bekommen. Schwierigkeiten mit Vorgesetzten sind allerdings nicht auszuschließen. Es kann jedoch trotzdem nur empfohlen werden, sich soweit als möglich schützend vor seine Mitarbeiter zu stellen. Motivation ist auch das Fernhalten von übergeordneten Problemen, die sich manchmal durch einen Wechsel in den Vorständen von selbst entwirren.

Diese kurze Erwähnung des Zusammenlebens im Betrieb und der Mitarbeiterbeurteilung soll dazu führen, daß sich Laborleiter mit dieser Thematik intensiver beschäftigen.

6.2.3
Bemerkungen zur Wirtschaftlichkeit

Das gilt auch für Fragen der Wirtschaftlichkeit oder moderner ausgedrückt: der Wertschöpfung. Ein Industrieunternehmen ist ein kompliziertes Gebilde mit stark voneinander abhängigen internen Zielgruppen, die wiederum von dem Markt beeinflußt werden. Im 21. Jahrhundert wird im wesentlichen die Automation fortgesetzt, die in den letzten Jahrzehnten der bestimmende Faktor war. Dieser Prozeß erfolgt deshalb schrittweise, weil eine vollständige Automation die Kosten ins Unendliche treiben würde (s. Kap. 7).

Das schon angesprochene Ziel der *Wertschöpfung* erfordert eine genaue Kenntnis und ein Sicherheitsmanagement aller in einer Firma ablaufender Prozesse (Abb. 370). Umweltsicherheit, technische Sicherheit der Prozesse, Wirtschaftlichkeit und Qualität der Produkte sind die vier Säulen vieler Produktionsprozesse.

Diese vier Kriterien sind voneinander in der Weise abhängig, daß die Veränderung

Tabelle 33 Bewertungsschema für Angestellte von 1976.

Stellenbezeichnung	Bewertungstag
Name	Abteilung/Betrieb
	Dienstbezeichnung
ANFORDERUNG	mögliche erreichte Punktezahlen
AB 1. Fachkönnen	1–10
2. Entscheidungsbefugnis	1–10
3. Allgemeine Aufgaben der Menschenführung	1–13
4. Verantwortung für Sachwerte	1–10
5. Verantwortung für die Arbeit anderer	0–8
6. Verantwortung für die Arbeitsabläufe	0–6
7. Belastung für spezielle Denkprozesse	1–9
8. Besondere Vertrauensstellung	0–4
Summe:	max.70
LB 1. Arbeitsmenge	1–10
2. Arbeitsgüte	1–5
3. Arbeitsorganisation	1–5
4. Initiative	1–5
5. Führungsverhalten	1–5
Summe:	max.30
AB/LB zusammen:	
Bewertungskommission:	zur Kenntnis genommen
GEHALT	€
Bewertungsanteil bei. …€/Punkt	
Marktgehaltanteil	
Grundgehalt	
SUMME:	

des einen immer die Randbedingungen der anderen beeinflussen wird. Alle haben Einfluß auf die Produktionskosten und damit die Wertschöpfung, weshalb eine genaue Kenntnis aller Prozeßabläufe so wichtig ist. Und zu diesem Wissen um die Vorgänge trägt in vielen Fällen eben die Analytische Chemie erheblich bei. Es ist deshalb nicht zu begreifen, daß die Chemischen Laboratorien bei Einsparungen oft in vorderster Front stehen, denn sie haben genau die Probleme der Automation wie die Betriebe.

Abb. 370 Sicherheitsmanagement von Prozessen – ein Weg zu mehr Wertschöpfung.

Die überwiegend wirtschaftlich begründete Abwendung von den Grundlagen der analytischen Methodik und den Basismethoden im 21. Jahrhundert war eigentlich die *Motivation für die Beschreibung dieser Entwicklungsgeschichte* in wichtigen Phasen, um vor allen Dingen auch die Denkweise der alten Forscher zu erläutern. Da heute wirtschaftliche Fragen eine der Quantität und Qualität übergeordnete Rolle spielen, kommt der Organisation von Laboratorien große Bedeutung zu. Da auch die öffentlichen Dienste zu Einsparungen gezwungen werden, gilt dies allgemein und nicht nur für die Industrie. Eine Grundfrage wird deshalb sein: Wie kann die Analytische Chemie heute und zukünftig ihrem gesellschaftlichen Auftrag gerecht werden, genaue – also präzise und richtige – Daten zu erstellen?

Dazu ist zunächst ein *analytisches Gesamtverfahren* erforderlich, d. h. ein festgelegter Ablauf von der Fragestellung, dem Auftrag und der Probenahme bis hin zur Datenerstellung und deren Interpretation (s. nächstes Kap. 6.3). Dann stellt sich die Frage, wie dieses Verfahren insgesamt beschleunigt werden kann, ohne an Genauigkeit zu verlieren. Der nächste Schritt wäre dann, mechanisierte oder vollkommen automatisierte Abläufe einzubauen, um die Personalkosten zu reduzieren. Die Verkürzung der Analysendauer und die Unabhängigkeit von menschlichen Fehlern kann auch dem Prozeßablauf zugute kommen, wodurch sich eigentlich die Investitionen in den Laboratorien amortisieren sollten. Doch im Regelfall verbuchen die Betriebe alle Erfolge durch ein optimiertes Prüfwesen für sich selbst.

Vor etwa 50 Jahren war es noch möglich, durch einfache Argumentation die Vorgesetzten und ihre kaufmännischen Sachbearbeiter zu beeindrucken. Zu dieser Zeit fand die spektrometrische Schnellanalyse Eingang in die Laboratorien, in denen die Mitarbeiter bisher manuell, chemisch-analytisch schnellstmöglich arbeiten mußten.

Nun ließ sich mit der gewonnen Zeit und auch der besseren Präzision der Daten rechnen, wie das folgende Beispiel für ein bisher chemisch-analytisch arbeitendes Stahllaboratorium zeigen soll:

1. Zeitersparnis:
   Es wird angenommen, daß der Schmelzprozeß 50 Minuten dauert, zwei Proben gezogen werden und die Analysendauer um zwei Minuten verkürzt werden kann.
   $t_P = 50$ min
   $t_c - t_P = 2$ min
   $\Delta t_P = \dfrac{4 \cdot 100}{50} = 8\%$
   $n = 2$
   Bei einer Jahrproduktion von
   $P = 1$ Million Tonnen ergibt sich eine mögliche Mehrproduktion von
   $\Delta P = 80000$ t/Jahr. Mit einem internen Kostenfaktor $k = 50\%$ und der Annahme, daß die Analysenkosten 2€ / t betragen, errechnet sich bereits eine Kostenersparnis von
   $A_1 = \dfrac{50 \cdot 80000 \cdot 2}{100} = 80000$ € / Jahr

2. Einsparungen an Chemikalien und Personalkosten (geschätzt):
   $A_2 = 25\,000$ € / Jahr.

3. Verbesserte Legierungsmittelanalyse:
   Es werden z. B. auch 30000 t Containerstahl pro Jahr mit einem Nickelgehalt von ~10 % produziert, und die Analysenwiederholbarkeit verbesserte sich um $\Delta \beta = 0{,}02\%$ Ni, dann lassen sich einsparen:
   $\Delta P_{Ni} = 0{,}02 \cdot 30\,000 = 6$ t Ni / Jahr.
   Bei einem Preis von 5000 € / t Reinnickel ergeben sich so
   $A_3 = 30\,000$ € / Jahr.

4. Produktionskosten (geschätzt):
   Einsparung von 3–5 % der Schmelzkosten, die sich der Betrieb gutschreiben lassen würde.

Diese Art der Rechnung, die ursprünglich von dem russischen Spektralanalytiker *M. Zamaraev*, Schwarzmetall-Forschungsinstitut Moskau, stammt und leicht modifiziert wurde [747], ist nur dann sinnvoll, wenn der Markt eine Produktionserhöhung zuläßt oder fordert. Dann allerdings konnte man behaupten, daß sich bei der so ermittelten Einsparung von ca. 135 000 € die Anschaffung eines Spektrometers in maximal zwei Jahren amortisieren läßt. So hatte man zu Beginn der Einführung der Spektralanalyse gute Argumente und bekam auch die gewünschte instrumentelle Ausstattung.

Diese Entwicklung führte nach *H. Kaiser* (Vortrag im ISAS, Dortmund) bis etwa 1970 zum ständigen Einsatz von ca. 1500 Spektrometern, die innerhalb von rund 10 Jahren zu einer Senkung der Betriebskosten von damals 2 Mrd. DM (1 Mrd. € bzw. 1 Billion $) geführt haben sollen.

Die *Amortisationszeit* T ist ein Maß für das finanzielle Risiko. Sie gibt den Zeitraum an, in dem die zu amortisierenden Investitionsausgaben in Form von versteuerten Einnahmeüberschüssen zurückfließen:

$$A = \sum_{i=1}^{t} a_i > A_1,$$

worin bedeuten: A: kumulierte Amortisationsbeträge bis einschließlich Jahr t; A_1: zu amortisierende Investitionsausgaben; a_i: jährliche Amortisationsbeträge.

Für denjenigen, der sich mit dieser kaufmännischen Thematik eingehender beschäftigen möchte, sei das Buch von *Klaus-Dieter Däumler* [748] empfohlen. Da fast jede große Firma ein unterschiedliches Rechnungswesen betreibt, sind Vergleiche zwischen Firmen so schwierig. Was man wissen sollte, wenn Investitionen nötig werden, ist die Verfahrensweise der Geldbeschaffung. Üblicherweise werden solche mit geliehenem Geld vorfinanziert, so daß auch noch Kapitalkosten (Zinsen) anfallen und die Amortisation verzögern. Selbstverständlich sind bei der Planung auch Bau- und Anschlußkosten zu berücksichtigen, die erheblich sein können. Beispielsweise kann es sein, daß für einen ICP-Generator eine neue Stromabsicherung notwendig wird oder für ein XRF-Spektrometer eine Stabilisierung des Netzes erforderlich wird.

In der Neuzeit änderte sich die Argumentation, denn es waren schon Spektrallaboratorien vorhanden. Da die Personalkosten in Laboratorien zwischen 70–80 % des Gesamtaufwandes ausmachen können, steht bei allen Einsparungsmaßnahmen diejenige von Personalstellen an erster Stelle. Bis zu einer gewissen Anzahl war das durch die Automation möglich. Zwei Beispiele sollen die Vorgehensweise bei derartigen Wirtschaftlichkeitsrechnungen zeigen. Doch zunächst werden die benutzten Begriffe aufgezählt:

1. Begriffe, die bei allen Berechnungsverfahren vorkommen.
1.1 Investiertes Kapital (K_{aa})
+ aktivierungspflichtige Fremdleistungen
+ aktivierungspflichtige Eigenleistungen
 Investiertes Kapital (€)
1.2 Kapitaldienst (KD)
Zinsen
+ Gewerbeertragssteuer
+ Gewerbekapitalsteuer
+ Abschreibungen
Kapitaldienst (€/Jahr)
1.3 Erfolg vor Steuern und Kapitaldienst
Erlöse nach der Investition
./. Erlöse vor der Investition
zuwachsende Erlöse
Kosten nach der Investition (ohne KD)
./. Kosten vor der Investition (ohne KD)
zuwachsende Kosten (ohne KD)
zuwachsende Erlöse
./. zuwachsende Kosten
Erfolg vor Steuern und Kapitaldienst (€/Jahr)

1.4 Erfolg vor Ertragssteuern
Erfolg vor Steuern und Kapitaldienst
./. Kapitaldienst
Erfolg vor Ertragssteuern (€/Jahre)
1.5 Erfolg nach Steuern
Erfolg vor Ertragssteuern
./. Ertragssteuern
Erfolg nach Steuern (€/Jahr)
2. Begriffe, die zusätzlich bei statischen Berechnungsverfahren vorkommen:
2.1 Durchschnittlich gebundenes Kapital (K_{da})
Lebensdauer der Anlage:
n Jahre = Abschreibungszeit

$$K_{da} = \frac{n+1}{2n} \cdot \text{investiertes Kapital} (K_{aa}) \ (€).$$

2.2 Amortisationsbetrag (C)
Ergebnis nach Steuern
+ Abschreibungen
Amortisationsbetrag (C) (€/Jahr)
2.3 Refinanzierungszeit (t) oder Amortisationsdauer

$$t = \frac{\text{investiertes Kapital}(K_{aa})}{\text{Amortisationsbetrag}(C)} \ (\text{Jahre})$$

2.4 Ergebnis vor Zinsen (C^*)
Ergebnis nach Steuern
+ Zinsen
Ergebnis vor Zinsen (C^*) (€/Jahr)
2.5 Rendite vor Zinsen (R)

$$R = \frac{\text{Ergebnis vor Zinsen}(C^*)}{\text{Durchschn. geb. Kapital}(K_{da})} \cdot 100 (\%).$$

Und nun zu den Beispielen einer Wirtschaftlichkeitsrechnung für Investitionen:

I. Einsparung von einem Mitarbeiter durch Geräteautomatisierung anstelle manueller Bedienung:

Annahmen:
1. Investiertes Kapital (K_{aa})   100 000 €,
2. Lebensdauer der Anlage (n)   10 Jahre,
3. Betriebskosten der Anlage   10 000 € / Jahr,
4. Personalkosten/Mann   70 000 € / Jahr.

Rechnung:

a) Ermittlung des durchschnittlich gebundenen Kapitals:

$$K_{da} = \frac{n+1}{2n} K_{aa} = \frac{10+1}{2} \cdot 100000 = 55000.$$

b) Ermittlung des Erfolges vor Steuern:
(In diesem speziellen Fall sind nur Kostenveränderungen, dagegen keine Erlösveränderungen zu erwarten.)

Einsparungen: 1 · 70 000 (€ / Mann Jahr) = 70 000 € / Jahr
/. zusätzliche Betriebskosten: 10 000 € / Jahr
Erfolg vor Steuern und Kapitaldienst   60 000 € / Jahr

c) Ermittlung des Ergebnisses nach Steuern:
(Es wird immer Fremdkapitaleinsatz unterstellt, der mit 7 % festgelegt ist.)

	€ / Jahr	€ / Jahr
1. Erfolg vor Steuern und KD		60 000
2. Zinsen (7 % von K_{da})	3859	
3. Gewerbekapitalsteuer (0,5 % von K_{da})	275	
4. Gewerbeertragssteuer (12,5 % auf Zinsen)	481	
5. Abschreibungen (0,5 % auf K_{aa})	5000	
6. Kapitaldienst (KD)	9606	9606
7. Erfolg vor Ertragssteuern (1. − KD)		50394
8. Ertragssteuern (66 % von 7.)		30236
9. *Ergebnis nach Steuern*		20158

d) Ermittlung der Refinanzierungszeit

Ergebnis nach Steuern (c9.)	20158
+ Abschreibungen (c5.)	5000
Amortisationsbetrag C, verfügbar zur Refinanzierung	25158

$$t = \frac{K_{aa}}{C} = \frac{100000}{25158} = 4 \text{ Jahre}$$

e) Ermittlung der Rendite vor Zinsen

Ergebnis nach Steuern (c9.)	20158
+ Zinsen	3850
Ergebnis vor Zinsen (C*)	24008

Rendite vor Zinsen:

$$R = \frac{C^* \cdot 100}{K_{da}} = \frac{24008 \cdot 100}{55000} = 44\%.$$

Damit wird man kaum Erfolg haben. Setzt man rechnerisch allerdings einen zweiten Mitarbeiter frei, so ändert sich dieses Ergebnis total. Bei den gleichen Annahmen ändern sich nun folgende Positionen im identischen Schema:

II. Einsparung von zwei Mitarbeitern durch Geräteautomatisierung anstelle manueller Bedienung:

b) Erfolg vor Steuern: 110 000 € / Jahr
c) Ergebnis nach Steuern: 46 156 € / Jahr
d) Refinanzierungszeit:

$$t = \frac{K_{aa}}{C} = \frac{100000}{51156} = 2 \text{ Jahre}$$

e) Ergebnis vor Zinsen 55 008 € / Jahr

$$R = \frac{55008 \cdot 100}{55000} = 100\%.$$

Mit diesem Ergebnis würde man sofort eine Genehmigung zur geplanten Investition bekommen. Doch ist eine Rendite von 100 % nur gut für die Firma, weniger für das Laboratorium. 1,5 Mannstellen würden wahrscheinlich ausreichen, so daß es nach diesem Fallbeispiel sinnvoll wäre, die doppelte Investitionssumme zu planen und dafür drei Mannstellen zu opfern.

Derartige Überlegungen wurden für Laborleiter in den achtziger Jahren sehr wichtig, denn die Mechanisierung und Automation waren die wesentlichen Aufgaben der letzten 20 Jahre des 20. Jahrhunderts, die gelöst werden mußten. Etwa 20 % des Personalbedarfes ließen sich auf diese Weise amortisieren, wenn ein Laborleiter sich entsprechend weitergebildet hatte und geschickt planen konnte.

Speziell in den neunziger Jahren bedienten sich die Vorstände großer Firmen gerne der Hilfe von Wirtschaftsberatungsgesellschaften, die mit großem Aufwand für die einzelnen Abteilungen ein vorgegebenes Ziel zu verfolgen hatten, das die Vorstände nicht alleine verantworten wollten. Dabei wurde z. B. eine Kosten- bzw. Personaleinsparung von 40 % vorgegeben und dann auch über viel „Paperwork" durchgesetzt.

Das war von den Laboratorien über Rationalisierungsmaßnahmen der chemischanalytischen Arbeitsgebiete nicht mehr zu verifizieren, so daß diese – allem voran die gesamte Kontrollanalyse – fast vollständig eingestellt werden mußten. Auch die Herstellung eigner Referenzproben aus der eigenen Produktion, die für das Rekalibrieren spektralanalytischer Verfahren so wichtig waren, wurde weitgehend eingestellt. In vielen Laboratorien werden diese durch käufliche, über die allgemeinen Betriebskosten als Verbrauchsmaterialien abgerechnete Standardproben ersetzt, womit der *Laborleiter* ein wesentliches Aufgabengebiet abgegeben hat. Er *überträgt im rechtlichen Sinne die Verantwortung für die Richtigkeit seiner Analysendaten auf den Standardprobenhersteller.* Dennoch führt er ein QS-Handbuch, obwohl seine Resultate ausschließlich von der Güte der gekauften Standards abhängen. QS-Systeme sind damit zufrieden, doch es bleibt eigentlich die Frage offen, wer bei einer fehlerhaften Produktcharge aufgrund falscher Analysendaten basierend auf einem solchen Standard letztendlich regreßpflichtig wird.

Die wirtschaftlichen Sanktionen gegenüber chemischen Laboratorien, die durch Firmenfusionen mit den zusätzlichen Einsparungen über sog. Synergieeffekte (Doppelbesetzungen sind gemeint) noch verstärkt wurden, sind ein Grund, warum aus der Anwendung der Analytischen Chemie eine angewandte Analytik geworden ist. Ein Merkmal der Gegenwart ist die Bereitschaft zu mehr Risiko. Schon gibt es auch ein Risikomanagement, worunter man den planvollen Umgang mit Risiken versteht. Dies ist der Wissenschaft „Analytische Chemie" fremd, denn schlußendlich verkauft sich nur Qualität gut.

6.3
Das gesamte Analysenverfahren

Ein chemisch-analytisches Industrielaboratorium sollte nach sehr genau beschriebenen, den QS-Regeln entsprechenden Verfahren (Durchführungs- oder Arbeitsanweisungen, sog. *Standard Operation Procedures*, SOPs) arbeiten die auf eine erprobte oder genormte Analysenmethode (Verfahrensanweisung) zurückführbar sind, und deren Ursprung in einem der vielen unterschiedlichen Analysenprinzipien liegt. Umgekehrt lassen sich aus einem Prinzip mehrere Methoden und aus einer Methode wiederum viele Verfahren ableiten, wie das hier für die drei wesentlichen, am häufigsten benutzten Analysenprinzipien gezeigt wird (Abb. 371). Darin steht das obere Beispiel für ein Einzelelementbestimmungsprinzip, während die beiden anderen Beispiele typische Multielementbestimmungsprinzipien darstellen.

Die Anzahl der Methoden, die sich aus einem Analysenprinzip ableiten läßt, ist klein gegenüber der beliebig großen Anzahl von möglichen Verfahren aus einer Methode. Die klassischen Methoden der gravimetrischen, der maßanalytischen oder spektralphotometrischen Analyse arbeiten mit sehr vielen, elementspezifischen Verfahren, während Multielementmethoden mit wenigen, matrixbezogenen Verfahren auskommen. In beiden Fällen ist jedoch das wesentliche Kriterium der *Anwendungsbereich*, der die erfaßbaren Grenzen der Elementkonzentrationen und die Probenart (Matrix) beschreiben muß. Jedes Analysenverfahren hat nur einen charakteristischen Bereich der Anwendung. Die Einteilung der Verfahren erfolgt denn auch nach Konzentrationswerten, z. B. je nach der Einwaage unterscheidet man Makro- oder Mikrobestimmungsverfahren, und entsprechend den zu ermittelnden Konzentrationen spricht man von Verfahren zur Bestimmung von Haupt (H)- oder Nebenbestandteilen (N) sowie von Spuren im µg/g-, ng/g- oder pg/g-Bereich.

G. Gottschalk beschrieb ein Strukturmodell für Massen-Relationen [749]. Aus einer log/log-Darstellung dieses Systems der analytischen Massenbereiche sind die in Abhängigkeit von der Einwaage P erreichbaren Arbeitsbereiche A abzulesen. Es besteht folgender mathematischer Zusammenhang für den Gehalt (Anteil) G der zu bestimmenden Komponente:

$$G = 100 \cdot A / P \text{ (m-\%)}.$$

Für die meisten Werkstoffe und Materialien gilt, daß der Einfluß von Spuren nur im unteren Teil des mg- oder im oberen des µg-Anteilbereiches gedeutet werden kann bzw. ihr Vorhandensein dann die Eigenschaften nicht mehr meß- oder wahrnehmbar verändert. Hier ist bereits die hohe Anforderung an die Verfahren zu erkennen, denn bei den üblichen Einwaagen zwischen 0,1–1 g bewegt man sich schon in Arbeitsbereichen (Konzentrationen) von $< 10^{-6}$ g bis zu 10^{-9} g. Gehaltanteile im ng- oder pg-Bereich sind selten gefragt, doch kann dies für neue Technologien durchaus interessant sowie für die Erfas-

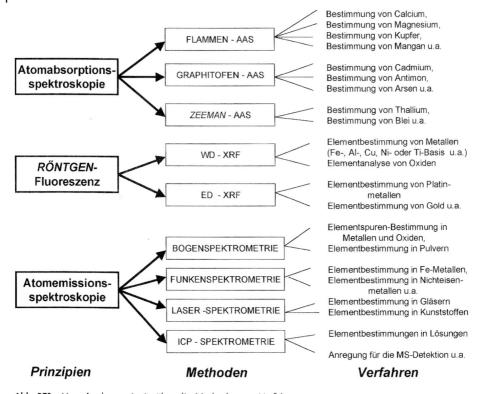

Abb. 371 Vom Analysenprinzip über die Methode zum Verfahren.

sung von Allgegenwartskonzentrationen (dem „Untergrund" für umweltrelevante Analysen) wichtig werden. Die Halbleitertechnik und biochemische Fragestellungen können u. U. auch analytische Daten aus dem Femtogramm-Bereich benötigen, nur erscheint deren quantitative Verifizierung heute noch eine Illusion zu sein. Es gibt zwar Methoden, die empfindlich genug sind, hierfür noch Signale zu registrieren, doch ist das Eich- oder Kalibrierproblem nicht befriedigend gelöst. Es ist auch vermessen, dies in einer Zeit zu erwarten, in der nicht einmal die Neben- und die Hauptkomponenten mit der Richtigkeit bestimmt werden, die eigentlich möglich sein könnte.

6.3.1
Standardverfahren (Standard Operation Procedures)

Grundsätzlich besteht ein Analysenverfahren aus mehreren Teilschritten, die sich in zwei Bereiche eingliedern lassen, und die alle miteinander zusammen- bzw. voneinander abhängig sind (Abb. 372).

Es ist zunächst davon auszugehen, daß der Kunde, der eine Analyse in Auftrag gibt, nicht daran interessiert ist, welche Zusammensetzung die Analysenprobe hat. Vielmehr erwartet er eine Antwort über die Zusammensetzung eines Materials oder eines Stoffgemisches, für das die Laboratoriumsprobe repräsentativ ist bzw. zu sein hat. Leider haben sich die Analytiker

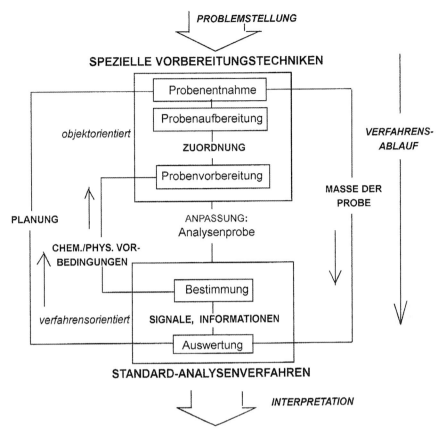

Abb. 372 Arbeitsstufen der quantitativen Analytik, modifiziert nach G. Gottschalk [749].

im Laufe der unerfreulichen Entwicklungsgeschichte die Entnahme von Proben in vielen Fällen aus der Hand nehmen lassen. Es werden noch Beispiele benannt, wo es nicht sinnvoll ist, daß der Analytiker selbst die Proben entnimmt. Doch dann besteht für den Analytiker die Pflicht, die Unterweisung der Ausführenden vorzunehmen und den praktischen Ablauf zu kontrollieren.

Ein Analysenverfahren beginnt mit der objektbezogenen Arbeitsstufe *Probennahme* (s. Kap. 6.3.7). Bereits der allererste Schritt, die Probenentnahme, steuert die Genauigkeit des Ergebnisses, so daß nach der Anforderung (Wunsch des Kunden oder Qualitätskriterien) dieser Vorgang zu planen ist. Die Masse der Probe geht direkt in die Auswertung ein. Damit wird logischerweise eine Probenentnahme ohne eine Beteiligung der ausführenden Analytiker sinnlos. Die Fehler durch mangelnde Repräsentativität und bei der folgenden *Probenaufbereitung* (dem Zerkleinern, Teilen, Sieben usw.) sind durch keine Maßnahme korrigierbar, weil sie nur durch geübte und erfahrene Probennehmer erkannt werden würden. Doch diese Tatsache wird gern heruntergespielt, so daß es in Deutschland den Lehrberuf „Probennehmer" immer noch nicht gibt. Es ist leider zum Normalfall geworden, daß der Analytiker oft erst bei dem dritten Schritt, der *Probenvorbereitung*, eingreift oder eingreifen darf. Diese wird eindeutig durch das Meßverfahren gesteuert, je nachdem, ob eine feste Probe direkt als Analysenprobe dienen kann oder eine Lösung benötigt wird, ob eine Verdünnung oder Anreicherung des Analyten erforderlich ist usw. Damit wird der Analytiker oft nur als „Meßknecht" eingesetzt, der dann schon am Beginn der Prüfung weiß, daß die Aussage des von ihm erstellten Ergebnisses unsinnig ist oder eine stark eingeschränkte Gültigkeit haben wird. Da kommt wirklich Motivation auf.

Das Ergebnis der Arbeitsstufe „Probennahme" ist die Analysenprobe, welche die verfahrensorientierte Arbeitsstufe *Bestimmung* eröffnet. Messen und Auswerten sind nur Teilaufgaben eines Analysenverfahrens, womit sich zunehmend analytische Laien beschäftigen oder beschäftigen müssen, wie es auch für die Probennahme gilt. Deshalb ist es unerläßlich, das gesamte Analysenverfahren zu standardisieren, weil dies die einzige Möglichkeit darstellt, ein Mindestmaß an Vergleichbarkeit zu erreichen. Die Interpretation der Daten setzt das Verstehen des analytischen Problems voraus! Die hierbei auftretenden Fehler sind nicht erfaßbar; sie können nur dann verhindert werden, wenn Teamarbeit besteht, also wenn man miteinander in einer verständlichen Sprache redet.

Im Gegensatz zu einem Analysenverfahren fehlt bei der Analysenmethode der Bereich der Probenentnahme, der sich mit der Entnahme und Aufbereitung der Probe befaßt. Die Entwicklung einer Methode aus einem Prinzip bedarf der Verwendung angepaßter Proben, um die Meßgrundlagen zu schaffen und eine Basiseichfunktion aufzustellen. Eine Analysenmethode ist dementsprechend zu eichen!

Diese Arbeit wird häufig von forschenden Analytikern oder Physikern, entsprechend der Zunahme von physikalisch-chemischen Analysenmethoden, geleistet.

Für die reale Bestimmung eines Analyten wird dann aus einer Methode ein Analysenverfahren entwickelt, das durch eine genaue Beschreibung der Durchführung für einen gegebenen Anwendungsbereich mit einer bestimmten Instrumentierung charakterisiert ist. Ein Analysenverfahren ist unter Einschluß der verwendeten Apparatur zu kalibrieren! Dieser Ablauf ist möglichst zu standardisieren, was besser gelingen sollte als in vielen Normverfahren. Im Rahmen der Qualitätssicherung spricht man bei einer Analysenmethode von einer Verifizierung, doch wenn ein solches, nicht genormtes Analysenverfahren geprüft wird, nennt man das Validierung.

Eine chemische Analysenmethode beruht auf einer stöchiometrischen Gleichung:

$$aC_A + rC_R = A_aR_r + B,$$

worin bedeuten: A = Analyt (Element oder funktionelle Gruppe in der Komponente enthalten); C_A = reagierende Komponente; C_R = Komponente, die das Referenzelement oder die Referenzgruppe enthält; R = Resultat als A_aR_r und B.

Was hier so kompliziert aussieht, läßt sich in speziellen Fällen so einfach schreiben:

$$NaCl + AgNO_3 = AgCl + NaNO_3,$$

$$K_2SO_4 + BaCl_2 = BaSO_4 + 2\ KCl,$$

$$CaCl_2 + 2\ NaC_2O_4 = Ca(C_2O_4)_2 + 2\ NaCl.$$

Eine physikalisch-chemische Analysenmethode basiert auf dem funktionellen Zusammenhang:

$$I_A = f(c_A;\ q_A),$$

worin I_A die Intensität eines Signals ist, das auf der Masse q_A oder der Konzentration c_A

des Elementes oder der funktionellen Gruppe beruht, die zu bestimmen ist.

Das einfachste und in vielen Fällen anwendbare Lambert-Beer'sche Gesetz folgt dieser Funktion:

$$E = -\log (\Phi/\Phi_0) = m \cdot c_A,$$

worin die Extinktion E über den Proportionalitätsfaktor m (= Extinktionsmodul bei der Schichtdicke d = 1cm) direkt mit der Konzentration des Analyten c_A zusammenhängt (s. Kap. 4). Hierbei werden zur Auswertung spektralphotometrischer Messungen im Regelfall jeweils durch die Eichprozedur graphische Darstellungen der entsprechenden Funktionen erstellt, deren Verlauf ein Beurteilungskriterium darstellt. Ein nicht linearer Verlauf muß erklärbar sein.

Die *Standardisierung* ist keine neue Erfindung; sie wurde vor vielen Jahrzehnten von *G. Gottschalk* [749] angestrebt. Davon zeugen auch die zahlreichen Handbücher, wie die „*Analyse der Metalle*"; Band 1–3 [83], das „*Handbuch für das Eisenhüttenlaboratorium*", Band 1–5 [84] oder die umfangreichen ASTM-Monographien [85]. Die beiden Handbuchserien erschienen vor etwa 60 Jahren erstmals und werden bis heute von den Chemikerausschüssen der GDMB und des VDEh bearbeitet und auf dem neuesten Stand gehalten. Bei den Bänden Nr. 3 sind ausschließlich die Verfahren zur „Probennahme" bezogen auf Nichteisenmetalle und Eisenlegierungen behandelt, so daß eine formale Trennung zwischen den objektorientierten und den verfahrensorientierten Arbeitsstufen vorliegt, was leider häufig noch der Praxis entspricht. *G. Gottschalk* [750] definierte 1975 den Begriff „Standardisierung" als Notwendigkeit einer standardisierten Planung, Durchführung und Auswertung in der quantitativen Analyse. Seiner Auffassung nach läßt sich nur die verfahrensorientierte Arbeitsstufe (Bestimmung und Auswertung) universell standardisieren, da sie unabhängig von dem aktuellen Untersuchungsobjekt betrachtet und getestet werden kann. Die letzten beiden Stufen werden im engeren Sinne als Analysenverfahren bezeichnet.

Da heute wesentlich kompliziertere Fragestellungen vorliegen, sollte ein Analysenverfahren grundsätzlich die Probennahme mit beinhalten. Dem folgt auch die im April 2000 erschienene DIN EN ISO IEC[6]) 17025, worin die Probennahme enthalten ist. Es wird jedoch bedauerlicherweise die Einschränkung gemacht, daß diese Teilaufgabe dann nicht akkreditiert zu werden braucht, wenn das Laboratorium die Probennahme nicht selbst durchführt. Hiermit erfolgte wieder eine Anpassung an unsinnige Gegebenheiten, und es bestätigt sich, daß Normeninhalte auf demokratischen Entscheidungen, d. h. auf denjenigen einer bestimmten Lobby, beruhen. *Es wird heute* im eigentlichen Sinn auch *nicht mehr standardisiert, sondern validiert.* Dieser Unterschied ist zu verdeutlichen, damit man darunter nicht denselben Vorgang versteht.

Bei einer Standardisierung können keine perfekten, alles umfassenden Lösungen, sondern nur optimale erwartet werden, bei denen die Vorteile die Nachteile überwiegen. Es ist wichtig, zunächst ein Analysenverfahren genau zu definieren, was über die Informationstheorie erfolgen kann. Die quantitative analytische Nachricht folgt aus einer Kette:

Signal S → Information I → Arbeitsmenge A.

Zur Beurteilung der arbeits- und meßtechnischen Beherrschung und Zuverlässigkeit der Übergänge hat es sich als zweckmäßig

---

6) IEC = International Electrical Committee.

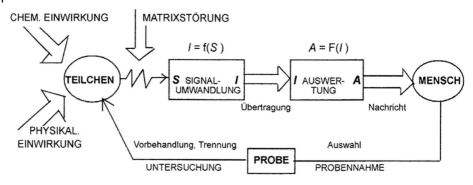

Abb. 373 Signalfunktion und Analysenfunktion.

erwiesen, zwischen der Signalfunktion $I = f(S)$ und der Analysenfunktion $A = F(I)$ zu unterscheiden, die Teilfunktionen der üblicherweise verwendeten Eich- oder Kalibrierfunktion sind (Abb. 373).

Die Signalfunktionen sind oft nicht linear; für sie ist lediglich zu fordern, daß die Signalerzeugungs- und Signalumwandlungsprozesse reproduzierbar sein müssen. Bei vielen, sog. modernen Methoden bleibt die Signalfunktion häufig unbekannt. Wenn ein Verfahren den Zusatz „Standard" beanspruchen will, dann ist jedoch zu fordern, daß die *Analysenfunktion* $A = k \cdot I$ *mindestens über eine Zehnerpotenz linear* verläuft. Bis auf wenige Ausnahmen werden nichtlineare Analysenfunktionen von Mängeln in der chemischen Arbeits- und/oder apparativen Meßtechnik hervorgerufen. Diese Mängel beruhen meist auf Sättigungseffekten, wodurch allgemein der Informationswertbereich gestaucht wird und sich die Analysenfunktionen krümmen.

Man spricht hier von Arbeitsmengen, weil bei dem so eingeschränkten Analysenverfahren nur der verfahrensorientierte Bereich standardisiert werden kann, der unabhängig von solchen Größen ist, die – wie Probenmassen, Elementanteile u. a. – von dem Untersuchungsobjekt abhängen. Diese Arbeitsmenge kann in Form von teilchenproportionalen physikalischen Größen verwendet werden, wie:

Stoffmenge n_A
Einheit: mol, mmol, µmol, ..;
Masse m_A
Einheit: g, mg, µg, ..;
Volumen V_A
Einheit: L, mL, µL, ..;

worin der Index A die Arbeitsmengen kennzeichnet. Die Stoffmengen n können über einfache Beziehungen

$$m = M \cdot n$$
und
$$V = V_m \cdot n = n \, (M / D)$$

unter Verwendung „stoffmengenbezogener Massen" M (g/mol, …), „stoffmengenbezogener Volumina" V_m (L/mol, ..) oder Dichten D (g/L, ..) in spezielle Massen m oder Volumina V umgerechnet werden. Bei einem gegebenen, konstanten Referenzvolumen V_R in einem Arbeitsbereich können die Konzentrationen:

$$c_A = n_A / V_R$$
oder
$$r_A = m_A / V_R$$

als teilchenproportionale Größen benutzt werden.

Standardgrößen sollen so einfach wie möglich sein und nur von wenigen Einflußparametern abhängen. Diese Forderung wird von der Stoffmengengröße n_A fast ideal erfüllt, denn sie ist unabhängig von der Bindungsform (1 mol C entspricht 1 mol CO_2 usw.), der reaktiven Zustandsform (1 mol Fe entspricht 1 mol Fe^{2+} usw.) sowie von Druck und Temperatur, was einer Rückführung auf eine gemeinsame Urform entspricht. Hierdurch werden *Erstellung und Dokumentation von Analysenverfahren* wesentlich *erleichtert*.

Als Standardarbeitsbereich werden daher auch „glatte" Zehnerpotenzbereiche an Stoffmengen n_A festgelegt, wodurch ein Konstanthalten der wesentlichen arbeits- und meßtechnischen Parameter in der Arbeitsvorschrift ermöglicht wird. So ist vor einer Analyse nur die Größenordnung der Menge eines zu bestimmenden Stoffes abzuschätzen.

Die Einteilung von Standardverfahren kann nach solchen Standardarbeitsbereichen (Millimol-, Mikromol-, Nanomolverfahren usw.) erfolgen [749].

Aufgrund statistisch fundierter Überlegungen haben sich $N = 24$ Untersuchungen für jeden Arbeitsbereich als notwendig, aber bezüglich des Messaufwandes und der Aussagekraft auch als ausreichend erwiesen, wenn sie in $K = 6$ Gruppen von gleichen Vorgabemengen jeweils vom Umfang $L = 4$ aufgegliedert werden. Die unter konstanten Arbeits- und Apparatebedingungen durchgeführten Untersuchungen führen zu mindestens drei zeitlich und meßtechnisch zusammengehörigen Daten:

n_A = vorgegebene Arbeitsmenge,
I_B = ermittelte Leerwert-Information,
I_X = ermittelte Rohwert-Information

sowie bei physikalisch-chemischen Verfahren mit Kurz- oder Langzeitschwankungen

I_R = ermittelte Referenzwert-Information

für eine Referenzmenge n_R, die der höchsten Arbeitsmenge n_A eines Arbeitsbereiches entspricht. Notfalls kann auch auf die Urdaten der Messungen in Form von Signalen S zurückgegriffen werden, wenn die Signalfunktion $I = (S)$ eindeutig bekannt ist.

Ziel einer Standardauswertung muß es sein:

1. Beurteilung der Homogenität der $N = 24$ Leerwerte I_B und ggf. auch der $N = 24$ Referenzwerte I_R sowie der Differenzen $I_{RB} = I_R - I_B$ durch Varianzanalysen.
2. Beurteilung der Homogenität der jeweils $K = 6$ Gruppenstreuungen s_3 (absolut) bzw. VK_3 (relativ), z. B. durch den Bartlett-Test.
3. Aufsuchen der maßgebenden Analysenfunktion $n_A = F(I)$ über Ausgleichsrechnungen und statistische Tests. Dabei werden ermittelt:
   a) die realen Funktionskonstanten (Eichprozeß),
   b) die Verfahrensstandardabweichung s_n,
   c) die mittleren Fehler der Funktionskonstanten,
   d) die Bestimmungsgrenze n_G und
   e) die eventuellen Ausreißerwerte.
4. Tabellarische Darstellung der gesamten Datenstruktur, aufgeschlüsselt in Einzelabweichungen Δn_A sowie Gruppenabweichungen Δn_G und deren absolute und relative Schwankungen in den $K = 6$ Gruppen.

Aus diesen Betrachtungen der vor etwa 30 Jahren beschriebenen Grundlagen für die Standardverfahren und den systemtheoretischen Überlegungen von *K. Doerffel, G. Gottschalk, H. Kaiser* oder *K. Danzer* et al. [7, 742, 743, 751–753] geht hervor, daß wir uns heute wirklich standardisierte Verfahren nicht mehr leisten können oder leisten wollen. Dennoch sollen diese Anforderungen immer wieder wie auch die systemtheoretischen Grundlagen als wichtige Voraussetzungen für die Automation (s. Kap. 7) erwähnt werden.

Die Bevorzugung von genormten Verfahren im Rahmen des Managements der Qualitätssicherung ist eigentlich nur dann zu verstehen, wenn die Arbeit der analytischen Chemiker nicht anerkannt wird, und man glaubt, ihnen vorschreiben zu müssen, wie sie ihre Aufgaben zu gestalten haben. Auch dies hängt mit der begrenzten Ausbildung an Universitäten und Hochschulen zusammen. Weder sehen die Normverfahren eine „gründliche" Standardisierung vor, noch erfordern die allgemeinen Richtlinien der Validierung dies – oder doch?

6.3.1.1 Das Eichen und Kalibrieren

Bei der Validierung wird immer vorausgesetzt, daß eine Analysemethode bekannt und ein vollständiges Analysenverfahren dokumentiert ist. Am Beginn einer neuen Aufgabenstellung steht jedoch zunächst die Auswahl einer Methode. Hier sind bereits die Erfahrungen und Kenntnisse des Analytikers gefragt, denn diese Auswahl ist auch eine Frage der Kosten, die erhebliche Ausmaße annehmen können, wenn Fehlentscheidungen getroffen und später korrigiert werden müssen. Es sind somit Fragen zu stellen, welche die Kenntnis des zu erwartenden Umfanges der analytischen Arbeiten betreffen, wie die Anzahl der Proben pro Zeiteinheit, die Art der Anlieferung (Probennahme, Transport, Lagerung usw.), die zu bestimmenden Elemente, deren Konzentrationen, die Matrix, die erlaubte Analysenzeit und die gewünschte Genauigkeit. Im Regelfall erfolgt zunächst eine *qualitative* Analyse, die oft auch schon Hinweise auf die Arbeitsbereiche (Konzentrationsabstufungen in Zehnerpotenzbereichen) er-

gibt, wie z. B. das Uniquant-Programm der XRF-Spektrometrie.

Während früher oft empirisch gearbeitet worden ist, d. h. es wurden Analysenverfahren benutzt, ohne daß die methodischen Grundlagen bekannt waren, ist dies heute viel zu riskant. Bereits geringfügige Änderungen der Probenart, der chemischen oder physikalischen Vorbehandlungen sowie der apparativen Bedingungen können zu Abweichungen führen, die nur über die Grundlagen der Methode geklärt werden können.

Nach der Auswahl einer Methode sollte man deshalb damit beginnen, den funktionellen Zusammenhang zwischen dem gemessenen Signal und den Elementkonzentrationen unter den gegebenen apparativen Bedingungen zu ermitteln. Dieser Vorgang wird seit mehr als 100 Jahren *Eichen* genannt (nicht zu verwechseln mit: „amtlich eichen"!). Sein Resultat gibt über die Art der Funktion Auskunft und erlaubt normalerweise für den linearen Teil den Arbeits- oder Anwendungsbereich festzulegen (Abb. 374). Hier sind folgende Arbeitsschritte dargestellt.

1. Die Ermittlung der Eichfunktion erfolgt im Regelfall mit synthetischen Lösungen der zu bestimmenden Elemente. Die Konzentration der einzelnen Bestandteile kann somit leicht nach dem Lösen von Reinstsalzen oder Reinstmetallen einfach mit stöchiometrischen (leitprobenfreien) Verfahren, wie z. B. der Gravimetrie oder Maßanalyse (Titrimetrie) ermittelt werden. Hinzugefügt werden alle benötigten Chemikalien, also die Bestandteile, die zum Blindwert (Bl) führen. Dies ist nach wie vor der Vorgang des Eichens einer Methode, der zur *Eichfunktion* führt, der Relation zwischen dem Meßwert x und der Konzentration c:

$$x_1 = x - x_{Bl} = f(c)$$

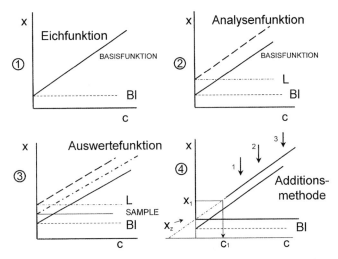

Abb. 374 Die einzelnen Arbeitsschritte der Eich- und Kalibrierprozedur.

2. Durch den Zusatz der Matrix wird aus der Methode ein Verfahren. Es handelt sich dabei wieder um synthetische Gemische, z. B. für die Analyse von Eisenerzen verwendet man das Eisenoxid nach *Brandt* oder man löst Reinstmetalle u. a. m. Dieser Vorgang wird *Kalibrieren* genannt, wobei aus dem Blindwert ein Leerwert (L) geworden ist. Der Zusammenhang zwischen dem Instrument und der Kalibrierung ist dadurch gegeben, daß die meisten instrumentellen Methoden von der Matrix stark beeinflußt werden. In Abhängigkeit von der Größe dieser Beeinflussung zeigt die *Analysenfunktion* eine additive Abweichung von der Eichfunktion:

$$x_1' = x - (x_{Bl} + x_L) = f'(c)$$

3. Da im Regelfall nicht auszuschließen ist, daß in den synthetischen Ansätzen auch der Analyt, das zu bestimmende Element, enthalten sein kann, erfolgt dadurch eine additive Rückverschiebung der Analysenfunktion (x_M: Meßwertanteil für den Analyten in der synthetischen Matrix), die erkannt werden sollte. Die Datenermittlung muß dann nämlich über die aktualisierte Analysenfunktion, die sog. *Auswertekurve* erfolgen:

$$x_A = x - x_S = f''(c),$$

worin x_A der korrigierte Meßwert für die Analytkonzentration und x_S der direkt an der Probe gemessene Wert sind ($x_S = x - (x_{Bl} + x_L) + x_M$). Eine Kenntnis dieser Zwischenwerte ist erforderlich!

4. Ist die Konzentration des Analyten in den Zusätzen nicht genau bekannt oder läßt sie sich aufgrund der sehr geringen Konzentration nicht mehr exakt genug bestimmen, so hilft nur noch die Anwendung der *Additionsmethode*:

$$c_A = c_1(x_Z / x_1 - x_Z).$$

Doch dabei ist einzuschränken, daß die Anwendbarkeit der Additionsmethode [754–756] sorgfältig geprüft werden muß. Sie ist sehr häufig gestört [757], z. B. wenn das Signal einer Fremdbeeinflussung unterliegt bzw. nicht proportional mit der Konzentration ansteigen würde.

6 Die Neuzeit der Analytik

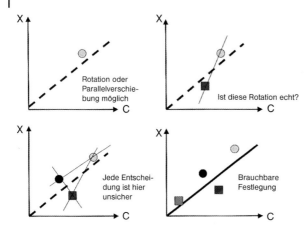

Abb. 375 Erforderliche Meßpunkte zur Festlegung der Neigung (Empfindlichkeit).

Grundsätzlich benötigt man für den Arbeitsbereich mindestens vier Einzelwerte, besser sind die von *G. Gottschalk* geforderten sechs. Mit 1–3 Werten kann die aktuelle Lage mathematisch nicht exakt ermittelt werden (Abb. 375).

Es ist zu beachten, daß ebenfalls jeder Meßpunkt des Eichens oder des aktuellen Kalibrierens eine Eigenstreuung hat. Bei richtiger Anwendung sollte $s_E < s_K \leq s_P$ gelten, d. h. die Standardabweichung soll beim Eichen am kleinsten sein; sie nimmt im Regelfall mit der Matrix und den Proben zu. In der Routineanalyse will man oft einen Meßpunkt auf der Auswertefunktion bzw. deren genaue Steigung in diesem Bereich kontrollieren. Erfolgt dies mit nur einer Standardprobe, dann muß der Abstand der Konzentration des Merkmals (Analyten) zu derjenigen des zu kontrollierenden Meßpunktes groß genug sein (Abb. 376). Es geschieht oft, daß eine multiplikative Änderung der Funktion (Drehung) angenommen wird, wenn – wie im hier dargestellten Fall – der 2s-Wert des Kontrollmeßwertes (m_1) einer Standardprobe mit dem s-Wert des Routinemeßpunktes (m_2) verglichen wird, dessen Analytkonzentration zu nahe an der des ursprünglichen Meßpunktes liegt. Das gilt generell beim Eichen, Kalibrieren oder Rekalibrieren, und ist ein sehr häufig gemachter Fehler.

Für die unterschiedlichsten Eich- oder Kalibriervorgänge gibt es zahlreiche Vorschriften in der Literatur, z. B. den Handbüchern [83, 84], die sehr speziell sind bzw. nur ein einziges Problem betrachten. Auch in den Bestimmungsnormen sind diese Arbeitsgänge beschrieben. Sie dienen häufig als eine Grundlage für die *Hausver-*

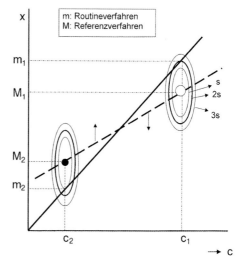

Abb. 376 Kontrolle der Neigung der Auswertefunktion.

fahren, da die Anzahl der Normen im Vergleich zu den realen Problemen zu gering ist. Normen werden nur dann erstellt, wenn ein erheblich großes Allgemeininteresse vorliegt.

Was der Analytiker hier zu tun hat, ist *Kreativität* in dem Sinne zu entwickeln, wie ihn der Physik-Nobelpreisträger von 1986, *Gert Binning*, definierte: „Kreativität ist die Fähigkeit, vorhandene Informationen gewinnbringend umzustrukturieren und sie zu vermehren". Hinzu kommt noch die *Berufsethik* des Analytikers [758], die ihn zur Wahrhaftigkeit verpflichtet, was den Zufall ausschließen sollte. Es ist ein Grundsatz, daß *um so weniger Zufälle übrigbleiben, je mehr wir über die Vorgeschichte eines Ereignisses und die wirkenden Einflüsse wissen.* Das ist auch der Grund, warum Analytiker stets informiert sein müssen und andererseits die historische Entwicklung einzelner Ereignisse (Analysenmethoden) kennen sollten. Das Lesen von Literatur ist ein unerläßlicher Vorgang, ebenso wie die Beschäftigung mit der Geschichte der Analytischen Chemie und der Denkweise bedeutender Analytiker, wie z. B. *Richter, Klaproth, Herschel, Marggraf, Swan, Bunsen, Roescoe, Treadwell, Ostwald, Fresenius, Bragg, Gerlach, Kaiser, Walsh, Fassel* und vieler anderer mehr.

Bei den Grundlagen zu einer Methode sind die Daten des Eichens zu dokumentieren, damit sie als *Rohdaten* vorliegen. Dies erspart eine Wiederholung der entsprechenden Arbeitsgänge, wenn sich die Matrix ändert. Am Beispiel der spektrometrischen Analyse kann man sich über den Zusammenhang von Eichfunktion und Analysenfehler durch die grundsätzlichen Publikationen von *R. Klockenkämper* und *H. Bubert* [759–761] informieren.

Ebenso sind die Daten des Kalibrierens zu dokumentieren; sie dienen als *Arbeitsgrundlage* für ein spezielles Verfahren. Es ist eine alte Forderung der Analytiker, daß sich diese Daten auf gleichartige Gerätetypen übertragen lassen sollten. Nun sind leider gleichartige Gerätetypen nicht so gleich, daß dies verifiziert werden könnte. Nur der Vergleich zwischen Eich- und Kalibrierresultaten gibt eine Auskunft über den tatsächlichen Matrixeinfluß.

Das hier zum Thema „Eichen und Kalibrieren" Beschriebene soll noch einmal zusammengefaßt bzw. in wichtigen Punkten wiederholt werden:

Das *Eichen einer Analysenmethode* soll immer mit aliquoten Volumina von Stock- bzw. Stammlösungen erfolgen, deren jeweiliger Elementanteil genau bekannt ist. Derartige Lösungen lassen sich aus Reinstsubstanzen herstellen, z. B. durch Einwaage und Auflösen eines Salzes oder eines Reinstmetalles. Anschließend muß mit einem geeigneten, leitprobenfreien Referenzverfahren der „Titer" eingestellt bzw. die aktuelle Konzentration in mg/L oder µg/L bestimmt werden. Das vollständige Ergebnis ist zu protokollieren, da die Standardabweichung der Referenzbestimmung zu jedem Eichpunkt auf der Basiseichgeraden (Eichfunktion) gehört. Da es sich um Einzelelementlösungen handelt, kann die analytische Charakterisierung der Stocklösung bei höherer Konzentration durch gravimetrische und/oder maßanalytische Verfahren erfolgen. Ist man nicht sicher, ausreichend genau verdünnen zu können, so ist es ratsam, die Titration (wenn noch möglich) zu wiederholen oder ein coulometrisches und/oder photometrisches Verfahren anzuwenden, vorausgesetzt daß man diese noch richtig beherrscht.

Das *Kalibrieren eines Analysenverfahrens* kann grundsätzlich mit festen und flüssigen Standardproben (RM) erfolgen, die prinzipiell herzustellen sind.

Im Fall von Lösungen müssen diese für den Anwendungsbereich, sowohl die Matrix als auch die Anteile der Begleitkomponenten betreffend, mit Gemischen der analytisch charakterisierten Stammlösungen möglichst probenidentisch angesetzt werden. Aliquote Volumina solcher speziellen Standardproben müssen für den Anwendungsbereich eine Kalibriergerade (Analysenfunktion) ergeben, die sich im Regelfall der modernen Verfahren von der Eichgeraden unterscheidet. Zu jedem Kalibrierpunkt gehört wieder eine Standardabweichung, die über die Fehlerfortpflanzung direkt in das Analysenergebnis einfließt.

Da man nie sicher sein kann, fehlerfrei gearbeitet zu haben, d. h. es können Kontaminationen oder Verluste sowie Schwankungen in der Matrixanpassung aufgetreten sein, ist das sog. „Mitziehen" einer oder mehrerer Proben der gleichen Sorte (Qualität) erforderlich, wozu sich eigene Referenzmaterialien (RM) oder zertifizierte (CRM) eignen.

Daraus ergibt sich die *Auswertefunktion des Analysenverfahrens*.

Da bei den apparativen Verfahren eine Drift nie ganz ausgeschlossen werden kann, oft ist sie sogar obligatorisch, muß prinzipiell mit CRM (wenn am Markt erhältlich) oder, aus Kostengründen empfehlenswert, mit geeigneten RM rekalibriert werden. Das Rekalibrieren führt zur aktuellen Auswertefunktion!

Im Fall fester, kompakter Proben ist das Kalibrieren weitaus komplizierter. Bei metallischen Proben hat es sich bewährt, Proben aus der Produktion zu entnehmen und diese sorgfältig zu analysieren, also eigene RM herzustellen. Hierbei spielt auch noch der Gieß- und Abkühlungsvorgang sowie die dadurch bedingte Art der Kristallisation oder Phasenausbildung eine Rolle, weil dadurch manche Verfahren stark beeinflußt werden.

Doch so ist bei identischer Matrix (Qualität) keine Abstufung der Elementkonzentrationen gegeben. Am besten wäre es, eigene Schmelzen mit entsprechenden Abstufungen herzustellen; doch wer tut dies noch, obwohl es einfach sein kann. CRM sind ebenfalls kaum konzentrationsabgestuft mit identischer Matrix zu erhalten.

Bei oxidischen Materialien läßt sich ähnlich verfahren, indem Proben aus der Produktion entnommen und aufbereitet werden. In engem Rahmen können Begleitkomponenten zugesetzt werden, um eine Abstufung zu erreichen, ohne die Matrix grundlegend zu ändern. Nach sorgfältiger, analytischer Charakterisierung lassen sich derartige Gemische kurzzeitig zum Kalibrieren und Rekalibrieren verwenden. Kurzzeitig deshalb, weil sich die meisten Gemische oxidischer Materialien verändern, was sowohl die Bindungsarten als auch die Kornverteilung betrifft.

6.3.1.2 Das Rekalibrieren

In der klassischen chemischen Analytik war es notwendig, die benutzten Geräte, wie z. B. Pipetten und Maßkolben zu kalibrieren und dies in regelmäßigen Abständen zu wiederholen, also eine Rekalibrierung vorzunehmen. Im Regelfall besteht die Ausstattung aus jeweils nur einem einzigen Satz „amtlich geeichter" Pipetten oder Maßkolben; aus Kostengründen verwendet man „eichfähige" Volumenmeßgeräte. Diese kalibriert man für den Anwendungsfall unter Bezug auf die *„amtlich geeichten"*, die an dem Eichstempel an der Meßmarke zu erkennen sind. Speziell bei Maßkolben, die häufig (fälschlicherweise) auf einer Heizplatte erhitzt worden sind, ist es dringend erforderlich, eine solche Rekalibrierung vorzunehmen.

Die Fehler bei Volumenabnahmen, dem Aliquotieren, werden häufig unterschätzt. So ist auch die Differenz zwischen Laborraumtemperatur und derjenigen, bei der die Geräte geeicht worden sind – normalerweise bei 20 °C –, zu beachten bzw. notfalls ist entsprechend zu temperieren.

Ebenso sind die heute verwendeten automatischen Pipetten und Verdünnungsautomaten (Diluter) zu kalibrieren, wobei das Rekalibrieren noch viel häufiger geschehen muß als bei den manuell zu bedienenden Glas- oder Quarzgeräten.

Beim Einsatz moderner Meßgeräte, z. B. demjenigen von Spektralphotometern, Atomabsorptions-, Atomemissions-, XRF- oder Massenspektrometern, ist die mögliche Drift zu kontrollieren. Drift bedeutet, daß sich das gemessene Signal derselben Analysenprobe mit der Zeit in eine Richtung hin verändert – und zwar stärker als die einseitige Standardabweichung der Messung. Die Driftkorrektur befaßt sich mit der funktionellen Veränderung der relativen Intensität I_R mit der Zeit t, also der Funktion $I_R = f(t)$. Dabei ist zu unterscheiden, ob es sich bereits um eine meßbare Verschiebung in der Meßzeit handelt (Kurzzeitstabilität) oder ob erst Veränderungen nach Stunden oder Tagen meßbar in Erscheinung treten (Langzeitstabilität). Danach ist die Durchführung dieser Korrektur zu planen, möglichst verbunden mit einer automatischen Erinnerung durch den Gerätecomputer.

Speziell in der Emissionsspektrometrie treten sowohl Parallelverschiebungen der Auswertefunktion 1 (additive Veränderung) als auch eine Drehung 2 (multiplikative Veränderung) auf, die erkannt werden müssen. Die aktuelle Lage der Funktion kann durch geeignetes Rekalibrieren regelmäßig ermittelt werden (Abb. 377). Hierzu eignen sich natürlich die gebräuchlichen Standardproben (RM oder CRM), doch kann dies wegen der Häufigkeit auch mit Proben erfolgen, deren Intensitätswerte für die einzelnen Elementanteile genau bekannt sind.

Sehr oft wird vor einer Analyse, z. B. beim Wechsel der Qualitätssorte, mit

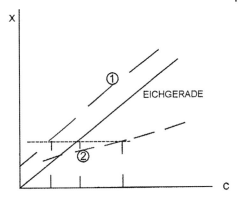

Abb. 377 Aktuelle Auswertefunktion.

einer geeigneten CRM rekalibriert, wenn diese der neuen Qualität genau entspricht. (Metallische CRM sind fast immer aus bestimmten Qualitäten hergestellt worden.)

Wie bereits erwähnt, ist das Verwenden eines einzigen Meßpunktes leichtsinnig und nur dann erlaubt, wenn für die Funktion $x = f(c)$ der Nullpunkt (Schnittpunkt mit der y-Achse) elektronisch fixiert wird, so daß nur eine Drehung der Geraden möglich ist. Im Routinefall, z. B. der Stahlproduktions- oder Produktkontrolle, hat sich das Verwenden einer Hoch- und einer Tiefprobe bewährt, sofern die Auswertefunktion linear verläuft.

Zur Prüfung der *Linearität* genügt dies allerdings nicht. Wie ebenfalls schon erwähnt, ist es hierbei nötig, mindestens vier Standardproben einzusetzen, die den gesamten Arbeitsbereich überdecken und deren Meßwerte in Bezug auf deren Standardabweichung nicht zu nahe beieinander liegen dürfen. Zum Beispiel hat es sich bei der ICP-Emissionsspektrometrie bewährt, für verschiedene Arbeitsbereiche – was hier an sich wegen der grundsätzlichen Linearität (ohne Störungen) möglich ist – Proben auszuwählen, deren Konzentration sich von der zehnfachen Nachweisgrenze bis zur zehntausendfachen erstreckt.

Grundsätzlich gilt die Steigung (Neigung) der Eichfunktion als Maß für die *Empfindlichkeit* der Analysenmethode und entsprechend diejenige der Auswertefunktion als Maß der Empfindlichkeit des Verfahrens:

$S_A = \Delta I / \Delta c.$

Die Überlegungen zur Analysenfunktion von *H. Kaiser* [752, 753] sind theoretisch interessant, doch in der Praxis fast ohne Relevanz wenn eine lineare Funktion vorliegt – und dies sollte der Fall sein. *Kaiser* regte an, die Funktion bzw. ihre graphische Darstellung nach der Fragestellung zu wählen, für das Eichen gilt: $c = g(x)$ – und für das Messen die Umkehrfunktion: $x = f(c)$.

Nur in speziellen Fällen, z. B. bei der XRF-Spektrometrie, kann es vorkommen, daß bei der Umkehrung geringfügig verschiedene Daten erhalten werden. Diese mathematisch richtige Darstellung macht dem Analytiker oft gedankliche Schwierigkeiten, wenn er eines der Grundgesetze, z. B. das Lambert-Beer'sche, im Sinn hat und über die Empfindlichkeit befinden soll. Hier gilt immer, daß entsprechend der Funktion: $E = m \cdot c$ mit zunehmender Steigung auch die Empfindlichkeit größer wird.

Da heute diese Art der mathematischen Betrachtung sowieso von Computern ausgeführt wird, leidet die praktische Arbeit keineswegs darunter.

Ein weiteres Beispiel für die Notwendigkeit häufigen Rekalibrierens sind die Verfahren, welche – wie die Emissions- und XRF-Spektrometrie – auf optischen Methoden basieren. Auf sehr einfache Weise können z. B. die Absorption (Extinktion) oder Durchlässigkeit (Transmission) sowie die Linearität von UV-Spektralphotometern mit Kaliumdichromat-Lösungen in verdünnter Perchlorsäure im Spektralbereich von 235–350 nm für eine Halbwertsbreite

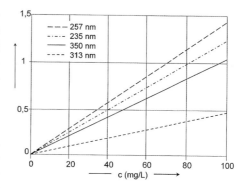

Abb. 378 Linearität von Kaliumdichromat-Lösungen.

(HWB) von ≤ 2 nm wiederholt geprüft (validiert) werden (Abb. 378).

Kalibrieren ist der Prozeß für die Ermittlung, auf welche Weise sich das Signal eines Instrumentes in Bezug auf die variablen apparativen Parameter während unterschiedlicher Messungen ändern kann. *Rekalibrieren* ist die Wiederholung dieses Vorganges vor einer Messung oder Meßreihe.

Daneben läßt sich die Absorption oder Linearität, also die photometrische Skala, auch mit Hilfe von standardisierten Glasfiltern im sichtbaren (VIS-) Spektralbereich von 440–635 nm festlegen bzw. auf Standards zurückführen.

Die Wellenlänge bzw. ihre exakte Position kann mit Hilfe von Holmiumoxid- (240–650 nm bei HWB: ≤ 3 nm) und Samariumoxid-Lösungen in verdünnter Perchlorsäure (230–560 nm bei HWB: ≤ 5 nm) oder Holmiumglas (270–640 nm bei HWB: ≤ 10 nm) sowie dem altbekannten Deodymglas (430–890 nm bei HWB: ≤ 10 nm) validiert werden.

Leider ist keiner mehr in der Lage, die Thiel'sche Graulösung, ein Gemisch aus verschiedenen Indikatoren, herzustellen. Diese Lösung ergab im sichtbaren Spektralbereich (400–800 nm) eine konstante Intensität (Extinktion), wenn das Spektralphotometer kalibriert bzw. richtig eingestellt war. Es stehen somit mehrere Möglichkeiten zur Verfügung; sie müssen nur genutzt werden.

Rekalibrieren ist also auch die Verifizierung der *Rückführbarkeit* (*traceability*) von instrumentellen Parametern auf einen Standard.

6.3.1.3 Validierung und Rückführbarkeit von Verfahren

Das *Validieren* eines Verfahrens heißt: „Prüfen, um zu bestätigen, daß die instrumentelle Prozedur exakt den charakteristischen Daten des zu benutzenden Verfahrens folgt". (Der Begriff „Validation" wird auch in der Gerontologie benutzt und bedeutet dort sinnigerweise: Kommunikation mit geistig verwirrten Menschen, was hier natürlich nicht gemeint ist.)

Was sind nun diese „festgelegten", altbekannten charakteristischen Daten eines Analysenverfahrens: 1. Anwendungsbereich, 2. Arbeitsbereich (Konzentrationen) 3. Selektivität, 4. Spezifität, 5. Linearität, 6. Empfindlichkeit, 7. Nachweisgrenze, 8. Bestimmungsgrenzen, 9. Robustheit (Stabilität), 10. Präzision, 11. Unsicherheit[7] und 12. Wiederfindungsrate.

Zu den Punkten 1., 2., 5., 6. und 9. ist bereits das Wesentliche mitgeteilt worden. Beim Vorgang der Validierung definiert man folgendermaßen: „Eine *Analysenmethode* (standardisiert oder mit Erfahrung) muß alle Schritte der Prozedur beinhalten, die zur Durchführung benötigt werden. Im Idealfall sind dies: *Probennahme, Probentransport und Lagerung, Probenvorbereitung, Messung, Datenausgabe und Interpretation des Ergebnisses.* Ein Verfahren, das akkreditiert werden soll, muß vollständig dokumentiert sein, so daß ein erfahrener Analytiker es ohne weitere Informationen durchführen kann. *Das Dokument hat über den Anwendungsbereich und die Leistungsfähigkeit des Verfahrens zu informieren*, um die Anforderungen eines gegebenen analytischen Problems zu erfüllen." Weiterhin wird dann festgelegt: „Eine *Hausmethode* ist ein vom Laboratorium selbst entwickeltes Analysenverfahren oder ein standardisiertes/bewährtes Verfahren, das vom Laboratorium modifiziert wurde. *Wird ein standardisiertes Verfahren (Norm) für eine Matrix benutzt, die im Anwendungsbereich nicht genannt wurde, so wird es zu einem Labor- oder Hausverfahren und muß deshalb validiert werden.*"

Das Ziel der Validierung von nicht standardisierten Verfahren (Hausverfahren) ist:

„Eine geprüfte Bestätigung ist zu erstellen, daß die Genauigkeit der Daten und die Unsicherheit des Ergebnisses garantiert mit dem Stand der analytischen Technik vergleichbar ist."

Dies sind die zur Zeit allgemein gültigen Versionen, die jedoch eine Standardisierung nach *G. Gottschalk* weder ersetzen noch ausschließen, denn der Stand der analytischen Technik hat sich nur in apparativer, aber nicht in methodischer Hinsicht geändert.

Zu den Punkten 3. und 4. ist auf die Definition der Selektivität und der Spezifität von *H. Kaiser* [752, 762] zu verweisen:

„*Selektiv* wird eine Analysenmethode genannt, wenn sie in der Lage ist, in einer Analysenprobe *verschiedene Komponenten unabhängig von einander* zu bestimmen." Diese Forderung wird von der Emissionsspektrometrie erfüllt, während die XRF-Spektrometrie als hochpräzise Technik nicht selektiv ist, denn alle anderen Komponenten müssen mit bestimmt werden, um das Ergebnis einer einzigen zu erhalten bzw. korrigieren zu können.

---

[7] Dies ist ein dummer Bergriff, der den Analytikern aufgezwungen wurde. Ein Analysenresultat darf nicht unsicher sein; es muß ein hohes Maß an Sicherheit haben!

„*Spezifisch* nennt man eine Analysenmethode, wenn sie in der Lage ist, *eine einzige Komponente unabhängig von allen anderen, für die kein Signal erhalten wird, zu bestimmen.*" Die Spektralphotometrie mit spezifischem Reagens und die Atomabsorptionsspektrometrie sind solche spezifischen Methoden (s. Kap. 6.3.9).

Bei der *Präzision* handelt es sich um die Standardabweichung, der die Gauß-Verteilung zugrunde liegt. Um noch einmal allgemein zu erklären, was gemeint ist, lassen sich die gezeichneten Schießscheiben benutzen (Abb. 379).

Ziel aller quantitativen analytischen Arbeiten ist die Genauigkeit der Resultate. Es ist mit den heute benutzten High-Tech-Methoden und den daraus resultierenden Verfahren sehr viel leichter, hochpräzise und unrichtig zu messen, als die Forderung nach einer hohen Genauigkeit (*accuracy*) einzuhalten. Die Entwicklung des Begriffes „Präzision" (*precision*) hat verschiedene Phasen durchlaufen. Früher sprach man vom Analysenfehler, einer Abweichung vom Erwartungswert, der mehrfach umbenannt wurde.

Diese Abweichung unterteilt sich in den zufälligen (±)-Fehler (*random*), die Standardabweichung oder Präzision, und den systematischen (*bias*), der nur in einer Richtung (+ oder –) auftritt und die Richtigkeit (*correctness*) charakterisiert. Interessant ist, daß es über mehr als 50 Jahre nicht die Größe des Analysenfehlers war, die sich verändert hat, wie aus einer Fehlerbetrachtung zum 50. Jahrestag des Erscheinung des *„Handbuch für das Eisenhüttenlaboratorium"*[84] hervorging, sondern durch die apparative Entwicklung wurde nur die Präzision verbessert, während sich die Richtigkeit eher verschlechterte.

Bereits in der DIN 1319, Teil 3: *„Grundbegriffe der Meßtechnik – Begriffe für die Fehler beim Messen"* sind die allgemeinen Definitionen enthalten. Grundsätzlich sollte sich der Analytiker jedoch an praxisorientierte Normen halten, wie z. B. diejenigen des Fachausschusses Mineralöl- und Brennstoffnormung (FAM) im Normenausschuß Materialprüfung (NMP) im DIN. Dort wurde im Jahre 1981 der Titel der DIN 51848 (12.77): *„Fehler von Prüfverfahren"* ersetzt durch *„Präzision von Prüfverfahren"*. Aus guten Gründen wollten die Analytiker nicht von „Fehlern" sprechen – und lassen sich dann anstelle von statistischer Sicherheit oder Wahrscheinlichkeit die nicht zutreffende „Unsicherheit" einreden, was damit zusammenhängt, daß offensichtlich Physiker und Meßtechniker die Analytik in die Metrologie eingeordnet haben, wo sie nicht hingehört! Es kann auch daran liegen, daß man weder die englische noch die deutsche Sprache ausreichend gut beherrsche: *„Uncertainty"* bedeutet nur nebensächlich Unsicherheit; es heißt vielmehr: Ungewißheit, Unbestimmtheit, Fragwürdigkeit oder Unzuverlässigkeit. Diese Deutung dürfen sich Analytiker nicht bieten lassen!

Die DIN 51848 (12.81) beschreibt in Teil 1 die allgemeinen Begriffe der Präzision: „Die *Wiederholbarkeit r* (*repeatability*) ist definiert als diejenige absolut genommene Differenz zwischen zwei einzelnen Ergebnissen, die bei routinemäßigem und korrektem Anwenden des Prüfverfahrens

PRÄZISION: GUT PRÄZISION: SCHLECHT PRÄZISION: GUT
RICHTIGKEIT: SCHLECHT RICHTIGKEIT: GUT RICHTIGKEIT: GUT

Abb. 379 Genauigkeit analytischer Daten.

unter den oben angegebenen Wiederholbedingungen nur in einem von 20 Fällen überschritten wird (Überschreitungswahrscheinlichkeit von 5 %). Sie hängt mit der Standardabweichung σ_r, einer zu den unter Wiederholbedingungen ermittelten Ergebnissen gehörenden Grundgesamtheit, wie folgt zusammen:

$$r = 1{,}96 \sqrt{2} \cdot \sigma_r = 2{,}77 \cdot \sigma_r$$

Die Berechnung der Wiederholbarkeit r aus der Varianzanalyse ist nach DIN 51848, Teil 3 durchzuführen".

„Die *Vergleichbarkeit R (reproducibility)* ist definiert als diejenige absolut genommene Differenz zwischen zwei Ergebnissen, die bei routinemäßigem und korrektem Anwenden des Prüfverfahrens unter den angegebenen Vergleichsbedingungen nur in einem von 20 Fällen (Überschreitungswahrscheinlichkeit von 5 %) überschritten wird. Sie hängt von der Standardabweichung σ_R, einer zu den unter Vergleichsbedingungen ermittelten Ergebnissen gehörenden Grundgesamtheit, wie folgt zusammen:

$$R = 1{,}96 \sqrt{2} \cdot \bar{\sigma}_R = 2{,}77 \cdot \bar{\sigma}_R$$

Die Berechnung der Vergleichbarkeit ist nach DIN 51848, Teil 3 durchzuführen".

Wichtig und zu beachten ist der Hinweis: „Beobachter im Sinne dieser Norm sind Personen, die das Prüfverfahren beherrschen und regelmäßig die betreffende Prüfung durchführen". Diese Aussage deckt sich mit jahrelangen Erfahrungen in der Organisation von Ringversuchen, wobei die erste Teilnahme eines Laboratoriums regelmäßig zu katastrophalen Ergebnissen führt, die sich erst bei mehrmaligem Wiederholen und damit Üben in die Gesamtheit einordnen lassen.

Ferner befasst sich die DIN 51848, Teil 1 mit der Bedeutung von r und R sowie den Voraussetzungen für die Anerkennung von Ergebnissen, was für die genaue Beschreibung der Durchführung und damit für die Validierung von äußerster Wichtigkeit ist: „Wenn zwei Ergebnisse unter Wiederholbedingungen vorliegen und ihre absolute Differenz kleiner oder gleich der Wiederholbarkeit r ist (nach ISO 4259[8]), so darf der Beobachter seine Arbeit als normgerecht ansehen und den Mittelwert seiner beiden Ergebnisse als angenähert richtigen Wert für die geprüfte Eigenschaft annehmen. Falls sich die beiden Ergebnisse um mehr als die Wiederholbarkeit r unterscheiden, müssen beide als unsicher betrachtet werden. In einem solchen Fall sind mindestens drei weitere Ergebnisse zu ermitteln. Man berechnet dann die absolute Differenz zwischen dem am stärksten abweichenden Ergebnis und dem Mittelwert aus den verbleibenden Ergebnissen (einschließlich der beiden ersten) und vergleicht diese Differenz mit der Wiederholbarkeit des Prüfverfahrens. Ist diese Differenz kleiner oder gleich der Wiederholbarkeit, dann werden alle Ergebnisse als gültig anerkannt. Diese empirische Festlegung wurde aus Vereinfachungsgründen getroffen.

Ist die Differenz größer als die Wiederholbarkeit r, dann verwirft man das am stärksten abweichende Ergebnis und wiederholt den beschriebenen Vorgang mit den restlichen (mindestens vier) Ergebnissen. Bestehen berechtigte Zweifel, daß bei der Bestimmung die Abweichung nicht auf einer zufälligen Streuung beruht, so ist die Durchführung der Bestimmung und das verwendete Gerät, z. B. mittels Referenzsubstanzen, zu kontrollieren und zu korrigieren, und man nimmt eine Wiederholung der Bestimmung vor. Im anderen Fall bestimmt man mindestens weitere

---

[8] In DIN ISO 5725 heißt es nur „kleiner als", was den Grenzwert verändert.

fünf Ergebnisse und bewertet die Ergebnisse durch Vergleich der Differenz in gleicher Art unter Einfluß der restlichen vier, wie vorstehend beschrieben.

Gegebenfalls muß dieser Vorgang so lange wiederholt werden, bis eine als miteinander verträgliche Reihe von Ergebnissen übrig bleibt. Werden jedoch zwei oder mehr Ergebnisse von einer Gesamtzahl von nicht mehr als 20 verworfen, dann muß man die Durchführung der Bestimmung und das verwendete Gerät überprüfen und eine neue Reihe von Bestimmungen durchführen. Der Mittelwert der als gültig anzuerkennenden Ergebnisse wird als *Näherungswert für die geprüfte Eigenschaft* betrachtet."

Diese Anweisungen sind so einfach, daß man meinen sollte, sie würden auch beachtet. Wäre dies der Fall, dann ließen sich viele Diskussionen um die Genauigkeit vermeiden.

Für die Vergleichbarkeit R gilt derselbe Ansatz, nur daß das Ergebnis in zwei verschiedenen Laboratorien von unterschiedlichen Beobachtern mit anderen Geräten erstellt wird. Zur Prüfung auf Übereinstimmung bedient man sich der Vergleichbarkeit R' anstelle der in Prüfnormen angegebenen Vergleichbarkeit R mit folgender Gleichung:

$$R' = \sqrt{R^2 - r^2\left[1 - \left(\frac{1}{2}n_1 - \frac{1}{2}n_2\right)\right]},$$

worin bedeuten:

R = Vergleichbarkeit des Prüfverfahrens;
r = Wiederholbarkeit des Prüfverfahrens;
n_1 = Anzahl der Ergebnisse des Laboratoriums 1;
n_2 = Anzahl der Ergebnisse des Laboratoriums 2.

Da Analysenergebnisse, die nicht zur reinen Produktionskontrolle gehören, praktisch immer von zwei Partnern erstellt werden, ist die Vergleichbarkeit hierfür der entscheidende Faktor. Dennoch muß im Laboratorium für das Ergebnis bzw. zu seiner Beurteilung der *Vertrauensbereich* ermittelt werden. „Bei einem unter normgerechten Bedingungen erhaltenen Mittelwert $x_{r,n}$ aus n Ergebnissen eines einzelnen Beobachters kann auf einem Vertrauensniveau von 95 % angenommen werden, daß der wahre) Wert μ innerhalb folgender Grenzen der Gleichung liegt:

$$x_{r,n} - \frac{1}{\sqrt{2}} \cdot \sqrt{R^2 - r^2\left(1 - \frac{1}{n}\right)} \leq \mu \leq$$
$$x_{r,n} + \frac{1}{\sqrt{2}} \cdot \sqrt{R^2 - r^2\left(1 - \frac{1}{n}\right)}$$

Für die Festlegung eines oberen oder unteren *Grenzwertes* ändert sich in dem Faktor $1/\sqrt{2}$ nur der Zähler in 1,654/1,960 = 0,84 (nach DIN 51848, Teil 3).

Für den Vertrauensbereich unter Vergleichsbedingungen gilt dann, wenn L Laboratorien jeweils einen Mittelwert $x_{R,L}$ bereitstellen, daß der wahrscheinlichste Wert mit einer Wahrscheinlichkeit von ebenfalls 95 % innerhalb folgender Grenzen liegt:

$$x_{R,L} - R/\sqrt{2L} \leq \mu \leq x_{R,L} + R/\sqrt{2L}.$$

Für die Festlegung von Grenzwerten gelten bei gleicher Wahrscheinlichkeit für den oberen

$$\mu \leq x_{R,L} + 0{,}84\ R/\sqrt{2L}$$

und für den unteren:

$$\mu \leq x_{R,L} - 0{,}84\ R/\sqrt{2L}.$$

Steht mehr als ein Ergebnis je Laboratorium zur Verfügung, dann ist R durch R' zu ersetzen. Solche Grenzwerte können im Rahmen von Lieferverträgen oder auch bei Gesetzen und Verordnungen zur Begrenzung der Umweltbelastung von Bedeutung sein. Da ein Grenzwert nicht über-

oder unterschritten werden darf, muss ein sog. Vorhaltewert angestrebt werden, d. h. dieser muß sich von dem Grenzwert um einen Vertrauensbereich unterscheiden, der von dem eingesetzten Prüfverfahren abhängt und verhindern soll, daß ein zweites Laboratorium Ergebnisse findet, die ein Abweichen vom Grenzwert anzeigen, welches nur auf dem Analysenfehler beruht.

Die *Angabe eines analytischen Resultates* hat jeweils als Mittelwert c_A mit der Bekanntgabe des aktuellen Analysenfehlers zu erfolgen, z. B. in der Form des Vertrauensbereiches:

$$c_A \pm t_{\%,\,n} \cdot s_n / \sqrt{n}$$

Kriterien der Präzision für die Anwendbarkeit von Analysenverfahren lassen sich andererseits als relativer Grenzwert c_L des Vertrauensbereiches des obigen Mittelwertes (*Relative Confidence Limit* = RCL) darstellen:

$$RCL = 100 \cdot c_L/c_A = 100 \cdot s_n/c_A \cdot t_{\%,n}/\sqrt{n},$$

wobei die relative Standardabweichung der Konzentration s_n / c_A durch diejenige (*Relative Standard Deviation* = RSD) eines Analysenverfahrens nur dann ersetzt werden kann, wenn der betrachtete Bereich der Auswertefunktion streng linear ist:

$$RCL = RSD \cdot t_{\%,\,n}/\sqrt{n}$$

Kleine Werte für RCL ergeben sich grundsätzlich für Verfahren mit kleiner RSD. Die Größe $t_{\%,\,n}$ der „Student's"-Verteilung wird bei $n > 20$ praktisch konstant, während RCL nur mit der Quadratwurzel aus n abnimmt, so daß sehr viele, unabhängige Bestimmungen mit Verfahren höherer RSD nötig sind, um RCL zu minimieren. Setzt man nun das Verhältnis RCL/RSD gleich demjenigen $t_{\%,\,n} / \sqrt{n}$ und bildet die Funktion zur Anzahl der Bestimmungen n, so läßt sich diejenige Anzahl dieser ablesen, die für vorgegebene Größen von RCL und RSD erforderlich sind (Abb. 380).

So ist z. B. ein Wert von RCL = 1 % zu erreichen, wenn ein Verfahren mit einer RSD = 0,5 % insgesamt viermal ($n = 4$) durchgeführt wird. Verschlechtert sich die RSD auf 1 % oder 2 %, dann steigt die Anzahl n auf sechs bzw. 18 usw. an. Dies gilt nur bei einer Wahrscheinlichkeit von 95 %. Steigert man diese auf 99 %, so sind für die oben genannten Werte bereits fünf, 11 oder 31 Einzelbestimmungen erforderlich.

Diese Fragestellung ist eigentlich die am häufigsten auftretende, weil Auftraggeber

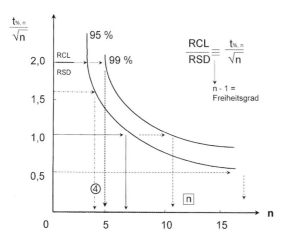

Abb. 380 Beispiel zur Auffindung der nötigen Bestimmungsanzahl bei gewählter Grenze des Vertrauensbereiches und gegebener relativer Standardabweichung nach *B. Magyar* [763].

von Analysen durchaus eine Vorstellung über die gewünschte Genauigkeit des Resultates haben können. Hier ist auch zu erkennen, daß die erhebliche Verbesserung der Präzision durchaus dazu geführt hat, die Bestimmungsanzahl einschränken zu können, wenn es um die üblichen Bereiche, z. B. Produktionskontrollen oder Produktbestimmungen vieler Materialien, geht. *Das darf jedoch nicht auf die Untersuchungen zur Herstellung von Referenzmaterialien übertragen werden.* Dies gilt ebenfalls nicht für die High-Tech- oder Umweltbereiche, die eine Ermittlung extrem geringer Elementanteile erfordern. Doch ist ein präzises Resultat, das sich aus einer zufriedenstellenden (d. h. statistisch geforderten) Anzahl von Einzelergebnissen zusammensetzt, auch richtig?

Die Vorgehensweise zur Ermittlung der Kennzahlen eines Verfahrens, um dessen Leistungsfähigkeit in einem Schnelltest zu erkennen, wurde schon von *G. Gottschalk* beschrieben [764]. Solche grundlegenden Beschreibungen werden immer wieder veröffentlicht, ohne daß neue Gesichtspunkte eingebracht werden konnten.

Ähnlich verhält es sich mit der *Richtigkeit*, einem Begriff, der über viele Jahre diskutiert worden ist und immer noch wird – von der philosophisch-physikalischen bis hin zur juristischen Festlegung. Viele Aussagen in diesem Zusammenhang lassen die Begriffe „Richtigkeit" (*correctness*), Genauigkeit (*accuracy*) oder „Wahrheit" (*trueness*) fast mystisch klingen, wie z. B. auch diese Aussage von *Kateman* und *Pijpers* [765]: „The concept of accuracy is one of the most difficult topics in analytical chemistry. Not only is the definition vague and difficult to interpret, but also the theoretical background of the methods to compute accuracy and the methods to estimate accuracy are complicated, ambiguous, and not generally accepted."

Natürlich ist hierbei den blödsinnigsten Ideen Tür und Tor geöffnet, was auch rechtschaffen genutzt wird. Dabei würde ich die Metrologen, die Meßtechniker und Physiker noch entschuldigen, weil sie mit Standards und Referenzen „aufgewachsen" sind. Auch Chemiker, die sich nicht mit der Analytischen Chemie befassen wollen, sind entschuldigt, doch nicht die analytisch arbeitenden Chemiker, die sich mit Hilfe immer neuer Begriffe und unfertiger Definitionen zu profilieren versuchen – koste es, was es wolle!

Zunächst erscheint der Begriff „Richtigkeit" für die chemische Analytik leicht erklärbar, da ein Analysenverfahren zu richtigen Ergebnissen führt, wenn es mit ausreichend guter Präzision und völlig fehlerfrei arbeitet. Hierin sind allerdings zwei Bedingungen enthalten: „mit ausreichend guter Präzision" und „völlig fehlerfrei", wovon nur die erste prüfbar erfüllt werden kann. Jede weitere Beschäftigung mit dem Begriff „Richtigkeit" führt zur Notwendigkeit, diesen eindeutiger als bisher zu definieren. In mehreren einschlägigen Büchern [766–769] ist dieser Begriff nicht zu finden, während die Präzision ausführlich behandelt wird. *Klaus Doerffel* schrieb in diesem Zusammenhang [767]: „Zufällige Fehler machen ein Analysenergebnis unsicher, systematische Fehler machen es falsch. Es sind also die Reproduzierbarkeit oder die Präzision und die Richtigkeit für ein Analysenverfahren getrennt zu diskutieren."

Damit ist im Rahmen aller statistischen Auswertungen der Begriff „Richtigkeit" abgehandelt, da es prinzipiell aus der Sicht der Statistik nur dann Handlungsbedarf gibt, wenn der Ausschluß systematischer Fehler garantiert ist. In der praktischen Analytik hat sich gezeigt, daß beide Fehlerarten nicht exakt trennbar und die Übergänge fließend sind. Über zufällige Fehler läßt sich nicht streiten – und wenn doch, dann wären es keine zufälligen mehr. Wie bereits erwähnt, kann die Übung und Erfahrung mit dem Verfahren diese Fehlerart einschränken. Der *systematische Fehler* kann sehr unterschiedlicher Art sein: der *unvermeidbare* Fehler und der *vermeidbare*, der erkannt, erfaßt, zugegeben und letztendlich beseitigt werden muß. Hierzu gehören sowohl einfache Unterlassungen von der falschen Probe, der falschen Indikation, dem falschen Computerprogramm mit dem falschen Element, bis hin zum Kalibrieren, der Blindwerterfassung und dem Nichtanwenden von Ausreißertests, als auch vergessene, rationell verdrängte oder irrationale Fehler, die z. B. aus Mitleid oder unter Druck (der personellen Überlastung, dem Einschränken analytischer Arbeiten) entstanden sind.

Tatsache ist jedoch, daß auch die kleinste Standardabweichung, also die beste Wiederholbarkeit und auch die beste Vergleichbarkeit, noch keine Richtigkeit garantiert [770]. Ein solches Ergebnis kann mehr oder weniger falsch sein. Völlig falsch ist ein Resultat dann, wenn z. B. die chemische Strukturformel falsch gefunden wurde. Anteilig falsch ist ein quantitatives Resultat dann, wenn sein Wert vom wahrscheinlichsten mehr als signifikant verschieden ist.

Richtigkeit ist nach DIN 55350, Teil 13 oder ISO 3534 definiert als *die Differenz zwischen dem* aus Ringversuchen erhaltenen *Mittelwert M und dem wahren Wert* μ. Nach DIN ISO 5725 setzt sich jedes Analysenergebnis aus mehreren Anteilen zusammen:

$$\mu = M + B_0 + B_S + e,$$

worin bedeuten:

M = Mittelwert der Einzelergebnisse aus einem Ringversuch;
B_0 = Zufallskomponente der Abweichung des Einzellaboratoriums;
B_S = systematische Abweichung des Einzellaboratoriums;
e = zufällige Abweichung, die bei jeder Analyse auftritt.

Die Richtigkeit von Analysenresultaten wird also durch das Minimieren der systematischen Fehler und das Verringern der statistischen Streuung der Einzelergebnisse sowie durch exaktes Beschreiben der Verfahrensdurchführung und gleichzeitiges Überprüfen des Resultates durch ein oder mehrere unabhängige Prüfverfahren (Referenzverfahren) erreicht.

R. Kaiser und *G. Gottschalk* äußerten hierzu die Meinung [770]: „Der Begriff *Richtigkeit* ist insofern unglücklich, er müßte eher *Unrichtigkeit* heißen. Die Differenz zwischen dem wahren Wert und dem gefundenen Resultat ist im Übrigen nicht genauer bestimmbar als die Unschärfe des Meßverfahrens. Je nach den Bedingungen, welche herrschen, bestimmt einer der bekannten Tests die Größe dieser Unschärfe, z. B. der t-Test. In allen Fällen, bei denen zufällige oder systematische Fehler schon bei der Probennahme gemacht werden, ist der Unterschied zwischen dem wahren Wert und dem gefundenen Resultat größer als die Unschärfe der Meßmethode. Die Richtigkeit zu prüfen erfordert deshalb, daß man durch Eichmessungen, deren Fehlerhaftigkeit selbst wieder sorgfältig bestimmt werden muß, z. B. mit Hilfe von Korrekturfaktoren oder durch Anwendung von Methoden zur Ermittlung übergroßer systematischer Fehler, das Resultat sichert. *Resultate, deren systematischer und zufälliger Fehler bekannt ist, sind erst die Basis von Beurteilung und Entscheidung.* In den seltensten Fällen ist ein ungeprüftes Resultat richtig im Rahmen der durch die unvermeidbare Unschärfe der Methode gegebenen Grenzen."

Seit Beginn der sechziger Jahre des gerade beendeten 20. Jahrhunderts wurde verstärkt die Frage gestellt, wie die Richtigkeit von Analysenresultaten bei gegebener Wiederholbarkeit des Analysenverfahrens und geprüfter Vergleichbarkeit zwischen Laboratorien ausreichend garantiert werden kann [771].

Aus den bisherigen Überlegungen läßt sich folgern, daß *Richtigkeit*, die möglichst kleinste Differenz zwischen zwei Daten, dem gefundenen und dem als richtig angesehenen Wert, ein Teil des Streu- bzw. Vertrauensbereiches des analytischen Verfahrens ist. Also, *Richtigkeit ist eine Wiederfindungswahrscheinlichkeit des* richtigen oder wahrscheinlichsten *Wertes für einen Merkmalsanteil* in einer Probe. Da der „wahre" Wert nie existent sein oder gefunden werden kann, weil sich die Zusammensetzung jedes Materials ständig – von sehr schnell (bei Gasen und niedrigsiedenden Flüssigkeiten) über langsam (bei Gläsern) bis extrem langsam (bei Metallen) – verändert oder durch die analytische Bearbeitung verändert wird, kann es prinzipiell keinen „feststehenden bzw. fixierten" Wert geben. Es muß sich somit bei dem *richtigen Resultat* um eine Wahrscheinlichkeitsbandbreite handeln, die möglichst klein gehalten werden sollte. Die Wiederfindungswahrscheinlichkeit für diesen *wahrscheinlichsten Wert* wird somit durch die Unschärfe der benutzten Meßmethode, z. B. die Standardabweichung eines standardisierten Analysenverfahrens begrenzt, d. h. der wahrscheinlichste Wert liegt innerhalb des gegebenen Streubereiches. *Der Begriff Richtigkeit sagt also nur aus, daß der wahrscheinlichste Wert innerhalb der Bandbreite der Wiederfindungswahrscheinlichkeit liegen muß* – oder anders ausgedrückt: *Jeder Wert eines Merkmalanteiles in einer Probe, der in dieser Bandbreite (Streu- oder Vertrauensbereich) liegt, ist richtig!*

In der praktischen Analytik heißt dies auch, daß durch die verfahrensbedingte oder rechnerische Vergrößerung des Vertrauensbereiches analytischer Daten ($2s$ oder $3s$) die Wahrscheinlichkeit zunimmt, mit der ein wahrscheinlichster Wert in diesem Bereich enthalten ist. Beim Einsatz von Analysenverfahren mit geringerer Präzision wird die Differenz zwischen dem Mittelwert und dem wahrscheinlichsten mit zunehmender Wahrscheinlichkeit nicht mehr signifikant erkennbar. Dagegen wird bei den heute üblicherweise verwendeten Verfahren mit extrem hoher Präzision (engerem Vertrauensbereich) auch eine relativ kleine Differenz zwischen wahrscheinlichstem und Mittelwert als signifikant unrichtig erkannt. Somit ist es die wichtigste Aufgabe des Analytikers, dafür zu sorgen, daß dieser *Wahrscheinlichkeitsbereich für die Richtigkeit* so klein bleibt oder werden wird, wie das für denjenigen der Präzision schon erreicht worden ist. Die notwendige Minimierung des systematischen Fehlers ist also schon auf einen engen Bereich begrenzt.

In den Ringversuchen zur Zertifizierung von RM mit freigestellter Methodenwahl ergibt sich zwangsläufig ein relativ großer Wahrscheinlichkeitsbereich, in dem auch noch die Kalibrierfehler in den teilnehmenden Laboratorien enthalten sind – also zunächst unerkannte systematische Abweichungen. Diese werden oder sollten dann bei der Auswertung erkannt werden, was nur zu hoffen ist.

Dennoch kommt dem Eichen der Analysenmethode und dem Kalibrieren des aktuellen Verfahrens eine immer stärkere Bedeutung zu, weil die Relativverfahren entsprechend zugenommen haben. Die Verwendung geeigneter Eichsubstanzen ist jedoch aus wirtschaftlichen und nicht aus Sachzwängen stark eingeschränkt worden, so daß die Analysenverfahren immer relativer, d. h. abhängiger von Leitproben geworden sind.

Die Richtigkeit eines Resultates, das durch ein Relativverfahren gewonnen wurde, bezieht sich ausschließlich auf den wahrscheinlichsten Wert der Kalibrierprobe.

Zur Wiederfindungsrate ist nur zu sagen, daß diese Größe bei allen Trennoperationen von der Filtration bei gravimetrischen Bestimmungen, über alle Extraktionsprozeduren bis hin zur gaschromatographischen Trennung von Bedeutung ist. Es gibt keinen Trennvorgang, der zunächst ohne einen Verlust abläuft. So sind die Angaben über die Durchführung aller Trennoperationen wichtig, damit die Wiederfindung annähernd reproduzierbar ablaufen kann.

Die *Rückführbarkeit* (*traceability*) ist diejenige Eigenschaft eines gemessenen Resultates, die es möglich macht, dieses in einer ununterbrochenen Kette auf ein gebräuchliches Standardverfahren zurückzuführen. Danach sollte ein Auditor bei der Validierung immer fragen, und ein Analytiker muß die Antwort parat haben, denn hierbei handelt es sich im Grunde um die schon erwähnte Eichgrundlage, die Basismethode und die Schritte der „Ableitung" bis hin zum Routineverfahren. Führt man bis zum „mol" zurück, was eigentlich gewünscht wird, so ist dies ein theoretischer Wunsch. In der Praxis wird kaum ein Kunde eine Angabe eines Resultates in der Definition „mol" verstehen.

6.3.2
Berechnung und Interpretation der Daten

Die Rückverfolgbarkeit setzt voraus, daß ein Ergebnis berechnet werden konnte. Eine solche Berechnung hängt direkt mit dem benutzten Analysenverfahren zusammen; sie muß in der Durchführung auch ausreichend exakt beschrieben sein.

Die analytische Tätigkeit im Laboratorium hat in der Regel das Ziel, für eine Grundgesamtheit, z. B. eine größere Produktions- oder Liefereinheit, die durchschnittlichen Massenanteile der darin enthaltenen Bestandteile anzugeben. Dem Analytiker stehen dafür Stichproben zur Verfügung, die untersucht werden sollen. Dies geschieht in Einzelschritten, z. B. Probennahme, -vorbereitung, Messung usw. Bei jedem dieser Schritte können Fehler auftreten, wie bereits beschrieben: zufällige, die das Ergebnis unwahrscheinlicher machen, und systematische, die möglichst erkannt und beseitigt werden müssen.

6.3.2.1 Anwendung statistischer Methoden

Für die objektive Beurteilung von Analysenergebnissen und -verfahren müssen einige Kenndaten aus der Prüfstatistik herangezogen werden. Im Grunde reicht das, was G. *Gottschalk* [770] und dieser zusammen mit R. E. *Kaiser* [772] in ihren Büchern geschrieben haben. Die Aufgabe der Statistik ist das zahlenmäßige Erfassen des Einflusses der zufälligen Abweichungen auf das Analysenresultat. Führt man eine sehr große Anzahl analytischer Bestimmungen durch, so werden gleiche Einzelwerte mehrfach auftreten. Bei der Durchführung von z. B. 40 Mangan-Bestimmungen aus einer Stahlprobe wurden die in Tabelle 34 zusammengestellten Werte gefunden.

Trägt man die Anzahl der Werte über den zugehörigen Anteil auf, so erhält man eine Häufigkeitsverteilung, ein sog. Histogramm, welches bei sehr vielen Bestimmungen in eine Verteilungskurve übergeht. Ist diese Kurve symmetrisch, so entspricht sie in den meisten Fällen der Normalverteilung (Abb. 381).

Bei der Auswertung von Stichproben entstehen abgeleitete Größen, wie Mittelwerte, Standardabweichungen usw., die von den Einzelwerten abhängen. So sind im allge-

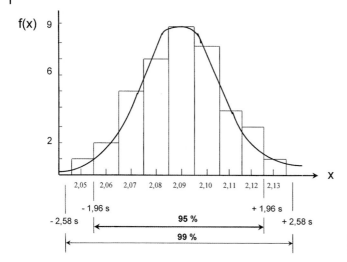

Abb. 381 Histogramm mit Normalverteilungskurve.

Tabelle 34 Mn-Einzelwerte einer Bestimmung.

Anteil (%)	Werteanzahl (abs.)	(%)
2,05	1	2,5
2,06	2	5,0
2,07	5	12,5
2,08	7	17,5
2,09	9	22,5
2,10	8	20,0
2,11	4	10,0
2,12	3	7,5
2,13	1	2,5

meinen die Mittelwerte verschiedener Stichproben aus einer Grundgesamtheit unterschiedlich.

Ähnlich wie die Meßwerte können auch die abgeleiteten Werte durch statistische Verteilungen beschrieben werden. Je nach Art der abgeleiteten Werte und der Verteilungen der Einzelwerte ergeben sich unterschiedliche Verteilungen. Unter der Voraussetzung der Normalverteilung der Einzelwerte folgt z. B., daß

- der Mittelwert einer Stichprobe wiederum normalverteilt ist mit demselben Erwartungswert, jedoch geringerer Streuung;
- die Abweichungsquadratsumme nicht mehr normalverteilt ist, sondern einer sog. χ^2-Verteilung gehorcht, die vom Freiheitsgrad abhängt, der in diesem Fall um eins kleiner als der Stichprobenumfang ist;
- der Quotient aus dem um den Erwartungswert verminderten Mittelwert und der Standardabweichung einer t-Verteilung folgt, die wie die χ^2-Verteilung von demselben Freiheitsgrad abhängt;
- der Quotient der Varianzen zweier Stichproben einer F-Verteilung folgt, die von den beiden Freiheitsgraden der Varianzen abhängt.

Alle drei genannten Verteilungen nähern sich bei größer werdenden Freiheitsgraden den Normalverteilungen an.

Eine Normalverteilung läßt sich einfach kennzeichnen; sie wird durch ihren Mittelwert μ und die zugehörige Standardabweichung σ eindeutig beschrieben. Betrachtet man die unter der Kurve liegende Fläche

(s. Abb. 381), so liegen bei normalverteilten Meßgrößen in dem Bereich:

$\mu \pm 1{,}00 \cdot \sigma$
68 % aller Einzelwerte;

$\mu \pm 1{,}96 \cdot \sigma$
95 % aller Einzelwerte;

$\mu \pm 2{,}58 \cdot \sigma$
99 % aller Einzelwerte;

$\mu \pm 3{,}00 \cdot \sigma$
99,7 % aller Einzelwerte.

Die richtigen Werte μ und σ sind nicht bekannt. Sie werden aus dem Mittelwert x und der Schätzstandardabweichung s, die aus einer Meßreihe ermittelt wurde, geschätzt.

Die Normalverteilung ist ein Denkmodell, das in der Analytik nicht immer gilt. In vielen Fällen führt aber die Annahme einer Normalverteilung zu praktisch brauchbaren Ergebnissen. Innerhalb der 3σ-Grenze liegen bei den in der Technik meist vorkommenden Verteilungen mindestens 95 % aller Werte, so daß Werte $> 3\sigma$ nur ganz selten auftreten.

Jede statistische Aussage läßt sich nur mit einer bestimmten Wahrscheinlichkeit machen. Die Schärfe der Aussage ist abhängig von der gewählten Wahrscheinlichkeit (statistischen Sicherheit). In der analytischen Praxis wird in Anlehnung an die internationale Normung die Wahrscheinlichkeit von 95 % bevorzugt. Ist keine Wahrscheinlichkeit angegeben, dann kann diese von 95 % vorausgesetzt werden.

Eine Meßreihe wird durch die Berechnung des Mittelwertes aus den Einzelwerten und der Streuung dieser um den Mittelwert charakterisiert. Das *arithmetische Mittel* x ist jeweils die Summe der Einzelwerte x_i geteilt durch ihre Anzahl n. Die *Varianz* s^2 ergibt sich aus der Summe der Quadrate der Abweichungen vom arithmetischen Mittel, dividiert durch den Freiheitsgrad $f = n - 1$:

$$s^2 = \frac{\sum (x_i - x)^2}{n - 1}$$

Die *Standardabweichung s* ist die Grundlage für viele statistische Auswertungen von Analysenergebnissen. Sie ist ein Maß für die zufälligen Schwankungen der Einzelwerte um den Mittelwert und hat im Gegensatz zur Varianz die gleiche Dimension wie die Einzelwerte x_i und der Mittelwert x.

Die verschiedenen Spielarten statistischer Betrachtungen, und es gibt sehr viele davon einschließlich der Normenreihen DIN 53804 „*Statistische Auswertung an Stichproben*", DIN 55302 „*Häufigkeit, Mittelwert und Streuung*", DIN 55303 „*Statistische Auswertung von Daten*" oder ISO 2854 „*Statistical Interpretation of Data*" machen kein Resultat richtiger.

Der *Vertrauensbereich eines Mittelwertes*:

$$x \pm T_x \; ; \; T_x = s \cdot t(P, f) / \sqrt{n}$$

gibt den Bereich an, in dem bei Anwesenheit systematischer Fehler für das gewählte *Vertrauensniveau P* (meist 95 %) der als richtig angesehene Wert enthalten ist. Durch die Erhöhung der Anzahl der Einzelwerte n läßt sich dieser Vertrauensbereich prinzipiell verkleinern.

Mit Hilfe von statistischen Tests, auch **Signifikanztests** genannt, kann geprüft werden, ob sich die Kenndaten aus einer Stichprobenuntersuchung, wie Mittelwert oder Standardabweichung, systematisch oder zufällig unterscheiden. Hierbei setzt man als Nullhypothese voraus, daß es keinen Unterschied gibt und prüft mit Verfahren der Prüfstatistik, ob diese Behauptung stimmt. Die zu wählende Wahrscheinlichkeit wird hier als Signifikanzniveau $\alpha = 1 - P$ (z. B. $\alpha = 1 - 0{,}95 = 0{,}05$ bei 95 %) bezeichnet. Wird nun z. B. bei $\alpha = 0{,}05$ ein Unterschied festgestellt, so ist dieser signifikant.

Mit dem *F-Test* kann geprüft werden, ob zwei Meßreihen die gleiche Präzision aufweisen. Es wird untersucht, ob die Unterschiede der Standardabweichungen signifikant oder ob die ermittelten Abweichungen zufällig sind. Die größere der beiden Standardabweichungen wird in den Zähler gesetzt ($s_1 > s_2$, mit den dazugehörigen Freiheitsgraden). Der F-Test sollte nur angewendet werden, wenn die Zahl der Wiederhol- oder Vergleichsmessungen nicht zu gering ($n \geq 6$) ist.

In zwei Laboratorien wird der C-Anteil in einer Stahlprobe nach dem gleichen Analysenverfahren bestimmt. Es soll geprüft werden, ob die Präzision des Verfahrens in beiden Laboratorien vergleichbar ist (Tab. 35).

Der Tabellenwert für $F(95\%; 7; 5)$ beträgt: 6,85. Es liegt somit keine echte Abweichung vor. Da $F < F(95\%; 7; 5)$ ist, muß die Abweichung der Standardabweichungen in den beiden Laboratorien als zufällig beurteilt werden.

Der *t-Test* prüft, ob die Differenz zweier Stichprobenmittelwerte statistisch gesichert ist. Dabei ist vorauszusetzen, daß die Standardabweichungen keine statistisch gesicherten Unterschiede aufweisen (wie Beispiel oben). Mit den oben angegebenen Daten ergibt sich bei $f = f_1 + f_2 = 12$ nach der Gleichung:

$$t = |(x_1 - x_2) / s_d| \cdot \sqrt{\frac{n_1 \cdot n_2}{n_1 + n_2}}$$

mit $s_d = 0{,}0155\,\%$ C

für $t(95\%; 12) = 3{,}94$.

Der Tabellenwert für $t(95\%; 12)$ ist: 2,18, so daß $t > t(95\%; 12)$ geworden ist. Somit ist die Differenz der beiden Mittelwerte signifikant.

Dies ist der typische Fall einer systematischen Abweichung, wie sie vor allen Dingen in Ringversuchen auftritt (hier: $2{,}238 - 2{,}205 = 0{,}033\,\%$ C). Ihre Ursache liegt wahrscheinlich in Eich- oder Kalibrierfehlern und ist zu beseitigen, was häufig nicht geschieht. Für zwei Meßreihen mit gleichem Stichprobenumfang wird die Berechnung für den t-Test einfacher:

$$t = (|x_1 - x_2| / \sqrt{s_1^2 + s_2^2}) \cdot \sqrt{n}\,;$$
$$n = n_1 = n_2\,,\ f = 2n - 1.$$

Dies läßt sich leicht anwenden, wenn mit Hilfe des t-Tests geprüft werden soll, ob die Richtigkeit des Analysenverfahrens akzeptabel ist. Allerdings bezieht man hier die zweite Meßreihe auf eine Standardprobe, z. B. ein ZRM. Dieser Test darf je-

Tabelle 35 Beispiel für den F-Test.

Probe Nr.	Labor 1 % C	Probe Nr.	Labor 2 % C		
1	2,22	1	2,19		
2	2,23	2	2,21		
3	2,22	3	2,20		
4	2,25	4	2,22		
5	2,27	5	2,21	$x_1 = 2{,}238\,\%$C	$x_2 = 2{,}205\,\%$C
6	2,25	6	2,20	$s_1 = 0{,}0183\,\%$C	$s_2 = 0{,}0105\,\%$C
$F = (s_1/s_2)^2 = (0{,}0183/0{,}0105)^2 = 3{,}04$				$n_1 = 8$	$n_2 = 6$
				$f_1 = 7$	$f_2 = 5$

doch nur dann angewendet werden, wenn die Wiederholbarkeit der in dem Laboratorium durchgeführten Einzelbestimmungen kleiner ist als die Vergleichbarkeit für das zu untersuchende Element, also $s_L < s_M$. Ist dies nicht der Fall, dann werden systematische Abweichungen nicht erkannt.

Sollte man weitere statistische Tests machen wollen, so ist auf die Handbücher der Statistik [z. B. 773–776] zu verweisen. Da man die dort enthaltenen Tabellen nicht immer zur Hand hat, sollen hier zumindest einige Werte zusammengestellt werden, um zu zeigen, was die Erhöhung der Bestimmungsanzahl bewirkt (Tab. 36a, b).

In der Analytischen Chemie ist die Statistik ein Hilfsmittel und darf nie zum Selbstzweck werden. Immer sind es die Verfahren, die zu verbessern sind. Eventuelle Ableitungen aus einer statistischen Betrachtungsweise, wie z. B. das kurzzeitige Messen vieler Einzeldaten und die Anzeige eines Mittelwertes (als Einzelmeßwert) sind kritisch zu werten. Darauf soll bei der Beschreibung des Einsatzes spektrometrischer Verfahren noch hingewiesen werden. Ein Grundprinzip ist jedoch aus dieser sehr vereinfachten Anwendung der Statistik zu ersehen: Grobe Fehler werden sehr wahrscheinlich erkannt, ohne den Beobachter zu beleidigen, ihn in seinem Eifer zu kränken oder ihm seine Motivation zu nehmen.

6.3.2.2 Rückverfolgbarkeit von Verfahren

Für die Praxis ist die *Rückverfolgbarkeit (trackability)* gegenüber der Rückführbarkeit (s. Kap. 6.3.1.3) der weitaus wichtigere Weg, um das Resultat eines Gesamtverfahrens zu beurteilen. Hierunter versteht man die *Güte eines Ergebnisses, das ausschließlich der Probe zugeordnet ist*. In der Reihenfolge: Ergebnis – Berechnung – Messung – Probenvorbereitung – Lagerung – Probennahme folgt man nun dem Weg zurück bis zum Ursprung.

Tabelle 36 (a) t-Verteilung und (b) χ-Faktoren zur Berechnung des s-Vertrauensbereiches für $P = 95\%$.

(2-seitige Fragest) f	t (95%; f)
1	12,706
2	4,303
3	3,182
4	2,776
5	2,571
10	2,228
60	2,000
120	1,960
-‖->	**1,960**

f	χ_o	χ_o
2	0,52	6,30
4	0,60	2,88
6	0,63	2,20
8	0,68	1,92
10	0,70	1,78
100	0,88	1,16
200	0,91	1,11
500	0,94	1,07
-‖->	1,00	1,00

Leider erfolgt dieser Vorgang nicht regelmäßig, oder er läßt sich nicht mehr lückenlos aufklären, weil entscheidende Teilschritte nicht vom Laboratorium gemacht oder verantwortet werden. Oft sind Probennahme und Lagerung außerhalb des Laboratoriums solche Vorgänge, womit jede Interpretation des Resultates ungenau sein wird. Die Rückverfolgbarkeit ist aber nicht Gegenstand von Validierungen.

Zur Validierung gehören prinzipiell noch zwei Punkte: die Beurteilung von Ergebnissen sowie die Diskussion über Nachweis- und Bestimmungsgrenzen. Beide Themen sollen wegen ihrer speziellen Bedeutung gesondert abgehandelt werden.

6.3.3
Die Rolle von Blind- und Leerwert

Das Experiment mit dem Ziel, eine analytische Lösung für eine spezielle Fragestellung zu finden, steht an erster Stelle. Das organisatorische Vorgehen läßt sich schematisieren (Abb. 382), was wichtig ist, um stets die einzelnen Schritte zu finden und nachvollziehen zu können.

Die Arbeitsweise in der chemischen Analytik hat sich in den letzten 50 Jahren erheblich verändert. Der Übergang von den klassischen, leitprobenfreien Methoden auf diejenigen der Atom- und Molekülspektroskopie sowie andere Relativmethoden erfolgte stetig. Entsprechend dieser Entwicklung kam den Eich- und Kalibrierprozeduren eine steigende Bedeutung zu, und hierzu gehören auch die Größen *Blindwert* und *Leerwert*.

In der Eisenhüttenanalytik wurde bis vor fast 30 Jahren nur mit dem Leerwert gearbeitet, der in der Handbuch-Ausgabe, Band 5 von 1971 [84] folgendermaßen definiert wurde:

„*Leerwertermittlung*: Unter Leerwert ist derjenige Anteil des Meßwertes zu verstehen, um den das Meßergebnis systematisch verfälscht wird. Im einfachsten Fall kann diese Verfälschung durch die in den Chemikalien enthaltenen Spuren des gleichen Elementes bewirkt werden, das bestimmt werden soll. Die Gegenwart anderer Ionen, die in gleicher Weise wie das zu bestimmende Element reagieren, ist eine weitere mögliche Ursache für das Auftreten eines Leerwertes. So können z. B. bei der photometrischen Messung andere Elemente in dem vorgeschriebenen Meßbereich mehr oder weniger stark Licht absorbieren. Darüber hinaus gibt es noch eine Anzahl anderer Ursachen für das Auftreten von Leerwerten, auf die aber an dieser Stelle nicht eingegangen werden kann. Die Arbeitsvorschriften sind im allgemeinen so abgefaßt, daß der Leerwert möglichst gering gehalten und weitgehend kompensiert wird. Üblicherweise wird der Leerwert entsprechend der Vorschrift ermittelt und in gewissen Abständen geprüft, vorausgesetzt, daß die Analysenhilfsmittel (Reagentien, Geräte usw.) in der Zwischen-

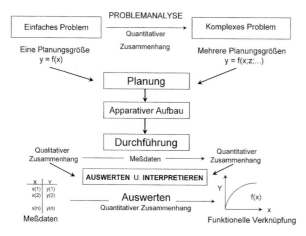

Abb. 382 Die experimentelle Entwicklung eines Analysenverfahrens.

zeit nicht verändert worden sind. Vornehmlich bei kleinen Gehalten oder kleinen Einwaagen kommt einer sorgfältigen Bestimmung des Leerwertes besondere Bedeutung zu."

Diese Betrachtung des Leerwertes war – durch die Praxis der Verfahren bedingt – doch nicht mehr ausreichend, weil die zunehmend eingesetzten physikalischen Methoden durch zahlreiche Parameter beeinflußt werden, vor allem durch die Matrix. Deshalb mußte versucht werden, diese so gut als möglich nachzubilden, wobei Chemikalien wie Reinstmetalle oder -salze hinzu kamen, die zahlreiche Spurenelemente enthalten. So konnte die Version von 1971 nicht stehen bleiben, weil hier Blind- und Leerwert summiert und nicht getrennt dargestellt worden waren. In der darauffolgenden Handbuch-Ausgabe (1972) war dann als Kompromiß zu lesen:

„*Blind*- und *Leerwert*: Der Blindwert wird in der Regel durch die in den Chemikalien enthaltenen Spuren des zu bestimmenden Elementes bewirkt. Der Leerwert resultiert überwiegend aus Gegenwart anderer Ionen, die in gleicher Weise wie das zu bestimmende Element reagieren, z. B. die Lichtabsorption durch ihre Eigenfarbe beeinflussen können. Unter der Summe aus Blind- und Leerwert ist also derjenige Anteil... [Fortsetzung wie oben] Darüber hinaus gibt es noch eine Anzahl anderer Ursachen für das Auftreten systematischer Meßwertbeeinflussungen, z. B. eine spezielle Reagens-Eigenfarbe oder das Streulicht, die in den einzelnen Vorschriften durch die Arbeitsweise mit Vergleichs- oder Kompensationslösung berücksichtigt werden."

Hier wird nun endlich das Wissen um die Spektralphotometrie erkennbar. Der Rest des Textes entsprach noch dem alten, nur das Wort „Leerwert" wurde durch „Blind- und / oder Leerwert" ersetzt. Zehn Jahre später findet sich ein wesentlich geschrumpfter Text:

„*Blindwert*: Meßwert für das Gemisch aller nach der Arbeitsvorschrift verwendeten Chemikalien ohne die zu analysierende Probe.

Leerwert: Meßwert für das Gemisch aller nach der Arbeitsvorschrift verwendeten Chemikalien unter Hinzufügen der die Messung beeinflussenden Bestandteile der Analysenprobe, mit Ausnahme des zu bestimmenden Bestandteiles."

Die Brauchbarkeit beider Werte ist stets zu diskutieren, denn sie hängen direkt von dem benutzten Verfahren ab. Den Blindwert soll ein Analytiker nicht nur bestimmen; er muß ihn beherrschen. Das gilt besonders im Fall von Spurenbestimmungen, wobei etwa 70 % des zeitlichen Aufwandes auf die Blindwertermittlung und nur 30 % auf die eigentliche Bestimmung entfallen können. Im Zeitalter der schnellen Abläufe (Wann ist endlich Feierabend?) schludert man häufig beim Blindwert.

Beide, Blind- und Leerwert, sind bei richtig durchgeführten Verfahren der klassischen *Gravimetrie* kein Thema. Doch bereits bei der *Maßanalyse* beginnt die Blindwertbestimmung notwendig zu werden. Aus dem Reaktionsablauf ist zu entscheiden, ob die Chemikalien oder die Umwelt (Luft und an Geräteoberflächen adsorbierte Stoffe) den Titer verändern können. Als typisches Beispiel sei hier die $K_2Cr_2O_7$-Lösung genannt, die fast alles oxidiert und damit ihren Titer ständig verändert.

Die *Spektralphotometrie* bietet aufgrund ihrer hohen Selektivität die Möglichkeit, mit einer sog. Kompensationslösung zu arbeiten. Diese muß stets die komplette Analysenprobe enthalten, was immer einen zweifachen Ansatz erfordert. Beide Lösungen durchlaufen die gesamte Prozedur nach der Verfahrensanweisung mit einem wesentlichen Unterschied: die Farbreaktion läuft nur in einer Lösung ab. Sie wird in der Kompensationslösung auf geeignete Weise blockiert, z. B. durch ein Reagens, das weder die Ionenanzahl noch die Ionenstärke in der Lösung merklich verändert, z. B. Oxalsäure zur Reduktion von KMnO$_4$, oder man wählt eine falsche Reihenfolge der Zugabe, z. B. den Komplexbildner oder einen Puffer vor dem Farbreagens, wodurch bei der photometrischen Si-Bestimmung das Molybdänblau reduziert werden kann. Diese Arbeitsweise kann jedoch nur dann so erfolgen, wenn es sich um ein validiertes Verfahren handelt, also der Blindwert bekannt und konstant ist.

Beim Arbeiten mit der Kompensationslösung erfaßt man nämlich die Schwankungen des Blindwertes nicht. Für nicht selektive Verfahren, speziell die Multielementbestimmungsmethoden, kann so nicht gearbeitet werden; hier spielt praktisch der interne oder externe Standard eine vergleichbare Rolle.

Bei diesen am häufigsten eingesetzten Verfahren, die sich aus spektralanalytischen Methoden entwickelten, spielt nun zusätzlich wegen der allgemeinen Matrixabhängigkeit der *Leerwert* eine zusätzliche Rolle. Definitionsgemäß gibt es für die Festprobenanalyse keinen Blindwert, da keine Chemikalien benutzt werden. Im Fall der Lösungsanalyse, z. B. AAS oder ICP-Spektrometrie, wird im einfachsten Fall nur ein Säuregemisch zum Lösen verwendet. Aber auch bei einem notwendigen Aufschließen ist der Chemikalieneinsatz begrenzt. Durch die Benutzung sehr reiner Reagentien kann der Blindwert gegenüber dem Leerwert relativ klein gehalten werden.

Der Leerwert ist von großer praktischer Bedeutung; aber er ist auch problematisch, weil bekanntermaßen nur ein Teil aus dem meßbaren Blindwert besteht, welcher beim Arbeiten ohne Chemikalien sogar entfällt, während alle anderen Anteile an diesem Leerwert nicht genau bekannt sind.

Man kennt den Regelfall, z. B. für ein selektives Verfahren gilt: $x_L \geq x_{Bl}$; aber auch die zusätzliche Möglichkeit von $x_L < x_{Bl}$ ist bei spektrometrischen Multielementbestimmungsverfahren gegeben.

Die Kenntnis des Blindwertes ist prinzipiell für die Ermittlung der *Nachweisgrenze* einer Methode erforderlich. Ebenso kann ohne Kenntnis des Leerwertes die Nachweisgrenze des aktuellen Verfahrens nicht berechnet werden. Häufig werden beide Größen bei der Lösungsanalyse nicht getrennt betrachtet, oder der Leerwert der Festprobenanalyse wird als Blindwert bezeichnet. Hier gibt es leider in der Literatur ein völliges Durcheinander. Beide Größen oder ihr gemeinsamer Wert beeinflussen die Richtigkeit von Meßergebnissen in der Routineanalyse, wenn eine geeignete Korrektur fehlt [81]. Gerade hierbei sind durch die hohe Anzahl der Messungen auch die Fehlermöglichkeiten angestiegen. Sie werden noch durch eine Gutgläubigkeit an die Software-Konzeptionen der Gerätehersteller vergrößert, weil eben durch die Computeranwendung viele Fehler nicht erkannt werden. Selbst die Definition eines Einzelmeßwertes ist unsicher, wenn z. B. in 10 s ein Wert angezeigt wird, der bereits aus 10 „Abfragen" besteht.

Oft ist auch die notwendige Auswertungsroutine unzureichend oder fehlt komplett. So kann es bei speziellen Fällen (hier: „Bestimmung von Fe und Cu in Enzymen mit der NF-AAS") und besonders im Zusammenhang mit der oft notwendigen Standardaddition vorkommen, daß weder der Blindwert korrigiert noch systematische Fehler bei der Korrektur berücksichtigt werden [777]. In solchen sehr komplexen Zusammenhängen ist es erforderlich, mit einer sog. *Wiederfindungsfunktion* nach linearer Regression den Einfluß von nicht berücksichtigten systematischen Fehlern zu erkennen. Die Verfahrensweise ist folgende: Zunächst wird die Eichfunktion mit rein wäßrigen Standards und dann die Kalibrierfunktion mit der Matrix und denselben Standards aufgestellt. Die aus der Kalibrierung erhaltenen Signale x_A werden über die Eichfunktion in (theoretische) Konzentrationen c_A umgerechnet. Dann trägt man die c_A-Werte gegen die aus der Eichfunktion ermittelten Konzentrationen c_E auf. Es liegen keine systematischen Fehler vor, wenn eine Gerade mit dem Achsenabschnitt $a = 0$ und der Steigung $b = 1$ erhalten wird. Ist nur der Achsenabschnitt verschoben, was z. B. durch Blind- und Leerwert erfolgt, dann liegt ein *additiver* systematischer Fehler vor. Verändert sich die Steigung, z. B. durch optische Effekte bei der Spektrometrie, dann spricht man von einem *multiplikativen* systematischen Fehler.

Wenn die Regression nicht befriedigend verläuft, ist es ratsam, weitere statistische Tests hinzuzuziehen, z. B. denjenigen nach *M. S. Bartlett* [778], der in den erwähnten Statistik-Büchern behandelt wird. Bei jedem Erkennen eines systematischen Fehlers ist dieser zu korrigieren. Das wiederum ist oft nur möglich, wenn man die Ursache des Fehlers ergründen kann. Jedes empirische Agieren birgt die Gefahr in sich, daß es nur in einem ganz speziellen Fall zu einer annehmbaren Korrektur führt.

Für die Bewertung und den Vergleich von Analysenmethoden / -verfahren werden die Analysenfehler und ihre Ermittlungs- bzw. Korrekturmöglichkeiten immer ein Faktum bleiben [779]. Hinzu kam in den letzten 50 Jahren eine Größe, die immer wieder genannt, aber oft nicht genau definiert wird: die *Nachweisgrenze*.

6.3.4
Nachweis- und Bestimmungsgrenzen

Die beiden vorher diskutierten Meßgrößen, der Blind- und / oder Leerwert, sind eine der Grundvoraussetzungen für die Validierung von Analysenmethoden / -verfahren, da ohne ihre Kenntnis eine Berechnung der geforderten Nachweisgrenze unmöglich ist. Keine anderen Größen wurden ansonsten so oft und meist pseudowissenschaftlich diskutiert wie Nachweisgrenze, Nachweisvermögen oder Nachweisempfindlichkeit. Für den Praktiker wird es immer unverständlich bleiben, wenn einfache Begriffe so kompliziert werden. Das gilt besonders für die DIN 32645 von 1994.

Jede Analysenmethode und auch jedes Analysenverfahren hat jeweils nur eine einzige *Nachweisgrenze* (NG_M bzw. NG_V) als charakteristische *qualitative* Größe, so wie der Name „Nachweis" es besagt. Einem Analysenverfahren können dann je nach Leistung oder Anforderung mehrere *quantitative* Größen zugeordnet werden, z. B. diejenige Konzentration, welche man noch mit einer relativen Standardabweichung (s_r) von $\leq 10\%$ bestimmen kann. Bei Spurenbestimmungen sind dann auch s_r-Werte

Abb. 383 *Heinrich Kaiser* (1906–1976) (eigene Aufnahme bei der Diskussion eines Vortrages im ISAS, Dortmund).

von ≤ 25 % oder ≤ 33 % üblich geworden, weil bessere Präzisionen bisher nicht erreicht werden konnten. Diese Größen nennt man *Bestimmungsgrenzen* (BG).

Die Nachweisgrenze wurde in Zusammenhang mit spektroskopischen Untersuchungen zuerst von H. *Kaiser* [779] formuliert und später dann zusammen mit H. *Specker* [780] verallgemeinert, d. h. auf andere Methoden angewandt. Danach gibt es zwei unterschiedliche Ansätze (Abb. 384):

1. Proben- und Blindwertmessung sind unabhängig von einander, nicht zusammenhängend paarweise gemessen worden bzw.
2. beide Messungen erfolgten in abhängigen Paaren, d. h. jede Messung der Probe wird mit der dazugehörigen Blindwertmessung verglichen.

Wenn man ein Signal an der Nachweisgrenze, also die Größe x, sehr häufig mißt, so streuen gleich viele Messungen im Bereich oberhalb und unterhalb von x, d. h. für μ = x gelten die Wahrscheinlichkeiten

$P(x < x) = P(x > x) = 0,5.$

Ein *Analysenwert ist* deshalb nur *in 50%* *aller Fälle gesichert nachweisbar*. Man befindet sich laut F. *Emich* [781] im Gebiet der unsicheren Reaktionen. Diese Sicherheit der Aussage erfüllt nicht die Forderungen der Analytischen Chemie!

Beim Auftreten von Blindwerten ist das Analysensignal x_A nur dann vom Blindwert x sicher unterscheidbar, wenn unterhalb der Grenze x = x_{Bl} + 3σ_{Bl} lediglich ein geringer Flächenanteil der Gauß-Kurve liegt. Für den erfaßbaren Meßwert x_E gilt: x_E = x + 3σ_{Bl}.

Ist x_E = x + 3σ_{Bl} = x_{Bl} + 6σ_{Bl}, so erhält man als Wahrscheinlichkeit für x_E > x:

$P(x_E > x) = (0,997/2) + 0,5 = 0,998$ (Abb. 384).

Daraus ergibt sich nach Kombination mit den obigen Gleichungen für *die kleinste mit Sicherheit anzugebende Konzentration*:

$c_E = 6\sigma_{Bl} / b$ (P = 0,998);

diese wird als auch *als Erfassungsgrenze* [782] *bezeichnet*.

Immer ist hierbei jedoch von der Gültigkeit der Eich- oder Kalibrierfunktion bzw.

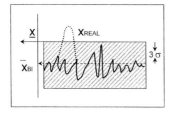

I: $\underline{x} = x_{Bl} + 3 \cdot \sigma_{Bl}$

II: $\underline{x} = x_{Bl} + 3\sqrt{2} \cdot \sigma_{Bl}$

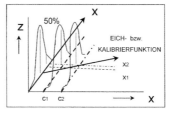

Abb. 384 Die klassische Nachweisgrenze.

von der Möglichkeit der *Extrapolation in den Bereich unterhalb aller gesicherten Meßpunkte* ausgegangen worden. Wie andeutungsweise dargestellt (Abb. 385), kann sich der Konzentrationswert an der Nachweisgrenze erheblich verschieben. Bei allen Darstellungen in der Literatur wird dies für die *Nachweisgrenze* vorausgesetzt, was auch mathematisch plausibel erscheint, doch für die quantitative Analyse keine Relevanz besitzt. Bei der *Erfassungsgrenze* ist man schon in der Nähe von gesicherten Meßwerten, die eine Analysenfunktion ausreichend beschreiben.

Obwohl man die NG heute dazu benutzt, neue Analysenmethoden oder eigentlich neue Geräte, auf denen die Verfahren durchführbar sind, zu charakterisieren, wird fast nie mitgeteilt, welche NG gemeint ist. Es war ein längerer Prozeß, bis die Praktiker endlich die Theoretiker überzeugen konnten, daß es neben der *konventionellen* NG_V noch eine *aktuelle* NG_M gibt, wobei die letztere zwar ungünstigere, aber eben praktisch relevantere Werte zeigt. Natürlich werden die Forscher und Gerätehersteller immer die NG_M berechnen, der eine Eichfunktion zugrunde liegt, also bestehend aus Messungen von Konzentrationen gegen den Blindwert (oder ohne). Dies wird für legitim gehalten, weil sie ja nicht wissen, welche Matrix der Praktiker untersuchen will. Doch gerade die spektroskopischen Methoden werden von den verschiedenen Matrices so unterschiedlich beeinflußt, daß grundsätzliche Untersuchungen mit einigen Realproben einbezogen werden sollten.

P. W. J. M. Boumans [783] hat für die emissionsspektrometrischen Methoden die plausible Zunahme der NG beschrieben, wenn sie *aktuell* sein soll und für die Berechnung die Kalibrierfunktion zugrunde gelegt wird. Er definierte drei Niveaus einer NG:

1. $c_{L,\,water}$ = allgemeine NG für rein wässerige Lösungen, matrixfreie Situation (hier „konventionell" genannt, bezogen auf die Eichfunktion, also NG_M),
2. $c_{L,\,conv.}$ = konventionelle NG, die charakteristisch für eine Situation mit einer

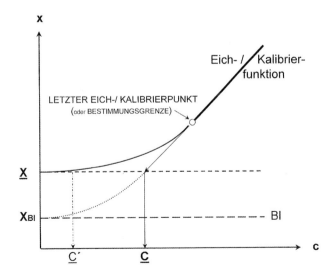

Abb. 385 Wie verläuft die Funktion $x = f(c)$ an der NG?

Matrix ist, die ausschließlich einen Beitrag zum exakt meßbaren Untergrund liefert (hier „aktuell" genannt, bezogen auf die Kalibrierfunktion, also NG_V),

3. $c_{L, true}$ = „wahre" NG, welche die Situation beschreibt, in der die Matrix mit einem Störsignal großer Unbestimmtheit beteiligt ist (hier unter „aktuell" enthalten),

mit folgendem Zusammenhang:

$$c_{L, true} = v/5 \cdot x_1/S_A + c_{L, conv.}$$
$$= v/5 \cdot IEC + c_{L, conv.},$$

worin v = Variable, z. B. 2; x_1 = Meßwert; S_A = Steigung der Analysenfunktion; *und* IEC = Ionenäquivalentkonzentration.

Obwohl jede Quantifizierung schwer oder oft zufällig ist, sind zum Thema „NG" zahlreiche Literaturbeiträge erschienen, z. B. weitere grundsätzlicher Art von *Menzies* und *Kaiser* [784], *Boumans* [785, 786], *Luthardt* et al. [787], *Yngström* [788], *Klockenkämper* [789, 790] und so weiter.

Die *Bestimmungsgrenzen* c_D sind jedoch quantitative Größen, weil sie aus dem gesicherten Bereich der Analysenfunktion gewählt werden. *Boumans* schätzte einen Faktor von 5 und formulierte:

$$c_{D, true} = 5 \cdot c_{L, true} = 2 \cdot IEC + 5 \cdot c_{L, conv.}$$

Mit Hilfe solcher „Überlegungen" läßt sich abschätzen, daß man die NG-Angabe mindestens mit Faktoren zwischen 5–10 multiplizieren muß, um in die Region zu gelangen, in der eine quantitative Bestimmung möglich sein wird.

Seit Mai 1994 gibt es nun auch die DIN 32645 „*Nachweis-, Erfassungs- und Bestimmungsgrenze – Ermittlung unter Wiederholbedingungen, Begriffe, Verfahren, Auswertung*", welche die gestellte Aufgabe, einheitliche Definitionen für die Analytische Chemie zu schaffen, nicht erfüllt hat. So wird die NG als *Entscheidungsgrenze* (EG) betrachtet und hieße dementsprechend im Englischen also „*decision limit*", worunter global niemand die NG versteht. Diese EG ist deshalb mit „*detection limit*" übersetzt worden, um global als NG verstanden zu werden. Die BG ist letztlich als „*determination limit*" wieder besser verständlich, obwohl hier der Begriff „*quantitation limit*" treffender wäre. Mit der globalen Sprache der Analytischen Chemie, der englischen Sprache also, haben die Normungsgremien offensichtlich Schwierigkeiten.

Folgende Begriffe werden hier u. a. definiert:

Nachweis eines Bestandteiles: „Der Nachweis eines Bestandteiles ist das Erkennen seines Vorhandenseins."

Bestimmung eines Bestandteiles: „Die Bestimmung eines Bestandteiles ist die Ermittlung seines Gehaltes, z. B. als Massenanteil."

Kritischer Wert der Meßgröße: „Der kritische Wert der Meßgröße ist derjenige Meßwert, bei dessen Überschreitung unter Zugrundelegung einer festgelegten Irrtumswahrscheinlichkeit erkannt wird, daß der Gehalt des Bestandteiles in der Analysenprobe größer ist als derjenige in der Leerprobe."

Nachweisgrenze: „Die Nachweisgrenze ist derjenige Gehalt, der unter Verwendung der ermittelten Kalibrierfunktion dem kritischen Wert der Meßgröße zuzuordnen ist."

Erfassungsgrenze: „Die Erfassungsgrenze ist der kleinste Gehalt einer gegebenen Probe, bei dem mit der Wahrscheinlichkeit von $1 - \beta$ ein Nachweis möglich ist."

Bestimmungsgrenze: „Die Bestimmungsgrenze ist der Gehalt, bei dem unter Zugrundelegung einer festgelegten Wahrscheinlichkeit α die relative Ergebnisunsicherheit, definiert als Quotient aus dem halben zweiseitigen Prognoseintervall und dem zugehörigen Gehalt, einen vorgegebenen Wert annimmt".

Hierbei sind unter α das Signifikanzniveau und unter β die Wahrscheinlichkeit zu verstehen. Es wird, wie immer, vorausgesetzt, daß die Kalibrierfunktion auch noch unterhalb möglicher Kalibrierpunkte gilt. In der DIN 32645 sind zwei Berechnungsmethoden angegeben; einmal diejenige aus Einzelmessungen an Leerproben und zum anderen diejenige aus Kalibrierdaten.

„Die Nachweisgrenze $x_{(NG)}$ kann als ein Vielfaches (Faktor ϕ) der Verfahrensstandardabweichung $s_x = s_L / S_A$ aufgefaßt werden". (S_A ist die Steigung der Kalibrierfunktion). So gilt dann zur Schnellschätzung für die NG (Leerwertmethode):

$$x_{(NG)} = \pi_{n,\,\alpha} \cdot s_L / S_A,$$

worin der Faktor $\phi_{n,\,\alpha} = t_{f,\,\alpha} \cdot \sqrt{1 + \frac{1}{n}}$ mit ($f = n - 1$) zu berechnen ist, oder es kann für gegebene Werte von n und α eine Tabelle angelegt werden.

Entsprechend ist ein Schnelltest der Bestimmungsgrenze möglich: „Aus einem Vergleich der Algorithmen kann abgeleitet werden, daß bei gleichen Bedingungen

$$x_{(BG)} = k \cdot x_{(NG)}$$

ist, und somit folgende Beziehung gilt:

$$x_{(BG)} = k \cdot \phi_{n,\,\alpha} \cdot s_L / S_A."$$

Die Schätzungen in der Norm mit z. B. $\alpha = \beta = 0{,}01$, also für Wahrscheinlichkeiten von 99%, und das Zugrundelegen der Wiederholstandardabweichung sind nicht praxisorientiert. So hat denn auch der Vorsitzende des Normblattausschusses das vorgelegte Ergebnis zu erklären versucht [791]. Der Nachweisgrenze wurde eine Masse zugeordnet, die nicht bestimmbar ist, weil sie überhaupt nur mit 50%iger Wahrscheinlichkeit vorhanden ist. Das hat wirklich mit der analytischen Praxis nichts zu tun.

Selbst die IUPAC-Definition ist nicht fehlerfrei; sie wurde deshalb von *Long* und *Winefordner* [792] kritisch diskutiert.

Kritisch sind auch alle Literaturangaben zu sichten, zumal wenn im Regelfall nicht genau gesagt wird, wie die NG zustande gekommen ist, ob die Untergrundsdaten unerlaubt korrigiert (ein Kompensationsstrom kann ihn beispielsweise „glätten") wurden und ob der Faktor „2" anstelle von „3" oder sogar „$3 \cdot \sqrt{2}$" Verwendung fand. Dennoch sind die Angaben und der Vergleich von Nachweisgrenzen üblich geworden, obwohl den Praktiker eigentlich nur die Erfassungsgrenzen in der organischen Analytik (Entscheidung des Vorhandensein einer Verbindung mit vorgegebener Sicherheit) und allgemein die Bestimmungsgrenzen interessieren, wenn es um die Ermittlung von Massenanteilen geht. Und – was Theoretiker gerne übersehen – *in der Praxis gelten die Vergleichsbedingungen von Analysenverfahren*, so daß alle Werte erheblich schlechter ausfallen.

Leider wird oft auch nicht zwischen der NG_M einer Methode und der NG_V eines Verfahrens unterschieden. Somit gilt die NG oft nur für die Analysenprobe (eingesetzte Meßlösung) und nicht für die eigentliche Probensubstanz. Handelt es sich um ein kompaktes Material, z. B. ein Metall, dann kommen je nach methodischer Ausführung schnell Faktoren F von 10^3 bis 10^4 zustande, also: $NG_{Verfahren} = F \cdot NG_{Methode}$.

6.3.5
Ausreißertests und Ringversuche

Die „*Beurteilung von Analysenverfahren und -ergebnissen*" ist nicht nur der Titel eines Heftes von *K. Doerffel* [793], das alle wesentlichen Gesichtspunkte statistischer Aussagen beinhaltet, sondern dies charakterisiert auch die wichtigste Aufgabe eines praktizierenden Analytikers. Darin steckt allerdings ein großes Beleidigungspotential, denn Kritik an seinen Ergebnissen versteht nicht jedermann. Es ist daher ratsam, objektive Wege der Beurteilung zu finden, wie dies einfache statistische Tests ermöglichen. Aber es bleibt unerlaubt, mit Hilfe der Statistik die Ergebnisse verbessern zu wollen. Auch chemometrische „Kunststücke" aus der neueren Zeit [794] können systematische Fehler nicht eliminieren.

Erlaubt ist jedoch eine begrenzte Anwendung von **Ausreißertests**. Die Begrenzung bezieht sich auf zweierlei, die Art des ausgewählten Tests und die Häufigkeit ihrer Anwendung oder die Anwendung mehrerer Tests nacheinander. Es gilt also zunächst, aus den vielen bekannten Tests, z. B. diejenigen nach *Grubbs* [795], *Cochran* [796], *Dean* und *Dixon* [797] oder *Nalimov* [798], den geeigneten herauszufinden. Man begründet die Entfernung von Extremwerten, die auf groben Fehlern beruhen, mit der Notwendigkeit, homogenes Datenmaterial zu erhalten. Hierin stecken wieder zwei Unklarheiten: Was sind grobe Fehler und wie homogen müssen die Daten sein, damit sie – einschließlich aller weiteren Einschränkungen – statistisch behandelt werden können?

Am einfachsten ist die schon genannte 2-s-Regel, nach der zunächst der Mittelwert aus allen Meßdaten gebildet wird, und dann alle Daten eliminiert werden, die um mehr als den zweifachen Wert der Standardabweichung vom Mittelwert abweichen. Dadurch ändert sich der Mittelwert, und die Standardabweichung wird kleiner. Dies sollte nun nicht mit den neuen Werten wiederholt werden, denn sonst nähert man sich langsam dem *Medianwert*. Dieser entsteht dadurch, daß man solange aus einer Meßreihe jeweils den höchsten und den niedrigsten Wert streicht, bis nur noch ein Wert übrigbleibt.

Ein geübter Analytiker erkennt Ausreißer in einer überschaubaren Meßreihe von z. B. 10 Einzelwerten mit dem bloßen Auge. Die Gültigkeit solcher Aussagen ist jedoch zweifelhaft, weil es immer wieder Beispiele gibt, wo die Daten, die in einer Meßreihe die Minderheit bilden, richtig sein können, was z. B. erst durch eine zweite Meßreihe deutlich werden kann.

Deshalb wird bei den Zertifizierungsprozeduren häufig der **Grubbs-Test** benutzt, der rechnerisch leicht zu handhaben ist und zu ähnlichen Ergebnissen wie der Dean-Dixon-Test führt. Der am stärksten vom Mittelwert $\bar{x}$ abweichende Wert x_A ist dann ein Ausreißer, wenn

$$G > G(P, n): G = |x_A - \bar{x}| / s.$$

Einige der von der Anzahl der Daten n abhängigen G-Werte sind für eine Wahrscheinlichkeit von $P = 95\%$ in Tabelle 37 zusammengestellt.

Ein einfaches Beispiel, die CaO-Bestimmung in einer Schlackenprobe, soll die Wirkungsweise zeigen:

Tabelle 37 Grubbs-Quotienten bei zweiseitiger Fragestellung; $P = 95\%$.

n	G (P, n)
3	1,155
10	2,290
20	2,709
40	3,036
50	3,128
60	3,199
70	3,257
80	3,305
90	3,347
100	3,383

$G = (37{,}75 - 37{,}28) / 0{,}273$
$= 1{,}722$

$G(95; 5) = 1{,}715.$

%-Anteil	
37,15	$n = 5$
37,05	
37,20	$x = 37{,}28\,\%$
37,75	
37,25	$s = 0{,}273\,\%$

Damit ist der berechnete G-Wert größer als der Tabellenwert, so daß „37,75%" als Ausreißer identifiziert ist. Damit ändern sich die Standardkenndaten folgendermaßen:

$x = 37{,}16_3 \pm 0{,}08_5 \;(n = 4).$

Nach dem **Dean-Dixon-Test** werden die Einzeldaten nach steigender Größe geordnet: $x_1 \geq x_2 \geq \ldots \geq x_{p-1} \geq x_p$. Die Auswertung erfolgt durch Quotientenbildung:

$$\frac{x_{p-1} - x_p}{x_1 - x_p}$$

oder

$$\frac{x_1 - x_2}{x_1 - x_p}.$$

Je nachdem, welcher Wert größer ist, entscheidet sich mit Hilfe eines statistischen Faktors f, ob ein Ausreißer vorliegt oder nicht: $Q > f$ bedeutet signifikant.

p	f
5	0,71
40	0,37

Beide Tests erfassen in einer Meßreihe Einzelwerte, die einseitig oder zweiseitig mehr oder weniger stark vom Mittelwert abweichen:

x-x-x-x-x-**x**-x-x-x–⊗
⊗⊗–x-x-**x**-x-x-x–⊗

Aus dieser schematischen Darstellung ist schon zu ersehen, wie problematisch ein zweiseitiges Auftreten von Extremwerten sein kann und daß es nicht erlaubt sein darf, diese Tests wiederholt anzuwenden.

Häufig kommt es auch dann in Ringversuchen vor, wenn ein Laboratorium „ehrlich" ist (und nicht ausgesuchte Einzelwerte abliefert), daß zwar der Mittelwert getroffen wird, doch die Einzelwerte stark voneinander abweichen:

⊗–x–x–x--**x**--x–x–x–⊗

Die Möglichkeit, diesen Streubereich einzuschränken, bietet der **Cochran-Test** bei der Auswertung von Ringversuchen, da er über einen Varianzvergleich arbeitet:

$$\frac{s_{\max}^2}{s_1^2 + s_2^2 + \ldots + s_p^2}$$

$p\backslash n$	2	6	10
2	0,84	0,51	0,42
10	0,60	0,30	0,24
60	0,17	0,07	0,05
120	0,10	0,04	0,03

Grundsätzlich reichen diese Ausreißertests vollkommen aus. So ist z. B. derjenige von *Nalimov* zu hart, d. h. es werden zu viele Daten eliminiert, die aufgrund der Verfahrensweise immer noch eine Berechtigung haben. Wie gesagt, es ist sehr gefährlich, bei üblicherweise kleineren Meßreihen (4–10 Werte sind schon viel) überhaupt Daten zu entfernen. Der bessere Weg ist in jedem Fall, in Zweifelsfällen die (kleine) Meßreihe zu wiederholen.

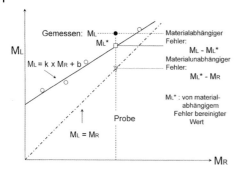

Abb. 386 Erkennen von systematischen Fehlern bei Ringversuchen.

Besondere Aufmerksamkeit sollte man der **Auswertung von Ringversuchen** widmen. Bereits bei der Planung hat man sich mit den Partnern zu einigen [799, 800], wie dies ablaufen soll, denn speziell im internationalen Bereich kann es schnell zu Irritationen kommen [801–803]. Wie soll man einem wichtigen Partner oder Partnerland klarmachen, daß gerade seine Angaben eliminiert werden müssen. Hier hilft nicht nur „Fingerspitzengefühl"; es müssen unangreifbare Tatsachenentscheidungen vorbereitet werden. So hilfreich statistische Tests sein können [804–809], die meisten Menschen – und besonders die Analytiker – sind „Augenmenschen", d. h. sie glauben nur das, was sie sehen, so daß jede Graphik mehr überzeugt als Zahlenkolonnen.

Deshalb ist die graphische Wiedergabe von Ringversuchsergebnissen zu bevorzugen, wie dies in einigen Normungsgremien benutzt wird. Dabei kann man entweder die Summenwahrscheinlichkeit gegen die gefundenen Anteile in Massenprozent oder die Laboratoriumsmittelwerte M_L gegen das Gesamtmittel M_R auftragen (Abb. 386), die altbekannte 45°-Methode [810] also.

Es läßt sich in manchen Fällen sogar der Einfluß der Homogenität ermitteln. Diese spielt nicht nur in kompakten Proben eine große Rolle, denn sie „steuert" in allen Fällen die Probennahme und die Einwaage der Analysenprobe. Deshalb ist es ein großer Fehler, wenn diese Einwaagen bei Ringversuchen nicht festgelegt und im Zertifikat von Referenzmaterialien nicht angegeben werden.

In beiden Fällen der graphischen Darstellung zeigt sich ein Ausreißer als Abweichung von der Geraden (Abb. 387). Bei einem realen Ringversuch ist es typisch, daß sich bei einer entsprechenden Auftra-

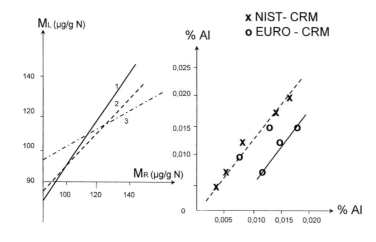

Abb. 387 Graphische Kontrolle von Ringversuchsergebnissen.

gung – Mittelwert eines Laboratorium M_L gegen das Gesamtmittel M_R des Ringversuches – die Geraden für jedes Laboratorium sowohl in der Steigung als auch im Achsenabschnitt unterscheiden. Die Beseitigung aller systematischen Fehler ist praktisch unmöglich.

Ein typischer Fall kann auch auftreten, wenn man metallische CRM von zwei verschiedenen Herstellerorganisationen auf spektrometrische Art „gegeneinander" betrachtet (Abb. 387, rechts). Die Ursache der Al-Beeinflussung liegt für die drei europäischen Proben darin, daß diese Molybdän enthalten, wodurch die verwendeten Spektrallinien des Al gestört sind. Das muß man wissen oder ermitteln; es steht jedenfalls nicht im Zertifikat.

Eine überzeugende Auswertung von Ringversuchen ist diejenige von *Youden* [811], welche z. B. in den Ringversuchen des FAM (Fachausschuß Mineralöl- und Brennstoffnormung) benutzt wird (Abb. 388). Auch hier ist bereits bei der Planung des Ringversuches die Probenauswahl so vorzunehmen, daß sich zwar die Matrix kaum verändert, die zu bestimmenden Anteile aber deutlich – wenn auch in relativ engen Grenzen – voneinander verschieden sind. Für den Kreis um den Schnittpunkt der „Koordinaten", die den gefundenen Mittelwert für jede der beiden Proben repräsentieren, kann als Radius bei einem internen Test einer Methode die Wiederholbarkeit s (oder r) und bei einem externen RV (muß) die Vergleichbarkeit R gewählt werden. Alle Ergebnisse bzw. Laboratoriumsmittelwerte, die außerhalb dieses Kreises liegen, sind *Ausreißer*.

An zwei völlig verschiedenen Beispielen – einem Edelstahl, in dem der Chrom-Anteil bestimmt wurde, sowie einem leichten Heizöl, in dem der S-Anteil interessierte – soll hier gezeigt werden, daß dieses Auffinden geeigneter Proben praktisch immer möglich sein wird. Beim Vergleich der zwei Heizölproben in einem Ringversuch des FAM zeigte sich, wie schnell die Übung und eventuell auch die Sorgfalt nachlassen können, wenn ein Verfahren zur Routine wird (Abb. 388, rechts).

Die Wechselwirkungen zwischen Proben und Laboratorien, wie dies *Youden* nannte, zeigen bei intakter Verfahrensweise natürlich auch an, ob sich die Proben verändert haben, so daß man diese Auswertung bewußt auch zum Testen der Probenqualität einsetzen kann. Dies wäre z. B. für Ringver-

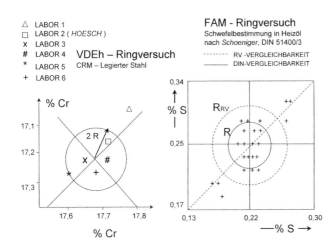

Abb. 388 Ermittlung der Wechselwirkungen zwischen Proben und Laboratorien nach *Youden*.

suche zum Zweck der Zertifizierung von Proben sehr zu empfehlen.

Gleichzeitig wurden die S-Bestimmungsverfahren in denselben Heizölproben nach *Wickbold* (DIN EN 41), mit der wellenlängendispersiven XRF (DIN 51400/6) sowie der energiedispersiven XRF (DIN 51400/9) auf die gleiche Weise geprüft. Nach den Einzeldarstellungen (Abb. 388, rechts für das Schöniger-Verfahren) erfolgte auch eine gleichartige Darstellung aller Werte der vier Verfahren. Wie gut so ein Ringversuch mit erfahrenen und geübten Mitarbeitern in sehr vielen Laboratorien ablaufen kann, das soll an einem weiteren FAM-RV-Ergebnis gezeigt werden (Tab. 38).

Damals war der Grenzwert für verbleites Benzin 0,150 % Pb. Dieser RV zeigte nun, wie gut sich ein solcher Wert bei der Produktion vorhalten und später auch kontrollieren läßt.

Das hier beschriebene, gut charakterisierte Analysenverfahren erweckt die Hoffnung, daß es eine Garantie der Richtigkeit geben könnte. Doch eigentlich existiert diese nicht; sie wird ein erstrebenswertes Ideal bleiben. Weder ein Vergleich mit Standardproben noch eine bestmögliche Eichung reichen hierzu aus, weil es kaum gelingt, matrixidentische Standards zu finden, und die Eichung eben auch mit Fehlern belastet sein kann. Zwar lassen sich eine Reihe von systematischen Abweichungen erkennen und eliminieren, doch eben nicht alle. Hier liegt eine klare und wohl nicht zufällige Parallele zum Postulat von *Popper* vor, der sagte: „Wissenschaftliche Aussagen sind nur falsifizierbar, niemals verifizierbar!". Alle Gehaltsangaben von Standardproben berücksichtigen sogar diesen Grundsatz, indem diese Werte immer nur als beste bis zur Auffindung noch besserer gelten können [804]; sie entsprechen eben immer nur dem oft zitierten „Stand der Technik" während der Zeit ihrer Erstellung. Somit ist auch das Aufstellen einer „wahren" Analysenfunktion unmöglich, weil weder die Matriximitation exakt machbar ist, noch die Blind- oder Leerwerte genau bekannt sind. Auch ist die geforderte Linearität der Eichgeraden und ihrer Abwandlungen nicht garantiert, selbst das klassische Gesetz von *Lambert-Beer* wird häufig verletzt.

Somit sollte die Berufsethik den Analytiker verpflichten, das *bestmögliche* Ergebnis zu erstellen und zu interpretieren. Dazu gehört die lückenlose Angabe, wie dieses Resultat „abgesichert" worden ist.

Schon bei H. *Kaiser* [762] läßt sich ein Hinweis darauf finden, wie viele Eichmessungen und Standardproben benötigt werden, um ein solches bestmögliches Ergebnis zu erzielen. Für die Bestimmung von N Bestandteilen sind n_M Eichmessungen und n_P Eichproben erforderlich:

Tabelle 38 Zusammenfassung und Vergleich von ermittelten Bleianteilen in Benzin.

Verfahren	Teilnehmer	Probe 1			Probe 2		
		-x	r	R	-x	r	R
DIN 51769/6	20	0,14878	0,00428	0,01523	0,14753	0,00596	0,01831
DIN 51769/7	29	0,14834	0,00478	0,02254	0,14677	0,00404	0,02591
„Freigestellt"	31	0,14696	0,00708	0,01251	0,14951	0,00545	0,01628
	80	0,149	0,005	0,017	0,148	0,005	0,020

*) Alle Angaben in Massenprozent Blei

$n_M = N^2 (p-1)^N$

sowie

$n_P = N (p-1)^N$

mit p = Anzahl der Eichpunkte je Eichfunktion.

Ein Beispiel, die Multielementanalyse von vier Elementen betreffend, zeigt somit, daß es praktisch unmöglich ist, aus finanziellen und zeitmäßigen Gründen eine Eichgerade ausreichend abzusichern.

1. $p = 2$; $n_M = 16$; $n_P = 4$ und
2. $p = 4$; $n_M = 16 \cdot 81 = 1296$; $n_P = 4 \cdot 81 = 324$.

Das Bestreben, weitgehend *selektive* Verfahren zu entwickeln, führt zu dem Vorteil, daß die Zahl der Eichmessungen verringert werden kann:

$n'_M = N (p-1)$.

Im Fall der Bestimmung eines einzigen Bestandteiles ergibt sich dann, daß mindestens zwei Eichpunkte benötigt werden.

$p = n'_M / N + 1$.

Dasselbe gilt auch für die Eichproben ($n_P \geq 2$). Das in vielen Laboratorien übliche „Mitziehen" einer einzigen Standardprobe ist keinesfalls zulässig.

6.3.6
Beurteilung von Analysenverfahren

Für Bewertung und Vergleich von quantitativen Analysenmethoden und -verfahren sind seit mehr als 30 Jahren nachprüfbare Maßstäbe in Form von Güteziffern, wie Genauigkeit, Empfindlichkeit und Nachweisvermögen eingeführt worden, die heute auch bei der Validierung „abgefragt" werden. Dagegen gehören z. B. die Begriffe Selektivität und Spezifität zu qualitativen Leitvorstellungen für Analysenverfahren. Gewünscht werden Methoden zur Mehrkomponenten-Bestimmung, die „möglichst selektiv" sind und Verfahren zur Einkomponenten-Bestimmung (aus Proben, die viele Komponenten enthalten), die „möglichst spezifisch" sind. Es handelt sich also um Begriffe, die sich – wie die Ausdrucksweise schon zeigt – nicht quantitativ definieren lassen. Bisher sind alle Versuche hierzu nur auf eine spezielle Vorschrift zurückführbar; es gibt z. B. keinen allgemein gültigen Zahlenwert für die Selektivität von beliebigen Analysenverfahren. Besser als es H. Kaiser [762] ausgedrückt hat, kann man es nicht sagen: „Im Sprachgebrauch – zumindest dem der deutschen Chemiker – herrscht einige Unsicherheit über die Bedeutung der beiden Wörter „selektiv" und „spezifisch"; gelegentlich werden sie synonym, oft auch mit umgekehrter Bedeutung verwendet. Der Grund für diese Verwirrung ist wohl, daß die sprachliche Wurzel der beiden lateinischen Fremdwörter bei ihrem Gebrauch nicht ständig bewußt wird. Es ist daher notwendig, die Bedeutung der beiden Wörter in der chemischen Analytik zunächst beschreibend festzulegen."

Kaiser betonte ausdrücklich, daß diese Begriffe immer nur für ein bestimmtes, „vollständiges Analysenverfahren" gelten, welches in allen Einzelheiten durch die Arbeitsvorschrift und den Anwendungsbereich festgelegt ist. Spezifische Analysenverfahren gibt es nur für kleine „Probenfamilien", während für Proben von vielerlei Art universale Verfahren zuständig sind, die nicht spezifisch und oft – wie z. B. die XRF-Spektrometrie – auch nicht selektiv sind.

Kaiser sagte dann weiter [812]: „Die beiden Begriffe hängen eng miteinander zusammen; manchmal kann man aus einem für eine bestimmte Komponente spezifischen Analysenverfahren ein für mehrere Komponenten selektives machen, indem man die Arbeitsweise oder die technischen Mittel erweitert. Umgekehrt kann man selektive Verfahren oft so einschränken, daß sie nur noch die Frage nach einer einzigen bestimmten Komponente beantworten, dafür also spezifisch sind".

Ein Beispiel dafür ist die Emissionsspektrometrie, denn verwendet man ein Spektrometer mit mehreren Austrittsspalten, einen sog. Polychromator, dann ist das Verfahren weitgehend selektiv. Schließt man alle Spalte bis auf einen einzigen, verwendet also einen sog. Monochromator, dann ist es für das eine Element ein spezifisches Verfahren. Umgekehrt läßt sich aus einem spezifischen AAS-Verfahren, z. B. für das Element Ca, leicht ein selektives machen, indem man eine Mg-/Ca-Hohlkathode verwendet und beide Elemente gleichzeitig mit einem Doppelkanalgerät mißt.

Diese Beispiele lassen auch erkennen, „daß die Eigenschaft eines Analysenverfahrens, für die Bestimmung einer bestimmten Substanz spezifisch zu sein, in der Nähe der Nachweisgrenze aufhören muß. Dort kann ja ein beobachteter Meßwert ganz oder teilweise durch andere Einflüsse verursacht sein (z. B. durch Untergrund, Verunreinigungen, statistische Schwankungserscheinungen usw.)".

Es ist deshalb bis heute weitgehend unverständlich, warum z. B. bei der Validierung solche nicht oder nur über Kompromisse quantifizierbaren Begriffe benutzt werden. Andererseits scheint bisher die Rückverfolgbarkeit (*trackability*) zu wenig Beachtung zu finden, die bei einer Analysenmethode zwar nicht so bedeutend ist wie bei einem Analysenverfahren. Da ist sie unerläßlich.

Dies ist einer der Gründe für die weitere Disposition: Im Anschluß an das Resultat und dessen Interpretation folgt die Frage nach der Art der Messung, dem eigentlichen Meßverfahren, das mit der Analysenprobe beginnt. Die Analysenprobe ist definitionsgemäß die vorbereitete Probe, aus der die analytische Information direkt gewonnen wird, also ein bestimmtes Gasvolumen, eine Lösung oder die feste Probe entweder in Pulverform mit bekannter Körnung oder kompakt.

Ohne Kenntnis der Fragestellung, der Probennahme, und aller Aspekte des benutzten Verfahrens läßt sich ein Resultat nicht bewerten und schon gar nicht interpretieren.

6.3.7
Bemerkungen zur Probennahme

Wenn Analysenmethoden entwickelt werden, dann benutzt man Standardproben oder Stocklösungen – also direkt eine Analysenprobe. Auf diese Weise können sich auch Wissenschaftler mit der Methodenentwicklung beschäftigen, denen die chemischen Grundkenntnisse fehlen. Wenn dann der analytische Praktiker daraus ein Bestimmungsverfahren erstellt und beschreibt, dann beginnt dies regelmäßig erst mit der Probenvorbereitung – also mit der Laboratoriumsprobe. Über Probenentnahme und Probenaufbereitung findet man zwar viele Informationen in den Handbüchern der GDMB [83] und VDEh [84], jeweils im Band 3, doch selten oder gar nicht in den Büchern über Analytische Chemie.

Deshalb ist jeder Artikel über die Probennahme zu begrüßen. So auch derjenige von *P. Hoffmann* [812], in dem wichtige Punkte angesprochen werden, wie Ort und Stelle der Probenentnahme, Menge und Häufigkeit von Proben, deren Homogenität, Kontaminationen oder Verluste bei der Aufbereitung sowie Lagerung und Konservierung. Auch 45 Literaturzitate und die 11 Tabellen helfen in speziellen Fällen, hier überwiegend aus dem Bereich der Umweltanalytik. Doch die Nomenklatur ist althergebracht, und es heißt in der Präambel wörtlich: „Der Begriff Probenahme wird in der folgenden Übersicht in seinem engeren Sinn verstanden und ist hier nicht mit dem angelsächsischen Begriff „Sampling", in dem alle Vorgänge vor dem Messen zusammengefaßt sind, gleichzusetzen". Es handelt sich nach der hier benutzten Nomenklatur also um die Probenentnahme, den ersten Schritt der Probenahme (= *Sampling*). Um es noch einmal klar zusammenzufassen:

Die **Probennahme** besteht aus drei Schritten:

1. Die *Probenentnahme* führt allgemein über Einzelproben (Inkremente) zur *Sammelprobe*; kann aber auch bereits, speziell bei Gasen und Flüssigkeiten, die Laboratoriumsprobe ergeben.
2. Die *Probenaufbereitung* endet allgemein mit der *Laboratoriumsprobe*; sie kann in speziellen Fällen (s. Pkt. 1.) entfallen.
3. Die *Probenvorbereitung* verarbeitet die Laboratoriumsprobe (normalerweise Eingangsprobe ins Laboratorium) zur *Analysenprobe*, aus der die Einwaage oder Aliquotierung von Volumina erfolgt, was dann denjenigen Probenanteil darstellt, der den Analyten enthält.

Die **Probenentnahme** ist bereits ein sehr wichtiger Schritt eines Analysenverfahrens, denn sie regelt die erreichbare Genauigkeit (Präzision und Richtigkeit) der Resultate und hängt damit direkt von der aktuellen Fragestellung (Aufgabe) ab. Damit ist sie auch so vielfältig wie die gestellten Aufgaben und muß für jeden Einzelfall geplant und optimiert werden. Man unterscheidet generell die Entnahme von festen Proben (Massengüter und Metalle), von Flüssigkeiten (wäßrige oder organische Medien) und von gasförmigen Stoffen (Gasgemischen oder Partikeln in Gasen, wie Aerosole und Stäube).

Die Probenentnahme aus Massengütern erfolgt je nach Position oder Lagerung immer noch nach der klassischen Inkrement-(Einzelproben)-Entnahme. Wenn es möglich ist, wird man eine solche Beprobung automatisch bei Befördern des Gutes vornehmen, z. B. beim Sieben oder direkt vom Förderband (Abb. 389).

Die zu entnehmenden Materialmengen richten sich nach Art (Korn, heterogen oder homogen) und nach der Korngröße (Tab. 39).

Nach einer allgemeinen Formel bestimmt die Anzahl der Inkremente die Präzision der Analysendaten, bzw. läßt sich aus einer vorgegebenen, vom Kunden gewünschten Präzision die benötigte Inkrementanzahl berechnen. Es ist deshalb völlig unverständlich, daß der Beruf des Probennehmers kein Lehrberuf ist, denn Mate-

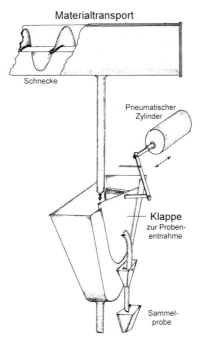

Abb. 389 Eine typische Art der „off-line"-Beprobung von Massengütern zur Gewinnung der Sammelproben.

Tabelle 39 Vorgeschlagene, zu entnehmende Massen bei der Probenentnahme von Massengütern nach ISO 30.

Korngröße [mm]	Mindestmasse [Kg]	Korn [mm]	Heterogenes Material [%]	Homogenes [%]
150–250	40			
100–150	20	0,1	0,007	$5 \cdot 10^{-6}$
50–100	12			
20–50	4	1,0	0,7	$5 \cdot 10^{-4}$
10–20	0,8			
≤ 10	0,3	10	70	0,05

rialkunde und statistisches Grundwissen erfordern dies.

$$N = \left(\frac{t \cdot s}{U}\right)^2.$$

Worin bedeuten: N: Anzahl der Inkremente (Einzelproben); t: Studentfaktor = 2 für eine Wahrscheinlichkeit (statistische Sicherheit) von 95 %; s: Standardabweichung der Prüfkomponente zwischen Einzelproben, ermittelt durch einen Vortest; U: Wiederholbarkeit der Prüfkomponente für das gesamte Analysenverfahren.

Ein Rechenbeispiel soll dies verdeutlichen: Der Kunde verlangt eine Wiederholbarkeit von $U = \pm 0,05\,\%$; der Vortest ergab eine Standardabweichung für den Merkmalswert von $s = \pm 0,27\,\%$. Damit läßt sich berechnen,

$$N = (2 \cdot 0,27 / 0,05)^2 = 10,8^2 = 117$$

daß rund 120 Inkremente entnommen werden müssen, um die Kundenforderung erfüllen zu können.

Beim Einkauf von z. B. Eisenerz mit einem Eisenanteil um die 60 % gilt offiziell zwischen dem Erzlieferanten und dem Kunden (Stahlwerk) eine Teilungsgrenze von 0,25 % absolut, was etwa 0,4 % relativ entspricht. Solch ein Erz-Lieferlos kann 150 000 bis 100 000 Tonnen betragen und hat eine Korngröße von < 10 mm. Man weiß aus Erfahrung, daß die Standardabweichung zwischen Einzelproben für den Fe-Anteil bei 2,5 % relativ liegt. Man will bei der Analyse die Wiederholbarkeit von 0,4 % unterschreiten und hat deshalb den automatischen Probenehmer auf 200 Inkremente eingestellt, die z. B. während des Entladens vom Schiff in den Bunker am Hochofen entnommen werden. Die Berechnung ergibt damit:

$$U = \frac{2s}{\sqrt{200}} = \frac{5,0}{14,14} = 0,35\,\%$$

für den Eisenanteil.

Diese Sorgfalt der Probenentnahme ist im Fall der *Produktkontrolle* unbedingt nötig, da es um direkte Kosten geht. Teilungsgrenze bedeutet hier, daß die mit kreuzender Post ausgetauschten Resultate zwischen Lieferant und Kunde diesen Wert nicht überschreiten dürfen. Ist dies der Fall, dann wird verhandelt oder eine Schiedsanalyse in einem vertraglich festgelegten Laboratorium muß entscheiden. Wer näher an dem Schiedswert liegt, der hat gewonnen.

Der Gesamtablauf einer solchen Probenentnahme und **Probenaufbereitung**, was im Regelfall außerhalb der chemischen Laboratorien erfolgt, ist anschließend dargestellt (Tab. 40). Die Aufbereitung erfolgt wie bereits beschrieben mit Backenbrechern und Teilungseinrichtungen und ist da, wo es möglich ist, auch schon in den automatisierten Ablauf integriert.

Tabelle 40 Verlauf von Entnahme und Aufbereitung von Massengütern.

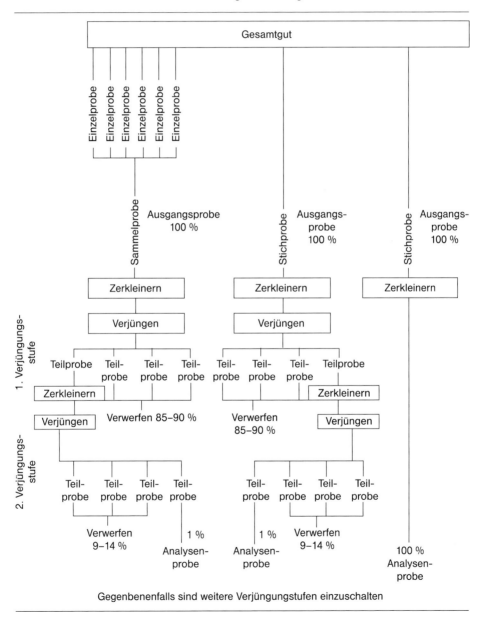

Gegenbenenfalls sind weitere Verjüngstufen einzuschalten

Anders ist der Ablauf bei der *Probentnahme während der Produktion* zu gestalten. Grundsätzlich lassen sich ein kontinuierlicher und ein diskontinuierlicher Produktionsvorgang unterscheiden. Im ersten Fall ist es üblich, über einen sog. Bypass entweder die Proben zu entnehmen oder mit Hilfe eingebauter Sensoren wichtige Parameter direkt zu messen. So lassen sich z. B. von der Temperatur oder pH-Werten bis hin zu NIR-Spektren verschiedene Daten registrieren, die zur Produktionssteuerung benötigt werden.

Bei diskontinuierlichen Prozessen, wie z. B. der Metallerzeugung, müssen die Probenentnahmen dem jeweiligen Ablauf angepaßt bzw. in den Unterbrechungen ausgeführt werden.

Bis zum Ende der sechziger Jahre geschah dies in der Stahlindustrie noch mit Löffeln (Abb. 390), aus denen das flüssige Metall in eine Form gegossen wurde. Durch dieses Gießen des kochenden Roheisens an der Luft oder Beruhigen des Rohstahles mit Aluminium im Löffel gab es unerkannte Veränderungen in der Zusammensetzung, die aus Erfahrung (im Kopf) korrigiert wurden.

Nach einer kurzen Übergangszeit, in der eine Probenform als Löffel benutzt wurde und noch schwerer in der Ausführung war, entwickelte sich in den siebziger Jahren eine völlig neue Art der Probenentnahme.

Die Pappsonden (Abb. 391) hatten sehr viele Vorteile: Sie ließen sich leichter handhaben als ein Löffel bzw. automatisch gesteuert eintauchen und die kleine Probenform führte zu einer sofortigen Erstarrung des Metalls, so daß quasi die vorliegende Zusammensetzung der Schmelze „eingefroren" wurde. Es waren allerdings längere Anpassungsarbeiten erforderlich, denn die Eintauchzeit mußte exakt ermittelt werden. In dieser Zeit sollte sich der Probenkörper

Abb. 390 (a) Temperaturmessung in der Roheisenrinne am Hochofen und (b) Gießen des Probenkörpers mit dem Löffel.

füllen und die Pappe so verkohlen, daß die Form nicht heraus fiel, sich aber leicht entnehmen ließ. Normalerweise fiel die noch rotglühende Probe durch einen Schlag des Pappohres auf den Boden heraus. An der Färbung (ohne Schatten) konnte sofort erkannt werden, ob die Probe kompakt war oder einen Lunker enthielt. Die Probenkörper konnten sofort mit der Rohrpost ins Zentrallaboratorium geschickt oder direkt vor Ort analysiert werden (s. Kap. 7).

Das hört sich einfach an, doch der Weg der Anpassung war zunächst recht schwierig. Hinzu kam, daß bald mehrere Herstel-

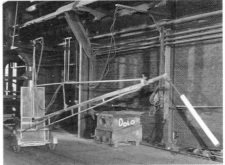

Abb. 392 Probenentnahme-Wagen mit Sonde (oben) und Beprobung im Konverter.

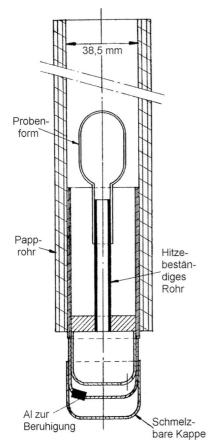

Abb. 391 (a) Verschiedene Typen von Probentnahmesonden der Firma Minkon, Erkrath und (b) der Aufbau einer solchen für die Beprobung von flüssigem Stahl.

lerfirmen ähnlicher Sonden auf dem Markt auftauchten, wie z. B. Heraeus Electro-Nite, Hagen, die französische Firma Soled, Rosselange, oder Leco, St. Joseph, Michigan, die ebenfalls auszuprobieren waren.

Mit dieser Art der Probenentnahme konnte nun der langsamste Schritt des gesamten Analysenverfahrens erheblich beschleunigt werden, so daß der nächste Schritt geplant wurde. Es handelte sich um die Verkürzung der Transportzeiten zwischen dem Ort der Probenentnahme und dem Laboratorium. Gleichzeitig fand in den Laboratorien die Automatisierung der Probenvorbereitung statt (s. Kap. 7). Wichtig war es nun auch, die sog. Fertigproben aus den Stahlgießpfannen entnehmen zu können, die letztendlich über die Verwendung der Schmelze (Einhaltung der Toleranzwerte der geplanten Stahlqualität) entschieden. Da hier die Eintauchtiefen geringer waren, mußte zum Füllen der Probenform eine Saugpumpe benutzt werden (s. Abb. 393).

Mit einer vergleichbaren Sonde, die im Papprohr ein Bimetallsystem enthielt, konnte gleichzeitig die Temperatur des Stahlbades gemessen werden. Auch in dieser Hinsicht war eine Abstimmung der Eintauchzeit notwendig, denn die Messung der Temperatur dauerte etwas länger als das Einfließen des flüssigen Stahles in die Form. Deshalb mußte die Stärke der Pappe an der Probensonde so verstärkt werden, daß die Proben bis zum Herausfahren des Wagens in der Sonde bleiben.

Während für die Proben aus dem Konverter der zeitliche Ablauf danach sehr wichtig ist, weil der Prozeß nicht aufgehalten werden sollte, steht für die Pfannenproben mehr Zeit zur Verfügung.

Normalerweise dauern der Pfannentransport und die Temperatureinstellung, z. B. vor dem Stranggießen, länger als eine ausführlichere Analyse mit Kontrolle der C- und S-Anteile sowie einer N-, O- und eventuell benötigten H-Bestimmung.

Neben der hier kurz beschriebenen Sondenprobenentnahme ist auch immer wieder mit unterschiedlichem Erfolg versucht worden, Stabproben mit evakuierten Quarzröhrchen zu ziehen. Solche Stäbe können für elektrolytisches Auflösen und in Sonderfällen auch als Elektrode in der Emissionsspektralanalyse benutzt werden.

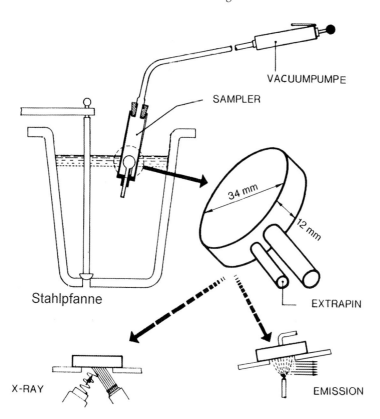

Abb. 393 Sonde mit Pumpe.

Das gilt z. B. auch für die Beprobung von Tankwagen oder Fässern, wobei es sich überwiegend um organische Flüssigkeiten handelt. Meistens benutzt man hierzu sog. Stechheber; beim Befüllen von Anlagen können Teilproben auch aus dem Bypass entnommen werden.

Das Sammeln von *Gasproben* mit bzw. in sog. Gasmäusen ist relativ einfach; es wird jedoch weitaus schwieriger, wenn es um die Staub- bzw. Partikelbelastung in der Luft oder in strömenden Gasen, z. B. in Schornsteinen, geht. Es geht im wesentlichen um eine Teilstromentnahme aus einem Hauptvolumenstrom. Obwohl geregelt durch Vorschrift VDI 2066 (ab 1985) ist das nie ideal, denn eigentlich müßte man aus dem Gesamtstrom proben. Die gebräuchlichen Entnahmen sind vom Strömungsverhalten und der Verteilung der Partikel im Strom sehr stark abhängig. Es ist somit oft erstaunlich, was in die gemessenen Werte hineininterpretiert wird.

So wie die Entnahme von Proben und ihre Aufbereitung bereits auf die folgende **Probenvorbereitung** zugeschnitten sein sollen, ist diese nun direkt von dem Meßvorgang innerhalb des Analysenverfahrens abhängig. Prinzipiell gibt es so viele Vorbereitungsarten wie Verfahren existieren. Deshalb sollen hier nur einige grundsätzliche Methoden aufgezählt werden:

1. Vorbereitung kompakter Proben
   1.1. Metalle und Legierungen
      1.1.1. Direkte Vorbereitung ohne Änderung der Matrix
         1.1.1.1. Reinigen der Oberfläche (Schleifen, Fräsen)
         1.1.1.2. Brikettieren (Pressen unter hohem Druck)
         1.1.1.3. Umschmelzen und Gießen
         1.1.1.4. Direkte Festprobenanalyse (AAS, ICP)
      1.1.2. Veränderung der Matrix
         1.1.2.1. Aufschmelzen (Glastablettenherstellung)
         1.1.2.2. Mischen mit Metallpulver und Brikettieren
         1.1.2.3. Umschmelzen mit Reagenszusätzen
   1.2. Oxidische Materialien
      1.2.1. Direkte Vorbereitung ohne Matrixänderung
         1.2.1.1. Pressen in Aluminium-Cups
         1.2.1.2. Direkte Festprobenanalyse (AAS, ICP)
      1.2.2. Vorbereitung mit Matrixänderung
         1.2.2.1 Aufschmelzen (Glastablettenherstellung)
         1.2.2.2 Mischen mit Bindemittel und Brikettieren
         1.2.2.3 Umschmelzen mit Reagenszusätzen
2. Vorbereitung zur Analysenlösung
   2.1. Metalle und Legierungen
      2.1.1. Lösen in Säuren
      2.1.2. Teilweises Lösen in speziellen Lösemitteln
      2.1.3. Lösen in Säuren mit Abrauchen
      2.1.4. Aufschließen mit Hilfe von Mikrowellen im offenen Tiegel
      2.1.5. Aufschließen mit Hilfe von Mikrowellen im geschlossenen Tiegel

2.2. Oxidische Materialien
   2.2.1. Lösen in Säuren
   2.2.2. Lösen in Säuren, kombiniert mit Aufschmelzen
   2.2.3. Aufschmelztechniken
   2.2.4. Aufschließen mit Hilfe von Mikrowellen im offenen Tiegel
   2.2.5. Aufschließen mit Hilfe von Mikrowellen im geschlossenen Tiegel
2.3. Böden, Staube, Abfall, Kohle, organische Stoffe
   2.3.1. Lösen in Säuren
   2.3.2. Aufschmelztechniken
   2.3.3. Aufschließen mit Hilfe von Mikrowellen im geschlossenen Tiegel
   2.3.4. Oxidierendes Aufschließen in der Bombe
   2.3.5. Veraschen und Lösen in Säuren

Nach dem Herstellen der Lösungen, in denen die Proben enthalten sind, schließen sich die Vorgänge Verdünnen, Anreichern durch Eindampfen, Extrahieren oder chromatographische Techniken an, die direkt dem Meßprozeß zugeordnet werden sollten.

Weil die gesamte Probennahme das Ergebnis eines Bestimmungsverfahrens stark beeinflußt, ist jeder Schritt zu bedenken, zu planen und qualifiziert durchzuführen. Eine qualifizierte Probennahme kann bei bestimmten Produkten auch juristische Aspekte haben. Kriterien für die Datenqualität und Einordnung der Analysenergebnisse für die Stichprobe hat *A. Rabich* [813] beschrieben.

Deshalb sollte sich jeder analytisch arbeitende Chemiker mit allen Bereichen der Probennahme beschäftigen, denn auch sie muß validiert werden. Eine Hilfe findet er in der vielfältigen Literatur, die nicht immer unter den Titeln der Analytischen Chemie zu finden ist, weil überwiegend Techniker zumindest die Probenentnahme und die Aufbereitung durchführen. Die *Theorie der Probennahme* ist in zwei Artikeln von *G. Brands* [814] übersichtlich dargestellt worden, die zur weiteren Beschäftigung anregen können.

Allgemein ist darauf hinzuweisen, daß es für die Probennahme von zahlreichen Materialien nationale und internationale Normen sowie Anhänge zu Gesetzen und Verordnungen gibt, die man in speziellen Fällen zu Rate ziehen kann, z. B. für die Probenentnahme aus Böden, Wasser und Abwasser-Probennahmen, Staubpartikel u. a. m. Gerade im Fall von juristischen Streitigkeiten ist die Anwendung der Normverfahren unerläßlich, was besonders für den weltweiten Handel mit Roh- und Brennstoffen gilt, aber auch bei Vertragsverletzungen ein wichtiges Instrument darstellt.

6.4
Die globale Standardisierung

Seit etwas über 100 Jahren gibt es Normen auf den unterschiedlichsten technischen Gebieten, die sich in vieler Hinsicht bewährt haben. Deshalb sollte man wissen, was eine Norm bedeutet, wie sie zustande kommt, und warum jeder Entwicklungsprozeß so viel Zeit in Anspruch nimmt.

Die Bestrebungen, technische Dinge zu vereinheitlichen, sind älter als zwei Jahrtausende, soweit dies uns bekannt ist. Der erste Kaiser von China, *Qin Shihuang Di* (†210 v. d. Z., beerdigt nahe seiner Hauptstadt Xi'An bei den Armeen von Tonkriegern) hatte bereits zur Sicherung des freien

Handels und zur Förderung des Wohlstandes (auch seines eigenen über Steuern) im großen Reich der Han-Dynastie einheitliche technische Normen erlassen, z. B. über den Radstand von Transportwagen und damit ihren Achsstand, über die Torweiten der Stadttore, über Gewichte, Maße, Wasserleitungen, Waffen und Rüstungen sowie den Straßenbau [815]. In diese Zeitperiode fiel auch der Bau der Chinesischen Mauer, die auch – wie wir heute sagen würden – eine große logistische Leistung gewesen ist.

Grundsätzlich haben Normen einen gesamtwirtschaftlichen Nutzen. Wichtig ist das Herausgabedatum, denn alle Normen gelten für den Stand der Technik zu dieser Zeit. Es gibt sie inzwischen für alle Industriezweige in den hochentwickelten Industrieländern (Tab. 41). Andererseits bindet (oder fesselt) die Vielzahl der Normen, deren Anzahl in Deutschland besonders hoch ist, Teile der Wirtschaft, denn die überwiegend von den großen Firmen beeinflußten Absprachen sind dann für alle verbindlich.

Für die Analytische Chemie sind dies die **Prüfnormen**, von denen es häufig veraltete neben normal alten gibt, was daran liegt, daß diese Prüfnormen noch in den **Qualitätsnormen** genannt sind. Erst wenn in letzteren Normen die veralteten Prüfnormen durch neue ersetzt werden, können diese entfallen. Andererseits ist das parallele Bestehen von Prüfnormen, z. B. für gravimetrische, maßanalytische, photometrische und spektroskopische Verfahren nebeneinander, für kleine Laboratorien wichtig, die nur über eine begrenzte Auswahl von Methoden verfügen.

In der *Normenpyramide* (Abb. 394) beginnt es mit *Werksnormen*, die in vielen Firmen vorliegen und als Qualitätsgrundlage für den Einkauf dienen (Abb. 395).

Hieraus ist zu ersehen, daß der Weg zu den ISO-Normen lang ist. Normalerweise dienten ursprünglich verschiedene Werksnormen als Grundlage für die Nationalen Normen, z. B. ASTM in den USA, BS in England, GOST in Rußland, NA in Frankreich, NEN in den Niederlanden oder DIN in Deutschland.

Tabelle 41 Zusammenhang zwischen den verschiedenen Arten von Normen und Vorschriften nach W. Geiger, 1981.

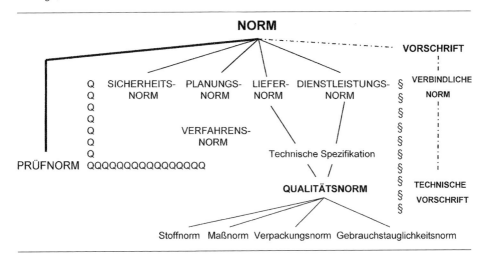

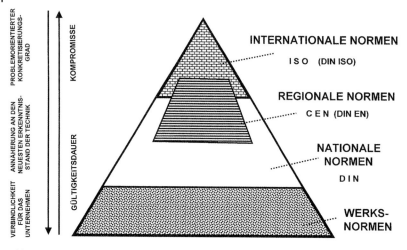

Abb. 394 Die Normenpyramide.

Es kann u. U. einige Jahre dauern, bis es eine Norm über die Europäische Gemeinschaft (CEN) bis zur ISO-Norm und weltweiter Anwendung schafft. Wie allgemein in den letzten Jahrzehnten wird auch der zeitliche Verlauf bei der Entstehung und Einführung einer Norm mehr von wirtschaftlich-politischem Interesse als von technischem bestimmt (Abb. 396).

Man muß bei der Normung verstehen, daß einmal ein jahrelanger Prozeß abläuft und zum anderen die Kompromißbereitschaft zunimmt, ohne die international nichts laufen würde.

Deshalb ist es oft so, daß die Verfahrensabläufe zunehmend immer schlechter beschrieben sind, von der Werksnorm über die nationale bis hin zur weltweiten. Ein weiterer Grund dafür ist auch, daß die höchste Fachkompetenz bei der Erstellung von Werksnormen vorliegt. Schon bei den nationalen Sitzungen sind es dann die Laborleiter, die sich von den ausführenden Praktikern informieren lassen müssen. In den weltweit agierenden Gremien der ISO (= *International Standards Organisation*) sind dann nur noch die Chefs vertreten, die von Laborleitern informiert werden, die wiederum selbst informiert worden sind. Die jeweiligen Redaktionsausschüsse setzen dann abschließend den Text mit allen Kompromissen zusammen, den der Praktiker als letztes (wichtigstes) Glied nun nicht mehr versteht. Es ist daher aus analytischer Sicht völlig unverständlich, daß die Normverfahren nicht der Qualitätssicherung unterliegen, obwohl sie häufig erheblich schlechter durchführbar sind als die Hausverfahren – abgesehen von der vorliegenden Übung und Erfahrung der Durchführenden für die letztgenannten Verfahren.

6.4.1
Das Erstellen von nationalen Normen (DIN)

Für die nationalen Normen, früher Deutsche Industrie-Norm genannt, hat in Deutschland das DIN Deutsches Institut für Normung e.V. ein Monopol durch Vertrag mit der Bundesregierung. Es gibt also keine andere Normen-Organisation und damit auch keine Konkurrenz. Durch den Vertrag ist allerdings gesichert, daß die in-

6.4 Die globale Standardisierung | 457

Juli 1975

Tribotechnik Dieselkraftstoff	HWN 2448

DIN 51 601
gekürzt und erweitert

1. Anwendungsbereich und Begriff

   Dieselkraftstoff besteht aus Kohlenwasserstoffen und ist geeignet für den Betrieb von schnellaufenden Dieselmotoren und solchen, die ähnliche Anforderungen an den Kraftstoff stellen.

2. Bezeichnung

   Bezeichnung des Dieselkraftstoffes:

   Dieselkraftstoff HWN 2448

3. Waren-Nr [1]: 102 621

4. Anforderungen

   Dieselkraftstoff muß frei von Mineralsäuren und festen Fremdstoffen und bei Raumtemperatur blank sein.

Eigenschaften Bezeichnung	Einheit	Kennwerte	Prüfverfahren	gewährleistete Kennwerte [2]
Dichte bei 15 °C	g/ml	0,815 bis 0,855	DIN 51 757	
Viskosität bei 20 °C	cSt	1,8-10	DIN 51 562	
Flammpunkt, höher als	°C	55	DIN 51 755	
Filtrierbarkeit, [3] im Sommer [4] bis	°C	0	DIN 51 770	
im Winter [4] bis	°C	-12		
Schwefelgehalt, höchstens	Gew.-%	0,55	DIN 51 768	
Koksrückstand nach Conradson höchstens	Gew.-%	0,1	DIN 51 551	
Zündwilligkeit, mindestens	CZ	45	DIN 51 773	
Oxidasche, höchstens	Gew.-%	0,02	DIN 51 575	
Wassergehalt, höchstens	Gew.-%	0,1	DIN 51 777	
Siedeverlauf: aufgefangene Destillatmenge bis 250 °C, höchstens bis 350 °C, mindestens	Vol.-% Vol.-%	65 85	DIN 51 751	

Änderung Juli 1975:
Schwefelgehalt und Siedeverlauf geändert.

1) Die Waren-Nr ist im Textfeld des Magazin-Material-Entnahmescheines hinter der Bestellbezeichnung einzutragen.
2) Bei Angeboten vom Lieferer anzugeben.
3) und 4) Siehe Seite 2

Fortsetzung Seite 2

HOESCH HÜTTENWERKE AG Normenstelle	Frühere Ausgabe 3.74	entw.	gepr.

Abb. 395 Werksnorm für Dieselkraftstoff der Hoesch Hüttenwerke AG (mit Erlaubnis der ThyssenKrupp Steel AG)

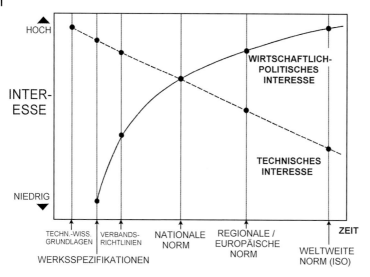

Abb. 396 Zeitlicher Verlauf der Normen-Entstehung.

teressierte Öffentlichkeit gehört bzw. beteiligt werden muß. Auch die Abkehr von dem klassischen Namen ist zu verstehen, da es inzwischen viele Normen für den nichtindustriellen Bereich gibt.

Das DIN (Deutsches Institut für Normung) beschäftigte 1991 in Berlin 900 hauptamtliche und in den zahlreichen Gremien 43 000 ehrenamtliche Mitarbeiter. Es handelt sich also um eine sehr große Einrichtung mit einem straffen Organisationsschema und *Grundsätzen für die Normungsarbeit*: Dies sind *Freiwilligkeit, Öffentlichkeit, Sachbezogenheit* und *Beteiligung interessierter Kreise*.

DIN-Normen werden ausschließlich zum Nutzen der Allgemeinheit erstellt und dienen der: *Rationalisierung, Qualitätssicherung, Sicherheit zur Vermeidung von Unfällen / Ausfällen* und *Verständigung in Wirtschaft, Technik und Öffentlichkeit*.

Die fachliche Arbeit wird in den Arbeitsausschüssen (AA) und den Arbeitskreisen (AK) durchgeführt. Sie wird – hier für den FAM (= Fachausschuß für Mineralöl- und Brennstoffnormung) – von ehrenamtlichen Mitarbeitern geleistet, die Fachleute sind aus dem Bereich der Anwender, Behörden, Institute, Hersteller der Maschinen und Hersteller der Schmierstoffe. Die interessierten Kreise sollen im angemessenen Verhältnis in den AA und AK vertreten sein.

Die ehrenamtlichen Mitarbeiter (Fachleute) der Arbeitsausschüsse und Arbeitskreise müssen autorisiert und entscheidungsbefugt sein.

Normungsanträge kann jedermann stellen. Dabei ist vom zuständigen Normenausschuß (z. B. FAM) zu prüfen auf:

1. Normungswürdigkeit
1.1. Besteht ein öffentliches Interesse?
1.2. Besteht ein Nutzen für die Allgemeinheit?
1.3. Liegen bereits Normen oder andere Regeln der Technik vor?
1.4. Ist der Normungsgegenstand überhaupt normungsreif?
2. Normungsnotwendigkeit
2.1. Zur Ausfüllung von Gesetzen und Verordnungen (Vertrag DIN / BRD vom 5. Juni 1975)

2.2. Aufgrund von EG-Vorschriften (Beseitigung von Handelshemmnissen)
2.3. Im Rahmen der regionalen (CEN) und internationalen (ISO) Normungsarbeiten
2.4. Aufgrund technischer Forderungen
3. Normungsnutzen
3.1. Gesamtwirtschaftlicher Nutzen (Energieeinsparung, Förderung des nationalen/internationalen Warenverkehrs)
3.2. Technischer Nutzen (Verständigung über Qualitätsfragen bei Entwicklung / Prüfung / Reklamation)
3.3. Sicherheitsmaßnahmen (Vermeidung von Ausfällen / Unfällen bei Anlagen und Maschinen)
4. Normungsaufwand.
4.1. Geschätzter finanzieller Aufwand
4.2. Rechtfertigt der Nutzen den Aufwand?
4.3. Welche Mitarbeiter / Laboratorien / Prüfstände beteiligen sich?

Nach diesen idealisierten Grundsätzen läuft dann allgemein das Verfahren zur Erarbeitung einer DIN-Norm folgendermaßen ab (Abb. 397):

Zu den Grundsätzen ist anzumerken, daß es immer schwieriger geworden ist, ehrenamtliche Mitarbeiter (Fachleute) zu finden, die von den Firmen bei der angespannten Personalsituation für diese Arbeiten freizustellen sind und deren Reiseko-

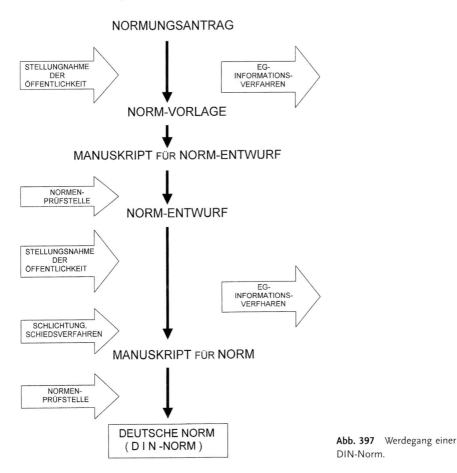

Abb. 397 Werdegang einer DIN-Norm.

sten auch noch übernommen werden müssen. Hinzu kommen die Untersuchungsarbeiten in den Laboratorien – denn hier sollen nur die Prüfnormen betrachtet werden. Dabei ist der *Grundsatz der Freiwilligkeit* wichtig: Durch einen Vertrag zwischen Partnern kann festgelegt werden, daß in Streitfällen nicht die entsprechende Norm herangezogen, sondern ein Schiedslaboratorium benannt wird, dessen Entscheidung anzuerkennen ist.

Doch auch die Prüfmethoden einer Firma sind ein wichtiger Faktor im Produktionsgeschehen – auch wenn dies nicht so gerne anerkannt wird. Es wird jedoch dann akut, wenn der ehrenamtliche Vertreter mit einer Entscheidungsbefugnis ausgestattet werden soll. Weder der analytische Praktiker noch der Laborleiter haben im Regelfall Prokura, doch es sollen Fachleute in die Gremien geschickt werden. Dieser Widerspruch ist häufig eine unüberwindbare Klippe. Noch kritischer ist die ehrenamtliche Mitarbeit in den CEN- oder ISO-Gremien zu sehen. Da die Reisen zu den Sitzungen oft ins entferntere Ausland führen und entsprechende Kosten erfordern, ist die Teilnahme sehr vom Wohlwollen der Vorgesetzten abhängig, die dann letztlich selber fahren möchten. Das Zustandekommen so mancher Norm zeugt denn auch von mangelndem Fachwissen.

6.4.2
Die internationale Normung (EN und ISO)

Eine gute nationale Norm bildet jedoch immer die Basis zu einem internationalen Standard. Für jedes Normblatt existiert ein kleiner Arbeitskreis. Die in einem Ringversuch erarbeiteten Daten (Anwendungsbereich, Durchführung, Wiederhol- und Vergleichbarkeit) werden dem Arbeitskreis „Ringversuche" des Arbeitsausschuß „Schmieröle" bzw. „Schmierfette" vorgelegt, der einen großen Ringversuch organisiert, an dem alle Interessierten teilnehmen können. Bei erfolgreichem Verlauf wird der Normblatt-AK-Leiter beauftragt, das Manuskript für die Vornorm (Weißdruck)) zu erstellen. Diese wird dann öffentlich zur Diskussion gestellt und nach Bearbeitung eventueller Einsprüche nach Ablauf der Frist hierfür als DIN-Norm (Gelbdruck) veröffentlicht. Wird diese Norm den EG-Gremien zugestellt, so kann sie als Grundlage für eine EN-Norm dienen. Bei Anerkennung dieser wird aus ihr eine DIN EN-Norm. Ist der Bedarf gegeben, so kann das DIN-Normblatt direkt in die ISO-Gremien gelangen und dort nach einigen Jahren zur DIN ISO EN-Norm werden. Grundsätzlich hat jedes Mitgliedsland der ISO das Recht, eine solche Norm nicht anzuerkennen, was selten Sinn macht. Die deutsche Regierung hat Ende der achtziger Jahre beschlossen, alle EN-Normen anzuerkennen.

Als Beispiel für die Entstehung einer ISO-Norm dient hier folgender Fall, den der Autor zu bearbeiten hatte: 1975 kam die EN 7 „Bestimmung der Asche" heraus und wurde als DIN EN 7 übernommen, doch da diese nur die Bestimmung der Oxidasche beschrieb, mußte die DIN 51575 (Oxid- und Sulfatasche) verändert werden. Die neue DIN 51575 sollte nun nur noch die Bestimmung der Sulfatasche beschreiben. Mit sechs Teilnehmern startete der Ringversuch 1975 nach den vom Autor erstellten Durchführungsvorschriften. Daraus ergab sich dann nach einem großen Ringversuch 1976 der Entwurf DIN 51575 vom Februar 1977. Dies ist allerdings ein extrem schneller Ablauf, der normalerweise die doppelte Zeit erfordert. Als Ergebnis wurde der Autor anfangs der achtziger Jahre für zwei Jahre als Mitglied des technischen Komitees ISO TC 28 gewählt, um dort neben den beiden deutschen Vertretern der Mineralölindustrie (*Onno Janssen*, Mobil Oil, und *Gerd*

Nodop [816], ESSO, beide aus Hamburg) die Ölverbraucher zu vertreten.

Die nationale und internationale Normungsarbeit gehört dazu, wenn man irgendwie noch Einfluß auf die Gestaltung der Entwicklung analytischer Verfahren haben will, die man eines Tages in bestimmten Fällen benutzen muß.

6.4.3
Planung und Durchführung von Ringversuchen

Ähnlich sind auch die Überlegungen für die Teilnahme an Ringversuchen, um einmal neue Verfahren zu testen und zum anderen Proben zu untersuchen, die sich eventuell als Standards eignen. Die *Ergebnisse solcher Ringversuche sind* für die Beurteilung der Leistungsfähigkeit des eigenen Laboratoriums sehr wichtig und ein *überzeugendes Hilfsmittel der Personalführung*. Das gilt aber nur, wenn Planung und Durchführung vorher richtig festgelegt worden sind.

Die Grundsätze solcher Planungen und Durchführungen haben bereits *G. Gottschalk* und *R. E. Kaiser* [772] beschrieben, so daß eine gute Anleitung vorliegt. Ringversuche sind bereits erwähnt worden und spielen im nächsten Kapitel eine besondere Rolle, so daß hier nur noch einige Erfahrungen mitgeteilt werden sollen.

Es ist eine Binsenweisheit, wenn gesagt wird, daß jede als Kompromiß beschlossene statistische Auswertung nur Sinn macht, wenn alle Freiheitsgrade vorher festgelegt und eingehalten werden. Doch genau hierbei beginnt das überwiegend menschliche bzw. labortypische Problem. Bei vielen Planungen werden z. B. vier Einzelwerte eines jeden Laboratoriums angefordert, wobei entweder ein Verfahren vorgegeben sein kann oder die Anwendung von Hausverfahren gewollt ist. Im ersten Fall geht es um die Prüfung des Verfahrens (oder bei der medizinischen Analytik darum, daß überall vergleichbare Daten erstellt werden), während im zweiten Fall die Merkmalswerte einer Probe genau ermittelt werden sollen. Die frühere Zuordnung von Daten zu Laboratorien ist nicht mehr möglich, denn seit den achtziger Jahren werden alle Daten nach ihrer Größe und getrennt davon die Teilnehmer aufgelistet, und nur der RV-Leiter kann die Zuordnung vornehmen. Schlechte Laboratorien wollen nicht erkannt werden. Aber schlecht will auch keiner sein.

In der Praxis geschieht nun häufig folgender Ablauf, den oft der Laborleiter nicht erfährt: Der Gruppenleiter läßt einen Laboranten die vier Einzelwerte erstellen. Dieser Laborant ist besonders pfiffig, macht nur eine Einwaage, löst und aliquotiert viermal. Seine vier Werte haben naturgemäß eine sehr gute Wiederholbarkeit. Der Gruppenleiter beauftragt einen zweiten Laboranten (sofern er noch einen hat). Der macht wie im Plan vorgesehen vier Einwaagen, wodurch die Wiederholbarkeit deutlich schlechter wird. Wenn auch der Mittelwert nicht übereinstimmt, was oft der Fall ist, dann übernimmt z. B. der Gruppenleiter die Durchführung selbst. Er erstellt einen dritten Mittelwert. Wählt er nun einen dieser drei aus, den er dem Laborleiter mitteilt, so tritt nach Auswertung des Ringversuches ein Phänomen auf: der Laboratoriumsmittelwert liegt in der Liste am oberen oder unteren Ende (wenn er nicht eliminiert worden ist). Daran kann der Laborleiter erkennen, was seine Mitarbeiter getan haben, denn werden nur die vier geforderten Einzelwerte unter Einhaltung aller Vorgaben angefertigt, dann ist die Wahrscheinlichkeit für einen Mittelplatz sehr hoch.

Es ist schon überlegt worden, nur soviel Material zu verschicken, wie man für genau vier Einwaagen braucht. Doch hat man dies nie getan, weil ja oft noch eine weitere Möglichkeit offen bleiben soll, nämlich eine Korrektur der Werte, wenn der RV-Leiter mitteilt, daß die abgegebenen Daten eliminiert werden mußten.

Dieses Prozedere wird oft deshalb erlaubt, weil man sonst nicht die notwendige Anzahl von Laboratorien für den RV zusammenbekommt. Man kann ein Laboratorium auch schnell beleidigen, wenn die Ausreißertest und ihre Ausführung nicht genau festgelegt worden sind.

Ringversuchsplanung und Durchführung sind nicht so einfach, wie man denken könnte. Wichtig ist, die Kollegen zu überzeugen, miteinander im Gespräch zu bleiben und ein hohes Maß an Ehrlichkeit zu erhalten. Schon der Bergriff „Ehrlichkeit" bzw. seine Erwähnung kann zu Mißstimmungen führen, die wiederum den Ringversuchen nicht gut tun. Es wird in Zukunft immer schwerer werden, Ringversuche noch so durchzuführen, daß neben der Präzision die Richtigkeit im Vordergrund steht. Es ist zunehmend zu beobachten, daß die klassischen, leitprobenfreien und geeichten Methoden und die daraus abgeleiteten, kalibrierten Verfahren aus personellen Gründen nicht mehr benutzt werden, sondern solche mit Standards kalibrierten Verwendung finden. Durch die Fehlerfortpflanzung wird somit der Wahrscheinlichkeitsbereich für den Zertifikatswert immer größer, was nur wenig Sinn macht, wenn man damit die heute hochpräzisen spektroskopischen Verfahren kalibrieren möchte.

6.4.4
Herstellung von Referenzmaterialien (RM) und Zertifizierung (CRM)

Standardproben gibt es eigentlich solange, wie es eine quantitative Analytik gibt. Jeder Analytiker standardisiert sein Verfahren mit den zur Verfügung stehenden Mitteln so gut es geht. Allerdings ist dies heute bei überwiegendem Einsatz spektroskopischer Methoden weitaus komplizierter als die Titererstellung eines Titrationsmittels mit Hilfe gewisser Standardsubstanzen, wobei nicht mehr sicher ist, ob das Letztere heute tatsächlich noch beherrscht wird. So gibt es seit langer Zeit **Analysenkontrollproben** (AKP) mit Zertifikaten internationaler Institutionen, z. B. von der Bundesanstalt für Materialforschung und -prüfung (BAM) Berlin, dem National Bureau of Standards (NBS), das heute National Institute of Standards and Technology (NIST), Gaithersberg, Virginia, heißt, dem Bureau of Analysed Samples (BAS), Middlesbrough, dem Institut de Recherches de la Sidérurgie FranVaise (IRSid), dem Community Bureau of Reference (BCR) Brüssel, MINTEK und National Institute for Metallurgy (NIM), Randburg, Südafrika, sowie von vergleichbaren Institutionen in Rußland, Polen, Ungarn, Tschechien, Japan und China.

Die vielen Nichtanalytiker, die heute Analytik betreiben müssen, benötigen solche AKPs, die sie jetzt Referenzmaterialien (RM/CRM) nennen. Aus den alten AKP, deren deutsche Bezeichnung treffend für ihren Einsatz war, wurden *„Certified Reference Materials"* (CRM), die entgegen der globalen Denkweise nur in Deutschland „ZRM" genannt werden. Durch die starke Einschränkung leitprobenfreier (früher: absoluter) Methoden werden solche Proben nun auch häufiger nicht mehr zur eigentlichen Kontrolle einer Kalibration, sondern zur Erstellung der Kalibrierfunktion in den Laboratorien benutzt. Man setzt also überwiegend *Sekundärmethoden* ein, wo dies doch prinzipiell mit *Primärstandards* erfolgen soll bzw. vorgeschrieben ist. Die Frage, was Primärstandards und Referenzmaterialien sind, macht erneut weitere Definitionen erforderlich:

Referenzmaterialien (RM) sind nach DIN 32811 (Februar 1979): *„Grundsätze für die Bezugnahme auf Referenzmaterialien in Normen"* wie folgt definiert: „Material oder eine Substanz, von der eine oder mehrere Eigenschaften so genau festgelegt sind, daß sie zur Kalibrierung von Meßgeräten[9] und Kontrolle der Ergebnisse von Meß-, Prüf- und Analysenverfahren sowie zur Kennzeichnung von Stoffeigenschaften verwendet werden können". Generell ermöglicht ein RM „die Übertragung des Wertes einer festgelegten Eigenschaft zwischen verschiedenen Orten oder Zeitpunkten. Es kann aus einem Gas, einer Flüssigkeit, einem festen Stoff, aber auch aus einem einfachen gefertigten Gegenstand bestehen".

Zertifizierte Referenzmaterialien (CRM) sind nach derselben Norm RM mit bestätigten Massenanteilen, die von für kompetent gehaltenen, internationalen Verbänden oder Institutionen hergestellt, und in Ringversuchen geprüft sowie zertifiziert worden sind. Es heißt dann unter Punkt 4 „Herausgeber von RM": „CRM können direkt hergestellt oder zertifiziert oder finanziell getragen werden durch:

a) internationale Institutionen;
b) staatliche Institutionen;
c) nationale Normenorganisationen oder Laboratorien (die sich regional zusammenschließen können);
d) nationale wissenschaftliche Vereinigungen oder Wirtschaftsverbände;
e) Firmen, die vornehmlich mit der Herstellung und Zertifizierung von RM befaßt sind;
f) Firmen, bei denen die Herstellung und Zertifizierung von RM von untergeordneter Bedeutung ist."

Damit kann eigentlich jede Firma RM und CRM herstellen sowie auch zertifizieren. Es ist damals noch nicht gefordert worden, daß ihre Kompetenz durch eine Akkreditierung bestätigt werden muß. *Deshalb ist es sehr schwierig, die Güte von CRM aus einem beigefügten Zertifikat zu beurteilen.*

Ein solches Zertifikat sollte bestimmte Angaben enthalten; es besteht jedoch weltweit keine Einigung, welche dies sein müssen, obwohl der ISO-Guide 31: *„Contents of Certificates of Reference Materials"* dies eindeutig vorschreibt. Danach sind anzugeben: Name und Anschrift der zeritfizierenden Organisation, Titel des Dokumentes, Status des Zertifikates, Bezeichnung des Materials, CRM-Nummer, Lieferbarkeit in Form und Größe, der Ursprung des Materials, die Verteiler der CRM, der Hersteller des RM, Beschreibung des RM (physikalische Daten, wie Schmelz- oder Siedepunkte, Korngrößenverteilung u. a.), Empfehlungen zur Anwendung („A reference material is intended for calibration of instruments[9] for determining the concentration"), Stabilität, Transport- und Lagerfähigkeit, Anweisungen über den korrekten Einsatz, die Methoden der Herstellung des RM, die Güte der Homogenität, die Daten der Zertifizierung und ihre Vertrauensbereiche, nicht zertifizierte Werte, Einzelergebnisse nach Laboratorien und Methoden geordnet, Art der Berechnung der statistischen Daten, zur Zertifizierung benutzte Verfahren, Namen der Analytiker und Laboratorien, Rechtshinweise, Zitate zu den Angaben und die Unterschrift des Verantwortlichen für das Zertifikat. Diese Forderungen werden praktisch nie vollständig erfüllt.

---

[9] Kalibrierung von Meßgeräten bedeutet hier nicht Eichung von Methoden! Als viele Analytiker das „Eichen" mit dem „amtlich Eichen" verwechselten und beschlossen, den Begriff „Kalibrieren" dafür zu verwenden, wurde die DIN 32811 nicht geändert.

Der ISO-Guide 33: *"Uses of Certified Reference Materials"* gibt die in den einzelnen Zertifikaten fehlenden Hinweise. Hierin heißt es bereits in der Einleitung:

"The user should be aware of the potential misuse of CRMs as „blind", unknown check samples in quality control programmes. Where there are only a few CRMs in an area of expertise, they are easily recognized and they may therefore not satisfy the intended purpose. Moreover, the same CRMs should never be used for both calibration purposes and as „blind", unknown check samples in a measurement process". Dies ist eigentlich eindeutig, und deshalb ist es unverständlich, daß neue Verfahren in der Literatur oft mit CRM kalibriert und mit weiteren CRM getestet werden. Es wird auch darauf hingewiesen, daß CRM praktisch nie in ausreichender Anzahl mit analytisch sinnvoll abgestuften Konzentrationen erhältlich sind.

Wenn die Herstellung von CRM interessant wird und zu planen ist, dann sind aus dem ISO-Guide 35: *"Certification of Reference Materials – General and Statistical Principles"* alle notwendigen Schritte zu ersehen, worauf noch im folgenden einzugehen sein wird.

Zunächst sollten die Zertifikate der erhältlichen CRM geprüft und verglichen werden, um zumindest eine geringe Information über die Qualität der Proben zu erhalten. Prinzipiell ist anzumerken, daß die Regeln des ISO-Guide 35 eine Konvention darstellen, denn die Anwendung statistischer Methoden ist eben nur dann erlaubt, wenn keine systematischen Abweichungen mehr vorliegen. Das ist jedoch hier nicht der Fall, wenn den Laboratorien gestattet wird, die Hausmethoden in den Ringversuchen einzusetzen (Abb. 398).

Durch Normen ist lediglich die Ermittlung der Kriterien einer Methode festgelegt, wobei ebenfalls die Einschränkung für die Statistik gilt. Das Ermitteln der Merkmalswerte einer Probe erfolgt aufgrund der Beschlüsse der verschiedenen Gremien, die damit befaßt sind. Die Auswirkungen werden bei der Beschreibung der analytischen Methode diskutiert (s. Kap. 6.3). Die Information in Zertifikaten müßte eigentlich eine genaue Beschreibung enthalten, wie die zertifizierten Werte zustande gekommen sind. So werden z. B. für kompakte Proben die Resultate der Spananalyse auf diese übertragen. Ist dies in allen Fällen zulässig? In der Literatur wird dies beispielsweise [817] nicht kritisch oder gar nicht er-

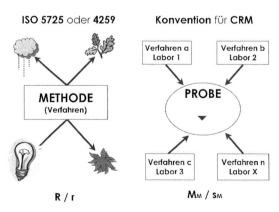

Abb. 398 Ringversuchskriterien für Methoden und Proben
(R = Vergleichbarkeit; r = Wiederholbarkeit; M_M = Mittelwert der Labormittelwerte; s_M = Standardabweichung des Mittels der Labormittelwerte).

wähnt. In gewissen Zeitabschnitten werden Programme zur CRM-Herstellung veröffentlicht [818], die natürlich auch werbewirksam sein sollen. Letztendlich ist der Handel mit CRM auch ein Geschäft.

Ein Mindestmaß an Information ist z. B. in den Zertifikaten der EURONORM-CRM, die von der ehemaligen Expertengruppe der früheren Europäischen Gemeinschaft für Kohle und Stahl (EGKS) herausgegeben wurden, enthalten. Die Herstellergruppe bestand damals aus dem BAS (GB), dem IRSid (F) und der BAM (D), die in Deutschland hierbei durch den Verein Deutscher Eisenhüttenleute (heute: Stahlinstitut-VDEh) und das Max-Planck-Institut für Eisenforschung (MPI), Düsseldorf, sowie das Materialprüfungsamt (MPA), Dortmund, unterstützt worden war. Diese Experten (Abb. 399) waren für alle CRM zuständig, die mit der Eisenhüttenindustrie zu tun haben, also Erze, Eisen, Stähle, Schlacken und Hilfsstoffe.

Diese Gruppe blickte auf eine lange Tradition zurück. Bereits 1912 wurde im Arbeitsbericht des Königlichen Materialprüfungsamtes Berlin-Dahlem die Herausgabe der ersten „Normalstahlprobe" für die Kohlenstoffbestimmung mitgeteilt. 1913 folgten sieben weitere Stähle mit unterschiedlichen Kohlenstoffanteilen sowie ein Jahr später ein Manganstahl, zwei Spiegeleisen- und zwei Ferromanganproben mit zertifizierten Mangananteilen in sinnvoller Abstufung. 1916 folgten Stähle mit zertifizierten Anteilen an Phosphor, Schwefel und Chrom, 1919 kamen jeweils eine Stahlprobe mit zertifiziertem Nickel- und Wolframanteil hinzu, es gab die erste Chrom-Nickel-Stahlprobe und ein Jahr später das erste weißerstarrte Gußeisen mit zertifizierten Daten. Es liegt somit eine langjährige praktische Erfahrung vor, die sicherlich vorteilhaft ist, aber die nicht generell vor Fehlern schützt.

Abb. 399 Die CRM-Expertengruppe vor Newham Hall (BAS), Newby, Middlesbrough (mit Gästen von links: *Wünsch* (VDEh), *Ridsdale* (BAS), *Wandelburg* (BAM), *Ohls* (Hoesch), *Bagshawe* (BAS), Sekretärin (BAS), Dolmetscherinnen, *Feillolay* (IRSid), *Meeres* (BAS), Mitarbeiter (BAS), *Jecko* und *Michel* (beide IRSid).

Zweifellos haben die weltweit zahlreichen Veröffentlichungen zum Thema „Referenzmaterialien" [819–826] dazu geführt, daß diese sehr *häufig eingesetzt* werden. Dagegen ist prinzipiell nichts einzuwenden, wenn dies kritisch und dem Verfahren angemessen erfolgt. Sind die Vorschriften zur Validierung eines Verfahrens, die eine Voraussetzung der Zertifizierung und Akkreditierung sind, damit zufriedengestellt, dann sollte das noch lange nicht dem Analytiker genügen, denn die *Richtigkeit* der Daten ist damit überhaupt *nicht generell garantiert*. Wie schon vor rund 100 Jahren von W. Ostwald [1] prognostiziert wurde, klafft immer noch die Lücke zwischen Theorie und Praxis, die heute offenbar noch zugenommen hat.

Jede Theorie, die von vielen ernsthaft auf ihren naturwissenschaftlich exakten Gehalt geprüft wird, muß zunächst eine sinnvolle und interessante Konzeption aufweisen. So ist das ebenfalls mit der Qualitätssicherung in Bezug auf die Genauigkeit analytischer Arbeitstechniken. Betrachtet man nur die Laboratoriumsprobe, dann ist heute grundsätzlich die *Präzision* – als *Wiederholbarkeit* betrachtet – nicht mehr das zu lösende Problem, denn durch die apparative Entwicklung ist diese in vielen Fällen in hohem Maß erreichbar. Das Problem ist die *Vergleichbarkeit*. Konnte hier nun wirklich durch die Einführung der Qualitätssicherung eine Verbesserung erreichen werden?

Geplant wurde dies zunächst theoretisch mit der GLP. Besonders in der spektrometrischen Analyse kommt der Verwendung von kompakten Standardproben (*Metallen*) eine entscheidende Bedeutung zu. Als die Laboratorien noch intakt waren, benutzte man „interne Standardproben" zur Kalibrierung der Spektrometer. Diese stammten entweder direkt aus der Produktion, oder sie wurden in einem Forschungslabor nach Vorschrift erschmolzen. In beiden Fällen sind dann alle interessanten Elementanteile dieser Proben mit validierten Hausverfahren genau bestimmt worden. Die ersteren, sog. *Betriebsproben*, haben dabei den praktischen Vorteil, daß sie die gleiche Vorgeschichte (Abkühlungsverhalten, Strukturausbildung) wie die Routineproben der Produktionskontrolle haben. Somit ist in den Auswertekurven bereits der Faktor enthalten, der durch z. B. eine Strukturveränderung hervorgerufen werden kann. Deshalb sollte man diese Proben nicht zum Eichen verwenden, weil dieser Faktor dann nicht zu erkennen sein wird.

Die *Schmelzproben* sind dagegen sehr wohl zum Eichen geeignet. Auch wenn sie in einem Vakuumschmelzverfahren hergestellt wurden, sind die Verdampfungsverluste und die homogene Verteilung der legierten Zuschläge analytisch genau zu kontrollieren. Es handelt sich um einen notwendigen Vorgang, der sich mit der Titerstellung einer Normallösung vergleichen läßt. Verwendet man *Primärmethoden* zu ihrer Analyse, dann ist ein hohes Maß an *Genauigkeit* (Präzision und Richtigkeit) zu erreichen.

CRM haben nur einen indirekten Einfluß auf die Richtigkeit, denn sowohl die Qualität (Metallsorte, Basislegierung der CRM) als auch die Struktur müßten eigentlich mit der Routineprobenart völlig übereinstimmen, was praktisch nie der Fall ist. Diese Einschränkung ist zu beachten; sie beruht hauptsächlich auf der Art der *Herstellung metallischer Referenzproben*.

Wesentliches Mittel zur Kontrolle der Genauigkeit sind und bleiben selbstverständlich die *Ringversuche*. Im Fall nichtmetallischer Materialanalysen (*Oxid*gemische) wurden entweder Proben synthetisiert, wenn die Matrix und die Hauptkomponenten bekannt waren, oder es sind „Verdünnungen" oder „Additionen" am Routineprobenmaterial vorgenommen worden. Da auch diese Stoffe eine gewisse Toleranz für die Begleit- und Spurenelemente aufweisen, ließ sich mit der reinen Matrixkomponente gezielt verdünnen, oder es konnten reine Oxide zugesetzt werden. Die *Herstellung von nichtmetallischen Referenzproben* ist sehr viel komplizierter.

Was geschieht nun in der *Praxis*? Neben der GLP gibt es inzwischen eine GMP (*Good Manufacturing Practice*) und selbst eine GSP für die Spektroskopie [827], worin es heißt: „Good Spectroscopic Practice is about:

- adequately trained staff,
- traceable standards,
- reliable and well maintained spectrometers,
- appropriate documentation and control systems,
- an understanding of the sample, and
- a professional approach of compliance".

Trotz dieser bekannten Forderungen werden die Verfahren heute – hauptsächlich aus Personalmangel – mit käuflichen RM oder CRM kalibriert. Fast überall sind in den Laboratorien die chemisch-analytischen Abteilungen (oft fälschlicherweise als „Naßchemie" bezeichnet) geschlossen oder so eingeengt worden, daß die erforderliche Erfahrung und Übung verloren gegangen ist. Geeicht werden deshalb die Methoden praktisch nicht mehr, so daß die jeweilige Basisfunktion der Hausmethode unerkannt bleibt. Für die erfolgreiche Validierung eines solchen Hausverfahrens reicht dies theoretisch nicht aus. *Seit Methoden nicht mehr geeicht werden, ergeben darauf basierende Verfahren nur noch Ergebnisse mit eigengeschränkter Richtigkeit.*

Auch der Einsatz von CRM, die in internationalen Ringversuchen (RV) zertifiziert wurden, führt dann zu keiner Verbesserung, wenn in diesen RV nicht mehr *Primärmethoden* benutzt werden, obwohl dies für die Herstellung und Zertifizierung sog. *Primärproben* vorgeschrieben ist. In Europa hat das CCQM (Comité Consultatif pour la Quantité de Matière) folgende Definitionen verabschiedet:

Primäre Meßmethode:
„A primary method of measurement is a method having the highest metrological qualities, whose operation can be completely described and understood, for which a complete uncertainty statement can be written down in terms of SI units, and whose results are, therefore, accepted *without reference to a standard* of the quantity being measured."

Primärstandard:
„A primary standard is a standard, that is designated or widely acknowledged as having the highest metrological qualities and whose value is accepted *without reference to other standards* of the same quantity."

Referenzmaterial:
„A primary reference material is one having the highest metrological qualities and whose value is determined by means of a primary method."

Diese Definitionen sind klar; sie verbieten den Einsatz von *Sekundärmethoden*, besonders dann, wenn diese auch noch mit *Sekundärstandards* kalibriert sind. In der Praxis wird es nun völlig anders gehandhabt. Obwohl die Analytiker verpflichtet sind, auch ihre Hausverfahren zu validieren, also sicherzustellen, daß sie die gleiche Güte eines Normverfahrens haben, kann dies aus Personalmangel nicht mehr verifiziert werden. Also benutzt man RM oder CRM zum Kalibrieren von Verfahren, die wieder zur Zertifizierung neuer CRM eingesetzt werden, wodurch sich die Fehler als Quadratsumme der Varianzen (s^2) fortpflanzen. Dies soll am Beispiel der Bronzeprobe BAM-337 (CuSn6) vom November 1999 erläutert werden (Tab. 42).

Tabelle 42 CRM BAM-337 von 1999.

Element	Massenanteil M	f_M [%]	s_M [%]	s_i [%]	Unsicherheit C95%
Cu	94,04	8	0,06	0,04	0,05
Sn	5,92	10	0,06	0,05	0,04
	M [µg/g]				
Ag	64,4	8	1,3	0,9	1,1
Al	45,1	5	1,1	1,6	1,2
BI	42,2	6	1,4	1,2	1,5
Cr	66,9	15	3,7	1,2	2,1
Fe	104,2	12	4	2,2	2,7
Mn	92,1	13	3,4	1,6	2,1
Ni	107,4	13	2,5	1,7	1,5
Pb	44,9	9	2,9	1,0	2,3
Sb	13,0	7	1,5	0,7	1,3
Se	55	8	4	1,6	4
Zn	100,6	14	6	2,1	3

Darin bedeuten:
M = Arithmetisches Mittel der Meßreihenmittelwerte
f_M = Freiheitsgrade
s_M = Standardabweichung der Meßreihenmittelwerte
s_i = Arithmetisches Mittel der Meßreihenstandardabweichungen unter Wiederholbedingungen

Es ist noch angemerkt, daß eine Meßreihe aus mindestens fünf, im Normalfall sechs Einzelwerten bestehen soll, was sicherlich fraglich ist. Für die exakte Definition der Lage (der Steigung) einer linearen Funktion (einer Geraden) sind mindestens vier Eich- oder Kalibrierpunkte aus unabhängigen Messungen, also nach kompletter Durchführung einer Methode oder eines Verfahrens, erforderlich. Keine Angaben werden zum Ausreißertest gemacht, wahrscheinlich ist derjenige nach *Grubbs* [795] vorausgesetzt.

Obwohl die Streuung zwischen den Laboratorien optimal klein erscheint, ist es jedoch unter statistischen Gesichtspunkten waghalsig, mit den wenigen Daten eine Zertifizierung auszusprechen. Ferner ist dem Zertifikat zu entnehmen, daß die Anzahl der Untersuchungsstellen N = 11 beträgt, wovon neun Industrielaboratorien sind. Es ist nicht vermerkt, welche davon nach zwei verschiedenen Methoden gearbeitet haben ($n > 9$), was mit Sicherheit die Bedingung der Unabhängigkeit einengt. Über die Konditionen des Ringversuches wird nichts mitgeteilt, so daß ein Verfahren pro Element angenommen werden muß, d. h. die Laboratoriumsmittelwerte bilden $n = f + 1$ statistische Grundgesamtheiten. Da die Einzelwerte nicht mitgeteilt werden, muß die Angabe „s_i" (heute: s_w) geglaubt werden. Es ist wahrscheinlich, daß im Gegensatz zu den Einzelwerten die Laboratoriumsmittelwerte sehr wohl normalverteilt sind. Durch den Einsatz der Hausverfahren ist der Mittelwert oft der wahrscheinlichste, nur bleibt eben der Wahrscheinlichkeitsbereich relativ groß, weil hier die unerkannten systematischen Fehler, die Kalibrierfehler aller N Laboratorien, auflaufen.

Die eigentliche Kritik hat sich auf den zugrunde liegenden Ringversuch zu richten, denn es sind zahlreiche Sekundärverfahren eingesetzt worden, wie z. B. die XRF-Spektrometrie für Cu (kleinster Laboratoriumsmittelwert mit 93,94 % Cu) und Sn; die Plasmaemissionsspektrometrie für alle Elemente außer Cu; die Atomabsorptionsspektrometrie (F oder ETA) desgleichen für alle außer Cu sowie die Bestimmung nach Photonenaktivierung für Sn, Ag, Cr, Mn, Ni, Sb und Se oder nach Neutronenaktivierung für Ag, Cr, Sb, Se und Zn. Damit läßt sich in diesem Fall eine sehr gute Präzision (Vergleichbarkeit) bescheinigen, *die Wiederholbarkeit ist immer gut, da kein Laboratorium stärker streuende Werte herausgibt*, doch die Richtigkeit ist nicht im gleichen Maß abgesichert bzw. gewährleistet. Mit den Spurenanteilen, die aufgrund mangelnder Beteiligung ($s = 6,8 + 0,8$ µg/g und s_i: 134 µg/g) oder zu geringer Konzentration (< 10 µg/g) nicht zertifiziert wurden, ergibt sich als Summe: 100,05 %. Dies zeigt, daß offensichtlich alle Komponenten erfaßt worden sind.

Leider findet sich neben dem Hinweis auf die Probenform, einem 3 cm hohen Zylinder mit einem Durchmesser von etwa 4 cm, und die Verwendung für die XRF- und Emissionsspektrometrie bei der durch die BAM gemeinsam mit der Gesellschaft für Bergbau, Metallurgie, Rohstoff- und Umwelttechnik (GDMB, früher: Gesellschaft Deutscher Metallhütten- und Bergleute) erstellten Probe keine weitere Beschreibung der Probencharakteristik. Eine gute Homogenität kann zwar aufgrund der reproduzierbaren Werte angenommen werden, doch bleiben die Masse und andere Eigenschaften der Analysenprobe, aus der die analytischen Informationen stammen, wie immer unbekannt.

Es ist somit nicht leicht, die *Zertifikate* von CRM richtig zu *interpretieren*, weil einmal die notwendigen Angaben fehlen, wenn z. B. nur das Mittel des Mittelwertes und dessen Standardabweichung angegeben werden (NIST, BCR u. a.), und zum anderen zwar alle Laboratoriumsmittelwerte mitgeteilt sind (z. B. bei EURONORM-ZRM), doch die statistischen Basisinformationen fehlen. So sind bedingt durch die Praxis der Ringversuche die Einzelwerte in den Laboratorien nicht normalverteilt, d. h. sie folgen nicht der Gauß-Verteilung, und die Anzahl der Freiheitsgrade ($n - 1$; $n =$ Anzahl der „unabhängigen" Einzelbestimmungen) ist eigentlich unbekannt, obwohl sie mit „Drei" (bei der EURONORM) oder „Fünf" (BAM / GDMB) beschlossen worden ist. Der Wahrscheinlichkeitsbereich der Richtigkeit ist im allgemeinen bei CRM-Daten deshalb relativ groß, damit der wahrscheinlichste Wert auch darin enthalten ist.

Um die Veränderungen der letzten Jahre zu verdeutlichen, soll ein Zertifikat der Vorgänger der Expertengruppe EURONORM, der deutschen Gruppe BAM, Berlin, MPI und VDEh, Düsseldorf, sowie MPA, Dortmund, diskutiert werden. Dieses Beispiel soll zeigen, daß sich innerhalb der letzten 30 Jahre nur die Methoden verändert haben. Damals gab es zwar noch genügend qualifizierte Mitarbeiter doch nur wenige kompetente Laboratorien für die Spurenbestimmung, so daß auch in einigen Laboratorien zwei verschiedene Methoden benutzt worden sind, wie am Beispiel der Phosphorwerte der Stahlprobe BAM-035–1 von 1969 (herausgegeben als AKP) gezeigt werden soll (Tab. 43).

Tabelle 43 AKP BAM-035-1 von 1969.

Labor-Nr.	Analysenverfahren	Labormittelwerte [% P]
1	Photometrisch, Molybdatovanadatophosphat nach Extraktion mit MIBK	0,0029
2		0,0041
3		0,0080*
4		0,0057
5		0,0039
6		0,0034
7		0,0038
8		0,0040
9		0,0055
10		0,0047
1	Photometrisch, desgl. Direkt	0,0040
4	Acidimetrisch, Ammoniummolybdatophosphat	0,0041
6		0,0062**
10	Photometrisch, Molybdänblau	0,0040

Mittel der Labormittelwerte M_M 0,0046
Standardabweichung der Labormittelwerte s_M 0,0013

So würde dies heute nicht mehr zertifiziert werden. Zunächst wäre der Mittelwert (*) des Laboratoriums 3 durch einen Ausreißertest eliminiert worden. Ebenso erkannte man einige Jahre später, daß die acidimetrische P-Bestimmung oft Mehrbefunde ergab, weil der As-Anteil nicht berücksichtigt wurde, wodurch Ammoniummolybdatoarsenat entstehen und stören konnte. Aus diesem Grunde sind fast alle geringen P-Anteile in den vorliegenden CRM geändert worden [828]. So würde auch hier der Mittelwert (**) des Laboratoriums 6 entfallen:

Neues Mittel der Labormittelwerte
$M_{M1} = 0,0042$;
Standardabweichung von $MM1$
$s_{M1} = 0,0008$.

Mit diesem Ergebnis ist die Probe durchaus brauchbar und hat sich jahrelang bewährt. Auffällig ist die Ehrlichkeit der Laboratorien, die nach zwei Verfahren gearbeitet hatten und relativ unterschiedliche Werte abgaben.

Nachdem sich die Expertengruppe EURONORM vom Statistiker *P. Booster* [829] beraten ließ, der bereit war, sich mit den konventionellen Bedingungen der Ringversuche zufrieden zu geben, wurden die „statistischen" Angaben erweitert.

Der Ablauf der Ringversuche wurde standardisiert, wie es z. B. in DIN ISO 5725 vorgeschrieben ist. Der Planung von Ringversuchen [772] kommt die entscheidende Rolle zu, besonders auch den Fragen der Auswertung [770]. Diese muß allen Teilnehmern plausibel und später zugänglich sein. Als Ausreißertest wurde beschlossen, neben der 2-s-Regel den von Grubbs [795] anzuwenden, und dies auf eine zweimalige Anwendung zu begrenzen. Ferner sollen die Laboratoriumsmittelwerte nach ansteigender Größe geordnet werden. Jeder Teilnehmer muß so nach der Auswertung seine Mittelwerte selbst heraussuchen. Als Anzahl der Teilnehmer (N) wurden $\geq$ 20 Laboratorien angestrebt. Nach dem Ausreißertest sollen als Mindestanzahl $n = 16$ Laboratoriumsmittelwerte zur Verfügung stehen, um eine Zertifizierung einzuleiten. Man erwartete von jedem Laboratorium vier Einzelwerte je Elementbestimmung. Dies ist praktisch – wie schon erwähnt – nicht einzuhalten. Dennoch soll mit diesen vier Einzeldaten bewertet werden. Somit erschienen die folgenden *Zertifikatangaben*:

- alle Laboratoriumsmittelwerte (– bedeutet Ausreißer),

- M_M: Mittelwert der Laboratoriumsmittelwerte,
- s_M: Standardabweichung der Laboratoriumsmittelwerte,
- s_b: Standardabweichung zwischen den Laboratorien (b = *between*) und
- s_w: Standardabweichung innerhalb der Laboratorien (w = *within*)

mit dem funktionellen Zusammenhang:

$$s_M = \sqrt{s_b^2 + s_w^2/4}.$$

Prinzipiell setzt sich die Varianz der Labormittelwerte aus denjenigen zwischen und innerhalb der Laboratorien zusammen. Doch machen diese Angaben dann wenig Sinn, wenn eben der Wert s_w zu gut ausfällt bzw. ausgesuchte Daten zugrunde liegen (Tab. 44).

Die s_w-Werte sind, wie erwartet, erheblich besser als diejenigen für s_M. In der Expertengruppe ist der Autor jahrelang dafür ein-

Tabelle 44 EURONORM-CRM 195–1 (Cr-Mo-Ni-Stahl) von 1989.

Element	N*	Gefunden			Zertifikat	
		M_M [%]	s_M [%]	s_w [%]	M_M [%]	s_M [%]
C**	20	0,7562	0,0061	0,0025	0,756	0,008
Si	21 (-1)	0,4657	0,0092	0,0056	0,466	0,009
Mn	20 (-1)	0,5710	0,0057	0,0037	0,571	0,006
P	20 (-1)	0,0163	0,0016	0,0004	0,016	0,002
S	20	0,0121	0,0006	0,0004	0,012	0,001
Cr	21 (-3)	1,566	0,018	0,008	1,57	0,02
Mo	21 (-1)	0,7675	0,0093	0,0048	0,768	0,010
Ni	21 (-1)	0,3271	0,0090	0,0035	0,327	0,009
Cu	20 (-1)	0,0355	0,0010	0,0007	0,036	0,036
N	20 (-1)	0,0100	0,0005	0,0002	0,0100	0,0005
V	21	0,3115	0,0090	0,0041	0,312	0,008

* Ausreißer in ()
** C-Werte gelten nur für die Spanproben und nicht für den Diskus

getreten, daß die Angabe von s_M ausreicht. Zusätzlich solle man im Zertifikat ausschließlich einen Vertrauensbereich für diese Streuung angeben und dabei berücksichtigen, daß s_M eigentlich das *Mittel von Mittelwerten* darstellt, die Normalverteilung erfüllt ist, sowie in dieser Form nur eine Wahrscheinlichkeit (statistische Sicherheit) von etwa 67 % besteht. Dies hat man seit 1990 nun endlich geändert. Nach wie vor erfolgt das Auf- oder Abrunden der Zahlenwerte nach DIN 1319. s_M wurde ja wie die klassische Standardabweichung (a) berechnet, während nach *Gauß* die Standardabweichung des Mittels von Mittelwerten (b) um den Faktor $1/\sqrt{N}$ kleiner wird als diejenige von Mittelwerten.

(a) $\quad s_M = \pm \sqrt{\dfrac{s(x_i - x_n)^2}{n - 1}}$

(b) $\quad s_m = \pm \sqrt{\dfrac{s(x_n - x_N)^2}{N(n - 1)}}.$

So findet man seit etwa 10 Jahren in den Zertifikaten von EURONORM-CRM alle Laboratoriumsmittelwerte, das Mittel daraus M_M und dessen Standardabweichung s_M sowie die zerifizierten Werte und dazu die Halbwertsbreite des Vertrauensbereiches C, für eine Wahrscheinlichkeit von 95 % berechnet, angegeben. Hierfür wird die Berechnungsformel:

$$C(95\%) = t \cdot s_M / \sqrt{N}$$

genannt, worin t die Student-Verteilung ist. Wenn man sich nun an einem Beispiel verdeutlicht, was dies heißt, dann wird erkennbar, daß der 95-%-Vertrauensbereich praktisch sogar noch günstiger ausfällt als die Standardabweichung s_M (Tab. 45).

Theoretisch ergibt sich als Faktor für hier 19 teilnehmende Laboratorien z. B. für Ni:

$$s_M / \sqrt{N} = 0{,}08 / \sqrt{19} = 0{,}02$$

und multipliziert mit $t = 2$ erhält man für

$$C(95\%) = 0{,}04.$$

Tabelle 45   EURONORM-CRM 376–1 (24%-Cobalt-Magnetlegierung) von 1990.

Element	N*	Gefunden M_M [%]	s_M [%]	Zertifikat M_M [%]	$C_{95\%}$ [%]
C	19 (-1)	0,0256	0,0018	0,0256	0,0009
Si	19 (-1)	0,3132	0,0090	0,313	0,005
Mn	19 (-1)	0,0463	0,0042	0,046	0,002
S	19 (-1)	0,0040	0,0006	0,0040	0,0003
Ni	19	13,37	0,08	13,37	0,04
Al	19 (-1)	8,116	0,096	8,12	0,05
Co	19 (-1)	23,70	0,19	23,70	0,10
Cu	19 (-1)	2,943	0,041	2,94	0,02
Nb	17	0,3087	0,0132	0,309	0,007
Ti	19	0,1581	00058	0,158	0,003

* Ausreißer in ()

Für dieses kompliziert zusammengesetzte Material sind die Resultate ausgezeichnet. Die Ausreißer sind zunächst nach der 2-s-Regel entfernt worden, d. h. diese Daten wichen um mehr als die zweifache Standardabweichung des Mittels der Laboratoriumsmittelwerte von diesem ab. Danach erfolgte eine Neuberechnung des Mittels. Im Beispiel fiel bei 19 bzw. 18 Laboratoriumsmittelwerten in sieben von zehn Fällen jeweils nur ein einziger Mittelwert heraus.

Natürlich ist die Anwendung von Sekundärmethoden nicht mehr aufzuhalten; auch hierbei sind vereinzelt spektrometrische Methoden benutzt worden. Somit kommt einer geeigneten *Validierung* eine überragende Bedeutung zu.

Für die EURONORM-CRM 376–1 (Tab. 45), die in Spanform vorliegt, ist die ausgewählte Kornfraktion angegeben, was leider bei vielen anderen Zertifikaten fehlt. Eigentlich wird die wesentliche Angabe über die im Ringversuch eingesetzte Probenmasse, die Einwaage also, aus der die analytischen Informationen stammen, vermißt – sowohl bei Spänen als auch bei den noch kritischeren Pulvern.

Prinzipiell gelten zertifizierte Werte nur für die Einwaage, mit der diese Daten im Ringversuch erstellt wurden.

Ein sehr wichtiges Handelsgut sind z. B. Eisenerze, für die es ebenfalls CRM gibt. Wie bei allen Pulvern in einem bestimmten Korngrößenbereich finden beim Lagern unterschiedliche Entmischungen statt. Neben der Homogenität spielt hier also die Korngröße noch stärker hinein, so daß die Einwaage alle Korngrößen zu berücksichtigen hat. Auch bei Spänen ist es nicht zulässig, für die Einwaage – weil man fälschlicherweise genau 0,5000 g erreichen möchte und den Rechenfaktor dafür im Kopf hat – nur das Feinmaterial (Abrieb in Probenflaschen) auszuwählen. Für kompakte Proben ist dieses Problem noch eminenter, denn die Analysendaten, die aus Spänen einer bestimmten Kornfaktion erhalten wurden, repräsentieren z. B. $0{,}5 \text{ g} = 5 \cdot 10^5$ µg, während die analytische Information spektrometrischer Verfahren aus einer Probenmasse von etwa 5 µg stammt, ein Unterschied von immerhin fünf Zehnerpotenzen.

Es ist streng zu beachten, daß *RM und CRM immer kritisch beurteilt, ausgewählt und eingesetzt* werden [830]. Alle weiteren Fragen bezüglich der Herstellung und Anwendung von Referenzmaterialien findet man in einem neuen Handbuch [831].

Aus verständlichem Grund haben sich so besonders die Eisenerz-Sachverständigen in den ISO-Gremien nicht nur mit der Ringversuchsgestaltung und der statistischen Auswertung, sondern auch mit dem *praktischen* Einsatz von CRM beschäftigt. Wie muß eine Probe untersucht werden, damit sie einer Zertifizierung ihrer Merkmalswerte genügt? Was ist ein Ausreißer? Was darf man mit einer CRM in einem Verfahren tun? Wann muß eine Auswertefunktion durch eine CRM geändert werden?

Von den ISO-Gremien kommt ein Schema, nach dem die Ausreißer festgelegt werden (Abb. 400). Dies ist deshalb wichtig, weil einmal die Teilnahme an derartigen Ringversuchen freiwillig ist, und zum anderen die Teilnehmer oft aus „politischen" Gründen beleidigt sein könnten, wenn gerade ihr Mittelwert herausfällt. Die statistische Mathematik hilft hier, dies sachlich zu verstehen. Hierin wird auch die Anzahl der Einzelwerte plausibel geregelt; es dürfen maximal vier sein. Entsprechend ISO 5725 ist die Wiederholbarkeit $r = 2{,}77 \cdot s_w$, was der Realität nahe kommt. Andererseits sind Teilnahme und Vergleich der Resultate ein bewährtes Führungsmittel für Vorgesetzte (s. Kap. 6.2).

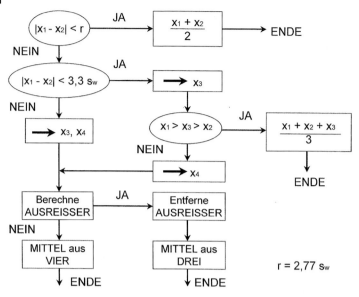

Abb. 400 Flußdiagramm zur Anerkennung von analytischen Werten für CRM.

Die Experten in den ISO-Gremien dachten auch nicht daran, Methoden mit zertifizierten Referenzmaterialien zu eichen. Vielmehr sollten diese zur Kalibrierung des aus einer Methode entwickelten Verfahrens benutzt werden, wenn die Forderung des Einsatzes von Primärmethoden nicht erfüllt werden kann (vgl. Abb. 367). Und die wird heute kaum mehr erfüllt!

Diese Problematik behandelt z. B. die ISO 9035–1989 „*Iron Ores – Determination of Acid-Soluble Iron(II) Content – Titrimetric Method*", die sich damit beschäftigt, wann in die jeweils benutzte Kalibrier- oder Auswertefunktion eingegriffen werden muß. Hierin heißt es:

„Eine analytische Methode X soll mit Hilfe von CRM geprüft, aber nicht geeicht werden (An analytical method X has to be checked – but not calibrated – by the use of a CRM.)". Das Ergebnis des Verfahrens X soll für die gewählte CRM so ausfallen, daß die Differenz zwischen diesem und dem zertifizierten Wert statistisch nicht signifikant ist. Eine CRM ist von mindestens 10 (nach Expertenmeinung besser von 15) Laboratorien mit Verfahren untersucht worden, die in Bezug auf Präzision und Richtigkeit mit dem Verfahren X vergleichbar sind. Dann kann die folgende Gleichung benutzt werden, um die Signifikanz der Differenz zu prüfen:

$$|A_c - A| \, 2\sqrt{\left(s_b^2 + \frac{s_w^2}{n_c}\right)/N_c + R^2 + \frac{r^2}{n}},$$

worin bedeuten:

A_c = zertifizierter Wert;
A = Resultat des Verfahrens X für die CRM;
s_b = Standardabweichung zwischen den zertifizierenden Laboratorien der CRM;
s_w = Standardabweichung innerhalb der zerifizierenden Laboratorien;
n_c = Anzahl der Wiederholbestimmungen des zertifizierenden Laboratoriums;

N_c = Anzahl der zertifizierenden Laboratorien;
n = Anzahl der Wiederholbestimmungen mit der CRM (normal: $n = 1$);
r = die Wiederholbarkeit (*repeatability*) des zu prüfenden Verfahrens X;
R = die Vergleichbarkeit (*reproducibility*) des zu prüfenden Verfahrens X.

Mit der Formel auf den Zertifikaten: $s_M = \sqrt{s_b^2 + s_w^2/n_c}$ ergibt sich eine weit einfachere Gleichung:

$$|A_c - A| \; 2\sqrt{s_M^2/N_c + R^2 + \frac{r^2}{n}}$$

Wenn die linke Seite kleiner oder gleich der rechten Seite dieser Gleichung wird, dann ist die absolute Differenz $|A_c - A|$ statistisch nicht signifikant. Somit liegt keine Signifikanz vor, und es muß keine Änderung vorgenommen werden.

Wenn die Differenz zwischen gefundenem und zertifiziertem Wert signifikant ist, dann muss die Analyse wiederholt werden. Ist die Differenz dann wieder signifikant, so ist die Prozedur mit einer anderen CRM zu wiederholen, oder die Verfahrensfehler sind abzustellen.

Interessant ist, daß hierzu beim Gebrauch der CRM nur drei Informationen benötigt werden: M_M, s_M und N_c, also das zertifizierte Mittel der Labormittelwerte, dessen Standardabweichung und die Anzahl der an der Zertifizierung beteiligten Laboratorien, die wirklich von den „Aktivitäten eines speziellen Laboratoriums" unabhängig sind. Selbst Daten aus sehr alten Zertifikaten können somit benutzt werden, da diese Größen seit über 30 Jahren darin enthalten sind. Wie schon bemerkt, war die in einer Übergangszeit verwendete Angabe und Einbeziehung von Standardabweichungen innerhalb und zwischen Laboratorien bedeutungslos.

Als Beispiel zur Wirkungsweise obiger Gleichung wurde die EURONORM-CRM 079–1 benutzt, um das Hoesch-Verfahren „AAS-Bestimmung von Cr in Stahl" damit zu überprüfen:

Daten der CRM: $A_c = 0{,}0382\,\%$ Cr; $s_M = 0{,}0023\,\%$ Cr; $N_c = 23$ Laboratorien. Verfahrensdaten / Resultat: $r = 0{,}0006\,\%$ Cr; $R = 0{,}0012\,\%$ Cr; $A = 0{,}0440\,\%$ Cr.

$$s_M^2/N_c = 53 \cdot 10^{-5}/23$$

$$0{,}0058 \leq$$
$$2\sqrt{23 \cdot 10^{-6} + 140 \cdot 10^{-6} + 4 \cdot 10^{-6}}$$

$$0{,}0058 \leq 0{,}0027 \; (\text{nein})$$

Die Differenz ist statistisch signifikant!

Nach dem Zertifikat der ECRM 079–1 müssen die gefundenen Werte eindeutig im Bereich: $\geq 0{,}0359 \leq 0{,}0405\,\%$ Cr liegen. Obige Gleichung erlaubt für die Überprüfung der Auswertefunktion eines Verfahrens: $\geq 0{,}0355 \leq 0{,}0409\,\%$ Cr.

Im genannten Zertifikat sind zwei Laboratoriumsmittelwerte (0,0440 und 0,0428 % Cr) enthalten, die nicht als Ausreißer eliminiert wurden. Mit Hilfe dieser Erkenntnisse ist es berechtigt, diese beiden nicht mit einzubeziehen. Dann würde sich das Zertifikat folgendermaßen ändern: $M'_M = 0{,}0377\,\%$ Cr und $s'_M = 0{,}0018\,\%$ Cr. So ergibt sich mit $s'_M / \sqrt{21} = 0{,}0004\,\%$ Cr nun als zulässiger Bereich: $\geq 0{,}0373 \leq 0{,}0381\,\%$ Cr, der z. B. für die Kalibrierprüfung moderner physikalisch-chemischer Verfahren viel brauchbarer ist.

Nach einer guten Kalibrierung ist es oft ratsam, nur dann eine Korrektur vorzunehmen, wenn das Ergebnis so deutlich ausfällt wie im gegebenen Beispiel. Die tägliche Praxis entspricht oft dem folgenden Beispiel. Ein Routineverfahren hat die geprüften Kriterien erbracht:

Wiederhol- und Vergleichbarkeit:

0,0140; 0,0110; 0,0109; 0,0108; 0,0106 (%)
$M' = 0{,}0106\,\%$;

0,0106; 0,0105; 0,0104; 0,0099; 0,0070 (%)
$s' = 0{,}0012\,\%$.

Nach der 2-s-Regel sind der erste und der letzte Wert zu eliminieren:

$M = 0{,}0106\,\%$ und $s = 0{,}0004\,\%$.

Es ist bezeichnend, daß sich nicht der Mittelwert, sondern die Standardabweichung so erheblich ändert. Eine Prüfung in einem anderen Laboratorium, das nicht mit Routineaufgaben beschäftigt ist oder diese Verfahren nicht täglich anwendet (wie z.B. im Fall einer Schiedsanalyse durch ein Auftragslaboratorium) ergab eine Vergleichbarkeit, die noch zulässig war: $r = 0{,}0004\,\%$ und $R = 0{,}0012\,\%$.

Dieses Verfahren soll nun durch eine einmalige Analyse einer möglichst ähnlich zusammengesetzten CRM geprüft werden:

Zertifikat: $N_c = 20$; Resultat:
$M_M = 0{,}0150\,\%$ 0,0140 %
$s_M = 0{,}0020\,\%$

Damit ergibt sich folgender Rechenwert aus der angewandten Gleichung:

$$0{,}0010 \leq \frac{}{2\sqrt{20 \cdot 10^{-8} + 144 \cdot 10^{-8} + 16 \cdot 10^{-8}}}$$

$0{,}0010 \leq 0{,}0027$ (ja)

Das Ergebnis ist statistisch nicht signifikant! Es bedarf keiner Änderung der Auswertefunktion.

Selbst unter der Annahme, daß alle systematischen Fehler beseitigt werden konnten, also bei geltenden Wiederholbedingungen ($R = r$) bleibt das Ergebnis erhalten:

$$0{,}0010 \leq \frac{}{2\sqrt{20 \cdot 10^{-8} + 16 \cdot 10^{-8} + 16 \cdot 10^{-8}}}$$

$0{,}0010 \leq 0{,}0014$ (ja)

Diese Gleichung reagiert ausreichend empfindlich und zeigt, daß Änderungen eine genaue Prüfung erfordern, auch um zu vermeiden, daß die Lage von Auswertefunktionen unnötigerweise verändert wird. Die Verwendung von Referenzmaterialien ist ein geeignetes Hilfsmittel, die Verfahren auf Genauigkeit zu überprüfen (Abb. 401).

Grundsätzlich soll mit im Handel erhältlichen RM und CRM nicht kalibriert werden! Ein Beispiel soll zeigen, wie leicht dabei erhebliche Fehler auftreten können: So enthalten die britischen und japanischen Referenzproben unterschiedliche Mangananteile, wodurch der Schwefel-Meßwert beeinflußt wird (Abb. 402a).

Vergleicht man die gemessenen Al-Werte von BAS-Standards mit denen vom NIST und versucht eine Konzentrationsabstufung zu finden, dann paßt nur ein Wert auf die BAS-Funktion. Die Abweichung der anderen beruhte auf unterschiedlichen Molybdänanteilen, die eine Spektrallinien-Koinzidenz hervorrufen. Das alles steht nicht im Zertifikat.

Auch folgender Fall war nicht beschrieben, und es gab keinen Hinweis im Zertifikat: Zwischen den Hoesch-Laboratorien gab es in Bezug auf die Boranteile in Stählen Diskrepanzen, eins fand z.B. 0,0050 % B und das andere registrierte an identischer Probe 0,0070 % B. Die Suche nach der Ursache war nicht so einfach (Abb. 403). Beide Laboratorien benutzten die NBS-Probenserie 1161–1165 {x}, kritisch war die Probe 1164 mit zertifizierten 0,005 % B. Die Laboratorien benutzten unterschiedliche Auswertekurven (Abb. 403a).

Als nun mit dem Hochspannungsfunken (und in Referenz auch mit der Glimmlampenanregung) spektrographisch der angegebene Wert bestätigt wurde, sind einige Standardproben dieser Serie zerspant und metallkundlich untersucht worden. Die Probe mit 0,005 % B enthielt neben Borni-

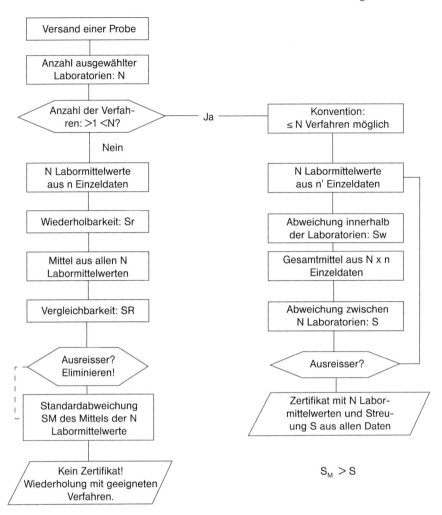

Abb. 401 Feststellung von Präzision und Richtigkeit im Laboratorium.

trid, BN, eine erhebliche Menge an Boroxid, B_2O_3. Dieses beeinflußte den Niederspannungsfunken bei der Emissionsspektrometrie erheblich und führte zu diesen Abweichungen.

Es ist viel analytisches Wissen erforderlich, um CRM richtig einzusetzen!

Will man für die am häufigsten benutzten Methoden, die Atomemissions- und die XRF-Spektrometrie, Proben als Referenzmaterialien „qualifizieren", so gibt es grundsätzlich zwei Bereiche: Haupt- und höhere Nebenbestandteile sowie niedrigere Nebenbestandteile und Spuren. Gravimetrische, maßanalytische, photometrische Verfahren und die AAS (mit und ohne Flamme) sowie die ICP-AES bzw. ICP-MS sollten entsprechend der Arbeitsbereiche eingesetzt werden. Diese Arbeitsweise wurde im Laboratorium der DHHU/Hoesch Hüttenwerke Dortmund auch ausgeführt und zwar für alle Proben, die in

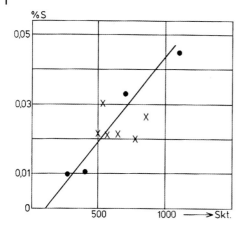

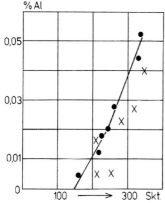

Abb. 402 Vergleich von Stahl-Standards verschiedener Hersteller; (a) BAS- und JISI-Standards {x} für S und (b) NIST- {x} und BAS-Standards für Al.

Hüttenlaboratorien vorkommen, wie Metalle, Legierungen, Erze, Schlacken u. a. oxidische Stoffe.

Wichtig ist deshalb generell der Erhalt der Erfahrungen mit verschiedenen Methoden nebeneinander, da übereinstimmende Ergebnisse aus unterschiedlichen Verfahren in Referenz kaum anfechtbar sind. Sie garantieren ein hohes Maß an Richtigkeit, wenn die Erfahrung der Mitarbeiter, ständig geübt, erhalten bleibt. In der Gegenwart wird hierauf nicht ausreichend Wert gelegt, was folgenschwere Auswirkungen haben wird.

Außerdem braucht man in Zukunft immer mehr kompakte Proben als Standards, weil dies die automatisierten Systeme der Spektralanalyse (s. Kap. 7) erfordern. Und hierfür wäre es wichtig, Proben einer Matrix mit abgestuften Anteilen der Merkmalswerte herzustellen, wie das schon einmal vor vielen Jahren von der schwedischen Firma Analytica versucht worden ist. Damals vor 30 Jahren wurde die Wichtigkeit solcher Proben nicht erkannt, wahrscheinlich auch deshalb, weil man noch mit hauseigenen Proben kalibrierte.

Die sog. Rekonstitution von Proben aus oxidischen Materialien [832] gehört nicht zur Analytischen Chemie; es ist vielmehr eine Art physikalischer Analytik, wie sie in der Gegenwart häufig und lasch betrieben wird. Hierbei sollen Gemische aus Reinststoffen nur nach der Wägung zusammengemischt und die Anteile dann berechnet werden. Die Waage ersetzt hierbei die analytische Bestimmung der Gemische, wobei die extrem kleine Standardabweichung der Massenermittlungen völlig unrealistisch ist. Mögliche Verunreinigungen, Verluste, Kontaminationen oder auch Entmischungen werden nicht erkannt. Die Homogenisierung von Feststoffgemischen ist immer problematisch und muß deshalb vor der Anwendung chemisch-analytisch geprüft werden.

Dieser Qualitätsverlust scheint heute ebenso hingenommen zu werden wie derjenige durch das Verwenden käuflicher RM und CRM, die zunehmend mit Verfahren analysiert werden, die ebenfalls mit CRM kalibriert wurden. Es lebe die Fehlerfortpflanzung!

Genaue Untersuchungsergebnisse sind für die Qualitätssicherung und ihr Management unerläßlich. Dazu gehören jedoch Menschen [833], die entsprechend richtige

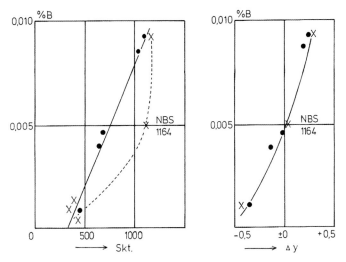

Abb. 403 Der Versuch die Bor-Bestimmung in Stahl mit Referenzproben zu kontrollieren.

Resultate mit Können und Erfahrung erstellen und die QS-Forderungen erfüllen können. Diese Menschen müssen bei allem Verständnis für Mechanisierung und Automatisierung (und dem Spieltrieb mancher Vorgesetzter) in den Laboratorien zur Verfügung bleiben, denn Computer werden immer nur so gut arbeiten, wie es die Programmierer vorgegeben haben. Sie werden auch in naher Zukunft den Menschen in Bezug auf Flexibilität und Reagieren auf ungeplante Zwischenfälle nicht ersetzen können.

Es ist schwer, Kritikern von außen zu widersprechen, die den Analytikern selbst die Schuld an der heutigen Lage und dem gegenwärtigen Ansehen ihrer Wissenschaft geben. Ebenso schwer ist es, internen Kritikern, wie z. B. *Karl Cammann*, Münster, zu widersprechen, die der Meinung sind, daß alle präzisen Daten der Gegenwart nicht mehr richtig sind bzw. nicht ausreichend Nachgeprüftes in die Welt gesetzt wird. Denkt man da nicht sofort an die biochemische Analytik, die heute unter „Life Science" firmiert, wo oft nur eine einzige Methode in der Lage ist, Daten zu finden?

Wenn in diesem Zusammenhang von mehr Risiko oder Bereitschaft dazu die Rede sein sollte, dann darf es sich nur um *das kalkulierte Risiko* handeln! Da es sehr viele verschiedene Risiken gibt, soll hier nur auf diejenigen eines Industriebetriebes hingewiesen werden (Tab. 46).

Prinzipiell setzt sich Risiko aus zwei Größen zusammen, der *Schadenshöhe* und der *Ereignishäufigkeit*. Risiko ist quasi das Gegenteil von Wirtschaftlichkeit (Chance) oder Produktivität, die *Nutzen* und Ereignishäufigkeit beinhaltet. Das Chance-/Risiko-Verhältnis muß einen günstigen Wert annehmen, da sonst die Produktivität bzw. das Nutzen-/Kosten-Verhältnis verschlechtert wird. Die Faktoren der Produktivität, wie die Verfügbarkeit der Geräte, ihre Zuverlässigkeit oder Ausfallwahrscheinlichkeit, die Folgekosten, die wirtschaftliche Lebensdauer und die Sicherheit spielen auch im Laboratorium eine wichtige Rolle. Aus diesem Grunde sind die Risikofaktoren hier erwähnt, da sich heute ein Laborleiter auch mit dem Risikomanagement befassen muß.

Tabelle 46 Wichtigste Risiken einer Firma.

Risiken	Ereignisse (Auswahl)	Maßnahmen möglicher Vorbeugung
Wirtschaftliche Unternehmens-Risiken	Globale Wirtschaftsentwicklung	Keine
	Energiekosten in $	Keine
	Branchentypischer Markt	Marktanalysen, Werbung
Personalrisiken	Fluktuation	Gehälter, Führungsstil
	Vertrauensschaden	Betriebsklima, Versprechungen
	Streik	Tariferfüllung, Prämien
Sachrisiken	Feuer	Keine (Brandschutz)
	Explosion	Keine (Prozeßführung)
	Betriebsstörungen	Instandhaltungsplan
	Naturgewalten	Keine
Planungsrisiken	Produktionsplanung	Bessere Fachleute
	Logistik	Geschulte Experten
	Arbeitsvorbereitung	Kaufmännisch geschulte Ingenieure
Betriebsrisiken	Verfügbarkeit von Aggregaten und Maschinen	Vorbeugende Instandhaltung
	Wartungsintervalle	Ausgebildete Techniker
	Kontrollmechanismen	„Regelkarten", DV-Systeme
Haftungsrisiken	Betriebshaftpflicht	Medizinisch-chemische und technologische Untersuchungen, Sicherheitstechnik
	Produkthaftung nach § 823 BGB	Technologische und chemisch-analytische Untersuchungen
	Qualitätsgarantie	Desgl. und Betriebskontrollen
	Umwelthaftpflicht	Chemisch-physikalische Analyse

Es ist ein Kriterium analytischer Laboratorien, daß die weitaus überwiegenden Kosten nun einmal Personalausgaben sind. Dadurch beginnt jede Rationalisierungsmaßnahme mit der Personaldiskussion. Hier muß eindeutig argumentiert werden, daß fast alle *Haftungsrisiken* und einige andere *mit* einer sinnvoll gestalteten *Unternehmensstrategie* erheblich zu *minimieren* sind.

Wer an den QS-Aktivitäten spart und allgemein die Prüflaboratorien schwächt, der wird in naher Zukunft mit seinen Produkten vom Markt verschwinden oder die Menschen durch nicht ausreichend geprüfte Ergebnisse aus dem Umwelt- und Lebensbereich verunsichern.

7
Die Zukunft analytischer Untersuchungen

Von der Zukunft der Wissenschaft „Analytische Chemie" wird nicht nur die technologische Entwicklung, sondern auch die allgemeine Lebensqualität abhängen. Das erkennt man zur Zeit nicht oder spielt es aus den unterschiedlichsten Gründen herunter. Mit den vorprogrammierten Nachteilen bezüglich technischer, wissenschaftlicher und medizinischer Innovationen muß die nachfolgende Generation leben, da die heutigen Versäumnisse sich nicht so schnell beheben lassen werden. Es ist somit eine Pflicht gegenüber der Gesellschaft, auf diese Fehlentwicklung hinzuweisen.

Es begann in Deutschland eigentlich hoffnungsvoll mit dem 20. Jahrhundert, nachdem bereits 1875 in Wien der erste Lehrstuhl für Analytische Chemie an der TH errichtet worden war. Beides gab es damals bei uns nicht – weder einen solchen Lehrstuhl noch eine Technische Universität. Es war der aus Riga stammende Chemiker, Physiker und Philosoph *Wilhelm Ostwald* (1853–1932), der nicht nur die Chemie erneut als exakte Naturwissenschaft etablierte, sondern auch als Mitbegründer der Physikalischen Chemie gilt und die Bedeutung der Analytischen Chemie richtig einordnete, wovon sein 1894 erschienenes Buch (Abb. 404) und die Einrichtung eines Lehrstuhles für Analytische Chemie an der Universität Leipzig, was oft zu lesen ist, sprechen. Im Verzeichnis der Hochschullehrer von 1919/20 heißt es jedoch: Vorstand der chemischen Abteilung des Chemisch-Physikalischen Institutes ist der außerordentliche Professor *Wilhelm Böttger* (1871–1949). Daraus wurde später nach dem alten Institutsverzeichnis in Wirklichkeit immerhin ein Lehrstuhl für Analytische und Physikalische Chemie. *Wilhelm Ostwald* war in erster Linie Chemiker. Nach Studium und Assistentenzeit an der Universität Dorpat erhielt er 1881 einen Ruf als Chemieprofessor an die Technische Hochschule Riga. Schon hier begann er seine Forschungsarbeiten über die Katalyse, Lösungen, Reaktionsgeschwindigkeiten, metastabile Zustände und chemische Gleichgewichte, was ihn als außergewöhnlich vielseitigen Forscher bekannt machte. Als er dann 1887 nach Leipzig berufen wurde, begann seine Arbeit auf den Gebieten der Elektrochemie (Ostwald'sches Verdünnungsgesetz, 1888), der Kolloidchemie (Ostwald'sche Reifung), der Thermodynamik (Ostwald'sche Stufenregel) sowie zur Systematik der Farben (Ostwald'scher Farbkörper, 1921) und der Ammoniakverbrennung zu Salpetersäure (Ostwald'sches Verfahren). Für die zuerst genannten Arbeitsgebiete erhielt er 1909 den Nobelpreis für Chemie. Bereits im Alter von 53 Jahren beendete er seine Tätigkeit an der Universität Leipzig und beschäftigte sich fortan mit

Analytische Chemie. Knut Ohls
Copyright © 2010 WILEY-VCH Verlag GmbH & Co. KGaA, Weinheim
ISBN: 978-3-527-32847-5

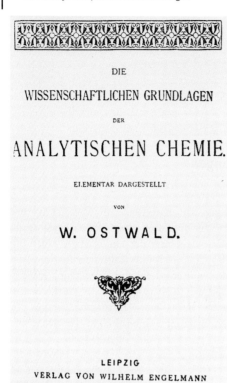

Abb. 404 (a) Titelblatt [1] und (b) *Wilhelm Ostwald*.

organisatorischen und historischen Themen („*Ostwald's Klassiker der exakten Naturwissenschaften*"), gab die „*Annalen der Naturphilosophie*" in 14 Bänden heraus (1901–1921), gründete die „*Zeitschrift für Physikalische Chemie*" und befaßte sich mit der Farbenlehre („*Die Farbenfibel*", 1917; „*Farbenatlas*", 1918 und das Sammelwerk „*Die Farbe*", 1920–1926). Sein letztes Werk erschien 1929; genannt „*Pyramide der Wissenschaften*".

Ähnlich wie *R. Bunsen* muß *W. Ostwald* ein hervorragender Lehrer gewesen sein. Sehr bekannte Forscher arbeiteten an seinem Institut, wie *Walter Nernst*, der Chemiker *Gustav Heinrich Johann Apollon Tammann* (1861–1938), der deutsch-amerikanische Physikochemiker *Herbert Max Finlay Freundlich* (1880–1941), bis 1933 stellvertretender Direktor des Kaiser-Wilhelm-Institutes für Physikalische Chemie in Berlin (Kolloidchemie), der Physikochemiker *Ernst Otto Beckmann* (1853–1923), der spätere Direktor des KWI für Physikalische Chemie in Berlin (Elektrochemie), der Physikochemiker *Max Ernst August Bodenstein* (1871–1942), später Professor in Berlin (Reaktionskinetik und Katalyse) und *Robert Behrend* (1856–1926), der im Jahre 1893 am Leipziger Institut die erste potentiometrische Titration ($HgNO_3$ mit KCl, KBr oder KI und umgekehrt) durchführte [834]. *Wilhelm Böttger* führte die potentiometrische Titration fort und fand bei der Titration von Säuren und Basen gegen die Wasserstoffelektrode, daß die Form der Titrationskurve in Zusammenhang mit der Dissoziationskonstanten steht [835].

Wilhelm Ostwald's Wirken – auch als Wissenschaftsorganisator – war deshalb so wichtig, weil zum Ende des 19. Jahrhunderts die Chemie nur noch aus ihrem organischen Teil zu bestehen schien. Betrachtet man die chemischen Lehrstühle, so gehörten sie an deutschen Universitäten fast bis zur Mitte des letzten Jahrhunderts zu den Organisch-Chemischen Instituten. *Wilhelm Ostwald* gab den anorganischen und physikalisch-chemischen sowie teilweise auch den analytischen Lehrgebieten wieder Bedeutung, so daß aus den beiden zuerst genannten im Laufe der Zeit Institute geworden sind. Das analytische Lehrgebiet litt immer darunter, daß jede Sparte glaubte und heute noch glaubt, Analytik selbst machen zu können. Das stimmt in vieler Hinsicht auch, wenn leicht verständliche und zu bedienende Instrumente zur Verfügung stehen, und man die gesamte qualitative Analyse, den IR-Spektrenvergleich, die Ermittlung der organischer Verbindungsstrukturen (Konformation) oder die reine Meßtechnik, wie pH-Wert, Viskosität oder Dichte, der Analytik zurechnet. Doch wer bringt die Wissenschaft „Analytische Chemie" forschungsmäßig voran? Wer stellt den Chemikern geeignete Meßinstrumente zur Verfügung?

Dies sollte durch Zusammenarbeit zwischen Hochschulinstituten für Analytische Chemie, staatlichen oder halbstaatlichen Forschungsinstituten und den Industrielaboratorien geschehen, was eine ideale Wunschvorstellung ist (und bleiben wird). Obwohl analytische Verfahren im allgemeinen nicht patentfähig sind – es wird immer wieder versucht, doch es war ja schon fast alles einmal irgendwo vorhanden – gibt es kaum eine Kooperation während eines Forschungsprojektes. Es sei denn, dieses wird als gemeinsames Projekt gefördert. Es ist menschlich verständlich, wenn diese Zusammenarbeit (neudeutsch: Teamarbeit) kaum funktioniert, da ein gemeinsames Forschungsprojekt auch den Erfolg stükkelt, von dem entweder viel abhängt oder der unbedingt gebraucht wird. Als Resultat ergibt sich häufig, daß praxisunerfahrene Forscher in den Instituten mit guten Ideen zahlreiche analytische Methoden entwickeln, von denen nur ein Bruchteil als Analysenverfahren in der industriellen Praxis benutzbar ist. Durch fehlende Zeit und Arbeitskräfte für Applikationsarbeiten in den Industrielaboratorien gehen viele dieser oft guten Ideen verloren. Hinzu kommt, daß heute praktisch zu jeder neuen Idee ein Instrument erforderlich ist, das einen Hersteller finden muß. Die Industrielaboratorien sind heute nicht mehr in der Lage, Eigenbau zu betreiben oder unterschiedliche Geräte von verschiedenen Herstellern zu adaptieren, wie es z. B. vor etwa 35 Jahren für die ICP-Spektrometrie geschehen ist.

7.1
Die Entwicklung in analytischen Laboratorien

Unter den Zwängen der (oft falsch verstandenen) Wirtschaftlichkeit haben sich die chemisch-analytischen Laboratorien zum Ende des 20. Jahrhunderts stark verändern müssen. Die analytische Forschung hat sich auf sehr spezielle (noch geförderte) Gebiete zurückgezogen. Der Fortschritt ist wörtlich zu verstehen: Fortschreiten – hinweg von der klassischen Analytischen Chemie. Allgemein blieb es beim Modifizieren bekannter Methoden, um den neuen Anforderungen gerecht zu werden. Eine berechtigte Frage ist: „Was blieb von den Ideen und Vorschlägen aus dem 20. Jahrhundert übrig, und was wird heute in der praktischen Analyse noch benutzt?"

Die analytische Entwicklung der letzten 50 Jahre zeigt sich in einer erheblichen Zeiteinsparung, was auch eine Kostenreduzierung bedeutet, die aber nur sinnvoll ist, wenn sich die Qualität der Analysendaten dadurch nicht verschlechtert. Die Aussagefähigkeit muß gewahrt bleiben. Neben der Zeitersparnis hat die analytische Entwicklung auch eine erhebliche Verbesserung in Bezug auf die Bestimmung von Nebenbestandteilen und besonders von Spuren bewirkt. Hierbei darf es jedoch nicht nur um ein analytisches Interesse gehen; denn es ist nur sinnvoll den zunehmenden apparativen Aufwand zu betreiben, wenn auch Korrelationen zwischen den Spurenanteilen und den Eigenschaften des Materials oder des Werkstoffes bekannt und gesichert sind. Analytik darf nie zum Selbstzweck werden, wie dies häufig in Instituten erkennbar ist, denen die praktische Verwendung und Interpretation analytischer Daten weitgehend fremd ist.

Die Nachweisgrenzen der zur Zeit empfindlichsten Methoden, z. B. der Kombination von ICP-Anregung (ICP-MS) oder Glimmentladung (GD-MS) jeweils mit der Massenspektrometrie als Detektor, sind hier beispielhaft für einige Elemente zusammengestellt (Tab. 47). Während üblicherweise die Daten bei der ICP-MS für die Analysenlösung gelten, also für feste Probenmaterialien noch ein Verdünnungsfaktor hinzukommt, erfaßt die GD-MS die feste Probe direkt. Zum Vergleich ist hier in beiden Fällen auf die feste Probe umgerechnet bzw. bezogen worden. Zusätzlich wurde bei der ICP-MS die elektrothermische Verdampfung (ETV) für die Analysenlösung und die Laser-Verdampfung (Ablation, LA) auf Glas benutzt. In allen Fällen wurde die Berechnung der Nachweisgrenzen mit dem Faktor $3s$ (als Wiederholbarkeit) durchgeführt. In dieser Form findet man häufig Angaben in der Literatur. Was bedeutet dies nun für die Anwendbarkeit in der quantitativen Analyse?

Es handelt sich zunächst um berechnete Größen, die mit wenigen Ausnahmen in der gleichen Größenordnung liegen. Wenn für die quantitative Analyse noch ein Faktor von etwa 50 (als Schätzwert für 1–2 Zehnerpotenzen) hinzugerechnet wird, so zeigt sich doch eine positive Tendenz zur GD-MS und zu den ICP-MS-Techniken, die keine Lösung einsetzen. Als Resümee läßt sich erkennen, daß quantitative Analysen von kompaktem Probenmaterial bis in den Sub-µg/g-Bereich möglich sind, wobei die Direkttechniken der Verdampfung bereits den ng/g-Bereich erreicht

Tabelle 47 Nachweisgrenzen für moderne Analysenmethoden.

Element	ICP-MS	ETV-ICP-MS	LA-ICP-MS	GDMS*
	(alle Angaben in ng/g)			
Si				1,5
Fe	862	77		1,1
Cu	78	55	7	400
Mn	1518	25	31	1,4
Mg	19	84		1,5
Cr	4000			2,3
Zn	35			9,9
Ti	237	357	55	0,5
Ni	929	21	14	1,7
Pb	7	6	5	3,3
U	2		0,5	0,6
Th	2		1,3	0,6
B			10	
Co			4	
Ag			3	
Au			3	
Ba	*) Integrationszeit mit der GD: 15 s/Element		8	
Rb			3	
Sr			2	
Yb			3	
Ce			1	
Tl			2	
Nd			2	

haben. (Früher hätte man auch von den ppm- und ppb-Bereichen gesprochen, was jedoch zu Mißverständnissen Anlaß gibt, weil es die deutsche Milliarde, die der amerikanischen Billion entspricht, fast überall in der Welt nicht gibt, und häufig in Veröffentlichungen zu falschen Beurteilungen führt.) Dieser Vergleich ist nun schon fast

20 Jahre alt, doch er dokumentiert noch einmal die erstaunlichen Fortschritte in der zweiten Hälfte des 20. Jahrhunderts.

In diesen letzen Abschnitten soll immer wieder auf die Grundfrage eingegangen werden: Was ist nun wirklich neu und was blieb in der Anwendung erhalten?

7.1.1
Leitprobenfreie Analysenverfahren

Was bleibt nun von der klassischen Analytik erhalten. Mit Sicherheit werden hohe Anteile nur dann genau bestimmbar sein, wenn die *Gravimetrie* oder die *Maßanalyse* sinnvoll eingesetzt werden. Hier versagen im allgemeinen die hochspezialisierten, meist spektroskopischen Techniken aufgrund der enorm großen, benötigten Verdünnung, wenn auch der Verdünnungsfehler durch automatische Diluter (Abb. 405b) minimiert wurde. Und sie sollten benutzt werden, um Eichprogramme in den Laboratorien zu kontrollieren sowie in Ringversuchen ständig Verwendung finden, die zur Ermittlung der Daten von Referenzmaterialien dienen.

Bereits das Lösen der Proben hat sich in vielen Fällen geändert, wenn das Aufschließen mit Mikrowellen möglich ist. Dies auszuprobieren hat sich mit Hilfe des Gerätes Lifumat von Linn Elektronik (Abb. 405a) bewährt, mit dem auch die eventuell entweichenden Gase aufgefangen werden konnten. Dann lassen sich die gewonnenen Erfahrungen auf die käuflichen Mikrowellengeräte übertragen und in die Routine einführen. Beim Schmelzaufschließen ist man bei den halbautomatischen Geräten, die drei bis sechs Proben gleichzeitig handhaben können, geblieben. Die Vollautomaten für das Einzelprobenaufschließen sind wenig flexibel, eignen sich jedoch für Laboratorien, z. B. in Containern, wo immer derselbe Probentyp eintrifft.

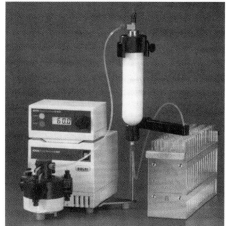

Abb. 405 (a) Lifumat MIC 1.2 von Linn und (b) Diluter von Büchi (mit Erlaubnis von Linn und Büchi).

Das gilt auch für die *elektrochemischen Methoden*, z. B. die Elektrogravimetrie, konduktometrische oder potentiometrische Verfahren als Endpunktbestimmungen oder direkt für die Coulometrie, wenn sie noch richtig beherrscht werden. Die sehr empfindlichen, doch weniger reproduzierbaren Verfahren der Polarographie haben heute zwar gegen die Konkurrenz der spektroskopischen Techniken an Bedeutung verloren, doch keinesfalls sollten diese Methoden ganz vergessen werden.

Beispielsweise hat sich die einfache potentiostatische Methode seit Jahrzehnten bewährt, wenn es um die Auflösung von Metallen geht. Hierbei findet eben eine Spezies-Trennung statt, indem nur die metallischen, nicht aber die oxidischen Anteile in Lösung gehen. Auch für die Untersuchung von Oberflächen lassen sich die Unterschiede im zeitlichen Verlauf der Löseprozesse zu ergänzenden Aussagen verwenden, z. B. in Kombination mit einem Online-Anaylsenverfahren. Die Belegung von Oberflächen und die Diffusion von Elementen oder Verbindungen aus dem Kern in die oberen Schichten ist ein permanentes und in vielen Fällen noch nicht gelöstes Problem. Hierbei geht es auch um das Finden extrem kleiner Spurenanteile in Ergänzung zu den modernen Techniken der Oberflächenanalytik.

In Abhängigkeit von dem analytischen Problem ist zu prüfen, ob eine höchstempfindliche Methode – heute gerne als Hightech-Methode bezeichnet – überhaupt benötigt wird. Am Beispiel der Analyse von Glas läßt sich allgemein zeigen, was auch für Metalle und andere Werkstoffe gültig ist, daß bei der Laser-Ablation kombiniert mit der MS-Detektion die NG-Werte um etwa drei Zehnerpotenzen niedriger als die Anteile in üblichen Glasproben sind (Tab. 48). Damit ließen sich zwar die zertifizierten Werte – hier: NIST SRM 612 – und auch die bisher nur empfohlenen (ohne Nachkommastelle) quantitativ bestimmen, so daß diese im Nachhinein bestätigt werden konnten. Das Material Glas gilt allerdings als Idealfall für die ICP-MS; das benutzte Verfahren ist jedoch für die normale Glasanalyse völlig überqualifiziert und damit zu kostenintensiv.

Unbestritten haben sich Schnelligkeit und Präzision in den letzten 50 Jahren enorm verbessert. Doch was geschah mit der Richtigkeit?

Tabelle 48 Zertifizierte und empfohlene Werte für die Glas SRM 612 von NIST.

Elemente	Zertifiziert, empfohlen [µg/g]	Gemessen [µg/g]	Nachweisgrenze [µg/g]	Elemente	Zertifiziert, empfohlen [µg/g]	Gemessen [µg/g]	Nachweisgrenze [µg/gl]
B	32	31	0,010	Ba	41	33,6	0,008
Ti	50	45	0,055	Ce	39	37	0,001
Mn	39,6	40	0,031	Nd	36	34,9	0,002
Co	35,5	34	0,004	Yb	42	41,4	0,003
Ni	38,8	37	0,014	Au	5	4,6	0,003
Cu	37,7	38	0,007	Tl	15,7	16,3	0,002
Rb	31,4	31	0,003	Pb	38,6	33	0,005
Sr	78,4	74	0,002	Th	37,8	36	0,0013
Ag	22	21	0,003	U	37,4	36	0,0005

Zufälligerweise bot sich ein Vergleich der Entwicklung über denselben Zeitraum an, da für den ersten Band des 1939 erstmalig herausgegebenen „*Handbuch für das Eisenhüttenlaboratorium*" [84] das 50-jährige Jubiläum anstand. Dieser Vergleich mit der Ausgabe von 1989 zeigte für die chemisch-analytischen Methoden ebenfalls, daß die Verfahren erheblich weniger Zeit erfordern, und die Präzision (Wiederhol- und Vergleichbarkeit) der Ergebnisse stark verbessert worden ist. Es zeigt sich aber auch, daß die „analytische Kunstfertigkeit" vor rund 70 Jahren ein hohes Niveau aufwies, denn an der Richtigkeit ließ sich keine Verbesserung erkennen [837]. Damit verbesserte sich nur ein Teil der Genauigkeit, d. h. der Wahrscheinlichkeitsbereich der Richtigkeit wurde durch die bessere Präzision erheblich eingeschränkt, doch ob sich der wahrscheinlichste Wert in diesem Bereich befindet, das ist die immer wieder zu stellende Frage.

Es bleibt jedoch grundsätzlich dabei, daß die Analytische Chemie nicht ohne die leitprobenfreien, auf der Stöchiometrie oder elektrischen Grundgesetzen beruhenden Methoden und davon abgeleiteten Verfahren (früher auch Absolutverfahren genannt) möglich ist, wenn es bei letzteren gelingt, die Stromversorgung exakt konstant zu halten und die Vorgänge an den Elektrodenoberflächen zu kontrollieren.

Die Analytische Chemie darf nicht verwechselt werden mit der Analytik, die auf Referenzproben beruht und von jedermann praktiziert werden kann.

7.1.2
Spektralphotometrie

Als einfache und schnell durchzuführende Methode sind zahlreiche spektralphotometrische Verfahren erhalten geblieben, auch weil sie noch als Prüfnormen in vielen Bereichen vorliegen. Es war ein gewaltiger Entwicklungsschritt von den Anfängen bis zu den heute verwendeten Spektralphotometern, sowohl den einfachen als auch den computergesteuerten. Die Pioniere der Spektralphotometrie wären sicherlich mit der heute üblichen Durchführung der Messungen und dem Vertrauen auf die Digitalwerte nicht einverstanden. Nur gegen eine Kompensationslösung zu messen, war damals wirklich nicht üblich. Neben der häufigen Prüfung des Lichtleitwertes der benutzten Geräte wurde früher auch die Gültigkeit des Lambert-Beer'schen Gesetzes wiederholt getestet. Dabei stand immer die Frage im Vordergrund, wie konstant der Extinktionskoeffizient ε für ein bestimmtes Verfahren tatsächlich war bzw. wie die Lage der Auswertekurve oder die Richtigkeit der Berechnungsformel beeinflußt wurden. Der allgemeine Trend zu kleineren Geräten, die sich auch für Vorortmessungen verwenden lassen, gilt auch für die Spektralphotometrie. Da sich die Analytik immer mehr dem Ort des Probenanfalles nähert, was bei der Prozeßanalytik sehr wichtig und oft schon zur Regel geworden ist, gibt es heute auch hierfür die Möglichkeit, das Licht mit Hilfe optischer Fasern (Lichtleitern) zu den Geräten zu transportieren. In Abhängigkeit vom Spektralbereich ist dies zwischen 2 m und 500 m möglich. Die unterschiedlichen Sondentypen ermöglichen einen flexiblen Einsatz im erfaßbaren Spektralbereich vom NIR über den sichtbaren (VIS) bis hin zum UV, geeignet zur typischen Analytik von heute, die sich von jedermann ausführen läßt.

Die Spektralphotometrie wird als Methode noch viele Jahrzehnte eingesetzt werden, weil ihre Verfahren so vielseitig anwendbar sind. Ihre Anwendung ist auch als Referenzmethode wichtig, z. B. wenn die Erfahrungen zur Durchführung gravimetrischer oder maßanalytischer Methoden nicht mehr vorliegt. Die spektralphotometrische Methode läßt sich mit Standardlösungen eichen, und ihre Verfahren sind mit synthetischen Lösungen leicht kalibrierbar, wenn richtig gearbeitet wird.

7.1.3
Atomabsorptionsspektrometrie

In den neunziger Jahren hat die AAS ihren Status als Routineverfahren trotz der Konkurrenz durch die ICP-Emissionsspektrometrie halten können. Ein einfaches Beispiel soll zeigen, warum in zahlreichen Laboratorien beide Methoden nebeneinander betrieben werden. Bei der Al-Bestimmung in molybdänhaltigen Stählen sind praktisch alle brauchbaren Spektrallinien des Al durch Mo gestört, wodurch die Anwendung des ICP problematisch ist. Bei geschickter Ansetzung der Analysenlösung läßt sich diese parallel in die AA-Spektrometer einsprühen, wobei Mo keinen Einfluß hat. Die Geräte aller kompetenten Hersteller sind ständig entsprechend dem Stand der Technik verbessert worden.

Da durch den ICP-Einsatz die Geräte jedoch nicht mehr voll ausgelastet waren, aber eben dennoch betriebsbereit gehalten werden müssen, versuchte man mit der AAS spezielle, zusätzliche Aufgaben zu lösen.

Eine besondere Variante einer optischen Küvette stellt die „**Atomsource**" (Abb. 406) dar, die zuerst (1983) von *Piepmeier* [838] untersucht wurde. Elektrisch leitende Proben werden hier durch eine Glimmentladung gesputtert und ihre Atome in eine Küvette gesaugt, durch die der primäre Lichtstrahl geleitet wird. Mit Hilfe der Beobachtung der Emission kann die Leistung gesteuert werden, so daß sich unterschiedliche Sputterraten der verschiedenen Metalle durch Leistungsveränderung kompensieren lassen. Der „Verlust" durch Ionisierung läßt sich so minimieren, wodurch die Atomkonzentration konstant hoch gehalten wird. Jedenfalls lassen sich auf diese Weise metallische Proben, ohne sie zu bearbeiten und zu lösen (Analyt-Abreicherung), direkt Atomisieren und mit der linien- bzw. störungsarmen AAS (Abb. 407) analysieren.

Bereits 1959 hatten *E.J. Russel* und *A. Walsh* [839] in dieser Richtung experimentiert, später auch *C. G. Bruhn* und *W. W. Harrison* [840]. 1988 faßten dann *P. Hannaford* und *A. Walsh* [841] ihre gesamten Ver-

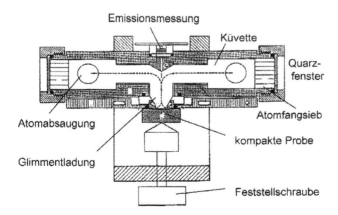

Abb. 406 Schematische Darstellung der Atomsource (Analyte Corp.).

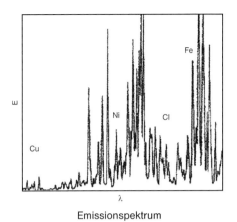 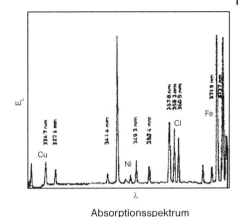

Abb. 407 Spektren einer legierten Stahlprobe in Emission und Absorption in identischem Wellenlängenbereich.

suche mit gesputterten Atomen in der Absorptions- und Fluoreszenzspektroskopie zusammen.

Mit der Atomsource war es möglich, unter sonst identischen Bedingungen mit demselben Spektrometer und derselben Registrierung Emissions- und Absorptionsspektren aufzunehmen, wodurch sich zeigen läßt, wie einfach das Absorptionsspektrum und günstig der spektrale Untergrund gegenüber dem Emissionsspektrum ausfallen. Diesen Vorteil nutzen die analytischen Bestimmungsverfahren mit Hilfe der AAS.

Das in den Hoesch-Laboratorien hierzu benutzte Gerät (Abb. 408) gibt es leider nicht mehr, weil die Herstellerfirma in Thermo aufgegangen ist. Es handelt sich um das VIDEO 22, den Nachfolger des IL 951, ebenfalls als Doppelkanal-Zweistrahlgerät ausgelegt.

Die direkte Analyse von Metallproben war eine interessante Variante, um schnell zu Ergebnissen zu kommen [842–846].

Noch interessanter war die Möglichkeit, eines der schwerlösbaren Probleme anzugehen: die *Spurenbestimmung in Mikroprobenmassen*.

Abb. 408 (a) VIDEO 22 von IL mit speziellem Steuergerät und (b) eingesetzter Atomsource von Analyte Corp.

7 Die Zukunft analytischer Untersuchungen

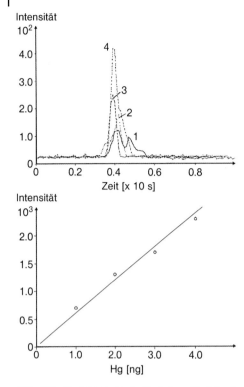

Abb. 409 Registrierte Peaks für 1–4 ng Hg (oben) und die dazugehörende Auswertefunktion.

Zu diesem Zweck wurde auf einer Reinsteisenprobe ein Krater gesputtert und in diesen die Analysenprobe präpariert sowie mit einem Kleber abgedeckt. Einige Partikel eines Pulvers sind z. B. in einer leicht verdampfbaren, organischen Flüssigkeit aufgeschlämmt und mit einer Mikropipette aufgetragen worden. Nach Eintrocknen und Abdecken folgte ein erneutes Sputtern und die Signale wurden am AAS-Gerät registriert [847]. Damit ließen sich extreme Spuren ohne Veränderung der Originalprobe – also ohne Probenvorbereitung – bestimmen, wie z. B. Quecksilber in Stäuben (Abb. 409). Eine sehr ähnliche Technik benutzten *C. L. Chakrabarti* et al. [848] in Ottawa für die Bestimmung zahlreicher Elemente aus Mikroprobenmengen.

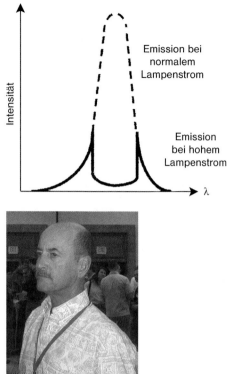

Abb. 410 (a) Selbstabsorption der Lichtquelle bei der S/H-Methode und (b) *Gary Hieftje*, aufgenommen während der European Winter Conference on Plasma Spectrochemistry.

Dasselbe AAS-Gerät bot auch die Möglichkeit, eine weitere Variante zu betreiben.

Die *Untergrundkorrektur nach Smith-Hieftje* wurde 1983 vorgeschlagen [849]. Sie nutzt den Effekt der Selbstabsorption einer HKL, wenn diese mit höherem Lampenstrom betrieben wird (Abb. 410).

Die Flanken der Emissionslinie werden im Atomreservoir nicht durch die spezifische Absorption des Analyten, sondern durch unspezifische Untergrundabsorption auch neben der eigentlichen Atomlinie geschwächt. Durch ein Modulieren der Lampenstromstärke erfolgt diese Korrektur über die Differenzbildung, doch dies erfolgt ebenfalls neben der Absorptionslinie. Es tritt ein erheblicher Empfindlichkeitsverlust auf, allerdings kann ein und dasselbe Gerät benutzt werden. Die Befürchtung, daß die Hohlkathodenlampen die Modulation nicht lange aushalten werden, ließ sich nicht bestätigen. Die S/H-Technik fand einige Anwendungsbeispiele [850, 851] besonders in den Fällen, wo die Deuterium-Kompensation des Untergrundes nicht günstiger war oder kein weiteres Spektrometer für die Anwendung der Z(eemann)AAS zur Verfügung steht. Die Hersteller, wie z. B. Perkin-Elmer, Analytik Jena, Thermo, GBC oder Varian, haben sich heute weitgehend für die ZAAS-Technik entschieden; es besteht so ja auch die Hoffnung, ein zusätzliches Gerät zu verkaufen.

Anders als die S/H-Methode verläuft die *Untergrundkorrektur durch den Zeeman-Effekt*, der auf einer Aufspaltung der Spektrallinien in einem starken Magnetfeld beruht. Dieser Effekt wurde bereits 1897 von dem niederländischen Physiker *Pieter Zeeman* (1865–1943) beschrieben [852], der in Leiden Physik studiert hatte und ab 1900 als Professor an der Universität Amsterdam lehrte sowie 1902 den Nobelpreis für Physik erhielt.

Abb. 411 *Pieter Zeeman.*

Diese Aufspaltung wird dadurch verursacht, daß sich die Anregungswellenlängen für mögliche Elektronenübergänge in Abhängigkeit von der Stärke des Magnetfeldes unterscheiden. Die physikalische Erklärung dieses Effektes erfolgte 1926 durch *Werner Heisenberg* [853]. Die Idee zu seiner analytische Anwendung kam vor etwa 40 Jahren aus Deutschland, als die beiden Physiker *Prugger* und *Torge*, die für die Fa. Zeiss in Oberkochen arbeiteten, 1969 vorschlugen, den Linienstrahler eines AAS-Gerätes in einem starken Magneten anzuordnen. Mit der Patentanmeldung [Deutsches Patentamt München, Patent Nr. 1964469 vom 23. Dezember 1969] hätte eigentlich die Anwendung der ZAAS als analytische Methode beginnen können, doch es wurde kein Gerät gebaut. Vielleicht sah man die analytischen Möglichkeiten nicht, z. B. die Verbesserung der direkten *Feststoffanalysenverfahren*, es kann aber auch die Größe der damaligen HKL oder ihre Instabilität im Magnetfeld der Grund gewesen sein, warum die Firma Zeiss nicht weiter agierte.

Das tat *T. Hadeishi* an der University of California, Berkeley, USA, sehr schnell nach der Veröffentlichung des Patentes und nutzte diese Idee zum Bau eines Gerätes zur schnellen Hg-Bestimmung in Thunfisch [854], was damals ein aktuelles Problem war. So bestimmten bereits 1971 *T. Hadeishi* und *R. D. McLaughlin* [855] mit dem ersten ZAAS-Laboratoriumsgerät Hg-Anteile in Fisch bis zu 40 ng/g. Sie hatten in ihre Veröffentlichung eine heute aktuelle Wahrheit hineingeschrieben, die damals keiner in Zusammenhang mit Spurenbestimmungen hören wollte. Es heißt dort wörtlich: "Our objective was to develop an instrument that can be operated by completely inexperienced personnel (such as fishermen) …". Forscher in Instituten und Hochschulen nahmen deshalb die erste erfolgreiche Anwendung nicht ernst.

Der Hg-Anteil in Fischen war damals ein horrendes Umweltproblem, besonders für Menschen, die sich einseitig nur vom Fisch ernähren mußten (und keine Eier aßen). So war es logisch, daß die Firma Scintrex in Canada 1971 ein kleines ZAAS-Gerät in den Markt einführte, was durch die Verwendung eines elektrothermischen Atomisators (U-förmiges W-Blech) erreicht wurde, wodurch der Elektromagnet sehr klein sein konnte [869]. Mit diesem konnte nur Quecksilber bestimmt werden. Das lag damals an der von *T. Hadeishi* entwickelten Hg-Magnetfeldlampe, die sich für die Bestimmung anderer Elemente nicht eignete.

Im selben Jahr erschien in Australien ein Patent der Firma Varian Techtron, in dem *Parker* und *Pearl* [Australien Patent PA 3643/11, filed Dec. 23, 1971] einen anderen Aufbau wählten (Abb. 412). Sie ordneten den Magneten nicht um die HKL, sondern um das Atomreservoir, den Graphitrohrofen, an. Somit waren verschiedene HKL einsetzbar, und entsprechend weitere Elemente wurden bestimmbar. Ähnlich wie bereits zwei Jahre zuvor in Deutschland blieb es auch in Australien bei dem Patent; es geschah vier Jahre lang nichts.

1975 konstruierte dann die Firma Hitachi in Japan das erste ZAAS-Gerät, in dem der Graphitrohrofen in einem Permanentmagneten angeordnet war. *H. Koizuma* und *K. Yasuda* entwickelten zahlreiche Verfahren [856], die in Japan auch benutzt wurden. In Europa arbeitete man mit der verbesserten Deuteriumkompensation, z. B. von der Fa. Instrumentation Laboratory, die in vielen Fällen ausreichend war, und verhielt sich konservativ. Auch war die Graphitrohrofenmethode (NF-AAS) erst ein Jahr zuvor (1970) von Perkin-Elmer im Markt eingeführt worden, die durch ihre Präsens in Überlingen einen relativ großen Marktanteil und Bekanntheitsgrad erreicht hatten.

Wieder vier Jahre später kam die ZAAS in Zusammenhang mit der direkten Feststoffanalyse, die mit der Boottechnik in England [572] und Norwegen [857] erfolgreich begonnen hatte und zahlreiche Anwendungen gefunden hatte [858–864], nach Deutschland zurück. Im Jahre 1979 entwickelte nämlich die Fa. Erdmann & Grün (später Grün Optik), Wetzlar, in Zusammenarbeit mit *T. Hadeishi* ein Gerät, welches wieder die ursprüngliche Anordnung benutzte, also das alte Zeiss-Patent nutzte und den Magneten um die Lampe baute. Inzwischen gab es einige im Magnetfeld stabil brennende HKL, und sie gestalteten den Graphitrohrofen in einer Weise, die eine optimale Feststoffanalyse ohne vorgeschaltetes Aufschließen zuließ.

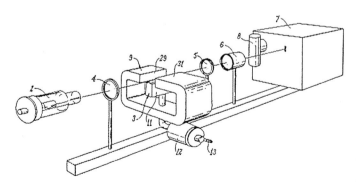

Abb. 412 Darstellung aus dem Patent von Varian, 1971.

7.1 Die Entwicklung in analytischen Laboratorien

Zunächst blieb auch hier die Anwendung begrenzt [865–868].

Als dann 1981 die Fa. Perkin-Elmer ein ZAAS-Gerät auf den Markt brachte, setzte die Applikation der Methode ein, was sich 1985 mit dem Gerät von Varian fortsetzte. Der nun beginnende Erfolg beruhte wahrscheinlich darauf, daß beide um den Graphitrohrofen einen Elektromagneten installiert hatten, mit dem sich das Magnetfeld modulieren ließ. Diese Möglichkeit war schon 1969 im Patent von Zeiss erwähnt worden. Dadurch wurde der Empfindlichkeitsverlust der ZAAS gegenüber der NF-AAS gemindert.

Dies geschah ungestört durch die Patentstreitigkeiten zwischen den Firmen Varian und Perkin-Elmer. Letztere erreichten erst 1987 eine Lizenzvereinbarung, nachdem sie eine erhebliche Strafe zahlten. Danach gab es ZAAS-Geräte von allen kompetenten AAS-Spektrometerherstellern, die alle im Strahlengang ein Polarisationsfilter enthielten, um die verschiedenen Zeeman-Komponenten zu trennen. Diejenige, mit der die Gesamtabsorption gemessen wird, ist senkrecht zu den Komponenten polarisiert, mit denen der Untergrund erfaßt wird.

Für die Anwendung des Zeeman-Effektes zur Untergrundkorrektur in der AAS gibt es verschiedene Ausführungen in der Platzierung des Magneten und seiner Orientierung zum Strahlengang (Abb. 413). Das Magnetfeld muß an einem Ort anliegen, an dem die zu bestimmenden Atome vorliegen, also entweder an der Lichtquelle oder an dem Atomreservoir, worin die Atomisierung geschieht. Ferner kann das Feld rechtwinklig (transversal) zur Strahlungsrichtung oder parallel dazu (longitudinal) orientiert sein. In letzterem Fall tritt keine π-Komponente auf, während die Intensitäten der beiden σ-Komponenten dann jeweils 50 % der ursprünglichen Linienintensität entsprechen. Weiterhin kann das Magnetfeld sowohl als Wechselfeld als auch als Gleichfeld betrieben werden. Bei Anwendung des Wechselfeldes wird abwechselnd mit der unbeeinflußten Atomlinie die Elementabsorption zusammen mit der des Untergrundes und mit der aufgespaltenen Linie nur der Untergrund gemessen. Zwei σ-Komponenten dieser Linie sind jeweils um den gleichen Betrag (25 %) zu kleineren und größeren Wellenlängen hin verschoben und durch die beim Übergang nötige Spinumkehr senkrecht zur π-Komponente polarisiert. Die vielen weiteren Möglichkeiten der Anwendung sind den Handbüchern über instrumentelle Methoden bzw. die AAS [574, 870–873] zu entnehmen. Da die Anord-

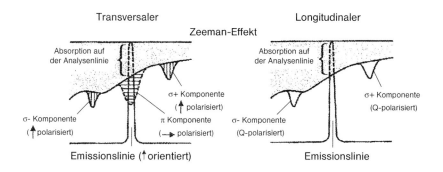

Abb. 413 Prinzip des Zeeman-Effektes.

nung des Magnetfeldes an der HKL diese immer noch beeinflussen kann, hat sich diejenige am Atomreservoir durchgesetzt. Allerdings ist hierbei ein höherer Aufwand (Kühlung) nötig, so daß die Zeeman-Technik heute überwiegend bei der gegenüber der Flammen-AAS weitaus mehr gestörten Graphitrohrofen-AAS eingesetzt wird. Es gibt bis heute sehr viele Veröffentlichungen, die sinnvolle Verfahren beschreiben – selten für die Flammen-AAS [874], überwiegend für die NF-AAS-Methoden [875–890] und speziell für den direkten Probeneinsatz [891–894]. Es wird aber auch über Störungen und andere Schwierigkeiten berichtet [895–900]; die ideale Universalmethode bleibt Utopie.

Der Vorteil der ZAAS-Anwendung wird besonders bei strukturiertem, spektralem Untergrund deutlich, und sie ist ein Muß, wenn die Deuterium-Kompensation [902–904] versagt (Abb. 414a und Tab. 49). In der praktischen Analytik kann auch ein erheblicher Zeitgewinn resultieren, wie am Beispiel der Thallium-Bestimmung im Vergleich zum konventionellen Verfahren gezeigt werden kann (Abb. 414b).

Bei Anwendung der Zeeman-Technik ist ein spezielles Gerät erforderlich, während die Flamme (auch die S/H-Technik) und der Graphitrohrofen prinzipiell am selben Gerät benutzt werden können, indem die kompakten Bauteile ausgetauscht werden. Je nach Aufgabenstellung kann es sinnvoll sein, drei AAS-Geräte nebeneinander zu betreiben, für Flamme, Graphitrohrofen und ZAAS. Die speziellen, doch leider auf wenige Elemente begrenzten Techniken der Hydrid- oder Hg-Kaltdampfbildung gehören zu den nachweisstärksten Methoden der heutigen Zeit [905].

Die Automatisierung der eigentlichen Bestimmung macht über die bereits bestehenden Möglichkeiten hinaus wenig Sinn. Die

Tabelle 49 Vergleich der drei Methoden zur Untergrundkompensation in einer Eisenmatrix gemessen.

Element	Probe 1* Angaben in mg/kg				Probe 2* Angaben in mg/kg			
	Soll	D_2	S/H	Z	Soll	D_2	S/H	Z
Tl**	1,5	1,5	1,5	1,5	5,0	4,8	4,8	4,9
As	3,0	3,0	3,1	3,1	12,0	11,4	11,7	12,0
Se	2,0	1,0	1,3	2,2	7,0	6,2	5,5	7,0
Sb	1,0	1,1	1,2	1,0	9,0	8,6	8,0	8,8
Pb	3,5	3,6	3,8	3,4	8,0	8,0	8,3	8,1

*) 1 g Fe/100 mL (Probe gelöst in 10 mL HCl {1,19} und 5 mL HNO_3 {1,4})
**) Desgl. (Probe gelöst in H_2SO_4 {1+1}) Bei S/H-Kompensation tritt bei As und Se starkes Untergrundrauschen auf; bei Sb ist die Empfindlichkeit stark verringert.

Element	Probe 3 (Al + Ni)* Angaben in mg/kg				Probe 4 (Al + Ni)* Angaben in mg/kg			
	Soll	D_2	S/H	Z	Soll	D_2	S/H	Z
Al	7,0	--	7,5	7,1	12,5	--	13,0	12,7
Ni	7,0	8,0	7,8	7,3	12,5	13,0	12,3	12,6

*) 2 g Fe/100 mL (Probe gelöst in 10 mL HCl {1,19} und 5 mL HNO_3 {1,4})

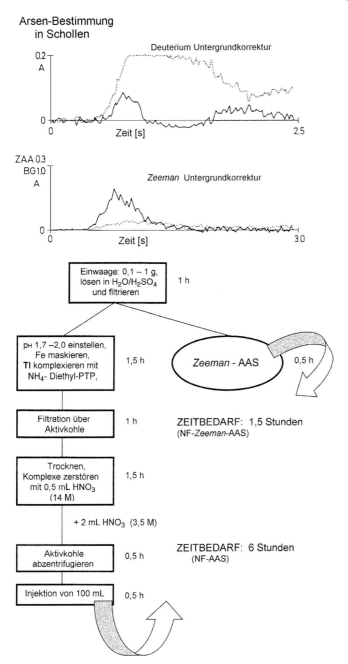

Abb. 414 (a) Registrierte Absorptionskurven mit Deuterium- und Zeeman-Kompensation [901] und (b) Ablaufschema der Tl-Bestimmung mit Flammen- und ZAAS.

Probenzuführung geschieht da, wo Reihenanalysen durchzuführen sind, mit Hilfe von Verdünnungs- und Dosierungsautomaten. Auch das bereits erwähnte FASTAC-System [906, 907] führte nicht nur zu einer analytischen Verbesserung, sondern war auch einer der ersten Schritte in diese Richtung. Für die häufige Notwendigkeit der Bestimmung von mehreren Elementen aus einer Analysenlösung ist die AAS als sequentielle Technik relativ zeitaufwendig. Der langsamste Schritt ist immer noch der Lampenwechsel, auch wenn bereits vorgeheizt ist.

Immer noch werden HKL am häufigsten eingesetzt. Aus ihrem Target, das meistens aus einem Element besteht, werden Atome mit Hilfe einer Art Glimmentladung herausgesputtert und zur Lichtemission angeregt. Es ist so zu verstehen, daß die Einelement-HKL nahezu monochromatisches Licht liefert, d. h. die bei einer Wellenlänge emittierte Strahlung erzeugt eine Spektrallinie mit sehr geringer Halbwertsbreite. Die Breite bei halber Linienhöhe beträgt hier etwa 0,002 nm (2 pm). Und es treten praktisch keine Koinzidenzen (Überlappungen mit anderen Linien) auf. In den mit kleiner Stromstärke (im mA-Bereich) betriebenen HKL ist die Atomanzahl relativ gering, so daß auch Selbstabsorption, Selbstumkehr der Linien oder eine Linienverbreiterung praktisch ausgeschlossen werden können. Die Targets der HKL können auch zwei Elemente, z. B. Ca + Mg, oder maximal bis zu sechs enthalten. Bei derartigen *Mehrelementlampen* ist die Beeinflussung durch Licht anderer Wellenlängen schon wahrscheinlicher. Die Verwendung von Mehrelementlampen ist beschleunigend, doch aufgrund des Empfindlichkeitsverlustes bleibt deren Einsatz aufgabenabhängig.

Für leicht verdampfbare Elemente, wie z. B. Hg, Tl, Zn und Alkalien, werden die HKL auch als *Metalldampflampen* bezeichnet. In ihnen ist die Atomanzahl so stark erhöht, daß die oben verneinten Effekte doch auftreten können. Für gewisse Elemente, wie z. B. Pb, As, Se oder P, haben sich *elektrodenlose Entladungslampen* (EDL) bewährt. In einem lampenförmigen Quarzballon sind die Metalle bzw. ihre Halogenide enthalten, die durch eine HF-Ankopplung zur Strahlungsemission angeregt werden. Ihre Strahlungsintensität liegt um mehrere Größenordnungen höher als diejenige der HKL. Die anfänglichen Schwierigkeiten bei der Herstellung und mit der Haltbarkeit sind überwunden, seit die Ankopplungsfrequenz von 2,4 GHz auf 27 MHz herabgesetzt worden ist. Das mit EDL erreichbare günstigere Signal-/Rauschverhältnis führte besonders bei Elementen, wie z. B. As, Rb oder Cs, zu erheblichen Verbesserungen der Bestimmungsgrenzen, weshalb sie heute zur Grundausstattung gehören.

Das gilt noch nicht für *Kontinuumstrahler* (mit Ausnahme der Deuteriumlampe), wie Wasserstoff-, Hochdruck-Xenon- oder Halogenlampen, die ein kontinuierliches Spektrum erzeugen. Es ist im 20. Jahrhundert immer wieder versucht worden, Kontinuumstrahler für eine Simultananalysentechnik einzusetzen, die eine Benutzung von internen Standards ermöglichen würde [908, 909].

Das Interessante an der Analytischen Chemie ist, daß auch eine 50 Jahre alte Methode, die sich so bewährt hat und Grundlage vieler Routineverfahren ist, immer noch zahlreiche Störungen aufweist [577] und nicht für alle Elementbestimmungen optimale Voraussetzungen bietet.

Die **Entwicklung der simultan messenden AAS** war zunächst über den Einsatz von mehreren „eingespiegelten" HKL (z. B. Hitachi und GBC) nicht hinausgekommen und schien auch nicht richtig ge-

7.1 Die Entwicklung in analytischen Laboratorien | 497

Abb. 415 Das SIMAA 6000 von Perkin-Elmer (mit Erlaubnis der Firma Perkin-Elmer).

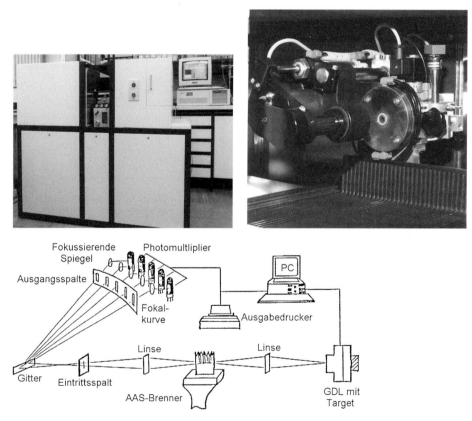

Abb. 416 (a) GD-Spektrometer von Leco mit eingesetztem Brennerteil einer normalen Flammen-AAS (Mitte) und (b) die GDL (links oben im Gerät angebracht) sowie (c) der schematische Aufbau.

fördert zu werden, obwohl das Arbeiten mit Resonanzlinien gegenüber der Vielzahl von Emissionslinien immer Vorteile bietet, z. B. bezüglich der Präzision und Empfindlichkeit. Man nannte dies in der Werbung „sequentielle Multielementanalyse", wobei die Betonung immer noch auf „sequentiell" lag. Andererseits wurde immer wieder versucht. Kontinuumstrahler einzusetzen, wobei dann eine aufwendigere Optik eingesetzt werden mußte. Ein solches Gerät ist das SIMAA 6000 von Perkin-Elmer (Abb. 415), welches mit Graphitrohrofen und Zeeman-Kompensation ausgerüstet ist und immerhin bis zu sechs Elemente simultan messen kann.

Zusammen mit der Firma Leco, Eching bei München, haben die Hoesch-Laboratorien auch einen Versuch unternommen, ein Verfahren zur simultanen Multielement-AAS zu entwickeln. Dies war die Zeit, als die Fa. Leco die Fa. Spektruma übernommen hatte und dementsprechend über ein hervorragendes Spektrometer mit Glimmlampenanregung (GDS) verfügte. Dabei wurde also die Hohlkathodenlampe durch die Glimmlampe ersetzt, wobei es gelang, diese so zu modulieren, daß der jetzt notwendige Polychromator nach ent-

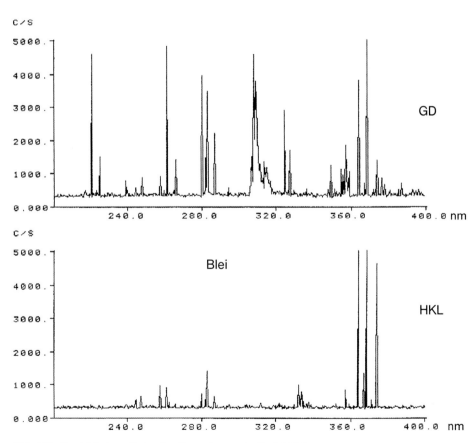

Abb. 417 Vergleich der auftretenden Absorptionspeaks für (a) Blei.

sprechendem Demodulieren nur das von der Flamme oder dem Graphitrohrofen emittierte Licht erkennen kann. Dies hatte schon *D. S. Gough* 1976 versucht [910], der eine Pyrexkammer benutzte, die der Atomsource ähnlich sieht. Mit der Glimmlampe von *Werner Grimm* mußte ebenfalls eine Modulation möglich sein. Es gelang, indem von den benötigten 600 V Versorgungsspannung 400 V moduliert werden. Als Target lassen sich erschmolzene Legierungen benutzen, die bis zu 10 Elemente enthielten. Dabei sind die Mischungen so gewählt worden, daß empfindlich emittierende Elemente in geringer und weniger empfindlich emittierende in höherer Konzentration vorhanden sind. Die Emission ist weitaus stärker als bei der nur mit schwacher Spannung betriebenen HKL, so daß neben vielen Atomlinien auch zahlreiche Ionenlinien auftreten, weshalb das optische System weitaus leistungsfähiger in Bezug auf die optische Auflösung sein muß [911]. Interessanterweise zeigten zahlreiche Ionenlinien auch eine brauchbare Absorption ihres eigenen Lichtes, z. B. die Cu-Linien zwischen 200 nm und 250 nm. Hier eröffnet sich noch ein weites Feld der Entwicklung, obwohl auch diese Effekte nicht so ganz neu sind. Schließlich handelt

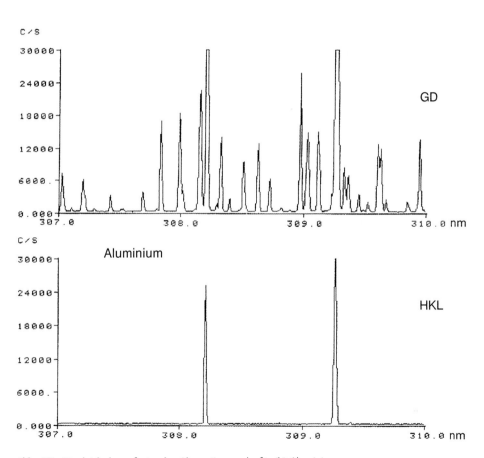

Abb. 417 Vergleich der auftretenden Absorptionspeaks für (b) Aluminium.

es sich bei den heute und schon von Beginn an benutzten Ba-Linien um die Ionenlinien des Bariums.

Obwohl diese Anwendung interessante Perspektiven eröffnete, ist dies aus zahlreichen Gründen, die nicht im Methodischen lagen, nicht weiter verfolgt worden. Ein Grund war, daß die Fa. Spectruma wieder separat entstand und Leco die Spektrometerproduktion in St. Joseph, Michigan, konzentrierte.

Im neuen Jahrtausend erhielt die AAS-Simultananalyse neuen Auftrieb durch die Entwicklung der sog. *High-Resolution-Continuum-Source AAS*, die 2005 auf der CANAS in Freiberg von der Fa. Analytik Jena zunächst in Buchform [912] vorgestellt wurde. Das Gerät war im ISAS Berlin-Adlershof konstruiert worden und kam etwas später auf den Markt (Abb. 418). Es handelt sich um die Variante mit Kontinuumstrahler, die jetzt durch das optische System mit Echelle-Gitter eine extrem hohe Auflösung erhielt. In dem zum Gerät gehörenden „Handbuch" [912] sind zahlreiche Anwendungsbeispiele an akademischen Proben genannt; seine Bewährung in der Praxis muß sich noch zeigen.

Vielleicht wird die Zukunft der AAS auch durch die Weiterentwicklung der Laser bestimmt, denn sollte ein durchstimmbarer Laser eines Tages die HKL ersetzen, so werden nach den Aussagen von *K. Niemax*, ISAS Dortmund, noch bessere Nachweis-

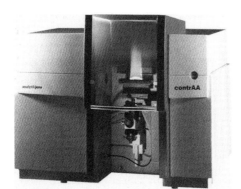

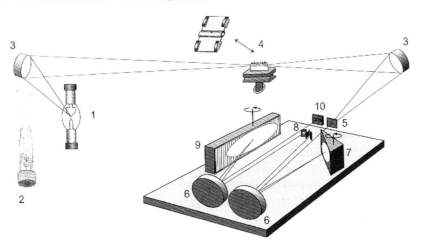

Abb. 418 (a) Das ContrAA 300 von Analytik, Jena und (b) sein optischer Aufbau. (1: Xenonlampe; 2: HKL wahlweise; 3: elliptische Spiegel; 4: Flamme als Atomisator; 5: Eintrittsspalt; 6: Parabolspiegel; 7: Prisma; 8: Klappspiegel und Zwischenspalt; 9: Echelle-Gitter; 10: CCD Detektor) [912] (mit Erlaubnis der Firma Analytik, Jena).

grenzen, eine Ausdehnung des dynamischen Bereiches und die Multielementbestimmung u. a. erreichbar sein [913].

So bleiben die verschiedenen Techniken der AAS zunächst hochempfindliche und genaue Methoden für die Analyse von flüssigen und festen Proben, in denen zahlreiche Elemente in Konzentrationsbereichen von mehr als sechs Zehnerpotenzen Unterschied bestimmbar sind. In Zukunft sollte die direkte Feststoffanalyse ohne Probenvorbereitung (Veränderung und Verdünnung) eine noch größere Rolle spielen, weil vor allem wichtige Referenzmethoden zur Absicherung der Richtigkeit emissions- und massenspektrometrischer Techniken benötigt werden. Auch wer sich kein ZAAS-Gerät leisten kann oder keine ausreichende Anzahl von Proben bekommt, die einen wirtschaftlichen Betrieb gewährleisten, kann auf die S/H-Technik zurückgreifen (Abb. 419). Dazu soll das Beispiel der direkten Altölanalyse anregen, ein typisches Beispiel für das Versagen der Deuteriumkompensation. Es wird deshalb beim Kauf eines AAS-Gerätes empfohlen, auf die Möglichkeit zu achten, jeweils diese beiden Untergrundkorrekturverfahren durchführen zu können.

Die AAS verdankt ihren Erfolg auch den zahlreichen theoretischen Arbeiten von *Leo deGalan* und *M. T. C. deLoos-Vollebregt* [914], Technische Hogeschool Delft, sowie *James A. Holcombe* [915], University of Texas, Austin, oder *Klaus Dittrich* et al. [916–919], KMU Leipzig, *Wolfgang Frech* [920], University of Umea, *W. B. Barnett* [921], PE, Ridgefield, und den vielen anderen, nichtgenannten Wissenschaftlern. Es ist in diesem Zusammenhang auch daran zu erinnern, daß bereits im Jahre 1979 *Hideaki Koizumi, Ralph D. McLaughlin* und *Telsuo Hadeishi* im Lawrence Berkeley Laboratory der University of California, Berkeley, die Kombination eines Hochtemperaturofens mit einem Chromatographen (HPLC) in der ZAAS benutzten [922]. 1982 erzeugten *Rainer Wennrich* und *Klaus Dittrich* an der damaligen Karl-Marx-Universität, Leipzig, mit dem Laser des LMA 1 von Jenoptik in einer Plastikkammer Probendampf und leiteten diesen in den Graphitrohrofen ein [923] sowie 1983 benutzten *P. Wirz, M. Gross, S. Ganz* und *A. Scharmann* ein DC-Plasma als Atomisator bei der ZAAS [924]. Hierin steckt noch so viel analytisches Potential, daß die fast einseitige Hinwendung der analytischen Forschung zur Applikation der ICP-MS nur schwer zu verstehen ist.

Die Analytische Chemie erfordert eine Vielzahl verschiedener Methoden und daraus resultierender Verfahren, um für jede gestellte Aufgabe eine optimale Lösung anbieten zu können (s. Ausbildung).

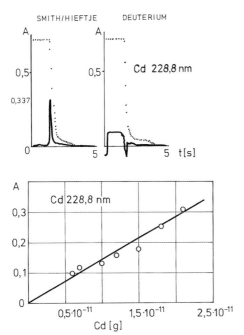

Abb. 419 (a) Festprobenanalyse von 1 mg Altöl, das 20 µg Cd/kg enthält, und (b) die Auswertefunktion dieses Verfahrens.

Abschließend ist noch eine interessante Variante zu nennen, die völlig unbeachtet blieb und erst wieder von *Karl Cammann* an der Westfälischen Wilhelms-Universität Münster „ausgegraben" wurde. Es hätte eine ganz andere AAS geben können, wenn die Hersteller dies gewollt hätten, eine AAS ohne Optik nämlich, wobei die Frequenzstabilität den Polychromator ersetzt und die jeweils drei Elemente simultan zu bestimmen erlaubt [925, 926]. *Robert Myers*, der in der Pionierzeit für Jarrell-Ash arbeitete und von diesen Untersuchungen durch den Autor erfuhr, berichtete, daß auch damals solche Überlegungen angestellt worden waren. Nun war es mit den heutigen Möglichkeiten das Ziel, ein kleineres, bewegliches, robustes, wartungsarmes und preiswerteres Gerät zu entwickeln, was durch Verzicht auf Spiegel, Gitter und andere justierbare optische Bauteile auch gelang. Es entstanden zwei Varianten, die frequenzmodulierte simultane Multielement-AAS (FREMSAAS) und die simultane Absorptionsmessung (SAM). In beiden Fällen wird das Licht von drei elementspezifischen HKL durch Lichtleiterbündel (Quarzfasern) zusammengeführt und durch die Atomisierungseinheit (Flamme oder Graphitrohrofen) geleitet (Abb. 420). Dahinter wird die Meßstrahlung wieder aufgeteilt und auf drei Photomultiplier zur Detektion gebracht. Eine Vorseparation durch schmalbandige Interferenzfilter verhindert eine Überlastung der Detektoren, die durch Eigenlicht des Atomreservoirs oder durch Umgebungslicht bedingt sein kann. Die eigentliche Trennung der Meßstrahlung der einzelnen Kanäle erfolgt nun nicht wie bei der klassischen AAS über die Wellenlängen, sondern der Primärstrahlung wird eine zusätzliche Information mitgegeben, die das Detektionssystem erkennen kann. Hierin unterscheiden sich die beiden Varianten.

Das Prinzip der FREMSAAS nutzt die Fähigkeit von Lock-in-Verstärkern aus, die in der Lage sind, aus Wechselstromsignalen bestimmte Anteile frequenz- und phasenselektiv zu verstärken. Werden nun mehrere Strahlungsquellen mit verschiedenen Modulationsfrequenzen (hier die HKL mit 470, 510 und 560 Hz) betrieben, so ist es auch mit der entsprechenden Anzahl von Lock-in-Verstärkern möglich, die jeweiligen Strahlungsanteile des Meßlichtes einer bestimmten Quelle (HKL) zuzuord-

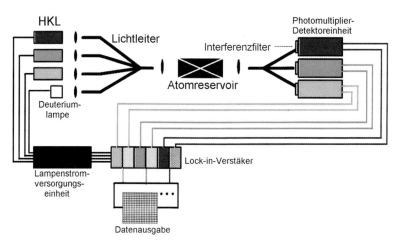

Abb. 420 Aufbau der frequenzmodulierten simultanen Multielement-AAS.

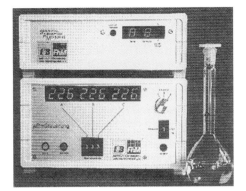

Abb. 421 (a) Versorgungs- und Verstärkereinheit neben 100-mL-Maßkolben und (b) simultan aufgestellte Auswertefunktionen für Cr, Cu und Mn.

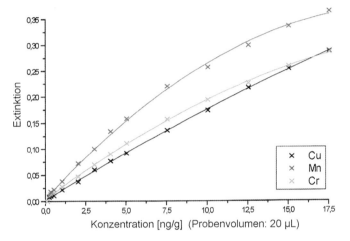

nen. Durch die Ausstattung mit einer Deuteriumlampe zur Untergrundkompensation, die hier mit 340 Hz betrieben wird, und den Einsatz eines Graphitrohrofens erreicht das System die größtmögliche Nachweisempfindlichkeit und Präzision.

Die zweite, zeitaufgelöste Variante (SAM) nutzt die Möglichkeiten der Miroprozessortechnik zur sequentiellen Ansteuerung mehrerer Strahlungsquellen und einer darauf abgestimmten Abfrage spezieller Detektoren. Auch hierbei kann die Deuteriumkompensation benutzt werden, da sich jeweils vier sektorförmige Lichtleiter zu einem runden Bündel zusammenfassen lassen. Das kleinste AAS-Gerät (Abb. 421a) ist bisher leider noch nicht auf dem Markt.

7.1.4
Atom- und Ionenemissionsspektrometrie

In der Atomemissionsspektrometrie hat sich in den letzten 20 Jahren des 20. Jahrhunderts nichts Prinzipielles verändert, da die Methoden (s. Prozeßkontrolle) ziemlich ausgereift sind. Die Entwicklung lag in den Verfahrensabläufen, die weitgehend automatisiert wurden. Zunehmend wurde es durch die Fortschritte der Elektronik auch möglich, Einzelfunken auszuwerten, d. h. man war nicht mehr gezwungen, nur das Mittel aus 600–800 Einzelfunken zu registrieren, sondern es wurde nun möglich, die Ergebnisse der Einzelfunken statistisch auszuwerten und eine gewisse Anzahl zu verwerfen. Das erhöhte nicht nur die Präzision (Wiederholbarkeit), sondern es entwickelte sich z. B. eine spezielle Methode, die prinzipiell eine Speziation von in Metallen vorhandenen Verbindungen ermöglichte.

Die Epoche der achtziger und neunziger Jahre war vor allem auch dadurch gekennzeichnet, daß die Spektrometer entweder weitgehend zu Peripheriegeräten von Computern oder kompletten Datenverarbeitungsanlagen wurden oder entsprechend der elektronischen Entwicklung immer kleiner werden konnten. Die Mobilspektrometer wurden als Einzelgeräte für den lokalen Einsatz noch kleiner, und es gab ein komplettes Spektrometer als Tischgerät. Diese Entwicklung ist vom analytischen Standpunkt aus mit einem lachenden und einem weinenden Auge zu sehen, weil hiermit eine Epoche eingeleitet wurde, die letztendlich zur Auflösung vieler Laboratorien führen kann, z. B. solche, die der Produktionsüberwachung dienen (s. Prozeßkontrolle).

Größere Fortschritte hatte die Spektrometrie mit der Glimmentladung als Anregung in Bulk- und Oberflächenanalyse zu verzeichnen. Ein weiteres Merkmal ist die Renaissance der Bogenanregung, die nie so ganz verschwunden war. Auch hierbei hatte die elektronische Entwicklung einen großen Anteil; sie sorgte vor allem für die Stabilität des Bogens, so daß er in der Präzision dem Funken nicht mehr unterlegen war.

Dafür stagnierte die analytische Verfahrensentwicklung für die ICP-Spektrometrie, weil jetzt zunehmend das ICP als Ionenquelle für die Massenspektrometrie in der Erforschung bevorzugt wurde.

Eine spezielle Methode wurde unter dem Namen **Peak Distribution Analysis** (PDA) bekannt, die in der japanischen Stahlindustrie (Nippon Kokan) entwickelt worden war und die Einzelfunkenauswertung voraussetzte. Sie beruht auf der Erkenntnis, daß die elektrischen Funken jeweils den kürzesten Weg von der Kathode (Gegenelektrode) zur Anode.(Probe) nehmen, was z. B. bei Stahlproben bedeutet, daß sie vorzugsweise zuerst auf die Grenzfläche nichtmetallischer Einschluß / Metall treffen (Abb. 422) – also den Einschluß sofort verdampfen. Handelt es sich nun z. B. um Al_2O_3, so ist der registrierte Meßwert von Al für den Einzelfunken im Vergleich zum Metall extrem hoch. Aus der Häufigkeitsverteilung dieser Meßwerte, kann der Al-Anteil des Oxids und des löslichen Al bestimmt werden. Dies funktioniert allerdings nur bei gleichwertigen Funken, d. h. man muß zusätzlich den Fe-Meßwert jedes Einzelfunkens kennen und über eine Fehlerrechnung alle Werte eliminieren, die vom Mittelwert stark abweichen. Man kann durchaus von z. B. 600 Einzelfunken nur 400 zur Auswertung heranziehen, da die Möglichkeiten der Abweichungen in einem Anregungsplasma viele (auch unbekannte) Ursachen haben können. Sortiert man nun die Einzelfunken nach der Häufigkeit ihrer Intensitäten (Abb. 422), so lassen sich prinzipiell die Anteile von löslichem und unlöslichem Al erfassen. Diese Einteilung ist eine Konvention, die auf dem chemischen Löseverfahren beruht. Im Stahl kann Aluminium in drei Bindungsformen vorkommen:

$$Al_{total} = Al_{met.} + Al_N + Al_{Oxid} = Al_{löslich} + Al_{Oxid}$$

Das säurelösliche Al besteht aus dem metallischen Al und dem Aluminiumnitrid, während das unlösliche Al dem als Oxid gebundenen entspricht. Al_N ist bei Wärmebehandlungen nicht stabil und beeinflußt nicht die Reinheit des Stahles. Es zeigte sich jedoch, daß die PDA-Methode nur bei speziellen Stahlprobenarten funktionierte, weshalb alsbald in Europa eine ähnlich arbeitende Methode entwickelt wurde. Den

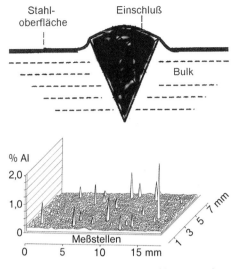

Abb. 422 (a) Schema eines Einschlusses an der Stahloberfläche und (b) Al-Konzentration auf etwa 125 mm² Oberfläche mit der Mikrosonde gemessen.

Anstoß hierzu gab das französische Stahlforschungsinstitut Institute Recherges Siderurgie (IRSid), Maiziéres, mit der sog. **Peak-Integration-Methode** (PIM), die von der Fa. Spectro, Kleve, modifiziert worden ist. Nach einer Idee von *Karl Slickers* wurde ein spezielles Spektrometer für

PIMS gebaut (Abb. 423). Die Proben müssen bei der Produktionskontrolle nach der Gesamtanalyse auf das spezielle Gerät umgelegt werden, da sich die Anregungsbedingungen völlig unterscheiden. Der Wert für den gesamten Al-Anteil (Al_{total}) wird somit zweimal ermittelt. Der Wert für das säurelösliche Aluminium ($Al_{lsl.}$) kann durch elektrolytisches Lösen und Bestimmung mit der AAS kontrolliert werden, wenn die Zeit dafür ausreicht, was bei Fertigproben der Fall ist. Der Anteil von Al_2O_3, das unlösliche ($Al_{unl.}$) also, läßt sich über die schnelle Sauerstoffbestimmung kontrollieren, was später noch bei der Analyse der Gase beschrieben werden soll. Mit anderen Bestandteilen in Stählen, wie z. B. Bor- oder Calciumverbindungen, hat sich diese Methode nicht so gut bewährt, was an den komplizierten Eich- und Kontrollmöglichkeiten liegen mag.

Die Entwicklung der **Emissionsspektrometrie** war in den vergangenen 50 Jahren eine der größten analytischen Leistungen, woran sowohl die Gerätehersteller als auch die Anwender beteiligt gewesen sind. Der Weg vom Spectrolecteur (Abb. 424a) der Compagnie Radio-Cinéma, Paris, bis zu den modernen Spektrometern (Abb. 424b),

Abb. 423 (a) Spektrometer von Spectro und (b) der zeitliche Ablauf einer Bestimmung der Al-Verbindungen in Stahl nach dem PIMS-Verfahren (mit Erlaubnis der Firma Spectro).

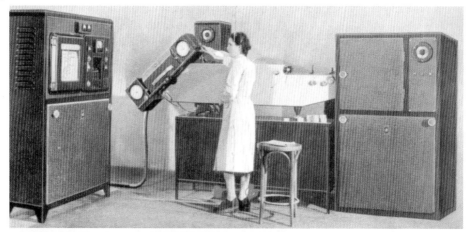

Abb. 424 (a) Der legendäre Spectrolecteur von 1950 und (b) ein modernes Spektrometer (ARL SMS-100) mit Roboter um 2000 im Hoesch Zentrallaboratorium.

die sich selbst kalibrieren und die Proben auch selbst entgegennehmen können, ist eine phantastische Geschichte. Sowohl die Anregungsparameter als auch die Meßwerterfassung und -verarbeitung sind heute stabile Faktoren. Die Eigenschaft, sich selbst zu kalibrieren, ist eine wesentliche Voraussetzung dafür, daß diese Spektrometer auch in Containerlaboratorien (s. Prozeßkontrolle) einsetzbar sind.

Auch die Emissionsspektrometer anderer Herstellerfirmen, wie z. B. Jobin-Yvon (Abb. 425), Philips oder Shimadzu und in neuerer Zeit auch von Quantum sind erheblich kleiner geworden. Bei einer ausgereiften Methode nähern sich die Eigenschaften und Leistungen der Instrumente stark an; sie unterscheiden sich heute nur um Nuancen, die durchaus für eine spezielle Anwendung nützlich sein können.

So haben Anwender, die einmal mit einer bestimmten Herstellerfirma begonnen haben, im Regelfall auch die weiteren oder Ersatzgeräte dort bezogen. Wesentlichere Gründe als die Leistungsfähigkeit waren oft die Anbindung an das vorhandene Datenverarbeitungssystem und die Erfahrungen mit der Wartung der Geräte.

Drei mittelständische Herstellerfirmen sind noch besonders zu erwähnen, die

7.1 Die Entwicklung in analytischen Laboratorien

Abb. 425 (a) Emissionsspektrometer JY 16 E von Jobin-Yvon und (b) das OBLF-Spektrometer QSG 750 (mit Erlaubnis von Horiba-Jobin-Yvon und OBLF).

alle Fusionen überlebt haben oder neu gegründet wurden, weil sie sich auf typische Arten der Metallanalyse und Legierungsanalyse spezialisiert haben. Sie operieren heute dank ihrer innovativen Entwicklungen weltweit.

Im Jahre 1974 gründeten die Herren *Overkamp*, *Becker*, *Lamers* und *Friedhoff*, die nach der Schließung der deutschen Vertretung von Jarrell-Ash in Dortmund-Hörde zunächst die überwiegend in Gießereien verwendeten JA-Spektrometer „Atomcounter" verkauften und warteten, die Fa. OBLF mit Sitz in Witten. Die speziell für die Metall- und Legierungsanalyse entwickelten Spektrometer wurden zunächst überwiegend in Gießereien eingesetzt. Dadurch ergab sich die Forderung nach einer sehr exakten Kohlenstoffbestimmung, worin die OBLF-Spektrometer schnell eine führende Position erlangten. Hinzu kam der erste Einsatz von hochfrequenten Anregungen, zuerst mit 500 Hz, später mit 1000 Hz. Dann folgte neben der Kombination mit Datenverarbeitungssystemen die Impulsanregung, was wieder eindeutig zeigt, wie innovativ kleine Firmen gegenüber den großen Konzernen sein können.

Bereits nach fünf Jahren hatten *Udo Becker* und *Paul K. Friedhoff* die Fa. OBLF verlassen, die dennoch bis heute den eingeführten Namen behielt.

Beim Klöckner-Stahlwerk Georgsmarienhütte hatte der Leiter des Spektrallaboratoriums, *Willi Berstermann*, Ende der siebziger Jahre ein tragbares, kleines Spektrometer gebaut, das so groß wie ein Geigenkasten war. Das führte letztlich 1986 zur Gründung der Fa. Belec, Georgsmarienhütte. In Konkurrenz zur Fa. Spectro, Kleve, die 1979 eben von *P. K. Friedhoff* mit *U. Becker* gegründet worden war, entwickelte Belec die ersten tragbaren Spektrometer, während Spectro seit Ende des Jahres 1979 solche auf kleinen Wagen vertrieb. Als Mitte 1982 ein Laboratoriumsspektrometer, genannt „Spectrolab", auf den Markt kam, waren schon mehr als 100 Mobilspektrometer verkauft worden, und es gab Niederlassungen in den USA und Frankreich. 1984 kam bei Spectro die Spectroflame-ICP hinzu. Ende 1986 wird das 1000ste Gerät verkauft und bereits zwei Jahre später waren 2000 Spektrometer weltweit installiert. Der Umsatz war auf mehr als 70 Mio. DM gestiegen, also Spectro war (zu) groß geworden.

Die Fa. Belec spezialisierte sich – wie gesagt – auf Kleinspektrometer und hatte bald einen Vorsprung in Bezug auf die Bestimmung des Elementes Kohlenstoff. Es war bekannt, daß die Quarzfaser-Lichtleiter mit der Zeit UV-Licht mit abnehmender Durchlässigkeit (Dämpfung) transportierten und sich veränderten, was sich in Ruhestellung nicht mehr ganz zurückbildete. In einer Diskussion verriet W. Berstermann dem Autor seinen Trick, mit dem er die von ihm selbst ausgesuchten und gewickelten Quarzfasern stabilisierte. Er speiste IR-Licht einer bestimmten Wellenlänge, die er nicht verriet, zusätzlich ein, wodurch die Abnahme der Durchlässigkeit für die Wellenlänge C 193,1 nm minimiert wurde. Das war ein durchschlagender Erfolg, und die Fa. Belec wurde mit der Entwicklung des „compact port" (portabel) im Jahre 1998 zum Marktführer für mobile Spektrometer. Wesentlich war auch, daß die Geräte für zahlreiche Anwendungen direkt in der Produktion eingesetzt werden konnten, wozu die entsprechenden Adapter entwikkelt wurden. Belec baute auch sehr früh Laboratoriumsspektrometer, die sich auf jeden Tisch stellen ließen (Abb. 426).

Mobilspektrometer werden heute nicht nur in der metallerzeugenden Industrie zur Verwechslungsprüfung benutzt, auch deren Kunden, wie z. B. die Maschinen-

Abb. 426 (a) Tischspektrometer Belec 2002 um 1990 und (b) das „lab 3000" aus dem Jahre 2003 (mit Erlaubnis von Belec).

oder Automobilindustrie, testen damit Wareneingänge auf Einhaltung der Qualitätsgrenzen. Auch bei der Klassifizierung von Schrott – Deutschland ist einer der größten Schrottexporteure – spielen sie eine wichtige Rolle in den Hallen oder auf Lagerplätzen. Dabei ist die Einfachheit der Bedienung ein wichtiger Faktor, weil die Geräte überwiegend von analytischen Laien benutzt werden. Sie sind inzwischen so klein erhältlich (Abb. 427), daß sie ähnlich wie ein Oszillograph zu Montagearbeiten mitgenommen werden können. So kann z. B. ein Schweißer vor Ort direkt feststellen, ob sich ein Stahlträger oder -rohr auch schweißen läßt. Die Oberfläche des Metalls mußte kaum oder nur insoweit bearbeitet werden, daß die Pistole richtig aufgesetzt werden konnte und der Bogen

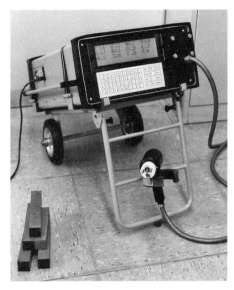
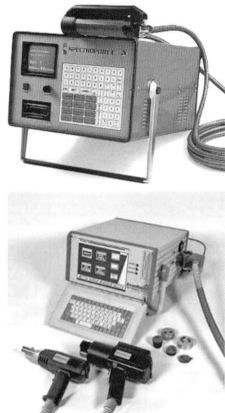

Abb. 427 (a) Mobilspektrometer von ARL im Laboratorium Phoenix, (b) das Spectroport von Spectro und (c) das „compact port" von Belec (mit Erlaubnis von Spectro und Belec).

brannte, um Material zu verdampfen und die Begleitelemente anzuregen.

Der Dritte im Bunde ist die Fa. Quantrum, Kleve, die von *Paul Friedhoff* gegründet wurde, nachdem er die Fa. Spectro verkauft hatte. Diese Geschichte erinnert an den Lebensweg von *Al Bernhard*, der bei ARL ausschied und die Fa. Labtest gründete. Als er diese dann an Baird Atomic verkaufte, konnte auch er nicht lange ohne die Spektroskopie leben und gründete die Fa. Analyte Corporation. Beide übernahmen bewährte Mitarbeiter von den alten Firmen.

Die Anwendung der elektrischen **Bogenanregung** ist älter als die Spektralanalyse selbst, die zunächst ja mit heißen Flammen und Lösungen begann. Als *Jean Bernard Léon Foucault* 1848 die erste brauchbare, elektrische Bogenlampe konstruiert hatte, versuchte er offensichtlich auch schon feste, stromleitende Proben mit Hilfe eines Bogens zu verdampfen und anzuregen. Im Anschluß an die Veröffentlichung von *Gustav Kirchhoff* und *Robert Bunsen* [167] bemerkte nämlich *George Gabriel Stokes* (1819–1903), der sich in Cambridge mit der Erforschung von UV-Licht und Fluoreszenzerscheinungen beschäftigte, daß eben dieser *Foucault* bereits 1849 vergleichbare Beobachtungen am Kohlebogen gemacht habe. Da damals Veröffentlichungen noch öffentlich diskutiert wurden, antworteten *Kirchhoff* und *Bunsen*, daß sie diese frühen Beobachtungen ja nun erklärt hätten.

Im Kapitel, das die Geschichte der Spektralanalyse behandelte, sind einige Hinweise auf die Anwendung des Gleichstrombogens ab 1860 und verschiedener Modifikationen in der ersten Hälfte des 20. Jahrhunderts sowie später im Rahmen der Lösungsanalyse enthalten.

In der praktischen Spektralanalyse spielte um die Mitte des vorigen Jahrhunderts der Abreißbogen von *K. Pfeilsticker* [230] neben der bekannten Funkenanregung von *O. Feussner* [223] eine hervorragende Rolle. Diese Bogenanregung diente prinzipiell zur totalen Verdampfung von Proben aus diversen Elektrodenformen, wobei der Kapillarbogen häufig benutzt wurde [929] – wie jetzt in den Mobilspektrometern.

Die ursprüngliche, einfache Schaltung für den Bogen (Abb. 428) war dafür verantwortlich, daß die Anregung unkontrollierbare Schwankungen aufwies, die zu einer nicht optimalen Reproduzierbarkeit führten. Wegen der hohen Empfindlichkeit der Bogenanregung war das immer wieder im Rahmen der Metallanalyse bedauert worden. Dennoch kam es gerade in speziellen Fällen häufig doch zur Anwendung des Bogens, wie z. B. mit Hilfe der inertgasgeschützten, wassergekühlten Bogenelektrode, die *Margoshes* und *Scribner* um 1963 benutzten. Diese Elektrode inspirierte zur Entwicklung der Tiegelfahrstuhl-ICP-Technik, genannt $\underline{S}$ample $\underline{E}$levator $\underline{T}$echnique (SET). Eine besondere Rolle spielte der Bogen auch bei den Versuchen zu seiner Verformung, die zu einer Art Flamme führte. Auch der Kranz-Brenner war eine typische Bogenanwendung und letztlich auch das DCP von *Valente* und *Schrenck*.

Der Abreißbogen kam dann erneut zur Anwendung, als man begann, Metallproben zu verdampfen und den Dampf in das ICP zu Nachanregung einzuleiten. Die zuerst von *H. G. C. Human*, *Robert H. Scott* et al. [930] in Südafrika benutzte Abfunkkammer (Abb. 429) eignet sich für

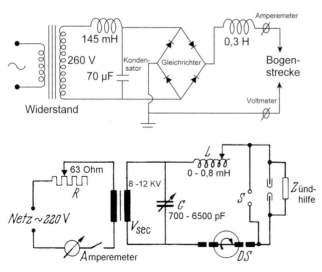

Abb. 428 Skizzen der elektrischen Schaltung für (a) einen Bogen und (b) den Feussner-Funken (S: Schutzfunkenstrecke; DS: synchron laufender Drehschalter).

Abb. 429 (a) Abfunkkammer und (b) zeitlicher Verlauf sowie (c) das LISA-Gerät von Spectro, Kleve (mit Erlaubnis von Spectro).

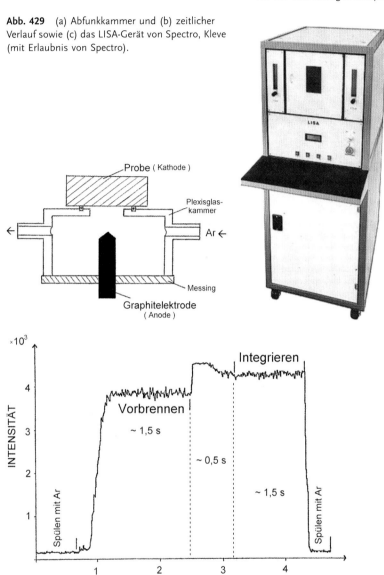

diese Methode und führte schließlich zur Entwicklung des _Little-Sample Analyzers_ (LISA) bei der Fa. Spectro in Kleve (Abb. 429b). Der zeitliche Verlauf des Verdampfens mußte für unterschiedliche Probenarten festgelegt werden. Für Stahlproben hat es sich bewährt, zwischen dem Vorfunken und dem Messen eine kurze Pause zur Stabilisierung einzulegen (Abb. 429c). Auf diese Weise ließen sich unterschiedliche Metallgüten sehr schnell unterscheiden. Durch einen speziellen Einsatz zur Probenhalterung funktionierte dies auch z. B. mit Drahtproben.

7 Die Zukunft analytischer Untersuchungen

Es sind also immer wieder Anwendungen mit Bogenanregung beschrieben und auch betrieben worden. So ist z. B. die Radelektrode, die in den USA auf jedem größeren Bahnhof oder Flugplatz zur spektrographischen Kontrolle der Abriebmetalle in Ölen benutzt wurde, erst langsam durch die ICP-Spektrometrie ersetzt worden. Auf weitere Methoden, die einer besseren Bogenanregung bedurften und mit dem Abschaffen der spektrographischen Arbeitsweise vergessen worden sind, wird noch hinzuweisen sein.

Die *Renaissance der Bogenanregung* hängt nun mit der elektronischen Entwicklung zusammen, die zu einer großen Stabilität während des Brennvorganges führte, so daß der analytisch empfindliche Bogen nun auch weitaus reproduzierbarer arbeitete [930]. Der Bedarf an einer Methode, die Festproben vollständig verdampft und nicht nur destilliert, wie z. B. die Laser-Verdampfung, war eigentlich immer vorhanden – zumindest dort, wo noch Analytische Chemie praktiziert wird.

Erfolgreiche Anwendungen in den neunziger Jahren kamen auch dadurch zustande, daß die Fa. Spectral Systems (*P. R. Perzl*) die Gleichstrombogen-Einheit DCA-301 als autarkes Tischgerät (Abb. 430) entwickelte. Zur Kompensation von Bogenfluktuationen wurde hier zusätzlich eine Lichtleiter-Doppeloptik benutzt, womit eine homogene Lichtverteilung am Spektrometer bewirkt werden konnte.

In dem Tischgerät befinden sich das Elektrodenstativ mit Haltern, die ein schnelles Wechseln der Elektroden ermöglichen, die Doppeloptik, die Gasflußsteuerung für Schutz und Reaktionsgas, die

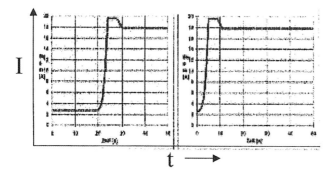

I

t ⟶

Abb. 430 (a) Strom-Zeitdiagramm mit langer und kurzer Sinterphase für B_4C und (b) Tischgerät DCA-301 (mit Erlaubnis von *P. R. Perzl*).

Stromversorgung (bis 30 A) und die Zündvorrichtung. Über die Mattscheibe läßt sich der Elektrodenabstand kontrollieren. Der Lichtbogenstrom kann in Form von frei wählbaren Stromrampen und -haltzeiten gesteuert werden (Abb. 430a). Die Stromversorgung enthält keine traditionellen Systeme, wie verlustreiche Ballastwiderstände, sondern zur Stabilisierung für das schnelle Schaltnetzteil wird ein spezieller, auf die elektrische Kennlinie des Bogens abgestimmter elektronischer Controller eingesetzt. Eine Arbeitsfrequenz von 40 kHz erlaubt in einem Strombereich von 1,5 bis 30 Ampere zu arbeiten, benötigt infolge des guten Wirkungsgrades keine Kühlung, und der Bogen läßt sich modulieren Die Flexibilität dieser Anordnung zeigt sich auch darin, daß z. B. zur Festprobenanalyse die Fackel eines ICP-Spektrometers direkt gegen einen Lichtleiteradapter ausgetauscht werden kann. So spielt der Bogen heute eine wichtige Rolle bei der Analyse keramischer Pulver, wo er an einem Spektrometer neben den Verfahren der Glimmlampenanregung (geboostet mit Hochfrequenz, um Nichtleiter zu sputtern) auch mit der elektrothermischen ICP-Kopplung (Graphitrohrofen / Plasmaflamme) zusätzlich als Feststoff-Analysentechnik eingesetzt wird, wie es *Jürgen Hassler* [931] bei der Fa. Elektroschmelze, Kempten, einrichtete (Abb. 431).

Derartige Kombinationen werden aus zwei Gründen immer wichtiger: Entweder liegt ein spezielles Analysenproblem vor, das auf andere Weise nicht befriedigend zu lösen ist, oder vorhandene Geräte, die sich in Wartestellung befinden, sind besser auszulasten. Es werden immer Referenzverfahren benötigt, um den Wahrscheinlichkeitsbereich der Richtigkeit einzuengen.

Einige Methoden, aus denen Verfahren für einen ganz speziellen Zweck entwickelt wurden, werden heute artfremd benutzt, was im Regelfall zur Einschränkung der Richtigkeit – zumindest zur erheblichen Vergrößerung ihres Wahrscheinlichkeitsbereiches – führt. Das ist typisch für die **Laser-Verdampfung**, wenn diese z. B. für die Bulkanalyse benutzt wird. Es gibt mit einer Unterbrechung von etwa 20 Jahren heute wieder zahlreiche akademische Arbeiten, die Proben der verschiedensten Art mit einem Laser verdampfen und als Nachionisation die ICP-Anregung (s. Abb. 433) benutzen [932–935].

Die Unterbrechung beruhte darauf, daß in den sechziger und siebziger Jahren die als Detektion benutzte Spektrographie in praktisch allen Laboratorien – selbst im ISAS nach der Pensionierung von *K. Laqua* – eingestellt worden war. Es war ein langer Weg von den ersten Laser-Spektrometern, wie dem LMA 1 von Jenoptik, Jena, oder dem Gerät von Jarrell-Ash (Abb. 432), bis zu dem Zeitpunkt, als wieder größere Spektralbereiche simultan erfaßt werden konnten. Damit begann ein Wiederaufleben der Verdampfung mit Laser-Anregungen und auch die altbewährte Arbeitsweise mit einem internen Standard als Referenz war wieder möglich. Allerdings erfolgte dies nun mit einem verbesserten Laser, der in schneller Schußfolge arbeiten konnte, ohne daß sich die Leistung [J/cm^2] änderte, wie z. B. diejenigen von den Firmen Cetac, Omaha, oder New Wave Research, Fremont, CA.

Der ehemalige Forschungsleiter der Firma ARL, Ecublens, *Wilfried Vogel*, konstruierte eine Laser-Einheit, welche die sog. Laser-*Induced Analysis* (LINA) ermöglichte, und auch die *Laser-Induced-Breakdown Spectrocopy* (LIBS) nahm inzwischen Gestalt an. Dies reizte auch die Praktiker, die zunächst die unterschiedlichen Techniken sortierten. Es gibt nämlich verschiedene Arten der Fokussierung. Üblicher-

514 | 7 Die Zukunft analytischer Untersuchungen

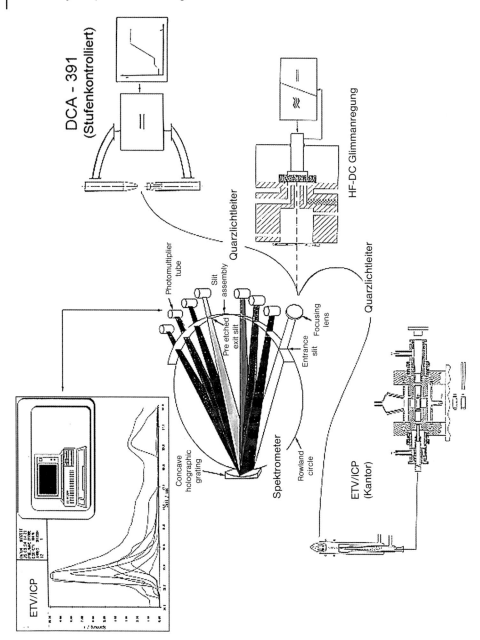

Abb. 431 Prinzip der spektrometrischen Feststoffanalyse mit Bogen- und Glimmentladungsanregung sowie mit elektrothermischer Verdampfungs-ICP.

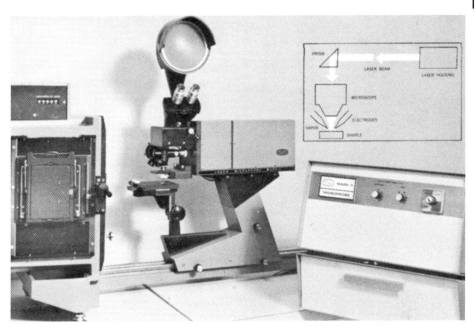

Abb. 432 Laser-Spektrograph von Jarrell-Ash, 1972 (mit Erlaubnis der Firma Thermo).

weise fokussiert man auf die Probenoberfläche (LA, LIBS); es kann jedoch auch in die Probe hinein erfolgen (LINA). Während bei LA und LINA der entstehende Probendampf mit Hilfe von Argon als Trägergas in die ICP-Anregung eingeleitet wird, bildet man bei LIBS das emittierte Licht direkt auf dem Eintrittsspalt eines Spektrometers ab. Zunächst soll die am häufigsten beschriebene Methode, die Laser-Ablation (LA) betrachtet werden. Dazu gibt es geeignete Vorrichtungen (Abb. 433). Die Anwendung zur praktischen Analyse erfordert sehr erfahrene Operateure, denn die zu beachtenden Parameter (Laser, ICP, Detektor) sind vielfältig, die Verdampfung hängt stark von der Matrix ab, und eine Kalibrierung bzw. Quantifizierung ist selten erfolgreich durchführbar, weshalb bei genauer Betrachtung fast ausschließlich akademische Proben untersucht werden. Ein anerkannt führendes Laboratorium auf diesem Sektor konnte ein historisches Glas (Kunkel-Glas) überhaupt nicht richtig analysieren, was den Eindruck bestärkt, daß die Quantifizierung nicht allgemein möglich ist.

Noch mehr Probleme kann das Mehrfachschießen auf dieselbe Stelle einer Probe hervorrufen, weil fast immer ein selektives Verdampfen einzelner Bestandteile erfolgt [936]. Auch das kondensierte Material, z. B. am Kraterrand (Abb. 433b), stimmt selten mit der Bulkzusammensetzung überein, was auch für das verspritzte, auf der Oberfläche kondensierte Material gilt.

Durch Änderung der Wellenlänge und Leistung kann man zwar sehr flache Krater erzeugen, wobei dann weniger Material abgebaut wird, doch mag dies für die empfindliche ICP-Nachanregung ausreichen. Entscheidend ist die Partikel- oder Tröpfchengröße, die bei der Verdampfung ent-

7 Die Zukunft analytischer Untersuchungen

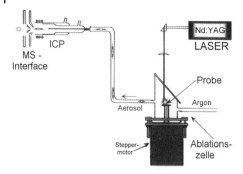

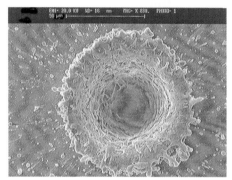

Abb. 433 (a) Einrichtung zur Verdampfung mit dem Laser in Kombination mit dem ICP-MS und (b) Mikrosondenaufnahme eines typischen Kraters mit Umgebung.

steht und mit dem Trägergas (Ar) transportiert werden soll. Bei zahlreichen Untersuchungen stellte sich heraus, daß diese Partikelgröße von der Probenart, speziell der Matrix, abhängig ist. Es entstehen zunächst Partikel, deren Durchmesser im Nanobereich liegen, die jedoch vom Plasma über der Oberfläche entsprechend ihren physikalischen Eigenschaften unterschiedlich verdampft werden, dieser Dampf dann zu clusterähnlichen Gebilden agglomeriert und im ICP auch unterschiedlich schnell angeregt wird. Streng genommen, bedeutet dies nun, daß ein befriedigendes Ergebnis nur dann zu erreichen ist, wenn mit einer völlig identischen Probenserie kalibriert wird. Das sind die sog. akademischen Analysenverfahren, wobei eine Standardprobenserie mit nahezu identischer Matrix zum Kalibrieren benutzt und anschließend eine oder mehrere Proben aus dieser Serie analysiert werden. Das muß der Praktiker erkennen, weil sich so Enttäuschungen bei der Arbeit mit realen Proben verhindern lassen.

Ein Beispiel zeigte, daß sich eine für die ICP hervorragend geeignete Partikelgröße ergeben kann, die dennoch zu keinem befriedigenden Ergebnis führen muß [936]. Bei der Laser-Verdampfung von Messing, wobei mehrfach in den gleichen Krater geschossen wurde, verarmte die Probenzusammensetzung schnell an Zink, das sich teilweise angereichert am Kraterrand wiederfinden ließ. Die unter der Mikrosonde gemessene Partikelverteilung mit einem mittleren Partikeldurchmesser um 0,5 μm schien optimal zu sein (s. ICP).

Vor etwa 30 Jahren war das Rastern über eine größere Fläche mit der damals nur möglichen Einzelschußtechnik ebenso erfolgreich wie Lokal- oder Mikroanalysen, so daß eine Rückkehr zu dieser Art von Verfahren zu empfehlen ist. Eine Renaissance des alten Einzelschußverfahrens – jetzt allerdings mit modernster Technik (Abb. 517) – beschrieb *Detlef Günther* auf der Winter Conference on Plasma Spectrochemistry 2006 in Tucson, Arizona [937]: Er kombinierte die Probenverdampfung durch einen einzigen Laser-Schuß mit dem direkten Einbringen der (ionisierten) „Wolke" in eine induktiv gekoppelte Plasmaflamme, die vor der Öffnung eines Massenspektrometers sitzt.

Größere Erwartungen erweckte die LIBS [938, 939] besonders in den Stahllaboratorien, weil die Hoffnung bestand, metallische und oxidische Proben an ein und demselben Gerät analysieren zu können. In der Routineanalytik hat sich diese Methode aus mehreren Gründen noch nicht so richtig bewähren können.

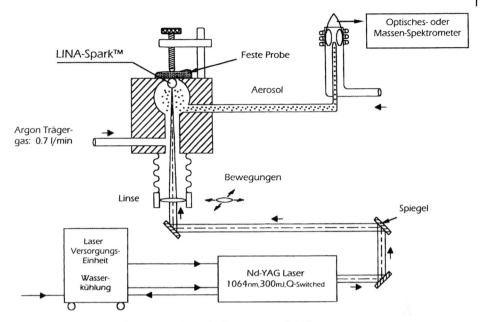

Abb. 434 Prinzipskizze der LINA-Spark-Methode von W. Vogel [940].

Das gilt auch für die interessante Variante des LINA-Spark [940, 941]. Hierbei wird, wie bereits angedeutet, der Laser über einen rotierenden Spiegel in die Probe fokussiert (Abb. 434).

Auf der Probenoberfläche bildet sich das Plasma fast als Kugel aus und bewegt sich schlingenförmig über einen Bereich der Probe, die zunächst aufgeschmolzen und aus der Schmelze verdampft wird. Das läßt sich an der Kraterform gut erkennen (Abb. 435).

Die Krater zeigen die Auswirkung der drei möglichen Betriebsvarianten: 1. ohne Rotation des Laser-Strahles (oben) bei Vergrößerungen von 1:15 bzw. 1:60 für die Randaufnahme; 2. mit einfacher Rotation zeigt sich eine ringförmige Verdampfungszone bei Vergrößerungen von 1:25 bzw. 1:70; 3. bei doppelter Rotation wird durch die schlingenförmige Bewegung auch die Mitte abgebaut bei Vergrößerungen wie unter 1. Die Schußfrequenz zeigt zwischen 5 Hz und 10 bzw. 20 Hz einen deutlichen Unterschied.

Im Gerät befindet sich ein Nd-YAG-Laser mit der Wellenlänge 1064 nm (IR), der eine Leistung von 210 mJ erreicht. Der Laser-Strahl hat einen Durchmesser von 2 mm. In den Hoesch-Laboratorien wurde diese Laser-Anregung mit dem ICP-Spektrometer OPTIMA 3000 (PE) gekoppelt. Typisch für die LA ist die unterschiedliche Abtragsbzw. Verdampfungsrate in Abhängigkeit von der Metallbasis (Tab. 50).

Auch Versuche, das Trägergas anzufeuchten bzw. damit einen externen Standard einzubringen, waren erfolgreich, so daß hieraus ein interessantes Analysenverfahren resultieren könnte.

Die Reihe der vor rund 30 Jahren aktuellen, nicht mehr weiterentwickelten Methoden kann, z. B. mit der *Furnace Atomic Non-thermal Excitation Spectroscopy* (FANES), dem Graphitofen mit integriertem Niederdruckplasma, für die Emis-

7 Die Zukunft analytischer Untersuchungen

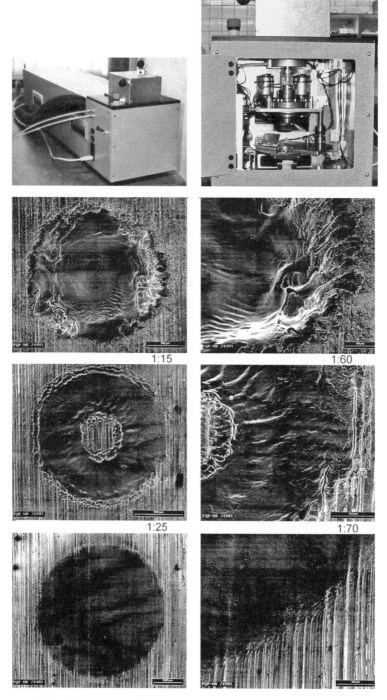

Abb. 435 LINA-Gerät im Laboratorium Phoenix, (a) geschlossen und (b) offen, (c) Rastermikroskop-Aufnahmen der Krater.

Tabelle 50 Verdampfungsrate der LA-Technik (1,08 kV u. 20 Hz) und LA-ICP-AES-Analyse von Stahl (CRM-BAS 405/1).

Metall	Abrasionsrate [µg/s]
Kupfer	1,0
Titan	1,7
Stahl (unlegiert)	1,7
Stahl (legiert)	1,9
Nickel	2,4
Platin	3,0
Bronze	3,3
Aluminium	3,9
Zink	4,8
Blei	16,7

Element	Konzentration [%]	Analysenlinie [nm]	Standardabweichung abs.-[%]	rel.-[%]
Si	1,71	251	0,02	1,1
Mn	1,28	257	0,02	1,6
Ni	0,22	231	0,003	1,5
Cr	0,15	205	0,002	1,2
Cu	0,013	324	0,002	15
Mo	0,002	202	0,0013	65
Fe	96,22	273	0,80	0,8

Bedingungen: LASER: 1064 nm; Blitzlampenspannung: 1,2 KV; Schlußfrequenz: 5 Hz; Trägergas: 1 L Ar/min ; Laufzeit 20 s; ICP -Frequenz : 27 MHz; Leistung: 1,2 KW; Plasmagas:12 L Ar/min u. Hilfsgas: 1 L Ar/min.

Abb. 436 (a) GD-AES-Spektrometer von Spectruma und (b) die gesamte Datenverarbeitungsanlage im Hoesch-Laboratorium.

sionsspektroskopie fortgesetzt werden [942].

Auch das Funken durch eine mit Wasser bedeckte Metalloberfläche, was zuerst von *Ramon M. Barnes* [943] beschrieben wurde, ist heute eine total vergessene Methode der Spektrographie – also der Detektion über Photoplatten –, die es nicht mehr gibt. Es wäre wünschenswert gewesen, diese Liquid-Layer-on-Solid-Sample-Methode weiterzuführen, denn es zeigte sich, daß die Ergebnisse beim Arbeiten in Inertgasatmosphäre noch erheblich weiter zu verbessern sind. Auch der Zusatz eines externen Standards zum aufgesprühten Wasser führte zu einer weiteren Verbesserung bei der Auswertung (s. LINA).

Große Fortschritte ergaben sich auf dem Gebiet der **Glimmentladungsanregung** (GD-AES). In den Hoesch-Laboratorien lief seit Jahren ein Spektrometer von Spectruma, Herrsching, mit kompletter Datenauswertung (Abb. 436). Damit wurden die grundlegenden Bedingungen zur praktischen, schnellen Oberflächenanalyse von Stahlblechen erarbeitet.

Die Möglichkeiten, mit konstantem Strom, konstanter Spannung oder konstanter Leistung zu arbeiten, wurden getestet (Abb. 437), wobei sich erhebliche Unterschiede bei der Eindringtiefe (Abtragung) ergeben. Die Abtragsrate ist für jede Probenart unterschiedlich und muß deshalb ermittelt werden.

Das Ziel bei der Oberflächenanalyse war nicht ein schneller und starker Materialabtrag, wie er für die Bulkanalyse durchaus brauchbar ist, sondern ein möglichst gleichmäßiger. Betrachtet man den Brennfleck unter dem Rastermikroskop (REM), so zeigt sich, daß der grobe Abtrag ein „Gebirge" hinterläßt (Abb. 438, links), während ein sog. Flat-Bottom-Crater angestrebt wird,

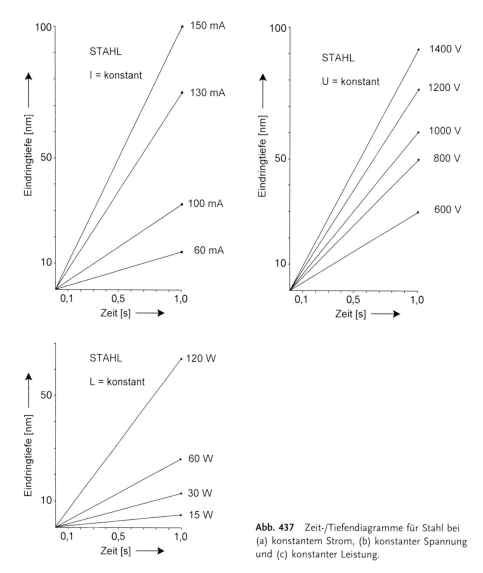

Abb. 437 Zeit-/Tiefendiagramme für Stahl bei (a) konstantem Strom, (b) konstanter Spannung und (c) konstanter Leistung.

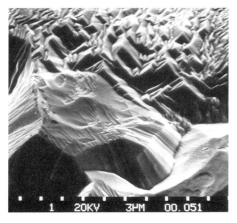 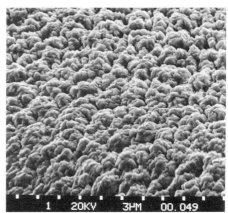

Abb. 438 REM-Bilder der Oberflächenstruktur in 3000-facher Vergrößerung nach GD-Abtrag mit unterschiedlichen Bedingungen.

der durch einen gleichmäßigen Abtrag erreichbar ist (Abb. 438, rechts).

Zahlreiche Anwendungen der GD-Anregung finden sich in der Literatur [944–950].

Mit der neuen Gerätegeneration (Abb. 439) ergaben sich weitere Verbesserungen.

Das betraf einmal die Bulkanalyse von Legierungen, die bei der Funkenanregung zu wechselnden Bedingungen und damit zu Ungenauigkeiten führt, und zum anderen die Oberflächenanalyse (s. SNMS).

Es gab inzwischen auch eine Standardprobe, die aus definierten Schichtdicken von Nickel und Chrom besteht. Damit läßt sich die Zeitskala (x-Achse) annähernd genau in eine Eindringtiefenskala [µm] kalibrieren (Abb. 440a). Inzwischen können auch Schichten auf Metalloberflächen, die relativ kompliziert zusammengesetzt sind, identifiziert werden.

Wichtig für die Entwicklung dieser Methode war auch, daß es neben Leco und Spectruma noch weitere Hersteller gab, z. B. die ehemals französische Firma Instruments S.A. (früher: Jobin-Yvon; heute: Horiba) in Longjumeau.

Die Glimmentladungsanregung wird auch in der Zukunft ein wichtiges analytisches Hilfsmittel in den praktischen Laboratorien bleiben. Es wird sich auch herausstellen, ob sich ihre Kopplung mit einem Massenspektrometer (Abb. 477), wie von *Norbert Jakubowski*, BAM Berlin, früher ISAS Dortmund, vorgeschlagen wurde [951], in der Praxis bewährt.

In den neunziger Jahren sind die Laboratorien in der Applikation so eingeschränkt worden, daß viele gute Ideen nicht reifen konnten – wie früher eingehend beschrieben – und viele interessante Instrumente nicht mehr zu erhalten sind. Neben den bereits erwähnten Techniken der Emissionsspektrographie – der Methode mit der bis heute unübertroffenen Information über eine Probe – und den AAS-Geräten der Firma Instrumentation Laboratories sind nach 1990 einige ältere, bisher nur schwer zugängliche Geräteentwicklungen bekannt geworden, die für die praktische Analytik hätten sehr interessant sein können, wenn sie denn in den Markt gekommen bzw. in wenigen Fällen dort geblieben wären.

Drei Beispiele sollen dies belegen: *Erwin Hoffmann* hatte bei der Akademie der Wissenschaften der DDR in Berlin-Adlershof ebenso an einer Plasma-Anregung

7 Die Zukunft analytischer Untersuchungen

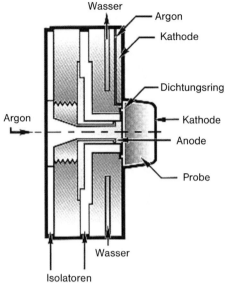

Abb. 439 (a) Spektrometer GDS 850A von Leco, St. Joseph, Michigan, und (b) die GD-Anregung (mit Erlaubnis der Firma Leco).

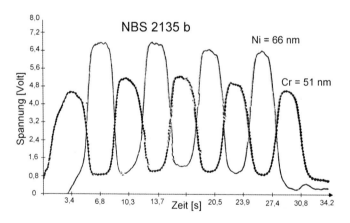
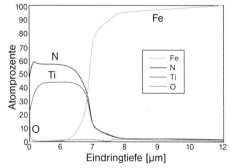

Abb. 440 GD-AES-Aufnahmen (a) der Standardschichtprobe NBS 2135b und (b) einer Einfach-Beschichtung der Stahloberfläche mit TiN.

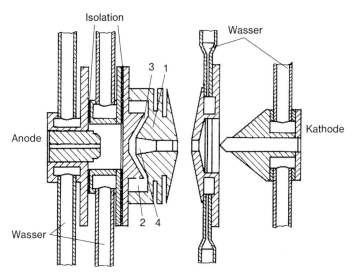

Abb. 441 Schematischer Aufbau der Plasma-Anregung von E. Hoffmann.

(Abb. 441) gearbeitet [952] wie auch K. Doerffel in Merseburg [953] oder M. Riemann am Heinrich-Beck-Institut für Lichtbogenforschung in Meiningen [954]. Seit Mitte der fünfziger Jahre gab es diese Versuche, um Analysenlösungen direkt der Emissionsspektrographie oder -metrie zugänglich zu machen. Aus dem wandstabilisierten, wassergekühlten Kaskadenbogen entwickelte die neugegründete Firma GAAM (Gesellschaft für Analytik und atomspektroskopische Meßtechnik), Bad Dürrenberg, ein Spektrometer mit stabiler DCP-Anregung, genannt TEP (*Two-Electrode-Plasma*).

Damit konnten in der Wasser- und Umweltanalytik Elementkonzentrationen bis in den µg/L-Bereich bestimmt werden. Aufgrund der besonderen Konstruktion von Anregungsquelle und Probeneingabe (Abb. 442) sowie der Möglichkeit, anstelle von Argon (< 3 L/min) auch z. B. Helium einzusetzen, ließen sich Kohlenstoff und einige Nichtmetalle, z. B. die Halogene, bestimmen. In Kombination mit der Kaltdampftechnik konnte Quecksilber bis zu einer Konzentration von 0,5 µg/L erfaßt werden. Da auch hohe Konzentrationen meßbar waren, mußte nicht unbedingt verdünnt werden. So konnten Proben der unterschiedlichsten Art und Viskosität direkt eingesprüht werden, von verdünnten Analysenlösungen über Tomaten- oder Orangensäfte bis hin zu Suspensionen mit Feststoffanteilen, die im Durchmesser 5 µm nicht übersteigen. Nachdem sich nicht schnell genug ein erfolgreicher Verkauf einstellte, und die Firma von Spectro, Kleve, übernommen worden war, verschwand dieses Gerät leider sehr schnell vom Markt.

Ähnliches ereignete sich auf dem Gebiet der ICP-Spektrometrie: W. Quillfeldt entwickelte 1990 bei Jenoptik Carl Zeiss, Jena, ein ICP-Spektrometer (Abb. 443), das nicht nur enorm lichtstark, sondern auch extrem hochauflösend war [955]. Dies wurde durch den Einsatz eines Echelle-Polychromators mit gekreuzter Dispersion, einer Brennweite von 500 mm und einem Öffnungsverhältnis von 1:10 in Kombination

7 Die Zukunft analytischer Untersuchungen

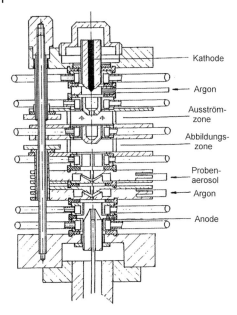

Abb. 442 GAAM-Spektrometer: (a) prinzipieller Aufbau der Bogenanregung und (b) Ansicht im Gerät.

mit Lichtleitfasern erreicht, welche das Licht aus der Fokalebene zu den Strahlungsempfängern transportieren (Abb. 443b). Dies erfolgte für 132 Spektrallinien von 70 Elementen im Wellenlängenbereich von 193–852 nm, deren Licht auf 12 Photomultiplier gelenkt wird. In einem Analysenprozeß können bis zu 60 dieser Linien in Gruppen zu 12 simultan gemessen werden. In dieser Anordnung sind sowohl Einzelpeakmessungen als auch ein Scan-Modus möglich. Ferner läßt sich das Gerät wie ein Monochromator betreiben, indem man weitere Spektrallinien hinzufügt. Die ICP-Anregung wird durch einen Linn-Generator bei 27,12 MHz versorgt und besitzt eine Leistung von 2,5 kW.

In den Hoesch-Laboratorien hatten wir die Gelegenheit, dieses Gerät zu testen; es eignete sich zur Anwendung in der Routineanalytik [956]. Auch an der Universität Leipzig bei *Klaus Dittrich* und an der Friedrich-Schiller-Universität, Jena, bei *Klaus Danzer* wurden diese Geräte für Forschungsaufgaben benutzt. Unter Routinebedingungen hat sich dieser Prototyp durchaus bewährt. Man hätte wünschen können, daß dieser Weg weiterbeschritten worden wäre.

Wahrscheinlich war die Schließung der Analytiksparte bei Jenoptik der Grund für die Einstellung der Produktion dieses Gerätes. Die Nachfolgefirma Analytik Jena hat inzwischen zahlreiche AAS-Gerätetypen, doch bisher kein ICP-Spektrometer auf den Markt gebracht.

Es kommt andererseits aus merkantilen Gründen immer wieder vor, daß eine gute Idee zu schnell umgesetzt wird und das resultierende Gerät zu früh in den Markt eingeführt wird. Ein typisches Beispiel hierfür war das ICP-Spektrometer MAXIM der Fa. ARL (Abb. 444), das die Idee des Plasmaquant 110 von Zeiss benutzte und elegant anwenden wollte. Aufgrund der Konzeption und elegant kleinen Geräteform sind Mitarbeiter der Hoesch-Laboratorien nach Ecublens gefahren, um das Spektrometer zu testen. Doch im Gegensatz zum Test von *W. Schrön* [957] schien es nicht ausgereift und ließ sich offensichtlich auch nicht mit vertretbarem Aufwand verbessern. So wurde es schnell vom Markt genommen.

Abb. 443 (a) PLASMAQUANT 110 im Hoesch-Laboratorium und (b) Schema des optischen Aufbaus.

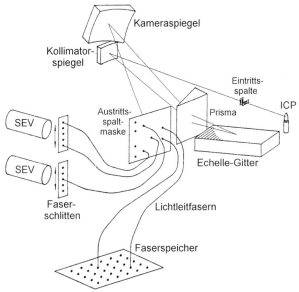

Diese an sich so interessante Konzeption beider Geräte ist leider nicht weiter verfolgt worden. Geblieben ist die *horizontale Anordnung der Plasmafackel* (Abb. 450), denn dies war die Vorbereitung für die Kombination der ICP als Ionenquelle mit einem Massenspektrometer.

Es verging noch einige Zeit, bis sich die Fa. ARL bzw. Jarrell-Ash, die nun zum Thermo-Konzern gehört, wieder an ein Spektrometer mit Horizontalplasma herantraute.

Mit dem IRIS (Thermo JA) und dem OPTIMA 3000 (Perkin-Elmer) begann eine nächste Gerätegeneration, die jetzt nach fast 20 Jahren den Anschluß an die klassische Spektrographie zumindest teilweise wiederherstellte, denn als Detektoren werden jetzt Charge Injection Devices (CIDs) im IRIS und Charge Coupled Devices

7 Die Zukunft analytischer Untersuchungen

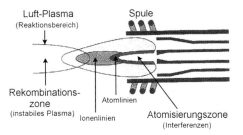

Abb. 445 Schematische Abbildung der horizontal angeordneten ICP-Torch.

Abb. 444 (a) Spektrometer MAXIM und (b) sein Innenleben (1. Echelle-Gitter; 2. Fokalspiegel; 3. Suprasil-Prisma; 4. Spaltmaske; 5. Fiberlichtleiter; 6. Vakuum-UV-Detektoren; 7.gekühlte Photomultiplier; 8. Graphitzylinder; 9. Horizontalplasma; 10. Prisma-Scanner) (mit Erlaubnis der Firma Thermo-ARL).

(CCDs) im OPTIMA verwendet, die gewisse Spektralbereiche simultan aufnehmen können. Während das CID die Pixel direkt ohne anschließende Entladung zählt, werden beim CCD die Pixel in einem Speicher gesammelt und dann elektronisch gezählt (Abb. 446).

Immer wieder gab es Versuche, die Brennerform und die Zerstäuberkammer zu ändern, z. B. entwickelten Forschungsinstitute kleinere Brenner, die einen geringeren Gasdurchfluß zuließen, nicht um die Analytik zu verbessern, sondern um die Gaskosten zu senken. Diese spielten in Industrielaboratorien keine große Rolle, so daß man dort bei den ursprünglichen Formen blieb. Da neubeschaffte Geräte jeweils andere Brenner-/Zerstäubersysteme haben konnten, war es ratsam, sich innerhalb eines Laboratoriums auf einen Typ festzulegen. Die Dimensionen des Fassel-Brenners und die Scott-Zerstäuberkammer in der ursprünglichen Form sind optimal. Bewährt hat sich in neuerer Zeit eine Venturi-Kammer, die z. B. von den Firmen Glass Expansion, Melbourne, Australien, Meinhard, Denver, USA, u. a. hergestellt bzw. vertrieben wird.

Neben den klassischen Zerstäubern wurden solche für hohe Salzanteile oder säureresistente entwickelt. Der Anwendungsfall entschied häufig darüber, welcher Typ am günstigsten arbeitete. In den Hoesch-Laboratorien sind deshalb die gängigen Typen, der von Meinhard, der Cross-Flow-Zerstäuber (Kniezerstäuber), der Grid-Zerstäuber von Philips, der HSN (*High-Salt-Nebulizer*) von ARL sowie ein Ultraschallzerstäuber,

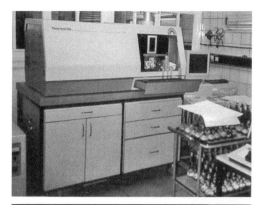

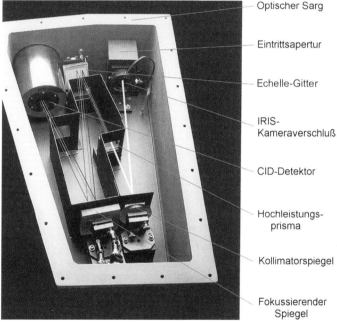

Optischer Sarg

Eintrittsapertur

Echelle-Gitter

IRIS-Kameraverschluß

CID-Detektor

Hochleistungsprisma

Kollimatorspiegel

Fokussierender Spiegel

Abb. 446 (a) Thermo-IRIS im Hoesch-Laboratorium und (b) sein innerer Aufbau.

auf ihre Effektivität – gemessen über die ins Plasma gelangten Teilchengrößen – untersucht worden. Dies geschah über die Messung der Laser-Streuung (Abb. 447).

Dabei ergaben sich folgende Resultate für die Partikelgrößen [936], die hier nach der Sauter-Gleichung [958] berechnet und gegen die Intensität aufgetragen wurden (Abb. 448):

worin N = Anzahl der Partikelgrößenklassen; d = Durchmesser für Partikelgrößenklasse; n = Häufigkeit der Partikelgrößenklasse.

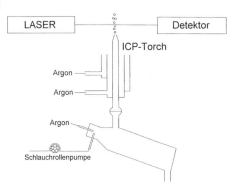

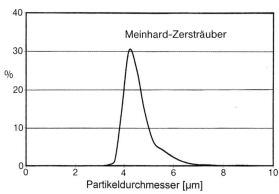

Abb. 447 (a) Meßprinzip der Tröpfchengröße, hier mit dem Cross-Flow-Zerstäuber, und (b) die Häufigkeitsverteilung beim Meinhard-Zerstäuber (~5 μm Ø).

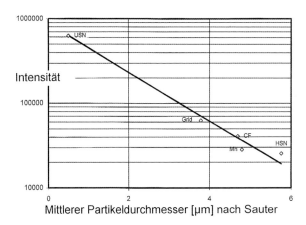

$$D_{3,2} = \frac{\sum_{i=1}^{N} n_i \cdot d_i^3}{\sum_{i=1}^{N} n_i \cdot d_i^2}$$

N = Anzahl der Partikelgrößenklassen
d = Durchmesser für Partikelgrößenklasse
n = Häufigkeit der Partikelgrößenklasse

Abb. 448 Einfluß der Partikelgrößen auf die Intensität [936] (USN = Ultraschall-; CF = Cross-Flow- und Mh = Meinhard-Zerstäuber sowie HSN für hohe Salzanteile).

Die Partikelgrößen liegen beim Ultraschallzerstäuber mit etwa 0,5 µm Ø in der gleichen Größenordnung, die bei der Laser-Verdampfung erreicht werden kann. In der Praxis hat sich jedoch dieser Zerstäuber vor allen Dingen wegen der Memory-Effekte nicht bewährt. In der Forschung war er deshalb beliebt, weil sich hervorragende Nachweisgrenzen ergeben.

Der US-Zerstäuber hebt sich beim Linie-/Untergrund-Verhältnis und entsprechend bei der Nachweisgrenze deutlich von anderen ab. Neben dem US-Zerstäuber, z. B. dem U-6000AT der Firma Cetac, Omaha, USA, mit vollständiger Entwässerung (Abb. 449), entwickelte *Harald Berndt* am ISAS in Dortmund einen Hochdruckzerstäuber (Abb. 450) mit ungeheuer langem Namen HPF/HHPN (= *High-Performance Flow / Hydraulic High-Performance Nebulization*), den die Firma H. Knauer, Berlin, vertrieben hat, und der ebenfalls geeignet war, bessere Nachweisgrenzen an akademischen Proben zu erzielen.

Vielmehr entwickelten sich in dem betrachteten Zeitraum zahlreiche neue Zerstäubertypen. Dabei sind zwei Zielgruppen zu erkennen: Einmal ging es um Mikrozerstäuber, die nur sehr wenig Lösung brauchten bzw. ansaugten, wie z. B. der MCN (= *Micro Concentric Nebulizer*) von Cetac, Omaha, und zum anderen betraf es die Säurefestigkeit – vor allem die gegen Flußsäure. In der Gegenwart haben sich die, von *Dan Wiederin* entwickelten, entsprechenden Zerstäuber der Firma Elemental Scientific Inc. (ESI), Omaha, bewährt (Abb. 451).

Besonders die Firma ESI, Omaha, kommt mit immer neuen Ideen für Lösungen auf den Markt, wie z. B. das *Universal High Through-put Sample Introduction System* (Abb. 452). Hierdurch kann die Gesamtzeit des Einsprühens, z. B. nach einem vorgeschalteten Sampler, von nor-

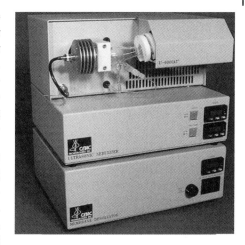
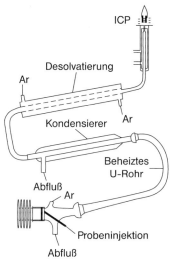

Abb. 449 Der Ultraschallzerstäuber U-6000AT von Cetac, Omaha (mit Erlaubnis der Firma Cetac).

malerweise rund 4,5 Minuten auf etwa 1,5 Minuten reduziert werden.

Ein kritischer Punkt bei der praktischen ICP-Anwendung ist zweifellos die Aerosolerzeugung und das Einbringen einer Aerosolfraktion mit definierten Tröpfchendurchmessern. Das ist der Grund, warum sich immer wieder Anwender damit beschäftigen müssen [959–962].

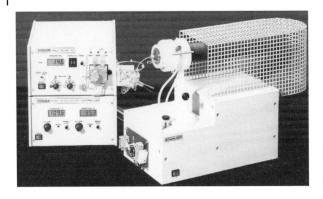

Abb. 450 HPF/HHPN-System der Fa. Knauer, Berlin, mit Desolvator und HPLC-Pumpe (mit Erlaubnis der Firma Knauer).

Abb. 451 (a) PFA Microflow und (b) PFA-ST-Zerstäuber der Fa. ESI, Omaha, USA (mit Erlaubnis von ESI).

Ebenfalls kritisch ist der spektrale Untergrund bei realen Proben, weil dieser aufgrund der hohen Empfindlichkeit auch die schwachen Spektrallinien extremer Spurenbestandteile enthält. Das ist bei einem Produkt aus Naturstoffen, wie z. B. Stahl aus Erz, Kohle und Kalk oder Mineralölen aus Erdöl immer der Fall. Die Entwickler von Methoden berücksichtigten dies selten, wenn sie Analysenverfahren beschrieben haben. Es ist dann für den unerfahrenen Anwender schwierig, solche Kontaminationen zu erkennen, zumal wenn ihm geraten wird, nur zu kalibrieren. Seit vielen Jahren beschäftigt sich *Robert I. Botto*, Exxon, Baytown, Texas, mit diesem praktischen Problem [963]. Diese Interferenzen oder Kontaminationen sind auch der Grund, warum eine ICP-Methode geeicht und das ICP-Verfahren kalibriert bzw. rekalibriert werden sollte. So kann man mit ultrareinen Lösungen erkennen, ob derartige Beeinflussungen vorliegen. Ob unter der benutzten Analysenlinie eine Störlinie eines anderen Elementes oder desselben liegt, wie das z. B. bei der Bor- bzw. Siliciumbestimmung immer der Fall ist, wenn reines Wasser verwendet wird, kann nur durch getrenntes Registrieren von Blind- und Leerwertlösung festgestellt werden. Hilfreich ist der Einsatz eines Spektrometers mit extrem hoher Auflösung, was heute mit Echelle-Gittern erreicht wird. Solche Geräte werden von mehreren Firmen, z. B. Thermo oder Leeman Labs, Lowell, Massachusetts, angeboten.

Wenn keine Vorkenntnisse über die Probenart vorliegen und dementsprechend

Abb. 452 (a) Das oneFAST-System von Elemental Scientific Inc., Omaha, Nebraska (mit Erlaubnis von ESI) und (b) dessen Auswirkung.

Normaler Verlauf der Probenlösungszufuhr ins ICP-MS

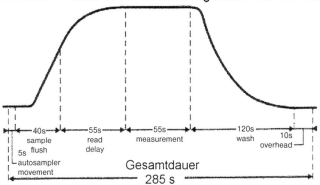

Schneller Verlauf der Probenlösungszufuhr ins ICP-MS

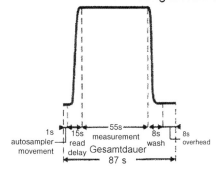

auch kein passender Standard benutzt werden kann, empfiehlt es sich, nach Korrektur der Meßwerte für das Matrixelement, welches als interner Standard benutzt wird, und einer Korrektur der Beeinflussung der Elementlinienintensitäten durch die Matrix, eine Iterationsrechnung durchzuführen [964]. Diese führt zu den Konzentrationen der einzelnen Komponenten. Eine solche Möglichkeit sollte in den Computerprogrammen vorhanden sein.

Ein weiterer kritischer Punkt ist die Annahme, daß es sich im Gegensatz zu den Molekülgasplasmen beim Argonplasma um ein Reingasplasma handelt. In dem Augenblick, in dem ein Aerosol eingesprüht wird, entsteht ein Molekülgasplasma. Leider ist die weitere Forschung auf dem Gebiet der **Molekülgasplasmen**, z.B. dem mit N_2 gekühlten Argonplasma bei ~3 kW von *Stan Greenfield*, nicht fortgeführt worden. Dieses eignete sich gerade für organische Medien, so daß nach extraktiven Trennungen keine Rückextraktion in das wäßrige Medium notwendig war [965]. Mit der Abtrennung störender Elemente bzw. der Anreicherung des Analyten lassen sich Bestimmungsgrenzen erreichen, die etwa denjenigen der ICP-MS-Verfahren entsprechen. Allerdings erfordert die Entwicklung solcher Verfahren viel analytisches Know-how. In der Literatur finden sich zahlreiche Arbeiten [966–969] oder Review-Artikel [970] darüber. Die Durchführung könnte mit den gegenwärtigen Techniken weitgehend automatisiert ablaufen. Es steckt also in der ICP-Technik noch eine Menge nicht genütztes Potential. Auch die Möglichkeit, durch das simultane, meßtechnische Erfassen von Spektralbereichen zur alten Arbeitsweise mit Referenzlinien und Auswertung über Intensitätsverhältnisse zurückzukehren, ist noch längst nicht voll erschlossen worden.

Eine Möglichkeit, um zu einem besser definierten Plasma zu kommen, ist die **elektrothermische Verdampfung** der Proben, wobei von der festen Probe auszugehen ist. In einem geschlossenen System kann somit ein fast reines Argonplasma angenommen werden. Wichtig ist, daß die Wegstrecke des Dampfes so kurz wie möglich sein sollte, etwa wie bei dem System von Spectral Systems, Fürstenfeldbruck (Abb. 453).

Der Einsatz der ETV-ICP könnte sich besonders bei der ICP-MS bewähren, da hierbei die Bildung zahlreicher Polyatome nicht stattfinden kann.

Die Erfahrung lehrt, daß eine analytische Methode ganz besondere Förderer braucht, um sich weltweit durchzusetzen. *Velmer A. Fassel* (1919–1998) hat eine ganze Generation von Wissenschaftlern auf dem Gebiet der ICP-Spektralanalyse ausgebildet [971], was auch für *Ramon M. Barnes* zutrifft, der darüber hinaus seit über 30 Jahren die „*ICP Information Newsletter*" herausgibt und ebenso lange die *Winter Conference on Plasma Spectrochemistry* organisiert und veranstaltet.

Seit 1980 sind dann auch zahlreiche Handbücher und Spektrenatlanten zur ICP erschienen, wie z.B. das von *A. Montaser* und *D. W. Golightly* [972] oder das zweibändige, von *P. W. J. M. Boumans* [973] heraus-

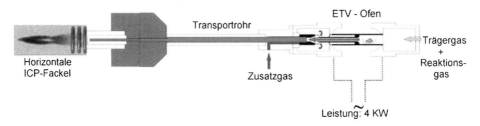

Abb. 453 Elektrothermische Verdampfungsanlage für die ETV-ICP (mit Erlaubnis von *P. R. Perzl*).

7.1 Die Entwicklung in analytischen Laboratorien | 533

Abb. 454 (a) *Velmer A. Fassel* und (b) *Ramon M. Barnes* haben große Verdienste bei der Einführung und Entwicklung der ICP-Methoden erworben (mit Erlaubnis der SAS und eigene Aufnahme).

gegebene, sowie die Atlanten von *M. L. Parson, A. Forster* und *D. Anderson* [974] oder *P. W. J. M. Boumans* [975] sowie fünf Jahre später von *R. K. Winge, V. A. Fassel, V. J. Peterson* und *M. A. Floyd* [976]. Verständlicherweise befaßten sich die Atlanten mit den Linienüberlagerungen der hochempfindlichen ICP-Anregung, doch sie gaben auch die besten Analysenlinien nach ihrer Intensität oder dem Linie-/Untergrundverhältnis aufgelistet an. Besonders hilfreich für den Praktiker sind der Linienatlas von *P. Boumans* sowie das letztgenannte Buch mit seinen zahlreichen Beispielen, die jeweils das Linienumfeld zeigen.

Schon in den sechziger Jahren des vergangenen Jahrhunderts wurde das kostengünstige **Mikrowellenplasma** (MIP) als Detektor in der Gaschromatographie sinnvoll eingesetzt. Die Firma ARL hatte 1968 einen Vielelementanalysator für die GC gebaut (Abb. 455) und dafür Nachweisgrenzen für die Elemente C, H, F, Cl, Br, I, S und P mit Werten von $\leq$ 0,1 ng/s sowie für N und O mit $\sim$3 ng/s angegeben [977]. Doch die organische Elementaranalyse konnte – wahrscheinlich aus traditionellen Gründen – damit nicht ersetzt werden. Zahlreiche Autoren beschäftigten sich jedoch mit dem GC-MIP [978–981]. Die heutige Version des MIP [982] eignet sich darüber hinaus sehr gut als Detektor für die hydridbildenden Elemente. Ferner kann das MIP so verkleinert werden, daß es sich auf einem Chip unterbringen läßt, und so ein Spektrometer im Taschenformat gebaut werden kann. Die Miniaturisierung wird ein Thema des 21. Jahrhunderts werden.

Das MIP wurde im Zeitalter der Kopplung auch als Ionenquelle für den MS-Detektor benutzt [983], so daß seine Entwicklung noch nicht abgeschlossen zu sein scheint [984].

Bei allen spektralanalytischen Methoden hat man stets versucht, auch in Fluoreszenz zu messen. Die **Atomfluoreszenzspektroskopie** (AFS) war also immer gegenwärtig, doch ihre Anwendung in der Praxis blieb – mit Ausnahme der Röntgen-Fluoreszenzspektrometrie (XRF) – begrenzt.

Die AFS gehört gedanklich zur Emissionsspektralanalyse, wobei die Anregung der Atome durch ein von außen wirkendes Strahlungsfeld bewirkt wird. Wird nun eine Probe in einem Atomisator in die Gasphase überführt und dissoziiert sowie einer hochintensiven Lichtquelle ausgesetzt, so ist die Intensität der reemittierten Strahlung, also die Fluoreszenzstrahlung, ein Maß für die

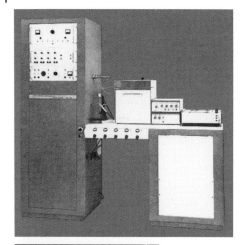

Abb. 455 (a) GC-MIP-Gerät von ARL und (b) modernes MIP nach *J. A. C. Broekaert* [982] (mit Erlaubnis von Thermo-ARL).

Konzentration der Atome. Als Lichtquellen werden z. B. Hohlkathoden- oder Gasentladungslampen, Kontinuumstrahler und neuerdings auch durchstimmbare Laser [985] eingesetzt, während zu der Atomisierung unterschiedliche Flammen (AAS-Flamme, ICP u. a.) oder elektrothermische beheizte Rohre oder Plattformen benutzt werden. Ähnlich wie bei der AAS sind die Fluoreszenzspektren linienärmer als die thermisch angeregten. Ein großer dynamischer Bereich und eine geringe Matrixabhängigkeit sind weitere Vorteile. Hieraus ist zu ersehen, daß praktisch alle Arten der Atom- und Ionenspektroskopie auch in Fluoreszenz betrieben werden können. So wird z. B. die Fluoreszenzspektrometrie in der Lebensmittelanalytik eingesetzt, oder die Bestimmung hydridbildender Elemente wird dann erheblich empfindlicher (< 1 mg/L), wenn in Fluoreszenz gemessen wird. Als Anregungsquelle dienen die verschiedenen Hohlkathodenlampen und passend zur Hydridbildung erfolgt die Anregung durch eine Wasserstoffflamme, wie das z. B. in dem „Millenium Excalibur"-Fluoreszenzsystem von P.S. Analytical Systems (P.S. = *Peter Stockwell*, der die Firma 1983 in Orpington, Kent, UK, gründete) verwirklicht ist. Ein gleichartiges Gerät ist das „Millenium Merlin"-Fluoreszenzsystem (Abb. 456) mit einer Niederdruck-Quecksilberlampe (Hg 254 nm) als Anregungsquelle für die Spurenbestimmung von Hg.

Auch für die GD-Spektrometrie (GD = *Glow Discharge*) gibt es seltene Anwendungen, bei denen in Fluoreszenz gemessen wird [986].

Die ersten Arbeiten über die ICP-Fluoreszenzspektrometrie stammen von *Akbar Montaser* [987], George Washington University, der damals an der Iowa State University bei *Velmer A. Fassel* forschte. Die Firma Baird Atomic entwickelte ein Atom-

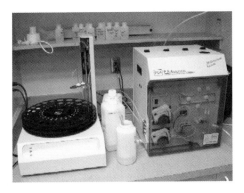

Abb. 456 PSA Millenium Merlin Galahad Mercury Analyzer System mit Sampler (mit Erlaubnis von PSA).

fluoreszenzspektrometer mit ICP-Anregung, mit dem auch *Stan Greenfield* arbeitete, welches jedoch im Markt nicht erfolgreich war. Der Grund dafür, daß die Atomfluoreszenzspektrometrie nur wenig eingesetzt wird, ist mit an Sicherheit grenzender Wahrscheinlichkeit die seit 1980 stark geförderte Entwicklung der ICP-MS (s. Massenspektrometrie), obwohl es immer wieder neue Ansätze gibt, wie z. B. die durch einen ArF-Excimer-Laser angeregte Atomfluoreszenz von Arsen in einer H_2 / Luft-Flamme und dem Ar-ICP [988].

Eine der wichtigsten Methoden für die Routineanalyse ist die **Röntgen-Fluoreszenzspektrometrie** (XRF) wegen ihrer unerreichten Reproduzierbarkeit. In dem hier betrachteten Zeitraum gab es drei wesentliche Schwerpunkte der Entwicklung:

1. Die Geräte entwickelten sich entsprechend den elektronischen Fortschritten zu kompakteren Instrumenten mit schnellerem Wechsel der Hochspannungsversorgung der Röhre;
2. Rechenprogramme wurden kreiert, die aus einer umfassenden Eichung die Elementkonzentrationen berechnen können (z. B. UniQuant);
3. ferner wurden die Instrumente so verkleinert, daß sie als Handgeräte zu benutzen sind;
4. die Mikro-XRF ermöglicht eine Anwendung auf weitere analytische Aufgaben;
5. die Totalreflektions-Röntgen-Fluoreszenzspektrometrie (TXRF) entwickelte sich zu einer interessanten Methode, die nicht vergessen werden darf.

Größeren Laboratorien ist zu empfehlen, zwei sequentielle XRF-Geräte zu betreiben, wenn Metallproben neben Analysenlösungen zu untersuchen sind (Abb. 457).

Beim Analysieren von Lösungen hat es sich nicht bewährt, Küvetten zu benutzen, die mit Mylarfolie abgedeckt sind. Wenn diese im Vakuum reißt, ist das schadhaft für den Innenraum. Deshalb verwendet man heute kein Vakuum im Kessel, sondern spült diesen mit Helium. Steht nur ein Gerät zur Verfügung, und es wird alternierend mit und ohne Vakuum gearbeitet, so werden die Berylliumfenster der evakuierten Röntgen-Röhre unterschiedlich belastet bzw. verbogen, was häufig zur Rißbildung und zum notwendigen Ersatz der relativ teuren Röhre führt.

Neben den modernen Simultangeräten sind in Routinelaboratorien heute die sequentiell arbeitenden meistens mit Kassettenreservoirs ausgestattet, wodurch solche Systeme über Nacht laufen und analysieren können. Die Beschickung solcher Reservoirs mit Standard- und Analysenproben muß allerdings höchst sorgfältig geschehen.

Im Gegensatz zu der alten, klassischen Auffassung eignet sich die XRF heute infolge der Möglichkeit, mit 100 kV Versorgungsspannung zu arbeiten, auch zur Spurenbestimmung, was in den siebziger Jahren nur mit Hilfe spezieller Anreicherungstechniken [989] möglich war. Als Beispiel soll hier ein validierbares, nahezu univer-

7 Die Zukunft analytischer Untersuchungen

Abb. 457 Moderne Arbeitsplätze an der sequentiellen XRF-Spektralanalyse in den Hoesch-Laboratorien mit den ARL-Geräten 8410 und 8420.

selles Routineverfahren der neunziger Jahre zur Bestimmung zahlreicher Elemente beschrieben werden (Abb. 458): Dieses zeichnet sich einmal durch eine gezielte Anreicherung aus, und andererseits wird die Richtigkeit mit Hilfe eines geeignete Referenzverfahrens (hier: ICP-Spektrometrie) geprüft. Es handelt sich bei diesem Beispiel um die Spurenbestimmung von allen Elementen (z. B. Al, As Bi, Ca, Cd, Cu, Fe, Hg, Mo, Sb, Se, Si, Te, Ti), die

sich mit einem speziellen Komplexbildner (hier: Dithiophosphorsäure-0,0-diethylester) aus wäßrigen Lösungen komplexieren und an Aktivkohle adsorbieren lassen. Der Preßling aus Aktivkohle wird mit der XRF routinemäßig untersucht, dann feingemahlen und als Aufschlämmung in die ICP-Anregung eingebracht [990]. Mit einem Ultraschallstab wird diese Referenzlösung homogenisiert. Nach dem Extrahieren der Komplexlösung kann auch bereits mit der AAS oder ICP-Spektrometrie analysiert werden. Dies ist ein nahezu perfektes Verfahren für alle Analysenlösungen bzw. Probenarten, die sich in HCl auflösen lassen (Abb. 458b).

Ein Universalverfahren für die XRF-Bestimmung von Gläsern, Gesteinen, Rückständen und Rohmaterialien beschrieben *G. Medicus* und *G. Ackermann* [991]. Über die Kombination von XRF, ICP-AES und ICP-MS zur Analytik von antiken Gläsern wurde von *S. Koelling* und *J. Kunze* [992] berichtet. In den neunziger Jahren ist auch für dieses Gebiet die Literatur sprunghaft angestiegen.

Mit der Spurenbestimmung durch die XRF-Analyse erfüllte sich ein lange gehegter Wunsch der Praktiker, denn schon vor etwa 40 Jahren begann sich *R. Klockenkämper*, ISAS Dortmund, mit der Verbesserung des Nachweisvermögens zu beschäftigen [993] und benutzte dazu zusammen mit *K. Laqua* und *H. Maßmann* ein Doppelkristallspektrometer [994]. Die heutigen Geräte gestatten – wie bereits erwähnt – eine Bestimmung von Spuren mit Ausnahme der leichten Elemente ohne besondere Maßnahmen, wobei eine extrem gute Reproduzierbarkeit erreichbar ist.

Mit den geringen Fehlern bei der XRF haben sich verschiedene Autoren beschäftigt [995–997].

Der analytisch bedeutsame Vorteil der XRF-Spektrometrie ist: *Der originale Analyt*

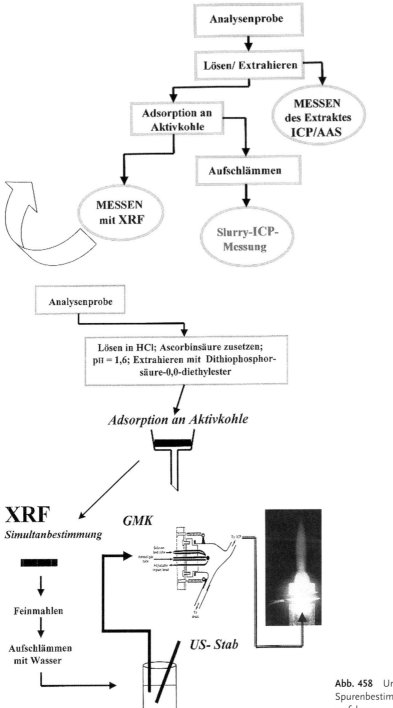

Abb. 458 Universelles Spurenbestimmungsverfahren.

wird nicht verbraucht und steht somit zur Referenzuntersuchung immer noch zur Verfügung. Das ist in der Analytik sehr selten, denn fast alle Verfahren verbrauchen den Analyten oder verändern ihn zumindest erheblich.

Ein Fortschritt war zweifellos die Veröffentlichung der PC-Software „UniQuant" [998] durch die Firma Omega Data Systems bv, Veldhoven, Niederlande, im Dezember 1989. Einfach dargestellt ermöglicht dieses Programm die leitprobenfreie Analyse aller Materialien. Die Voraussetzung ist allerdings, daß ein sequentiell messendes XRF-Spektrometer einmal mit diversen Materialdaten geeicht worden ist. Die Daten der verschiedensten Materialien in unterschiedlichen Formaten, speziell solche, für die es keine Referenzproben gibt, werden gespeichert. Dann ist es möglich, eine unbekannte Probe qualitativ aufzunehmen und unbekannt vorhandene Elemente zu erkennen, eine Voranalyse für völlig unbekannte Probenarten durchzuführen, um das weitere Vorgehen (XRF, AAS, ICP oder chemisch) festzulegen, und die quantitative Analyse von Probenarten, für die es keine Standardreferenzproben gibt, zu erreichen. Prinzipiell kann das Kalibrieren über Regressionsfunktionen durch die UniQuant-Methode [998] oder die „standardlose" Variante ersetzt werden, wobei man im letzten Fall keinen Einfluß auf die Güte der Standarddaten des Herstellers hat.

Vorausgegangen war ein ähnlicher Weg, der auf einer theoretisch aus den Anregungsdaten ermittelten Basiseichkurve beruht. Proben unterschiedlicher Matrices mit bekannten Anteilwerten wurden gemessen und die ermittelten Daten für jedes Element bzw. jede Verbindung auf die Basislinie zurückgerechnet. Die ermittelten Faktoren, sog. α-Werte, werden abgespeichert und dann zur Berechnung von Routineanalysen benutzt. Wegen der 100%-Rechnung gibt man in der Praxis bei der Untersuchung oxidischer Materialien die Elemente, die wissentlich als Oxide vorliegen, in Oxidform an. Die Abweichungen oder Beeinflussungen durch Begleitelemente können erheblich groß sein. Heute kauft der Kunde ein XRF-Spektrometer, das solche oder ähnliche Rechenprogramme enthält, und weiß oft nicht, wie die Daten zustande kommen.

Oft wurde die Frage gestellt, wie gut die **energiedispersive Röntgen-Fluoreszenzspektrometrie** (EDXRF) im Vergleich zur wellenlängendispersiven anwendbar ist. Bei höheren Ordnungszahlen der Elemente, z. B. der Platinmetalle, ist die EDXRF gut brauchbar, bei denjenigen mit niedriger Ordnungszahl ist sie eindeutig schlechter als die WDXRF [999]. Ein Grund dafür ist der erhöhte Untergrund der EDXRF gegenüber der WDXRF, der sowohl die Empfindlichkeit als auch das Nachweisvermögen beeinflußt. Ein Versuch einer Sinteranlage mit einer automatisierten EDXRF-Version ist in den achtziger Jahren z. B. deshalb gescheitert, weil neben Hauptbestandteilen Eisenoxide und Calcium die geringen (aber wichtigen) Anteile von Natrium-, Kalium-, Silicium- oder Zinkoxid nicht befriedigend erfaßbar waren. Silicium findet sich im Roheisen wieder, während Na- und K-Verbindungen durch Aufschließen die Hochofenausmauerung zerstören können. Zinkdampf diffundiert in die Steine und kann diese beim Erstarren sprengen. Es wurde eine WDXRF-Anlage erfolgreich installiert. Dennoch ist die EDXRF in der Praxis ständig eingesetzt worden, z. B. einmal als Ergänzungsgerät für eine schnelle Übersichtsanalyse, um die günstigsten Bedingungen für die WDXRF bei völlig unbekannten Proben zu ermitteln, und zum anderen in speziellen Fällen als Einelementbestimmungsgerät. Hierzu gab es am Markt von verschiedenen Herstellern sog. Tischgeräte, z. B. die von Oxford Instruments, Abingdon, Oxon, UK, mit Cf-Quelle zur Bestimmung von S- oder Cl-Anteilen in Schmier- und Heizölen oder Kraftstoffen (Abb. 459). Enthielten diese keine Chlorverbindungen (die Analysenlinien ließen sich anfangs bei den einfachen Geräten nicht trennen), so stand eine schnelle und einfach zu bedienende Methode zur Verfügung.

Durch Anregung mit polychromatischer, polarisierter Röntgen-Strahlung konnten M. Haschke et al. [1000] die Empfindlichkeit der EDXRF verbessern. Das ermöglicht in Zukunft, diese kostengünstige Technik, mit der sich der gesamte Elementbereich simultan erfassen läßt, häufiger einzusetzen.

Vielfältig benutzt werden die *XRF-Handgeräte* zur schnellen Kontrolle bzw. Qualitätserkennung von Materialien. Diese Instrumente werden z. B. von Bruker, Thermo (Niton) oder Oxford Instruments (Abb. 460) vertrieben. Hiermit kann jeder Mensch nach kurzer Einweisung arbeiten, was z. B. bei der Metallbearbeitung von Vorteil ist. Man darf jedoch nicht vergessen, daß eine Qualitätsermittlung nur dann erfolgreich sein wird, wenn Fachleute die Kalibrierung vorgenommen haben.

In den neunziger Jahren machte die sog. **µ-XRF** besondere Fortschritte, bei der die

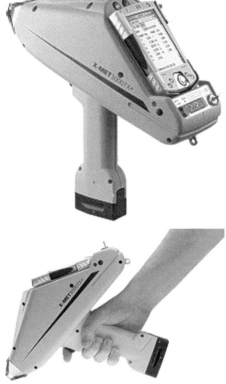

Abb. 459 Typische EDXRF-Tischgeräte (a) Twin-X und (b) Lab-X3500 der britischen Firma Oxford Instruments (mit Erlaubnis der Firma Oxford).

Abb. 460 Typisches XRF-Handgerät: X-met 3000TX von Oxford Instruments (mit Erlaubnis der Firma Oxford).

540 | 7 Die Zukunft analytischer Untersuchungen

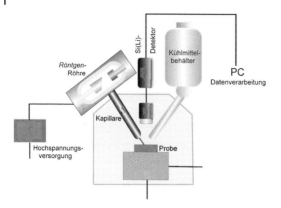

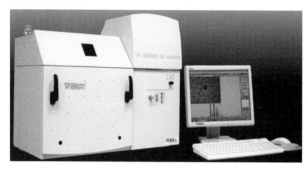

Abb. 461 µ-XRF-Gerät der Firma Institute for Scientific Instruments, Berlin-Adlershof (mit Erlaubnis von *Dr. M. Haschke*).

Röntgen-Strahlung durch eine Kapillare gebündelt auf die Probe gelenkt wird. Damit lassen sich sehr kleine Probenbereiche mit hoher Präzision analysieren, die etwa denjenigen entsprechen, die bei der Laser-Verdampfung erreicht werden. In den letzten Jahren sind die µ-XRF-Geräte von weiteren Herstellern gebaut und minimalisiert worden, wie z. B. von *M. Haschke* (Abb. 461).

Sie fanden verschiedene spezielle Anwendungen, z. B. in Museen, wo es wichtig ist, zerstörungsfrei analysieren zu können. Aufgrund der modularen Bauweise können sie auch an verschiedenen Stellen in der Produktion eingesetzt werden, bzw. sie eignen sich zur direkten Vor-Ort-Analytik auf der Erde oder im Weltraum. Ein solch variables Gerät baut z. B. auch die Fa. Bruker (Abb. 462).

Die Berliner Firma Intac GmbH entwickelte das µ-XRF-Spektrometer ArtTAC, das durch die Polykapillar-Röntgen-Optik eine Erhöhung der Intensitäten ergeben soll.

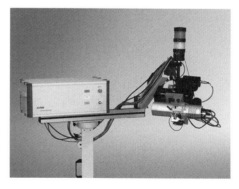

Abb. 462 Mobiles µ-XRF-Spektrometer ARTAC von der Firma Bruker, Karlsruhe (mit Erlaubnis von Bruker).

Diese Technik gehört auch zu denen, die im 21. Jahrhundert eine bedeutende Rolle spielen werden. Es gibt auch schon die ersten Anwendungen der *Röntgen-Absorptionsspektrometrie*. Allerdings wird die Verwendung der Synchrotron-Strahlung den Forschungsinstituten und Universitäten vorbehalten bleiben bzw. denen, die in der Nähe von Erzeugeranlagen dieser Strahlung (Berlin, Bochum, Hamburg usw.) arbeiten.

Für die µ-XRF können sich in Zukunft noch interessante Anwendungen ergeben, zumal inzwischen weitere Firmen, wie z. B. Thermo oder Horiba, derartige Geräte herstellen und technisch bereits Strahlendurchmesser von < 1 µm erreichbar sind. Zum Beispiel ließen sich Mikroeinschlüsse bzw. Fehler in Materialoberflächen der unterschiedlichsten Art zunächst mit der µ-XRF untersuchen, wobei der Analyt praktisch unverändert erhalten bliebe. Anschließend könnte dann der Analyt aus dem identischen Areal z. B. mit der Laser-Ablation verdampft werden. Auf diese Weise käme man zu einem Referenzverfahren für die oft nicht kalibrierbare Laser-Verdampfung. Das würde auch für extrem kleine Probenmassen gelten, die auf einer geeigneten Unterlage präpariert werden können.

Eine sehr wirkungsvolle und elegant einfache Methode stellt die **Totalreflektions-XRF-Spektrometrie (TXRF)** dar, die von *R. Klockenkämper* [1001–1003] und *A. Prange* et al. [1004–1005] ausführlich beschrieben worden ist. Um so erstaunlicher erscheint es, daß sich die TXRF nur zögernd in den Laboratorien der Industrie durchsetzt.

Vorgeschlagen wurde die TXRF im Jahre 1971 von den Japanern *Y. Yoneda* und *T. Horiuchi* [1006] und drei Jahre später von den Österreichern *H. Aiginger* und *P. Wobrauschek* [1007, 1008] angewandt, so daß die übliche „Reifezeit" eigentlich zu Beginn der neunziger Jahre abgelaufen war.

Gefördert durch *Heinrich Schwenke* und *Joachim Knoth* vom GKSS Forschungszentrum Geesthacht [1009, 1010] wurde in den achtziger Jahren das erste Instrument, das Extra II von der Firma Richard Seifert & Co., Ahrensburg, gebaut, gefolgt von dem XSA vom Atomica, München, und dem TREX 600 von Technos, Osaka, Japan. Inzwischen gibt es zahlreiche Anwendungsbeispiele, wie z. B. die Analyse eines Tropfens Regenwasser (Abb. 463).

Auch die Spurenmetallbestimmung auf Silicium-Oberflächen durch Tiefenprofilanalyse wurde beschrieben [1011]. In dieser Methode steckt noch eine Menge an analytischem Potential [1012]. Es wäre für die Anwender in der Praxis auch wichtig, daß sich mehrere Hersteller finden lassen, um die apparative Entwicklung voranzutreiben, z. B. in Richtung von Kombinationsgeräten EDXRF/TXRF.

Um die Betrachtung der Methoden mit Röntgen-Strahlen abzuschließen, soll noch darauf hingewiesen werden, daß sich auch die **Röntgen-Diffraktometrie** (XRD) entsprechend entwickelte [1013]. Heute stehen dem praktisch arbeitenden Analytiker computergesteuerte Geräte (Abb. 464) in kompakter Form für die Phasenanalyse (Identifizierung von Bindungszuständen) zur Verfügung. Den Stand der Technik zum Ende des Jahrhunderts faßte *Steven D. Conradson*, Los Alamos, New Mexico, in einem „*Focal Point*" zusammen [1014]. Auch hierbei wird der Einsatz von Röntgen-Strahlen mit Durchmessern von < 1 µm zu weiteren Anwendungen führen.

Zur kompletten analytischen Bestimmung, vor allem bei mineralischen Materialien, gehört auch der Einsatz der XRD. In letzter Zeit hat diese Technik, z. B. beim Auffinden von Asbest in diversen Baustoffen, gute Dienste geleistet. Viele Beispiele im Bereich der Umweltanalytik, z. B. bei der Identifizierung von Feinstäu-

542 | 7 Die Zukunft analytischer Untersuchungen

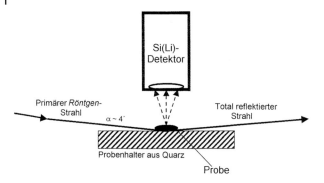

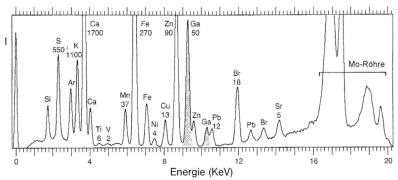

Abb. 463 (a) Prinzip der TXRF und (b) Elementbestimmung in Regenwasser [1001].

Abb. 464 Röntgen-Diffraktometer von Bruker, Karlsruhe (mit Erlaubnis von Bruker).

ben, sind in der Zwischenzeit hinzugekommen.

Gleichwertige Geräte gibt es auch von Panalytical (ehemals Philips); beide Hersteller setzen den gesunden Konkurrenzkampf fort, der in der zweiten Hälfte des 20. Jahrhunderts zwischen Siemens und Philips (für die WDXRF auch mit der ARL) zu einer rasanten Entwicklung führte.

Alle Methoden mit Röntgen-Strahlen werden noch lange zu den wichtigsten Routinemethoden in analytisch arbeitenden Laboratorien gehören, weil sie einmal die größtmögliche Präzision erreichen und zum anderen weitgehend automatisierbar sind. Um es nochmals zu wiederholen: die XRF für alle Metalle und oxidische Materialien ist die einzige Methode, die den Analyten nicht verbraucht oder stark verändert. Deshalb eignet sie sich hervorragend als Referenzmethode, die in diesem Fall vorzuschalten ist. So leistet die XRF-Spektrometrie einen wichtigen Beitrag zur Richtigkeit.

7.1.5
Molekülspektroskopie

Auch im Bereich der Molekülspektroskopie haben sich die Geräte in den letzten 25 Jahren erheblich verändert. Sie sind nicht nur kleiner geworden, sondern auch ihr Leistungsvermögen hat sich entsprechend der elektronischen Entwicklung enorm verbessert, d. h. vor allem die Fourier-Transformation ist durchführbar. Noch deutlicher als bei der Atomspektroskopie sind die Spektrometer zu Peripheriegeräten eines Datenverarbeitungssystems geworden. Ein flexibles Gerät der neunziger Jahre ist das FT-IR-Spektrometer IFS 28 der Firma Bruker (Abb. 465). Die Flexibilität beruht darauf, daß dieses Gerät nicht nur im fernen oder nahen IR-Gebiet messen kann, sondern es läßt sich beliebig erweitern zum IFS 55EQUINOX bzw. zur Raman-Spektroskopie. Es können bis zu vier Meßplätze gleichzeitig an die Optik adaptiert und rechnergesteuert neben dem Standardprobenkanal angewählt werden.

Nach wie vor ist die IR-Spektrometrie ein wichtiges Hilfsmittel zur Prozeß- und Produktkontrolle in der chemischen Industrie. So bieten alle kompetenten Hersteller heute rechnergesteuerte Geräte meistens in zwei Versionen an, ein sog. Low-cost-Spektrometer für die Routine und ein komfortables für die Entwicklung von Verfahren bzw. zur Klärung komplizierter Sachverhalte. Ein solches Beispiel sind die Instrumente der japanischen Firma Jasco, Tokio.

Eine Herausforderung der IR-Spektrometrie ist immer noch die Bestimmung extrem kleiner Konzentrationen und die Ermittlung geringer Anteile in Mikroprobenmengen.

Ein Beispiel zur Mikroanalyse mit der IR-Spektrometrie war 1985 in den Laboratorien des Autors zu lösen. Für das Hoesch-Museum war ein relativ stark korrodiertes

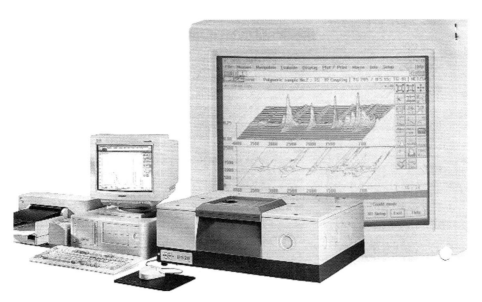

Abb. 465 FT-Infrarot-Spektrometer IFS 28 von Bruker, Karlsruhe (mit Erlaubnis der Fa. Bruker).

Stahlrohr zu untersuchen, das nachweislich von einem Schiff stammte und 1881 hergestellt worden war. Die Fragestellung lautet: Wozu war es so lange eingesetzt worden? Die innere und äußere Korrosionsschicht wurde präparativ abgetragen, und es war einfach nachzuweisen, daß es sich innen um Wasserrückstände handelte. Alkali- und Erdalkalicarbonate waren in die Eisenoxidschichten eingebaut. In der äußeren Korrosionsschicht waren neben Eisen und Legierungselementen keine weiteren erkennbar. Mit Hilfe der ATR-IR-Spektrometrie konnte jedoch nach Präparation der feingemahlenen Probe auf den Kristall eindeutig erkannt werden, daß sich in der äußeren Schicht Rohölrückstände befanden (Abb. 466). Damit ließ sich eindeutig klären, daß dieses Rohr als Heizrohr in einem Tanker gedient haben muß. Dies war jedoch nur zu erkennen, weil in einer Diskussion mit Fachleuten mitgeteilt wurde, daß solche Heizschlangen üblich waren, um die Viskosität des Rohöles herabzusetzen, um es leichter pumpbar zu machen.

Sowohl in der Prozeßkontrolle, entweder online oder offline, als auch zunehmend in Laboratorien werden häufig **NIR**-Spektrometer benutzt [1015, 1016], welche heute in erheblich kompakter Bauweise hergestellt werden können (Abb. 467).

Auch die Entwicklung der **ATR**-Spektrometrie ist noch nicht abgeschlossen, die meistens im mittleren IR-Bereich (MIR) angewandt wird. Eine Modifikation mit Hilfe faseroptischer Lichtleiter [1017], genannt *Fiber-Optical Evanescent Wave Spectroscopy* (FEWS), die an der Tel Aviv Universität in den letzen 20 Jahren entwickelt wurde, verspricht eine hohe Empfindlichkeit in der Spektrenaufnahme.

Die Entwicklung der **Raman-Spektroskopie** hat in der letzten Dekade vergleichsweise sehr große Fortschritte zu verzeichnen. Alles wissenswerte über die Anwendung zur quantitativen Analytik mit zahlreichen Literaturzitaten hat *M. J. Pelletier* [1018] beschrieben. Während die Raman-Spektrometrie bis dahin noch weitgehend in der Forschung eingesetzt worden war, fanden die neuen Techniken nun auch Eingang in die Betriebslaboratorien [1019]. Dazu trugen auch die Atlanten von *Bernhard Schrader* [1020] und *Kazuo Nakamoto* [1021] bei. Wie die ICP- hat auch die Raman-Spektroskopie ihr eigenes Journal. Im Zeitalter der Kombinationen geschieht

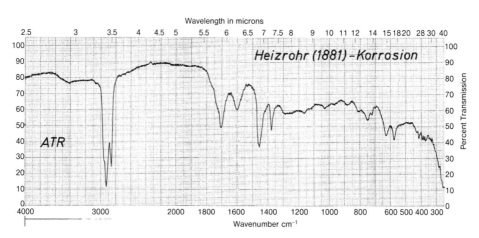

Abb. 466 IR-Spektrum der äußeren Korrosionsschicht.

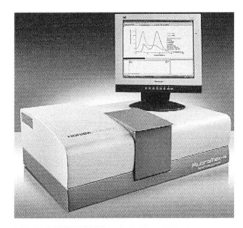

Abb. 467 (a) Das FluoroMax®-4NIR von Horiba Jobin Yvon, München und (b) kleinstes FT-IR-Spektrometer Alpha von Bruker, Karlsruhe (mit Erlaubnis der Firmen Horiba und Bruker).

dies auch hier, z. B. mit integrierter Fourier-Transformation oder den Versuchen mit der Laser-Raman-Spektrometrie. Weitere Informationen sind dem von *Peter Griffiths* und *John Chalmers* herausgegebenen Handbuch [1022] zu entnehmen.

Es gibt in Großbritannien immer noch die altehrwürdige und unabhängige „Infrared and Raman Discussion Group" (IRDG), die im Jahre 2007 das 185. Treffen hatte. Ihr Präsident war von 1995 bis 2006 *John Chalmers*, der 34 Jahre bei dem britischen Chemiekonzern ICI für die Molekülspektroskopie zuständig und 2006 auch Präsident der amerikanischen Society of Applied Spectroscopy (SAS) war. Auch die amerikanische „The Coblentz Society" ist ebenso aktiv, wie man dem regelmäßig erscheinenden Newsletter entnehmen kann.

Ein weiteres Beispiel ist die Kombination von der Superkritschen Flüssigkeits-Chromatographie (SFC) mit der FT-IR-Spektrometrie als Detektor. Noch pg-Mengen einer organischen Substanz lassen sich in günstigen Fällen über die Carbonyl-Bande erkennen.

Zahlreiche spezielle Techniken, wie z. B. das sog. Cryo-Trapping-Prinzip zur Anreicherung, sind mit dafür verantwortlich, daß die GC zu den am häufigsten benutzten Techniken zählt.

Weitgehend unbeachtet scheint in der Praxis die interessante Anwendung der IR-Spektrometrie in der anorganischen Analytik geblieben zu sein. Es ist zu empfehlen, den Atlas der IR-Spektren von Mineralien und Oxiden [1023] durchzublättern, aus dem sich viele Anregungen zur Anwendung herleiten lassen. So haben viele Mineralien unterschiedliche IR-Spektren oder die Oxide der Seltenen Erden lassen sich anhand der Spektren in Gruppen einteilen. Es gibt zahlreiche Literatur über IR-Spektren anorganischer Substanzen [1024–1026].

Der Einsatz von leistungsfähigen Computern in Verbindung mit der FT-Technik hat gerade bei der Auswertung von IR-Spektren große Vorteile gebracht, weil sich oft geringste Abweichungen in dem Verlauf des Spektrums nur durch Vergrößern erkennen lassen (Abb. 468). Solche Abweichungen waren bei geschriebenen Spektren oft nicht zu erkennen, oder ihre Wellenlängenlage konnte aufgrund der Verzerrung durch die Schreiber nicht genau zugeordnet werden.

Geringfügige Veränderungen im IR-Spektrum spielen auch in der Betriebsanalytik, speziell im Rahmen der **Tribologie** (früher: Schmierstofftechnik und -analytik), eine wesentliche Rolle. Aus analytischer Sicht gehören hierzu die drei Arbeitsbereiche:

Marktanalyse (Welches Produkt der Konkurrenzfirmen ist gleichwertig und kann das vorhandene ersetzen?), *Eingangskontrolle* (Qualitätsprüfung und Erkennen von Verwechslungen) und *Betriebskontrolle* (Ist-Zustandsermittlung und vorbeugende Instandhaltung).

Die Verbrauchskurve des Abnutzungsvorrates (Abb. 469) macht deutlich, wie schnell die Untersuchungen zur *Betriebskontrolle* ablaufen müssen, um einen Ausfall von Maschinen und Aggregaten zu verhindern. Ziel der vorbeugenden Instandhaltung ist es, aus wirtschaftlichen Gründen so nahe wie möglich an den Ausfallpunkt heranzugehen. Früher sind Reparaturen oder Öl-

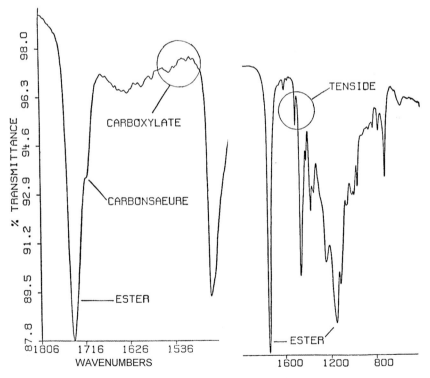

Abb. 468 FT-IR-Spektrenausschnitte von Walzölrückständen auf Stahlblechen nach Glühen bei (a) 550 °C und (b) 350 °C zur Reinheitskontrolle von Oberflächen.

7.1 Die Entwicklung in analytischen Laboratorien

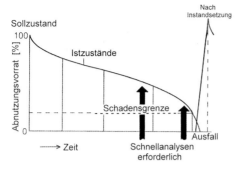

Abb. 469 Zeitlicher Verlauf der Abnutzung von Maschinen und Aggregaten nach DIN 31051.

wechsel nach einem Erfahrungsschema oft aus Sicherheitsgründen zu früh durchgeführt worden. Hier kann also die schnelle Analytik von Schmiermitteln zu erheblichen Kosteneinsparungen führen.

Aufgrund der Aufgaben aus der Marktanalyse und Eingangskontrolle muß die Ausstattung des Laboratoriums so gestaltet werden, daß alle genormten Verfahren, bezogen auf die verwendeten Stoffe, eingeübt sind und ausgeführt werden können.

Ein typisches Beispiel ist die *Eingangskontrolle* von Getriebeöl. In einem großen Stahlwerk werden z. B. monatlich 35 Tankzüge mit Getriebe-, Walz-, Einfett-, Hydraulik-, Härte- und Korrosionsschutzölen sowie Palmfett angeliefert, die mit Hilfe schneller Analysenverfahren auf Chargenechtheit zu kontrollieren sind. Kommt eine Fehllieferung in den falschen Vorratstank, so können riesige Kosten durch Ausfall und Auswechseln entstehen. Somit verbleibt etwa eine Zeitspanne von zwei Stunden, um einen Tankwagen freizugeben. Man sollte deshalb nur die wirklich notwendigen Untersuchungen durchführen, also summarische Charakteristika wie z. B. Dichte und Viskosität neben spezifischen Daten wie Verseifungszahl oder Wasserabscheidevermögen prüfen. Die schnellste Kontrolle ist diejenige mit der FT-IR-Spektrometrie, mit der selbst bei Übereinstimmung summarischer Parameter in den meisten Fällen falsche Inhaltsstoffe oder das Fehlen notwendiger Zusatzstoffe erkennbar sind. Zu diesem Zweck ist es sinnvoll, Musterlieferungen anzufordern, und diese als Vergleichsproben für routinemäßige Anlieferungen zu benutzen. Deren IR-Spektren sind im Speicher des Gerätecomputers niedergelegt. Bei einer Lieferung im April 1987 zeigte das aktuelle Spektrum des Getriebeöles C225 eine deutliche Verringerung der Aromatenbanden (Abb. 470a). Eine Rücksprache mit dem Hersteller ergab, daß unterschiedliche Grundöle eingesetzt worden waren, welche die Qualität nicht beeinflussen sollten. Einen Monat später fehlte beim gleichen Öl der Peak für die Antioxidantien; die Lieferung wurde verweigert. Bei der Ersatzlieferung waren dann die Antioxidantien vorhanden, doch es ergab sich ein Hinweis auf das Vorhandensein von Tensiden (Abb. 470b). Zur Sicherheit wurde die entsprechende Stelle im IR-Spektrum vergrößert.

Da die Wirkung von Tensiden, die vom Reinigen des Tankwagens herrühren, nicht absehbar ist, mußte die Lieferung wieder verweigert werden. Da an solchen Entscheidungen viel Geld hängt, muß ein zur Verweigerung führendes Analysenresultat abgesichert sein.

Bezüglich der *Marktanalyse*, die zu der Möglichkeit des Lieferantenwechsels führen soll, haben Tribologen und Analytiker der Stahlindustrie ein Team gebildet und über fast zwei Jahre zusammen diskutiert. Das Thema war: Welche Prüfungen benötigen die Tribologen, um Schmiermittel (Öle und Fette) für den Anwendungszweck zu beurteilen? Die Analytiker lernten, warum sie bestimmte Daten erstellen sollen, und die Tribologen erfuhren, welchen Aufwand dies bedeutete. Andererseits berichteten

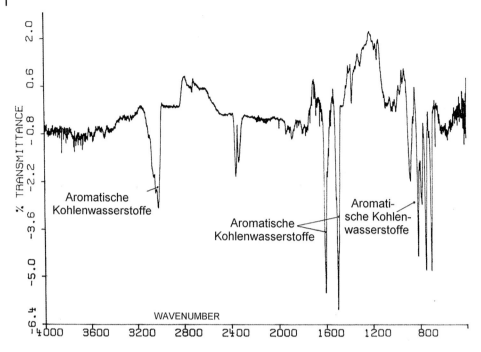

Abb. 470 (a) FT-IR-Spektrum eines Getriebeöles.

die Tribologen, was sie aus den geprüften Parametern ersehen können. Das Ergebnis dieser beispielhaften Zusammenarbeit war der Stahleisen-Sonderbericht, Heft 11: „*Prüfung von Schmierstoffen in der Eisen- und Stahlindustrie – Vorschläge zur Auswahl von Prüfverfahren*" [1027], dessen Inhaltsverzeichnis hier wiedergegeben werden soll, weil es jedem Analytiker helfen kann, entsprechende Maßnahmen bei derartigen Anforderungen zutreffen.

MINERALÖLE
1. Physikalische Untersuchungen
1.1 Farbe / Aussehen / Reinheit
1.2 Brechzahl bei 20 °C
1.3 Dichte bei 15 °C
1.4 Kinematische Viskosität bei –10 °C
1.5 bei 20 °C
1.6 bei 40 °C
1.7 bei 100 °C
1.8 Dynamische Viskosität (CCS) bei –17,8 °C
1.9 Viskositäts-/Temperatur-(VT)-Verhalten
1.10 Viskositätsindex
1.11 Pourpoint
1.12 Siedeverhalten unter vermindertem Druck
1.13 Verdampfungsverlust nach Noak
1.14 Flammpunkt
1.15 Zündtemperatur
2. Chemische Untersuchungen
2.1 Neutralisationszahl (NZ)
2.2 Wasserlösliche Säuren
2.3 pH-Wert im wäßrigen Auszug
2.4 Verseifungszahl (VZ)
2.5 Basenzahl (BZ)
2.6 n-Heptanlösliche Anteile
2.7 Gehalt an Asphaltenen
2.8 Ungelöste Stoffe
2.9 Teilchengröße von Fremdstoffen

7.1 Die Entwicklung in analytischen Laboratorien | 549

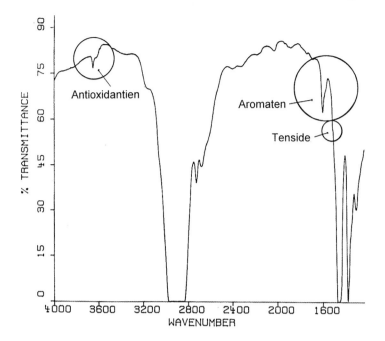

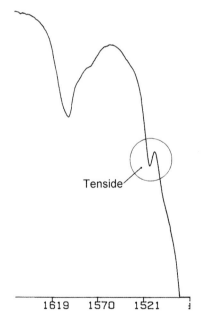

Abb. 470 (b, c) Vergrößerungen zur Erkennung von Inhalts- und Fremdstoffen.

2.10 Oxidasche
2.11 Sulfatasche
2.12 Analyse der Aschen
2.13 Koksrückstand nach Conradson (CCT)
2.14 Wassergehalt
2.15 Schwefelgehalt
2.16 Korrosiver Schwefel
2.17 Chlorgehalt
2.18 Phosphorgehalt
2.19 Bleigehalt
2.20 Zinkgehalt
2.21 IR-spektrometrische Analyse
2.22 Chemische Analyse der Wirkstoffe
2.23 Anilinpunkt
2.24 Verschmutzungsgrad und Dispergiervermögen
2.25 Dünnschichtchromatographie
2.26 Kältebeständigkeit mit R 12 und R 22
2.27 Frigen-12-lösliche Anteile
3. Funktionsuntersuchungen
3.1 Neigung zur Schaumbildung
3.2 Luftabscheidevermögen (LAV)
3.3 Wasserabscheidevermögen (WAV)

3.4 Demulgiervermögen
3.5 Alterung
3.6 ΔCCT nach Altewrung
3.7 Korrosionsschutzwirkung
3.8 Durchschlagsspannung
3.9 Dieelektrischer Verlustfaktor
3.10 Mischungsverhalten
3.11 CCT des 20 vol-%igen Destillationsrückstandes
3.12 Verhalten gegen Dichtungsstoffe
3.13 Fließvermögen im U-Rohr
4. Mechanisch-dynamische Untersuchungen
4.1 FZG-Test
4.2 Flügelzellenpumpentest
4.3 Timken-Test
4.4 Gleitindikator nach Tannert
4.5 Motorische Teste

SCHMIERFETTE
1. Physikalische Untersuchungen
1.1 Farbe / Aussehen
1.2 Walkpenetration
1.3 Abdampftest
1.4 Tropfpunkt
1.5 IR-spektrometrische Untersuchung
2. Chemische Untersuchungen
2.1 Neutralisationszahl (NZ)
2.2 Wassergehalt
2.3 Feste Fremdstoffe
2.4 Aschegehalt
2.5 Analyse der Asche
2.6 Dickungsmittel
2.7 Grundöl – Anteil
2.8 Dichte bei 15 °C
2.9 Viskosität bei 40 °C
2.10 Flammpunkt
2.11 Pourpoint
2.12 IR-spektrometrische Untersuchung
3. Funktionsprüfungen
3.1 Walkbeständigkeiten
3.2 Verhalten gegenüber Wasser
3.3 Ölabscheidung
3.4 Wasseraustauschverhalten
3.5 Oxidationsbeständigkeit
3.6 Kupferstreifentest
3.7 Verhalten gegen Dichtungswerkstoffe
3.8 Förderverhalten
3.9 Entspannungsverhalten
3.10 Fließdruck
4. Mechanisch-dynamische Untersuchungen
4.1 Laufprüfungen A/B
4.2 Korrosionsschutzeigenschaften
4.3 Timken-Test

Für praktisch alle Untersuchungsarten gibt es Normen (DIN, EN-DIN oder ISO-EN-DIN). Diese Aufzählung soll zeigen, wie umfangreich die chemisch-physikalische Analytik einer Produktgruppe sein kann. Im Fall der Hoesch Stahlwerke wurden die Prüfungen der Punkte 1.–3. in Laboratorien durchgeführt, während die mechanisch-dynamischen Untersuchungen bei der Abteilung Tribotechnik (mit Ausnahme der motorischen Teste bei den Mineralölfirmen) stattfanden.

Abschließend zur Molekülspektroskopie ist festzustellen, daß diese Techniken nach den langen Erfahrungen in der chemischen Industrie nun auch zunehmend in den anderen Industrielaboratorien eingesetzt werden, wobei natürlich die modernste Ausstattung benutzt wird. Typisch ist die Kombination mit Trenntechniken, z. B. mit der Gaschromatographie oder im Fall der Schmiermittelanalytik mit der Säulenchromatographie, wobei dann die einzelnen Eluate IR-spektrometrisch identifiziert werden. Auch speziell der Einsatz von IR- oder Raman-IR-Mikroskopen hat einige wichtige analytische Probleme, z. B. im Bereich der Oberflächenanalyse, lösen können. Ohne eine entsprechende Ausstattung mit der IR-Spektrometrie und verwandten bzw. kombinierten Techniken ist ein Laboratorium nicht komplett, auch weil diese Methoden gleichzeitig für die erforderliche Umweltanalytik benutzt werden können.

Es ist die Kunst des Analytikers, die für die Werkstoff- und Produktionskontrolle notwendigen, aber meistens nicht voll ausgelasteten Geräte auch für andere Fragestellungen zu nutzen.

7.1.6
Massenspektrometrie

In den letzten 20 Jahren des 20. Jahrhunderts hat sich auch auf diesem Gebiet viel getan, so daß man heute die massenspektrometrische Analytik in drei Bereiche einteilen könnte (Abb. 471). Auch diese Technik brauchte etwa 50 Jahre, bis die praktische Anwendung begann. Nachdem *J. J. Thomson* damit 1910 die Neon-Isotope 20 und 22 trennen konnte, startete die Applikation in den organischen Laboratorien erst um 1960 herum.

In den achtziger Jahren wurden bei der **organischen Massenspektrometrie**, nachdem in den siebziger Jahren hauptsächlich die Strukturanalytik optimiert worden war, sog. sanfte Ionisierungsmethoden eingeführt, und andererseits startete *Barber* 1981 die Ionisierung durch Beschuß mit schnellen Atomen.

Um die Moleküle bzw. die funktionellen Gruppen bei der Verdampfung nicht zu zerstören, wurden verschiedene Verfahren entwickelt, wie die chemische Ionisation, Feld-Ionisation, Feld-Desorption oder die Sekundärionen-Massenspektrometrie (SIMS). Auch der Einsatz von Laser-Anregungen blieb nicht aus. Im Jahre 1988 entwickelten *K. Tanaka* sowie *M. Karas* und *F. Hillenkamp* die MALDI-(*Matrix Assisted Laser Desorption/Ionization*)-Technik. Schon 1968 hatte *M. Dole* die Idee zur Einführung der Elektrospray-Technik, die dann 1984 von *John B. Fenn* (Nobelpreis 1992) vervollständigt werden konnte und heute oft als Ionisierungsmethode für Flüssigkeitströpfchen benutzt wird.

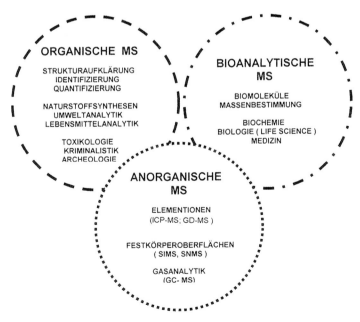

Abb. 471 Bereiche der massenspektrometrischen Analytik.

Immer noch werden die bei den verschiedenen Ionisierungsmethoden entstandenen Molekülionen beschleunigt und fokussiert, während die nichtionisierten Teilchen durch Hochvakuumpumpen abgesaugt werden. Dieses Beschleunigen erfolgt durch Anlegen der Beschleunigungsspannung (2–10 kV). Allgemein wird die Endgeschwindigkeit am Austrittsspalt (0 V) nach Bündelung des Ionenstrahles durch elektrostatische Zusatzfelder erreicht. Die Geschwindigkeit der Ionen beträgt:

$$z \cdot U = \frac{m \cdot v^2}{2},$$

$$v = \sqrt{\frac{2z \cdot U}{m}},$$

worin bedeuten: z = Ionenladung; m = Ionenmasse; v = Ionengeschwindigkeit und U = Beschleunigungsspannung.

Im Analysatorteil (Quadrupol) werden die Ionen in einem Feld eines Elektromagneten aufgetrennt, wobei von Teilchen gleicher Ladung die leichten stärker abgelenkt werden als die schwereren. Bei doppeltfokussierenden Massenspektrometern befindet sich zwischen der Ionenquelle und dem Austrittsspalt noch ein elektrostatischer Sektor (Sektorfeld), der eine Energiefokussierung der Ionen bewirkt. (Abb. 472).

Die verschieden schweren Teilchen bewegen sich auf masseabhängigen Ablenkradien r_m. Dafür gilt:

$$r_m = \frac{m \cdot v}{z \cdot \beta}$$

mit β = Magnetfeldstärke, z. B. 1 T.

Aus beiden Formeln ergibt sich die massenspektrometrische Grundgleichung:

$$m/z = \frac{r_m^2 \cdot \beta^2}{2U}$$

Das Masse-/Ladungsverhältnis m/z ist also von der Magnetfeldstärke, dem Ablenkradius und der Beschleunigungsspannung abhängig. Hieraus lassen sich die apparatetechnischen Bedingungen für den Ionennachweis ableiten. Setzt man z. B. Beschleunigungsspannung und Magnetfeldstärke konstant, so folgt: $m/z = k \cdot r_m^2$, d. h. das m/z-Verhältnis ist direkt proportional dem Quadrat der Ablenkradien der einzelnen Massen. In diesem Fall kann der Ionennachweis mit einzelnen Kollektoren oder einer Photoplatte erfolgen, auf der entsprechend der Anzahl der auftreffenden Teilchen unterschiedlich starke Schwärzungen auftreten. Die Abstände der Schwärzungsstriche stehen zu den Massen der registrierten Teilchen[11] in Beziehung.

Werden Beschleunigungsspannung und Ablenkradius konstant gehalten, so ergibt sich: $m/z = k' \cdot \beta^2$, d. h. für die Bestimmung des m/z-Verhältnisses ist nur die Variation der Magnetfeldstärke erforderlich. Hier wird am Ausgang des Analysators ein Ionenfänger eingesetzt, z. B. ein Sekundärelektronenvervielfacher (SEV oder Multiplier). Heute werden die elektrischen Signale üblicherweise direkt auf einem adoptierten Computer gespeichert, auf dem sie

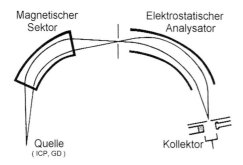

Abb. 472 Schematischer Aufbau eines doppeltfokussierenden Massenspektrometers.

10) Diese Art der Registrierung wurde Massenspektrum genannt, hat aber mit den Emissionsspektren nichts zu tun. Dennoch blieb die Bezeichnung auch in weiteren Fällen erhalten!

auch verstärkt, aber auch verändert werden können.

Man kann grundsätzlich sagen, daß in den achtziger Jahren der Grundstein für die Entwicklung der **bioanalytischen Massenspektrometrie** gelegt wurde, was z. B. mit den Protein- und Polymeranalysen von *Koichi Tanaka* [1028] begann, der mit Hilfe der Laser-Ionisations-TOF-MS relativ große Moleküle (m/z = 100 000) analysieren konnte.

Wenn hier auf letzteren Bereich im Gegensatz zu den beiden anderen näher eingegangen wird, so hat das einmal den Grund, daß man nicht über Methoden schreiben soll, die man nicht selber benutzt hat, und zum anderen liegt ausreichend Literatur vor, wie z. B. über „*Chemical Ionisation MS*" von *Alex G. Harrison* [1029], aus der Serie „*Modern MS*" (Ed.: *Thomas Cairns*), die drei Bände über „*Ion Trap MS*" von *Raymond E. March* und *John F. J. Todd* [1030], die „*MS of Polymers*" herausgegeben von *Giorgio Montaudo* und *Robert P. Lattimer* [1031], die „*MS in Drug Discovery*" von *David T. Rossi* und *Michael W. Sinz* zusammengestellt [1032], oder die „*MS in Cancer Research*" von *John Roboz* [1033] sowie „*Mass Spectrometry – Principles and Applications*" von *E. de Hoffmann* und *V. Stroobant* [1034] u. a. m. Obwohl nun auch ein spezielles Buch zur Thematik der anorganischen MS von *J. Sabine Becker* [1035] erschienen ist, soll dennoch einiges zur massenspektrometrischen Elementanalytik beigetragen werden.

Entsprechend entwickelte sich die **anorganische Massenspektrometrie**, die in den siebziger Jahren damit begann, die Gaschromatographie mit MS-Detektoren auszurüsten, nachdem solche schon seit vielen Jahren als Rauchgasprüfer in der Industrie im Einsatz waren. Ab 1980 kam dann zunächst die Kombination ICP-MS und später diejenige mit der Glimmlampenanregung (GD-MS) hinzu. Die damals noch in den Forschungs- oder Universitätsinstituten betriebene Sekundär-Ionen-MS setzte sich inzwischen in der speziellen Praxis durch, ergänzt durch die SNMS, welche die Oberflächenanalytik besonders bereicherte.

Die Entwicklung der **ICP-MS** begann 1974 mit Versuchen von *Alan Gray* [1036] und letztlich 1980 mit der Veröffentlichung durch *R. S. Houk, V. A. Fassel, G. D. Flesch, H. J. Svec, A. L. Gray* und *C. E. Taylor* [1037] und basierte auf den Erfahrungen mit der horizontal angeordneten ICP-Torch. Ob die ICP-Anregung die geeignetste Ionenquelle für die Massenspektrometrie ist, war damals offensichtlich noch kein Thema. Bereits zwei Jahre später kam die kanadische Firma Sciex mit einem ICP-MS-Gerät auf den Markt (Abb. 473).

Weitere Entwicklungsarbeiten [1038, 1039] führten dazu, daß 1983 die britische Firma VG mit dem „Plasma Quad" folgte.

Die ICP-MS-Technik wurde sofort von der analytischen Forschung angenommen, während sich die Praxis zunächst schwer tat. Das war auch verständlich, weil einmal die Störeffekte durch Molekülbruchteile erst ermittelt werden mußten und zum anderen führen die in der Analysenlösung enthaltenen, verschiedenen Lösemittel oder Säuren zu den unwahrscheinlichsten Molekül-Kombinationen.

Die damit verbundene große Hoffnung auf die leitprobenfreie Isotopenverdünnungsanalyse erforderte noch viel Entwicklungsarbeit, die bis heute nicht abgeschlossen ist.

Ein weiterer Nachteil ist die sequentielle Meßart, die ein Arbeiten mit internen oder externen Standards nicht erlaubt. Der Aufbau der Geräte ist bis auf einige Besonderheiten durchaus vergleichbar.

1992 hat die Firma Finnigan Mat, Bremen, die Rechte für das ICP-GD-Massen-

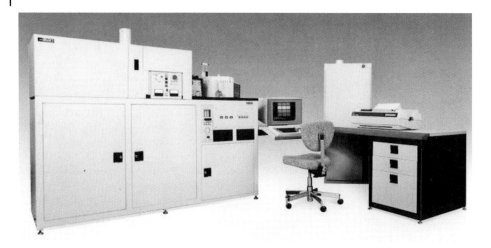

Abb. 473 ICP-MS Elemental Analysis System ELAN 5000 von Sciex (mit Erlaubnis von Thermo).

spektrometer TS SOLA von Turner Spectrometry Ltd. übernommen und erfolgreich mit dem Vertrieb begonnen.

Die ICP-Anregung war zunächst nur als solche für die Emissionsspektroskopie und nicht als Ionenquelle für die Massenspektrometrie gedacht. Eigentlich steht die Entwicklung einer Plasmaionenquelle für die MS noch aus, denn das ICP liefert eine hohe Ionenanzahl, die reduziert werden

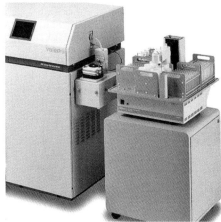

Abb. 474 (a) Schnitt durch den Quadrupol und (b) Teilansicht des ULTRAMASS 700 von Varian mit Sampler (mit Erlaubnis der Firma Varian).

muß, um den Detektor nicht zu überfrachten. Doch die starke Werbung hat den praktischen Analytiker verständnismäßig überfahren und oft nicht nachdenken lassen, ob die ICP-MS tatsächlich benötigt wird und auch personalmäßig erfolgreich eingesetzt werden kann. Heute sind die ICP-MS-Geräte relativ leicht zu bedienen, was zunächst beeindruckt, doch die Auswertung der Massenspektren erfordert spezielle Kenntnisse, die im Regelfall durch ein Studium erworben werden.

Ein Beispiel für die neuzeitlichen Geräte sind z. B. die Quadrupol-Spektrometer VG Plasma Quad und das ULTRAMASS 700 ICP-MS von Varian (Abb. 474) oder das speziell für die ICP-MS entwickelte, hochauflösende ELEMENT 2 von Thermo Finnigan (Abb. 475).

Je nach den vorliegenden Aufgaben und den zur Verfügung stehenden Investitionsmitteln kann man heute entscheiden, ob ein Quadrupol-Gerät ausreicht, oder ob man gleich ein hochauflösendes Sektorfeldgerät anschaffen soll. Es gibt inzwischen Tabellen mit den zahlreichen, möglichen Massenüberlagerungen.

Hinzu kommen noch die Molekülbruchstücke der Lösemittel und die Atome des Trägergases Argon und der angesaugten Laboratoriumsluft. Durch den Einsatz von Kollisions- oder Reaktionszellen wird versucht, Beeinflussungen weitgehend zu minimieren. Der Einsatz eines hochauflösenden Gerätes (s. Abb. 475) ist wirklich zu empfehlen, auch wenn zum gegenwärtigen Zeitpunkt noch Aufgaben anstehen, die mit einem Quadrupol-Gerät zu lösen sind. Erfahrungsgemäß nehmen die Anforderungen in Bezug auf immer kleinere, zu bestimmende Konzentrationsanteile stetig zu.

Der frühe Einsatz der ICP-MS ist ein Beispiel dafür, daß die Entwicklung chemisch-analytischer Verfahren, z. B. die Anreicherungstechniken und andere chemische Prozesse vor der Messung, die ebenso den extremen Spurenbereich erfassen können, nicht weitergeführt wurde. So fehlen auch jegliche Referenzverfahren für die Ergebnisse der ICP-MS, deren Resultate man glauben muß. Nur in den Fällen, in denen die Isotopenverdünnungsmethode tatsächlich funktioniert, werden auch analytisch genaue Ergebnisse zu erwarten sein. Dennoch wurde mit Beginn des 21. Jahrhunderts die ICP-MS in speziellen Fällen, z. B. für die Reinheitskontrolle von Chemikalien, die in der Elektronikindustrie benutzt werden (Ja-/Nein-Kontrollen), ein wichtiges Hilfsmittel der Analytik, und sie ist auf dem Wege, die Verfügbarkeit von mehr als 99 % zu erreichen, die Routineverfahren, wie z. B. die Emissions- und XRF-Spektrometrie, die Spektralphotometrie und die AAS, auszeichnet. Die Gerätehersteller arbeiten auch daran, daß die komplizierteren MS-Verfahren in Zukunft von Laien nach GLP-Vorschriften wie in den USA bedient werden können, wozu sie von den Kunden gezwungen werden, die mit geringer bezahlten Operateuren auszukommen glauben. Die Analytische Chemie

Abb. 475 Das hochauflösende ICP-MS-Spektrometer ELEMENT 2 von Thermo Finnigan (mit Erlaubnis der Firma Thermo).

bleibt dabei auf der Strecke bzw. ist meßtechnische Analytik geworden. Wenn man sich damit begnügen will, dann ist die ICP-MS zur Zeit die Technik für die Bestimmung extremer Spuren aus gelösten Proben. Davon zeugen zahlreiche Veröffentlichungen [1040–1058], die sich mit verschiedenen Zusätzen zum Argon (Xe, H_2) und unterschiedlichen Zerstäubern (Elektrospray, DIN) befassen sowie Kombinationen mit Extraktionssystemen oder der Ionenchromatographie für zahlreiche Elemente beschreiben. Auch für die ICP-MS wurden die Instrumente kompakter, so daß sie auf den Labortisch passen. Das zeichnete z. B. die Gerät der Firma Hewlett-Packard, die heute Agilent heißt, aus, wie der Typ der neunziger Jahre, das 4500 (Abb. 476a) und das neuere 7500.

Durch die frühen Untersuchungen von *W. W. Harrison* und *C. W. Magee* [1059] kam es auch relativ bald zur Kombination der Glimmlampenanregung mit der Massenspektrometrie (Abb. 477).

Deshalb war bereits das TS SOLA für beide Ionenquellen ausgelegt, das z. B. im Dresdner IFW von *Volker Hoffmann* in der Forschung eingesetzt wurde. Die GD-Anregung läßt sich so steuern, daß im Vergleich zur ICP weitaus weniger Atome emittiert werden, was eine Überlastung des MS-Detektors weitgehend verhindert. Außerdem lassen sich kompakte Proben direkt sputtern, so daß der Analyt konzentrierter (nicht durch Lösen abgereichert) zur Verfügung steht und alle möglichen Beeinflussungen durch Lösemittel und Gase entfallen.

Eigentlich hatte es mit dem großen, hochauflösenden Massenspektrometer, dem VG 9000 (Abb. 478), begonnen.

Dies benutzte zunächst (als der Autor in Manchester die Firma besuchte und das

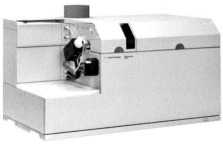

Abb. 476 Die ICP-MS-Spektrometer (a) 4500 und (b) 7500 von Agilent (mit Erlaubnis der Firma Agilent).

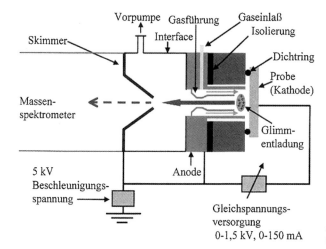

Abb. 477 Prinzip der Kombination GD-MS.

Abb. 478 Das GD-MS-Spektrometer VG 9000 (mit Erlaubnis der Firma Thermo).

Gerät testete) eine Glimmlampe, die eine Stabprobe erforderte, welche beim direkten Ziehen (Entnehmen mit einem evakuierten Quarzrohr aus einer Metallschmelze) nicht ausreichend homogen erhalten werden konnte. Inzwischen werden die üblichen Scheibenproben verwendet, und zahlreiche Anwendungen sind bekannt gemacht worden [1060–1062]. Eine Vorteil liegt auch darin begründet, daß sowohl die Bulk- als auch die Oberflächenanalyse an ein und demselben Gerät möglich sind. Zusätzlich können mit einer zusätzlichen Hochfrequenzanregung (*boosted rf-GD*) auch nicht-leitende Proben gesputtert werden. In dieser Technik steckt noch viel Entwicklungspotential.

Ein Problem in der wünschenswerten Zusammenarbeit zwischen Geräteherstellern und praktizierenden Analytikern ist der Versuch mancher Firmen, ein neu entwickeltes Gerät zu früh auf den Markt zu bringen, wie es z. B. mit der GD-MS geschah. Offensichtlich berücksichtigt die kaufmännische Marktanalyse bei der Bedarfsermittlung nicht immer, daß die Verfügbarkeit eines Instrumentes die wesentliche Rolle für einen Investor spielt, der über

7 Die Zukunft analytischer Untersuchungen

die Amortisation den Sinn seiner Anschaffung nachweisen muß.

Dies gilt in neuerer Zeit auch für die ICP-Time-of-Flight-Massenspektrometer (ICP-TOF-MS), die schon auf dem Markt erschienen, bevor sie ein ausreichend geeignetes Anwendungsniveau erreicht hatten. Das TOF-Prinzip (Abb. 479) ist schon lange bekannt; es wurde jedoch in der modernen Analytik wieder interessant, als eine exaktere Zeitmessung möglich geworden war.

Bereits 1997 machte die australische Firma GBS Reklame für ihr Gerät, das auf dem XXX. CSI in Melbourne 1997 als Dummy ausgestellt worden war. Es dauerte noch mehr als fünf Jahre, bis die Markteinführung erfolgte. Inzwischen war schon das Gerät der Firma Leco, St. Joseph, Michigan, mit dem Namen Renaissance erhältlich (Abb. 480).

Der Name sollte wohl bedeuten, daß eine seit langem in der organischen Massenspektrometrie bekannte Technik jetzt zur Elementanalyse modifiziert wurde. Doch wahrscheinlich folgte diese Technik zu schnell auf die ICP-MS, und die Laboratorien hatten noch Probleme mit deren Applikation. Der erhoffte merkantile Erfolg blieb zunächst aus.

Fast gleichzeitig konstruierten *Erwin Hoffmann* und *Christian Lüdke* (GOS / ISAS, Berlin-Adlershof) ebenfalls ein ICP-TOF-MS-Gerät (Abb. 481), mit dem z. B. an der Universität Hamburg *N. Bings* [1064] und *J. A. C. Broekaert* Anwendungsforschung betreiben bzw. dieses mit dem Gerät von Leco vergleichen [1065].

Diese Technik ist analytisch so interessant, weil sie simultan messen kann, d. h. bei allen gestarteten Ionen wird die unterschiedliche Flugzeit gleichzeitig gemessen. Damit ergibt sich die Möglichkeit, mit internen Standards zu arbeiten.

Wenn die Gerätehersteller Geduld beweisen, dann kann die ICP-TOF-MS in einigen Jahren zu einer wichtigen Routinemethode werden, die in vielen Laboratorien benötigt

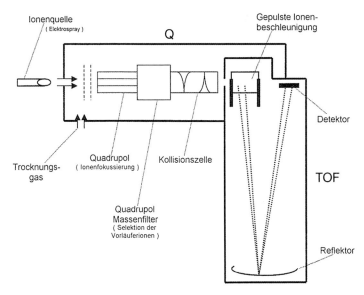

Abb. 479 Prinzip der simultan messenden Quadrupol-Time-of-Flight-MS.

7.1 Die Entwicklung in analytischen Laboratorien | 559

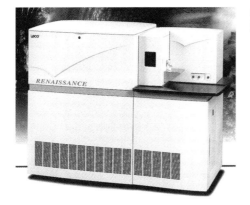

Abb. 480 Axiales TOF-CP-MS-Gerät von Leco, St. Joseph, Michigan (mit Erlaubnis der Firma Leco).

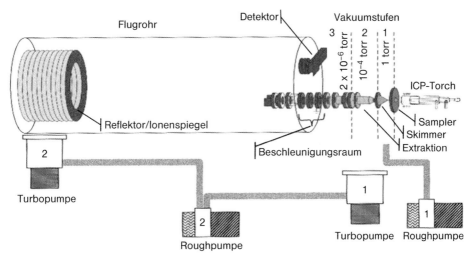

wird. In der Kombination mit der Flüssigkeitschromatographie (LC-GC-TOF-MS), die z. B. von der Fa. Leco vertrieben wird, hat sich diese Technik bereits in der Routine zur Analyse organischer Stoffe bewährt.

Relativ problemlos hat sich die massenspektrometrische Detektion in Kombination mit der Gaschromatographie (GC-MS) als vorgeschaltete Trennmethode entwickelt.

Es war ein langer Weg der **Chromatographie** (frei übersetzt: Farbbeschreibung) von der ersten bekannten Veröffentlichung der Bezeichnung in dem 1836 erschienenen Buch „*Eine Abhandlung über Farben und Pigmente*" von *George Field* [1066] und den Veröffentlichungen von *Friedrich Ferdinand Runge* (1794–1867), die ab 1850 erschienen sind [1067, 1068], bis zur allgemeinen Anwendung in Laboratorien etwa 100 Jahre später. Alles begann mit oder auf dem Papier, um die Mitte des 20. Jahrhunderts kamen dann die Gas- und die Flüssigkeitschromatographie (ab 1965 durch den Wiener *Josef F. K. Huber*) hinzu, und heute sind die englischen Bezeichnungen GC (*Gas Chromatography*), LC (*Liquid Chroma-*

560 | 7 Die Zukunft analytischer Untersuchungen

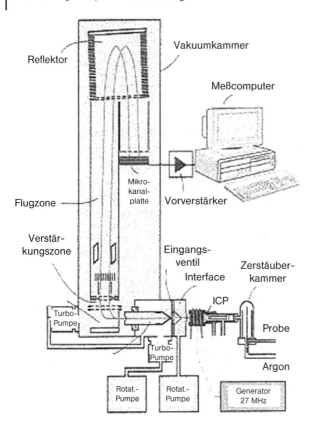

Abb. 481 Prinzipieller Aufbau des ICP-TOF-MS-Gerätes von E. Hoffmann und Ch. Lüdke [1063].

tography) oder HPLC (*High Performance Liquid Chromatography*) weltweite Begriffe. Über die historische Entwicklung der Chromatographie gibt es zahlreiche Veröffentlichungen, wie z. B. von *L. S. Ettre und A. Zlatkis* [1069], *U. Wintermeyer* [1070] oder *Heinz H. Bussemas* [1071].

Nachdem die Firma Carlo Erba von Fisons (vormals ARL) übernommen worden war, wurde das ursprüngliche Gerät noch kompakter (Abb. 482).

Die massenspektrometrische Detektion ist dem Flammenionisationsdetektor (FID) deshalb überlegen, weil gleichzeitig eine Information über die Art und Zusammensetzung der aus dem Analyten stammenden Verbindungen erhältlich ist. In speziellen Fällen kann zwar ein UV-Detektor ausreichen, was oft eine Frage des Investitionsvolumens ist. Bei Einzelverbindungsnachweisen, die in großer Anzahl durchzuführen sind, wie z. B. die Eiweißbestimmung, ist es oft sinnvoll, ein speziell dafür entwickeltes Gerät anzuschaffen. Das von Fisons entwickelte NA 1000 bzw. NA 2000 mit automatisiertem Meßplatz (Abb. 483) kann sowohl feste als auch flüssige Proben verarbeiten sowie leicht in einen Protein-Analysator verwandelt werden. Der Detektor hat hier nur Stickstoff zu erkennen und zu messen. Diese Technik stellt eine Alternative zur komplizierter ausführbaren Kjeldahl-Methode dar – und trifft damit die allgemeine Tendenz, daß möglichst auch we-

7.1 Die Entwicklung in analytischen Laboratorien | 561

Abb. 482 GC-MS-System MD 800 aus dem Jahre 1995 (mit Erlaubnis der Firma Thermo).

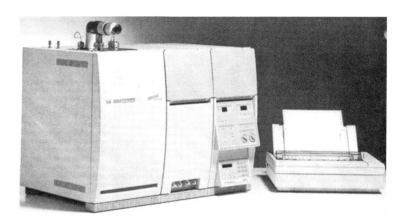

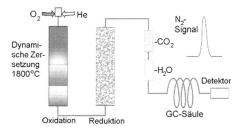

Abb. 483 (a) Eiweiß-/Protein-Analysator NA 2000 und (b) der prinzipielle Ablauf (mit Erlaubnis der Firma Thermo).

niger qualifizierte Mitarbeiter diese Verfahren durchführen können sollen.

Die chromatographischen Methoden gehören zu den am meisten benutzten und damit auch zu den am besten untersuchten Analysenteilverfahren. Wie schon mehrfach erwähnt, spielt die Detektionsmethode eine entscheidende Rolle, da ein Vergleich mit einer Referenzsubstanz leicht zu Irrtümern führen kann. Bei den Fehlermöglich-

Tabelle 51 Zeitbedarf und Fehleranteile bei der Flüssigkeitschromatographie.

Zeitbedarf* für Arbeitsschritte der Analyse	[%]	Analysenfehler* für Arbeitsschritte der Analyse	[%]
Probenvorbereitung	61	Instrument	8
Organisation der Proben	6	Säule	11
Analyse	6	Kalibration	9
Datenmanagement	27	Probenvorbereitung	30
		Kontamination	4
		Probeneinführung	6
		Chromatographie	7
		Integration	6
		Operateur	19

*) nach R.E. Mayors "An Overview of Sample Preparation" 1991 LC-GC Vol. 9, No. 1

keiten (Tab. 51) läßt sich abschätzen, daß die Hälfte des Gesamtfehlers durch die Probenvorbereitung und den Durchführenden bewirkt wird. Die Qualifikation der analytisch arbeitenden Chemiker spielt schon eine wichtige Rolle.

Im Vergleich mit der Effektivität bezogen auf den Analyten hat die Chromatographie den Vorteil, daß der größtmögliche Anteil der Probe in das analysierende System gelangt. Der Phantasie der Analytiker, für spezielle Fragestellungen Methodenkombinationen zusammenzustellen, wie z. B. eine Probe gleichzeitig mit der FT-IR-Spektrometrie zu charakterisieren und nach Auftrennung mit der Massenspektrometrie zu analysieren, sind keine Grenzen gesetzt.

Ein Beispiel für eine ausgezeichnete, in der Praxis bewährte Methode für die **Oberflächenanalytik** ist die Sputtered-Neutral-Massenspektrometrie (SNMS) (Abb. 484), wobei durch Sputtern mit geringer Energie dünnste Schichten abgetragen und die überwiegend herausgeschlagenen, neutralen Atome nachionisiert werden. Der Vorteil gegenüber der Sekundärionenmassenspektrometrie (SIMS) ist, daß die Empfindlichkeiten für alle Elemente innerhalb einer Zehnerpotenz liegen, während es bei SIMS acht Größenordnungen sein können. Damit gestattet die SNMS mit vernachlässigbarem Fehler direkt Atomprozente anzugeben [1072].

Die SNMS gibt z. B. eine genaue Auskunft über das Coating von Stahloberflächen (Abb. 485a). Zu erkennen ist zunächst eine dünne organische Folie (Lackschicht), gefolgt von einer Zinkschicht (~1,5 μm dick), einer Zwischenschicht als Haftvermittler, die wenig Chrom enthält, und letztlich dem Stahl.

Beim Sputtern mit der Glimmlampenanregung, wobei der Abbau in die Tiefe wesentlich schneller erfolgt, würde man nur die Zinkschicht auf dem Stahl erkennen. Zur Kontrolle der Zwischenschicht bietet sich nun eine einfache, schnellere Routineprüfung an, die darauf beruht, daß der Brennfleck bei der GD-AES (~10 mm Ø) größer als bei der SNMS (~7 mm Ø) ist. So konnte mit der GD-AES kurz bis vor die Zwischenschicht vorgesputtert und

7.1 Die Entwicklung in analytischen Laboratorien | 563

Abb. 484 (a) SNMS-Spektrometer INA 3 im Laboratorium der Hoesch Stahlwerke in Dortmund sowie (b) Schema des gesamten Gerätes (mit Erlaubnis von ThyssenKrupp Steel AG).

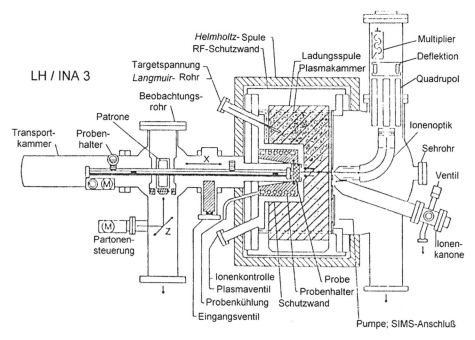

diese dann mit der SNMS analysiert werden. Wie bei der Glimmlampe ließ sich auch hier ein radiofrequentes Feld anlegen, so daß auch nichtleitende Oberflächen gesputtert werden konnten. Über das Massenspektrum (Abb. 485b) lassen sich alle Bestandteile eines legierten Stahls erkennen, und ein Vergleich zwischen GD-AES und SNMS zeigt auf einer geglühten Blechprobe die identische Oxidschicht von 11 nm Dicke. Diese für die Praxis so wichtige Technik der Oberflächenanalytik ist z. Z. nicht erhältlich.

Daher muß man sich heute bei der Oberflächenanalytik neben der Anwendung der mit der Glimmentladung angeregten Spektrometrie sowie mit PIXE [1073] und ESCA oder der Auger-Spektroskopie [1074] in der Praxis begnügen. In der Forschung gibt es noch weitere Möglichkeiten, aus denen sich eventuell das eine oder andere Verfahren entwickeln kann. Die exakte Analyse

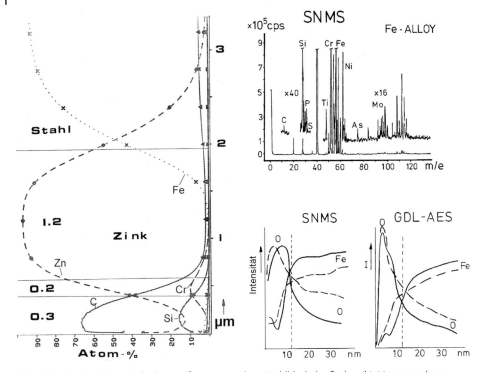

Abb. 485 (a) Registrierte Schichten auf einer verzinkten Stahlblechoberfläche, (b) Massenspektrum eines legierten Stahls und (c) Vergleich von identischen Proben (geglühtes Blech) aufgenommen mit der GD-AES und der SNMS.

von Oberflächen (Grenzflächen) wird auch ein wichtiges Thema des 21. Jahrhunderts bleiben, weil es dadurch bei einer Vielzahl von Produkten zu Qualitätsverbesserungen kommen kann.

7.1.7
Diverse physikalisch-chemische Methoden

In zahlreichen Laboratorien werden zur quantitativen Analytik neben den schnellen Ein- oder Mehrelementbestimmungsmethoden, also den atom- und massenspektrometrischen Verfahren, noch verschiedene physikalisch-chemische Meßtechniken benutzt. Einige davon sollen hier erwähnt werden.

Grundsätzlich können Laboratoriumsproben in den drei Aggregatzuständen, gasförmig, flüssig, fest, angeliefert werden. Besser wäre es, wenn der Analytiker sie selbst entnehmen kann, soweit dies möglich ist.

Gase können in Lösungen absorbiert oder direkt, z. B. mit einem GC-MS-System, analysiert werden. Außerdem gibt es spezielle Gasanalysatoren, mit denen ein Gas selektiv ermittelt oder kontinuierlich gemessen werden kann. Die Gasmeßröhrchen von den Firmen Dräger, Lübeck (gegründet 1889 von *Heinrich Dräger*) oder MSA Auer, Berlin (gegründet 1892 als Deutsche Gasglühgesellschaft, später Auer-Gesellschaft durch *Carl Freiherr Auer* *von Welsbach*) sind Vorreiter der Sensorik. Die Gasmeßröhrchen wurden in den dreißiger und vierziger Jahren des vorigen Jahrhunderts entwickelt und werden noch heute vor Ort zur Gefahrstoffermittlung bzw. Umweltanalytik eingesetzt. Es begann mit Meßröhrchen für CO und CO_2 gefolgt von H_2S, SO_2 usw.

Zur Auer-Gesellschaft ist anzumerken, daß sie 1895 in Berlin die Straßenbeleuchtung (Auerlicht) einführte, 1902 die Metallfaden-Glühlampe entwickelte, der 1906 die bekannte Osram-Glühlampe folgte. 1920 wurden die Osram-Werke an Siemens und die AEG verkauft.

Allerdings hat man den Eindruck, daß gerade der seit etwa 60 Jahren heftig diskutierte CO_2-Anteil der Luft mit solchen Gasmeßröhrchen ermittelt wird. Natürlich handelt es sich dabei nicht – wie allgemein in der Sensorik – um die bestmögliche Bestimmung, sondern vor allem um Ja-/Nein-Entscheidungen und um Schätzwerte.

Der vermeintliche Anstieg des CO_2-Wertes in der Luft mit dem Beginn des Industriezeitalters, welcher immer noch das verschwindend geringe Verhältnis von 1:3000 (bzw. 0,038 %) anzeigt, beruht im wesentlichen auf Fehlmessungen [1075]. Seit etwa 180 Jahren wurde diese CO_2-Bestimmung immer wieder, z. B. von *Alexander von Humboldt, Robert Bunsen, Max Pettenkofer, Albert Krogh* (Nobelpreis 1923) oder auch *Otto Warburg* (Nobelpreis 1933) durchgeführt. Zwei Fehldeutungen aus wahrscheinlich unqualifizierter Messung und die Behauptung, der CO_2-Anteil habe vor 1880 bei 0,029 % gelegen, durch den englischen Ingenieur *G. Callendar* (1938) und den amerikanischen Chemiker *C. Keeling* (1955), der sich darauf bezog, setzten die Lawine der CO_2-Zunahme in Gang, die heute als Treibhauseffekt benutzt wird, um die Menschen nervös zu machen und zum Bezahlen (Ökosteuern und unsinnige Energiepreise) zu veranlassen. Es widerspricht jeder wissenschaftlichen Verantwortung, sich vereinzelte, passende Resultate herauszusuchen und die Mehrzahl anderer nicht zu beachten!

Im Namen der ernsthaften Analytiker müßte man sich hierfür entschuldigen, denn es ist nie gut, wenn nicht abgesicherte Resultate unkommentiert in die Hände von Laien gelangen. Die Klimaveränderung ist eine immerwährende Tatsache. Die weitverbreitete Laienmeinung, daß der Mensch dies beeinflussen kann, ist die typisch maßlose Überschätzung. Es gibt noch einen Grund, ungeprüft durch andere ausgewählte Ergebnisse öffentlich zu machen: Wie werde ich bekannt? Wie kommen meine Ansichten in die Presse? In der Vergangenheit gibt es dafür einige Beispiele, wie der relativ hohe Nitrosamin-Anteil im Bier oder die kurzzeitige Dioxin-Hysterie, dessen Grenzwert inzwischen wieder erhöht wurde (25 pg). Typisch ist es dann, daß man solche Nachrichten nach kurzer Zeit vergessen hat.

Parallel entwickelten sich Gasmeßgeräte für die wichtigsten Gase, die sowohl im Laboratorium als auch vor Ort benutzt werden konnten, wie z. B. die Sauerstoff-Meßgeräte von WTW (Wissenschaftlich-Technische Werkstätten), Weilheim, mit den sog. Oxi-Elektroden. Es war dann folgerichtig, daß diese Geräte auch direkt im Online-Betrieb Verwendung fanden und heute ein wichtiges Glied zahlreicher Prozeßkontrollen darstellen. Diese Messungen werden allerdings selten von Analytikern durchgeführt, höchstens kontrollieren sie den Kalibrierzustand.

Ein weiteres Gebiet der **Gasanalyse in Laboratorien** befaßt sich mit der Bestimmung von Gasen, die aus Feststoffen entwickelt werden. Die sog. *Elementaranalyse* organischer Verbindungen ist inzwischen aufgrund der Geräteentwicklung leicht manu-

Abb. 486 C-N-S(-Cl)-Analysatoren von Analytik Jena AG: mit Cl-Modul (links) und mit vollautomatischer, durch Flammensensor gesteuerter Verbrennung (mit Erlaubnis von Analytik Jena).

ell oder automatisch durchführbar (Abb. 486). Nichts erinnert mehr an die verschiedenen Adsorptionsröhrchen, die sehr genau vorher und nachher ausgewogen werden mußten.

Besonders für Analysen der aus Metallschmelzen stammenden Gase wurden Analysatoren entwickelt, die meistens nach dem Trägergasprinzip arbeiten. Die aus den Schmelzen im Keramiktiegel entweichenden Gase werden entweder direkt ohne zusätzliche Reaktion oder die aus Graphittiegeln entwickelten mit anschließender Reaktion über Wärmeleitfähigkeits- (Wasserstoff und Stickstoff) oder Infrarotdetektoren (Kohlenstoff, Sauerstoff und Schwefel) gemessen.

Durch Zusatz von Reinstmetallen lassen sich auch oxidische Proben entsprechend aufschmelzen und die entweichenden, gasförmigen Verbindungen bestimmen. Derartige Materialien können auch mit Hilfe der Differentialthermoanalyse in Kombination mit einem Massenspektrometer (DTA-MS) in Referenz analysiert werden.

Doch zunächst, d. h. um die Mitte des 20. Jahrhunderts, wurde z. B. die für die Stahlherstellung wichtige Kohlenstoff-Bestimmung über die klassische Gasanalyse (CO_2-Volumenmessung) durch das coulometrische Verfahren mit dem Gerät der Firma Ströhlein, Düsseldorf, abgelöst. Ein ähnliches, kompakteres Gerät stellte die Firma Richard Schoeps, Duisburg, her (Abb. 487).

Die Bestimmung von Schwefel erfolgte noch gravimetrisch oder spektralphotometrisch, und Stickstoff wurde nach Umwandlung in Ammoniak acidimetrisch titriert. Mühsam ließ sich der µg/g-Bereich erreichen, indem die Lösungsvolumina genauer verdünnt oder eingestellt werden konnten. Hierzu diente damals die Kolbenbürette von Ströhlein.

Mitte der sechziger Jahre hatte die Firma Balzers, Liechtenstein, den Exhalographen EA 1 (Abb. 488) entwickelt, der mit dem Rotationsofen RTO 100 ausgestattet war und nach dem **Vakuumheißextraktionsverfahren** arbeitete.

Die Vakuumheißextraktion beruht auf einem Entgasungsprozeß, der im Lösungsverhalten der Gase in Metallschmelzen begründet ist [1076]. Die Elemente O, N und H sind teils als Atome teils als Ionen im Metall gelöst, wobei ein dem MWG entsprechender Zusammenhang zwischen der Konzentration der gelösten Komponenten des Gases und dessen Partialdruck in der Gasphase besteht. Diese Konzentrationen in der Schmelze können daher in dem Maße abnehmen, wie der Gasdruck über der Schmelze vermindert wird. Bei N und H wird diese Maßnahme auch in der

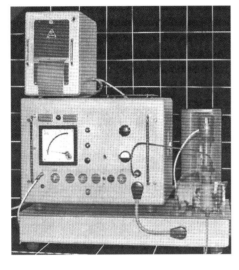

Abb. 487 (a) Coulomat von Ströhlein und (b) coulometrischer Titrierautomat CTA 5 von Schoeps.

Praxis angewendet. Dagegen sind die O-Gleichgewichtsdrücke so gering, daß bei einer höchstmöglichen Herabsetzung des O-Partialdruckes in der Gasphase der gelöste Sauerstoff nicht merklich abnimmt. Deshalb benutzt man die schnell ablaufende Reaktion mit dem Kohlenstoff des Tiegels zu CO. Beim Schmelzen unter Vakuum entweichen also N_2, H_2 und CO.

Aus zeitlichen Gründen wird der Tiegel im Rotationsofen durch eben diese Bewegung entleert und die neue Probe kann durch eine Schleuse eingeführt werden, so daß nur dieser Bereich erneut evakuiert werden muß. Die Meßmethode beruht auf der Erfassung des Totaldruckes des extrahierten Gasgemisches zur Bestimmung der Summe $CO + N_2 + H_2$, auf der Wärmeleitfähigkeitsmessung bei konstantem Totaldruck zur Bestimmung der Teilsumme $CO + N_2$ und schließlich auf der Messung der Infrarot-Absorption zur Bestimmung der Teilmenge CO. Aus den Differenzen zwischen je zwei Werten können die Wasserstoff- und Stickstoffanteile berechnet werden. Alle Meßwerte werden mit einem Linienschreiber aufgezeichnet. Die Standardabweichung der Analysatoren, die mit

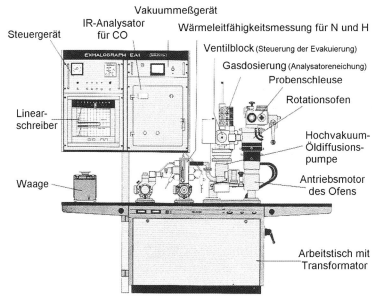

Abb. 488 (a) Exhalograph EA 1 im Laboratorium Phoenix der Hoesch Stahlwerke und (b) sein prinzipieller Aufbau.

Reinstgasen kalibriert werden können, ist von der Gasmenge abhängig. Sie beträgt im Mittel an der unteren Erfassungsgrenze: für CO ca. ±0,4 Nmm^3, für N$_2$ ca. ±1,3 Nmm^3, für H$_2$ ca. ±0,5 Nmm^3 und nimmt mit wachsenden Gasmengen stetig zu: bei 1000 Nmm^3 CO ca. ±6 Nmm^3, bei 1000 Nmm^3 N$_2$ ca. ±2 Nmm^3 sowie bei 1000 Nmm^3 H$_2$ ca. ±3 Nmm^3.

Diese Vakuumheißextraktionsmethode war ein großer Fortschritt bezüglich der Schnelligkeit des Ablaufes, doch der kompliziert aufgebaute Exhalograph erforderte einen relativ großen Wartungsaufwand. Der Exhalograph EAO-201 für die Sauerstoffbestimmung von Balzers war dann ein kompaktes Gerät, welches praktisch in jedes Vorprobenlaboratorium paßte. Es war quasi ein Vorläufer der Tischgeräte.

Entsprechend den analytischen Anforderungen entwickelten zahlreiche Firmen in der zweiten Hälfte des 20. Jahrhunderts Gasanalysatoren, die nach dem **Trägergasverfahren** arbeiten und fast im Jahresrhythmus verbessert worden waren. Die Firmen

Ströhlein, Düsseldorf, Leybold-Heraeus, Hanau, Adamel Lhomargy, Roissy En Brie, Frankreich, oder Leco, St. Joseph, MI, USA, bauten Analysatoren für Kohlenstoff, Stickstoff, Sauerstoff und Schwefel. Bald darauf gab es solche dann auch für die Wasserstoffbestimmung, wobei Helium als Trägergas dient. Zu den genannten Firmen kam Anfang der achtziger Jahre die Firma Eltra GmbH, Neuss, hinzu, die zunächst gegen die arrivierten Hersteller als Preisbrecher auftrat, sich heute allerdings zu einem der führenden Hersteller entwickelte.

Die Abläufe für die Bestimmung der verschiedenen Gase ähneln sich naturgemäß. Bei weitgehend automatischem Ablauf bleibt dem Analytiker nur, dafür zu sorgen, daß stets eine aktuelle Kalibrierung vorliegt. Und dies ist nicht eben einfach, weil man sich mit dem Innenleben der Geräte beschäftigen muß. Im Routinebetrieb erfolgt das Kalibrieren im Regelfall mit Standardreferenzproben (CRM oder RM), deren Anteile an Oxiden, Nitriden, Sulfiden und Hydriden oder diffusiblem Sauerstoff, Stickstoff und Wasserstoff allerdings meistens auf dieselbe Weise ebenfalls gegen geeignete Standards ermittelt worden sind. Es ist notwendig, den erwarteten Anteilswert einzukleiden, d. h. eine Standardprobe mit niedrigerem und eine mit höherem Anteil zu verwenden. Diese Werte sollten nicht allzu weit auseinanderliegen, weil der Linearbereich der Auswertekurve relativ klein ist. Elektronisch wird die lineare Kennlinie der Detektoren (IR oder Wärmeleitfähigkeit) durch Einstellung eines Schwellwertes erreicht, den der Kunde nicht kennt. Damit kennt er auch den Blindwert nicht und kann keine Nachweisgrenzen berechnen.

Vor etwa 30 Jahren stellte die Firma Analytica, Schweden, zum Kalibrieren vergoldete Kugeln mit abgestuften Anteilen an Sauerstoff her. Heute gibt es Standardproben häufig in Stabform, z. B. für Wasserstoff. Weil hierbei die Fehlerfortpflanzung eine wenn auch geringe, doch zunehmende Rolle spielt, ergab sich die Frage nach geeigneten Referenzverfahren.

Für Sauerstoff und Wasserstoff gibt es keine geeigneten; eine Gasdosierung würde nur das Detektorsystem, nicht aber den Schmelzvorgang kalibrieren, was grundsätzlich für alle gilt. Sowohl für Schwefel (z. B. nach $BaSO_4$-Fällung wird der Ba-Überschuß ermittelt) als auch für Stickstoff (Indopenolverfahren, DIN EN 10179 oder mit Nessler-Reagens) gibt es spektralphotometrische Bestimmungsverfahren; der Kohlenstoff kann coulometrisch bestimmt werden. Es ist daher sinnvoll, für diese Elemente eigene RM aus der Produktion herzustellen.

Zusätzlich hat es sich bewährt, Reinsteisen mit K_2SO_4 zu dotieren (Abb. 489a), um die S-Bestimmung abzusichern.

Dagegen läßt sich die Bestimmung von Kohlenstoff nicht befriedigend mit Carbonaten kalibrieren. Versuche mit einem Mangancarbid ($> 3\%$ C) zeigten eine Übereinstimmung der Registrierkurve mit derjenigen einer Stahlprobe (Abb. 489b) und eine deutliche Verschiebung gegenüber der mit $CaCO_3$.

Überwiegend werden im Routinebetrieb Standardproben eingesetzt, die inzwischen weltweit eine ausreichende Vergleichbarkeit zeigen [1077–1080]. Wenn die analytischen Daten wichtig für die Beurteilung von Werkstoffeigenschaften sind, also technologisch so bedeutend sind, wie der Kohlenstoffanteil im Stahl, dann sollte sowohl der apparative Aufwand als auch der Kalibrierumfang dementsprechend hoch sein. Das gilt auch für die Anteile von Wasserstoff, der im Eisengitter noch beweglich ist und an die Oberfläche diffundieren und zur Wasserstoffversprödung führen kann [1081], und in unter-

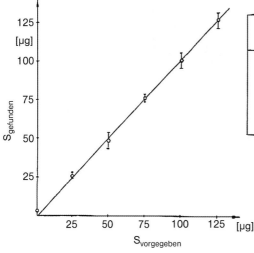

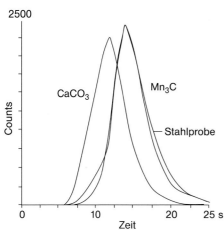

Abb. 489 (a) 45°-Gerade der S-Bestimmung mit K_2SO_4 und Leco IR-32 und (b) Vergleich der Registrierkurven für C mit Calciumcarbonat, Mangancarbid und Stahl.

schiedlicher Weise für Stickstoff- und Schwefelanteile, die entweder erwünscht sein können (z. B. höhere S-Anteile im Automatenstahl) oder als Verunreinigungen stören. Deshalb werden diese Elemente während des Herstellungsprozesses ständig kontrolliert; C und S sowie neuerdings auch N mit der Emissionsspektrometrie und möglichst parallel auch nach dem Trägergasverfahren. Die Fertigprobenanalyse erfolgt in gleicher Weise. Es hat sich bewährt, die weitere Produktkontrolle im Zentrallaboratorium durchzuführen, wo auch die Untersuchung eigener RM, der Vergleich mit gekauften CRM und die Ringversuchsproben erfolgen sollten. Die Gasanalysatoren im Schichtlaboratorium (Abb. 490) dienen der Prozeßkontrolle, wobei die von Automaten vorbereiteten Proben direkt an die Geräte gesandt werden. Inzwischen gibt es auch einen vollständig automatisierten Ablauf der Kohlenstoff- und Schwefelbestimmung, der z. B. in Containerlaboratorien zum Einsatz kommt (s. Kap. 7.2).

Abb. 490 Gasanalysatoren im Schichtbetrieb des Stahlwerkes Phoenix um 1980.

Das unterstreicht die notwendige Schnelligkeit der Ablaufzyklen mit derartigen Datenermittlungssystemen.

Im zentralen Tageslaboratorium ist dann eine entsprechende Geräteausstattung zur Kontrolle verfügbar. Da das Kalibrieren komplex und oft nicht fehlerfrei ist, hilft man sich hier mit Parallelbestimmungen an gleichartigen, von anderen Mitarbeitern kalibrierten Analysatoren.

Die **Bestimmung der Kohlenstoffanteile** spielt eine besondere Rolle. Seit Anfang der vierziger Jahre gibt es C-Standardproben, die üblicherweise seitdem als Referenzproben für die Herstellung von CRM benutzt werden und deshalb untereinander weltweit gut übereinstimmen (Abb. 491). Die Bestimmung sehr kleiner C-Anteile in Stählen stellt ein besonderes Problem dar, das oft nicht befriedigend gelöst bzw. beachtet wird.

Die Entgasung des Stahles verläuft nämlich mit abnehmendem C-Anteil zunehmend langsamer. Die Geräte sind aber so eingestellt, daß sie nach 25 Sekunden den Meßprozeß beenden. Verlängert man die Meßzeit, so kann durchaus noch restlicher Kohlenstoff nachgewiesen werden. Am Beispiel (CRM 97–1) fanden in einem Ringversuch die meisten Teilnehmer nur 5 µgC/g Fe [1082]; es war nach längerer Meßzeit aber fast der doppelte Wert. Verständlicherweise wurde die Entwicklung der Gasanalyse aus Metallen von zahlreichen Publikationen begleitet [1083–1097].

Die **Bestimmung des Wasserstoffes** in Stählen erfordert eine besondere Probenentnahme, z. B. Stabproben gesaugt oder mit evakuierten Quarzröhrchen [1098, 1099] und eine spezielle Vorbereitung (Abb. 492), während der es zu keiner Aufnahme oder Abgabe von H_2 kommen darf, z. B. durch kathodisches „Ätzen". Es darf keinesfalls bei Gegenwart von Feuchtigkeit abgedreht oder gefräst werden. Bei der Bestimmung ist es ratsam, nicht nur der Digitalanzeige zu vertrauen. Es sollte parallel ein Schreiber angeschlossen sein, der eventuelle negative Peaks anzeigt, die z. B. durch CH_4 oder Cl_2 hervorgerufen werden können.

Die **Bestimmung kleiner Schwefelanteile** (< 10 µg/g) in Stählen ist bei sorgfältiger Arbeitsweise gut möglich [1100]. Ein Grund für die erhöhte Empfindlichkeit ist die Tatsache, daß die Infrarot-Meßküvette erheblich verlängert wurde (Abb. 493).

Beim Vorhandensein einer solchen Anzahl an Gasanalysatoren, die auch als Ersatzgeräte einen kontinuierlichen Ablauf gewährleisten sollen, sind naturgemäß nicht alle ausgelastet. Das führte zu Untersuchungen, die für den Routinebetrieb wichtige zusätzliche Erkenntnisse schaffen

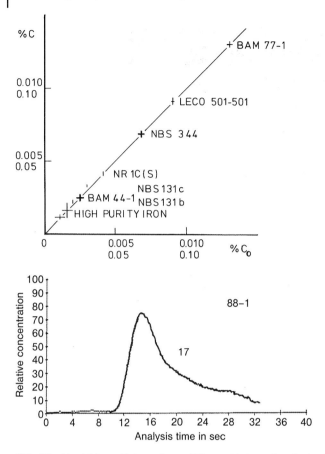

Abb. 491 Vergleich zertifizierter Daten (C_0) verschiedener Standardproben mit (a) aktuell gemessenen und (b) Registrierkurve für CRM 88–1.

sollten, was zunächst speziell die *Sauerstoffbestimmung* betraf. So gab es anfangs eine Probenvorbereitung, bei der Späne unter Argon hergestellt wurden, die dann bei der Einwaage wieder O_2 an der Oberfläche adsorbierten. Damit wurden die Sauerstoffwerte im Regelfall zu hoch. Man erinnerte sich an Versuche durch *H. K. Feichtinger* et al. [1101], die den Sauerstoffanteil mit steigender Temperatur in sog. Evologrammen aufzeichneten (Abb. 494).

Das Institut für Gießereiforschung [1102] und die Firma Ströhlein in Düsseldorf sowie die Firma Leco, St. Joseph, MI, USA, entwickelten ein Gerät auf der Basis des Standes der Technik, z. B. das Leco RO 316 [1103] und das nachfolgende TC 336, die solche Evologramme neben der Gesamt-O-Bestimmung aufnehmen konnten. Auf diese Weise (Abb. 495) ließ sich der Anteil des Oberflächensauerstoffes ermitteln. Der Unterschied für eine Stabprobe (frisch abgedreht) im Vergleich zu Spänen oder Stückchen derselben Probe beträgt 0,01165 % [O]. Beim Zerkleinern hat der Sauerstoffanteil erheblich (um ~ 30 %) zugenommen.

7.1 Die Entwicklung in analytischen Laboratorien

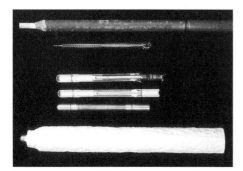

Abb. 492 (a) Probenentnahmesonden zur Wasserstoffbestimmung aus Metallen und (b) schematische Darstellung der Probenvorbereitung.

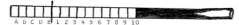

Abb. 493 Aktuelle IR-Meßküvette.

Abb. 494 Das LECO TC 336 zur Sauerstoffbestimmung und Aufnahme von Evologrammen.

Aus einem ursprünglichen Evologramm (Abb. 496a) von *Feichtinger* et al. [1101] aus dem Jahre 1959 ließ sich erkennen, daß es auch möglich sein könnte, auf diese Weise den in Stahlproben an Aluminium gebundenen Sauerstoff zu erfassen. Damit hätte man ein echtes Referenzverfahren zu der spektrometrischen Schnellanalyse des Al nach der japanischen *Pulse Height Distribution Analysis* (PDA) [1104] oder nach der *Peak-Integration-Method* von *Slickers* (PIMS). Die Verdampfungstemperatur des Al_2O_3 liegt bei etwa 2050 °C, so daß ein bei dieser Temperatur erscheinender Peak den an Al gebundenen Sauerstoff repräsentieren sollte. Es ließ sich beweisen, daß dies auch mit den relativ kleinen Sauerstoffanteilen möglich ist [1105]. Eine typische Registrierkurve zeigt die folgende Abbildung.

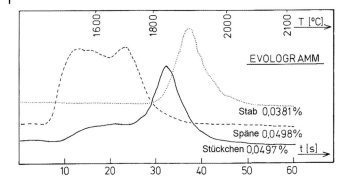

Abb. 495 Evologramme verschiedener Probenformen.

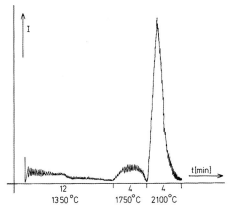

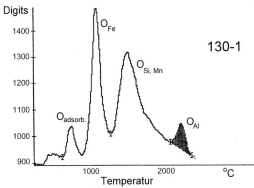

Abb. 496 (a) Evologramm von *Feichtinger* und (b) Aufnahme für eine reale Stahlprobe mit dem Leco RO 316 im Hoesch-Laboratorium Phoenix.

Die Anwendung dieses Verfahrens machte die Schnellbestimmung von Al_2O_3 in Stahl erheblich sicherer. Auch relativ kleine Anteile sind noch erkennbar, wie die obige Aufnahme mit der CRM 190–1 (Abb. 496, unten) zeigt. Die automatische Auswertung für die Peak-Bereiche ergab:

1. AREA 0–1   0,00111 % O (adsorbiert)
2. AREA 1–2   0,00559 % O (gebunden an Mn und Fe)
3. AREA 2–3   0,00065 % O
4. AREA 3–4   0,00037 % O (gebunden als Al_2O_3)
5. AREA 4–5   0,00035 % O

Für diese Probe ergab sich damit als Gesamtergebnis der Al-Speziesbestimmung:

VERFAHREN	Al_{total}	$Al_{löslich}$	$Al_{unlöslich}$
F-AAS	0,0040 %	0,0017 %	(0,0023 %)
ICP-AES	0,0040 %	0,0011 %	(0,0029 %)
Gasanalyse	–	–	0,0026 %

F. Borek und *Z. Čízek* (Škoda, Plzen) beschrieben in ihrem Vortrag „*New Analytical Possibilities of Monitoring the Content and the Forms in which Oxygen and Carbon Occurs in Steels and Inorganic Materials*" weitere Anwendungen der Evologramm-Technik.

Auch zur **Bestimmung des Stickstoffes**, der in Stählen in verschiedenen Bindungsformen vorkommt, ist mit der Aufnahme von Evologrammen versucht worden, die einzelnen Spezies zu erkennen [1106]. Hiermit ließ sich die klassische Methode zur Untersuchung der Nitridbildung in Stählen, die Heißextraktion mit H_2, kontrollieren.

Durch eine geringfügige Modifikation des N-Analysators konnten auch geringe Anteile von Argon in Stählen bestimmt werden [1107–1108].

Anfangs der sechziger Jahre entwickelte die englische Firma Hilger & Watts, London, ein Spektrometer speziell für die N-Bestimmung, das noch nicht erfolgreich war. 1967 brachte dann die ARL das Spektrometer GMQ (Abb. 497) auf den Markt, das eine Weiterentwicklung der Kombination GC-AES darstellte, also nach einer chromatographischen Vortrennung simultan Sauerstoff, Stickstoff und Wasserstoff zu bestimmen gestattet.

Die direkte Spektralanalyse der Gase in Metallen hat eine lange Geschichte, die schon Mitte der fünfziger Jahre – also mit Beginn der Simultanspektrometrie – ihren Anfang nahm [1109]. Etwa 25 Jahre lang erschienen zahlreiche Publikationen zu diesem Thema [1110–1022]. Heute ist der UV-Bereich bis $\sim$ 120 nm apparativ erschlossen, so daß alle vier Gase bestimmbar wurden. Dennoch tat dies der Gasanalyse keinen Abbruch, weil jede Kontrolle hierbei angebracht ist.

Für kleine Gasanteile aus Metallen hat sich auch die massenspektrometrische Detektion nach Entgasen aus einer Schmelze unter Vakuum bewährt [1123, 1124].

Abb. 497 ARL-Spektrometer GMQ zur Bestimmung der Gase in Stählen (mit Erlaubnis von Thermo-ARL).

Eine zusätzliche Kontrolle der Sauerstoffanteile bietet als leitprobenfreie Methode die **Neutronenaktivierungsanalyse** [1125], die in Industrielaboratorien nicht durchführbar ist. Auf der Balaton-Tagung 1973 hat *Gedeon Pásztor* die Vakuumheißextraktion und das Trägergasverfahren bezüglich der O-Bestimmung verglichen (Abb. 498).

Das Trägergasverfahren ist offensichtlich die günstigere Methode, die sich letztlich durchgesetzt hat.

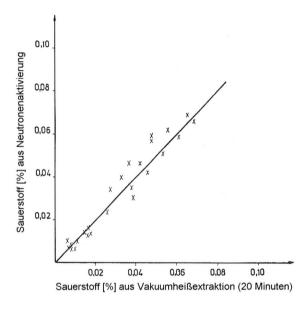

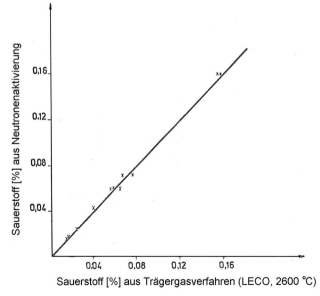

Abb. 498 Vergleich der mit der Neutronenaktivierungsanalyse erhaltenen O-Werte mit denen aus (a) der Vakuumheißextraktion und (b) dem Trägergasverfahren.

Ein weiteres wichtiges Beispiel einer zusätzlichen Anwendung zeigt die Phantasie der Analytiker. Seit Mitte der achtziger Jahre gab es von der Leybold AG, Hanau, einen mikroprozessorgesteuerten Analysenautomaten (CWA 5003) zur simultanen Bestimmung von H_2O und CO_2 in Feststoffen, also zur Ermittlung des gebundenen Wassers und der Carbonate. Der Meßbereich für beide betrug 0,0001–100 % bzw. absolut konnten bis 400 mg CO_2 und 300 mg H_2O erfaßt werden. Ein noch mehr variables Gerät ähnlicher Art war das Leco RC 412 (Abb. 499), welches in dem Hoesch-Laboratorium Westfalenhütte auch zur Bestimmung des Kohlenstoffes auf Blechoberflächen benutzt wurde.

Beim kontrollierten Erhitzen auf maximal 600–650 °C verdampft nur der adsorbierte Kohlenstoff, der überwiegend aus Resten von Walz- und Einfettölen stammt. Die Verbrennung erfolgt in einem speziell für die Blechstreifen geeigneten Rohr. Nachdem etwa 100 Proben am Vormittag analysiert worden waren, stand das Gerät in Bereitschaft. Das führte zu der Idee, die besonders in den letzten 20 Jahren mit Proben überlastete **Umweltanalytik** zu entlasten.

Das RC 412 eignet sich nämlich auch für die Bestimmung von H_2O und verschiedenen Kohlenstoffverbindungen (organisch und anorganisch) in Bodenproben; die z. B. bisher coulometrisch bestimmt werden konnten [1126]. Es ermöglicht somit demgegenüber eine Schnellbestimmung von **TIC** und **TOC** [1127]. Neben Schwermetallen gehören gerade Altölreste zu den Hauptkomponenten in sog. belasteten Böden.

Damit kann gezeigt werden, warum Bodenproben keinesfalls bei 105 °C getrocknet werden dürfen, wenn der Verdacht besteht, daß leichtflüchtige organische Verbindungen enthalten sein könnten (Abb. 500).

In den Bereich der Umweltanalytik hat sich heute auch die **Wasseranalyse** verlagert. Alles Wissenswerte ist dazu bekannt [1128], so daß hier nur eine kurze Betrachtung erfolgen soll. In den Laboratorien haben sich spezielle Abteilungen für die chemische Analyse von Trink-, Brauch-, Kreislauf- und Abwasser herausgebildet, womit auch die analytischen Erfahrungen der Mitarbeiter konzentriert wurden. In ähnlicher Weise gilt das auch für die Öllaboratorien, wobei durchaus Analysenver-

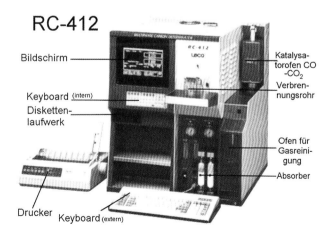

Abb. 499 Das Leco RC 412 zur Multiphasen-Bestimmung von Kohlenstoff, Wasserstoff und Wasser in diversen Materialien.

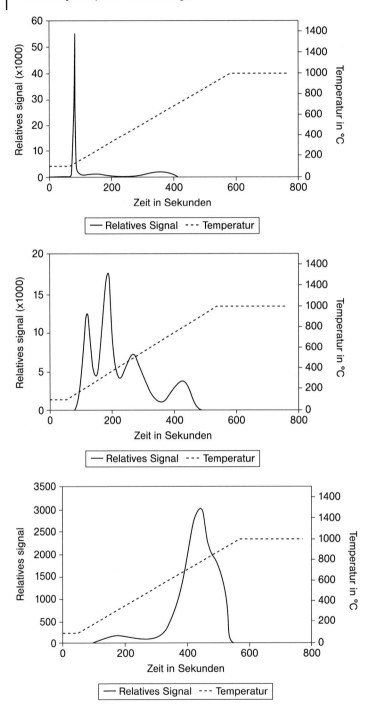

Abb. 500 Registrierkurven für Bodenproben kontaminiert mit (a) leichtflüchtiger organischer Komponente, die bereits bei ~ 100 °C verdampft, (b) drei organischen Stoffen und (c) praktisch unkontaminiert mit 0,05 % organischem C. Die Gesamt-C-Anteile betragen 7,15 %; 4,1 % und 0,8 %.

fahren und technologische Prüfungen von beiden Gruppen genutzt werden.

Die gebräuchlichen und vorgeschriebenen Verfahren zur Wasseranalytik lagen früher als Deutsche Einheitsverfahren (DEV) vor, bis sie dann vor einigen Jahren praktisch ohne Änderungen in DIN-Blätter umgeschrieben wurden (Tab. 52).

Dies ist die Parameterliste des Antrags zur Eigenüberwachung, die alle wichtigen Verfahren der Wasseranalytik beinhaltet und deren Durchführbarkeit nachzuweisen ist. Ähnlich wie bei Düngemitteln ist dies gesetzlich im Wasserhaushaltsgesetz (WHG) zum Schutz der Menschen geregelt, wobei im Fall der Wasseranalytik bereits die AAS und ICP-AES erlaubt sind. Es war immer ein Problem, relativ neue Methoden schnell genug in die Normung einbringen zu können.

Die Normen für die Wasseruntersuchung sind:

- DIN 38402: Allgemeine Angaben
- DIN 38404: Physikalische und physikalisch-chemische Kenngrößen
- DIN 38405: Anionen
- DIN 38406: Kationen
- DIN 38407: Gemeinsam erfaßbare Stoffgruppen
- DIN 38408: Gasförmige Bestandteile
- DIN 38409: Summarische Wirkungs- und Stoffkenngrößen
- DIN 38410: Biologisch-ökologische Gewässeruntersuchungen
- DIN 38411: Mikrobiologische Verfahren
- DIN 38412: Testverfahren mit Wasserorganismen
- DIN 38413: Einzelkomponenten
- DIN 38414: Schlamm und Sedimente

International erarbeitet das ISO/TC 147 „Wasserbeschaffenheit" weitere Normen, wobei – wie immer – der Probennahme besondere Bedeutung zukommt.

Die Art des Wassers spielt naturgemäß eine wichtige Rolle bei der Methodenauswahl.

So handelt es sich z. B. beim Trinkwasser um die Bestimmung geringer Anteile und von Spurenbestandteilen, deren Grenzwerte in der Trinkwasserverordnung vorgegeben sind. Laboratorien mit großem Probenanfall werden daher heute für die Elementbestimmungen die ICP-MS einsetzen und intern absichern, daß die Werte mit den vorgeschriebenen Verfahren kompatibel sind. Hinzu kommen die möglichen Verunreinigungen durch eingetragene Stoffe, wie Düngemittelreste, Pestizide, Herbizide und andere Pflanzenschutzmittel [1129] sowie immer wieder Tenside und ähnliche in Wasser lösliche oder emulgierbare organische Stoffe [1130].

Sobald Organika im Wasser enthalten sind, was beim Abwasser in höherer Konzentration vorkommen kann (z. B. Grenzwert für die Einleitung: 20 µg/L), ist dies bei Anwendung von Verfahren mit direkter Probeneinstäubung (AAS, ICP) zu berücksichtigen, weil sich durch mögliche Viskositätsunterschiede das Zerstäubungsverhalten ändert, dessen Unterschied zwischen Kalibrier- und Probenlösung dann zu falschen Werten führt. Überwiegend werden hier zur Analytik gaschromatographische [1131, 1132] und GC-MS-Verfahren [1133] eingesetzt.

Immer wichtiger wurden Verfahren der Schnelltestanalytik, neben elektrochemischen Sensoren für potentiometrische, amperometrische und konduktometrische Messung [1134] auch Teste auf polyhalogenierte Dioxine und Furane [1135], und Meßverfahren, die vor Ort durchführbar sind. Ein solches Beispiel ist auch die Ermittlung leicht-flüchtiger Substanzen mit der Ausrüstung von Dräger, die sich in einem Koffer befindet.

Tabelle 52 Physikalische, chemische und summarische Wirkungs- und Stoffkenngrößen.

Bezeichnung	DIN Nummer	Teil	DEV	Methode	Aufwand [in Minuten]
Geruch u. Geschmack			B 1/2	qualitativ	10
Färbung	38404	1	C 1	visuell photometrisch	10 20
pH-Wert	38404	5	C 5	potentiometrisch	10
elektrische Leitfähigkeit	38404	8	C 8	konduktometrisch	10
Chlorid	38405	1	D 1	argentometrisch potentiometrisch	20 20
Bromid	--	--	D 2	iodometrisch	30
Iodit	--	--	D 3	iodometrisch	30
Fluorit	38405	4	D 4	potentiometrisch	10
Sulfat	38405	5	D 5	kompleometrisch	30
Sulfit	--	--	D 6	als Sulfat	20
Sulfid	--	--	D 7	photometrisch	20
Nitrat	38405	9	D 9	photometrisch	10
Nitrit	38405	10	D 10	photometrisch	10
P-Verbindungen	38405	11	D 11	photometrisch	20
Cyanid	38405	12	D 12	volumetrisch	20
Thiosulfat	--	--	D 13	iodometrisch	30
Thiocyanat	--	--	D 14	photometrisch	30
As-Verbindungen	38405	18	D 18	AAS	20
Kieselsäure, gelöst	38405	21	D 21	photometrisch	20
Chromat	38405	24	D 24	photometrisch	20
Sulfid, gelöst	38405	25	D 25	photometrisch	20
Sulfid, freisetzbar	38405	27	D 27	photometrisch	30
Eisen	38406	1 22	E 1 E 22	photometrisch ICP-AES	10 10
Mangan	38406	2 22	E 2 E 22	photometrisch ICP-AES	10 10
Calcium/Magnesium	38406	3 22	E 3 E 22	AAS ICP-AES	10 10
Härte, Ca + Mg	38406	3	E 3	AAS komplexometrisch	20 10
Stickstoff (NH_4^-)	38406	5	E 5	photometrisch volumetrisch	20 20

Tabelle 52 Fortsetzung.

Bezeichnung	DIN Nummer	Teil	DEV	Methode	Aufwand [in Minuten]
Blei	38406	6	E 6	AAS	10
		21	E 21	Extraktion/AAS	30
		22	E 22	ICP-AES	10
Kupfer	--	--	E 7	photometrisch	10
	38406	21	E 21	Extraktion/AAS	30
		22	E 22	ICP-AES	10
Zink	38406	8	E 8	AAS	10
		21	E 21	Extraktion/AAS	30
		22	E 22	ICP-AES	10
Aluminium	38406	9	E 9	photometrisch	10
		22	E 22	ICP-AES	10
Chrom	38496	10	E 10	AAS	10
		22	E 22	ICP-AES	10
Nickel	--	--	E 11	photometrisch	10
				gravimetrisch	30
	38406	21	E 21	Extraktion/AAS	30
		22	E 22	ICP-AES	10
Quecksilber	38406	12	E 12	AAS	30
Kalium	--	--	E 13	volumetrisch	30
	38406	22	E 22	ICP-AES	20
Natrium	--	--	E 14	flammenphotometrisch	20
	38406	22	E 22	ICP-AES	20
Lithium	--	--	E 15	flammenphotometrisch	20
	38406	22	E 22	ICP-AES	20
Silber	38406	18	E 18	AAS (gr.)	10
		21	E 21	Extraktion/AAS	30
		22	E 22	ICP-AES	10
Cadmium	38406	19	E 19	AAS	10
		21	E 21	Extraktion/AAS	30
		22	E 22	ICP-AES	10
Vanadium	--	--	E 20	photometrisch	20
	38406	22	E 22	ICP-AES	10
Bismut, Cobalt	38406	21	E 21	Extraktion/AAS	30
		22	E 22	ICP-AAS	10
Thallium	38406	21	E 21	Extraktion/AAS	30
As, B, Ba, Be, Mo, P, Sb, Se, W, Sn, Zr	38406	22	E 22	ICP-ÄES	10
Kieselsäure	--	--	F 1	gravimetrisch	30
				Photometrisch	2ß
Leichtflüchtige Halogen-KW	38407	4	F 4	gaschromatographisch	30

Tabelle 52 Fortsetzung.

Bezeichnung	DIN Nummer	Teil	DEV	Methode	Aufwand [in Minuten]
O2, gelöst (Winkler)	38408	21	G 21	iodometrisch	20
O2, gelöst (Membran)	38408	22	G 22	amperometrisch	10
O2-Sättigungsindex	38408	23	G 23	amperometrisch iodometrisch	10 20
Chlor, frei/gesamt	38408	4	G 4	photometrisch	10
H2S	--	--	G 3	photometrisch	10
Gesamttrocken-, Filtrat- und Glührückstand	38409	1	H 1	gravimetrisch	20 20 20
abfiltrierbare Stoffe Glührückstand	38409	2	H 2	gravimetrisch	20 20
organ.-geb. C	38409	3	H 3	Oxid/konduktometrisch	10
Permanganatindex	38409	5	H 5	volumetrisch	20
Wasserhärte	38409	6	H 6	AAS/volumetrisch	20
Säure-/Basekapaz.	38409	7	H 7	volumetrisch	10
EOX (org.-geb. Halogene)	38409	8	H 8	coulometrisch	60
Absetzbare Stoffe	38409	9	H 9	volumetrisch	10
"	38409	10	H 10	gravimetrisch	10
Stickstoff (org.-geb.)	--	--	H 11	nach Kjeldahl	30
Gesamtstickstoff	--	--	H 12	Berechnen	10
AOX (adsorb org. Halogene)	38409	14	H 14	coulometrisch	60
Wasserstoffperoxid	38409	15	H 15	photometrisch	20
Phenolindex	38409	16	H 16	photometrisch	20
Schwerflüchtige lipophile Stoffe	38409	17	H 17	gravimetrisch	20
Kohlenwasserstoffe	38409	18	H 18	IR-spektrometrisch	20
Direkt abscheidb. lipophile Stoffe	38409	19	H 19	gravimetrisch IR-spektrometrisch	20 10
Organische Säuren (wasserdampfflüchtig)	--	--	H 21	volumetrisch	30
Ausblasbare organ. Halogene	--	--	H 25	coulometrisch	60
CSB (chem. O2-Bedarf > 15 mg/L)	38409	41	H 41 (1+2)	volumetrisch	30
CSB (Kurzzeitverf.)	38409	43	H 43	volumetrisch	40
BSB (biolog. O2-Bedarf)	38409	51	H 51	amperometrisch	30
Sauerstoffzehrung	38409	52	H 52	amperometrisch	30

Mit Hilfe der Sensortechnik war es auch möglich, Abwasserstationen einzurichten, die kontinuierlich Werte erfassen können. Diese sind als Dokumente zu verwahren.

In der Industrie ist man bemüht, Kühlwasser im Kreislauf zu halten und nur geringe Verdampfungsverluste zu ersetzen. Einmal gilt Kühlwasser grundsätzlich als Abwasser und zum anderen ist es eine Kostenfrage. Kosten werden jedoch durch die Abwasseraufbereitung verursacht, die für alle anderen Wasserabgaben notwendig geworden ist. In der Metallindustrie können auch Cyanide im Abwasser auftreten, wofür es ebenfalls ein Online-Bestimmungsverfahren gibt [1136]. Für ölhaltige Abwässer und Abfälle aus der mechanischen Fertigung und Oberflächenbehandlung bleiben nur die komplizierten Verfahren der Emulsionsspaltung. Hierfür gibt es bestimmte Zuordnungskriterien mit Grenzwerten für zahlreiche Elemente [1137]. Dies ist analytisch zu überwachen.

Früher wurden auch die biologischen Prüfungen nach DIN 38411 bis 38412 in den chemischen Industrielaboratorien erfolgreich durchgeführt. Dies wurde in der zweiten Hälfte des 20. Jahrhunderts dann gesetzlich den Biologen übertragen (s. Wasserhaushaltsgesetz {WHO} vom 27.07.1957 und Neufassung vom 08.10.1986, BGB 1, Seite 1654 sowie Abwasserabgabengesetz {AbwAG} von 1976, BGB 1, Seite 272). *Es wird nun höchste Zeit, auch den Analytikern die Analytik gesetzlich geregelt zu übertragen*, denn z. Z. darf jedermann analytische Daten „produzieren" oder sogar ein chemisches Laboratorium leiten (s. Kap. 7.4).

Zu den modernen Methoden der Wasseranalytik gehört neben den anderen chromatographischen Verfahren (GC, HPLC) auch die Ionenchromatographie (IC), mit der z. B. folgende Anionen (Arbeitsbereich in mg/L bzw. Detektor): Fluorid (1,0–10; LF), Chlorid (0,1–50; LF), Nitrit (0,05–20; LF/ UV 215 nm). o-Phosphat (0,1–20; LF), Bromid (0,05–20; LF/UV 200 nm), Nitrat (0,1–50; LF/UV 215 nm) und Sulfat (0,1–100; LF) nach DIN 38405, T. 19, bestimmt werden können [1138]. Allerdings darf die Wasserprobe nur wenig belastet sein. Im Grunde eignet sich die Anwendung der IC ausschließlich für Probenserien der gleichen Wasserart, die täglich zu analysieren sind. Das wechselweise Untersuchen verschiedener Wasserproben auf einer Säule hat sich nicht bewährt.

Im letzten Viertel des 20. Jahrhunderts wurde u. a. die Quecksilberbestimmung in Wasserproben immer wichtiger, wobei die Nachweisempfindlichkeit mindestens 1 ng Hg betragen muß [1139]. Jeder kompetente Gerätehersteller bietet heute Meßgeräte an, die meistens nach dem Verfahren der AAS-Kaltdampftechnik arbeiten. So auch die Fa. Dr. Seitner, Seefeld. Sein Name repräsentierte einst den mittleren Buchstaben der Fa. RSV, Hechendorf. Aufgrund des großen Geräteangebotes ist zu schließen, daß sehr viele Hg-Werte erstellt werden. Gesprochen wird kaum darüber, denn Hg in der Umwelt ist ein sehr unangenehmes Thema.

Als weiteres Element mit toxischer Wirkung sollte Antimon (LD50, oral, Ratte, für $SbCl_3$ beträgt 525 mg/kg Körpermasse) nicht nur im Abwasser, sondern auch im Trinkwasser untersucht werden, wofür sich die AAS-Hydridtechnik anbietet [1140].

Der Grenzwert für Sb im Trinkwasser beträgt 10 µg/L.

In großen Laboratorien kann oftmals die Elementanalyse und diejenige der Summenparameter auf den für die Produktkontrolle vorhandenen Analysengroßgeräten durchgeführt werden, während die heute automatisierten Spektralphotometriesysteme, die Ionenchromatographie und die elektrochemischen Verfahren, im Wasserlaboratorium angesiedelt sein sollten.

Hinzu kommen zahlreiche Testmethoden, wie z. B. Auslaugungsversuche an oxidischen Abfallstoffen, und die Probentnahme in den Betrieben sowie die Wartung der Wasserkreislaufsysteme und der Abwassermeßstationen.

Ausgeweitet haben sich auch die Untersuchungen zur Erfassung von Summen- und Gruppenparametern [1141], besonders bezüglich organischer Stoffe in Wasser (Tab. 53).

Da anzunehmen ist, daß die Anforderungen sich noch erhöhen werden, ist hier eine stets moderne Analytik gefragt, die sich den öfter geänderten Grenzwerten anzupassen hat. Das ist oft nicht leicht, weil Grenzwerte oft von Gremien festgelegt werden, die über keinerlei analytische Erfahrung verfügen. Das passierte einst für Pestizide im Trinkwasser.

In der EG-Richtlinie „*Über die Qualität von Wasser für den menschlichen Gebrauch*" vom 15. Juli 1980 (80/778 EWG) wurde neben vielen anderen Parametern für toxische Stoffe auch derjenige für „Pestizide und ähnliche Produkte" mit folgenden Höchstkonzentrationen festgelegt: 0,1 µg/L je Substanz bzw. 0,5 µg/L insgesamt mit einem zulässigen Fehler des Meßwertes von 0,05 µg/L. Unter dem obigen Begriff sind zu verstehen: Insektenvertilgungsmittel, beständige organischen Chlorverbindungen, Carbaminate, Unkrautvertilgungsmittel, Fungizide, polychlorierte, polybromierte Biphenyle und Terphenyle. Die Umsetzung in deutsches Recht erfolgte dann in der Trinkwasser-VO vom 22. Mai 1986 mit der Maßgabe, daß diese Grenzwerte drei Jahre nach Inkrafttreten der Verordnung wirksam werden. Abgesehen von juristischen Schwierigkeiten (weil es sich nicht um einen Stoff handelt) stellte dann ein Jahr später (25. Mai 1987) die Fachgruppe Wasserchemie der GDCh fest, daß es praktisch keine geeigneten analytischen Methoden gibt, um solche chemisch unterschiedlichen Substanzen in dieser geringen Konzentration nachweisen zu können. Eine vollständige, lückenlose Überwachung wird aus Kostengründen für illusorisch gehalten. Da es sich um Stoffe mit Wirkungsparametern handelt, die sich um Größenordnungen unterscheiden, werden diese Grenzwerte auch aus toxikologischer und ökologischer Sicht für unbegründet gehalten. Dies ist nur ein Beispiel von vielen, in dem die analytischen Fachleute nicht gefragt wurden bzw. Laboratoriumsleiter in den europäischen Gremien sitzen, die eben nie Analytiker waren. Nach DIN EN ISO 17025 – der Norm der Qualitätssicherung – muß der Leiter eines Laboratoriums ja auch kein Analytiker sein.

Mit den Rückständen aus der Wasseraufbereitung kommt man thematisch zum allgemeinen Problem **Abfall**.

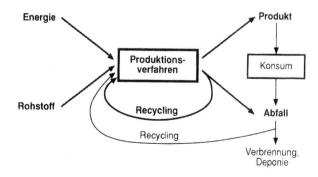

Abb. 501 Zusammenhänge in einem Industrieland.

Tabelle 53 Überblick der Möglichkeiten zur Erfassung organischer Stoffe in Wässern.

Summenparameter	Gruppenparameter, z. B.:	Leitsubstanzen, z. B.:
Erfassung organischer Stoffe über einen gemeinsamen Strukturbestandteil (z.B. C) oder über die gemeinsame Eigenschaft der Oxidierbarkeit unter Sauerstoffverbrauch	Erfassung von in ihrer Konstitution oder Wirkung her gleichartigen Stoffen unter Verzicht auf Differenzierung in Einzelsubstanzen	Erfassung von einzelnen Stoffklassen bzw. Isomerengemischen oder eines Einzelstoffes als repräsentative Substanz für die betreffende Stoffklasse

TC Gesamter Kohlenstoff / Total Carbon

- TIC Gesamter anorganischer* Kohlenstoff / Total Inorganic Carbon
- TOC Gesamter organischer* Kohlenstoff / Total Organic Carbon
  - CSB (COD) Chemischer Sauerstoffbedarf / Chemical Oxygen Demand
  - BSB (BOD) Biochemischer Sauerstoffbedarf / Biochemical Oxygen Demand
  - DOC Gelöster organischer* Kohlenstoff / Dissolved Organic Carbon
  - POC Ungelöster organischer* Kohlenstoff / Particulate Organic Carbon
  - VOC Flüchtiger organischer* Kohlenstoff / Volatile Organic Carbon

* genauer: organisch bzw. anorganisch gebundener Kohlenstoff

Gruppenparameter:

- TOX Gesamtes organisches* Halogen
  - TOCl Gesamtes anorganisches* Chlor
- DOX Gelöstes organisches* Halogen
  - DOCl Gelöstes anorganisches* Chlor
- AOX Adsorbierbares organisch gebundenes Halogen
- EOX Extrahierbares organisch gebundenes Halogen
- POX Ausblasbares (purgeable) organisch gebundenes Halogen
- VOX Flüchtiges (volatile) organisch gebundenes Halogen

Leitsubstanzen:

- Huminstoffe (HUS)
- Kohlenwasserstoffe (KW; HC)
- Polycyclische aromatische Kohlenwasserstoffe (PAK; PAH) (PCA)
- Haloforme
- Phenole
- Chlorphenole
- Polychlorierte Biphenyle (PCB)

Die TA Abfall in der Neufassung von 1991 verlangt ab 1997 die Verbrennung aller Industrieabfälle, die mehr als 10 % organisch gebundenen Kohlenstoff enthalten, und untersagt die Deponierung von Klärschlamm. Neben den Schwermetallen wurden in der Klärschlammverordnung auch die Grenzwerte für AOX, PCB (polycyclische Biphenyle), PCDD (polychlorierte Dibenzodioxine), PCDF (polychlorierte Dibenzofurane) und TCDD (2,3,7,8-Tetrachlordibenzodioxin) erheblich gesenkt. Damit ist nicht nur eine Menge analytischer Untersuchungsarbeiten auf die Laboratorien zugekommen, sondern auch die Auslaugungsversuche nahmen stark zu, um die Voraussetzung für technologische Auslaugungsverfahren [1042] zu schaffen. Schlacken oder Klärschlämme können bei ausreichender Reduzierung der Schadstoffe dann deponiert werden.

Weitere analytische Anforderungen ergeben sich aus der TA Siedlungsabfall vom 12. Februar 1993, welche die Mülltrennung zum Zweck der Wertstoffrückgewinnung und Minimierung der zu deponierenden Reststoffe einleitete [1143]. Zur Zuordnung dieser in die einzelnen Deponieklassen sind zahlreiche Anionen und Kationen analytisch zu ermitteln. Allerdings ist hierbei nicht die Analytik, sondern die Probennahme (Entnahme und Aufbereitung) das Problem, weil es sich um ein Gemenge ganz verschiedener Materialien handelt. Hier ist bei der Zusammensetzung der Analysenproben viel Erfahrung des Analytikers gefragt, denn auch die beste Ausführung des analytischen Verfahrens kann nicht zu mittleren Anteilswerten der Bestandteile führen, wenn die Probennahme nicht annähernd repräsentativ abgelaufen ist.

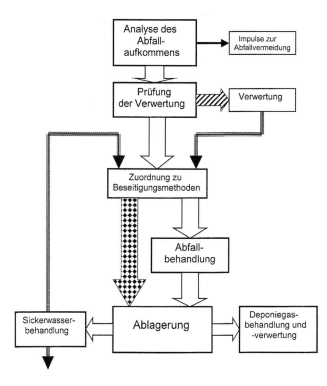

Abb. 502 Fließschema: Abfallwirtschaft.

Die analytischen Anforderungen der **Umweltanalytik** lassen sich mit einem gut ausgestatteten Laboratorium mit entsprechend erfahrenem Personal auf den nicht immer ausgelasteten Geräten, z. B. denen, die Ersatzfunktionen erfüllen, bewältigen. Damit würden praktisch nur zusätzliche Personalkosten für den Zeitaufwand anfallen.

Auch auf diesem Gebiet wird der Analytiker die oft absurde Angst abzubauen helfen, indem er richtige Resultate liefert und diese auch interpretiert. Gerade Aussagen von Kollegen, die auf nicht ausreichend kontrollierten Einzelmessungen an Stichproben beruhen, haben diese Angst geschürt. Immer wieder wird der Industrie vorgeworfen, die Umwelt zu vergiften. Das beginnt bei den rauchenden Schloten, betrifft zahlreiche Produkte bis hin zu industriell hergestellten oder chemisch behandelten Nahrungsmitteln, die entweder dadurch gesundheitsschädlich wurden oder denen Zusätze beigemengt werden, die uns angeblich schaden. Auch Angst macht bekanntlich krank.

Viele Nahrungsmittel enthalten von Natur aus zahlreiche Giftstoffe, die offensichtlich nicht haben schaden können, denn es gibt viele gesunde Menschen, die immer älter werden. Betrachtet man ein beliebiges Beispiel und analysiert mit den heutigen Möglichkeiten zur Erfassung kleinster Konzentrationen, so lassen sich folgende Bestandteile finden: 34 verschiedene Aldehyde und Ketone, 32 Alkohole, 20 verschiedene Ester, 14 verschiedene Säuren, drei Kohlenwasserstoffe und sieben Verbindungen anderer Stoffklassen, darunter das gefährlich Cumarin. Nach den heute gesetzlichen Bestimmungen würde es keine lebensmittelrechtliche Zulassung für die Herstellung dieses Produktes geben. Und es handelt sich um die heimische Himbeere, die auch bei größerem Verzehr zu keinem Schaden führen sollte.

Dieses Beispiel ist kein Einzelfall und soll nur zeigen, wie vorsichtig die Analytiker heute mit gewonnen Daten umzugehen haben. Sie dürfen sich deshalb die Interpretation von Meßergebnissen nicht aus der Hand nehmen lassen. Wenn dies von unerfahrenen Datenempfängern geschieht, dann ist nicht auszuschließen, daß die Aussagen unsinnig werden und die absurde Angst schüren.

Die Verantwortung des Analytikers ist gegenüber der Gesellschaft groß. Eben deshalb sollte die rechtliche Absicherung erfolgen (s. Kap. 7.4).

7.2 Die Prozeß- und Produktkontrolle über analytische Daten

Dieses Gebiet ist so vielfältig, daß es ein eigenes Buch verdient, was auch schon von *Karl Heinz Koch* geschrieben wurde [1144]. Deshalb soll hier beispielhaft die Entwicklung der Spektralanalyse weiter betrachtet werden, die in den neunziger Jahren überwiegend durch die zunehmende Automatisierung geprägt war. In den betrachteten 150 Jahren ist ein enormer Fortschritt erreicht worden, den man sich immer wieder bewußt machen sollte (s. auch Kap. 5.1).

Zur allgemeinen Erläuterung der Prozeßkontrolle soll hier nur kurz auf die Meßprinzipien eingegangen werden. Im Grunde gibt es zwei unterschiedliche Prozeßarten, den kontinuierlichen und denjenigen mit Unterbrechungen, bei dem Zwischenprodukte anfallen. Die meisten chemischen Herstellungsverfahren gehören zur ersten Gruppe, während z. B. die Stahlerzeugung diskontinuierlich verläuft (Roheisen → Rohstahl → Stahlbrammen → Stahlblech). Dementsprechend wurde die Probennahme organisiert, die heute globale (englische) Bezeichnungen führt (Abb. 503).

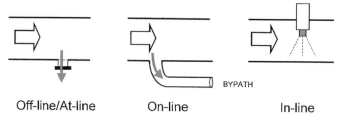

Abb. 503 Prinzipien der Probennahme aus Herstellungsprozessen.

Bei kontinuierlichen Prozessen kommen die Online- und die Inline-Probenentnahme in Frage, während bei diskontinuierlichen Proben zwischendurch (off- oder atline) zu entnehmen sind. Das ist zeitaufwendiger und deshalb in der Entwicklung schneller Methoden, die den Prozeßablauf möglichst nicht aufhalten sollen, interessanter. Außerdem ist das kontinuierliche Messen, das Aufzeichnen von Prozeßparametern, im Regelfall nicht Aufgabe der Laboratorien, die höchstens mit der analytischen Überwachung betraut sind, z. B. diejenige von Beizbädern oder der Abwasserprüfstationen. Die Laboratorien müssen für die Prozeßüberwachung speziell auf diese abgestimmt sein, z. B. die Wahrscheinlichkeit des Auftretens von Warteschlangen zu minimieren.

7.2.1
Automation der Prozeßkontrolle

In der zweiten Hälfte der achtziger Jahre begannen die ernsthaften Überlegungen zur vollständigen Automatisierung des Zentrallaboratoriums, das alle analytischen Möglichkeiten hatte. Nach etwa einjähriger Planung stand das Vorgehen fest, Beispiele in anderen Laboratorien gab es noch nicht, obwohl bereits einige daran dachten. So war die Ausführung technisches Neuland. Eine wesentliche Bedingung war zunächst die Verwendung der vorhandenen Gerätetypen und die Möglichkeit des jederzeitigen manuellen Eingriffes bzw. der manuellen Kalibrierung. Das bedeutete eine Zusammenarbeit mit den Firmen Herzog, Osnabrück, für die Probenvorbereitungsautomaten, die neu konstruiert werden mußten, und ARL, Ecublens, deren Spektrometer anzupassen waren, sowie Polysius, Beckum, die alle elektronischen und mechanischen Aggregate bauen sollten [1145, 1146]. Aus räumlichen Gründen blieben die zwei Stockwerke des Laborgebäudes, die bisher entsprechende Aufgaben mit manuell zu bedienenden Geräten erledigten, erhalten. In der zweiten Etage war die Probenankunft, jetzt so automatisiert, daß die mit der Rohrpost eintreffenden Probenkartuschen erkannt und geöffnet wurden. Kettenförderbändern transportierten die noch heißen Roheisen- oder Stahlproben zu einem der drei Schleifautomaten. Danach gelangten die Stahlproben zu einem Markierungsautomaten und von dort über einen Fahrstuhl in die erste Etage, um wiederum auf Förderbändern zu den Spektrometern zu gelangen. Hier übernahm ein Manipulator die Probe und führte sie in eines der vier Spektrometer ein. In den Schleifautomaten werden aus der Lasche an der Probe vor deren Abtrennung kleine Proben für die Analyse der Gase (Kontrolle von C- und S- sowie Bestimmung von H-, N- und O-Anteilen) ausgestanzt, die mit

Druckluft in einen Behälter in der unteren Etage befördert wurden.

Die Schlackenproben gingen ebenfalls mit der Rohrpost ein, gelangten jedoch direkt in den Brecher des Schlackenautomaten (C), der nach magnetischer Abtrennung von Fe-Partikeln, Brechen und Mahlen, Cellulosetabletten zusetzte und das fertige Probenpulver in Stahlringe preßte. Diese wurden wie die Roheisenproben zu den XRF-Spektrometern transportiert.

Analytisch interessant ist die erste Etage, das automatisierte Spektrallaboratorium. Aus der räumlichen Einteilung ist zu erkennen, daß hier auf ein größtmögliches Maß an Sicherheit wertgelegt wurde. Der Siemens-Rechner R 30 enthielt zwei identische Winchester-Speicherplatten, so daß alle Änderungen oder die Programmpflege jederzeit durchgeführt werden konnten, ohne den allgemeinen Ablauf zu unterbrechen. Für eine Probenanzahl von ~ 1000 / 24 h standen vier Emissionsspektrometer (Abb. 504a), je zwei Gasanalysatoren für die Kontrolle der C- / S- und N- / O-Anteile sowie zwei XRF-Spektrometer (Abb. 504b) zur Verfügung. Die vorbereiteten Metall- und Oxidproben gelangten aus der im Stockwerk darüber befindlichen Probenvorbereitung, die auch vollständig automatisiert wurde, über Lifte und Laufbänder direkt an die Spektrometer, während die Proben für die Analyse der Gase direkt zur Waage vor den Analysatoren herunterfielen.

Dieses mechanisch-automatische System eines Zentrallaboratoriums hat sich über etwa 10 Jahre gut bewährt. Mit Analysengesamtzeiten für metallische Proben von zwei Minuten, die sich bei mehreren gleichzeitig im System befindlichen Proben nur unwesentlich verlängerten, und für oxidische Stoffe nach Mahlen und Pressen oder Schmelzaufschließen etwa fünf Minuten betrugen, war dies bereits damals optimal.

Abb. 504 (a) Emissionsspektrometer mit mechanisch-automatischer Probenzuführung [1046] und (b) Probenauflage am Röntgen-Fluoreszenzspektrometer ARL 72 000.

Auch die anderen Abteilungen des Laboratoriums konnten ihre Daten in das Gesamtsystem eingeben, oder sie wurden direkt übernommen. Das alles geschah vor der Entwicklung der sog. Laborinformations- und Managementsysteme (LIMS).

An der zentralen Datenausgabe (Abb. 505) war nicht nur der Produktionsprozeß zu verfolgen, sondern es konnten auch alle Probeneingänge und ihr Bearbeitungszustand abgelesen werden. Der Mitarbeiter des Laboratoriums war somit vom Ablauf des gesamten Schmelzprozesses und jeder Qualitätsumstufung im Betrieb unterrichtet und konnte das zeitliche Eintreffen von Proben vorhersehen. Er konnte auch erkennen, welches Gerät vom Rechner für die Analyse vorgesehen wurde. Da sich die Spektrometer im selben Raum befinden, konnte er auch sehen, welches von diesen gerade außer der Reihe kalibriert oder gewartet wurde. Aus Sicherheitsgründen und dem damaligen Stand der Computertechnik entsprechend wurden die Kalibrierung und die Rekalibrierungen an den Einzelgeräten noch manuell durchgeführt. Auch jedes Gerät konnte manuell bedient werden, wobei die automatische Probenzufuhr dann für dieses Gerät gesperrt werden konnte. Dies war zumindest im Bereich der metallverarbeitenden Industrie – doch wohl auch allgemein – die erste komplette Automatisierung eines produktionsüberwachenden Zentrallaboratoriums.

In den neunziger Jahren wurde dann trotz der Qualitätssicherungsbestimmungen die Rolle des Zentrallaboratoriums insofern eingeschränkt, als sich die sog. **Containerlaboratorien** bewährt hatten, die man schon seit einigen Jahren vor allem in Belgien ausprobiert hatte. Nach zahlreichen Versuchen arbeiteten sowohl Spektrometer gemeinsam mit Probenvorbereitungsautomaten und etwas später auch die Analysatoren für die Gase in Containern, die direkt dort aufgestellt wurden, wo die Produktionsproben anfielen. Die Zeitersparnis war der entscheidende Faktor für diese Proben, denn die Transportzeit entfiel fast ganz. Die sog. Fertigproben, die zum Ende des Prozesses gezogen wurden, kamen nach wie vor in das Zentrallaboratorium.

Auf eine abgeschlossene Zentralisierung folgte nun wieder eine Dezentralisierung der analytischen Prozeßkontrolle (Abb. 506), die wiederum zu einem Stellenabbau führen sollte – und auch führte. Es ergab sich somit die interessante Frage, wie weit man diesen Stellenverlust noch durch Automatisierungsvorhaben kompensieren kann.

Ein solcher Container (Abb. 507) mit einer Probenschleifanlage, einem Roboter und einem Emissionsspektrometer konnte von den Betriebsleuten nicht geöffnet werden. Sie legten die heißen Proben in einen Schlitz, der eine Wägevorrichtung enthielt, und konnten nach etwa einer Minute das Ergebnis ablesen. Ein- bis zweimal am Tag wurden Kalibrier- und Säuberungsarbeiten durch einen Mitarbeiter des Laboratoriums durchgeführt.

Abb. 505 Zentrale Datenverwaltung im Laboratorium Phoenix.

7.2 Die Prozeß- und Produktkontrolle über analytische Daten

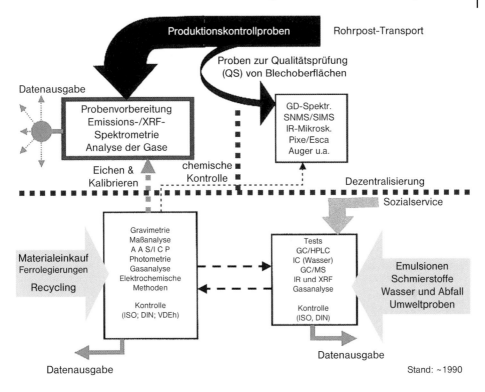

Abb. 506 Dezentralisierung der analytischen Aufgaben.

Abb. 507 (a) Container auf der Ofenbühne des Stahlwerkes Phoenix und (b) Blick ins Innere.

Inzwischen gibt es zahlreiche Beispiele solcher automatisierten Laboratorien, wobei alle Anfangsschwierigkeit überwunden zu sein scheinen. Neben den Containern mit Spektrometern wurden in den neunziger Jahren auch solche mit Gasanalysatoren entwickelt, so daß auch diese Daten, z. B. C und N, am Ort der Produktion erstellt werden konnten (Abb. 508).

592 | 7 Die Zukunft analytischer Untersuchungen

Abb. 508 (a) Container für Gasanalysatoren und (b) Blick ins Innere mit C-Analysator, Waage, Tiegelrack, Wolfram-Vorratsbehälter und Roboter von Leco.

Damit wurde das analytische Ziel, die Probenvorbereitung so schnell wie den Meßvorgang zu machen, erreicht. Der Beitrag der spektrometrischen Prozeßüberwachung hat die Wertschöpfung erheblich gesteigert.

7.2.2
Laboratoriumsautomation

Die Erhaltung des Zentrallaboratoriums hat den Sinn, die Qualitätssicherung unabhängig von der Produktion zu gestalten. Auch hier wurden inzwischen viele Verfahren automatisiert.

Hier soll nur kurz auf ein Beispiel verwiesen werden: die bisher arbeitsaufwendige Vorbereitung der Laboratoriumsproben, die zwar noch gelöst werden müssen, wenn sie nicht flüssig vorliegen, doch das Verdünnen, Mischen und Aliquotieren kann heute weitgehend automatisch erfolgen, z. B. mit dem Minilab von H. Rouwette, Spaubeek, Niederlande (Abb. 509), mit dem sich diese Vorgänge programmieren lassen. Wichtig ist, daß solche Systeme den Kundenwünschen und den vorliegenden analytischen Aufgaben entsprechend angemaßt werden können. Ähnliche Systeme bieten heute mehrere Firmen an, wie z. B. Gilson, Limburg-Offheim, Manz Automation, Reutlingen, Hamilton Robotics, Martinsried, oder Eppendorf, Hamburg.

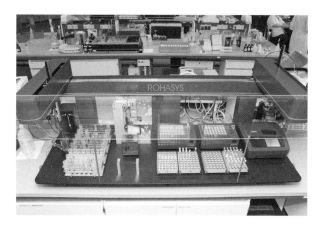

Abb. 509 Minilab HL COD von Hub Rouwette.

Leider sind diese Automationsvorhaben oft mit einem Personalabbau verbunden, wobei genau die erfahrenen Kräfte „ersetzt" werden, die für die Datenkontrolle so wichtig waren.

7.2.3
Grenzen der Automatisierung

In chemischen Laboratorien gibt es zwei wesentliche Gründe, die zu einer Begrenzung der Automation führen: Es geht nicht ohne ein gewisses Maß an menschlicher Arbeitskraft und die Kosten steigen mit zunehmendem Automationsgrad in Größenordnungen, die nicht mehr amortisierbar sind und keinerlei Wertschöpfung erwarten lassen.

Von diesem Punkt an (Abb. 510 ↓) erscheint es sinnvoll, Personal zu halten oder einzustellen. Dabei ist zu bedenken, daß bei der heutigen Ausbildung eine relativ lange Einarbeitungsphase notwendig sein kann.

Nicht nur die letztgenannten Beispiele, sondern vor allem die Eich- und Kalibrierarbeiten erfordern die manuelle Arbeit erfahrender Analytiker. Alle Analysenapparaturen müssen in gebrauchsfähigem Zustand gehalten und die Gerätehandbücher sorgfältig geführt werden. Zusätzlich muß bei allen Vorgängen, vom Probeneingang bis zur Datenausgabe, die Plausibilität geprüft werden, was die Kenntnis der Probenherkunft voraussetzt. Bei größeren Laboratorien ist zu prüfen, ob ein Abschluß von Wartungsverträgen mit den einzelnen Geräteherstellerfirmen kostenmäßig noch sinnvoll ist, oder ob die Wartung von laboreigenen Mitarbeitern durchgeführt werden sollte. Und letztendlich muß jemand zahlreiche Geräte und Automaten ein- und ausschalten.

Es ist ein völliger Irrtum, wenn man glaubt, dies mit angelernten Mitarbeitern bewältigen zu können. Die weitgehende Automation führt oft bei Personalsachbearbeitern zur Ansicht, es würden nur noch Knöpfchendrücker benötigt. Das Gegenteil ist der Fall, denn das über die Jahre reduzierte Personal muß extrem gut ausgebildet sein, wenn ein Laboratorium richtig und rationell arbeiten soll.

Man darf nicht vergessen, daß der Mensch in einem Industrielaboratorium dem Computer noch in einem Punkt weit überlegen ist: Wenn eine Probe aus einem Betrieb kommt, schließt der Mensch, der diese analysieren muß, bereits mehrere tausend Möglichkeiten der Zusammensetzung aus, weil er weiß, was womit produziert wird und aus Erfahrung beurteilen kann, was möglich und was unmöglich ist.

7.3
Die analytische Forschung

Die klassische Forschung im Wissenschaftsbereich der Analytischen Chemie wurde mit Beginn des 21. Jahrhunderts praktisch eingestellt. Ursprünglich war dieser For-

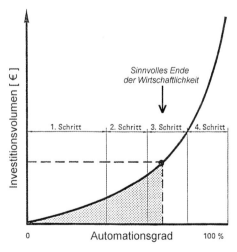

Abb. 510 Verhältnis zwischen Automationsgrad und Investitionsvolumen.

schungsbereich zweigeteilt – in die Entwicklung neuer Analysenmethoden, z. B. durch Nutzung eines physikalischen Phänomens, bis hin zum angewandten Verfahren und der Konstruktion von Apparaturen und Geräten unter Einsatz modernster Technologien, um für neue und alte Analysenverfahren die beste, meßtechnische Verifizierung zu gewährleisten. An Universitäten werden zwar noch durch Modifizierung bekannter Methoden spezielle Analysenverfahren entwickelt, doch hängt dies entweder von dem begrenzten (erlaubten) Fachbereich des Professors oder von seiner Fähigkeit ab, öffentliche Fördermittel zu beschaffen. Auftragsanalytik macht in Forschungsabteilungen wenig Sinn, und von der Industrie bezahlte Aufträge sind rar geworden, auch weil die Ergebnisse wegen mangelnder Praxis oft nicht befriedigend waren.

Für die Entwicklung und Konstruktion von Analysengeräten gibt es praktisch keine Förderung mehr; dies überläßt man heute vollständig der Geräteherstellerindustrie. Leider hat sich diese dem allgemeinen Trend folgend stark verändert; es gibt nur noch wenige Großfirmen, die aus zahlreichen Fusionen entstanden sind und oft artfremden Konzernen oder Investoren gehören. Dabei sind teilweise einzigartige Geräte, wie z. B. das Doppelstrahlzweikanal-Atomabsorptionsspektrometer der Firma IL (Instrumentation Laboratory) und damit die Smith-Hieftje-Technik, verschwunden. Die neuen Entwicklungen sind – ähnlich wie in der Automobilindustrie möglichst für jedes Jahr einen neuen Typ – an reinem Gewinnstreben orientiert. Aus diesem Grunde werden häufig Geräte mit abgestimmten Verfahren zu früh auf den Markt geworfen, mit denen die Kunden dann oft unlösbare Probleme bei der Anwendung haben. Die wesentlichen innovativen Konstruktionen kamen dagegen während der letzten 200 Jahre von kleinen und mittleren Unternehmen, wie z. B. die ersten Spektroskope von verschiedenen Herstellern, die Eppendorf-Photometer von Netheler & Hinz, die Feußner- und Glimmlampenanregungen von RSV, die Osmometer und später die HPLC-Chromatographen von Herbert Knauer oder das ICP-Plasmaspec von Kontron, um nur einige aus einer Vielzahl zu nennen. Hoffentlich bleiben noch einige dieser flexiblen Firmen bestehen, die in der Lage sind, neuen Veränderungswünschen der Kunden schnell zu folgen.

Zu bemängeln ist ferner aus analytischer Sicht, daß den wenigen geeigneten Forschern an Universitäten und Instituten politische und beamtete Personen gegenüberstehen, die über die Fördermittelvergabe entscheiden, ohne über ausreichenden Sachverstand zu verfügen, und diesen aus oft persönlichen Gründen auch nicht erwerben wollen oder können. Pfiffige Wissenschaftler vergeuden deshalb viel Zeit, weil sie die Verwalter des Geldes ständig von ihren innovativen Ideen überzeugen müssen, indem sie für ihren Forschungsbereich ständig neue Namen erfinden, z. B. aus der biologischen Erforschung des Menschen „Life Science" werden lassen und die Geldgeber mit Begriffen, die auf „...omics"[11] enden (Genomics, Proteomics usw.), derart verunsichern, daß Geld bewilligt wird.

Ein typisches Beispiel für diese Entwicklung, die fast vollständige Aufgabe der analytischen Grundlagenforschung für die praktische, physikalisch-chemische Analyse, ist das einst weltbekannte Institut für Spektrochemie und angewandte Spektroskopie (ISAS) in Dortmund, das, wie schon erwähnt, erheblichen Anteil an der Ent-

---

11) Unter „nomics" versteht man in England die wissenschaftliche Erforschung der Gartenzwerge.

wicklung und Einführung spektroskopischer Methoden und Analysenverfahren hatte. Hervorragende Wissenschaftler experimentierten dort und versuchten die Kluft zwischen Theorie und Praxis zu schließen. Heute heißt es „Institute for Analytical Science" und hat mit der ursprünglichen Aufgabenstellung kaum noch etwas zu tun.

Das alte ISAS verdankt seine Gründung einem doppelten Zufall: dem Vorschlag von *Heinrich Kaiser* (1907–1976), einem echten Dortmunder (Sohn des Stadtbaurates), der nach seiner Tätigkeit bei der Fa. Carl Zeiss in Jena dieses Institut aufbauen wollte, und *I. D'Arcy Brent*, der damals (1950) bei der amerikanischen Militärverwaltung in Frankfurt am Main für Forschungs- und Bildungsfragen zuständig war. Er hatte 400 000 $ aus ERP-Zinsen zur Verfügung, um verschiedene Forschungsrichtungen in der jungem BRD anzukurbeln. Ein Viertel davon (420 000 DM zur damaligen Zeit), erzählte *D'Arcy Brent* dem Autor im Jahre 1980, nun Vice President und General Manager der Spectrochemical Division der Baird Atomic Corporation in Bedford, Massachusetts, gab er an *H. Kaiser* zum Zweck der Institutsgründung mit dem eindeutig formulierten Ziel, „anwendungsorientierte Grundlagenforschung mit dem Methodenschwerpunkt Spektrochemie und Spektroskopie" zu betreiben. Das führte dann 1951 zum Antrag beim Land Nordrhein-Westfalen. Im Januar 1952 wurde erst die „Gesellschaft zur Förderung der Spektrochemie und Angewandten Spektroskopie e.V.", ein typisch deutscher Verein, gegründet. Im März desselben Jahres beschloß diese Gesellschaft die Institutsgründung des ISAS. Bereits ein Jahr später konnte die Arbeit mit sieben Wissenschaftlern und 18 Mitarbeitern in einem Gebäude des Materialprüfungsamtes in Dortmund-Aplerbeck aufgenommen werden. Für dessen Ausbau und Einrichtungen hatte die Stadt Dortmund rund 0,85 Mio. DM zur Verfügung gestellt. Offiziell fand die Eröffnung am 9. März 1953 mit einem Vortrag von *Walther Gerlach*, München, statt. Eindeutig formuliertes Ziel war die Entwicklung und Verbreitung spektralanalytischer Methoden.

1961/62 bezog das ISAS den im Jahre 1958 begonnenen Neubau in der Bunsen-Kirchhoff-Straße (Abb. 511) mit bereits 72 Wissenschaftlern, darunter H. Specker und G. Bergmann, die nach Gründung der Universität Bochum dorthin wechselten. In den folgenden Jahren gab es eine straffe Organisation in praktisch nur vier Abteilungen: Anorganische Chemie, Spektralanalyse, Organische Chemie und Strahlungsquellen, Meßtechnik und Elektronik (einschließlich einer leistungsfähigen Werkstatt). Forscher, wie *Kurt Laqua* (Emissionsspektrometrie), *Bernhard. Schrader* (IR- und Raman-Spektroskopie), *Hans Maßmann* (AAS), *Reinhard Klockenkämper* (XRF), *Ewald Jackwerth* (Chemische Analyse) oder *Wolf-Dieter Hagenah* (Elektronik, Strahlungsquellen und -empfänger) haben das ISAS in der zweiten Hälfte des 20. Jahrhunderts geprägt, was dann durch *W. Riepe, E. H. Korte, J. Buddrus, J. A. C. Broekaert* und viele andere fortgesetzt wurde. Dies geschah damals in einer immer noch einfachen, überschaubaren Organisation (Abb. 512), wobei *Hein-*

Abb. 511 Das ISAS Dortmund.

7 Die Zukunft analytischer Untersuchungen

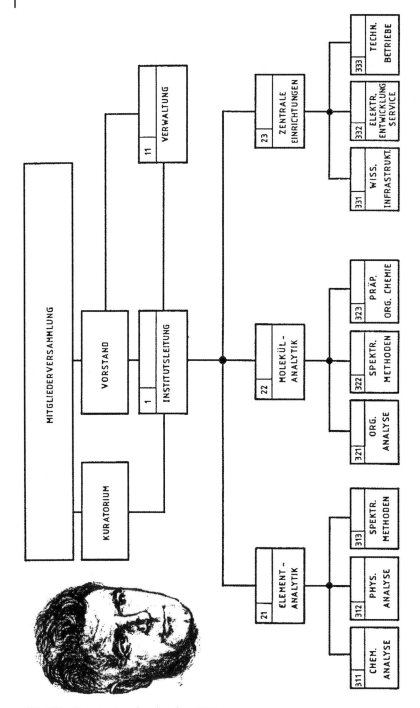

Abb. 512 Organisationsplan des alten ISAS.

rich *Kaiser* die Doppelfunktion des Vorstandsvorsitzenden und Institutsdirektors innehatte. 1970 wurde dann ein Hörsaal und Verwaltungstrakt angebaut. Wichtige Anregungen und Methoden, wie z. B. die Optimierung der Graphitofenküvette durch *H. Maßmann*, die ersten Versuche zur Verdampfung und Anregung mit einem Laser durch *Kurt Laqua*, die sich später in der Praxis bewährten, kamen aus dem ISAS. Somit gab es enge Kontakte zu Industriefirmen, die zahlreich in der Gesellschaft als zahlende Mitglieder vertreten waren. *Heinrich Kaiser* blieb bis zu seiner Pensionierung 1973 in der Doppelfunktion und konnte so die Profilierungssucht einiger Mitgliedervertreter in Grenzen halten. Das änderte sich schlagartig danach. Ein Kollegialprinzip, also wechselnde Institutsleiter, sollte eingeführt werden. Extrem lange Berufungsverhandlungen folgten, während das Institut jahrelang kommissarisch von *W. Riepe* geleitet wurde. Die Organisationsform hatte sich auch geändert; es gab nun mehr Gruppen und entsprechend mehr Leiter, drei Direktoren waren angedacht, woraus dann zwei wurden, und äußere (politische) Zwänge machten eine gezielte Forschung immer schwerer.

Danach in der Ära *G. Tölg* kam der Gebäudetrakt des ehemaligen Algeninstitutes hinzu. Nun war nicht mehr die Spektralanalyse das Hauptobjekt der Forschung, sondern diese wurde nur noch als eine Möglichkeit zur Detektion in der Mikro- und Spurenbestimmung angesehen. Demgemäß wurde auch die Organisationsform geändert. 1991 kam wieder Hoffnung auf, daß die Grundlagenforschung und apparative Entwicklung neue Impulse erhalten würde, als nämlich die entsprechende Abteilung der Akademie der Wissenschaften in Berlin, das Zentralinstitut für Optik und Spektroskopie, dem ISAS angegliedert wurde. Nach der Entwicklung des hochauflösenden Echelle-Spektrometers ELIAS (*Emission Line Analysing Spectrometer*) und der Continuum-Source-AAS durch *H. Becker-Ross* und Mitarbeiter sowie des Time-of-flight-Massenspektrometers durch

Abb. 513 ISAS-Feier zum 50. Geburtstag am 11. September 2002 (von links oben: *Riepe*, Salzburg; *Ohls*, Dortmund; *Dogan*, Ankara; *Broekaert*, Hamburg; unten von links: *Tölg*, ISAS; *Fresenius*, Taunusstein und *Niemax*, ISAS).

E. Hoffmann und *Chr. Lüdke* scheint auch dort ausschließlich das neue Forschungskonzept verwirklicht zu werden. Auf der Feier zum 50-jährigen Bestehen des ISAS (s. Abb. 513), das nicht mehr das ISAS des *H. Kaiser* und seiner ehemaligen Mitarbeiter ist, wurde die neue Strategie und Organisationsform vorgestellt und begründet, warum es heute sowohl politisch als auch finanziell nicht anders möglich ist. Man glaubt sich dem allgemeinen Trend „Life Science" anschließen zu müssen und gibt damit zu, daß alles Gerede über Strategien zur Erhaltung der Analytischen Chemie nichts bewirkt hat – außer Orden oder Ehrenmitgliedschaften. „Life Science" ist nur ein kleiner Teilbereich der Analytik und gehört nicht zur Analytischen Chemie, in der die Richtigkeit generell garantiert oder durch Referenzverfahren abgesichert sein muß. Außerdem entbehrt diese moderne Forschungsrichtung – so wichtig sie auch sein mag – einer gewissen Logik, denn die Verwertung erhoffter Ergebnisse wird so viel Geld kosten, daß unser marodes Gesundheitssystem endgültig implodiert. Die Vernachlässigung anderer Schwerpunkte wird sich kurz über lang rächen. Um die Geschichte des ISAS abzuschließen, ist noch anzumerken, daß der seit 2003 aktuelle Institutsdirektor, *Andreas Manz*, das Kuratorium entmachtete und so quasi den Zustand zu *Kaiser*'s Zeiten wieder herstellte. Dies ist jedoch die einzige Ähnlichkeit mit dem alten Institut von Weltruf. Die neue Organisation mit den Projektbereichen: 1. Miniaturisierung, 2. Proteomik, 3. Metabolomik, 4. Materialanalytik und 5. Grenzflächenspektroskopie (im Berliner Teil des ISAS) zeigt nun mehr und mehr eine Orientierung hin zur Universität oder zum MPI, so daß es sinnvoll wäre, wenn das ISAS in naher Zukunft in einem der beiden Institutionen aufgehen würde. Entsprechend der Thematik kümmert sich der Projektbereich „Materialanalytik", der in der Vergangenheit durch das gesamte ISAS repräsentiert wurde, zunehmend auch um biomedizinische Fragestellungen. Im Mai 2008 trat dann der aktuelle geschäftsführende Direktor aus persönlichen Gründen zurück, ein für das ISAS einmaliger Vorgang, und hinterläßt ein auf ihn zugeschnittenes Institutsgefüge. Offiziell hieß es in der Verlautbarung: „Durch eine inhaltliche Neuausrichtung sorgte er dafür, daß das Institut den wachsenden Anforderungen auch in den Zukunftsbranchen Lebenswissenschaften und Biotechnologie gewachsen ist".

Die Grundstoffindustrie hat so einen wichtigen Ansprechpartner, den das ISAS einmal darstellte, verloren. Nötige Entwicklungen und Applikationen der am häufigsten eingesetzten spektralanalytischen Methoden müssen in Zukunft vorwiegend in Kooperation mit den Geräteherstellern erfolgen, solange in der Industrie dafür noch geeignetes Personal zur Verfügung steht. Es ist abzusehen, daß man zukünftig angewiesen sein wird, das Instrument zu kaufen, welches auf dem Markt erhältlich ist. Dieses muß dann nur einem Zweck dienen: Einfachheit in der Handhabung und Erhöhung des Probendurchsatzes beim Anwender sowie wirtschaftliche Befriedigung beim Gerätehersteller.

Auch für die Analytische Chemie gilt, was allgemeingültig ist: Schafft man die Forschung ab, so spart das kurzfristig viel Geld, aber langfristig ist man nicht mehr auf dem Markt. Da die Analytische Chemie für alle Wirtschafts- und Lebenszweige wichtig ist (Abb. 520), führen sowohl der zu beobachtende Rückgang der analytischen Forschung als auch die ebenfalls überwiegend aus finanziellen Gründen zunehmenden Beschränkungen aller wichtigen Untersuchungsaufgaben zukünftig zu weitaus mehr katastrophalen Mißständen.

Doch eine solche Kritik darf nicht ohne konstruktive Vorschläge stehenbleiben. Um zu verdeutlichen, was da aufgegeben wird, soll an die Beispiele aus der erfolgreichen industriellen analytischen Applikation eines einzigen Laboratoriums (Hoesch AG in Dortmund) von 1965–1995 erinnert werden, was ähnlich für andere, große Laboratorien, z. B. diejenigen der BASF in Ludwigshafen, der Bayer AG in Leverkusen, der ehemaligen VAW in Bonn (heute: Hydro Nordisc) oder den ehemaligen Mannesmann Hüttenwerken in Duisburg gelten mag: Rechnerkopplung mit Spektrometern; 1965 Verständnis und Verbesserung der Vorgänge bei Abfunken; 1967 Einsatz der Simultan-XRF erstmalig mit 24 Elementen; 1968 erster Einsatz der AAS in der Hüttenindustrie; 1969 Anwendung der IR-Spektrometrie; 1970 erster Einsatz der Laser-Verdampfung in der Industrie; 1971 Anwendung der Glimmentladungslampe; 1972 mit anschließender Entwicklung der Oberflächenanalyse und Einsatz der SNMS; 1974 Bau eines Prototyps des ICP-Spektrometers zusammen mit der Firma Kontron, München, dem ersten Gerät in Deutschland; 1977 Al-Speziation in Stahl mit der PIMS-Methode; ab 1980 Automation der Laboratorien und 1982 Anwendung der GC-MS. Selbstverständlich wurden nebenbei zahlreiche Probenvorbereitungstechniken, wie z. B. die automatisierten Aufschließverfahren und Analysenverfahren (Hausverfahren) in SOP-Form, die automatisierte Photometrie und Ionenchromatographie zur Wasseranalytik, entwickelt sowie alle wichtigen Normverfahren zur Schmierstoff- und Mineralölanalytik ergänzt oder, einschließlich einer automatisierten Walzölkontrolle, eingeführt. Nach 1995 beschränkten sich derartige Applikationen auf wenige, für die Produktion wichtige Gebiete, z. B. den Aufbau einer kompletten Abteilung zur Oberflächenanalyse (mit ESCA, Auger-Spektrometrie, PIXE, IR-Mikroskopie u. a.) oder zur weiteren Rationalisierung mit dem Einsatz der ICP-Massenspektrometrie. Diese Aktivitäten sind heute durch die immer wieder erwähnten Einschränkungen nur dann noch möglich, wenn es dem Laborleiter gelingt, Personal dafür vorzuhalten.

Die Applikation und gemeinsame Entwicklung von apparativen Möglichkeiten zwischen Anwendern und Geräteherstellern muß da beibehalten werden, wo diese Zusammenarbeit noch funktioniert, und dort reinstalliert werden, wo es eben nicht mehr erfolgt.

Das Ziel ist die Entwicklung von neuen, klassischen **Standardverfahren**, die schon seit etwa 100 Jahren bekannt sind [1147] – auch wenn sie heute neudeutsch SOPs genannt werden. In den siebziger Jahren hat sich dann vorwiegend *Günter Gottschalk* um die Renaissance der *Standardisierung quantitativer Analysenverfahren* gekümmert. Nach Definition des Begriffes Standardisierung wird von ihm die Notwendigkeit einer standardisierten Planung, Durchführung und Auswertung in der chemischen Analyse beschrieben [1148]. Besonders berücksichtigte er die Arbeitsschritte Messung und Auswertung [1149]. Von ihm stammt auch ein Schnelltest zur Prüfung der Leistungsfähigkeit von Bestimmungsverfahren [1150], der gerade bei der Vielzahl von Verfahrensvorschlägen in der Literatur hilfreich ist.

Analytische Methoden lassen sich anhand metrologischer Charakteristika zwar kritisch bewerten, wie dies von *Karel Flórián, Mikulás Matherny* und *Klaus Danzer* beschrieben wurde [1151]. Doch deshalb gehört ein aus der Methode abgeleitetes Analysenverfahren noch lange nicht zur Metrologie!

Was kann nun der Analytiker noch im Laboratorium dazu beitragen? Abschließend soll deshalb auf einige Varianten von Methoden hingewiesen werden, die noch über Entwicklungspotential verfügen. Dies sind nur wenige Beispiele von unendlich vielen, welche die analytische Phantasie hervorbringen konnte. Es ist oft ein weiter Weg, bis aus der modifizierten Idee ein Standardverfahren entsteht.

Völlig vergessen scheint die Anregung von *J. V. Sullivan* und *Alan Walsh*, CSIRO, Melbourne, zu sein, die ausführlich über die Resonanzmethode in der Absorptionsspektroskopie berichteten [1153]. Durch die Verwendung sog. Resonanzdetektoren wird die primäre Strahlung dadurch deutlich verstärkt, daß Licht einer bestimmten Ionenart mit Atomen derselben Art in Wechselwirkung (Resonanz) tritt und diese Resonanzstrahlung ähnlich wie die Fluoreszenz gemessen wird.

Interessant sind immer wieder die Arbeiten von *Eric Salin*, McGill University Montreal, der sich oft damit befaßte, den Weg der verdampften Probe zur Anregung so kurz wie möglich zu gestalten. Ein Beispiel ist die Anordnung der Zerstäuberkammer innerhalb der Torch (Abb. 514) und die direkte Verbindung dieser mit dem pneumatischen Zerstäuber.

Es sollte auch nicht Vergessen werden, daß bereits viele Anregungen zur direkten **Feststoffanalyse** für den Fall vorliegen, daß die Laboratoriumsprobe als solche angeliefert wird. Nachdem *Gary Horlick*, University Edmonton, damit begonnen hat, setzte nun *Vassilios Karanassios*, University Waterloo, diese Arbeiten fort, von denen hier nur zwei Beispiele hervorgehoben werden sollen. Die Verdampfung von Feststoffen kann innerhalb der ICP-Torch oder direkt davor erfolgen, wobei dann ausschließlich die Atome und Ionen aus der Probe in das Meßsystem gelangen, in der vorher weder der Analyt durch Lösen abgereichert noch danach angereichert werden muß. Deshalb wäre es wichtig, wenn Herstellerfirmen derartige Vorschläge prüfen und verwirklichen würden.

Eine erhebliche Verkürzung des Transportweges wurde in den Hoesch-Laboratorien entwickelt, wobei die Cup-Elektrode von *Margoshes* und *Scribner* (Abb. 515a) das Vorbild war. Es gab zwei Varianten, die ungesteuerte Direktverdampfung aus dem Tiegel, der in der Induktionsspule der ICP-Torch (SET) erhitzt wurde (Abb. 515b), und die temperaturgesteuerte EVA. Zur Steuerung der Temperatur, was z. B. die Speziesbestimmung von oxidisch gebundenen Elementen neben ihrem metallischen Anteil in Stählen erfordert, ist die Probe direkt unterhalb der Torch aus einem Graphittiegel verdampft worden. Das Aufheizen erfolgte hierbei temperaturkontrolliert in der Art eines Graphitrohrofens der NF-AAS. Ein

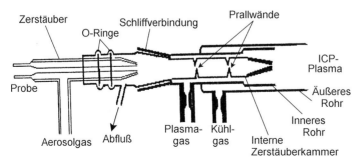

Abb. 514 Integriertes Aerosol-Herstellungssystem in der ICP-Torch nach *Eric Salin*.

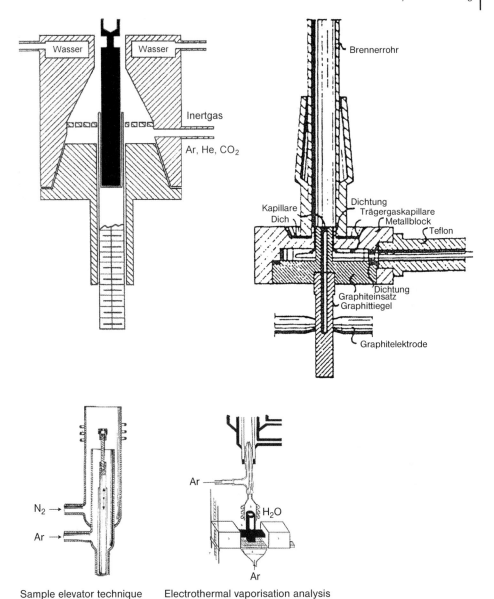

Sample elevator technique   Electrothermal vaporisation analysis

Abb. 515   Direkte Probeneinführung in die Plasma-Anregung.

ähnliches System wurde dann auch von *Nikkel* in Jülich benutzt (Abb. 515c). Was schon früher erwähnt wurde.

Die Ideen waren also schon da, auch die Adaption der SET-ICP-Anregung an die MS ist über 25 Jahre bekannt, beschrieben von *V. Karanissios* und *G. Horlick*.

In diesem Zusammenhang ist auch daran zu erinnern, daß die Verdampfung der Proben aus einer elektrisch beheizten

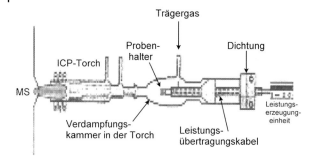

Abb. 516 Kombination ETV-ICP-MS [1152].

Platinspirale oder Wolframrinne häufiger, z. B. von *V. A. Fassel* oder *H. Berndt*, beschrieben wurde. Interessant ist auch die neue Kombination ETV-ICP-MS von *V. Karanassios* [1152], bei der die Proben in einer elektrischen aufgeheizten Spirale innerhalb der ICP-Torch verdampft werden (Abb. 516).

Vor etwa 30 Jahren war das Rastern mit einem Laser über eine größere Fläche nur mit der langsamen Einzelschußtechnik möglich, weil der Laser längere Zeit zum Regenerieren brauchte. Über eine Renaissance dieser Methode berichtete *Detlef Günther* auf der 2006 Winter Conference on Plasma Spectrochemistry in Tucson, Arizona (Abb. 517).

Wichtig ist die direkte Festprobenverdampfung ebenfalls in Bezug auf die **Speziesanalyse**, weil keine Veränderungen während der Probenvorbereitung zu erwarten sind. Diese bei der Probenaufbereitung zu verhindern, ist ein spezielles Thema, das meistens ungelöst und deshalb nicht erwähnt wird.

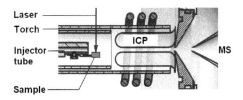

Abb. 517 Kombination von LA-ICP-MS [937].

Da die ICP-MS z. Z. die Hauptrolle spielt, ist dringend zu empfehlen, nach Referenzverfahren zu suchen. Erst mit der ICP-TOF-MS wird es dann wegen des simultanen Charakters möglich, mit internen Standards zu arbeiten. Doch auch das schließt ein Vorhandensein von Referenzverfahren nicht aus, weil letztendlich die Richtigkeit der Ergebnisse das Ziel ist.

An einigen Universitäten gibt es immer noch analytische Entwicklungen, überwiegend auf physikalisch-chemischem Gebiet mit zwei Schwerpunkten: die Sichtbarmachung oder Erfassung extrem kleiner Konzentrationen bis hin zu Nanopartikeln und die Entwicklung kleinster Meßgeräte, also die Miniaturisierung spezieller Instrumente oder gesamter analytischer Verfahrensabläufe.

Ein Beispiel ist die Verkleinerung der ICP-Torch zum Zweck des geringeren Gasverbrauches. Das war für Institute interessant, die oft kein finanzielles Budget dafür hatten. Optimal war es eigentlich nicht, eher ausreichend. Dennoch ging diese Entwicklung weiter, z. B. bis zu einem Plasma-Spektrometer im Taschenformat (Abb. 518).

Diese Entwicklung begann im letzten Quartal des vorigen Jahrhunderts, z. B. mit den Arbeiten von *Hans-Joachim Ache*, Ettlingen (früher Karlsruhe), der ein komplettes Photometer in einem Chip unter-

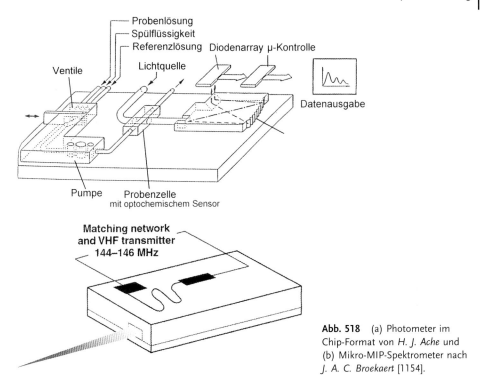

Abb. 518 (a) Photometer im Chip-Format von *H. J. Ache* und (b) Mikro-MIP-Spektrometer nach *J. A. C. Broekaert* [1154].

brachte (Abb. 518a), und wurde von einigen Forschern weitergeführt. Über ein MIP-Spektrometer berichtete *W. Karanassios* auf der 2008 Winter Conference on Plasma Spectrochemistry in Temecula, Kalifornien.

Durch die Fortschritte der Mikrotechnik (Chipherstellung) gelang es auch immer kleinere Objekte herzustellen. Aus der Karlsruher Schule stammt auch *Ulrike Wallrabe*, die heute am Lehrstuhl für Mikroaktorik der Universität Freiburg kleinste Mikroapparate konstruiert [1155], wie z. B. das Miniatur-FT-IR-Spektrometer.

Bis auf Sonderbeispiele der Analytik haben derartige Miniaturinstrumente in der Praxis der Analytischen Chemie keine Rolle gespielt. Diese Geräte erfordern das Arbeiten mit Mikrolösungsvolumina, wobei es an der Grundlagenforschung fehlt. Die wichtige Frage, ob Analyte im Pico- oder Femtogrammbereich noch homogen in einem Tröpfchen verteilt sind, ist noch nicht bewiesen. Aus der klassischen Analyse weiß man lediglich, daß Stoffe in sehr geringer Konzentration stark zur Adsorption an den Gefäß- und Rohrwänden neigen, weshalb man Standardlösungen direkt vor dem Gebrauch aus höher konzentrierten Stocklösungen herstellt.

Auf allen Gebieten wäre es in Zukunft wichtig, von der physikalisch-chemischen Analytik zurück zur Analytischen Chemie zu kommen, d. h. nicht nur von der Rückführbarkeit auf die SI-Einheit „mol" zu reden, sondern dies auch wirklich (stöchiometrisch begründet) zu tun.

Chemiker äußern oft den Standpunkt, daß sie in der Lage sind, ihre Analytik selbst durchzuführen. Durch diese spezialisierte Anwendung – möglichst mit leicht zu bedienenden, automatisierten Instrumenten – wird es keine allgemeine Entwicklung der Analytik geben. Deshalb ergänzen viele Chemiker ihren Standpunkt, indem sie meinen, Analytiker werden nur benötigt, um Instrumente zu entwickeln. So ist das zum großen Teil auch gekommen, denn mehr und mehr erfolgt dies ausschließlich bei den Geräteherstellerfirmen. Diese wiederum entwickeln im Regelfall analytische Methoden und erwarten, daß die Kunden mit den Instrumenten zu Analysenverfahren kommen. Da viele Kunden dazu nicht in der Lage sind, müssen die Hersteller auch noch die Applikation übernehmen, was eigentlich nicht ihre Aufgabe sein sollte. Es geht sogar so weit, daß die Hersteller von z. B. Spektrometern gleich alle Kalibrier- und Rekalibrierproben mitliefern. Auf diese Weise weiß der Kunde dann oft nicht mehr, was in seinem Gerät abläuft, sozusagen ist es für ihn eine „Black Box". Damit hat sich quasi ein Teufelskreis geschlossen, aus dem nur eine höher qualifizierte Ausbildung herausführt.

Ein von Physikern benutztes Prinzip, die akustooptische Spektroskopie [1156], ist nach rund 20-jähriger Erfahrung bisher noch nicht in der chemischen Analytik angekommen. Auch die ebenso alte Anwendung der optischen Vorwärtsstreuung (*Optical Forward Scattering*) zur Multielement-Spurenbestimmung [1157] bietet noch eine Menge Forschungspotential.

Ein Mangel an kompetenter Zusammenarbeit mit den Physikern ist die fast vollständige Ignorierung der physikalischen Laser-Spektroskopie durch die praktischen Analytiker. In der Spektroskopie, wie sie Physiker betreiben, spielen die verschiedenen Techniken der Laser-Spektroskopie, die sog. durchstimmbaren Laser als Primärlichtquelle verwendet, eine bedeutende Rolle. Heute werden mehrere Laser unterschiedlicher Wellenlängen kombiniert eingesetzt, um den gesamten Spektralbereich vom UV bis hin zum IR zu erfassen, wobei diejenigen für den UV-Bereich noch relativ teuer sind. Obwohl hiermit beste Empfindlichkeiten erreichbar sind, haben diese Methoden noch keinen Eingang in die chemisch-analytischen Laboratorien gefunden. Es gab zwar von der Firma Laser-Spec Analytik, München, einen Prototyp eines Gerätes [913], doch scheint dessen Weiterentwicklung zu stagnieren. Dies ist ein Beispiel für ein durchaus interessantes Meßprinzip, für das ein potenter Gerätehersteller gefunden werden müßte.

Generell sind seit 1990 wesentliche Fragen zur Probennahme für die Mikroanalyse [1158], die Weiterentwicklung von Trennungs- und Anreicherungsverfahren bei der extremen Spurenbestimmung [1159], Probleme des Eichens und Kalibrierens in diesen Fällen [1160], die Datenbehandlung nach Verteilungsanalysen [1161] oder die wichtige Ermittlung der Mikroverteilung von extrem geringen Spurenanteilen in Proben, von denen die Materialforschung abhängig ist [1162], bekannt, doch eben nicht erheblich weiterentwickelt worden. Gerade das letzte Beispiel hat großen Einfluß bei der Herstellung kompakter Standardreferenzmaterialien.

Ein grundsätzlich zu klärendes Problem ist auch der Begriff **„Routine"**. Der Arbeits- und Organisationssoziologe *Norbert Semmer*, Universität Bern, sagte einmal sehr richtig: „Routinearbeiten kann man noch bei Erschöpfung erledigen. Auf große Ideen kommt man aber selten in diesem Zustand". Dies soll allerdings die Routine nicht herabwürdigen. Man macht sich oft nicht klar, was Routine eigentlich bedeutet. Interessant ist, daß die Definition von Routine auch mit den unterschiedlichen Mentalitäten der Menschen zu tun hat. So findet man folgende Interpretationen:

- Fremdwörterlexikon Deutsch: *Routine* = Gewandtheit, Übung und Erfahrenheit (Routinier = wer Erfahrung hat);
- Meyer's Großes Handlexikon: *Routine* = Kunstfertigkeit, Gewandtheit und Übung;
- Knaur's Lexikon: *Routine* = durch Übung erworbene Fertigkeit;
- Wörterbuch Englisch/Deutsch: *Routine* = gewohnheitsmäßiger, mechanischer, schablonenhafter, laufender, gewöhnlicher normaler, üblicher Geschäftsgang/Dienstbetrieb;
- Wörterbuch Französisch/Deutsch: *Routine* = Übung, Gewohnheit, ausgetretener Weg, Schlendrian (Routinier = schablonenhafter Gewohnheitsmensch).

Da wir hier in Deutschland sind, sollte der Begriff „Routine" auch in dem Sinne der Punkte 1–3 benutzt werden. Angewandt auf die Analytische Chemie sind die hierunter genannten Eigenschaften unerläßlich; sie müssen teils angeboren und teils erworben werden.

Wenn ein Laboratorium als „Routinelabor" bezeichnet wird, darf dies nicht abwertend aufgefaßt werden. Gerade die Mitarbeiter in solchen Laboratorien haben die meiste Erfahrung, so daß sinnvoller Weise auch die Kontrollanalysen dort durchgeführt werden. Da es für ein Routinelaboratorium kein Maß gibt, soll hier versucht werden, ein solches vorzuschlagen (Tab. 54).

Als Teilroutine könnte man noch die Proben gleicher Matrix bezeichnen, die bei der Produktionsüberwachung statistischen Zwecken dienen, z. B. > 6 Proben / Woche oder 1–24 Proben / Monat sowie > 3 Proben / Quartal.

Es kann nicht oft genug darauf hingewiesen werden, daß mit dem Einzug der High-tech-Methoden in die Laboratorien parallel eine entsprechende Personalschulung stattfinden muß, d. h. die Qualifikationsansprüche sind gestiegen. Dem muß auch die Ausbildung auf allen Ebenen in unterschiedlicher Form, praxisorientiert oder mehr theoretisch, Rechnung tragen, ohne die klassische Analytische Chemie zu vernachlässigen. Das erfordert allerdings besonders an den Universitäten ein Umdenken, denn gegenwärtig werden weder eine ausreichende Anzahl an Analytikern ausgebildet noch reicht die Qualität der Ausbildung in vielen Fällen aus.

Tabelle 54 Vorschlag zur Routineanalyse.

ANZAHL PROBEN/TAG	ARBEITSWEISE
Festproben	
100 – 1000	automatisiert
10 – 100	teilautomatisiert } ROUTINE
1 – 10	manuell
ANZAHL ELEMENTE AUS EINER MATRIX (< 5 PROBEN/TAG)	
Lösungen	
1 – 3	Gravimetrie, Maßanalyse, Photometrie, AAS, GC-MS, Gasanalyse
4 – 8	ICP-Emissionsspektrometrie, ICP-MS und XRF
> 8	XRF-Spektrometrie

7.4
Die Ausbildungsanforderungen im Fach „Analytische Chemie"

Aus der Aufzählung der Aufgaben in einem Industrielaboratorium wird deutlich, wie groß die Anforderungen der Ausbildung sein müßten. Seit dem Beginn des 20. Jahrhunderts hat sich die Hochschulausbildung ständig in eine Richtung verändert, die man als Spezialisierung bezeichnen könnte. Während es möglich war, im 19. Jahrhundert durchaus noch Naturwissenschaften studieren zu können, kam es mit dem stetigen Anwachsen der Erkenntnisse zur Auftrennung in immer mehr Fachbereiche. Während die ursprünglichen Fakultäten Jura, Medizin, Theologie und Philosophie, aus der die Naturwissenschaften entstammten, erhalten blieben, wurden die Naturwissenschaften an den Technischen Hochschulen zunächst in Mathematik, Physik und Chemie aufgespalten, während an Universitäten oft noch die Biologie hinzukam

Im 19. Jahrhundert gab es somit noch die Forscher, die das gesamte Gebiet der Naturwissenschaften beherrschten. So hat z. B. der bedeutende englische Physiker, *Michael Faraday* (Abb. 519), hervorragende Vorlesungen über die Chemie gehalten, die unter dem Titel „*Naturgeschichte einer Kerze*" [1163] veröffentlicht worden sind.

Zu Beginn des 20. Jahrhunderts hatte an den Universitäten zwar noch die organische Chemie einen Vorrang, doch es bildeten sich langsam aus den Lehrstühlen für Anorganische und Physikalische Chemie Institute heraus. Daneben bekam die Lebensmittelchemie einen Sonderstatus, der sich bis heute erhalten hat. Bis zum Vordiplom war diese Ausbildung mit der von Chemikern identisch, doch dann wurde es spezieller. Botanik und lebens-

Abb. 519 (a) Titelblatt [1163] und (b) *Michael Faraday*.

mittelspezifische Untersuchungen kamen hinzu sowie die juristischen Belange des Lebensmittelgesetzes. Der Abschluß erfolgt mit einem Staatsexamen, das praktisch die Tätigkeiten eines Gutachters zuläßt. Damit besteht eine rechtliche Verpflichtung für die Qualität der Arbeit eines Lebensmittelchemikers.

Die Analytische Chemie blieb ein Anhängsel der Anorganisch-Chemischen Institute, auch weil der Institutsdirektor (vor der Hochschulreform Ende der sechziger Jahre) auf die Einnahmen aus den chemischen Praktika nicht verzichten wollte. Es gab nur wenige, einigermaßen selbstständige Lehrstühle für Analytische Chemie, und andererseits wurden diese auch noch mit Organikern oder Anorganikern besetzt. Aufgrund des klassischen Hochschulsystems haben diese Lehrstuhlinhaber nie ein Industrie- oder Forschungslaboratorium geleitet. Das hat die Entwicklung der Analytischen Chemie nicht gerade gefördert und macht klar, warum so viele, wesentliche Entwicklungen der praktischen Analyse aus der Industrie kamen.

Die Hochschulreform Ende der sechziger Jahre hat dann die Verteilung der Einnahmen anders geregelt, es gab unterschiedliche Budgets, und sie führte zu einer Spezialisierung, wodurch zahlreiche weitere, parallele Lehrstühle entstanden. Es gab z. B. an vielen Universitäten drei anorganisch-chemische Lehrstühle neben einem analytischen, den man dann bei den Rationalisierungsmaßnahmen in den neunziger Jahren auch noch abschaffte, wenn insgesamt einer einzusparen war. Die analytischen Vorlesungen hielten dann oft Tutoren oder Assistenten.

7.4.1
Die ursprüngliche Ausbildung

Da die Analytische Chemie nicht nur eine zentrale Rolle in der gesamten Chemie, sondern auch in allen Lebensbereichen spielt (Abb. 520), muß die Ausbildung der Analytiker sehr umfassend sein und eben auch andere Bereiche einschließen.

Die ursprüngliche Ausbildung ließ dem Studenten noch Zeit, um sich in Rand- und anderen Interessengebieten Vorlesungen anzuhören oder Praktika zu belegen. Zu Beginn des Studiums der Chemie weiß man im allgemeinen noch nicht, wel-

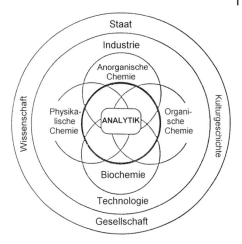

Abb. 520 Die zentrale Rolle der Analytischen Chemie.

chen speziellen Weg man später, z. B. mit der Diplomarbeit, zu gehen beabsichtigt. Die Anlage des alten Studienplanes gewährte dem Studenten eine ausreichende Vorbereitungszeit, sich zu entscheiden. Die anorganisch-chemischen Praktika waren vor dem Vordiplom zu absolvieren, daneben gab es weitere in Physik und Mineralogie. Parallel dazu liefen die entsprechenden Vorlesungen über anorganische und analytische Chemie, Mineralogie und Physik, ergänzt durch Mathematik für Naturwissenschaftler und die Einführung in die organische und in die physikalische Chemie. Als Wahlfach war es sinnvoll, Apparatekunde zu wählen, wenn man die damals mögliche Option offen halten wollte, mit dem akademischen Grad „Diplomingenieur" abschließen zu können. Das umfangreiche anorganische Praktikum, das eigentlich ein qualitativ analytisches war, vermittelte die Stoffkenntnis in großem Umfang. Ob die vielen Analysen in den einzelnen Gruppen und die abschließenden Vollanalysen, die oft aus einem sinnlosen Gemisch nicht vorkommender Gemenge bestanden, allerdings nötig waren, ist zu bezweifeln. Ebenso gab es im anschließenden quantitativen Praktikum zahlreiche Wiederholungen ähnlicher maßanalytischer Verfahren und neben einfachen gravimetrischen Bestimmungen mußten dann die Bestandteile nicht nur von Dolomit, sondern auch noch von Ultramarin oder komplizierten Legierungen ermittelt werden. Nach dem Vordiplom folgten dann die organischen und technologischen Praktika, wobei die zahlreichen Synthesen organischer Stoffe auch nicht immer Sinn machten. Als Wahlfach hatte man dann eine Wahlmöglichkeit, z. B. Kunststoffchemie, und die Verfahrenstechnik als Pflicht, wenn man den Dipl.-Ing. anstrebte, was dann zum Doktoringenieur führen kann. In dem zweiten Drittel des vorigen Jahrhunderts wurde diese Möglichkeit dann abgeschafft, so daß Chemiker nur den Dr. rer. nat. erwerben konnten. Diese praktische und theoretische Ausbildung hatte den Vorteil, daß sich die Absolventen beim Eintritt ins Berufsleben nicht vor den „Prüfungen" durch die Chemielaboranten zu fürchten brauchten; sie hatten bereits reichlich praktische Berufserfahrung.

Ein Nachteil des alten Systems an Hochschulen war die meist sehr spezielle Ausrichtung der analytischen Lehrstühle, die – wenn es sie überhaupt gab – nur mit einem Extraordinarius besetzt wurden. Bei der Berufung konnte dieser dann eine apparative Grundausstattung heraushandeln, mit der er sein Hochschulleben dann fristen mußte. Das jährliche Budget reichte kaum für Neuanschaffungen, oft nicht einmal für die Unterhaltung der Erstgeräte. War der Berufene kein ausgebildeter Analytiker, was häufig der Fall sein konnte, so spezialisierte er sich bereits bei der Erstausrüstung. Nach einigen Jahren war seine Ausrüstung naturgemäß völlig veraltet, wenn der Lehrstuhlinhaber nicht zu externem Geld kam. Diese Quellen, wie z. B. die Deutsche Forschungsgemeinschaft (DFG) oder Industrieverbände, hatten oft ein merkwürdiges System der Verteilung, bei dem die Analytische Chemie die untergeordnete Rolle spielte, die ihr die Chemie zugewiesen hatte. So mußte der Lehrstuhlinhaber auch darauf achten, daß die laufenden Kosten dem Etat entsprachen. Absolventen derartig spezialisierter Lehrstühle hatten dementsprechend eine erhebliche Einarbeitungsphase, wenn sie in ein Laboratorium mit Großgeräten kamen, die sie noch nie gesehen hatten.

7.4.2
Studiengang Analytik

Bereits 1972 hat G. Gottschalk die *Zukunftsaspekte der Analytik* und die modernen Grundlagen und Ziele der Analytischen Chemie formuliert [1164]. *Die ursprünglich eng begrenzte, alte Aufgabenstellung der Analytischen Chemie, die Klärung von Art, Menge und Zustand bestimmter Substanzkomponenten, ist überholt und muß durch eine übergeordnete Strategie zur optimalen Gewinnung und Verwertung von relevanten Informationen über Zustände und Prozesse in stofflichen Systemen erweitert werden*. Das neuartige analytische Denken und Handeln erfordert zusätzliche Kenntnisse aus Gebieten, die bisher in der analytischen Ausbildung keine Rolle spielen. Insbesondere sind dies die *Systemtheorie*, die von G. Gottschalk ein Jahr vorher ausführlich behandelt wurde [1165, 1166], die *Spieltheorie*, deren Grundlagen *von Neumann* und *Morgenstern* in den Jahren 1928–1943 entwickelten und in einem Buch veröffentlichten („*Theory of Games and Economic Behaviour*") und die durch die Einführung in die mathematischen Grundlagen von *E. Vogelsang* [1167] verständlich gemacht wurde, und die *Informationstheorie*, mit der sich zahlreiche Forscher beschäftigten. Wichtig sind im Zusammenhang mit der Analytischen Chemie die ersten Versuche, den Informationsgehalt analytischer Verfahren und Geräte zu interpretieren, wie dies *Heinrich Kaiser* in seiner Arbeit „*Quantitation*" [1168] und *Klaus Doerffel* [1169] versuchten In diesem Rahmen sind auch die Arbeiten von *Hanns Malissa* et al. zu erwähnen [1170, 1171], die sich mit den Begriffen der Semiotik (Syntaktik, Sigmatik, Semantik und Pragmatik) beschäftigen. Das sollte genauso Gegenstand der Ausbildung sein wie die Apparatekunde analytischer Instrumente. Die philosophische Frage, was Analytische Chemie eigentlich ist [1172], wird wohl noch häufiger diskutiert werden.

Doch wer ist in der Lage, ein so fachübergreifendes Gebiet umfassend zu lehren?

In der guten, alten Studienzeit, die etwa bis zur Mitte des 20. Jahrhunderts anhielt, blieb ausreichend Zeit, sich in anderen Fakultäten ausreichend theoretisch zu informieren. Die später mehr schulische Ausrichtung des Studienganges Chemie führte zur einer wesentlichen Einengung dieses Spielraumes. *Wilhelm Klemm*, Münster, hat einst in einem Vortrag einen Analytiker definiert: „Er muß ein Drittel Chemiker, ein Drittel Physiker und ein Drittel Elektroniker sein". Wird dem die Ausbildung auch nur ansatzweise gerecht? Zur Zeit ist dies an den meisten Hochschulen nicht der Fall, wobei die Vorbereitung auf die Berufstätigkeit, das Arbeiten mit den unterschiedlichsten Analysentechniken, immer zu kurz gekommen war und heute noch ist.

Mit dem Beginn des neuen Jahrtausends wurde die Ausbildung noch mehr spezialisiert und durch die aus England importierten Bachelor- und Masterstudiengänge verkürzt. Im Fach Chemie gibt es in England inzwischen 1282 verschiedene Studiengänge bzw. Abschlüsse im Fach Chemie [1173]. Wenn die Entwicklung dahin geht, dann paßt das zu dem allgemeinen Kulturverlust (s. Kap. 7.5).

Sicherlich ist der klassische Chemiestudiengang mit den Schwerpunkten Anorganische Chemie und Physik vor dem Vordiplom und Organische, Physikalische und Technische Chemie nach dem Vordiplom sowie ein bißchen Analytische Chemie und ein oder zwei Wahlfächer nebenbei weitgehend überholt. In der Zwischenzeit hat sich technologisch viel verändert, zahlreiche neue Erkenntnisse waren in die Lehrpläne zu integrieren, und die Anforderungen an die Analytische Chemie sind erheblich gestiegen. Die Studienzeit läßt sich nicht unendlich verlängern, und wirtschaftliche Aspekte spielen zunehmend eine Rolle.

Letzteres gilt in besonderem Maße auch für die Analytische Chemie, die keine gewinnbringenden Produkte erzeugt, aber dafür viel Geld kostet. Es wird dabei gerne übersehen, daß ohne sie die Produkte und die Lebensqualität ihren Wert verlieren würden.

Was muß ein Analytiker wissen und können, wenn er die Ausbildung abschließt, ist die entscheidende Frage. Dazu ist zunächst zu definieren, welche Wissensgebiete die **Praktische Analytische Chemie** (PAC) in der Gegenwart beinhaltet (Abb. 521).

Dies sind die *Grundlagen der Analytischen Chemie* mit dem Ziel, die Genauigkeit (Richtigkeit + Präzision) der Ergebnisse garantieren zu können, die *Grundlagen der Apparatekunde analytischer Instrumente* mit dem Ziel, einen optimalen Zeitaufwand zu erreichen und die *Grundlagen betriebswirtschaftlicher Betrachtungen* mit dem Ziel der Kostentransparenz.

Hinzu kommen die Grundlagen der Chemie (anorganisch, organisch, technisch) und der Physik (Optik, Elektrotechnik, Mechanik) einschließlich der Physikalischen Chemie. Zur Pflicht werden sollte eine juri-

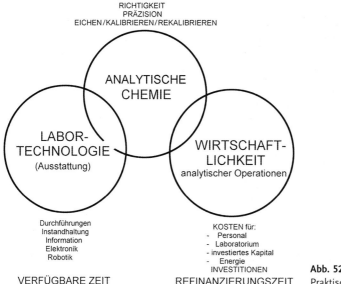

Abb. 521 Lehrgebiete der Praktischen Analytischen Chemie.

stische Vorlesung über Gesetze und Verordnungen, mit denen der analytisch arbeitende Chemiker zu tun haben wird. Dies ist ein gewaltiger Umfang, der sinnvoll zu reduzieren ist. Die Lehre muß darauf vertrauen bzw. die Auszubildenden so weit fördern, daß sie in der Lage sind, weitere Wissensteilgebiete selbst zu erarbeiten oder über Analogien zu verstehen. So ist es z. B. unsinnig, in den chemischen Praktika eine Vielzahl gleichartiger Arbeiten (sowohl Analysen als auch Synthesen) durchführen zu lassen oder in der Physik viel Zeit für die Akustik aufzuwenden. Es gibt ein erhebliches Streitpotential, doch müssen die Lehrenden auch bereit sein, ihr Fachgebiet komprimierter darzustellen.

Und trotzdem dürfen wesentliche Grundlagen nicht fehlen oder zu früh den Automaten überlassen werden. Zum Beispiel ist das Titrieren heute mit den modernen Einrichtungen, z. B. einem kompakten KF-Titrator (Abb. 522), weitaus einfacher geworden, als es noch die klassische Variante war. Dennoch sollte das manuelle Titrieren beherrscht werden.

Wichtig sind zusätzlich die Aspekte der System-, Spiel- und Informationstheorie sowie ein praktisches Problem. Die Kenntnis über die Modelle der **Warteschlangen**. Die Warteschlangen- oder Bedienungstheorie behandelt Abfertigungsprobleme und die dabei auftretenden Wartezeiten [1174, 1175]. Die Berechnung von Warteschlangen beruht auf wahrscheinlichkeitstheoretischen Betrachtungen mit der Voraussetzung, daß alle oder ein Teil der Ereignisse (Probeneingänge) nach Häufigkeit und Dauer schwanken und zufallsabhängig sind. Diese Betrachtungen gehen von einem bestimmten Zustand des Systems (Laboratoriums) aus und untersuchen, mit welcher Wahrscheinlichkeit sich dieses System in einem begrenzten Zeitabschnitt verändert. Ein einfaches Beispiel mag dies verdeutlichen:

Bei der analytischen Überwachung der Stahlherstellung sind die Probeneingänge

7.4 Die Ausbildungsanforderungen im Fach „Analytische Chemie"   611

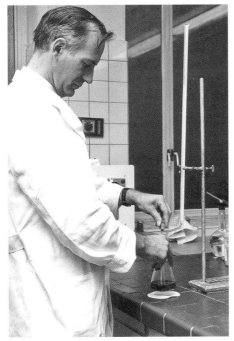

Abb. 522 (a) Manuelle Titration und (b) automatisches Titrieren, z. B. mit dem Karl-Fischer-Titrator von Metrohm (mit Erlaubnis der Firma Metrohm).

in ein automatisiertes Laboratoriumssystem und die Intervalle zwischen zwei Ankünften zufällig. Ist nur eine Probe in dem System, wird die kürzest mögliche Zeit erreicht. Das Weitere hängt von den Intervallen ab. Ist dieses gleich oder größer als die Bearbeitungszeit, wird sich kaum etwas ändern. Kommen zwei oder mehrere Proben gleichzeitig an, verlängert sich die Bearbeitungszeit exponentiell. Ähnlich ist es auch bei der manuellen Arbeitsweise. Bei Proben, die nach unterschiedlichen Verfahren zu analysieren sind, verlängert sich die Bearbeitungszeit für die zweite Probe auf das Doppelte usw. Sind mehrere Proben nach demselben Verfahren zu bearbeiten, so verlängert sich die Bearbeitungsdauer für die Einzeldurchführung nicht auf das Vielfache der Probenanzahl, sondern sie liegt dazwischen.

Die Zahl der Kunden spielt ebenfalls eine wichtige Rolle. Beim Beispiel der Stahlherstellung können Proben vom Hochofen, aus dem Stahlwerk, aus dem Walzwerk und von der Qualitätsstelle kommen. Betrachtet man diesen Probeneingang als sog. offene Warteschlange, so läßt sich die Wartezeit bis zur Ergebnisausgabe recht gut berechnen.

Nach der kritischen Sicht auf die Ausbildung und der Aufzählung fehlender Komponenten muß zwangsläufig ein Vorschlag folgen, wie eine sinnvolle Ausbildung im Fach Analytische Chemie erfolgen könnte. Generell muß eine Ausbildung in Analytischer Chemie einige Kernpunkte enthalten, die neben der Stoffkenntnis und den handwerklichen Fertigkeiten zu vermitteln sind.

Hier sollen nur drei Eckpunkte genannt werden, mit denen die Ausbildung starten, fortlaufend quasi als roter Faden informieren und enden sollte. Zu Beginn sollte den Studienanfängern klar gemacht werden, was **Präzision** eigentlich bedeutet und wie wenig Verlaß auf festgelegte oder angenommene, sog. konstante Größen sein kann.

Ein Beispiel hierfür gab der Physiker *Albert Abraham Michelson*, der für die Konstruktion seines Interferometers als erster Amerikaner 1907 den Nobelpreis erhielt [1176]. Er bestimmte nicht nur die Lichtgeschwindigkeit, sondern er schlug auch vor, das Meter (m) als ein Vielfaches der Wellenlänge einer scharfen Spektrallinie zu definieren, wozu die rote Cadmium-Linie diente. Bei Normaldruck und einer bestimmten Temperatur galt weltweit, daß 1 m dem 1 553 163-fachen dieser Wellenlänge entspricht, was in jedem Laboratorium leicht nachvollziehbar war. Dies blieb bis 1960 so, bis dann die noch schärfere, orangefarbene Krypton-Linie der Standard wurde. *Michelson* gilt noch heute als derjenige Physiker, der die sechste Kommastelle präzise festlegen konnte, die auch in der Analytik eine Rolle spielen kann.

Immer wieder sollte darauf hingewiesen werden, was Standards bedeuten und ob sie tatsächlich **Richtigkeit** bewirken können. Als Schulung der kritischen Sichtweise, die ein Analytiker haben oder erwerben muß (nichts glauben – prüfen!), eignet sich eine objektive Betrachtung über Qualität (Güte) und die analytische Forschung. Alle Festlegungen in der Qualitätssicherung und als Standardverfahren behindern innovative Entwicklungen, womit *Rudolf E. Kaiser*, Bad Dürkheim, recht hat [1177]. Als Basis für die Rückführung der Daten, die Erstellung von neuen Standardreferenzmaterialien und den Vergleich mit aktuellen Analysenverfahren sind die klassischen Standardverfahren allerdings unerläßlich. Da hilft auch keine noch so gut gemeinte Akkreditierung, wie *Karl Cammann*, Münster, ausführlich erläuterte [1178].

Am Ende der Ausbildung soll der Analytiker verstanden haben, daß ein Analysenprinzip als Methode für eine bestimmte analytische Aufgabe erst dann zu einem brauchbaren **Analysenverfahren** führen kann, wenn es gelingt, dieses dem Charakter der Proben in etwa anzupassen bzw. entsprechende Probensignale nachzubilden (Abb. 523), wie *Klaus Doerffel* dies z. B. erklärt hat.

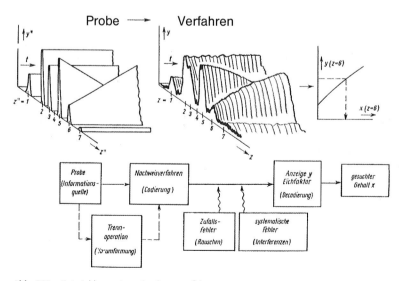

Abb. 523 Entwicklung eines Analysenverfahrens.

Eine wesentliche Aufgabe von Laboratorien ist es auch, völlig unbekannte Proben untersuchen zu können. Dies kann jedoch nur mit erfahrenem, geübtem Personal erfolgen. Dies fordert stets die Phantasie der Analytiker heraus.

Das hier vorgestellte Modell hat ein neues Ziel: das **Staatsexamen für Analytiker**, also quasi eine Gleichstellung mit den Lebensmittelchemikern:

1. Studiengang Chemie vor der Zwischenprüfung
Anorganische Chemie I: Allgemeine Grundlagen
Analytische Chemie I: Stoffkenntnis, analytisches Praktikum*
Organische Chemie I: Allgemeine Grundlagen
Physik I: Allgemeine Grundlagen, Optik, Meßtechnik; Praktikum
Physikalische Chemie I: Allgemeine Grundlagen
Mineralogie
Mathematik für Naturwissenschaftler, Grundlagen EDV
Allgemeinwissen I: Einführung in die Betriebswirtschaft, Statistik
Anorganische Chemie II: Ausgewählte Themen, Praktikum**
Analytische Chemie II: Fortsetzung des analytischen Praktikums***
Organische Chemie II: Ausgewählte Themen, Praktikum**
Physik II: Elektrotechnische Grundlagen, Elektronik
Physikalische Chemie II: Spektroskopie (Grundlagen)
Allgemeinwissen II: Grundlagen in Sicherheit und Menschenführung
Technische Chemie: Allgemeine Grundlagen
Externes Praktikum I: Grundstoffindustrie

----

*) Qualitative Methoden, Gravimetrie, Maßanalyse (Grundpraktikum)
**) Synthese-Versuche
***) Elektrochemische und optische Methoden (Grundpraktikum)

2. Studiengang Analytische Chemie nach der Zwischenprüfung
Chemie: Prozeßtechnik, Materialwissenschaften
Theoretische Chemie: Allgemeine Grundlagen
Biochemie: Allgemeine Grundlagen
Physikalische Chemie III: Spektroskopie
Analytische Chemie III: Probennahme*
Analytische Chemie IV: Methoden und Verfahrensentwicklung
Analytische Chemie V: Standardisierungen
Allgemeinwissen III: Betriebliche Aus- und Weiterbildung
Externes Praktikum II: Institute, Forschungslaboratorien
Analytische Chemie VI: Automation, Stand der Technik**
Rechtsfragen: Einführung, Gesetze, Verordnungen, Mitbestimmung
Allgemeinwissen IV: Qualitätsmanagement, Datenverarbeitung
Allgemeinwissen V: Planung, Wirtschaftlichkeit, Kostenfragen

----

*) mit Aufbereitung, Vorbereitung, Trenn- und Anreicherungstechniken
**) erfordert die ständige Weiterbildung des Dozenten

So könnte ein Studienplan mit dem Abschluß „Diplomanalytiker" (Staatsexamen) aussehen, der dann in der Lage sein sollte, im Laboratorium die Verantwortung für die Richtigkeit der Ergebnisse und die Sicherheit des Personals zu übernehmen, die Verfahren auf dem Stand der Technik zu halten und die Mitarbeiter entsprechend weiterzubilden.

In der heutigen Zeit gehören zur Ausbildung im Fach Analytische Chemie neben philosophischen Gesichtspunkten [1179] vor allem auch die Definitionen und Interpretationen systemtheoretischer Grundbegriffe [1180] und diejenigen der Informationstheorie in der Analytik [1181]. Die Grenzen des Chaos, die verschiedenen Chaostheorien und die Theorie komplexer dynamischer Systeme [1182, 1183] gehören ebenso dazu, wie z. B. die **Methoden der technologischen Vorhersage** (TV), die auch für die Planung neuer Analysentechniken wichtig sein können. Was damit gemeint ist, soll hier kurz erläutert werden (Abb. 524–526).

Es handelt sich um die Voraussage von Technologien bezüglich Markt, Staat und Gesellschaft (Abb. 524). Im Hintergrund dieser Mechanismen steht das Individuum mit seinen Wünschen.

Das Ziel der TV ist die Problemlösung, die einem bestimmten Vorgang nötig macht (Abb. 525). Man hat oft den Eindruck, daß die Vernunft keine Rolle mehr zu spielen scheint, weil nur das Gewinnstreben im Vordergrund steht. Hier ist sie erforderlich!

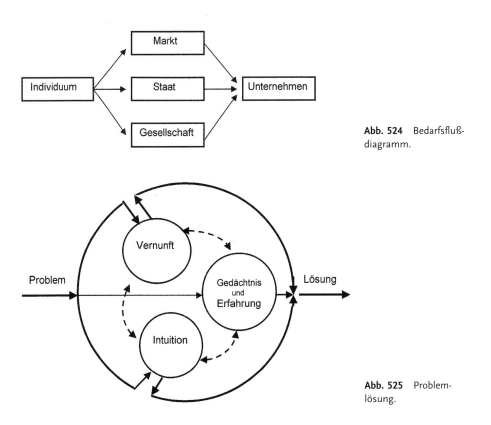

Abb. 524 Bedarfsflußdiagramm.

Abb. 525 Problemlösung.

Aber eben auch Erfahrung und – wie schon oft angedeutet – Intuition. Die TV versucht Intuition durch Anwendung der sog. intuitiven Methoden rational einzusetzen. Dadurch sollen die im Unterbewußtsein des Einzelnen gespeicherten Erfahrungsreserven mobilisiert werden. Die bekannten intuitiven Methoden sind Brainstorming, die Delphi-Technik, Synektik und Drehbuchschreiben. Beim *Brainstorming* (Prüfung und Auswahl von Lösungsvorschlägen) soll jeder zwanglos und spontan zum anstehenden Problem seine Ideen äußern. Grundsatz ist dabei keine Kritik zu üben, sondern die vorgestellten Ideen weiterzuentwickeln oder eigene hinzuzufügen. Bei der *Delphi-Technik* müssen die Teilnehmer weder in einem Raum beieinandersitzen, noch müssen sie sich kennen. Es finden mehrere Runden statt, z. B. zwei schriftliche und eine mündliche, mit einer zentralen Steuerstelle (Befragung und Auswertung). Erfahrungsgemäß sollte sowohl das Problem als auch die Teilnehmeranzahl (20–30) eingegrenzt werden. Die *Synektik* (Diskussion zwischen vorbereiteten Teams) läuft in mindestens drei Stufen ab (Abb. 526).

Wesentliches Lösungselement ist die sog. Problemverfremdung, die zu einem bestimmten Bereich – hier die Analytik – führt. Der analytischen Analogie folgt die analytische Lösung, aus der sich die technische Lösung ergeben soll. Beim *Drehbuchschreiben* ist darzustellen, wie die Entwicklung auf einem Gebiet, z. B. der Gesellschaftspolitik, voraussichtlich aussehen könnte. Hierzu lassen sich verschiedene Beurteilungskriterien heranziehen, z. B. Formalisierbarkeit, Zeit, Kosten und Qualifikation. Letztere ist in allen Fällen erforderlich, wenn gute Ergebnisse erwartet werden sollen.

Zeit und Kosten spielen zunächst beim Brainstorming eine zu vernachlässigende Rolle. Brainstorming und Drehbuchschreiben lassen sich auch nur wenig formalisieren. Wichtig sind darüber hinaus Trendanalysen, die Verflechtungen von Trends aufzeigen und die morphologische Methode nach *Zwicky*, nach der beim Auffinden eines gesuchten Systems oder Produktes zunächst möglichst viele Variationsmöglichkeiten offen zu halten sind, damit eine gute Lösung nicht durch eine enge Eingrenzung zu früh ausgeschlossen wird. Letztendlich sind Simulationen durchzuführen, da die Zahl der Komponenten sehr viel schneller ansteigt als die Zahl der Ziele. Geht man z. B. davon aus, daß der Mensch etwa 20 Zielvariable (Bedürfnisse) hat, so braucht die Marktwirtschaft, die diese Bedürfnisse befriedigen will, nach Art eines 20-dimensionalen Regelsystems, bereits etwa 820 Komponenten.

Die Ausbildung im Fach Analytische Chemie sollte auch dazu führen, daß sowohl die Bedeutung der Analytik, z. B. für die Materialwissenschaft [1184], erkannt als auch zur Kritikfähigkeit geschult wird.

Mitte der achtziger Jahre begann die industrielle Analytik mit dem Einsatz sog. Totaler Analysensysteme (TAS) zur Prozeßüberwachung vor Ort – da wo gasförmige und flüssige Produkte vorlagen – stark zuzunehmen, wobei auch miniaturisierte Sy-

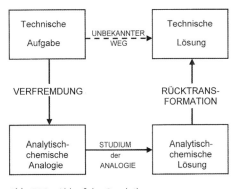

Abb. 526 Ablauf der Synektik.

steme eingesetzt wurden. Dies propagierte z. B. der Schweizer H. Michael Widmer 1986. Von Hochschulabsolventen wird erwartet, daß sie solche Systeme beurteilen und gezielt einsetzen können. Dazu ist der objektive Vergleich analytischer Methoden und der auf dem Markt angebotenen Instrumente zu lehren, was fast nie erfolgt, weil dies leider in unserem Lande keine Institution betreibt. Wenn z. B. an Universitätsinstituten mit der Erstausstattung und dann später mit Leihgeräten gearbeitet werden muß, kommt es selten zur Objektivität. Das wären z. B. Aufgaben für das ISAS, Dortmund, gewesen, die interessierte Industriebranchen auch finanzieren würden. So muß der Analytiker die wenigen Literaturarbeiten finden, die sich damit befassen, wie z. B. der Vergleich der erreichbaren Nachweisgrenzen [1185] für die Bestimmungsmethoden von Quecksilber und hydridbildender Elemente (Tab. 55).

Hieraus ist der Grund zu erkennen, warum fast jede kompetente Herstellerfirma von Analysengeräten einen Hg-Analysator basierend auf dem Prinzip der AAS-Kaltdampftechnik baut und anbietet.

Da die Forscher selten zu den Praktikern kommen, muß der Praktiker zu ihnen, d. h. auf wissenschaftliche Tagungen, gehen. Bei den Forschern sind es oft Überheblichkeit und Nichtverständnis für reale Probleme. Bei den Praktikern sind es zunehmend zeitliche und damit wirtschaftliche Beschränkungen, die der Arbeitgeber vorgibt. Die Weiterbildung wird in Firmen häufig anders gesehen, obwohl dies oft vertraglich zugesichert wurde. Da werden dann Vortragende, selbst ernannte Management-Ausbilder, eingeladen und dies gilt dann als Weiterbildung, obwohl es mit dem Fachlichen nur wenig zu tun hat. Es wird gerne unterschätzt, daß ein Gespräch zwischen Kollegen unter Umständen erheblich an Forschungszeit oder verlorener Zeit, durch das Befinden auf einem falschen Weg, einsparen kann. Das manches Mal auftretende „Scheuklappen-Syndrom" kann oft in einem Minutengespräch „geheilt" werden.

Eine Ausbildung muß den Analytiker auch befähigen, zu einem aus Erfahrung begründeten Urteilsvermögen zu kommen. Er muß umweltanalytische Daten ebenso zu beurteilen verstehen, wie z. B. die Allgegenwartskonzentration der Elemente und Verbindungen oder die Definition der Reinheit. Die Reinheit ist relativ, z. B. für ein bestimmtes Element in reinsten Metallen gilt

Tabelle 55 Vergleich der Nachweisgrenzen verschiedener Methoden zur Bestimmung hydridbildender Elemente und Quecksilber.

Element	Methoden Hydrid AAS [ng/mL]	Zerstäuben ICP-AES [ng/mL]	Hydrid ICP-AES [ng/mL]	Zerstäuben ICP-MS [ng/mL]	Hydrid ICP-MS [ng/mL]
Arsen	1,0	110	0,8	1,0	0,005
Selen	1,0	70	0,8	6,0	0,02
Quecksilber	0,01	120	--	3,0	0,4
Antimon	1,0	90	1,0	0,5	0,004
Bismut	1,0	90	0,8	0,3	0,02
Tellur	--	70	1,0	1,0	0,1

dies, wenn sich ihre Eigenschaften nicht mehr ändern, bei etwa $< 10^{-9}\,\%$. Eine solche Verunreinigung von $10^{-9}\,\%$ entspricht 10 µg/t Metall. Es kann mit der analytischen Entwicklung noch beliebig weitergehen, denn schließlich entspricht ein Wasserstoffatom in der gesamten Atmosphäre einer Verunreinigung von $10^{-42}\,\%$.

Was schwer zu unterrichten ist, muß der Analytiker mitbringen, z. B. die Phantasie (Intuition), die ihn befähigt, die richtige Wahl der anzuwendenden Methode zu finden. An einem Beispiel läßt sich gut zeigen, wie wichtig diese Auswahl sein kann:

Ein immer wieder diskutiertes und schließlich vom Auftraggeber zurückgezogenes Analysenproblem war die Untersuchung des Turiner Grabtuches, das seit Anfang des 14. Jahrhunderts bekannt ist. Gerade bei einem solchen Thema ist es ungeheuer wichtig, viele Analysentechniken anzuwenden, um zu einem sicheren Ergebnis zu kommen. Das ist auch geschehen. Über das Alter des Tuches gab es aufgrund von mikroskopischen Untersuchungen, wobei uralte Pflanzensporen in den Gewebezwickeln erkannt wurden, viele Spekulationen. Das Alter des Gewebes ist die eine Sache, die Abbildung des erkennbaren Bildes eine andere. Diese wurde weiteren Untersuchungen unterzogen, mikroskopische und spektroskopische Techniken sind offensichtlich auch in medizinischen Laboratorien durchgeführt worden, was der Schluß von gefundenen Eisenspuren auf Blut vermuten läßt. Sofort war dies Gegenstand von Romanen. Widerlegende Untersuchungen und intuitiv beeinflußte Interpretationen führten immer wieder zu gewollten Ergebnissen. Hätte man z. B. die Mikroskopie mit polarisiertem Licht benutzt, wie es 1999 *Walter McCrone* vom gleichnamigen Forschungsinstitut in Chicago tat, dann hätte man die Pigmente der um 1400 verwendeten Farben gefunden.

Auch auf die Frage, wann die Industrie- und Handelskammern mit der Dienstaufsicht über die Berufsausbildung beauftragt wurden, reicht nicht die Antwort: „Preußisches Gesetz von 1897". Vielmehr ist der Grund dafür wichtig: Die damaligen Militärärzte hatten zunehmend bei den Musterungen gesundheitliche Schäden bei den jungen Männern festgestellt.

Diese abschließenden Beispiele sollen nur zeigen, wie sorgfältig eine Ausbildung von Analytikern sein sollte. Fehlinterpretationen sind heute ein Problem, das allen Menschen schadet oder sie verunsichert. *Durch das Staatsexamen würden die Analytiker* dann ähnlich den Lebensmittelchemikern – die weitgehend auch Analytiker sind – *agieren und auch die juristische Verantwortung übernehmen können*, ohne daß ein analytischer Laie als Vorgesetzter dreinreden kann.

Natürlich ist bei einem alten, verfilzten System kaum zu erwarten, daß es sich von innen heraus erneuert. Seit etwa 50 Jahren bemühen sich wenige Analytiker sich gegen viele Chemiker mit Reden und Schriften über Strategien und interdisziplinäres Arbeiten durchzusetzen oder zumindest für ihr Wirken anerkannt zu werden. Noch hat sich kaum etwas geändert, so daß der Frust bei den Praktikern ständig zunimmt, während die wenigen analytischen Forscher wenigstens ihren Spieltrieb befriedigen können, wenn sie denn mit irgendeinem Thema zu Investitionsmitteln und Kostenübernahmen kommen. Alle sollten sich an die Grundlagen wissenschaftlicher Forschung erinnern (Abb. 5), denn diese beginnt mit der Neugier und führt über Hypothesen zu Theorien und letztendlich zu Gesetzen [1186].

7.5
Kritischer Ausblick

Die Aufgaben der Analytischen Chemie, die einer interdisziplinären Wissenschaft entspricht, haben einen unermeßlich großen Umfang, der sich ständig erweitert. Die selbstverschuldeten Einschränkungen, die zur reinen Meßtechnik führten – der heute überwiegend praktizierten, physikalisch geprägten Analytik – sind auf die Dauer in allen Bereichen nicht zufriedenstellend. In der zweiten Hälfte des 20. Jahrhunderts begann man unter Ausnutzung des schlechten Stellenwertes der Wissenschaft Analytische Chemie von Strategie zu reden, ohne zu handeln, und vom Zwang zum interdisziplinären Miteinander, ohne auf Gleichberechtigung zu achten und zu dringen. Es gab nur wenig Widerspruch, als die Meßtechniker – überwiegend Physiker – die Analytik in die Metrologie einordneten. Woher sollte denn auch ein Widerspruch kommen, wo doch sowohl zahlreiche Lehrstühle der Analytik an den Universitäten als auch viele Laborleiterpositionen mit analytischen Autodidakten besetzt waren und immer noch sind. Das spiegelte sich auch in den Gremien wieder, die vorgaben, die Analytische Chemie zu retten und bei der heutigen Analytik ankamen. Dieser Zustand beruht einmal auf dem Versagen der Universitäten, die nicht in der Lage sind – es aber sein sollten – eine ausreichende Zahl von Analytikern auszubilden, und zum anderen darauf, daß Fachhochschulabsolventen, die oft eine bessere analytische Ausbildung absolvierten, in großen Firmen selten in die Laborleitung aufsteigen konnten. Es ist beschämend, daß an einigen Universitäten die analytische Forschung in den Geologischen oder Mineralogischen Instituten intensiver betrieben wurde und wird als an denen der Chemie. Hier kam die Aufsplitterung der analytischen Aktivitäten hinzu, weil eben jeder gerne selber messen will und dies mit den modernen, automatisierten Geräten auch kann. Dagegen ist prinzipiell nichts einzuwenden, wenn alle analytischen Kriterien erfüllt werden würden. Aber ist dies auch tatsächlich der Fall? Zumindest dient es keinesfalls der analytischen Forschung und Weiterentwicklung. Hinzu kommt die Überlastung der in den Industrielaboratorien verbliebenen Analytiker, wodurch die Applikation von Methoden, die Entwicklung von Verfahren und die Zusammenarbeit mit den Geräteherstellern leiden.

So haben dann auch die Herstellerfirmen die Forschung auf apparativem Sektor übernommen, die allerdings nicht nur die Analytische Chemie, sondern die Meßtechnik im Sinn haben, d.h. sie benötigen stets eine Methode, die zu einem Analysenprinzip gehört. Daraus entwickeln sie eine meßtechnische Variante und ein Analysenverfahren passend zu ihrem Programm bzw. ihrem Know-how.

Der analytischen Forschung, die Ideen in Methoden umsetzt, fehlt heute oft die früher übliche Förderung durch kleine, innovative Herstellerfirmen, ohne die eben viele gute Ideen kaum verwirklicht werden können. Leider steht gegenwärtig das merkantile Interesse im Vordergrund, wodurch dem Analytiker zahlreiche Wahlmöglichkeiten genommen worden sind. Er selbst muß so den Kompromiß eingehen, aus einem für ihn optimalen Prinzip eine Methode und daraus ein Analysenverfahren zu entwickeln, für das Meßgeräte auf dem Markt erhältlich sind. Dies ist eine Umkehrung der Bedürfnisse oder anders ausgedrückt: die Hersteller bestimmen weitgehend die Tendenz der Entwicklung.

Doch es wäre falsch, die Schuld an der merkantil gesteuerten Entwicklung der Analytik nur bei den Herstellern von Instrumenten zu suchen. Die Analytiker selbst haben in den vergangenen 100 Jahren ihre Wissenschaft nicht im *Ostwald*'schen Sinne vertreten und verteidigen können. Sie haben sich als reine Dienstleistende zurückstufen lassen und diese Rolle auch in der interdisziplinären Zusammenarbeit demütig beibehalten. Hinzu kam das zunehmende Versagen der Ausbildung an Universitäten. Analytische Lehrstühle spielten nur eine untergeordnete Rolle, und die Praktika wurden von den Institutsdirektoren vereinnahmt, welche auch die finanziellen Mittel maßgeblich verteilten. Nur bei der Berufung hatte somit ein Analytiker die Chance, zu einem modernen Instrumentarium zu kommen. Damit mußte er dann, wenn es ihm nicht gelang, Fremdmittel zu erhalten, sein Lebenswerk vollbringen. Der oft frustrierte Lehrer, der meistens auch keine grundlegende Ausbildung in Analytischer Chemie hatte, sollte eine solche nun den Studenten vermitteln und vor allem durch Weiterbildung auf dem Laufenden bleiben. Da diese Tätigkeit in unserem Lande praktisch nicht kontrolliert wird, nahm oft die Qualität der Ausbildung rapide ab. Was fast überhaupt nicht an Universitäten gelehrt wird, ist die fachübergreifende Zusammenarbeit, die später in der Industrie so notwendig ist.

Mit den Jahren wird es immer schwerer werden, eine Renaissance einzuleiten und sich auf die Grundlagen der Analytischen Chemie zu besinnen, was unbedingt für die Qualität des menschlichen Zusammenlebens nötig wäre und seit Ende des 20. Jahrhunderts überfällig ist. Und damit ist wieder die Ausbildung gefragt. Eine Infiltration von Organikern und Anorganikern hat die analytische Forschung nicht beflügeln können; es müssen wieder Analytiker ausgebildet werden, die zur Analytischen Chemie zurückkehren, die Grundlagen beherrschen und sich gleichberechtigt mit Physikochemikern und Elektronikern daran beteiligen, aus vorhandenen Ideen und bewährten Methoden brauchbare Analysenverfahren für die Praxis mit den Möglichkeiten der heutigen Zeit zu entwickeln.

Dazu wäre es immer wieder wichtig, sich und anderen bewußt zu machen, was Analytische Chemie eigentlich ist, und welches Maß an Verantwortung im Umgang mit den Ergebnissen dazugehört. Helfen können dabei die immer wieder, z. B. bei runden Geburts- oder Todestagen, erscheinenden Artikel über historische Ereignisse und die dahinterstehenden Menschen. *„Tell me the Old Story of the Analytical Trinity"* nannte der englische Analytiker *D. Betteridge*, University College of Swansea, seine Betrachtung über die Sternstunden des 19. Jahrhunderts, den Beginn der Flammenspektroskopie und der Lebensmittelanalytik [1087].

Aus der Geschichte zu lernen, ist besonders in der Gegenwart so wichtig, weil zur Zeit auf allen Gebieten ein enormer Kulturverlust zu beobachten ist. Den Begriff „Kultur" definierte *Reinhold Bergler*, Direktor des Psychologischen Institutes der Universität Bonn, folgendermaßen [738]: „Kultur umfaßt die Gesamtheit des vom Menschen Geschaffenen, das, was er gestaltet, entwickelt, erfindet. Immer ist es ein Prozeß, der auf fortschreitende Vervollkommnung gerichtet ist: Kultur ist Verwirklichung von Werten, auch in Formen zwischenmenschlichen Zusammenlebens. Kultur ist alltägliche Gegenwart von Leit- und Vorbildern. .. Kultur ist das Ergebnis menschlicher Wertverankerung und Kreativität; sie vermittelt Ziele, Werte, Wünsche, etabliert in ihrer Verwobenheit mit Religionen und Weltanschauungen Verhaltensregeln und Normen des Zusammenlebens. .. Die Kultur wird so zu einem fast automatischen Orientierungs- und Bewertungsmuster wahrnehmbarer Phänomene".

Menschen wachsen demnach wie selbstverständlich in eine Kultur hinein, wenn ihnen Eltern, Lehrer, Freunde, Vorgesetzte und Politiker Vorbilder sind, denn ohne Anleitung, Vorbilder oder Kontrolle kann keiner kultiviert werden. Und daran hapert es gegenwärtig, weil nicht immer die Eltern und fast immer die Lehrer, die Vorgesetzten und die Politiker diese Vorbildfunktion kaum noch erfüllen. Ohne Werte und Vorbilder, also ohne Kultur, werden Menschen unsicher, egoistisch, aggressiv, kriminell, neurotisch und zu Innovationen bzw. kreativem ganzheitlichem Handeln unfähig, sagt die Psychologie.

Menschen müssen denken, um überleben und sich selbst weiterentwickeln zu können; sie müssen einen Sinn in ihrem Tun erkennen; sie brauchen Ziele, Erfolgserlebnisse und Geborgenheit (Anerkennung), aber auch Regeln, ohne die es zum Chaos führen würde. Ohne den täglichen Umgang mit Vorbildern im öffentlichen (politischen) Bereich, im Beruf und im privaten Umfeld funktioniert Kultur nicht, wie gegenwärtig feststellbar.

Das läßt sich direkt auf die Unternehmenskultur übertragen, die einmal als Führungsaufgabe verstanden wurde. Bedeutende Firmen, wie beispielsweise Siemens, Berlin, Krupp, Essen, oder die aus der ehemaligen I.G. Farben hervorgegangenen BASF, Ludwigshafen, Hoechst, Frankfurt am Main, und Bayer, Leverkusen, hatten eine eigene Firmenkultur. Durch heute übliche Fusionen oder Teilfirmenverkäufe stoßen unterschiedliche Firmenkulturen aufeinander, was zu Kulturverlusten bis hin zum Chaos führen kann, wenn nicht gegengesteuert wird. Doch wer hat daran Interesse? Dieser Verlust an Firmenkultur hat auch dazu geführt, daß nicht nur der Mensch im Betrieb an Bedeutung verloren hat, sondern auch die Bindung an den Betrieb und generell die Leistung und Qualität stetig abnehmen. Leistung zählt nicht mehr wie ehedem und in allen Bereichen mangelt es an der ehemals hohen Qualität. Die Gütemarke „Made in Germany" hat längst ihre Bedeutung verloren, auch deshalb, weil heute im sog. globalen Zeitalter aus Kostengründen kaum noch ein Endprodukt vollständig an einem Standort hergestellt wird. Dafür wird viel geredet; schöngeredet heißt es auf Neudeutsch, auch wenn es keinen Sinn macht.

Natürlich hat diese gesellschaftspolitische Entwicklung auch ihren Einfluß auf die Untersuchungslaboratorien, wie schon erwähnt in der nicht optimalen Ausbildung und eben auch kulturell. Es scheint heute modern zu sein, das Alte ruhen zu lassen und das Rad neu zu erfinden. Das hat jedoch mit der Wissenschaft Analytische Chemie nur wenig zu tun. Hier geht es schließlich um eine Rückkehr von der rein meßtechnischen Analytik zur Analytischen Chemie, also von der Präzision zurück zur Genauigkeit (Präzision + Richtigkeit). Beide Charakteristika sollten wieder die Zielgröße sein. Da helfen keine Ausflüchte, denn in absehbarer Zeit wird es sonst in unserem Lande keine Laboratorien mehr geben, die alle Merkmale von Standardproben – der Basis der heutigen Analytik – noch leitprobenfrei bestimmen können. Dann würde *K. Cammann* rechtbehalten, der bereits die heutigen Ergebnisse der modernen Analytik grundsätzlich für fehlerhaft hält.

Der aus Wien stammende, britische Philosoph und Wissenschaftslogiker *Karl Raimund Popper* gilt als Begründer des kritischen Rationalismus, der auf dem logischen Prinzip der permanenten Fehlerkorrektur (Falsifikation) in der Theorienbildung beruht. Deshalb kritisierte er alle Formen des Historismus. Offensichtlich übertrug er dies auch auf die Analytische Chemie, wie sein allseits bekannter, schon genannter Ausspruch vermuten läßt. Hat er damit recht? Diese Frage ist leicht zu klären, wenn man den bewußten Ausspruch analysiert.

Popper sagte: „Analysenmethoden kann man nicht verifizieren (= prüfen, um zu sehen, ob es richtig ist, oder beweisen, Richtigkeit nachweisen, beglaubigen und bestätigen), man kann sie nur falsifizieren (= widerlegen, die Unrichtigkeit nachweisen – als Gegensatz zum Verifizieren – oder fälschen)".

Hier fällt zunächst das Mißverständnis der modernen Analytik auf, in der ein Verfahren verifiziert und gleichzeitig seine Unsicherheit nachgewiesen werden soll. Das Verifizieren wird tatsächlich in der heutigen Analytik nicht mehr konsequent durchgeführt, denn der Beweis der Richtigkeit fehlt immer dann, wenn gegen Standardreferenzproben gearbeitet wird. Offensichtlich hat der Begriff „Unsicherheit" in Zusammenhang mit der analytischen Meßtechnik (= Analytik) einen tieferen Sinn, und *Popper* hätte recht.

Doch im Fall der Wissenschaft Analytischen Chemie irrt *Popper*. Sein Ausspruch ist nicht für chemische Analysenverfahren gültig (wie offensichtlich angenommen wurde, wodurch Unrichtigkeit oder Unsicherheit in Betracht kamen bzw. nachzuweisen waren), denn genau die sollen im eigentlichen Sinne verifiziert (= ihre Richtigkeit zu beweisen) werden.

Es ist die Aufgabe der Analytischen Chemie und somit eines jeden Analytikers, dies sorgfältig zu tun und für die Richtigkeit der Ergebnisse die Verantwortung zu übernehmen. Das Übertragen dieser Verantwortung auf andere ist nicht im Sinne der Analytischen Chemie und hat auch mit der eigentlichen Qualitätskontrolle nichts zu tun.

Diese geschichtliche Betrachtung der Analytischen Chemie bis zum Ende des 20. Jahrhunderts, die bei weitem nicht vollständig sein kann und viele qualitative Analysentechniken bewußt und einige Geräteherstellerfirmen unbewußt vernachlässigte, will auf die gegenwärtigen Schwierigkeiten hinweisen, die zu einer grundsätzlichen Rückbesinnung führen sollten, denn eines ist sicher: *Die Gesellschaft braucht eine funktionierende Wissenschaft „Analytische Chemie".*

Bereits *Aristoteles* (384–322 v. d. Z.) soll vor mehr als 2300 Jahren gesagt haben:

„Das Denken allein setzt nichts in Bewegung; erst muß es sich auf einen Zweck und ein Handeln einstellen." Dies könnte der Leitspruch der praktischen Analytischen Chemie sein, denn die Grundlage jeglicher Analytik ist das Denken [1188], gerichtet auf das Ziel: die Richtigkeit analytische Daten.

Anhang A – Definitionen der Begriffe

Analyse Ermittlung der Art, Menge und/oder Anordnung der Bestandteile von Stoffen aller Art entsprechend der Fragestellung. Sie umfaßt Probennahme, Messung und Auswertung der Daten und erfolgt nach der genauen Durchführungsvorschrift (Arbeitsvorschrift) des Verfahrens.

Analysenfehler ist identisch mit dem Prüffehler bei der Bestimmung der chemischen Zusammensetzung. Er umfaßt die Abweichungen bei der gesamten Durchführung einer Analyse, den zufälligen Fehler und den unerkennbaren systematischen. Er wird als Vertrauensbereich oder als Standardabweichung angegeben, darf aber nicht mit der Wiederholbarkeit (Fehler des Analysenverfahrens) oder Vergleichbarkeit verwechselt werden.

Analysenfunktion ist die mathematische Form der Auswertekurve eines Analysenverfahrens: $c = f^*(x)$; sie ist theoretisch als Inversion der Kalibrierfunktion, $x = F^*(c)$, anzusehen.

Analysenmethode ist die Grundlage jedes Analysenverfahrens basierend auf einer chemischen Reaktion oder einem physikalischen Phänomen, z. B. gravimetrische, maßanalytische, photometrische oder spektrochemische Methode, zur qualitativen oder quantitativen Ermittlung von Merkmalen einer Analysenprobe. Für Relativmethoden ist die Kenntnis der Eichfunktion erforderlich.

Analysenprobe wird der Anteil einer Laboratoriumsprobe genannt, der direkt zur Durchführung von Analysen verwendet wird. Sie kann gasförmig, flüssig, stückig (kompakt), pulverförmig (mit definiertem Kornaufbau) oder als Gemisch vorliegen. Ihre Homogenität sollte möglichst bekannt sein, oder sie muß geprüft werden.

Analysenverfahren ist die nach gegebenen Regeln exakt beschriebene Arbeitsvorschrift zu einer Analysenmethode für einen bezeichneten Anwendungsbereich, die ein geübter Operator verstehen und durchführen kann. Kennwerte, wie Selektivität, Spezifität, Linearität, Robustheit, Wiederfindung und Wiederholbarkeit sind zur Validierung zu ermitteln. Daraus resultiert die Kalibrierfunktion, deren Konstanz mit Hilfe der Analysenfunktion zu prüfen ist.

Anwendungsbereich wird der Massen- oder Konzentrationsbereich genannt, für den alle Aussagen eines Analysenverfahrens gelten. So wird z. B. ein genormtes, validiertes Verfahren dann zu einem Hausverfahren, wenn man den Anwendungsbereich überschreitet.

Arbeitsvorschrift ist die exakte Beschreibung zur Durchführung eines Analysenverfahrens, die validierfähig sein muß. (Dies ist oft ein Mangel von Normverfahren).

Aussagewahrscheinlichkeit (P) Jede statistische Aussage beinhaltet eine Irrtumswahrscheinlichkeit, die bei der chemischen Analyse nicht > 5 % sein soll, so daß angestrebt wird, wenn nichts anderes vermerkt ist, die Daten mit einer Aussagewahrscheinlichkeit (früher: statistische Sicherheit genannt) von 95 % anzugeben.

Auswertekurve ist die graphische Darstellung der Analysen- oder Auswertefunktion, $c = f^*(x)$, nach der die aktuelle Ablesung oder Berechnung der Daten erfolgt.

Bestimmung bezeichnet die *quantitative* Ermittlung der chemischen Zusammensetzung oder anderer Merkmale einer Analysenprobe nach gegebener Arbeitsvorschrift.

Bestimmungsgrenzen sind die kleinsten, quantitativen Prüfgrößen, die noch mit einer für den speziellen Anwendungsbereich vorgegebenen Präzision bestimmt werden können, z. B. mit einer relativen Standardabweichung von 10 %, 25 % oder im extremen Spurenbereich 33 %.

Blindwert ist der Meßwert für alle bei einem Analysenverfahren verwendeten Chemikalien – ohne Analysenprobe!

Chemische Zusammensetzung ist die qualitative oder quantitative Angabe über die in einer Analysenprobe enthaltenen Elemente und/oder Verbindungen. Ohne die Beurteilung der Repräsentativität der Probe ist dies nur eine laborinterne Größe.

Effektive Analysenprobe nennt man den Anteil der Analysenprobe, der einer analytischen Reaktion unterworfen wird oder aus dem das Signal der Messung hervorgeht. Es gibt nur wenige Methoden, bei denen dieser Anteil nicht verbraucht wird, wie z. B. die XRF-Spektrometrie oder Bilderkennungsverfahren.

Eichen ist die Ermittlung des funktionellen Zusammenhanges zwischen dem Merkmal einer Analysenprobe und dem daraus resultierenden Signal. Es endet mit der Aufstellung der Eichfunktion für eine Analysenmethode und der Ermittlung der Kennwerte einer Methode.

Eichfunktion ist der mathematische Zusammenhang, $x = F(c)$, nach dem die Methode abläuft.

Eichkurve ist die graphische Darstellung der Eichfunktion.

Einzelprobe ist die kleinste Masse an Probengut, die bei der Probenentnahme einem Los entnommen wird.

Empfindlichkeit von Analysenverfahren und -geräten ist das Verhältnis der Änderung eines Meßwertes zu der sie verursachenden Änderung der Prüfgröße (nach DIN 1319), d. h. sie wird durch die Steigung der Eichkurve beschrieben.

Fehler ist jede Abweichung eines Meßwertes oder Untersuchungsergebnisses vom wahrscheinlichsten Wert. In der Qualitätssicherung bedeutet er die unzulässige Abweichung eines Qualitätsmerkmals von der gestellten Forderung. Innerhalb von vereinbarten Fehlergrenzen sind sie tolerierbar.

Fehlerfortpflanzung ist der Einfluß verschiedener Fehler auf ein Ergebnis. Sie ist für die erkannten systematischen Fehler anders zu behandeln als für die Rechengrößen der zufälligen Fehler (nach DIN 1319).

Fehlergrenzen sind vereinbarte oder garantierte, zugelassene Abweichungen von einem Sollwert (dem wahrscheinlichsten Wert).

Genauigkeit beinhaltet die Präzision und die Richtigkeit.

Hausverfahren sind von einem Laboratorium modifizierte Analysenmethoden (*Laborverfahren*) oder abgeänderte Normverfahren, für die große Erfahrung und Übung – also Routine – vorliegen.

Homogenität kennzeichnet die Gleichmäßigkeit eines Materials. Als Maß für sie kann die Standardabweichung des Merkmals in der zu probenden Materialmenge dienen, sofern die Standardabweichung des Prüfverfahrens entsprechend niedriger ist.

Inkrement ist identisch mit der Einzelprobe.

Kalibrieren ist die Ermittlung der Analysenfunktion, $c = f^*(x)$, unter Einbeziehung des benutzten Instrumentariums und der Probenmatrix für die festgelegte Arbeitsvorschrift. Die Kalibration gilt nur für den Anwendungsbereich dieses (instrumentellen) Analysenverfahrens.

Kalibrierfunktion $x = F^*(c)$ ist die Inversion der Analysenfunktion.

Konzentration ist die auf das Volumen bezogene Größe zur Kennzeichnung von Mischphasen. So ist z. B. die Massenkonzentration das Verhältnis der Masse zu dem zugehörigen Lösungsvolumen.

Kornaufbau ergibt sich aus der Siebanalyse oder Laser-Diffraktionsmessungen eines Materials.

Laboratoriumsprobe ist die Probenmasse, die nach der Probenaufbereitung im Laboratorium angeliefert wird. Sie kann in bestimmten Fällen mit der Analysenprobe identisch sein.

Leerwert ist der Meßwert für das Gemisch aller nach der Arbeitsvorschrift verwendeten Chemikalien unter Hinzufügung der das Messen beeinflussenden Bestandteile der Analysenprobe mit Ausnahme des zu bestimmenden Bestandteiles (des Analyten).

Linearität ist die konstante Steigung der Auswertekurve (Zunahme des Meßwertes mit der Konzentration) innerhalb des Anwendungsbereiches. Bei einem optimalen Verfahren sollte sie gegeben sein bzw. grundsätzlich vorliegen.

Los ist die Materialmenge, aus der eine Probe gewonnen werden soll. Die Anzahl der Inkremente ist abhängig von dem Ziel, d. h. der gewünschten Genauigkeit des Resultates.

Massenanteil in % ist der prozentuale Massenanteil einer Komponente, z. B. eines Elementes oder einer Verbindung, in einem Material. Er wird ausgedrückt durch das Verhältnis der Masse m_a der zu bestimmenden Komponente a zu der Gesamtmasse m der Einwaage:
Massenanteil in % = $(m_a / m) \cdot 100$.

Messen oder Messung ist der Vorgang, durch den der Wert ermittelt wird, der das Prüfergebnis unmittelbar oder nach Auswertung liefert.

Mittelwert ($\bar{x}$) ist die Summe aller unabhängigen Einzelwerte (x_i) einer Meßreihe, dividiert durch deren Anzahl n.

Nachweis nennt man die Ermittlung der *qualitativen* Angaben über die chemische Zusammensetzung einer Analysenprobe.

Nachweisgrenze (NG) ist der am häufigsten falsch dargestellte Begriff, weil die Angaben regelmäßig fehlen, welche „Art" der Nachweisgrenze gemeint ist. Grundsätzlich sind zwei verschiedene zu unterscheiden: die konventionelle und die aktuelle NG, die sich beide von der NG nach *H. Kaiser* ableiten lassen. Diese ist ein qualitativer Begriff für die Ermittlung der Gegenwart eines Elementes mit einer Wahrscheinlichkeit von ±50% (Ja-/Nein-Entscheidung). In der ursprünglichen Form ist der Meßwert x an der NG abhängig von der Standardabeichung des Blindwertes σ_{Bl} und dem Mittelwert der Blindwertmessungen x_{Bl}:
$\underline{x} = k \cdot \sigma_{Bl} + x_{Bl}$.
Der Faktor k, ursprünglich: $k = 3$ oder $3 \cdot \sqrt{2}$, ist anzugeben, um die Werte vergleichbar zu machen. Die Umrechnung auf die Konzentration c an der NG soll über die Funktion $c = f(x)$ erfolgen, deren Gültigkeit (Linearität) eigentlich nicht bekannt ist. Daher bleibt die Aussage qualitativ.

Nachweisgrenze (konventionell) ist für eine Analysenmethode diejenige, bei der

die reale (Schätz-)Standardabweichung des Blindwertes:
$x_k = k \cdot s_{Bl} + x_{Bl}$
verwendet wird. Die mögliche Konzentration an dieser NG wird fiktiv aus der extrapolierten Eichkurve errechnet. Dieser Wert ist oft mit wechselnden Faktoren k (2 oder 3) in der Literatur angegeben.

Nachweisgrenze (aktuell) ist diejenige für das Analysenverfahren unter Berücksichtigung der realen Standardabweichung des Leerwertes L:
$x_a = k \cdot s_L + x_L$
Sie wird um einen erheblichen Faktor größer als die konventionelle NG, wenn die Probenmatrix (oder andere Bestandteile) die Streuung des Leerwertes beeinflußt. Hier wird die mögliche Konzentration fiktiv aus der Auswertekurve errechnet.

Präzision (Reproduzierbarkeit) ist das Maß für die Übereinstimmung von Meßwerten oder Verfahren unter Wiederhol- oder Vergleichsbedingungen. Ein Ergebnis oder Verfahren ist umso präziser, je geringer der Anteil des zufälligen Fehlers am Gesamtfehler ist. Die Präzision eines Verfahrens wird als Standardabweichung, diejenige eines Meßergebnisses als Vertrauensbereich angegeben.

Proben sind (oder sollen sein) eine repräsentative Materialmenge für ein Los. Diese Proben (Inkremente) der Probennahme sind identisch mit dem Begriff der „Stichproben" in der Statistik.

Probengut ist das während der Probenentnahme bzw. Probenaufbereitung jeweils gewonnene oder nach der Teilung weitergeführte Material.

Probenaufbereitung ist das Zerkleinern, Mischen und Teilen des Probengutes zur Gewinnung der Analysenprobe.

Probennahme ist der Oberbegriff für den gesamten ersten Teil eines Analysenverfahrens von der Probenentnahme bis zur Analysenprobe, aus der die Einwaage erfolgt.

Probenentnahme ist die Entnahme von Proben oder Einzelproben (Inkrementen) aus dem zu prüfenden Gut nach einem festgelegten Plan.

Probenvorbereitung ist die Vorbereitung einer Analysenprobe für die Messung, z. B. das Fräsen und Schleifen von Metallproben für die Spektralanalyse oder die Vorgänge von der Einwaage, dem Lösen oder Aufschließen, dem Extrahieren oder der chromatographischen Anreicherung für die chemischen oder chemisch-physikalischen Meßverfahren.

Prüfung wird allgemein die Gewinnung von Informationen über einen Stoff genannt. Sie umfaßt immer den gesamten Prüfvorgang; bei chemischen Analysen das Analysenverfahren einschließlich der Probennahme und Auswertung der Daten.

Qualitätsmerkmal ist das meßbare Merkmal eines Stoffes, das zur Beurteilung der Qualität dient, z. B. der Fe-Anteil in Eisenerz oder derjenige von Ti in Ferrotitan, von Additiven in Schmierölen usw.

Referenzmaterial (RM) sind Substanzen oder Materialien, von denen eine oder mehrere Merkmalswerte so genau festgelegt sind, daß sie zum Rekalibrieren von Meßgeräten und zur Kontrolle von Auswertekurven – und damit von Meß-, Prüf- oder Analysenverfahren – benutzt werden können.

Referenzverfahren nennt man Methoden und daraus resultierende Ver-fahren, die parallel zur Bestimmung der selben Ele-mente oder Verbindungen in denselben Analysen-proben eingesetzt werden.

Rekalibrieren (Justieren) ist das Einstellen oder Abgleichen eines Meßgerätes vor der aktuellen Anwendung mit Hilfe von RM oder Rekalibrierproben, deren Sollwert (Meßgröße zum Zeitpunkt der Aufstellung der Auswertekurve) so wenig wie möglich abweichen darf.

Relative Standardabweichung (s_r) entspricht dem alten Begriff „Variationskoeffizient" und damit dem Quotienten aus der Standardabweichung und dem Mittel der Einzelmeßwerte x_M:
$s_r = (s / x_M) \cdot 100$.

Routine bedeutet in der Analytik langjährige Übung und Erfahrung mit häufig wiederkehrenden Aufgaben. Heute sind Routineverfahren oft automatisiert, weil entsprechendes Personal nicht mehr zur Verfügung steht.

Richtigkeit ist das Maß für die Übereinstimmung zwischen dem wahrscheinlichsten Wert und dem gemessenen Mittelwert. Ein Meßwert ist um so richtiger, je geringer der Anteil des systematischen Fehlers am Gesamtfehler ist bzw. je kleiner der Wahrscheinlichkeitsbereich wird, in dem der wahrscheinlichste Wert enthalten ist.

Robustheit ist die „Stabilität" eines Analysenverfahrens, sowohl diejenige des Instrumentes, das keine oder nur eine geringe, korrigierbare Drift aufweisen soll, als auch die der resultierenden Auswertefunktion, deren additive oder multiplikative Verschiebungen ebenfalls korrigierbar sein sollen.

Sammelprobe ist die Vereinigung aller Einzelproben (Inkremente).

Siebprobe ist die Analysenprobe zur Ermittlung des Kornaufbaus.

Standardabweichung (s) ist die Kenngröße zur Charakteristik der Streuung von Meßergebnissen nach einer festgelegten Arbeitsvorschrift. Sie ergibt sich nach *Gauß* für eine Meßreihe vom Umfang n mit den Einzelwerten $x_1, x_2, ..., x_n$ zu:
$$s = \pm \sqrt{\left(1/{n-1}\right) \cdot \sum (x_i - \bar{x})^2}$$
Bei der Standardabweichung des Mittels von Mittelwerten ändert sich der Freiheitsgrad $n-1$ in das Produkt $n(n-1)$, wodurch diese um die Wurzel aus der Anzahl der Mittelwerte kleiner wird. Nach DIN 1319 handelt es sich bei s um eine Schätzstandardabweichung, weil die Anzahl der Freiheitsgrade zu klein ist (σ erfordert unendlich viele). Grundsätzliche Voraussetzung ist das Vorliegen einer Normalverteilung (Gauß-Kurve), die bei Einzelwerten selten, bei Mittelwerten schon häufiger vorliegt.

Standardproben sind Reinstsubstanzen (Primärstandards) oder Referenzproben (CRM) mit genau definierten Merkmalswerten.

Statistischer Streubereich gibt bei normalverteilten Meßgrößen einer Grundgesamtheit mit dem Mittelwert μ und der Standardabweichung σ an, mit welcher Wahrscheinlichkeit den Meßwerten getraut werden kann. Nach $P = \mu + \vartheta \cdot \sigma$ ergeben sich mit den Faktoren ϑ: $1{,}96 \equiv 95\%$, $2{,}58 \equiv 99\%$ oder $3{,}00 \equiv 99{,}7\%$ die Wahrscheinlichkeiten (früher: statistische Sicherheiten).

Streuung ist der Sammelbegriff für das Abweichen von Merkmalen, z. B. Toleranz, Varianz oder Standardabweichung.

Systematische Fehler sind einseitige Abweichungen vom wahrscheinlichsten Wert. Soweit man sie erkennt, müssen sie korrigiert oder durch Änderung der Arbeitsvorschrift beseitigt werden. Da dies nie 100%-ig möglich ist, beruhen alle statistischen Angaben in der Analytischen Chemie auf einer Konvention.

Test ist im Gegensatz zum Verständnis im Englischen hier als Begriff für nicht eindeutig beschreibbare, nicht validierte Verfahren zu benutzen, z. B. Test zur Ermittlung der Bindungsformen eines Elementes in einer Analysenprobe, wie die Bestimmung von löslichem Aluminium in Stahl (Speziation).

Toleranz ist ein durch Produktqualitäten vorgegebener Konzentrationsbereich eines Merkmals, der auch durch Grenzwerte definiert sein kann.

Untersuchung ist die Gesamtheit der zur Ermittlung und Weitergabe der gewünschten Informationen erforderliche Arbeit (Analysenumfang).

Validierung bedeutet, nachvollziehbar den Nachweis zu erbringen, daß mit einem Prüfverfahren die Richtigkeit der Meßergebnisse, versehen mit dem Wert für die Ergebnisunsicherheit (besser: Vertrauensbereich), nach dem Stand der Analytik gewährleistet ist.

Varianz (s^2) ist das Quadrat der Standardabweichung.

Vergleichbarkeit (R) ist die Präzision (Standardabweichung) unter Vergleichsbedingungen.

Vergleichsbedingungen sind die, unter denen voneinander unabhängige Messungen nach einem festgelegten Verfahren an identischem Probenmaterial von verschiedenen Beobachtern mit verschiedenen Meßgeräten in unterschiedlichen Laboratorien zu verschiedener Zeit durchgeführt werden.

Vertrauensbereich ist der aus unabhängigen Ergebnissen (stimmt aus menschlichen Gründen fast nie) errechnete Wahrscheinlichkeitsbereich der Richtigkeit (s. statistischer Streubereich).

Volumenanteil in % ist der prozentuale Volumenanteil einer Komponente in einer Flüssigkeit oder einem Gasgemisch.

Wiederholbarkeit (r) ist die Präzision (Standardabweichung), die sich unter Wiederholbedingungen ergibt.

Wiederholbedingungen sind die, unter denen mehrere voneinander unabhängige Messungen nach einer festgelegten Arbeitsvorschrift an identischem Probenmaterial durch denselben Beobachter mit denselben Meßgeräten im selben Laboratorium in kürzest möglichen Zeitabständen durchgeführt werden.

Zeitbedarf ist ein wichtiges Kriterium, das auch unterteilt in Probennahme-, Meß- oder Auswertezeit angegeben werden kann.

Zertifiziertes Referenzmaterial (CRM) ist ein Referenzmaterial (RM), dessen Merkmale mit Analysenverfahren nach dem Stand der Technik (Primärverfahren, genormte oder validierte Hausverfahren) in einer Zertifizierungsprozedur geprüft wurden und das durch ein Zertifikat einer herausgebenden Körperschaft begleitet ist. (Der deutsche Begriff „ZRM" macht, global betrachtet, nur wenig Sinn.)

Zufällige Fehler sind die, welche erst nach mehrfachem Wiederholen von Messungen erkennbar werden. Sie haben keine bestimmte Größe und tragen unterschiedliche Vorzeichen. Sie werden hervorgerufen durch nicht erfaßbare und nicht beeinflußbare Änderungen, die jedoch durch Erfahrenheit und Übung der Operateure erheblich eingeschränkt werden können.

(Diese Auflistung ist natürlich nicht vollständig; sie soll nur dem besseren Verständnis dienen.)

Anhang B – ICP-Bibliographie bis 1979

Zusammengestellt von Jean Michel Mermet

1. High frequency torch discharge as a spectral source, E. Bâdârâu, M. Giurgea, G.H. Giurgea, *Spectrochim. Acta*, 11, 441–447 (1957).
2. Induction coupled plasmas, T.B. Reed, *J. Applied Phys.*, 32, 821–824 (1961).
3. Growth of refractory crystals using the induction plasma torch, T.B. Reed, *J. Applied Phys.*, 32, 2534–2535 (1961).
4. Excitation in radio-frequency discharges, R. Mavrodineanu, R.C. Hughes, *Spectrochim. Acta* 19, 1309–1317 (1963).
5. Beobachtungen und Untersuchungen an HF-Plasmaflammen (Observation and investigation of HF-plasma flames), U. Jecht, W. Kessler, *Fresenius Z. Anal. Chem.* 198, 27–35 (1963).
6. Quantitative spektrochemische Untersuchungen mit hochfrequenten Plasmaflammen (Quantitative spectrochemical investigations with high-frequency plasma flames), W.H. Tappe, J. v.Calker, *Fresenius Z. Anal. Chem.*, 198, 13–26 (1963).
7. Die Anwendung von hochfrequenten Plasmaflammen als spektrochemische Lichtquelle (The application of high-frequency plasma flames as spectrochemical light sources), J. v. Calker, W.H. Tappe, *Archiv Eisenhüttenwesen*, 34, 679 (1963).
8. Electrode erosion in a radio-frequency torch discharge, M. Yamamoto, S. Murayama, *Japan J. Appl. Phys.*, 2, 65–66 (1963).
9. High-pressure plasmas as spectroscopic emission sources, S. Greenfield, I. Ll. Jones, C.T. Berry, *Analyst*, 89, 713–720 (1964).
10. Radio-frequency plasma emission spectrophotometer, C.D. West, D.N. Hume, *Anal. Chem.* 36 412–415 (1964).
11. Plasmaflammen als Anregungsquelle für die Lösungsspektralanalyse mit Ultraschallzerstäubung (Plasma flames as excitation sources for spectral analysis of solutions with supersonic spraying), H. Dunken, G. Pforr, W. Mikkeleit, *Z. Chem.*, 4, 237 (1964).
12. Induction coupled plasma spectrometric excitation source, R.H. Wendt, V.A. Fassel, *Anal. Chem.*, 37, 920–922 (1965).
13. The high-frequency torch: Some facts, figures, and thoughts, S. Greenfield, I.L.W. Jones, C.T. Berry, L.G. Bunch, *Proc. Soc. Anal. Chem.*, 2, 111–113 (1965).
14. Atomic absorption spectroscopy with induction coupled plasmas, R.H. Wendt, V.A. Fassel, *Anal. Chem.*, 38, 337–338 (1966).
15. Emission spectrometry of solutions and powders with a high-frequency plasma source, H.C. Hoare, R.A. Mostyn, *Anal. Chem.*, 39, 1153–1155 (1967).
16. Utilization of an induction plasma in the analysis of traces by atomic absorption, M.A. Biancifiori, C. Bordonali, *Com. Naz. Energ. Nucl.*, 15 (1967).
17. Continuous ultrasonic nebulization and spectrographic analysis of molten metals, V.A. Fassel, G.W. Dickinson, *Anal. Chem.*, 40, 247–249 (1968).
18. Ultrasonic nebulizer for easily changing sample solutions, J.M. Mermet, J. Robin, *Anal. Chem.*, 40, 1918 (1968).
19. An evaluation of the induction-coupled, radio frequency plasma torch for atomic emission and atomic absorption spectrometry, C. Veillon, M. Margoshes, *Spectrochim. Acta*, 23B, 503–512 (1968).
20. The electronic partition function of atoms and ions between 1500°K and 7000°K, L. de Galan,

R. Smith, J.D. Winefordner, *Spectrochim. Acta*, 23B, 521–525 (1968)

21 Emission spectrometric detection of the elements at the nanogram per milliliter level using induction-coupled plasma excitation, G.W. Dickinson, V.A. Fassel, *Anal. Chem.*, 41, 1021–1024 (1969).

22 Temperature profiles and energy balances for an inductively coupled plasma torch, R.C. Miller, R.J. Ayen, *J. Appl. Phys.*, 40, 5260–5273 (1969).

23 Modification of a 30 MHz plasma torch for gas analysis and comparison with a 2450 MHz plasma, D.C. West, *Anal. Chem.*, 42, 811–812.

24 Decomposition of Al2O3 particles injected into argon-nitrogen induction plasmas of 1 atmosphere, M. Capitelli, F. Cramarossa, L. Triolo, E. Molinari, *Combustion and Flame*, 15, 23–32 (1970).

25 Simultaneous Determination of tungsten and molybdenum by high-frequency plasma torch spectrometry, M. Suzuki, *Japan Analyst*, 19, 207–212 (1970).

26 Emission spectroscopy of trace impurities in powdered samples with a high-frequency argon plasma torch, R.M. Dagnall, D.J. Smith, T.S. West, S. Greenfield, *Anal. Chim. Acta*, 54, 397–406 (1971).

27 Operating conditions for plasma sources in emission spectroscopy, S. Greenfield, P.B. Smith, *Anal. Chim. Acta*, 57, 209–210 (1971).

28 The determination of sulphur and phosphorus by atomic emission spectrometry with an induction coupled high-frequency plasma source, G.F. Kirkbright, A.F. Ward, T.S. West, *Anal. Chim. Acta*, 59, 241–251 (1972).

29 The determination of trace metals in microlitre samples by plasma torch excitation, S. Greenfield, P.B. Smith, *Anal. Chim. Acta*, 59, 341–348 (1972).

30 Tentative d'interprétation de l'intérêt des ultrasons pour la nébulisation de solutions en spectroscopie d'émission, J.C. Souilliart, J.M. Mermet, J. Robin, *C.R. Acad. Sc. Paris*, série C, 275, 107–110 (1972).

31 Studies of flame and plasma torch emission for simultaneous multi-element analysis.I. Preliminary investigations, P.W.J.M. Boumans, F.J. de Boer, *Spectrochim. Acta*, 27B, 391–414 (1972).

32 Atomic emission spectrometry with an induction-coupled high-frequency plasma source. The determination of iodine, mercury, arsenic and selenium, G.F. Kirkbright, A.F. Ward, T.S. West, *Anal. Chim. Acta*, 64, 353–362 (1973).

33 Application of inductively coupled plasma excitation sources to the determination of trace metals in microliter volumes of biological fluids, R.N. Kniseley, V.A. Fassel, C.C. Butler, *Clin. Chem.*, 19, 807–812 (1973).

34 Analysis of solutions by emission spectrometry using direct reading and a plasma excitation source, M. Sermin, Analysis, 2, 186–189 (1973).

35 Etude de l'inversion d'Abel en vue de la mesure de la répartition de température dans un plasma inductif, J.M. Mermet, J. Robin, *Rev. Int. Htes Temp. et Réfract.*, 10, 133–139 (1973).

36 A spectroscopic study of some radiofrequency mixed gas plasmas, F. Alder, J.M. Mermet, *Spectrochim. Acta*, 28B, 421–433 (1973).

37 Inductively coupled plasma optical emission analytical spectrometry. A compact facility for trace analysis of solutions, R.H. Scott, V.A. Fassel, R.N. Kniseley, D.E. Nixon, *Anal. Chem.*, 46, 75–80 (1974).

38 Inductively coupled plasma optical emission analytical spectroscopy: tantalum filament vaporization of microliter samples, D.E. Nixon, V.A. Fassel, R.N. Kniseley, *Anal. Chem.*, 46, 210–213 (1974).

39 Inductively coupled plasmas, V.A. Fassel, R.N. Kniseley, *Anal. Chem.*, 46, 1110A–1120A, 1155A–1164A (1974).

40 An improved pneumatic nebulizer for use at low nebulizing gas flow, R.N. Kniseley, H. Amenson, C.C. Butler, V.A. Fassel, *Appl. Spectrosc.*, 28, 285–286 (1974).

41 Mesure de la répartition radiale de la température d'ionisation dans un plasma HF, J. Jarosz, J.M. Mermet, J. Robin, *C.R. Acad. Sc. Paris*, série B, 278, 885–888 (1974).

42 Arrangement for measuring spatial distributions in an argon induction coupled radio frequency plasma, G.R. Kornblum, L. deGalan, *Spectrochim. Acta*, 29B, 249–261 (1974).

43 Atomic emission spectrometry with an induction-coupled high-frequency plasma source. Comparison with the inert-gas shielded premixed nitrous oxide-acetylene flame for multielement analysis, G.F. Kirkbright, A.F. Ward, Talanta, 21, 1145–1165 (1974).

44 Inductively coupled plasma optical emission analytical spectrometry. A study of some interelement effects, G.F. Larson, V.A.Fassel,

R.H. Scott, R.N. Kniseley, *Anal. Chem.*, 47, 238–243 (1975).

45 Remote coupling unit for radio frequency inductively coupled plasmas discharges in spectrochemical analysis, R.G. Schleicher, R.M. Barnes, *Anal. Chem.*, 47, 724–728 (1975).

46 Automatic multi-sample simultaneous multi-element analysis with a HF plasma torch and direct reading spectrometer, S. Greenfield, I. Ll. Jones, H. McD. McGeachin, P.B. Smith, *Anal. Chim. Acta*, 74, 225–245 (1975).

47 Etude des interférences dans un plasma induit par haute fréquence, J.M. Mermet, J. Robin, *Anal. Chim. Acta*, 75, 271 (1975).

48 Sur les mécanismes d'excitation des éléments introduits dans un plasma HF d'argon, J.M. Mermet, *C.R. Acad. Sc. Paris*, série B, 281, 273–275 (1975).

49 Computer simulation of RF induction-heated plasma discharges at atmospheric pressure for spectrochemical analysis. I. Preliminary investigations, R.M. Barnes, R.G. Schleicher, *Spectrochim. Acta*, 30B, 109–134 (1975).

50 Studies of an inductively coupled high-frequency argon plasma for optical emission spectrometry. II. Compromise conditions for simultaneous multielement analysis, P.W.J.M. Boumans, F.J. deBoer, *Spectrochim. Acta*, 30B, 309–334 (1975).

51 Comparaison des températures et des densités électroniques mesurées sur le gaz plasmagène et sur des éléments excités dans un plasma HF, J.M. Mermet, *Spectrochim. Acta*, 30B, 383–396 (1975).

52 A comparitive investigation of some analytical performance characteristics of an inductively coupled plasma and a capacitively coupled microwave plasma for solution analysis by emission spectrometry, P.W.J.M. Boumans, F.J. deBoer, F.J. Dahmen, H. Hölzel, A. Meier, *Spectrochim. Acta*, 30B, 449–469 (1975).

53 Inductively coupled plasma optical emission spectroscopy. Excitation temperatures experienced by analyte species, D.J. Kalnicky, R.N. Kniseley, V.A. Fassel, *Spectrochim. Acta*, 30B, 511–525 (1975).

54 Determination of trace elements in plant materials by inductively coupled plasma optical emission spectrometry, R.H. Scott, A. Strasheim, *Anal. Chim. Acta*, 76, 71–78 (1975).

55 Application of inductively coupled plasmas to the analysis of geochemical samples, R.H. Scott, M.L. Kokot, *Anal. Chim. Acta*, 75, 257–270 (1975).

56 Inductively coupled plasmas as atomization cells for atomic fluorescence spectrometry, A. Montaser, V.A. Fassel, *Anal. Chem.*, 48, 1490–1499 (1976).

57 Nebulization effects with acid solutions in ICP spectrometry, S. Greenfield, H. McD. McGeachin, P.B. Smith, *Anal. Chim. Acta*, 84, 67–78 (1976).

58 Etude spectrométrique d'un plasma induit par haute fréquence. I. Performances analytiques, M.H. Abdallah, R. Diemiaszonek, J. Jarosz, J.M. Mermet, J. Robin, C. Trassy, *Anal. Chim. Acta*, 84, 271–279 (1976).

59 Etude spectrométrique d'un plasma induit par haute fréquence. II. Etude de différents types d'effets interéléments observés, M.H. Abdallah, J.M. Mermet, C. Trassy, *Anal. Chim. Acta*, 84, 329–339 (1976).

60 The use of a spark as a sampling nebulising device for solid samples in atomic absorption, atomic fluorescence and inductively coupled plasma emission spectrometry, H.G.C. Human, R.H. Scott, A.R. Oakes, C.D. West, *Analyst*, 101, 265–271 (1976).

61 Characteristics of photodiode arrays for spectrochemical measurements, G. Horlick, *Appl. Spectrosc.*, 30, 113–123 (1976).

62 Computer simulation of inductively coupled plasma discharge for spectrochemical analysis. II. Comparison of temperature and velocity profiles, and particle decomposition for inductively coupled plasma discharges in argon and nitrogen, R.M. Barnes, S. Nikdel, *Appl. Spectrosc.*, 30, 310–320 (1976).

63 Ultratrace analysis by optical emission spectroscopy: the stray light problem, G.F. Larson, V.A. Fassel, R.K. Winge, R.N. Kniseley, *Appl. Spectrosc.*, 30, 384–391 (1976).

64 Simultaneous determination of wear metals in lubricating oil by ICP atomic emission spectrometry, V.A. Fassel, C.A. Peterson, F.N. Abercrombie, R.N. Kniseley, *Anal. Chem.*, 48, 516–519 (1976).

65 Studies of a radio frequency inductively coupled argon plasma for optical emission spectrometry. III. Interference effects under compromise conditions for simultaneous multielement analysis, P.W.J.M. Boumans, F.J. deBoer, *Spectrochim. Acta*, 31B, 355–375 (1976).

66 Plasma emission sources in analytical spectroscopy. III, S. Greenfield, H. McD. McGeachin, P.B. Smith, *Talanta*, 23, 1–14 (1976).

67 High solids samples introduction for flame atomic absorption analysis, R.C. Fry, M.B. Denton, *Anal. Chem.*, 49, 1413–1417 (1977).

68 Excitation temperatures and electron number densities experienced by analyte species in inductively coupled plasma with and without the presence of an easily ionized element, D.J. Kalnicky, V.A. Fassel, R.N. Kniseley, *Appl. Spectrosc.*, 31, 137–150 (1977).

69 A plasma torch configuration for inductively coupled plasma as a source in optical emission spectroscopy and atomic emission spectroscopy, J.M. Mermet, C. Trassy, *Appl. Spectrosc.*, 31, 237–246 (1977).

70 Relation entre les limites de détection et les propriétés spectrales des éléments introduits dans un plasma induit par haute fréquence, J.M. Mermet, *C.R. Acad. Sc. Paris*, série B, 284, 319–322 (1977).

71 Particle heating in a radio-frequency plasma torch, T. Yoshida, K. Akashi, *J. Applied Physics*, 48, 2252–2259 (1977).

72 A spectroscopic study of a high frequency inductively coupled Ar-H_2S plasma, J. Jarosz, J.M. Mermet, *J. Quant. Spectrosc. Radiat. transfer*, 17, 237–239 (1977).

73 Etude de transferts d'excitation dans un plasma induit par haute fréquence entre gaz plasmagène et éléments introduits, J.M. Mermet, C. Trassy, *Rev. Physique Appliquée*, 12, 1219–1222 (1977).

74 Spatial distribution of the temperature and the number densities of electrons and atomic and ionic species in an inductively coupled RF argon plasma, G.R. Kornblum, L. deGalan, *Spectrochim. Acta*, 32B, 71–96 (1977).

75 An experimental study of a 1-kW, 50 MHz RF inductively coupled plasma with a pneumatic nebulizer, and a discussion of experimental evidence for a nonthermal mechanism, P.W.J.M. Boumans, F.J. deBoer, *Spectrochim. Acta*, 32B, 365–395 (1977).

76 A study of the interference of cesium and phosphate in the low-power inductively coupled radio frequency argon plasma using spatially resolved emission and absorption measurements, G.R. Kornblum, L. de Galan, *Spectrochim. Acta*, 32B, 455–478 (1977).

77 Einsatz der ICP-Emissionsspektrometrie zur simultanen Multielementanalyse (Application of ICP emission spectrometry to simultaneous multielement analysis), K. Ohls, K.H. Koch, H. Grote, *Fresenius Z. Anal. Chem.*, 284, 177–187 (1977).

78 Comparison of two pneumatic nebulizers for use in ICP emission spectroscopy, K. Ohls, K.H. Koch, H. Grote, *Fresenius Z. Anal. Chem.* 287, 10–14 (1977).

79 Application of the ICP emission spectrometry in multielement analysis, K. Ohls, *Analysis*, 5, 419–421 (1977).

80 Calorimetric and dimensional studies on inductively coupled plasmas, S. Greenfield, H. McD. McGeachin, *Anal. Chim. Acta*, 100, 101–119 (1978).

81 Simultaneous determination of trace concentrations of arsenic, antimony, bismuth, selenium and tellurium in aqueous solution by introduction of the gaseous hydrides into an inductively coupled plasma source for emission spectrometry. I. Preliminary studies, M. Thompson, B. Pahlavanpour, S.J. Walton, G.F. Kirkbright, *Analyst*, 103, 568–579 (1978).

82 Simultaneous determination of trace concentrations of As, antimony, bismuth, selenium and tellurium in aqueous solution by introduction of the gaseous hydrides into an inductively coupled plasma source for emission spectrometry. II. Interference studies, M. Thompson, B. Pahlavanpour, S.J. Walton, G.F. Kirkbright, *Analyst*, 103, 705–713 (1978).

83 Optical emission spectrometry with an inductively coupled radiofrequency argon plasma source and sample introduction with a graphite rod electrothermal vaporization device, A.M. Gunn, D.L. Millard, G.F. Kirkbright, *Analyst*, 103, 1066–1073 (1978).

84 Inductively coupled plasma-atomic emission spectrometry: Analysis of biological materials and soils for major, trace, and ultra-trace elements, R.L. Dahlquist, J.W. Knoll, *Appl. Spectrosc.*, 32, 1–29 (1978).

85 A modular Michelson interferometer for Fourier transform spectrochemical measurements from the mid-infrared to the ultraviolet, G. Horlick, K.W. Yuen, *Appl. Spectrosc.*, 32, 38–46 (1978).

86 A simple nebulizer for an inductively coupled plasma system, J.F. Wolcott, C. Sobel, *Appl. Spectrosc.*, 32, 591–593 (1978).

87 Recent advances in emission spectroscopy: inductively coupled plasma discharges for spec-

trochemical analysis, R.M. Barnes, *CRC Crit. Rev. Anal. Chem.*, 7, 203–296 (1978).

88 The behavior of nitrogen excited in an inductively coupled argon plasma, M.H. Abdallah, J.M. Mermet, *J. Quant. Spectrosc. Radiat. transfer*, 19, 83–91 (1978).

89 A spectrometric study of a 40-MHz inductively coupled plasma. III. Temperatures and electron number density, J. Jarosz, J.M. Mermet, J. Robin, *Spectrochim. Acta*, 33B, 55–78 (1978).

90 Spark elutriation of powders into an inductively coupled plasma, R.H. Scott, *Spectrochim. Acta*, 33B, 123–125 (1978).

91 A spectrometric study of a 40-MHz inductively coupled plasma. III. Assessment of this source in oscillator strength measurements of Ta I and Ta II, J. Jarosz, J.M. Mermet, J. Robin, *Spectrochim. Acta*, 33B, 365–371 (1978).

92 Design of a fixed-frequency impedance matching network and measurement of plasma impedance in an inductively coupled plasma for atomic emission spectroscopy, C.D. Allemand, R.M. Barnes, *Spectrochim. Acta*, 33B, 513–534 (1978).

93 Die Emissionsspektrometrie mit ICP-Flamme als Detektor zur Elementanalyse nach gaschromatographischer Trennung (Emission spectrometry with an ICP flame as detector for element analysis after gas chromatographic separation), D. Sommer, K. Ohls, *Fresenius Z. Anal. Chem.* 295, 337–341 (1979).

94 Direkte Analyse fester Proben mit der ICP-Emissionsspektrometrie bei hoher Leistung (Direct analysis of solid samples using the high-power ICP emission spectrometry), K. Ohls, D. Sommer, *Fresenius Z. Anal. Chem.* 296, 241–246 (1979).

95 Development and characterization of a miniature inductively coupled plasma source for atomic emission spectrometry, R.N. Savage, G.M. Hieftje, *Anal. Chem.*, 51, 408–413 (1979).

96 Diagnostic and analytical studies of the inductively coupled plasma by atomic fluorescence spectrometry, N. Omenetto, S. Nikdel, J.D. Bradshaw, M.S. Epstein, R.D. Reeves, J.D. Winefordner, *Anal. Chem.*, 51, 1521–1525 (1979).

97 Direct sample insertion device for inductively coupled plasma emission spectrometry, E.D. Salin, G. Horlick, *Anal. Chem.*, 51, 2284–2286 (1979).

98 Optical emission spectrometry with an inductively coupled radio-frequency argon plasma source and sample introduction with a graphite rod electrothermal vaporization device. I. Instrumental assembly and performance characteristics, A.M. Gunn, D.L. Millard, G.F. Kirkbright, *Analyst*, 103, 1066–1073 (1979).

99 Effectiveness of interference filters for reduction of stray light effects in AES, V.A. Fassel, J.M. Katzenberger, R.K. Winge, *Appl. Spectrosc.*, 33, 1–5 (1979).

100 Inductively coupled plasma atomic emission spectrometry: prominent lines, R.K. Winge, V.J. Peterson, V.A. Fassel, *Appl. Spectrosc.*, 33, 206–209 (1979).

101 Inductively coupled plasma atomic emission spectrometry: on the selection of analytical lines, line coincidence tables, and wavelength tables, R.K. Winge, V.A. Fassel, V.J. Peterson, M.A. Floyd, *Appl. Spectrosc.*, 33, 210–221 (1979).

102 Evaluation of the axially viewed (end-on) inductively coupled argon plasma source for atomic emission spectroscopy, D.R. Demers, *Appl. Spectrosc.*, 33, 584–591 (1979).

103 Line broadening and radiative recombination background interferences in ICP-AES, G.F. Larson, V.A. Fassel, *Appl. Spectrosc.*, 33, 592–599 (1979).

104 A tentative listing of the sensitivities and detection limits of the most sensitive ICP lines as derived from the fitting of experimental data for an argon ICP to the intensities tabulated for the NBS copper arc, P.W.J.M. Boumans, M. Bosveld, *Spectrochim. Acta*, 34B, 59–72 (1979).

105 Some aspects of matrix effects caused by sodium tetraborate in the analysis of rare earth minerals with the aid of inductively coupled plasma emission spectrscopy, J.A.C. Broekaert, F. Leis, K. Laqua, *Spectrochim. Acta*, 34B, 167–175 (1979).

106 Evaluation of spray chambers for use in inductively coupled plasma atomic emission spectrometry, P. Schutyser, E. Janssens, *Spectrochim. Acta*, 34B, 443–449 (1979).

ICP Bibliographie bis 1979
(ICP Information Newsletter)

1. Life with a plasma torch, S. Greenfield, 1, 3–6 (1975).
2. Determination of Uranium in rocks, R.H. Scott, M.L. Kokot, 1, 34–37 (1975).
3. A look at ICP detection limits, P.W.J.M. Boumans, 1, 6871 (1975).
4. Solids and liquids analysis using radio frequency inductively coupled plasma optical emission spectrometry, R.L. Dahlquist, J.W. Knoll, 1, 97–100 (1975).
5. A low power inductively coupled high-frequency argon plasma for simultaneous multielement analysis of solutions by emission spectrometry – A progress report, P.W.J.M. Boumans, F.J. deBoer, 1, 100–103 (1975).
6. Comparaison de générateurs de plasmas h.f. utilesés en analyse par emission atomique, M.H. Abdallah, J. Jarosz, J.M. Mermet, C. Trassy, J. Robin, 1, 103–105 (1975).
7. Élimination des bruits et détection des signaux en spectroscopie atomique cas particuliers de l'absorption atomique, C. Trassy, J. Robin, 1, 106–109 (1975).
8. Computer simulation and experimental verification of an inductively coupled plasma (ICP) discharge, R.M. Barnes, 1, 109–110 (1975).
9. Unambiguous comparison of some analytical performance characteristics of an inductively coupled high-frequency plasma and a capacitively coupled microwave plasma for solution analysis by emission spectrometry, P.W.J.M. Boumans, F.J. deBoer, J. Dahmen, H. Hölzel, A. Meier, 1, 111–113 (1975).
10. Temperature measurement and interference study in an inductively coupled plasma by means of emission and absorption measurements, G.R. Kornblum, L. deGalan, 1, 114–116 (1975).
11. Application of inductively coupled plasmas to the analysis of ferro-manganese, R.H. Scott, A. Strasheim, A.R. Oakes, 1, 117–119 (1975).
12. Generation of stable induction-coupled argon plasma at atmospheric pressure, Y. Nishimura, 1, 126–130 (1975).
13. Routine analysis with an inductively coupled plasma-quantometer system, R.M. Ajhar, A.I. Davison, P.D. Dalager, 1, 157–161 (1975).
14. Application of an adjustable torch and special atomizer with an ICP source, K. Ohls, K. Krefta, 1, 168–170 (1976).
15. Analytical emission spectrography with the induction-coupled plasma source – Part I: General performance, B.T.N. Newland, R.A. Mostyn, 1, 183–194 (1976).
16. A simplified torch design for inductively coupled plasma optical emission spectrometry, F.E. Lichte, S.R. Koirtyohann, 1, 200–202 (1976).
17. Description and preliminary performance of an induction plasma-stand for an Ebert spectrograph, C. Allemand, G. Benzie, 1, 273–277 (1976).
18. Design of an ICP discharge system for residuel fuel analysis for marine applications, C. Allemand, 2, 1–26 (1976).
19. RF generators for ICP applications, H. Linn, 2, 51–61 (1976).
20. Analytical emission spectrometry with induction coupled plasma source – Part II: Analysis of nickel-base alloys, B.T.N. Newland, R.A. Mostyn, 2, 135–146 (1976).
21. En passant, S. Greenfield, H. McD. McGeachin, P.B. Smith, 2, 167–173 (1976).
22. The determination of trace and minor elements in sulphide concentrates using an inductively coupled plasma emission spectrographic technique, A.E. Watson, G.M. Russell, 2, 173–180 (1976).
23. The commissioning of an induction-coupled plasma system and its application to the analysis of copper, lead, and zinc concentrates, A.E. Watson, G.M. Russell, G. Blaes, 2, 205–220 (1976).
24. Rapid multielement analysis of trace metals in seawater by a laminate membrane adsorption disc for inductively coupled plasma atomic emission spectroscopy, W.B. Kerfoot, R.L. Crawford, 2, 289–300 (1977).
25. Detection of trace metals in RF-heated electrodeless lamps by emission spectroscopy, H.U. Eckert, 2, 327–353 (1977).
26. ICP emission spectrometry – nebulizer considerations, K. Ohls, 2, 357–365 (1977).
27. Investigations of the inductively coupled plasma source for analyzing NURE water samples at the Los Alamos Scientific Laboratory, C.T. Apel, T.M. Bieniewski, L.E. Cox, D.W. Steinhaus, 3, 1–13 (1977).
28. Biological effects of radiofrequency and microwave fields, D.W. Golightly, 3, 14–16 (1977).
29. Analysis of phosphorus in geological samples, J.-O. Burman, 3, 33–36 (1977).
30. Comparison of nebulizers for inductively coupled plasma, C.C. Wohlers, 3, 37–50 (1977).

31 Analytical uses of a variable wavelength channel with an iductively coupled argon plasma direct reading spectrometer, A.F. Ward, 3, 51–59 (1977).
32 Inductively coupled plasmas (ICP): State of the art in research and routine analysis, P.W.J.M. Boumans, 3, 71–83 (1977).
33 The preservation of accuracy in the determination of trace elements in complex matrices using inductively coupled argon plasma-optical emission spectroscopy, A.F. Ward, H.R. Sobel, R.L. Crawford, 3, 90–111 (1977).
34 Nebulisers – fact and fiction, S. Greenfield, H. McD. Geachin, F.A. Chambers, 3, 117–127 (1977).
35 Standards and measurements of high temperatures at the National Physical Laboratory, UK, K.C. Lapworth, R.C. Preston, D. Nettleton, C. Brookes, 3, 145–156 (1977).
36 Ultratrace analysis via inductively coupled plasma optical emission spectrometry: The importance of precision RF power regulation and of monitoring nebulizer operation, D.R. Demers, A.I. Friede, 3, 221–228 (1977).
37 Analysis of metallic ions in brewing materials, wort, beer and wine by inductively coupled argon plasma-atomic emission spectroscopy, G. Charalambous, K.J. Bruckner, 3, 239–248 (1977).
38 Leistungsbetrachtung bei Hochfrequenz-Generatoren für ICP (A look on the performance of HF generators for ICP), H. Gast, 3, 250–252 (1977).
39 The determination of trace cerium, lanthanum, neodymium an praseodymium in plain carbon and low alloy steels by induction-coupled plasma emission spectrography, B.T.N. Newland, 3, 263–272 (1977).
40 Application of the induction-coupled plasma system to spectral analysis (NIM-report No. 1907), A.E. Watson, G.M. Russell, 3, 273–283 (1977).
41 Determination of rare earths in mineralogical samples by means of inductively coupled plasma optical emission spectrometry (ICP-OES), J.A.C. Broekaert, F. Leis, K. Laqua, 3 381–387 (1978).
42 The spectrometric analysis of chromium-bearing materials with particular reference to ferrochromium slags and chromite ores, G.M. Russell, A.E. Watson, 3, 409–414 (1978).
43 Concentric glass nebulizer fabrication technique, R.H. Scott, 3, 425–427 (1978).
44 Application of inductively coupled plasma emission spectroscopy to the analysis of ferromanganese alloys, R.H. Scott, A. Strasheim, A.R. Oakes, 3, 448–457 (1978).
45 ICP analysis within the U.S. Environmental Protection Agency, D.R. Scott, 3, 481–482 (1978).
46 An improved concentric glass nebulizer from J.E. Meinhard Associates – Preliminary results, B. Bogdain, 3, 491–493 (1978).
47 Argon plasma spectroscopy: A bibliography, 1959–1977, P.J. Bates, B. Jordon, G.R. Thompson, 4, 14–38 (1978).
48 Derivation of and comments on the relationship between the RSD of a net signal and the concentration of the analyte, P.W.J.M. Boumans, 4, 232–235 (1978).
49 Analysis line set for ICP multielement simultaneous spectrometry in iron and steel laboratories, K. Ohls, D. Sommer, 4, 247–253 (1978).
50 Comparison of two spectroscopic methods of microanalysis, K. Ohls, K.H. Koch, 4, 253–260 (1978).
51 The stray light effect of magnesium on chromium 283,6 nm analytical channel in an inductively coupled plasma-optical emission quantometer, K.D. Haswell, D.A. Rose, J. Warren, 4, 261–265 (1978).
52 Reduction of calcium and magnesium stray light effects in inductively coupled plasma-optical emission spectroscopy using band rejection filters, K.D. Haswell, D.A. Rose, J. Warren, 4, 343–347 (1979).
53 Use of a high-power ICP source and spectrometer in general metallurgical analysis, A.E. Watson, G.M. Russell, 4, 441–457 (1979).
54 Emission spectrometry with the aid of an inductive plasma generator, J. Robin, 4, 495–509 (1979).
55 Analytical application of an air/argon ICP source in emission spectrometry, K. Ohls, D. Sommer, 4, 532–536 (1979).
56 Radiofrequency thermal induction discharge, V. Kh. Goykhman, V.M. Goldfarb, 4, 537–548 (1979).

Literatur

1 Ostwald, W.: *Die wissenschaftlichen Grundlagen der analytischen Chemie*, Verlag Th. Steinkopff, Dresden – Leipzig, 1894 (2. Aufl. 1920).
2 Levey, M.: *Chemistry and Chemical Technology in Ancient Mesopotamia*, Elsevier Pub., Amsterdam – London – New York – Princeton, 1959.
3 Sommer, D., Ohls, K., Koch, K.H.: Ancient Arabian silver coins – surface analysis by SNMS. (1990) *Fresenius' J. Anal. Chem.*, **338**: 127.
4 Latz, G.: *Die Alchemie*, Selbstverlag Bonn, 1869 (Nachdruck: Fourier Verlag Wiesbaden, 1985).
5 Schmieder, K.C.: *Geschichte der Alchemie*, Halle, 1832 (Nachdruck: Marix Verlag Wiesbaden, 2005).
6 Hulpke, H.: (1993) *Nachr. Chem. Techn. Lab.*, **41**: 9–10.
7 Doerffel, K.: (1988) *Fresenius' Z. Anal. Chem.*, **330**: 24–41.
8 Cleij, P., Dijkstra, A.: (1979) *Fresenius' Z. Anal. Chem.*, **298**: 97–109.
9 Danzer, K., Eckschlager, K.: (1978) *Talanta*, **25**: 725–726.
10 Malissa, H.: (1990) *Fresenius' J. Anal. Chem.*, **337**: 159–165.
11 Malissa, H.: (1992) *Fresenius' J. Anal. Chem.*, **343**: 843–848.
12 Malissa, H.: (1993) *Fresenius' J. Anal. Chem.*, **347**: 3–13.
13 Grasserbauer, M.: (1993) *Fresenius' J. Anal. Chem.*, **347**: 19–24.
14 De Haseth, J.: (1990) *Spectrosc. Internat.*, **1**: 22–24 (*J.G. Grasselli's Letter from America: „What is Analytical Chemistry?"*).
15 Cohen, J.B., Smith, G.E. (Eds): Newton's Alchemy, in *The Cambridge Compendium to Newton*, Cambridge, University Press, 2002, S. 370–386.
16 Strube, W.: *Der historische Weg der Chemie*, Aulis Verlag Deubner, Köln, 1989.
17 Agricola, G.: *De Re Metallica Libri XII*, Fourier Verlag, Wiesbaden, 2003 (Nachdruck der Erstausgabe, VDI Verlag, Berlin, 1928).
18 Szabadváry, F.: *Geschichte der Analytischen Chemie*, Verlag Vieweg & Sohn, Braunschweig, 1966.
19 Schmauderer, E.: *Der Chemiker im Wandel der Zeiten*, Verlag Chemie, Weinheim, 1973.
20 Jander, G., Blasius, E.: *Lehrbuch der analytischen und präparativen anorganischen Chemie*, 12. Aufl., S. Hirzel Verl., Stuttgart, 1983 (1. Aufl. 1951 von G. Jander und H. Wendt).
21 Biltz, H., Klemm, W., Fischer, W.: *Experimentelle Einführung in die anorganische Chemie*, 72. Aufl., Verl. W. de Gruyter, Berlin – New York, 1986 (1. Aufl. 1898).
22 Dannemann, F.: *Die Naturwissenschaften in ihrer Entwicklung und in ihrem Zusammenhänge*, Bd. 1, S. 391, Wilh. Engelmann Verl., Leipzig, 1922.
23 Palissy, B.: *Oeuvres (De lárt de terre)*, Paris, 1777.
24 Huserum, J.: *Bücher und Schriften des edlen hochgelehrten und bewährten Philosophie medici Philippi Theophrasti Bombast von Hohenheim Paracelsi genannt: jetzt aufs neue aus den Originalien und Theophrasti eigener Handschrift, soviel dieselben zu bekommen gewesen, aufs trefflichst und fleissigst an Tag gegeben durch Joannem Huserum*, Bd. 6, S. 265, Basel, 1589.
25 Tachenius, O.: *Hyppocrates chimicus*, S. 115–117, Venedig, 1666.
26 Tachenius, O.: *Antiquissimae medicinis Hippocrates clavis manuali experienta in naturae fontibus elaborata*, S. 137–141, Paris, 1671.
27 Glauber, J.R.: *Opera chymica*, T.M. Gotzens Verl., Frankfurt/M, 1658, Bd. 1, S. 29.

28 Gockel, E.: (1697) *Miscell. Acad. Nat. Cur.*
29 Boyle, R.: *Philosophical Works*, London, 1725.
30 Boyle, R.: *Philosophical Works*, Bd. 2, S. 318 (The Hydrostatical Balance).
31 Cramer, J. A.: *Elementa artis docimasticae*, Leyden, 1732.
32 Marggraf, A.S.: *Miscellanae Berolinensa*, 1740.
33 Pott, J.H.: *Chemische Untersuchen, welche fürnehmlich von der Lithogeognosia oder der Erkennung und Bearbeitung der gemeinen einfacheren Steine und Erden, ingleichen von Feuer und Luft handeln*, Potsdam, 1764, 1751 u. 1754.
34 Rinman, S.: (1746) Anmärking om en art jernhaltig termalm ifrän Dannemore socken i Upland. *Acta acad. reg. suec.*
35 Rinman, S.: (1780/81) Om grön malarefarg af cobolet. *Acta acad. reg. suec.*
36 Bergman, T.: *Opuscula*, Bd. 2 (s. Abb. 23).
37 Berzelius, J.J.: *Die Anwendung des Lötrohres*, Nürnberg, 1844.
38 Saussure, H.B.: (1794) Sur l'usage du chalumeau. *J. de phys.* 45.
39 Harkort, E.: *Die Probierkunst mit dem Lötrohre*, Heft 1: Silberproben, Freiberg, 1827.
40 Plattner, K.F.: *Die Probierkunst mit dem Lötrohre*, J.A. Barth Verl., Leipzig, 1865.
41 Marggraf, A.S.: *Mémoires Akad. Berlin*, S. 8, 1743.
42 Woodward: (1725) *Philos. Transact.*, **35**: 15.
43 Kopp, H.: *Geschichte der Chemie*, Vieweg Verl., Braunschweig, 1843/47, Bd. 4, S. 369.
44 Marggraf, A.S.: *Mémoires Akad. Berlin*, S. 20, 1756.
45 Marggraf, A.S.: *Opusculus*, Bd. 1, S. 13 (s. Abb. 19).
46 Klaproth, M.H.: *Beiträge zur chemischen Kenntnis der Mineralkörper*, Bd. 1–6, Posen – Berlin, 1795/1815 (s. Abb. 21).
47 Proust, J.L.: (1806) *J. de Phys. Chim. Hist. Nat.*, 63: 364.
48 Bergman, T.: *De minerarum docimasia humida, Opuscula II*, 1780.
49 Bergman, T.: *De analysi aquarium, Opuscula I*, S. 68, 1780.
50 Bergman, T.: *Opuscula I*, S. 89, 1780.
51 Bergman, T.: *Opuscula II*, S. 399, 1785.
52 Bergman, T.: *Opuscula II*, S. 403, 1785.
53 Menschutkin, B.N.: (1905) *Ann. der Naturphilosophie*, 4, 223.
54 Lavoisier, A.L.: *Traité élémentaire de chimie*, S. 101, Paris, 1789.
55 Lavoisier, A.L.: *Œuvres*, Bd. 2, S. 339, Paris, 1854.
56 Wenzel, K.F.: *Lehre von der Verwandtschaft der Cörper*, Gerlach, Dresden, 1800, S. 4.
57 Berthollet, C.L.: *Essai d'une statiique chimique*, Bd. 1, S. 136, Paris, 1803.
58 Berthollet, C.L.: *ibid.*, Bd. 1, S. 180, Paris, 1803.
59 Proust, J.L.: (1800) *J. de physique* **51**: 174 und (1802) *J. de physique* **54**: 89.
60 Wollaston, W.H.: (1808) *Phil. Transact.*
61 Dalton, J.: *Mémoirs of the Literary and Phil. Soc.*, Manchester, Bd. 1, S. 271. F.R.S.&c 1827.
62 Berzelius, J.J.: *Lehrbuch der Chemie*, Bd. 10, dtsch. Hrsg. F. Wöhler, Dresden – Leipzig, 1841.
63 Berzelius, J.J.: *Selbstbiographische Aufzeichnungen*, Schwed. Akad., 1898.
64 Fresenius, C.R.: *Anleitung zur quantitativen Analyse*, Braunschweig, 1847.
65 Müller, G.-O.: *Praktikum der quantitativen chemischen Analyse*, S. Hirzel Verl., Leipzig, 1954.
66 Berl, E., Lunge, G.: *Chemisch-technische Untersuchungsmethoden*, Bd. I–V, 8. Aufl., Verl. Julius Springer, Berlin, 1932.
67 Medicus, L.: *Kurze Anleitung zur Gewichtsanalyse*, Verl. der H. Laupp'schen Buchhandlung, Tübingen, 1897.
68 Treadwell, F.P.: *Kurzes Lehrbuch der Analytischen Chemie*, Bd. II, Quantitative Analyse, Verl. Franz Deuticke, Leipzig – Wien, 1902.
69 Prodinger, W.: *Organische Fällungsmittel in der quantitativen Analyse*, F. Enke Verl., Stuttgart, 1937 (2. Aufl. 1939, 3. Aufl. 1954).
70 Asmus, E., Ohls, K.: (1960) *Fresenius' Z. Anal. Chem.*, **177**: 100.
71 Hecht, F., Donau, J.: *Anorganische Mikrogewichtsanalyse*, Verl. J. Springer, Wien, 1940.
72 Tölg, G., Lorenz, I.: Methoden der mikrochemischen Elementbestimmung und ihre Grenzen, in *Fortschritte der chemischen Forschung*, Bd. 11, H. 4. Springer Verl. Berlin, Heidelberg, 1969.
73 Hecht, F., Zacherl, M.K.: *Handbuch der mikrochemischen Methoden*, Bd. 1, T. 2, Springer-Verlag, Wien, 1959.
74 Autenrieth, W., Keller, O.: *Quantitative chemische Analyse*, Verl. Th. Steinkopff, Dresden – Leipzig, 1951.
75 Specht, F.: *Quantitative anorganische Analyse in der Technik*, Verl. Chemie, Weinheim, 1953.
76 Küster, F. W., Thiel, A., Fischbeck, K.: *Logarithmische Rechentafeln*, Verl. Walter de Gruyter & Co., Berlin, 1956 (68.–73. Aufl. usw.).
77 Fritz, J.S., Schenk, G.H.: *Quantitative analytische Chemie*, F. Vieweg & Sohn, Braunschweig

– Wiesbaden, 1989 (Trans.: *Quantitative Analytical Chemistry*, 4. Ed., Allyn and Bacon, Boston, 1979).

78 Burger, K.: *Organic Reagents in Metal Analysis*, Pergamon Press, Oxford – New York – Toronto – Sydney – Braunschweig, 1973.

79 Ohls, K., Sebastiani, E., Riemer, G.: (1976) *Fresenius' Z. Anal. Chem.* **281**: 142.

80 Gottschalk, G.: (1965) *Fresenius' Z. Anal. Chem.* **212**: 380–394.

81 Kettrup, A.: Thermogravimetrie – Differentialthermoanalyse, in *Analytiker-Taschenbuch*, Bd. 4, S. 85, Springer Verl. Berlin, 1984.

82 Flock, J., Koch, K.H.: (1997) *CLB* **48**: 280 und (1997) *GIT* **12**: 1184.

83 GDMB: *Analyse der Metalle*, Springer Verlag, Berlin, 1942 (bis heute).

84 VDEh: *Handbuch für das Eisenhüttenlaboratorium*, Verlag Stahleisen, Düsseldorf, 1939 (bis heute).

85 ASTM: *Annual Books of Standards*, American Society for Testing and Materials, 1916 Race Street, Philadelphia, PA 19103, USA.

86 Moore, R.B.: *Die chemische Analyse seltener technischer Metalle*, Akadem. Verlagsges., Leipzig, 1927.

87 Harrison, T.S.: *Handbook of Analytical Control of Iron and Steel Production*, Ellis Horwood Publ., Chichester, 1979.

88 Spauszus, S.: *Methoden der chemischen Stahl- und Eisenanalyse*, VEB Verl. Grundstoffind., Leipzig, 1967.

89 Mika, J.: *Metallurgische Analysen*, Akadem. Verlagsges. Geest & Portig, Leipzig, 1964.

90 Ginsberg, H.: *Leichtmetallanalyse*, Verl. W. de Gruyter & Co., Berlin, 1940 (4. Aufl. 1965).

91 Benedetti-Pichler, A.A.: Waagen und Wägung, in (73.) u. Beiträge zur Gewichtsanalyse mit der Mikrowaage von Kuhlmann. *Mikrochem.* 1929, S. 6 (Pregl-Festschrift).

92 Biétry, L.: (1966) *Chimia (Aarau)* **20**: 143.

93 Hess, E., Thomas, W.: (1955) *Z. Angew. Phys.* **7**: 559.

94 Nernst, W., Riesenfeld, E.H.: (1903) *Chem. Ber.* **36**: 2086.

95 Riesenfeld, E. H., Möller, H. F.: (1915) *Z. Elektrochem.* **21**: 131.

96 Donau, J.: (1933) *Mikrochem.* **13**: 155.

97 Ångström, K.: (1895) *Svensk. Vetensk. Selsk. Forh.* **9**: 643.

98 Steele, B.D., Grant, K.: (1909) *Proc. Roy. Soc.* (London), Ser. A, **82**: 580.

99 Zeuthen, E.: (1947) *Nature* **159**: 440.

100 Neher, H.V. in Strong, J.: *Procedures of Experimental Physics*, 2. Ed., Prentice Hall, New York, 1942.

101 Asbury, H., Belcher, R., West, T.S.: (1956) *Mikrochim. Acta*, S. 598.

102 Salvioni, E., Atti, R.: *Misura di masse compresse fra g 10–1e g 10–6*, Accad. Peloritena, Messina, 1901.

103 Beams, J.W.: (1950) *Phys. Rev.*, **78**: 471.

104 Bunsen, R.W.: (1853) *Liebigs Ann. Chem.*, **86**: 265.

105 Margueritte, F.: (1846) *Ann. Chim. Phys.*, **18**: 244.

106 Schwarz, K.-H.: *Praktische Anleitung zu Maßanalysen (Titrir-Methode)*, Braunschweig, 1850.

107 Asmus, E., Ohls, K.: (1965) *Z. Anorg. Allg. Chem.*, **341**: 225.

108 Kolthoff, I.M.: *Konduktometrische Titrationen*, Th. Steinkopff Verl., Dresden – Leipzig, 1923.

109 Jander, G., Pfundt, O.: *Die konduktometrische Maßanalyse*, F. Enke Verl., Stuttgart, 1945.

110 Jander, G., Jahr, K.F, Hrsg. Schulze, G., Simon, J.: *Maßanalyse – Theorie und Praxis der Titrationen mit chemischen und physikalischen Indikationen*, 16. Auflage, Walter de Gruyter Verlag, Berlin – New York, 2003.

111 Gay-Lussac, J.L.: *Vollständiger Unterricht über das Verfahren, Silber auf nassem Wege zu probiren*, Braunschweig, 1833.

112 Winkler, C., Brunck, O.: *Praktische Übungen in der Massanalyse*, 3. Auflage, Arthur Felix Verlag, Leipzig, 1902.

113 Fischer, K.: (1935) *Angew. Chemie*, **48**: 394.

114 Kühl, G.W.: Entwicklung der Komplexometrie, 1942 (nach *Römpp Chemielexikon*, G. Thieme Verlag, Stuttgart, 1995).

115 Schwarzenbach, G.: *Die komplexometrische Titration*, 3. Aufl., F. Enke Verlag, Stuttgart, 1960.

116 Flaschka, H., Püschel, R.: (1954) *Fresenius' Z. Anal. Chem.*, **143**: 330.

117 Přibil, R., Jelinek, M.: (1953) *Chem. Listy*, **47**: 1326.

118 Přibil, R., Doležal, J., Simon, V.: (1953) *Chem. Listy*, **47**: 1017.

119 Přibil, R.: (1954) *Chem. Listy*, **48**: 825.

120 Přibil, R.: *Komplexometrie*, Bd. I–IV, VEB Deutscher Verlag für Grundstoffindustrie, Leipzig, 1962–1966.

121 Umland, F., Janßen, A., Thierig, D., Wünsch, G.: *Theorie und praktische Anwendung von*

Komplexbildnern, Akadem. Verlagsges., Frankfurt/M., 1971.
122 Kinnunen, J., Merikanto B.: (1955) *Chem. Anal.*, **44**: 11, 50.
123 Kinnunen, J., Merikanto B.: (1955) *Chem. Anal.*, **44**: 75.
124 Kinnunen, J., Wennerstrand, B.: (1954) *Chem. Anal.*, **43**: 88.
125 Kinnunen, J., Wennerstrand, B.: (1954) *Metallurgia*, **50**: 140.
126 Kinnunen, J., Wennerstrand, B.: (1955) *Chem. Anal.*, **44**: 33, 51.
127 Plinius, C.S.: *Naturalis historia libri II*, S. 110.
128 Paracelsus, T.B.: *Bücher und Schriften*, Basel, 1589.
129 van Helmont, J.H.: *Ortus medicinae etc*, Leyden, 1636.
130 Bernoulli, J.: *Dissertatio de effervescentia et fermentattione*, Basel, 1690.
131 Cavendish, H.: Experiments on Air. *Philos. Transact.*, 1784.
132 Cavendish, H.: Experiments on Factitions Air. (1766) *Philos. Transact.*
133 Rutherford, D.: *Dissertatio de aero fixo dictu aut mefistico*, Edinburgh, 1772.
134 Priestley, J.: *Experiments and Observations on Different Kinds of Air*, London, 1772.
135 Scheele, C.W.: *Opuscula chemica et physica*, Leipzig, 1788/89.
136 Roth, G.D.: Joseph Fraunhofer, in *Große Naturforscher*, Wiss. Verlags- Gesellschaft, Stuttgart, 1976.
137 Am. Soc. of Appl. Spectrosc. Newl. 25/1. (1998) *Appl. Spectry.*, **52**: 8.
138 Fraunhofer, J.: (1817) *Denkschr. Münch. Akad.*, **5**: 193.
139 Melville, T.: Observations on Light and Colours. (1756) *Phys. Lit. Edinburgh* 2, 12.
140 Herschel, F.W.: (1800) *Philos. Transact.*, **II**: 255.
141 Wollaston, W.H.: (1802) *Philos. Transact.*, **II**: 365.
142 Herschel, F.W.: (1800) *Philos. Transact.*, **II**: 284.
143 Wollaston, W.H. in *Lexikon der Naturwissenschaften*, Spektrum Akad. Verl., Heidelberg, 2000.
144 Ritter, J.W.: (1801) *Gilbert's Ann.* (*Ann. Phys.*), **7**: 527.
145 Schulze, J.H. in Eder J.M.: *Geschichte der Photographie*, Knapp, Halle, 1932 und Maddox, R.L.: *History of Photography*, Bradford, 1888.
146 Ritter, J.W.: (1803) *Gilbert's Ann.*, **12**: 409.
147 Talbot, W.H.F.: (1825) *Brewster's J. Sci.*, **5**: 77 und (1834) *Phil. Mag.*, **4**: 112.
148 Brewster, D.: (1834) *Edinburgh Transact.*, **12**: 519.
149 Herschel, J.F.W.: (1823) *Trans. Roy. Soc. Edinburgh*, **9**: 445 oder (1840) *Phil. Trans.*, **I**: 1.
150 Fraunhofer, J.: (1817) *Ann. Phys.*, **56**: 264.
151 Wheatstone, Ch.: (1835) *Phil. Mag.*, **7**: 299.
152 Tricker, R.A.R.: *Die Beiträge von Faraday und Maxwell zur Elektrodynamik*, Vieweg Verlag, Wiesbaden, 1974.
153 Pynchon, T.R.: *Introduction to Chemical Physics*, 2nd. Ed., van Noszrand, New York, 1873.
154 Masson, A.: (1851) *Ann. Chim. Phys.*, **31**: 295.
155 Ångström, A.J.: (1855) *Phil. Mag.*, **9**: 327.
156 Alter, D.: (1854) *American J.*, **18**: 55 und (1855) *American J.*, **19**: 213.
157 Helmholtz, H.: (1855) *Poggend. Ann.*, **94**: 205.
158 Robinquet, E.: (1859) *Compt. Rend.*, **49**: 606.
159 Swan, J.W.: (1857) *Transact. Roy. Soc. Edinburgh*, **21**: 411.
160 Plücker, J.: (1858) *Ann. Phys.*, **107**: 497.
161 Van der Willigen, V.S.M.: (1859) *Ann. Phys.*, **108**: 610.
162 Bunsen, R.W., Roscoe, H.E.: (1857) *Poggend. Ann.*, **101**: 235 sowie (1857) *Poggend. Ann.*, **100**: 43.
163 Kirchhoff, G.R.: *Vorlesungen über Elektrizität und Magnetismus*, Hrsg. M. Planck, Verlag Teubner, Leipzig, 1891.
164 Roscoe, H.E.: *Gesammelte Abhandlungen von Bunsen*, Bd. 1, Leipzig, 1904.
165 Marggraf, S.A.: (1751) *Opusculus*, Bd. 2 : 331, 338 u. 386.
166 Kirchhoff, G.R.: (1859) *Monatsber. Dtsch. Akad. Wiss. Berlin*, S. 783.
167 Kirchhoff, G.R., Bunsen, R.W.: (1860) *Poggend. Ann. Phys.*, **110**: 160 und (1860) *J. Chem. Soc.*, **13**: 270 sowie (1861) *Ann. Chim. Phys.*, **63**: 452.
168 Wheatstone, Ch, Crookes, W.: (1861) *Chem. News*, **3**: 198.
169 Ångström, A.J.: (1863) *Poggend. Ann.*, **118**: 94.
170 Kirchhoff, G. R.: (1863) *Poggend. Ann.*, **118**: 9.
171 Kirchhoff, G. R.: (1861) *Abhandlg. Berlin Akad.*, S. 63, (1862) S. 227 und (1863) S. 215 sowie (1862) *Ann. Chim. Phys.*, **64**: 257.
172 Crookes, W.: (1861) *Chem. News*, **3**: 193.
173 Reich, F., Richter, T.: (1863) *J. Prakt. Chem.*, **89**: 441.

174 Lecoq de Boisbaudran, P.E.: (1875) *Compt. Rend.*, **81**: 49.
175 Bunsen, R.W.: (1868) *Lieb. Ann.*, **148**: 269.
176 Bragge, W. s. unter Roscoe [177].
177 Roscoe, H.E.: (1863) *Proc. Lit. A. Phil. Soc.*, Manchester, S. 57.
178 Foucault, L.: (1860) *Ann. Chim. Phys.*, **62**: 476.
179 Lockyer, J.N.: (1874) *Philos. Transact.*, **164**: 479, (1879) *Proc. Roy. Soc.*, **28**: 428 und (1879) *Proc. Roy. Soc.*, **28**: 425.
180 Eder, J.M.: *Geschichte der Photographie*, Bd. I u. II., Knapp, Halle, 1932.
181 Newhall, B.: *Geschichte der Photographie*, Schirmer/Mosel, München, 1984.
182 Müller, A.: (1853) *J. prakt. Chem.*, **60**: 474 und (1855) **66**: 193.
183 Becquerel, A. E.: (1842) *Bibl. Univ. Genève*, **40**: 341.
184 Draper, J.W.: (1842) *Phil. Mag.*, **21**: 348 und (1845) *Phil. Mag.*, **26**: 46.
185 Crookes, W.: (1862) *Proc. Roy. Soc.*, **12**: 150.
186 Kopp, H.: *Geschichte der Chemie*, 4. Theil, S. 369, Vieweg, Braunschweig, 1847.
187 Mascart, N.: (1863) *Compt. Rend.*, **57**: 789 und (1864) **58**: 1111.
188 Ångström, A.J.: *Recherches sur le spectre normal du solaire*, Uppsala, 1868.
189 Janssen, J.: (1870) *Compt. Rend.*, **71**: 626.
190 Champion, P., Pellet, H., Grenier, M.: (1873) *Compt. Rend.*, **76**: 707.
191 Gouy, G.L.: (1877) *Compt. Rend.*, **85**, 70, und (1879) *Ann. Chim. Phys.*, **18**: 5.
192 Cornu, A.: in *Lexikon der Naturwissensch.*, Spektrum Akad. Verl., Heidelberg, 2000.
193 Hartley, W.N.: (1882) *J. Chem. Soc.*, **41**: 84, 202 und 210.
194 Hartley, W.N.: (1884) *Philos. Trans.*, **175**: 49.
195 Hartley, W.N.: (1884) *Philos. Trans.*, **175**: 325.
196 Langley, S.: (1881) *American J. Sci.*, **21**: 187.
197 Rowland, H. A.: (1893) *Astrophys.*, **12**: 32.
198 Hittorf, J.W.: (1884) *Ann. Phys.*, **3**: 75.
199 Plücker, J., Hittorf, J.W.: (1865) *Philos. Trans.*, **155**: 1.
200 Michelson, A.A., Morley, E.W.: (1887) *Phil. Mag.*, **24**: 463.
201 Hurter, F., Driffield, J.C.: (1890) *J. Soc. Chem. Ind.*, **9**: 455.
202 Schuhmann, V.: (1901) *Ann. Phys.*, **3**: 349.
203 Schenck, C.C.: (1901) *Astrophys. J.*, **19**: 116.
204 Lyman, Th.: (1901) *Phys. Rev.*, **12**: 1 und (1903) **16**: 257.
205 Michelson, A.A.: (1892) *Phil. Mag.*, **14**: 280, s. a. Giacomo, P.: (1987) *Mikrochim. Acta* (Wien), **111**: 19.
206 Pollock, J.A.: (1909) *Sci. Proc. R. Dublin Soc.*, **11**: 331 u. 338.
207 Kayser, H., Ritschl, R.: *Handbuch der Spektroskopie*, J. Springer, Berlin, 1939.
208 Kock, P.P.: (1912) *Ann. Phys.*, **39**: 705.
209 De Gramont, A.: (1914) *Compt. Rend.*, **159**: 6, (1920) *Compt. Rend.*, **171**: 1929 und (1922) *Compt. Rend.*, **175**: 1025.
210 Meggers, W. F., Burns, K.: (1922) *Natl. Bur. Std., Sci. Papers* **18**: 185 und Meggers, W. F., Kiess, C.C., Stimson, F.J.: (1922) *Natl. Bur. Std. Sci. Papers*, **18**: 235.
211 Bassett, W.H., Davies, C.H.: (1923) *Trans. Am. Inst. Mining Eng.* **68**: 662
212 Gerlach, W.: (1925) *Z. Anorg. Allg. Chem.*, **142**: 383 und Gerlach, W., Schweitzer, E.: *Die Chemische Emissionsspektralanalyse*, Leopold Voss, Leipzig, 1930 (*Foundations and Methods of Chemical Analysis by Emission Spectrum*, engl. Ed., Hilger, London, 1931).
213 Thomson, J.J.: (1927) *Phil. Mag.*, **74**: 1128.
214 Scheibe, G., Neuhäusser, A.: (1928) *Z. Angew. Chem.*, **41**: 1218.
215 Lundegårdh, H.G.: (1930) *Z. Phys.*, **66**: 109.
216 Lomakin, B.A.: (1930) *Z. Anorg. Allg. Chem.*, **187**: 75.
217 Lundegårdh, H. G.: *Die quantitative Spektralanalyse der Elemente*, Teil 2, Gustav Fischer, Jena, 1934.
218 Iams, H., Salzberg, B.: (1935) *Proc. IRE*, **23**: 55.
219 Mannkopff, R., Peters, C.: (1931) *Z. Phys.*, **70**: 444.
220 Twyman, F., Hitchen, C.S.: (1931) *Proc. Roy. Soc.* (London), A**133**: 72.
221 Slavin, M.: (1938) *Ind. Eng. Chem., Anal. Ed.*, **10**: 407.
222 Slavin, M.: (1933) *Eng. Mining J.*, **134**: 509.
223 Feussner, O.: (1932) *Arch. Eisenhüttenwesen*, **6**: 551.
224 Vincent, H.B., Sawyer, R.A.: (1939) *Spectrochim. Acta*, **1**: 131.
225 Thanheyser, G., Heyes, J.: (1939) *Mitt. K.-Wilh.-Inst. Eisenforsch.*, **21**: 270 und *Spectrochim. Acta*, **1**: 270.
226 Woodson, T.T.: (1939) *Rev. Sci. Instrum.*, **10**: 308.
227 Rajchman, J.A., Snyder, R.L.: (1940) *Electronics*, **13** (20–3): 58 u. 60.
228 Kaiser, H.: (1941) *Spectrochim. Acta*, **2**: 1.

229 Kaiser, H.: (1941) *Stahl u. Eisen*, **64**: 35.
230 Pfeilsticker, K.: *Method and Apparatus for Spectrum Excitation*, U.S. Pat. 2,212,950.
231 Scribner, B.F., Mullin, H.R.: (1946) *J. Res. Nat. Bur. Std.*, **37**: 379.
232 McNally, J.R. Jr., Harrison, G.R., Rowe, E.: (1947) *J. Opt. Soc. Am.*, **37**: 93.
233 Harvey, C.E.: *A Method of Semiquantitative Spectrographic Spectroscopy*, ARL Glendale, Calif., 1947.
234 Hasler, M.F., Dietert, H.W.: (1943) *J. Opt. Soc. Am.*, **33**: 218.
235 Meggers, W.F.: (1918) *Bull. Natl. Bur. Std.*, **14**: 374.
236 Hansen, G.: (1924) *Z. Phys.*, **29**: 356.
237 Occhialini, A.: (1929) *Atti. Accad. Lincei*, **9**: 573.
238 Twyman F., Smith, D.W.: *Wavelength Tables for Spectrum Analysis*, 2nd ed., Hilger & Watts, London, 1931.
239 Thomson, K., Duffendack. O.S.: (1933) *J. Opt. Soc. Am.*, **23**: 101.
240 Duffendack, O.S., Wolfe, R.A.: *Quantitative Spectral Analysis*, U.S. Pat. 1,979,964 (Nov. 6, 1934).
241 Scheibe, G. Rivas, A.: (1936) *Z. Angew. Chem.*, **49**: 443.
242 Strock, L.W.: *Spectrum Analysis with the Carbon Arc Cathode Layer*, Hilger, London, 1936.
243 Kaiser, H.: (1936) *Z. Techn. Physik*, **17**: 227.
244 Pastore, S.: (1937) *Met. Ital.*, **29**: 163.
245 Eisenlohr, F., Alexy, K.: (1937) *Z. Phys. Chem.*, A**179**: 241.
246 Gerlach, W., Rollwagen, W.: (1937) *Naturwiss.*, **25**: 570.
247 Harrison, G.R.: *Wavelength Tables (The Technolog. Press MIT)*, J. Wiley & Sons, New York, 1939.
248 Raisky, S.M.: (1939) *J. Tech. Phys.*, **9**: 1719.
249 Kaiser, H., Wallraff, A.: (1939) *Ann. Phys.*, **34**: 29.
250 Breckpot, R.: (1939) *Spectrochim. Acta*, **1**: 137.
251 Duffendack, O.S., Larue, J.M.: (1941) *J. Opt. Soc. Am.*, **31**: 146 (Aug. 27, 1940) und (1937) *Z. Elektrochem.*, **43**: 719.
252 Twyman, F.: *The Spectrochemical Analysis of Metals and Alloys*, Charles Griffin, London, 1941.
253 Meggers, W.F.: (1941) *J. Opt. Soc. Am.*, **31**: 39.
254 Sventitskij, N.S.: (1942) *Compt. Rend. Acad. Sci. URSS*, **37**: 205.
255 Hasler, M.F., Dietert, H.W.: (1944) *J. Opt. Soc. Am.*, **34**: 751.
256 Fowler, R.G., Wolfe, R.A.: (1945) *J. Opt. Soc. Am.*, **35**: 170.
257 Levy, S.: (1945) *J. Opt. Soc. Am.*, **35**: 221.
258 Saunderson, J.L., Caldecourt, V.J., Peterson, E.W.: (1945) *J. Opt. Soc. Am.*, **35**: 681.
259 Coheur, P.: (1946) *J. Opt. Soc. Am.*, **36**: 498.
260 Meggers, W.F.: (1947) *Spectrochim. Acta*, **3**: 5.
261 Hasler, M.F., Lindhurst, R.W., Kemp, J.W.: (1948) *J. Opt. Soc. Am.*, **38**: 789.
262 Laqua, K.: (1952) *Spectrochim. Acta*, **4**: 446.
263 Bardocz, A.: (1953) *Nature*, **171**: 1156.
264 Corliss, C.H.: (1953) *Spectrochim. Acta*, **5**: 378.
265 Junkes, J., Salpeter, E.W.: (1955) *Spectrochim. Acta*, **7**: 60.
266 Walters, J.P.: (1969) *Appl. Spectry*, **23**: 317.
267 Strock, L.W.: (1969) *Appl. Spectroscopy*, **23**: 309.
268 Gatterer, A., Junkes, J.: *Atlas der Restlinien von 30 Elementen, jede Linie in drei Stärken, in Berührung mit dem Fe-Spektrum*, Rom, 1936.
269 Gössler, F.: *Bogen- und Funkenspektrum des Eisens von 4555 bis 2277 Å mit gleichzeitiger Angabe der Analysenlinien der wichtigsten Elemente*, Jena, 1942.
270 Moritz, H.: Spektrochemische Betriebsanalyse, in *Die Chemische Analyse*, Hrsg. G. Jander, Bd. 43, F. Enke Verl., Stuttgart, 1940 u. 1956.
271 Mandelstam, S.: *Einführung in die Spektralanalyse*, 2. Aufl., Moskau, 1946.
272 Brode, W.R.: *Chemical Spectroscopy*, 5. Aufl., New York, 1949.
273 Harrison, E.R., Lord, R.C., Loofbourow, J.R.: *Practical Spectroscopy*, New York, 1948/49.
274 Seith, W., Ruthardt, K.: *Chemische Spektralanalyse*, Springer, Heidelberg, 1949.
275 Twyman, F.: *Metal-Spectroscopy*, London, 1951.
276 Leutwein, F.: *Über die Anwendung der Spektralanalyse in der Metallurgie und Montanindustrie*, Technik-Verl., Berlin, 1953.
277 Loewe, F.: *Optische Messungen des Chemikers und des Mediziners*, 6. Aufl., Steinkopff, Dresden, 1954.
278 Scheller, H.: *Einführung in die angewandte spektrochemische Analyse*, Technik-Verl., Berlin, 1953.
279 Foucault, L.: (1860) *Ann. Chim. Phys.*, **68**: 476.
280 Lampedius: (1838) *J. prakt. Chem.*, **13**: 385.
281 Heine, C.: (1845) *J: prakt. Chem.*, **36**: 181.
282 Herapath, W.J.: (1853) *Chem. Gaz.*, **259**: 294 und *J. prakt. Chem.*, **60**: 319.
283 Jacquelain, A.: (1846) *Compt. rend.*, **22**: 945.
284 Müller, A.: (1853) *J. prakt. Chem.*, **60**: 474 und (155) *ibid.* **66**: 193.

285 Dehm, F.: (1863) *Fresenius' Z. Anal. Chem.*, **2**: 143.
286 Duboscq, J.: (1870) *Chem. News* **21**: 31.
287 Bahr, J., Bunsen, R.W.: (1866) *Lieb. Ann.*, **137**: 1.
288 Govi, G.: (1860) *Compt. rend.*, **50**: 156.
289 Govi, G.: (1877) *Compt. rend.*, **86**: 1044, 1100.
290 Vierordt, C.: (1870) *Poggend. Ann.*, **140**: 172 und *Die Anwendung des Spektralapparates zur Photometrie der Absorptionsspektren und zur quantitativen Analyse*, Tübingen, 1873.
291 Bougouer, P.: *Esai dóptique sur la gradation de la lumiére.*, Paris, 1729.
292 Beer, A.: (1852) *Poggend. Ann.*, **86**: 78.
293 Bernard, F.: (1852) *Ann. Chim. Phys*, **16**: 78.
294 Bunsen, R.W., Roscoe, H.E.: (1857) *Poggend. Ann.*, **101**: 235.
295 Glan, P.: (1877) *Wiedemanns Ann.*, **1**: 351.
296 Hüfner, G.: (1877) *J. prakt. Chem.*, **16**: 290.
297 Krüss, G.: *Kolorimetrie und quantitative Spektralanalyse*, Hamburg – Leipzig, 1891.
298 Kortüm, G.: *Kolorimetrie, Photometrie und Spektrometrie*, Springer-Verl., Berlin, Göttingen, Heidelberg, 1962.
299 Willard, H.H.: (1951) *Anal. Chem.*, **23**: 1728.
300 Hansen, G.: (1951) *Optik*, **8**: 251.
301 Thomson, L.C.: (1946) *Trans. Faraday Soc.*, **42**: 663.
302 Mariotte, E.: *Traité de la Nature des Couleurs*, Paris, 1686.
303 Scheele, C.W.: *Traité de l'Air et du Feu*, Paris, 1781.
304 Jones, R.N.: *Chemical, Biological and Industrial Applications of Infrared Spectroscopy*, Ed. Durig, J.R., John Wiley & Sons, Chichester, 1985.
305 Ampére, A.: (1835) *Ann. Chim. Phys.*, (2) **58**: 432
306 Seebeck, T.S.: (1823) *Pogg. Ann. der Physik*, **6**: 1.
307 Fourier, J.B.J.: *Theorie analytiques de la chaleur*, Paris, 1822.
308 Nobili, L.: (1830) *Bibl. Univ. Science et Arts Genève*, **44**: 225.
309 Melloni, M.: (1835) *Pogg. Ann. der Physik*, **35**: 112.
310 Jacques, W.W.: (1879) *Proc. Amer. Acad. Arts and Science*, **14**: 142.
311 Pringsheim, E.: (1883) *Wied. Ann. der Physik*, (3) **18**: 32.
312 Svanberg, A.V.: (1851) *Pogg. Ann. der Physik*, **84**: 411.
313 Harrison, G.R.: (1949) *J. Opt. Soc. Amer.*, **39**: 413

314 Langley, S.P.: (1884) *Phil. Mag.*, **17**: 194.
315 Langley, S.P.: (1886) *Phil. Mag.*, **22**: 149.
316 Langley, S.P.: (1900) *Ann. Smithsonian Obs.*, **1**.
317 Paschen, F.: (1894) *Wied. Ann der Physik*, **53**: 301.
318 Rubens, H.: (1894) *Wied. Ann. der Physik*, **53**: 267.
319 Boys, C.V.: (1887) *Proc. Roy. Soc.* (London), **42**: 189.
320 Crookes, W.: (1876) *Phil. Trans. Roy. Soc.* (London), **166**: 325.
321 Pringsheim, E.: (1883) *Wied. Ann. der Physik*, **18**: 1.
322 Nichols, E.F.: (1897) *Phys. Rev.*, **4**: 297.
323 Abney, W. de W., Festing, E.R.: (1881) *Phil. Trans. Roy. Soc.* (London), **172A**, 887.
324 Ångström, K.: (1889) *Ofv. Kongl. Vet. Akad. Förh.* (Stockholm), **46**. 549 und (1890) *ibid.*, **47**: 331.
325 Julius, W.H.: (1892) *Verhandl. Akad. Wetenschappen* (Amsterdam) **1**: 1.
326 Ransohoff, M.: (1896) Diss. Univ. Berlin.
327 Luccianti, L.: (1899) *Zeit. Physik*, **1**: 49.
328 Coblentz, W.W.: (1908) *Bull. Bur. Stds.*, **4**: 391 bis (1918) *ibid.*, **14**: 507.
329 Coblentz, W.W.: (1921) *J. Opt. Soc. Amer.*, **5**: 259.
330 Plyler, E.K.: (1962) *Appl. Spectroscopy*, **16**: 73.
331 Jones, R.N.: (1963) *Appl. Optics*, **2**: 1090.
332 Bjerrum, N.: (1914) *Verhandlg. Deutsche Physikal. Ges.*, **16**: 737 und (1916) *J. Chem. Soc.*, **110**: 505.
333 von Bahr, E.: (1914) *Phil. Mag.*, **28**: 71.
334 Fujisaki, Chiyoko: (1983) *Historia Scientiarum*, **25**: 57.
335 Weniger, W.: (1910) *Phys. Rev.*, **31**: 388.
336 Smekal, A.: (1923) *Naturwiss.*, **11**: 873.
337 Raman, C.V., Krishnan, K.S.: (1928) *Nature*, 501.
338 Landsberg, G., Mandelstam, L.: (1928) *Naturwiss.*, **16**: 557 u. 722.
339 Kohlrausch, K.W.F.: *Ramanspektren*, Akad. Verl. Becker & Erler, Leipzig, 1941.
340 Mecke, R., Langenbucher, F.: *Infrared Spectra of Selected Chemical Compunds*, Heyden & Sons, London. 1970.
341 Mecke, R.: *Wiss. Veröff.1937–1960*, Albert-Ludwigs-Univ. Freiburg, 1960.
342 Sutherland, G.B.B.M.: *Infrared and Raman Spectra*, Methuen & Co., London, 1935.
343 Thompson, H.W.: (1939) *J. Chem. Phys.*, **7**: 448.

344 Thompson, H.W., Steel, G.: (1956) *Trans. Faraday Soc.*, **52**: 1451.
345 Randall, H.M., Strong, J.: (1931) *Rev. Sci. Instr.*, **2**: 585.
346 Randall, H.M.: (1939) *J. Appl. Phys.*, **10**: 768.
347 Randall, H.M., Fowler, R.G., Fuson, N., Dangl, J.R.: *Infrared Determination of Organic Structures*, van Nostrand Co., Toronto, New York, London, 1949.
348 Kohlrausch, K.W.F.: *Der Smekal-Raman-Effekt*, Haupt- u. Erg.-Bd., Berlin, 1938.
349 Goubeau,J.: Raman-Spektralanalyse, in *Physikalische Methoden in der Analytischen Chemie*, Ed. Böttger, W., Bd. III, S. 263, Leipzig, 1939.
350 Barnes, R.B., Liddel, U., Williams, V.Z.: (1943) *Ind. Eng. Chem. Anal. Ed.*, **15**: 659.
351 Barnes, R.B., Gore, R.C., Liddel, U., Williams, V.Z.: *Infra-red Spectroscopy – Industrial Applications and Bibliography*, Reinhold Publ. Corp., New York, 1944.
352 Brügel, W.: *Hinweis auf Lehrer's vollautomatisches IR-Spektrometer und Beginn der systematischen Strukturuntersuchungen* (1939), s. Zitat 361.
353 Lecomte, J.: *Le Rayonnement Infrarouge*, Gautier-Vllars, Paris, Bd. II, S. 395, 1949.
354 Scheibe, G.: (1960) *Zeit. Elektrochem.*, **64**: 549.
355 Zwolinski, B.J. (Ed.): *Selected Infrared Spectral Data*, Amer. Petrol. Inst. Project 44, 1945/46.
356 Edsall, J.T.: (1936) *J. Chem. Phys.*, **4**: 1.
357 Darmon, S.E., Sutherland, G.B.B.M.: (1947) *J. Amer. Chem. Soc.*, **69**: 2074 und (1949) *Nature*, **164**: 440.
358 Ambrose, E.J., Elliot, A.: (1951) *Proc. Roy. Soc.* (London), **A208**: 75.
359 Theophanides, T.M. (Ed.): *Infrared and Raman Spectra of Biological Molecules*, D. Reidel Publ. Co., Dordrecht, Boston, London, 1978.
360 Brügel, W.: *Physik und Technik der Ultrarotstrahlung*, Curt R. Vincentz Verl., Hannover, 1951.
361 Brügel, W.: *Einführung in die Ultrarotspektroskopie*, D. Steinkopff Verl., Darmstadt, 1954.
362 Bellamy, L.J.: *The Infra-red Spectra of Complex Molecules*, J. Wiley & Sons, New York, 1954.
363 Jones R.N., Sandory, C.: *The Application of Infrared and Raman Spectroscopy to the Elucidation of Molecular Structure. Techniques of Organic Chemistry*, Ed. Weissberger, A., Vol. IX, pp. 247–580, 1956.
364 Arendt, I., Asmus, E.: (1960) *Fresenius' Z. Anal. Chem.*, **176**: 321.
365 Herrmann, R.: *Flammenphotometrie*, Springer Verl., Berlin, 1956.
366 Herrmann, R., Alkemade, C.T.J.: *Flammenphotometrie*, Springer Verl., Heidelberg, 1960.
367 Koch, K.H., Ohls, K.: (1969) *Fresenius' Z. Anal. Chem.*, **247**: 239.
368 Koch, K.H., Ohls, K.: (1970) *Mikrochim. Acta* (Wien), **Suppl. IV**: 39.
369 Ohls, K., Koch, K.H., Becker, G.: (1973) *Fresenius' Z. Anal. Chem.*, **264**: 97.
370 Pfeilsticker, K.: Patentschrift *Methode und Apparatur zur Anregung von Spektren*, Patent-Nr. 2.212.950 vom 27. August 1940.
371 Preuss, E.: (1940) *Z. für angew. Mineralogie*, **3**: 8.
372 ASTM: *Designation of Shapes and Sizes of Graphite Electrodes*, E 130 – 1973.
373 Babat, G.I.: (1947) *J. Inst. Elec. Eng.* (London), **94**: 27.
374 Stallwood, B.J.: (1954) *J. Opt. Soc. Amer.*, **44**: 171.
375 Maecker, H.: (1956) *Zeit. Naturforsch.*, **11A**: 457.
376 Valente S.E., Schrenck, W.G.: (1970) *Appl. Spectroscopy*, **24**: 197.
377 Kibisow, G.I., Antropow, H.P., Kubasowa, H.B., Koldkowa, W.E.: *Emissionsspektrometrie*, Akad. Verl., Berlin, 1964.
378 Koch, K.H., Ohls, K.: *Proc. XIV. CSI Debrecen*, Bd. II, S. 1041, Budapest, 1967.
379 Koroljew, V.V., Wainstein, E.E.: (1959) *J. Anal. Chem.* (UdSSR), **14**: 731.
380 Margoshes, M., Scribner, B.F.: (1959) *Spectrochim. Acta*, **15**: 138.
381 Danielsson, A., Lundgren, F., Sundkvist, G.: (1959) *Spectrochim. Acta*, **15**: 122.
382 Walsh, A.: (1955) *Spectrochim. Acta*, **7**: 108.
383 Alkemade, C.T.J., Milatz, J.M.W.: (1955) *J. Opt. Soc. Am.*, **45**: 583,
384 L'Vov, B.V.: (1959) *Inzhenerno-Fizicheskii Zhurnal* **2**(2): 44, **2**(11): 56 und *Atomic-Absorption Spectral Analysis with Graphite Cuvettes for the Volatilization of Substances*, Thesis, Leningrad, 1961.
385 Bock, R.: *Methoden der Analytischen Chemie*, Bd. 1, Trennungsmethoden, Verl. Chemie, Weinheim, 1974.
386 Alders, L.: *Liquid-Liquid-Extraction*, Elsevier Publ., Amsterdam, Houston, London, New York, 1955.
387 Smith, R.L.: *The Sequestration of Metals*, Verl. Capman & Hall, London, 1959.

388 Martell, A.E., Calvin, M.: *Die Chemie der Metallchelat-Verbindungen*, Verl. Chemie, Weinheim, 1955.
389 Ringbom, A.: *Complexation in Analytical Chemistry*, Verl. Wiley Intersci., London, 1963.
390 Hahn, O.: (1923) *Z. physikal. Chemie*, **103**: 461.
391 v. Hevesy, G., Hobbie, R.: (1932) *Fresenius' Z. Anal. Chem.*, **88**: 1.
392 Graff, S., Rittenberg, D., Foster, G.L.: (1940) *J. biol. Chem.*, **133**: 745.
393 Bloch, K., Anker, H.S.: (1948) *Science*, **107**: 228.
394 Zumakov, I.E., Rozhavskii, G.S.: (1958) *Zavodskaja Lab.*, **24**: 922.
395 Schuhmacher, E., Friedli, W.: (1960) *Helv. Chim. Acta*, **43**: 1013.
396 Ružička, J., Starý, J.: (1961) *Talanta*, **8**: 228, 535.
397 Alian, A.: (1968) *Mikrochim. Acta* (Wien), 368.
398 Specker, H.: Ausschütteln von Metallhalogeniden aus wässrigen Phasen, in *Analytiker-Taschenbuch*, Bd. 2, Springer-Verl., Berlin, 1981.
399 Tswett, M.: (1906) *Ber. Dtsch. Botan. Ges.*, **24**: 235, 316, 384.
400 Cramer, F.: *Papierchromatographie*, Verl. Chemie, Weinheim, 1954.
401 Blasius, E.: *Chromatographische Methoden in der analytischen und präparativen Chemie unter Berücksichtigung der Ionenaustauscher*, F. Enke Verl., Stuttgart, 1958 und Kainz, G.: Gaschromatographische Methoden in der anorganischen Chemie, in *Handbuch der Mikrochemischen Methoden*, Bd. 3, Springer-Verl., Wien, 1961.
402 Runge, F.: Diss. Berlin, 1822 u. *Der Bildungstrieb der Stoffe*, Oranienburg, 1855.
403 Houben, H., Weyl, T.: *Methoden der Organischen Chemie*, 3. Aufl., S. 291, 1925.
404 Zechmeister, L., v. Cholnoky, I.: *Die chromatographische Adsorptionsanalyse*, Springer-Verl., Wien, 1937.
405 Gordon, A.H., Martin, A.J.P, Synge, R.L.M.: (1941) *Biochemical J.*, **35**: 91, 1358.
406 Consden, R., Gordon, A.H., Martin, A.J.P.: (1944) *Bichemical J.*, **38**:224 (Desgl. 1946–1950, *ibid.*).
407 Gordon, B.E., Jones, L.C.: (1950) *Anal. Chem.*, **22**: 981.
408 Blasius, E., Olbrich, G.: (1956) *Fresenius' Z. Anal. Chem.*, **151**: 81.
409 Woelm, M.: *Mitt. AL 7, Chromatographische Versuche mit Aluminiumoxid „Woelm"*. Firmenschrift.
410 Gottschalk, G.: (1955) *Fresenius' Z. Anal. Chem.*, **144**: 342.
411 Kirkland, J.J. (Ed.): *Modern Practice of Liquid Chromatography*, Wiley – Interscience, New York, 1971.
412 Bleiweis, A.S., Reeves, H.C., Ajl, S.J.: (1967) *Anal. Biochem.*, **20**: 335.
413 Weisz, H.: *Microanalysis by the Ring-Oven Technique*, Pergamon Press, Oxford, New York, Toronto, Sydney, Braunschweig, 1961.
414 Berl, E., Müller, A, Müller, W.: (1921) *Angew. Chem.*, **34**: 125, 177.
415 Berl, E., Schmidt, O.: (1923) *Angew. Chem.*, **36**: 247.
416 Schuftan, P.: *Gasanalyse in der Technik*, S. Hirzel Verl., Leipzig, 1931.
417 Peters, K., Lohmar, W.: (1937) *Z. angew. Chem.*, Beiheft Nr. 25.
418 Hesse, G.: *Adsorptionsmethoden im chemischen Laboratorium*, W. de Gruyter Verl., Berlin, 1943.
419 Cremer, E.: (1976) *Cromatographia*, Vol. 9, Nr. 8.
420 Bove, J.L., Dalven, B., Krukeja, V.P.: (1978) *Internat. J. Environm. Anal. Chem.*, **5**: 189.
421 Thompson, H.S.: (1850) *J. Roy.:Agric. Soc.*, **11**: 68.
422 Way, J.T.: (1850) *J. Ryo. Agric. Soc.*, **11**: 313 u. (1852) *ibid.*, **13**: 123.
423 Lemberg, J.: (1870) *Z. dtsch. geol. Ges.*, **22**: 235 u. (1876) *ibid.*, **28**: 519.
424 Gans, R.: (1905) *Jb. Kgl. preuss. geol. Landesanstalt*, **26**: 179.
425 Adams, B.A., Holmes, E.L.: (1935) *J. Soc. Chem. Ind.*, **54**: 1.
426 Weiß, J.: *Handbuch der Ionchromatographie*, Verl. Chemie, Weinheim, 1985.
427 Burba, P., Cebulė, M., Broekaert, J.A.C.: (1984) *Fresenius' J. Anal. Chem.*, **318**: 1.
428 Schwedt, G.: (1991) *Dtsch. Lebensm. Rundsch.*, **87**: 223.
429 Danzer, K., Than, E., Molch, D., Küchler, L.: *Analytik – Systematischer Überblick*, 2. Aufl., Wiss. Verl.-GmbH, Stuttgart, 1987.
430 Tölg, G.: (1976) *Naturwissenschaft*, **63**: 99.
431 Ohls, K.: (2002) *LaborPraxis*, April-Heft, S. 94.
432 Reinboth, F.: *Gehaltsbestimmung galvanischer Bäder*, F. Ernst Steiger Verl., Leipzig-Gohlis, 1919.

433 DIN 50502/50503: *Chemische Bestimmung von Kupferlegierungen*, 1998.
434 Schwabe, K.: *pH-Messtechnik*, Verl. Theodor Steinkopff, Dresden u. Leipzig, 1963.
435 Cammann, K.: *Arbeiten mit ionensensitiven Elektroden*, Springer-Verl., Heidelberg, Berlin, New York, 1973.
436 Durst, R.A.: (1971) *Am Scientist.*, **59**: 354.
437 Guibault, G.G., Montalvo jr., J.G.: (1969) *J. Am. Chem. Soc.*, **91**: 2164.
438 Kohlrausch, G.: *Leitfaden der praktischen Physik*, Leipzig, 1870.
439 Kohlrausch, G.: *Das Leitvermögen der Elektrolyte*, Leipzig, 1898.
440 Hiltner, W.: *Ausführung potentiometrischer Analysen*, Springer-Verl., Berlin, 1935.
441 Werner, G., Westphal, O.: (1955) *Angew, Chem.*, **67**: 257.
442 Muller, R.H.: Automatic Chemical Analysis. (1960) *Ann. New York Acad. Sci.*, **87**: 611.
443 Winkel, A., Proske, G.: Anwendungsmöglichkeiten der polarographischen Methode im Laboratorium, in *Physikalische Methoden im chemischen Laboratorium*, Verlag Chemie, Berlin, 1937.
444 Cruse, K., Huber, R.: *Hochfrequenztitration*, Verl. Chemie, Weinheim, 1957.
445 Milazzo, G.: *Elektrochemie*, Springer-Verl., Wien, 1952.
446 Kortüm, G.: *Lehrbuch der Elektrochemie*, Verlag Chemie, Weinheim, 1957.
447 Treadwell, F.P.: *Kurzes Lehrbuch der Analytischen Chemie*, Bd. II, Verlag Franz Deuticke, Leipzig u. Wien, 1902.
448 Egerton, A.C., Smith, F.L.: (1934) *J. Sci. Instrum.*, **11**: 28.
449 Lang, B.: (1950) *Fresenius' Z. Anal. Chem.*, **131**: 463.
450 Hunsmann, W.: (1954) *Chem.-Ing.-Techn.*, **26**: 437.
451 Luft, K.F.: (1943) *Z. techn. Phys.*, **24**: 97.
452 Moeller, M.: (1921) *Ver. Dtsch. Ing.*, **65**: 1314.
453 Turovtseva, Z.M., Kunin, L.L.: *Analysis of Gases in Metals*, Consultants Bureau, New York, 1961 (Übersetzung aus dem Russischen: Туровцева, З.М., Кунин, Л.Л.: *АНАЛИЗ ГАЗОВ В МЕТАЛЛАХ*, Publ. Akad. Wiss. UdSSR, Moskau u. Leningrad, 1959).
454 *Handbook of Chemistry and Physics*, 71. Aufl., S. 11–140, CRC Press, Boca Raton, 1990/91.
455 Herzog, R., Hank, R.: (1938) *Z. für Physik*, **108**: 609.
456 Nier, A.O.: (1955) *Science*, **121**: 740.
457 Paul, W., Steinwedel, H.: (1953) *Z. Naturforsch.*, **8a**: 448.
458 Budzikiiewicz, H., Schäfer, M.: *Massenspektrometrie*, 5. Aufl., Wiley-VCH, Weinheim, 2005.
459 Asmus, E.: *Einführung in die höhere Mathematik*, 3. Aufl., Walter de Gruyter, Berlin, 1959.
460 Asmus, E., Garschagen, H.: (1953) *Fresenius' Z. Anal. Chem.*, **139**: 81.
461 Asmus, E., Ohls, K.: (1960) *Fresenius' Z. Anal. Chem.*, **177**: 100.
462 Asmus, E., Werner, W.: (1966) *Fresenius' Z. Anal. Chem.*, **228**: 334.
463 Asmus, E., Hähne, H., Ohls, K.: (1963) *Fresenius' Z. Anal. Chem.*, **196**: 161.
464 Asmus, E, Peters, J.: (1963) *Fresenius' Z. Anal. Chem.*, **195**: 86.
465 Asmus, E.: (1954) *Fresenius' Z. Anal. Chem.*, **142**: 255.
466 Asmus, E., Kraetsch, J., Papenfuss, D.: (1961) *Fresenius' Z. Anal. Chem.*, **184**: 25.
467 Asmus, E., Höhne, R., Kraetsch, J.: (1962) *Fresenius' Z. Anal. Chem.*, **187**: 33.
468 Asmus, E., Kurzmann, P., Wollsdorf, F.: (1963) *Fresenius' Z. Anal. Chem.*, **197**: 413.
469 Asmus, E., Brandt, K.: (1965) *Fresenius' Z. Anal. Chem.*, **208**: 189.
470 Asmus, E., Kuchenbecker, H.: (1965) *Fresenius' Z. Anal. Chem.*, **213**: 266.
471 Asmus, E., Hinz, U., Ohls, K., Richly, W.: (1960) *Fresenius' Z. Anal. Chem.*, **178**: 104.
472 Asmus, E., Grimmich, W., Ohls, K., Rothe, H.-J., Ziesche, D.: (1965) *Fresenius' Z. Anal. Chem.*, **210**: 401.
473 Asmus, E., Bull, A., Wollsdorf, F.: (1963) *Fresenius' Z. Anal. Chem.*, **193**: 81.
474 Asmus, E., Ohls, K.: (1965) *Z. anorg. allg. Chem.*, **341**: 225.
475 Asmus, E., Wunderlich, H.: (1955) *Optik*, **12**: 503.
476 Sandell, E.B.: *Colorimetric Determination of Traces of Metals*, Intersci. Publ., New York, 1944 (3. Aufl. 1965).
477 Calder, A.B.: *Photometric Methods of Analysis*, Adam Hilger, London, 1969.
478 Lange, B., Vejd?lek, Z.J.: *Photometrische Analyse*, Verl. Chemie, Weinheim, Deerfield Beach, Fl., Basel, 1980.
479 Ružika, J,. Hansen, E.H.: (1975) *Anal. Chim. Acta*, **70**: 145.
480 Ågren, A.: (1954) *Acta chem. scand.*, **8**: 266.

481 Vareille, L.: (1955) *Bull. Soc. Chim. France*, **22**. 872.
482 Schwarzenbach, G., Willi, A.: (1951) *Helv. Chim. Acta*, **34**: 528.
483 Harvey, A.E., Manning, D.L.: (1950) *J. Amer. Chem.. Soc.*, **72**: 4488.
484 Kresze, G., Winkler, J., Meiners, J.: (1964) *Fresenius' Z. Anal. Chem.*, **200**: 351.
485 Lee, T.S., Kolthoff, I.M., Leunning, D.L.: (1948) *J. Amer. Chem. Soc.*, **70**: 3596.
486 Ohls, K., Riemer, G.: (1984) *Fresenius' Z. Anal. Chem.*, **317**: 780.
487 Ohls, K., Riemer, G.: (1984) *Fresenius' Z. Anal. Chem.*, **317**: 774.
488 Moenke, H.: *Spektralanalyse von Mineralien und Gesteinen*, Akad. Verl.-Ges. Geest & Portig K.-G., Leipzig, 1962.
489 Alimarin, L.P., Archangelskaja, W.N.: *Qualitative Halbmikroanalyse*, Dtsch. Verl. Wissensch., Berlin, 1956.
490 Alimarin, L.P., Frid, B.I.: *Quantitative mikrochemische Analyse der Mineralien und Erze*, Verl. Theodor Steinkopff, Dresden, Leipzig, 1965.
491 Berndt, M., Krause, H., Moenke-Blankenburg, L. Moenke, H.: (1965) *Jenaer Jahrber.*, S. 45,
492 Moenke, H., Moenke-Blankenburg, L.: *Einführung in die Laser-Mikro-Spektral-Analyse*, Akad. Verl.-Ges., Leipzig, 1968.
493 Ohls, K.: (1996) *Spectrochim. Acta*, **51B**: 245.
494 Koch, K.H., Ohls, K.: (1969) *Fresenius' Z. Anal. Chem.*, **247**: 239.
495 Nickel, H.: (1969) *Fresenius' Z. Anal. Chem.* **245**: 250.
496 Eckhard, S., Marotz, R.: (1967) *Fresenius' Z. Anal. Chem.*, **225**: 186.
497 Barnett, W. B., Fassel, V. A., Kniseley, R. N.: (1968) *Spectrochim. Acta*, **23B**: 643.
498 Dombi, A., Gegus, E., Farkas-Üjhidi, K.: (1977) *Acta Chim.*(Budapest), **94**: 301.
499 Doerffel. K., Demuth, E.: (1969) *Spectrochim. Acta*, **24B**: 167.
500 Grimm, W.: (1968) *Spectrochim. Acta*, **23B**, 443.
501 Koch, K.H., Ohls, K., Schmitz, L.: (1971) *Hoesch Ber. Forsch. Entw.*, **4**: 130.
502 Salpeter, E.W.: *Atlas der Glimmlampenspektren*, 5 Bände, Specola Vaticana, Citta Del Vaticano, Rom, 1971–1973.
503 van Calker, J., Tappe, H.: (1963) *Fresenius'Z. Anal. Chem.*, **198**: 13.
504 van Calker, J., Tappe, H.: (1963) *Arch. Eisenhüttenwesen*, **34**: 679.
505 Kessler, W., Jecht, U.: (1963) *Fresenius' Z. Anal. Chem.*, **198**: 27.
506 Weiss, R.: (1954) *Z. Physik*, **138**: 170.
507 Peters, R.: (1954) *Naturwiss.*, **41**: 571.
508 Owen, L.E.: (1961) *Appl. Spectroscopy*, **15**: 150.
509 Neeb, K.H., Gebauhr, W.: (1962) *Fresenius' Z. Anal. Chem.*, **190**: 92.
510 van Calker, J., Tappe, W.: *Untersuchungen über die Leuchtanregung in hochfrequenten Plasmaflammen*, Westdtsch. Verlag, Köln u. Opladen, 1967.
511 Walters, J.P., Malmstadt, H.V.: (1965) *Anal. Chem.*, **37**: 1484.
512 Boumans, P.W.J.M.: *Theory of Spectrochemical Excitation*, A. Hilger, London, 1966.
513 Kaiser, H., Rosendahl, F.: (1955) *Mikrochim. Acta* (Wien), **2–3**: 265.
514 Hagenah, W–D., Laqua, K.: (1959) *Rev. Univ. des Mines*, **XV**: 1 (VII. CSI Lüttich 1958).
515 Späth, H., Krempl, H.: (1960) *Z. angew. Physik*, **12**: 7.
516 Ohls, K., Koch, K.H., Becker, G.: (1968) *Fresenius' Z. Anal. Chem.*, **241**: 155.
517 von Zeerleder, A., Rohner, F.: (1941) *Spectrochim. Acta*, **1**: 400.
518 Koch, K.H., Ohls, K.: (1968) *Spectrochim. Acta*, **23B**: 427.
519 Koch, W., Dittmann, J., Picard, K: (1967) *Fresenius' Z. Anal. Chem.*, **225**: 196.
520 Herberg, G., Höller, P., Köster-Plugmacher, A.: (1968) *Spectrochim. Acta*, **23B**: 363.
521 Slickers, K.: *Die automatische Emissions-Spektralanalyse*, Verl Brühlsche Univ.-druck, Gießen, 1977.
522 Höller, P., Thoma, Ch., Brost, U.: (1972) *Spectrochim. Acta*, **27B**: 365.
523 Koch, K.H., Ohls, K., Becker, G.: (1970) *Archiv Eisenhüttenwesen*, **41**: 25.
524 Koch, K.H., Ohls, K., Becker, G.: (1968) *Fresenius' Z. Anal. Chem.*, **240**: 289.
525 Koch, K.H., Ohls, K., Becker, G.: (1968) *ibid.*, **241**: 155.
526 Koch, K.H., Ohls, K., Becker, G.: (1970) *ibid.*, **250**: 369.
527 Koch, K.H., Ohls, K., Becker, G.: (1971) *ibid.*, **257**: 257.
528 Berneron, R., Romand, J.: (1969) *Rev. Metall.*, **66**: 10, 695.
529 Romand, J,. Berneron, R.: (1961) *Coll. Spectr. Internat.* Lyon.

530 Romand, J,. Berneron, R.: (1967) *Metallurgia*, **76**: 457.
531 Grimm, W.: (1968) *Spectrochim. Acta*, **23B**: 443.
532 Dogan, M., Laqua, K., Maßmann, H.: (1972) *Spectrochim. Acta*, **27A**: 65.
533 Schrön, W., Rost, I.: *Atom-Spektralanalyse*, VEB Dtsch. Verl. für Grundstoffindustrie, Leipzig, 1969.
534 Kipsch, D.: *Lichtemissions-Spektrometrie*, VEB Dtsch. Verl. für Grundstoffindustrie, Leipzig, 1974.
535 Laqua, K.: *Spektrochemische Lichtquellen – Ein Fortschrittsbericht*, Kontron Seminar, München, 1974.
536 Mermet, J. M.: ICP-Literaturzitate bis 1979, priv. Mitt. (s. Anhang II).
537 Montaser, A.: (1998) *Anal. Chem.*, **11**: 406A.
538 Ohls, K.: *The Role of Analytical Chemistry in the Ferrous Industry*, Internat. Symp. on Analytical Chemistry in the Exploration, Mining and Processing of Materials, Johannesburg, 1976.
539 Fassel, V.A.: *Inductively Coupled Plasma – Atomic Absorption Spectrometry*, Internat. Symp. on Analytical Chemistry in the Exploration, Mining and Processing of Materials, Johannesburg, 1976.
540 Kranz, E.: *Emissionsspektrometrie*, Akademie-Verl. Berlin, 1964.
541 Kornblum, G.R.: *Physical Characterization of an ICP for Analytical Atomic Absorption*, Proofschrift, Delft University Press, 1977.
542 Giess, K.C., McKinnon, F.J., Knight, T.V.: in *Developments in Atomic Flame Spectrochemical Analysis* (Ed. Barnes, R.M.), Heyden Publ., London, 1981.
543 Kessler, W.: (1971) *Glastechn. Ber.*, **44**: 479.
544 van Calker, J., Tappe, W.: (1963) *Arch. Eisenhüttenwesen*, **34**: 679.
545 Gebhardt, F., Horn, H.: (1971) *Glastechn. Ber.*, **44**; 483.
546 Leis, F. Broekaert, J.A.C.: (1984) *Spectrochim. Acta*, **39B**: 1459.
547 Boumans, P.W.J.M.: *Line Coincidence Tables for ICP-AES*, Pergamon Press, Oxford, New York, Toronto, Sydney, Paris, Frankfurt, 1980.
548 Parsons, M.L., Forster, A., Anderson, D.: An Atlas of Spectral Interferences, in *ICP Spectroscopy*, Plenum Press, New York, London, 1980.
549 Winge, R.K., Fassel, V.A., Peterson, V.J., Floyd, M.A.: *ICP-AES – An Atlas of Spectral Information*, Elsevier, Oxford, Amsterdam, New York, Tokio, 1980.
550 Montaser, A., Golightly, D.W. (Ed.): *Inductively Coupled Plasmas in Analytical Atomic Spectrometry*, VCH Publ., New York, Weinheim, 1987.
551 Boumans, P.W.J.M. (Ed.): *Inductively Coupled Plasma Emissions Spectroscopy*, J. Wiley & Sons, New York, Chichester, Brisbane, Toronto, Singapore, 1987.
552 Koch, K.H., Ohls, K.: (1968) *Arch. Eisenhüttenwesen*, **39**: 925.
553 Walsh, A.: *Physical Aspects of Atomic Absorption*, ASTM, STP 443, Philadelphia, 1969.
554 Lambert, H.: *Photometria, sive de mesura et gradibus luminis et umbrae*, 1760.
555 Ohls, K., Flock, J., Loepp, H.: (1988) *Fresenius' Z. Anal. Chem.*, **332**: 456.
556 Kim, H.J., Piepmeier, E.H.: (1988) *Anal. Chem.*, **60**: 2040.
557 H. Lehnert, K. Cammann, K. Ohls: XXIX Coll. Spectr. Int. Leipzig, 1995.
558 Smith, S.B.,Jr., Blaisi, J.A., Feldman, F.J.: (1968) *Anal. Chem.*, **40**: 1525.
559 Sommer, D., Ohls, K.: (1979) *LaborPraxis*, S. 6.
560 Deak, C.K.: (1970) *Am. Soc. Test. Mater. Res. Stand.*, **10**: 12.
561 Dulude, G.R., Sotera, J.J., Kahn, H.L.: (1981) *Anal. Chem.*, **53**: 2100.
562 Amos, M.D., Willis, J.B.: (1966) *Spectrochim. Acta*, **22**: 1325.
563 Sebastiani, E., Ohls, K., Riemer, G.: (1973) *Fresenius' Z. Anal. Chem.*, **264**: 105.
564 Rubeška, I.: (1975) *J. Can. Spectrosc.*, **20**: 156.
565 L'Vov, B.V.: (1961) *Spectrochim. Acta*, **17**: 761.
566 Maßmann, H.: (1968) *Spectrochim. Acta*, **24B**: 215.
567 Slavin, W.: (1986) *Anal. Chem.*, **58**: 589A.
568 Delves, H.T.: (1970) *Analyst*, **95**: 431.
569 L'Vov, B.V., Pelieva, L.A., Sharnopolski, A.I.: (1977) *Zh. Prikl, Spektrosk.*, **27**: 395.
570 Langmyhr, F.J., Paus, P.E.: (1968) *Anal. Chim. Acta*, **43**: 508.
571 Aziz-Alrahman, A.M., Headridge, J.B.: (1975) *Talanta*, **25**: 413.
572 Headridge, J.B., Thompson, R.: (1978) *Anal. Chim. Acta*, **102**: 33.
573 Lundberg, F., Frech, W.: (1979) *Anal. Chim. Acta*, **104**: 64.
574 Kurfürst, U. (Ed.): *Solid Sample Analysis*, Springer Verl., Berlin, Heidelberg, 1998.

575 Sommer, D., Ohls, K.: (1979) *Fresenius' Z. Anal. Chem.*, **298**: 123.
576 Ohls, K.: (1988) *LaborPraxis-Spezial*, S. 152.
577 Schinkel, H.: *Störungen der Flammen-ES und –AAS*, H. Schinkel Ottweiler Druckerei und Verlag, 1997.
578 L'Vov, B.V.: *Atomic Absorption Spectroscopy*, Nauka, Moskau, 1966.
579 Robinson, J.W.: *Atomic Absorption Spectrocopy*, M. Dekker, New York, 1966.
580 Ramíres-Muñoz, J.: *Atomic Absorption Spectroscopy*, Elsevier Publ., Amsterdam, London, New York, 1968.
581 Dean, J.W., Rains, T.C. (Ed.): *Flame Emission and AAS*, M. Dekker, New York, 1969.
582 Welz, B.: *Atom-Absorptions-Spektroskopie*, Verl. Chemie, Weinheim, 1972.
583 Price, W.J.: *Spectrochemical Analysis by Atomic Absorption*, G. Heyden & Son, London, Philadelphia, Rheine, 1979.
584 Cantle, J.E.: *Atomic Absorption Spectrometry*, Elsevier Publ., Amsterdam, Oxford, New York, 1982.
585 Walsh, A.: (1980) *Spectrochim. Acta*, **35B**: 639.
586 Röntgen, W.C.: (1898) *Ann. Phys. u. Chem.*, **64**: 1.
587 Curran, S.C., Craggs, J.D.: *Counting Tubes*, Butterworths, London, 1949.
588 Geiger, H., Müller, W.: (1929) *Phys. Z.*, **29**: 839.
589 Lang, A.R.: (1951) *Nature*, **168**: 907.
590 Parrish, W., Taylor, J.: (1955) *Rev Sci. Instr.*, **26**: 367.
591 Compton, A.H., Allison, S.K.: *X-Rays in Theory and Experiment*, Van Nostrand, New York, 1935.
592 Jenkins, R., de Vries, J.L.: *Practical X-Ray Spectrometry*, Philips Techn. Library, Eindhoven, 1967.
593 Birks, L.S.: *X-Ray Spectrochemical Analysis*, Interscience, New York, 1959.
594 Pfundt, H.: (1964) *Metall*, **18**: 1067.
595 Bruch, J.: (1962) *Arch. Eisenhüttenwesen*, **33**: 5.
596 Kopineck, H.: (1962) *Arch. Eisenhüttenwesen*, **33**: 327.
597 Rasberry, S.D., Heinrich, K.F.: (1974) *Anal. Chem.*, **46**: 81.
598 Lucas-Tooth, H.J., Price, B.J.: (1961) *Metallurgia*, **54**: 149 und Lucas-Tooth, H.J., Payne, K.W.: *Advances in X-Ray Analysis*, Plenum Press, New York, 1963.
599 Koch, K.H., Ohls, K., Becker, G.: (1970) *Arch. Eisenhüttenwesen*, **41**: 87.
600 Koch, K.H., Ohls, K.: (1971) *Materialprüfung*, **13**: 225.
601 Ohls, K., Koch, K.H., Becker, G.: (1972) *Chem.-Ing.-Techn.*, **44**: 737.
602 Ohls, K., Brauner, J., Friedhoff, P.: (1973) *Fresenius' Z. Anal. Chem.*, **265**: 342.
603 de Laffolie, H.: (1962) *Arch. Eisenhüttenwesen*, **33**: 101.
604 Miyazawa, T., Shimanouchi, T., Mizushima, S.: (1958) *J. Chem. Phys.*, **29**: 611.
605 Miyazawa, T., Blout, E.R.: (1961) *J. Am. Chem. Soc.*, **83**: 742.
606 Schachtschneider, J.H.: *Techn. Report* No. 57–65, SHELL Development Co. Emeryville, Cal., USA, 1966.
607 Snyder, R.G., Schachtschneider, J.H.: (1964) *Spectrochim. Acta*, **21**: 165.
608 Savitzky, A., Golay, M.J.E.: (1964) *Anal. Chem.*, **36**: 1627.
609 Pittsburgh Conf. on Anal. Chem. and Appl. Spectrosc., 1963 Progr., S. 36.
610 Internet: BLOCK Engineering, FTIR Spectrometer.
611 Fellgett, P.B.: PhD Thesis, Univ. of Cambridge, 1951.
612 Jacquinot, P.: (1954) *J. Opt. Soc. Am.*, **44**: 761.
613 Rubens, H., Wood, R.W.: (1911) *Phil. Mag.*, **21**: 249.
614 Gebbie, H.A., Vanasse, G.A.: (1956) *Nature*, **178**: 432.
615 Cooley, J.W., Tukey, J.W.: (1965) *Mathemat. Comput.*, **19**: 297.
616 Braun, E.M.: (1988) *Stahl u. Eisen*, **108**: 5.
617 Eckhardt, H., Keil, G., Rentrop, K.H.: (1962) *Chem. Techn.*, **14**: 305.
618 Berthold, F.H.: (1964) *Chem. Techn.*, **16**: 278.
619 Brandes, G.: (1956) *Brennstoff-Chemie*, (Nr. 17/18) **37**: 263.
620 Fahrenfort, J.: (1961) *Spectrochim. Acta*, **17**: 698.
621 Taylor, A.M., Glover, A.: (1933) *J. Opt. Soc. Am.*, **23**: 209.
622 Fahrenfort, J., Visser W.M.: (1961) *Spectrochim. Acta*, **18**: 1103.
623 Harrick, N.J.: (1960) *Phys. Rev. Letters*, **4**: 224.
624 Harrick, N.J.: *Internal Reflection Spectroscopy*, Interscience, New York, 1967.
625 Harrick, N.J.: (1971) *Anal. Chem.*, **43**: 1533.
626 Hirschfeld, T.: (1970) *Appl. Spectrosc.*, **24**: 277.
627 Kortüm, G.: *Reflexionsspektroskopie*, Springer Verl., Berlin, Heidelberg, New York, 1969.

628 Roloff, H., Schwind, A.E., Zilinski, E., Wagner, H.: (1972) *Plaste u. Kautschuk,* **19**: 14 u. 107.
629 Wilks, P.A. jr., Hirschfeld, T.: *Internal Reflection Spectroscopy,* Appl. Spectrosc. Rev., Bd. 1, S. 99, Dekker Inc., New York, 1968.
630 Alpert, N.L., Keiser, W.E., Szymanski, H.A.: *IR-Theory and Practice of Infrared Spectroscopy,* Plenum Press, New York, 1970.
631 Gilby, A.C., Cassels, J., Wilks, P.A. jr.: (1970) *Appl. Spectrosc.,* **24**: 539.
632 Hansen, W.N., Horton, J.A.: (1964) *Anal. Chem.,* **36**: 783.
633 Polchlopek, S.E.: (1963) *Appl. Spectrosc.,* **17**: 112.
634 Kammüller, R.: (1966) *Arch. Techn. Messen,* **360**: 3.
635 Katalafski, B., Keller, R.E.: (1963) *Anal. Chem.,* **35**: 1665.
636 Reichert, K.H.: (1966) *Farbe u. Lack,* **72**: 13.
637 Swinehart, J.S., Hannah, R.W., Perkins, W.D.: (1969) *Paint Technol.,* **33**: 75.
638 Jayme, G., Traser, G.: (1972) *Angew. Makromol. Chem.,* **21**: 87.
639 Bartkowski, H.: (1970) *Leitz Mitt.,* **5**: 103.
640 Kraft, E.A.: (1968) *Modern Plastiocs,* S. 123.
641 McGowan, R.J.: (1969) *Anal. Chem.,* **41**: 2074.
642 Mattson, J.S.: (1971) *Anal. Chem.,* **43**: 1872.
643 Miller R.A., Campbell, F.J.: *NRL-Report* No. 181562, Progr., 1964.
644 Hannah, R.W., Dwyer, J.L.: (1964) *Anal. Chem.,* **36**: 2341.
645 Johnson, R.D.: (1966) *Anal. Chem.,* **38**. 160.
646 Sherman, B.: (1964) *Appl. Spectrosc.,* **18**: 7.
647 Kemmner, G.: *Infrarot-Spektroskopie,* Francksche Verl.-handl., Stuttgart, 1969.
648 Derkosch, J.: *Absorptionsspektralanalyse,* Akad. Verl.-Ges., Frankfurt/M, 1967.
649 Hediger, H.J.: *Infrarotspektroskopie,* Akad. Verl.-Ges., Frankfurt/M, 1971.
650 Gottlieb, K., Schrader, B.: (1966) *Fresenius' Z. Anal. Chem.,* **216**: 307.
651 Ohls, K., Koch, K.H., Dönges, D: (1972) *Fresenius' Z. Anal. Chem.,* **261**: 177.
652 Ferraro, J.R. (Ed.): *The Sadtler Infrared Spectra Handbook of Minerals and Clays,* G. Hexden & Son, London, 1982.
653 Dönges, D.: *Pilz-Kennzeichen im Mikro-Bereich,* Dönges Druck KG, Dillenburg, 1982.
654 Jones, R.N., DiGeorgi, J.B., Elliot, J.J., Nonnenmacher, G.A.A.: (1965) *J. Org. Chem.,* **30**: 1822.
655 Grasselli J.G., Snavely, M.K., Bulkin, B.J.: *Chemical Applications of Raman Spectroscopy,* J. Wiley & Sons, New York, Chichester, Brisbane, Toronto, 1981.
656 Takenaka, T.: (1979) *Advances in Colloid and Interface Science,* **11**: 291.
657 Efremov, E.V., Buijs, J.C., Ariese, F.: (2007) *Appl. Spectrosc.,* **61**: 571.
658 Ewing, G.W., Maschka, A.: *Physikalische Analysen- und Untersuchungsmethoden der Chemie,* R. Bohlmann Industrie- u. Fachverl., Wien, Heidelberg, 1961.
659 Berthold, P.H., Römer, H., Wilde, G.: *Strukturgruppenanalyse natürlicher und technischer Kohlenwasserstoffe,* 2 Bde., VEB Dtsch. Verl. für Grundstoffindustrie, Leipzig, 1967 u. 1968.
660 May, L.: *Spectrocopic Tricks,* 2 Bde., A. Hilger Ltd., London u. Plenum Press, New York, 1967 u. 1971.
661 ASTM: *Annual Book of ASTM Standards,* Philadelphia, 1980.
662 Brech, F, Cross, L.: (1962) *Appl. Spectrosc.,* **16**: 59.
663 Shoolery, J.N.: (1955) *Dis. Faraday Soc.,* **19**: 215.
664 Gutowski, H.S.: (1955) *Dis. Faraday Soc.,* **19**: 187.
665 Andrew, E.R.: *Nuclear Magnetic Resonance,* Cambridge Univ. Press, 1955.
666 Fluck, E.: *Die kernmagnetische Resonanz und ihre Anwendung in der anorganischen Chemie,* Springer Verl., Berlin, Göttingen, Heidelberg, 1963.
667 Hauser, K.: *Elektronen- und Kernresonanz als Methoden der Molekülforschung,* Verl. Chemie, Weinheim, 1963.
668 Lösche, A.: *Kerninduktion,* Dtsch. Verl. der Wissenschaften, Berlin, 1957.
669 Roberts, J.D.: *Nuclear Magnetic Resonance: Application to Organic Chemistry,* McGraw-Hill Book Comp., New York, 1959.
670 Strehlow, C.P.: *Principles of Magnetic Resonance,* Harper & Row Publ., New York, Evanston, London, 1963.
671 Chamberlain, N.F.: (1959) *Anal. Chem.,* **31**: 56.
672 VARIAN: *NMR and EPR Spectroscopy,* Pergamon Press, New York, London, 1960.
673 Huber, P.: (1959) *Chimica,* **13**: 1.
674 Wertz, J.E.: (1955) *Chem. Reviews,* **55**: 829.
675 Primas, H.: (1959) *Chimica,* **13**: 15.

676 Meyer, L.H., Saika, A., Gutowski, H.S.: (1953) *J. Am. Chem. Soc.*, **75**: 4567.
677 Purcell, E.M., Torrey, H.C., Pound, R.V.: (1946) *Phys. Reviews*, **69**: 37.
678 Bloch, F., Hansen, W.W., Packard, M.: (1946) *Phys. Reviews*, **70**: 474.
679 Wegmann, L.: (1959) *Chimica*, **13**: 24.
680 Hauser, K.H.: (1956) *Angew. Chem.*, **65**: 729.
681 Richter, H.L.: (1957) *J. Chem. Educ.*, **34**: 618.
682 ASTM: *Book of Methods for Chemical Analysis of Metals*, Philadelphia, 1950.
683 Ass. of Vitamin Chemists: *Methods of Vitamin Assay*, Interscience Publ., New York, 1951.
684 Weigert, F.: *Optische Messungen in der Chemie*, Akadem. Verl.-Ges., Leipzig, 1927.
685 Bandow, F.: *Lumineszenz – Ergebnisse und Anwendungen*, Wiss. Verl.-Ges., Stuttgart, 1950.
686 Pringsheim, P., Vogel, M.: *Lumineszenz von Flüssigkeiten und festen Körpern – Wissenschaftliche Grundlage und Anwendung*, Verl. Chemie, Weinheim, 1951.
687 Förster, T.: Fluoreszenz und Phosphoreszenz, in E. Müller (Ed.): *Houben-Weyl Methoden der organischen Chemie*, Bd. III, T. 2, S. 477–494, Georg Thieme Verl., Stuttgart, 1955.
688 Stuart, H.A.: *Lichtzerstreuung*, ibid., Bd. III, T. 2, S. 443–476.
689 Davies, A.M.C.: (2000) *Spectrosc. Europe*, **12**: 10.
690 Taylor, E.S.: (1989) *Spectrocopy*, **4**: 10 und *Spectrosc. Internat.*, **2**: 12.
691 Ruska, E., Knoll, M.: (1931) *Z. techn. Phys.*, **12**: 389 u. 448.
692 Knoll, M., Ruska, E.: (1932) *Z. Phys.*, **78**: 31 und Knoll, M., Ruska, E.: (1932) *Z. Phys.*, **78**: 318.
693 Ruska, E.: *Das Übermikroskop als Forschungsmittel*, W. de Gruyter Verlag, Berlin, 1941.
694 Niedrig, H.: (1987) *Optik*, **75**: 172.
695 Davidson, E., Fowler, W.E., Neuhaus, H., Shequen, W.G.: Progress in the design of equipment for electron probe analysis. (1964) *ARL News Letter*, **XVII**, No. 1 u. (1964) *PittCon. Paper* 188.
696 Asmus, E.: Polarimetrie, in Müller, E. (Ed.): *Houben-Weyl Methoden der organischen Chemie*. Bd. III,2, S. 425, G. Thieme Verl., Stuttgart, 1955.
697 Ehrenberg, R.: Radiometrische Methoden, in Böttger, W. (Ed.): *Physikalische Methoden der analytischen Chemie*, 1. T., Akad. Verl.-Ges., Leipzig, 1933.
698 Friedlander, G., Kennedy, J.W.: *Introduction to Radiochemistry*, J. Wiley & Sons, New York, 1949.
699 Hecht, F., Zacherl, M.K. (Ed.): *Handbuch der mikrochemischen Methoden*, Bd. II, Anwendung der Radioaktivität in der Mikrochemie und photographische Methoden in der Radiochemie, Springer Verl., Wien, 1955.
700 Crouthamel, C.E. (Ed.): *Applied Gamma-Ray Spectrometry*, Pergamon Press, Oxford, 1960.
701 Wiley, W.C.: (1956) *Science*, **124**: 817.
702 Bennett, W.H.: (1950) *J. Appl. Physics*, **21**: 143.
703 McLafferty, F.W.: (1956) *Anal. Chem.*, **28**: 306.
704 Sommer, D., Ohls, K., Koch, K.H.: (1984) *Arch. Eisenhüttenwesen*, **55**: 209.
705 Murphy, C.H.: (1958) *Anal. Chem.*, **30**: 867.
706 Duval, C.: *Inorganic Thermogravimetric Analysis*, Elsevier Press., Houston, 1953.
707 Ledebur, A: *Leitfaden für Eisenhütten-Laboratorien*, 9. Aufl., Verlag. Friedr. Vieweg & Sohn, Braunschweig, 1911.
708 Doležal, J., Povondra; P., Šulzek, Z.: *Decomposition Techniques in Inorganic Analysis*, 1. Aufl., Iliffe Books Ltd., London, 1968.
709 Gorsuch, T.T.: *The Destruction of Organic Matter*, 1. Aufl., Pergamon Press, Oxford, 1970.
710 Bock, R.: *Aufschlußmethoden der anorganischen und organischen Chemie*, Verl. Chemie, 1972.
711 Hempel, W.: (1892) *Z. Angew. Chem.*, **13**: 393.
712 Berthelot, M.: (1899) *C. R. Acad. Sci.*, **129**: 1002.
713 Berthelot, M.: (1892) *Ann. Chim. Phys.*, **26**: 555.
714 Ohls, K.D.: (1997) *Spectroscopy*, **12**(1): 22; (1992) *ICP Inform. Newsl.*, **17**: 769 und (1990) *ICP Inform. Newsl.*, **15**: 784.
715 Flock, J., Ohls, K.: (1987) *Fresenius' Z. Anal. Chem.*, **328**: 560.
716 Ohls, K., Riemer, G.: (1972) *Fresenius' Z. Anal. Chem.*, **260**: 30.
717 Bernas, B.: (1968) *Anal. Chem.*, **40**: 1682.
718 Kotz, L., Kaiser, G., Tschöpel, P., Tölg, G.: (1972) *Fresenius' Z. Anal. Chem.*, **260**: 207.
719 Flock, J., Michael, F., Ohls, K.D.: (1999) *Fresenius' J. Anal. Chem.*, **363**: 306.
720 Jackwerth, E., Gomisček, S.: (1984) *Pure Appl. Chem.*, **56**: 479.
721 Kingston, H.M., Jassie, L.B.: (1986) *Anal. Chem.*, **58**: 2534.
722 Zaray, Gy., Farkas, A., Varga, I.: (1991) *Acta Chim. Hung.*, **128**: 489.

723 Matusiewicz, H., Sturgeon, R.E., Berman, S.S.: (1989) *JAAS*, **4**: 323 und (1991) *JAAS*, **6**: 283.

724 Knapp, G.: (1991) *Mikrochim. Acta* (Wien), **II**: 445.

725 Haswell, S. J., Barclay, D.: (1992) *Analyst*, **117**: 117.

726 Kuss, H.-M.: (1992) *Fresenius' J. Anal. Chem.*, **343**: 788.

727 Légere, G., Salin, E.D.: (1995) *Appl. Spectrosc.*, **49**: 14A.

728 Kainrath, P., Kettisch, P., Schalk, A., Zischka, M.: (1995) *LaborPraxis*, 11.

729 Hippler, M., Sengutta, U.: (1997) *GIT Labor-Fachz.*, 6, S. 645.

730 Kjeldahl, J.: (1883) *Fresenius' Z. Anal. Chem.*, **22**: 366.

731 Ohls, K., Koch, K.H.: (1987) *Fresenius' Z. Anal. Chem.*, **326**: 520.

732 Karanassios, V., Li, F.H., Liu, B., Salin, E.D.: (1991) *JAAS*, **6**: 457.

733 Rickert, F.: (1978) *LaborPraxis*, 10, S. 36.

734 Büchel, E., Lemm, H., Leiber, F., Becker, W.: (1977) *Arch. Eisenhüttenwesen*, **48**: 331.

735 Koch, K.H., Ohls, K., Becker, G.: *Optimierung spektrometrischer Verfahren durch ein Datenverarbeitungssystem*, Coll. Spectrosc. Internat. Heidelberg, Bd. II, S. 399, 1971.

736 Koch, K.H., Ohls, K., Becker, G.: 1970 *Arch. Eisenhüttenwesen*, **41**: 25.

737 Koch, K.H., Ohls, K., Becker, G.: 1970 *Arch. Eisenhüttenwesen*, **41**: 81.

738 Bergler, R.: *Unternehmenskultur als Führungsaufgabe*, Akad. Reden und Beitr., Westf. Wilh.-Univ. Münster, Regensberg, 1993.

739 Ogger, G.: *Nieten in Nadelstreifen*, Verl. Droemer Knaur, München, 1992.

740 Silbermann, A.: *Von der Kunst der Arschkriecherei*, Verl. Rowohlt, Berlin, 1997.

741 Taylor, J.K.: (1981) *Anal. Chem.*, **53**: 1588A.

742 Gottschalk, G.: (1971) *Fresenius' Z. Anal. Chem.*, **256**: 257.

743 Gottschalk, G.: (1972) *Fresenius' Z. Anal. Chem.*, **261**: 1.

744 Doerffel, K.: (1994) *Fresenius' Z. Anal. Chem.*, **348**: 183.

745 Amore, F.: (1979) *Anal. Chem.*, **51**: 1105A.

746 Enders, J., Teichler, Ü. (Hrsg.): *Der Hochschullehrer*, Luchterhand, 1995

747 Ohls, K.: *Wirtschaftliche Betrachtungen beim Einsatz spektralanalytischer Methoden*, SIEMENS Analysentechn. Ber., Nr. 102, 1974.

748 Däumler, K.-D.: *Grundlagen der Investitions- und Wirtschaftlichkeitsrechnung*, 4. Aufl., Verl. Neue Wirtschafts-Briefe, Herne, Berlin, 1984.

749 Gottschalk, G.: *Einführung in die Grundlagen der chemischen Materialprüfung*, S. Hirzel Verl., Stuttgart, 1966.

750 Gottschalk, G.: (1975) *Fresenius' Z. Anal. Chem.*, **275**: 1.

751 Kaiser, H.: (1970) *Anal. Chem.*, **42**: 24A (No. 2) und 26A (No. 4).

752 Kaiser, H.: (1973) *Pure and Appl. Chem.*, **34**: 35.

753 Danzer, K., Than, E., Molch, D., Küchler, L.: *Analytik – Systematischer Überblick*, 2. Aufl., Wissenschaftl. Verlagsges., Stuttgart, 1987.

754 Koirtyohann, S.R.: (1965) *Anal. Chem.*, **37**: 601.

755 Koscielniak, P., Parczewski, A.: (1985) *Fresenius' Z. Anal. Chem.*, **321**: 572.

756 Miller, J.C., Miller, J.N.: *Statistics for Analytical Chemistry*, Ellis Horwood, Chichester, 1988.

757 Miller, J.N.: (1992) *Spectrosc. Europe*, **4/6**: 26.

758 Koch, K.H.: (2000) *Labor*, 12, S. 8.

759 Klockenkämper, R., Bubert, H.: (1982) *Spectrochim. Acta*, **37B**: 127.

760 Bubert, H., Klockenkämper, R.: (1983) *Spectrochim. Acta*, **38B**: 1087.

761 Bubert, H., Klockenkämper, R., Waechter, H.: (1984) *Spectrochim. Acta*, **39B**: 1465.

762 Kaiser, H.: (1972) *Fresenius' Z. Anal. Chem.*, **260**: 252.

763 Magyar, B.: *Guide-Lines to Planning Atomic Spectrometric Analysis*, Akadémiai Kiadó, Budapest u. Elsevier Sci. Publ. Comp., Amsterdam, 1982.

764 Gottschalk, G.: (1979) *Talanta*, **26**: 657.

765 Kateman, G., Pijpers, F.W.: *Quality Control in Analytical Chemistr*, J. Wiley & Son, New York – Chichester, 1981.

766 Gottschalk, G.: *Statistik in der quantitativen Analyse*, in: *Die chemische Analyse*, Bd. 49, F. Enke Verlag, Stuttgart, 1962.

767 Doerffel, K.: *Statistik in der analytischen Chemie*, VEB Deutscher Verlag für Grundstoffindustrie, Leipzig, 1966.

768 Bock, R.: *Methoden der Analytischen Chemie*, Bd. 2, T. 1, Verlag Chemie, Weinheim, 1980.

769 Doerffel, K., Eckschlager, K.: *Optimale Strategien in der Analytik*, Verlag H. Deutsch, Thun – Frankfurt/M., 1981.

770 Kaiser, R.E., Gottschalk, G.: *Elementare Tests zur Beurteilung von Meßergebnissen*, Hoch-

schultaschenb., Bd. 774, Bibliogr. Inst. Mannheim, 1972.
771 Ohls, K., Sommer, D.: (1982) *Fresenius' Z. Anal. Chem.*, **312**: 195.
772 Gottschalk, G., Kaiser, R.E.: *Einführung in die Varianzanalyse und Ringversuche*, Hochschultaschenb., Bd. 775, Bibliogr. Inst. Mannheim, 1976.
773 Sachs, L.: *Angewandte Statistik*, Springer Verlag, Berlin, Heidelberg, New York, 5. Aufl., 1978.
774 Nalimov, V.V.: *The Application of Mathematical Statistics to Chemical Analysis*, Pergamon Press, Oxford, 1963.
775 Ehrenberg, A.S.C.: *Data Reduction*, J. Wiley & Sons, London, 1975 und *Das Reduzieren der Zahlen – Statistische Analyse und Interpretation*, Bund-Verlag, Köln, 1976.
776 Wallis, W.A., Roberts, H.V.: *Statistics – A New Approach*, The Free Press Glencoe (Illinois), 1956 – *Methoden der Statistik*, Rowohlt, 1971.
777 Erber, D., Bettmer, J., Cammann, K.: (1995) *GIT Fachz. Lab.*, 4, S. 340.
778 Bartlett, M.S.: (1937) Properties of sufficiency and statistical tests, *Proc. Roy. Soc.*, A **160**: 268.
779 Kaiser, H.: (1947) *Spectrochim. Acta*, **3**: 40.
780 Kaiser, H., Specker, H.: (1956) *Fresenius' Z. Anal. Chem.*, **149**: 46.
781 Emich, F.: (1916) *Ber. dtsch. chem. Ges.*, **43**: 10.
782 Ehrlich, G., Gerbatsch, R.: (1969) *Wiss. Zeit.* TH Leuna-Merseburg, **11**: 22.
783 Boumans, P.W.J.M.: (1990) *Spectrochim. Acta*, **45B**: 1121.
784 Kaiser, H., Menzies, A.C.: *The Limit of Detection of a Complete Analytical Procedure*, Adam Hilger, London, 1968.
785 Boumans, P.W.J.M.: (1991) *Spectrochim. Acta*, **46B**: 917.
786 Boumans, P.W.J.M., Ivaldi, J.C., Slavin, W.: (1991) *Spectrochim. Acta*, **46B**: 641.
787 Luthardt, M., Than, E., Heckendorff, H.: (1987) *Fresenius' Z. Anal. Chem.*, **326**: 331.
788 Yngström, S.: (1994) *Appl. Spectrosc.*, **48**: 587.
789 Klockenkämper, R.: (1971) *Spectrochim. Acta*, **26B**: 547.
790 Klockenkämper, R., Laqua, K., Maßmann, H.: (1971) *Spectrochim. Acta*, **26B**: 577.
791 Huber, W.: (1991) *Nachr. Chem. Techn. Lab.*, **39**: 1007.
792 Long, G.L., Winefordner, J.D.: (1983) *Anal. Chem.*, **55**: 712A.
793 Doerffel, K.: *Beurteilung von Analysenverfahren und -ergebnissen*, Springer Verlag, Berlin, J.F. Bergmann, München, 1965.
794 Geladi, P., Kowalski, B.R.: (1986) *Anal. Chim. Acta*, **185**: 1.
795 Grubbs, F.E.: (1969) *Technometrics*, **11**: 1 und (1972) *ibid.*, **14**: 527.
796 Cochran, W.G.: (1965) *Technometrics*, **7**: 447.
797 Dean, R.B., Dixon, W.J.: (1951) *Anal. Chem.*, **23**: 636.
798 Nalimov, V.V.: (1957) *Zh. Anal. Khim.* (UdSSR), **12**: 157 (s. auch: Ionova, K.I., Nalimov, V.V.: (1957) *Zavods. Lab.*, **23**: 586).
799 Truppat, R.: (1988) *VGB Kraftwerkstechnik*, **68**: 59.
800 Smith, R.: (1984) *Talanta*, **31**: 537.
801 Watanabe, K.: (1984) *Talanta*, **31** (4): 311.
802 Sutarno, R., Steger, H.F.: (1985) *Talanta*, **32**: 439.
803 Zitter, H., Pitner, P., God, C.: (1985) *Stahl u. Eisen*, **105**: 40.
804 Ohls, K.: (1990) *Fresenius' Z. Anal. Chem.*, **336**: 36.
805 Doerffel, K., Zwanziger, H.: (1987) *Fresenius' Z. Anal. Chem.*, **329**: 1.
806 Doerffel, K., Michaelis, G.: (1987) *Fresenius' Z. Anal. Chem.*, **328**: 226.
807 Kallischnigg, G., Müller. J.: (1984) *Fresenius' Z. Anal. Chem.*, **317**: 241.
808 Rechenberg, W.: (1984) *Fresenius' Z. Anal. Chem.*, **319**: 384.
809 Rechenberg, W.: (1985) *Fresenius' Z. Anal. Chem.*, **320**: 217.
810 Zitter, H., God, C., Pitner, P.: (1985) *Fresenius' Z. Anal. Chem.*, **320**: 29.
811 Youden, W.J.: (1958/59) *Ind. Qual. Control*, **15**: 24 (s. auch: (1947) *Anal. Chem.*, **19**: 961 und (1948) *Anal. Chem.*, **20**: 1136–1140).
812 Hoffmann, P.: (1992) *Nachr. Chem. Techn. Lab.*, **40**, H. 12: M1–M32.
813 Rabich, A.: (1997) *GIT Labor-Fachz.*, H. 3, S. 293.
814 Brands, G.: (1983) *Fresenius' Z. Anal. Chem.*, **314**: 6 u. 646.
815 Reihlen, H.: (1991) *DIN-Mitt.* **70**: 527.
816 Klamann, D. et al.: *Schmierstoffe und verwandte Produkte*, Verlag Chemie, Weinheim, Deerfield Beach, Florida, Basel, 1982.
817 Recknagel, S., Meier, K.A.: (1997) *GIT Fachz. Lab.*, **41**: 1164.
818 Wandelburg, K.: (1987) *Amts- u. Mitt.-blatt BAM*, **17**(3): 471.

819 Cali, J.P.: (1979) *Fresenius' Z. Anal. Chem.*, **297**: 1.
820 Neider, R.J.A.: (1979) *Fresenius' Z. Anal. Chem.*, **297**: 4.
821 van der Eijk, W.: (1979) *Fresenius' Z. Anal. Chem.*, **297**: 10.
822 Rossi, G., Colombo, A.: (1979) *Fresenius' Z. Anal. Chem.*, **297**: 13
823 Ohls, K., Sommer, D.: (1982) *Fresenius' Z. Anal. Chem.*, **312**: 195.
824 Watanabe, K.: (1984) *Talanta*, **31**(4): 311.
825 Roelandts, I.: (1990) *Spectrochim. Acta*, **45**B(7): 815.
826 Griepink, B.: (1990) *Fresenius' J. Anal. Chem.*, **338**: 360.
827 Burgess, C.: (1994) *Spectrosc. Europe*, **6**(6): 10.
828 Ohls, K.: (1990) *Fresenius' Z. Anal. Chem.*, **336**: 3.
829 Booster, F., van Kampen, E.J.: *Het verwerken van waarnemingsresultaten Heron bibliothek*, Agon Elsevier, Amsterdam / Brüssel, 1975.
830 Quevauviller, Ph.: (2000) *Fresenius' J. Anal. Chem.*, **368**: 737.
831 Stoeppler, M., Wolf, W.R., Jenks, P.J. (Ed.): *Reference Materials for Chemical Analysis*, Wiley-VCH Verlag, Weinheim, 2001.
832 Staats, G.: (1988) *Fresenius' Z. Anal. Chem.*, **330**: 469.
833 Ortner, H.M.: (1997) *GIT Lab. Fachz.*, **7**: 756 und **10**: 1010.
834 Behrend, R.: (1893) *Z. physkal. Chem.*, **11**: 466.
835 Böttger, W.: (1897) *Z. physikal. Chem.*, **24**: 253.
836 Koltermann, M.: (1979) *Stahl u. Eisen*, **99**: 1163.
837 Thierig, D., Ohls, K.: (1990) *Stahl u. Eisen*, **110**: 85.
838 Kim, H.J., Piepmeier, E.H.: (1988) *Anal. Chem.*, **60**: 2040.
839 Russel, E.J., Walsh, A.: (1959) *Spectrochim. Acta*, **15**: 883.
840 Bruhn, C.G., Harrison, W.W.: (1978) *Anal. Chem.*, **50**: 16.
841 Hannaford, P., Walsh, A.: (1988) *Spectrochim. Acta*, **43**B: 1053.
842 Lautenschläger, W., Wagner, R., Bernhard, A.E.: (1986) *LaborPraxis*, H. 9: 1004 (s. auch: Bernhard, A.E., Piepmeier, E.H., Kim, H.J.: (1986) 14th FACSS Meeting, St. Louis, paper 440).
843 Ohls, K.: (1987) *Fresenius' Z. Anal. Chem.*, **327**: 111.
844 Bernhard, A.E., Kahn, H.L.: (1988) *American Lab.*, H. 6 (June).
845 Winchester, M.R., Marcus, R.K.: (1988) *Appl. Spectrosc.*, **42**: 941.
846 Wagatsuma, K., Hirokawa, K.: (1987) *Spectrochim. Acta*, **42B**: 523.
847 Ohls, K., Flock, J., Loepp, H.: (1992) *Fresenius' J. Anal. Chem.*, **342**: 924.
848 Chakrabarti, C.L., Headrick, K.L., Hutton, J.C., Bicheng, Z., Bertels, P.C., Back, M.H.: (1990) *Anal. Chem.*, **62**: 574.
849 Smith, S.B., Hieftje, G.M.: (1983) *Appl. Spectrosc.*, **37**: 419.
850 Ohls, K., Koch, K.H.: (1985) *LaborPraxis*, H. 11 (Nov.), S. 1336.
851 Sotera, J.J., Kahn, H.L.: (1983) *American Lab.*, H. 5 (May), S. 24.
852 Zeeman, P.: (1897) *Philos. Mag.*, **43**: 226.
853 Heisenberg, W., Jordan, P.: (1926) *Z. Phys.*, **37**: 263.
854 Hadeishi, T.: (1972) *Appl. Phys. Lett.*, **21**: 438.
855 Hadeishi, T., McLaughlin, R.D.: (1975) *Science*, **187**: 348.
856 Koizumi, H., Yasuda, K.: *Spectrochim. Acta*, (1976) **31B**: 237.
857 Langmyhr, F.J.: (1985) *Fresenius' Z. Anal. Chem.*, **322**: 654.
858 Price, W.J., Dymott, T.C., Whiteside, P.J.: (1980) *Spectrochim. Acta*, **35B**: 3.
859 Kurfürst, U.: (1985) *Fresenius' Z. Anal, Chem.*, **322**: 660.
860 Kanipayor, R., Naranjit, D.A., Radziuk, B.H., van Loon, J.C.: (1984) *Anal. Chim. Acta*, **166**: 39.
861 Littlejohn, D., Duncan, I., Marshall, J., Ottaway, J.M.: (1984) *Anal. Chim. Acta*, **157**: 291.
862 Fazakas, J.: (1984) *Talanta*, **31**: 573.
863 Grassam, E., Dawson, J.B.: (1978) *Europ. Spectrosc. News*, **21**: 27.
864 Ohls, K.: (1983) *Spectrochim. Acta*, **39B**: 1105.
865 Grobecker, K.H., Klüssendorf, B.: (1985) *LaborPraxis*, H. 11 (Nov.), S. 1306.
866 Stoeppler, M., Kurfürst, U., Grobecker, K.H.: (1985) *Fresenius' Z. Anal. Chem.*, **322**: 687.
867 Janssen, A., Brückner, B., Grobecker, K.H., Kurfürst, U.: (1985) *Fresenius' Z. Anal. Chem.*, **322**: 713.
868 Strübel, G., Rzepka-Glinder, V., Grobecker, K.H.: (1987) *Fresenius' Z. Anal. Chem.*, **328**: 382.
869 Zinger, M.: (1985) *Internat. Lab.*, H. 5 (May), S. 80.

870 Cammann, K. (Ed.): *Instrumentelle Analytische Chemie*, Spektrum Akad. Verl., Heidelberg, Berlin, 2001.
871 Skoog, D.A., Leary, J.J.: *Instrumentelle Analytik*, Springer-Verl., Berlin, Heidelberg, 1996.
872 Ebdon, L.: *An Introduction to Atomic Absorption Spectroscopy*, Heyden & Son, London, 1982.
873 Haswell, S.J. (Ed.): *Atomic Absorption Spectroscopy*, Elsevier Verl., Amsterdam, 1991.
874 Koizumi, H., Yasuda, H., Yasuda, K., Uchino, K., Oishi, K.: (1981) *Spectrochim. Acta*, **34B**: 603.
875 Fernandez, F.J., Myers, S.A., Slavin, W.: (1980) *Anal. Chem.*, **52**: 741.
876 Welz, B., Völlkopf, U., Grobenski, Z.: (1982) *Anal. Chim. Acta*, **136**: 201.
877 Kurfürst, U.: 1983 *Fresenius' Z. Anal. Chem.*, **325**: 304.
878 Pinta, M., de Kersabiec, A.M., Richard, M.L.: (1982) *Analysis*, **10**: 207.
879 Scott, D.R., Holboke, L.E., Hadeishi, T.: (1983) *Anal. Chem.*, **55**: 2006.
880 Völlkopf, U., Schulze, H.: (1983) *LaborPraxis*, H. 6 (Juni), S. 544.
881 Slavin, W., Manning, D.C., Carnrick, G.R., Pruszkowska, E.: (1983) *Spectrochim. Acta*, **38B**: 1157.
882 Shi-lian, J., Shao-yuan, Li., Rong-rong, W., Yi-zai, Ma., Yan, Y., Dong-hua, Z., Jina, S., Zhong-ming, Z.: (1987) *Talanta*, **34**: 699.
883 Horner, E., Kurfürst, U.: (1987) *Fresenius' Z. Anal. Chem.*, **328**: 386.
884 Manning, D.C., Slavin, W.: (1987) *Spectrochim. Acta*, **42B**: 755.
885 Lichtenberg, W.: (1987) *Fresenius' Z. Anal. Chem.*, **328** 367.
886 Fleckenstein, J.: (1987) *Fresenius' Z. Anal. Chem.*, **328**: 396.
887 Calmann, W., Ahlf, W., Schilling, T.: (1986) *Fresenius' Z. Anal. Chem.*, **323**: 865.
888 Koch, K.H., Sommer, D., Grunenberg, D.: (1988) *GIT Fachz. Lab.*, H. 7, S. 766.
889 Barnet, W.B., Bohler, W., Canrick, G.R., Slavin, W.: (1989) *Spectrochim. Acta*, **40B**: 1689.
890 Minoia, C., Caroli, S.: *Applications of Zeeman Graphite Furnace Atomic Absorption Spectroscopy in the Chemical laboratory an in Toxicology*, Pergamon Press, New York, Seoul, Tokyo, 1992.
891 Takada, K., Hirokawa, K.: (1983) *Talanta*, **30**: 329.
892 Rosopulo, A.: (1985) *Fresenius' Z. Anal. Chem.*, **322**: 669.
893 Lücker, E., Rosopulo, A., Kreuzer, W.: (1987) *Fresenius' Z. Anal. Chem.*, **328**: 370.
894 Mullins, R.: (1987) *Internat. Analyst*, H. 5 (May), S. 19.
895 Maßmann, H.: (1982) *Talanta*, **29**: 105.
896 Wibetoe, G., Langmyhr, F.J.: (1984) *Anal. Chim. Acta*, **165**: 87.
897 Katagawa, K., Noguchi, T.: (1985) *Fresenius' Z. Anal. Chem.*, **321**: 436.
898 Carnrick, G.R., Barnett, W.B., Slavin, W.: (1986) *Spectrochim. Acta*, **41B**: 991.
899 de Loos-Vollebregt, M.T.C., de Galan, L.: (1986) *Spectrochim. Acta*, **41B**: 597.
900 Radziuk, B., Thomassen, Y.: (1992) *JAAS*, **7**: 397.
901 Schlemmer, G., Welz, B.: (1984) *Perkin-Elmer-Bericht* No. 36E.
902 Koirtyohann, S.R., Picket, E.E.: (1966) *Anal. Chem.*, **28**: 585.
903 Besse, A., Rosopülo, A., Busche, C., Küllmer, G.: (1987) *LaborPraxis*, Spezial, S. 102.
904 Lücker, E., Hornung, E., Rosopulo, A., Küllmer, G., Busche, C.: (1988) *LaborPraxis*, Spezial, S. 139.
905 Ohls, K.: (1988) *LaborPraxis*, Spezial, S. 152.
906 Conley, M.K., Sotera, J., Kahn, H.L.: (1981) *Instrumentation Laboratory*, Report No. 149.
907 Jäger, H.: (1984) *LaborPraxis* H. 4 (April), S. 345.
908 Jones, B.T., Smith, B.W., Winefordner, J.D.: (1989) *Anal. Chem.*, **61**: 1670.
909 Glick, M.R., Jones, B.T., Smith, B.W., Winefordner, J.D.: (1989) *Anal. Chem.*, **61**: 1694.
910 Gough, D.S.: (1979) *Anal. Chem.*, **48**: 1926.
911 Ohls, K., Flock, J., Loepp, H.: (1988) *Fresenius' Z. Anal. Chem.*, **332**: 456 (s. auch: Bogdain, B.A., Ohls, K.: (1989) *Pittsburgh Conf. on Anal. Chem.*, Atlanta).
912 Welz, B., Becker-Ross, H., Florek, S., Heitmann, U.: *High-Resolution Continuum Source AAS*, Wiley-VCH Verlag, Weinheim, 2005.
913 Schnürer-Patschan, C., Stangassinger, A.: (1998) *Nachr. Chem. Techn. Lab.*, **46**: 865.
914 de Loos-Vollebregt, de Galan, L.: (1979) *Appl. Spectrosc.*, **33**: 616.
915 Harnly, J.M., Holcombe, J.A.: (1985) *Anal. Chem.*, **57**: 1983.
916 Dittrich, K.: (1978) *Anal. Chim. Acta*, **97**: 59.
917 Dittrich, K., Meister, P.: (1980) *Anal. Chim. Acta*, **121**: 205.

918 Dittrich, K., Vorberg, B.: (1982) *Anal. Chim. Acta*, **140**: 237.
919 Dittrich, K., Vorberg, B.: (1983) *Anal. Chim. Acta*, **152**: 149.
920 Frech, W., L'vov, B.V., Romanova, N.P.: (1992) *Spectrochim. Acta*, **47B**: 1461.
921 Barnett, W.B.: (1984) *Spectrochim. Acta*, **39B**: 829.
922 Koizumi, H., McLaughlin, R.D., Hadeishi, T.: (1979) *Anal. Chem.*, **51**: 387.
923 Wennrich, R., Dittrich, K.: (1982) *Spectrochim. Acta*, **17B**: 913.
924 Wirz, P., Gross, M., Ganz, S., Scharmann, A.: (1983) *Spectrochim. Acta*, **38B**: 1217.
925 Lehnert, R., Quick, L., Rump, T., Winter, F., Cammann, K.: (1993) *Fresenius' J. Anal. Chem.*, **346**: 392.
926 Ohls, K, Edel, H., Cammann, K.: (1995) *LABO-Trend*, H. 6 (Juni) **26**: 4.
927 Pfeilsticker, K.: (1967) *Fresenius' Z. Anal. Chem.*, **231**: 401.
928 Kaiser, H., Rosendahl, F.: (1955) *Mikrochim. Acta* (Wien), **43**: 265.
929 Human, H.G.C., Scott, R.H., Oakes, A.R., West, C.D.: (1976) *Analyst*, **101**: 265.
930 Jones, J.L., Dahlquist, R.L., Hoyt, R.E.: (1971) *Appl. Spectrosc.*, **25**: 628.
931 Florian, K., Hassler, J., Kuß, H.M.: (2000) *CLB Chem. Lab. Biotechn.*, **51**: 180, 221 u. 334.
932 Laqua, K.: Analytical spectroscopy using laser atomizers, *Chemical Analysis* (Ed. Winefordner, J.) (1979) Bd. **50**: 47, J. Wiley & Sons, New York.
933 Piepmeier, E.H.: Analytical applications of lasers, *ibid.*, (1986) Bd. **87**: 627.
934 Moenke, L.: Laser microanalysis, *ibid.* (1989) Bd. **105**: 1.
935 Löbe, K., Lucht, H.: (1998) *GIT Labor-Fachz.*, H. 2, S. 105.
936 Broekaert, J.A.C., Flock, J., Kehden, A., Ohls, K.: (1998) *GIT Fachz. Lab.*, **12**: 1249.
937 Günther, D.: 2006 *Winter Conf. Plasma Spectrochem.*, Tuscon, Arizona.
938 Radziemski, L.J., Cremers, D.A. (Ed.): *Laser-induced Plasmas and Applications*, Kap. 7, Marcel Dekker, New York, 1989.
939 Aguilera, J.A., Aragon, C., Campos, J.: (1992) *Appl. Spectrosc.*, **46**: 1382.
940 Vogel, W.: Vortrag, Anwendertreffen Emissions- und XRF-Spektrometrie, Dortmund, 1996.
941 Ohls, K.: (1998) *LaborPraxis*, H. 3, S. 44.

942 Falk, H., Hoffmann, E., Lüdke, Ch., Ottaway, J.M., Littlejohn, D.: (1986) *Analyst*, **111**: 285.
943 Barnes, R.M.: Dissertation, University of Illinois, 1964.
944 Leis, F., Broekaert, J.A.C., Steers, E.B.M.: (1991) *Spectrochim. Acta*, **46B**: 243.
945 Marcus, R.K.: *Glow Discharge Spectroscopy*, Plenum Press, New York, 1993.
946 Heintz, M.J., Broekaert, J.A.C., Hieftje, G.M.: (1997) *Spectrochim. Acta*, **52B**: 579.
947 Hoffmann, V., Prüßler, F., Wetzig, K.: (1998) *Nachr. Chem. Techn. Lab.*, **46**: 535.
948 Shi, Z., Holbrook Woodrum, T., Dehghan, K. Brewer, S, Sacks, R.: (1992) *Appl. Spectrosc.*, **46**: 749.
949 Broekaert, J.A.C.: (1995) *Appl. Spectrosc.*, **49**: 12A.
950 Gijbels, R., Bogaerts, A.: (1997) *Spectrosc. Europe*, **9/2**: 8.
951 Jakubowski, N., Stüwer, D., Vieth, W.: (1988) *Fresenius' Z. Anal. Chem.*, **331**: 145.
952 Lüdke, C., Hoffmann, E., Skole, J.: (1994) *Fresenius' J. Ana. Chem.*, **350**: 272.
953 Doerffel, K., Demuth, E.: (1969) *Spectrochim. Acta*, **24B**: 167.
954 Riemann, M.: *Emissionsspektrometrie*, S. 173, Akademie-Verlag Berlin, 1964.
955 Quillfeldt, W.: (1991) *Fresenius' J. Anal. Chem.*, **340**: 459.
956 Ohls, K., Flock, J., Loepp, H.: (1991) *Labor-Praxis*, H. 11, S. 980 (s. auch: (1992) *ICP Inform. Newsl.*, **17**: 532).
957 Schrön, W., Liebmann, A.: (1998) *Fresenius' J. Anal. Chem.*, **361**: 207.
958 Clifford, R.H., Izumi, I., Montaser, A., Meyer, G.A.: (1990) *Anal. Chem.*, **62**: 390.
959 Smith, D.D., Browner, R.F.: (1984) *Anal. Chem.*, **56**: 2702.
960 Skogerboe, R.K., Freeland, S.J.: (1985) *Appl. Spectrosc.*, **39**: 916 u. 925.
961 Olesik, J.W., Smith, L.J., Williamsen, E.J.: (1989) *Anal. Chem.*, **61**: 2002.
962 Lazar, A.C., Farnsworth, P.B.: (1999) *Appl. Spectrosc.*, **53**: 457.
963 Botto, R.I.: *Interference or Contaminant*, XVI. FACSS, Chicago, 1989.
964 Ohls, K., Loepp, H.: (1985) *Fresenius' Z. Anal. Chem.*, **322**: 371.
965 Sommer, D., Ohls, K.: (1982) *LaborPraxis*, H. 6, S. 598.
966 Burba, P.: (1981) *Fresenius' Z. Anal. Chem.*, **306**: 233.

967 Berndt, H., Messerschmidt, J., Reiter, E.: (1982) *Fresenius' Z. Anal. Chem.*, **310**: 230.
968 Hutchinson, D.J., Schilt, A.A.: (1983) *Anal. Chim. Acta*, **154**: 159.
969 Reggers, G., Van Grieken, R.: (1984) *Fresenius' Z. Anal. Chem.*, **317**: 520.
970 Yang, X.G., Jackwerth, E.: (1987) *Fresenius' Z. Anal. Chem.*, **327**: 179.
971 Montaser, A.: (1998) *Anal. Chem.*, **52**: 406A (Vita V.A. Fassel).
972 Montaser, A., Golightly, D.W.: *Inductively Coupled Plasma in Analytical Atomic Spectrometry*, VCH Verlagsges., Weinheim, 1987.
973 Boumans, P.W.J.M.: *Inductively Coupled Plasma Emission Spectroscopy* (Vol. 90 in *Chem. Analysis*, Ed. J.D. Winefordner), J. Wiley & Sons, 1987.
974 Parson, M.L., Forster, A., Anderson, D.: *An Atlas of Spectral Interferences in ICP Spectroscopy*, Plenum Press, New York, London, 1980.
975 Boumans, P.W.J.M.: *Line Coincidence Tables for Inductively Coupled Plasma Atomic Emission Spectroscopy*, 2 Bd., Pergamon Press, Oxford, New York, Toronto, Sydney, Paris, Frankfurt/M, 1980.
976 Winge, R.K., Fassel, V.A., Peterson, V.J., Floyd, M.A.: *Inductively Coupled Plasma-Atomic Emission Spectroscopy – An Atlas of Spectral Information*, Elsevier Publ., Amsterdam, Oxford, New York, Tokyo, 1985.
977 Bache, C.A., Lisk, D.L.: (1967) *Anal. Chem.*, **39**: 786.
978 Quimby, B.D., Sullivan, J.J.: (1990) *Anal. Chem.*, **62**: 1027.
979 Long, G.L., Ducatte, G.R., Lancaster, E.D.: (1994) *Spectrochim Acta*, **49B**: 75.
980 Lobinski, R.: (1994) *Analysis*, **22**: 37.
981 Rieping, D., Bettmer, J., Buscher, W., Cammann, K.: (1995) *GIT Fachz. Lab.*, S. 95.
982 Broekaert, J.A.C., Siemens, V.: (2004) *Spectrochim. Acta*, **59B**: 1823.
983 Giglio, J.J., Wang, J., Caruso, J.A.: (1995) *Appl. Spectrosc.*, **49**: 314.
984 Madrid, Y., Borer, M.W., Zhu, C., Jin, Q., Hieftje, G.M.: (1994) *Appl. Spectrosc.*, **48**: 994.
985 Heitmann, U.: *Laserangeregte Atomfluoreszenz-Spektrometrie*, Dissertation, TU Berlin, 2001.
986 Gough, D.S., Meldrum, J.R.: (1980) *Anal. Chem.*, **52**: 642.
987 Montaser, A., Fassel, V.A.: (1976) *Anal. Chem.*, **48**: 1490.
988 Hueber, D., Smith, B.W., Madden, S., Winefordner, J.D.: (1994) *Appl. Spectrosc.*, **48**: 1213.
989 Vassos, B.H., Hirsch, R.F., Letterman, H.: (1973) *Anal. Chem.*, **45**: 792.
990 Koch, K.H., Flock, J., Ohls, K.: (1992) *LaborPraxis*, H. 6, S. 658.
991 Medicus, G., Ackermann, G.: (1991) *Fresenius' J. Anal. Chem.*, **339**: 226.
992 Koelling, S., Kunze, J.: (1994) *GIT Fachz. Lab.*, **10**: 1119.
993 Klockenkämper, R.: (1971) *Spectrochim. Acta*, **26B**: 547 u. 567.
994 Klockenkämper, R., Laqua, K, Maßmann, H.: (1971) *Spectrochim. Acta*, **26B**: 577.
995 Plesch, R.: (1988) *Fresenius' Z. Anal. Chem.*, **332**: 232.
996 Pella, P.A., Marinenko, R.B., Norris, J.A., Marlow, A.: (1991) *Appl. Spectrosc.*, **45**: 242.
997 Bosch Reig, F., Peris Martinez, Bosch Mossi, F., Gimeno Adelantado, J.V.: (1992) *Fresenius' J. Anal. Chem.*, **344**: 16.
998 deJong. -.: *UniQuant – the New Standard of Standardless XRF Analysis*, Omega Data Systems (ODS), Veldhoven, Niederlande, 1989. Eigendruck (Broschüre).
999 Flock, J., Sommer, D., Ohls, K.: (2000) *LaborPraxis*, H. 10, S. 74. 999
1000 Haschke, M.: (1991) *LaborPraxis*, H. 9, S. 736.
1001 Klockenkämper, R.: (1990) *Spectrosc. Internat.*, **2**(2): 26.
1002 Klockenkämper, R., von Bohlen, A.: (1992) *JAAS*, **7**: 273.
1003 Klockenkämper, R., Knoth, J., Prange, A., Schwenke, H.: (1992) *Anal. Chem.*, **64**: 1115A.
1004 Prange, A., Schwenke, H.: (1992) *Adv. X-ray Anal.*, **35**: 899.
1005 Prange, A.: (1993) *Nachr. Chem. Techn. Lab.*, **41**: 40.
1006 Yoneda, Y., Horiuchi, T.: (1971) *Rev. Sci. Instr.*, **42**: 1069.
1007 Aiginger, H., Wobrauschek, P.: (1974) *Nucl. Intsr. Methods*, **114**: 157.
1008 Wobrauschek, P., Aiginger, H.: (1975) *Anal. Chem.*, **47**: 852.
1009 Knoth, J., Schwenke, H.: (1978) *Fresenius' Z. Anal. Chem.*, **291**: 200.
1010 Knoth, J., Schwenke, H.: (1980) *Fresenius' Z. Anal. Chem.*, **301**: 7.
1011 Fan, Q.-M., Liu, Y.-W., Li, D.-L., Wei, C.-L.: (1993) *Fresenius' J. Anal. Chem.*, **345**: 518.
1012 Van Grieken, R.E., Markowicz, A.A. (Eds.): *Handbook of X-Ray Spectrometry*, Marcel Dekker, New York, Basel, 2001.

1013 Chung, F.H., Smith, D.K.: *Industrial Applications of X-Ray Diffraction*, Marcel Dekker, New York, Basel, 2000.

1014 Conradson, S.D.: (1998) *Appl. Spectrosc.*, **52**: 252A.

1015 Conzen, J.-P.: (1997) *GIT Labor-Fachz.*, H. 2, S. 97.

1016 Molt, K.: (1998) *GIT Labor-Fachz.*, H. 4, S. 386.

1017 Raichlin, Y., Katzir, A.: (2008) *Appl. Spectrosc.*, **62**: 55A.

1018 Pelletier, M.J.: (2003) *Appl. Spectrosc.*, **57**: 20A.

1019 McCreery, R.L.: *Raman Spectroscopy for Chemical Analysis*, Wiley-VCH, New York, Weinheim, 2000.

1020 Schrader, B.: *Raman/Infrared Atlas of Organic Compounds*, Wiley-VCH, New York, Weinheim, 1989.

1021 Nakamoto, K.: *Infrared and Raman Spectra of Inorganic and Coordination Compounds*, Wiley-VCH, New York, Weinheim, 1997.

1022 Chalmers, J.M., Griffiths, P.R. (Eds.): *Handbook of Vibration Spectroscopy*, Wiley-VCH, New York, Weinheim, 2001.

1023 Ferraro, J.R. (Ed.): *The Sadtler Infrared Spectra Handbook of Minerals and Clays*, Heyden & Son, London, 1982.

1024 Lawson, K.E.: *Infrared Absorption of Inorganic Sustances*, Reinhold Publ., New York, 1961.

1025 Moenke, H.: *Spektralanalyse von Mineralien und Gesteinen*, Akadem. Verl.-gesellschaft. Geest & Portig, Leipzig, 1962.

1026 Nyquist, R.A., Kagel, R.O.: *Infrared Spectra of Inorganic Compounds*, Academic Press, New York, 1971.

1027 VDEh: *Prüfung von Schmierstoffen in der Eisen- und Stahlindustrie – Vorschläge zur Auswahl von Prüfverfahren*, Verl. Stahleisen, Düsseldorf, 1983.

1028 Tanaka, K.: *Reports der Shimadzu Corp. 1987–2003*.

1029 Harrison, A.G.: *Chemical Ionization Mass Spectrometry*, CRC Press, Boca Raton, Fl., 1992.

1030 March, R.E., Todd, F.J.: *Modern Mass Spectrometry* (Ed. T. Cairns), *Fundamentals of Ion Trap MS*, Vol. I, und *Ion Trap Instrumentation*, Vol. II, CRC Press, Boca Raton, 1995.

1031 Montaudo, G., Lattimer, R.P. (Eds.): *Mass Spectrometry of Polymers*, CRC Press, Boca Raton, 2001.

1032 Rossi, D.T., Sinz, M.W. (Eds.): *Mass Spectrometry in Drug Discovery*, Verl. Marcel Dekker, New York, Basel, 2001.

1033 Roboz, J.: *Mass Spectrometry in Cancer Research*, CRC Press, Boca Raton, 2001.

1034 de Hoffmann, E., Stroobant, V.: *Mass Spectrometry – Principles and Applications*, J. Wiley-VCH, Weinheim, 2007.

1035 Becker, J.S.: *Inorganic Mass Spectrometry*, J. Wiley-VCH, New York, 2007.

1036 Gray, A.L.: (1974) *Proc. Soc. Anal. Chem.*, **11**: 182.

1037 Houk, R.S., Fassel, V.A., Flech, G.D., Svec, H.J., Gray, A.L., Taylor, C.E.: (1980) *Anal. Chem.*, **52**: 2283.

1038 Date, A.R., Gray, A.L.: (1983) *Analyst*, **108**: 1053.

1039 Cantle, J.E., Hall, E., Shaw, C., Turner, P.J.: (1983) *Internat. J. Mass Spectrom. Ion Phys.*, **46**: 11.

1040 Hutton, R.C.: (1989) *LaborPraxis*, H. 4, S. 286.

1041 Shabani, M.B., Akagi, T., Shimizu, H., Masuda, A.: (1990) *Anal. Chem.*, **62**: 2709.

1042 Vaughan, M.-A., Templeton, D.M.: (1990) *Appl. Spectrosc.*, **44**: 1685.

1043 Ochsenkühn-Petropoulou, M., Ochsenkühn, K., Luck, J.: (1991) *Spectrochim. Acta*, **46**: 51.

1044 Olesik, J.W.: (1991) *Anal. Chem.*, **63**: 12A.

1045 Jin, K., Shibata, Y., Morita, M.: (1991) *Anal. Chem.*, **63**: 986.

1046 Smith, F.G., Wiederin, D.R., Houk, R.S.: (1991) *Anal. Chem.*, **63**: 1458.

1047 Wiederin, D.R., Smyczek, R.E., Houk, R.S.: (1991) *Anal. Chem.*, **63**: 1626.

1048 Shabani, M.B., Masuda, A.: (1991) *Anal. Chem.*, **63**: 2099.

1049 Kawabata, K., Kawaguchi, O., Watanabe, Y., Inoue, Y.: (1991) *Anal. Chem.*, **63**: 2137.

1050 Montaser, A., Tan, H., Ishii, I., Nam, S.-H., Cai, M.: (1991) *Anal. Chem.*, **63**: 2660.

1051 Shibata, N., Fudagawa, N., Kubota, M.: (1992) *Spectrochim. Acta*, **47B**: 505.

1052 Togashi, H., Hashizume, A., Niwa, Y.: (1992) *Spechtrochim. Acta*, **47B**: 561.

1053 Taylor, H.E., Garbarino, J.R.: (1992) *Anal. Chem.*, **64**: 2036.

1054 Greb, U.: (1992) *Vakuum in der Praxis*, Nr. 1, S. 15, VCH, Weinheim.

1055 Montaser, A.: *Inductively Coupled Plasma Mass Spectrometry*, J. Wiley-VCH, New York, 1992.

1056 Holland, G., Tanner, S.D. (Eds.): *Plasma Source Mass Spectrometry – Development and Application*, The Roy. Soc. Chem., Cambridge, 1997.
1057 Andrle, C.M., Jakubowski, N., Broekaert, J.A.C.: (1997) *Spectrochim. Acta*, **52B**: 189.
1058 Seubert, A., Nowak, M.: (1998) *GIT Labor-Fachz.*, H. 3, S. 193.
1059 Harrison, W.W., Magee, C.W.: (1974) *Anal. Chem.*, **46**: 461.
1060 Teng, J., Barshick, C.M., Duckworth, D.C., Morton, S., Smith, D.H., King, F.L.: (1995) *Appl. Spectrosc.*, **49**: 1361.
1061 Saprykin, A., Becker, J.S., Dietze, H.-J.: (1995) *JAAS*, **10**: 897.
1062 Shi, Z., Brewer, S., Sacks, R.: (1995) *Appl. Spectrosc.*, **49**: 1232.
1063 Iakubowski, N., Stüwer, D., Tölg, G.: (1986) *Int. J. Mass Spectrom. and Ion Proc.*, **71**: 183.
1064 Bings, N.H., Costa-Fernández, J.M., Guzowski, jr. J.P., Leach, A.M., Hieftje, G.M.: (2000) *Spectrochim. Acta*, **55B**: 767.
1065 Bings, N.H.: (2005) *Anal. Bioanal. Chem.*, **382**: 887.
1066 Field, G.: *Chromatographie*, Verlag des Landes-Industrie Comptoirs, 1836.
1067 Runge, F.F.: *Farbenchemie*, 3. Teil, Berlin, 1850.
1068 Runge, F.F.: *Der Bildungstrieb der Stoffe*, Oranienburg, 1855.
1069 Ettre L.S., Zlatkis, A.: *75 Years of Chromatography: A Historical Dialogue*, Elsevier, Amsterdam, 1979.
1070 Wintermeyer, U.: *Die Wurzeln der Chromatographie*, Darmstadt, 1989.
1071 Bussemas, H.H.: (1991/92) *LABO Bestseller*, S. 28.
1072 Koch, K.H., Sommer, D., Grunenberg, D.: (1990) *Mikrochim. Acta* (Wien), **II**: 101.
1073 Knöchel, A.: (1990) *Fresenius' Z. Anal. Chem.*, **337**: 614.
1074 Darque-Ceretti, E., Aucouturier, M., Boutry-Forveille, A.: (1992) *Surface and Interface Anal.*, **18**: 229.
1075 Beck, E.-G.: (2007) *Energy & Environment*, **18**, No. 2 (http://www.ib-rauch.de/datenbank/CO$_2$gasnalyse.html).
1076 Kraus, Th.: (1972) *Neue Hütte*, **17**: 169.
1077 Coe, F.R., Jenkins, N., Parker, D.H.: (1967) *Anal. Chem.*, **39**: 982.
1078 Martin, J.F.: (1971) *NBS Special Publ.* 260–26.
1079 Schramek, H.: (1987) *Fresenius' Z. Anal. Chem.*, **327**: 461.
1080 Frank, D., Staats, G.: (1987) *Fresenius' Z. Anal. Chem.*, **327**: 456.
1081 Hill, J.H., Morris, C.J., Frazer, J.W.: (1970) *Analyst*, **95**: 215.
1082 Chen, J.-S., Barth, U., Grallath, E.: (1989) *Fresenius' Z. Anal. Chem.*, **334**: 154.
1083 Gerhardt, A., Kraus, Th., Frohberg, M.G.: (1965) *Gießerei*, **17**: 203.
1084 Paesold, G., Müller, K., Kiefer, R.: (1966) *Fresenius' Z. Anal. Chem.*, **232**: 31.
1085 Dallmann, W.E., Fassel, V.A.: (1967) *Anal. Chem.*, **39**: 133R.
1086 Bruch, J.: (1972) *J. Iron Steel Inst.*, H. 3, S. 253.
1087 Abresch, K., Lemm, H.: (1964) *Arch. Eisenhüttenwesen*, **35**: 1059.
1088 Koch, W., Lemm, H.: (1967) *Arch. Eisenhüttenwesen*, **38**: 881.
1089 Hanin, M.: (1969) *Chim. Analytique*, **51**(1): 9.
1090 Bril, J., Dugain, F.: (1969) *Chim. Analytique*, **51**(3): 113.
1091 Stroehlein, J.: 1969 *Chim. Analytique* **5**(12): 644.
1092 Berg, H.-J., Zimmermann, R.: (1977) *Neue Hütte*, **22**(7): 389.
1093 Abresch, K., Dobner, W., Lemm, H.: (1960) *Arch. Eisenhüttenwesen*, **31**: 351.
1094 Guionnet, M., Jecko, G., Wittmann, A.: (1974) *Rev. Metallurgie*, H. 5, S. 479.
1095 Perritron, R.C., Coe, F.R.: (1968) *Metallurgia*, **78**: 43 (No. 465).
1096 Koch, W., Büchel, E., Lemm, H.: (1972) *Thyssenforschung*, **4**: 144.
1097 König, P., Schmitz, K.-H., Thiemann, E.: (1973) *Arch. Eisenhüttenwesen*, **44**: 41.
1098 Schenck, H., Lange, K.W., Schmitz, K.-G.: (1966) *Gießerei*, **18**: 91.
1099 Willmer, T.-K., Liedtke, W.: (1967) *Stahl u. Eisen*, **87**: 449.
1100 Koch, K.H., Ohls, K., Sommer, D.: (1982) *Arch. Eisenhüttenwesen*, **53**: 396.
1101 Feichtinger, H.K., Bechthold, H., Schuhknecht, W.: (1959) *Schweizer Arch.* 424.
1102 Prumbaum, R., Orths, K.: (1979) *Gießerei-Forsch.*, **31**: 71.
1103 Sommer, D., Ohls, K.: (1979) *LaborPraxis*, H. 6, S. 46.
1104 Onodera, M., Nishizaka, K., Saeki, M., Sakato, T.: (1977) *Nippon Steel, Techn. Rep. Overseas*, **9**: 73.

1105 Sommer, D., Ohls, K.: (1982) *Fresenius' Z. Anal. Chem.*, **313**: 28.
1106 Flock, J., Koch, K.H., Ohls, K.: (1988) *Steel Research*, **59**(1): 1.
1107 Schmidt, J.: (1980) *Arch. Eisenhüttenwesen*, **51**: 347.
1108 Graule, K., Grallath, E.: (1989) *Fresenius' Z. Anal. Chem.*, **335**: 299.
1109 Fassel, V.A., Tabeling, R.W.: (1956) *Spectrochim. Acta*, **8**: 201.
1110 Koch, W., Eckhard, S., Stricker, F.: (1959) *Arch. Eisenhüttenwesen*, **30**: 137.
1111 Evens, F.M., Fassel, V.A.: (1961) *Anal. Chem.*, **33**: 1056.
1112 Shotnikov, S.A., Fedorova, L.M.: (1962) *Zavods. Laborat.*, **28**: 555.
1113 Evens, F.M., Fassel, V.A.: (1963) *Anal. Chem.*, **35**: 1444.
1114 Berneron, R., Romand, J.: (1964) *Mém. Sci. Rev. Metallurg.*, **61**(3): 209.
1115 Winge, R.K., Fassel, V.A.: (1965) *Anal. Chem.*, **37**: 67.
1116 Fassel, V.A., Goetzinger, J.W.: (1965) *Spectrochim. Acta*, **21**: 289.
1117 Matsumoto, C., Fassel, V.A., Kniseley, R.N.: (1965) *Spectrochim. Acta*, **21**: 880.
1118 Webb, M.S.W., Webb, R.J.: (1966) *Anal. Chim. Acta*, **36**: 493.
1119 Gotô, H., Ikeda, S., Hjrokawa, K., Suzuki, T.: (1967) *Fresenius' Z. Anal. Chem.*, **228**: 180.
1120 Hirokawa, K., Gotô, H.: (1968) *Fresenius' Z. Anal. Chem.*, **234**: 34.
1121 Bruch, J.: *Chim. Analytique*, (1969) **51**: 166.
1122 Berneron, R., Romand, J.: (1969) *Rev. Metallurgie*, H. 10, S. 695.
1123 Aspinal, M. L.: (1966) *Analyst*, **91**: 33.
1124 Yamagushi, N., Kanno, H., Kammori, O.: (1969) *Trans. JIM*, **10**: 287.
1125 De Soete, D., Gijbels, R., Hoste, J.: *Neutron Activation Analysis*, Wiley-Intersci., London, New York, Sydney, Toronto, 1972.
1126 Herrmann, A.G., Knake, D.: (1973) *Fresenius' Z. Anal. Chem.*, **266**: 196.
1127 Birkelbach, M., Ohls, K.: (1995) *GIT Fachz. Lab.*, H. 12, S. 1125.
1128 Höll, K.: *Wasser*, 5. Aufl., Verl. Walter De Gruyter, Berlin, 1970.
1129 Wotschokowsky, M.: (1993) *GIT Fachz. Lab.*, H. 5, S. 404.
1130 Malle, K.-G.: (1993) *GIT Fachz. Lab.*, H. 5, S. 422.
1131 Neu, H.-J., Ziemer, W., Mewrz, W.: (1991) *Fresenius' J. Anal. Chem.*, **340**: 65.
1132 Efer, J., Müller, S., Engewald, W.: (1995) *GIT Facgz. Lab.*, H. 7, S. 639.
1133 Heberer, Th., Stan, H.-J.: (1995) *GIT Fachz. Lab.*, H. 8, S. 718.
1134 Hasse, W., Winter, B., Cammann, K.: (1992) *GIT Fachz. Lab.*, H. 6, S. 631.
1135 Harms, M., Lorenz, W., Bahadir, M.: (1995) *GIT Fachz. Lab.*, H. 8, S. 724.
1136 Müller, F., Scheve, H., Spanehl, H.: (1990) *Metalloberfläche*, **44**(4): 191.
1137 Bosse, K.: (1992) *UTA*, H. 4, S. 227.
1138 Hoffmann, H.-J.: (1991) *LaborPraxis*, H. 5, S. 397.
1139 Tasche, H., Otto, M., Grünberg, Th., Ahlmeyer, C., von Mühlendahl, K.E.: (1993) *GIT Fachz. Lab.*, H. 5, S. 411.
1140 Pohl, B., Weichbrodt, G., Fraunhofer, S.: (1995) *GIT Fachz. Lab.*, H. 12, S. 1134.
1141 Hütter, L.A.: (1992) *CLB Chem. Lab. Biotechn.*, **43**(4): 185.
1142 Schilling, R.: (1993) *UTA*, H. 3, S. 171.
1143 Radde, C.A.: (1993) *UTA*, H. 3, S. 157.
1144 Koch, K.H.: *Prozessanalytik*, Springer-Verl., Berlin, Heidelberg, 1999.
1145 Koch, K.H., Ohls, K.D., Flock, J.: *First Experience with an Automated System for Production and Quality Control Analysis*, 42nd Chemists' Conference, Scarborough, 1989.
1146 Flock, J., Koch, K.H., Ohls, K.: (1989) *Stahl u. Eisen*, **109**: 1223; s. auch: *Hoesch Ber. aus Forsch. u. Entw.* (1991) H. 1, S. 9.
1147 Scott, W.W., Furman, N.H.: *Standard Methods of Chemical Analysis*, 2. Vol., 5th Ed., The Technical Press Ltd., London, 1939 (D. van Nostrand Comp., Princeton, Toronto, London).
1148 Gottschalk, G.: (1975) *Fresenius' Z. Anal. Chem.*, **275**: 1.
1149 Gottschalk, G.: (1976) *Fresenius' Z. Anal. Chem.*, **276**: 81.
1150 Gottschalk, G.: (1979) *Talanta*, **26**: 657.
1151 Flórián, K., Matherny, M., Danzer, K.: (1998) *GIT Fachz. Lab.*, H. 7, S. 693.
1152 Karanassios, W.: 2008 Winter Conf. Plasmaspectrochem. Temecula (Proc.).
1153 Sullivan, J.V., Walsh, A.: (1968) *Appl. Optics*, **7**: 1271.
1154 Broekaert, J.A.C.: (2001) *Fresenius' Anal. Bioanal. Chem.*, **374**: 182.
1155 Wallrabe, U.: (2008) *DB Mobil*, Nr. 3, S. 10.
1156 Wattenbach, R., Röser, H.P.: (1985) *Laser u. Optoelektronik*, Nr. 2. S. 111.

1157 Debus, H., Ganz, S., Herrmann, G., Scharmann, A.: (1985) *Laser u. Optoelektronik*, Nr. 2, S. 123.
1158 Kratochvil, R.: (1990) *Fresenius' J. Anal. Chem.*, **337**: 808.
1159 Gunji, N., Ishibashi, Y., Yoshikawa, H., Ida, I.: (1990) *NKK Techn. Rev.*, No. 58, S. 7.
1160 Danzer, K.: (1990) *Fresenius' J. Anal. Chem.*, **337**: 794.
1161 Doerffel, K., Küchler, L., Meyer, N.: (1990) *Fresenius' J. Anal. Chem.*, **337**: 802.
1162 Ortner, H.M., Wilhartitz, P.: (1990) *Fresenius' J. Anal. Chem.*, **337**: 696.
1163 Faraday, M.: *Naturgeschichte einer Kerze*, Reclam. Leipzig 1919 Nr 6019/20 Reclam Universal-Bibliothek, Leipzig, 1919.
1164 Gottschalk, G.: (1972) *Fresenius' Z. Anal. Chem.*, **258**: 1.
1165 Gottschalk, G.: (1971) *Fresenius' Z. Anal. Chem.*, **256**: 257.
1166 Gottschalk, G.: (1971) *Fresenius' Z. Anal. Chem.*, **261**: 1.
1167 Vogelsang, E.: *Die mathematische Theorie der Spiele*, Verl. F. Dümmels, Bonn, 1963.
1168 Kaiser, H.: 1970 *Anal. Chem.*, **42**(2): 25A und **42**(4): 26A.
1169 Doerffel, K.: (1988) *Fresenius' Z. Anal. Chem.*, **330**: 24.
1170 Malissa, H.: (1971) *Fresenius' Z. Anal. Chem.*, **256**: 7.
1171 Malissa, H., Jellinek, G.: (1969) *Fresenius' Z. Anal. Chem.*, **247**: 1.
1172 Malissa, H.: (1979) *Talanta*, **26**: 619.
1173 Kuhnert, N.: (2000) *Nachr. Chem. Tech. Lab.*, **48**: 1352.
1174 Schneeweiß, H.: (1960) *Handelswis. Forsch.*, **12**: 471.
1175 Gnedenko, B.W., Zowalenko, J.N.: *Einführung in die Bedienungstheorie*. Verl. R. Oldenbourg, München, Wien, 1971.
1176 Giacomo, P.: (1987) *Mikrochim. Acta* (Wien), **II**: 19.
1177 Kaiser, R.E.: (1996) *Nach. Chem. Tech. Lab.*, **44**: 498.
1178 Cammann, K.: Qualitätsverbesserung durch Akkreditierung? (2000) *Labor*, S. 99 (s. auch (2000) *LaborPraxis*, H. 2, S. 20).
1179 Malissa, H.: (1979) *Fresenius' Z. Anal. Chem.*, **297**: 243.
1180 AK „Automation in der Analytik": (1971) *Fresenius' Z. Anal. Chem.*, **256**: 257.
1181 Danzer, K., Eckschlager, K., Matherny, M.: (1989) *Fresenius' Z. Anal. Chem.*, **334**: 1.
1182 Peitgen, H.-O.: (1986) *Stahl u. Eisen*, **106**: 1331.
1183 Schurz, J.: (1988) *CLB Chem. Lab. Betr.*, **39**(8): 378.
1184 Ortner. H.M.: (1991) *GIT Fachz. Lab.*, H. 8, S. 891.
1185 Powell, M.J., Boomer, D.W., McVicara, R.J.: (1986) *Anal. Chem.*, **58**: 2864.
1186 Hopp, V.: (1990) *CLB Chem. Lab. Betr.*, **41**(4): 189.
1187 Betterridge, D.: (1976) *Anal. Chem.*, **48**: 1034A.
1188 Ohls, K.: (1996) *LABO*, H. 4, S. 10 (Quo Vadis, Analytik?).

Sachverzeichnis

a

α-Werte 538
AAS (Atomabsorptionsspektrometrie) 134–136, 251–272, 488–503
– Bestimmungsgrenzen 255
– Feststoffanalyse 263–265
– frequenzmodulierte simultane 502
– Zeeman- 491–493
Abfall 584
Abfunkfleck 207–209
Abfunkkammer 93, 511
Abfunkkurve 202
Abfunkvorgänge 206–208
Abnutzung von Maschinen 547
Abrasionsrate 519
Abschirmung, atomare 314–315
Abschreibungen 402–403
absolute Genauigkeit 48
Absolutverfahren 487
Absorptionskoeffizient 253
Absorptionsspektroskopie 94–136
– Absorptionsspektralapparat nach I. N. Lockyer 82
– Röntgen- 541
Absorptionsvermögen 79
Abwasseruntersuchung 583
Abweichungsquadratsumme 428
Acidometrie 62
Additionsmethode 413
Adsorptionsisotherme 52
Adsorptionskapazität 150
Adsorptionsmethoden 146
Aerosol-Herstellungssystem, integriertes 600
AES (Atomemissionsspektrometrie) 194–251, 503–543
AFS (Atomfluoreszenzspektroskopie) 533–535
Agricola, Georg 22
Ägypten 11

Akkreditierung 612
– Deutscher Akkreditierungsrat 377–378
AKP (Analysenkontrollproben) 462
Aktivierungsenergie 161
Aktivkohle 537
aktuelle Auswertefunktion 417
Alchemie 14–20
aliphatische Verbindungen, IR-Spektrum 311
Allgemeinbildung 3
allgemeine Nachweisgrenze 436
allgemeiner Analysengang 44
Altöl, Festprobenanalyse 501
Alu-Box 355
Aminosäuren, Papierchromatographie 142
Amortisationszeit 401
Amperometrie 170
amtlich eichen 412, 416
Analogrechner 217
Analyse
– Bulk/Oberflächen- 504
– Differentialthermo- 566
– Electrothermal Vaporization 238–240
– Festproben- 130, 501
– Flow Injection 192, 260
– Gas-, siehe Gasanalyse
– Gewichts- 36
– in Lösungen 26–33, 136–157
– industrielle Untersuchungspraxis 187–369
– Legierungsmittel- 401
– leitprobenfreie 54, 157, 485–487
– mechanisierte Abläufe 365–367
– Mikrospuren- 196
– Neutronenaktivierungs- 576
– Oberflächen- 211–214, 296, 562–564
– Oxid- 259
– Peak Distribution 504
– Prozeßgas- 178
– qualitative 23
– quantitative, siehe quantitative Analyse

- Routine- 605
- Spektral-, *siehe* Spektralanalyse
- technische Gasanalyse 174
- universelles Verfahren 255
- Wasser- 577–579
Analysenfunktion 410, 413
- Heizöl-XRF 284
Analysengang, allgemeiner 44
Analysenkontrollproben (AKP) 462
Analysenlinien 228, 245–246
Analysenprinzip 405–406
Analysenproben 334
Analysensysteme, totale 615
Analysenverfahren
- Beurteilung 445–446
- Entwicklung 612
- experimentelle Entwicklung 432
- gesamtes 402–454
- Nachweisgrenzen 484
- Online- 486
- Rückführbarkeit 419–427
- Standardisierung 599
Analysenvorschrift 36
Analyt 408
Analytical Trinity 619
Analytik 371–480
- Arbeitsstufen 407
- biochemische 479
- Fachsprache 392–395
- Fehlerarten 384–385
- Lebensmittel- 619
- massenspektrometrische 551
- Material- 598
- medizinische 461
- Probennahme 446–454
- Schnelltest- 579
- Staatsexamen 613
- Strukturgruppen- 312
- Studiengang 608–617
- Umwelt-, *siehe* Umweltanalytik
- Vor-Ort- 196, 214, 540
- zukünftige Entwicklung 481–621
Analytische Chemie
- Aufgaben und Bedeutung 11–17, 390
- Ausbildung 1–4, 606
- Blütezeit 73–186
- Definitionen der 17
- Praktische 609
- Wissenschaftliche Grundlagen der 482
- Zeitschrift für 46
- zentrale Rolle 607
analytische Daten, Prozess-/Produktkontrolle 587–593

analytische Forschung 593–605
analytische Instrumente,
  Markt/Branchenführer 326
analytische Kunstfertigkeit 487
analytische Laboratorien, Organisationsform 360–369
analytische Nachricht, quantitative 409
analytische Plasma-Anregungen 248
analytische Spektroskopie 80
analytische Werte, Anerkennung 474
Anerkennung von analytischen Werten 474
Anionenaustauscher 151
anorganische Stoffe, quantitative Analyse 33–72
Anregungstemperatur 222
Anwendungen, militärische 117
Apparatekunde 607
apparative Verifizierung 240
Äquivalent, elektrochemisches 159–160
Äquivalenzleitfähigkeit 165
Äquivalenzpunkt 58, 61
- Bestimmung 163
Aräometer 17
Arbeitsbereich 419
- der Routineanalyse 49
Arbeitshypothesen 1
Arbeitsmenge 410
Arbeitsplatzkonzentration, maximale 6–8
Arbeitsplatztoleranzwert, biologischer 6–8
Arbeitsschutzrecht 5
Arbeitssicherheitsgesetz 5–7
Arbeitsstufen der quantitativen Analytik 407
Ardenne, Manfred von 322
Argonkammer 262
Argonplasma 222, 532
Aristoteles 13, 25, 621
ARL-Vakuumspektrometer 93
aromatische Verbindungen, IR-Spektrum 311
Arzneimittel, mineralische 18
Asbest, REM-Aufnahme 324
Asmus, Erik 188
ASTM-Monographien 409
Aston, Francis William 182
At-line-Probennahme 588
Atemluft, Massenspektrum 330
Atomabsorptionsspektrometrie (AAS) 134–136, 251–272, 488–503
- Bestimmungsgrenzen 255
- Feststoffanalyse 263–265
- frequenzmodulierte simultane 502
- Zeeman- 491–493
atomare Abschirmung 314–315
atomare Masseneinheit 183

Sachverzeichnis

Atombombe 184
Atome, gesputterte 489
Atomemissionsspektrometrie (AES) 194–251, 503–543
Atomfangsieb 488
Atomfluoreszenzspektroskopie (AFS) 533–535
Atomisator, elektrothermischer 492
Atomisierungsmodell 264
Atomsource 488–489
Atomtheorie 42
ATR-IR-Spektrometrie 544
Attenuated Total Reflection (ATR) 307–309
Aufgabestation 334
Auflösungsvermögen 111
Aufschließen 337
– Aufschließbombe 341–342
– Schmelz- 359
Aureolen 90
Ausbildung
– Analytik 371–392
– Anforderungen 606
– chemische 1–4
– Studienabbrecher 390
– Studiengang Analytik 608–617
– *siehe* auch Bildungssystem
Ausglühen 357
Auslöseschwelle 6, 9
Ausreißertests 439–445
Ausströmungsgesetz von R. Bunsen 172
Auswaage 54
Auswertefunktion 413
– aktuelle 417
Autoklav 346–347
Automation
– Beginn 360–365
– Grenzen 593
– Laboratorien 592–593
– Probenvorbereitung 350
– Probenzuführung 589
– Produktions-/Produktkontrolle 367–369
– Prozeßkontrolle 588–592
– Spektrallabor 366
– Titration 67, 611
automatische Trennsäule 145
Autoscan 322
Autrometer 292
Avogadro, Lorenzo R. A. C. 172
Avogadro'sche Zahl 173

b

Babington-Zerstäuber 229
Bacon, Roger 14
Balzers-Exhalograph 179

BAM (Bundesanstalt für Materialforschung und -prüfung) 462, 465–470
Barkla-Filter 277
Barnes, Ramon M. 533
Bartlett-Test 411
Basisgleichung der Fourier-Interferometrie 300
BAT (Biologischer Arbeitsplatztoleranzwert) 6–8
Beckman-AAS-Spektrometer 252
Beckman-Zerstäuber 127, 133
Bedarfsflußdiagramm 614
Bedarfsgegenstandsanalyse 372
Beer'sches Gesetz 97, 253
Benzol, Extinktionskurven 107
Beobachtungshöhe, Optimierung 237
Beprobung
– off-line- 447
– im Konverter 451
– *siehe* auch Probennahme
Berechnung von Analysedaten 427–432
Bergman, Torbern 36–37
Berliner Blau 34
Berthollet, Claude Louis 40–41
berufliche und menschliche Fähigkeiten 392–402
Berufsausbildung
– Analytik 371–392
– chemische 1–4
Berufsethik 444
Berufsschule 392
Berzelius, Jöns Jakob 42–43
– Analysenwaage 44
Bessemer-Birne 78, 81, 368
Bestimmungsanzahl 431
Bestimmungsgrenzen 419
– AAS 255, 268
– Analytik 435–439
– Photometrie 193, 255
– Schnelltest 439
Betriebskontrolle 546–547
Betriebskosten 402–403
Betriebsproben 466
Betriebsverfassungsgesetz 6–7
Beurteilung
– Personal- 395–398
– von Analysenverfahren 445–446
BGB (Bürgerliches Gesetzbuch) 5–7
Bias 420
Bildungssystem 391–392, 452
– duales 391
– *siehe* auch Ausbildung
BImSchG (Bundes-Immissionsschutzgesetz) 5–7
bioanalytische Massenspektrometrie 553
biochemische Analytik 479

Biologischer Arbeitsplatztoleranzwert (BAT)   6–8
Blasius, E.   23
Blau, Berliner   34
Blaze-Winkel   238
Blende, Bornitrid-   208
Blindwert   191, 432–435
Blockdiagramm   365
Blutlaugensalz   34
Bock, Rudolf   138–139
Boden, Gasprobennahme im   176
Bodenproben, kontaminierte   578
Bogen, kondensierter   205
Bogenanregung   89–90, 92, 130, 509
Bohröl   353
Bolometer   112
Bombe
– Aufschließ-   341–342
– kalorimetrische   338
boosted rf-GD (Hochfrequenzanregung)   557
Boraxgläser   291
Bornitrid, IR-Spektrum   310
Bornitrid-Blende   208
Böttger, Johann Friedrich   18–19
Boyle, Robert   25, 28–31
Branchenführer, analytische Instrumente   326
Brechungsindex   111
Breitenbildung   390
Bremsstrahlung   276
brennbare Luft   69
Brenner
– Kranz-   219–220
– Linearstrom-   258
– Meker-   127
Brennfleck   203
Brennstoffe, Schwefelbestimmung   285
Brennstoffnormung   420, 443
Brewster, David   76
Büchi-Mikrowellengerät   345
Bulkanalyse   504
Bundes-Immissionsschutzgesetz (BimSchG)   5–7
Bundesanstalt für Materialforschung und
   -prüfung (BAM)   462, 465–470
Bunge, P., Schnellanalysenwaage nach   47
Bunsen, Robert W.   77–81, 158
– Ausströmungsgesetz   172
Bunsen-Roscoe'sches Gesetz   82
Bunsen'scher Koeffizient   99
Bunte, Hans H. C.   174–175
Bürette
– Kolben-   166
– (Quetsch-)Hahn-   58
– Winkler-   175
Bürgerliches Gesetzbuch (BGB)   5–7

Busch, Hans Walter Hugo   320
1-Butanol   331
Bypath   588

c

Calciumaluminiumsilicate   325
Calutron   184
Carbidbildung   260, 269
Carrier   143
Carrier Distillation Method   90
Cavendish, Henry   70–71
CGPM (Conférence Générale des
   Poids et Mesures)   393
Charge Injection Devices (CIDs)   525
Chelate, Maßanalyse   68
Chemiasten   24–26
Chemie
– Analytische, *siehe* Analytische Chemie
– Ausbildung   1–4
– Frühphase der   11–22
– mathematische   40
Chemielaborant   392
Chemikaliengesetz   5–7
chemisch-analytische Fachsprache   392–395
chemische Analyse, *siehe* Analyse
chemische Verschiebung   314–315
Chinhydronelektrode   63
Chip-Format, Photometer   603
Chloridbestimmung nach Mohr   57–58
Chlorierung   350
Chromatographie   559–562
– Definition   141
– Gas-, *siehe* Gaschromatographie
– HPLC   144
– IC   150–151
– Kopplung mit MS   560
– Papier-   141
– Säulen   143
Chrommagnesit, XRF   340
Clean Benches   153, 156
CMP (kapazitiv gekoppeltes Mikrowellen-
   plasma)   247
Cochran-Test   441
Colorimetrie   29, 94–97
Complementär-Colorimeter   96
Computertechnik   368
Conférence Générale des Poids et Mesures
   (CGPM)   393
ContrAA 300   500
Coulomb'sche Zahl   171
Coulometrie   160, 170–171, 567
– Kohlenstoffbestimmung   181
Crater, Flat-Bottom-   211–213

Crawford, Stiles-Crawford-Effekt 98
Cremer, Erika 147
CRM (Zertifizierung von Referenzmaterialien) 377, 416, 462–480
Cross-Flow-Zerstäuber 229, 526
Cyanpyridin 125
Cyclotron 328
Czerny-Turner-Monochromator 256

d

Dalton, John 41–42
Dämpfung, spektrale 215
DASp (Deutscher Arbeitskreis für Angewandte Spektroskopie) 125
Datenverarbeitung, integrierte 193–194
DC (Dünnschichtchromatographie) 144
DC-Plasma 205
– Dreielektronen- 219
Dead Stop 67
Dean-Dixon-Test 440–441
Debye-Hückel-Kräfte 136
Debye, Peter 281
Debye-Scherrer-Diagramm 281
Definitionen der Analytischen Chemie 17
Deformationsschwingung 109
dem Konverter 355
dephlogistierte Luft 71
Descroizilles, Henry 55
Desolvatation 228
Desorption, MALDI 551
Destillation 346
– Destillationsapparat 17–18
– Kjeldahl- 181
Detektoren
– Elektroneneinfang- 148
– FID 148, 560
– Golay- 120
– photoelektrische 102
– Resonanz- 600
– WLD 148
Deuterium-Kompensation 495
Deutsche Forschungsgemeinschaft (DFG) 608
Deutscher Akkreditierungsrat (DAR) 377–378
Deutscher Arbeitskreis für Angewandte Spektroskopie (DASp) 125
Deutsches Einheitsverfahren (DEV) 579–582
Deutsches Institut für Normung (DIN) 458
Dezentralisierung 591
Dialyse-Verfahren 352
Dichlormethan 330
Dichte 30
Dieselkraftstoff 7, 199
– Werksnorm 457

Differentialmethode 163
Differentialthermoanalyse (DTA) 566
Diffraktometrie, Röntgen- 318–319, 541–542
Diffusionsflamme, laminare 127
4,4'-Dihydroxy-phenylsulfon 308
Diluter 351–352, 417
– Büchi 485
DIN-Normen 456–460
– DIN 51769 444
– DIN EN ISO 14644 154–155
– DIN ISO 5725 470
– DIN ISO 9000 379, 382
– DIN VDE 0100 273
Diplomingenieur 607–608
Dipol 343
direkte Feststoffanalyse 265
direkte Laserverdampfung 199
direkte Probeneinführung 601
direktes Einblasen 132
direktregistrierende Emissionsspektrometrie 205
Dispersion 111–113
– gekreuzte 523
– Gitter/Prisma 206
Dixon, Dean-Dixon-Test 440–441
Doktoringenieur 608
Doppelkanal-Zweistrahl-Prinzip 256, 489
Doppelstrahlspektrometer 118, 122
doppeltfokussierendes Massenspektrometer 552
Drehkristallmethode 278
Dreielektrodenplasma 132
Dreielektronen-DCP 219
Druckaufschließen 338, 341
Druckgefäß 344
DTA (Differentialthermoanalyse) 566
duales Bildungssystem 391
dualistische elektrochemische Theorie 43
Duboscq-Colorimeter 96–97
dunkle Linien 74
Dünnschichtchromatographie (DC) 144
Durchflußküvette 194
Durchflußrate, Trägergas- 234–235
Durchlässigkeit 99
Dynamit 273–274

e

Echelle-Gitter 500
Echelle-Polychromator 523
Echelle-Spektrometer 597
EDL (elektrodenlose Entladungslampen) 254
EDXRF (energiedispersive XRF) 287–288, 320–324, 538–541

Effekt
- Memory-   529
- Raman-   116–117
- Ramsauer-Townsend-   182
- Rationalisierungs-   244
- Skin-   220
- Smekal-   116
- Stiles-Crawford-   98
- Streulichteffekte   224
- Zeeman-   493

effektiver optischer Leitwert   215
Ehrlichkeit   462
Eichen und Kalibrieren   412–416
Eichfunktion   413
Eigenfärbung   195
Einblasen, direktes   132
Eingangskontrolle   303, 546–547
Einheitensystem, Internationales   393
Einheitsverfahren, Deutsches   579–582
Einspulenmethode   315
Einstrahlspektrometer   118
Einwaage   473
Einzelschußtechnik   516, 602
Eisenerze, Referenzmaterialien   473
Eisenhüttenlaboratorium   244, 336–337, 478
- verfahrensorientierter Aufbau   189–190
Eiweiß-/Protein-Analysator   561
Electron Microprobe X-Ray Analyzer (EMX)   322–323
Electrothermal Vaporization Analysis (EVA)   238–240
elektrische Induktion   76
elektrisches Feld   343
Elektrizität   157
elektrochemische Methoden
- Entwicklung   157–171
- leitprobenfreie   485
elektrochemische Theorie, dualistische   43
elektrochemisches Äquivalent   159–160
Elektrode
- Chinhydron-   63
- Enzym-   164
- Feststoffmembran-   163
- Flüssigkeits-   163
- Graphit-   171
- Kalomel-   64, 162
- Napf-   201, 235
- Preßlings-   197
- Quecksilbertropf-   167–168
- Radelektrodentechnik   130, 199–202
- Ring-   133
elektrodenlose Entladungslampen (EDL)   254, 496

elektrodenlose Gasentladungen   85
Elektrodenstativ   90
Elektrogravimetrie   157–161, 166, 485
Elektrolyse   159–161
- Schema   242
Elektrolyte, Kohlrausch-Gesetz   165
elektromagnetische Wellen   276
- Wellenlängen und Frequenzen   300
elektromotorische Kraft (EMK)   162–163
Elektroneneinfangdetektor   148
Elektronenmikroskop   320–322
Elektronenspinresonanz-Spektroskopie   315–316
Elektrospray-Technik   551
elektrothermische Verdampfung (ETV)   484
- ICP   514, 532
- ICP-MS   602
elektrothermischer Atomisator   492
Elementaranalyse   565
Elemente
- antike   13
- klassische   25
- und Verbindungen   39
Elitenförderung   390
Elutionsdiagramm   143
Emissionsphotometrie, Flammen-   251
Emissionsspektrographie   196
Emissionsspektrometrie   76–94, 589
- Atom-   194–251, 503–543
- direktregistrierende   205
- ICP   204
- Ionen-   503–543
Emissionsvermögen   79
EMK (elektromotorische Kraft)   162–163
Empfangsstation   334
Empfindlichkeit   419
Emulgator   311
Emulsionen, Walzöl-   332
EMX (Electron Microprobe X-Ray Analyzer)   322–323
EN-Normen   460–461
Endfensterröhre   287
energiedispersive XRF (EDXRF)   287–288, 320–324, 538–541
Engineering, Simultaneous   4
entchlortes PVC   297–298
Entladungslampen, elektrodenlose   254, 496
Entscheidungsgrenze   438
Enzymelektrode   164
EOTC   377
Eppendorf-Photometer   103–104
Erasmus von Rotterdam   22
Ereignishäufigkeit   479
Erfassungsgrenze   436–438

Ermittlungspflicht 9
Ertragssteuern 402–403
EUROCHEM 377
EURONORM-CRM 465, 475
EVA (Electrothermal Vaporization Analysis) 238–240
Evologramm 573–575
Exhalograph 568
– Balzers- 179
experimentelle Entwicklung eines Analysenverfahrens 432
Exsiccator 50
Extinktion 99, 253
Extinktionskoeffizient 192
Extinktionskurven 107
Extraktion 351
– Flüssig-flüssig- 137, 140
– Vakuumheiß- 179, 566–568, 576

f

F-Test 428–430
Fachausschusses Mineralöl- und Brennstoffnormung (FAM) 420, 443–444, 458
Fachsprache, chemisch-analytische 392–395
Fällungsmittel, organische 47
Falsifizierung 16, 189, 444
FANES (Furnace Atomic Non-thermal Excitation Spectroscopy) 517
Faraday, Michael 74, 158, 606
Faraday'sche Gesetze 159–160
Farbreagentien 98
Faserspeicher 525
Fassel, Velmer A. 218–219, 533
FASTAC-System 496
Fehler
– Flüssigchromatographie 562
– multiplikativer systematischer 435
– Vermeidung/-Entdeckung 380
– zufällige/systematische 384–385
Festprobenanalyse 130, 336
– AAS 263–265
– Altöl 501
– direkte 265
Feststoffmembran-Elektrode 163
Fettfleckphotometer 81
Feussner-Funken 89, 510
FEWS (Fiber-Optical Evanescent Wave Spectroscopy) 544
FIA (Flow Injection Analyse) 192
– AAS 260
Fiber-Optical Evanescent Wave Spectroscopy (FEWS) 544
Fick'sches Gesetz 166–167
Filterrückstand 325
Finnigan-Massenspektrometer 329
Firmenpolitik 397
Fischer, Karl 66–67, 611
Fizeau, Armand Hippolite 111
Flammenfarbe 73
Flammenionisationsdetektor (FID) 148, 560
Flammenphotometrie 126–129, 251
Flammenregion 254
Flammenspektroskopie 619
Flammentemperatur, maximale 258
Flammenzusatz 128
Flat-Bottom-Crater 211–213, 520
Fließdiagramm 361–363
– Abfallwirtschaft 586
– Anerkennung von analytischen Werten 474
– Bedarfsflußdiagramm 614
Fließmittel 143
Flow-Box 156
Flow Injection Analyse (FIA) 192
– AAS 260
Flugrohr 559
Fluoreszenzspektrometrie, Röntgen- 272–298, 535–543
Fluoreszenzspektroskopie, Atom- 533–535
Fluoreszenzstrahlung, Schema 316
FluoroMaxr-4NIR 545
Flüssig-flüssig-Extraktion 137, 140
Flüssigchromatographie 137, 144–145, 559
– Superkritische 545
– Zeitbedarf 562
flüssige Proben 336
– Wasseranalyse 577
flüssige Schmierstoffe 333
Flüssigkeitsmembranelektrode 163
fokussierte Mikrowelle 343
formelle Gruppen 396
Forschung, analytische 593–605
Foucault, Léon 111
Fourier-Interferometrie, Basisgleichung 300
Fourier, Jean-Baptiste Joseph de 110
Fourier-Transformation 124, 300–301
Fraktionssammler 351
französischen Maße 44
Fraunhofer, Joseph 73–76
Fraunhofer'sche Linien 75–76, 80
Freiheitsgrade, statistische 384, 428–429, 468–469
Frequenzen, elektromagnetische Wellen 300
frequenzmodulierte simultane Multielement-AAS (FREMSAAS) 502
Fresenius, Carl Remigius 45
Freundlich-Adsorptionsisotherme 52

Frigen 11 330
Frühphase der Chemie 11–22
FT-IR-Spektrometer 543, 546–548
fundamentale Entwicklungen, Periode der 23–72
Funken, Feussner- 510
Funkenanregung 88, 186, 216
Funkenentladungsaggregate 92
Funkenspektrum 73, 84
funktionelle Gruppen, organische Verbindungen 68
Furnace Atomic Non-thermal Excitation Spectroscopy (FANES) 517

g
GAAM-Spektrometer 523–524
Galvanismus 157
Galvanometer, Spiegel- 115
Gas sylvestris 69
Gasanalyse 69–72, 565–577
– Beginn 171–181
– technische 174
Gaschromatographie (GC) 120, 138
– Aufbau 144–146
– Gaschromatogramm 148
– GC-MS 329–333, 560–561
– Probenvorbereitung 146
– Schema 330
Gasdurchfluß-Proportionalzähler 283, 289
Gase, Entdeckung 26
Gasentladung, elektrodenlose 85
gasförmige Proben 336, 564–577
Gasproben 453
– Gasprobennahme im Boden 176
Gasprüfröhrchen 177
Gasuntersuchungsapparat nach Orsat 176
Gay-Lussac, Joseph Louis 55–56
GD-AES (Glimmladungsanregung) 519–520
GD-Spektrometrie 211–214, 497
– Kopplung mit MS 557
GDS 850A 522
gebundenes Wasser 50
gefährliche Arbeitsstoffe, Technische Regeln für 7
Gefahrstoffverordnung (GefStV) 5–7
Gegus, Ernö 130
Gehaltsfindung 397
Geheimcodes in Zeugnissen 398
Geiger-Zähler 289
Geissler'sche Röhren 77
gekoppelte Plasmaflamme, induktiv, *siehe* ICP
gekreuzte Dispersion 523
Gelbdruck 460

Genauigkeit, absolute/relative 48
Generalkonferenz für Maße und Gewichte 393
Generator, Linn- 221, 225–226
geometrischer Leitwert 215
gepackte Säule 149
Gerätefehler 290
Gerlach, Walter 87
gesättigte Kalomelelektrode 162
Geschichte der Spektralanalyse 73–136
Geschichte der Stöchiometrie 43
geschlossenes Aufschließen 342
Gesellschaft Deutscher Chemiker 1
Gesetze und Gleichungen
– Auflösungsvermögen 111
– Ausströmungsgesetz von R. Bunsen 172
– Basisgleichung der Fourier-Interferometrie 300
– Beer'sches Gesetz 97, 253
– Brechungsindex 111
– Bunsen-Roscoe'sches Gesetz 82
– chemische Verschiebung 314–315
– Dispersion 113
– Faraday'sche Gesetze 159–160
– Fick'sches Gesetz 166–167
– Gesetz der multiplen Proportionen 41–42
– Grundgleichung der Polarographie 168
– Kirchhoff'sche Strahlungsgesetze 79
– Kohlrausch-Gesetz 165
– Lambert-Beer'sches Gesetz 98–99, 279, 409
– Löslichkeitsprodukt 51
– massenspektrometrische Grundgleichung 552
– Moseley'sches Gesetz 279–280
– MWG 50, 58–59
– Nernst'sche Gleichung 63–64, 161
– Nernst'sches Verteilungsgesetz 140
– Neutralisation 60
– Ohm'sches Gesetz 160
– Rendite 402–403
– Sauter-Gleichung 527
– Stöchiometrie 39–40
– Trennfaktor 138
– Unschärferelation 323
– Varianz 429
– Weber-Fechner'sches Gesetz 98
– Wellenzahl 123
Gesetzgebung, Deutschland 4
gesputterte Atome 489
Gewerbeordnung 5
Gewichtsanalyse 36
Gitter
– Dispersion 206

– Echelle- 500
– Lichtzerlegung am 113
Gitterspektrometer 317
Glas
– Boraxgläser 291
– Kunkel- 515
– SRM 612 486
Glasbläser 31–
Glaselektroden 163
Glasperlenprobe 197
Glauber, Johann Rudolf 27–28
Gleichgewichtskonstante 60
Gleichstrombogen-Einheit 512
Gleichstromplasma 132
Glimmentladung 203
– GD-AES 519–520
– Kopplung mit MS 484
– *siehe auch* GD
Glimmlampenanregung 203
globale Standardisierung 454–480
Glow Discharge, *siehe* GD, Glimmentladung
Glühkathode 276
GMK-Zerstäuber 246–247
Goethe, Johann Wolfgang von 33
Golay-Detektor 120
Goldmacherei 14, 20
Goniometer 319
Good Laboratory Practice (GLP) 182, 368, 372–377, 466–467
Gouy-Zerstäuber 126
– pneumatischer 83
Grade of Turbulence (GoT) 155
Grammäquivalent 159–160
graphische Kontrolle von Ringversuchen 442
Graphitboote 266
Graphitelektrode 171
Graphitküvette 262
Graphitofen-AAS 136
Graphitrohrofen 261, 492–494
Gravimetrie 46–54
– Elektro- 157–161, 166, 485
– Thermo- 53
Greenfield-ICP 225
Greenfield, Stan 218
Grenzen der Automation 593
Grenzflächenspektroskopie 598
Grid-Zerstäuber 526
Großgeräte 2
Grubbs-Test 440, 471
Grundgleichung der Polarographie 168
Grundsatz der Freiwilligkeit 460
Grundstoffindustrie 190
grüner Faden 223

Gruppen, funktionelle 68
Gruppenparameter 585
Gußsystem, Zentrifugal- 358
Gutenberg, Johannes 24

h

Haftung
– Produkthaftung 372
– Produkthaftungsgesetz 92, 187, 271
– Risiken 480
Hahnbürette 58
Halbwertsstufe 61
Handeln, naturwissenschaftliches 16
Handgeräte, XRF- 539
Handspektroskope 214
Hauptvolumenstrom 453
Hausverfahren 383, 414–415, 419, 466–469
Head-Space-Technik 329
Heißextraktion, Vakuum- 179
Heizöl, XRF 284
Helmholtz, Hermann 77
Helmont, Jean, Baptiste van 25–26
Hempel, Walther M. 173–175
HEPS (Hoesch-Energy-Prespark-Source) 208
Herrmann, Roland 126
Herstellerfirmen, mittelständische 506–507
Heyrovský, Jaroslav 167–168
Hg-Kaltdampf-Lichtabsorption 88
HGA-Ofen 262
Hieftje-Technik 490, 501, 594
High-Performance-Liquid-Chromatography (HPLC) 144, 353–354
– moderne Entwicklungen 501, 560, 594
– Wasseranalyse 583
High-Repetition-Rate-Source (HRRS) 207–209
hinweisende Sicherheitstechnik 10
Histogramm 428
HIT (Hoesch-Injektions-Technik) 243
Hittorf, Johann Wilhelm 84–85
Hochfrequenzanregung (boosted rf-GD) 557
Hoesch-Energy-Prespark-Source (HEPS) 208
Hoesch-Injektions-Technik (HIT) 243
Hohlkathodenlampe (HKL) 134, 253–254, 492
– Halterung 251
Hooke, Robert 30
horizontal angeordnete ICP-Torch 526
Hornblende, REM-Aufnahme 324
HPF/HHPN-System 530
HPLC (High-Performance-Liquid-Chromatography) 144, 353–354
– moderne Entwicklungen 501, 560, 594
– Wasseranalyse 583
HR-Massenspektrometer 184–185

HRRS (High-Repetition-Rate-Source) 207–209
Humanismus 14
Hydridbildung 233, 616
Hydridentwicklungstechniken 266–267
hydrostatische Waage 31

i

IC (Ionenaustauschchromatographie) 150–151
– Probenvorbereitung 354
ICP-Injektionstechnik 243
ICP-Nachanregung 515
ICP-Spektrometrie 73, 204, 217–241
– Analysenlinien 245–246
– ETV 514, 532
– EVA- 238–240
– Kopplung mit ETV-MS 602
– Kopplung mit MS 484, 553–558
– Spark-Erosion- 242
ICP-Spektrum 237
ICP-Torch 553
– horizontal angeordnete 526
– integriertes Aerosol-Herstellungssystem 600
Identifizierungsmethoden, Schmieröle 304
IL-Ofen 262
IMMA (Ion Microprobe Mass Analyzer) 323
Impulshöhenverteilung 290
In-line-Probennahme 588
Indikator 56
– EMK 163
Indopenolverfahren 569
Induktion, elektrische 76
Induktionsspule 357
induktiv gekoppelte Plasmaflamme, *siehe* ICP
Industrielaboratorien 2–4, 483
– Spektrometrie 190–333
industrielle Prozesse, Regelschema 380
industrielle Untersuchungspraxis 187–369
Informations-Management-System, Labor- 367, 589
Informationstheorie 409
informelle Gruppen 396
Infrarot, *siehe* IR
Injektionstechnik 243
Inkremente 447–448
innere Komplexe 68
innerer Standard 201
Instandhaltungsprüfungen 303
Institut für Spektrochemie und angewandte Spektroskopie (ISAS) 594–598
integrierte Datenverarbeitung 193–194
integriertes Aerosol-Herstellungssystem 600
Intensität, Licht- 300
Interferenzen, (nicht)spektrale 269

Interferenzfilter 100
Interferogramm 302
Interferometer, Michelson-Morley 119–120, 300–301
internationale Normung 460–461
Internationales Einheitensystem 393
interne Standards 466
– AAS 257
Interpretation von Analysedaten 427–432
Intuition 617
investiertes Kapital 402–403
Investitionsvolumen 593
Iodometrie 56, 66
Ionenaustausch 137
Ionenaustauschchromatographie (IC), Probenvorbereitung 354
Ionenbeweglichkeit 165
Ionenemissionsspektrometrie 503–543
Ionenfalle 185
Ionenmikrosonden-Massenspektrometer 325
Ionenspiegel 559
Ionentheorie 43
Ionisation, MALDI 551
IPC Information Newsletter 249–250
IR *siehe* auch Ultrarot
IR-Meßzelle 302
IR-Spektrometrie 108
– ATR- 544
– FT- 543, 546–548
– Ultrarotabsorptionsschreiber 123, 177–178
IR-Spektrum 310–311
ISAS (Institut für Spektrochemie und angewandte Spektroskopie) 594–598
ISO-Normen 460–461
– DIN ISO 9000 379, 382
– ISO-Guide 31 463
– ISO/IEC-Guide 25 373–374
Isotherme, Adsorptions- 52
Isotope 183

j

Jahr, K. F. 59
Jander, G. 23, 59
Jet
– Plasma- 133
– Stallwood- 131

k

Kaiser, Heinrich 435, 595
Kakodyl 78
Kalibrieren 412–416
Kalibrierfehler 467
Kalibrierkurve 191, 233

Kaliumdichromat 418
Kaliumsalze, Reinigung der 80
kalkuliertes Risiko 479
Kalomel 13
Kalomel-Elektrode 64
– gesättigte 162
kalorimetrische Bombe 338
Kaltdampf-Lichtabsorption, Hg- 88
Kaltdampftechnik 266–267
kapazitiv gekoppeltes Mikrowellenplasma (CMP) 247
Kapillarsäule 145–149
Kapital, investiertes 402–403
Karat 21
Karl-Fischer-Titration 66–67, 611
Kaskadenbogen 131
Kathodenstrahlpolarograph 169
Kationenaustauscher 151
Kaustifikation 70
Kayser, J. H. G., Linientabelle 86
Keimbildung 53
Kernspeicher 364
Kerze, Naturgeschichte einer 606
Kienzle-Rechner 194
Kipp'scher Apparat 82
Kirchhoff, Gustav Robert 77–81, 158
Kjeldahl, Johan 348–349
Kjeldahl-Destillation 181
Kjeldahl-Kolben 349
Klaproth, Martin Heinrich 35–36
klassische Nachweisgrenze 436
Kleinspektrometer, mobile 214
kleinste mit Sicherheit anzugebende Konzentration 436
Knie-Zerstäuber 526
Knorr, L. 388–389
Kohlensäurefehler 62
Kohlenstoffbestimmung
– coulometrische 181
– in Stählen 180
– Laser-/Funkenanregung 216
Kohlrausch-Gesetz 165
Koinzidenzen, optische 269
Kolben, Kjeldahl- 349
Kolbenbürette 166
kompakte Proben, Vorbereitung 354–360
Kompensationslösung 434
Kompensationsphotometer 101
Kompensationsspektren 309
Komplexe
– innere 68
– Komplexbildner 536
– komplexometrische Titration 58, 251

kondensierter Bogen 205
Konduktometrie 165–166
– Titrationskurven 166
Konkavgitter 85
kontaminierte Bodenproben 578
Kontinuumstrahler 269, 496
konventionelle Nachweisgrenze 436–437
Konverter 451
Kornblum-Plasmafackel 224
Korngröße 473
Korpuskulartheorie 30
Korrosionsinhibitor 306
Korrosionsschicht 544
Korundscheiben 297
Kosten, Qualitäts- 383
Kostenreduzierung 483
Kranz-Brenner 219–220
Krater, Flat-Bottom-Crater 211–213
Kristalle, Röntgen-Beugung 277–278
Kritikfähigkeit 2
Kritischer Rationalismus 189, 620
Kühlschmiermittel 353
Kulturverlust 619
Kunkel-Glas 515
Kurzzeitstabilität 417
Küvette 97
– Durchfluß- 194
– Graphit- 262
– optische 488
KWS-Spektrum 117

l

Labor-Informations-Management-System (LIMS) 367, 589
Laboratorium
– Automation 592–593
– Eisenhütten-, *siehe* Eisenhüttenlaboratorium
– GLP, *siehe* Good Laboratory Practice
– Industrielaboratorien 190–333
– metallkundliches 350
– Organisationsform 360–369
– Schicht- 570–571
– Spektrallabor 366
– Stahlwerks- 369
– Zentral- 589–593
– zukünftige Entwicklung 483–587
Laboratoriumsproben 334, 446
Laborleiter 404
Labormanagement 386
Laborrechner für die Spektrometrie 361
Ladungs-Masse-Verhältnis 327–328
Lambert-Beer'sches Gesetz 98–99, 409
– Röntgenstrahlung 279

laminare Diffusionsflamme 127
Lange-Kolorimeter 103
Langley, Samuel Pierpont 112
Langmuir-Adsorptionsisotherme 52
Langzeitstabilität 417
Laser Desorption/Ionization, Matrix Assisted 551
Laser-Induced-Breakdown Spectrocopy (LIBS) 513–516
Laser-Mikroanalysator 196–198
Laseranregung 216
Laserschweißen 200
Laserverdampfung 484
– direkte 199
Laue-Apparatur 277
Laue, Max Felix Theodor von 277–278
Laufdiagramm 284
Laufmittel 143
Laufzeitmassenspektrometer 328
Lavoisier, Antoine Laurent 38
LC, *siehe* Flüssigchromatographie
Lebensmittelanalyse 372, 619
Leco-Aufschließautomat 339
Ledebur, Adolf 335–336
Leerwert 191, 432–435
Leerwert-Information 411
Legierungsmittelanalyse 401
Leistungsbewertung 397
leitprobenfreie Analysenverfahren 54, 157, 485–487
Leitsubstanzen 585
Leitwert eines Spektralapparates 215
Leitz-Photometer 102
Leonardo da Vinci 24
Letzte Linien 86–87
LIBS (Laser-Induced-Breakdown Spectrocopy) 513–516
Lichtabsorption 94
Lichtbogenstrom 513
Lichtemission, spontane 316
Lichtintensität 300
Lichtmarkenanzeige 104
Lichtquellen, Selbstabsorption 490
Lichtwellenleiter 215, 487, 508
Lichtzerlegung am Gitter 113
Liebig, Justus von 15, 58
Life Science 479, 594
Lifomat 357
Lifumat MIC 1.2 485
LIMS (Labor-Informations-Management-System) 367, 589
LINA-Spark-Methode 517
Linearität 418–419
Linearstrombrenner, AAS 258

Linien
– Analysenlinien 228, 245–246
– Breite 135
– dunkle 74
– Intensitätsverhältnisse 223
– Letzte 86–87
– Linien-/Untergrund-Verhältnis 245–246
– Überlagerungen 227
Linientabelle von J. H. G. Kayser 86
Linn-Generator 221, 225–226
Liquid-Layer-on-Solid-Sample-Methode 519
LISA 511
Littrow-Anordung 118
Littrow-Monochromator 256
Lock-in-Verstärker 502
Lockyer, I. N. 82
Lomonossow, Michail Wassiljewitsch 39
longitudinaler Zeeman-Effekt 493
Lösen 337
Löslichkeitsprodukt 51
Lösungen
– Optimierung der quantitativen Analyse 136–157
– Probenlösungszufuhr 531
– quantitative Analyse 26–33
– Reinhardt-Zimmermann-Lösung 66
Lötrohrprobe 32
Luft
– brennbare 69
– dephlogistierte 71
Luftspektrometer 91
μ-XRF 539–540

m

Made in Germany 372–373, 620
magnetische Kernresonanzspektroskopie 313–316
magnetisches Feld 343
Magnetron 247
MALDI (Matrix Assisted Laser Desorption/Ionization) 551
Management
– Labor- 386
– Qualitäts- 376–387
– Risiko- 479–480
– Sicherheits- 400
Managerkomplex 374
Manipulatoren 367
manuelle Titration 611
Marggraf, Andreas Sigismund 33–36
Markt für analytische Instrumente 326
Marktanalyse 303, 546–547
Maser 312–313

Maslow, Abraham Harold 396
Maßanalyse, *siehe* Titration
Maße
– französische 44
– Generalkonferenz für Maße und Gewichte 393
Masse
– atomare Masseneinheit 183
– Massenabsorptionskoeffizient 279
– molare 61
– stoffmengenbezogene 410
– Strukturmodell für Massen-Relationen 405
Massenspektrograph, Schema 327
Massenspektrometer
– Finnigan- 329
– Ionenmikrosonden- 325
– Laufzeit- 328
Massenspektrometrie (MS) 551–564
– analytische 551
– Anfänge 181
– bioanalytische 553
– doppeltfokussierende 552
– ETV-ICP-MS 602
– GC-MS 329–333, 560–561
– GD-MS 484, 557
– high-resolution 184–185
– ICP-MS 484, 553–558
– in Industrielaboratorien 324–333
– massenspektrometrische Grundgleichung 552
– Schema 183
– SNMS 11–13, 562–563
– Thermoanalyse- 327
Massenwirkungsgesetz (MWG) 50, 58–59
Materialanalytik 466, 598
– NMP 420
Materialforschung und -prüfung 615
– BAM 462, 465–470
Materialwirtschaft 4
mathematische Chemie 40
Mattauch, Josef 184
Maximale Arbeitsplatzkonzentration (MAK) 6–8
maximale Flammentemperaturen 258
mechanisch-automatische Probenzuführung 589
mechanisierte Abläufe 365–367
medizinische Analytik 372, 461
Mehrelementbestimmung
– Multielement-AAS 502
– Multielementanalyse 152, 445, 498
– Multielementspurenbestimmung 604
– simultane 254
Mehrelementlampe 496
Meinhard-Zerstäuber 229, 528
Meker-Brenner 127
Memory-Effekte 529

Menschenkenntnis 1
menschliche Fähigkeiten, berufliche und 392–402
Merkmalanteile 426
Merkmalswertbestimmung 381
Meßinstrumente, Neuentwicklung 483
Meßpunkt 414
Meßwertbeeinflussung, systematische 433
Metabolomik 598
Metalldampflampen 254, 496
Metalle
– Erzeugung 450
– metallkundliches Laboratorium 350
– Refraktär- 236
Methoden und Verfahren
– Absolutverfahren 487
– Additionsmethode 413
– Adsorptionsmethoden 146
– Analysenprinzip 405–406
– Destillationsmethoden 346
– Deutsches Einheitsverfahren 579–582
– Dialyseverfahren 352
– Differentialmethode 163
– Einspulenmethode 315
– Einzelschußtechnik 516, 602
– elektrochemische 485
– elektrochemische Methoden 157–171
– Elektrospraytechnik 551
– Entwicklung eines Analysenverfahrens 612
– Extraktionsmethoden 351
– Hausverfahren, *siehe* Hausverfahren
– Head-Space-Technik 329
– Hydridentwicklungstechniken 266–267
– Indopenolverfahren 569
– Kaltdampftechnik 266–267
– leitprobenfreie 54, 157, 485–487
– LINA-Spark-Methode 517
– Liquid-Layer-on-Solid-Sample-Methode 519
– 45°-Methode 442
– Methode des inneren Standards 201
– Methode nach Asmus 188
– Multielement-Verfahren 152, 445
– Nachweisgrenzen, *siehe* Nachweisgrenzen
– Online-Analyseverfahren 486
– PDA 504
– PIMS 242, 505, 573
– potentiostatische 486
– Prinzip der fokussierten Mikrowelle 343
– Radelektrodentechnik 130, 199–202
– Sample Elevator Technique 510
– semiquantitative Schnellmethoden 92
– Sensortechnik 583
– SET-Methode 236, 510

- Smith-Hieftje-Technik 490, 501, 594
- spektrometrische Referenzverfahren 340
- Spurenbestimmungsverfahren für Stähle 261
- statistische 427–431
- Stopped-Flow-Prinzip 350
- Tandem-Methoden 152
- Tiegellifttechnik 236
- TOF-Prinzip 558–559
- Trägergasverfahren 138, 568–569, 576
- Trennmethoden für Schmieröle 304
- universelles Analysenverfahren 255
- universelles Spurenbestimmungsverfahren 537
- Vakuumheißextraktionsverfahren 179, 566–568, 576

Methodenanwendung 376
Metrologie 119, 271, 599
Mettler-Mikrowaage 49
Michelson, Albert Abraham 119–120, 300–301
Mikroanalysator, Laser- 196–198
Mikrosonde 505
Mikrospurenanalyse 196
Mikrowelle, fokussierte 343
Mikrowellenaufschließgeräte 342, 345
Mikrowellenautoklav 346
mikrowelleninduziertes Plasma (MIP) 247, 533
Mikrowellenplasma, kapazitiv gekoppeltes 247
Mikrowellenspektroskopie 312
militärische Anwendungen 117
Millenium Excalibur-Fluoreszenzsystem 534
Mincal 523 364–365
mineralische Arzneimittel 18
Mineralöle 548–550
- Normung 420, 443
Miniaturisierung 598
Minilab HL COD 592
Mittelalter 11–17
mittelbare Sicherheitstechnik 9–10
mittelständische Herstellerfirmen 506–507
Mittelwert 422
- Mittel von Mittelwerten 472
- Stichproben 428
mobile Kleinspektrometer 214
Mobilspektrometer 508–509
Moenke, Lieselotte 202
Mohr, Friedrich 56–59
Mol (Einheit) 393, 603
molare Masse 61
Molekülgasplasmen 532
Molekülspektrometrie 298–312
Molekülspektroskopie 543–551
Monochromator 100
- Czerny-Turner- 256

- Littrow- 256
- XRF 294
Morley, E. W. 119–120
Mosley, Henry G. J. 278–280
MS (Massenspektrometrie) 551–564
- analytische 551
- Anfänge 181
- bioanalytische 553
- doppeltfokussierende 552
- ETV-ICP-MS 602
- GC-MS 329–333, 560–561
- GD-MS 484, 557
- high-resolution 184–185
- ICP-MS 484, 553–558
- in Industrielaboratorien 324–333
- Schema 183–185
- SNMS 11–13, 562–563
- Thermoanalyse- 327
Multielement-AAS 502
Multielementspurenbestimmung 604
Multielementanalyse 152, 445
- sequentielle 498
Multilayer 287–288
Multiphasenbestimmung 577
multiple Proportionen, Gesetz der 41–42
multiplikativer systematischer Fehler 435
Multitron 293
Muskovit, Röntgenogramm 319
MWG (Massenwirkungsgesetz) 50, 58–59

n

Nachanregung, ICP- 515
Nachfällungen 52
Nachricht, quantitative analytische 409
Nachtsichtgeräte 117
Nachweisgrenzen 419
- Analytik 435–439, 484
- klassische 436
Nahinfrarot-(NIR-)Spektroskopie 317, 544
Napfelektrode 201, 235
Naßchemie 125, 467
National Bureau of Standards (NBS) 462
National Institute of Standards and Technology (NIST) 462
nationale Normen 456–460
Naturgeschichte einer Kerze 606
naturwissenschaftliches Handeln 16
Neigung der Auswertefunktion 414
Neodym-Laser 200
Nernst-Stift 115
Nernst, Walter 162
Nernst'sche Gleichung 63–64, 161
Nernst'sches Verteilungsgesetz 140

Nessler-Reagens 569
neutrale Salze 43
Neutralisation 60
Neutronenaktivierungsanalyse 576
nichtgesetzliche Regelwerke 5
nichtmetallische Referenzproben 467
nichtspektrale Interferenzen 269
Niederschlagsbildung 138
NIR-(Nahinfrarot-)Spektrometrie 317, 544
NIST (National Institute of Standards and Technology) 462
Nitridtitration 66
Nitrosamine 353
NMP (Normenausschuß Materialprüfung) 420
NMR (Nuclear Magnetic Resonance) 313–316
Nobel, Alfred Bernhard 273–275
Nonylphenolpolyglykolether 311
Normalpotentiale 64, 161–162
Normalstahlprobe 465
Normalverteilungskurve 428
Normen
– internationale 460–461
– nationale 456–460
– Normenpyramide 455–456
– Normungsanträge 458
– und Vorschriften 455
Normenausschuß Materialprüfung (NMP) 420
Nuclear Magnetic Resonance Spectroscopy (NMR) 313–316
Numismatik 13

o

Oberflächenanalyse 504, 562–564
– GD-Spektrometrie 211–214
Oberflächenbelege 296
OBLF-Spektrometer 507
Ofenbühne 591
Off-line-Probennahme 588
– Massengüter 447
offenes Aufschließen 342
Ohm'sches Gesetz 160
Öle
– Alterung 309
– Bohr- 353
– Heiz- 284
– Mineral- 548–550
– Schmier- 304
– Walzölemulsionen 332
– Walzölrückstände 546
On-line-Probennahme 588
oneFAST-System 531
On-line-Analyseverfahren 486

Optimierung
– Beobachtungshöhe 237
– Probenvorbereitung 333–360
– quantitative Analyse von Lösungen 136–157
optische Auslegung 293
optische Fasern 487, 508
optische Koinzidenzen 269
optische Küvette 488
optische Vorwärtsstreuung 604
optischer Leitwert 215
optischer Sarg 527
Ordnungssinn 3
Ordnungszahl 290
Organisationsform, analytische Laboratorien 360–369
organische Fällungsmittel 47
organische Reinigungsmittel 333
organische Verbindungen, funktionelle Gruppen 68
Ørsted, Hans Christian 110, 158
Ostwald, Wilhelm 1, 73, 481–482
Oxidanalyse 259
Oxidationsinhibitor 306
oxidierendes Aufschließen 338

p

PAC (Praktische Analytische Chemie) 609
Papierchromatographie 141–142
Pappsonden 450
Paracelsus 18, 24–25
Parallelbestimmung 571
Partikeldurchmesser 154–155
Paschen-Runge-Aufstellung 84
Paschen-Spiegelgalvanometer 115
Peak Distribution Analysis (PDA) 504
Peak Integration Method nach Slickers (PIMS) 242, 505, 573
Penicillin 124
Pentaerithrit 288
Periode der fundamentalen Entwicklungen 23–72
Peripheriegeräte 504
Personalführung und -beurteilung 395–398
Pestizide 582
PFA Microflow 530
pharmazeutische Analytik 372
philosophische Gesichtspunkte 614
Phlogiston 31–33
Phosphorographie 111
photoelektrische Detektion 102
Photographie 23, 75, 82
Photometer
– Eppendorf 103–104

– Fettfleck- 81
– Flammen- 126–129
– im Chip-Format 603
– Leitz- 102
– Pulfrich- 101
Photometrie
– Bestimmungsgrenzen 193, 255
– Schema 191
– Spektral-, *siehe* Spektralphotometrie
Photozellen 87
PIMS (Peak Integration Method nach Slickers) 242, 505, 573
Pipetten 416–417
Pison 27
Pistille 21
Plangitterspektrograph 90
Planung
– Planungsmodell 375
– Ringversuche 461–462
– Simultaneous Planning 3
Plasma
– Argon- 222
– CMP 247
– DC- 205
– mikrowelleninduziertes 247, 533
– TEP 523
Plasma-Anregung 601
– analytische 248
– Schema 523
Plasmajet 133
Plasmafackel 525
– nach G. R. Kornblum 224
Plasmaflamme, induktiv gekoppelte, *siehe* ICP
PLASMAQUANT 110 525
Plasmaspec 226–227
Plinius 69
Plsco, Eduard 130
PMQ II (Spektralphotometer) 106
pneumatische Zerstäubung 228, 230
– AAS 259
– Gouy 83
Polarographie 166–170
– Grundgleichung der 168
Polychromator 239, 498
– Echelle- 523
Popper, Karl 189, 444, 620
Porzellan 18–19
Potentiometrie 161–164, 170, 486
Power Unit 251
Praktische Analytische Chemie (PAC) 609
Präzision 419, 477
Preßformen 21
Preßlingselektrode 197

Priestley, Joseph 70–72
primäre Zerstäubung 229
Primärplanung 375
Primärstandards 462, 467
Prinzip der fokussierten Mikrowelle 343
Prisma 94
– Dispersion 206
Probenankunftsstation 356
Probenaufbereitung 335–337, 448–450
Probeneinführung, direkte 601
Probenentnahme 334, 447–448
– Sonden 573
Probenlösungszufuhr 531
Probennahme 588
– Gasprobennahme im Boden 176
– moderne Analytik 446–454
– Umweltanalytik 446
Probenorganisation, Stahlwerkslaboratorium 369
Probenrekonstitution 478
Probenverjüngung 336
Probenvorbereitung
– kompakte Proben 354–360
– Optimierung 333–360
– quantitative Analytik 407
Probenzuführung 589
Probierkunst 11–17
Probierofen 20
Problemanalyse 432
Problembewußtsein 376
Problemlösung 614
Produkthaftung 372
Produkthaftungsgesetz 92, 187, 271
Produktions-/Produktkontrolle 587–593
– Automatisierung 367–369
– routinemäßige 211
– XRF 295
produktionsüberwachendes Zentrallaboratorium 590
Proportionalzähler 289
– Gasdurchfluß- 283
Proportionen, multiple 41–42
Protein-Analysator 561
Proteomik 598
Proust, Joseph Louis 40–41
Prozesse, Sicherheitsmanagement 400
Prozeßgasanalyse 178
Prozeßkontrolle 587–593
– Automation 588–592
– spektrometrische 592
Prüflaboratorien 373
Prüfnormen 460
Prüfröhrchen 177

Prüfvorschriften 382
Pulfrich-Photometer 101
Pulver 473
PVC, entchlortes 297–298
Pyramide
– Normenpyramide 455–456
– von A. H. Maslow 396
Pyrexkammer 499

q
Quadrupol 329, 554–555
Qualifizierung 387–391
qualitative Analyse 23
Qualitäts-Sicherheitshandbuch 379
Qualitätskosten 383
Qualitätsmanagement 376–387
Qualitätssicherung 271, 371–392
Quantitation 609
quantitative Analyse
– Anfänge 33–72
– Arbeitsstufen 407
– Optimierung 136–157
– quantitative analytische Nachricht 409
– Standardisierung 599
Quantometer 190
Quarz, Röntgenogramm 319
Quecksilber
– Hg-Kaltdampf-Lichtabsorption 88
– Hg-Tropfelektrode 167–168
Querempfindlichkeit 285
Querfunken 197
Quetschhahnbürette 58

r
Radelektrodentechnik 130, 199–202
Radiometer 114
Raffinat 140
Raman-Effekt 116–117
Raman-Spektrometrie 311–312
Ramsauer-Townsend-Effekt 182
Rasterelektronenmikroskop (REM) 321–322
Rationalisierungseffekt 244
Rauchgasprüfer 178
RCL (Relative Confidence Limit) 423
reagierende Komponente 408
Rechenmaschine 360
Rechner
– Analog- 217
– Kienzle- 194
– Mincal 523 364–365
Rechtschreibung 394
Recycling 582
Redoxtitration 63

reduzierendes Aufschließen 338
Referenzelement 408
Referenzmaterialien (RM) 152, 377, 416, 462–480
Referenzproben, nichtmetallische 467
Referenzverfahren, spektrometrische 340
Refinanzierungszeit 402–404, 610
Reflexionsgoniometer 95
Reflexionsspektren 305
Refraktärmetalle 236
Refraktometer 95
Regelschema industrieller Prozesse 380
regionale Normen 455–456
registrierendes Spektralphotometer 107
Reichsversicherungsordnung 5–7
Reilley, N. Charles 11
Reingasplasma 532
Reinhardt-Zimmermann-Lösung 66
Reinigung von Kaliumsalzen 80
Reinigungsmittel, organische 333
Reinraumtechnik 153–157
– Reinraumklassen 154
Rekalibrieren 367, 414–419, 590, 604
Rekonstitution von Proben 478
Relative Confidence Limit (RCL) 423
relative Genauigkeit 48
relative Standardabweichung 423
relevante Gesetze und Verordnungen 4–10
REM (Rasterelektronenmikroskop) 321–322
Renaissance 24
Rendite 402–403
Repräsentativität 336
Resonanz-Raman-Spektroskopie (RRS) 312
Resonanzdetektoren 600
rf-GD, boosted 557
Rf-Werte 144
RFA, siehe XRF
Richter, Jeremias Benjamin 39–40
Richtigkeit 424–425, 477, 621
– Wahrscheinlichkeitsbereich der 385–386, 426
Richtkonzentration, technische 6, 9
Ringelektrode 133
Ringversuche 305, 439–445
– graphische Kontrolle 442
– Kriterien 464
– Planung 461–462
Risiko, kalkuliertes 479
Risikomanagement 479–480
Ritter, Johann Wilhelm 157
RM (Referenzmaterialien) 152, 377, 416, 462–480
Roboter 341, 506, 590–592
Robustheit 419

Rohdaten 376
Roheisen, XRF 295
Röhren, Geissler'sche 77
Röhrenstabilität 290
Rohwertinformation 411
Rollenkonflikt 397
Röntgen-Absorptionsspektrometrie 541
Röntgen-Beugung an Kristallen 277–278
Röntgen-Diffraktometrie (XRD) 318–319, 541–542
Röntgen-Fluoreszenzspektrometrie (XRF) 272–298, 535–543
– μ-XRF 539–540
– EDXRF, siehe EDXRF
– Referenzverfahren 340
– sequentielle XRF-Spektralanalyse 536
– Simultan-XRF-Spektrometer 293
– wDXRF, siehe WDXRF
Röntgen-Röhre 276
Röntgen, Wilhelm Conrad 272
Röntgenogramm 319
Roscoe, Henry 81–82
Rotationsschwingung 109
Rotationsverdampfer 348
Rotterdam, Erasmus von 22
Routine 604
Routineanalyse, Arbeitsbereiche der 49
routinemäßige Produktions-/Produktkontrolle 211
Rowland-Aufstellung 113
Royal Society 29
RRS (Resonanz-Raman-Spektroskopie) 312
Rübenzucker 34
Rubin-Laser 200
Rückführbarkeit von Verfahren 419–427
Rücktransformation 615
Rückverfolgbarkeit von Verfahren 431–432
Runge, Friedlieb Ferdinand 141
2-s-Regel 440, 471

S
safety 373
Salmiak 17
Salze
– Blutlaugen- 34
– Kalium- 80
– neutrale 43
– Zerstäuber für hohe Salzkonzentrationen 526
Sammelproben 334, 447
Sample Elevator Technique (SET) 510
Sampling 447
Sarg, optischer 527

Sauerstoff
– dephlogistierte Luft 71
– Lavoisier 38
Säulenchromatographie 143–144
Sauter-Gleichung 527
Scanning Electron Microscope (SEM) 321–322
Schadenshöhe 479
Schaltanlage 334
Schamotte, XRF 340
Scheele, Carl Wilhelm 71–72
Scheibenschwingmühle 356
Scherrer, Paul Hermann 281
Scheuklappensyndrom 616
Schichtchromatographie 144
Schichtlaboratorium 570–571
Schichtprobe 522
Schiedsanalyse 476
Schießpulverherstellung 18
Schlacken, XRF 295
Schlackenautomat 356
Schmelzaufschließen 338, 359
Schmelzproben 466
Schmelztabletten 291, 340, 359
Schmierfette 550
Schmiermittel, Kühl- 353
Schmieröle, Trenn- und Identifizierungsmethoden 304
Schmierstoffe, flüssige 333
Schmutztragevermögen 311
Schnellanalyse
– Mittelalter 21
– Schnellanalysenwaage nach P. Bunge 47
– Schnelltestanalytik 579
– spektrometrische 400
Schnelltest der Bestimmungsgrenze 439
Schrottsortierung 297
Schüttelvorrichtung 339
Schutzfunkenstrecke 510
Schwarzpulver 18–19
Schwärzungskurve 88
Schwefelbestimmung in Brennstoffen 285
Schwefelbestimmung in Stählen 180
Schwefelkohlenstoff 309
Schwingungsfrequenzen, IR 109
Scott-Zerstäuberkammer 230
Secondary Neutral Mass Spectrometry (SNMS) 11–13
Seitfensterröhre 286
Sektorfeldmassenspektrometer 185
sekundäre Zerstäubung 229
Sekundärelektronenvervielfacher 87, 105
Sekundärionenemission 323
Sekundärplanung 375

Sekundärstandards 467
Selbstabsorption einer Lichtquelle 490
Selektivität 419
SEM (Scanning Electron Microscope) 321–322
Semiotik 609
semiquantitative Schnellmethoden 92
Sensortechnik 583
sequentielle Multielementanalyse 498
sequentielle XRF-Spektralanalyse 536
SET (Sample Elevator Technique) 236, 510
SFC (Superkritsche Flüssigchromatographie) 545
SI (Système Internationale d'Unites) 393
Sicherheit
– Qualitäts-Sicherheitshandbuch 379
– Sicherheitsmanagement von Prozessen 400
– (un)mittelbare Sicherheitstechnik 9–10
Siebanalyse 137
Siedlungsabfall 586
Siemens-Röntgengerät 281
Siemens, Werner 159
Signalfunktion 410
Signifikanz 429
Simultan-XRF-Spektrometer 293
simultane Mehrelementbestimmungen 254
– frequenzmodulierte AAS 502
Simultaneous Planning/Engineering 3
Simultanspektrometer 211, 217
Sintern 512
Skimmer 559
Skin-Effekt 220
Slickers, Peak Integration Method 242, 501, 573
Slurry 245, 350
– ICP 537
Smekal-Effekt 116
Smith-Hieftje-Technik 501, 594
– Untergrundkorrektur 490
SNMS (Secondary Neutral Mass Spectrometry) 11–13
Sollwert 380
Sonde, Mikro- 505
Sonnenspektrum 75
SOP (Standard Operation Procedure) 368, 406–427
Späne 473
Spanproben 357
Spark-Erosion-ICP 242
Spectrolecteur 506
Spektralanalyse 72
– Geschichte 73–136
Spektralapparat
– Leitwerte 215
– von Bunsen 79

spektrale Dämpfung 215
spektrale Interferenzen 269
Spektrallabor, Automatisierung 366
Spektralphotometrie 191–194, 487–488
– Blind-/Leerwert 433
– PMQ II 106
Spektrenbibliothek 329–331
Spektrograph
– Plangitter- 90
– Universal- 121
Spektrographie 128–129
– Emissions- 196
Spektrometer
– Beckman-AAS- 252
– Echelle- 597
– GAAM- 523–524
– Gitter- 317
– Littrow-Anordung 118
– mobile 214, 508–509
– OBLF- 507
– Simultan- 211, 217
– Tisch- 508
Spektrometertopf 294
Spektrometrie
– Atomabsorptions-, siehe Atomabsorptionsspektrometrie
– Atomemissions- 194–251, 503–543
– GD- 211, 497, 557
– ICP-, siehe ICP-Spektrometrie
– in Industrielaboratorien 190–333
– Ionenemissions- 503–543
– Laborrechner 361
– Massen-, siehe Massenspektrometrie
– Molekül- 298–312
– NIR- 317, 544
– Peripheriegeräte 504
– Raman- 311–312
– Roboter 506
– Röntgen-Absorptions- 541
spektrometrische Prozeßüberwachung 592
spektrometrische Referenzverfahren 340
spektrometrische Schnellanalyse 400
Spektrophotometer, Universal- 299
Spektroskopie
– Absorptions- 94–136
– AFS 533–535
– analytische 80
– Elektronenspinresonanz- 315–316
– Emissions- 76–94
– FANES 517
– Fiber-Optical Evanescent Wave Spectroscopy 544
– Flammen- 619

- Fluoreszenz- 316–317
- Grenzflächen- 598
- Institut für Spektrochemie und angewandte Spektroskopie 594–598
- LIBS 513
- Molekül- 543–551
- NMR 313–316

Spektrum
- Funken- 73, 84
- GC/MS 332
- GD- 213
- ICP- 237
- IR- 310–311
- Kompensationsspektren 309
- KWS- 117
- Massen- 330
- NIR- 318
- Reflexionsspektren 305
- Registrierung 233

Speziesbestimmung, Fließdiagramme 361–363
Spezifität 419
Spiegelgalvanometer, Paschen- 115
spontane Lichtemission 316
Sprenggelatine 274
Spritzflasche 62
Spurenanalyse, Mikro- 196
Spurenbestimmung 188
- Multielement- 604
- universelles Verfahren 537
- universelles Verfahren für Stähle 261
Sputtered-Neutral-Massenspektrometrie (SNMS) 562–563
Staatsexamen für Analytiker 613
Stabilität 419
Stahl
- Analyse 87
- Kohlenstoff- und Schwefelbestimmung 180
- Rohlinge 358
- Spurenbestimmung 261
- Standards 478
Stahlpfanne 452
Stahlprobe 355–357
Stahlwerkslaboratorium, Probenorganisation 369
Stallwood-Jet 131
Standard
- innerer 201
- interner 257
Standard Operation Procedure (SOP) 368, 406–427
Standardabweichung 429
- relative 423

Standardisierung
- globale 454–480
- quantitative Analysenverfahren 599
Standardproben
- Hersteller 404
- interne 466
statistische Freiheitsgrade 384, 428–429, 468–469
statistische Methoden 427–431
Stechheber 453
Steeloskop 214
Steinzeit 11
Steppermotor 281
Stichproben, Mittelwert 428
Stiles-Crawford-Effekt 98
Stöchiometrie 39–40
- Geschichte der 43
stöchiometrischer Faktor 61
Stoffe, anorganische 33–72
Stoffkenntnis 23
stoffmengenbezogene Massen 410
Stopped-Flow-Prinzip 350
Stoßfrequenz 222
Strahlungsgesetze von Kirchhoff 79
Streulichteffekte 224
Strom-Zeitdiagramm 512
Strukturgruppenanalytik 312
Strukturmodell für Massenrelationen 405
Studienabbrecher 390
Studiengang Analytik 608–617
Substitutionswaage 47–49
Summenparameter 585
Superkritsche Flüssigchromatographie (SFC) 545
Suttner, Bertha von 274
Synchrotron-Strahlung 541
Synektik 615
systematische Meßwertbeeinflussung 433
systematischer Fehler 384–385
- multiplikativer 435
Système Internationale d'Unites (SI) 393
Systemtheorie 411, 608
Szintillationszähler 283

t
t-Test 425, 430
Tachenius, Otto 27
Talbot, William Henry Fox 76
Tandemmethoden 152
Tape-Machine-Zusatz 134
TAS (Totale Analysensysteme) 615
Teamarbeit 371, 483
technische Gasanalyse 174

Technische Regeln für gefährliche Arbeitsstoffe
  (TRgA) 7
Technische Richtkonzentration (TRK) 6, 9
Teilroutine 605
Teilstromentnahme 453
TEM (Transmissionselektronenmikroskop)
  320–321
TEP (Two-Electrode-Plasma) 523
tertiäre Zerstäubung 229
Tesla-Spule 223
Tetrachlorkohlenstoff 107
Thalliumbromid-/Iodid-Kristall 307–309
Theorien 1
– Atom- 42
– dualistische elektrochemische 43
– Ionen- 43
– Korpuskular- 30
– Phlogiston- 31–33
Thermo-IRIS 527
Thermoanalyse
– Differential- 566
– Massenspektrometrie 327
thermoelektrische Störungen 114
Thermogravimetrie 53
Thermosäule 110–111
Thomson, Joseph John 182
Tiegel 21
Tiegellifttechnik 236
Time-of-Flight- (TOF-)Prinzip 558–559
Tischspektrometer 508
Titration 54–69
– automatisierte 67
– Blind-/Leerwert 433
– Karl-Fischer- 66–67, 611
– komplexometrische 251
– konduktometrische 166
– manuelle 611
– Nitrid- 66
– Redox- 63
– Über- 65
TOF- (Time-of-Flight-)Prinzip 558–559
Toleranzen 380
– BAT 6–8
Totale Analysensysteme (TAS) 615
Townsend, Ramsauer-Townsend-Effekt 182
traceability 419–427
Träger 143
Trägergasverfahren 568–569, 576
– Durchflußrate 234–235
Transmissionselektronenmikroskop (TEM)
  320–321
transversaler Zeeman-Effekt 493
Trennfaktor 138

Trennmethoden, Schmieröle 304
Trennsäule, automatische 145
Trennungsoperationen nach R. Bock 138–139
Trennungsverfahren, quantitative Analyse
  137–151
TRgA (Technische Regeln für gefährliche
  Arbeitsstoffe) 7
Tribologie 303, 546–547
Trinkwasser 582
Tripus aureus 15
TRK (Technische Richtkonzentration) 6, 9
Tröpfchengröße 528
Tropfelektrode, Quecksilber- 167–168
Turner-Monochromator, Czerny- 256
Two-Electrode-Plasma (TEP) 523
Übermasse 48
Überspannung 160
Übertitration 65

U

Überwachungspflicht 9
Ultramikrowaagen 48
Ultrarotabsorptionsschreiber (URAS) 123,
  177–178
Ultraschallstab 536
Ultraschallzerstäuber 529
Umschmelzautomat 357
Umweltanalytik 189, 298
– aktuelle Entwicklungen 523, 541, 550, 577, 587
– Probennahme 446
Unfallverhütungsvorschriften 5–7
Unibus 365–366
UniQuant 538
Universalspektrophotometer 299
Universalkolorimeter 103
Universalspektrograph 121
universelles Analysenverfahren 255
universelles Spurenbestimmungsverfahren 537
universelles Spurenbestimmungsverfahren
  für Stähle 261
Universitäten 2
unmittelbare Sicherheitstechnik 10
Unschärferelation 323
Unsicherheit 419, 621
Unsicherheitsbereich 385
Untergrund, Linien-/Untergrund-Verhältnis
  245–246
Untergrundkompensation 494
Untergrundkorrektur 269, 490
Unternehmenskultur 620
Unternehmensstrategie 480
URAS (Ultrarotabsorptionsschreiber) 123,
  177–178

Urelemente 13, 25
Urin 27
Urtitersubstanzen 59

v

Vakuumheißextraktion 179, 566–568, 576
Vakuumspektrometer 91–93
Valentinus, Basilius 26
Valenzschwingung 109
Validierung 419–427
Vaporization Analysis, Electrothermal 238
Varianz, Definition 429
Verbindungen und Elemente 39
Verbrennungsträgergasmethoden 138
Verbundverfahren, quantitative Analyse 151–153
Verdampfer, Rotations- 348
Verdampfung
– elektrothermische 602
– elektrothermische/Laser- 484
– Laser- 199
Verdampfungsrate 519
Verdrängungstitration 62
Verdünnungsautomaten 351, 417
verfahrensorientierter Aufbau 190
Verfremdung 615
Vergleichbarkeit 420–422
Vergleichsanalysen 94
Vergleichsbedingungen 439
Verifizierung 16
– apparative 240
Verjüngungsstufen 449
Verordnungen, relevante 4–10
Verschiebung, chemische 314–315
Verstärker, Lock-in- 502
Vertrauensbereich 422–423
Vierordt, Carl 99–100
Vinci, Leonardo da 24
Vitriol 26
Voltammetrie 170
Volumenmeßgeräte 416
Vor-Ort-Analytik 196, 214, 540
Vorbrennen 511
Vornorm 460
Vorschriften, und Normen 455
Vorwärtsstreuung, optische 604

w

W-Röhre 287
Waage
– Analysenwaage von Berzelius 44
– hydrostatische 31
– Mettler-Mikro- 49

– Substitutions- 47–49
– Ultramikro- 48
– Wägefehler 264
Wadsworth-Gerät 84
wahre Nachweisgrenze 437
wahrer Wert 385
Wahrscheinlichkeitsbereich der Richtigkeit 385–386, 426
Walsh, Sir Allan 135
Walzenreinigung 329
Walzölemulsionen 332
Walzölrückstände 546
Wärmeleitfähigkeitsdetektor (WLD) 148
Wärmeausbreitung 110
Wasser
– Analyse 577–579
– gebundenes 50
– Wasserhaushaltsgesetz 583
– Zerlegung 157
Wasserstrahlpumpe 81
Weber-Fechner'sches Gesetz 98
Wechsellichtgeräte 104
Weißdruck 460
Wellen, elektromagnetische 276, 300
wellenlängendispersive XRF (WDXRF) 288, 538–539
Wellenzahl 123
Werksnormen 455
– Dieselkraftstoff 457
Wertschöpfung 398–400
Wertstoffrückgewinnung 586
Wiederfindungsrate 383, 419
Wiederfindungswahrscheinlichkeit 426
Wiederholbarkeit 420–422
Winkel, Blaze- 238
Winkler-Bürette 175
Winkler, Clemens 172
Wirtschaftlichkeit 398–402, 593, 610
Wissenschaftliche Grundlagen der Analytischen Chemie 482
WLD (Wärmeleitfähigkeitsdetektor) 148
Wolframdraht-Kathode 286
Wollaston, William Hyde 94–95

x

XRD (Röntgen-Diffraktometrie) 318–319, 541–542
XRF (Röntgen-Fluoreszenzspektrometrie) 272–298, 535–543
– μ-XRF 539–540
– energiedispersive, *siehe* EDXRF
– Handgeräte 539
– Referenzverfahren 340

– sequentielle XRF-Spektralanalyse 536
– Simultan-XRF-Spektrometer 293
– WDXRF 288, 538–539

Z

ZAAS (Zeeman-AAS) 491–493
Zählstatistik 290
Zeeman-Effekt 493
Zeeman-Graphitofen-AAS 271
Zeeman-Kompensation 495
Zeeman, Pieter 489
Zeit-/Tiefendiagramm 520
Zeitbedarf, Flüssigchromatographie 562
Zeiteinsparung 483
Zeitschrift für Analytische Chemie 46
Zentrallaboratorium, produktionsüberwachendes 590
Zentralrechner 364–365
Zentrifugalgußsystem 358
Zeolithe 150
Zerlegung von Wasser 157
Zersetzungsspannung 160
Zerstäuber
– Babington- 229
– Beckman- 127, 133
– Cross-Flow- 229
– für hohe Salzkonzentrationen 526
– GMK- 246–247
– Gouy- 83
– Gouy 126
– Meinhard- 229
– pneumatische Zerstäubung 228, 230, 259
– Scott-Zerstäuberkammer 230
Zertifizierung, Referenzmaterialien 377, 416, 462–480
Zeugnisse, Geheimcodes in 398
Zimmer, Karoli 130
Zimmermann, Reinhardt-Zimmermann-Lösung 66
Zinnober 17
ZRM (Zertifizierung von Referenzmaterialien) 377, 416, 462–480
Zucker, Rüben- 34
zufällige Fehler 384–385
Zweistrahlgeräte 103
– Doppelkanal- 489, 256
Zyklotron 328

Weitere Bildquellen

Bildquelle	Abbildung
Sommer, D., Ohls, K. Koch, K.H.: (1990) *Fresenius' J. Anal. Chem.*, **338**: 127.	3
Agricola, G.: *De Re Metallica Libri XII*, Fourier Verlag, Wiesbaden, 2003.	6, 7, 8, 9
Strube, W.: *Der historische Weg der Chemie*, Aulis Deubner Verlag, Köln, 1989.	11–14, 17, 20, 24, 25, 27–29, 31, 33, 37–39, 41, 42, 51, 55, 57,124, 138a, 149
Szabadvary, F.: *Geschichte der Analytischen Chemie*, Friedrich Vieweg & Sohn, Braunschweig, 1966.	15, 16, 18, 19, 21–23, 26, 30–32, 34, 40, 56, 63, 73, 74a, 87, 337, 409
Jander, G., Jahr, K.F.: *Maßanalyse*, W. de Gruyter Berlin, 1935.	43
Lexikon der Naturwissenschaftler (Digitale Bibliothek), Spektrum Akad. Verlag, Heidelberg, 2000.	52, 53, 62, 74, 85, 135b, 140a, 152b, 245
Kayser, H.: Tabelle der Hauptlinien der Linien-Spektra aller Elemente, Julius Springer Verlag, Berlin, 1928.	63
Löwe, F.: *Optische Messungen des Chemikers und des Mediziners*, Theodor Steinkopff, Dresden – Leipzig, 1928.	64
Kaiser, H.: (1948) *Spectrochim. Acta*, **3**: 159.	66
Herrmann, R.: *Flammenphotometrie*, Springer Verlag Berlin, 1956.	98
Arendt, I., Asmus, E.: (1960) *Fresenius' Z. Anal. Chem.*, **176**: 321.	95
Ritschl, R., Holdt, G. (Hrg.): *Emissionsspektroskopie*, Akademie-Verlag Berlin, 1964.	102–104
Gottschalk, G.: (1955) *Fresenius' Z. Anal. Chem.*, **144**: 342.	111a
Blasius, E., Ölbrich, G.: (1956) *Fresenius' Z. Anal. Chem.*, **151**: 81.	111b
Tölg, G.: (1976) *Naturwissenschaften*, **63**: 99.	117
Schwabe, K.: *pH-Meßtechnik*, 3. Auflage, Verlag Theodor Steinkopff, Dresden – Leipzig, 1963.	125, 126

Weitere Bildquellen

Bildquelle	Abbildung
Brügel, W.: *Physik und Technik der Ultrarotstrahlung*, Curt R. Vincentz Verlag, Hannover, 1951.	144
Westphal, W.H.: *Physik*, 16./17. Auflage, Springer Verlag Berlin – Heidelberg, 1953.	247, 248, 252, 255
VDEh: *Handbuch für das Eisenhüttenlaboratorium*, Band 3 *Probenahme*, Verlag Stahleisen, Düsseldorf, 1956.	314, 315
Ledebur, A.: *Leitfaden für Eisenhüttenlaboratorien*, Friedrich Vieweg & Sohn, Braunschweig, 1911.	317, 321
Broekaert, J.A.C.: (2001) *Fresenius' J. Anal. Bioanal. Chem.*, **374**: 182.	523b
Faraday, M.: *Naturgeschichte einer Kerze*, Verlag Philipp Reclam, Leipzig, 1919.	524
Wikipedia (http://de.wikipedia.org)	91b, 112b, 119, 148, 150, 152, 232a,